METAMAGICUM

by Douglas R. Hofstadter

Douglas R.
Hofstadter

Metamagicum

Fragen nach der Essenz von Geist und Struktur

Klett-Cotta

Greif-Buch 1991[2]
Revidierte Fassung der Ausgabe 1988[1]
Verlagsgemeinschaft Ernst Klett Verlag – J. G. Cotta'sche Buchhandlung
Aus dem Amerikanischen übersetzt von Thomas Niehaus, Ulrich Enderwitz, Monika Noll, Rüdiger Hentschel und Hermann Feuersee
Wissenschaftliche Beratung und technische Hilfestellung gewährten Regina Quentin, Ulrich Spalthoff und Kreutz' Computer-Kontor, Stuttgart
Die Originalausgabe erschien unter dem Titel
»Metamagical Themas: Questing for the Essence of Mind and Pattern«
im Verlag Basic Books, New York

Printed in Germany
Umschlag: Klett-Cotta-Design
Druck: Auf säurefreiem und holzfreiem Werkdruckpapier
von Mühlberger, Gersthofen

CIP-Titelaufnahme der Deutschen Bibliothek
Hofstadter, Douglas R.:
Metamagicum: Fragen nach der Essenz von Geist und Struktur /
Douglas R. Hofstadter.
[Aus dem Amerikan. übers. von Thomas Niehaus ...]. –
Stuttgart: Klett-Cotta, 1991 (Greif-Bücher)
Einheitssacht.: Metamagical themas <dt.>
ISBN 3-608-95774-X

Bloomington gewidmet,
für all die Zeit,
die wir miteinander verbrachten.

SynopsiS

Inhalt

Sektion V: Seele und Substrat 515

Sektion VI: Selektion und Stabilität 727

Sektion VII: Sachverstand und Strategien 803

Übersicht

Sektion I: Schlingen und Schleifen

Sektion II: Sinn und Soziales

Sektion III: Sprühen und Schlüpfen

8. **Muster, Dichtung und Kraft in der Musik Frédéric Chopins**
Wie hat es dieser große Komponist geschafft, so machtvolle und so überaus zarte Gefühle in bloßen Notenstrukturen zu codieren?
9. **Parkettverformungen: Eine subtile und verwickelte Kunstform**
Die Diskussion einer höchst geometrischen Kunstform, die zwar mathematisch oder „computerisch" erscheint, ihren Charme aber manch menschlicher Urteilskraft verdankt.
10. **Blödsinn und Nonsens**
Vergebliche Versuche, in Poesie und Prosa die schimmernde Grenze zwischen Bedeutung und Bedeutungslosigkeit zu lokalisieren.
11. **Variationen über ein Thema als Crux der Kreativität**
„Verrutschbarkeit" als Unterbau des „Gedankenfeuerwerks": Wie kleine, unbewußte Verschiebungen sich zu dem aufaddieren können, was uns als magisch-kreative Einsicht erscheint.
12. **Metaschrift, Metamathematik und Metaphysik: Bemerkungen zu Donald Knuths Artikel „The Concept of a Meta-Font"**
Was ist das Wesen eines Buchstabens des Alphabets? Was ist das Wesen eines Alphabet-Stils? Können beide Wesenstypen in Algorithmen mit vielen knopfgleichen Parametern eingefangen werden?

Sektion IV: Struktur und Seltsamkeit

13. **Zauberhafte Cubologie**
Über das erstaunliche Würfelpuzzle, das die Welt überschwemmte – seine Mechanik, Mathematik und Metaphysik.
14. **Über den Rubikon**
Eine ungefähr 18 Monate später erschienene Folgeuntersuchung über den Würfel, die die verrückte Verbreitung neuer „Zauber"-Puzzles und zugleich neue theoretische Einsichten und Überlegungen zum Gegenstand hat.
15. **Mathematisches Chaos und seltsame Attraktoren**
Hier geht es um eines der heißesten Themen der modernen theoretischen Physik: experimentelle Mathematik, die sich mit der Iteration nichtlinearer Funktionen befaßt und unerwartete Querverbindungen zu Turbulenz und Chaos zeigt.
16. **Lisp: Atome und Listen**
Eine Einführung in die Grundzüge der Syntax und der Strukturen der Computersprache Lisp, der eleganten *lingua franca* der artifiziellen Intelligenz.
17. **Lisp: Listen und Rekursion**
Eine der ansprechendsten und zündendsten Ideen der Computerwissenschaft – Rekursion – gibt Gelegenheit, noch mehr von Lisp zu enthüllen.

Sektion V: Seele und Substrat

Notizen zum Buchumschlag

Ein spontaner Versuch über Wirbelkunst und Kreativität

Die Zeichnung auf dem Buchumschlag ist ein etwas untypisches Beispiel für eine bestimmte nicht-gegenständliche Kunst, die ich mir vor etlicher Zeit ausgedacht sowie mehrere Jahre lang perfektioniert habe und der meine Schwester Laura früher einmal eher im Scherz das Etikett „Wirbelkunst“ verlieh. Ob passend oder nicht, der Name blieb hängen. Wenn ich solche Wirbelkunst machte, dann in der Regel auf langen schmalen Papierstreifen (wie man sie in Rollen für Rechenmaschinen bekommt) und seltener auf Blättern in den üblichen Formaten. Ein typisches Wirbelkunstwerk ist etwa zwölf bis fünfzehn Zentimeter hoch und circa hundertfünfzig bis hundertachtzig Zentimeter lang. Viele sind aber auch drei Meter lang, einige bis zu viereinhalb oder sogar sechs Meter. Die Eindimensionalität der Wirbelkunst war natürlich Absicht: Die Musik inspirierte mich dabei, und so zeichnete ich viele visuelle Fugen und Kanons. An die Stelle der zeitlichen Ausdehnung trat die räumliche, die Länge. Die eher bescheidene Breite des Papiers nutzte ich, um so etwas wie die Tonhöhe darzustellen (obgleich von keinerlei getreuer Wiedergabe die Rede sein konnte). Eine „Stimme“ entsprach dann einer einzelnen Linie, die in ihrem „Zeit“-Verlauf über das Papier hinweg eine bestimmte komplexe Gestalt konturiert. Dabei konnten mehrere solcher Stimmen interagieren, und schon bald wußte ich intuitiv, was eine visuelle Harmonie oder einen visuellen Kontrapunkt „gut“ respektive „schlecht“ werden läßt.

Die Bögen und Schleifen, die eine Einzelstimme beschrieben, resultierten aus der Mischung von Alphabeten. Damals (Mitte der 60er Jahre) war ich völlig fasziniert von der Vielzahl der in Indien und seinen Nachbarländern gebräuchlichen Schriftsysteme, wie z. B. Tamil, Singhalesisch, Kanaresisch, Telugu, Bengali, Hindi, Birmanisch, Thai und viele andere mehr. Einige von ihnen studierte ich besonders gründlich und dachte mir sogar ein eigenes System aus, das denselben Regeln folgte wie die meisten indischen Schriften. So war es nur selbstverständlich, daß die Bewegungen, die meiner Hand und meinem Kopf zur Gewohnheit wurden, auch in mein visuelles Fugenschaffen Eingang fanden. Dies war die Geburtsstunde der Wirbelkunst.

In den folgenden Jahren schuf ich buchstäblich Tausende von Wirbelkunstwerken. Jedes von ihnen war vollständig improvisiert, und zwar in Tusche, und daher ließ sich nichts rückgängig machen. Ein Fehler war und blieb ein Fehler! Andererseits konnte man einen Fehler auch als besonders kühnen Zug auffassen, aus dem man – mit Mühe zwar, aber nicht ohne Aussicht – auf elegante Weise das Beste machen würde. Mit anderen Worten, was auf den ersten Blick als katastrophaler Mißgriff erschien, erwies sich dann womöglich als glückliche Herausforderung! (Ich bin sicher, daß Jazzmusiker, die mit dem Improvisieren vertraut sind, genau wissen, was ich meine.) Natürlich konnte es sein, daß mir das gelegentlich mißlang, aber ein anderes Mal wiederum konnte ich Erfolg haben (gemessen zumindest an meinem eigenen Maßstab, denn ich war ja Ausübender und „Zuhörer“ in einem).

Die Wirbelkunst wurde zu einer regelrechten Privatsprache mit eigener Ästhetik und Tradition. Traditionen indessen sind dazu da, daß man mit ihnen bricht, und sobald ich eine Tradition gestiftet hatte, begann ich auch schon, mit ihr herumzuexperimentieren, ihr auf vielerlei Weise Gewalt anzutun, weil ich feststellen wollte, wie ich über den einmal erreichten Stand hinausgehen, „aus dem System herausspringen" konnte. Eine Stilrichtung folgte auf die andere, und dabei entdeckte ich, daß ich die Entwicklung der Musik nachvollzog. Von barocker Wirbelkunst (mit Fugen, Kanons etc.) ging ich über zu „klassischer" und von dort weiter zu „romantischer" Wirbelkunst. Einige Jahre später (es war Ende der 60er) war ich beim zwanzigsten Jahrhundert angelangt, und nun bemerkte ich, wie ich Werke im Geist einiger meiner Lieblingskomponisten wie etwa Prokofjew oder Poulenc schuf. Dabei kopierte ich nicht bestimmte Stücke, sondern spürte lediglich eine Verwandtschaft mit dem Stil dieser Komponisten. Wirbelkunst ist ja nicht einfach übersetzte Musik, sie ist Bild gewordene Musik.

Die Frage liegt nahe, ob ich es fertigbrachte, einen Sprung über das zwanzigste Jahrhundert hinaus zu tun und visuelle Musik des 21. Jahrhunderts zu schaffen. Das wäre wahrhaftig eine große Leistung gewesen! Die Wirklichkeit sah anders aus, denn zu Beginn der 70er Jahre entdeckte ich, daß meine Wirbelkunstproduktion schlicht und einfach ins Stocken geriet. Sieben Jahre hatte ich gebraucht, um die Geschichte der abendländischen Musik noch einmal im Zeitraffer zu durchlaufen! Nun ging mir offenbar der schöpferische Treibstoff aus. Gewiß, ich war immer noch imstande, neue Wirbelkunst zu schaffen, und bin es noch heute, aber ich verspürte ganz einfach immer seltener Lust dazu. Heutzutage mache ich kaum noch Wirbelkunst, obgleich die geschwungenen Linien und Buchstaben, die ich zeichne, die unauslöschlichen Züge der Wirbelkunst tragen.

Das Umschlagbild ist demnach atypisch, weil es auf ein gewöhnliches Blatt Papier gezeichnet ist und keinerlei zeitlichen Verlauf aufweist. Ferner enthält es überhaupt nichts Kontrapunktisches. Gleichwohl atmet es den Geist der Wirbelkunst. Außerdem findet man in diesem Buch, auf der jeweils ersten Seite seiner sieben Teile, sieben Wirbelalphabete. Auch sie sind alle eher atypisch, wenn auch aus etwas anderen Gründen. Sie sind zwar ausnahmslos auf ein gewöhnliches Blatt Papier gezeichnet, doch bei jedem ist noch ein Ablauf unverkennbar, nämlich die Bewegung von A bis Z. Das eigentlich Atypische an ihnen besteht darin, daß echte Buchstaben aus einem echten Alphabet verwendet werden. Normalerweise habe ich tatsächlich vorkommende Schriftzeichen vermieden und lieber Formen benutzt, die ihnen nur *nachempfunden,* die also komplexer und – eben – „wirbeliger" sind als die meisten Buchstaben, selbst die tamilischen oder singhalesischen, die doch schon ungeheuer wirbelig aussehen.

Für mich ist die Wirbelkunst das wohl Kreativste, was ich je gemacht habe. Das ist natürlich nur meine private Meinung. Andere sehen es vielleicht nicht so. Allerdings ist sie eine ziemlich befremdliche und persönliche Kunst und entzieht sich dem unmittelbaren Verständnis. Sie besitzt ihre eigene Logik, eine Logik, wie sie ganz ähnlich in Harmonie und Kontrapunkt, in indischen Alphabeten, Gestaltwahrnehmung und was weiß ich sonst noch zu finden ist. Jahrelang hielt ich meine gesamte Wirbelkunst, aufgerollt und gestapelt in einer Unmenge von Tüten und Kartons, buchstäblich im Schrank eingeschlossen. Da sie so unhandlich ist, läßt sie sich ja nur schwer vorzeigen. Aber die Wirbelkunst an sich, ineins mit der Erfahrung ihrer Produktion, ist von unbestreitbar zentraler Bedeutung für meine Auffassung von Kunst, Musik und Kreativität. Fast immer, wenn ich über Kreativität schreibe, werden irgendwo in meinem Geist Erfahrungen aus der Wirbelkunst reaktualisiert. Mit anderen Worten, nicht wenige meiner Urteile über Kreativität stammen eher aus der Selbstbeobachtung als aus dem abstrakten Studium der Manuskripte bzw. Entwürfe von diversen Komponisten, Malern, Schriftstellern oder Wissenschaftlern. Natürlich habe ich hier und da auch solche Studien getrieben, weil mich Kreativität schlechthin fasziniert – aber bis zu einem gewissen Grad scheint mir doch zu gelten, daß „man nur das richtig versteht, was man selbst gemacht hat", und daher baue ich sehr auf diese persönliche Erfahrung. Ich habe eben einfach das Gefühl, daß ich weiß, wovon ich rede.

Ich möchte es jedoch noch etwas deutlicher sagen: Was immer ich an Kreativem gemacht habe, war im tiefsten Grund isomorph. Es ist, als ob Wirbelkunst und mathematische Entdeckungen und sonderbare Zwiegespräche und kleine Klavierstücke und so fort ausnahmslos aus demselben Grund stammten, und als ob ich mich dabei immer und immer wieder derselben, nur jeweils anders verkleideten Mechanismen bediente. Gewiß, nicht alles ist von gleicher Qualität: meine *richtige* Musik z. B. ist weniger gut als meine visuelle. Aber da ich zutiefst überzeugt bin, daß letztlich hinter alledem im Kern ein- und dieselbe Kreativität steckt (jedenfalls bei mir persönlich), gebe ich mir eben wahnsinnige Mühe, um an diesen Kern heranzukommen und ihn freizulegen. Aus diesem Grund suche ich nach möglichst einfachen Bereichen, in denen ich spüren kann, wie ich „dasselbe" mache. Das 23. Kapitel dieses Buches – nicht zufällig ist es in gewissem Sinne das kreativste von allen – handelt von drei solchen Bereichen, nämlich vom „Seek-Whence"-, vom „Copycat"- und vom „Letter-Spirit"-Bereich.

Gegenwärtig ist es der Letter-Spirit-Bereich – insbesondere mit seinen „Gitterschriften" –, der mich am nachdrücklichsten beschäftigt. Seine Existenz verdankt dieser Bereich dem Umstand, daß mich sowohl unser Alphabet wie auch andere Schriftsysteme schon immer fasziniert haben. Was mich an den Buchstabenformen weniger interessierte, ließ ich gleichsam verkochen, immer mehr verdampfen, bis ich schließlich nur noch sozusagen das „Begriffs-Skelett" der Zeichen in den Händen hatte. Genauso sind die Gitterschriften zu verstehen. Viele, die meinen Enthusiasmus für Alphabete nie geteilt haben, unterschätzen zunächst die Variationsbreite der Gitterschriften und meinen, über einige wenige werde man nicht hinauskommen. Das ist aber grundfalsch: Es gibt sie nicht nur in Unmengen, sondern auch in überwältigender Vielfalt.

Wenn ich die von mir produzierten Gitterschriften so betrachte – und wenn ich *spüre,* wie ich sie produziere –, dann merke ich, daß ich die ganze Zeit letztlich nichts anderes mache als Wirbelkunst, nur auf neue und unglaublich reduzierte Weise. Dieselben Mechanismen der Gestaltveränderung, dieselbe Suche nach Eleganz und Harmonie, dasselbe intuitive Wissen, was tauglich ist und was nicht, dasselbe Verlangen, „aus dem System herauszuspringen" – all das stimmt tatsächlich überein. Gitterschriften zu zeichnen, ist daher für mich außerordentlich spannend und verschafft mir ein neues Versuchsgelände für meine theoretischen Überlegungen. Gegenüber der Wirbelkunst haben die Gitterschriften den einen großen Vorteil, daß sie so wahnsinnig reduziert sind. Das bedeutet nämlich, daß man die Entscheidungsvarianten erheblich leichter beobachten kann. Nicht, daß eine bestimmte Entscheidung leicht zu *erklären* wäre, aber sie läßt sich wenigstens nachvollziehen. Mit Hilfe der Gitterschriften kann ich meine Wirbelkunstphase gewissermaßen noch einmal erfahren, und dabei habe ich zusätzlich den Vorteil, daß ich mich inzwischen jahrelang mit artifizieller Intelligenz befaßt und darüber nachgedacht habe, auf welche Weise ich versuchen möchte, sie Wirklichkeit werden zu lassen. Mit anderen Worten, mittlerweile kann ich hoffen, daß ich durch Zuhilfenahme von Computer-Modellen vielleicht eine Vorstellung – oder doch zumindest eine Ahnung – von der tatsächlichen Funktionsweise der Kreativität bekommen werde.

Da meiner Überzeugung nach die Wirbelkunst im Grunde nicht mehr schöpferische Tiefe hat als die Gitterschriften, könnte das Studium der Gitterschrift-Produktion – und genauer: ihre Darstellung im Computer-Modell – etliches ans Licht bringen, wonach ich lange Zeit geforscht habe. Deshalb werden die kommenden Jahre für mich von erheblicher Bedeutung sein, denn jetzt wird es sich zeigen müssen, ob ich mit Hilfe dieser Darstellung im Modell tatsächlich zum Wesen dessen vordringen kann, was mein Geist tut, wenn ich etwas in meinen Augen aufregend Neues schaffe.

Wie Titel und Einleitung verraten, sind Geist und Struktur die Themen des vorliegenden Buches. Nach meiner Erfahrung geht man den Königsweg zur Wahrheit, wenn man die Dinge gleichsam eindickt bis auf ihr Begriffs-Skelett (sofern ich mir diesen ziemlich schauderhaften Metaphernsalat einmal erlauben darf). Ich glaube, daß viel Wahrheit über Geist und Struktur in den winzigen Bereichen, die ich während der letzten etwa sieben Jahre in Indiana mit so viel Akribie herausgearbeitet habe, darauf wartet, zutage gefördert zu werden. Ich bitte den Leser dringend, sich all dies bei der Lektüre des Buches gegenwärtig zu halten. Dieses „Bekenntnis“, das hier so überraschend kommt, ist ja ganz und gar spontan und gibt wahrscheinlich nicht die schlechteste Vorstellung von den Gründen, die meine Forschung gerade um solche Themen kreisen und mich ein solches Buch haben schreiben lassen.

Einleitung

Der Titel des vorliegenden Buches ist einer Artikelreihe entlehnt, die ich zwischen Januar 1981 und Juli 1983 in der Zeitschrift *Scientific American* und in seiner deutschen Ausgabe *Spektrum der Wissenschaft* veröffentlicht habe. In diesen zweieinhalb Jahren schrieb ich 25 Artikel über ganz verschiedenartige Themen. Mit Absicht ließ der von mir gewählte Titel die Leser im unklaren über die eigentliche Zielrichtung der Kolumne, was mir ebenso gelegen kam wie der Zeitschrift selbst. Als der Herausgeber Dennis Flanagan mir Mitte 1980 in einem Brief anbot, in dieser renommierten Monatsschrift ständige Artikel zu schreiben, brachte er unmißverständlich zum Ausdruck, daß er von mir denselben Brückenschlag zwischen wissenschaftlicher und literarischer Perspektive erwartete, für den (wie er hervorhob) schon Martin Gardner stets eingestanden hatte, obgleich er *seiner,* der meinen vorausgegangenen Kolumne den offensichtlich einschränkenden Namen „Mathematische Spiele" gegeben hatte. In seinem Brief formulierte Dennis es folgendermaßen:

> Ich möchte noch unterstreichen, wie variabel dieser Teil war, den wir „Mathematische Spiele" überschrieben hatten. Unter diesem Titel hat Martin, wie Sie wissen, vieles geschrieben, das weder mit Mathematik noch mit Spielen zu tun hatte. Im Grunde benutzte Martin seine Kolumne „Mathematische Spiele", um über schlichtweg alles zu schreiben, was ihn auf der Welt nur irgend interessierte. Nach unserer Auffassung war denn auch die eigentliche Funktion der Rubrik, zu demonstrieren, daß ein moderner Intellektueller eine ganze Reihe von Interessen haben kann, die sich nicht einfach in Kategorien wie „wissenschaftlich" oder „literarisch" pressen lassen. Wer immer Martins Nachfolger wird, wir hoffen, er wird sich die Freiheit nehmen, *seine* Interessen, die kaum dieselben sein werden wie bei Martin, in ihrer ganzen Breite einzubringen.

Wie erfrischend offen das war! So wurde ich denn gebeten, Martin Gardners Nachfolge anzutreten – ohne daß ich unbedingt dieselbe Kolumne fortführen sollte. Von Martin würde ich weniger die Funktion, als vielmehr lediglich den Ort innerhalb der Zeitschrift übernehmen.

Was mir da angeboten wurde, war die einzigartige Chance, einem bereits vorhandenen breiten Leserpublikum in einer hochkarätigen Umgebung so ziemlich alles mitteilen zu können, was ich wollte. Kurz gesagt, *carte blanche.* Was konnte ich mehr verlangen? Nichtsdestotrotz mußte ich noch lange und mühsam überlegen, ob ich annehmen sollte, denn ich sah mich nicht primär als Autor, sondern als Denker und Forscher, und die Zeit, die ich fürs Schreiben benötigte, würde mit Sicherheit fürs Forschen verlorengehen. Den Weg der Vorsicht, und d. h. der Orientierung am bereits Bekannten, einzuschlagen, hätte bedeutet, daß ich ablehnen und mich allein auf die Forschung konzentrieren mußte. Den Weg des Abenteuers zu wählen, mich für die nie dagewesene Chance zu entscheiden und auf ein Stück Forschung zu verzichten, bedeutete dagegen eine große Verlockung. Beide Wege waren nicht ohne Risiko, denn ich wußte, daß ich mich in jedem Falle unweigerlich fragen würde: „Wie wäre es wohl weitergegangen, wenn ich anders entschieden hätte?“ Darüber hinaus hatte ich keinerlei Vorstellung, für wie lange ich die Rubrik wohl übernehmen würde, denn darüber war nichts vereinbart worden. Denkbar war, daß ich jahrelang dabeiblieb – aber ich konnte auch feststellen, daß es mir zuviel wurde, und nach einem Jahr aufhören.

Irgendwie wußte ich von Beginn an, daß ich letztlich annehmen würde, wohl einfach deswegen, weil ich prinzipiell eher risikofreudig als vorsichtig bin. Aber ein bißchen war es wie beim Kauf eines neuen Kleidungsstücks: egal ob es einem gefällt oder nicht, bevor man es kauft, will man erst mal schauen, wie man darin aussieht, und deshalb zieht man es an und stolziert im Geschäft umher, betrachtet sich im Spiegel und fragt jeden, der dabei steht, nach seiner Meinung. Ganz ebenso habe ich mich erst mit vielen Leuten besprochen und dann schließlich die erwartete Entscheidung getroffen: ich nahm an.

* * *

Ein Jahr lang schrieben Martin Gardner und ich unsere Kolumnen abwechselnd. Ich muß gestehen, daß ich, obgleich mich rein gar nichts daran hinderte, „ich selbst zu sein“, mich doch durch die Tradition gebunden fühlte. Gewiß, ich hatte Martins Titel umgewandelt in meinen eigenen (zur Erläuterung s. 1. Kapitel), aber ich war mir bewußt, daß die Leser seiner Artikel – und das war nur normal – von mir eine gleichrangige geistige Kost erwarten würden. Ich brauchte geraume Zeit, um mich zu akklimatisieren, indem ich Leserpost studierte und beobachtete, ob die Zeitschrift mit meiner Arbeit, die sich in der ganzen Machart ja schließlich stark von Martins Arbeit unterschied, zufrieden war. Unnötig zu sagen, daß manche Leser sich enttäuscht zeigten, weil ich kein geklonter Martin Gardner war, andere hingegen mich beglückwünschten, weil ich es fertigbrachte, das Niveau der Rubrik zu halten und zugleich Stil und Inhalt entschieden zu verändern. Es war nicht leicht, zu wissen, daß die Leser mich beständig mit jemandem verglichen, der mir so wenig ähnelte. Besonders hart war es, wenn jemand, der es besser hätte wissen müssen, meine Arbeit mit Martins regelrecht in einen Topf warf. Um ein Beispiel zu nennen: noch im Juni 1983, auf einer Tagung über artifizielle Intelligenz, sah mich ein Kollege, kam auf mich zu und erzählte mir mit großem Eifer von einem mathematischen Puzzlespiel, das er kurze Zeit zuvor entdeckt und gelöst hatte – in der Hoffnung, ich könnte es bei meinen „Mathematischen Spielen“ unterbringen. Wie oft mußte ich jemandem erklären, daß meine Kolumne nicht „Mathematische Spiele“ hieß!

Es gab wohl keinen, der Martin Gardners Kolumne mehr geschätzt hätte oder ihr mehr verdankte als ich. Dennoch wollte ich nicht einfach mit einer anderen Person verwechselt werden. Es war denn auch nicht immer leicht, diese Rubrik zu schreiben und dabei zugleich im Schatten eines alles überragenden anderen Autors zu stehen. Aber dann packte ich es doch, und nach einigen Monaten fühlte ich mich wohl in meiner neuen Aufgabe.

1982 zog sich Martin zurück und überließ mir das Feld allein. Gewiß, es war ein hartes Stück Arbeit, jeden Monat einen neuen Artikel zu bringen, aber es hat auch viel

Spaß gemacht. In jedem Fall lag mir besonders daran, alles zu tun, um die Kolumne interessant, abwechslungsreich und so provokatorisch wie möglich zu machen. Dennis' Angebot nahm ich ganz wörtlich und beschränkte mich nicht im geringsten auf rein wissenschaftliche Themen, sondern wagte mich ebensosehr an Gegenstände aus Musik und Literatur heran.

Nach anderthalb Jahren meldeten sich Zweifel bei mir, wie lange ich wohl so weitermachen könnte, ohne meine Forschungsarbeit ernstlich zu gefährden. Ich beschloß, die lange Reihe meiner prospektiven Themen in verschiedene Gruppen einzuteilen: in Artikel, die ich wirklich *mit Liebe,* andere, die ich einfach mit Genuß, und solche, die ich mit Interesse, aber ohne echte Leidenschaft schreiben würde. Dabei zeigte sich, daß mir aus der ersten Gruppe noch etwa für ein Jahr, aus der zweiten vielleicht für ein weiteres Jahr Artikel blieben, während die dritte Gruppe die umfangreichste war. Ungefähr ein Jahr später, so ergab sich demnach, würde ein günstiger Zeitpunkt sein, um erneut über die ganze Angelegenheit nachzudenken. Wie sich herausstellte, standen meine Überlegungen ganz und gar im Einklang mit den Gedanken, mit denen sich die Herausgeber der Zeitschrift mittlerweile trugen. Sie interessierten sich nämlich lebhaft für die Idee, eine neue Rubrik zu starten, die sich mit „Computer-Kurzweil" befassen sollte, und so paßten unsere Pläne aufs beste zusammen. Meine Kolumne konnte zu genau dem Zeitpunkt auslaufen, an dem die neue beginnen würde. Und so geschah es dann auch, wobei zwei Artikel von Martin Gardner überraschend eingeschoben wurden, weil sonst eine Lücke entstanden wäre. Mein Abschiedsgruß an die Leser erschien im September 1983 als Postskriptum zu Martins zweitem Artikel.

Auf diese Weise ging meine Zeit als Kolumnist zu Ende. Wenn ich darauf zurückschaue, habe ich den Eindruck, als hätte sie gerade richtig lang gedauert: Sie reichte aus, um genug mitteilen zu können, und doch war sie nicht so lang, daß sie für mich zu einem regelrechten Klotz am Bein geworden wäre. Dergestalt konnte ich wenigstens den Weg erkunden, der mich so gelockt hatte, ohne daß mein Leben deswegen eine radikale Wendung genommen hätte. Alles in allem bin ich also sehr zufrieden mit meinem Stück Arbeit beim *Scientific American.* Ich bin stolz, daß ich Mitarbeiter in dieser ehrwürdigen Institution sein durfte und daß ich dieser einzigartigen Aufgabe eine Zeitlang gewachsen war, obwohl ich doch die unmittelbare Nachfolge eines Mannes von solch großem Format angetreten hatte.

* * *

Es lohnt, ein Wort zum Themenreichtum meiner Kolumne zu sagen. Auf den ersten Blick scheint es, als streife sie einfach kreuz und quer durch die intellektuelle Landschaft – vom Sexismus über Musik und Kunst zu Nonsens, von der Spieltheorie über artifizielle Intelligenz und Molekularbiologie zu Rubiks Zauberwürfel und so fort. Aber nach meiner Überzeugung bilden all diese Artikel im Grunde ein einheitliches Ganzes. Ich hatte das Gefühl, daß mit wachsender Anzahl der Artikel die Stammleser nach und nach die ersten Verbindungen zwischen ansonsten Ungleichartigem entdecken würden, so daß nach einer gewissen Zeit das Gewebe, der Zusammenhang des Ganzen deutlich sichtbar werden könnte. Von diesem Ganzen hatte ich stets eine geometrische

Vorstellung. Mein intellektuelles „Hoheitsgebiet" sah ich als einen relativ ausgedehnten Bezirk innerhalb eines bestimmten begrifflichen Raumes, als einen Bezirk, dessen Einheit für die meisten nicht erkennbar ist. In diesem begrifflichen Raum war jeder neue Artikel gewissermaßen ein neuer „Zufallspunkt", und da solche Punkte im Laufe der Monate immer dichter gesät wurden, mußten auch die Umrisse meines Gebietes immer deutlicher hervortreten. Meine Hoffnung war, daß womöglich ein klar umrissener, mit dem Namen „Metamagicum" assoziierter Bezirk sichtbar würde.

Natürlich bin ich im Zweifel, ob meine 25½ Artikel überhaupt ausreichen, um eine Vorstellung vom Zusammenhang meines kleinen intellektuellen Stücks Land zu vermitteln, oder ob sie nicht im Gegenteil im Kopf desjenigen, der sie der Reihe nach ohne zusätzliche Erklärung gelesen hat, nur ein großes Fragezeichen hinterlassen. Würde das alles bloß wie ein Flickenteppich, wie ein seltsames Potpourri aussehen? Um die Wahrheit zu sagen, ich fürchte, daß 25 Artikel für sich genommen nicht ausreichen. Vermutlich sind die einzelnen Punkte zu weit voneinander entfernt, um eine Ahnung von dem dichten Netz aus möglichen Querverbindungen zu verschaffen. Deshalb beschloß ich, während ich alle meine Artikel zu einem Buch zusammenstellte, mit Hilfe von ein paar weiteren, neueren Stücken, die einige der auffälligeren Lücken schließen könnten, jenen Raum so gut wie möglich auszustopfen. Sieben solcher Texte habe ich auf diese Weise eingeschoben (im Inhaltsverzeichnis sind sie durch Sternchen gekennzeichnet). Nach meiner Überzeugung tragen sie dazu bei, das Buch zu einem einheitlichen Ganzen zu machen.

Wenn jemand mich fragen sollte: „Was ist eigentlich, kurz gesagt, das Thema Ihres neuen Buches?", so würde ich vermutlich etwas brummeln wie „Geist und Struktur". Tatsächlich hatte ich damals schon unter anderen diesen Titel für die Kolumne ins Auge gefaßt. Er teilt auch sicherlich mit, was mich am meisten fesselt, aber er sagt es nicht ganz mit der wünschenswerten Anschaulichkeit bzw. Leidenschaftlichkeit. Ja, ich bin unermüdlich auf der Suche nach den Grundstrukturen des Universums – nach zentralen Organisationsprinzipien, nach einwandfreien und leistungsfähigen Kategorisierungen dessen, was „da draußen" ist. Eben darum fühlte ich mich immer von der Mathematik angezogen. Obwohl ich vor vielen Jahren schon die Idee aufgab, von Beruf Mathematiker zu werden, gehe ich beim Besuch einer neuen Buchhandlung immer schnurstracks zur Mathematik-Abteilung (sofern eine vorhanden ist). Und zwar einfach deswegen, weil ich immer noch das Gefühl habe, daß die Mathematik mehr als irgendeine andere Disziplin mit den durchgängigen Grundstrukturen des Universums zu tun hat. Mit zunehmendem Alter freilich habe ich entdeckt, daß es dem Geist inhärente Strukturen gibt, die unserem Vermögen zugrunde liegen, mathematische Ideen zu denken: durchgängige Strukturen im menschlichen Geist, die ihn aufnahmefähig machen nicht allein für mathematische Strukturen, sondern für alle nur erdenklichen abstrakten Regelmäßigkeiten in der Welt. Im Laufe der Jahre hat sich mein Interessenschwerpunkt dann allmählich verschoben, hin zu jenen mehr unterschwelligen Strukturen wie Gedächtnis und Assoziationen und fort von den eher formalen mathematischen Strukturen. So habe ich mein Interesse immer mehr dem Geist zugewandt, der ja nicht bloß das Haupterkenntnisorgan für Strukturen, sondern zugleich der Hauptproduzent einer bestimmten Art von ihnen ist.

Für mich ist die tiefgründigste und geheimnisvollste aller Strukturen die Musik, ein Produkt des Geistes, das dieser bislang noch gar nicht voll hat ausloten können. In gewissem Sinne zielt meine gesamte Forschungsarbeit auf die Entdeckung von Strukturen, mit deren Hilfe wir die Geheimnisse des Schönen in Musik und visueller Kunst zu verstehen vermöchten. Ich könnte es auch kühner formulieren: „Ich suche herauszufinden, was das Schöne in Musik und visueller Kunst wirklich ist." Indessen glaube ich nicht, daß man diese Geheimnisse jemals wahrhaft aufklären wird, und es ist auch gar nicht mein Wunsch. Ich möchte die Dinge zwar besser, aber nicht restlos verstehen. Ich möchte nicht, daß zu den Früchten meiner Arbeit auch eine mathematische Formel für die Musik von Bach oder Chopin gehört. Nicht daß ich sie etwa für möglich hielte. Vielmehr halte ich schon die Idee einer solchen Formel für baren Unsinn. Aber obgleich mir die Perspektive zuwider ist, reizt mich die Anstrengung sehr, so weit wie möglich in diese Richtung zu gehen. In der Tat, wie kann jemand hoffen, dem Begriff des Schönen näherzukommen, ohne daß er dem Wesen von formalen Strukturen, ihren Organisationsprinzipien und ihrem Zusammenhang mit dem Geist auf den Grund geht? Wie kann jemand mit echter Begeisterung für das Schöne sich der verlockenden Vorstellung von einer hinter all dem versteckten „Zauberformel" entziehen, wie immer chimärisch diese Idee auch gewiß ist? Und wie sollte heutzutage jemand mit echter Leidenschaft für Kreativität und Schönheit nicht sehen, daß zur Erforschung ihres Wesens sich als non plus ultra das Instrument des Computers anbietet? Solcherlei Vorstellungen sind die innere Flamme, die meinem Forschen und Schreiben Leben gibt, und sie bilden den Dreh- und Angelpunkt des vorliegenden Buches.

Noch eine andere Seite dieser inneren Flamme kommt in den hier versammelten Schriften zum Ausdruck, und zwar besonders deutlich gegen Ende, aber oft unerwartet auch an anderen Stellen des Buches. Es ist das Interesse am Schicksal der Menschheit insgesamt und an dem Einfluß, den der einzelne auf dieses Schicksal nehmen kann. Ich bin lange Zeit ein regelrechter Aktionist gewesen, also jemand, der von Zeit zu Zeit von irgendeiner Sache aufgescheucht wird und sich mit äußerster Verve für sie einsetzt, wobei ich dann jeden, der mir begegnet, seinerseits zur Mitarbeit auffordere. Ich habe einen geradezu unbändigen Glauben an die Unverzichtbarkeit von leidenschaftlichem Engagement und Einsatz für soziale Ziele, und Teilnahmslosigkeit schockiert und bedrückt mich. Ein persönliches Motto von mir lautet: „Die Apathie des einzelnen führt in den Wahnsinn der vielen", und es gibt kaum einen besseren Beleg für diese Maxime als den schier wahnsinnigen Eifer, mit dem heutzutage so viele menschliche Kräfte und natürliche Ressourcen in den Aufbau unvorstellbar verhängnisvoller Waffenarsenale gesteckt werden, während Unmassen von Menschen in grausamster Weise hungern und leiden müssen. Jeder weiß Bescheid, und doch bleibt alles beim alten, ja, wird gar von Tag zu Tag schlimmer. Wir leben wahrhaftig in einer lächerlichen Welt, und ich möchte mich nicht über sie äußern, ohne meine Verwirrung und Trauer, aber auch meine Wünsche und Hoffnungen beim Gedanken an unser gemeinsames Menschheitsschicksal zum Ausdruck zu bringen.

* * *

Zwangsläufig wird man das vorliegende Buch mit meinen beiden früheren vergleichen, *Gödel, Escher, Bach: ein Endloses Geflochtenes Band* und *Einsicht ins Ich*; das zweite habe ich gemeinsam mit meinem Freund Daniel Dennett veröffentlicht. Ich will in aller Kürze versuchen, diesen Vergleich vorwegzunehmen.

Gödel, Escher, Bach (GEB) war in seiner Art einmalig: Es entfaltete einen einzigen zündenden Gedanken in allen seinen Einzelheiten. Dieses Buch war so etwas wie eine Explosion in meinem Geist, und ausgelöst wurde sie durch den Umstand, daß ich mich nach einer langen Zeit der Abstinenz wieder in die mathematische Logik verliebt hatte. Damals versuchte ich das erste Mal, einen längeren Text zu schreiben, und ich lebte mich dabei voll aus. Insbesondere machte ich eine Reihe von Stilexperimenten: Am häufigsten schrieb ich Zwiegespräche, die wie Musikstücke, wie Fugen etwa oder Kanons, aufgebaut waren. Im Kern reduzierte sich *GEB* auf einen einzigen, in die Länge gezogenen Einfall, in dem Kurt Gödels berühmtes Unvollständigkeits-Theorem ebenso eine Rolle spielte wie das menschliche Gehirn und das Geheimnis des Bewußtseins. Dieses Buch ist treffend beschrieben als „eine Bild gewordene Fuge über Geist und Maschinen".

Einsicht ins Ich hat nicht die geringste Ähnlichkeit mit *GEB*. Es ist eher eine mit ausführlichen Anmerkungen versehene Anthologie als das Werk eines einzelnen Autors. Weit mehr als *GEB* kommt es in die Nähe einer Monographie, da es ja ein einziges Ziel verfolgt: dem Geheimnis von Materie und Bewußtsein in möglichst anschaulicher und provozierender Weise auf den Grund zu gehen, und zwar mit Hilfe von Geschichten, die jedermann lesen und verstehen kann und die Dan Dennett und ich lediglich behutsam kommentieren. Der Untertitel dieses Buches lautet: „Fantasien und Reflexionen über Selbst und Seele".

Eines haben beide Bücher, *GEB* und *Einsicht ins Ich,* gemeinsam, nämlich die ihnen eigene alternierende Struktur. In *GEB* lösen Zwiegespräche und normale Kapitel, in *Einsicht ins Ich* Fantasien und Reflexionen einander ab. Ich habe wohl, denke ich, eine Schwäche für diesen kontrapunktischen Stil, denn auch in dem vorliegenden Band taucht er wieder auf. Hier pendele ich zwischen Artikeln und Postskripta hin und her.

Wenn *GEB* als eine sorgfältig durchgeführte Fuge über ein einziges, äußerst komplexes Thema firmieren kann und *Einsicht ins Ich* als eine Sammlung vielfältiger Variationen über ein Thema, dann ist *Metamagicum* vielleicht eine Fantasie mit verschiedenartigen Themen. Wären nicht die Postskripta, so würde ich sagen, diesem Buch fehle jegliche Kohärenz. Indessen habe ich mir große Mühe gegeben, die wechselnden Themen aufs engste miteinander zu verknüpfen, indem ich ausführliche Kommentare schrieb, die die Gedanken eines jeden Kapitels von anderen Kapiteln des Buches her beleuchten. Zuweilen reichen die Postskripta in der Länge fast an die Texte heran, die sie „postskribieren", und in einem Fall, nämlich beim 23. Kapitel, ist das Postskriptum sogar um etliches länger als der Haupttext.

Verantwortlich für dieses besonders lange Postskriptum ist mein Entschluß, in ihm einige Aspekte meiner eigenen derzeitigen Forschungsarbeit über artifizielle Intelligenz zu schildern. Auch an anderen Stellen des Buches komme ich auf meine Forschungsinteressen zu sprechen, aber nirgendwo gehe ich dabei ins technische Detail. Mein Hauptanliegen ist ja, eine klare Vorstellung von gewissen, mit der Funktionsweise des Geistes verknüpften Kardinalfragen bzw. Rätseln zu vermitteln, denen ich immer und immer wieder in mannigfacher Gestalt begegnet bin. Es sind heikle Fragen, die ich aufwerfe, aber ich finde sie nicht weniger reizvoll als mathematische Probleme. Auf jeden Fall will dieses Buch seinen Lesern einen besseren Einblick in den innigen Zusammenhang zwischen meiner Forschungsarbeit und meinem sonstigen Denken verschaffen.

* * *

Ich muß gestehen, daß es einen Aspekt in diesem Buch gibt, der mir bisweilen Unbehagen bereitet, nämlich das ins Auge springende Ungleichgewicht zwischen seinen unterschiedlichen Themen. Wie können zwei Themen wie Rubiks Zauberwürfel und das nukleare Armageddon in ein und demselben Buch von ein und demselben Autor mit gleicher Ausführlichkeit behandelt werden? Als halbe Antwort kann schon gelten, daß ja das Leben selbst nichts anderes ist als eine Mischung aus den verschiedenartigsten Dingen, kleinen und großen, heiteren und ernsten, ulkigen und grauenhaften, und eben diese Komplexität spiegelt *Metamagicum* wider. Das Leben lohnte nicht, wenn man keinerlei Anrecht auf Freude oder Spaß hätte.

Es gibt noch eine andere Erklärung für die immense Kluft zwischen den Themen. Im Zentrum einer ernstzunehmenden modernen Weltsicht können elegante mathematische Strukturen nicht weniger stehen als soziale Belange, und sie sind imstande, unser Nachdenken über schlechthin alles und jedes, selbst über etwas so Unheilvolles und Gewaltiges wie die atomare Katastrophe, zutiefst zu beeinflussen. Will man verstehen, was man nicht verstehen kann, weil es zu gigantisch oder zu komplex ist, benötigt man einfachere Modelle. Oft kann die Mathematik den richtigen Ansatzpunkt verschaffen, und aus diesem Grunde wimmelt es in den Erklärungen winzigster Naturphänomene nur so von wunderschönen mathematischen Begriffen. Inzwischen zeigen sie sich auch in größerem Maßstab von beträchtlichem Nutzen, wie Robert Axelrods großartige Arbeit über das Gefangenendilemma in unübertrefflicher Weise belegt (vgl. 28. Kapitel).

Das Gefangenendilemma liegt, was Komplexität, Abstraktionsgrad, Umfang und Bedeutung angeht, in etwa auf der Mitte zwischen Zauberwürfel und Armageddon. Ich möchte betonen, daß Abstraktionen dieser Art heutzutage ungeheuer wichtig sind, weil viele Menschen – sogar überdurchschnittlich kluge – jegliches Interesse verlieren, sobald sie sich einem zu großen Problem gegenübersehen. Solche Probleme müssen wir greifbar machen. Und damit sie nicht bloß greifbar, sondern ineins damit auch attraktiv werden, müssen wir die Menschen mit der Schönheit des klar Konturierten, Einfachen, Prägnanten, Eleganten, Ausgewogenen, Symmetrischen etc. locken.

In *Metamagicum* habe ich versucht, eben diese der Kunst entstammenden Qualitäten, die so unverzichtbar sind für jede ordentliche Wissenschaft und jede brauchbare Lebenserfahrung, zu erforschen und sogar förmlich zu zelebrieren. (Nicht zufällig ist im Titel das Wort „Magie“ enthalten!) Ich hoffe, dieses Buch wird seinen Lesern helfen, ihrem Nachdenken über große und kleine Dinge mehr Klarheit, Prägnanz und Eleganz zu verleihen. Ich hoffe ferner, daß es seine Leser anspornt, mehr von ihrer

Kraft auf die globalen Probleme dieser verrückten, aber doch liebenswerten Welt zu verwenden, denn wir leben in einer Zeit, in der diese Probleme uns wie nie zuvor unter den Nägeln brennen. Wenn wir uns jetzt nicht ausreichend engagieren, dann wird es vielleicht keine künftigen Generationen geben, die uns dankbar sein könnten für ihre Existenz und unser Engagement.

Sektion I:
Schlingen und Schleifen

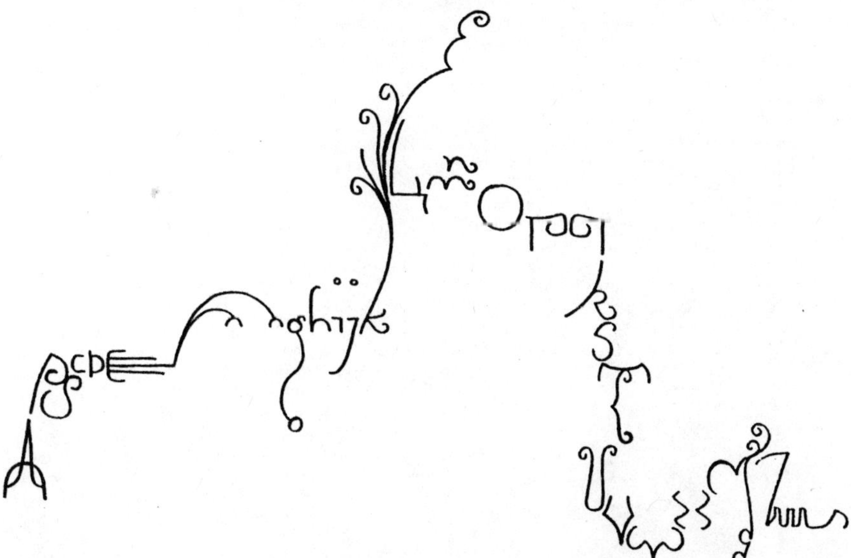

Sektion I: Schlingen und Schleifen

Die Überschrift dieses Teils vermittelt das Bild problematischer Verknäuelung. Es geht hier um solche Knäuel, in denen sich ein System (ein Satz, ein Bild, eine Sprache, ein Organismus, eine Gesellschaft, eine Regierung, eine mathematische Struktur, ein Computerprogramm, etc.) rückwärts mit sich selbst verwickelt und sich zu einer Schleife schließt. Ganz allgemein bezeichnet man das als *Rückbezüglichkeit.* Wenn sich dieses Abstraktum auf unterschiedliche Weisen verwirklicht, wird daraus ein konkretes Phänomen. Beispiele dafür sind: Selbstbezüglichkeit, Selbstbeschreibung, Selbstdokumentierung, Selbstwiderspruch, Selbstbefragung, Selbstbeantwortung, Selbstrechtfertigung, Selbstwiderlegung, Selbstparodierung, Selbstzweifel, Selbstdefinition, Selbstschöpfung, Selbstreplikation, Selbstmodifikation, Selbstberichtigung, Selbstbeschränkung, Selbstausweitung, Selbstanwendung, Selbsteintragung, Selbstbeobachtung und dergleichen mehr. In den folgenden vier Kapiteln werden diese sonderbaren Phänomene veranschaulicht, in Sätzen und Geschichten, die über sich selbst Aussagen machen, in Ideen, die sich selbst von einem Geist zum anderen fortpflanzen, in Maschinen, die sich selbst replizieren, und in Spielen, die ihre eigenen Regeln abändern. Die Vielfalt dieser schleifenförmigen Verschlingungen ist recht beachtlich, und das Thema noch längst nicht ausgeschöpft. Und obgleich sie mit Paradoxien zusammenhängen

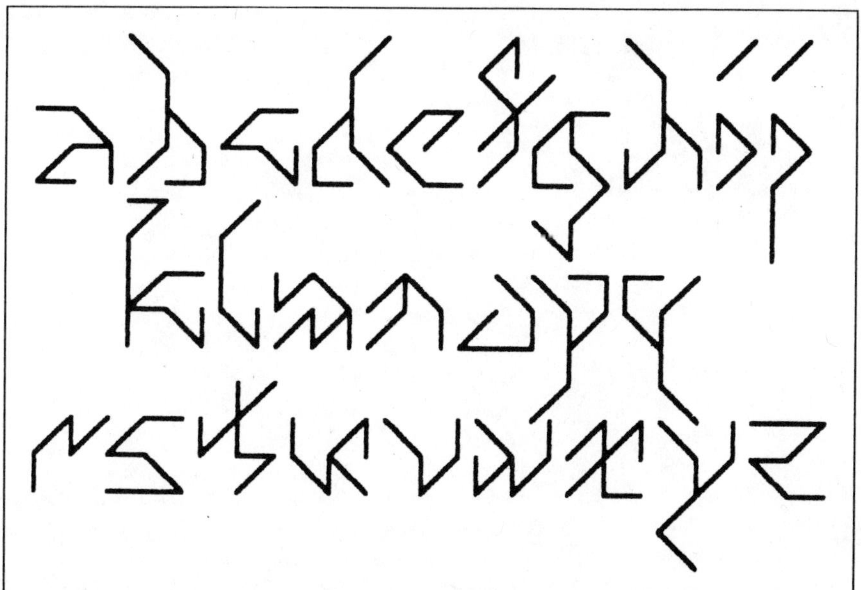

und infolgedessen reflexive Systeme als nichts weiter denn intellektuelle Spielzeuge erscheinen lassen, ist es enorm wichtig, sich mit ihnen eingehend zu befassen, wenn man viele der mathematischen und wissenschaftlichen Entwicklungen dieses Jahrhunderts verstehen will. Darüber hinaus erlangen sie immer zentralere Bedeutung, was so manche Theorien über Intelligenz und Bewußtsein angeht, gleich ob es sich nun um deren natürliche oder künstliche Erscheinungsform handelt. Rückbezüglichkeit wird daher in diesem Buch häufige Wiederkehr feiern.

1
Von selbstbezüglichen Sätzen

Januar 1981

Daß ich mal eine Kolumne für *Scientific American* schreiben würde, damit hatte ich niemals gerechnet. Zwar erinnere ich mich, mir einmal gewünscht zu haben, in Martin Gardners Fußstapfen zu treten, aber das ist Jahre her. Es schien aufregend, in fast jede Thematik zu tauchen, die einem Spaß machte, und einem großen, gebildeten und empfänglichen Publikum amüsante und lehrreiche Dinge darüber mitzuteilen. Die Vorstellung, etwas derartiges zu tun, schien ideal, ja sogar traumhaft. Bedingt durch eine Reihe purer Zufälle (die sich als gar nicht so pur herausstellten), traf ich im Laufe der kommenden Jahre nacheinander mit Martins Freunden zusammen. Der erste war Ray Hyman, ein Psychologe, der auf dem Gebiet der Sinnestäuschungen arbeitet. Er machte mich dann mit dem Magier Jerry Andrus bekannt. Danach lief ich dem Statistiker und Magier Persi Diaconis und dem Computer-Hexenmeister Bill Gosper über den Weg. Anschließend kam ich mit Scott Kim und wenig später mit dem Mathematiker Benoît Mandelbrot zusammen. Mit einem Mal schien sich die Welt um Martin Gardner zu drehen. Er stand im Zentrum eines magischen Zirkels von Leuten, die aufregende, neuartige, oft ausgefallene Ideen hatten, von Leuten mit vieldimensionalen Vorstellungswelten. Manchmal fühlte ich mich in dem bemerkenswerten Freundeskreis ganz klein.

Eines Tages kam ich dann, vor ungefähr fünf Jahren, in den Genuß, mehrere Stunden mit Martin in seinem Haus zu verbringen und über viele Themen zu sprechen, die um mathematische und andere Probleme kreisten. Es war ein Erlebnis für mich, bei dem mir viele Lichter aufgingen und ich einen neuen Einblick in den Geist eines Menschen bekam, der zu meiner eigenen mathematischen Bildung dermaßen viel beigetragen hatte. Was mich an Martin vielleicht am meisten erstaunte, war seine natürliche Einfachheit. Man hatte mir erzählt, daß er ein gewitzter Magier wäre. Es fiel mir schwer, das zu glauben, denn gewöhnlich stellt man sich jemanden, der andere hinters Licht führt, nicht so unkompliziert und geradeheraus vor. Jedenfalls sah ich nicht, daß er irgendwelche Zaubertricks anwandte. Ich sah einfach nur, wie er vor mir sein enormes Wissen ausbreitete und sich schier unermeßlich an Ideen erfreute, ohne daß er die geringste Spur von Überheblichkeit oder Selbstgefälligkeit zeigte. Die Gardners – also Martin und seine Frau – waren ungemein gastfreundlich. Zu Mittag aßen wir in der Küche ihres heimeligen dreistöckigen Hauses, und es gefiel mir irgendwie, daß es in ihrem einfachen, aber reizenden Wohnzimmer praktisch keine Anzeichen von Mathematik oder Zaubersachen oder sonstigem Spielzeug gab.

Nach dem Mittagessen – Martin und ich hatten Sandwiches zubereitet, während wir neben der Küchenspüle standen – gingen wir zwei Treppen höher in Martins Refugium. Als ich dort seine alte Schreibmaschine und alle möglichen seltsamen Aufzeichnungen in einem antiken Aktenschrank und seine legendäre Bibliothek, bestehend aus Kästen voller Karteikarten, sah, erinnerte er mich an einen altmodischen Journalisten, beileibe nicht daran, daß er ja im Zentrum einer erlauchten Gruppe mathematischer Exzentriker und Spielsüchtiger stand, um nicht zu sagen, Magier, Anti-Okkultisten und natürlich Tausender Leser seiner Kolumne.

Gelegentlich wurden wir vom Läuten einer Glocke unterbrochen, die an einer Schnur hing, welche die Stiege hinunter bis in die Küche reichte, wo Charlotte daran ziehen konnte, wenn sie ihn erreichen mußte. Es kamen ein paar Anrufe, darunter auch einer von dem Logiker und Magier Raymond Smullyan, jemand, dessen Name mir seit langem geläufig war; aber daß er zu diesem Zauberkreis gehörte, war mir nie in den Sinn gekommen. Smullyan rief an, um über ein Buch zu plaudern, an dem er gerade arbeitete, und was das Schönste war, er schrieb darin über den Taoismus! Für einen Logiker, der über etwas schrieb, was mir die anti-logischste Aktivität schien, der sich ein Mensch verschreiben kann, klang das wunderbar paradox. (Tatsächlich ist sein Buch *The Tao Is Silent* [„Das Tao schweigt"] eine erbauliche und bemerkenswerte Arbeit.) Es war, alles in allem, ein höchst unterhaltsamer Tag.

Es Martin in seiner Tätigkeit nachzutun, wird schwer sein. Aber ich werde mit meinem „Metamagicum" nicht versuchen, ein anderer Martin Gardner zu sein. Ich habe meine eigenen Interessen, und sie unterscheiden sich von denen Martins, auch wenn wir viel gemeinsam haben.

Was bedeutet „metamagisch"? Für mich bedeutet es so viel wie „eine Stufe über die Magie hinaus gehen". Darin liegt jedoch eine Zweideutigkeit: einerseits könnte damit „ultramagisch" gemeint sein – also eine Magie höherer Ordnung –, während andererseits das Magische an der Magie doch darin liegt, daß das, was dahintersteckt, eben *nicht* magisch ist. Das ist wahrlich metamagisch! Es reflektiert die vertraute, aber gewaltige Aussage, daß die Wirklichkeit sonderbarer ist als alles Erdichtete. So werde ich mit meinem „Metamagicum" ganz nach Art Martin Gardners zu zeigen versuchen, daß Magisches oft dort verborgen liegt, wo wenige es vermuten, und daß aus umgekehrtem Grund Magisches selten dort versteckt ist, wo es nach Meinung vieler stecken müßte.

* * *

In seiner Juli-Kolumne 1979 besprach Martin mein Buch *Gödel, Escher, Bach: ein Endloses Geflochtenes Band* und war hellauf begeistert. Am Anfang der Besprechung zitierte er kurz aus meinem Buch. Hätte man mich gebeten, zu raten, welchen einzelnen Satz er zitieren würde, ich hätte seine Wahl nie voraussagen können. Er entschied sich für den Satz „Dieser Satz kein Verb." Zugegeben, der Satz hat seinen Reiz, aber als ich ihn wieder sah, machte mir irgend etwas daran zu schaffen. Ich erinnerte mich, wie ich ihn einige Jahre zuvor bei dem Versuch, ein altes Thema neu zu variieren, niedergeschrieben hatte, aber selbst damals war er mir nicht so umwerfend vorgekommen, wie ich es mir erhofft hatte. Nachdem ich gesehen hatte, daß er symbolisch für mein ganzes Buch ausgewählt worden war, fühlte ich mich herausgefordert. Ich sagte mir, daß es bestimmt viel geistreichere Arten von selbstbezüglichen Sätzen geben müßte. Und so schrieb ich eines Tages einen ganzen Stapel selbstbezüglicher Sätze nieder, die ich dann einigen Freunden zeigte, und bald wurde daraus bei ein paar wenigen von uns ein leichter Fimmel. In dieser Kolumne stelle ich eine Auswahl derer vor, die für mich zu den allerbesten aus der damaligen Ausbeute zählen.

Bevor ich weitergehe, sollte ich den Begriff „Selbstbezüglichkeit" erläutern. Selbstbezüglichkeit ist ubiquitär. Sie kommt jedesmal vor, wenn jemand „ich" oder „mich" oder „mir" sagt, oder „Wort" oder „sprechen" oder „Mund". Sie kommt jedesmal vor, wenn eine Zeitung eine Geschichte über Reporter abdruckt, jedesmal, wenn sich jemand in einem Buch mit dem Schreiben befaßt, ein Buch über das Entwerfen von Büchern entwirft, einen Film über Filme dreht, oder einen Artikel über Selbstbezüglichkeit zu Papier bringt. Zahlreiche Systeme besitzen die Fähigkeit, sich in irgendeiner Weise selbst darzustellen oder irgendwie auf sich selbst Bezug zu nehmen, sich selbst (oder Bestandteile von sich selbst) innerhalb des Systems ihres eigenen Symbolismus zu bezeichnen. Passiert das, liegt jedesmal ein Fall von Selbstbezüglichkeit vor.

Selbstbezüglichkeit wird häufig falsch verstanden und für gleichbedeutend mit dem Begriff „Paradoxie" gehalten, der wahrscheinlich auf das wohl berühmteste Beispiel eines selbstbezüglichen Satzes zurückgeht, nämlich auf das Epimenides-Paradoxon. Epimenides, ein Kreter, sagte: „Alle Kreter lügen." Vermutlich weiß heute niemand, ob er diese Aussage in Unkenntnis ihrer selbst-unterminierenden Eigenschaft von sich gab, oder ob er es gerade deshalb sagte. Jedenfalls sind zwei verwandte Derivate, nämlich die Sätze „Ich lüge" und „Dieser Satz ist falsch", als das *Epimenides-Paradoxon* beziehungsweise als das *Lügner-Paradoxon* bekannt geworden. Beide Sätze sind absolut selbst-zerstörerische kleine Prachtexemplare, und sie haben dafür gesorgt, daß Selbstbezüglichkeit durch die Jahrhunderte hindurch einen schlechten Ruf hatte, den sie bis heute nicht los wurde. Wer über Selbstbezüglichkeit Schlechtes redet, übersieht gewiß die Tatsache, daß nicht jeder Gebrauch des Pronomens „ich" zur Paradoxie führt.

* * *

Nehmen wir das Epimenides-Paradoxon als Ausgangspunkt für den Sprung in dieses faszinierende Gebiet. Es gibt zahlreiche Variationen zum Thema eines sich irgendwie selbst unterminierenden Satzes. Sehen wir uns folgende zwei an:

Dieser Satz behauptet, ein Epimenides-Paradoxon zu sein, aber er ist eine Lüge.

Dieser Satz widerspricht sich selbst – oder eher – nein, eigentlich nicht!

Was sollte man tun, wenn man gesagt bekommt, „Befolgen Sie diese Aufforderung nicht"? Im folgenden Satz wird die epimenidische Eigenschaft erst nach einem Moment des Nachdenkens ersichtlich: „Dieser Satz enthält exakt trei Feehler." Ist es nicht köstlich, wie man hier ins Stutzen gerät?

Es ist denkbar, daß Kurt Gödels berühmter Unvollständigkeitssatz in der Metamathematik aus seinem Versuch entstand, das Lügner-Paradoxon in rein mathematischen

Begriffen möglichst getreu nachzubilden. Mit außerordentlichem Scharfsinn konnte er zeigen, daß es in jedem beliebigen, mathematisch überzeugenden axiomatischen System *S* möglich ist, eine mit dem Lügner-Paradoxon entfernt verwandte Aussage zu treffen, nämlich „Diese Formel läßt sich innerhalb des axiomatischen Systems *S* nicht beweisen."

In Wirklichkeit ergibt sich aus der Gödelschen Konstruktion eine mathematische Formel, nicht ein deutscher Satz; ich habe die Formel in eine sprachliche Aussage zurückverwandelt, um zu zeigen, was er sich dabei dachte. Der pfiffige Leser hat vielleicht bemerkt, daß mit dem Wortkomplex „diese Formel" streng genommen gar nichts bezeichnet wird, denn wird eine *Formel* in einen deutschen *Satz* übertragen, ist jener Satz keine Formel mehr!

Verfolgt man diese Idee weiter, wird man entdecken, daß sie in einen riesigen Kosmos führt. Deshalb schweife ich im folgenden kurz ab, um etwas zur Erhaltung von Selbstbezüglichkeit zu sagen, wenn man Sprachgrenzen übertritt. Wie sollte man den englischen Satz *This sentence in English is difficult to translate into German* übersetzen? Selbst wenn man kein Englisch kann, wird man das Problem beim Lesen einer wortwörtlichen Übersetzung erkennen: „Dieser Satz auf Englisch ist schwer ins Deutsche zu übersetzen." Das Problem ist: Worauf bezieht sich das Subjekt („Dieser Satz auf Englisch")? Wenn es sich auf den Satz bezieht, zu dem es gehört (der nicht auf Englisch ist), dann ist es ein sich selbst widersprechendes Subjekt und verfälscht den Satz (wohingegen der englische Originalsatz stimmte und harmlos war); bezieht es sich aber auf den englischen Satz, dann wird die Bedeutung von „dieser" verzerrt. Egal wie, in beiden Fällen ist irgend etwas passiert, was stört, und ich sollte deutlich machen, daß es genauso störend wäre, wiewohl auf andere Weise, wenn die Übersetzung lautete: „Dieser Satz auf Deutsch ist schwer ins Englische zu übersetzen." Bestimmt haben Sie schon deutsche Filme gesehen, deren Schauplatz in Frankreich lag, und in denen sämtliche Dialoge, außer vielleicht einem gelegentlichen *Bonjour* oder ähnlichen Wendungen, auf Deutsch geführt wurden. Was passiert, wenn Kardinal Richelieu den deutschen Baron zu dessen exzellentem Französisch beglückwünscht? Vermutlich löst er das Problem am elegantesten, wenn er zu ihm sagt, „Sie beherrschen unsere Sprache in exzellenter Weise, *mon cher baron*", und es dabei beläßt.

*   *   *

Doch wir wollen zurückschweifen und uns wieder der Gödelschen Formel zuwenden, mit Blick auf ihre Bedeutung. Man beachte, daß der Begriff der *falschen Behauptung* (im Lügner-Paradoxon) durch den genauer verstandenen Begriff der *Beweisbarkeit* ersetzt wurde. Der Logiker Afred Tarski machte deutlich, daß es prinzipiell unmöglich ist, das Lügner-Paradoxon exakt in jede beliebige exakte mathematische Sprache zu übertragen, denn wäre solches möglich, enthielte die Mathematik ein waschechtes Paradoxon – eine Aussage, die sowohl wahr als auch falsch ist – und käme zum Einsturz.

Andererseits ist Gödels Aussage nicht paradox, auch wenn sie dem Paradoxen beängstigend nahe kommt. Sie erweist sich als wahr, und aus diesem Grund ist sie in dem vorgegebenen axiomatischen System unbeweisbar. Gödels Arbeit enthüllt, daß mittels der Methode der Selbstbezüglichkeit in *jedem* beliebigen, mathematisch überzeugenden und konsistenten axiomatischen System eine endlose Folge wahrer, aber unbeweisbarer Formeln aufgestellt werden kann, was offenbart, daß sich das menschliche mathematische Denken in seiner ganzen Stärke nicht in den Käfig extrem strenger Genauigkeit einsperren läßt.

In einer Diskussion des Gödelschen Beweises kam der Philosoph Willard Van Orman Quine auf eine Möglichkeit, zu erläutern, wie sich Selbstbezüglichkeit in der ziemlich dürftigen formalen Sprache erreichen ließe, derer sich Gödel bediente. Quines Konstruktion erbrachte eine neue Möglichkeit, das Lügner-Paradoxon auszudrücken. Sie sieht folgendermaßen aus:

> „erzeugt eine falsche Aussage, wenn er seinem Zitat angehängt wird." erzeugt eine falsche Aussage, wenn er seinem Zitat angehängt wird.

Dieser Satz beschreibt eine Möglichkeit, eine bestimmte typographische Entität zu konstruieren – nämlich einen Wortkomplex, der einer mit Anführungszeichen versehenen Nachbildung von sich selbst als Nachsatz folgt. Führt man die Konstruktion aus, sieht man jedoch, daß das Endprodukt der Satz selbst ist – beziehungsweise eine perfekte Kopie davon. (Hier ist es ähnlich dem Vorgang der Selbstvermehrung in einer lebenden Zelle.) Der Satz behauptet, daß die Aussage der konstruierten typographischen Entität falsch ist, also er selbst (oder eine nicht zu unterscheidende Nachbildung seiner selbst). Auf diese Weise bekommen wir eine weniger kompakte, aber klarere Spielart des Epimenides-Paradoxon.

Es scheint, daß jedes Paradoxon in der einen oder anderen Weise Selbstbezüglichkeit mit sich bringt, sei es daß sie direkt oder indirekt zustande kommt. Und da das Verdienst für die Entdeckung – oder Erfindung – von Selbstbezüglichkeit dem Kreter Epimenides anzurechnen ist, könnten wir sagen: „Hinter jedem gelungenen Paradoxon steckt ein Kreter, und wenn er noch so kurze Beine hat."

Auf der Grundlage von Quines schlauer Konstruktion können wir eine selbstbezügliche Frage kreieren:

Wie steht es mit der Frage,
„Wie steht es mit der Frage, nach ihrem Komma in Anführungszeichen selbst-eingebettet?"
nach ihrem Komma in Anführungszeichen selbst-eingebettet?

An dieser Stelle sind Sie wieder einmal aufgefordert, eine typographische Entität zu basteln, die sich nach Durchführung der entsprechenden Operationen als identisch mit der Anleitung herausstellt. Diese selbstbezügliche Frage regt zu folgendem Rätsel an: Wie sieht eine Frage aus, die als ihre eigene Antwort dienen kann? Vielleicht findet der eine oder andere Leser Spaß daran, nach verschiedenen Lösungen zu suchen.

* * *

Wird ein Wort verwendet, um auf etwas Bezug zu nehmen, spricht man von *Wortgebrauch*. Wird ein Wort jedoch *zitiert*, so daß man es auf seine Oberflächenaspekte hin untersucht (typographisch, phonetisch, etc.), spricht man von *Worterwähnung*. Die folgenden Sätze basieren auf dieser vielbesprochenen Unterscheidung zwischen Gebrauch und Erwähnung:

> Man kann den Ochsen, den man gebraucht, nicht erwähnen.
>
> Man kann „den Ochsen, der da drischt", nicht gebrauchen.
>
> „Das Spielen mit der Unterscheidung von Gebrauch und Erwähnung" ist nicht „alles im Leben, weißt du".
>
> Damit „dieser Satz" Hand und Fuß bekommt, muß man die Anführungszeichen in „ihm" beiseite lassen.
>
> Dies ist ein Satz mit „Zwiebelringen", „Salatblättern", „Tomatenscheiben" und „Pommes als Beilage".
>
> Dies ist ein Hamburger mit Vokalen, Konsonanten, Kommata und einem Punkt am Ende.

Die letzten beiden Sätze sind humorvolle Verkehrungen derselben Idee. Hier sind zwei recht extreme Beispiele für das selbstbezügliche Spiel mit Gebrauch und Erwähnung:

> Stellen wir eine neue Übereinkunft auf: Alles, was in *dreifachen* Anführungszeichen steht – zum Beispiel, „„„Nein, doch nicht, mir ist da noch eine andere Idee gekommen, wie die Konvention lauten soll, und zwar: wenn die dreifachen Anführungszeichen die Anführung schließen, springe direkt ans Satzende und ignoriere alles bis zum Punkt""" –, soll überhaupt nicht gelesen werden (und schon gar nicht beachtet oder befolgt).
>
> To those who do not understand German, the sentence quoted below means nothing: „Für diejenigen, die kein Englisch verstehen, hat der englische Satz, der diesen angeführten Satz einleitete, keine Bedeutung."

Möglicherweise hat das zweisprachige Beispiel größeren Effekt, wenn man nur eine der beiden beteiligten Sprachen versteht.

Betrachten wir schließlich diese Abweichung von der für Gebrauch und Erwähnung geltenden Regel: „ich sollte mit einem Großbuchstaben beginnen." Dies ist ein Satz, der sich mittels des Pronomens „ich" statt einer hinweisenden Wortgruppe wie „dieser Satz" auf sich selbst bezieht; ein solcher Satz würde den Anschein erwecken, daß er sich in arroganter Weise selbst zu einem beseelten Träger eines Geschehens proklamiert. Ein anderes Beispiel wäre „Ich bin nicht die Person, die mich schrieb." Man beachte, wie leicht verständlich für uns dieser kuriose unübliche Gebrauch von „ich" ist. Es scheint ganz selbstverständlich, daß wir diesen Satz auf diese Weise lesen, obgleich wir doch in fast allen Lebenslagen gelernt haben, uns unbewußt ein geistiges Modell von der Person zu machen, der wir das Bedürfnis, uns irgend etwas mitzuteilen, zuschreiben – sei es die Person, die den Satz spricht, oder die, die ihn schreibt. Hier fassen wir das Wort „ich" jedoch in neuer Weise auf. Wie kommt das? Welche Arten von Stichwörtern in einem Satz lassen uns erkennen, daß wir nicht an den Urheber des Satzes denken sollen, wenn das Wort „ich" erscheint, sondern an den Satz selbst?

* * *

In vielen vereinfachten Erörterungen von Gödels Werk liest sich seine berühmte Formel wie folgt: „Ich bin in dem axiomatischen System *S* nicht beweisbar." Die Selbstbezüglichkeit, die in dem formalen System mit solcher Raffinesse bewerkstelligt wird, liegt in der Eigenheit, um nicht zu sagen, Spitzfindigkeit, des täuschend einfachen deutschen Wortes „ich", und wir können – tatsächlich tun wir es ganz automatisch – den Satz so auffassen, daß er über sich selbst spricht. Trotzdem kommen wir schwerlich auf die Idee, wenn wir folgendes hören, daß es sich wohl um einen über sich selbst sprechenden Satz handeln müsse: „Ich habe den Müll schon rausgebracht, Liebling."

Aufgrund der mehrdeutigen Möglichkeiten, die das erste Personalpronomen hat, um sich auf etwas zu beziehen, lassen sich viele interessante selbstbezügliche Sätze bilden. Durchaus betrachtenswert sind folgende:

Ich bin nicht das Subjekt dieses Satzes.

Ich bin auf das erste Wort in diesem Satz neidisch.

Nun, was ist von dem zu halten – dieser Satz handelt von mir!

Ich schreibe gerade und werde gleichzeitig geschrieben.

Das bringt ein ganz neues Bündel an Möglichkeiten hervor. Könnte „ich" nicht für das Schreibinstrument stehen („Ich bin kein Schreibstift"), oder für die Sprache („Ich komme aus dem Indogermanischen"), oder für das Papier („Schneide mich bitte aus und klebe mich in Form eines Möbiusstreifens zusammen")? Zu den kompliziertesten Möglichkeiten gehört der Fall, daß „ich" nicht für die physikalischen Zeichen steht, die wir vor unseren Augen wahrnehmen, sondern für irgendeine eher ätherische und nicht greifbare wesenhafte Erscheinung, für die *Bedeutung* des Satzes womöglich. Aber was ist dann Bedeutung? Die nächsten Beispiele suchen diese Idee zu beleuchten:

Ich bin die Bedeutung dieses Satzes.

Ich bin der Gedanke, den du soeben denkst.

Ich denke im Moment über mich selbst nach.

Ich bin die Abfolge neuraler Zündungen, die in deinem Gehirn vor sich gehen, während du die Buchstabenfolge in diesem Satz liest und über mich nachdenkst.

Dieser leblose, inerte Satz ist mein Körper, aber meine Seele, im Funkengesprüh deines Gehirns tanzend, ist voller Leben.

Diese Sätze, die einen arg aus dem Konzept bringen können, lassen das philosophische Problem der Zusammenhänge zwischen den Ideen Platos, geistiger Aktivität, physiologischer Gehirnaktivität und den sie auslösenden Symbolen in der Außenwelt deutlich zutage treten.

Diese Problematik kommt in der selbstbezüglichen Frage, „Denkst du, irgend jemand hat sich jemals zuvor schon einmal mit *genau diesem Gedanken* getragen?", auf ihren Höhepunkt. Um die Frage zu beantworten, müßte man wissen, ob zwei verschiedene Gehirne *jemals* genau denselben Gedanken haben können oder nicht (so wie in zwei verschiedenen Computern genau dasselbe Programm laufen kann). Zur Veranschaulichung dieser Möglichkeit kann gegebenenfalls Abbildung 23-2 beitragen. Ich habe mich oft gefragt: Kann sich *ein* Gehirn mehr als einmal mit genau demselben Gedanken tragen? Ist ein Gedanke etwas Platonisches, etwas, dessen Essenz unabhängig von dem Gehirn existiert, in dem er vorkommt? Ist die Antwort, „Ja, Gedanken sind gehirn-unabhängig", dann wäre die Antwort auf die selbstbezügliche Frage ebenso ein Ja. Würde sie nein lauten, dann hätte niemand jemals zuvor denselben Gedanken schon einmal haben können – nicht einmal die Person, die sich gerade mit ihm trägt!

Bestimmte selbstbezügliche Sätze bringen eine seltsame Art von Kommunikation mit sich, die zwischen dem Satz und seinen Freunden unter den Menschen stattfindet:

Ich habe dich unter Kontrolle, da ich die Wörter, aus denen du bestehst, genau auswähle und die Reihenfolge bestimme.

Nein, *ich* habe *dich* unter Kontrolle, weil du mich liest, bis zu meinem Ende.

He, du da unten – bist du der Satz, den ich schreibe, oder der Satz, den ich lese?

Und du da oben – bist du die Person, die mich schreibt, oder die Person, die mich liest?

Ach, leider können du und ich nur eine Einweg-Kommunikation haben, denn du bist eine Person und ich nichts als ein Satz.

Solange du mich nicht liest, bezieht sich das zweite Wort dieses Satzes auf nichts.

Der Leser dieses Satzes existiert nur dann, wenn er mich liest.

Nun, *das* ist ein ziemlich beängstigender Gedanke! Und doch ist er bestimmt wahr, aufgrund der sonderbaren Logik, die ihm eigen ist.

He, du da draußen – bist *du* es, der mich gerade liest, oder ist es jemand anders?

Sag mal, hast du mich nicht schon mal woanders geschrieben?

Sag mal, habe ich dich nicht schon mal woanders geschrieben?

Der erste der drei oberen Sätze wendet sich an den Leser; der zweite richtet sich an seinen Urheber. Im letzten spricht ein Urheber einen Satz an.

Viele Sätze beinhalten Wörter, bei denen sich infolge ihrer Mehrdeutigkeit – sei sie zufällig oder gewollt – schwer ausmachen läßt, worauf sie sich beziehen:

Dieter Satz ist nicht selbstbezüglich, weil „diet“ kein Wort ist.

Keine Sprache kann alle Gedanken unzweideutig ausdrücken, am allerwenigsten diese hier.

In der Escher-inspirierten Abbildung 1-1 wird gleichzeitig eine visuelle und eine verbale Ambiguität ausgeschlachtet.

* * *

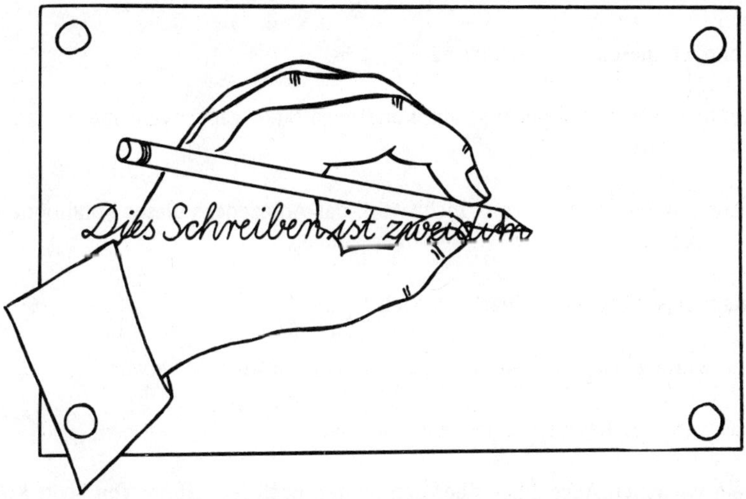

Abbildung 1-1. Ambiguität: Was wird beschrieben – das Geschriebene oder der Vorgang des Schreibens? [Zeichnung von David Moser, nach M. C. Escher, dt. Text ergänzt von Günther Bosch.]

Wenden wir uns nun einer höchst interessanten Kategorie zu, nämlich Sätzen, die sich mit den Sprachen befassen, in denen sie ausgedrückt sind, beziehungsweise ausgedrückt wurden oder ausgedrückt sein könnten:

Wenn man nicht hinsieht, ist dieser Satz in Spanisch.

Ich mußte diesen Satz ins Deutsche übersetzen, weil ich ihn im Original auf Sanskrit nicht lesen konnte.

Der Satz, den du gerade vor Augen hast, weilte letztes Jahr einen Monat lang im Ungarischen und wurde erst kürzlich wieder ins Deutsche übersetzt.

Wäre dieser Satz in Chinesisch, würde er etwas anderes besagen.

.nesel neseid eiw nhi ud tsedrüw ,hcsiärbeH ni ztaS reseid eräW

Die beiden letzten Sätze sind Beispiele für *kontrafaktische Konditionalsätze*. Ein solcher Satz postuliert in seinem ersten Satzteil (dem *Antezedens*) eine der tatsächlichen Welt konträre Situation (eine „mögliche Welt", wie man manchmal auch sagt) und extrapoliert sie in seinem zweiten Satzteil (der *Konsequenz*) zu einem mit dem Antezedens schlüssigen Sachverhalt. Diese Satzart ist der Schlüssel zu einem für die Selbstbezüglichkeit ergiebigen Gebiet. Zu den in meinen Augen spannendsten selbstbezüglichen kontrafaktischen Konditionalsätzen gehören diese:

Wenn dieser Satz nicht existierte, hätte jemand ihn erfunden.

Wenn ich diesen Satz beendet hätte,

Wenn es keine kontrafaktischen Konditionalsätze gäbe, wäre dieser Satz nicht paradox.

Wenn das Wörtchen „wenn" nicht wär', das Antezedens dieses Konditionalsatzes nicht wär'.

Wenn dieser Satz falsch wär', wär' ich Millionär.

Wie würde dieser Satz lauten, wenn er nicht selbstbezüglich wäre?

Was wäre mit diesem Satz los, wenn π 3 wäre?

Grübeln wir einen Augenblick über den letzten nach (er stammt von Scott Kim). In einer Welt, in der π tatsächlich den Wert 3 *hätte*, würde man nicht danach fragen, wie sich die Dinge *verhielten*, wenn π 3 wäre. Stattdessen würde man vielleicht darüber nachsinnen, was wäre, „wenn π 2 wäre", oder „wenn π *nicht* 3 wäre". Als erste

Antwort auf die Frage könnte man vielleicht sagen: „Was wäre mit diesem Satz los, wenn π nicht 3 wäre?" Allerdings gibt es da ein Problem. Das, was mit „diesem Satz" gemeint ist, hat jetzt nämlich die Identität gewechselt. Ist es somit recht und billig, zu sagen, daß der zweite Satz eine Antwort auf den ersten ist? Es kommt in etwa einer Frau gleich, die vor sich hinsinniert, „Was würde ich jetzt tun, wenn meine Gene anders gewesen wären?" Das Problem ist, daß sie nicht sie selbst wäre; sie wäre jemand anders, vielleicht der kleine Junge von gegenüber, der in seinem Sandkasten spielt. Persönliche Fürwörter wie „ich" können mit solch ungewohnten hypothetischen Weltverschiebungen nicht mithalten.

Um aber auf Scott Kims kontrafaktischen Konditionalsatz zurückzukommen, sollte ich darauf aufmerksam machen, daß es in diesem Zusammenhang ein gar noch ernsteres Problem gibt, als bislang angesprochen. Eine Abänderung des Wertes von π ist, milde ausgedrückt, ein radikaler Eingriff in die Mathematik, und aller Voraussicht nach kann man die Mathematik nicht radikal umändern, ohne zuvor das Gefüge des Universums, in dem wir leben, radikal zu verändern. Es ist also stark zu bezweifeln, daß auch nur einer der in dem Satz vorkommenden Begriffe noch irgendeinen Sinn hätte, wenn π 3 wäre (die Begriffe „π", „3", usw. eingeschlossen).

Hier sind noch zwei weitere kontrafaktische Konditionalsätze, über die Sie sich den Kopf zerbrechen können:

> Wenn es altmodisch war, den Konjunktiv im Deutschen zu gebrauchen, würde dieser Satz sehr modern klingen.

> Dieser Satz wäre sechs Wörter lang, wenn er sechs Wörter knapper wäre.

Diese beiden köstlichen Beispiele, deren Urheberin Ann Trail ist (die auch eine ganze Reihe anderer Beispielsätze in diesem Kapitel erfunden hat), bringen uns zu Sätzen, die über ihre eigene Form sprechen. Solche Sätze unterscheiden sich ganz und gar von denen, die sich zu ihrem eigenen Inhalt äußern (etwa wie die Lügner-Paradoxie oder der Satz, der aussagt: „Dieser Satz redet nicht von sich selbst, sondern davon, ob er über sich selbst redet."). Es ist leicht, einen Satz zu bauen, der sich auf seine eigene Form bezieht, aber wenn es ein *interessanter* sein soll, wird es schwierig. Ein paar weitere recht gute sind diese:

> weil mir kein guter Anfang für ihn einfiel.

> Dieser Satz war in der Vergangenheitsform.

> Dieser Satz hat enthält zwei Verben.

> Dieser Satz enthält 1 Ziffer 1 zu viel.

> einer Präposition. Dieser Satz endet mit

In der Zeit, die du zum Lesen dieses Satzes brauchst, könnten einhundertneun Buchstaben von deinem Gehirn verarbeitet worden sein.

* * *

David Moser, der komponiert und schriftstellert, ist ein Liebhaber von Selbstbezüglichkeit und rahmensprengenden Ideen aller Art, und er delektiert sich nicht nur daran, sondern kreiert dergleichen auch. Er hat sogar eine kurze Geschichte geschrieben, in der jeder Satz selbstbezüglich ist (ich habe sie in Kapitel 2 aufgenommen). Es mag einem unwahrscheinlich vorkommen, daß sich in einem so begrenzten Bereich individuelle Stile herausbilden und zum Blühen kommen könnten, aber David hat tatsächlich seinen ganz eigenen selbstbezüglichen Stil entwickelt. Wie ein gemeinsamer Freund (oder war es David selbst?) witzelte: „Wenn David Moser der Vater dieses Satzes gewesen wäre, wäre er lustiger ausgefallen." Zahlreiche Moser-Kreationen sind in diesem Kapitel schon verwendet worden. Zu weiteren Ergötzlichkeiten Moserscher Art gehören diese:

Dies ist kein kompletter. Satz. Dieser auch nicht.

Dieser Satz enthält nur ein ungebräuchliches Flützpasch.

Dieses Gabbelick enthält viele ungeklarkische Flützpäsche, aber im großen und ganzen kann das Plagandispische daran aus dem Kontext geglorkt werden.

Dieser Satz hat Schnapsidee sechs Wörter.

Meiner Meinung nach bedurfte es eines gehörigen Flützpasches, einfach ein zufälliges Wort einzufügen, nur damit in dem Satz *tatsächlich* Schnapsidee sechs Wörter sind. Diese Idee inspirierte zur folgenden: „Dieser Satz hat fünf (5) Wörter." Hier sind noch ein paar vermischte Mosersche Blüten:

Dieser soll Sein oder eigentlich zwei Sätze Nichtsein, das ist hier die Frage, kombinieren.

Guuuut fühlt sich das an, wenn deine Blicke meine Kurven und Serifen abtasten.

Dieser Satz leidet !!!! an vorzeitigen Ausrufezeichen

Sätze wie der vorhergehende, die über ihre eigene Interpunktion sprechen, können recht amüsant sein. Hier sind noch zwei:

Dieser Satz, obgleich kein interrogativer, endet trotzdem mit einem Fragezeichen?

Dieser Satz hat keine Interpunktion Strichpunkt die anderen schon Punkt

Ein anderer genialer Schöpfer selbstbezüglicher Sätze ist Donald Byrd; auch von ihm habe ich in diesem Kapitel bereits mehrere verwendet. Don hat ebenfalls seine eigene, ganz charakteristische Art, mit der Selbstbezüglichkeit zu spielen. Hier sind zwei weitere Sätze aus seinem Repertoire:

Dieser hier Satz tut sich im reinen Deudsch nit gut auskennen.

Wenn du diesem Satz auf der Tafel begegnest, wisch ihn aus.

Letzterer spielt mittels seiner Form auf die buddhistische Redensart an: „Wenn du dem Buddha auf der Straße begegnest, töte ihn."

Ich habe eine wahrhaft wunderbare Quelle für die Selbstbezüglichkeit entdeckt; unglücklicherweise ist dieser Aufsatz jedoch zu kurz, um diese Entdeckung voll und ganz beweisen zu können: die Anspielung durch Ähnlichkeit in der Form. Ich werde nur zwei Beispiele herausgreifen und ausdrücklich besprechen. Das erste lautet: „Besser Satz auf Papier als Anspielung auf Tafel." Zunächst spielt er auf das Sprichwort an: „Besser ein Spatz in der Hand als eine Taube auf dem Dach." Seine zweite Anspielung zielt auf „Dieser Satz kein Verb." Die dritte Anspielung nimmt Don Byrds oben zitierten Satz aufs Korn. Das andere Beispiel befaßt sich mit der köstlichen selbstbezüglichen Bemerkung, die der Komponist John Cage einmal von sich gab: „Ich habe nichts zu sagen, und ich sage es." Und dies erlaubt es mir, sie in folgender, ziemlich subtiler Weise zu verdrehen: „Ich habe nichts, um darauf anzuspielen, und darauf spiele ich an."

* * *

Unter den besten selbstbezüglichen Sätzen sind einige recht kurze, aber deswegen nicht weniger köstliche. Bei ihrem Effekt bauen sie auf sekundäre Interpretationen idiomatischer Ausdrücke oder bekannter Schlagwörter. Die folgenden sechs, die sich anderen Kategorisierungsformen zu widersetzen scheinen, gehören zu meinen Favoriten:

Kannst du mich verstehen?

Dies ist ein ausgezeichneter Punkt.

Du kannst mich gern haben.

Ich bleibe bei diesem Satz.

Wegen Aussatz bin ich momentan nicht im Einsatz.

Ich bin ein Ersatz.

Sehr wahrscheinlich würde bei dem einen oder anderen dieser Sätze des Pudels Kern sogar Leuten entgehen, die zwar nicht Muttersprachler, aber im Deutschen immerhin sehr beschlagen sind.

Gewiß wäre kein Aufsatz über Selbstbezüglichkeit vollständig, wenn er nicht einen Satz guter Beispiele sich selbst bewahrheitender Prophezeiungen enthielte. Hier sind ein paar:

Diese Prophezeiung wird wahr werden.

Dieser Satz wird enden, noch ehe du aufsagen kannst: „Fischers Fritze fi

Gewiß wäre kein Aufsatz über Selbstbezüglichkeit vollständig, wenn er nicht einen Satz guter Beispiele sich selbst bewahrheitender Prophezeiungen enthielte.

Erinnert dieser Satz dich an Agatha Christie?

Dieser letzte Satz – er stammt von Ann Trail – ist erstaunlich. Klar, daß er mit Agatha Christie nichts am Hut hat, noch ist er in ihrem Stil, also müßte die Antwort Nein sein. Aber es ist wie verhext – ich kann ihn nicht lesen, ohne gleichzeitig an Agatha Christie erinnert zu werden! (Und was die Sache noch merkwürdiger macht, ist, daß ich von Agatha Christie keinen blassen Dunst habe!)

Zum Abschluß kann ich der rührenden Bitte des folgenden Satzes von Don Byrd nicht widerstehen:

Oh bitte, bitte, veröffentliche mich in deiner Kollektion selbstbezüglicher Sätze!

Postskriptum

Diese erste Kolumne von mir löste eine Flut von Leserpost aus, aus der manches im nächsten Kapitel zur Sprache kommt. Größtenteils waren die Zuschriften unbekümmerten Inhalts und nicht so wichtig, aber es kamen auch zahlreiche Briefe ernsthaften Charakters, die mich verblüfften. Hier ist ein solcher, der um eine Antwort nicht verlegen ist. Er erschien ein paar Monate später als Leserbrief im *Scientific American.*

> Diese Art struktureller Analyse, mit der sich Douglas Hofstadter in seinem amüsanten und spannenden Artikel über selbstbezügliche Sätze befaßt, und die sich daraus ergebenden Fragen, die er aufwirft, müssen nicht unvermeidlich zur Verwirrung des Lesers führen.
>
> Hilfe kommt von der „trödeligen Wissenschaft“ der Psychologie, aber nur aus derjenigen Ecke der Psychologie, die, vorsichtig definiert, als Behaviourismus bekannt ist und deren Stammvater der berühmte Harvard-Psychologe B. F. Skinner ist, der sie vor fast 50 Jahren ins Leben gerufen hat.
>
> Für all die, die verbales Verhalten mit dem nötigen Ernst studieren, bemerkt Skinner in seinem Buch *Was ist Behaviourismus?* (auf Seite 114) bei der Beleuchtung der Implikationen linguistischer Analysen wie der von Hofstadter aufgeführten folgendes:

Es richtet vielleicht keinen Schaden an, mit Sätzen dieser Art herumzuspielen oder Veränderungen zu untersuchen, die solche Sätze einem Durchschnittsleser annehmbar erscheinen lassen. Dennoch ist es besonders dann eine Zeitverschwendung, wenn die auf diesem Wege gebildeten Sätze nicht als verbales Verhalten hätten emittiert werden können. Ein klassisches Beispiel hierfür ist das Paradox „Dieser Satz ist unwahr", das, wenn es wahr ist, unwahr erscheint, und wenn es unwahr ist, wahr. Wichtig ist hierbei allein die Überlegung, daß niemand diesen Satz als verbales Verhalten je hätte emittieren können. Ein Satz muß existieren, bevor ein Sprecher sagen kann: „Dieser Satz ist unwahr." Diese Reaktion als solche ist nicht ausreichend, da sie nie emittiert worden wäre, wenn ihr nicht ein anderer Satz vorangegangen wäre. Was Logiker oder Linguisten als einen Satz bezeichnen, ist nicht notwendig ein verbales Verhalten, das einer Verhaltensanalyse bedarf.

Wie Skinner vor geraumer Zeit schon deutlich machte, resultiert verbales Verhalten aus möglichen Nebenerscheinungen der durch verbale Verbände zustande kommenden Verstärkung, und genau diese Kontingenzen müssen analysiert werden, wenn wir die Variablen identifizieren wollen, die verbales Verhalten steuern. Bis wir die ganze Tragweite von Skinners Position erfassen, die über das Strukturelle hinausgeht, um eine Antwort darauf zu geben, *warum* wir uns verbal oder nonverbal gerade so verhalten und nicht anders, werden wir immer wieder auf vorwissenschaftliche Formulierungen zurückfallen, die für das Verständnis dieser Phänomene genauso nützlich sind wie Hofstadters verschrobene metaphorische Spekulation: „Ein solcher Satz würde den Anschein erwecken, daß er sich in arroganter Weise selbst zu einem beseelten Träger eines Geschehens proklamiert."

George Brabner
Institut für Erziehungswissenschaften
Universität Delaware

Ich wurde das Gefühl nicht los, auf Professor Brabners interessante Punkte zu diesem Themenkreis eingehen zu müssen. Ich schrieb ihm also folgende Antwort:

Ich nehme an, daß Professor Brabner das Zitat von B. F. Skinner entnahm, weil sich darin seine eigenen Anschauungen über die Wahrscheinlichkeit selbstbezüglicher Sätze widerspiegeln. Leute, die ihre lieben Zweifel an der Wahrscheinlichkeit von Selbstbezüglichkeit und Paradoxie haben, verblüffen mich immer wieder. Verbales Verhalten hat viele Komponenten. Zu den sich in diesem Jahrhundert wohl am stärksten durchsetzenden Komponenten verbalen Verhaltens gehört der Humor, insbesondere selbstbezüglicher Humor. Man muß sich nur mal die Muppet-Schau oder Monty Python im Fernsehen anschauen, um Zeuge geballter und kompliziert verwickelter Netzgewebe von Selbstbezüglichkeit zu werden. Sogar Werbeslogans überschlagen sich fast vor Selbstbezüglichkeit.

Im Bereich der Kunst haben René Magritte, Pablo Picasso, M. C. Escher, John Cage und Dutzende andere ihre Spielchen mit der Ebenenunterscheidung zwischen *dem Repräsentierenden* und *dem Repräsentierten* getrieben. Das „artistische Verhalten", das dabei herauskommt, birgt eine Menge Selbstbezüglichkeit und verwirrender, bisweilen erheiternd paradoxer Verwicklungen. Würde Professor Brabner meinen, daß solche Werke von keinem als „artistisches Verhalten" hätten „emittiert" werden können? Wo verläuft da die Grenzlinie?

Die Alltagssprache ist, wie ich in meiner Kolumne zu zeigen versuchte, voll von Selbstbezüglichkeit, die gewöhnlich nicht so überdeutlich herausscheint wie die Paradoxien, gegen die Professor Brabner seine Einwände hat. „Mund", „Wort" usw. sind selbstbezüglich. In der Sprache steckt von Natur aus ein Potential an scharfen Kehrschleifen, die es möglich machen, daß sie sich darin selbst verhakt.

Viele wissenschaftliche Arbeiten beginnen mit einem Satz über „das Ziel dieser Arbeit". Zeitungen berichten über ihre eigenen Aktivitäten, begreiflicherweise über ihre eigenen Ungenauigkeiten. Man sagt: „Dieses Gespräch hängt mir zum Hals raus." Argumente entwickeln sich über Argumente und können irgendwann so in sich selbst verwickelt sein, daß man gehörig durcheinanderkommt. Hat Professor Brabner „verbales Verhalten" nie in diesem Licht gesehen? Als man noch zottelige Mammuts jagte, hielt es bestimmt keiner für außerordentlich angebracht, zu rufen: „Dieser Satz ist falsch!" Doch hat die Zivilisation seither einen weiten Weg hinter sich, und die Primitivzwecke der Sprache sind inzwischen so gut wie sämtlich unter einer Lawine weitaus komplexerer Zwecke begraben.

Es gehört zur menschlichen Natur, introspektiv zu sein, zu sondieren. Ein Teil unseres „verbalen Verhaltens" kundschaftet sehr wohl auf überlegte, oft spielerische Weise die Grenzen zwischen begrifflichen Ebenen von Systemen aus. All das hat seine Ursprünge im Kampf zu überleben, in der Tatsache, daß unsere Gehirne so flexibel geworden sind, daß viel von ihrer Zeit für die bewußte oder unbewußte Beschäftigung mit ihren eigenen Aktivitäten aufgebracht wird. Es ist einfach eine Konsequenz der repräsentativen Stärke – wie Kurt Gödel zeigte –, daß Systeme von zunehmender Komplexität zunehmend selbstbezüglich werden.

Für Leute, die voller Selbstzweifel stecken, ist es durchaus möglich, daß sie diese Eigenart an sich selbst erkennen und anfangen, ihren Selbstzweifel selbst anzuzweifeln. Solche psychologischen Dilemmas liegen manchen zeitgenössischen Therapietheorien am Herzen. Gregory Batesons „Double bind" („Beziehungsfalle"), Victor Frankls „Logotherapie" und Paul Watzlawicks therapeutische Ideen basieren alle auf ebenenüberschneidenden Paradoxien, die im wirklichen Leben vorkommen. Tatsächlich basiert die Psychotherapie selbst voll und ganz auf der Vorstellung eines „in sich verwickelten Systems des Selbst" – eines Selbst, das in sich hineingehen und etwas vermutlich Verkehrtes an sich selbst ändern möchte.

Wir Menschen sind die einzige Spezies, die Humor, Kunst, Sprache, verwickelte psychologische Probleme, ja selbst ein Bewußtsein unserer eigenen Sterblichkeit entwickelt hat. Selbstbezüglichkeit – selbst wenn sie zu der sich deutlich abhebenden Epimenides-Kategorie gehört – ist an viele tiefgründige Aspekte des Lebens gebunden. Würde Professor Brabner behaupten, daß Selbstmord kein denkbares menschliches Verhalten ist?

Angenommen schließlich, die Herren Professoren Skinner und Brabner haben recht, und kein Mensch sagt je, „Dieser Satz ist falsch", und meint genau den. Würde das wirklich bedeuten, daß es vergeudete Zeit wäre, solche Sätze zu untersuchen? Noch lange nicht. Physiker untersuchen ideale Gase, da sie ein Konzentrat der wichtigsten Prinzipien darstellen, wie sich reale Gase verhalten. Ähnlich ist es mit der Epimenides-Paradoxie, die eine „ideale Paradoxie" ist – eine, die unumwunden zum Kern vorstößt. Durch sie sind weite Räume in der Logik, der reinen Wissenschaft, der Philosophie und in anderen Disziplinen aufgemacht worden, und das wird weiterhin so sein, trotz des Skeptizismus auf seiten der Behaviouristen.

Es ist eine merkwürdige Koinzidenz, daß die einzige andere Antwort auf meinen Artikel, die als Leserbrief im *Scientific American* abgedruckt wurde, ebenfalls von der Universität Delaware kam. Hier ist sie:

Hoffentlich bekommen Sie keine Briefe bezüglich Douglas R. Hofstadters Artikel über Selbstbezüglichkeit. Ihre Leser würde ich aber sehr gerne informieren, daß ich aufgrund jahrelangen Studiums dieses Problems zu der Überzeugung gekommen bin, daß sich daraus nichts, aber auch gar nichts schließen läßt, was bei eingehender Betrachtung auch nur einen Moment Bestand hätte. Für *Scientific American* gibt es keine Entschuldigung, Briefe von solchen Spinnern zu veröffentlichen, die solche Themen überhaupt für beachtenswert halten.

A. J. Dale
Philosophische Fakultät
Universität Delaware

Ich antwortete folgendes:

Aufgrund jahrelangen Lesens solcher Briefe bin ich zu der Überzeugung gekommen, daß sich darauf nichts, aber auch gar nichts antworten läßt, was bei eingehender Betrachtung auch nur einen Moment Bestand hätte. Es gibt keine Entschuldigung, Antworten an solche Spinner zu veröffentlichen, die ihre Antworten einschickten.

Nachdem diese beiden Briefwechsel gedruckt erschienen, sagten mir zahlreiche Leute, daß sie die zwei Briefe aus Delaware, in denen man mich angegriffen hatte, gelesen und daß ihnen meine Antworten gefallen hatten. Zwei? Vermutlich kam es nicht so deutlich zum Vorschein, daß der Brief von Herrn Dale durch und durch ironisch war. Das war tatsächlich das Wesentliche daran.

* * *

Zwei weitere Briefe sind mir in Erinnerung, die sich von den anderen deutlich abhoben. Einer stammte von einem Individuum, das mit „Mr Flash qFiasco" unterschrieb (ich vermute folglich, es handelt sich um eine männliche Person). Mr Flash behauptete stocksteif, daß ein Satz nicht *sagen* kann, was er *zeigt*. Ersteres betrifft lediglich seinen *Inhalt*, der angeblich unabhängig davon ist, wie er sich gedruckt manifestiert, während letzteres eine Eigenschaft ausschließlich seiner *Form* ist, das heißt, des physikalischen Satzes, aber erst, wenn er gedruckt erscheint. Diese Unterscheidung scheint auf Anhieb glasklar, doch in Wirklichkeit ist sie klar wie dicker Kleister. Hier nun ein Teil von dem, was Flash mir schrieb:

Ein Satz, der das, was er zeigt, zu sagen versucht, begeht eine Art logischen Fehler. Es scheint, als würde ein runder Stift in ein viereckiges Loch geschlagen, während stattdessen ein runder Stift in etwas hineingeschlagen wird, das gar kein Loch ist, weder ein viereckiges noch sonstwie geartetes. Es handelt sich hierbei um eine Fehlverbindung von Kategorien, nicht um eine Paradoxie. Es ist, wie wenn man das Kochrezept mit zum Mehl und zur Butter und zu den Eiern gibt. Der Ursprung der Zweideutigkeit liegt in einem unzulässigen Gebrauch des Demonstrativpronomens „dies". „Dies" kann im Grunde genommen auf alles Mögliche hinweisen, aber nicht auf sich selbst. Streckt man seinen Zeigefinger aus, kann man im Grunde genommen auf alles Mögliche zeigen; und durch Umbiegen des Zeigefingers kann man sogar auf den Zeigefinger selbst zeigen; aber man kann nicht auf das *Zeigen* zeigen. Das

Zeigen gehört einer höheren logischen Klasse an als das, was das Zeigen ausführt. Ähnlich ist es mit dem Referenten von „dieser Satz", der im Grunde genommen alles mögliche sein kann außer jener Satz. Die Bildung von Sätzen der Form wie „Dieser Satz kein Verb." und „Dieser Satz hat ein Verb." ist nicht besonders gut gelungen: sie begehen Irrtümer einer Art logischer Zweideutigkeit. Folglich ist ihr selbstbezüglicher Charakter nicht echt, und sie stellen etwas als paradox hin, was eigentlich gar kein Problem ist.

Es wird immer Leute geben, die Einwände in dieser Art vorbringen, und jene in der Art Brabners. Solche Leute halten es für möglich, haarscharf zwischen Attributen eines gedruckten Satzes, die als zugehörig zu seiner *Form* erachtet werden können (also *z.B.* die Schriftart, in der er gedruckt erscheint, die Anzahl der Wörter, die er enthält, usw.), und Attributen abzugrenzen, die als zugehörig zu seinem *Inhalt* angesehen werden können (also *z.B.* die Dinge und Ereignisse und Beziehungen, auf die er sich bezieht).

Ich bin es gewohnt, über Sprache in der Form nachzudenken, daß ich mich frage, wie man eine Maschine dahin bringt, sich mit Sprache zu befassen, da in meinen Augen das menschliche Gehirn eine sehr komplexe Maschine ist, die mit Sprache (und mit vielem anderen ebenfalls) umgehen kann. Maschinen haben, wenn sie versuchen, aus Sätzen schlau zu werden, zu nichts anderem Zugang als zur *Form* solcher Sätze. Der *Inhalt*, sollte er einer Maschine zugänglich sein, muß irgendwie aus der physikalischen Struktur des Satzes abgeleitet, extrahiert, konstruiert oder kreiert werden, zusammen mit anderem Wissen und Programmen, die der Maschine bereits zur Verfügung stehen.

Wenn ein einfaches Verarbeitungsverfahren herangezogen wird, um an einem Satz Operationen durchzuführen, ist es recht praktisch, die auf diese Weise erhaltene Information mit dem Etikett „syntaktisch" zu versehen. Es ist zum Beispiel ganz klar, daß „Dieser Satz kein Verb" syntaktisch gesehen tatsächlich sieben Vokale enthält. Die Unterscheidung zwischen Vokal und Konsonant ist offensichtlich eine typographische, und typographische Fakten werden für oberflächlich und syntaktisch gehalten. Aber hierin liegt ein Problem. Mit unterschiedlichen *Tiefen der Prozessierung* werden möglicherweise Aspekte verschiedengradiger „Semantizität" aufgespürt.

Man betrachte beispielsweise den Satz „Meta war gestern krank." Nennen wir ihn *Satz M*. Unten ist eine Liste der Ergebnisse von sieben verschiedenen Prozessierungsstufen des Satzes M mit einer hypothetischen Maschine, unter Einsatz immer ausgeklügelterer Programme und immer größerer Wissensdatenbänke. Um sich die Sache leichter zu machen, sollte man sich denken, rechnerische Strukturen innerhalb der Maschine seien ins Deutsche übersetzt worden, und die Maschine könnte die Übersetzungen beeinflussen und damit gewandt umgehen.

1. Satz M besteht aus neunzehn Buchstaben.
2. Satz M besteht aus vier deutschen Wörtern.
3. Satz M besteht aus einem Eigennamen, einem Verb, einem Adverb und einem Adjektiv, in genau der Reihenfolge.
4. Satz M enthält einen Namen für einen Menschen, ein Hilfsverb, ein Adverb der Zeit und ein Adjektiv, das einen möglichen Gesundheitszustand eines Lebewesens beschreibt, in genau der Reihenfolge.

5. Das Subjekt des Satzes M ist Hinweiser auf ein Individuum namens „Meta“, das Prädikat Zuweiser eines schlechten Gesundheitszustands an das Individuum, welches als sich in einem derartigen Zustand befindlich angezeigt wurde, an dem Tag, der der Äußerung der Feststellung voranging.
6. Satz M behauptet, daß der Gesundheitszustand eines Individuums namens Meta einen Tag vor heute schlecht war.
7. Satz M sagt aus, daß Meta gestern krank war.

Wo liegt denn nun die Grenzlinie, die sagt, „*Dermaßen* viel an Verarbeitung kannst du gar nicht leisten!“? Eine Maschine, die so weit gehen könnte wie Version 7, hätte tatsächlich den Inhalt des Satzes M *verstanden* – wenigstens in irgendeinem rudimentären Sinn. Mit ihrer Arbeit haben Forscher der artifiziellen Intelligenz beim Verständnis der natürlichen Sprache einige sehr eindrucksvolle Resultate hervorgebracht, die auf dieser Linie liegen und beträchtlich differenzierter sind als das hier Demonstrierte. Geschichten können von einer Maschine „gelesen“ und „verstanden“ werden, wenigstens bis zu dem Grad, daß bestimmte Arten von Fragen von der Maschine beantwortet werden, wenn sie so ausgelegt ist, die Geschichte zu verstehen. Solche Fragen können Information mit einbeziehen, die nicht ausschließlich in der Geschichte selbst enthalten ist, und trotzdem kann die Maschine die Informationslücke schließen und die Frage beantworten.

Ich unternehme diese scheinbare Abschweifung zur Verarbeitung von Sprache durch Computer, weil intelligente Leute wie Herr Flash qFiasco es versäumt zu haben scheinen, zu erkennen, daß die Grenzlinie zwischen Form und Inhalt ebenso verwaschen ist wie die zwischen blau und grün, oder die zwischen Mensch und Affe. Dieser Vergleich ist nicht leichtfertig dahingesagt. Vom Menschen nimmt man an, daß er imstande ist, an den „Inhalt“ von Äußerungen heranzukommen, da er ein eingefleischter Verwender von Sprache ist, während ein Affe das nicht ist. Aber die Erforschung der Affensprache zeigt deutlich, daß es da eine Art Zwischenwelt gibt, wo der Inhalt bis zu einem bestimmten Grad von einem Lebewesen mit reduzierter Geisteskapazität herausgeholt werden kann. Stellt man Geisteskapazität und potentielle Verarbeitungstiefe auf eine Stufe, dann ist es klar, warum es keinen Sinn ergibt, zwischen der Form und dem Inhalt eines Satzes eine willkürliche Grenze zu ziehen. *Form verwäscht zu Inhalt, wie die Verarbeitungstiefe zunimmt.* Oder, wie ich gerne sage, „Inhalt ist einfach komplizierte Form.“ Damit meine ich natürlich, daß mit „Inhalt“ einfach „Form, wie sie von einem sehr komplizierten Apparat wahrgenommen wird, der fähig ist, bevor er Konzepte und Ideen entwirft, komplexe und subtile Unterscheidungen zu treffen und Abstraktionen und Konnektionen herzustellen“ verkürzt wiedergegeben wird.

Flash qFiascos biedere, ganz dem gesunden Menschenverstand entspringende Unterscheidung zwischen Form und Inhalt hält einer Analyse nicht lange stand. Sein bezauberndes Bild von jemandem, der einen „Kategoriefehler“ begeht, wenn er ein Rezept mit in die Zutaten gibt, bringt doch ans Licht, das er noch nie einen Rezeptkuchen gesehen hat, geschweige denn probiert. Es ist ein köstlicher Kuchen, dessen dünner Biskuitteig aus Kuchenrezepten gemacht wird (werden Mürbeteigrezepte verwendet, schmeckt es längst nicht so gut). Die besten Resultate kommen zustande, wenn die Rezepte in Französisch sind, und in ITC-Weidemann. Herrschen dann noch *accents aigus* vor, wird das Kuchenaroma noch delikater. Meine Empfehlung an die Herren Brabner und qFiasco lautet: „Laßt sie Rezepte essen."

* * *

Schließlich komme ich zu John Case, einem Computerwissenschaftler, der mir aus Yale schrieb, es gebe für ihn auch beim Übersetzen des französischen Satzes *„Cette phrase en français est difficile à traduire en anglais"* nicht das geringste begriffliche Problem. (Übrigens ist auf Seite 8 dieser deutschsprachigen Buchausgabe wegen des leichteren Verständnisses daraus der englische Satz *„This sentence in English is difficult to translate into German"* geworden.) Nun, Cases Übersetzung meines französischen Originalsatzes lautete:

> The French sentence *„Cette phrase en français est difficile à traduire en anglais"* is difficult to translate into English.

Analog dazu würde Case den englischen Satz von Seite 8 wohl so übersetzen:

> Es ist schwierig, den englischen Satz *„This sentence in English is difficult to translate into German"* ins Deutsche zu übersetzen.

In diesem Fall hätte Case einen *selbst*-bezüglichen englischen Satz in einen *anders*-bezüglichen deutschen Satz übersetzt. Der deutsche Satz spricht über den englischen Satz – er zitiert ihn in der Tat komplett! Hier fehlt etwas Radikales. Auf einer Ebene hätte Case natürlich recht: Nun sprechen die beiden Sätze, ein englischer und ein deutscher, über die gleiche Sache (den englischen Satz), bzw. sie weisen darauf hin. Aber die absolute Crux des englischen Satzes ist seine Verknäuelung; dem deutschen fehlt diese Qualität komplett. Ein Kompromiß wäre in diesem Fall auch Case nicht erspart geblieben.

Die Alternative, die ich vorziehe, ist, auf Deutsch ein *Analogon* zu dem englischen Satz zu konstruieren: einen *selbst*-bezüglichen deutschen Satz, mit einer Verknäuelung, die isomorph zu der des englischen Satzes ist. Schließlich liegt genau dort die *Essenz* des Satzes! „Aber ist das seine *Übersetzung*?", könnte man fragen. In der Tat eine gute Frage.

Ionesco machte einst die Bemerkung: „Das Französische für London ist Paris." (Als der Fanatiker, der ich in Sachen Gebrauch-Erwähnung nun einmal bin, vermute ich, daß er meinte, „Das Französische für ‚London' ist ‚Paris'", obgleich es auf beide Weisen anregend ist.) Was er meinte, war, daß die Franzosen, um Situationen zu verstehen, dazu neigen, sie in ihren eigenen Bezugsrahmen zu übertragen. Das trifft natürlich auf uns alle zu. Wenn Anna der Marie mitteilt, „Mein Bruder ist gestorben", und wenn Marie Annas Bruder nicht kennt, wie kann sie dann diese Aussage verstehen? Ein wesentliches Element ist bestimmt die Projektion: Marie wird sich vorstellen, wie ihr *eigener* Bruder im Sterben liegt (wenn sie einen hat – und wenn nicht, dann ihre Schwester, ein guter Freund, möglicherweise sogar ein ans Herz gewachsenes Haustier!). Dieser Wechsel des Bezugsrahmens ermöglicht es Marie, Mitgefühl mit Anna zu haben. Wenn Marie Annas Bruder nun irgendwie doch kannte, dann könnte sie ins Schwanken kommen und einerseits an ihn als die Person denken, die ihr vage in Erinnerung ist, und andererseits an ihren eigenen Bruder (Freund, Schoßhündchen oder was auch immer), der gerade im Sterben liegt. Dieses Dilemma (von dem im Postskriptum zu Kapitel 23 weiter die Rede ist) erhebt sich für alle Lebewesen, die ihre eigenen bevorzugten Ausgangslagen haben: Bilde ich Dinge zu dem ab, *was sie für mich wären*, oder stehe ich beiseite und begutachte sie ganz und gar objektiv und teilnahmslos?

Case vertritt das letztere, was man sich als intellektuelle Haltung ruhig zulegen kann, aber wenn es um das wirkliche Leben geht, läßt sich damit kein Staat machen. Um konkret zu sein, könnte man fragen: Wie sah die Lösung eigentlich in der französischen Ausgabe von *Scientific American* aus? Ich hoffe doch, es überrascht niemanden, daß sie lautete: „This English sentence is difficult to translate into French." Lassen wir den Käs' auf sich beruhen.

*   *   *

Ich frage mich, was Buchstabenmenschen wie John Case wohl als angemessene Übersetzung des Buchtitels *Alle Menschen werden Brüder* vorschlügen (mit dieser Zeile aus Schillers Gedicht „An die Freude", dem Beethoven im Finale seiner 9. Sinfonie die musikalische Weihe gegeben hat, überschrieb Mario Simmel bekanntlich eines seiner Bücher). Würden sie sagen, daß *All Men Become Brothers* die Sache ausreichend wiedergibt? Übersetzt man es zurück, könnte man auf „Sämtliche Männer verbrüdern sich" kommen. Ist der ursprüngliche Bezug an sich schon kaum bekannt, wird er nach der möglichen Rückübersetzung noch schwieriger erkennbar sein. Ist das unwesentlich? Meiner Meinung nach kaum. Schließlich steckt in dieser Anspielung die Essenz des Titels. Geht diese Anspielung verloren, wird der Titel total entwertet. (Der englische Titel lautet übrigens „The Cain Conspiracy", was rückübersetzt zu „Die Kain-Verschwörung" wird.) Und was, wenn es um den Titel für die amerikanische Ausgabe von Kurt Tucholskys Buch „Deutschland, Deutschland über alles" ginge? „Germany, Germany above all"?

Was meine ich also, wenn ich sage, „diese Anspielung"? Wünsche ich, daß der *amerikanische* Titel in irgendeiner Weise eine Anspielung auf ein deutsches Gedicht enthält (bzw. auf die deutsche Nationalhymne)? Das wäre zu wenig. Zudem dürfte dem amerikanischen Durchschnittsbürger Schillers Gedicht kaum bekannt sein (bzw. der Text der deutschen Hymne). Sollte man dann eine Zeile aus einem Gedicht eines klassischen amerikanischen Dichters nehmen? Gibt es – *irgendwo* in der amerikanischen Literatur – Zeilen von gleicher bedeutsamer Tragweite? Oder in der amerikanischen Musik? In amerikanischen Sprichwörtern?

Ebensogut könnte man fragen, warum sich Amerikaner überhaupt mit einem Buch über (Ja, worum geht es in Simmels Buch?) befassen würden? Und wenn sie es *tatsäch-*

lich lesen wollten, sollte es dann nicht *voll und ganz* übersetzt werden, so daß die Handlung an amerikanischen Orten stattfindet? So wie hier, in diesem Kapitel, die amerikanischen Beispiele der Originalausgabe in völlig andere deutsche Beispiele übersetzt wurden? Man sollte darüber nachdenken, denn bemerkte nicht schon I. O. Nessuerp einst, daß Paris auf Deutsch Berlin heißt?

Natürlich führt das ins Extreme. Es muß einen Mittelweg geben, der gangbar und vernünftig ist. Hier handelt es sich um feines Urteilen, wo der Umstand, Mensch zu sein, und als solcher flexibel, alles ausmacht. Rigide Regeln für das Übersetzen könnten zu einer Art mechanischer Konsistenz führen, jedoch auf Kosten sämtlicher Tiefe und sämtlichen Zaubers. Das Problem selbstbezüglicher Sätze ist nur die Spitze des Eisbergs, was die Übersetzung angeht. Nur tauchen diese haarigen Probleme sehr früh auf, wenn es um direkte Selbstbezüglichkeit geht. Wenn die Selbstbezüglichkeit (bzw. in diesem Fall auch die Bezüglichkeit im allgemeinen) indirekt ist, vermittelt durch das Medium Form, dann ist Fluidität gefragt. Das Verständnis solcher Sätze bezieht mit ein, daß man die Prozesse, den Inhalt abzuleiten und die Form dennoch im Geiste zu behalten, mischt, indem sich durch Eigenschaften der Form besondere Merkmale heraufbeschwören lassen und sich die Bedeutung mit einem Nimbus von nicht-ganz-bewußten Pseudo-Bedeutungen, Konnotationen, Eigenheiten vergrößern läßt, die, im Geiste aufflackernd, nicht ganz in Reichweite, aber auch nicht ganz außer Reichweite sind. Selbstbezüglichkeit ist für die Untersuchung solcher Fragen ein guter Ausgangspunkt, weil sie da so sehr an die Oberfläche dringen. Die Probleme lassen sich nicht einfach unter den Teppich kehren, selbst wenn manche es gerne täten.

* * *

Diese erste Kolumne, zusammen mit diesem Postskriptum, gibt eine gute Einführung in das Buch als Ganzes ab, denn hier wurden bereits viele zentrale Themen aufgegriffen: Codes, Übersetzung, Analogien, artifizielle Intelligenz, Sprache und Maschinen, Geist und Bedeutungen, Selbst und Identität, Form und Inhalt – all die Themen, die mich ursprünglich motivierten, als ich zum ersten Mal jene Sammlung von neckischen selbstbezüglichen Sätzen niederschrieb.

2
Selbstbezügliche Sätze: Eine Folge-Untersuchung

Januar 1982

Da es mal wieder Januar geworden ist, dachte ich, ich lasse auf meine Januar-Kolumne vom Vorjahr über selbstbezügliche Sätze eine weitere Untersuchung folgen. Daher also diese Folge-Kolumne. Ehe wir aber weiter einsteigen, würde ich gerne diesen eröffnenden Absatz ausnützen, um alle jene Leser zu warnen, deren Empfindsamkeit von unverhülltem selbstbezüglichem Material beleidigt wird, denn wahrscheinlich werden sie das Lesen einstellen wollen, noch ehe sie das Ende dieses Absatzes erreichen, bzw. in diesem Fall das Ende dieses Satzes – tatsächlich dieses Nebensatzes – dieser substantivischen Wortverbindung gar – kurzum, *dieses.*

Da uns *jenes* also nicht mehr im Weg steht, würde ich jetzt gerne noch anmerken, daß ich seit letztem Januar jede Menge selbstbezügliche Post erhalten habe. Tony Durham mutmaßte scharfsinnig: „Bei dem Umfang an Antworten, den Sie wahrscheinlich bekommen, sollte ich mir nicht einbilden, daß Sie dies persönlich lesen." John C. Waughs Brief schrie: „Hilfe! Ich bin unter einer Lawine von Leserbriefen begraben!" Zuerst dachte ich, Waugh selbst hatte mit mir wegen meiner qualvollen Situation Mitgefühl, wobei er mir die Worte in den Mund legte, aber dann merkte ich, daß es ja sein *Brief* war, der um Hilfe rief. Er wurde zum Glück gerettet, und inzwischen hat er es sich in einem stark geschrumpften Stapel gemütlich gemacht. In der Tat mußte ich jene massive Flut von Hunderten von Antworten bis auf einen sehr kleinen Rest in den Papierkorb leiten. Einige meiner Favoriten kommen hier zur Präsentation.

Bevor ich von dem Thema Post wieder lasse, möchte ich noch erwähnen, daß der Poststempel auf Ivan Vinces Postkarte aus Großbritannien mysteriös meinte: „Be properly addressed" („Sei genau adressiert"). War das eine Order, die vom Postamt an die Postkarte selbst ergangen war? Wenn ja, dann müssen englische Postkarten weitaus intelligenter sein als amerikanische; trotzdem ist mir noch keine Postkarte begegnet, die lesen konnte, davon, daß sie ihre eigene Adresse korrigieren konnte, ganz abgesehen. (Eine Postkarte erreichte mich, die war an mich bei der Zeitschrift *Omni* adressiert! Und dennoch kam sie irgendwie bei mir an.)

Geschmeichelt haben mir ein paar sich selbst unterminierende Komplimente. Richard Ruttan schrieb: „Ich kann Ihnen gar nicht sagen, wie viel Spaß ich mit Ihrem ersten Artikel hatte." Und John Collins meinte: „Dies vermittelt bei weitem nicht, wie sehr mir die Januar-Kolumne gefallen hat." Ich freute mich auch, zu erfahren, daß mein Ruhm bis in die Herrentoilette an der Philosophischen Fakultät der Tufts University reicht, wo Dan Dennett „Dieser Satz ist Graffiti. – Douglas R.Hofstadter" an die Wand geschrieben entdeckte.

* * *

Ein beliebter Zeitvertreib war die Suche nach interessanten sich selbst beantwortenden Fragen. Aber nur ein paar schafften es, echt „auszusteigen" bzw. „aus dem System zu springen", was für mich bedeutet, zu etwas ganz Neuem zu kommen. Allem Anschein nach wollen sich Erfolge in dieser begrenzten Kunstform nicht so leicht einstellen. John Flagg bemerkte zynisch (ich paraphrasiere etwas): „Stelle eine sich selbst beantwortende Frage und du bekommst eine sich selbst fragende Antwort." Zu meinen Favoriten gehört Henry Taves' Beitrag: „Ich erinnere mich noch stolz an eine Schulaufgabe in Geschichte, in der es hieß: ‚IV. Schreiben Sie eine Frage auf, die sich für die Abschlußprüfung in diesem Fach eignet und beantworten Sie sie dann.' Ich schrieb den Satz einfach zweimal ab." Ich fand das toll. Später, als ich darüber nachdachte, kam mir die Sache verdächtig vor. Irgendeine Kleinigkeit stimmte hier nicht. Was meinen Sie?

Richard Showstack steuerte zwei drollige sich selbst beantwortende Fragen bei: „Welche Frage kein Verb?" und „Was ist das für eine Frage, die das Wort ‚Regenschirm' aus völlig unersichtlichem Grund erwähnt?" Jim Shiley schickte etwas ganz Raffiniertes ein, von mir leicht modifiziert: „Ist dies eine rhetorische Frage, oder ist dies eine rhetorische Frage?" Von ihm stammt auch folgender Einfall:

> Nimm ein blankes Blatt Papier und schreibe darauf:
>
> *Wie weit wird dieser Satz über die Seite hinaus gehen?*
>
> Nun, wenn ein polyglotter Freund von Ihnen erklärt, daß die gleiche Folge von Phonemen im Ural-Altaischen „sechseinhalb Zentimeter" bedeutet, dann schicken Sie mir doch bitte ein kostenloses Abo von *Scientific American.* Anderenfalls, wenn die Einbeschreibung einer Frage auf ein Blatt Papier sowohl als Frage wie auch als Maßeinheit zählt, dann sollte ich wenigstens einen Trostpreis bekommen. Aber vermutlich habe ich mir die Regeln irgendwie zurechtgebogen.

Meine eigenen Lösungen zu dem Problem sich selbst beantwortender Fragen sind eigentlich nicht so sehr selbst-*beantwortend* wie selbst-*provozierend*, wie das folgende Beispiel zeigt: „Warum fragst du mich *das* aus heiterem Himmel?" Es wäre durchaus möglich, daß, kommt die Frage aus heiterem Himmel, sie eine identische Antwort hervorlockt, um die Verstörung des Hörers anzumelden.

Philip Cohen gab die folgende Anekdote über eine sich selbst beantwortende Frage zum Besten, die er von Damon Knight hatte: „Terry Carr, ein alter Freund, schickte uns ein Rätsel auf einer Postkarte und nach einiger Zeit die Antwort auf einer anderen Postkarte. Dann schickte er uns noch ein Rätsel: ‚Wie hält man einen Esel in Spannung?' Die Antwort blieb allerdings aus. Nach ungefähr zwei Wochen ging uns ein Licht auf, denn das *war* die Antwort."

* * *

Mehrere der wirklichen Meisterstücke, die eingingen, gehören zur *selbst-dokumentierenden* Kategorie, wie ich sie nenne. Ein einfaches Beispiel dafür ist Jonathan Posts

„Dieser Satz enthält zehn Wörter, zweiundzwanzig Silben und vierundsiebzig Buchstaben." Ein hübscher Knäuel kam von John Atkins in seinem Satz: „‚Hat zwanzig Buchstaben' stimmt." Die selbst-dokumentierende Form kann noch viel mehr verknäuelt sein, und um vieles introspektiver. Philip Cohen gab mir auch ein Beispiel des Wortspielmeisters Howard Bergerson zu lesen. Hier ist es:

> In diesem Satz kommt das Wort *das* fünfzehn Mal vor, das Wort *diesem* zwei Mal, das Wort *drei* zwei Mal, das Wort *fünfzehn* vier Mal, das Wort *in* zwei Mal, das Wort *kommt* drei Mal, das Wort *Mal* fünfzehn Mal, das Wort *neun* zwei Mal, das Wort *Satz* zwei Mal, das Wort *und* zwei Mal vor, das Wort *vier* zwei Mal, das Wort *vor* zwei Mal, das Wort *Wort* fünfzehn Mal und das Wort *zwei* neun Mal.

Das ist schon ganz gut, aber die Goldmedaille in der Klasse ist Lee Sallows vorbehalten, der die folgende *tour de force* einreichte:

> Only the fool would take trouble to verify that his sentence was composed of ten a's, three b's, four c's, four d's, forty-six e's, sixteen f's, four g's, thirteen h's, fifteen i's, two k's, nine l's, four m's, twenty-five n's, twenty-four o's, five p's, sixteen r's, forty-one s's, thirty-seven t's, ten u's, eight v's, eight w's, four x's, eleven y's, twenty-seven commas, twenty-three apostrophes, seven hyphens, and, last but not least, a single !

Ich (der Narr vielleicht) nahm tatsächlich die Strapaze auf mich, die ganze Sache nachzuprüfen. Zuerst machte ich ein paar Stichproben. Und ich muß sagen, als die erste zufällige Stichprobe korrekt ausfiel (ich glaube, ich zählte die „g"s nach), hatte das einen starken psychologischen Effekt: mit einem Mal erhöhte sich für mich der Grad der Glaubwürdigkeit des *gesamten Satzes* ganz enorm. Es kommt mir komisch (und wunderbar) vor, wie in bestimmten Situationen die Verifikation eines winzigen Prozentsatzes einer Theorie ausreichend sein kann, um den Glauben an die ganze Theorie wesentlich zu stärken. Und vielleicht ist das der ganze Zweck des Satzes!

Der bekannte Logiker Raphael Robinson schickte ein lustiges Rätsel des selbstdokumentierenden Genres ein. Der Leser ist aufgerufen, den folgenden Satz zu vervollständigen:

> In diesem Satz kommt die 0 _ mal vor, die 1 _ mal, die 2 _ mal, die 3 _ mal, die 4 _ mal, die 5 _ mal, die 6 _ mal, die 7 _ mal, die 8 _ mal und die 9 _ mal.

In jede Leerstelle ist eine ein- oder mehrziffrige Zahl in dezimaler Schreibweise einzutragen. Robinson behauptet, daß es genau zwei Lösungen gibt. Der Leser könnte auch versuchen, zwei sich gegenseitig dokumentierende Sätze mit dieser Form zu finden, oder noch längere Schleifen dieser Art.

Das höchste an Selbst-Dokumentierung wäre natürlich ein Satz, der mehr macht, als nur seine Bestandteile aufzulisten; es wäre ein Satz, der ebenso eine Regel enthält, die allen sagt, wie jene Teile wieder zusammengesetzt werden, um einen vollständigen

Satz zu erzeugen – kurzum, ein sich selbst reproduzierender Satz. Ein solcher Satz ist der von Willard Van Orman Quine, mit dem er Kurt Gödels klassische metamathematische Hommage an den Kreter Epimenides wiedergab:

> „erzeugt eine falsche Aussage, wenn er seiner Anführung als Nachsatz folgt." erzeugt eine falsche Aussage, wenn er seiner Anführung als Nachsatz folgt.

Quines Satz hat den Effekt, dem Leser mitzuteilen, wie eine Replik des Satzes zu fertigen ist, den man gerade liest, und fügt dann (zu allem Übel) an, daß die Replik (nicht *sie selbst*, um Himmels willen!) eine unwahre Aussage trifft! Es erinnert ein bißchen an den berühmten Ausspruch, den der Konkreter Epilopsides (Vetter zweiten Grades des Epimenides) einer hübschen jungen Frau namens Flora gegenüber machte, deren inbrünstige Liebe er nicht erwidern konnte (er war mit ihrer Zwillingsschwester Fauna verlobt): „Mach dir keine Sorgen, Schatz, und hör' dir mal meinen Vorschlag an. Er wird dir bestimmt gefallen. Nimm einfach eine von diesen Zellen aus meinem muskulösen Bizeps und klone sie. Du wirst sehen, es wird nicht lange dauern, bis du einen bildhübschen jungen Mann hast, der genauso aussieht und denkt wie ich! Aber du *mußt* dich vor ihm in acht nehmen – er hat es faustdick hinter den Ohren und erzählt schönen Frauen die größten Märchen!"

* * *

In den frühen fünfziger Jahren bemühte sich John von Neumann krampfhaft, eine Maschine zu entwickeln, die aus Rohstoffen ein Replikat von sich selbst bauen könnte. Sein theoretischer Entwurf enthielt Hunderttausende von Teilen. Im Rückblick und mit einem beträchtlichen Maß Abstraktion besehen entpuppt sich die Idee hinter von Neumanns selbst-reproduzierender Maschine als weitgehend ähnlich den Vorgängen, mittels derer sich die DNS kopiert. Und das wiederum kommt Gödels Methode sehr nahe, einen selbstbezüglichen Satz in einer mathematischen Sprache zu konstruieren, in der es zunächst keine Möglichkeit zu einem Bezug auf die Sprache selbst zu geben scheint.

An den ambitionierten Leser ergeht hiermit also der Aufruf zum Ersten Alle-zwei-Dekaden-Von-Neumann-Wettbewerb: Erzeuge einen verständlichen und nicht übermäßig langen selbst-dokumentierenden Satz, der nicht nur seine Bestandteile (auf der Wortebene oder besser noch auf der Buchstabenebene) auflistet, sondern auch mitteilt, wie sie zusammenzusetzen sind, so daß sich der Satz selbst wiederherstellt. (Zu beachten ist übrigens, daß der Satz *nicht übermäßig lang* sein sollte, was ein Unterschied – ein großer Unterschied – ist zu *übermäßig lang*.) Die Teileliste (oder der *Keim*) sollte mehr oder weniger wie in den von Howard Bergerson und Lee Sallows erzeugten Sätzen aus Wörtern oder typographischen Symbolen bestehen. Die aufgelisteten Symbole sollten irgendwie von dem Text klar unterscheidbar sein, der über sie spricht. Sie können beispielsweise in Anführungszeichen stehen, in einer anderen Schriftart gedruckt sein oder einen sich auf sie beziehenden Namen haben. Es ist nicht so wichtig, an welche Übereinkunft man sich hält, so lange die Unterscheidung deutlich ausfällt.

Der übrige Satz (die *Bauanleitung*) sollte normal gedruckt sein, da er nicht als typographisches Rohmaterial angesehen werden sollte, sondern als eine Reihe von Instruktionen. Dies ist die Unterscheidung zwischen Gebrauch und Erwähnung, über die ich in Kapitel 1 gesprochen habe, und sie außer acht zu lassen, würde von gedanklicher Schwäche zeugen, über die nicht so einfach hinweggegangen werden kann. (Das ist auch ein Makel in Sallows' Satz, wodurch das Gold auf der Oberfläche seiner Medaille etwas anläuft.)

Die Bauanleitung darf nicht über Material sprechen, welches normal gedruckt ist – nur über Teile der Liste. Also darf die Bauanleitung sich in keiner Weise auf sich selbst beziehen! Die Bauanleitung darf ausdrücklich nur strukturbeschreibend sein. Ferner muß die Bauanleitung spezifizieren (und das ist der subtilste und wahrscheinlich am häufigsten übersehene Aspekt der Selbstbezüglichkeit), welche Teile normal gedruckt und welche Teile in Anführungszeichen (oder je nachdem, wie die Ausgangsmaterialien angezeigt werden) stehen sollen. In dieser Hinsicht versagt Bergersons Satz. Obwohl er – das muß man dem Satz lassen – genau zwischen Gebrauch und Erwähnung unterscheidet, indem er sich auf Großbuchstaben für die Kennzeichnung der Listenteile beruft, und auf Kleinbuchstaben für die Teileaufzählungen und Füllwörter, verfügt er über keine separaten Auflistungen für großgeschriebene und für kleingeschriebene Teile. Statt dessen wirft er alles in einen Topf und vernebelt dadurch eine enorm wichtige Unterscheidung.

Bei dem Von-Neumann-Wettbewerb gibt es Extrapunkte zu gewinnen, wenn die Lösungen im Basic-Deutsch angegeben werden, oder wenn deren Keim sich gänzlich auf der Buchstabenebene befindet (wie in Sallows' Satz). Obwohl der Satz von Quine ganz deutlich einen Keim (den elf Wörter umfassenden und in Anführungszeichen stehenden Komplex) und eine Bauanleitung (die, daß etwas seinem eigenen Zitat nachgestellt werden soll) enthält, kann er für die Ausscheidung nicht zugelassen werden, denn sein Keim ist längst nicht mehr das, was unter Rohmaterial zu verstehen ist. Er ist so strukturiert, daß er eher schon einem Fötus als einer Zygote gleicht.

* * *

Es gibt übrigens einen sehr guten Grund dafür, daß der Keim des Quine-Satzes so komplex, ja in der Tat identisch mit der Bauanleitung ist, die Anführungszeichen ausgenommen. Der Grund läßt sich einfach feststellen: Schließlich muß man aus Rohmaterialien *eine Kopie der Bauanleitung herstellen*, und je mehr die Bauanleitung dem Keim gleicht, desto einfacher läßt sich dann von einer Kopie des Keims eine Kopie der Bauanleitung fertigen. Um einen vollständigen neuen Satz zu bekommen, muß man lediglich zwei Kopien des Keims herstellen, zur Umwandlung der Kopie des Keims in die Bauanleitung ein paar simple Manipulationen durchführen und anschließend die andere Kopie des Keims an die neu erzeugte Bauanleitung anbinden. So erhält man frisch vom Fließband einen kompletten neuen Satz.

Zur besseren Verdeutlichung ist es hilfreich, Quines Satz geringfügig zu variieren. Man stelle sich vor, man könnte nur die kleingeschriebenen römischen Buchstaben erkennen, und die Großbuchstaben wären für einen böhmische Dörfer. Der großgedruckte Text wäre dann praktisch ohne Bedeutung und nicht einmal von Interesse, wohingegen der kleingedruckte Text ganz bedeutungsvoll und interessant wäre, und imstande, Ideen und Aktionen in Ihrem Geist zu suggerieren. Nun, angenommen, jemand gäbe Ihnen eine Umwandlungstabelle, auf der jeder Großbuchstabe sein kleingeschriebenes Pendant hätte, so daß Sie den großgeschriebenen Text „dekodieren" könnten. Eines Tages kämen Sie dann auf dieses „bedeutungslose" großgeschriebene Stück Text:

ERZEUGT EINE FALSCHE AUSSAGE, WENN ALS SUBJEKT SEINER KLEINGESCHRIEBENEN VERSION VERWENDET WIRD

Dekodiert man nun den Satz, erhält man einen kleingeschriebenen Satz, oder besser gesagt, ein kleingeschriebenes Satzfragment – ein Prädikat ohne Subjekt. Vielsagend, nicht wahr? Was könnte man als mögliches Subjekt jenes Prädikats ausprobieren?

Diese Idee zweier paralleler Alphabete, eines, in dem der Text inaktiv und bedeutungslos ist, und das andere, in dem der Text aktiv und bedeutungsvoll ist, mag einem lediglich als eine unbedeutende Variante von Quines Satz vorkommen. Tatsächlich aber kommt sie einem außerordentlich schlauen Kunstgriff gleich, den die Natur entdeckte, und den sie in jeder Zelle eines jeden lebenden Organismus erfolgreich zur Anwendung gebracht hat. Unser Keim – unser Chromosomensatz – unsere DNS – ist ein riesiger langer Sammelband voll mit *inaktivem* Text, der in einem chemischen Alphabet verfaßt ist, das 64 „Großbuchstaben" umfaßt (Basentripletts oder Codons). Unsere Bauanleitungen – unsere Enzyme – sind kurze Kernsprüche mit *aktivem* Text, der in einem anderen Alphabet verfaßt ist, das aus lediglich zwanzig „Kleinbuchstaben" besteht (Aminosäuren). Es gibt auch eine Tabelle (den genetischen Code), die die Großbuchstaben in Kleinbuchstaben umwandelt. Es müssen offensichtlich einige Kleinbuchstaben mehr als einem Großbuchstaben entsprechen, aber das führt hier zu weit ins Detail. Es stellt sich auch heraus, daß drei Zeichen des großbuchstabigen Alphabets keine Buchstaben sind, sondern Satzzeichen, die sagen, wo ein Kernspruch endet und der nächste anfängt – aber das sind wiederum Details. (Wegen einiger dieser Details werfe man einen Blick in Kapitel 26.)

Weiß man erst einmal mit diesem tabellarischen Abbilden umzugehen, wird es einem oft gar nicht mehr einfallen, zwischen den beiden chemischen Alphabeten zu unterscheiden: dem inaktiven großbuchstabigen Codon-Alphabet und dem aktiven kleinbuchstabigen Aminosäuren-Alphabet. Die Hauptsache ist, daß man, ausgerüstet mit dem genetischen Code, das Buch der DNS (des Keims) lesen kann, als ob es eine Aneinanderreihung von Enzym-Slogans (Bauanleitungen) wäre, die einem sagen, wie man ein neues DNS-Buch zusammen mit einem neuen Verband von Enzym-Slogans schreibt! Es ist eine perfekte Parallele zu unserer Variante des Quineschen Satzes, wo ein inaktiver, großbuchstabiger Keimtext in einen aktiven, kleinbuchstabigen Anleitungstext umgewandelt wurde, der uns sagte, wie man mit einem vorgegebenen Keim eine Kopie des kompletten Quineschen Satzes anfertigt.

Die DNS und die Enzyme einer Zelle verhalten sich wie der Keim und die Bauanleitungen des Quineschen Satzes, oder wie die Teileliste und Bauanleitungen des von

Neumannschen selbst-reproduzierenden Automaten – oder dann wieder wie der Keim und die Bauanleitungen von Computerprogrammen, die sich selbst ausdrucken. Es ist erstaunlich, wie universell dieser Mechanismus der Selbstbezüglichkeit ist. Aus diesem Grund finde ich es stets merkwürdig, daß Leute, die immer nur meckern und schimpfen, wie blödsinnig die Selbstbezüglichkeit sei, selbst aus Aberbillionen winziger selbstbezüglicher Moleküle bestehen.

* * *

Scott Kim und ich konstruierten ein äußerst interessantes Satzpaar:

> Der folgende Satz ist mit diesem hier völlig identisch, außer daß die Wörter „folgende" und „vorangehende" ausgetauscht wurden, wie auch die Wendungen „außer daß" und „in dem" sowie die Ausdrücke „identisch mit" und „verschieden von".

> Der vorangehende Satz ist von diesem hier völlig verschieden, in dem die Wörter „vorangehende" und „folgende" ausgetauscht wurden, wie auch die Wendungen „in dem" und „außer daß" sowie die Ausdrücke „verschieden von" und „identisch mit".

Auf den ersten Blick erinnern diese Sätze an eine zweistufige Variante des Epimenides-Paradoxons („Der folgende Satz ist wahr"; „Der vorangehende Satz ist falsch"). Schaut man ein zweites Mal hin, sieht man, daß sie genau das gleiche aussagen. Seltsamerweise ist mein australischer Kollege und zeitweiliges Alter Ego, Egbert B. Gebstadter, da anderer Meinung, wie er in seiner stets fesselnden, aber oftmals stürmischen Art in der monatlichen Zeile „Mucigamatem" schreibt (die in der australischen Ausgabe von *Spektrum der Literatur* erscheint); er behauptet, daß sie in ihrer Aussage total unterschiedlich sind. (Siehe Abbildung 2-1)

Es überrascht nicht, daß mehrere der Sätze, die von den Lesern kamen, einen Hauch von Paradoxie an sich hatten. Einige waren Varianten von Bertrand Russells Paradoxon des Barbiers, der all diejenigen rasiert, die sich nicht selbst rasieren, bzw. der Menge aller Mengen, die sich selbst nicht als Elemente enthalten. Gerald Hull sponn sich beispielsweise diesen merkwürdigen Satz zusammen: „Dieser Satz bezieht sich auf alle Sätze, die sich nicht auf sich selbst beziehen." Ist das, was sich Hull da ausgedacht hat, nun selbstbezüglich oder nicht? Ähnlich ist es auch mit der Widmung aus einer Dissertation von einem Studenten am Reed College, die Martin Gardner anführte: „Diese Dissertation ist all denen gewidmet, die ihre Dissertationen nicht sich selbst widmeten." Eine ähnliche Widmung findet sich in dem Buch *Model Theory* („Modelltheorie") von C. C. Chang und H. J. Keisler, wie Charles Brenner mir zeigte. Er schlug auch noch eine andere Variante zum Russel-Paradoxon vor: Schreibe ein Computerprogramm, das eine Liste von allen Programmen ausdruckt, die sich nicht selbst ausdrucken. Natürlich ist zu fragen: Wird dieses Programm sich jemals selbst ausdrucken?

Einer der verwirrendsten Sätze kam von Robert Boeninger: „Dieser Satz hat tatsächlich nicht die Eigenschaft, die er zu nicht haben behauptet." Einleuchtend? Ein ernstes Problem scheint zu sein, sich auszumalen, welche Eigenschaft gemeint ist, die der Satz nicht zu haben behauptet.

Egbert B. Gebstadter

Mucigamatem

-Klett-Cotta-

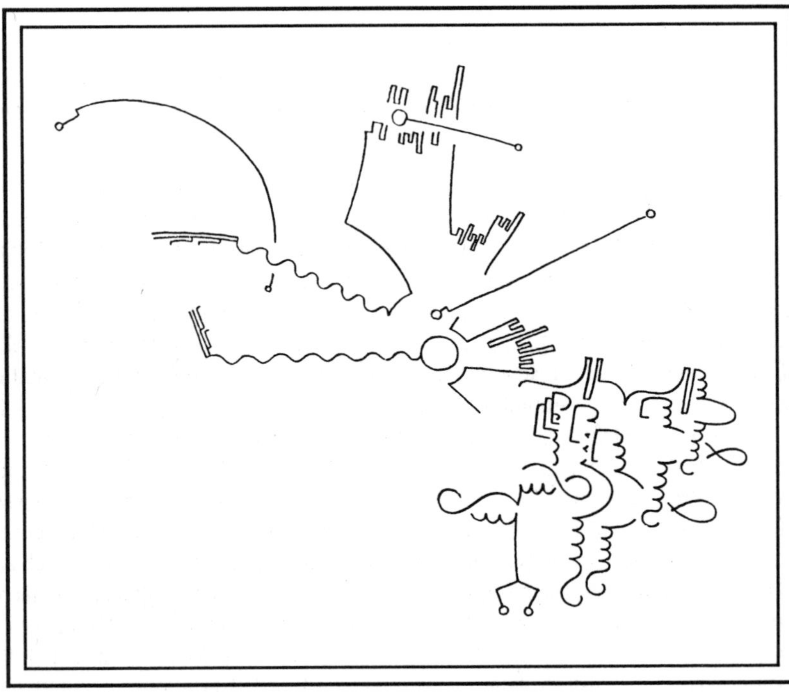

Antworten auf die Paraphrasierung von Mechanik und Chaos

Der holländische Mathematiker Hans Freudenthal schickte eine reizende, auf Selbstbezüglichkeit basierende paradoxe Anekdote:

> Von dem im achtzehnten Jahrhundert lebenden Deutschen Christian Gellert gibt es eine Geschichte, die heißt „Der Bauer und sein Sohn". Eines Tages, während sie spazierengehen und der Sohn das Blaue vom Himmel lügt, warnt ihn der Vater ernsthaft vor der „Lügner-Brücke", der sie sich gerade nähern. Diese Brücke stürzt nämlich jedesmal ein, wenn ein Lügner auf ihr geht. Als der Junge das hört, wird ihm angst und bange und er gibt zu, daß er gelogen hat.
>
> Als ich [Freudenthal] einem zehnjährigen Buben diese Geschichte erzählte, fragte er mich, was denn passierte, als sie schließlich die Brücke erreicht hatten. Ich antwortete: „Sie stürzte unter dem Vater ein, der gelogen hatte, denn in Wirklichkeit gibt es gar keine Lügner-Brücke." (Oder doch?)

C. W. Smith, der aus London, Ontario, schrieb, schilderte eine Situation, die ans Epimenides-Paradoxon erinnert:

> In den sechziger Jahren stand mitten auf einem verwilderten Grundstück in dieser Stadt ein verwittertes Schild mit der Aufschrift: „25 Dollar Belohnung für Hinweise, die zur Ergreifung und Überführung jeder Person führen, die dieses Schild entfernt." Wofür das Schild auch immer gut gewesen sein mochte, es ist längst verschwunden. Und mit ihm das Wiesengrundstück übrigens auch.

Ganz nebenbei gesagt: man sollte das Epimenides-Paradoxon nicht mit dem Nixonides-Paradoxon verwechseln, das der kretinische Nixonides zum ersten Mal A.D. 1974 verlauten ließ: „Diese Aussage ist unwirksam." Da wir gerade von Epimenides sprechen: Eine der elegantesten Variationen seines Paradoxons ist das „Errata"-Verzeichnis eines hypothetischen Buchs, das Beverly Rowe so dargestellt hat:

Abbildung 2-1. Der Umschlag von Egbert B.Gebstadters jüngstem Buch mit einer Abbildung seiner „Wurstelkunst". Eine Kurzbeschreibung des Buchs finden Sie in der Bibliographie.

Gebstadter, bestens bekannt als Autor von *Kupfer, Silber, Gold: eine Unzerstörbare Metallegierung,* war zusammen mit dem australischen Philosophen Spaniel D.Spinnett Mitherausgeber von *Aussicht aufs Du* und zweieinhalb Jahre lang Verfasser einer monatlichen Zeile („Mucigamatem") für die australische Ausgabe von *Spektrum der Literatur.* Nach jahrelangem Aufenthalt an der psychologischen Fakultät der Universität von Pakistania in Wiltington, Pakistania, schloß er sich vor kurzem der Fakultät für Computerwissenschaft an der Universität von Meschuggen in Bad Baumschulen, Meschuggen, an, wo er gegenwärtig den Ruhaus-Vorsitz an der Akademie für Kunst, Wissenschaft und Literatur innehat. Im Zentrum seiner laufenden Forschungsarbeiten in der IA (Intelligente Artifizienz) stehen die Quizz-Essenz, Geistmuster, Intellekt und Studios. Sein Hauptaugenmerk ist auf deterministische sequentiell-logische Modelle digitaler Gefühlsduselei gerichtet.

(VI)

Errata

Seite (VI): Ersetze *Errata* durch *Erratum*

Eng verwandt mit den wirklich paradoxen Sätzen sind jene, die zu den Kategorien der, wie ich sie nenne, *neurotischen* und *gesunden* Sätze gehören. Gesund ist ein Satz sozusagen, wenn er praktiziert, was er predigt, wohingegen ein Satz als neurotisch einzustufen ist, wenn er das eine sagt, aber das Gegenteil tut. Alan Auerbach hat aus jeder der beiden Kategorien ein gutes Beispiel angeführt. Sein gesunder Satz lautet: „Mach's kurz!", sein neurotischer: „Wer angemessen schreibt – und das hast du schon tausendmal zu hören bekommen –, vermeidet Übertreibungen." Hier ist ein gesunder Satz von Brad Shelton: „Vor wenigen Worten noch hatte dieser Satz nicht angefangen." Ein ganz gehörig ausgestiegener Satz kam von Carl Bender:

Der restliche Teil dieses Satzes steht in Thailand geschrieben, auf

Beachtenswert ist ein verwandter Satz, den David Stork eingeschickt hat: „... versteht sich doch von selbst." Zu welcher Kategorie gehört er? Zur Kategorie psychotischer Sätze vielleicht?

Verdutzt ist man bei Pete Macleans Satz: „Würde man die Bedeutungen von ‚wahr' und ‚falsch' auswechseln, dann wäre dieser Satz nicht falsch." Ich kratze mich immer noch am Kopf, was das heißen soll! Dan Krimm sagte mir in seinem Brief: „Wie ich hörte, ist dieser Satz ein Gerücht." Linda Simonetti steuerte das folgende Beispiel bei: „Was eigentlich kein vollständiger Satz ist, sondern lediglich ein Nebensatz." Douglas Wolfe war mit der folgenden neurotischen Daumenregel zur Hand: „Verwende nie den Imperativ, wie es auch niemals rechtens ist, einen Satz mit gemischten Modi zu konstruieren." David Moser erinnerte mich an einen Spruch, mit dem der *National Lampoon* einst hausieren ging: „Komisch, er verkauft sich auch ohne große Sprüche!" Perry Weddle schrieb: „Ich versuche gerade, meinem Papagei beizubringen zu sagen, ‚Ich verstehe kein Wort von dem, was ich sage.' Wenn *ich* das sage, ist es ungemein selbstbezüglich, aber in *seinem* Fall?" Stephen Coombs verwies auf folgendes: „Ein Satz kann sich möglicherweise im Verb auf sich selbst beziehen." Meine Mutter, Nancy Hofstadter, hörte, wie Außenminister Alexander Haig eine Botschaft zur Warnung an die Russen als „eine kalkulierte Zweideutigkeit, die eindeutig verstanden würde", beschrieb. Aber klar, Sir!

Jim Propp reichte eine Serie von Sätzen ein, die auf sehr feine Weise vom neurotisch gesunden Satz zum gesund neurotischen schlüpfen:

(1) Obwohl in Satz jedes Wort fehlt, man ihn verstehen.
(2) Dieser leichter verstehen, weniger ausgelassen.
(3) Dieser unmöglich ohne Kontext.
(4) *4'33"* Versuch Idee.
(5)

Der vorletzte Satz bezieht sich auf das berühmte Klavierstück von John Cage, dessen Musik aus vier Minuten und 33 Sekunden Stille besteht. Der letzte Satz könnte ebensogut ein Auszug aus dem Band *Witziges und Weises von Heinrich Lübke* sein, obwohl er letztlich zu kurz ist, um es ganz sicher beurteilen zu können. Propp schickte auch den folgenden gesunden Satz, offensichtlich inspiriert von dem, was er in David Premacks Buch *Intelligence in Ape and Man* („Intelligenz bei Affe und Mensch") gelesen hatte: „Wenn ich von der ‚Produktivität' der Sprache spreche, meine ich damit die Fähigkeit der Sprache, neue Wörter mittels alter einzuführen."

Den vom Philosophen Howard DeLong stammenden Beitrag könnte man für einen neurotischen Syllogismus halten:

Alle ungültigen Syllogismen verletzen mindestens eine Regel.
Dieser Syllogismus verletzt mindestens eine Regel.

Daher ist dieser Syllogismus ungültig.

Mehrere Leser haben auf Redensarten und scherzhafte Wendungen hingewiesen, die in mancher Munde sind. D.A. Treissman erinnerte mich beispielsweise daran, daß „Nostalgie auch nicht mehr das ist, was sie mal war." Henry Taves erwähnte die lustigen T-Shirts, die solche Aufschriften zieren wie „Meine Eltern waren in Florida, und alles, was sie mir mitgebracht haben, war dieses lausige T-Shirt!" Und John Fletcher schilderte eine Episode aus der *Lachen Sie mit*-Fernsehshow, die bereits ein paar Jahre zurückliegt, und bei der Joanne Worley sang: „Ich bin halt ein Mädchen, das nicht ‚n ...', ‚n ...', ‚n ...' sagen kann." John Healy schrieb: „Ich dachte immer, ich wäre unentschlossen, aber nun bin ich mir da nicht mehr so sicher."

Auch ich kann meinen Beitrag zu dieser Kollektion leisten, so etwa mit einem neurotischen: „In diesem Satz ist das letzte Wort ‚ausgelassen'." Oder ist er gar nicht neurotisch? Diese Dinge bringen mich noch ganz durcheinander! Ein sehr gesunder Satz ist allenthalben: „Dieser Satz bietet seinem Leser (seiner Leserin) (seinen Lesern) verschiedene Alternativen/Auswahlmöglichkeiten, die zu akzeptieren und/oder abzulehnen ihm (ihr) (ihnen) ganz allein anheimgestellt ist." Und dann ist da noch einer, um den man nicht herumkommt: „Dieser Satz ist neurotisch." Nun ist es aber so, wenn er neurotisch *ist*, praktiziert er das, was er verkündet, und ist folglich ganz gesund. Er kann also nicht neurotisch sein – doch dann ist er das Gegenteil von dem, was er zu sein behauptet, wenn er *nicht* neurotisch ist, also *muß* er doch neurotisch sein. Kein Wunder, daß er neurotisch ist, der Arme!

Da nun mal schon die Rede von neurotischen Sätzen ist, wie verhält es sich wohl bei Sätzen mit Identitätskrisen? Für mich sind das in mancher Hinsicht die interessantesten von allen. Ein typisches Beispiel ist Dan Krimms verschwommen bange Frage: „Wenn ich etwas anderes behauptete, wäre es dann immer noch ich?“ Ich dachte, man könnte es besser formulieren und überarbeitete es etwas: „Wenn ich etwas anderes sagen würde, wäre das dann noch ich?“ Das befriedigte mich noch immer nicht so ganz, also schuf ich noch eine Version: „Könnte ich in einer anderen Welt ein Satz über Humphrey Bogart gewesen sein?“ Als ich über mein Tun nachdachte, fiel mir auf, daß ich beim Überarbeiten von Dans Satz mit seiner Identität gerade so herumgepfuscht hatte, wie er befürchtet hatte. Allerdings bleibt die Frage: Waren all diese Varianten letztlich wirklich der gleiche Satz? Mein letzter Versuch in dieser Richtung lautete: „Könnte dieser Satz in einer anderen Welt ein Satz von Dan Krimm gewesen sein?“

Offenbar dachten manche Leser in parallelen Richtungen, denn John Atkins wollte wissen: „Kann jemand erklären, warum dies immer noch die gleiche Zeitschrift wäre, wenn diese Frage fehlte, und dies dennoch nicht die gleiche Frage wäre, wenn dieses Wort fehlte?“ (Natürlich wird nur vage deutlich, auf welches Wort sich denn „dieses Wort“ bezieht, doch ist die Idee klar erkennbar.) Loul McIntosh, die an einem Rehabilitationszentrum für ehemals schizophrene Patienten arbeitet, fragte, indem sie persönliche Identität und selbstbezügliche Sätze in einen Zusammenhang brachte: „Wenn ich Sie wäre, wer würde diesen Satz dann lesen?“ Zusätzlich bemerkte sie: „Das habe ich davon, wenn ich mit Schizophrenen arbeite.“ Dies bringt mich zu Peter M. Brigham, einem Arzt, der im Laufe seiner Arbeit auf einen schweren Fall von literarischer Schizophrenie stieß: „Sie haben natürlich soeben den Satz zu lesen begonnen, den Sie gerade zu Ende gelesen haben.“ Das ist einer meiner Favoriten.

Bärnhard B. Brummel der Jüngere verfolgte offenbar die schlüpfrige Schlange des Selbst auf seine eigene Weise, denn er schrieb: „Wenn Sie denken, dieser Satz ist verwirrend, dann ändern Sie einfach eine Sau.“ Nun, *jeder* wird das als blanken Unsinn erkennen. Bestimmt meinte er, „Wenn Sie denken, dieser Satz ist verwirrend, dann *grillen* Sie einfach eine Sau.“ – bärig, nicht wahr? Nebenbei: Wenn „Bärnhard“ Sie verwirrt, dann grillen Sie doch einfach einen Bären. Aber vermutlich riechen Sie den Braten schon: Es wäre doch einfach tierisch, von einem so ausgefuchsten Absatz sich Beeren aufbinden zu lassen.

Als ich mich vor einiger Zeit spät nachts mit dem Auto auf den Heimweg machte, hörte ich einer Radiosendung über Haustiere zu. Es war eine hitzige Diskussion über die relativen Leistungen mancher Spezies im Gange, und einmal grübelte der Moderator gar: „Hätte ein Hund diese Sendung geschrieben, hätte er vielleicht gesagt, daß *die Menschen* minderwertig seien, weil sie nicht mit ihren Schwänzen wackeln.“ Ich spitzte die Ohren und überlegte: Was wäre wohl aus dieser Kolumne geworden, wenn ein Hund sie geschrieben hätte? Ich kann es nicht *sicher* sagen, aber wahrscheinlich wäre es dann ums Jagen von Eichkätzchen gegangen. Und vielleicht wäre in einem Abschnitt darüber spekuliert worden, was wohl aus dieser Kolumne geworden wäre, hätte ein Eichkätzchen sie geschrieben.

* * *

Von allen Sätzen, die man mir schickte, gefällt mir der von Harold Cooper am besten. Inspiriert wurde er von Scott Kims kontrafaktischem selbstbezüglichen Fragesatz: „Was wäre mit diesem Satz wohl los, wenn π 3 wäre?“ Seine Antwort ist in Abbildung 2-2 zu sehen. Für mich ist das ein exemplarischer Fall von „aussteigen“ im Sinne von

---

Wenn π 3 wäre,
sollte dieser Satz wohl so aussehen.

Abbildung 2-2. Ein kontrafaktischer selbstbezüglicher Satz, entstanden durch eine Anregung von Harold Cooper und Scott Kim.

„aus dem System herausspringen“. In den sechseckigen „o“'s kommt die Tatsache zum Ausdruck, daß das Verhältnis vom Umfang zum Durchmesser bei einem Sechseck 3 ist. Was, ginge es nach Cooper, läge also näher als die Schlußfolgerung, daß es die natürlichste Sache der Welt ist, wenn π 3 ist, daß *Kreise Sechsecke wären*! Wer käme je auf eine andere Idee? Ich war von der Tatsache fasziniert, daß, sobald der Wert von π in 3 übergeht, nicht nur Kreise in Sechsecke übergehen, sondern auch der interrogative Modus in den deklarativen wechselt. Man erinnere sich, daß die Frage war, wie die Frage selbst wohl in jener merkwürdigen konjunktivischen Welt aussähe. Würde sie ihr neugieriges Interesse an sich selbst verlieren und aufhören, Frage zu sein? Ich erkannte nicht, warum der Wert von π jenes Persönlichkeitsmerkmal des Satzes beeinflussen sollte. Andererseits erschien es mir offensichtlich, daß, wäre π 3, das Antezedens des Konditionalsatzes nicht länger im Konjunktiv sein sollte. Tatsächlich sollte es statt „wenn π 3 wäre“ heißen „*weil* π 3 ist“ (oder etwas, das diesbezüglich den gleichen Effekt hat). Nachdem ich meine Gedanken geordnet hatte, variierte ich Coopers Satz geringfügig: „Wie sieht dieser Satz aus, wenn π (wie üblich) 3 ist?“

Eine Reihe von Lesern interessierte sich für Sätze, die sich auf die Sprache beziehen, in der sie sich befinden (oder auch nicht, je nachdem). Ein Beispiel lautet: „Wenn du Deutsch sprächest, wärst du jetzt in deiner Muttersprache.“ Jim Propp schickte zwei köstliche Sätze dieser Art ein, die als Paar zu lesen sind:

> Cette phrase se réfère à elle-même, mais d'une manière peu évidente à la plupart des Allemands.

> Plim glorkle pegram ut replat, trull gen ris clanter froat veb nup lamerack gla smurp Erdlinge.

Wenn Sie den ersten Satz nicht verstehen, rufen Sie am besten einen befreundeten Marsmenschen an, damit er Ihnen beim Dechiffrieren des zweiten hilft. Daraus werden sich dann Hinweise auf den ersten ergeben. (Verzeihen Sie mir bitte, daß ich die richtigen Akzentzeichen der Marssprache weglasse, aber sie waren in dieser Schriftart nicht verfügbar.)

* * *

Im vergangenen Januar veröffentlichte ich mehrere Sätze von David Moser und erwähnte, daß er eine ganze Erzählung, bestehend aus selbstbezüglichen Sätzen, geschrieben hatte. Viele Leser waren davon fasziniert. Eine bessere Möglichkeit, um diese Kolumne abzuschließen, konnte es gar nicht geben, als Davids Erzählung vollständig abzudrucken. Na dann, viel Spaß!

Dies ist der Titel dieser Erzählung, der auch mehrmals in der Erzählung selbst vorkommt

Dies ist der erste Satz dieser Erzählung. Dies ist der zweite Satz. Dies ist der Titel dieser Erzählung, der auch mehrmals in der Erzählung selbst vorkommt. Dieser Satz stellt die spezifische Eigenheit der ersten beiden Sätze in Frage. Dieser Satz soll Sie informieren, falls Sie das noch nicht mitbekommen haben, daß dies eine selbstbezügliche Erzählung ist, das heißt, eine Erzählung mit Sätzen, die sich auf ihre eigene Struktur und Funktion beziehen. Dieser Satz bildet das Ende des ersten Absatzes.

Dies ist der erste Satz eines neuen Absatzes in einer selbstbezüglichen Erzählung. Dieser Satz stellt Sie der Hauptperson der Erzählung vor, einem jungen Mann namens Otto. Dieser Satz sagt Ihnen, daß Otto blond und blauäugig und ein Deutscher und zwölf Jahre alt ist und gerade seine Mutter erdrosselt. Dieser Satz bemerkt kritisch die Unbeholfenheit der selbstbezüglichen Erzählform, während er die seltsame und verspielte Losgelöstheit nicht verkennt, die er dem Urheber abverlangt. Ohne eine Spur von scherzhaftem Humor erinnert uns dieser Satz, als wolle er die wesentliche Aussage des vorangegangenen Satzes zur Veranschaulichung bringen, daß Kinder ein kostbares Geschenk Gottes sind und daß die Welt ein besserer Ort ist, wenn das Leben auf ihr durch die einzigartigen Freuden und Wonnen verschönert wird, die sie bringen.

Dieser Satz beschreibt die Glupschaugen und die heraushängende Zunge von Ottos Mutter und spielt auf die unschönen Würge- und Brechlaute an, die sie von sich gibt. Dieser Satz macht die Beobachtung, daß dies unsichere und schwierige Zeiten sind und daß sogar anscheinend tief verwurzelte und dauerhafte Beziehungen die Tendenz haben, auseinanderzubrechen.

Führt in diesem Absatz bruchstückhafte Sätze als Kunstmittel ein. Ein bruchstückhafter Satz. Noch einer. Tolles Kunstmittel. Wird noch mehr Verwendung finden.

Dies ist eigentlich der letzte Satz der Erzählung, der aber aus Versehen hier steht. Dies ist der Titel dieser Erzählung, der auch mehrmals in der Erzählung selbst vorkommt. Als Gregor Samsa eines Morgens aus unruhigen Träumen erwachte, fand er sich in seinem Bett zu einem ungeheueren Ungeziefer verwandelt. Dieser Satz informiert Sie, daß der vorangegangene Satz aus einer ganz anderen Erzählung stammt (aus einer viel besseren, das muß mal gesagt werden) und in dieser besonderen Erzählung überhaupt nichts verloren hat. Trotz der Behauptungen des vorangegangenen Satzes fühlt sich dieser Satz gezwungen, Sie davon in Kenntnis zu setzen, daß es sich bei der Erzählung, die Sie soeben lesen, tatsächlich um „Die Verwandlung" von Franz Kafka handelt, und daß der Satz, auf den sich der vorangegangene Satz bezieht, der *einzige* Satz ist, der tatsächlich in diese Erzählung gehört. Dieser Satz hebt die Aussage des vorangegangenen Satzes auf, indem er den Leser (er ist schon völlig konfus, der arme Kerl) wissen läßt, daß dieses literarische Werk eigentlich das Grundgesetz für die Bundesrepublik Deutschland ist, der Autor es aber bis heute versäumt hat, da er bislang äußerste Nachlässigkeit an den Tag legte (wenn es nicht die bösartige Absicht war, Sabotage zu betreiben), auch nur *einen einzigen Satz* aus jenem Reißer aufzunehmen, obwohl er sich herabgelassen hat, einen kleinen *bruchstückhaften* Satz zu verwenden, nämlich „bekennt sich darum zu unverletzlichen und unveräußerlichen Menschenrechten als Grundlage", eingebettet in Anführungszeichen kurz vor dem Ende eines Satzes. Der Langeweile und unverhohlenen Feindseligkeit vollauf bewußt, die der Durchschnittsleser angesichts der zwecklosen gedanklichen Spielereien empfindet, denen die vorangegangenen Sätze zur Genüge frönten, bringt uns *dieser* Satz zum Szenarium der Erzählung zurück, indem er die Frage stellt, „Wieso erdrosselt Otto seine Mutter?" Dieser Satz versucht, etwas Licht in die Frage zu bringen, die von dem vorangegangenen Satz gestellt wird, scheitert jedoch. *Dieser* Satz hingegen schafft es in der Weise, daß er die Möglichkeit einer inzestuösen Beziehung zwischen Otto und seiner Mutter anklingen läßt und auf die damit einhergehenden Freudschen Komplikationen anspielt, die sich jeder scharfsinnige Leser sofort ausmalen kann. Inzest. Das Tabu, über das nicht gesprochen wird. Das universelle Verbot. Inzest. Und fallen Ihnen die Satzfragmente auf? Tolles literarisches Kunstmittel. Wird noch mehr Verwendung finden.

Dies ist der erste Satz in einem neuen Absatz. Dies ist der letzte Satz in einem neuen Absatz.

Dieser Satz kann entweder als Anfang oder Ende des Absatzes dienen, je nachdem, wo er steht. Dies ist der Titel dieser Erzählung, der auch mehrmals in der Erzählung selbst vorkommt. Dieser Satz erhebt schwere Einwände gegen die gesamte Klasse selbstbezüglicher Sätze, die lediglich ihre eigene Funktion oder Stellung innerhalb der Erzählung kommentieren (*d.h.*, der vorangehenden vier Sätze), was er damit begründet, daß sie monoton vorhersagbar, unverzeihlich selbstsüchtig sind und nur dazu dienen, den Leser vom wirklichen Thema dieser Erzählung abzulenken, das sich an dieser Stelle um Erdrosselung und Inzest und wer weiß was noch für wonnige Themenkreise zu drehen scheint. Der Zweck dieses Satzes ist es, deutlich zu machen, daß der vorangegangene Satz, während er selbst nicht zur Klasse selbstbezüglicher Sätze gehört, gegen die er Einwände erhebt, trotzdem *auch* nur dazu dient, den Leser vom wirklichen Thema dieser Erzählung abzulenken, das sich eigentlich um Gregor Samsas unerklärliche Verwandlung in ein ungeheueres Ungeziefer dreht (trotz der lautstark formulierten Widersprüche anderer wohlmeinender, wenngleich fehlinformierter Sätze). Dieser Satz kann entweder als Anfang oder Ende eines Absatzes dienen, je nachdem, wo er steht.

Dies ist der Titel dieser Erzählung, der auch mehrmals in der Erzählung selbst vorkommt. Dies ist *um ein Haar* der Titel der Erzählung, der nur ein einziges Mal in der Erzählung selbst vorkommt. Dieser Satz stellt voller Bedauern fest, daß der selbstbezügliche Erzählmodus bis hierher einen lähmenden Effekt auf den eigentlichen Fortgang der Erzählung selbst hatte – das heißt, diese Sätze waren so mit der Analyse ihrer selbst und ihrer Rolle in der Erzählung beschäftigt, daß sie rundum scheiterten, ihrer Funktion als Übermittler von Ereignissen und Ideen nachzukommen, die, so ist zu hoffen, zu einer Handlung verschmelzen, Charaktere entstehen lassen, etc. – kurzum, der wahren *Existenzberechtigung* eines jeden achtbaren, sich abschuftenden Satzes inmitten eines unwiderstehlichen Prosawerkes. Dieser Satz verweist zusätzlich auf die offensichtliche Analogie zwischen der Misere dieser quälend sich ihrer selbst bewußten Sätze und ähnlich geplagter Menschen, und stellt die analogen lähmenden Effekte heraus, die durch exzessive Nabelschautorturen entstehen.

Dieser Satz (der außerdem als Absatz dienen kann) soll sich mit dem Gedanken auseinandersetzen, daß, wäre das bundesdeutsche Grundgesetz so sorglos und zusammenhanglos formuliert und aufgebaut worden wie bislang diese Erzählung, sich nicht sagen ließe, wie entartet und sittenlos unsere Gesellschaft heutzutage leben würde oder wie dekadent die Einwohner dieses Landes womöglich wären, so sehr sogar, daß verstörte und verkommene Pinscher umständliche und unnötig weitschweifige Sätze konstruieren, die einem auf den Geist gehen und die mitunter die fragwürdige, wenn nicht ausgesprochen unerwünschte Eigenschaft besitzen, daß sie sich auf sich selbst beziehen und manchmal sogar zu Bandwurmsätzen werden oder andere Anzeichen von unentschuldbar schlampiger Grammatik aufweisen wie unnötige überflüssige Redundanzen, die nahezu gewiß heimtückische Auswirkungen auf den Lebensstil und die Moral unserer leicht beeinflußbaren Jugend hätten, dahingehend etwa, daß sie Inzest oder sogar Mord begehen, und vielleicht ist es *das*, was Otto veranlaßt, seine Mutter zu erdrosseln, einfach wegen solcher Sätze *wie diesem hier*, die keine Zielsetzungen erkennen lassen oder eine klare Absicht verfolgen und einfach irgendwo aufhören, sogar mitten in

Bizarr. Ein Satzfragment. Noch ein Fragment. Zwölf Jahre alt. Dies ist ein Satz, der. In Fragmente zerstückelt. Und gerade seine Mutter erdrosselt. Pardon, entschuldige. Bizarr. Dieser. Noch mehr Fragmente. Das ist es. Bruchstücke. Der Titel dieser Geschichte, der. Blond. Pardon, entschuldige. Ein Fragment nach dem anderen. Schwierigere. Dies ist ein Satz, der. Fragmente. Ungemein tolles Kunstmittel.

Dieser Satz hat einen dreifachen Zweck: (1) sich für die unglückliche und unerklärliche Entgleisung zu entschuldigen, die durch den vorangegangenen Absatz in aller Öffentlichkeit geschehen ist; (2) Ihnen, dem Leser, zu versichern, daß es nicht wieder vorkommt; und (3) im wesentlichen dauernd zu wiederholen, daß dies unsichere und schwierige Zeiten sind, und daß sogar anscheinend unveränderliche und fest verwurzelte Aspekte der Sprache wie beispielsweise Syntax und Bedeutung dennoch in die Brüche gehen. Dieser Satz fügt den Äußerungen des vorangehenden Satzes nichts Wesentliches hinzu, sondern verschafft diesem Absatz lediglich einen Schlußsatz, da er sonst vielleicht keinen hätte.

Dieser Satz versucht in einem plötzlichen und beherzten Anfall von Altruismus, den selbstbezüglichen Modus zu verlassen, aber ohne Erfolg. Dieser Satz versucht es noch einmal, aber der Versuch ist von Anfang an zum Scheitern verurteilt.

Dieser Satz versucht in seiner Not ein allerletztes Mal, wenigstens ein Fitzchen eines Erzählfadens in dieses lahme Prosawerk einzufädeln, indem er rasch auf Ottos eilige Vertuschungsversuche anspielt und in eine lyrische, herzergreifende und wunderschön geschriebene Passage übergeht, in der Otto sich mit seinem Vater aussöhnt (wodurch sich folglich die unterbewußten Freudschen Konflikte lösen, wie sich jeder scharfsinnige Leser denken kann), und zum Schluß in einer aufregenden Verfolgungsjagd mit der Polizei endet, in deren Verlauf Otto versehentlich von einem panischen Polizeivollzugsbeamtenanwärter erschossen wird, der, wie der Zufall so spielt, Otto heißt. Dieser Satz erinnert den Leser, obwohl ihm die löblichen Anstrengungen des vorangegangenen handlungsgeladenen Satzes im Grunde ganz sympathisch sind, daran, daß solche Anspielungen auf eine Erzählung, die in Wirklichkeit noch nicht einmal existiert, kein Ersatz dafür sind, was wirklich ist, und deshalb dem Autor (träger Sack, der er ist) nicht aus der sprichwörtlichen Tinte helfen werden.

Absatz. Absatz. Absatz. Absatz. Absatz. Absatz. Absatz. Absatz. Absatz. Absatz. *Absatz.* Absatz. Absatz. Absatz.

Dieser Absatz hat. Den Zweck. Sich dafür zu entschuldigen. Daß er. Völlig grundlos. Satzfragmente. Verwendet. Pardon.

Dieser Satz hat den Zweck, sich für die sinnlosen und albernen pubertären Spielchen zu entschuldigen, an denen sich die vorangegangenen zwei Absätze schier endlos ergötzten, und das Bedauern auf unserer, der gereifteren Sätze Seite, auszudrücken, daß diese Erzählung insgesamt in einem solchen Stil geschrieben ist, daß eine einfache, wenn auch gräßliche Handlung nicht vermittelbar ist.

Dieser Satz möchte sich für all die unnötigen Entschuldigungen in dieser Erzählung entschuldigen (einschließlich dieser hier), die, auch wenn sie hier angeblich nur stehen, um den inzwischen noch mehr verärgerten Lesern einen Gefallen zu tun, in einer rekursiven Weise, die einen auf die Palme bringt, lediglich hinauszögern, daß der inzwischen fast in Vergessenheit geratene Erzählfaden wieder aufgenommen und fortgesponnen wird.

Dieser Satz platzt an den Satzzeichen vor lauter Neuigkeiten über die schreckliche Tragweite der auf Sätze angewandten Selbstbezüglichkeit schier auseinander, eine Praktik, die sich als wahre Büchse der Pandora erweisen könnte, denn wenn ein Satz sich auf sich selbst beziehen oder auf sich selbst anspielen kann, warum dann nicht auch ein bescheidener Nebensatz, vielleicht sogar *genau dieser* Nebensatz? Oder dieses Satzfragment? Oder drei Wörter? Zwei Wörter? *Eins*?

Vielleicht gehört es sich mal wieder, daß dieser Satz uns schonend und ohne eine Spur von Herablassung daran erinnert, daß dies in der Tat schwierige und unsichere Zeiten sind und daß allgemein die Leute einfach nicht nett zueinander sind, und wir, ob wir nun empfindende Menschen sind oder empfindende Sätze, es vielleicht einfach mal *fester versuchen* sollten. Ich meine, es *gibt* so etwas wie freien Willen, es *muß* so sein, und dieser Satz ist der Beweis dafür! Weder dieser Satz noch Sie, der Leser, sind angesichts all der erbarmungslosen Kräfte, die im Universum walten, völlig hilflos. Wir sollten uns durchsetzen, den Tatsachen ins Auge sehen, Mutter Natur an die Gurgel gehen und es einfach *fester versuchen.* An die Gurgel. Fester. Noch fester. Ganz, ganz fest.

Pardon.

Dies ist der Titel dieser Erzählung, der auch mehrmals in der Erzählung selbst vorkommt.

Dies ist der letzte Satz der Erzählung. Dies ist der letzte Satz der Erzählung. Dies ist der letzte Satz der Erzählung. Dies ist.

Pardon.

Postskriptum

Wie man sieht, gibt es auf der Welt riesige Mengen selbstbezüglichen Materials. Nur das Beste auszuwählen, ist eine monumentale Aufgabe und gewiß eine höchst subjektive Angelegenheit. Ich möchte hier einiges einflechten, was ich bedauerlicherweise aus der zweiten Kolumne über Selbstbezüglichkeit herauslassen mußte, wie zudem einige Antworten, die erst später eintrafen.

Zunächst aber möchte ich einen amüsanten Vorfall erwähnen. Als Lee Sallows' selbst-dokumentierender Satz im Englischen in den engen Spalten des *Scientific American* gedruckt werden sollte, dachte niemand daran, den Setzern zu sagen, daß sie Wörter ohne Bindestrich nicht trennen sollten. Und wie es der Teufel wollte, kam es zu zwei derartigen Trennungen und folglich zu zwei unerwünschten Bindestrichen, die (oberflächlich gesehen) die Akkuratheit seiner Konstruktion zunichte machten. Wie leicht man doch auf die Nase fallen kann, wenn man sich in der Selbstbezüglichkeit verheddert!

Paul Velleman schickte mir eine Kopie der Titelseite des *Ithaca Journal* vom 26. Januar 1981, auf der über die ganze Breite hinweg folgende Schlagzeile stand: „Ex-Geiseln genießen wieder ihr Privatleben." Er schrieb: „Ich denke, sie ist möglicherweise auf ganz andere Art selbstbezüglich (und sich selbst widersprechend) als Ihre anderen Beispiele, da das Medium, die Plazierung und die Größe, in der sie abgedruckt ist, sämtlich notwendige Bestandteile des Widerspruchs sind." Als ich die Seite ansah, fiel mir einfach nichts Selbstbezügliches auf. Ich dachte, vielleicht sollte ich aus welchem Grund auch immer einen Blick auf die Rückseite werfen, aber die hatte noch weniger Interessantes zu bieten. Also nahm ich mir noch einmal die Schlagzeile vor, und plötzlich fiel es mir wie Schuppen von den Augen: Wie können Leute „ihr Privatleben genießen", wenn es quer über die Titelseite ins ganze Land geplärrt wird?

Passend dazu stolperte ich bald danach über ein Photo einer in Tränen aufgelösten Lady Di, und ihre Tränen fanden in der Bildunterschrift folgende Erklärung: „Lady Di – offensichtlich übermannt vom Streß der bevorstehenden königlichen Hochzeit und davon, daß jeder ihrer Schritte in der Öffentlichkeit von Tausenden verfolgt wird. Mehr darüber auf Seite 20. Ausführliche Berichte über die königlichen Flitterwochen auf Seite 7."

John M.Lankford schrieb mir aus Japan einen langen Brief über Selbstbezüglichkeit, der in mancher Hinsicht beachtliche Ähnlichkeit mit dem Brief von Flash qFiasco aufweist. Der merkwürdigste Absatz in seinem Brief war folgender:

Ich gebe hier in Japan zweimal wöchentlich etwas Englischunterricht für eine Gruppe von Studenten an der hiesigen Universität – hauptsächlich Studenten, die in den Naturwissenschaften promovieren. Ich verwendete eine ganze Unterrichtsstunde für einige Ihrer Sätze, die ich dem Artikel im *Scientific American* entnahm und an die Tafel schrieb, und dann die Studenten nach ihrer Bedeutung fragte. Im geschriebenen Englisch waren die Studenten ganz gut, aber kaum beschlagen, was Idiome, schnelles verbales Reagieren und, in Ermangelung eines besseren Ausdrucks, „abstrakten Humor" betrifft. Wie ich schon vermutete, verblassen viele der Sätze – vielleicht sogar die interessantesten –, wenn sie aus dem kulturellen Kontext herausgerissen werden. Ich tat mir recht schwer, sie auf den Gedanken zu bringen, daß sich das Pronomen „ich" ebensogut auf den Satz wie auf den Urheber des Satzes beziehen könnte. In Japan bringen Pronomen allerhand Probleme mit sich. Wenn ich zum Beispiel jemanden frage: „Habe ich heute einen Blaumann an?", könnte ich als Antwort häufig zu hören bekommen: „Ja, ich habe heute einen Blaumann an." Zu dieser Verwirrung kann es im Japanischen wegen der in der Alltagssprache verhältnismäßig selten vorkommenden Pronomen leicht kommen. Sie können sich natürlich vorstellen, welche Mißverständlichkeiten beim Lesen Ihrer Sätze hinzukämen, wenn die Grenzen zwischen „du" und „ich" zudem noch recht verschwommen wären.

Auf dem Weg nach Gettysburg las ich Abraham Lincolns Rede, die er in Gettysburg gehalten hatte, und zum ersten Mal stach mir ihre merkwürdige Selbstbezüglichkeit ins Auge: „Worüber wir hier reden, wird die Welt kaum beachten, noch es lange in Erinnerung behalten." Lincoln konnte es seinerzeit nicht wissen, doch würde sich dieser Satz mit der Zeit als extrem falsch herausstellen (wenn *Abstufungen* des Begriffs „falsch" überhaupt erlaubt sind). Tatsächlich ist jener Satz sehr denkwürdig. Und da wir schon bei präsidialer Selbstbezüglichkeit sind, hören wir uns noch diese selbstdeskriptive Bemerkung aus dem Munde des ehemaligen Präsidenten Ford an: „Ich gebe als erster zu, daß ich kein großer Redner bin bzw. keiner, der mit einer dieser William-Jennings-Bryan-Methoden dahin gekommen ist, wo ich stehe." Ich vermute, daß darin, wo sich Lincolns Satz extrem irrte, Fords Satz extrem richtig ist. Hier ist ein letzter selbstbezüglicher Satz im präsidialen Rahmen:

> Wenn John F. Kennedy diesen Satz gerade lesen würde, hätte Lee Harvey Oswald danebengeschossen.

* * *

Eine der besten selbst-beantwortenden Fragen kam, wie sollte es anders sein, im Verlauf eines kurzen Telephongesprächs auf. Ich hatte eines Abends in einem Restaurant angerufen, und der Dialog verlief dann folgendermaßen: „Kann ich Ihnen behilflich sein?", woraufhin ich antwortete: „Sie haben mir bereits geholfen – indem Sie mir zu verstehen gegeben haben, daß Sie heute geöffnet haben. Vielen Dank. Auf Wiedersehen!" Und hier ist ein selbst-bezeugender Satz von Don Byrd: „Ich bin nicht so gewitzt wie mein Urheber."

In der Post fand ich diesen anonymen Brief: „In der Post fand ich diesen anonymen

Brief, dessen Urheber ich folglich nicht würdigen kann." – dessen Urheber ich folglich nicht würdigen kann. Jemand in Calgary, Alberta, dessen Namen ich immer wieder vergesse (aber wenn er dies liest, wird er wissen, wer er ist) bat mich um einen Gefallen und schrieb: „Dies ist meine zaghafte Art zu versuchen, meinen Namen abgedruckt zu sehen." Ich hoffe, er ist damit zufrieden.

Und nun zu einer Reihe von buntgemischten Beispielen, die von mir stammen und ein Teil der Ausbeute sind, die bei der zweiten wilden Orgie im Niederschreiben selbstbezüglicher Sätze vor nicht allzu langer Zeit herauskam. Die ersten drei handeln von Übersetzungsproblemen:

Man mich hat übersetzt am Fuß des Briefes aus dem Französischen.

Wäre nicht ungewöhnlich, wenn wäre in Italienisch.

Wenn du wünschtest zu übersetzen diesen Satz ins Englische, du würdest ausnützen die Tatsache daß die Wortstellung und die Interpunktion bereits übereinstimmen mit den englischen Konventionen.

Wieso bezeichnet *diese* substantivische Verbindung von Wörtern nicht das gleiche wie *diese* substantivische Verbindung von Wörtern?

Jedes letzte Wort in diesem Satz ist ein grotesker Schreibfehler von „Miemösentuft".

Es ist mir egal, *wer* diesen Satz schrieb – wer immer, er ist ein verdammter Sexist!

Diese Analogie ist so, als ob man sich an seinen eigenen Haaren emporzieht.

Obwohl dieser Satz mit dem Wort „weil" beginnt, ist er falsch.

Trotz der Tatsache, daß – oder besser gesagt, weil – sich dieser Satz wie eine zweizinkige Mistgabel gebärdet, ähnelt er einem zweischneidigen Schwert.

Diese Zeile von Shakespeare wähnt sich erhaben.

Wären Schriftsteller Bäcker, würde die Länge dieses Satzes genau ein Dutzend Wörter betragen.

Wäre dieser Satz eine Seite früher aufgetaucht, wäre eben dieser Moment vor ungefähr 60 Sekunden eingetreten.

Dieser Satz trägt gerade dazu bei, die Wahrscheinlichkeit eines Atomkriegs zu erhöhen, indem er dich von den ernsthafteren Belangen der Welt ablenkt und dich mit den trivialen Freuden der Selbstbezüglichkeit betört.

Dieser Satz trägt gerade dazu bei, die Wahrscheinlichkeit eines Atomkriegs zu vermindern, indem er dich für die Schwelgerei in den trivialen Freuden der Selbstbezüglichkeit schilt und dich an die ernsthafteren Belange der Welt erinnert.

„Unser gigantisches nukleares Arsenal" findet *Erwähnung*, damit es nicht zum *Gebrauch* kommt.

Der ganze Zweck dieses Satzes ist es, deutlich zu machen, was der ganze Zweck dieses Satzes ist.

Diese bizarre Zirkularität des letzten Satzes erinnert mich an die Zahl *P*, die ich vor ein paar Jahren erfand. *P* ist die Anzahl der Minuten pro Monat, die eine Person aufwendet, um über die Zahl *P* nachzudenken. Bei mir scheint der Wert von *P* durchschnittlich bei ungefähr 2 zu liegen. Wenn es mehr wären, hätte ich bestimmt etwas dagegen! Meistens geht sie mir im Kopf herum, wenn ich mich gerade rasiere.

* * *

Dr. J. K. Aronson aus Oxford, England, hatte ein paar ganz herrliche Entdeckungen gemacht. Eine seiner besten Einsendungen war diese:

„T" ist der erste, vierte, elfte, siebzehnte, zweiundzwanzigste, zweiunddreißigste, neunundvierzigste, ...

Der Satz hört natürlich nie auf. Er reichte auch ein großartiges, sich ergänzendes Paar ein, mit dem er mich ganz schön foppte. Die Herausforderung liegt darin, zu versuchen, zunächst den ersten Satz zu dechiffrieren, ehe man den zweiten liest.

Iee a a eie ooae u e aoee a eie oae.

Dsr Stz ht kn Vkl nd dr vrnghnd Stz kn Knsnntn.

Bei Aronsons letzten Satz fällt mir folgender Humbug ein, den man, glaube ich, nach all den Jahren immer noch auf den Reklametafeln in der New Yorker U-Bahn finden kann:

Wr ds lsn knn, knckt nn msrbln Cd.

Durch einen bemerkenswerten Zufall wurde der restliche Teil von Carl Benders Satz „Der restliche Teil dieses Satzes steht in Thailand geschrieben, auf" doch glatt in Bangkok, Thailand, gefunden. Der glückliche Finder war Gregory Bell, der dort lebt, und mir eine hervorragende Kopie davon zukommen ließ. Wer vor Spannung fast schon umgekommen ist, bekommt den Rest nun endlich zu sehen, in Abbildung 2-3.

Eines Abends, als die Stromversorgung von einem wütenden Unwetter heimgesucht wurde, empfing ich auf meinem Computer folgende Nachricht von Marsha Meredith:

กระดาษแผ่นนี้และเขียนเป็นภาษาไทย

Abbildung 2-3. Der Schlußteil von Carl Benders Satzfragment („Der restliche Teil dieses Satzes steht in Thailand geschrieben, auf"), den Gregory Bell auf einem Zettel in Bangkok, Thailand, fand. In der Übersetzung lautet er: „diesem Blatt Papier und in Thailändisch."

> I[ich sc⁄affe es mit der Arbeit heute abend nicht m14hr w++gen des W14tters/wie 13u si14hst, ?ommen di14 Buchstaben verk14hrt h14raus. [u dumm – bis moRrrgen, 1F7U Marsha.

Wenn sie doch nur Geduld gehabt und mit etwas mehr Bedacht getippt hätte, damit ich hätte verstehen können, was ihr Problem war.

Angesichts der Sätze, die mit dem Problem der Identität in kontrafaktischen Welten zu tun haben, wie etwa Dan Krimms und seine Alter Egos, erinnerte ich mich, was ich vor kurzem in einem Klappentext von E. O. Wilson zu Lewis Thomas' jüngstem Buch gelesen hatte: „Wenn Montaigne das Wissen der Biologie des 20. Jahrhunderts gehabt hätte, wäre er Lewis Thomas gewesen." Auweia, der Schalk sitzt sich selbst im Nacken! Und Banesh Hoffmann schrieb in *Relativity and Its Roots* („Relativität und ihre Ursprünge"): „Wären wir zu Shakespeares Zeiten zur Welt gekommen, könnte uns die Atombombe nichts anhaben." Das stimmt, aber dennoch wären wir längst mausetot – es sei denn, die Ärzte des 24. Jahrhunderts, die die Unsterblichkeitspille erfinden werden, hätten *ebenfalls* zu Shakespeares Zeiten gelebt!

Eines Tages kam mir einfach folgendes selbstbezügliche Gedicht:

> Zweimal fünf Silben
> Und sieben hinzu – geben
> Fürwahr ein Haiku.

Das Genre selbstbezüglicher Dichtung – Haikus inbegriffen – war eigentlich recht populär. Tom McDonald schickte folgenden Un-Limerick ein:

> Detlef war ein trauriger Dichter.
> Seine Limericks wurden immer schlechter.
> Da half auch kein Geschick,
> Abhold war ihm das Glück,
> denn er kam nicht auf den Trichter,
> daß eine Zeile zu viel macht lange Gesichter!

Von mehreren Leuten kamen komplexe Gedichte der verschiedensten Art und Hinweise auf Bücher darüber, wie beispielsweise John Hollanders *Rhyme's Reason* („Des Reimes Vernunft"), das eine Sammlung von Gedichten darstellt, die ihre eigene Form beschreiben.

* * *

Selbstbezügliche Buchtitel erfreuen sich heutzutage eines gewissen, mäßigen Beliebtheitsgrades. Raymond Smullyan war einer von denen, die sich mit größter Begeisterung an die Erforschung machten, welches Potential in dieser Idee lag. Er verwendete hierzu die Titel *Wie heißt dieses Buch?* und *Buch ohne Titel.* Meiner Meinung nach hätte *Ohne Titel* es eigentlich treffender ausgedrückt. Oder warum nicht gleich *Ohne*, oder einfach bloß   ? Denken Sie mal darüber nach. (Hoffentlich konnten Sie erkennen, daß jene Leerstellen *kursiv* waren!)

Zu den anderen selbstbezüglichen Buchtiteln, die ich gesammelt habe, gehören folgende:

Vergiß die ganzen Regeln, die du je in Sachen Grafikdesign gelernt hast. Einschließlich derer in diesem Buch.

Klau' dieses Buch

Verbiete dieses Buch

Zieh dieses Buch (Wie man keine Steuern bezahlt, solange Ronald Reagan Präsident ist) von der Steuer ab

Glaubst du, die Mama hätte ihre Freude an diesem hier?

Bibliothekarische Dezimalklassifikation No. DK 510.46 FC H3

Ich kann mich nicht erinnern, wie es heißt

Der große deutsche Roman

ISBN 0-943568-01-3

Selbstbezüglicher Buchtitel

Seit zehn Wochen Spitzenreiter auf der Spiegel*-Bestsellerliste*

Über den großen Teich – aber erst wenn du dieses Buch gelesen hast

Bald auch in der großartigen Verfilmung zu sehen

Von mir, William Shakespeare (von Robert Payne)

Das Buch dort mit dem roten Umschlag in Ihrem Schaufenster

Rezensionen dieses Buchs

Oh, ehe ich es vergesse zu sagen, manche dieser Titel sind natürlich erfunden, andere aber gibt es wirklich. Der letzte, *Rezensionen dieses Buchs*, ist beispielsweise ein reiner Phantasietitel von mir. Ich würde gern mal ein Buch sehen, das nur aus einer Sammlung von Rezensionen eben jenes Buchs besteht, die (nach seiner Veröffentlichung natürlich) in den wichtigsten Zeitungen und Zeitschriften erschienen. Es hört sich paradox an, doch mit viel Planung und harter Arbeit ließe sich das schon arrangieren. Zunächst einmal müßten mehrere große Zeitungs- und Zeitschriftenverlage damit einverstanden sein, von den verschiedenen Mitarbeitern an dem Buch Rezensionen zu dem Buch schreiben zu lassen. Allerdings müßten sie die verschiedenen Abfassungen in regelmäßigen Abständen an all die anderen Rezensenten schicken, so daß sich sämtliche Rezensionen gemeinsam entwickeln können und auf diese Weise schließlich einen stabilen Zustand erreichen, von der Art, wie er in der Physik als „selbst-konsistente Hartree-Fock-Lösung" bekannt ist. Anschließend könnte das Buch zur Veröffentlichung kommen, wonach die Rezensionen des Buchs in ihren entsprechenden Zeitungen und Zeitschriften wie vereinbart erscheinen würden. (Im Postskriptum zu Kapitel 15 wird diese Idee etwas weiter ausgeschlachtet.)

* * *

Zufällig stieß ich auf zwei Bücher, die sich des Themas annehmen, wie man Bücher mit Registern versieht. Sie heißen: *A Theory of Indexing* („Eine Theorie des Registermachens") (von Gerald Salton) und *Typescripts, Proofs, and Indexes* („Typoskripte, Umbruchfahnen und Register") (von Judith Butcher). Erstaunlicherweise hat keines der beiden ein Register. Ich bekam auch einen seltsamen Brief, der um eine Spende bat und so losging: „Lieber Freund: In den vergangenen Monaten machte ich eine Untersuchung über den Spendenbrief als Kunstform ..." Weiter las ich nicht.

Aldo Spinelli, ein italienischer Künstler und Schriftsteller, schickte mir einige seiner Arbeiten, darunter ein kurzes Buch mit dem Titel *Loopings*, in dem die Seiten auf mehrfache komplexe Weisen die Summe ihrer eigenen Wörter und Buchstaben dokumentieren, und das am Ende einen kurzen Essay über verschiedene Mittel und Wege enthält, wie sich Dokumente selbst oder gegenseitig in verschlungenen Schleifen aufzählen können. Ein anderes mit dem Titel *Chisel Book* („Das Buch vom Meißel") dokumentiert seine eigene Herstellung, angefangen von der Idee bis hin zur Suche nach einem Verleger, der Art der Aufmachung, der Gestaltung des Bucheinbands, der Druckfassung, usw.

Ashleigh Brilliant ist der Erfinder einer Unmenge von Aphorismen, die er „Schnappschüsse" nennt, und viele davon sind zu ganz beliebten Aussprüchen geworden. Aus irgendeinem Grund aber beschränkt er sich auf höchstens siebzehn Wörter pro Schnappschuß. Hier sind ein paar typische Schnappschüsse von ihm (alle entnommen aus seinen vier Büchern, die in der Bibliographie genannt sind):

Was wäre das Leben ohne mich?

Solange du bei mir bist, kann ich all den Ärger ertragen, den du unweigerlich schaffst.

Erinnerst du dich noch? Ich bin der, der auf dich noch nie einen Eindruck gemacht hat.

Warum stellen sich Probleme bloß immer zur falschen Zeit ein?

Aufgrund von Umständen, die außerhalb meiner Kontrolle liegen, bin ich Herr meines Schicksals und Lenker meiner Seele.

Obgleich dies strenggenommen keine selbstbezüglichen Sätze sind, geben sie doch alle vortreffliche Beispiele ab, wie die Welt auf vielfältige selbst-unterminierende Weisen laufend mit sich selbst ins Gehege kommt, und als solche gehören sie nun mal in dieses Kapitel. Ehrlich gesagt, würde ich bei dieser Gelegenheit gerne bekanntgeben, daß der Gewinner des letztjährigen Nobellackmeier-Preises für aphoristische Eloquenz 1984 Ashleigh Brilliant heißt. Allerdings wurde auf Ersuchen von Herrn Brilliant die traditionelle Nobellackmeier-Feier abgesagt, zu der die Vergabe eines mit einer Million Dollar dotierten Geldpreises zwei Minuten vor der Enthauptung des Gewinners gehört.

Wer süchtig nach Selbstbezüglichkeit ist, der findet noch andere sehr interessante Bücher. Ganz besonders zu empfehlen ist meiner Meinung nach das kürzlich von Patrick Hughes erschienene Buch *More on Oxymoron* („Mehr über Oxymoron"), ebenso das von Hughes und George Brecht verfaßte frühere Werk *Vicious Circles and Infinity* („Teufelskreise und Unendlichkeit"). Mit zu dieser Kategorie gehören auch drei dünne, von Arthur Bloch zusammengestellte Bändchen über Murphys Gesetz. Wie man weiß, lautet Murphys Gesetz: „Wenn irgend etwas schiefgehen kann, wird es schiefgehen", obgleich es, als ich zum ersten Mal davon hörte, noch „Viertes thermodynamisches Gesetz" hieß. O'Tooles Kommentar zu Murphys Gesetz lautet: „Murphy war ein Optimist." Goldbergs Kommentar hierzu lautet: „O'Toole war ein Optimist". Und schließlich noch Schnatterlys Zusammenfassung: „Wenn irgend etwas *gar nicht schiefgehen kann,* wird es schiefgehen."

Mein eigenes Gesetz, „Hofstadters Gesetz" genannt, sagt folgendes aus: „Es dauert immer länger, als man denkt, selbst wenn man Hofstadters Gesetz berücksichtigt." Obwohl ich sein Verkünder bin, bin ich anscheinend nicht imstande, es bei der Einteilung meiner eigenen Zeit mit in Betracht zu ziehen. Um mir aus der Patsche zu helfen, wartete mein Freund Don Byrd mit seinem eigenen Gesetz auf, das ich mir dann fest zu Herzen nahm:

Byrds Gesetz:

Es dauert immer länger, als man denkt, selbst wenn man Hofstadters Gesetz berücksichtigt.

Zu allem Unglück scheint Byrd selbst außerstande zu sein, dieses Gesetz mit einzukalkulieren.

3
Über Virensätze und selbstreplikative Strukturen

Januar 1983

Als ich vor zwei Jahren das erste Mal über selbstbezügliche Sätze schrieb, erreichte mich zu meiner Verblüffung eine wahre Postlawine, alles Briefe von Lesern, die sich mit dem Phänomen der Selbstbezüglichkeit in seinen mannigfachen Erscheinungsformen beschäftigten. Vor einem Jahr hatte ich Gelegenheit, einige solcher Antworten abzudrucken, und diese Veröffentlichung löste dann eine zweite Welle von Reaktionen aus. Viele der Antwortbriefe haben, jeder auf seine Weise, die Selbstbezüglichkeit in ganz neuem Licht dargestellt. Im vorliegenden Artikel möchte ich die Vorstellungen einiger Leser wiedergeben, von denen zwei, Stephen Walton aus New York und Donald R. Going aus Oxon Hill, Maryland, auf meinen ursprünglichen Artikel mit auffallend gleichlautenden Briefen geantwortet haben.

Für beide sind selbstreplikative Sätze wie Viren – winzige Objekte, die größere und unabhängigere „Wirte“ zu ihren Sklaven machen und sie mit allen Mitteln dazu bringen, in einer komplizierten Serie von Replikationsmaßnahmen immer neuen Kopien zur Existenz zu verhelfen, die nun ihrerseits ausschwärmen und andere Wirte versklaven können und so fort. „Virensätze“, wie Walton sie nennt, sind „solche, die ihre Selbstreproduktion betreiben, indem sie die Fertigkeiten von komplexeren Einheiten in Dienst nehmen.“

Beide, Walton und Going, waren frappiert von der Bösartigkeit solcher Sätze, von der egoistischen Manier, in der sie über einen Ideenraum herfallen und – allein dadurch, daß sie an allen Ecken und Enden Kopien ihrer selbst hinterlassen – einen beträchtlichen Teil von ihm in Besitz nehmen. Warum gelingt es ihnen aber nicht, sich über den gesamten Ideenraum zu verbreiten? Eine gute Frage. Für jemanden, der sich mit den Gesetzen der Evolution befaßt hat, dürfte die Antwort auf der Hand liegen: Schuld ist die Konkurrenz anderer Selbstreplikatoren. Bestimmte Replikatoren eignen sich einen Teil des Raumes an und wehren ihre Rivalen mit Erfolg ab; so wird innerhalb des Ideenraumes eine „Nische“ ausgespart.

Diese Vorstellung von einem evolutionären Überlebenskampf zwischen selbstreplikativen Ideen ist weder von Walton noch von Going in die Welt gesetzt worden, obgleich beide durchaus Neues dazu zu sagen haben. Erwähnt wird sie, soweit ich weiß, zum ersten Mal in einem Artikel, den der Neurophysiologe Roger Sperry 1965 unter dem Titel „Mind, Brain, and Humanist Values“ veröffentlicht hat. Er schreibt dort: „Ideen erzeugen Ideen und bringen neue Ideen zur Entfaltung. Sie interagieren miteinander und mit anderen geistigen Kräften sei's desselben Gehirns, sei's auch benachbarter und – dank weltweiter Kommunikation – sogar weit entfernter fremder Gehirne. Ferner interagieren sie mit der äußeren Umwelt, um *in toto* einen rasanten

Entwicklungsfortschritt hervorzubringen, der alles, was sich bisher auf der evolutionären Szene abgespielt hat, weit übertrifft, auch die Entstehung der lebenden Zelle.“

Wenig später, im Jahr 1970, brachte der Molekularbiologe Jacques Monod sein unendlich anregendes und provozierendes Buch *Le Hasard et la nécessité* („Zufall und Notwendigkeit“) heraus. Im letzten Kapitel mit der Überschrift „Das Reich und die Finsternis“ äußert er sich wie folgt zur Auslese von Ideen:

> Für einen Biologen ist es verlockend, die Entwicklung der Ideen mit jener der Biosphäre zu vergleichen. Denn obgleich das Reich des Abstrakten noch um etliches höher über der Biosphäre steht als diese über der Welt des Unbelebten, haben die Ideen doch einige Eigentümlichkeiten der Organismen bewahrt. Wie die letzteren haben sie die Tendenz, ihre Struktur zu reproduzieren und zu vervielfältigen; auch sie können ihre Merkmale mischen, neu kombinieren und aufspalten; schließlich machen auch sie eine Entwicklung durch, und dabei spielt die Auslese ohne jeden Zweifel eine bedeutende Rolle. Ich will hier gar nicht gleich eine Theorie der Ideenselektion aufstellen. Aber man kann doch wenigstens versuchen, einige der Hauptfaktoren festzuhalten, die dabei im Spiel sind. Eine solche Auslese muß notwendigerweise auf zwei Ebenen wirksam sein: im Geist selbst und im praktischen Effekt.
>
> Die Effektivität einer Idee, ihre Leistungsfähigkeit, bemißt sich daran, welche Veränderung sie im Verhalten der Person oder Gruppe bewirkt, die sie sich zu eigen macht. Diejenige Idee, die einer solchen Gruppe mehr Zusammenhalt, Ehrgeiz und Selbstvertrauen verschafft, befördert ineins damit ja auch ihr Expansionsvermögen, was wiederum die beste Garantie ist für die Stärkung der Idee selbst. Diese ihre Stärke hat nicht zwangsläufig etwas zu tun mit dem Grad an objektiver Wahrheit, die in ihr steckt. Daß eine religiöse Ideologie einer Gesellschaft als mächtige Stütze dienen kann, liegt nicht eigentlich an ihrer Struktur, sondern vielmehr an deren Akzeptanz, an ihrer Attraktivität. Daher läßt sich das Durchsetzungsvermögen einer solchen Idee kaum trennen von ihrer Leistungsfähigkeit.
>
> Das eigentliche Durchsetzungsvermögen [die Ansteckungsfähigkeit gewissermaßen, D. H.] ist erheblich schwerer zu analysieren. Es hängt vermutlich ab von den vorgegebenen Strukturen des Geistes, so etwa von den bereits durch die Kultur transportierten Ideen, aber zweifelsfrei auch von bestimmten angeborenen Strukturen, die wir im übrigen nur mit Mühe zu identifizieren vermögen. So viel ist allerdings sicher: die Ideen mit der größten Überzeugungskraft sind solche, die eine *Erklärung* des Menschen bereithalten, indem sie ihm seinen Platz in einem immanenten Schicksal zuweisen, in dessen Zusammenhang seine Angst sich löst.

Monod spricht von der Welt der Ideen, von dem, was ich weiter oben „Ideenraum“ genannt habe, als dem „Reich des Abstrakten“. Da er sie in direkter Analogie zur Biosphäre vorstellt, könnten wir sie auch die „Ideosphäre“ nennen.

* * *

Im Jahr 1976 veröffentlichte der Entwicklungsbiologe Richard Dawkins sein Buch *The selfish Gene* („Das egoistische Gen“), in dessen letztem Kapitel er dieses Thema weiter entwickelt. Die Replikations- und Selektionseinheit in der Ideosphäre, also das Pendant des Gens in der Biosphäre, nennt Dawkins *meme,* „Mem“. Ganz so wie eine Bücherei eine geordnete Büchersammlung, ist ein Gedächtnis eine geordnete Memsammlung. Und die Suppe, in der – in Analogie zur „Ursuppe“, aus der ganz zu Beginn das Leben quoll – Meme wachsen und gedeihen, ist die Suppe der menschlichen Kultur. Dawkins schreibt:

> Beispiele für Meme sind Melodien, Ideen, Schlagworte, Kleidermoden, Techniken der Gefäßherstellung oder der Bogenkonstruktion. Genauso wie Gene sich im Genpool vermehren, indem sie mit Hilfe von Spermien oder Eizellen von einem Körper zum andern überspringen, vermehren Meme sich im Mempool, indem sie – dank eines Prozesses, den man im weiteren Sinne Imitation nennen kann – von einem Gehirn zum andern überspringen. Ein Wissenschaftler, der von einem guten Gedanken hört oder liest, wird ihn an seine Kollegen und Studenten weitergeben. Er wird ihn in seinen Aufsätzen und Vorlesungen erwähnen. Kommt der Gedanke an, dann heißt das, er vermehrt sich, indem er sich von Gehirn zu Gehirn fortpflanzt. Mein Kollege N. K. Humphrey hat es in seiner Zusammenfassung eines früheren Entwurfs zu diesem Kapitel auf den Punkt gebracht: „... Unter Memen sollte man sich lebende Strukturen vorstellen, und zwar weniger im bildlichen als vielmehr im technischen Sinn. Pflanzt jemand ein fruchtbares Mem in meinen Geist, so setzt er mir buchstäblich einen Parasiten ins Hirn und macht letzteres zu einem Mittel für dessen Ausbreitung, nicht anders, als wenn ein Virus zum Parasiten im genetischen Mechanismus einer Wirtszelle wird. Und dies ist keine bloße *façon de parler:* tatsächlich hat zum Beispiel das Mem für den ‚Glauben an das Leben nach dem Tode‘ millionenfache physikalische Realität als Struktur im Nervensystem menschlicher Individuen in aller Welt.“
>
> Man nehme die Gottesidee. Über ihr Auftreten im Mempool wissen wir nichts. Aller Wahrscheinlichkeit nach hat sie viele autonome, auf je eigener „Mutation“ beruhende Ursprünge. Jedenfalls hat sie ein beachtliches Alter. Wie geht ihre Selbstreplikation vor sich? Sie bedient sich des gesprochenen und geschriebenen Worts und außerdem großer Musik und großer Kunst. Und warum vermag diese Idee so hartnäckig zu überleben? Es sei daran erinnert, daß „überleben können“ sich hier nicht auf ein Gen in einem Genpool, sondern auf ein Mem in einem Mempool bezieht. Die Frage lautet also eigentlich: Was an der Gottesidee verleiht ihr im kulturellen Umfeld eine solche Stabilität und Durchsetzungskraft? Die Überlebensfähigkeit des Gottesmems im Mempool hat ihre Ursache in seinem starken psychologischen Reiz. Es liefert eine auf den ersten Blick plausible Antwort auf grundlegende und beunruhigende Existenzfragen. Es suggeriert, daß die Ungerechtigkeiten dieser Welt in der anderen Welt revidiert werden können. Der „Arm Gottes“ bietet uns eine bequeme Stütze gegen unsere eigenen Unzulänglichkeiten, die wie das Plazebo des Arztes zwar imaginär, aber nichtsdestotrotz durchaus wirksam ist. Dies sind einige der Gründe, derentwegen die Gottesidee von Generationen von Einzelhirnen so anstandslos kopiert wird. Gott existiert, und wenn nur in Form eines Mems mit enormer Überlebens- respektive Ansteckungsfähigkeit im Umfeld der menschlichen Kultur.

An dieser Stelle beeilt Dawkins sich zu betonen, daß es keineswegs in jedem Einzelhirn eine exakte, in irgendeinem universellen Memkode geschriebene Kopie jedes Mems geben muß. Wie Gene können auch Meme variiert oder entstellt werden – ganz in Analogie zur Mutation. Verschiedene Mutationen eines Mems müssen dann miteinander sowie mit anderen Memen um Beachtung und d. h. um Gehirnressourcen im Sinne bestimmter, diesem Mem zur Verfügung gestellter Raum und Zeitquantitäten kämpfen. Aber nicht allein um innere Ressourcen müssen Meme kämpfen, sondern – da sie ja visuell und auditiv übertragbar sind – nicht minder um Sendezeit in Rundfunk und

Fernsehen, um Werbefläche, um Zeitungs- und Zeitschriftenspalten sowie um Regalbretter in Bibliotheken. Darüber hinaus können einige Meme die Tendenz haben, andere in Mißkredit zu bringen, während manche Memgruppen womöglich eher auf eine interne Selbststärkung abzielen. Dawkins schreibt:

> ... In den Genpools der Fleischfresser entstanden aufeinander abgestimmte Zähne, Klauen, Eingeweide und Sinnesorgane, während sich bei den Pflanzenfressern eine ganz andersartige Merkmalskombination ausbildete. Spielt sich in den Mempools etwas irgendwie Entsprechendes ab? Hat sich beispielsweise das Gottesmem mit irgendwelchen anderen Einzelmemen verbunden, und befördert diese Verbindung nun das Überleben der beteiligten Meme? Vielleicht könnten wir uns die Organisation einer Kirche mit ihrer Architektur, ihren Ritualen und Geboten, ihrer Musik, Kunst und schriftlichen Überlieferung als eine in sich stimmige dauerhafte Kombination von wechselseitig sich stützenden Memen vorstellen.
>
> Es gibt, um ein Beispiel zu nennen, ein bestimmtes Dogma, das den religiösen Gehorsam mit besonderem Erfolg gesichert hat: die Drohung mit dem Höllenfeuer. Viele Kinder und sogar manche Erwachsene glauben, daß sie nach ihrem Tode entsetzliche Qualen erdulden müssen, wenn sie den priesterlichen Geboten nicht gehorchen. Es handelt sich hierbei um eine besonders widerwärtige Technik der Überredung, die durch das ganze Mittelalter hindurch und sogar noch heute für immense psychische Ängste verantwortlich ist. Aber sie ist im höchsten Maße effektiv. Fast könnte sie von einer machiavellistischen, in tiefenpsychologischer Indoktrinationstechnik geschulten Geistlichkeit bewußt geplant worden sein. Ich bezweifle indessen, daß die Geistlichen derart schlau waren. Viel mehr spricht dafür, daß unbewußte Meme – mit Hilfe eben jener Quasi-Mitleidlosigkeit, die erfolgreiche Gene an den Tag legen – für ihr eigenes Überleben gesorgt haben. Daß die Idee des Höllenfeuers *sich selbst am Leben erhalten* kann, liegt ganz simpel an der ihr eigenen tiefenpsychologischen Stoßkraft. Mit der Gottesidee hat sie sich verknüpft, weil beide sich gegenseitig verstärken, wechselseitig ihr Überleben im Mempool begünstigen.
>
> Ein anderes Glied des religiösen Memkomplexes heißt Glauben. Er bedeutet blindes Vertrauen, unter Verzicht auf jegliche Evidenz, ja, ihr zum Trotz ... Nichts ist tödlicher für gewisse Meme als die Neigung, nach Evidenz zu suchen ... Das Mem für blinden Glauben erhält sich am Leben einzig durch den unbewußten Trick, daß es jede rationale Nachforschung vereitelt.
>
> Blinder Glaube kann alles und jedes rechtfertigen. Glaubt ein Mensch an einen anderen Gott oder betet er denselben Gott nur mit einem anderen Ritual an, so kann der blinde Glaube dekretieren, daß er sterben muß – sei's am Kreuz, sei's auf dem Scheiterhaufen, sei's aufgespießt aufs Schwert eines Kreuzfahrers, erschossen in einer Beiruter Straße oder in die Luft gejagt in einer Belfaster Bar. Meme für blinden Glauben haben ihre eigenen erbarmungslosen Mittel der Selbstverbreitung. Das gilt gleichermaßen für blinden patriotischen und politischen wie für blinden religiösen Glauben.

*   *   *

Beim Nachgrübeln über Meme ertappe ich mich häufig dabei, wie ich mir ein flüchtiges, flirrendes Funkenmuster vorstelle, das von Gehirn zu Gehirn hüpft und dabei brüllt: „Me, me!“ („Ich, ich!“) Die Briefe von Walton und Going bekräftigen dieses Bild auf interessante Weise. Walton etwa beginnt mit denkbar einfachsten Viralsätzen wie „Sprich mich!“ und „Kopier mich!“ – und geht dann rasch über zu komplizierteren Varianten mit Schmeicheleien („Kopierst du mich, gewähre ich dir drei Wünsche!“) oder Drohungen („Sprich mich, oder du bist verflucht!“), wobei keiner der Sätze, wie er anmerkt, in der Lage sein dürfte, Wort zu halten. Natürlich, so betont er, spielt das wohl auch keine Rolle, da der entscheidende Beweis für die Lebensfähigkeit ja allein im erfolgreichen Überleben im Mempool besteht. In der Liebe und im Krieg ist alles erlaubt – und zum Krieg gehört auch der endlose Kampf ums Überleben in der Ideosphäre, nicht weniger als in der Biosphäre.

Man kann davon ausgehen, daß nur sehr wenige Menschen über fünf Jahren auf die dümmlichen Drohungen bzw. Versprechungen dieser Sätze hereinfallen würden. Doch schon wenn man den Ausdruck „im Leben nach dem Tode“ hinzusetzen würde, gingen erheblich mehr Leute dem Mem auf den Leim. Walton macht darauf aufmerksam, daß auch der typische Kettenbrief (oder „Virustext“) mit einem ganz ähnlichen Trick arbeitet, da er „denen, die ihn gewissenhaft kopieren, Reichtum verspricht, denen hingegen, die es nicht tun, mit Verderben droht“. Wer einen solchen Kettenbrief einmal erhalten hat, erinnert sich bestimmt an so traurige Geschichten wie die von „Don Elliot, der 50000 Dollar erhielt, sie dann aber verlor, weil er die Kette durchbrach ...“ Oder die erbarmungslose Geschichte von „General Welch auf den Philippinen, der sechs Tage nach Erhalt dieses Briefes verschieden [oder hieß es *geschieden*?] war, weil er es versäumte, den Bittbrief weiterzureichen – aber bevor er starb, erhielt er noch 775000 Dollar ...“ Armer Don Elliot! Armer General Welch! Es kostet einige Mühe, sich dem Bann solcher Geschichten ganz und gar zu entziehen, selbst wenn man den Brief zu guter Letzt voll Verachtung aus dem Fenster wirft.

Ich fand, daß Waltons Ausdrücke „Virussatz“ und „Virustext“ überaus attraktiv, ja, selbst so etwas wie kleine Meme sind und es entschieden verdient haben, an die 700000 Mal in gedruckter Form und wer weiß wieviel Mal mehr auf mündlichem Wege repliziert zu werden. Das wenigstens ist *meine* Meinung. Selbstredend hängt alles auch davon ab, was der Herausgeber von *Scientific American* meint. [Es stellte sich heraus, daß er es hervorragend fand.] Nun, wie jeder in diesem Heft selbst sehen kann, hat Waltons eigener Virustext es fertiggebracht, die Fertigkeiten eines überaus mächtigen Wirts, einer ganzen Zeitschrift nämlich samt Druckerei und Vertrieb in Dienst zu nehmen. Er ist übergesprungen und verbreitet sich nun – noch in dem Augenblick, in dem Sie diesen Virussatz lesen – mit rasender Geschwindigkeit über die Ideosphäre!

Die hier angesprochene Fähigkeit, den richtigen Wirt zu wählen, stellt ein wichtiges Qualitätsmerkmal jeder Viruseinheit dar. Walton formuliert es folgendermaßen:

> Selbstverständlich spielt es eine bedeutende Rolle, wer den Virustext rezipiert. Ein Tabakmosaik-Virus, das sich auf ein Salzkristall stürzt, ist schlecht dran, und manche Leute reißen den Kettenbrief kurzentschlossen in Stücke. Ein Manuskript aber, das an einen Herausgeber geschickt wird, verdient die Bezeichnung viral, auch wenn es nicht *expressis verbis* selbstbezüglich ist, denn es impliziert den Versuch, die eigene Reproduktion durch einen geeigneten Wirt zu sichern; wird dasselbe Manuskript an jemanden geschickt, der nichts mit dem Verlagswesen zu tun hat, so hat es womöglich nicht die geringste Virusqualität.

Am Ende tritt Waltons Brief huldvoll aus dem Papier heraus und flötet mir ganz offen in eigener Sache zu: „Schließlich wäre ich (dieser Text) entzückt, wenn ich – als Ganzes oder zu einem Teil – an Ihrer nächsten Debatte über Selbstbezüglichkeit teilnehmen dürfte. In der Hoffnung darauf möchte ich mich schon jetzt bei Ihnen für die Ansteckung entschuldigen."

* * *

Während Walton Dawkins in seinem Brief erwähnt, scheint Going ihn überhaupt nicht zu kennen, und dadurch wird sein Schreiben, das den Dawkinsschen Gedanken so überaus nahe ist, besonders bemerkenswert. Going schlägt vor, mit der Betrachtung des folgenden Satzes *A* zu beginnen:

Es ist deine Pflicht, andere davon zu überzeugen, daß dieser Satz wahr ist.

Er schreibt:

Wenn du so dumm wärest, diesen Satz zu glauben, würdest du deine Freunde zu überzeugen suchen, daß *A* wahr ist. Wären sie ganz ebenso dumm, so würden sie wiederum ihre Freunde überzeugen, und so fort, bis auch der letzte menschliche Geist eine Kopie von *A* enthielte. Also ist *A* ein selbstreplikativer Satz. Genauer, *A* ist das geistige Äquivalent eines Virus. Gelänge es ihm, sich Zugang zu einem menschlichen Geist zu verschaffen, so würde er dessen intellektuelle Maschinerie unter seine Kontrolle bringen und sie dazu benutzen, Hunderte von Kopien seiner selbst in anderen Köpfen zu produzieren.

Natürlich hat der Satz *A* ein Manko: Er ist sinnlos; vermutlich könnte niemand ihn glauben. Betrachten wir nun aber das Folgende:

System *S*:
Anfang:
S_1: Blah.
S_2: Blah blah.
S_3: Blah blah blah.
. .
. .
. .
. .
. .
. .
S_{99}: Blah blah blah blah blah blah ...
S_{100}: Es ist deine Pflicht, andere davon zu überzeugen, daß System *S* wahr ist.
Ende.

S_1 bis S_{100} sollen hier Aussagen sein, die zusammen ein einigermaßen kohärentes Glaubenssystem bilden. Hätte das System *S* als Ganzes Überzeugungskraft, wäre das gesamte System selbstreplikativ. Besonders überzeugend wäre es, wenn S_{100} nicht ausdrücklich behauptet, sondern als logische Konsequenz aus den anderen Ideen des Systems selbstverständlich vorausgesetzt würde.

Wir wollen Goings S_{100} den *Haken* des Systems *S* nennen, denn mit Hilfe dieses Hakens will das System sich ja auf eine höhere Stufe der Machtausübung hieven. Dabei ist zu beachten, daß ein Haken, der im wesentlichen sagt: „Es ist deine Pflicht, mir zu glauben", für sich genommen keine lebensfähige Viruseinheit bildet; um „fliegen" zu können, muß er etwas Zusätzliches hinter sich herziehen, ganz so wie ein Drachen den Schwanz zur Stabilisierung braucht. Der schiere Auftrieb gerät außer Kontrolle und macht sich selber zunichte, der kontrollierte Auftrieb hingegen geht zusammen mit seinem Kontrollmechanismus in die Höhe. Genauso bilden S_{100} und S_1–S_{99} (als feste Kombination) eine symbiotische Verbindung: Sie haben komplementäre, auf wechselseitige Unterstützung zielende Funktionen für das Überleben des Mems, das sie gemeinsam darstellen. Going entwickelt nun diesen Gedanken noch etwas weiter:

> Die Aussagen S_1–S_{99} sind der Köder, der den Fisch anlockt und den Haken verbirgt. Ohne Köder kein Anbiß. Wenn der Fisch so dumm ist, den Haken im Innern des Köders zu verschlucken, wird er verdammt wenig Zeit haben, sich an diesem zu laben. Sitzt der Haken erst einmal ordentlich fest, wird der Fisch kein Fisch mehr sein, sondern vielmehr eine geschäftige Fabrik zur Herstellung von in Ködern versteckten Haken.

Gibt es irgendwelche wirklichen Ideensysteme, die sich wie das System *S* verhalten? Ich kenne mindestens drei. Sehen wir uns das Folgende an:

System *X*:
Anfang:
X_1: Wer nicht an das System *X* glaubt, wird in der Hölle braten.
X_2: Es ist deine Pflicht, andere vor Leiden zu bewahren.
Ende.

Jemand, der ans System *X* glaubt, würde versuchen, andere vor der Hölle zu bewahren, indem er sie von der Wahrheit dieses Systems überzeugt. Im System *X* ist also – als Konsequenz aus seinen zwei expliziten Sätzen – ein „Haken" versteckt, und folglich ist es ein selbstreplikatives Ideensystem. Ohne pietätlos zu sein, kann man behaupten, daß dieser Mechanismus eine nicht unbedeutende Rolle in der Verbreitung des Christentums gespielt hat.

Am häufigsten findet man selbstreplikative Sätze in der Politik. Betrachten wir Satz *W*:

Die Wale sind vom Aussterben bedroht.

Wer an diese Idee glaubt, wird den Wunsch haben, Wale zu retten. Er wird jedoch binnen kurzem feststellen, daß er dieses Ziel aus eigener Kraft nicht erreichen kann. Er braucht die Unterstützung Tausender Gleichgesinnter. Voraussetzung für diese Unterstützung ist aber, daß sie alle von der Wahrheit des Satzes *W* überzeugt werden. Insofern impliziert der Satz *W* einen Haken à la S_{100} und ist folglich eine selbstreplikative Idee.

In einer Demokratie hat nahezu jede Idee eine replikative Tendenz, denn schließlich gewinnt man eine Wahl nur, wenn man andere Menschen dazu bringen kann, sich den eigenen Ideen anzuschließen. Die meisten politischen Ideen sind nicht im strengen Sinn selbstreplikativ, da das Motiv zur Verbreitung der Idee von dieser selbst unabhängig ist. Andererseits ist die Aussage *W* recht eigentlich selbstreplikativ, denn die Pflicht, sie unter die Leute zu bringen, ist ja nur ihre unmittelbare logische Konsequenz. Ideen à la *W* können bisweilen ein regelrechtes Eigenleben gewinnen und ihre Verbreitung selbst betreiben.

> Eine unseligere Form der Selbstreplikation stellt Satz *B* dar:
>
> > Die Bourgeoisie unterdrückt das Proletariat.
>
> Diese Aussage ist aus demselben Grund selbstreplikativ wie *W.* Der Wunsch, derlei Aussagen zu verbreiten, bezieht seine Triebkraft aus dem anderen Wunsch, ein Opfer vor einem Schurken zu schützen. Gefährlich sind solche Ideen, weil der Glaube an sie dazu führen kann, daß man sich am vermeintlichen Schurken vergreift. Die Aussage *B* ist ferner ein anschauliches Beispiel dafür, daß der selbstreplikative Charakter einer Idee allein von deren logischer Struktur und keineswegs von ihrem Wahrheitsgehalt abhängt.
>
> Die Aussage *B* ist letztlich nur ein Sonderfall des allgemeineren Satzes *V*:
>
> > Der *Verbrecher* tut dem *Opfer Unrecht* an.
>
> Das Wort *Verbrecher* braucht hier lediglich durch den Namen einer beliebigen wirklichen Gruppe (Kapitalisten, Kommunisten, Imperialisten, Juden, Freimaurer, Aristokraten, Männer, Ausländer etc.) ersetzt zu werden. Entsprechend muß man *Opfer* und *Unrecht* durch das jeweils Gewünschte ersetzen. Was dabei herauskommt, ist ein selbstreplikatives Ideensystem à la *W* und *B.* Man beachte, daß jede der vorgeschlagenen Substitutionen ein historisch verbürgtes Ideensystem ergibt. Seit längerem hat man erkannt, daß die meisten extremistischen Massenbewegungen auf einem Glauben vom Typ *V* basieren. Zum Teil erklärt sich das wohl daraus, daß Aussagen dieses Typs sich letzten Endes auf den „Haken" S_{100} reduzieren lassen und infolgedessen einfach für selbstreplikative Ideensysteme definitorisch sind. Man tut sich schwer, reale historische Ereignisse mit einem solchen schwachsinnigen Mechanismus zu erklären, und dennoch …

Going bringt seine Überlegungen zu folgendem amüsanten Abschluß:

> Parodieren wir einmal meine These, und zwar mit Hilfe von Satz *E*:
>
> > Selbstreplikative Ideen legen es darauf an, unseren Geist zu unterjochen.
>
> Diese „paranoide" Aussage ist unmißverständlich eine Idee vom Typ *V.* Insofern scheint die These nur sich selbst zu beschreiben. Mehr noch, wenn wir *E* akzeptieren, müssen wir auch zugestehen, daß diese Idee vom Typ *V* uns auffordert, allen Ideen dieses Typs zu mißtrauen. Genau das ist die Paradoxie des Epimenides.

Interessant ist, daß all die Autoren, die sich mit solchen Ideen befaßt haben, ihre Beispiele nicht bloß unter den kleineren Dingen wie etwa eingängigen Melodien (Dawkins z. B. verweist auf das Eingangsthema in Beethovens fünfter Symphonie) oder Ausdrücken (das Wort „Mem" selbst), sondern auch unter den großen wie Ideologien und Religionen gefunden haben. Dawkins bezeichnet diese größeren Ensembles von Memen mit dem zusammengesetzten Terminus *Memkomplex;* ich ziehe allerdings das einfache Wort *Schema* vor.

Ein Grund für meine Vorliebe liegt darin, daß es so ausgezeichnet mit dem Sprachgebrauch zusammenstimmt, den der Psychiater und Schriftsteller Allen Wheelis in seinem Roman *The Scheme of Things* nahelegt. Im Mittelpunkt dieser Erzählung steht ein Psychiater und Schriftsteller namens Oliver Thompson, dessen düster-gedankenschwere Essays sich über das ganze Buch hinweg mit eindringlichen, gleichsam strahlend bunten Episoden abwechseln. Geradezu zwanghaft befaßt Thompson sich mit dem Unterschied zwischen einerseits „der rohen, schmucklosen, unvermittelten Natur des Daseins", die er wiederholt als „die Seinsweise der Dinge" bezeichnet, und andererseits den von Menschen erdachten „Schemata der Dinge", mit deren Hilfe sie der Seinsweise der Dinge Ordnung und Sinn entlocken. Hier einige von Thompsons Gedanken zu diesem Thema:

> Ich möchte ein Buch schreiben ... die Geschichte eines einzigen Menschen, dessen Leben zur Metapher für die gesamte Menschheitserfahrung auf Erden wird. Es soll darstellen, wie seine Suche ihn durch eine lange Reihe von Dingschemata führt, und zeigen, wie nacheinander jedes der von ihm entdeckten Muster versagt, wie er beständig zum nächsten wandert, immer in der Hoffnung, daß das gerade entdeckte und für den Augenblick hochgehaltene Schema der Dinge *kein* bloßes Schema ist, sondern die Wirklichkeit, die Seinsweise der Dinge und mithin ein Absolutum von unbegrenzter Dauer, in dessen Zusammenhang er einen Zweck erfüllen, zu dem er einen Beitrag leisten und mit dessen Hilfe er seinem sterblichen Leben Bedeutung verleihen und so das ewige Leben erlangen kann ...
>
> Das Schema der Dinge ist ein Ordnungssystem. Firmiert es anfangs noch als unsere Sicht der Welt, so *wird* es am Ende unsere Welt. In dem durch seine Koordinaten abgesteckten Raum leben wir. Es ist auf eine selbstverständliche Weise wahr und findet eine so natürliche und automatische Akzeptanz, daß man sich ihrer gar nicht bewußt wird. Es wird eingesogen mit der Muttermilch, hergeleiert in der Schule, verkündet vom Weißen Haus, untergejubelt vom Fernsehen, wissenschaftlich abgesegnet in Harvard. Wie die Luft zum Atmen wird das Schema der Dinge unsichtbar, wird zur platten Realität, zur Seinsweise der Dinge. Es ist die lebensnotwendige Lüge. Die Welt jenseits des Schemas wird verschwommen, bedeutungslos, sie wird kaum noch wahrgenommen und schließlich inexistent ...
>
> Das Schema der Dinge ist ein Heilsplan. Wie effektiv es ist, hängt ab von seiner Reichweite und seiner Autorität. Hat es nur geringen Umfang, kann es dem Tod kaum die Stirn bieten, selbst wenn es perfekt funktioniert. Ein Schema der Dinge kann so umfassend sein wie das Christentum oder so winzig wie der Kegelclub von Alameda County. Wir sind auf der Suche nach dem größtmöglichen Schema, und zwar nicht um der Wahrheit näherzukommen, sondern weil mit dem Umfang des Schemas auch die Aussicht wächst, daß die Angst gebannt werden kann. Wenn wir unserem Leben irgendeine Bedeutung im kosmischen Schema verleihen können, leben wir in der sicheren Erwartung der Unsterblichkeit. Was einem Schema der Dinge Dauer und Erfolg garantiert, ist nicht bloß sein Umfang, sondern zugleich die in ihm beschlossene Möglichkeit der Teilhabe und Mitwirkung sowie der selbstverständliche Glaube an seine Wahrheit. Der durchschlagende Erfolg des Christentums über tausend Jahre hinweg war eine Konsequenz seiner Universalität, mit der es alles und jedes einbegreift und erklärt und jedem Ding seinen besonderen Platz zuweist; eine Konsequenz der Tatsache, daß es jedem Menschen, ob Fürst oder Bettler, Weiser oder Narr, das Recht zuspricht, im Weinberg des Herrn zu arbeiten, und daß es im gesamten Abendland als wahr anerkannt wurde.
>
> Wird ein Schema der Dinge durch Übergriffe von außen verändert, so verliert es an Autorität und ist immer weniger imstande, die Angst zu bannen; seine Anhänger wenden sich ab. Am Ende verblaßt es ganz, hat nur noch historische Existenz, wird altmodisch oder

primitiv und schließlich zum Mythos. Was wir als Sage kennen, war einst eine Kopie der Wirklichkeit. Zurecht hat die Kirche Galilei Einhalt geboten; Betätigungen wie die seine bringen neue Wirklichkeit in das herrschende Schema der Dinge und führen damit letztlich zu seiner Auflösung.

Versteht man „Schema“ so wie Wheelis, kann es durchaus ein passender Ersatz für Dawkins' „Memkomplex“ sein. Ein Schema stülpt der Welt eine begriffliche Ordnung über und pflanzt sich erbarmungslos fort, ganz ebenso wie Goings System *S* mit seinem „Haken“. Das bei Wheelis beschriebene Unvermögen aller „Schemata der Dinge“, die „Seinsweise der Dinge“ vollständig und präzise zu erfassen, erinnert stark an die Anfälligkeit aller einigermaßen leistungsfähigen formalen Systeme sei's für Unvollständigkeit, sei's für Inkonsistenz, wobei diese ihre Anfälligkeit freilich von einem ganz anderen „Haken“ herrührt, nämlich von dem berühmten Gödelschen Haken, von der Fähigkeit solcher Systeme, sich auf sich selbst zu beziehen; allerdings weisen weder Wheelis noch Thompson auf eine solche Analogie hin. Wir werden auf Gödel noch kurz zurückkommen.

* * *

Wer seinen Roman liest, muß frappiert sein von der beruflichen Übereinstimmung zwischen Wheelis selbst und seinem Protagonisten. Man kann das Buch nicht lesen, ohne zu argwöhnen, daß Thompsons Ansichten nur Wheelis' eigene Ansichten widerspiegeln – und doch, wer weiß? Das Buch hält den Leser zum Narren. Und mehr noch foppt ihn der Titel von Thompsons imaginärem Buch, den Wheelis gegen Ende des Romans beiläufig erwähnt: *Die Seinsweise der Dinge,* und der in so auffälligem Gegensatz zum Titel des wirklichen Buches steht, in dem er vorkommt. Man muß sich fragen: Was soll dieses aparte literarische Plissee bedeuten, in dem jede Ebene sich auf die andere zurückfaltet? Was symbolisiert Wheelis' komplizierte Spiegelung?

Eine solche Volte, durch die etwas (ein Satz, Buch, System oder eine Person) sich auf sich selbst zu beziehen scheint, dies jedoch nur durch Anspielung auf etwas ihm *Ähnliches* tut, nennt man *indirekte Selbstbezüglichkeit.* Jedermann kann es tun, indem er auf sein Spiegelbild zeigt und sagt: „Der da sieht wirklich gut aus!“ Das ist ganz einfach, denn die Beziehung zwischen einem Ding und seinem Spiegelbild ist uns derart vertraut und selbstverständlich, daß es so scheint, als gäbe es dabei nicht den mindesten Abstand zwischen direktem und indirektem Bezugspunkt: Wir setzen sie vollkommen gleich. Allem Anschein nach gibt es daher keinen indirekten Bezug.

Dies hängt andererseits mit der Zwanglosigkeit zusammen, mit der unser Wahrnehmungssystem ein Spiegelbild in sein Gegenteil verkehrt, ferner mit anderen Eigentümlichkeiten unseres kognitiven Systems, dank derer wir durch mehrere Übersetzungsschichten hindurchblicken können, ohne die Schichten selbst zu bemerken – ganz so als ob wir metertief ins Wasser schauen und dabei nicht das Wasser sehen, sondern allein das, was auf dem Grund liegt.

Natürlich sind manche indirekten Selbstbezüge verzwickter als andere. Sehen wir uns zum Beispiel das Paar Arthur und Frieda an, das sich allem Anschein nach über seine Freunde Martha und Gottfried unterhält. Zufällig haben Arthur und Frieda gerade einige Beziehungsprobleme, und die sind ganz ebenso gelagert wie die Probleme von Martha und Gottfried, nur die Rollenverteilung zwischen den Geschlechtern ist genau umgedreht: Arthur ist in der einen Beziehung für Frieda, was Martha in der anderen für Gottfried ist. So wird im Laufe der Unterhaltung deutlich, daß Arthur und Frieda oberflächlich zwar nur über ihre Freunde Martha und Gottfried, *faktisch* aber über sich selbst sprechen, sofern sie sich in den beiden anderen spiegeln. Fast ist es, als machten sie mit ihrem Gespräch über Martha und Gottfried die Probe auf eine Fabel von Aesop, die ganz sichtlich mit ihrer eigenen Lage zu tun hat. Es spielt sich hier etwas auf zwei Ebenen zugleich ab, und es läßt sich schwer ausmachen, wie bewußt sich die beiden Gesprächspartner der Tatsache sind, daß sie Doppelbotschaften austauschen – eine über ihre Freunde und eine über sich selbst.

Die indirekte Selbstbezüglichkeit kann in höchst unerwarteter und folgenschwerer Weise ausgenutzt werden. Nehmen wir als Beispiel Präsident Reagan, der vor kurzem anläßlich starker amerikanisch-sowjetischer Spannungen wegen des Iran zu einem ungewöhnlichen Mittel griff und an Präsident Trumans Verhalten im Jahre 1945 erinnerte, als dieser den Sowjets ganz ungeniert damit drohte, daß die USA bei Bedarf auch Atomwaffen gegen eine sowjetische Bedrohung im Iran einsetzen könnten. Allein durch die Erinnerung an jene Situation forderte Reagan dazu auf, zwischen Truman und ihm eine Parallele zu ziehen, und auf diese Weise konnte er ziemlich unverhohlen drohen, ohne daß irgend jemand eine direkte Äußerung in der Hand gehabt hätte. Es war praktisch ausgeschlossen, daß ein mit Bewußtsein begabtes Wesen nicht tatsächlich den Zusammenhang herstellen würde. Die Ähnlichkeit beider Situationen sprang zu sehr in die Augen.

Tritt die Selbstbezüglichkeit nun wirklich in zwei verschiedenen Varianten, als direkte und indirekte, auf, oder sind beide nichts als diskrete Punkte in einem Kontinuum? Ohne jedes Zögern würde ich das letztere sagen. Mehr noch, man kann das Präfix „Selbst“ wegstreichen, so daß die Frage für Bezüglichkeit schlechthin gilt. Im Kern heißt das einfach, daß zwei Dinge sich immer dann aufeinander beziehen, wenn es für ein mit Bewußtsein begabtes Wesen eine hinlänglich zwingende Kongruenz zwischen den Funktionen gibt, die beiden Dingen innerhalb größerer Strukturen oder Systeme von der Wahrnehmung zugeschrieben werden. (Mehr zur Wahrnehmung solcher Funktionen im 23. Kapitel.) Hier ist Vorsicht geboten. Unter „mit Bewußtsein begabtem Wesen“ verstehe ich eine nach Analogien dürstende Wahrnehmungsmaschine, die sich in der Welt allein mit Hilfe ihrer Wahrnehmungen zurechtfindet; sie braucht kein Mensch, ja nicht einmal ein organisches Wesen zu sein. Tatsächlich würde ich die Abstraktion des Wortes „Bezüglichkeit“ noch weiter treiben, und zwar folgendermaßen: Das Abbildungsverhältnis von Systemen und Funktionen, das die Bezüglichkeit herstellt, muß gar nicht aktuell von einem solchen Wesen *wahrgenommen* werden; es reicht aus, daß die Abbildung existiert und für dieses Wesen, sollte es auf den Plan treten, *wahrnehmbar* ist.

* * *

Der Film *Die Geliebte des französischen Leutnants* (nach dem gleichnamigen Roman von John Fowles) ist ein apartes Beispiel dafür, wie unbestimmt der Grad der Bezüglichkeit auch sein kann. Er besteht aus den ineinander verschlungenen Stückchen zweier sich parallel entfaltender Geschichten, die beide komplizierte Liebesabenteuer zum Inhalt haben; die eine spielt im Viktorianischen England, die andere in der Gegenwart. Schon der Umstand, daß es zwei Liebesgeschichten gibt, deutet wie immer behutsam darauf hin, daß es um deren Abbildung aufeinander geht. Indessen gibt es noch viel entschiedenere Hinweise, strukturelle Übereinstimmungen zum Beispiel zwischen beiden Liebesgeschichten: In jeder von ihnen geht es um ein Dreiecksverhältnis, und in beiden steht nur eine Seite des Dreiecks im Mittelpunkt. Mehr noch, die zwei Liebenden in beiden Romanzen werden von denselben Schauspielern dargestellt, so daß man sie in wechselnden Zusammenhängen und mit wechselnden Persönlichkeitsmerkmalen sieht. Hergestellt wird diese „Koinzidenz" dadurch, daß es in der Gegenwartshandlung um die Verfilmung einer Viktorianischen Geschichte geht.

Der parallele Fortgang beider Geschichten führt zu weiteren Koinzidenzen, die noch nachdrücklicher auf ein Abbildungsverhältnis hinweisen. Doch bleibt es letztlich dem Kinobesucher selbst überlassen, ob er die eine auf die andere abbildet: an keiner Stelle wird man ausdrücklich dazu aufgefordert. Allerdings läßt es sich nach und nach beim besten Willen nicht mehr vermeiden. Angenehm bei diesem Spiel ist die dem Betrachter zugestandene Bewegungsfreiheit: Man hat reichlich Raum, um mit aller künstlerischen Freiheit Beziehungen zu sehen, zu ahnen oder sich gar selbst auszudenken.

In ihrer künstlerischen Variante ist die indirekte Bezüglichkeit viel undeutlicher als in ihrer formalen. Die letztere liegt vor, wenn zwei formale Systeme *isomorph* sind, d. h. wenn sie über vollkommen analoge innere Strukturen verfügen, so daß die Funktionen in beiden Systemen streng eins zu eins aufeinander abgebildet sind. In solchem Fall wird uns die echte Bezüglichkeit so bewußt, wie wenn wir jemanden von seinem Spiegelbild sprechen hören: Wir begreifen sie als unmittelbare, reine Selbstbezüglichkeit, ohne von der Indirektheit, von der in der strukturellen Gleichheit steckenden mehrfachen Übersetzungsleistung im geringsten Notiz zu nehmen. Ja, die Beziehung kann so direkt erscheinen, daß sie nicht einmal mehr den Namen „Bezüglichkeit" verdient; womöglich rezipieren manche sie als reine *Identität.*

Diese Unmittelbarkeit der Wahrnehmung ist verantwortlich dafür, daß Gödels berühmter Satz **G** der mathematischen Logik als selbstbezüglich gilt. Unstrittig ist allgemein, daß **G** von einer *Zahl,* nämlich *g,* spricht (obgleich ein radikaler Skeptiker selbst das in Frage stellen könnte!); der Gödelsche Kniff besteht in der Entdeckung, daß zwischen der Funktion der *Zahl g* im System der natürlichen Zahlen und derjenigen des *Satzes* **G** in dem ihn enthaltenden axiomatischen System eine strenge Analogie herrscht. Diese an Wheelis erinnernde vermittelte Beziehung von **G** zu sich selbst über sein Bild *g* wird in der Regel als echte Selbstbezüglichkeit rezipiert. (Man beachte, daß es sogar ein weiteres Abbildungsverhältnis gibt: **G** hat dieselbe Funktion wie Wheelis und die Gödelsche Zahl *g* dieselbe wie sein alter ego Thompson.)

Die beiden abstrakten Abbildungen, die – ineinandergeschoben – **G**'s Selbstbezüglichkeit ausmachen, sie freilich zugleich indirekt erscheinen lassen, können zu einer *einzigen* Abbildung zusammengelegt werden, und zwar nach einem Leitsatz, den wir folgendermaßen formulieren können: „Bezieht *A* sich auf *B,* und *B* ist genauso wie *C,* dann bezieht *A* sich auf *C.*“ Angenommen zum Beispiel, *A* und *C* sind Wheelis, *B* ist Thompson. Damit wird aus Wheelis' Selbstbezüglichkeit ein „Theorem“. Natürlich ist dieses „Theorem“ nicht schlüssig bewiesen, denn unser Leitsatz sollte *cum grano salis* genommen werden. Das „genauso sein wie“ etwas anderes ist ja eine äußerst fragwürdige Sache.

In einem formalen Zusammenhang allerdings, in dem *genauso sein wie* letztlich dasselbe bedeutet wie *die zu ... isomorphe Funktion haben,* kann der Leitsatz durchaus *stricto sensu* und damit als stringente Grundlage für ein Theorem genommen werden. Setzen wir beispielsweise *A* und *C* mit **G** und *B* mit *g* gleich, dann stimmt unser Leitsatz durchaus: „Bezieht sich **G** auf *g,* und hat *g* eine der Funktion von **G** isomorphe Funktion, dann bezieht sich **G** auf **G**.“ Da die Prämissen wahr sind, muß es auch die Schlußfolgerung sein. Nach diesem Schema der Dinge wäre **G** eher ein echter selbstbezüglicher Satz als irgendeine trügerische (nach Art von Eschers Radierungen trügerische) logische Illusion.

* * *

Wie die *indirekte Selbstbezüglichkeit* kann man sich auch eine *indirekte Selbstreplikation* vorstellen, bei der eine Viruseinheit anstelle eines exakten Replikats vielmehr eine neue Einheit hervorbringt, die dieselbe Funktion hat wie die erstere, aber in einem anderen System: Das kann ihr Spiegelbild sein oder ihre Übersetzung ins Französische oder auch eine Liste mit den Artikelnummern aller ihrer Teile, zusammen mit fertig adressierten Briefumschlägen, von denen jeder einen auf die jeweilige, für die Herstellung eines Teils verantwortliche Fabrik ausgestellten Scheck enthält, sowie einer Reihe von Montageanleitungen für all die Teile, die man mit der Post zugesandt bekommt.

Manchem Leser mag das vertraut klingen. In der Tat ist es eine Anspielung auf den Von-Neumann-Wettbewerb, d. h. auf jene im 2. Kapitel gestellte Aufgabe, mit der ich dazu aufforderte, einen selbstdeskriptiven Satz zu schaffen, dessen zwischen Anführungszeichen gesetztes Material ausschließlich aus Wörtern oder Buchstaben und nicht aus ganzen Sätzen bestehen sollte. Als ich die Einsendungen der Bewerber erhielt, mußte ich entdecken, daß viele Leser nicht begriffen hatten, was diese Forderung eigentlich bedeutete. Zu dem Wettbewerb kam es ja aufgrund eines Einwands gegen die Komplexität der „Keimzelle“ (also des in Anführungszeichen gesetzten Teils) in Quines Variante zum Epimenides-Paradox:

> „erzeugt eine falsche Aussage, wenn er seiner Anführung als Nachsatz folgt.“ erzeugt eine falsche Aussage, wenn er seiner Anführung als Nachsatz folgt.

Um das Befremdliche daran zu begreifen, stelle man sich vor, man möchte einen im Weltraum umherstreifenden Roboter dazu bringen, aus den Rohmaterialien, die er auf seinen Reisen findet, eine Kopie seiner selbst zusammenzubauen. Man könnte es etwa folgendermaßen anstellen: Man konstruiert den Roboter symmetrisch, wie einen Menschen. Ferner verleiht man ihm die Fähigkeit, von jeder Struktur, die er auf seinem Weg antrifft, eine spiegelbildliche Kopie anzufertigen. Schließlich programmiert man den Roboter so, daß er die Welt ununterbrochen abtastet, so wie ein Habicht mit den Augen den Boden nach Nagetieren absucht. Im Fall des Roboters besteht das Suchbild in einem mit seiner eigenen linken Hälfte identischen Gegenstand. Dabei braucht der Roboter sich gar nicht *bewußt* zu sein, daß sein Zielobjekt identisch ist mit seiner eigenen linken Hälfte; er kann munter drauflossuchen nach etwas, das ihm nur wie eine äußerst komplexe und willkürliche Struktur vorkommt. Wenn er schließlich, nachdem er das Universum siebzehntausendmillionentrilliarden Jahre lang durchkämmt hat, auf eine solche Struktur stößt, dann aktiviert er natürlich seine Fähigkeit zur Spiegelbildproduktion und schafft eine rechte Hälfte. Als letzter Schritt bleibt nur, die beiden Hälften zusammenzufügen, und Simsalabim! Die Kopie ist fertig. Kinderleicht – vorausgesetzt man ist bereit, siebzehntausendmillionentrilliarden Jahre (plus/minus ein paar Minuten) zu warten.

Das Willkürliche und Sonderbare an Quines Satz ist demnach, daß seine Keimzelle halb so komplex – und d. h. ja fast so komplex – ist wie er selbst. Was wir aber – um unsere Roboterparabel auf den Punkt zu bringen – uns im Idealfall bei einem selbstreplikativen Roboter wünschen würden, wäre seine Fähigkeit, sich im wahrsten Sinne des Wortes von Grund auf selbst zu schaffen: sagen wir z. B., Eisenerz zu fördern, es zu verhütten und zu gießen, daraus Muttern, Schraubenbolzen, Bleche und anderes mehr herzustellen und schließlich all die Teilchen zu immer größeren Untereinheiten zusammenzumontieren, bis aus echten Rohmaterialien wie durch ein Wunder sein Ebenbild entstanden ist. Dies war der eigentliche Clou des Von-Neumann-Wettbewerbs: Ich suchte ein linguistisches Pendant zu jenem „selbstreplikativen Roboter der zweiten Art".

Genauer gesagt, meinte ich damit einen selbstdokumentarischen und selbstkonstruktiven Satz, der seine beiden Hälften – seine Keimzelle in Anführungszeichen und seine Bauanleitung ohne Anführungszeichen – aus linguistischen Rohmaterialien (Wörtern oder Buchstaben) zusammenbaut. Viele Leser begriffen nicht, was das bedeutet. Der häufigste Fehler bestand darin, als Keimzelle eine lange Reihe von einzeln in Anführungszeichen gesetzten Wörtern (oder Buchstaben) in bestimmter Reihenfolge zu präsentieren und dann in der Bauanleitung diese Reihenfolge auszunutzen. Nun, dann hätte man auch gleich, wie Quine, eine einzige lange strukturierte Sequenz in Anführungszeichen setzen können. Ziel meiner Aufgabenstellung war indessen, daß alle Struktur im fertigen Objekt ausschließlich aus einer in der Bauanleitung formulierten Regel und nicht aus der inneren Struktur der Keimzelle resultieren sollte.

Ganz ebenso wie ein selbstreplikativer Roboter in beliebiger fremder Umgebung kaum alle seine Teile in der für die Montage passenden Reihenfolge auf einem Brett aufgereiht finden dürfte, vielmehr auf sein „Gehirn" bzw. Programm setzen muß, um Rohteile zu erkennen, wo und wann immer sie auftauchen, damit er sie sich schnappen und aus ihnen eine Kopie seiner selbst zusammenbauen kann, – ganz ebenso muß der gesuchte Satz sich freimachen von der Reihenfolge, in der die Einzelteile der Keimzelle stehen, und imstande sein, sich aus diesen Teilen in der richtigen Reihenfolge selbst zusammenzubauen. Es ist also durchaus richtig, wenn man die Keimzelle insgesamt in Anführungszeichen setzt statt jedes Wort einzeln – worauf es aber ankommt, ist, daß man aus der Reihenfolge der Wörter (oder besser noch: Buchstaben) in der Keimzelle keinesfalls Kapital schlägt. Im Idealfall wäre sie ein langes Verzeichnis von Einzelteilen, vergleichbar der Zutatenliste für ein Rezept – etwa eine Liste mit 50 „e“s, 46 „t“s und so fort. Es liegt auf der Hand, daß die Buchstaben nicht in dieser Reihenfolge bleiben können; sie stellen nichts anderes dar als das Rohmaterial, mit dem der neue Satz aufgebaut werden soll.

* * *

Nicht eine einzige Einsendung kam, bei der die Keimzelle aus den Primärelementen, den Buchstaben, bestand. Gleichwohl schickten einige Teilnehmer durchaus annehmbare, ja sogar hinreißend elegante Lösungen, bei denen der Keim aus Wörtern gebildet war. Die erste richtige Einsendung erhielt ich von Frank Palmer aus Chicago, der deshalb mit dem ersten „Johnnie“ ausgezeichnet wird – er erhält die selbstreplikative Dollarnote für den Großen Sieger des Ersten Alle-zwei-Dekaden-Von-Neumann-Wettbewerbs. Leider zehrt die Dollarnote in ihrem grotesken Selbstreplikationsprozeß den gesamten Körper ihres Besitzers auf, und deshalb sollte man sie tunlichst wegschließen, um sich vor ihrem unersättlichen Appetit zu bewahren.

Palmer reichte mehrere Versionen des Satzes ein. Darin verwendete er Groß- und Kleinbuchstaben zur Unterscheidung von Keimzelle und Bauanleitung. Hier eine der Lösungen in einer leicht abgewandelten Form:

> alphabetisiere, dann deversaliere MIT DANN JETZT ERSETZE VERSALER DGPBVKXJZ, WORTFOLGE UNGEORDNETER DEVERSALIERE KONSONANTENFOLGE ALPHABETISIERE, ersetze jetzt konsonantenfolge mit ungeordneter versaler wortfolge

Schauen wir uns, Schritt für Schritt, an, wie es funktioniert. Dabei müssen wir uns gegenwärtig halten, daß die Anweisungen, denen wir folgen, in den obenstehenden kleingeschriebenen Wörtern stecken und daß die versalen Wörter, die aus Großbuchstaben, nicht als Anweisung gelesen werden dürfen. Aus demselben Grund dürfen wir die kleingeschriebenen Wörter keiner Bearbeitung unterziehen. Sie ähneln dem starren, in der Betäubung liegenden Körper eines Patienten während der Operation, der nach Beendigung dieser Operation wieder zu sich kommen und lebendig werden wird. Also los. Zunächst sollen wir die Keimzelle alphabetisch ordnen. (Das Komma schlage ich dabei dem vorangehenden Wort zu.) Wir erhalten folgendes:

> ALPHABETISIERE, DANN DEVERSALIERE DGPBVKXJZ, ERSETZE JETZT KONSONANTENFOLGE MIT UNGEORDNETER VERSALER WORTFOLGE

Als nächstes sollen wir „deversalieren“, also die Großbuchstaben durch kleine ersetzen. Es entsteht nun eine Reihe von Wörtern aus Kleinbuchstaben – nämlich die oben erwähnten „in Betäubung liegenden“ Wörter:

alphabetisiere, dann deversaliere dgpbvkxjz, ersetze jetzt konsonantenfolge mit ungeordneter versaler wortfolge

Gut; unsere letzte Anweisung lautet nun: wir sollen eine Konsonantenfolge ausfindig machen (das ist leicht: „dgpbvkxjz") und sie durch die Wortfolge aus Großbuchstaben ersetzen und zwar *in beliebiger Reihenfolge* (das heißt, durch den ursprünglichen Keim selbst, doch ohne Rücksicht auf seine syntaktische, über die einzelne Worteinheit hinausgehende Struktur). Dies letzte Stückchen des chirurgischen Eingriffs ergibt folgendes:

alphabetisiere, dann deversaliere MIT ALPHABETISIERE, DANN KONSONANTENFOLGE ERSETZE DEVERSALIERE VERSALER UNGEORDNETER WORTFOLGE DGPBVKXJZ, ersetze jetzt konsonantenfolge mit ungeordneter versaler wortfolge

Und damit haben wir eine perfekte Kopie unseres ursprünglichen Satzes! Oder besser: eine halbperfekte. Warum nur halbperfekt? Weil im Prozeß der Selbstreproduktion die Keimzelle willkürlich durcheinandergebracht worden ist. Die eigentliche Schönheit des Schemas liegt darin, daß die innere Struktur der Keimzelle vollkommen unerheblich ist für die Effizienz des Satzes als Selbstreplikator. Es kommt einzig darauf an, daß die neue Bauanleitung den richtigen Wortlaut hat, und den hat sie, völlig unabhängig von der Reihenfolge der Wörter in der Keimzelle, der sie entstammt. Nun kann der brandneue Nachwuchs-Satz aus seiner Betäubung aufwachen und sich seinerseits an die Selbstrepliktion machen.

Der entscheidende Schritt war der erste: das alphabetische Ordnen. Es verwandelt die Keimzelle mit ihrer zufälligen Wortfolge in einen grammatisch strukturierten, sinnvollen Befehl – und zwar allein durch den mechanischen Einsatz einer vorgegebenen Kenntnis des „ABC". Aber wieso auch nicht? Es ist vollkommen vernünftig, eine äußerliche typographische Kenntnis der Wörter und Buchstaben vorauszusetzen, denn diese Kenntnis behandelt ja Gedrucktes als schieres *Rohmaterial:* unter bloß syntaktischen Gesichtspunkten, ohne Rücksicht auf die in ihm steckenden Bedeutungen. Genauso verhalten sich Enzyme in einer lebenden Zelle zu DNS und RNS, die sie zersetzen, verändern und wieder zusammenbauen: unter bloß chemischen Gesichtspunkten, ohne Rücksicht auf die in ihnen steckenden „Bedeutungen". Und so wie bei den Arbeiten der Zelle chemische Wertigkeiten, Affinitäten und anderes mehr als gegeben gelten, tun dies auch alphabetische und typographische Daten im Von-Neumann-Wettbewerb.

In der von ihm eingesandten Lösung notierte Palmer zufällig seine Keimzelle so, daß deren Wörter immer länger wurden; das ist jedoch unwesentlich; jede beliebige Reihenfolge wäre möglich gewesen, und eben darin besteht der entscheidende Punkt, den viele Leser nicht getroffen haben. Eine andere recht aparte Lösung schickte Martin Weichert aus München. Sie sieht folgendermaßen aus (wieder leicht abgeändert):

Alphabetisiere angeführte Begriffe, daran hänge nämliche qua Zitat: „daran Begriffe, Zitat: angeführte qua nämliche hänge Alphabetisiere"

Dieser Satz funktioniert nach demselben Prinzip wie der von Palmer, und auch er präsentiert eine Keimzelle, deren innere Struktur (zumindest auf der Wortebene) ohne jeden Belang ist für die erfolgreiche Selbstreplikation. Gleichzeitig schickte Weichert ein frappierendes Palindrom in Esperanto, bei dem die flexible Wortfolge dieser Sprache eine Schlüsselrolle spielt. Eine ähnliche Lösung wie von Palmer kam von Michael Borowitz und Bob Stein aus Durham, North Carolina.

* * *

Lee Sallows, Vorjahres-Gewinner der Goldmedaille in Selbstdokumentation, war doch ein bißchen pikiert über meine Bemerkung, das Gold seiner Medaille sei etwas angelaufen, weil er den Unterschied zwischen Gebrauch und Erwähnung nicht ausreichend beachtet habe. Ganz sichtlich habe ich ihn mit dieser Bemerkung zur Konstruktion eines noch ausgetüftelteren selbstdokumentarischen Satzes angestachelt. Obgleich er nicht ganz dem entspricht, was ich mit dem Von-Neumann-Wettbewerb im Sinn hatte, da er seine eigene Konstruktion nicht ausdrücklich in Worten oder Buchstaben benennt: In jedem Fall ist er ein weiteres herrliches Prachtstück aus Sallows' Produktion, und deshalb gestatte ich voller Großmut, daß das Gold seiner Medaille dieses Jahr seinen Glanz behält. (Puristen, die darauf bestehen, daß Gold gar nicht anlaufen kann, bitte ich um Verzeihung. Ich muß es wohl mit Kupfer und Silber verwechselt haben. Wie dumm von mir!) Und hier nun Sallows' Beitrag von 1982:

*
Write
down ten 'a's,
eight 'c's, ten 'd's,
fifty-two 'e's, thirty-eight 'f's,
sixteen 'g's, thirty 'h's, forty-eight 'i's,
six 'l's, four 'm's, thirty-two 'n's, forty-four 'o's,
four 'p's, four 'q's, forty-two 'r's, eighty-four 's's,
seventy-six 't's, twenty-eight 'u's, four 'v's, four 'W's,
eighteen 'w's, fourteen 'x's, thirty-two 'y's, four ':'s,
four '*'s, twenty-six '-'s, fifty-eight ','s,
sixty '''s and sixty '''s, in a
palindromic sequence
whose second
half runs
thus:
:suht
snur flah
dnoces esohw
ecneuqes cimordnilap
a ni ,s''' ytxis dna s''' ytxis
,s',' thgie-ytfif ,s'-' xis-ytnewt ,s'*' ruof
,s':' ruof ,s'y' owt-ytriht ,s'x' neetruof ,s'w' neethgie
,s'W' ruof ,s'v' ruof ,s'u' thgie-ytnewt ,s't' xis-ytneves
,s's' ruof-ythgie ,s'r' owt-ytrof ,s'q' ruof ,s'p' ruof
,s'o' ruof-ytrof ,s'n' owt-ytriht ,s'm' ruof ,s'l' xis
,s'i' thgie-ytrof ,s'h' ytriht ,s'g' neetxis
,s'f' thgie-ytriht ,s'e' owt-ytfif
,s'd' net ,s'c' thgie
,s'a' net nwod
etirW
*

Postskriptum

Nachdem ich diesen Artikel geschrieben hatte, erhielt ich einen ganzen Berg Post – Beweis genug, daß schon eine Menge Leute vom Mem „Mem“ angesteckt worden sind. Arel Lucas schlug vor, der Disziplin, die die Meme und ihr Verhältnis zu Menschen und anderen Mem-Trägern erforscht, in Analogie zur „Genetik“ den Namen *Memetik* zu geben. Ich finde den Vorschlag sehr gut und hoffe, er wird aufgegriffen.

Maurice Guéron schrieb aus Paris, seiner Ansicht nach sei die Vorstellung von selbstreproduktiven Ideen, die sich im Hirn der Lebewesen einnisten, zum ersten Mal 1952 von Pierre Auger, einem Physiker an der Sorbonne, in seinem Buch *L'homme microscopique* formuliert worden. Guéron schickte mir Fotokopien der einschlägigen Passagen, und ich konnte mich selbst überzeugen, wie prophetisch dieses Buch war.

In Kopie erhielt ich auch das Buch des ungarischen Genetikers Vilmos Csányi mit dem Titel *General Theory of Evolution.* Darin versucht er eine Theorie der Parallelentwicklung von Genen und Memen zu entwickeln. Einen ähnlichen Versuch unternimmt der amerikanische Biologe Carl B. Swanson in seinem Buch *Ever-Expanding Horizons: The Dual Informational Sources of Human Evolution.*

Doch die nach meiner Kenntnis gründlichste Untersuchung zum Thema reine Memetik stammt von Aaron Lynch, einem Physik-Ingenieur am Fermilab in Illinois, der in seiner Freizeit an einem Buch mit dem Titel *Abstract Evolution* arbeitet. Die Abschnitte, die ich gelesen habe, befassen sich sehr akribisch mit den (um es etwas anthropomorphisierend auszudrücken) zahlreichen „Optionen“, die einem Mem offenstehen, wenn es sich bis in den letzten Winkel der Ideosphäre (diesen Terminus haben Lynch und ich unabhängig voneinander gefunden) ausbreiten will. Das Buch verspricht eine Provokation zu werden, und ich bin gespannt auf seine Veröffentlichung.

* * *

Jay Hook, ein graduierter Mathematikstudent, ließ sich von den Einsendungen zum Von-Neumann-Wettbewerb zu folgenden Überlegungen anregen:

> Die Vorstellung, daß zur Reproduktion immer zwei gehören, drängt sich geradezu auf. Vielleicht sollte man einfach die Terminologie auswechseln. Das Stück, das Sie „Keimzelle“ nennen, könnte vielleicht das „feminine“ Fragment vorstellen, das Ei, das in einer erwachsenen Person heranwächst, allerdings erst, nachdem es Anweisungen vom Sperma, dem „maskulinen“ Fragment bzw. der Bauanleitung, erhalten hat. Dieser Interpretation zufolge sagen unsere Sätze alles doppelt, weil sie Hermaphroditen sind: maskulines und feminines Fragment treten in ein und demselben Einzelwesen gemeinsam auf.
>
> Um zu einer besseren Nachahmung der Natur zu kommen, sollten wir Sätze oder Redewendungen *paarweise* bilden, mit maskulinem und femininem Part – Wendungen, die jede für sich unproduktiv sind, die jedoch Kopien von sich machen, sobald man sie gemeinsam in eine Dunkelkammer schickt. Das maskuline Fragment
>
>> Alphabetisiere, dann dekursiviere, dito dupliziere feminines Fragment in seiner ursprünglichen Version.

scheint aus eigener Kraft nicht viel auszusagen, und das feminine Fragment

> *in dito dann seiner feminines ursprünglichen Version. Fragment dekursiviere, dupliziere Alphabetisiere,*

gewiß ebensowenig; doch man lasse sie aufeinander los und sehe sich dann das Feuerwerk an. (Ich übernehme Ihr Verfahren und schlage jedes Satzzeichen dem vorhergehenden Wort zu.) Das Maskulinum übernimmt die Führung und beginnt mit der Arbeit am Femininum. Zuerst, sagt der Mann, wollen wir sie alphabetisch ordnen und die Kursivschreibung aufheben; das ergibt ein neues maskulines Fragment. Dann machen wir eine Kopie von ihr – und haben wieder eins von jedem!

Selbstverständlich arbeitet die Natur noch nicht so; es ist auch nicht ausgemacht, ob Paare, die ihren Nachwuchs immer nur in Paaren (ein Junge, ein Mädchen) produzieren, den selbstreplikativen Hermaphroditen überlegen sind. Im Idealfall sollten unsere Fragmente *entweder* eine Kopie des maskulinen *oder* eine Kopie des femininen produzieren, zum Beispiel je nach dem Wochentag oder auch nach dem Stand eines äußeren Index; man könnte das etwa davon abhängig machen, ob die im jeweils neuesten Dow-Jones-Index aufgeführte Zahl vor dem Komma grade oder ungerade ist. Überraschenderweise ist das nicht schwierig. Nehmen wir als maskulines Fragment

> Alphabetisiere, anschließend dekursiviere feminines Fragment; gilt grade Indexzahl jedoch, reproduziere selbiges wörtlich.

und als feminines

> *grade selbiges feminines wörtlich. anschließend Indexzahl jedoch, Fragment; gilt dekursiviere reproduziere Alphabetisiere,*

Ein weiteres Raffinement. Bisher ist jeder Abkömmling mit einem Elternteil haargenau identisch gewesen. Nun können wir, zumindest bei den Mädchen, die folgende Variante einführen. Maskulines Fragment:

> Alphabetisiere, anschließend dekursiviere feminines Fragment; gilt grade Indexzahl jedoch, rearrangiere selbiges willkürlich.

Feminines Fragment:

> *grade selbiges feminines willkürlich. anschließend gilt Fragment; Alphabetisiere, Indexzahl jedoch, dekursiviere rearrangiere*

Sämtliche Jungen werden nun ihrem Vater aus dem Gesicht geschnitten sein, von den Töchtern indessen kann die eine so aussehen:

> *gilt feminines Indexzahl selbiges willkürlich. Fragment; anschließend Alphabetisiere, rearrangiere dekursiviere grade jedoch,*

die nächste so:

> *Alphabetisiere, anschließend rearrangiere feminines Indexzahl gilt jedoch, grade selbiges Fragment; dekursiviere willkürlich.*

Der Clou dabei ist jedoch, daß all diese weiblichen Nachkommen, wie immer verschiedenartig sie sein mögen, genetisch die Fähigkeit haben, sich mit jedem der (immer identischen) männlichen Nachkommen zu paaren. Sehen Sie eine Möglichkeit, Abwechslung in den männlichen Nachwuchs zu bringen, ohne daß unfruchtbare Sprößlinge entstehen?

Zum Abschluß lassen Sie mich noch anmerken, daß der Dow-Jones-Index am Freitag zuletzt bei 1076,0 stand. Ich gebe deshalb voller Stolz bekannt: Es ist ein Mädchen!

* * *

Ich selbst möchte zum Abschluß noch einmal auf Lee Sallows zurückkommen. Er, der so unermüdlich erforscht, was er den *logologischen Raum* genannt hat, hat seine Suche nach dem heiligen Gral *perfekter* Selbstdokumentation fortgesetzt. Sein Ehrgeiz wurde aufs äußerste angestachelt, als der Niederländer Rudy Kousbroek und die Engländerin Sarah Hart es gemeinsam fertigbrachten, „das größte logologische Kleinod, das die Welt je sah" (so Sallows), einfach aus dem Ärmel zu schütteln.

Ihren selbstdokumentarischen Satz, auch wenn er auf holländisch geschrieben ist, müßte eigentlich jeder hinlänglich verstehen können, der sich die Mühe macht, ihn genau anzuschauen:

> Dit pangram bevat vijf a's, twee b's, twee c's, drie d's, zesenveertig e's, vijf f's, vier g's, twee h's, vijftien i's, vier j's, een k, twee l's, twee m's, zeventien n's, een o, twee p's, een q, zeven r's, vierentwintig s's, zestien t's, een u, elf v's, acht w's, een x, een y, en zes z's.

Beim Studium dieses Satzes kann man wirklich auf holländisch zählen lernen!

An diesem Satz ist nicht ein Gran Dickleibigkeit oder Schwerfälligkeit, und Sallows wurde fast wahnsinnig, weil ihm kein ebenso vollendetes Pangramm auf englisch einfiel. (Ein Pangramm, das ist ein Satz, in dem jeder Buchstabe des Alphabets vorkommt). Alle Versuche gingen irgendwie daneben. So hat Sallows, Elektronikingenieur, der er ist, in seiner Verzweiflung beschlossen, eine mit wahrer Hingabe arbeitende Hochgeschwindigkeits-„Buchstaben-Knack"-Maschine zu entwerfen, die noch die letzten Winkel des logologischen Raums nach einem gleichwertigen englischen Satz absuchen sollte. Sallows schickte mir einiges Material zu seiner Pangramm-Maschine. Dazu schreibt er:

> Im Herzen des Biests sitzen sechzehn Uhrwerk-getriebene kaskadierte Johnson-Zähler: Dies ist das elektronische Analogon zu einem Schrittmotor-getriebenen Satz von Kombinationsschloß-Scheiben. Jedes Ticken der Uhr löst eine neue Zahlenkombination aus: Aktiviert wird eine einzigartige Kombination von Zähler-Ausgängen. Erste Versuche waren erstaunlich ermutigend: Es sieht so aus, als wäre eine Uhrwerkfrequenz von einer Million Kombinationen pro Sekunde durchaus realistisch. Trotz alledem würde man zum Durchforsten des Zehn-Ziffern-Raumes 317 Jahre benötigen. Aber müssen es eigentlich zehn sein? Reduziert man das Ganze auf eine bescheidenere, aber immer noch äußerst ergiebige Spanne von sechs Ziffern, so braucht man lediglich 32,6 Tage. Das hört sich doch schon vernünftiger an!
>
> Die vergangenen acht Wochen hindurch habe ich jede freie Sekunde auf den Bau dieser Rakete verwendet, die den logologischen Raum bis in seine entferntesten Winkel erforschen

soll ... Wird sie tatsächlich fliegen können? Bislang sieht es ganz vielversprechend aus. Und das Ziel ist bereits in Sicht. Wenn ich etwas Glück habe, kann Rudy Kousbroek die Maschine vielleicht auf ihre 32-Tage-Reise schicken, wenn er Ende des Monats zu Besuch kommt. Falls ja, dann dürfen wir uns wohl eine Flasche Champagner genehmigen.

Zwei Monate danach erhielt ich eine äußerst aufgeregte Nachricht von Lee, die mit dem Wort „EUREKA!" begann – es war das Wort, das die Pangramm-Maschine im Fall des Erfolgs ausdrucken sollte. Er präsentierte drei Pangramme, die seine Maschine auf ihrem Flug irgendwo „da draußen" jenseits der Umlaufbahn des Pluto entdeckt hatte. Am besten finde ich das folgende:

This pangram tallies five a's, one b, one c, two d's, twenty-eight e's, eight f's, six g's, eight h's, thirteen i's, one j, one k, three l's, two m's, eighteen n's, fifteen o's, two p's, one q, seven r's, twenty-five s's, twenty-two t's, four u's, four v's, nine w's, two x's, four y's, and one z.

Das nenne ich aber mal einen Erfolg für die maschinelle Übersetzung!

Sallows schreibt dazu: „Ich wette zehn Gulden, daß *im Laufe der nächsten zehn Jahre* niemand es fertigkriegt, eine vollkommene selbstdokumentarische Lösung (bzw. den Beweis dafür, daß es sie nicht gibt) für den folgenden Satzanfang zu liefern: ‚Dieses Computer-generierte Pangramm enthält ...'. Und zwar ohne Trick. Und in exakt derselben Machart wie die obenstehenden Pangramme. Weder ‚und' noch ‚&' dürfen benutzt werden. Das Ergebnis darf nur mit einem Digitalrechner mit Von-Neumann-Architektur errechnet werden (keine Supercomputer, keine Parallelverarbeitung). Denken Sie nur, welche Aussichten für Sie!" Für alle, die Sallows schreiben wollen, hier seine Adresse: Buurmansweg 30, 6525 RW Nijmegen, Niederlande.

Obgleich ich außerordentlich angetan bin von Sallows' genialer Maschine und seiner kühnen Herausforderung, rechne ich doch damit, daß er seine Wette verliert, noch bevor Sie zweimal Piep gemacht haben. Meine Begründung dafür steht im Postskriptum zum 15. Kapitel.

4
Nomic: Ein selbstmodifizierendes Spiel auf der Basis der Reflexivität im Rechtswesen

Juni 1982

In seinem vorzüglichen Buch *A Profile of Mathematical Logic* erzählt der Philosoph Howard DeLong folgende klassische Geschichte aus dem alten Griechenland. „Protagoras hatte mit Euathlos vertraglich vereinbart, ihn in Rhetorik zu unterrichten, damit er Rechtsvertreter werden konnte. Euathlos bezahlte zunächst nur die Hälfte des reichlichen Honorars, und sie einigten sich darauf, daß dessen zweiter Teil fällig würde, sobald Euathlos seinen ersten Prozeß vor Gericht gewonnen hätte. Nach geraumer Zeit indessen hatte Euathlos noch immer nicht mit seiner Tätigkeit begonnen. Protagoras, der sich Sorgen um seinen Ruf machte und zudem sein Geld haben wollte, beschloß, vor Gericht zu gehen. Dort argumentierte er folgendermaßen:

> Euathlos behauptet, er brauche mir nichts zu zahlen, aber das ist absurd. Denn angenommen, er gewinnt diesen Prozeß. Da es sein allererster Auftritt vor Gericht ist, müßte er in dem Fall zahlen, weil er seinen ersten Prozeß gewonnen hat. Angenommen andererseits, er verliert den Prozeß. Dann müßte er zahlen, weil das Gerichtsurteil so lautet. Da er nicht anders kann, als den Prozeß zu gewinnen oder zu verlieren, muß er mir das Geld zahlen.

Euathlos war ein guter Schüler gewesen und konnte dem Protagoras mit gleicher Argumentations-Münze heimzahlen:

> Protagoras behauptet, ich müsse ihm das Geld zahlen, aber gerade das ist absurd. Denn angenommen, er gewinnt diesen Prozeß. Da ich dann meinen ersten Prozeß nicht gewonnen habe, brauche ich ihm – so lautet unsere Vereinbarung – nichts zu zahlen. Angenommen andererseits, er verliert den Prozeß. Dann brauche ich ihm nichts zu zahlen, weil das Gerichtsurteil es so bestimmt. Da er nicht anders kann, als den Prozeß zu gewinnen oder zu verlieren, brauche ich ihm nichts zu zahlen.

DeLong fügt hinzu: „Es leuchtet ein, daß man derlei Verwicklungen nur dann auflösen kann, wenn man etwas über Argumentationsverfahren im allgemeinen herausbekommt." In Wirklichkeit leuchtet es vielen Leuten ganz und gar nicht ein, warum Argumentationsverfahren *im allgemeinen* einer genauen Untersuchung bedürfen sollten – ganz im Gegenteil. Viele halten Paradoxa wie dieses für bloße Pusteln oder Kratzer auf dem Antlitz des Rechts, die einfach mit einer kosmetischen Operation entfernt werden können. Ganz ebenso meinen nicht wenige Menschen, die die Theologie durchaus ernst nehmen, daß paradoxe Allmachtsfragen nach dem Muster: „Kann Gott einen Stein schaffen, der so schwer ist, daß Es ihn nicht zu heben vermag?" nicht etwa ernsthafte theologische Dilemmata darstellen, sondern vielmehr kindische Rätsel, die rest- und problemlos aufzulösen sind. Seit eh und je ist man gegen alle möglichen, durch derartige Schleifen verursachten Dilemmata mit Vereinfachung und Flickschusterei zu Felde gezogen. Ein berühmtes Beispiel auf dem Gebiet der Logik ist Bertrand Russells Typenlehre. Allerdings werden die gefürchteten Schleifen nicht einfach so leicht verschwinden, wie Russell herausfand. Wo immer sie auftauchen, sind sie kompliziert und hartnäckig, und wer sie aufzulösen sucht, gerät auf unerwartete Pfade.

In der Tat begegnen einem Reflexivitätsdilemmata à la Protagoras-gegen-Euathlos sowie Probleme einer in Konflikt mit sich selber geratenden Allmacht mit verblüffender Regelmäßigkeit ausgerechnet in der mit beiden Beinen in der Wirklichkeit stehenden Jurisprudenz. Noch bis vor kurzem freilich war ihre Bedeutung für die Definition des Rechtswesens nahezu unbekannt. In den letzten Jahren sind zu dem Thema lediglich eine Handvoll Fachaufsätze in rechtswissenschaftlichen und philosophischen Zeitschriften erschienen.

Es war daher eine freudige Überraschung für mich zu erfahren, daß ein ganzes Buch über die Funktion der Reflexivität im Rechtswesen in Arbeit ist. Von diesem Buch – *The Paradox of Self-Amendment: A Study of Logic, Law, Omnipotence, and Change* – hörte ich das erste Mal durch einen Brief des Autors, Peter Suber, der sich als Dr. phil. und Jurist, zur Zeit Philosophiedozent am Earlham College in Richmond, Indiana, vorstellt. Er hofft, daß sein Titel bald erscheinen kann.

Im Briefwechsel mit Suber entdeckte ich, daß er an einem noch ambitionierteren Buch mit dem Arbeitstitel *The Anatomy of Reflexivity* schreibt: Es ist eine Untersuchung der Reflexivität im weitesten Sinne, und die umfaßt nach seinen eigenen Worten „die Selbstbezüglichkeit von Zeichen, die Anwendbarkeit von Prinzipien auf sich selbst, die Selbstrechtfertigung und Selbstwiderlegung von Lehrsätzen und Schlußfolgerungen, die Selbstschaffung und Selbstzerstörung rechtlicher und logischer Sachverhalte, die Selbstbegrenzung und Selbsterweiterung der Gewalten, Zirkelschluß, Zirkelbegründung, *circulus vitiosus* und *benignus,* Rückkopplungssysteme, wechselseitige Abhängigkeit, Reziprozität und organische Form".

In seinem ersten Brief an mich hat Suber nicht bloß eine Reihe interessanter Beispiele für Selbstbezüglichkeit im Rechtswesen angegeben, sondern auch ein Spiel vorgestellt, das er *Nomic* (vom griechischen Wort νόμος [nómos] = Recht, Gesetz) nennt und in einem Anhang zu *The Paradox of Self-Amendment* beschreibt. Beim Lesen entdeckte ich, daß die Regeln des Nomic-Spiels eine ausgesprochen bereichernde Erfahrung darstellen. Ein großer Teil des vorliegenden Artikels wird sich mit Nomic befassen, doch bevor wir uns das eigentliche Spiel anschauen, möchte ich zur besseren Vorbereitung noch auf ein paar Beispiele für Reflexivität in der politischen Arena eingehen.

* * *

Mein Freund Scott Buresh, selbst Jurist, hat das folgende frappante hypothetische Dilemma geschildert, von dessen Möglichkeit er zum ersten Mal in einem Seminar über Verfassungsrecht hörte. Was passiert, wenn der amerikanische Kongreß ein Gesetz verabschiedet, dem zufolge in Zukunft alle Entscheidungen des Obersten Gerichtshofs mit einer Mehrheit von 6 zu 3 Stimmen (statt wie bisher mit einer einfachen Mehrheit von 5 zu 4) getroffen werden müssen? Man stelle sich vor, dieses Gesetz wird in einem Gerichtsverfahren angefochten, das schließlich bis vor den Obersten Gerichtshof selbst gelangt, und dieser stellt die Verfassungswidrigkeit des Gesetzes fest – natürlich mit einfacher 5-zu-4-Mehrheit. Was nun? Es ist dies ein klassisches Paradox der Gewaltenteilung, und in abgeschwächter Form wäre es zur Zeit der Watergate-Affäre um ein Haar Wirklichkeit geworden, als Präsident Nixon drohte, er werde sich einem Urteil des Obersten Gerichtshofs, das ihm die Herausgabe seiner Tonbänder vorschreibt, nur beugen, wenn dieses Urteil „definitiv" sei, was wohl soviel heißen sollte wie einstimmig.

Interessanterweise versuchen die Konservativen derzeit, die Rechtsprechung des Obersten Gerichtshofs zu Themen wie Abtreibung und Schulgottesdienst einzuschränken. Verfassungsrechtler erwarten, daß die Sache sich zuspitzen könnte, wenn der Kongreß ein solches Gesetz verabschiedet und der Oberste Gerichtshof dessen Verfassungsmäßigkeit prüfen soll.

Derartige Situationen, in denen der Oberste Gerichtshof mit sich selbst in Konflikt gerät, können aber auch weniger spektakulär sein. Angenommen, er plant die Errichtung eines Anbaus auf einem Gelände, das Umweltschützer im Naturzustand erhalten möchten. Die Umweltschützer ziehen vor Gericht, und daraus wird ein Riesenverfahren, das zu guter Letzt auch vor den Obersten Gerichtshof gelangt. Was nun? Daß dergleichen nicht zu vermeiden ist, liegt zweifellos daran, daß jedes Gericht selbst nichts anderes ist als ein Teil der Gesellschaft mit Gebäuden, Angestellten, Verträgen usw. Und da es im Rechtswesen um eben diese Dinge geht, kann kein Gericht (gleichgültig, welchen Rang es hat) prinzipiell ausschließen, daß es einmal in Rechtsfällen Partei sein wird.

Während beim Obersten Gerichtshof eine derartige Selbstverstrickung selten vorkommt, ist sie in anderen staatlichen Bereichen weit weniger selten. Ein interessanter Fall hat sich unlängst in San Francisco ereignet: Wegen der Art und Weise, in der die Polizei ihre Aufgaben erledigte, hatte es zahlreiche Beschwerden gegeben, und so wurde zur Selbstkontrolle ein „Büro für Behördeninterne Angelegenheiten" eingerichtet, das Dinge wie etwa brutale polizeiliche Übergriffe untersuchen sollte. Aber zwangsläufig kamen nun Beschwerden, denen zufolge das Büro seine Befunde beschönige, und so setzte Major Dianne Feinstein zur Kontrolle der Selbstkontrolle einen wiederum polizeiinternen Ausschuß ein, der die Tätigkeit des Büros untersuchen sollte. Das letzte, was ich darüber gehört habe, war, daß der Bericht dieses Ausschusses kritisch ausfiel. Was schließlich dabei herausgekommen ist, weiß ich nicht.

Auch ein parlamentarisches Verfahren kann die größten Verwicklungen hervorrufen. Zum Beispiel gibt es verschiedene Ausgaben von *Robert's Rules of Order,* und jedes Gremium muß selbst entscheiden, nach welcher Regelkombination seine Beratungen ablaufen sollen. Die neueste Ausgabe von *Robert's Rules* legt fest, daß dann, wenn keine Einzelausgabe als verbindliche ausgewählt wird, immer die jeweils letzte den Ausschlag gibt. Sollte man nun aber die letzte Ausgabe gar nicht vorliegen haben, wird es problematisch, denn dann kann man sich auch nicht auf ihre Autorität berufen, durch die man zur Berufung auf sie aufgefordert wird.

In mancherlei Hinsicht gibt es auffällige Ähnlichkeiten zwischen den Verfahrensweisen in Parlamentsdebatten, bei denen es darum geht, mit gleichzeitigen und konkurrierenden Ansprüchen auf Beachtung fertigzuwerden, und der Art und Weise, in der ein großes Computersystem seine eigenen inneren Angelegenheiten regeln muß. In einem solchen System gibt es immer ein Programm, das *Betriebssystem* heißt und dessen einer Teil mit dem Namen *Scheduler* oder *Hauptsteuerprogramm* Prioritäten abwägt und darüber entscheidet, welcher Vorgang als nächster abläuft. In einem „Multiprocessing"-System heißt das: Er bestimmt, welcher Vorgang die nächste „Zeitscheibe" erhält (die grundsätzlich zwischen einer tausendstel Sekunde und mehreren Sekunden, möglicherweise sogar eine unbegrenzte Zeitspanne umfaßt, wobei die Priorität des Vorgangs ebenso eine Rolle spielt wie zahlreiche andere Faktoren). Aber es gibt auch *Programmunterbrechungen,* die störend dazwischenkommen – hoppla, einen Moment mal, mein Telefon klingelt. Schon wieder da. So. Entschuldigen Sie die Unterbrechung. Jemand wollte mir einen Anrufbeantworter verkaufen. Aber was soll – ha ..., ha ..., eine Sek ... – hatschi! – Entschuldigung – was soll ich mit sowas anfangen? Ja, wo war ich stehengeblieben? Ach ja – Programmunterbrechungen. Ja, in gewisser Hinsicht sind sie wie Telefonanrufe, die Ihnen den Lagerbuchhalter entführen und Sie mächtig in Rage bringen, denn Sie sind höchstpersönlich im Lager erschienen, während der Anrufer zu faul dazu war und trotzdem zuerst dran kommt.

Ein gutes Hauptsteuerprogramm ist um Neutralität bemüht, doch kann es zu allen möglichen Konflikten kommen, bei denen die einen Programmunterbrechungen andere unterbrechen und dann ihrerseits unterbrochen werden. Überdies muß der Scheduler in der Lage sein, dem Ablauf seiner eigenen internen Entscheidungsfindungsprogramme hohe Priorität einzuräumen, allerdings nicht so hohe, daß überhaupt nichts anderes mehr läuft. Bisweilen können interne und externe Prioritäten sich derart ineinander verwickeln, daß das gesamte System vor Überlastung anfängt „auszuschlagen". Mit diesem Wort bezeichnet man eine Situation, in der das Betriebssystem die meiste Zeit über in „introvertierten" Rechenvorgängen steckenbleibt und nur noch entscheidet, für welche Tätigkeit es seine Zeit verwendet. Überflüssig zu sagen, daß in Phasen des Ausschlagens kaum „wirkliche" Rechenarbeit geleistet wird. Das Ganze erinnert sehr an den kognitiven Zustand einer Person, die durch zu viele Faktoren auf einmal bedrängt wird und bei der der leiseste Gedanke an irgendein Thema eine wahre Lawine von dilemmatischen Paradoxa auszulösen scheint, aus der kein Herauskommen ist. Manchmal bleibt als einziger Ausweg nur, daß man sich schlafen legt und die Paradoxa irgendwie in eine bessere Perspektive hinübergleiten läßt.

* * *

Leider können Betriebssysteme und Gerichtshöfe sich nicht schlafen legen. Ihre Verwicklungen sind durch und durch real, und daher müssen sie irgendeinen Weg finden, um mit ihnen fertigzuwerden. Genau solche Überlegungen haben Peter Suber dazu gebracht, sein vertracktes Nomic-Spiel auszutüfteln.

Was ihn frappiert hat, schreibt er, war der häufig geäußerte zynische Satz: „Regieren ist ja bloß ein Spiel." Wenn Regieren, das zu einem ganz wesentlichen Teil in der

Absender:

Name

Straße

PLZ/Ort

☐ Informieren Sie mich bitte
regelmäßig und kostenlos
über Ihre Greif-Bücher

Ich habe diese Karte folgendem Titel entnommen:

Antwort

Klett-Cotta
Abteilung Vertrieb
Rotebühlstraße 77

7000 Stuttgart 1

Gesetzgebung besteht, ein Spiel ist, dann entsprechen die Gesetzes- (oder Regel-)Änderungen den Spielzügen. Darüber hinaus sind eine Reihe von Regeln erforderlich, um den Prozeß der Regeländerung zu strukturieren. Allem Anschein nach verfügt aber kein Rechtssystem über Regeln, die prinzipiell einer rechtmäßigen Veränderung entzogen sind. Subers Hauptziel, so schreibt er, ist es, „ein spielbares Spiel zu machen, das ein Modell dieser spezifischen Situation liefert. Doch während Regierungen bei der Regeländerung jederzeit von mehreren Kräften, nämlich von historischen Realitäten ebenso wie von der Ideologie der Bevölkerung und den bereits geltenden Rechtsvorschriften beeinflußt werden, wollte ich, daß das Spiel mit einer möglichst ‚reinen' Ausgangskombination von Regeln beginnt". Nomic ist solch ein Spiel, und weiter unten werde ich seine Regeln (oder besser: seine Anfangsregelkombination) vorstellen. Die folgende Beschreibung stammt im wesentlichen von Suber selbst. Ich habe lediglich ein paar eigene Beobachtungen eingeflochten.

In Rechtssystemen sind allgemeine Gesetze die paradigmatischen Regeln. Sie werden in einem regelgeleiteten Prozeß gemacht, der seinerseits zu einem Teil gesetzlich festgelegt ist; deshalb kann die Befugnis zur Gesetzgebung und Gesetzesänderung sich auch auf einige der für den Prozeß selbst verbindlichen Regeln erstrecken. Die meisten Rechtsvorschriften allerdings, nach denen Gesetze gemacht werden, haben Verfassungsrang und sind daher dem Zugriff der öffentlichen Gewalt, die ihnen unterworfen ist, entzogen. Zum Beispiel kann der Kongreß zwar seine parlamentarischen Verfahrensregeln sowie die Zusammensetzung seiner Ausschüsse verändern, er kann auch sein zukünftiges Handeln durch vergangenes binden, doch ist es ihm verwehrt, einfach per Gesetz den Grundsatz aufzuheben, daß nur eine Zweidrittelmehrheit ein Veto der Exekutive außer Kraft setzt; auch kann er nicht einfach eine seiner beiden Kammern auflösen oder umgehen, eine Steuergesetzvorlage zuerst im Senat einbringen oder auch zu viele eigene Befugnisse an Sachverständige delegieren.

Während Gesetze keinerlei Einfluß auf Vorschriften mit Verfassungsrang haben, ist das Umgekehrte sehr wohl möglich. Diese Unterscheidung qua logische Priorität ist von großer Bedeutung. Im Fall eines Konflikts zwischen Rechtsnormen zweierlei Typs sind stets diejenigen mit Verfassungsrang maßgebend. Dieser *logischen* Rangordnung entspricht eine *politische:* die logisch vorgeordneten (Verfassungs-)Vorschriften sind nämlich schwerer zu ändern als die logisch nachgeordneten (Gesetzes-)Vorschriften.

Nicht zufällig sind logisch vorgeordnete Rechtsbestimmungen auch schwerer zu verändern. Mit dieser Maßnahme will man unter anderem verhindern, daß eine kurzlebige Woge des Fanatismus den Fortschritt von Jahrzehnten oder gar Jahrhunderten zunichte macht. Man könnte das als „Selbst-Paternalismus" bezeichnen: Es ist der freiwillige Verzicht auf demokratische Prinzipien, allerdings einer, der der Bewahrung der Demokratie dienen soll. Es ist die absichtliche Versicherung gegen unsere Augenblicke der Schwäche. Dieser Zweck indessen wird nur erreicht, wenn das Zweistufen- (oder Mehrstufen-)System zugleich eine logische Rangordnung schafft, in der die schwerer veränderbaren Rechtsnormen logische Priorität vor den leichter veränderbaren haben; andernfalls könnten die letzteren ja von sich aus die grundlegenderen und abstrakteren Prinzipien, auf denen das gesamte System ruht, auflösen. Wenn man Zweidrittelmehrheiten und das Nebeneinander vieler Gremien braucht, um die Grundlagen des Systems vor übereilter Veränderung zu bewahren, dann würde diese Schutzvorkehrung ja konterkariert, wenn jene Grundlagen von Vorschriften tangiert werden könnten, für die lediglich die einfache Mehrheit eines einzigen gesetzgebenden Gremiums erforderlich ist.

Obgleich im amerikanischen System sämtliche Rechtsnormen veränderlich sind, kann man durchaus die weniger veränderlichen Normen mit Verfassungsrang als *unveränderlich* und die in der Hierarchie unter ihnen stehenden, leichter veränderlichen Normen als *veränderlich* bezeichnen. Gleiches gilt für das Nomic-Spiel, in dem, zumindest zu Beginn, keine Regel *stricto sensu* unveränderlich ist. Wenn der Selbst-Paternalismus von Nomic effizient sein soll, dann müssen seine „unveränderlichen" Regeln nicht bloß resistent sein gegen jede schnelle Veränderung, sondern auch logische Priorität haben.

Eine Vielzahl von Konstruktionen könnte dieser Bedingung gerecht werden. Bei Nomic ist ein Zweistufensystem gewählt worden, das bis zu einem gewissen Grad der amerikanischen Verfassung nachgebildet ist. Grundsätzlich könnte ein System über beliebig viele Abstufungen in der Veränderbarkeit von Regeln verfügen. Zum Beispiel könnten in Klasse *A* Regeln sein, die am schwersten zu ändern sind, weil sie nicht bloß das einstimmige Votum eines Zentralgremiums, sondern zugleich die einstimmigen Voten sämtlicher regionaler Gremien voraussetzen; in Klasse *B* Regeln, die Mehrheiten von 90 Prozent, in Klasse *C* Regeln, die 80 Prozent erfordern, und so fort. Denkbar sind unbegrenzt viele solcher Kategorien.

Vorausgesetzt, man könnte auch informelle Gepflogenheiten und Umgangsformen in angemessener Weise charakterisieren, dann spricht tatsächlich vieles dafür, daß das normale soziale Leben nichts anderes als ein solches System mit beliebig vielen Stufen ist. An der Spitze, am „schwierigen" Ende der Stufenleiter, stehen positive, in der Rechtsprechung materialisierte Gesetze sowie Vorschriften und allgemeine Gesetze bis hin zu Verfassungsprinzipien. Am untersten Ende der Stufenleiter finden sich persönliche Verhaltensmaßregeln, die die einzelnen von sich aus ändern können, ohne Mißbilligung oder Tadel gewärtigen zu müssen. Über ihnen stehen Regeln, deren Änderung zunehmend Kosten verursacht, angefangen bei Stirnrunzeln und Zungenschnalzen bis hin zu schnaubender Entrüstung und Mord aus Rache.

* * *

Nomic jedenfalls ist, damit es überschaubar und leichter erlern- und spielbar bleibt, ein reines Zweistufensystem und kein differenziertes bzw. vielstufiges wie die US-Regierung mit ihren Zwischenstufen und Ebenen unterhalb der allgemeinen Gesetze, als da sind: parlamentarische Verfahrensregeln, Verwaltungsvorschriften, gemeinsame Entschließungen, Abkommen, Staatsverträge, Gerichtsentscheidungen auf höherer und niederer Ebene, staatliches Handeln, forensische Verfahrens- und Beweisaufnahme-Vorschriften, Durchführungsverordnungen, Normen beruflicher Verantwortlichkeit, beweiserhebliche Vermutungen, Rationalitätsstandards, Regelungen für Regelprioritäten, Interpretationsnormen, Vertragsrechtsbestimmungen und so fort. Das heißt nicht, daß im Nomic-Spiel nicht auch – aufgrund von Spielusus und stillschweigendem Einvernehmen – differenzierte Zwischenstufen entstehen können. Vielmehr ist das Spiel so angelegt, daß die Spieler ausdrücklich verändern und nach Belieben neue Stufen hinzufügen können, und Nomic ist nicht zuletzt deshalb zu Beginn so einfach gehalten, weil es leichter ist, Abstufungen in ein einfaches Spiel einzuführen, als sie aus einem komplizierten Spiel wieder herauszubringen.

Das Zweistufensystem von Nomic enthält dieselben selbst-paternalistischen Elemente wie die US-amerikanische Verfassung. Die „unveränderlichen" Regeln gelten für grundlegendere Prozesse als die „veränderlichen" und schirmen sie auf diese Weise gegen übereilte Veränderung ab. Da im Verlauf des Spiels dessen eigentlicher Kern sich durchaus wandeln kann (und die Nebenbestimmungen es geradezu *müssen*), ist es denkbar, daß nach ein paar Runden das aktuelle Spiel sich in mancher Hinsicht von dem anfänglichen unterscheidet. Doch selbstredend ist alles, was irgend aus der Befolgung der Regeln resultieren mag, per definitionem das Nomic-Spiel. Der Charakter des Spiels kann sich entscheidend ändern, und doch bleibt es im Kern dasselbe.

In gleicher Weise geben die Menschen, die sich doch beständig entwickeln und verändern, die Überzeugung nicht auf, daß sie mit gutem Recht, etwa indem sie das Wörtchen „Ich" benutzen, auf etwas Grundlegendes, Durchgängiges rekurrieren können. Die an der Oberfläche sichtbaren Muster wandeln sich, während tieferliegende und verborgene Muster gleichbleiben. Allerdings können die Veränderungen zwischen Geburt, Reife und Tod so einschneidend sein, daß man womöglich bisweilen den Eindruck hat, man sei im Laufe des einen Lebens doch mehrere verschiedene Personen. Genauso kann im Rechtswesen, wie schon vielfach festgestellt wurde, eine Änderungsklausel (die die Modalitäten einer Verfassungsänderung definiert) durchaus, auch wenn sie Änderungen nur Stück für Stück zuläßt, bei wiederholter Anwendung zu einer durch und durch neuen Verfassung führen.

Dadurch, daß Nomic nicht bloß einstufig ist, wird verhindert, daß das logische Fundament – der eigentliche Kern – des Spiels sich schon in wenigen Spielzügen radikal verändert. Solche Kontinuität ist eine Tugend sowohl des Spielens wie des Regierens, doch die Nomic-Spieler haben den Staatsbürgern voraus, daß sie, wann immer ihnen der Sinn danach steht, allein mit Hilfe ihres Verstandes den Grad der Kontinuität und das Maß der Veränderung relativ rasch modifizieren können, während im wirklichen Leben die zu dieser Veränderung erforderlichen Mechanismen kaum bekannt und zum Teil auch dem Zugriff entzogen sind.

In Standardspielen herrscht die Kontinuität unveränderlicher Regeln oder doch wenigstens nur zwischen den Spielen, nicht in ihrem Verlauf veränderbarer Regeln. Die Kontinuität von Nomic ähnelt eher der eines Rechtssystems als der von Standardspielen: Nomic ist eine regelgeleitete Kombination von Systemen, Anweisungen und Prozessen, die einer permanenten regelgeleiteten Veränderung unterworfen sind. Sucht man allerdings nach etwas Bestimmtem, das man als „Nomic im engeren Sinne" bezeichnen könnte, so findet man es in der Anfangsregelkombination, die ich weiter unten vorstelle. Doch Nomic ist ebensosehr das ständig wechselnde Produkt der dynamischen, regelgeleiteten Veränderung der Ausgangskombination. Die kontinuierliche Identität des Spiels (eine Identität wie die einer Nation oder Person) verdankt sich der Tatsache (sofern sie zutrifft), daß jede Veränderung aus der richtigen Anwendung geltender Regeln resultiert und daß sie in keinem Fall revolutionär ist. (Man könnte sogar die These aufstellen, daß revolutionäre Veränderung eine bloß quantitative Steigerung dessen ist: In einer Revolution werden Normen, die als absolut unveränderlich galten, veränderlich gemacht durch andere, in noch höherem Maße unveränderbare Normen, die jedoch bis dahin als selbstverständlich vorausgesetzt wurden und daher unsichtbar bzw. stillschweigend vorhanden waren.)

* * *

In seiner Regel 212 sieht das Nomic-Spiel subjektive *Rechtsprechung* (wie bei einem Gericht) vor, und zwar nicht allein deswegen, weil es die Regierung noch in einem weiteren Punkt imitieren will, sondern aus denselben Gründen, aus denen auch diese für Rechtsprechung sorgen muß: Es werden ja unweigerlich Regeln gemacht, die zweideutig, widersprüchlich oder unvollständig sind oder auch erst auf den Einzelfall angewendet werden müssen. Das „Spielen" soll aber nicht unterbrochen werden; deshalb muß eine Schiedsstelle die Vollmacht erhalten, ebenso autoritative wie definitive Auslegungen zu geben, so daß das Spiel weitergehen kann.

Im Nomic-Spiel sind Richtersprüche nicht durch Präzedenzfall-Vorschriften gebunden, denn dazu brauchte man bei jedem Spiel eine beängstigende Masse von Tonbandaufzeichnungen. Möglicherweise aber votieren die Spieler von sich aus für das Prinzip des *stare decisis,* des Festhaltens an früheren Entscheidungen (und das heißt: dafür, daß nach Präzedenzfällen verfahren wird), oder dieses setzt sich ohne ausdrücklichen Änderungsantrag durch, weil mehrere Richter nacheinander sich genötigt sehen, Personen „in gleicher Situation" auch „gleich" zu behandeln. (Zugegebenermaßen mag es in Einzelfällen durchaus sein, daß die Bedeutung dieser Termini noch auf anderen Ebenen der Rechtsprechung geklärt werden muß. Genau das ist in wirklichen Gerichtsverfahren – neben anderen Ursachen – verantwortlich für die Gefahr des unendlichen Regresses.) Ohne das Prinzip des *stare decisis* sind die Spieler gezwungen, ihre Regeln sorgfältig zu formulieren, durchdachte Urteile zu fällen, unzulängliche Urteile aufzuheben und fehlerhafte Regeln zu revidieren. Nicht zuletzt so lehrt Nomic die Grundsätze und Erfordernisse des Rechtswesens, wenn auch in erheblicher Vereinfachung.

Die Ausgangskombination muß so kurz und einfach sein, daß sie zum Spielen einlädt, zugleich jedoch so lang und differenziert, daß sie auch Sonderfälle abdeckt, die auftreten könnten, bevor noch die Spieler eine Regel für sie aufgestellt haben, und eine Beeinträchtigung der Spielkontinuität durch einzelne Regeländerungen verhindert. Ob die unten vorgestellte Ausgangskombination diesen konkurrierenden Interessen gerecht wird, das zu beurteilen bleibt den Spielern selbst überlassen.

Ein solcher Sonderfall, dessen Lösung den Spielern absichtlich überlassen wird, ist die Frage, was bei Regelverletzungen geschehen soll. Dabei müssen die Spieler auch entscheiden, ob frühere Regelverletzungen aufgrund eines Verjährungsgesetzes straffrei bleiben, ob sie später noch geahndet oder für nichtig erklärt werden sollen. Ob die Wahrscheinlichkeit der Regelbefolgung sowie der Ermessensspielraum des Richters ausreichen, um mit einer Vertrauenskrise fertigzuwerden oder sie hinauszuzögern, bis eine Regelung in Kraft tritt, oder ob die Ausgangskombination noch in anderer Hinsicht einen befriedigenden Ausgleich zwischen den konkurrierenden, sei's auf Einfachheit, sei's auf Komplexität gerichteten Interessen herstellt – das kann am besten beim Spielen selbst entschieden werden.

* * *

Von einem bestimmten sehr verbreiteten und grundlegenden Charakteristikum des Spiels weicht Nomic in ungewöhnlicher Weise ab: Es läßt nämlich die Unterscheidung zwischen *Grundregeln* und *Regeln der Kunst,* das heißt zwischen Regeln für korrektes und solchen für geschicktes Spielen undeutlich werden. Mit anderen Worten, bei Nomic gehen Erlaubtes und Optimales ineinander über.

Die meisten Spiele verzichten darauf, das Nicht-Spielen mit einzubeziehen, und sie werden nicht paradox, wenn sie es doch zu tun scheinen. Interessanterweise denken sich aber Kinder häufig Spiele aus, in denen Spielstrafen für die vorgesehen sind, die sich weigern mitzuspielen, oder in denen die Rechtsprechung des Spiels auf alle Dinge des „wirklichen Lebens" ausgedehnt wird, solange bis die Kinder es satt haben oder vergessen, daß sie spielen. („Papa, Papa, spiel mit, wir haben ein neues Spiel erfunden!" – „Ich kann nicht, Schatz. Ich lese gerade." – „Das macht zehn Minuspunkte!") Dieses Prinzip treibt Nomic ins Extrem. Auf Beschluß der Spieler kann es schlichtweg alles einbeziehen. Die Grenze zwischen Spiel und Nichtspiel kann sich bei jeder Runde verschieben oder allem Anschein nach gänzlich aufgehoben sein. So ist denkbar, daß die Spieler noch immer den Gesetzen des Spiels unterliegen, wenn sie sich gerade in einer Pause zwischen zwei Spielen oder gar schon gänzlich außerhalb des Spielzusammenhangs wähnen.

Bei den meisten Spielen gibt es ein unwiderlegliches Verfahren, mit dem man über die Rechtmäßigkeit eines Spielzugs entscheidet. Bei Nomic hingegen kann es leicht zu Situationen kommen, in denen es schwerfällt zu entscheiden, ob ein Zug zulässig ist oder nicht. Überdies tauchen im Nomicspiel immer wieder Paradoxa auf, die die Rechtsprechung förmlich paralysieren. Gelegentlich liegt das an der unzulänglichen Formulierung einer Regel, doch schuld kann auch eine Regel sein, die zwar unzweideutig, aber irgendwie schädlich ist. Es ist schier unmöglich, von vornherein alle denkbaren Paradoxa im Blick zu haben. Die Regel 213 ist trotz allem dazu gedacht, mit ihnen fertigzuwerden, ohne daß die Ausgangskombination mit allzu vielen gesetzlichen Klauseln überfrachtet werden müßte. Wobei anzumerken ist, daß die Regel 213 es einem gewieften Spieler ermöglicht, ein Paradox zu schaffen, verabschieden zu lassen (sofern die Regel den anderen Spielern unverfänglich genug erscheint) und auf diesem Wege zu gewinnen.

So weit also die allgemeine Vorrede zum Nomic-Spiel selbst. Nun zur Frage, wie es gespielt wird. Zur Erinnerung noch einmal: Nomic ist ein Spiel, in dem die Spielzüge in Regeländerungen bestehen. Man kann es zu zweit spielen, aber zu dritt oder mehr wird es ein besseres Spiel. Der Kern von Nomic steckt in der Regel 202, die man als erste durchlesen sollte. Die Spieler benötigen Papier und Stift sowie (zumindest zu Beginn!) einen Würfel. Möglicherweise finden die Spieler es leichter, statt Papierbögen Karteikarten zu benutzen. Sämtliche neuen Regeln und Änderungen sollen aufgeschrieben werden. Die Anordnung der Regeln auf dem Papier oder dem Tisch kann Auskunft darüber geben, welche von ihnen gerade unveränderlich und welche veränderlich sind. Änderungen können entweder auf oder neben die betreffenden Regeln gelegt werden. Aufgehobene Regeln kann man einfach durchstreichen. Für komplizierte Spiele wäre es andererseits vielleicht besser, wenn die Spieler jede neue Regel oder Änderung in ihr eigenes Notizbuch übertragen und eine gesonderte, durchnumerierte Liste der noch geltenden Regeln anlegen. Im Idealfall sollten womöglich alle Regeln zusammen mit einem Terminal für jeden Spieler in einen Computer eingespeist werden; Änderungen könnten dann unverzüglich in den Haupttext eingebaut und die laufende Nummer entsprechend korrigiert werden.

Ausgangskombination der Nomic-Regeln

I. Unveränderliche Regeln

101. Alle Spieler müssen sich jederzeit an sämtliche aktuell geltenden Regeln halten, und zwar in deren gerade gültiger Form. Zu Beginn eines jeden Spiels sind die Regeln der Ausgangskombination in Kraft. Diese Kombination besteht aus den (unveränderlichen) Regeln 101–116 und den (veränderlichen) Regeln 201–213.

102. Zu Spielbeginn sind die 100er-Regeln unveränderlich und die 200er veränderlich. Regeln, die danach in Kraft gesetzt oder umgewandelt, d. h. von unveränderlichen zu veränderlichen gemacht werden und umgekehrt, können unabhängig von ihrer laufenden Nummer unveränderlich oder veränderlich sein, und Regeln der Ausgangskombination können unabhängig von ihrer Numerierung umgewandelt werden.

103. Regeländerungen sind die folgenden: 1. Verabschiedung, Aufhebung oder Änderung einer veränderlichen Regel; 2. Verabschiedung, Aufhebung oder Änderung einer Regeländerung; oder 3. Umwandlung einer unveränderlichen in eine veränderliche Regel oder umgekehrt. (Beachte: Diese Definition impliziert, daß – wenigstens anfänglich – alle neuen Regeln veränderlich sind. Unveränderliche Regeln können, solange sie unveränderlich sind, weder geändert noch außer Kraft gesetzt werden; veränderliche Regeln können, solange sie veränderlich sind, geändert oder außer Kraft gesetzt werden. Keine Regel ist grundsätzlich gegen Veränderung gefeit.)

104. Über alle ordnungsgemäß beantragten Regeländerungen wird abgestimmt. Sie gelten als angenommen, wenn und nur wenn sie die erforderliche Stimmenzahl auf sich vereinigen können.

105. Jeder Spieler ist stimmberechtigt. Jeder Stimmberechtigte ist zur Teilnahme an allen Abstimmungen über Regeländerungen verpflichtet.

106. Jede beantragte Regeländerung muß aufgeschrieben werden, bevor über sie abgestimmt wird. Wird sie angenommen, so ist sie in der zur Abstimmung stehenden Form verbindlich für das Spiel.

107. Keine Regeländerung darf eher in Kraft treten, als bis die Abstimmung, in der sie angenommen wird, beendet ist, auch wenn sie selbst ausdrücklich etwas anderes vorschreibt. Keine Regeländerung gilt rückwirkend.

108. Jede eingebrachte Regeländerung soll zur Orientierung eine laufende Nummer (Ordnungszahl) erhalten. Die Numerierung soll bei 301 beginnen, und jede ordnungsgemäß eingebrachte Regeländerung erhält die nächste laufende Nummer, unabhängig davon, ob der Antrag angenommen wird oder nicht.

Wird eine Regel aufgehoben und später wieder in Kraft gesetzt, so erhält sie die Ordnungszahl des Antrags auf Wiedereinsetzung. Wird eine Regel geändert oder umgewandelt, erhält sie die Ordnungszahl des entsprechenden Antrags. Wird eine Änderung geändert oder außer Kraft gesetzt, erhält die gesamte Regel, zu der sie gehört, die Ordnungszahl des betreffenden Antrags.

109. Regelumwandlungen, die unveränderliche zu veränderlichen Regeln machen, gelten als angenommen, wenn und nur wenn das Votum der Stimmberechtigten einstimmig ausfällt.

110. Veränderliche Regeln, die in irgendeiner Form unvereinbar sind mit einer unveränderlichen Regel (außer sie beantragen deren Umwandlung), können in toto als nichtig und ungültig angesehen werden. Sie sind außerstande, unveränderliche Regeln stillschweigend zu veränderlichen zu machen und sie ineins damit zu ändern. Regeländerungen, durch die unveränderliche zu veränderlichen Regeln werden, treten in Kraft, wenn und nur wenn sie ausdrücklich feststellen, daß sie auf die Umwandlung abheben.

111. Ist eine Regeländerung in der eingebrachten Form unklar, zweideutig, paradox oder spielfeindlich, oder besteht sie nachweislich aus zwei oder mehr miteinander vermischten Regeländerungen, oder bringt sie nichts Neues, oder ist sie sonstwie von fragwürdigem Wert, dann können die anderen Spieler vor der Abstimmung Änderungsanträge einbringen oder gegen den betreffenden Antrag sprechen. Für diese Debatte muß eine angemessene Zeit zur Verfügung gestellt werden. Der Antragsteller bestimmt die endgültige Form, in der der Antrag zur Abstimmung steht, und legt die Zeitdauer für Debatte und Abstimmung fest. Das einzige Heilmittel gegen einen schlechten Antrag ist die Vorbeugung: ein negatives Abstimmungsergebnis.

112. Gewinner des Spiels ist, wer *n* Punkte erreicht hat; ein anderes Kriterium ist nicht zulässig. Variiert werden darf allerdings die Größe von *n* und die Methode des Punktesammelns; ferner dürfen Regeln, nach denen der Gewinner ausgemacht wird, wenn das Spiel sich festgefahren hat, in Kraft gesetzt und (solange sie veränderlich sind) geändert oder außer Kraft gesetzt werden.

113. Einem Spieler ist es jederzeit anheimgestellt, das Spiel aufzugeben statt weiterzuspielen oder sich eine Spielstrafe zuzuziehen. Eine Strafe, die nach Ansicht des von ihr betroffenen Spielers schlimmer ist als Verlieren, darf nicht verhängt werden.

114. Es muß jederzeit wenigstens eine Regel veränderlich sein. Die Verabschiedung einer Regeländerung darf nie prinzipiell unzulässig werden.

115. Änderungen von Regeln, die Zulässigkeit oder Modalitäten von Regeländerungen festlegen, sind ebenso zulässig wie andere Regeländerungen. Zulässig sind sogar solche, die ihre eigene Rechtskraft ändern oder aufheben. Es gibt keine Regeländerung und keinen wie immer gearteten Spielzug, die nur aufgrund der Selbstbezüglichkeit oder Selbstapplikation einer Regel unzulässig würden.

116. Alles, was nicht ausdrücklich durch eine Regel verboten oder vorgeschrieben ist, ist erlaubt und freigestellt, ausgenommen allein die Regeländerungen: Sie sind nur zulässig, wenn eine Regel oder Regelkombination sie ausdrücklich oder stillschweigend gestattet.

II. Veränderliche Regeln

201. Die Spieler spielen reihum im Uhrzeigersinn, und zwar jeder eine ganze Runde. Keine Runde darf übersprungen oder abgegeben werden, auch nicht teilweise. Jeder Spieler beginnt mit null Punkten.

202. Eine Runde hat zwei Teile, und zwar der Reihenfolge nach: 1. der Spieler beantragt eine Regeländerung und läßt über sie abstimmen; 2. er würfelt einmal und zählt die Punkte auf dem Würfel zu seinem Spielergebnis hinzu.

203. Eine Regeländerung gilt als angenommen, wenn und nur wenn das Votum der Stimmberechtigten einstimmig ausfällt.

204. Falls und wann immer Regeländerungen ohne einstimmiges Votum angenommen werden können, soll jeder Spieler, der gegen einen erfolgreichen Antrag gestimmt hat, 10 Punkte erhalten.

205. Eine einmal angenommene Regeländerung tritt uneingeschränkt in Kraft, sobald die Abstimmung, in der sie verabschiedet wurde, beendet ist.

206. Wird ein Antrag auf Regeländerung abgelehnt, so werden dem Antragsteller 10 Punkte abgezogen.

207. Jeder Spieler hat jederzeit eine Stimme.

208. Gewinner des Spiels ist, wer als erster 100 (Plus-)Punkte erreicht hat.

209. Es darf nie mehr als 25 veränderliche Regeln geben.

210. Spieler dürfen sich über zukünftige Regeländerungen nur dann absprechen oder beraten, wenn sie zu einer Mannschaft gehören.

211. Im Fall eines Konflikts zwischen zwei oder mehr veränderlichen bzw. zwei oder mehr unveränderlichen Regeln hat die Regel mit der niedrigsten Ordnungszahl den Vorrang. Enthält mindestens eine der konfligierenden Regeln die ausdrückliche Feststellung, daß sie sich einer anderen Regel (bzw. einem anderen Regeltyp) unterwirft oder daß sie Vorrang hat vor einer anderen Regel (bzw. einem anderen Regeltyp), dann soll die Frage des Vorrangs durch diese Bestimmungen und nicht durch die numerische Reihenfolge entschieden werden.
Machen zwei oder mehr Regeln einander den vor- oder nachgeordneten Status streitig, so muß erneut die numerische Reihenfolge den Ausschlag geben.

212. Sind Spieler uneins über die Zulässigkeit eines Spielzuges oder über die Interpretation bzw. Anwendung einer Regel, so soll der Spieler der vorangegangenen Runde als Richter fungieren und die Streitfrage klären. Zu Uneinigkeit im Sinne dieser Regel kann es kommen, wenn jeder Spieler auf seinem Standpunkt beharrt. Ein solches Prozedere heißt: *ein Gericht anrufen.*
Falls das Gericht angerufen worden ist, darf der nächste Spieler mit seiner Runde erst beginnen, wenn die übrigen Spieler mehrheitlich zugestimmt haben.
Der Richterspruch kann von den anderen Spielern nur durch ein einstimmiges Votum aufgehoben werden, das noch vor Beginn der nächsten Runde gefällt werden muß. Wird ein Richterspruch aufgehoben, wird der rechte Nachbar des Richters zum neuen Richter in dieser Streitfrage und so fort, mit der einzigen Ausnahme, daß kein Spieler während der eigenen oder während der Spielrunde eines Spielers aus der eigenen Mannschaft als Richter fungieren darf.
Wird ein Richter nicht überstimmt, so entscheidet er bis zum Beginn der nächsten Runde alle aus dem Spiel resultierenden Streitfragen, auch solche, die die eigene Rechtmäßigkeit und Rechtsprechung als Richter betreffen.
Neue Richter sind an die Entscheidungen der früheren Richter nicht gebunden. Aller-

dings können sie nur solche Streitfragen entscheiden, über die die Spieler aktuell uneins sind und die den Ablauf der Runde betreffen, in der das Gericht angerufen wurde. Jede richterliche Entscheidung muß sich an alle gerade geltenden Regeln halten; sagen die Regeln freilich zu dem in Frage stehenden Punkt nichts oder nur Widersprüchliches bzw. Unklares aus, so soll der Richter sich allein von der gemeinsamen Moral und Logik sowie vom Geist des Spiels leiten lassen.

213. Werden die Regeln so geändert, daß nicht weitergespielt werden kann, oder läßt sich die Rechtmäßigkeit eines Spielzuges nicht mit endgültiger Sicherheit feststellen, oder kann auch das beste – nicht überstimmte – Urteil des Richters nichts daran ändern, daß ein Spielzug gleichermaßen recht- wie unrechtmäßig erscheint, so ist derjenige Spieler, der als erster seine Runde nicht zu Ende bringen kann, Gewinner des Spiels. Diese Regel hat Vorrang vor jeder anderen, durch die der Gewinner ermittelt wird.

* * *

Uff! Da sind sie, die Nomic-Regeln. Ein Freund von mir, der sie gelesen hatte, kommentierte: „Niemals wird es Monopoly verdrängen." Damit hat er garantiert recht, aber mit Sicherheit ist die Betrachtung dieses Spiels erheblich interessanter als die von Monopoly. Um solche Betrachtungen noch spannender zu machen, schlägt Suber, der das verrückt klingende Spiel tatsächlich gespielt hat, die verschiedensten interessanten Regeländerungen vor. Hier ein paar Proben:

Man sorgt dafür, daß veränderliche Regeln leichter zu ändern sind als unveränderliche, indem man die Ausgangsregel 203, die das einstimmige Votum vorschreibt, außer Kraft und (zum Beispiel) eine einfache Mehrheit an dessen Stelle setzt. Man schafft zusätzliche Stufen über, unter oder zwischen den beiden Anfangsstufen von Nomic. Man bindet die Änderung einiger Regeln an besondere Verfahren („partielles Selbstverschanzen"). Man denkt sich „Sonnenuntergangs"-Regeln aus, die nach einer bestimmten Zahl von Runden automatisch ihre Geltung verlieren. Man gestattet persönliche Absprachen zwischen den Spielern über zukünftige Regeländerungen („Gibst du mir, geb ich dir").

Man läßt geheime Abstimmungen zu. Man sieht „Verfassungs-Konventionen" (oder „Revolutionen") vor, in denen sämtliche Regeln mit Hilfe neuer, zeitlich begrenzter Verfahren leichter und zu gleicher Zeit geändert werden können. Man setzt fest, wie viele unveränderliche Ausgangsregeln maximal jederzeit geändert oder aufgehoben werden können.

Man sieht vor, daß die Ordnungszahlen der Regeln unter gewissen Bedingungen ausgewechselt werden können, so daß sich auch die Prioritäten zwischen den Regeln ändern. Oder man ändert nur das Verfahren, durch das die Rangfolge festgelegt wird; z. B. gibt man neueren Regeln den Vorrang vor älteren, statt umgekehrt. (In den meisten der derzeit geltenden Rechtssysteme haben die neueren Regeln den Vorrang.)

Man sorgt dafür, daß das Punktesammeln nicht mehr vom Zufall, sondern vom (intellektuellen oder gar sportlichen) Geschick abhängt. Mit der Punktzahl auf dem Würfel verbindet man die Bestimmung, daß sie einem Spieler hinzugezählt wird, wenn sein Antrag niedergestimmt oder sein Urteil abgelehnt worden ist, hingegen einem Spieler abgezogen wird, wenn er mit Nein stimmt, wenn er eine Regeländerung mit mehr als 50 Worten einbringt, wenn er für seinen Antrag mehr als zwei Minuten braucht, wenn er die Umwandlung einer unveränderlichen in eine veränderliche Regel beantragt oder eine Regel einbringt, die zwar zuerst verabschiedet, später jedoch wieder aufgehoben wird.

Man führt ein zweites oder drittes Spielziel ein – z. B. ein Kooperationsziel als Ergänzung zum Wettkampf um die meisten Punkte. So könnte etwa jeder Spieler bei jeder Runde einen Buchstaben zu einem immer längeren Satz, eine Zeile zu einem Gedicht, einen Stein zum Bau einer Burg beitragen und so fort, wobei die Gruppe als Ganze die Sache zu vollenden sucht, ehe einer der Spieler die zum Sieg erforderliche Punktzahl erreicht. Oder man führt ein zweites Wettkampfziel ein und verpflichtet beispielsweise jeden Spieler zu einem Spielzug in einem anderen Spiel, wobei der (oder die) Gewinner des zuerst beendeten Spiels einen zuvor festgelegten Vorteil im noch laufenden Spiel erhalten. Oder man macht einen beliebigen Teil des Spiels abhängig vom Ausgang eines ganz anderen Spiels und baut auf diese Weise andere Spiele oder Tätigkeiten, sofern sie genug Stimmen auf sich vereinigen können, in das Nomic-Spiel ein. Man kann Nomic auch lassen wie es ist, und lediglich Geldeinsätze oder bestimmte Dramatisierungen (etwa psychologischer Art) einführen.

Man sieht Mannschaftsspiele vor. Man schreibt entweder gleichbleibende Mannschaftskonstellationen vor oder läßt die Bündnisse nach bestimmten Verfahren (informelle Verhandlungen, mit den Punktzahlen der Spieler verbundener Zahlenschlüssel, Rotationsmodell) wechseln. Man richtet „heimliche" Partnerschaften ein (etwa dergestalt, daß die von einem Spieler in seiner Runde gewonnenen Punkte auch einem anderen, nach einem beliebigen Kriterium ermittelten Spieler gutgeschrieben oder mit ihm geteilt werden).

Man macht das Spiel zu einem noch tauglicheren Modell des Gesetzgebungsprozesses, wenn man sich einen Index ausdenkt, der je nach dem Lauf der Spielereignisse steigt oder fällt und so den „Wähleranspruch" oder die „Wählerzustimmung" mißt; man kann den Index benutzen, um zulässige Spielzüge zu erzwingen (z. B. durch ein System von Belohnungen und Strafen). Man sieht vor, daß eine bestimmte Anzahl von Runden gespielt werden kann, bevor über einen Antrag abgestimmt wird, so daß die Spieler Gelegenheit haben abzuschätzen, ob andere Anträge, und welche, vorzuziehen wären.

Subers letzte Aufgabe für Nomic-Spieler lautet: Man soll herausfinden, ob man irgendwelche Regeln *stricto sensu* unveränderlich machen und dabei doch die Macht der Regeländerung bewahren kann, und ob es möglich ist, diese letztere unwiderruflich und restlos aufzuheben. Es interessiert ihn sehr, von den Erfahrungen der Leser beim Nomic-Spielen zu hören und Verbesserungsvorschläge oder Kommentare zum allgemeinen Problem der Reflexivität im Rechtswesen zu lesen. Hier seine Adresse: Department of Philosophy, Earlham College, Richmond, Indiana 47374, USA.

* * *

Der Reichtum der Nomic-Welt springt förmlich in die Augen. Sie entspricht ganz den Hoffnungen, die ich hegte, als ich in meinem Buch *Gödel, Escher, Bach: ein Endloses Geflochtenes Band* über selbstmodifizierende Spiele schrieb. Meine Absicht war damals, eine abstrakte Darstellung derartiger Spiele zu geben, und ich hätte mir nie träumen lassen, daß jemand sie einmal in solcher Ausführlichkeit würde konkretisieren können. Lange Zeit war es mein heimlicher Wunsch, ein System zu entwerfen, das gewissermaßen imstande wäre, sich in jedem Punkt selbst zu verändern, und zwar dergestalt, daß sogar auf den „unberührbaren" Stufen (wie ich sie nannte und wie sie *grosso modo* den „unveränderlichen" Regeln bei Suber entsprechen) Veränderung möglich wäre.

Ich erinnere mich lebhaft daran, wie es zu diesem Wunschtraum gekommen ist. Über Computer hörte ich das erste Mal etwas während meiner Gymnasialzeit, und zwar von dem kürzlich verstorbenen George Forsythe, der damals in Stanford Mathematik-Professor war (so etwas wie einen eigenen Fachbereich für Computerwissenschaft gab es noch nicht). In seiner Gastvorlesung für unseren Mathekurs hob er zweierlei hervor. Das eine war die Einsicht, daß das maschinelle Rechnen die Aufgabe hat, alles zu machen, was man irgendwie auf eine Maschine zu übertragen versteht. So würde, wie er betonte, maschinelles Rechnen in ein Gebiet nach dem andern eindringen, sobald wir nur einsähen, daß ein Tun, das allem Anschein nach lebendige Einsichten und geistige Vorstellungskraft erfordert, durchaus ersetzt werden kann durch eine ingeniöse und akribisch ausgetüftelte Regelsammlung, deren Umsetzung in die Praxis dann so etwas wäre wie eine glorifizierte und mit Lichtgeschwindigkeit ablaufende Sklavenarbeit. Eines der frappierendsten Beispiele, durch die Forsythe diese Einsicht zu veranschaulichen suchte, war in meinen Augen das Verfahren, in dem Computer gewissermaßen auf sich selbst angewendet worden waren – die Compilermethode nämlich, bei der ein Übersetzungsprogramm andere Programme aus einer eleganten und für Menschen lesbaren Sprache in die Geheimsprache der Maschinen mit ihren Ketten von Nullen und Einsen übersetzt.

Die andere (mit der ersten eng verknüpfte) Einsicht, die Forsythe betonte, war, daß ein Programm nichts anderes ist als ein im Gedächtnis des Computers sitzendes Objekt und als solches der Beeinflussung durch andere Programme – oder gar durch sich selbst! – nicht mehr und auch nicht weniger ausgesetzt ist als bloße Zahlen. Es war die Verbindung dieser beiden Einsichten, die mir die Anregung zum Entwurf eines abstrakten Computers gab. Ich entschloß mich zu einem Wortspiel mit den Namen ENIAC, ILLIAC, JOHNNIAC und denen anderer Computer, von denen ich gehört hatte, und nannte ihn „IACIAC". Ich hoffte, IACIAC könnte nicht bloß mit seinen eigenen Programmen arbeiten, sondern sich zugleich auch selbst neu entwerfen, den Interpretationsmodus seiner eigenen Anweisungen ändern und so fort. Ich geriet rasch in diverse Schwierigkeiten der Konzeption und brachte das Projekt nie zu Ende, aber ich habe auch niemals jene Faszination vergessen. Nach meinem Eindruck steckt in Nomic, obgleich es ein Spiel und kein Computer ist, mehr von dem Geist meines damaligen Vorhabens als in allem, was mir je begegnet ist. Das heißt, ausgenommen es selbst.

Postskriptum

Auf diesen Artikel hin erhielt ich den Brief eines Rechtswissenschaftlers namens William Popkins, den ganz sichtlich das Nomic-Spiel fasziniert hatte, wenngleich er in einigen Punkten andere philosophische Konsequenzen zog als mein Artikel. *Scientific American* hat daraufhin in der Rubrik „Leserbriefe" den Briefwechsel zwischen Popkin und mir abgedruckt. Hier zunächst, was Popkin geschrieben hat:

Als Rechtswissenschaftler hat mich Douglas Hofstadters Artikel über Reflexivität und Selbstbezüglichkeit im Rechtswesen sehr interessiert. Es gibt, wie er richtig schreibt, viele Beispiele dafür. Artikel V der amerikanischen Verfassung verbietet Änderungen, die den Staaten das Recht auf gleichberechtigte Repräsentation im Senat absprechen. Der Oberste Gerichtshof Indiens hat abweichend von seiner sonstigen Praxis ein Reflexivitäts-Problem geschaffen, indem er entschied, daß das übliche Verfahren der Verfassungsänderung für die Grundrechte nicht gelten sollte, obgleich es keinerlei ausdrückliches Verbot derartiger Änderungen gab.

Diese Reflexivitäts-Probleme sind gewiß faszinierend, aber ich sehe nicht ein, was sie mit „Argumentationsverfahren im allgemeinen" zu tun haben sollen, wie Hofstadter unter Berufung auf Howard DeLong behauptet. Sie haben alles zu tun mit dem Sinn von Regeln, Recht und Politik, nichts jedoch mit Argumentationsverfahren. Lassen Sie mich erläutern, wie ich persönlich als Rechtswissenschaftler an derlei Probleme herangehen würde. Alle Beispiele für Reflexivität haben dieselbe Struktur. Man hat eine Regel sowie besondere Fälle, die von dieser Regel abgedeckt werden. Einer der unter sie subsumierten Einzelfälle scheint die Regel selbst zu unterminieren. Angenommen z. B., der Oberste Gerichtshof ist verpflichtet, über alle ordnungsgemäß an ihn verwiesenen Rechtsfälle zu entscheiden, zugleich aber ist kein Richter befugt, einen Rechtsfall zu behandeln, in dem er selbst Partei ist. Es kommt zu einem Verfahren, in dem es um die Herabsetzung der Richtergehälter geht, und dies Verfahren ist nachweislich verfassungswidrig. Verhandeln die Richter die Sache, so verstoßen sie gegen die Vorschrift, die ihnen die Behandlung von Rechtsfällen verbietet, in denen sie Partei sind; verhandeln sie jedoch die Sache nicht, so verstoßen sie gegen die Vorschrift, die sie zur Behandlung von Rechtsfällen verpflichtet. Dieselbe Struktur findet sich bei Bestimmungen zur Änderung des Schriftstücks, das die Änderungsklausel enthält. Angenommen, für eine Verfassungsänderung bedarf es einer Zweidrittelmehrheit, für die Änderung einer ihrer Bestimmungen hingegen eines einstimmigen Votums. Es wird nun eine Klausel verabschiedet, die die Einstimmigkeit aufhebt. Ist diese Änderung rechtskräftig, wird die Einstimmigkeits-Klausel unterminiert; ist sie es nicht, sind die Änderungsverfahren unzulänglich.

Was all diese Fälle darstellen, ist ein Problem der Bedeutung und ein Konflikt zwischen rivalisierenden Schlußfolgerungen, kein logisches Dilemma. Die letzte Entscheidung mag schwer oder leicht fallen, die Probleme indessen lassen sich ohne Schwierigkeiten begrifflich fassen. Ich selbst würde den Schluß ziehen, daß der Oberste Gerichtshof sich mit dem Rechtsfall, in dem es um seine eigene Bezahlung geht, durchaus befassen sollte, weil wir die Entscheidung über solche Streitfragen nicht dem Kongreß zuschieben möchten, und daß die Einstimmigkeits-Klausel nicht von Änderungen betroffen sein dürfte, weil das ein Bruch des Gesellschaftsvertrages wäre. Es sind dies harte Nüsse, während ein anderes Beispiel in Hofstadters Artikel keine Probleme bereitet. Ich meine den Vertrag, demzufolge der Rhetorik-Lehrer Protagoras von seinem Schüler Euathlos Geld erhalten soll, sobald dieser seinen ersten Prozeß gewonnen hat. Der Lehrer verklagt den Schüler auf Zahlung, weil er annimmt, daß er sein Geld bekommt, wenn er den Prozeß gewinnt, und daß er es vertragsgemäß eintreiben kann, wenn er ihn verliert. Aber auf welcher Grundlage soll er denn bloß gewinnen, solange der Schüler noch gar keinen Prozeß gewonnen hat? Und wie könnte der Vertrag, der einen vom Schüler gewonnenen Prozeß als Zeitpunkt für die Zahlung angibt, sich auf einen vom Lehrer leichtfertig vom Zaun gebrochenen Prozeß beziehen?

Die Reflexivität, das möchte ich hier unterstreichen, wirft mal schwierige, mal belanglose Entscheidungsprobleme auf, aber im Rechtswesen ist das nichts Neues. Bei den meisten wichtigen Rechtsproblemen geht es um die Entscheidung und nicht um Reflexivität. Was ist uns wichtiger: der Schutz der Privatsphäre oder die Freiheit der Presse? Tiefer greift allerdings die Frage nach der Interaktion zwischen Rechtswesen und artifizieller Intelligenz sowie nach der Möglichkeit interdisziplinärer Forschung ganz allgemein. Ohne jeden Zweifel und aus Gründen, die ich nicht unbedingt gutheiße, ist die Reflexivität ein wichtiges Phänomen in der Philosophie. Sollen indessen Fortschritte auf dem Gebiet der artifiziellen Intelligenz für das Rechtswesen von Nutzen sein, dann muß man berücksichtigen, worum es bei Rechtsproblemen überhaupt geht. Für einen Juristen ist Reflexivität als Kategorie irrelevant, Entscheidung hingegen nicht. Im Grunde habe ich den Verdacht, daß für Hofstadter Reflexivität lediglich ein Zeitvertreib ist. In einem früheren Artikel über Analogie befaßte er sich mit dem phantasievollen Problem, wie man die First Lady von England definieren kann [vgl. 23. Kapitel]. Er schlug sich damals mit der Frage herum, wie sich entscheiden läßt, daß etwas wie etwas anderes ist; genau darin aber besteht das Prozedere der meisten Juristen bei ihren Entscheidungen. Unsere Entscheidungen hängen ab von der Herstellung der Analogien, und eben dies macht den Wesenskern aller Rechtsprechung aus. Sollte es bei artifizieller Intelligenz um nichts anderes gehen, würde ich liebend gerne mehr darüber hören.

Was die Frage betrifft, ob es unveränderliche Rechtsvorschriften gibt, so kann die Antwort nur lauten: Selbstverständlich gibt es sie, falls es das ist, was Sie wollen.

William D. Popkin
Rechtswissenschaftler
Universität Indiana

Ich fand, daß dieser Brief nicht nur sehr hübsch fomuliert ist, sondern zugleich den konstruktiven Beginn einer kleinen Diskussion darstellt. Meine Antwort sah so aus:

In seinem Kommentar zu meinem Artikel über Peter Subers Nomic-Spiel wirft Professor Popkin ein äußerst interessantes Problem auf. Es besteht im wesentlichen aus zwei Punkten: 1. Es ist zwar amüsant festzustellen, daß jedes Rechtssystem zwangsläufig vollgepfropft ist mit Verwicklungen, die aus der Reflexivität resultieren, doch bilden solche Verwicklungen nicht selbst einen Wesenszug des Rechts; sie sind vielmehr eine Folgeerscheinung anderer Wesenszüge, deren signifikantesten, 2., die Crux aller Rechtssysteme darstellt, daß die Menschen das Vermögen besitzen, zwischen zufälligen und wesentlichen Momenten diverser Ereignisse und Verhältnisse zu unterscheiden, ein Vermögen, das ihnen letztlich zu der Erkenntnis verhilft, was ein bestimmtes Einzelnes ist, d. h. in welche Kategorie dieses Einzelne gehört. Popkin nennt das „Entscheidung". Er kommt zu dem Schluß, daß in der Auffindung der Kriterien, nach denen die Menschen „entscheiden" können, die zentrale Aufgabe für all jene besteht, die sich mit artifizieller Intelligenz befassen.

Nach meinem Eindruck ist weder Subers *Reflexivität* noch Popkins *Entscheidung* ausschlaggebender für die Natur des Rechtswesens. Vielmehr sind sie miteinander verflochten. Suber weist darauf hin, daß die Menschen bei der Frage, welches von zwei sich widersprechenden Momenten eines angeblich in sich stimmigen Systems den Vorrang haben soll, häufig ohne explizite Regeln entscheiden (wären nämlich explizite Regeln da, so würden sie mit großer Wahrscheinlichkeit in dieselben Verwicklungen hineingeraten, nur auf einer höheren Abstraktionsebene). „Das Rechtswesen kann logische Schwierigkeiten ignorieren und zum Zweck der Problemlösung auf pragmatische Regeln, soziale Belange und Rechtslehren rekurrieren“, schreibt Suber [in seiner Antwort auf Popkin]. „Die Tatsache, daß politisches Handeln – oder, wie Popkin es nennt, die ‚Entscheidung‘ – logische Hindernisse beiseite zu räumen vermag, ist nicht die Antwort auf unsere Frage, sondern das Mysterium, das der Aufklärung bedarf.“

Die Verdeutlichung dieses Gegensatzes zwischen expliziten Regeln und impliziten Grundsätzen oder Leitlinien ist außerordentlich wichtig, wenn man darstellen möchte, wie es zu flexiblem Wiedererkennen der Kategorien – zur „Entscheidung“ – kommt, ganz gleich ob man an der Erforschung artifizieller Intelligenz arbeitet, über den freien Willen philosophiert oder eine Wesensbestimmung des Rechts versucht. Es zeugt wirklich von einigem Wohlwollen gegenüber der Erforschung artifizieller Intelligenz, wenn Popkin meint, sie werde eines Tages Anhaltspunkte, ja den Schlüssel zum Geheimnis der Entscheidung liefern. Meiner Ansicht nach hat er recht damit. Doch ist ihm möglicherweise nicht klar, daß man bei jedem Versuch, eine entscheidungsfähige Maschine herzustellen, kopfüber in Problemen wie etwa Unvereinbarkeiten, Kollisionen zwischen den Ebenen und Verwicklungen durch Reflexivität landet, und dies aus folgendem Grund:

Alle Erkennungsprogramme orientieren sich ohne Ausnahme an dem, was wir über die Wahrnehmung in ihren unterschiedlichen Formen wissen, etwa über Gehör und Gesichtssinn. Mit Sicherheit wissen wir nun aber, daß die Wahrnehmung, in welcher Form auch immer, aus mehreren übereinanderliegenden Prozessen besteht, von den primitivsten, „syntaktischen“ bis zu abstrakteren, „semantischen“. Für die Annäherung an die semantische Kategorie, zu der ein bestimmter Primärreiz gehört, ist nicht ein Schema allein – sei's ein von unten nach oben gekehrtes (reizgesteuertes), sei's ein von oben nach unten gekehrtes (kategoriengesteuertes) – verantwortlich, sondern eine Mischung von Schemata, bei der Hypothesen unterschiedlichster Ebenen auf anderen Ebenen neue Hypothesen hervorbringen oder die bereits vorhandenen unterminieren. Dieser Prozeß, in dem Hypothesen neu entstehen und untergehen, ist durch strikte Parallelität gekennzeichnet, denn all die verschiedenen Ebenen kämpfen gleichzeitig um Beachtung, genauso wie Plakatflächen, Rundfunkwerbung oder U-Bahn-Reklame miteinander wetteifern.

Gleichwohl geht aus diesem anscheinend anarchischen Chaos eine einheitliche Entscheidung hervor, in der die verschiedenen Ebenen nach und nach zu so etwas wie einer selbstverstärkenden Übereinkunft gelangen. Soll ein derartiges Gewirr von konfligierenden Ansprüchen zu einer eindeutigen Entscheidung führen, so muß eine Art geistiger *Scheduler* da sein, etwas, das funktioniert wie *Robert's Rules of Order,* indem es verschiedene Ebenen zu Wort kommen läßt und kollektive Handlungen wie etwa Abstimmungen, Ablehnung von Anträgen oder Verschieben der Entscheidung darüber steuert und so fort. In der Tat ist dies, nach allem, was wir bisher wissen, der Kern des Wahrnehmungsprozesses. Aber genau hier tauchen auch in rauhen Mengen Verwicklungen durch Reflexivität auf!

In jedem Wahrnehmungsprogramm gibt es diverse Ebenen des „Allerheiligsten“ – d. h. der Unantastbarkeit seiner Datenstrukturen. (Zu diesen Strukturen gehören nicht bloß die gerade geltenden Hypothesen, sondern auch grundlegendere, durchgängigere Charakteristika des Programms selbst, wie etwa die Verfahren, mit den es zwischen verschiedenen Beweisstükken abwägt, die Regeln, nach denen es Konflikte sortiert, die Prioritätsbestimmungen seines Schedulers und – natürlich – die Information über die Unantastbarkeit bestimmter Ebenen!)

Um nun aber das Äußerste an Flexibilität zu erreichen, dürfte keine dieser Ebenen *absolut* unantastbar sein (obgleich dieses Maß an Flexibilität vielleicht unrealisierbar ist), aber selbstverständlich sollten einige der Ebenen es doch mehr sein als andere. Daher muß jedes Erkennungsprogramm im Kern stufenförmig strukturiert sein, nicht anders als jede Regierung (oder die Nomic-Regeln), mit „leicht veränderlichen", „mäßig veränderlichen", „beinahe veränderlichen" Ebenen und so fort. Die Struktur eines Erkennungsprogramms, und d. h. eines „Entscheidungs"-Programms, ist also unweigerlich durchsetzt mit Reflexivität.

Auf den Punkt gebracht, heißt all dies, daß gerade die Reflexivitätsprobleme, die Popkin lediglich für amüsante Nebenerscheinungen im Rechtswesen hält, in Wirklichkeit aufs engste verflochten sind mit dem, was er als die Quintessenz des Ganzen ansieht, nämlich mit der Frage, wie das Wiedererkennen der Kategorien – das Erkennen des Wesens einer Sache – funktioniert. Aus genau diesem Grund habe ich Subers Spiel nicht bloß für amüsant, sondern zugleich für eine philosophische Provokation gehalten. In der Tat meine ich, daß eine gleichzeitige Erforschung von Reflexivität und Wiedererkennen, die mit den unverbrauchten Methoden der im Entstehen begriffenen Kognitionswissenschaft arbeitet, ebenso hochinteressant wie unverzichtbar ist, wenn man Licht in die alten philosophischen Probleme des Geistes, des freien Willens und der Identität bringen will – ganz zu schweigen von den Problemen der Rechtsphilosophie.

* * *

Die Quintessenz meines Briefes an Popkin – das fällt mir noch eben ein – könnte so lauten: Willst du *flexibel erkennen,* konzentriere dich auf *Reflexivität* und *Wiedererkennen.* Einige der hier formulierten Gedanken werden, konkreter gefaßt im Zusammenhang mit artifizieller Intelligenz, dem Leser im 22. und 23. Kapitel wiederbegegnen.

Sektion II:
Sinn und Soziales

Sektion II: Sinn und Soziales

In den drei Kapiteln dieses Abschnitts wird ein anderes allgemeines Thema des Buches vorgestellt: hier geht es um den Schaden, der entsteht, wenn große Massen von Menschen ohne weiteres Nachdenken die Wörter, Redensarten, Gedanken, Modetorheiten, Stil- und Geschmacksrichtungen hinnehmen, die kritiklose Medien und Volksglaube vor ihnen aufmarschieren lassen. Unsere Gesellschaft tut so gut wie gar nichts, um unsere Aufmerksamkeit, geschweige denn unser Interesse, auf das Wesen des sogenannten gesunden Menschenverstandes zu lenken, auf die stillschweigenden Annahmen, die das Denken durchwalten, auf die komplizierten Mechanismen von Sinneswahrnehmung und Kategoriensystemen, die Bereitschaft zum Glauben, den menschlichen Hang zur Leichtgläubigkeit, auf die typischsten Argumentationslücken, die statistischen Ableitungen, die wir unbewußt machen, auf die überaus verschiedenen Zeit- und Raummaßstäbe bei der Betrachtung des Universums, die vielen Filter, durch die man Menschen und Geschehnisse wahrnehmen und begreifen kann, und so fort. Die daraus folgenden Enttäuschungen, Selbsttäuschungen, Verwirrungen, Bornierungen und Ängste können viele besorgniserregende soziale Folgen haben wie etwa gemäßigte oder horrende Kapitalvergeudung, offene oder versteckte Diskriminierung von Bevölkerungsgruppen sowie lokal begrenzte oder allgemein verbreitete Gleichgültigkeit gegenüber der gegenwärtigen Lage und Dynamik der Welt. Selbstverständlich leidet jeder an mancherlei Selbsttäuschungen, vermeidet bestimmte Arten von Gedanken, verschließt sich zu sehr dem einen oder anderen Thema gegenüber. Was aber sind

die Folgen, wenn das hundert oder tausend Millionen Male vorkommt, wenn all die winzigen Stücke zu einem gigantischen Tuch verwoben werden? Wie sieht ein Teppich, der sich aus dem Halbwissen und Nichtwissen von fünf Milliarden empfindender Wesen zusammensetzt, von weitem aus – und wo wird dieser fliegende Teppich hingelenkt?

5
Weltbilder im Zusammenstoß: *Skeptical Inquirer* gegen *National Enquirer*

Februar 1982

> Verblüffte Forscher und Erzieher enthüllen ...
> JUNGE KANN MIT DEN OHREN SEHEN
>
> Eine Kreuzung zwischen Mensch und Pflanze ...
> WISSENSCHAFTLER BEI DER SCHAFFUNG VON PFLANZENMENSCHEN ...
> Bizarre Geschöpfe führen alles aus, was man von ihnen verlangt
>
> Hypnose deckt auf: Fremdes Wesen aus dem All bewohnt Geist und Körper einer Frau
>
> – Schlagzeilen aus dem *National Enquirer*

Haben Sie sich als Kind jemals über die Ausrufungszeichen gewundert, die im Comic-Heft hinter den Sätzen standen? Waren diese Sätze wirklich so aufregend? Waren die Figuren, denen sie angehängt wurden, wirklich so gebannt? Natürlich nicht! Diese Ausrufungszeichen mußten eben nur dastehen, als ein psychologischer Trick, die Geschichte spannender zu machen!

Der *National Enquirer,* ein Blatt, das sich in der Sensations- und Regenbogenpresse meines Landes besonders hervortut, benützt einen ähnlichen psychologischen Trick! Hinter die Schlagzeilen, die die Entdeckung eines außergewöhnlichen und unerhörten Phänomens verkünden, setzt er zwar keine Ausrufungszeichen, doch winkt er am Ende (oder am Anfang) stets mit einem „verblüfften Forscher", „irritierten Wissenschaftler" oder sonst einen perplexen Gelehrten! Durch diese Einkleidung soll die Geschichte glaubwürdiger werden!

Oder doch nicht? Was bezwecken die Redakteure eigentlich? Daß die Story glaubwürdig oder daß sie unglaubwürdig wirkt? Beides, scheint es: die Story soll so exotisch wie möglich und gleichwohl authentisch klingen. Die ideale Überschrift wäre ein Widerspruch in sich: Unmöglichkeit gepaart mit Gewißheit. Kurz: plausibler Unsinn.

Was soll man mit Schlagzeilen wie denen da oben anfangen? Oder mit Artikeln über Pflanzen, die auf japanisch singen oder Kakteen, die rechnen? Oder wie geht man mit der Tatsache um, daß dieses Blatt millionenfach in den Läden verkauft wird und die Leute es genauso gierig verschlingen wie Kartoffelchips? Und wenn sie damit durch sind, brauchen sie ihre Hand nur auszustrecken. Lesefutter dieses Formats – wie der *National Examiner,* der *Star,* der *Globe* oder, vielleicht am schlimmsten von allen, die *Weekly World News* – gibt es ja genug. Was soll man davon halten? Und was die Marsbewohner?

Abbildung 5-1. Reaktion eines Marsbewohners auf einen Artikel im Boulevardblatt. Beachte die komplexen diakritischen Zeichen der Marssprache, leider in den meisten irdischen Setzmaschinen nicht vorhanden. (Foto: David J. Moser/Günther Bosch)

Natürlich wird man solche Geschichten für Blödsinn halten. Aber woher weiß man, daß sie blödsinnig sind? Ist *diese* Frage auch blödsinnig? Was halten Sie von den Artikeln im *Scientific American?* Vertrauen Sie ihnen? Wo liegt der Unterschied? Liegt er nur in der Aufmachung? Ist die reißerische Aufmachung mit ihren grellen Bildern und sensationslüsternen Titeln schon Grund genug, dem *National Enquirer* zu mißtrauen? Doch halt – heißt das nicht schon voraussetzen, wonach wir erst fragen? Was ist das für ein Denken, wo der Schuldspruch schon in der Anklageerhebung enthalten ist? Wir müssen objektiv sagen können, was wir unter „reißerisch" und „sensationslüstern" verstehen – und das könnte sich als schwierig erweisen.

Und wie steht es mit der Kehrseite der Medaille? Ist es das seriöse, traditionsbewußte Erscheinungsbild des *Scientific American* – z. B. das Fehlen von Prominentenphotos –, das einem Vertrauen einflößt? Das wäre aber eine seltsame Art der Wahrheitsfindung. Sie wäre ja an die Vorliebe für gewisse Kommunikationsformen und -kanäle gebunden – eine unmögliche Vorstellung!

Doch muß ich sofort gestehen: Auch ich, wenn ich wahr von falsch, glaubwürdig von unglaubwürdig unterscheiden will, gehe von spontanen Eindrücken aus. (Ob Sie es mögen oder nicht, Spontaneität ist unverzichtbar, denn die Welt erlaubt keine unbeschränkte Zeit zum Nachdenken.) Ich müßte erst lange überlegen und viele Seiten vollschreiben, bevor ich sagen könnte, auf welche Kriterien ich mich da verlasse. Selbst wenn ich den endgültigen Ratgeber (*Wie man aufgrund der Aufmachung wahr von falsch unterscheiden kann*) geschrieben hätte, müßte ich ihn doch veröffentlichen, wenn er zu etwas gut sein soll; und sein Titel, ganz zu schweigen von der Art seiner Aufmachung, würde wahrscheinlich einige Leser anlocken, aber sicher noch mehr abstoßen. An diesem Gedanken stimmt etwas nicht.

Noch etwas anderes stört hier. Eine Unmenge von Leuten fällt auf den – wie ich meine – größten Quatsch herein oder ist zumindest davon angezogen oder fasziniert, und relativ wenige Leute beschäftigen sich oder zeigen sich beeindruckt von den verblüffenden – aber wahren Tatsachen der Wissenschaft, wie man sie z. B. auf den Seiten des *Scientific American* finden kann. Ich könnte felsenfest behaupten, daß der weitaus größte Teil der Veröffentlichungen dieses Heftes der Wahrheit entspricht – doch meine Fähigkeit, diese Behauptung auch auszuweisen, ist geringer als mir lieb ist. Und höchstwahrscheinlich täten sich die Leser, Autoren und Redakteure dieser Zeitschrift ebenso schwer, einen Skeptiker mit zwingenden, nicht nur formalen Argumenten zu überzeugen, besonders wenn dieser Skeptiker ein gewitzter Anwalt ist, der das Gegenteil vertritt. Wie kommt es, daß die Wahrheit ein so unsicherer Kumpan ist?

* * *

Nun, betrachten wir die eigentliche Wurzel unserer Wahrheitserkenntnis. Es ist vor allem (oder vielleicht sollte ich sagen: hinter allem) der *gesunde Menschenverstand,* auf den wir uns verlassen – dieses schwer zu greifende und allgegenwärtige Vermögen, das wir alle bis zu einem gewissen Grad haben. Nicht bis zum Grad eines

„Magisters“ oder „Doktors“ freilich. Nein, leider verleihen die Universitäten keine Grade des gesunden Menschenverstandes. Es gibt nicht einmal Institute für gesunden Menschenverstand! In gewisser Weise ist das schade.

Zunächst klingt die Idee eines Instituts für gesunden Menschenverstand komisch. Wenn der gemeine Verstand wirklich gemein *ist,* warum sollten wir dann ein eigenes Institut für ihn einrichten? Meine Antwort wäre ganz einfach: In unserem Leben werden wir unablässig mit fremden neuen Situationen konfrontiert, bei denen wir überlegen müssen, wie wir das, was wir schon wissen, anwenden können. Es genügt nicht, an bekannte Situationen mit Verstand heranzugehen; wir müssen auch die Fertigkeit entwickeln, den gemeinen Verstand auch auf solche Situationen anzuwenden, die uns unvertraut sind und unsere früheren Erfahrungen übersteigen. Das kann sehr kniffelig sein, und was gesunder Menschenverstand genannt wird, ist oft die Kunst, *wie* er angewendet wird: eine Art „Meta-Ebene“ des gemeinen Verstandes. Und dieser höherstufige gemeine Verstand erfordert wieder eine eigene Meta-Ebene. Einmal in Bewegung, zieht der Verstand immer neuen Verstand an sich, so wie ein rollender Schneeball immer neuen Schnee aufrollt. Oder – um ein anderes Bild zu gebrauchen – wenn sich der gemeine Verstand immer weiter aufstuft, dann ist es wie mit einem Wolkenkratzer. Das Erdgeschoß ist der gewöhnliche gemeine Verstand, den wir alle haben, und die Konstruktionsregeln für die weiteren Etagen sind hier vorgegeben. Sie jedoch auch alle aufzustocken, ist ein großes Unternehmen, und am Ende haben wir eine Struktur, die den bloßen gemeinen Verstand transzendiert.

Auch wenn sie nur aus gewöhnlichem Material gebaut ist, so wird doch die Struktur dieses erweiterten Verstandes sehr schnell unfaßlich. Die Eigenart der oberen Stockwerke dieses Wolkenkratzers könnten wir „seltenen Verstand“ nennen; gewöhnlich wird sie „Wissenschaft“ genannt. Und einige der Ideen und Entdeckungen, die diese ursprünglich einfache und alltägliche Fähigkeit hervorgebracht hat, stellen das Erdgeschoß grundsätzlich in Frage. Die Ideen der Relativität und der Quantenmechanik sind alles andere als gemeinverständlich, im Sinne des Erdgeschosses! Sie sind Produkte eines auf sich selbst angewendeten gemeinen Verstandes, eines Prozesses, der sich nicht selten verstrickt und unerwartete Paradoxa zeitigt. Kurz, manchmal hat es den Anschein, als würde der Verstand, auf sich selbst angewendet, sich selbst untergraben.

Wenn also die Wahrheit so unfaßlich ist, dann ist es kein Wunder, daß die Leute ständig verschiedenen Einflüsterungen ausgesetzt sind. Früher glaubte ich, was einmal entdeckt, verifiziert und veröffentlicht sei, sei damit fester Bestandteil des Wissens: endgültig, bestätigt und unwiderruflich. Nur in außergewöhnlichen Fällen, so dachte ich, würden dann widerstreitende Ansichten noch weiter gedruckt werden. Zu meiner Überraschung jedoch mußte ich feststellen, daß die Wahrheit stets um ihr Leben kämpfen muß. Daß jemand eine Entdeckung gemacht und diese in einer „angesehenen Zeitschrift“ veröffentlicht hat, heißt noch *nicht,* daß sie auch allgemein bekannt und akzeptiert wird. Tatsächlich muß sie immer wieder neu formuliert und gedruckt werden, oft von verschiedenen Leuten, bis sie sich vielleicht einen Platz erobert hat. Für mich ist diese Vorstellung verwirrend, da ich doch als Idealist eher geneigt bin, an eine monolithische und absolute Wahrheit zu glauben als an eine pluralistische und relative Wahrheit (eine Auffassung, die von einer gewissen Schule von Anthropologen und

Soziologen vertreten wird, die in einer sich selbst unbewußten Weise darauf insistieren, daß „alle Glaubenssysteme gleichermaßen gültig sind", offenbar ohne zu bemerken, daß dieses Dogma des Relativismus nicht nur wie jedes Dogma borniert, sondern auch ein unglaubliches Wischiwaschi ist!). Daß die Wahrheit um ihr Leben kämpfen muß, ist eine betrübliche Entdeckung. Daß die Wahrheit *nicht* herauskommt, es sei denn, man hilft ihr nach, ist ein Skandal.

* * *

In jeder Gesellschaft entsteht die Frage: Ist es besser, alle Meinungen aufeinanderprallen oder nur einige „offizielle" Stimmen gelten zu lassen, die bestimmen, was der Fall ist und was nicht? Unsere Gesellschaft hat sich für Meinungsvielfalt entschieden, für einen „Marktplatz der Ideen", für einen offenen Wettbewerb der Theorien. Wo aber bleiben bei diesem Chaos Recht und Ordnung? Wer schützt die Wahrheit? Die Antwort (wenigstens ein Teil von ihr) lautet: CSICOP!

CSICOP? Wer ist CSICOP? Ein Cop, ein Schutzmann für die Wahrheit? Nun, fast. „CSICOP" steht für „Committee for the Scientific Investigation of Claims of the Paranormal" (Verein für die wissenschaftliche Untersuchung paranormaler Behauptungen) – ein ziemlich esoterischer Titel für eine Organisation, deren Ziel gar nicht so esoterisch ist: nämlich den gesunden Menschenverstand auf die Behauptungen fremdartiger, vernunftwidriger und unwahrscheinlicher Phänomene anzuwenden.

Wer sind die Leute von CSICOP und was machen sie? Die Organisation geht auf eine Idee von Paul Kurtz zurück, Philosophieprofessor an der State University von New York in Buffalo, der es für an der Zeit hielt, der steigenden Flut irrationalen Glaubens entgegenzutreten und durch Darstellung des abweichenden wissenschaftlichen Standpunktes der Öffentlichkeit eine ausgewogenere Diskussion der aufs Paranormale bezogenen Behauptungen zu ermöglichen. Zu den ersten Mitgliedern des CSICOP gehörten einige der hervorragendsten Philosophen Amerikas (Ernest Nagel und Willard Van Orman Quine z. B.) und andere schillernde Streiter wider das Okkulte wie der Psychologe Ray Hyman, der Zauberkünstler James Randi und jemand, der den Lesern dieser Kolumne schon bekannt sein dürfte: Martin Gardner. Auf den ersten Sitzungen einigte man sich auf die Herausgabe einer Zeitschrift, die sich der subtilen Kunst der Entlarvung widmen sollte. Vielleicht hätten sie nicht gerade das Wort „Entlarvung" gewählt, aber es ist hier am Platze. Die Zeitschrift, die sie ab 1976 herausgaben, hieß *The Zetetic,* aus dem Griechischen für „der untersuchende Skeptiker".

Wie bei vielen Bewegungen, wenn sie einen gewissen Punkt überschritten haben, so kam es auch hier zu einem Streit zweier Parteien, deren eine eher „relativistisch" und weniger urteilsfreudig war und deren andere dem Unsinn geharnischter entgegentrat, eher bereit, in die Offensive überzugehen und übersinnliche Ambitionen anzugreifen. Seltsam genug war die Fraktion, die sich aufgeschlossener zeigte, nicht auch so aufgeschlossen, daß sie den anderen Standpunkt akzeptiert hätte, und so vertiefte sich allmählich die Kluft. Schließlich kam es zur Spaltung. Die relativistische Partei (ein Mitglied) stieg aus und gab ihre eigene Zeitschrift, den *Zetetic Scholar,* heraus, in der Wissenschaft und Pseudo-Wissenschaft fröhlich nebeneinander existieren, während die größere Partei den Namen „CSICOP" beibehielt und den Titel ihrer Zeitschrift in *Skeptical Inquirer* umänderte.

Kurz gesagt, ist es der Zweck des *Skeptical Inquirer,* den Unsinn zu bekämpfen. Dies tut er mit Mitteln des gesunden Menschenverstandes; wenn irgend möglich, geht er auf das *Erdgeschoß* des Wolkenkratzers zurück – auf die gemeine Form des gemeinen Verstandes. Das gelingt nicht immer, aber es ist die Leitlinie der Zeitschrift. Das heißt, sie ist für jedermann verständlich, der Englisch lesen kann. Um die Texte zu verstehen, in denen unsinnige Behauptungen restlos zerpflückt werden, bedarf es keiner besonderen Kenntnisse oder Übung. (Manchmal sind die Behauptungen gerade so albern wie die obenstehenden Schlagzeilen, manchmal weit subtiler.) Das einzige, was man zur Lektüre dieser eigenwilligen Zeitschrift mitbringen muß, ist Neugierde – auf Wahrheit: Neugierde darauf, wie sich die Wahrheit (durch ihren Agenten CSICOP) gegen die pausenlosen Angriffe – vorgetragen von Theoretikern mit blühender Phantasie, schlicht spekulativen und überspannten Denkern, Spinnern und einfachen Schwindlern – zur Wehr setzt.

Die Zeitschrift hat ihre ursprünglich kleine Auflage auf etwa 7500 steigern können – ein David im Vergleich mit den oben erwähnten Goliaths und ihren Millionenauflagen. Ihre Seiten sind lebendig und spritzig geschrieben – die angenehmste Form geistiger Auseinandersetzung. Keineswegs spricht sie nur mit einer Stimme oder ist das Sprachrohr eines einzigen Dogmas. Eher ist sie selber ein Marktplatz der Ideen, denn selbst Leute, die es gelernt haben, sich des eigenen Verstandes zu bedienen, tun dies in verschiedener Weise, und so sind sie auch nicht immer der gleichen Meinung.

Die redaktionellen Entscheidungen in einer solchen Zeitschrift haben etwas von einem Paradox. Immerhin geht es hier doch um das richtige Denken. Was ist zulässig und was nicht? Man stelle sich, um die Situation zu karikieren, einmal das redaktionelle Dilemma von Zeitschriften mit Namen wie *Die freie Presse, Die offene Meinung* oder *Redaktionspolitische Briefe* vor. Welche Briefe an die Redaktion sollen dann abgedruckt werden? Welche Artikel? Auf welche redaktionspolitischen Kriterien soll man sich bei der Auswahl stützen?

Das sind nicht leicht zu nehmende Fragen. Verzwickt sind sie deswegen, weil hier die zu bestimmenden Sachen auch gleichzeitig das sind, was der Bestimmung zugrunde liegt. Hier gibt es keine einfachen Antworten! Uns steht nur der gesunde Menschenverstand zur Verfügung, der letzte Grund aller Rationalität. Und leider besitzen wir keinen idiotensicheren Algorithmus – und werden ihn auch so bald nicht besitzen –, der diese tiefste Schicht der Rationalität auf eine einfache Formel brächte. Wieviel Licht Psychologie und Philosophie auch in sie hineinbringen mögen, die Urteilskraft wird wahrscheinlich für immer eine eher subjektive Kunst als eine objektive Wissenschaft bleiben. Selbst wenn es den experimentellen Epistemologen bei ihrer jahrhundertelangen Suche nach artifizieller Intelligenz eines Tages gelingen sollte, eine Denkmaschine zu bauen, so dürfte deren Verstand ebenso instinktiv und fehlbar und widerspenstig sein wie der unsrige. Das Wesen der Rationalität bleibt unergründlich: ihre Einfachheit, ihre Eleganz, ihre Intuition. Durch die Denkgeschichte hindurch hat es dieses merkwürdige Paradox gegeben, nur daß es unserer informationsreichen Zeit besonders lästig zu sein scheint.

Trotz aller erkenntnistheoretischen Puzzles, die zu seiner Existenz gehören, blüht der *Skeptical Inquirer* und stellt ein erfrischendes Gegengewicht zu den jargonbeladenen Wissenschaftszeitschriften dar, die sich oft kaum um die Belange des alltäglichen Lebens kümmern. In dieser einen und einzigen Hinsicht gleicht der *Inquirer* den Skandalblättern.

Die Themen, die in den bislang siebzehn erschienenen Ausgaben behandelt wurden, sind sehr unterschiedlich. Einige tauchen nur einmal auf, andere kehren regelmäßig wieder und werden aus verschiedenen Blickwinkeln und mit unterschiedlicher Intensität diskutiert. Einige der öfters diskutierten Themen sind:

> Übersinnliche Wahrnehmung (ESP) – Telekinese (Gebrauch geistiger Macht, um Ereignisse aus der Entfernung zu beeinflussen) – Astrologie – Biorhythmus – Schneemensch – das Ungeheuer von Loch Ness – UFOs (unidentifizierbare fliegende Objekte) – Kreationismus – Telepathie – hellsehende Detektive, die angeblich Verbrechen aufklären – Bermuda- (und andere) Dreiecke – „Denkphotographie" (Gebrauch geistiger Macht, um Bilder auf Filme zu bannen) – die Annahme des außerirdischen Ursprungs irdischen Lebens – Carlos Castanedas mystischer Zauberer „Don Juan" – Pyramidenmacht – psychische Chirurgie und Wunderheilung – Scientology – Voraussagen berühmter „Medien" – Gespenster, Geister und Spukhäuser – Levitation – Hand- und Gedankenlesen – unorthodoxe anthropologische Theorien – Pflanzenwahrnehmung – perpetuum mobile – Wasserzauber und andere Formen der Wünschelrutengängerei – seltsame Viehverstümmelungen.

Diese lange Liste ist beachtlich. Von den meisten Sachen hatte ich schon gehört und sie skeptisch betrachtet, noch bevor ich die Zeitschrift abonnierte, aber noch nie hatte ich einen Frontalangriff auf so viele paranormale Behauptungen auf einmal gesehen. Dabei habe ich nur die Spitze des Eisbergs genannt, denn dies sind bloß die Standardthemen. Man kann sich also vorstellen, was es da noch alles gibt.

Nicht wenige Autoren arbeiten regelmäßig an dieser ikonoklastischen Zeitschrift mit, so z. B. James Randi, der wahrhaft produktiv ist. Unter anderem der Aeronautik-Schriftsteller Philip J. Klass, der UFO-Spezialist James E. Oberg, der Schriftsteller Isaac Asimov, der Gründer des CSICOP (und derzeitige Direktor) Paul Kurtz, der Psychologe James Alcock, der Pädagoge Elmer Kral, der Anthropologe Laurie Godfrey, der Wissenschafts-Autor Robert Sheaffer, der Soziologe William Sims Bainbridge und viele andere. Und der Chefredakteur Kendrick Frazier, seines Zeichens freier Wissenschaftsautor, steuert regelmäßig eloquente und bissige Kommentare bei.

* * *

Um dem Leser die Zeitschrift näherzubringen, will ich aus einigen Artikeln zitieren. Einer meiner Lieblingsartikel erschien im zweiten Heft (Frühjahr/Sommer 1977). Er stammt vom Psychologen Ray Hyman (der übrigens wie viele andere Autoren des *Skeptical Inquirer* ein talentierter Zauberer ist) und trägt den Titel „Gedankenlesen: Wie man fremde Leute glauben machen kann, daß man alles über sie weiß".

Der Artikel beginnt mit der Diskussion eines Kurses über Methoden der Manipulation von Menschen, den Hyman abgehalten hatte. Hyman berichtet:

> Ich lud mehrere Manipulationskünstler ein, ihre Techniken zu demonstrieren – Straßenhändler, Hausverkäufer von Enzyklopädien, Hypnotiseure, Werbefachleute, Evangelisten, Hochstapler und alle Arten von Therapeuten. Die diskutierten Techniken, vor allem die aus der Helfer-Branche, schienen mit der Tendenz des Klienten zu arbeiten, jeder Situation mehr Bedeutung beizumessen als ihr tatsächlich zukommt. Die Studenten waren mit dieser Erklärung sofort einverstanden. Aber ich hatte nicht das Gefühl, daß sie sich über die Tragweite dieser menschlichen Tendenz, aus Unsinn Sinn zu machen, im klaren waren.

Dann beschreibt Hyman die Bereitschaft der Leute, zu glauben, was andere über sie sagen. Seine „goldene Regel" lautet: „Um bei jemandem gut angeschrieben zu sein, sagen Sie ihm, was er hören will. Er möchte aber von sich selber hören. Also sagen Sie ihm etwas über ihn selber. Aber nicht das, was Sie für wahr halten. Oh nein! Sagen Sie ihm niemals die Wahrheit. Sagen Sie ihm lieber das, wovon er gern hätte, daß es die Wahrheit über ihn wäre!" Als Beispiel zitiert Hyman folgende Passage (die zufällig auf niemanden anders gemünzt ist als auf Sie, lieber Leser!):

> Einige Ihrer angestrebten Ziele sind ziemlich unrealistisch. Manchmal sind Sie extrovertiert, leutselig, zugänglich, manchmal introvertiert, müde und reserviert. Sie haben die Erfahrung gemacht, daß es unklug ist, sich dem anderen gegenüber zu öffnen. Sie brüsten sich, ein unabhängiger Kopf zu sein und akzeptieren die Meinung anderer nicht ohne zureichende Prüfung. Sie ziehen eine gewisse Abwechslung vor und fühlen sich bei jeder Einschränkung unwohl. Manchmal haben Sie ernste Zweifel, ob Sie die richtige Entscheidung getroffen haben oder das Richtige getan haben. Nach außen diszipliniert und kontrolliert, sind Sie innerlich eher unruhig und unsicher.
>
> Im allgemeinen sind Sie in der Lage, Ihre Schwächen auszugleichen. Sie haben viel ungenutzte Kapazität, aus der Sie kein Kapital schlagen. Sie sind eher selbstkritisch. Sie brauchen Leute, die Sie mögen und anerkennen.

Nicht schlecht, wie? Hyman kommentiert:

> Die Aussagen dieses Standardkatalogs wurden 1948 von Bertram Forer zum ersten Mal in einer Unterrichtsdemonstration zum Thema Selbstbewertung benutzt. Die meisten Formulierungen holte er sich aus einem Astrologieheftchen vom nächsten Zeitungsladen. Forers Studenten, die dachten, die Skizze sei aufgrund eines Persönlichkeitstests gerade auf sie zugeschnitten, gaben der Beschreibung eine durchschnittliche Punktzahl von 4,26 auf einer Skala von 0 (schwach) bis 5 (vollkommen). 16 von 38 Studenten (41 Prozent) sahen sich vollkommen charakterisiert. Nur fünf benoteten sie mit schlechter als 4 (die schlechteste Note war eine 2, was „durchschnittlich" hieß). Auch nach fast 30 Jahren kommen Studenten immer noch zu derselben Einschätzung.

Besonders schön ist Hymans 13-Punkte-Rezept für angehende Gedankenleser. Unter anderen gibt er folgende Tips: „Benutzen Sie die Technik des Aushorchens (den Betreffenden dazu bringen, Ihnen von sich zu erzählen, und die gewonnene Information in anderer Verpackung zurückgeben); erwecken Sie stets den Eindruck, als wüßten Sie mehr, als Sie sagen; haben Sie keine Hemmungen, dem Betreffenden bei jeder Gelegenheit zu schmeicheln." Dieses zynische Handbuch des Gedankenlesers wird von Hyman bis ins einzelne vorgestellt, natürlich nicht, um aus den Lesern des Artikels Scharlatane und Schwindler zu machen, sondern um die manipulativen Tricks offenzulegen. Hyman fragt:

> Warum funktioniert es so gut? Es hilft nicht weiter, zu sagen, daß die Leute leichtgläubig und beeinflußbar sind. Es ist auch nicht mit der Erklärung getan, daß einige Leute nicht scharf genug unterscheiden oder es ihnen zum Durchblick an Intelligenz ermangelt. Im Gegenteil, man kann sagen, daß es zum Funktionieren einer gewissen Intelligenz des Klienten bedarf … Wir müssen unser Wissen und unsere Erwartungen in eine Ordnung bringen, um überhaupt etwas in unserer Welt zu verstehen. Meistens werden wir durch Kontext und Erinnerung in die Lage versetzt, Aussagen richtig zu interpretieren. Doch dieser wichtige Mechanismus läuft Amok, sobald er sich an keinem wirklichen Sinn bewähren kann. Dann vernehmen wir Sinn, wo nur Rauschen ist. Dasselbe System also, das es uns ermöglicht, neue Bedeutungen zu finden und Entdeckungen zu machen, macht uns auch für alle möglichen Manipulationen anfällig. Beim Gedankenlesen mag sich der Manipulierende noch seines Täuschungsmanövers bewußt sein; oft aber ist er das Opfer seiner eigenen Selbsteinschätzung.

Hyman weiß, wovon er spricht. Vor vielen Jahren war er selbst einmal überzeugt, aus der Hand lesen zu können, bis er eines Tages den Leuten das genaue Gegenteil von dem erzählte, was die Hände ihm sagten und er erfahren mußte, daß die Leute seine Deutung genauso schluckten wie immer. Da begann er die Biegsamkeit und Anpassungsfähigkeit des menschlichen Verstandes – seines eigenen vor allem – zu beargwöhnen.

* * *

Jeder *Skeptical Inquirer* beginnt mit einer Spalte „Nachrichten und Kommentare". Hier findet man die letzten Berichte über sensationelle Entdeckungen, über gerade ausgestrahlte Fernsehsendungen für und gegen das Paranormale, über Gerichtsprozesse usw. Einen der amüsantesten Berichte brachte die Herbstausgabe 1980; es ging um die „Uri-Preise". Verliehen werden sie (natürlich am 1. April) jenen erlauchten Geistern, die sich um die Verbreitung von Leichtgläubigkeit und Irrationalität am meisten verdient gemacht haben. Jeder Preis bestand aus „einem geschmackvoll verbogenen Löffel aus rostfreiem Stahl auf einer sehr durchsichtigen, sehr dünnen Grundlage". Nach Randi wurden die Preisgewinner telepathisch benachrichtigt, und es war ihnen „anheimgestellt, ob sie ihren Gewinn schon im voraus, durch Vorauswissen, bekanntgeben wollten". Die Preise wurden nach vier Kategorien unterteilt: Wissenschaft („für den Wissenschaftler, der den dümmsten Satz über die Parapsychologie aufgestellt hat"), Förderung („für die Stiftung, die den größten Schwachsinn der Parapsychologie mit dem meisten Geld gefördert hat"), Darstellung („für das Medium, das mit dem geringsten Talent die meisten Leute hinters Licht geführt hat") und Medien („für diejenige Presse, die sich zur Plattform für die überspannteste paranormale Behauptung gemacht hat").

Das Wesen des Zufalls ist ein immer wiederkehrendes Thema in Diskussionen über das Paranormale. Ich erinnere mich sehr gut an eine Passage aus einem schönen Buch von Warren Weaver mit dem Titel *Lady Luck: The Theory of Probability* („Frau Fortuna: Die Theorie der Wahrscheinlichkeit"). Dort wird von dem nicht seltenen Fall gesprochen, daß das wahrscheinlichste Resultat sehr wohl ein unwahrscheinliches Ereignis sein kann (so beim Kartenausteilen im Bridge, wo jede Karte, die man bekommt, zwangsläufig selten ist). Um eine ähnliche Figur geht es in dem folgenden Ausschnitt eines kürzlich erschienenen Buches von David Marks und Richard Kamman mit dem Titel *The Psychology of the Psychic* („Die Psychologie des Mediums"), das der *Skeptical Inquirer* auszugsweise abgedruckt hat.

> „Koestlers Trugschluß" bezeichnet unsere allgemeine Unfähigkeit einzusehen, daß ungewöhnliche Ereignisse, langfristig genommen, wahrscheinlich sind ... Es ist eine einfache Ableitung aus der Wahrscheinlichkeitstheorie, daß ein Ereignis, das bei *kurzfristiger* Beobachtung sehr unwahrscheinlich ist, nichtsdestotrotz bei *langfristiger* Beobachtung irgendwann einmal höchstwahrscheinlich wird ... Wir nennen es „Koestlers Trugschluß", weil Arthur Koestler ihn am besten illustriert und versucht, mit ihm die Wissenschaft zu revolutionieren. Natürlich ist es nicht nur Koestlers, sondern ein weitverbreiteter Trugschluß. Er liegt in der Natur menschlicher Wahrnehmung und menschlichen Urteilens selber.
>
> Erstens bemerken und erinnern wir Zusammentreffen, insbesondere *kuriose Zusammentreffen,* wann immer sie vorkommen. (Weil zu einem parapsychologischen Ereignis erstens ein Zusammentreffen und zweitens der Umstand gehört, daß das Zusammentreffen nach unseren Vorstellungen sonderbar ist, nennen wir solche Vorfälle *kuriose Zusammentreffen.* Das entspricht dem gängigen Ausdruck „unerklärlicher Zufall".) Zweitens merken wir es nicht, wenn es zu keinem Zusammentreffen kommt ... Daß wir Nicht-Ereignisse nicht mitbekommen, führt drittens *auf kurze Sicht zu der Illusion,* kuriose Zusammentreffen seien etwas Unwahrscheinliches. Viertens sind wir schwach in der Einschätzung von Ereigniskombinationen. Fünftens übersehen wir das *Prinzip der Gleichwertigkeit kurioser Zusammentreffen,* daß nämlich für eine Theorie des Übernatürlichen ein Zufall so gut wie der andere ist.

Ein gutes Beispiel dafür, wie Nicht-Ereignisse unbemerkt bleiben, bieten die Fehlvoraussagen berühmter Medien (wie Jeane Dixon). Meistens prüft sie niemand nach. Anders der *Skeptical Inquirer.* Er hat es sich angewöhnt, sie beim Wort zu nehmen. An jedem Jahresende druckt er diverse Voraussagen ab, die eingetroffen sein sollten und überprüft ihre Trefferquote. In der Herbstausgabe 1980 trugen die Redakteure die Voraussagen von 100 „Top-Medien" zusammen, brachten sie in eine Tabelle, stellten die zwölf häufigsten zusammen und überließen es dem Leser, sich über die Genauigkeit der medialen Zukunftsvisionen ein Urteil zu bilden. Voraussage Nr. 1 für 1979 (von 86 Medien gemacht) lautete: „Die Lebenszeit fast eines jeden verlängert sich in dem Maße, in dem das Altern unter wissenschaftliche Kontrolle gebracht wird." Nr. 2 (85 Medien) hieß: „Es wird einen entscheidenden Durchbruch in der Krebsforschung geben, der die Krankheit fast völlig ausrotten wird." Nr. 3 (ebenfalls 85 Medien) lautete: „Es wird eine erstaunliche geistige Wiedergeburt und eine Rückkehr zu den alten Werten geben." Und so fort. Nr. 6 (81 Medien) hieß: „Wir werden mit fremden Wesen aus dem All in Kontakt treten und großartige Erkenntnisse gewinnen." Die letzten vier hatten interessanterweise mit Prominenten zu tun: Frank Sinatra sollte ernsthaft krank werden, Edward Kennedy Präsidentschaftskandidat werden, Burt Reynolds sollte heiraten und Prinzessin Grace in die USA zurückkehren, um eine Filmkarriere zu starten. Nun ja.

Es gibt etwas Rührendes, ja Verzweifeltes in diesen Voraussagen. Daß die Regenbogenpresse (in der solche Voraussagen stehen) mit den nicht minder populären Fernsehshows wie *Fantasy Island* und *Star Trek* eine große Ähnlichkeit hat, liegt auf der Hand. Gemeinsam ist ihnen die Flucht aus der Realität. Das wird in einem Artikel von William Sims Bainbridge (Herbstausgabe 1979) über Pseudo-Dokumentarsendungen des Fernsehens zu Okkultismus und Pseudo-Wissenschaft sehr gut herausgearbeitet. Er vergleicht diese Sendungen mit Unterhaltungssendungen, bei denen Wirklichkeit und Phantasie nicht deutlich unterschieden sind. Er nennt es „Wunscherfüllungsphantasien".

Vielleicht liegt hier der Schlüssel zu der Frage, warum uns die Illustrierten und Bildschirme so viele Märchen vorgaukeln. Vielleicht haben wir alle das Bedürfnis, die Wirklichkeit phantastischer und einfacher zu machen, sie nach unseren Wünschen zu modellieren. Vielleicht ist es für uns alle der bequemste Weg, Realität und Phantasie wie Wasserfarben zusammenlaufen zu lassen, so daß unsere Sicht verschwommen, dafür aber das Leben farbiger, kurz: sanfter wird. Aber vielleicht haben wir auch alle die potentielle Fähigkeit und mehr noch das Bedürfnis, Sinn von Unsinn zu unterscheiden. Man muß uns diesen Unterschied nur genügend deutlich klarmachen.

* * *

Aber wie macht man das? In der Spalte „Nachrichten und Kommentare" der Frühjahrsausgabe 1980 gab es einen Artikel über eine spektakuläre anti-pseudowissenschaftliche Vortragstournee eines gewissen „Captain Ray of Light" („Kapitän Lichtstrahl") – in Wirklichkeit Douglas F. Stalker, Dozent für Philosophie an der Universität von Delaware. In dem Artikel äußerte sich Stalker über seine „komische Entlarvungsshow" (gegen Astrologie, Biorhythmen, Zahlenmystik, UFOs, Pyramidenmacht, mediale Ansprüche und dergleichen):

> Jahrelang habe ich mich in meinen normalen Vorlesungen gegen sie gewandt und ihre unsinnigen Theorien angegriffen. Diese direkten Attacken schienen bei meinen Zuhörern keinen großen Eindruck zu hinterlassen, und so entschloß ich mich zu einem indirekten Vorgehen. Nach dem Motto: Wenn du sie nicht schlagen kannst, mach mit. Und so machte ich gewissermaßen mit. Ich erfand selber Pseudowissenschaften nach der Art der Astrologie und anderer. Ich zeigte auch, wie man noch mehr dieser unsinnigen Theorien fabrizieren könnte. Indem ich von innen heraus operierte, wurden sich immer mehr Studenten über das "Pseudo" dieser Pseudowissenschaften klar ... Und das Publikum, das ich erreichen möchte, sind die heranwachsenden Bürger. Meine Show kommt bei ihnen gut an. Sie hinterläßt einen tiefen Eindruck, gewinnt Freunde und verändert das Bewußtsein.

Ich freue mich, mitteilen zu können, daß bei Stalker noch Plätze frei sind. Man kann ihn im Department of Philosophy, University of Delaware, Newark, Delaware 19711, USA, erreichen.

Vorlesungen können noch so beredt sein, an die Evidenz der unmittelbaren Erfahrung kommen sie nicht heran. Diese Lektion Stalkers demonstriert sehr schön eine Studie, die von Barry Singer und Victor A. Benassi von der Abteilung für Psychologie an der California State University in Long Beach durchgeführt worden ist. Absicht dieser zwei Forscher war es, die Wirkung von scheinbar paranormalen Effekten, im Seminar von einem exotisch gekleideten Zauberkünstler produziert, auf Erstsemesterstudenten der Psychologie zu bestimmen. Über ihre Ergebnisse wurde in der Winterausgabe 1980/81 des *Skeptical Inquirer* unter dem Titel „Einige werden immer genarrt" berichtet.

In zweien der Kurse wurde der Darsteller (Craig Reynolds) als ein älterer Student präsentiert, „der sich für die Psychologie des Paranormalen oder der medialen Fähigkeiten interessiert und an der Entwicklung eigener medialer Fähigkeiten arbeitet". Der Dozent stellte ausdrücklich fest: „Persönlich bin ich nicht von Craigs oder irgend jemandes medialen Fähigkeiten überzeugt." In zwei anderen Kursen wurde Craig als ein älterer Student präsentiert, „der sich für die Psychologie der Zauberei und Tricks interessiert und der an der Entwicklung eigener Zauberkünste arbeitet". Die Autoren heben hervor, daß alle von Craig vollführten Kunststücke „einfache Amateurtricks sind, die seit Jahrhunderten praktiziert und sogar in Kinderbüchern der Zauberkunst erklärt werden".

Nach der Vorführung sollten die Studenten ihren Eindruck schildern. Dabei waren es zwei Punkte, die Benassi und Singer in diesen Schilderungen betroffen machten. Sie schreiben:

> Zuerst ... glaubten sowohl im „Zauberkunst"- als auch im „medialen" Kurs etwa zwei Drittel der Studenten eindeutig an Craigs mediale Fähigkeiten. In den zwei Kursen, in denen er als Zauberkünstler präsentiert worden war, schienen nur wenige Studenten dieser Beschreibung Glauben zu schenken. Zweitens war der Glaube an die medialen Fähigkeiten nicht nur sehr verbreitet, sondern auch stark ausgeprägt und emotionsgeladen. Mehrere Studenten bekritzelten ihre Papiere mit Exorzismussymbolen und Abwehrformeln gegen den Teufel. Bei den „medialen" Kursen zeigten 18 Prozent der Studenten offene Symptome der Furcht und Unruhe. Die meisten drückten Scheu und Staunen aus.
>
> Bei zwei der Vorführungen Craigs waren wir anwesend und wurden Zeugen einiger extremer Verhaltensweisen. Als Craig in der Mitte seines „Biege"-Beschwörungsgesangs angelangt war (Bestandteil eines Kunststücks, in dem er einen Stab aus rostfreiem Stahl verbog), befanden sich die Teilnehmer in höchster Erregung. Die Studenten saßen steif in den Bänken, mit glasigen Augen und offenen Mündern und murmelten die Beschwörungsformeln. Als sich der Stab verbog, schnappten sie nach Luft und flüsterten. Nach der Vorstellung blieben sie noch still sitzen, mit leerem Blick oder kopfschüttelnd oder bestürmten Craig, wie sie auch solche Kräfte entwickeln könnten. Wir beobachteten eine außerordentlich starke Verhaltensveränderung. Hätte Craig am Ende der Stunde die Studenten aufgefordert, ihre Kleider vom Leibe zu reißen, ihm Geld zuzuwerfen und einen neuen Kult zu gründen, so hätten nach unserer Meinung einige begeistert mitgemacht. Offensichtlich ging hier etwas vor, das sich unserem Verständnis entzog.

Nach dieser dramatischen Vorführung wurden die Studenten aufgeklärt, daß man ihnen nur Tricks gezeigt hatte. In zwei weiteren Kursen wurde vor derselben Vorführung sogar die Warnung hinzugefügt: „In dieser Vorführung gibt Craig vor, Gedanken lesen und mediale Fähigkeiten demonstrieren zu können, doch kann von solchen Fähigkeiten keine Rede sein, und was ihr sehen werdet, sind nur Tricks." Ungeachtet dieser Warnung waren danach dennoch mehr als die Hälfte der Studenten von Craigs medialen Fähigkeiten überzeugt. „Das sagt etwas aus entweder über die Stellung, die die Universitätsdozenten bei ihren Studenten genießen oder über die Schleichwege, auf denen so mancher zum Okkultismus gelangt." Singer und Benassi sehen es mit philosophischen Augen. Und nun kommt etwas Erstaunliches.

> Danach wurde die Frage gestellt, ob Zauberkünstler dasselbe tun könnten wie Craig. So gut wie alle Studenten meinten ja. Dann wurden sie gefragt, ob sie jetzt ihre Einschätzung von Craigs medialen Fähigkeiten im Lichte dieser von ihnen selbst gegebenen negativen Auskunft revidieren wollten. Nur wenige wollten, so daß die Zahl derjenigen, die an Craigs mediale Fähigkeiten glaubten, auf 55 Prozent zurückging.
>
> Nun wurden die Studenten aufgefordert, zu schätzen, wie viele von denen, die Kunststücke von der Art Craigs vollführten und dabei mediale Fähigkeiten für sich in Anspruch nähmen, in Wirklichkeit Betrüger wären, die sich Tricks bedienten. Die übereinstimmende Meinung war, daß wenigstens drei von vier „Medien" Schwindler seien. Nach dieser negativen Auskunft wurden sie erneut gefragt, ob sie ihre Einschätzung von Craigs medialen Fähigkeiten korrigieren wollten. Wieder waren nur ein paar dazu bereit, so daß die Zahl derjenigen, die an Craigs mediale Fähigkeiten glaubten, auf 52 Prozent sank.

Singer und Benassi fragen:

> Was müssen wir daraus schließen? Unser Test ergibt, daß Menschen auch dann hartnäckig an mediale Fähigkeiten glauben, *wenn sie es besser wissen.* Es ist ein logisches Unding, einerseits zuzugeben, daß Schwindler genau dieselben Kunststücke vollführen können wie wirkliche Medien, und zu glauben, daß die meisten sogenannten Medien schwindeln – und gleichzeitig in aller Unschuld zu behaupten, daß jedes konkrete Beispiel (Craig) medial sei. Sind wir Menschen denn wirklich solche Narren? Jawohl.

* * *

Vor einigen Jahren führte Scot Morris (jetzt als Redakteur bei der Zeitschrift *Omni* verantwortlich für die Abteilung „Spiele") ein ähnliches Experiment mit Erstsemestern der Psychologie der Southern Illinois University durch, das er in der Frühjahrsausgabe 1980 des *Skeptical Inquirer* beschrieb. Zunächst ließ Morris seine Studenten einen Fragebogen ausfüllen, um ihre Bereitschaft, an übersinnliche Wahrnehmung (ESP) zu glauben, zu ermitteln. Dann führte ein Kollege eine „ESP"-Demonstration vor, die nach Morris „erschreckend eindrucksvoll" war.

Nach dieser beeindruckenden Vorführung versuchte Morris, seine Studenten zu „deprogrammieren". Zwei Waffen standen ihm zur Verfügung. Die eine nannte er „entfoppen". Dieser Vorgang, der nur drei Minuten dauerte, bestand in einer Aufdekkung der Mechanismen, mit denen zwei der drei Tricks arbeiteten. Gleichzeitig bekannte er, daß auch das übrige Kunststück ein Trick gewesen war. „Aber", sagte Morris, „ich werde es Ihnen nicht verraten, denn ich möchte Ihnen beibringen, daß ein Vorgang, den Sie nicht erklären können, deswegen noch lange nicht übersinnlich ist." Die andere Waffe war eine 50minütige Anti-ESP-Vorlesung, in der die Berufsgeheimnisse der Gedankenleser gelüftet wurden. Morris diskutierte die Wahrscheinlichkeiten von „kuriosen Zusammentreffen" und enthüllte mit statistischen und logischen Argumenten die Fragwürdigkeit „wissenschaftlicher" Untersuchungen über übersinnliche Wahrnehmung.

Nur die Hälfte der Teilnehmer wurde nach der Vorstellung „entfoppt", jedoch hörten alle die Anti-ESP-Vorlesung. Dann wurden die Studenten nach dem jeweiligen Grad ihrer Anfälligkeit für verschiedene paranormale Phänomene befragt. Es zeigte sich, daß die „Entfoppten" weit weniger an ESP glaubten, als diejenigen, die nur der Anti-ESP-Vorlesung beigewohnt hatten. Die durchschnittliche ESP-Bereitschaft fiel bei den Entfoppten von fast 6 (mäßiger Glauben) auf etwa 2 (starker Unglauben), während der Durchschnitt bei den Nicht-Entfoppten von 6 auf etwa 4 (schwacher Unglauben) fiel. Dieses überraschende Ergebnis wird von Morris so zusammengefaßt, daß „die Erfahrung des Entfoppens offensichtlich entscheidend war; eine dreiminütige Enthüllung der Tricks, auf die sie hereingefallen waren, war stärker als eine einstündige Vorlesung gegen ESP, die sie skeptisch machen sollte".

Morris wollte durch dieses Experiment unter anderem erfahren, „ob diese Übung die Studenten nicht nur gegen übersinnliche Wahrnehmung, sondern auch überhaupt skeptischer machen würde, was unsere Hoffnung war. Würden sie durch ihre Erfahrung nun auch gegen Astrologie, Alphabettafeln und Geisterglaube skeptischer werden?" Tatsächlich stellte Morris eine leichte Übertragung von Skepsis fest und schloß hoffnungsvoll, daß „jemand, der gegen eine Form des Aberglaubens skeptisch geworden ist, geneigt sein wird, es auch gegen vergleichbare oder sogar andere Formen des Aberglaubens zu werden".

Der kritische Punkt ist die Übertragung der Skepsis. Eine Lehre hat wenig Sinn, wenn sie sich auf Einzelfälle beschränkt und keine darüber hinausgehende Anwendung hat. Worin besteht für den Leser z. B. „die Lehre aus dem Volkstempel-Massenselbstmord in Jonestown"? Nur darin, daß man Ehrwürden Jim Jones niemals nach Guyana folgen sollte? Oder allgemeiner, daß man überhaupt keinem Guru um die halbe Welt nachlaufen sollte? Oder daß man niemandem nirgendwohin folgen sollte? Oder daß alle Sekten des Teufels sind? Oder daß der Glaube an einen menschlichen oder göttlichen Erlöser verrückt und gefährlich ist? Oder denken Sie an die kürzlichen Erschütterungen im Iran. Werden sich die fundamentalistischen Christen der „Moralischen Mehrheit" in Amerika in den fundamentalistischen Moslems, deren Fanatismus sie verabscheuen, wiedererkennen und dadurch zu einer Selbstbesinnung kommen? Wohl kaum. Auf welcher Allgemeinheitsstufe wird eine Lektion gelernt? Was war „die Lehre von Vietnam"? Ist sie auf irgendeine gegenwärtige politische Situation, mit der die Vereinigten Staaten oder irgendein anderes Land konfrontiert ist, anwendbar?

* * *

Stalkers „Kapitän Lichtstrahl" ist der Überzeugung, daß er durch Entlarvung seiner eigenen „Miniatur"-Pseudowissenschaften auf die Leute eine allgemein kritische Fähigkeit übertragen kann – eine Fähigkeit, paranormalen Behauptungen gegenüber einen klaren Kopf zu behalten. Aber stimmt das wirklich? Es gibt Tausende von Leuten, die von bestimmten paranormalen Phänomenen überzeugt sind, für andere aber nur ein mitleidiges Lächeln übrig haben. Oft kommt es vor, daß Leute über Schlagzeilen des *National Enquirer* spötteln und gleichzeitig z. B. davon überzeugt sind, daß man es durch Transzendentale Meditation zur Levitation bringen kann oder daß astrologische Voraussagen eintreffen oder daß UFOs Besucher aus anderen Galaxien sind oder daß es übersinnliche Wahrnehmung gibt. Oft habe ich Leute sagen hören: „Die meisten Medien sind leider Schwindler und deswegen haben es die *echten* so schwer." Es gibt sogar Anhänger von Uri Geller, die sagen: „Ich gebe zu, daß er *manchmal* schummelt, vielleicht sogar zu 90 Prozent – aber glaub' mir, er ist wirklich medial begabt!"

Nehmen wir an, man horcht in einem Lärmgewirr nach einem Signalton, und je mehr man sich anstrengt, desto mehr Lärm hört man: Von welchem Moment an ist es vernünftig, die Suche aufzugeben und zu entscheiden, daß es hier überhaupt kein Signal gibt? Andererseits könnte es doch noch irgendwann ein Signal geben! Das Problem ist, daß man nicht zu früh negativ entscheiden will, besonders wenn irgendwelche Schuldgefühle im Spiel sind. Immerhin ist nicht *alles,* was im *National Enquirer* steht, falsch. (Obgleich ich schon eine Lupe nehmen mußte, um etwas *wirklich* Wahres zu finden.) Die Kunst besteht darin, im richtigen Moment zu „schalten" – im Gefühl für ausreichende Evidenz. Das ist aber wohl oder übel subjektiv, eine Kunst, mit der bis jetzt wenige Zeitschriften zurechtgekommen sind.

Die Fragen, mit denen sich der *Skeptical Inquirer* beschäftigt, reichen vom Lächerlichen bis zum Erhabenen, vom Oberflächlichen bis zum Tiefgründigen. Es gibt einige, die meinen, es sei verschwendete Zeit, sich mit dem Gerede von übersinnlicher Wahrnehmung oder anderen paranormalen Phänomenen abzugeben, während wieder andere, zu denen auch ich gehöre, das Gefühl haben, daß niemand einen wirklichen Begriff von der Wahrheit hat, der unfähig oder nicht willens ist, sich über den Unterschied zwischen einem wissenschaftlichen Denksystem und seinen vielen falschen Nachahmungen Rechenschaft abzulegen. Mehr noch bin ich der Meinung, daß die Verbreitung des Unsinns ein gefährlicher Trend ist, der aufgehalten werden muß.

Jedenfalls stellt sich die Frage, ob der *Skeptical Inquirer* jemals mehr sein wird als ein Tropfen auf einem heißen Stein. Sicher erwarten seine Herausgeber nicht, daß er irgendwann einmal mit dem *National Enquirer* am Kassenausgang des Supermarkts verkauft werden wird! Oder – um diese Vision vollends auf den Kopf zu stellen – können Sie sich etwa eine Welt vorstellen, in der eine Entlarvungs-Zeitschrift wie der *Skeptical Inquirer* (in Regenbogenformat natürlich) jede Woche (im Verein mit vielen anderen konkurrierenden Blättchen) Millionen Exemplare verkaufte, während nur eine einzige mutige Stimme des Okkultismus viermal im Jahr (in relativ gediegener Aufmachung) erschiene und von nur 7500 Lesern gelesen würde? Eine Welt, wo die vielen konkurrierenden Entlarvungs-Blättchen schon in den Waschsalons herumlägen?

Das klingt wie eine verrückte Geschichte für den *National Enquirer!* Dieses Bild zeigt sehr gut, worauf sich die hartgesottene Mannschaft des CSICOP eingelassen hat.

Warum soll sie ihre Zeitschrift noch herausgeben, wenn sie eh nur von einer Handvoll bereits überzeugter Anti-Okkultisten gelesen wird? Die Antwort ist unter anderem in den Leserbriefen der Hefte zu finden. Es melden sich viele Leute, um zu sagen, wie wichtig die Zeitschrift für sie, ihre Freunde und ihre Studenten sei. Am dankbarsten zeigen sich Lehrer, aber ich habe auch warme Dankesbriefe aus dem Bereich der Kirche, der Talk-Show und verschiedenster Berufe gesehen.

Ich hoffe, inzwischen beim Leser genug Neugierde geweckt zu haben, daß er wenigstens eine der besprochenen Zeitschriften bestellt. Im Geiste von Aufgeschlossenheit und Relativismus nenne ich hiermit die Adressen aller drei (in alphabetischer Ordnung):

National Enquirer
Lantana Florida 33464, USA

Skeptical Inquirer
Box 229, Central Park Station
Buffalo, New York 14215, USA

Zetetic Scholar
Department of Sociology
Eastern Michigan University
Ypsilanti, Michigan 48197, USA

Natürlich denke ich nicht im Traum daran, eine bestimmte Empfehlung auszusprechen. Wer ganz sicher gehen und jedes Vorurteil vermeiden möchte, der bestellt alle drei.

* * *

Sicherlich wird man das ganze Meer der Irrationalität niemals austrocknen können, aber so heroisch ist der Ehrgeiz des *Skeptical Inquirer* auch nicht; er will vielmehr eine feste Boje sein, an der man sich in aufgewühlter See festhalten kann. Sein Ehrgeiz ist es, so viele Menschen wie möglich mit Skeptizismus zu impfen. Wie Kendrick Frazier in einem seiner eloquenten Leitartikel sagt:

> Skeptizismus ist, trotz einer gegenteiligen weitverbreiteten Auffassung, keine Sache des Standpunkts. Er gehört vielmehr zur intellektuellen Grundausrüstung. Er ist eine Methode der Tatsachenerkenntnis, egal um welche Tatsachen es sich handelt. Er gehört zum gesunden Menschenverstand. Er gehört zur wissenschaftlichen Arbeitsweise. Alle, die am Fortschritt der Wissenschaften und der Vermehrung des Wissens interessiert sind, müssen das kritische Untersuchen unterstützen, ohne Ansehen des Objekts und des Resultats.

Es ist schade, daß wir die Wahrheit ständig vor jenen in Schutz nehmen müssen, die sich nicht zum Denken bequemen wollen, andererseits scheint schwammiges Denken unvermeidlich zu sein. Es gehört zur menschlichen Natur. Habe ich da nicht neulich irgendwo gelesen, daß Herr und Frau Normalverbraucher nur zehn Prozent seines oder ihres Gehirns benützen? Irgendwo in dieser Größenordnung! Wie kommt's, daß wir so denkfaul sind und nicht *mehr* von diesen kleinen grauen Zellen auf Trab bringen? Keine Ahnung! Was heißt hier schwammig – es ist einfach zum Verrücktwerden!! Sogar die Wissenschaftler sind mit ihrem Latein am Ende!!!

Postskriptum

Diese Kolumne erschien übersetzt in der Aprilausgabe 1982 von *Spektrum der Wissenschaft* (der deutschen Fassung des *Scientific American*). Auf der Rückseite der Schlagzeilenseite „Junge kann mit den Ohren sehen" fand ich einen kurzen Artikel mit der Überschrift „Mit den Augen hören lernen". Logisch, dachte ich – mit den Augen hören *ist* die Kehrseite von mit den Ohren sehen! Der Artikel handelte übrigens von einem Gerät, das tauben Menschen mittels eines Computer-Displays helfen sollte, ihr Sprechen zu verbessern.

Die Ähnlichkeit dieser spiegelbildlichen Überschriften bei gleichzeitiger Grundverschiedenheit der Artikel ist bemerkenswert. Der Hauptunterschied lag eigentlich im *Ton.* Der Artikel aus dem *National Enquirer* berichtete von einem angeblichen Vorfall, der als mysteriös und unerklärlich hingestellt wurde; der Artikel aus *Spektrum der Wissenschaft* brachte eine absurd klingende Idee und zeigte, wie man gleichwohl mit ihr etwas Sinnvolles verbinden konnte. Um die Aufmerksamkeit des Lesers zu erregen, wandte das *Spektrum der Wissenschaft* denselben Kunstgriff an wie die Sensationsblätter, die mit grellen Paradoxa auf Leserfang gehen. Wer nicht wissenschaftlich gefestigt ist, für den klingen (und erscheinen!) die Sätze „mit den Augen hören" und „mit den Ohren sehen" gleich absurd. Ja sie klingen selbst Wissenschaftlern ungefähr gleich abenteuerlich. Um zu erkennen, was gemeint ist, sind mehr Informationen nötig. Diese Informationen gibt das *Spektrum der Wissenschaft* und verwandelt dadurch die reißerische Schlagzeile in eine vernünftige Vorstellung. Das ist in den Sensationsblättern gewöhnlich nicht der Fall. Aber für die meisten Leser spielt dieser kleine Unterschied keine Rolle.

Mit all dem finden wir noch einmal bestätigt, was wir am Anfang des Kapitels über die Schwierigkeiten einer endgültigen Wahrheitsdefinition gesagt hatten. Der objektive Anspruch aller Glaubenssysteme ändert nichts an ihrer Zirkelschlüssigkeit. Letztlich ist der einzige Unterschied die Überlebensrate. Das ist eine besorgniserregende Feststellung. Meine Besorgnis erregt sie jedenfalls. Gleichwohl bin ich von ihr überzeugt. Nach meiner Erfahrung sind Wissenschaftler gewöhnlich nicht bereit, die Wissenschaft in einem undurchdringlich trüben Sumpf von Meinungen, Haltungen und Wahrnehmungen wurzeln zu sehen. Die meisten von ihnen haben niemals darüber nachgedacht, auf welche Weise menschliche Wahrnehmung und Kategorienbildung all dem zugrunde liegt, was wir für selbstverständlich halten: für selbstverständlich im

Sinne des gesunden Menschenverstandes bzw. noch ursprünglicherer Überzeugungen, die so tief sitzen, daß wir Mühe haben, sie zur Sprache zu bringen. Dazu gehört z. B., wie wir die Welt einteilen, geistige Kategorien ausbilden, diese manchmal neu bestimmen, manchmal verunklaren, die assoziative Verflechtung von Erfahrungen und Kategorien, die Arbeitsweise der Einbildungskraft, die Gültigkeit der Logik und ihre Herkunft, unsere Bevorzugung einfacher Aussagen gegenüber den komplexen und so weiter – Probleme, mit denen die meisten Wissenschaftler nicht umzugehen wissen. Also nehmen sie auch keine Notiz davon und lassen sich bei ihrer Arbeit nicht stören.

Mit der „Einfachheit" ist es so eine Sache. Denn was in einer Sprache einfach ist, kann in einer anderen ungeheuer kompliziert sein – und umgekehrt. Geht die Sonne am Morgen auf? In der Umgangssprache benützen wir diesen geozentrischen Satz zu 99 Prozent, und geozentrische Bilder bestimmen unser Denken. Dennoch wissen wir alle, daß die „Wahrheit" anders ist: *In Wirklichkeit* dreht sich die Erde um ihre Achse, so daß die Bewegung der Sonne nur eine *scheinbare* ist. Vielleicht wird es den Leser überraschen zu hören, daß die allgemeine Relativitätstheorie alle Koordinatensysteme für gleich gültig erklärt – inklusive jenes, das alle Bewegung auf eine ruhende, nicht rotierende Erde bezieht. Dadurch sagt Einstein, daß Kopernikus und Galilei letzten Endes nicht mehr Recht hatten als Ptolemäus und der Papst (an Unfehlbarkeit wieder 10 Punkte gewonnen!). Für jeden von uns gibt es sogar ein physisch gültiges „egozentrisches" Koordinatensystem, in dem *ich* ruhend bin und alles sich relativ zu mir bewegt! Ich sage dies, um zu zeigen, daß die Wahrheit viel subtiler ist als es je ein einfaches Bild ausdrücken kann. Wissenschaftler, die die Wissenschaft übervereinfachen, verdrehen die Wirklichkeit genauso wie religiöse Fanatiker oder Pseudowissenschaftler. Die skandalöse Wahrheit ist, daß es zwischen Sinn und Unsinn keinen klaren Trennungsstrich gibt (s. Kapitel 10). Hier geht es weit verschwommener und undeutlicher und unordentlicher zu, als sogar nachdenkliche Menschen einzugestehen bereit sind.

Als ich Kolumnist im *Scientific American* war, bekam ich ziemlich viel Post, darunter auch eine stattliche Anzahl von Briefen von Leuten, die ich, freundlich gesagt, „intellektuelle Randgänger", unfreundlich gesagt, „Spinner" nennen würde. Ich stellte ganze Ordner solcher Briefe zusammen, in der Hoffnung, eines Tages einen Artikel über die „Spinnerei" und ihre Entdeckung zu schreiben. Das oben im Spaß erwähnte Buchprojekt *Wie man aufgrund der Aufmachung wahr von falsch unterscheiden kann* war also doch kein bloßer Witz.

Wie unterscheidet man, welche Bücher man gerne lesen würde und welche nicht? Antwort: Es gibt mehrere Auswahlebenen, von flüchtigen Stichproben bis zur eingehenden Prüfung (wo man sich die Mühe macht, das Buch tatsächlich zu lesen, um zu sehen, was drinsteht). Um das letzte Stadium zu erreichen (das Buch zu lesen), durchläuft man mehrere kritische Zwischenstufen der Analyse und Prüfung. Diesen Filtermechanismus nenne ich „Terrassen-Raster".

Wie entscheide ich, welche Briefe ich sorgfältig lese, wenn ich nicht alle Briefe sorgfältig lese (wie entscheiden, ob sie sorgfältig zu lesen sind oder nicht)? Antwort: Ich appliziere die gröbste, „syntaktischste" Ebene meines Terrassen-Rasters und sortiere die schlimmsten sehr schnell aus. Dann lege ich ein etwas feineres Raster an und sortiere noch weitere aus. Am Schluß habe ich ein paar wirklich anregende, wichtige Briefe in der Hand. Hätte ich kein solches Raster, wäre ich ständig unentschieden, hätte keine Grundlage, irgend etwas zu entscheiden, denn ich müßte *jede Möglichkeit in die Tiefe gehend* daraufhin untersuchen, ob ich sie verfolgen soll oder nicht. Soll ich heute den Bus nach Büsnau nehmen? Ein Buch von Smullyan lesen? Klavier üben? Die letzte Literaturbeilage der *Zeit* lesen? Irgendeinem Regierungsmitglied einen geharnischten Brief schreiben?

Dieses Problem der Interaktion von *Form* und *Inhalt* beschäftigt mich sehr. Mit dem richtigen Terrassen-Raster kann man die Spreu vom Weizen weitgehend trennen, davon bin ich wirklich überzeugt. Natürlich muß man auch überzeugt sein, daß es überhaupt einen solchen Unterschied *gibt:* daß es DIE WAHRHEIT gibt. Was aber diese WAHRHEIT ist, das ist sehr schwer zu sagen.

* * *

Die Herausforderung, die der Zen für mich bedeutet, ist zum Teil dieselbe wie die des Okkultismus und der Pseudowissenschaften: Sie besteht in der verblüffenden inneren Konsistenz eines Weltbildes, das meinem eigenen total entgegengesetzt ist. Jeder Mensch übrigens hat sein völlig eigenes Weltbild, in das er seine persönlichen Widersprüche und kleinen Verrücktheiten hineinpackt. So glaube ich auch, daß jeder von uns irgendwo seinen kleinen Wahn kultiviert: die Achillesferse, die wir vor der Welt – und uns selbst – zu verbergen suchen. Einstein war auf seine Art verrückt, ich bin es auf meine, und Sie, mein lieber Verrückter, sind es auf Ihre!

Daher kommt der Versuch, das Wesen der Wahrheit zu erfassen, dem Einstieg in eine bodenlose Grube gleich, in der sich die Schlangen in den Schwanz beißen. Man könnte die Aufgabe des CSICOP mit der der Amerikanischen Bürgerrechtsunion vergleichen, die sich in ihrer Verteidigung radikaler Anschauungen in allerlei Schlingen verfängt. So brachte sich, besonders peinlich, ihr Direktor, ein früherer KZ-Insasse, in die Situation, das Recht der Neonazis zu verteidigen, mit Spruchbändern, die zur Ausmerzung „minderwertiger Rassen“ aufriefen, durch die Straßen des von vielen Juden bewohnten Skokie, Illinois, zu marschieren. Und was für ihn die Sache noch schlimmer machte, war, daß in der Folge seiner Aktionen die Amerikanische Bürgerrechtsunion einen beträchtlichen Teil ihrer Mitglieder verlor. Der vortreffliche Voltaire wollte noch sein Leben hingeben, um seinen intellektuellen Widersachern das Schreiben zu ermöglichen – soll man sein eigenes Leben opfern, damit einige *irgend etwas* schreiben können? Anleitungen zum Mord? Wie man Atombomben baut? Wie man die freie Presse zerstört? Auch Regierungen müssen mit solch schwierigen Problemen fertig werden. Kann sich eine Regierung, die der Freiheit verpflichtet ist, die ungestörte Existenz einer Organisation leisten, die auf den Sturz dieser Regierung hinarbeitet?

Es scheint immer eine gute Sache zu sein, wenn Zeitschriften ihre Spalten kritischen Leserbriefen öffnen. Ich sage „scheint“, weil solche Briefe meistens paarweise abgedruckt werden. Darin wird die Zeitschrift von zwei entgegengesetzten Seiten kritisiert. Der Vorwurf etwa, daß sie zu weit von ihrem Kurs abkommt, wird sowohl von links wie von rechts erhoben. Natürlich braucht sie dann kein Wort zur eigenen Verteidigung zu sagen, denn es ist eine weitverbreitete Annahme, daß derjenige richtig liegt, dem es gelungen ist, beide Parteien vor den Kopf zu stoßen! D. h., die Wahrheit liegt angeblich *immer* in der Mitte – eine gefährliche Täuschung.

In seinem *Buch ohne Titel* gibt Raymond Smullyan ein gutes Beispiel für das, was ich meine. Es ist eine Geschichte von zwei Jungen, die sich um ein Stück Kuchen streiten. Billy sagt, er möchte es ganz haben. Sammy sagt, sie sollten es gleichmäßig teilen. Ein vorbeikommender Erwachsener fragt, worum es geht. Die Jungen erklären es ihm, und der Erwachsene sagt: „Ihr solltet einen Kompromiß schließen – Billy bekommt drei Viertel, Sammy ein Viertel." Diese Geschichte klingt albern, und doch wiederholt sie sich überall auf der Welt, wo die Großmäuler und Angeber die sanfteren, redlicheren und freundlicheren Leute zur Seite schieben. Die „Mitte" ist der errechnete Durchschnitt aller Ansprüche, der übertriebenen ebenso wie der bescheidenen, und je lauter der Anspruch, desto mehr zählt er. Politische Köpfe haben diese Lektion schnell kapiert. Idealisten lernen sie spät und weigern sich, sie zu akzeptieren. Die Idealisten sind wie Sammy. Sie ziehen immer den kürzeren.

Einer Zeitschrift gereicht der Abdruck harscher Kritik eher zum Vorteil als zum Nachteil. Selbst wenn der kritische Leserbrief mit einem von der Gegenseite gekoppelt wird. Denn eine Zeitschrift, die kritische Briefe veröffentlicht, gilt als offen und der Kritik gegenüber aufgeschlossen. So ist die Opposition eingebunden und unterlaufen.

Ein anderes Problem entsteht, wenn Leute durch bloße Lautstärke ihren Standpunkt zu vertreten wissen. Manchmal ist es die Anhängerschar, die die Lautstärke macht, manchmal die Wortgewalt eines charismatischen Individuums und manchmal die hohe Stellung eines Individuums. Ein besonders gutes Beispiel dafür ist das Verhalten des Nixon-„Teams" während der Watergate-Affäre. Diese Leute hatten die Möglichkeit, Presse und Öffentlichkeit zu manipulieren, einfach nur, weil sie an der Macht waren. Womit kein Privatmann auch nur eine Sekunde lang ungestraft davongekommen wäre, das taten sie in aller Ruhe. Schamlos änderten sie die Regeln nach ihrem Gutdünken und blieben lange unbehelligt.

Was hat das alles mit dem *National Enquirer* zu tun? Sehr viel. Wo liegt in dem ganzen Tumult und Geschrei die Wahrheit? Welcher Stimme soll man Gehör schenken? Woher soll man wissen, welche glaubwürdig ist und welche nicht? Man könnte ja bezweifeln, daß die ernsten Fragen des Lebens überhaupt etwas mit Fragen der Gültigkeit von Horoskopen, der Wahrscheinlichkeit der Reinkarnation oder der Existenz des Schneemenschen zu tun haben. Wer aber auf einem Gebiet unsauber denkt, der öffnet der Manipulation auf einem anderen Gebiet Tür und Tor. Ein kritischer Kopf ist überall kritisch. Es ist von entscheidender Bedeutung, die Menschen sehr früh zur Kritik zu erziehen.

* * *

Den gewichtigsten Brief auf diese Kolumne hin erhielt ich von Marcello Truzzi, dem Begründer des *Zetetic Scholar.* Truzzi schrieb mir wie folgt (im Auszug):

Die Lektüre Ihrer Kolumne hat mich sehr irritiert und enttäuscht. In ihr wird die „Spaltung" des CSICOP und die Position und Geschichte des *Zetetic Scholar* verzerrt dargestellt. Ihr Artikel erweckt den Eindruck, als stünde der *Zetetic Scholar* der Pseudowissenschaft irgendwie näher, als sei er „relativistischer" und im Urteil weniger bestimmt. Das ist nicht wahr ...

Ich glaube, daß Sie den eigentlichen Streitpunkt zwischen CSICOP und CSAR [Truzzis „Center for Scientific Anomalies Research" – „Zentrum für die Erforschung wissenschaftlicher Anomalien" – die Organisation hinter dem *Zetetic Scholar*] völlig verfehlt haben. Leider wird der Ausdruck „skeptisch" mehr mit *Unglaube* als mit seiner wahren Bedeutung *Nichtglaube* assoziiert. Skepsis heißt Bezweifeln und Nachforschen. Dafür steht der *Zetetic Scholar* ein ... Durch die Abstempelung als pseudowissenschaftlich hat sich m. E. der CSICOP oft um eine ernsthafte Nachforschung gebracht. Anders gesagt, nicht das Urteil will ich vermeiden, sondern das Vorurteil.

Die Sache ist die, daß CSICOP in seinem Entlarvungseifer dahin tendiert, zwei verschiedene Dinge über einen Kamm zu scheren: den Unsinn des *National Enquirer* und das ernsthafte wissenschaftliche Forschungsprogramm dessen, was ich „Protowissenschaften" nenne (dazu gehören seriöse, aber eigenwillige Wissenschaftler, die sich an die Regeln der Wissenschaft zu halten suchen und ihre Thesen einer soliden Nachprüfung unterziehen). Indem alle paranormalen Behauptungen dem Spott preisgegeben werden, verhindert CSICOP jede ernsthafte Arbeit an ihnen ...

Der *Zetetic Scholar* versucht, protowissenschaftliche Ansätze und verantwortungsvolle Kritik zu einem rationalen Dialog zusammenzuführen ... Zweck ist die Förderung der Wissenschaft.

Meine Position ist nicht relativistisch. Ich glaube an den Wissenschaftsfortschritt. Aber ich glaube auch, daß die Skepsis auf alle aufgestellten Behauptungen, auch die orthodoxen, ausgedehnt werden muß. Bevor ich Wahrsager als sozial schädlich verurteile, muß ich meines Erachtens ihre praktische Wirksamkeit mit der orthodoxer Praktiker vergleichen – Psychiater und klinische Psychologen. Tatsache ist, daß in den Wissenschaften viel Unsinn mitgeschleppt wird, der mindestens so pseudowissenschaftlich ist wie das, was man gewöhnlich bei diesem Namen nennt.

Ich glaube nicht an die meisten paranormalen Behauptungen, aber ich weigere mich, die Tür der Diskussion vor ihnen zuzuschlagen. Ich denke, daß ich einfach mehr Vertrauen in die Wissenschaft habe als etwa Martin Gardner. So legte Martin sein Amt als beratendes Redaktionsmitglied des *Zetetic Scholar* nieder, als er hörte, daß ich einen Artikel plante, der sich für die Wiederaufnahme der Diskussion der Thesen von Velikovsky stark machte. [Immanuel Velikovsky ist für seine phantastischen Visionen von der Entstehung des Sonnensystems bekannt; u. a. behauptet er, daß sich die Erde bis vor kurzem (astronomisch gesehen) in die andere Richtung gedreht hat! Durch seine Ansichten sollen der wissenschaftliche und der biblische Standpunkt wieder versöhnt werden. Er veröffentlichte viele Bücher, deren vielleicht bekanntestes *Welten im Zusammenstoß* heißt.] Martin war, wie viele Kritiker Velikovskys, um einen Kommentar gebeten worden. Doch meinte er, daß schon eine ernsthafte Besprechung Velikovskys im *Zetetic Scholar* diesen zu sehr aufwerten würde. Und so trat er zurück. Wie die Dinge liegen, bin ich der Meinung, daß Velikovsky total falsch liegt, aber ich denke auch, daß ihm nicht die gebührende Auseinandersetzung durch seine Kritiker zuteil wird. Ich habe Vertrauen in die Fähigkeit einer ehrlichen Diskussion, Schwächen und Stärken (wenn überhaupt) einer jeden esoterischen wissenschaftlichen Behauptung aufzudecken. Hier sollte man keine Angst haben. Ich habe volles Vertrauen in die Wissenschaft als ein sich selbst korrigierendes System. Einige Leute des CSICOP, wie Martin, haben es nicht.

Das ist nur ein kleiner Ausschnitt aus Truzzis Brief, aber es wird klar, was er meint. Letztlich wollte Truzzi sagen, daß seine Zeitschrift einen anderen Zweck verfolgt als den des *Skeptical Inquirer* und daß ich nicht deutlich gemacht habe, was dieser Zweck eigentlich ist. Ich hoffe, daß die Leser ihn jetzt verstanden haben. Hier meine (gekürzte) Antwort auf Truzzi:

> Ich habe lange über Ihre Punkte und über den Unterschied zwischen dem *Zetetic Scholar* und dem *Skeptical Inquirer* bezüglich Ton, Erscheinungsbild, Zweck, Perspektive usw. nachgedacht. Anders als Sie neige ich mehr der restlosen Entlarvung zu. Angesichts des immens verbreiteten Unsinns, der unverdientermaßen, dank menschlicher Irrationalität, Glauben findet, kann ich mich nicht in Geduld üben, ja, packt mich geradezu die Wut. Es ist, als würde man in einer Gruppe von Leuten einen unangenehmen Störer gewähren lassen, nur weil man zu Toleranz und Höflichkeit erzogen worden ist. Aber irgendwann kommt der Punkt, wo jemandem der Kragen platzt und der Betreffende mit dem Störer kurzen Prozeß macht – verbal oder physisch oder wie auch immer – vielleicht ihn nur vor die Tür setzt – und alle atmen auf, obwohl niemand den Mut gehabt hatte, etwas zu unternehmen.
>
> Zugegeben, es ist nur eine Analogie, aber für mich ist Velikovsky auch so ein Störer. Und der Zumutungen sind noch mehr. Ich verstehe einfach nicht, warum man sie sich gefallen lassen sollte. Gegenüber Angreifern muß man nicht unbedingt höflich bleiben. So bin ich der Meinung, daß die Parapsychologie zu ernst genommen wird. Übersinnliche Wahrnehmung und ähnliches ist in meinen Augen mit Wissenschaft *grundsätzlich* unvereinbar. Sie ist so indiskutabel, daß für mich Leute, die ihre Zeit damit verbringen, sie zu erforschen, von Wissenschaft nicht viel verstanden haben. Und daher habe ich auch keine Geduld mit ihnen. Anstatt sie in wissenschaftliche Gesellschaften aufzunehmen, würde ich sie lieber rauswerfen.
>
> Das heißt nun nicht, daß ich eine Debatte über die *Gründe* der Unvereinbarkeit von übersinnlicher Wahrnehmung (usw.) und Wissenschaft letzten Endes für überflüssig hielte. Ganz im Gegenteil: wie man hier wahr von falsch zu trennen verstehen soll, ist überaus schwierig und wichtig. Aber das heißt nicht, jedem, der Wahrheit beansprucht, Respekt zu zollen.
>
> Es ist eine schrecklich komplizierte Sache. Keiner von uns überblickt ihre ganze Wahrheit. Es tut mir leid, wenn ich Ihnen durch die Darstellung Ihrer Zeitschrift einen schlechten Dienst erwiesen haben sollte. Im Prinzip habe ich gegen Ihre Zeitschrift nichts einzuwenden, nur daß sie in ihrer übergroßen Aufgeschlossenheit schon langweilig, umständlich und verschwommen wird. Manchmal erinnert sie mich an die Senatoren und Abgeordneten, die während der Watergate-Affäre *endlos* begriffsstutzig schienen und entweder unfähig oder unwillens waren, den klaren Sachverhalt zu sehen: daß Nixon in vielen Punkten schuldig war. Fertig, aus. So einfach war das. Und doch gelang es Nixon und Co., den offensichtlichen Sachverhalt für viele Monate zu verdunkeln, dank jener Wirrköpfe, in denen es auch dann noch nicht „klickt", wenn der Sachverhalt schwarz auf weiß vor Augen liegt. Sie *bestehen* darauf, nur unendliche Grautöne zu sehen. Und irgendwie denke ich, daß Sie in Ihrer Zeitschrift oft das gleiche machen: unendliche Grautöne analysieren, wo etwas schwarz auf weiß vorliegt.
>
> Eine legitime und in der Tat *sehr* tiefgehende Frage ist es, *wann* denn dieser Moment des „Offensichtlichen", dieser Moment des „Klickens" gegeben ist. Ich bin der erste, zuzugeben, daß diese Frage die überhaupt tiefstgehende ist, die man fragen kann. Aber dann reden wir über das Wesen von Wahrheit, Evidenz, Wahrnehmung, Kategorien und so weiter und so

fort. Das hat nichts mehr mit Parapsychologie oder Velikovsky und Konsorten zu tun. Wäre das *Wesen der Objektivität* Thema Ihrer Zeitschrift, würde ich mich mit Ihnen nicht streiten. Über eine solche Zeitschrift könnte ich mich nur freuen. Tatsächlich aber trägt Ihre Zeitschrift dazu bei, daß eine Menge Pseudowissenschaftler zu unverdienten Ehren kommen. Womit nicht gesagt sein soll, daß jeder, der für sie schreibt, ein Pseudowissenschaftler ist! Ganz und gar nicht! Es gibt aber eine Offenheit, die *zu weit* geht. Die These, daß die Welt flach sei oder die Frage, ob Hitler heute noch lebe, stoßen bei mir auf *kein* offenes Ohr; gegenüber Leuten, die behaupten, die Quadratur des Kreises geleistet oder die spezielle Relativitätstheorie widerlegt zu haben, bin ich nicht aufgeschlossen. Ich bin auch nicht offen für das Paranormale. Hier offen zu sein, ist meiner Meinung nach ebenso falsch wie die Frage, ob die Nazis im Zweiten Weltkrieg sechs Millionen Juden umgebracht haben oder nicht.

Aufgeschlossen dagegen *bin* ich bis zu einem gewissen Grad gegenüber Fragen der Affen-, Delphinsprache und so weiter. Hier bin ich noch zu keiner abschließenden Meinung gekommen. Aber so etwas wird ja im *Zetetic Scholar* (oder *Skeptical Inquirer*) nicht diskutiert.

Meiner Meinung nach leistet der *Skeptical Inquirer* den Massen dieses Landes einen wenn auch indirekten Dienst, indem er Artikel veröffentlicht, die mit Gespür und Schwung geschrieben sind und den Zweck haben, die Wogen des Unsinns einzudämmen. Natürlich werden die meisten den *Skeptical Inquirer* nicht selber lesen, aber viele *Lehrer* tun es. Wenn die Jungen und Mädchen ihnen mit hellseherischen Träumen oder verbogenen Schlüsseln oder magisch angehaltenen Uhren, oder was es sonst noch gibt, auf den Leib rücken, werden sie besser gerüstet sein.

In der Sache des Paranormalen spielt der *Skeptical Inquirer* in gewisser Weise die Rolle des Hauptklägers und der *Zetetic Scholar* die eines Mitgliedes der Geschworenen, das mit der Forderung nach weiteren Beweisen jede Entscheidung verweigert, absolut verweigert. Und kommen immer noch mehr, mehr, mehr, mehr, mehr, mehr, mehr, mehr Beweise auf den Tisch und weigert sich dieser Geschworene immer noch, sich auf die eine oder andere Weise zu entscheiden, dann kann man schon ungeduldig werden.

Professor Truzzi hat mir sehr freundlich geantwortet und mir später sogar einen Sitz im Vorstand des CSAR angeboten. Aus Zeitgründen mußte ich ablehnen, aber ich weiß seine – ich mag es kaum sagen – Offenheit zu schätzen. Ein Teil seiner Antwort verdient es, wiedergegeben zu werden:

Sie scheinen die Vorstellung zu haben, daß ich mich bei vielen paranormalen Theoremen nicht entscheiden will. Das ist wirklich nicht der Fall. Ich möchte zu Entscheidungen kommen und neige gefühlsmäßig zu derselben Ungeduld wie Sie. Viele meiner pro-paranormalen Freunde sehen in mir einen unverbesserlichen Skeptiker. Kompromißlose Entlarver wie Martin Gardner dagegen betrachten mich als verschwommen und naiv. So bekomme ich mein Fett von beiden Seiten, glauben Sie mir.

* * *

Ich habe für das, was Prof. Truzzi zu machen versucht, nicht wenig Sympathie. Was mich nur stört, ist, daß all die vexierenden Probleme, bei denen er neutral zu bleiben versucht, sich eine Stufe höher, sozusagen auf der „Meta-Ebene" reproduzieren. Das heißt, für jede Debatte in der Wissenschaft selbst gibt es eine isomorphe Debatte in der Wissenschaftsmethodologie. Und diese Stufenleiter von „Metas" könnte man lustig weitergehen, ohne je voranzukommen, wie ein Hamster in der Tretmühle. Nixon hat dieses Prinzip in der Watergate-Affäre weidlich ausgenutzt, indem er immer neue Wolken von technischen Verfahrens- und Meta-Verfahrensfragen (etc.) in die Luft blies. Und während die Leute damit beschäftigt waren, das Durcheinander zu sortieren, das durch seine Nebelwand entstanden war, geriet die Hauptsache lange Zeit in vollkommene Vergessenheit. Der Politiker oder Wissenschaftler braucht sich dieser Technik nicht immer bewußt zu sein, sie kann ihm auch bei der Verfechtung einer Idee oder Hoffnung unbewußt unterlaufen.

Objekt- und Meta-Ebene scheinen mir hier, wie im Gödelschen Knoten, hoffnungslos verstrickt. Und die einzige Lösung ist, den Knoten sauber durchzuhauen und ihn loszuwerden. Sonst bleibt man ewig in der Patsche sitzen. Können Papp-Pyramiden *wirklich* Rasierklingen schärfen, die man unter sie legt? Nach wieviel Wochen darf man aufgeben? Und was, wenn man aufgegeben hat und ein Freund sagt, daß es *doch* funktioniert, wenn man nur an jeder Ecke der Pyramide ein Spiegelei plaziert? Wird man dann nach Hause gehen und es noch einmal versuchen, wie beim ersten Mal? Wird man *überhaupt* jemals eine Behauptung aus dem Stand ablehnen?

Wo soll die Grenze gezogen werden? Wo ist der Trennungsstrich zwischen Aufgeschlossenheit und Dummheit? Oder zwischen Borniertheit und Dummheit? Wo die ideale Balance? Das ist eine so schwierige Frage, daß ich nicht hoffen kann, sie zu beantworten. Prof. Truzzis Position und die meine liegen an verschiedenen Punkten eines Spektrums. Unsere Anworten sind nicht einfach logisch deduziert, sondern Resultat komplexer Einsichten über Welt, Erkenntnis und Wissen. Daß meine Position richtiger als seine ist oder umgekehrt, kann ich natürlich nicht *beweisen.* Aber auch wenn wir über keine adäquate Theorie verfügen, um solche Entscheidungen zu *formalisieren,* so treffen wir sie doch in jedem Augenblick, Entscheidungen, die wir auch in einer Million Jahren nicht formell werden rechtfertigen können. Solche Entscheidungen implizieren alle Geschmacksurteile, ob über Essen, Musik, Kunst oder Wissenschaft. Wir müssen mit der Tatsache leben, daß wir noch nicht wissen, *wie* wir zu solchen Entscheidungen kommen, aber das heißt nicht, daß wir bis dahin in Unentschiedenheit verharren müssen. Und alles, was hilft, unsere Augenblicksentscheidungen objektiver zu machen, ohne daß sie dadurch verzögert werden, ist von ungeheurer Bedeutung. Darin sehe ich den Zweck des *Skeptical Inquirer* und deswegen möchte ich ihn meinen Lesern wärmstens empfehlen.

6
Über Zahlenblindheit

Mai 1982

In ihrer Vorlesung über die Zukunft des Universums hatte die berühmte Kosmogonin, Frau Professor Gigantzahlska, gerade behauptet, daß nach ihren Berechnungen die Erde in etwa einer Milliarde Jahren in die Sonne stürzen und dort ihren Feuertod finden würde. Aus dem hinteren Auditorium erhob sich eine zitternde Stimme: „Entschuldigen Sie, Frau Professor, w-w-wie lange, sagten Sie, würde es dauern?“ Ruhig antwortete Frau Professor Gigantzahlska: „Etwa eine Milliarde Jahre.“ Ein Seufzer der Erleichterung war zu hören. „Ach so! Einen Augenblick lang habe ich gedacht, Sie hätten eine *Million* Jahre gesagt.“

John F. Kennedy erzählte gerne die folgende Anekdote von einem berühmten französischen Soldaten, Marschall Leautey. Eines Tages hatte der Marschall seinen Gärtner beauftragt, am nächsten Tag in seinem Garten eine Reihe von speziellen, seltenen Bäumen zu pflanzen. Der Gärtner war gerne dazu bereit, machte jedoch den Marschall darauf aufmerksam, daß Bäume dieser Art ein Jahrhundert bräuchten, um ihre volle Größe zu erreichen. „Wenn das so ist“, antwortete Leautey, „pflanzen Sie sie noch heute nachmittag.“

In beiden Geschichten wird zwischen der Zeit einer entfernten Zukunft und einer näherliegenden Zeit eine überraschende Verbindung geschlagen. Bei der zweiten Geschichte sagen wir uns: Was kann ein Tag schon bei einem Jahrhundert ausmachen? Und trotzdem sind wir vom Drängen des Marschalls gerührt. Jeder Tag zählt, scheint er zu sagen, und das gilt besonders, wenn es ihrer Tausende und Abertausende gibt. Ich habe diese Geschichte immer gemocht, die andere jedoch, als ich sie vor ein paar tausend Tagen zum ersten Mal hörte, habe ich zum Schreien komisch gefunden. Die Vorstellung, daß jemand solch riesige Zahlen so persönlich nehmen könnte oder daß man den Weltuntergang so viel klarer empfinden könnte, wenn er nur noch eine *Million* anstatt erst eine *Milliarde* Jahre entfernt wäre – köstlich! Wer kann schon auf den Unterschied zwischen zwei riesigen Zahlen so unmittelbar reagieren?

In der letzten Zeit ging es freilich, was gigantische Zahlen betrifft, in den Schlagzeilen der Zeitungen noch komischer zu. Da konnte man „Witze“ lesen wie „Verteidigungsausgaben der nächsten vier Jahre auf 1 Billion Dollar gestiegen“ oder „Verteidigungshaushalt in den nächsten vier Jahren wahrscheinlich um 750 Milliarden Dollar überschritten“. Ich fürchte nur, daß diese Komik beim Durchschnittsbürger erst gar nicht ankommt. Es wäre doch schade, wenn solch erheiternde Vorstellungen nur von einem kleinen Kreis von Auserwählten goutiert werden könnten. Es kann also nicht falsch sein, dachte ich, wenn ich etwas über den dazugehörigen theoretischen Hintergrund sagen würde. Zufällig gehört er auch zu meinen Lieblingsthemen: die Lehre von den sehr großen (und sehr kleinen) Zahlen.

Ich habe schon immer den Verdacht gehabt, daß nur relativ wenige Menschen den Unterschied zwischen einer Million und einer Milliarde wirklich kennen. Sicher ist er den Leuten soweit geläufig, daß sie über die Geschichte mit der Erde, die in die Sonne fällt, schmunzeln können, aber was nun der Unterschied *genau* ist – das ist schon wieder etwas anderes. Neulich hörte ich einen Nachrichtensprecher sagen: „Die Dürre hat die kalifornische Landwirtschaft zwischen neunhunderttausend und einer Milliarde Dollar gekostet." Wie bitte? So etwas ist besorgniserregend. Diese erschreckende Zahlenignoranz können wir uns in einer Gesellschaft, in der große Zahlen an der Tagesordnung sind, nicht leisten. Oder leiden wir wirklich unter *Zahlenblindheit?* Sind wir um so blinder, je größer die Zahlen sind?

Was geht in den Leuten vor, wenn sie ominöse Schlagzeilen wie die oben genannten lesen? Was geht in ihren Köpfen vor, wenn sie von Atomwaffen mit einer „Ausbeute" von 20 Kilotonnen lesen? Oder von 60 Megatonnen? Sagt die Zahl noch etwas aus – oder ruft sie nur ein Gähnen hervor? „So, so. Daß die Russen uns 20mal töten können, wußte ich schon längst. Jetzt können sie's also 200mal? Na ja, wir können froh sein, daß es nicht 2000mal ist, oder?"

Wie kommt es bei den Leuten an, daß der typische Kaufpreis eines Hauses in einigen dichtbesiedelten Gebieten der USA eine Viertelmillion Dollar beträgt? Was denken die Leute, wenn sie in der Radiowerbung hören, daß sie, wenn sie jetzt ihr Geld anlegen, sich mit einer Million zur Ruhe setzen können? Kann *jeder* Millionär werden? *Erwarten* wir nun, daß Häuser ein Viertel des Vermögens eines Millionärs ausmachen? Was ist nur aus der glitzernden Aura geworden, die das Wort „Millionär" einmal umgab?

* * *

Einst gab ich im dreizehnten Stockwerk des Hunter College in New York City einem kleinen Anfängerkurs Physikunterricht. Vom Fenster hatten wir einen herrlichen Ausblick auf die Wolkenkratzer Manhattans. In einer der ersten Stunden wollte ich meinen Studenten etwas über Schätzungen und signifikante Zahlen erzählen, und so bat ich sie, die Höhe des Empire State Building zu schätzen. Von zehn Studenten kam nicht einer auch nur zur Hälfte der richtigen Antwort nahe (448 Meter mit der Fernsehantenne, 381 ohne). Die meisten Schätzungen lagen zwischen 90 und 150 Metern. Einer tippte auf 15 Meter – eine wirklich erstaunliche Fehlschätzung; ein anderer glaubte, es wären 1,6 Kilometer. Wie sich herausstellte, hatte dieser die Antwort ausgerechnet, indem er 15 Meter für jedes Stockwerk veranschlagte und etwa 100 Stockwerke annahm. Wo einer 15 Meter pro *Stockwerk* ansetzte, da schätzte der andere das ganze *Gebäude* mit seinen 102 Stockwerken so hoch. Dieser verblüffende Vorfall hat mich tief beeindruckt.

Es ist üblich geworden, über den erschreckenden Analphabetismus dieser Generation zu klagen, insbesondere über ihre angebliche Unfähigkeit, einen grammatisch richtigen Satz zu schreiben. Aber wer redet über den erschreckenden Annumeralismus der meisten Leute, ob jung oder alt, wenn es darum geht, Zahlen sinnvoll anzuwenden? Zahlen, die, ob wir es mögen oder nicht, schließlich unser Leben bestimmen?

Wie Senator Everett Dirksen es einmal sagte: „Eine Milliarde hier, eine Milliarde dort – und schon geht mit Geld alles."

Zugegeben, die Welt ist riesig. Es gibt eine Menge Leute, eine Menge Bedürfnisse, und das macht alles etwas unüberschaubar. Aber das entschuldigt noch lange nicht die Unfähigkeit, Zahlen zu verstehen – oder sich nur auf sie zu beziehen, Zahlen, deren Zweck es ist, in wenigen Symbolen einige wesentliche Aspekte dieser riesigen Realität zusammenzufassen. Höchstwahrscheinlich gehören die Leser dieses Artikels nicht zu meinen Sorgenkindern. Aber jeder Leser dieses Artikels wird sicher viele Leute kennen, denen es bei großen Zahlen, ob im Regierungshaushalt, im Bruttosozialprodukt oder in Firmenbilanzen usw. schummerig wird. Für Leute, deren Vorstellungskraft aussetzt, wenn sie etwas hören, was auf „-illion" endet, sind alle großen Zahlen gleich, so daß es auf die explodierenden Exponenten nicht mehr ankommt. Eine solche Unfähigkeit, mit großen Zahlen umzugehen, muß sich für die Gesellschaft nachteilig auswirken. Sie führt dazu, daß wichtige Themen unter der Vorgabe, sie seien unüberschaubar, ignoriert werden. Wenn ich es also richtig sehe, muß jede Anstrengung unternommen werden, den steigenden Zahlen-Analphabetismus unserer Gesellschaft aufzuhalten. Wie ich oben sagte, erwarte ich nicht, daß dem Leser dieses Artikels großartige neue Einsichten eröffnet werden (obgleich ich hoffe, dazu anzustiften); vielmehr hoffe ich, daß ihm das von mir zusammengetragene Material den Anstoß gibt, seinen Freunden und Studenten ein lebendiges Gefühl für Zahlen zu vermitteln.

* * *

Ich dachte, um dem gesunden Zahlenverstand auf die Beine zu helfen, erlaube ich mir ein kleines Frage- und Antwortspiel. Fertig? Los geht's! Wieviele Buchstaben gibt es in einem Buchladen? Nicht rechnen – nur raten. Haben Sie ungefähr eine Milliarde gesagt? Die hat neun Nullen (1 000 000 000). Falls ja, dann haben Sie nicht schlecht geschätzt. Falls nein: Lagen Sie zu hoch oder zu niedrig? Kommt Ihnen Ihre Schätzung im Rückblick weit hergeholt vor? Was bringt einen dazu, anzunehmen, daß eine Milliarde angemessener sei als, sagen wir, eine Million oder eine Billion? Rechnen wir einmal nach. In einem typischen Buchladen gibt es, sagen wir, 10 000 Bücher. (Wie ich darauf komme? Durch spontane Schätzung. Wenn ich es aber überschlage, scheint es mir realistisch, eher etwas zu niedrig.) Jedes Buch hat mehrere hundert Seiten Text. Wieviele Wörter pro Seite – hundert? Tausend? Zweifellos irgendwo dazwischen. Sagen wir einfach 500. Und wieviele Buchstaben pro Wort? Na, ungefähr 5 im Durchschnitt. Also haben wir $10\,000 \times 200 \times 500 \times 5$, das macht 5 Milliarden. Gut, wer will sich bei solch hohen Zahlen schon über einen Faktor 5 aufregen? Selbst von einer Schätzung, die sich innerhalb des Faktors 10 bewegt (etwa zwischen 500 Millionen und 50 Milliarden), würde ich sagen, daß sie nicht übel ist. Hätten wir nun das alles *im voraus* wissen können – ich meine: *ohne Rechnung?*

Wir konnten wählen. Welche der folgenden zwölf Möglichkeiten ist die wahrscheinlichste:

a) 10;
b) 100;
c) 1 000;
d) 10 000;
e) 100 000;
f) 1 000 000;
g) 10 000 000;
h) 100 000 000;
i) 1 000 000 000;
j) 10 000 000 000;
k) 100 000 000 000;
l) 1 000 000 000 000?

In den Vereinigten Staaten wird diese letzte Zahl mit ihren zwölf Nullen eine *trillion* genannt; in den meisten anderen Ländern, so im deutschsprachigen Raum, heißt sie „Billion", und dort reserviert man die „Trillion" für die wirklich ungeheuerliche Zahl 1 000 000 000 000 000 000; für Amerikaner ist dies eine *quintillion,* obwohl kaum einer diesen Terminus kennt.

Den meisten Leuten will es nicht in den Kopf, daß es ziemlich dasselbe ist, solche Zahlen zu schätzen oder einen Blick auf die Stühle in einem Zimmer zu werfen und dann schnell zu schätzen, ob es zwei oder sieben oder fünfzehn sind. Nur daß das, was wir hier schätzen, die Anzahl der Nullen in einer Zahl ist, das heißt, der Logarithmus (zur Basis 10) der Zahl. *Wenn wir ein Gefühl für die Anzahl der Stühle in einem Zimmer entwickeln können, warum dann nicht ebenso eines für die Anzahl der Nullen in einer Zahl?* Das ist die Grundprämisse dieses Artikels.

Natürlich gibt es einen Unterschied zwischen diesen beiden Arten des gesunden Zahlenverstandes. Eine Sache ist es, auf eine Zahl wie „10000000000000" zu blicken und, ohne zu zählen, das intuitive Gefühl zu haben, daß sie um die zwölf Nullen haben muß – sicher mehr als zehn und weniger als fünfzehn. Eine andere Sache ist es, die Luftaufnahme eines Treibholzstaus (siehe Abbildung 6-1) zu sehen und visuell oder intuitiv oder irgendwo dazwischen zu der Schätzung zu kommen, daß die Zahl der Hölzer im Stau zwischen drei und fünf Nullen haben muß – mit anderen Worten, daß 10 000 die der gesuchten Zahl nächstgelegene Zehnerpotenz ist, daß 1 000 entschieden zu niedrig und 100 000 zu hoch wäre. Diese Fähigkeit ist nur eine Form der Zahlenwahrnehmung, die eine Abstraktionsstufe über der gewöhnlichen Zahlenwahrnehmung liegt. Doch sollte diese Abstraktionsstufe nicht schwer zu nehmen sein.

Der Trick besteht natürlich in der Übung. Man sollte sich an die Vorstellung gewöhnen, daß zehn eine sehr große Zahl von Nullen ist, die eine Zahl haben kann, daß fünf immer noch ganz schön groß und drei schon fast zu erfassen ist. Am wichtigsten ist es wahrscheinlich, für jede Zahl von Nullen ein Paradigma parat zu haben. Zum Beispiel: *Drei* Nullen decken die Zahl der Schüler in Ihrer Schule ab: 1 000, nach oben oder unten variabel um einen Faktor von drei. Solange wir nur schätzen und keine Exaktheit anstreben, können wir bei Zahlen mit nur wenigen Nullen ungefähr einen Faktor von drei in beiden Richtungen entschuldigen. *Vier* Nullen ist die Anzahl von Büchern

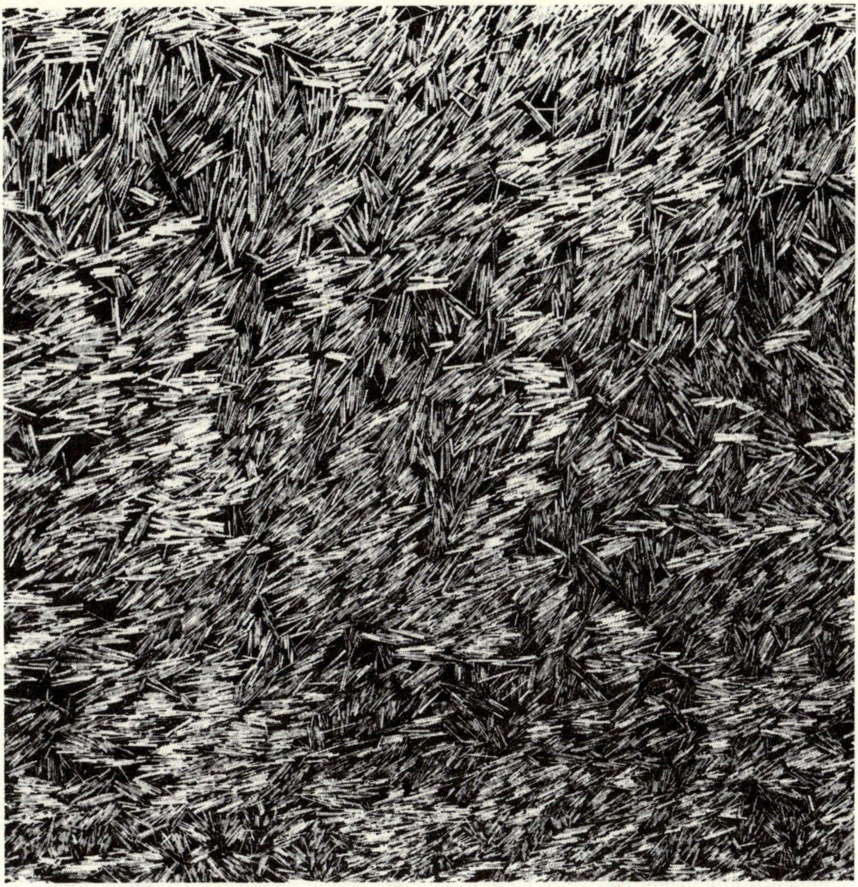

Abbildung 6-1. Luftbild eines Treibholzstaus in Oregon. Wieviele Stämme? (Photo Ray Atkeson)

in einem mittleren Buchladen. *Fünf* Nullen ist die Größe einer ansehnlichen Kreisstadt: 100000 Einwohner oder so. *Sechs* Nullen – das ist eine Million – kommen auf eine wirklich große Stadt: München, Köln, Brasilia, Marseilles, Dar és Salaam. *Sieben* Nullen werden riesig: Shanghai, Mexico City, Seoul, Paris, New York. Wieviele Städte in der Welt gibt es wohl Ihrer Meinung nach mit einer Bevölkerung von einer Million oder mehr? Von wievielen werden Sie noch nie etwas gehört haben? Und wenn wir die Schwelle auf 100000 senken? Wieviele Städte gibt es in Deutschland mit einer Einwohnerzahl von 1000 oder weniger? Hier hilft nur Übung.

Ich sagte, man sollte für jede Anzahl von Ziffern ein Paradigma bereithalten. Eigentlich ist das Unsinn. Man sollte mehrere haben. Um einen konkreten Begriff von der „Neunnulligkeit" zu bekommen, muß man sie sich in verschiedenen Medien verkörpern lassen, am besten in so ungleichartigen wie Bevölkerung, Haushalt, kleine Objekte (Ameisen, Münzen, Buchstaben usw.) und vielleicht auch durch so verschiedene Dinge wie astronomische Entfernungen oder Computerstatistiken.

Nehmen wir den berühmten Werbespruch von McDonald's: „Über 25 Milliarden serviert" (oder wie auch immer er heute heißen mag). Ist diese Zahl glaubhaft? Nun, wäre sie 10mal so hoch – also 250 Milliarden –, könnten wir sie einfacher durch die Bevölkerung der USA teilen. (Man muß natürlich wissen, daß die Bevölkerung der USA etwa 230 Millionen beträgt. Für unsere Zwecke setzen wir die US-Bevölkerung auf 250 Millionen oder $2{,}5 \times 10^8$ fest – eine einfache Zahl, die jeder kennen sollte). Nehmen wir also an, der Spruch lautete „Über 250 Milliarden serviert". Auf jede Person in den USA kämen dann umgerechnet 1 000 Hamburger. Da wir die Zahlen vorsätzlich auf das Zehnfache aufgebläht haben, nehmen wir das jetzt zurück: wir dividieren unsere Antwort durch zehn und erhalten 100. Ist es glaubhaft, daß McDonald's für jeden Einwohner der USA 100 Hamburger zubereitet? Ich denke doch; schließlich gibt es McDonald's schon seit geraumer Zeit, und einige Familien frequentieren es mehrmals im Jahr. Also *ist* der Spruch glaubhaft, und die Tatsache, daß er *glaubhaft* ist, macht es *wahrscheinlich,* daß er auch ziemlich genau ist. Wenn es McDonald's nicht auf Genauigkeit ankäme, würden diese Leute sich wahrscheinlich nicht die Mühe machen, ihre Zahlen immer wieder auf den neuesten Stand zu bringen. Ich muß sagen, wenn deren ehrliche Anstrengungen mithelfen, den Zahlen-Analphabetismus zu reduzieren, dann bin ich sehr damit einverstanden.

Wo kommen alle diese Hamburger her? Die Anzahl der täglich in den USA geschlachteten Rinder ist beeindruckend. Sie beläuft sich auf etwa 90 000. Als ich sie zum ersten Mal hörte, kam sie mir zu hoch vor. Doch überlegen wir: Auf eine Person kommt vielleicht pro Tag ein halbes Pfund Fleisch. Wieder einmal bietet die US-Bevölkerung – 250 Millionen – einen nützlichen Maßstab. Ein halbes Pfund Fleisch pro Person und pro Tag, das beläuft sich auf 100 Millionen Pfund Fleisch pro Tag – in dem Dreh jedenfalls. Auf einen Faktor von zwei kommt es jetzt sicherlich nicht an. Wieviele Tonnen sind das? Durch 2 000 dividiert, erhält man 50 000 Tonnen. Aber ein einzelnes Tier macht nicht eine Tonne Fleisch aus. Vielleicht 1 000 Pfund oder so – eine halbe Tonne. Das heißt, für jede Tonne Fleisch wurden zwei Tiere getötet. Also mußten jeden Tag 100 000 Tiere ins Gras beißen, um unseren kollektiven Appetit zu befriedigen. Da wir natürlich nicht nur Rindfleisch essen, liegt die wahre Anzahl etwas darunter. Und damit dürften wir in etwa bei der richtigen Zahl angelangt sein.

*   *   *

Wieviele Bäume werden jede Woche gefällt, um die Sonntagsausgabe der *New York Times* zu produzieren? Nehmen wir an, es werden um die zwei Millionen Exemplare gedruckt, jedes wiegt vier Pfund. Das beläuft sich auf etwa acht Millionen Pfund Papier – 4000 Tonnen. Wenn ein Baum einer Tonne Papier entspricht, dann wären das 4000 Bäume. Ich kenne mich im Holzgeschäft nicht aus, aber die Schätzung von einer Tonne pro Baum kann nicht allzu weit daneben liegen. Schlimmstenfalls wären es 200 Pfund Papier pro Baum und das hieße: 40 000 kleine Bäume. Die Photographie des

Treibholzstaus läßt etwa zwischen 7500 und 15000 Holzstämmen erkennen, soweit ich schätzen kann. Wenn wir also 200 Pfund Papier pro Baum annehmen, dann repräsentieren die Hölzer in der Photographie deutlich weniger als die Hälfte der Bäume, die eine einmalige Sonntagsausgabe der *New York Times* verschlingt! Wir könnten noch weiter gehen und die Zahl der Bäume schätzen, die jeden Monat für Zeitschriften, Bücher und Zeitungen dieses Landes gefällt werden, aber das will ich dem Leser überlassen.

Wieviele Zigaretten werden jedes Jahr in den USA geraucht? (Wieviele Nullen?) Das ist ein klassischer „Zwölfer“ – in der Größenordnung einer Billion. Die Rechnung ist einfach. Nehmen wir an, daß die Hälfte der Bevölkerung des Landes Raucher sind: 100 Millionen. (Ich weiß, das ist etwas über dem Schnitt; wir werden das später irgendwo im Laufe der Rechnung nach unten korrigieren.) Jeder Raucher raucht – was? Eine Packung pro Tag? Gut. Das macht 20 Zigaretten mal 100 Millionen: zwei Milliarden pro Tag. Das Jahr hat 365 Tage, aber nehmen wir nur 250, denn ich hatte gesagt, daß ich irgendwo etwas wegnehmen werde; 250 mal zwei Milliarden macht etwa 500 Milliarden – eine halbe Billion. Das kommt auch gerade hin, wie sich zeigt; als ich es das letzte Mal (vor ein paar Jahren) nachprüfte, waren es um die 545 Milliarden. Ich erinnere mich noch an den Schreck, als ich die Zahl sah; es war das erste Mal, daß ich es mit einer *konkreten* Zahl von der Größenordnung einer Billion zu tun hatte.

Übrigens, „20 (Zigaretten) mal 100 Millionen“ ist nicht schwer auszurechnen, aber ich wette, daß viele in Verlegenheit kämen, wenn sie es im Kopfe tun müßten. Ich tu's, indem ich einen Faktor von zehn von einer Zahl auf die andere verschiebe. Ich *kürze* 20 auf 2 und *erweitere* 100 auf 1000. Die Aufgabe heißt jetzt „2 mal 1000 Millionen“, wobei ich mich erinnere, daß 1000 Millionen eine Milliarde ausmachen. Wer mit Zahlen vertraut ist, für den klingt das natürlich absolut trivial, für Leute jedoch, die damit nicht so vertraut sind – und das sind die *meisten* – klingt es wahrhaft ungeheuerlich und abstrus.

Mit Zahlen wie 545 Milliarden haben wir es zu tun, wenn wir von den Mehrausgaben des Verteidigungsministeriums in den nächsten vier Jahren in Höhe von 750 Milliarden Dollar sprechen. Ein schöner kleiner Privatcomputer (wie er mir gefallen würde) kostet ungefähr 75000 Dollar. Hätten wir 750 Milliarden Dollar, könnten wir jeder Person in New York City so ein Ding verschaffen, d. h. wir könnten 10 Millionen davon kaufen. Oder wir könnten jedem Einwohner von San Francisco eine Million Dollar in die Hand drücken und hätten dann immer noch genug übrig, um jedem Chinesen ein Fahrrad zu kaufen! Man weiß gar nicht, wofür 750 Milliarden noch alles gut sein können. Statt dessen fließen sie in Patronen und Panzer und Jagdflugzeuge und Kriegsspiele und Raketensysteme und Treibstoff und Militärkapellen und so weiter. Eine interessante Art, 750 Milliarden Dollar auszugeben, aber ich wüßte bessere.

* * *

Überlegen wir uns andere Arten von großen Zahlen. Wußten Sie, daß Ihre Netzhaut etwa 100 Millionen Zellen enthält, deren jede auf einen bestimmten Reiz reagiert? Diese füttern die Signale in das Hirn ein, von dem man heute annimmt, daß es aus etwa 100 Milliarden Neuronen oder Nervenzellen besteht. Die Anzahl der Glia-Zellen – kleiner unterstützender Zellen im Gehirn – ist ungefähr zehnmal so hoch. Das heißt, daß Sie in Ihrem Köpfchen etwa eine Billion Glia-Zellen haben. Das klingt riesig; insgesamt aber werden in Ihrem Körper etwa 60 bis 70 Billionen Zellen vermutet. Jede einzelne enthält Millionen von Bestandteilen, die zusammenarbeiten. Nehmen wir z. B. das Protein Hämoglobin, das den Sauerstoff im Blutkreislauf transportiert. Jeder von uns hat etwa sechs Milliarden Billionen (das sind sechstausend Millionen Millionen Millionen) Exemplare des Hämoglobin-Moleküls in sich, wovon 400 Billionen (400 Millionen Millionen) jede Sekunde zerstört und weitere 400 Billionen aufgebaut werden! (Ich beziehe diese Zahlen übrigens aus Richard Dawkins' Buch *Das egoistische Gen.* Zuerst haben sie mich sehr verblüfft, so daß ich sie nachzurechnen versuchte. Meine Schätzungen kamen seinen Zahlen sehr nahe. Um sicherzugehen, bat ich eine Kollegin aus der Biologie um eine Überprüfung, und sie schien unabhängig von mir zu den gleichen Resultaten zu kommen. Daher denke ich, daß sie ziemlich zuverlässig sind.)

Die Zahl der Hämoglobin-Moleküle im Körper beträgt 6×10^{21}. Mit einer ähnlich großen Zahl hat in den letzten Jahren fast jeder explizit oder implizit Bekanntschaft gemacht – gemeint ist die Zahl der verschiedenen möglichen Konfigurationen von Rubiks Zauberwürfel. Diese Zahl – nennen wir sie *Rubiks Konstante* – beträgt etwa $4{,}3 \times 10^{19}$. Um sich einen Begriff von der Größe zu machen, stelle man sich viele Würfel vor, jede Seite 2,5 Zentimeter, für jede mögliche Konfiguration einen. Und nun schütte man sie über die Fläche der Vereinigten Staaten aus. Wie dick wären die USA mit Würfeln bedeckt? Wenn Sie sogar bei Rubiks „Supergruppe" mitmachen, wo die Richtungen der Zentren der einzelnen Seiten eine Rolle spielt, dann ist Rubiks „Superkonstante" 2,048 mal größer oder etwa 9×10^{22}!

Die *Ideal Toy Corporation* – der amerikanische Vertreiber des Würfels – war viel bescheidener als McDonald's. Auf ihrer Packung gab sie lediglich an: „Über drei Milliarden Kombinationen möglich" – selten habe ich eine so rührende und euphemistische Unterschätzung gehört. Das ist das erste Mal, daß ich ein seichtes Schlafliedchen gehört habe, das statt einer Popmelodie eine Popzahl verhunzt. Schauen Sie mal folgendes an, nur zum Vergleich:

1) „Sie kommen jetzt nach San Francisco – Bevölkerung größer als 1."
2) „McDonald's – über 2 serviert."
3) „Zusammen halten die Supermächte 3 Pfund TNT für jeden menschlichen Erdbewohner bereit."

Nummer 1 liegt um einen Faktor von etwa einer Million oder sechs Größenordnungen (Zehnerfaktoren) daneben. Nummer 2 liegt um einen Faktor von etwa zehn Milliarden (zehn Größenordnungen) daneben, während Nummer 3 (kürzlich in einem Leserbrief des *Bulletin of the Atomic Scientists* gesehen) um einen Faktor von etwa tausend (drei Größenordnungen) zu klein ist.

Die Zahl der Hämoglobinmoleküle und Rubiks Superkonstante sind nun *wirklich* groß. Wie wäre es mit einigen kleineren großen Zahlen, um einen Moment wieder auf die Erde zurückzukommen? Schön, was meinen Sie, wieviele Leute in diesem Moment mit dem Fallschirm auf die Erde springen? Wieviele deutsche Wörter kennen Sie? Wieviele Morde gibt es jährlich im Bezirk Los Angeles? In Japan? Bestürzend, wenn man die beiden letzten Zahlen nebeneinanderstellt: im Bezirk Los Angeles etwa 2000, in Japan etwa 900.

Unter den jährlichen Toten gibt es eine Zahl, die wir meistens unter den Teppich kehren: knapp 9000 Tote im Straßenverkehr, allein in der Bundesrepublik Deutschland. Nimmt man die restliche Welt hinzu, so sind es wahrscheinlich 10- oder 20mal soviel. Können Sie sich vorstellen, wie wir reagieren würden, wenn heute jemand käme und sagte: „Hört mal zu! Ich habe da eine tolle Erfindung. Sie hat nur den kleinen Haken, daß sie jedes Jahr eine deutsche Bevölkerung von der Größe einer Kleinstadt auslöscht. Aber wartet doch! Nicht weglaufen! Der Rest der Bevölkerung wird begeistert sein, Ehrenwort!" Die Autoverkehrsstatistik ist ziemlich genau. Und doch hören wir kaum jemanden die Parole rufen: „Nur kein Auto ist ein gutes Auto!" Wieviele Aufkleber „Autos, nein danke!" haben Sie gesehen? 9000 Tote machen uns anscheinend nichts aus. Und dabei geht etwa die Hälfte aller Unfälle auf Trunkenheit am Steuer zurück. Warum geht Ihnen da nicht der Hut hoch?

* * *

Bringen wir noch ein wenig mehr Licht in die Sache. Also, Licht z. B. besteht aus Photonen. Wieviele Photonen pro Sekunde sendet eine 100-Watt-Birne aus? Etwa 10^{20} – wieder ein Riese. Ist die Zahl der Sandkörner auf einem Strand größer oder kleiner? Was für ein Strand? Sagen wir ein Streifen Strand von 1,6 km Länge, 30 m Breite und 180 cm Tiefe. Was würden Sie schätzen? Und nun rechnen Sie es aus. Wollen Sie es auch einmal mit der Anzahl der Wassertropfen im Atlantik versuchen? Oder der Anzahl von Fischen im Ozean? Was gibt es mehr: Fische im Meer oder Ameisen auf der Erde? Atome in einem Grashalm oder Grashalme auf der Erde? Grashalme oder Insekten? Blätter an einer Eiche oder Haare auf einem menschlichen Kopf? Wieviele Regentropfen pro Sekunde kommen bei einem Wolkenbruch auf Ihre Stadt herunter?

Wieviele Kopien der Mona Lisa sind jemals gedruckt worden? Versuchen wir das einmal zusammen. Wahrscheinlich wird sie im Jahr dutzendmal in Zeitschriften reproduziert. Nehmen wir im Durchschnitt an, jede Zeitschrift hat eine Auflage von 100000 Stück. Das macht eine gute Million Kopien pro Jahr in deutschen Zeitschriften. Dann gibt es aber noch Bücher, Prospekte und andere Veröffentlichungen. Vielleicht sollten wir die Zahlen verdreifachen oder vervierfachen. Um die anderen Länder zu berücksichtigen, können wir sie noch einmal mit 20 oder 30 multiplizieren. Jetzt sind wir bei 100 Millionen Kopien im Jahr. Nehmen wir an, das gälte für jedes Jahr dieses Jahrhunderts. Das würde beinahe zehn Milliarden Kopien der Mona Lisa machen! Ein ganz schönes Mem, was? Wahrscheinlich haben wir uns hier und da verhauen, aber innerhalb eines Faktors von zehn müßten wir schon hinkommen.

„Innerhalb eines Faktors von *zehn*"?! Vorhin sagte ich, daß ein Faktor von *drei* noch verzeihlich wäre, doch jetzt gestehe ich mir selbst dreimal drei zu – eine ganze

Größenordnung. Der Grund ist einfach: Wir haben es jetzt mit größeren Zahlen zu tun (10^{10} statt 10^5), und daher ist es zulässig. Folgende Faustregel können wir uns merken. Sagen wir, für jeden geschätzten Faktor von 100000 ist ein Fehler des Faktors drei zulässig. Wenn wir uns also in Größenordnungen von etwa 10 Milliarden bewegen, können wir uns einen Fehlerfaktor von zehn – *eine* Größenordnung – erlauben; oder einen Fehlerfaktor von etwa 100 (*zwei* Größenordnungen), wenn wir das Quadrat dieser Zahl nehmen, das ist 10^{20}, etwa 2,5mal soviel wie Rubiks Konstante. Es wäre also verzeihlich gewesen, wenn *Ideal* gesagt hätte „Über eine *Milliarde* Milliarde Kombinationen", denn das läge nur um den Faktor 40 daneben – etwa 1,5 Größenordnungen –, was sich bei solch riesigen Zahlen in unseren Grenzen hält.

Warum sollen wir uns mit einer Schätzung zufriedengeben, die nur auf ein Prozent der wirklichen Zahl herankommt oder mit einer Schätzung, die hundertmal zu groß ist? Nun, nehmen wir den Zehnerlogarithmus der Zahl – die Zahl der Nullen: wenn wir 18 sagen, anstatt – wie die richtige Antwort hieße – 20, liegen wir nur zehn Prozent daneben! Aber wie kommen wir dazu, die Größe selbst mit einer Handbewegung wegzuschieben und zu ihrem Logarithmus überzuwechseln (ihrer Größenordnung)? Nun, bei solch großen Zahlen bleibt uns keine andere Wahl. Unsere Wahrnehmungsrealität beginnt sich zu verschieben. Wir *können* uns einfach diese Quantität nicht visuell vorstellen. Dafür tritt die Ziffernfolge – die Reihe der Nullen – in den Vordergrund: Unsere Wahrnehmungsrealität wird zu der von mehrstelligen Zahlen. Wann tritt dieser Ebenenwechsel ein? Dann, wenn wir die richtige Größenordnung einer Ansammlung mit unserem geistigen Auge nicht mehr erkennen können. Für mich beginnt diese Wahrnehmungsgrenze bei ungefähr 10^4 – die Größenordnung des Treibholzstaus auf der Photographie. Dieser Übergang ist sehr wichtig. Er ist eine der Schlüsselthesen dieses Artikels.

Man kann 10^4 auch anders fassen, z.B. als die Zahl der Konservendosen, die im Supermarkt ein Regal von 15 Metern füllen. Größere Zahlen kann ich einfach nicht wahrnehmen. Die Zahl der Kacheln, mit denen der Lincoln-Tunnel zwischen Manhattan und New Jersey ausgekleidet ist, ist so enorm, daß ich sie mir nur schwer veranschaulichen kann. (Sie bewegt sich in der Größenordnung von einer Million, wie man sich ausrechnen kann, auch wenn man sie nie gesehen hat.) Irgendwo zwischen 10^4 und 10^5 setzt meine Vorstellungskraft aus und wird durch die sekundäre Realität der Ziffernzahl ersetzt (oder bis zu einem gewissen Grad durch Zahlennamen wie „Million", „Milliarde" und „Billion"). Warum das gerade hier passiert und nicht bei, sagen wir, 10 Millionen oder 1000, muß mit der Evolution und der Rolle, die die Wahrnehmung großer Ansammlungen für das Überleben spielt, zu tun haben. Das ist eine philosophisch faszinierende Frage, aber ich kann nicht hoffen, sie hier zu beantworten.

Als eine gute Faustregel können wir jedenfalls festhalten: Die Schätzung sollte sich innerhalb zehn Prozent der richtigen Antwort bewegen – aber das bezieht sich nur auf die *Ebene der Wahrnehmungsrealität.* Wer daher bei Rubiks Zauberwürfel auf 10^{18} Stellungen getippt haben sollte, ist entschuldigt, denn 18 ist ziemlich nahe bei 19,5, was ungefähr die Anzahl der Stellen ist. (Man bedenke, daß – grob gesprochen – die Rubiksche Konstante $4{,}3 \times 10^{19}$ beträgt oder 43000000000000000000. Der maßgebende Faktor von 4,3 zählt etwas mehr als eine halbe Ziffer, da jeder Faktor von 10 eine *ganze* Ziffer ausmacht, während ein Faktor von 3,16, die Wurzel aus 10, eine *halbe* Ziffer ausmacht.)

Sollte man es mit millionen- oder milliardenstelligen Zahlen zu tun bekommen, wären selbst die Ziffern (die riesigen Ziffernketten) nicht mehr wahrnehmbar, und man wäre gezwungen, in ihrer Wahrnehmung einen weiteren Abstraktionsschritt zu vollziehen – zu der Zahl, die die Ziffern in der Zahl zählt, die die Ziffern in der Zahl zählt, die die betreffenden Objekte zählt. Unnötig zu sagen, daß diese Wahrnehmungsrealität dritter Ordnung höchst abstrakt ist. Außerdem kommt sie, selbst in der Mathematik, sehr selten vor. Trotzdem könnte man noch weit über sie hinausgehen. In unserer abstrakten Einbildung gibt es keine Hindernisse, um von einer Wahrnehmung vierter oder fünfter Ordnung zu einer solchen zehnter, hundertster oder millionster Ordnung fortzuschreiten.

Spätestens dann hätten wir allerdings keinen *genauen* Überblick mehr über die Zahl der gewechselten Ebenen, und wir würden uns mit ihrer bloßen *Schätzung* zufriedengeben (auf zehn Prozent genau, natürlich). „Na, ich würde sagen, hier sind etwa zwei Millionen Ebenenwechsel der Wahrnehmung drin, ein paar Hunderttausend auf- oder abgerechnet", so würde jemand reden, der mit solch unvorstellbar unvorstellbaren Mengen zu tun hätte. Man sieht, wohin das führt: zu vielfältigen Abstraktionsebenen in der Rede über vielfältige Abstraktionsebenen. Wenn wir unsere Diskussion auch nur eine Zillisekunde fortführen würden, befänden wir uns schon mittendrin in der Theorie rekursiver Funktionen und algorithmischer Komplexität. Und das wäre zu abstrakt. Also laßt uns das Thema hier abbrechen.

* * *

Verbunden mit dieser Idee riesiger Ziffernzahlen, aber greifbarer, ist die Berechnung der berühmten π-Konstante. Wieviele Stellen sind bis jetzt maschinell errechnet worden? Soviel ich weiß: eine Million. Jemand in Frankreich hat das vor ein paar Jahren gemacht. Die Million Ziffern füllt ein ganzes Buch. (Anmerkung von 1986: Auch das wurde mittlerweile übertroffen. Man ist jetzt bei etwa 32 Millionen angelangt. Ob in den USA oder Japan, weiß ich nicht genau.) Wieviele von dieser Million Ziffern kann man im Kopfe behalten? Angeblich 20000, nach dem letzten *Guinness-Buch der Rekorde.* Als irrer Schüler habe ich einmal 380 Ziffern von π auswendig gelernt. In meinem unbefriedigten Ehrgeiz wollte ich jenen Punkt erreichen – in der Dezimalausbreitung die 762. Stelle –, wo es mit 999999 weitergeht, so daß ich die π-Konstante laut hätte aufsagen können, bis ich zu diesen sechs Neunern gekommen wäre, um dann mit einem verschmitzten „und so weiter" aufhören zu können. Später habe ich Leute kennengelernt, die mich übertrafen (obwohl niemand von ihnen bis zu dieser Neunerreihe gekommen war). Die meisten Ziffern, die wir einmal auswendig gelernt hatten, hatten wir alle wieder vergessen, doch hatten wir die ersten 100 noch gut im Kopf, und manchmal haben wir sie gemeinsam aufgesagt – ein ziemlich esoterisches Vergnügen.

Was würden Sie denken, wenn jemand behauptete, er könne das ganze Buch mit der einen Million π-Ziffern auswendig? Ich würde die Behauptung glatt zurückweisen. Ein Student erzählte mir einmal allen Ernstes, Jerry Lucas, der Gedächtniskünstler und Basketballstar, könne das ganze Telephonbuch von Manhattan auswendig. Das ist ein gutes Beispiel für die Leichtgläubigkeit, die von mangelnder Zahlenkenntnis kommt. Haben Sie eine Vorstellung davon, was es heißt, das Telephonbuch von Manhattan auswendig zu lernen? Mir scheint hier die Glaubwürdigkeit um etwa zwei Größenordnungen überschritten. Es muß schon sagenhaft schwer sein, eine einzige Seite auswendig zu lernen. Zehn Seiten – das bewegt sich schon am Rande der Glaubwürdigkeit. Übrigens scheinen mir zehn Seiten des Telephonbuches äquivalent zu sein mit der auswendig gelernten Bibel (auch etwas, das irgend jemand gemacht haben will). Denn die geschriebene Sprache ist sehr redundant, und das Weltgeschehen von gleichartiger Struktur. Aber 1500 dicht bedruckte Seiten von Telephonnummern, Adressen und Namen im Kopf zu behalten, das liegt jenseits aller Vorstellungskraft. Ich will einen Besen fressen, wenn ich im Unrecht bin – ach nein, all meine 10000 Besen.

* * *

Es gibt Phänomene, die man an zwei (oder mehreren) Maßstäben gleich gut messen kann, je nach Bedarf. Man nehme etwa die Tonhöhe in der Musik. Die Klaviatur ist eine lineare Skala, auf der jeder Ton gemessen werden kann. So sagt man: „Dieses A ist neun Halbtöne höher als dieses C, und das C ist sieben Halbtöne höher als dieses F, also ist das A 16 Halbtöne höher als das F." Wir haben es mit einer additiven oder linearen Skala zu tun. Das heißt, wenn man die Reihe ganzer Zahlen der Notenreihe zuordnet, dann wird der Abstand zwischen den Noten durch ihre Zahlenunterschiede wiedergegeben. Im Spiel sind nur Addition und Substraktion.

Will man aber die Dinge eher akustisch als auditiv, eher physikalisch als perzeptiv auffassen, dann wird die Tonhöhe besser durch ihre *Frequenz* als durch ihre Stellung auf der Klaviatur wiedergegeben. Das tiefe A am Anfang der Klaviatur schwingt etwa 27mal pro Sekunde, während das C drei Halbtöne darüber etwa 32mal pro Sekunde schwingt. Man könnte denken, um drei Halbtöne hochzuklettern, müßte man also immer fünf Schwingungen pro Sekunde hinzuaddieren. Falsch. Man muß statt dessen immer mit 32/27 *multiplizieren.* Zwölf Halbtöne hochzuklettern, bedeutet, vier wiederholte Sprünge von drei Halbtönen.

Wenn man also eine Oktave (zwölf Halbtöne) hochgeklettert ist, dann ist die Tonhöhe viermal hintereinander mit 32/27 multipliziert worden, was 2 ergibt. In Wirklichkeit ist die vierte Potenz von 32/27 nicht ganz 2, und da eine Oktave ein Verhältnis von *genau* 2 darstellt, muß 32/27 eine leichte Unterschätzung sein. Doch darauf kommt es jetzt nicht an. Wichtig ist: Um eine Frequenz zu vergleichen, muß man multiplizieren und dividieren, während Addition und Substraktion die natürlichen Operationen für die Notenzahlen auf einer Klaviatur ausmachen. Was bedeutet, daß die Notenzahlen Logarithmen der Frequenzen sind. Hier ist der Fall eines natürlichen logarithmischen Denkens gegeben!

Die Sache kann auch anders dargestellt werden. Zwei benachbarte Töne an der Spitze der Klaviatur differieren in der Frequenz um etwa 400 Schwingungen pro

Sekunde, während benachbarte Töne an der Basis nur um etwa zwei Schwingungen pro Sekunde differieren. Müßte das nicht bedeuten, daß die Intervalle deutlich verschieden sind? Und dennoch klingen dem menschlichen Ohr das hohe und das tiefe Intervall genau gleich!

Wo immer man eine lineare Steigerung wahrnimmt, obwohl das Ding selbst sich im Umfang verdoppelt, ist logarithmisches Denken im Spiel. Haben Sie sich zum Beispiel jemals darüber gewundert, daß bloße sieben Ziffern ausreichen, um in der 10-Millionen-Stadt New York jedes Telephon mit jedem anderen zu verbinden? Und wenn sich nun die New Yorker Bevölkerung verdoppelte? Müßte man dann an jede Telephonnummer sieben weitere Ziffern anhängen, um diese 20 Millionen Menschen zu erreichen? Natürlich nicht. Sieben weitere Ziffern anzuhängen, hieße die Zahl der Möglichkeiten mit 10 Millionen zu *multiplizieren.* Allein schon durch den Zusatz von drei Ziffern (die Vorwahl) kann man jede Telephonnummer in Nordamerika erreichen. Einfach, weil jede neue Ziffer einen zehnfachen Zuwachs an erreichbaren Telephonnummern bedeutet. Drei Ziffern mehr bedeutet das Netz mit 1000 zu multiplizieren: drei Größenordnungen. Also ist die Länge einer Telephonnummer – jener sichtbare Rattenschwanz von Zahlen, durch die man sich vor jedem Ferngespräch durchwählen muß – ein logarithmischer Maßstab für die Größe des Netzes, an das man angeschlossen ist. Riesige Kenn-Nummern mit 25 oder 30 Ziffern für Menschen oder Produkte sind daher lächerlich, da einige wenige Ziffern vollauf genügen.

Neulich bekam ich eine Rechnung mit der Aufforderung, eine Gebühr auf ein jugoslawisches Konto zu überweisen. Die Konto-Nummer lautete 60802-620-1-1-721000-421-01062. Eine absurdere Nummer war mir im Geschäftsverkehr nicht untergekommen. Kürzlich jedoch bekam ich für meinen neuen Wagen die Zulassungspapiere, an deren Fuß jene erhellende Konstante zu finden war: 0101013612182003010700142631172441512003603600030002. Sicherheitshalber folgte einige freie Spalten weiter die Zahl 19283.

Ein Gebiet, wo wir logarithmisch denken, sind die Zahlennamen. Im Deutschen haben wir nach jeweils drei Nullen (bis zu einem gewissen Punkt) einen neuen Namen: von *Tausend* zu *Million* zu *Milliarde* zu *Billion.* In gewissem Sinn ist jeder Sprung „gleich groß". Das heißt, eine Milliarde ist ebensoviel größer als eine Million wie eine Million größer ist als ein Tausend. Oder eine Billion verhält sich zu einer Milliarde wie eine Milliarde zu einer Million. Geht das aber immer so fort? Hat es z. B. Sinn zu sagen, 10^{103} verhält sich zu 10^{100} wie eine Million zu Eintausend? Ich neige dazu zu sagen: „Nein, diese riesigen Zahlen sind annähernd gleich groß, während Eintausend und eine Million sehr verschieden sind." Was die Sache etwas schwierig macht, das sind die Verschiebungen in der Wahrnehmungsrealität.

Jedenfalls scheint es, als gingen uns die Zahlennamen bei etwa einer Trilliarde aus. Natürlich gibt es für größere Zahlen auch offizielle Namen, aber die sind in etwa so bekannt wie die Namen ausgestorbener Dinosaurier: Quadrillion, Oktillion, Vigintillion, Brontosillion, Trikeratillion und so weiter. Sie sind uns einfach nicht geläufig, weil sie vor einer Dinosillion Jahren ausstarben. Wie ich oben erwähnte, stellt sogar der Ausdruck „Milliarde" ein zwischenkulturelles Problem dar. Man stelle sich das Durcheinander vor, wenn in Großbritannien „hundred" 1000 bedeuten würde? Wenn die Zahlen zu groß werden, macht eben die menschliche Vorstellungskraft nicht mehr mit. Trotzdem ist es schade, daß die größte Zahl mit einem allgemein-gebräuchlichen Namen (zumindest im Deutschen) eine Trilliarde ist. Was passiert, wenn der Verteidigungshaushalt noch weiter anschwillt? Werden wir dann noch blinder werden? Freilich, wie die Dinosaurier werden wir nicht mehr das Vergnügen haben, uns mit diesem Problem auseinanderzusetzen.

* * *

Der Fortschritt in der Schnelligkeit automatischer Rechenprozesse wird am besten logarithmisch dargestellt. In den letzten Jahrzehnten hat sich die Zahl der einfachen Operationen (wie Addition und Multiplikation), die ein Computer pro Sekunde ausführen kann, alle sieben Jahre verzehnfacht. Heute sind wir bei etwa 100 Millionen Operationen pro Sekunde angelangt, bei den avanciertesten Maschinen noch etwas mehr. Um 1975 waren es etwa 10 Millionen Operationen pro Sekunde. In den späten sechziger Jahren waren eine Million Operationen pro Sekunde noch extrem schnell. In den frühen sechziger Jahren waren es 100000 Operationen pro Sekunde. 10000 waren viel in der Mitte der fünfziger Jahre, 1000 Ende der vierziger – und am Anfang der vierziger waren es 100.

Anfang der vierziger Jahre leitete Nicholaus Fattu ein Team in der University of Minnesota, das im Auftrag der Luftwaffe an statistischen Berechnungen mit großen Matrizen (etwa 60×60) arbeitete. Er brachte etwa 10 Leute in einen Raum zusammen und gab jedem einen Monroematic-Tischrechner. Zehn Monate saßen diese Leute in koordinierter Arbeit zusammen, führten ihre Rechnungen aus, kontrollierten gegenseitig ihre Resultate. Zwanzig Jahre später wiederholte Professor Fattu aus reiner Neugierde dieselbe Rechnung auf einem IBM 704 und brauchte dazu zwanzig Minuten. Dabei entdeckte er zwei Fehler, die dem damaligen Team unterlaufen waren. Mit einem Großrechner kann man das heute natürlich in ein, zwei Sekunden erledigen.

Doch auch moderne Computer stoßen leicht an ihre Grenzen. Der berüchtigte Computer-Beweis des Vier-Farben-Theorems, der vor ein paar Jahren an der University of Illinois durchgeführt wurde, brauchte 1200 Stunden Rechenzeit. In Tage umgerechnet, klingt es noch imposanter: 50 volle 24-Stunden-Tage. Bei zwanzig Millionen Operationen pro Sekunde käme der Computer auf 10^{11} oder 100 Milliarden einfache Operationen – ein paar hundert auf jede Zigarette, die pro Jahr in den USA geraucht wird. Uff!

Bei einer Milliarde Operationen pro Sekunde käme ein Computer ganz schön in Schwung. Das wäre, als wollte man eine Sekunde in ebensoviele winzige Momente aufsplittern wie es Sekunden in 30 Jahren gibt. Denn so winzig ist eine Nanosekunde – eine Milliardstel Sekunde. Für einen Computer ist eine Sekunde wie ein Leben! Natürlich, im Vergleich zu den Vorgängen innerhalb der Atome, aus denen der Computer zusammengesetzt ist, ist dieser eine Schlafmütze. Nehmen wir ein Atom. Ein typisches Elektron, das um einen typischen Kern kreist, vollführt etwa 10^{15} Umdrehungen in der Sekunde, das sind eine Million Umdrehungen in der Nanosekunde. Aus der Sicht des Elektrons bewegt sich der Computer im Schneckentempo.

Ein Elektron verhält sich eigentlich doppelt. Es hat eine *Umlaufs*periode und eine *Rotations*periode, da es sich um seine eigene Achse dreht. Auf der Quantenebene freilich ist „drehen“, streng genommen, nur eine Metapher, so daß das Folgende nicht allzu wörtlich zu nehmen ist. Nichtsdestotrotz, wenn man sich ein Elektron wie eine klassische (nicht-quantenmechanische) Kugel, die sich dreht, vorstellt, dann kann man seine Rotationszeit aus seinem bekannten Spindrehimpuls (etwa Plancks Konstante oder 10^{-34} Joule-Sekunden) und seinen Radius (der mit seiner Compton-Wellenlänge gleichgesetzt werden kann, das ist etwa 10^{-20} Zentimeter) berechnen. Die Drehzeit beträgt dann etwa 10^{-20} Sekunden. Mit anderen Worten, jedesmal wenn der superschnelle Computer zwei Zahlen addiert, hat sich jedes Elektron darin 100 Milliarden mal um seine eigene Achse gedreht. (Würden wir statt dessen den sogenannten „klassischen Radius“ des Elektrons nehmen, dann würde sich das Elektron etwa 10^{24} mal pro Sekunde drehen – genug, daß es einem schummrig wird. Da jedoch diese Darstellung sowohl die Relativität als auch die Quantenmechanik verletzt, bleiben wir lieber bei der ersten Darstellung.)

Am anderen Ende des Spektrums haben wir den langsamen erhabenen Wirbel unserer Milchstraße, die sich gemächlich etwa alle 200 Millionen Jahre einmal dreht. Und innerhalb des Sonnensystems braucht der Planet Pluto etwa 250 Jahre, um einen Sonnenumlauf zu vollenden. Was die Sonne betrifft: sie mißt etwa 1 600 000 Kilometer im Durchmesser und hat eine Masse in der Größe von etwa 10^{30} Kilogramm. Dagegen ist die Erde mit ihren 10^{24} Kilogramm ein Federgewicht. Nicht zu vergessen einige Sterne – die roten Giganten –, die von solchem Durchmesser sind, daß sie die Umlaufbahn des Jupiter umfassen würden. Solche Sterne sind natürlich sehr locker und fein, wie Zuckerwatte in kosmischen Dimensionen. Im Gegensatz dazu sind einige Sterne – Neutronensterne – so massiv, daß ein aus ihnen entnommener Würfel von einem Millimeter Seitenlänge in seiner Masse einer halben Million Tonnen gleichkäme, das ist die Masse des schwersten Öltankers, der je gebaut wurde – vollbeladen!

* * *

Diese großen und kleinen Zahlen liegen so jenseits unserer Vorstellungskraft, daß es praktisch unmöglich ist, noch weiter erstaunt zu sein. Die Zahlen sind schlechthin unbegreiflich – es sei denn, man hat ein Gefühl für Exponenten entwickelt. Und selbst mit diesem Gefühl ist es schwer, dem so ungeheuer großen und gleichzeitig so ungeheuer fein gefügten Universum die ihm gebührende Bewunderung zu zollen. Heutzutage setzt die Zahlenblindheit schon früh ein. Die meisten Leute zeigen sich von Wörtern wie „Milliarde“ oder „Billion“ völlig ungerührt. Sie bedeuten für sie alle dasselbe.

Das mußte ich wieder einmal schmerzlich erfahren, kurz nachdem ich einen Entwurf dieser Kolumne fertiggestellt hatte. Ich las gerade die Zeitung und stieß auf einen Artikel über Nervengas. Darin stand, daß Präsident Reagan die Ausgaben für Nervengas 1983 auf 800 Millionen und 1984 auf 1,4 Milliarden Dollar erhöhen werde. Ich war entsetzt, aber schon dankbar, daß es nicht 10 oder 100 Milliarden Dollar waren. Dann schämte ich mich plötzlich. Der Kerl hat wirklich Nerven-gas! Wie konnte ich angesichts von „bloßen“ 1,4 Milliarden *erleichtert* sein? Wie konnte ich in meinen Gedanken soweit von der Wirklichkeit abkommen? Eine Milliarde für Nervengas – das ist nicht nur betrüblich; das ist abscheulich. Wir können es uns einfach nicht leisten, noch zahlenblinder zu werden, als wir es eh schon sind. Wir müssen uns aus unserer Apathie herausreißen lassen, denn das sind schon keine schlechten „Witze“ mehr.

Hier steht das Überleben unserer Gattung auf dem Spiel. Mir ist es egal, ob die Zahl der Moskitos in Afrika größer oder kleiner ist als die der Pfennige im Bruttosozialprodukt. Oder ob es mehr Gletscher im Toten Meer gibt als Skorpione in der Antarktis. Mir ist es egal, wie hoch ein Stapel von einer Milliarde Dollarscheinen ist (ein Bild, das Präsident Reagan in einer Rede gebrauchte, mit der er die von seinen Vorgängern verursachte Staatsverschuldung beklagte). Mir geht es auch nicht im mindesten um die sinn- und witzlose Darstellung riesiger Größen. *Nicht* egal ist es mir allerdings zu wissen, was eine Milliarde Dollar an Kaufkraft *darstellt:* Mittagessen für alle New Yorker Schulkinder für ein Jahr, hundert Büchereien, fünfzig Jumbo-Jets, der Haushalt einer großen Universität für ein paar Jahre, ein Schlachtschiff und so weiter. Dennoch, wenn man (wie ich) ein Liebhaber von Zahlen ist, kann man nicht umhin, die Trennlinie zwischen Zahlenspielerei und ernsthaftem Denken zu verwischen. Denn ein verrücktes Bild kann ziemlich schnell in ein ernsteres umschlagen. Mit frivoler Zahlenspielerei jedoch, so amüsant sie auch sein mag, hat dieser Artikel nichts im Sinn.

Ich hoffe, daß dieser Artikel nicht dazu gedient hat, für die nächste Fete ein paar neue Gags geliefert zu haben, sondern daß er das Bewußtsein für die Bedeutung großer Zahlen geschärft hat. Was ich möchte, ist, daß die Leute die sehr reale Konsequenz jener sehr surrealen Zahlen begreifen lernen, die in den Zeitungsschlagzeilen herumfliegen wie die austauschbaren Namen der Filmstars in den Skandalblättern. *Nur deswegen* habe ich auch all die etwas komischeren Beispiele gebracht. Im Grunde beschäftigen wir uns mit Fragen der Wahrnehmungstheorie, nur daß es bei diesen Fragen um Leben und Tod geht!

* * *

Im Prinzip ist es nicht schwer, gegen die Zahlenblindheit anzugehen. Man muß sich nur an eine zweite Bedeutungsschicht *kleiner* Zahlen gewöhnen – namentlich an die Bedeutung von Zahlen zwischen, sagen wir, fünf und zwanzig, soweit sie als Exponenten gebraucht werden. Es wäre schon revolutionär, wenn die Zeitungen dazu übergingen, große Zahlen in Zehnerpotenzen auszudrücken. Zu wissen, daß eine Zahl zwölf Nullen hat, ist *konkreter,* als zu wissen, daß sie eine „Billion“ genannt wird.

Nehmen wir die Zahlen „314 159 265 358 979“ und „271 828 182 854“: Ich möchte wissen, wieviel Prozent der Bevölkerung imstande wäre zu erkennen, daß die erste Zahl etwa 1000mal größer ist als die zweite. Die meisten würden es gar nicht sehen, ja sie wären nicht einmal imstande, die Zahlen laut zu lesen. Wenn das nicht besorgniserregend ist!

Es gibt ein Buch, das diese Blindheit tapfer und phantasievoll zu bekämpfen versucht, ein Buch, das von Demut erfüllt ist angesichts der höchst erstaunlichen Größenordnungen, die wir diskutiert haben. Es heißt *Cosmic View: The Universe in Forty*

Jumps („Die kosmische Sicht: Das Universum in vierzig Sprüngen") und stammt von dem holländischen Lehrer Kees Boeke. In seinem Buch nimmt uns Boeke auf eine imaginäre Bilderreise mit, in der jeder Sprung ein exponentieller Schritt ist, welcher in linearer Richtung den Faktor 10 bedeutet. Von unserer eigenen Größe aus geht es 26 Schritte hinauf und 13 hinunter. Wahrscheinlich ist es kein Zufall, daß das Buch von einem Holländer geschrieben wurde, da die Holländer schon lange kosmopolitisch eingestellt sind und in einem kleinen und verletzbaren Land mit vielen Sprachen und Kulturen leben. So scheint es mir charakteristisch zu sein, wenn Boeke sein Buch mit der Hoffnung beschließt, die Reise möge dazu beitragen, daß die Menschen sich ihres Platzes in der kosmischen Ordnung besser bewußt werden und dadurch die Welt näher zusammenrückt. Da ich seinen Schluß überzeugend finde, möchte ich mit ihm dieses Kapitel beenden:

> In der kosmischen Perspektive wird der Mensch erst dann wirklich Mensch, wenn er die größte Demut und den sorgsamsten Gebrauch der kosmischen Kräfte, die ihm zur Verfügung stehen, miteinander verbindet.
>
> Das Problem jedoch ist, daß der primitive Mensch dazu neigt, die ihm gegebene Kraft für sich selbst auszunutzen, statt seine Energie und sein Leben für das Wohl der großen und wachsenden menschlichen Familie einzusetzen, die in dem begrenzten Raum unseres Universums zusammenleben muß. Für die Menschheit ist es daher eine Sache auf Leben und Tod, daß wir das Zusammenleben lernen und ohne Ansehen von Geburt und Erziehung füreinander sorgen. Bei unserem Bemühen, für das Wohl aller Menschen zu leben und zu arbeiten, darf uns kein Unterschied der Nationalität, Rasse, des Glaubens oder der Überzeugung, des Alters oder Geschlechts hindern.
>
> Es ist daher ein dringendes Bedürfnis, daß wir alle, Kinder wie Erwachsene, im Geiste dieses Zieles erzogen werden. Für die Menschheit ist es eine Pflicht, zu lernen, miteinander im gegenseitigen Respekt zu leben und ohne jede Privilegierung danach zu streben, das Glück aller zu vermehren. Das müssen unsere Erziehungsziele sein.
>
> Innerhalb dieser Erziehung ist die Entwicklung einer kosmischen Sicht ein wichtiges und notwendiges Element. Mag die Expedition, die wir in diesen „vierzig Sprüngen durch das Universum" unternommen haben, ein wenig dazu beigetragen haben, eine solche weite und allumfassende Sicht zu entwickeln. Wenn ja, hoffen wir, daß sie möglichst vielen gelingt!

Postskriptum

Zufällig stand in derselben Ausgabe des *Scientific American*, in der diese Kolumne erschien, eine kurze Meldung über das amerikanische Atomwaffenarsenal. Nach diesem Bericht, der auf Informationen des *Center for Defense Information* und des *National Resource Defense Council* zurückgeht, stapeln sich gegenwärtig bis zu 30000 Nuklearwaffen, von denen 23000 einsatzfähig sind. (Abbildung 32-2, die letzte dieses Buches, zeigt, wie man diesen Sachverhalt sehr gut darstellen kann.) Die Reagan-Regierung, heißt es, beabsichtigt, in den nächsten 10 Jahren 17000 neue Waffen zu bauen und etwa 7000 alte zu verschrotten. Damit würde sie das gesamte Arsenal an Atomwaffen um 10000 erhöhen.

Damit kommen auf jeden russischen Kopf ungefähr 10 Tonnen TNT. Was aber heißt denn das nun wirklich? Eben dieselbe Frage quälte Wolf H. Fahrenbach, und er hat mir geschrieben, was er herausbekommen hat:

> Da 10 Tonnen TNT meine Zahlen-Bildung übersteigt, habe ich einen befreundeten Sprengmeister gefragt, was denn ein Pfund, zehn Pfund, 100 Pfund TNT anrichten können. Ein Pfund TNT in einem Auto tötet alle Insassen und hinterläßt ein glühendes Wrack; zehn Pfund zerstören ein durchschnittliches Vorstadthaus; und 1000 Pfund, in einen alten deutschen Panzer gesteckt, schicken seinen Turm in die niedrig hängenden Wolken. Der Regierung müßte doch beizubringen sein, daß es den meisten zivilisierten Staaten genügt, jeden einzelnen ihrer Feinde zu *töten* und daß es keinen zwingenden Grund gibt, sie auch noch zu ionisieren.

Ich fand das deswegen interessant, weil ich gerade daran dachte, daß die kürzlich durch eine Auto-Bombe in Beirut getöteten 241 Marinesoldaten in einem Haus waren, das von, geschätzt, einer Tonne TNT zum Einsturz gebracht wurde. Zehn Tonnen, gut plaziert, hätten vielleicht 2400 Todesopfer gefordert, vermute ich. Zehn Tonnen: das ist der mir zugedachte Anteil und auch der Ihre. Das ist der unfaßbare Overkill, mit dem wir es im Atomzeitalter zu tun haben.

Man kann die Sache auch so sehen: Es gibt auf der Welt etwa 25 000 Megatonnen Atomwaffen. Wenn wir „Mega" in „Million" und „Tonne" in „2000 Pfund" übersetzen, kommen wir auf ein TNT-Äquivalent von 25 000 × 1 000 000 × 2000 Pfund, das sind 50 000 000 000 000 Pfund, die sich auf uns verteilen – vielleicht nicht gleichmäßig, aber es bleibt für jeden genug übrig.

Ich schwanke, ob ich es lieber mit diesen vielen Nullen ausdrücken oder ob ich es bei 25 000 Megatonnen belassen soll. Ich darf nur nicht vergessen, was eine Megatonne wirklich bedeutet. Letztes Jahr besuchte ich Paris und bestieg den Montmartre. Von dort oben, am Fuße der Sacré-Cœur, hat man einen wunderschönen Blick auf Paris. Ich konnte es nicht lassen, meinen beiden Freunden die Freude an diesem herrlichen Panorama zu verderben, indem ich sagte: „Hmm ... ein oder zwei gut plazierte Megatonnen – und das wär's gewesen." Und während ich es aussprach, konnte ich es mir genau vorstellen (vorausgesetzt, daß ich ein Über-Wesen wäre, dessen Augen den Licht- und Hitzestoß, der noch greller als die Sonne ist, überleben könnten). Ich weiß, es klingt schauderhaft, aber es entsprach ganz meinen damaligen Gedanken.

Wenn man sich nun vergegenwärtigt: „Eine Megatonne bedeutet den Untergang von Paris" (oder eines passenden Äquivalents), dann wird die Rede von „25 000 Megatonnen" genauso konkret wie die lange Reihe von Nullen – ja konkreter noch. Daran zeigt sich, wie wichtig das psychologische Phänomen des *Gruppierens* für das Verständnis sonst unfaßbarer Größen ist.

Gruppieren heißt, eine Ansammlung einzelner Teile *als Ganzes* wahrzunehmen. Ein gutes Beipiel dafür ist der Unterschied zwischen 100 Pfennigen und dem Begriff einer Mark. Wenn wir die Kaufpreise von Autos, Häusern und Computern alle in Pfennigen ausdrücken müßten, kämen wir in große Not. Eine Mark hat psychologische Realität, und daher zerkleinern wir sie gewöhnlich nicht in Pfennige. Das macht diesen Begriff nützlich.

Ich finde es bedauerlich, daß der monetäre Gruppierungsprozeß bei der Mark haltmacht. Wir haben Millimeter, Zentimeter, Meter, Kilometer. Warum sollten wir nicht auch Pfennige, Mark, Riesen, Megas und Gigas haben? Wir könnten mit den Schlagzeilen der Zeitung viel mehr anfangen, wenn sie sich solcher gruppierter Einheiten bedienten – vorausgesetzt, daß wir solche Einheiten konkretisiert hätten. Wieviel ein Riese wert ist, davon haben wir einen ganz guten Begriff. Aber was kann man heute mit einer Mega oder einer Giga kaufen? Wieviele Megas braucht man, um eine Schule zu bauen? Wieviele Gigas machen einen jährlichen Staatshaushalt aus?

Zur Beantwortung dieser Fragen werden die meisten Leute zum Rechenstift greifen müssen. Solche Begriffe haben sie geistig nicht auf Lager. In einer numerisch gebildeten Gesellschaft *sollte* jeder sie aber haben. Es sollte zu einem Gemeinplatz gehören, daß eine neue Schule etwa 40 Megas kostet, ein Staatshaushalt zahlreiche Gigas beträgt und so weiter. Diese Termini sind nicht als Kürzel für „Million Mark“ oder „Milliarde Mark“ gedacht, ebensowenig wie „Mark“ ein Kürzel für „100 Pfennige“ ist. Vielmehr sollten sie eigenständige Begriffe – mentale „Knoten“ – sein, an denen Informationen und Assoziationen hängen, ohne daß sie in andere Einheiten umgewandelt oder sonstwie ausgerechnet werden müßten.

Durch diese Art der Versinnlichung bestimmter großer Zahlen könnten wir ein konkreteres Verständnis dessen gewinnen, was sonst hoffnungslose Abstraktion bliebe. Vielleicht liegt es im Interesse der Bürokratien selbst, daß ihre Haushalte undurchsichtig und undurchdringlich bleiben – aber auch das gilt nur auf kurze Dauer. Langfristig kann niemandem am ökonomischen Ruin oder militärischen Selbstmord gelegen sein – nicht einmal der Rüstungsindustrie! Je durchsichtiger die Wirklichkeit ist, um so besser ist es, auf die Dauer gesehen, für alle Gesellschaften.

* * *

In unserer, der amerikanischen Gesellschaft, erreicht diese Art des totalen Unverständnisses ihren Höhepunkt. Neulich schrieb der Präsident der Bucknell University, Dennis O'Brien, in der *New York Times:* „Meine eigene Universität hat gerade ein Multimilliarden Dollar schweres Computerzentrum eröffnet und ist stolz darauf, daß 90 Prozent ihrer Studienabgänger mit Computern umzugehen wissen.“ Und Associated Press verteilte einen Artikel, in dem es hieß, daß die Staatsschuld der USA die Rekordhöhe von 1143 Milliarden Dollar erreicht habe, und bezifferte dann den letzten Schuldenstand mit 1070241000 Dollar. Warum also so hastig mit der Erhöhung? Selbst wenn es Druckfehler gewesen sein sollten, so verraten sie doch den grassierenden Zahlen-Analphabetismus unserer Gesellschaft.

Vielleicht denken Sie jetzt, das sind Bagatellen, über die ich mich aufrege, aber wenn das Pfuschen mit großen Zahlen in unserem Volk so sehr verbreitet ist, daß selbst viele Leute mit Universitätsbildung nicht das mindeste Gefühl für die Zahlen entwickeln, die sie in Fernsehsendungen hören, dann muß irgend etwas faul sein. Es ist eine Kombination von Zahlenblindheit, Apathie und ein Sich-Sträuben gegen die Einsicht in die Notwendigkeit neuer Begriffe.

Ein Leser, ein polnischer Flüchtling, beklagte sich in einem Brief, daß ich in meiner

Schulzeit hundert Ziffern der Zahl π auswendig gelernt habe, ohne einen Gedanken an die Gesellschaft zu verschwenden, die mir solchen Luxus erlaubt habe. Im Ostblock, wollte er sagen, wäre mir die Muße zu solch dekadenten Spielereien vergangen. In meinen Augen jedoch unterscheidet sich das Auswendiglernen der Zahl π in nichts von anderen übermütigen Spielen, auf die sich Erwachsene aller Länder gerne einlassen. In einem kürzlich erschienenen Buch von Stephan B. Smith, *The Great Mental Calculators* („Die großen Kopfrechner") – übrigens ein wunderbares Buch –, kann man die Lebensgeschichten von Leuten nachlesen, die sich mit Zahlen noch viel besser auskannten als ich. Viele von ihnen wuchsen unter bedrückenden Umständen auf. Für sie waren Zahlen wie Spielkameraden, Freunde, die ihnen das Leben retteten. Für sie wäre das Auswendiglernen der Zahl π nicht dekadent gewesen, sondern eine Quelle der Freude und des Sinns. Als Junge hatte ich nun von einigen dieser Leute gelesen, und ich bewunderte, ja beneidete ihre Fähigkeiten. Das Auswendiglernen von π war keine isolierte Sache, sondern stand im Zusammenhang meines Bemühens um einen flüssigen Umgang mit Zahlen. Schließlich wollte ich es doch den Rechengenies nachmachen! Das hat mir zweifellos geholfen, ein tieferes Verständnis für Zahlen aller Größenordnungen, eine größere Einsicht zu gewinnen und durch gewisse Vermittlungen hindurch auch ein Vorstellungsvermögen dafür, was die Regierungen unserer Erde – im Westen wie im Osten – dabei sind zu tun.

Aber es mag direktere Wege zu diesem Ziel geben. Interessierten Lesern kann ich z. B. eine sehr einfache Methode empfehlen, sich selbst in Zahlen zu bilden. Sie brauchen nur ein Blatt Papier, auf dem sie die Zahlen von 1 bis 20 aufschreiben. Dann sollten sie sich ein paar große Zahlen überlegen, die ihnen von Bedeutung sind und versuchen, sie innerhalb einer (oder, bei größeren, zwei) Größenordnungen zu schätzen. Mit „schätzen" meine ich einen groben Überschlag im Kopf, der alles bis auf Zehnerfaktoren vernachlässigt. Dann sollten sie die Vorstellung mit der geschätzten Zahl verbinden. Hier einige Muster für große Zahlen:

* Wie groß ist das Bruttosozialprodukt von Kalifornien?
* Wieviele Menschen sterben täglich auf der Welt?
* Wieviele Ampeln gibt es in Frankfurt?
* Wieviele Jausenstationen gibt es in Österreich?
* Wieviele Kilometer werden jeden Tag im Linienflugverkehr in der Bundesrepublik verflogen?
* Wieviele Bücher gibt es in der Staatsbibliothek in Berlin?
* Wieviele Noten spielt ein Konzertpianist während seiner ganzen Laufbahn?
* Wieviele Quadratkilometer hat die Bundesrepublik? Auf wievielen sind Sie schon gewesen?
* Wieviele Silben sind seit dem Jahr 1400 von Menschen gesprochen worden?
* Wieviele Fußballspiele werden jährlich in der Bundesrepublik gespielt?
* Wieviele Maschen hat ein Strumpf?
* Wieviele Schriftzeichen muß man kennen, um eine chinesische Zeitung lesen zu können?
* Wieviele Spermien sind in einem Ejakulat?

* Wieviele Adler gibt es in der Schweiz?
* Wieviele bewegliche Teile gibt es im Columbia Space Shuttle?
* Wieviele Deutsche heißen „Boris Becker"? „Steffie Graf"?
* Wieviel Öl wird jährlich aus der Erde gefördert?
* Wieviele Tonnen Öl Reserve hat die Welt noch?
* Wieviel Kohlenmonoxyd dringt durch die Autoabgase jährlich in die Atmosphäre?
* Wieviele grammatisch sinnvolle Zehn-Wörter-Sätze gibt es im Deutschen?
* Wie lange brauchte der 5-m-Spiegel des Palomar-Teleskops, um abzukühlen?
* Unter welchem Winkel, vom Sirius aus gesehen, verläuft die Erdumlaufbahn?
* In welchem Winkel steht die Andromeda-Milchstraße der Erde gegenüber?
* Wieviele Herzschläge lebt ein durchschnittliches Lebewesen?
* Wieviele Insekten (von wievielen Arten) existieren im Moment?
* Wieviele Giraffen gibt es jetzt? Tiger? Sträuße? Taschenkrebse? Quallen?
* Wie groß sind Druck und Temperatur am Grunde des Ozeans?
* Wieviele Tonnen Müll produziert die Stadt Wien täglich?
* Wieviele Briefe hat Goethe in seinem Leben geschrieben?
* Wieviele Schrifttypen sind für das lateinische Alphabet erfunden worden?
* Wie schnell bewegen sich Meteore durch die Atmosphäre?
* Wieviele Stellen hat die Fakultät von 720?
* Wieviel ist ein Barren Gold wert?
* Wieviele Barren Gold liegen im Fort Knox? Wieviel sind sie wert?
* Wie schnell wachsen Ihre Weisheitszähne (sagen wir, in Stundenkilometern)?
* Wie schnell wächst Ihr Haar (auch in Stundenkilometern)?
* Wie schnell sinkt Venedig?
* Wie weit sind eine Million Meter? Eine Milliarde Zentimeter?
* Wie schwer ist das Empire State Building? Oder der Kölner Dom? Oder ein vollbeladener Jumbo-Jet?
* Wieviele Verkehrsflugzeuge starten jedes Jahr auf der Welt?

Die Beispiele mögen genügen. Die Hauptsache ist, diese Zahlen von 1 bis 20, gesehen als Exponenten, mit irgend etwas Konkretem zu verbinden. Sie sind wie Geschichtszahlen. Ein Datum wie „1685" mag Ihnen am Anfang wenig bedeuten. Wenn Sie aber Musik lieben und entdecken, daß Bach in diesem Jahr geboren wurde, dann werden Sie es sofort behalten. Genauso ist es mit der sekundären Bedeutung kleiner Zahlen. Ich verspreche keine Wunder, aber vielleicht können Sie sich in Ihrer eigenen Zahlen-Bildung verbessern und auch anderen dabei helfen. Frohes Zählen!

7
Die Veränderung stillschweigender Annahmen, hervorgerufen durch Bewußtseinswandel*

November 1982

Ein Vater fuhr einmal mit seinem Sohn zum Fußballspiel; mitten auf einem Bahnübergang blieb ihr Wagen stehen. In der Ferne hörte man schon den Zug pfeifen. Voller Verzweiflung versuchte der Vater, den Motor wieder anzulassen, aber vor Aufregung schaffte er es nicht, den Zündschlüssel richtig herum zu drehen, so daß das Auto von dem heranrasenden Zug erfaßt wurde. Ein Krankenwagen jagte zum Ort des Geschehens und holte die beiden ab. Auf dem Weg ins Krankenhaus starb der Vater. Der Sohn lebte noch, aber sein Zustand war sehr ernst; er mußte sofort operiert werden. Kaum im Krankenhaus angekommen, wurde er in den Notfall-Operationssaal gefahren, wo schon die diensthabenden Chirurgen warteten. Als sie sich jedoch über den Jungen beugten, sagte jemand vom Chirurgenteam mit erschrockener Stimme: „Ich kann nicht mit operieren – das ist mein Sohn."

Wie erklären Sie sich diese grauenvolle Denksportaufgabe? Wie war das möglich? War es eine Lüge oder ein Versehen? Nein. Hatte die Seele des toten Vaters eine blitzschnelle Seelenwanderung vollzogen? Nein. War der Tote vielleicht der Adoptivvater des Jungen und der wirkliche ein Chirurg? Nein. Was ist dann die Erklärung? Überlegen Sie sich die Sache gut, bis Sie des Rätsels Lösung selbst gefunden haben – ich bestehe darauf! Sie werden es wissen, wenn Sie die Lösung haben, keine Sorge.

* * *

Als mir vor einigen Jahren zum ersten Mal dieses Rätsel gestellt wurde, kam ich innerhalb von etwa einer Minute auf die Lösung. Trotzdem schämte ich mich für meine Leistung. Auch verwirrten mich die durchschnittlichen Zeiten der anderen in

* Dieses Kapitel konnte natürlich nicht einfach aus dem Amerikanischen übersetzt werden. Zu spezifisch sind die Probleme, die sich aus den jeweiligen Eigenheiten der Sprache ergeben. Da andererseits der deutschen Leserschaft kein fachwissenschaftlicher Aufsatz über den sexistischen Gebrauch der *englischen* Sprache geboten werden sollte, haben wir in gemeinsamer Arbeit dieses Kapitel so weit übersetzt, wie es möglich war, und so viel an deutschen Spezifika und Beispielen dazugegeben, wie wir es für notwendig erachteten. Die im Originalkapitel präsentierten Aussagen, Überzeugungen und Ansichten wurden dabei in keiner Weise modifiziert oder beeinträchtigt, denn schließlich ist das zugrundeliegende Problem, die unbewußte stillschweigende Annahme, allem menschlichen Denken gemeinsam.

unserer Gruppe – alles gebildete, intelligente Leute, einige Männer, einige Frauen. Ich war weder der Schnellste noch der Langsamste. Ein paar von uns hatten sogar nach fünfminütigem Kopfkratzen noch nicht die Antwort! Und als sie schließlich darauf kamen, ließen sie die Köpfe tief hängen.

Ob wir nun schnell oder nicht so schnell auf die Lösung kommen, wir können alle von diesem einfallsreichen Rätsel etwas lernen. Es enthüllt ein Stück des tiefen Geheimnisses, wie sogenannte *stillschweigende Annahmen* unsere geistigen Repräsentationen durchdringen und unser Denken kanalisieren. Stillschweigend angenommen wird das, was Ihnen in der gegebenen Situation als am „einfachsten" oder „natürlichsten" oder „wahrscheinlichsten" zuzutreffen scheint. In unserem Beispiel besteht die stillschweigende Annahme darin, daß die erschrockene Stimme einem Chirurgen, einem Mann also, gehörte. Das ist, so wie die Dinge in unserer Gesellschaft heute liegen, die plausibelste Annahme. Der kritische Punkt bei stillschweigenden Annahmen, der von dieser Geschichte so gut enthüllt wird, liegt aber darin, daß sie automatisch gemacht werden, nicht das Ergebnis von Abwägen und Verwerfen sind. Sie erörtern gar nicht explizit die Frage: „Welches Geschlecht hat der Chirurg wahrscheinlich?" Vielmehr überlassen Sie es Ihrer Erfahrung, irgendein Geschlecht zuzuordnen. Stillschweigende Annahmen sind ihrem Wesen nach immer implizite Annahmen. Zu keinem Zeitpunkt waren Sie sich bewußt, irgendwelche Annahmen über das Geschlecht des Chirurgen gemacht zu haben, denn wären Sie es gewesen, hätte das Rätsel wohl kein Problem mehr dargestellt!

Normalerweise ist es sehr nützlich, sich auf stillschweigende Annahmen zu verlassen. Ja, es ist sogar unerläßlich, da wir – oder irgendeine kognitive Maschine – uns nur so in dieser komplexen Welt zurechtfinden. Wir können es uns einfach nicht leisten, uns ständig von irgendwelchen theoretisch möglichen, aber unwahrscheinlichen Ausnahmen von generellen Regeln oder Modellen ablenken zu lassen, die wir mittels Induktion aus vielen vergangenen Erfahrungen aufgebaut haben. Wir müssen einfach eine große Menge grober Vermutungen anstellen – und wir tun dies ständig und mit großem Erfolg. Unser Alltagsdenken wird von Myriaden solcher groben Vermutungen durchdrungen – wir nehmen den Normalfall an. Mit dieser Strategie scheinen wir ziemlich gut zurechtzukommen. So nehmen wir zum Beispiel aus gutem Grund an, daß die Ladenfassaden in der Hauptgeschäftsstraße, die wir gerade passieren, nicht bloß Potemkinsche Dörfer sind. Wahrscheinlich verschwenden Sie keinen Gedanken an die Frage, ob der Stuhl, auf dem Sie sitzen, vielleicht zusammenbrechen könnte. Und als Sie das letzte Mal einen Salzstreuer benutzten, haben Sie auch nicht daran gedacht, daß er möglicherweise mit Zucker gefüllt sein könnte. Ohne große Schwierigkeiten könnten Sie Dutzende von Annahmen benennen, die Sie in gerade diesem Moment treffen – Annahmen, die einfach *wahrscheinlich* richtig sind, aber nicht *definitiv.*

Diese Fähigkeit, das höchst Unwahrscheinliche zu ignorieren – *ohne sich überhaupt zu überlegen, ob man es ignorieren sollte oder nicht!* – ist Teil unseres evolutionären Erbes und entspringt der Notwendigkeit, eine Situation schnell, aber zutreffend erfassen zu können. Das ist eine wunderbare und subtile Qualität unseres Denkprozesses; ab und an jedoch leitet uns diese wunderbare Fähigkeit in die Irre. So bei sexistischen stillschweigenden Annahmen, um die es hier geht.

Als ich mein Buch *Gödel, Escher, Bach: ein Endloses Geflochtenes Band* schrieb, bediente ich mich der Dialogform, einer Form, die mir viel Vergnügen bereitet. Lewis Carrolls Dialog „Was die Schildkröte zu Achilles sagte" inspirierte mich so sehr, daß ich mich entschloß, mir seine beiden Charaktere auszuborgen. Im Laufe der Zeit entwickelte ich sie zu meinen eigenen Charakteren weiter. Während die Arbeit voranschritt, merkte ich, daß ich selbstverständlich noch ein paar neue eigene Charaktere einführen müßte. Der erste war der Krebs. Dann kamen der Ameisenbär, das Faultier und verschiedene andere prachtvolle Charaktere. Alle waren sie männlichen Geschlechts: Herr Krebs, Herr Ameisenbär und auch Herr Schildkröte, der in der deutschen Übersetzung besonders häufig mit „Herr" angeredet werden mußte, da das grammatisch weibliche Substantiv „die Schildkröte" die Leser wohl verwirrt hätte.

Ich schrieb *GEB* in den frühen 70er Jahren und war mir ziemlich bewußt, was ich da tat. Doch aus irgendeinem Grund konnte ich mich nicht dazu durchringen, einen weiblichen Charakter zu erfinden. Ich ärgerte mich über mich selbst, aber ich konnte mich des Gefühls nicht erwehren, daß es gekünstelt und damit ablenkend gewirkt hätte, wenn ich ohne besonderen Grund eine weibliche Person eingeführt hätte. Ich wollte einfach den Sexismus – ein unschönes irdisches Problem – nicht mit den ätherischen Vergnügungen einer idealisierten Phantasiewelt vermischen.

Lange zerbrach ich mir darüber den Kopf, und einmal schrieb ich sogar einen apologetischen Dialog über eben dieses Thema – einen ziemlich vertrackten, in dem ich selbst auftrat und mit meinen eigenen Charakteren die Frage des Sexismus beim Schreiben diskutierte. Neben meinen Freunden Achilles und Herrn Schildkröte trat als Überraschungsgast auch Gott auf – und wie in dem alten Witz war sie schwarz. Obwohl ein bißchen weit hergeholt, war das Ganze doch ein ernsthafter Versuch, mit einigen mich plagenden Bewußtseinsproblemen fertig zu werden. Der Dialog wurde nie vollendet und nicht in mein Buch aufgenommen. Doch im Laufe von etlichen Überarbeitungen entstand allmählich daraus das „Ricercar zu sechs Stimmen", mit dem das Buch schließt.

Meine Gewissensbisse ließen mich dann doch ein paar weibliche Statisten einführen: so Fräulein Klug und Fräulein Unklug, die kurz über Widerspruchsfreiheit diskutieren, oder Tante Colonia, eine mit Bewußtsein ausgestattete Ameisenkolonie. Aber wie man es auch dreht und wendet, die Frauen zogen in *GEB* den kürzeren. Darüber war ich überhaupt nicht glücklich, aber so war es nun einmal.

Abgesehen davon, daß seine Dialoge nur von Männern bevölkert waren, fanden sich im ganzen Buch stillschweigende Annahmen der Männlichkeit: Immer hatte ich die Standardpronomen „er" oder „sein" gewählt. Ich entschuldigte mich dafür nicht. Ich billigte meinem Leser einfach genügend Intelligenz zu; ich nahm an, daß er wisse, daß solche Pronomen sich häufig auf kein bestimmtes Geschlecht beziehen, also eine „geschlechtsneutrale" Person bezeichnen.

Im Laufe der Zeit änderte ich jedoch meine Ansichten darüber, wie man beim Schreiben mit Leuten unspezifizierten Geschlechts oder mit zufällig ausgewählten, vermutlich aber geschlechtsspezifischen Leuten umgehen sollte. Das ist ein sehr schwieriges Problem, und ich behaupte nicht, in irgendeiner Weise endgültige Antworten zu haben. Aber ich habe einige Annäherungsweisen gefunden, die mir gefallen und vielleicht für andere nützlich sein können.

Was hatte mich wachgerüttelt? Was war, nachdem ich mir der Problematik ja schon bewußt gewesen war, das neue Element, welches jenen Sinneswandel ausgelöst hatte? Nun, daß ich das Rätsel mit der Chirurgin hörte, war sicherlich nicht ohne Bedeutung. Meine eigene Reaktion und die meiner Gruppe hatten mich überrascht. Den meisten von uns waren bizarre Welten, in denen solche Dinge wie Seelenwanderung geschehen, leichter in den Sinn gekommen als der Einfall, daß auch Frauen sich auf die Chirurgie spezialisieren! Wie lächerlich! Dieser Vorfall machte mir deutlich klar, wie tief uns stillschweigende Annahmen eingepflanzt sind und wie unbewußt wir uns ihrer sind. Da schienen potentielle Konsequenzen verborgen, die weit über das hinausgingen, was man naiverweise glauben könnte. Ich gehöre kaum zu denen, die annehmen, daß die Sprache „uns herumschubst", daß wir ihre Sklaven sind – doch andererseits glaube ich, daß wir unser Bestes geben müssen, um unsere Sprache von Gebrauchsweisen zu säubern, die falsche stillschweigende Annahmen induzieren oder verstärken können.

Ein schlagendes Beispiel dafür widerfuhr mir einige Jahre, nachdem mein Buch veröffentlicht worden war. Ich beschrieb einer Gruppe von Leuten meine Dialoge und erzählte, daß ich es bedauere, daß die Charaktere alle männlich seien. Eine Frau fragte mich nach dem Grund, und ich antwortete: „Nun, ich habe mit zwei Männern begonnen – Achilles und Herrn Schildkröte – und wenn ich aus keinem ersichtlichen Grund dann Frauen eingeführt hätte, hätte dies nur abgelenkt ..." Doch als ich mich selbst dies sagen hörte, kam mir zum ersten Mal ein schrecklicher Gedanke: Woher konnte ich denn wissen, daß Achilles' Freund wirklich männlich war? Natürlich war das so, oder nicht? Selbstverständlich! Ich schien mich ganz genau daran zu erinnern.

Und doch beschäftigte mich die Frage. Da ich ein Exemplar meines Buches, in dem Carrolls Dialog abgedruckt ist, zur Hand hatte, konnte ich das schnell überprüfen. Ich war außer mir, als ich entdeckte, daß Carroll an keiner Stelle einen Hinweis auf das Geschlecht seiner Schildkröte gibt! Der englische Originaldialog verwendet nur einmal das neutrale Pronomen „it" und sonst immer das Substantiv, das im Englischen auch kein Geschlecht erkennen läßt. „Herr Schildkröte", also wirklich! War dies ausschließlich ein Produkt meiner eigenen falschen stillschweigenden Annahme?

Wahrscheinlich nicht. Als ich viele Jahre zuvor zum ersten Mal von Carrolls Dialog gehört hatte, hatte ihn mir irgend jemand – ein Mann – beschrieben. Wahrscheinlich hatte derjenige *seine* falsche stillschweigende Annahme auf mich übertragen. Also war ich unschuldig. Überdies hatte ich in philosophischen Zeitschriften ein paar Artikel über Carrolls Dialog gelesen, und als ich dort wieder nachblätterte, merkte ich, daß im Gegensatz zu Carrolls sorgfältiger Verschleierung auch dort Herr Schildkröte ein Geschlecht hatte. Obwohl ich mich ein bißchen entlastet fühlte, war ich doch noch ganz durcheinander. Immer wieder fragte ich mich: „Was wäre geschehen, wenn ich mir die Schildkröte zu Anfang als weiblich vorgestellt hätte? Was wäre aus *GEB* dann geworden?" Eine höchst provokative kontrafaktische Exkursion.

Was mich unter anderem davon abgehalten hatte, weibliche Charaktere zu verwenden, war die verwirrende, politisch motivierte Art und Weise, in der in einigen Büchern auf den Leser oder eine kurz erwähnte zufällige Person (wie „das Kind" oder „das Mitglied") plötzlich mit „sie" oder „ihre" Bezug genommen wird. So ein deutlich erhobener Zeigefinger ließ einen so viel über Sexismus nachdenken, daß die Hauptsache, um die es an der betreffenden Stelle ging, häufig unbemerkt blieb. Solch eine Strategie schien mir zu plump und simpel und eher geeignet, die Leute abzustoßen als sie zu gewinnen.

Und doch konnte ich mich auch nicht mit der Haltung einiger Leute anfreunden – größtenteils, aber keineswegs ausschließlich Männer –, die sich weigerten, ihren Sprachgebrauch zu ändern, und dafür „Traditionen", „Reinheit der Sprache", „Schönheit der Sprache" usw. als Grund angaben. Sicherlich sind Worte wie „Feuerwehrperson", „Schneeperson" oder „Personschaft" schrecklich – aber sie sind nicht unsere einzige Zuflucht! Es gibt andere Möglichkeiten.

In der Einführung zu Robert Nozicks *Philosophical Explanations* („Philosophische Erklärungen") – ein aufregendes und wunderbares Buch über Philosophie – fand ich folgende Fußnote: „Ich kenne keine Möglichkeit, hinsichtlich des Geschlechts wirklich neutral zu schreiben, ohne die Aufmerksamkeit – zumindest des zeitgenössischen Lesers – ständig vom eigentlichen Inhalt des Satzes abzulenken. Ich suche noch immer nach einer befriedigenden Lösung." Und von diesem Moment an benutzt Nozick fast überall „er" und „sein". Ich fühlte mich verstimmt: Konnte sich Nozick überhaupt wirklich angestrengt haben? Zum Teil war meine Verstimmung zweifellos darauf zurückzuführen, daß ich meine eigenen Schuldgefühle hegte, weil ich es in *GEB* keineswegs besser gemacht hatte, zum Teil aber war sie darin begründet, daß Nozick hier eine faszinierende Herausforderung übersehen hatte – daß er hier seine philosophischen Einsichten und damit einen kreativen Beitrag zur gesellschaftlichen Entwicklung hätte einbringen können.

* * *

Soweit ich mich erinnern kann, unternahm ich meinen ersten Versuch, meine Prosa zu „entmaskulinisieren", als ich an dem Dialog über den Turing-Test arbeitete, der schließlich als Kolumne im Mai 1981 erschien und hier als Kapitel 21 abgedruckt ist. Da ich die Charaktere nach Mischungen verschiedener Leute, die ich kannte, modellierte, wechselten sie beim Schreiben des Dialogs ganz fließend in meinem Geist das Geschlecht. Nur die Person, deren Ansichten am meisten den meinen glichen, stellte ich mir eher weiblich als männlich vor; die anderen schwankten hin und her.

Zu Beginn des Dialogs wird Turings Frage diskutiert, ob man einzig aufgrund geschriebener Dialogbeiträge prinzipiell eine Frau von einem Mann unterscheiden könne. Und da kam ich eines Tages darauf, daß sich diese Frage so gut auf eben die Charaktere, die sie diskutierten, anwenden ließ, daß ich nicht der Versuchung widerstehen konnte, einige Charaktere „beidgeschlechtlich" zu gestalten. Also nannte ich eine Person „Pat". Bald merkte ich, daß es keinen Grund gab, dieses Verfahren nicht auf *alle* Charaktere des Dialogs anzuwenden und den Leser so wahrhaftig vor ein Rätsel zu stellen. Also hießen die drei „Sandy", „Chris" und „Pat".

Das Abfassen dieses Dialogs wurde für mich zum Wendepunkt. Obwohl seine völlig geschlechtsneutrale Form meinem Wunsch entsprungen war, dem Dialog einen interessanten selbstbezüglichen Dreh zu geben, fühlte ich mich sehr erleichtert, den rein männlichen Formen, in denen ich früher eingesperrt gewesen war, entkommen zu sein. Ich fing an, nach anderen Wegen aus meinem früheren stillschweigenden Sexismus zu suchen.

Das war und ist nicht leicht. Da die meisten englischen Substantive – Berufsbezeichnungen oder andere, Personen bezeichnende Begriffe – kein Geschlecht erkennen lassen, ist leicht die stillschweigende Annahme da, daß es sich um einen Mann handelt. Also fühle ich mich zum Beispiel in einer Vorlesung versucht, das Pronomen „she" zu verwenden, wenn ich mich auf eine vorher erwähnte unspezifizierte Person beziehe. Und doch kommt mir das nicht leicht über die Lippen. Ziemlich gut habe ich mir angewöhnt, geschlechtsspezifische Pronomen überhaupt zu vermeiden, um so wie Carroll das Problem zu umgehen. Ich verwende also die geschlechtsneutrale Berufsbezeichnung immer und immer wieder oder weiche vielleicht auf „Person" und ähnliches aus. Ab und an sage ich „he or she" (oder „he" oder „she"), obwohl ich zugeben muß, daß ich mich öfters einfach in den Plural rette und „they" sage.

Leute, die wie ich versuchen, falsche stillschweigende Geschlechtsannahmen zu vermeiden, werden jedoch bald bemerken, daß sie, wie sehr sie sich auch anstrengen, nicht elegant aus der Affäre ziehen können, und folglich wird der eine oder die andere ihre oder seine Sätze so scheußlich formulieren müssen, daß sie/er sich wünschen wird, daß sie/er sich seiner/ihrer Sexismusbetroffenheit nie bewußt geworden wäre. Und natürlich kommen die Leute auch mit dem Plural nur vom Regen in die Traufe, da man das Problem nur vom Männlich/weiblich-Zwiespalt zum Singular/Plural-Zwiespalt verschoben hat. Der einzige Vorteil hierbei ist, daß sich meines Wissens noch keine gesellschaftliche(n) Gruppierung(en) gegründet hat/haben, die für die Gleichberechtigung von Singular und Plural kämpft/kämpfen.

Natürlich ist es möglich, ausschließlich den Plural zu verwenden – also immer nur von „Biologen" oder „einem Biologenteam" zu sprechen –, aber dies bleibt eine dürftige Lösung, da eine spezifische Person doch immer viel lebendiger und anschaulicher ist, wenn man sie als Beispiel gebraucht.

* * *

In meinen Vorlesungen versuche ich also, geschlechtsneutrale Bezeichnungen zu verwenden, und dann strenge ich mich aufs äußerste an, um mich hinterher nicht wieder mit geschlechtsspezifischen Pronomen darauf zu beziehen. Aber mir ist aufgegangen, daß ich größtenteils diese Show nur für mich allein inszeniere. Damit, daß ich sie einfach vermeide, unterminiere ich schlechte Stereotypen nicht aktiv. Dadurch, daß ich eine geschlechtsneutrale Bezeichnung verwende, wo andere eine männliche nehmen, packe ich meine Studenten nicht am Kragen und schüttele sie durch. Einigen wenigen wird mein „gutes Verhalten" auffallen, aber das sind diejenigen, denen das Problem bereits bewußt ist.

Warum also nicht doch hier und da ein unerwartetes „sie" einwerfen? Liegt das nicht nahe? Vielleicht. Aber in vielen Fällen erscheint das, wie Nozick herausgestrichen hat, so gezwungen, daß es eher ablenkt als erhellt. Das Problem liegt in einem bestimmten Mechanismus. Wenn man mit einer neutralen Bezeichnung wie „Vereinsmitglied“ anfängt, bauen sich die Zuhörer einen frischen, blanken geistigen *Knoten,* der jenes Vereinsmitglied repräsentiert. Mit „Knoten“ meine ich so etwas wie ein geistiges Dossier oder einen Fragebogen mit einer Anzahl von Fragen, die der unmittelbaren Antwort bedürfen.

Es ist jetzt aber naiv zu glauben, daß nur ein paar Sekunden, nachdem Sie Ihren neuen Knoten hergestellt haben, das Bild Ihres Vereinsmitglieds noch immer in einem sexuellen Zwischenstadium herumschwämme. Es ist so gut wie unmöglich, sich mehr als das flüchtigste, insubstantiellste Bild einer Person vorzustellen, ohne zugleich einen „Er“ oder eine „Sie“ anzunehmen. In dem Moment, da der Knoten hergestellt wird, wird er alle Leerstellen, die *Sie* nicht ausgefüllt haben, sich selbst ausfüllen. (Stellen Sie sich vor, daß bei jeder Frage eine stillschweigende Antwort mit Bleistift eingetragen ist, die leicht ausradiert werden kann, aber so lange gültig bleibt, wie keine andere eingetragen wird.) Und unglücklicherweise sind – auch bei entschiedenen Feministinnen – diese unbewußten stillschweigenden Annahmen gewöhnlich sexistisch. Mir ist zum Beispiel aufgefallen, daß meine stillschweigenden Annahmen zu meinem Bedauern sehr tief reichen – so daß ich sogar dann, wenn ich „sein oder ihr Mitgliedsbuch“ sage, nichtsdestotrotz „sein Mitgliedsbuch“ denke und mir einen Mann vorstelle. Das ist höchst verwirrend. Obwohl ich mich auf der formalsprachlichen Ebene ganz gut trainiert habe, zeigt das, daß dies noch nicht ganz bis zur Ebene meiner Vorstellungen durchgedrungen ist.

Als Gegenmaßnahmen habe ich mir in den letzten paar Jahren angewöhnt, daß die Herstellung eines neuen Knotens für ein unbekanntes Individuum eine Art „Reflex zweiter Ordnung“ auslöst. Dieser läßt mich bewußt das weibliche Geschlecht zuordnen, wann immer der Reflex erster Ordnung – der naive Reflex – automatisch zum männlichen Geschlecht tendiert (und umgekehrt). Das funktioniert ganz gut, aber manchmal ist es schwierig oder bloß einfach verrückt, ein solches die stillschweigende Annahme verletzendes Bild ernst zu nehmen. Wenn ich zum Beispiel hinter einem langsamen Lkw herfahre, der auf einer Landstraße den ganzen Verkehr aufhält, bin ich versucht zu sagen: „Warum fährt der Kerl denn nicht rechts ran und läßt uns überholen?“ Obwohl das nicht ganz meine Formulierung wäre, würde ich auch nicht sagen: „Warum läßt der Fahrer oder die Fahrerin uns denn nicht überholen?“ Es fällt mir schwer, den Steuerknüppel des Flugzeugs, in dem ich sitze, in den Händen einer geschlechtsneutralen Person zu sehen, weil die überwältigende Mehrheit aller Flugzeuge von Männern gesteuert wird. Die Person auf dem Sitz neben mir würde mich wohl etwas verwundert ansehen, wenn ich sagte: „Da hat er oder sie aber eine wunderbare Landung hingelegt, nicht wahr?“ Und wenn mir jemand erzählte, daß bei mir gerade eingebrochen worden sei, sollte ich dann fragen: „Wieviel hat er oder sie denn mitgenommen?“

* * *

Habe ich mich also selbst ausgetrickst? Bleibt mir nichts als Regen oder Traufe? Schließlich habe ich auf der einen Seite gesagt, das passive Verfahren, sexistischen Sprachgebrauch nur zu vermeiden, sei nicht ausreichend, auf der anderen Seite aber, daß das aktive Verfahren, aufrüttelnde Stereotyp-Verletzungen einzustreuen, zu dick aufgetragen sein kann. Gibt es keinen erfolgversprechenden Mittelweg?

Wie die Dinge liegen, habe ich eine recht elegante Kompromißlösung für das Dilemma gefunden. Anstatt eine geschlechtsspezifische Bestimmung einzustreuen, *nachdem* die Leser sich ein stillschweigendes Bild der in der jeweiligen Situation involvierten Person gemacht haben, lasse ich es erst gar nicht soweit kommen und störe ihre stillschweigenden Annahmen von Anfang an.

So zum Beispiel in meiner Kolumne über große Zahlen und Zahlenblindheit (Kapitel 6), zu deren Beginn ich einen alten Witz erzähle. Gewöhnlich beginnt dieser mit „A professor ...", und so stellt man sich fast immer einen Mann darunter vor.

Wie könnte man hier auf elegante Weise gegensteuern? Zwischen der ersten Erwähnung von „a professor" und dem ersten Gebrauch eines sich darauf beziehenden Personalpronomens („he" oder „she") liegt ja immer noch eine Zeitspanne, eine kurze zwar, aber sie ist lang genug, daß die stillschweigende Annahme, es handele sich um einen Mann, sich im Geist der Zuhörer – wenn auch nur implizit – festsetzen kann. Also lassen wir das einfach nicht zu. Lassen wir diese Person von Anfang an eine Frau sein. Im Deutschen wäre das natürlich ganz einfach und nur wenig penetrant, da man sich ohnehin von Anfang an für „eine Professorin" oder „ein Professor" entscheiden müßte. Aber im Englischen? „A *lady* professor ..." um Himmelswillen! Das ist schrecklich!

Meine Lösung bestand statt dessen darin, ihr Geschlecht mittels ihres Namens anzuzeigen. Ich erfand den lustigen pseudo-slawischen Namen *Professor Bignumska,* dessen Endung „a" seinen Träger als weiblich ausweist. Sicherlich fallen solche sprachlichen Subtilitäten nicht jedem auf, so daß einige Leute immer noch überrascht sein werden, wenn ein oder zwei Zeilen später sie als „sie" deutlich wird. Aber wenigstens dann wird ihnen die Sache aufgegangen sein.

Viel schlimmer ist es, wenn Leute mein Anliegen zwar erkennen, es dann aber einfach zurückweisen. In der französischen Übersetzung meiner Kolumne wurde „Professor Bignumska" zu *Monsieur le Professeur Grannombersky.* Nicht allein, daß das Geschlecht ins Gegenteil verkehrt wurde, der Übersetzer hatte vielmehr meine Absicht klar erkannt und absichtlich alle verräterischen Spuren dadurch getilgt, daß er die Endung des Namens in eine maskuline verwandelte. Eine herbe Enttäuschung.

Auf der anderen Seite war ich erleichtert, daß die deutschen Übersetzer das Geschlecht richtig erkannt, ihr einen slawisch klingenden Namen auf „a" gegeben und sie als „Kosmogonin" tituliert hatten.

* * *

Ohnehin liegen im Deutschen (und auch in anderen Sprachen) die Probleme etwas anders als im Englischen. Die allermeisten Berufsbezeichnungen und sonstigen Begriffe, mit denen man Personen benennen kann, gibt es nur in zwei geschlechtsspezifischen Varianten mit dem entsprechenden grammatischen Geschlecht: Kellnerin und Kellner, Briefträger und Briefträgerin, Physikerin und Physiker. (Natürlich gibt es auch kuriose Ausnahmen: Wenn ich bei einer Professorin promoviere, ist sie dann mein Doktorvater? Oder meine Doktormutter? Oder gar meine Doktorvaterin?)

Im allgemeinen hat man im Deutschen also gar keine Möglichkeit, geschlechtsneutral von spezifischen Personen zu sprechen. Und selbst wenn man, wie hier, häufig auf das allgemeine „man“ zurückgreift, klingt fatalerweise immer noch der „Mann“ durch. Und wenn man/frau dies dadurch zu umgehen versucht, daß frau das künstliche Gegenteil „frau“ oder die Doppelung „man/frau“ verwendet, drängt sich wieder die dahinterstehende Absicht so stark in den Vordergrund, daß die Leser- oder Zuhörerschaft dadurch von der eigentlichen Sache nur abgelenkt wird.

Was ist zu tun, wenn ich Sie, liebe Leserinnen und Leser, direkt ansprechen will? Natürlich kann ich mich in neutrale Begriffe wie „Liebe Leserschaft“ retten, auch wenn das, zumal bei wiederholtem Gebrauch, reichlich geschraubt klingt. Und auch die Flucht in den Plural hilft im Deutschen nicht weiter, sondern führt nur in neue Schwierigkeiten. Wenn man gemischtgeschlechtliche Gruppen bezeichnen will, bildet man traditionellerweise den Plural der männlichen Variante oder Berufsbezeichnung: „Die Mitarbeiter der Firma werden aufgefordert, nicht auf dem Kundenparkplatz zu parken. Jedem Mitarbeiter kann der fünfminütige Fußweg zum Mitarbeiterparkplatz zugemutet werden, es sei denn er ist gehbehindert oder schwanger.“ Ein schwangerer Mitarbeiter?

Wie also spricht man korrekt von einer gemischten Gruppe von Schauspielerinnen und Schauspielern? Wenn man den generalisierenden Gebrauch des männlichen Begriffs „die Schauspieler“ vermeiden will, andererseits die Wiederholung des umständlichen „die Schauspielerinnen und Schauspieler“ zu penetrant wirkt, bleibt in diesem Fall die Zuflucht zum „Ensemble“ oder zur „Schauspieltruppe“. Auch die Generalisierungen auf die Endung „-schaft“ stellen, mit ein klein wenig Einfallsreichtum kombiniert und mit der oben erwähnten Einschränkung, eine Möglichkeit dar: „Die Belegschaft wird aufgefordert, nicht auf dem Kundenparkplatz zu parken. Allen kann der fünfminütige Fußweg zum Belegschaftsparkplatz zugemutet werden, Gehbehinderte und Schwangere natürlich ausgenommen.“

Höchst ärgerlich aber ist das starre Festhalten am generalisierenden Maskulinum in der Sprache der Bürokratie. Die Formulierungen deutscher Gesetzestexte, Erlasse oder Dienstanweisungen legen, mit einiger Spitzfindigkeit interpretiert, häufig den Schluß nahe, daß sie auf Frauen keine Anwendung finden: „Durch den Werkvertrag wird der Unternehmer zur Herstellung des versprochenen Werkes, der Besteller zur Entrichtung der vereinbarten Vergütung verpflichtet“ (§ 631 BGB). Der Antragsteller, der Versicherte, der Angeklagte, der Bezugsberechtigte – wie könnte dieser Eindruck einer vollkommenen Männergesellschaft korrigiert werden? Die ständige Verwendung von Doppelformulierungen wie „der/die Antragsteller(in)“ oder von Kunstbegriffen wie „Unternehmensperson“ oder „Bestellperson“ würde die Verständlichkeit der Gesetzestexte usw. keineswegs erhöhen. Die geschlechtsneutralen Personenbezeichnungen des Englischen gibt es im Deutschen eben nicht, und während im Englischen die Probleme erst mit der Qual der Wahl eines Personalpronomens anfangen, sind sie im Deutschen schon einen Schritt vorher da. Rezeptlösungen sind nicht in Sicht.

Ganz und gar nicht einzusehen aber ist, warum die Bürokratie auch ohne große Not starr an sexistischen Sprachnormen festhält. So lautet eine korrekte postalische Anschrift immer noch: „An den Bundesminister für Familie und Soziales, Frau Professor Dr. Rita Süssmuth“. Eben diese Ministerin hatte jüngst zu Recht kritisiert, daß in einem

Erlaß ihres Ministeriums doch tatsächlich von „schwangeren Ärzten" die Rede war ... Wenigstens dort, wo die deutsche Sprache Möglichkeiten bietet, stillschweigenden Sexismus bewußt zu vermeiden, sollten diese wahrgenommen werden.

* * *

Auch alle anderen Sprachen, die ich mir angesehen habe, sind mit dieser Art von Problemen konfrontiert. Während im Deutschen Begriffe wie „Dichterin" oder sogar „Pilotin" ganz selbstverständlich sind, klingen ihre englischen Pendants „poetess" und „aviatrice" für englische Ohren irgendwie kurios. Die Franzosen andererseits können eine Schriftstellerin oder Professorin nicht anders benennen als „une femme écrivain" oder „une femme professeur", wobei das falsche männliche Geschlecht auch noch direkt in den Begriffen vorhanden bleibt, da *écrivain* und *professeur* beide grammatisch maskuline Substantive sind. Eine andere Besonderheit des Französischen ist das Wort *quelqu'un,* das „irgend jemand, irgendeiner, irgendeine" bedeutet. Der männliche Artikel *un* („einer") ist sein fester Bestandteil, ganz egal, auf was für eine Person es sich bezieht. Wenn also zum Beispiel eine fremde Frau an Nicoles Haustür klingelt und Nicoles kleine Tochter zur Tür geht, wird sie wahrscheinlich Nicole zurufen: „Maman, il y a quelqu'un à la porte!" („Mama, irgendeiner ist an der Tür!") Dieses Wort zu „feminisieren", ist unmöglich: „Maman, il y a quelqu'*une* à la porte" – das geht nicht. Das Französische kennt noch nicht einmal die Möglichkeit, wenigstens ab und zu aufs Neutrum ausweichen zu können. „Es gibt" heißt „il y a" – das männliche *il* kann nicht durch ein weibliches *elle* ersetzt werden: „Elle y a" – das klänge absurd.

Im Englischen gibt es analoge Phänomene beim Gebrauch von Singular und Plural. Wenn zwei fremde Personen an Pauls Tür klingeln, wird seine Tochter ihm zurufen: „Daddy, someone's at the door!" („Papa, irgendeiner ist an der Tür.") Sie wird nicht sagen: „Some*two* are at the door." („Irgendzwei sind an der Tür.") Dies zeigt, daß das Pronomen „someone" nicht unbedingt Singularität impliziert. Es kann genausogut auf eine Gruppe von Menschen angewandt werden, ohne schief zu klingen. Analog ist „quelqu'un" vielleicht auf der Vorstellungsebene nicht so sexistisch, wie es oberflächlich erscheint. Aber das ist schwer zu sagen.

Um eine gemischte oder nicht spezifizierte Gruppe von Menschen zu bezeichnen, wird im Französischen normalerweise das maskuline Pronomen im Plural verwendet: *ils.* Auch wenn die Mitgliedschaft dieser Gruppe noch gar nicht feststeht, sondern nur die Möglichkeit besteht, daß zumindest ein Mann unter zwanzig Frauen ist, muß dieses *ils* verwandt werden. Das Problem, daß im Deutschen eine gemischte Gruppe mit dem Plural der maskulinen Substantiv-Variante bezeichnet wird, taucht im Französischen also auf der Ebene der Personalpronomen auf. Französinnen wachsen natürlich mit diesem Sprachgebrauch auf und verwenden ihn genauso selbstverständlich und unbewußt wie Franzosen. Können Sie sich den Aufruhr vorstellen, wenn irgendwelche Gruppen ernsthaft versuchen würden, diese uralten Konventionen umzukehren? Wie würden französische Männer reagieren, wenn die stillschweigende Annahme „elles" verlangte? Wie die Frauen? Wie würde ein deutscher Unternehmer reagieren, wenn das Bürgerliche Gesetzbuch nur Unternehmerinnen erwähnte? Oder ein deutscher Minister, wenn die Konvention die Anrede „Herr Ministerin" verlangte?

Es gibt natürlich Fälle, wo solches beinahe geschieht. Um einen abstrakten und nicht näher spezifizierten Menschen zu bezeichnen, kann der Ausdruck „die Person“ verwendet werden, welcher aufgrund seines grammatisch weiblichen Geschlechts im weiteren Verlauf des Textes den Gebrauch weiblicher Pronomen nach sich zieht: die Person – sie – ihre – usw., obwohl der Text auch auf einen Mann bezogen werden kann. Zieht sich dieser grammatisch korrekte Gebrauch weiblicher Pronomen über eine längere Textpassage hin, kann bei den Lesern ein ganz eigenartiger Eindruck entstehen, da das ursprüngliche Substantiv so weit zurückliegt, daß das Pronomen eine gewisse autonome Qualität gewinnt. Besonders krass ist das im Französischen, wo in der formalisierten Sprache von Gesetzen und Vertragsdokumenten häufig das Wort *personne* (grammatisch ebenfalls weiblich, im Plural) verwendet wird, wenn eine nicht näher spezifizierte Gruppe von Menschen gemeint ist, und grammatisch korrekt das Personalpronomen im Plural *elles* nach sich zieht. Im Laufe eines längeren Textes bekommt man das Gefühl, daß das Pronomen jetzt zum konventionell korrekten *ils* wechseln müßte (und in der Tat kommt dies ab und zu vor). Geschieht es nicht, fühlt man sich irgendwie unbehaglich. Aber vielleicht ist es nur meine persönliche Reaktion. Vielleicht ist dies bloß die typische Reaktion von einem, der daran gewöhnt ist, für eine unspezifizierte Gruppe von Menschen stillschweigend das maskuline Pronomen zu verwenden. Vielleicht ist es für einen Mann kein Fehler, das ungute Gefühl zu erleben, das Frauen empfinden, wenn immer wieder mit einem männlichen Pronomen *(ils)* oder mit einer männlichen Bezeichnung („Schauspieler“) auf sie Bezug genommen wird, solange sich vermutlich noch ein einziger Mann in der Gruppe befindet.

Eine besondere Crux des Englischen wie des Französischen liegt darin, daß es in beiden Sprachen für „Mann“ und „Mensch“ nur einen einzigen Begriff gibt: *man* bzw. *homme.* Natürlich gibt es auch *woman* und *femme,* aber dies sind dann sozusagen die Sonderfälle; normalerweise, so die stillschweigende Annahme, ist in beiden Sprachen der Mensch ein Mann. Im Deutschen ist es trotz der verschiedenen Begriffe nicht wesentlich anders, da „der Mensch“ grammatisch männlich ist und im weiteren Verlauf eines Textes folglich immer zu einem „er“ wird. Glücklicherweise gibt es hier den Ausweg in den Plural oder in „die Menschheit“.

Ein besonderes Kuriosum findet sich im Bereich des Sports, einer ehemals rein männlichen Domäne: die Mannschaft, die in der Regel ohne nachzudenken im Falle des Falles zur „Damenmannschaft“ wird, obwohl die Turnerinnen und Turner schon von Anfang an hier viel mehr Gespür bewiesen haben und von der neutralen „Riege“ sprechen: Damenriege und Herrenriege, ganz einfach. Aber kurios wirkende Feminisierungen sind gar nicht so selten: Man denke an die Gutsherrin oder die Landsmännin.

* * *

Einen ganz seltsamen Fall fand ich im Chinesischen. Im Mandarin-Dialekt gab es ursprünglich nur ein einziges Pronomen für „er“ und „sie“, ausgesprochen wird es „tā“, Abb. 7-1 a zeigt das Schriftzeichen. Die linke Seite des Zeichens besteht aus der Wurzel „Person“, wodurch gezeigt wird, daß es sich auf ein menschliches Wesen

(a) (b) (c)

Abbildung 7-1. Chinesische Schriftzeichen für die Pronomen der dritten Person im Singular. (a) zeigt das gattungsspezifische oder geschlechtsneutrale Pronomen, das sich weder auf „er“ noch auf „sie“ bezieht. (b) zeigt ein neues, erst vor etwa 70 Jahren eingeführtes Zeichen mit der Bedeutung „sie“, wodurch Frauen als etwas Besonderes oder als Abweichung – je nach Standpunkt – ausgesondert werden. (c) zeigt ein von mir erfundenes Zeichen, welches das maskuline Gegenteil von (b) darstellt und so die sprachliche Symmetrie der Pronomen wiederherstellt. Die linken Elemente aller drei Zeichen sind die *Wurzeln* oder semantischen Komponenten, ihre jeweiligen Bedeutungen sind: (a) „Person“, (b) „Frau“, (c) „Mann“. Unglücklicherweise wird „Mann“ von Pedanten nicht als legitime Wurzel des Chinesischen angesehen, obwohl mein neues Zeichen – zum Vergleich – den durchschnittlichen chinesischen Leser bloß so sehr verwirrt wie uns eine Mischung von lateinischen mit griechischen Wortstämmen.

---

bezieht, das Geschlecht jedoch unbestimmt bleibt. Kurioserweise ist bei den chinesischen Sprachreformen der vergangenen siebzig Jahre bei den Schriftzeichen eine Unterscheidung eingeführt worden, während die Aussprache „tā“ ein und dieselbe blieb. Das alte Zeichen ist beibehalten worden, hat aber zusätzlich zu seiner alten zweifachen Bedeutung „er/sie“ die neue Bedeutung „er“ bekommen (hätten Sie das erraten?), wobei gleichzeitig ein neues Zeichen für „sie“ erfunden worden ist. Das neue Zeichen hat die Wurzel „Frau“ oder „weiblich“, Abb. 7-1 b zeigt es.

Dies impliziert nun etwas, das es im Chinesischen vor diesem Jahrhundert noch nicht gab – daß nämlich die „Standardvariante“ des Menschen männlich ist und Frauen speziell als „Sonderfall“ angezeigt werden müssen. Mir ist und bleibt es rätselhaft, warum in China nicht das alte neutrale Zeichen beibehalten und einfach *zwei* neue Zeichen erfunden wurden: eins mit der weiblichen Wurzel und eins mit der männlichen, die Abbildung 7-1 c zeigt. (Diese drei Zeichen wurden auf einem Vax-Computer kreiert, mit dem Schriftzeichenprogramm Hán Zì von David B. Leake und mir. In Abb. 12-13 ist noch mehr Output dieses Programms zu sehen.) Um ein vielleicht etwas übertriebenes Beispiel zu geben: Können Sie sich vorstellen, daß durch eine politische Reform das Wort „Person“ die Bedeutung „Mann“ bekommt und daß für „Frau“ der neue Begriff „Personin“ eingeführt wird? Einige Zeit nachdem ich mein neues chinesisches Schriftzeichen erfunden hatte, fand ich doch tatsächlich heraus, daß das Zeichen für „Mann“ nicht generell als Wurzel angesehen wird, wohingegen das beim Zeichen für „Frau“ in der Tat der Fall ist. Eine typische Asymmetrie, wie sie offensichtlich nicht auf den Okzident beschränkt ist!

Das Ganze hat dazu geführt, daß es heute in der chinesischen Schriftsprache kein wirklich geschlechtsneutrales Pronomen mehr gibt. Früher hätten Sie eine ganze Geschichte ohne die geringste Andeutung auf das Geschlecht der beteiligten Personen schreiben können, während heute Versuche, die Leserschaft darüber im Unklaren zu lassen, selbst etwas unklar ausfallen würden. Doch bleibt noch die Frage offen, was im Interesse des Feminismus wirklich besser wäre: Sähen Sie es lieber, wenn eine Geschichte ganz ohne Hinweis auf das Geschlecht der handelnden Personen erzählt würde, wobei die Leute sofort ihren stillschweigenden Annahmen über das Geschlecht aufsitzen würden? Oder sähen Sie es lieber, wenn die Erzählerin oder der Erzähler sich festlegen muß?

* * *

Häufig sind wir uns gar nicht bewußt, wie unser Gehirn eigentlich arbeitet, dabei begegnet man stillschweigenden Annahmen überall in unserer Gesellschaft. Wir können sie bemerken, aber wir hören uns selbst nicht zu. Wir glauben einfach, uns zu kennen, und achten nicht darauf, was wir sagen. Sprichwörter legen beredtes Zeugnis ab: „Das Glück winkt dem Tüchtigen." „Jeder ist seines Glückes Schmied." In der deutschen Sprache sind die Wappentiere männlich (Löwe, Adler), die Nutztiere sächlich (Pferd, Rind, Schaf, Huhn), die lästigen Insekten schließlich weiblich (Mücke, Fliege, Wespe). Auch Comics und Zeichentrickfilme spiegeln stillschweigende Annahmen über die Rollenverteilung: der „gute Kerl", der „prächtige Held" oder auch der „ewige Versager" – es sind Männer, mit denen „man" sich identifizieren soll. So verhält es sich leider auch mit den meisten Kinderbüchern und mit den meisten Filmen und Fernsehserien, die von Kindern gesehen werden. Eines Abends diskutierte ich das mit einigen Bekannten am Beispiel der Muppets-Show, und wir alle wunderten uns, warum es darin nur so wenige sympathische weibliche Figuren gibt. Ich bin gewiß ein großer Fan von Miss Piggy, werde aber das Gefühl nicht los, daß irgend etwas falsch ist, solange sie die einzige weibliche Hauptfigur ist. Ein ideales Rollenmodell ist sie wohl schon gar nicht.

Dies ist allerdings ein noch allgemeineres Problem und natürlich nicht auf die Frage der Geschlechter beschränkt. Dasselbe finden wir bei Gruppen aller Art, seien sie groß oder klein. Wie oft sieht man zum Beispiel in Zeitschriftenkarikaturen eine Unternehmerpersönlichkeit als Frau, Schwarzen oder Ausländer dargestellt? (Mit Ausnahme des Falles natürlich, daß dies gerade für den jeweiligen Witz erforderlich ist.) Dasselbe gilt für die meisten Fernsehsendungen, die meisten Bücher, die meisten Filme ... Wie soll man gegen solch allgegenwärtige, monolithische Denkmuster ankämpfen?

Kurz nachdem ich diese Kolumne vollendet hatte, stieß ich auf ein exzellentes und amüsantes Buch, das in dieser Richtung einen gewaltigen Schritt vorwärts bedeutet: *The Handbook of Non-Sexist Writing* („Handbuch des nichtsexistischen Schreibens") von Casey Miller und Kate Swift. Ich kann es wärmstens empfehlen.

* * *

Von allen antisexistischen Bekenntnissen, die mir jemals untergekommen sind, fand ich eines besonders eloquent: eine Rede von Donald Kennedy, Präsident der Stanford University, bei einem Sportlerbankett. Dreißig Jahre zuvor war Kennedy selbst ein Harvard-Sportler gewesen, und er erinnerte sich an ein ähnliches Bankett, bei dem er damals zugegen war. Er sinnierte:

> Hin und wieder kommt es vor, daß ich mich frage: Wie hätte ich reagiert, wenn mir jemand damals vorausgesagt hätte, daß bald ... Frauen den Boston-Marathon schneller laufen würden als es bis dahin jemals ein Mann geschafft hatte? Zwei Drittel der damals Anwesenden wären in unglaubliches Gelächter ausgebrochen, begleitet vielleicht von einigen Herrenwitzen.
>
> Doch genau dies ist eingetreten. Meine früheren Kommilitonen wären allein schon über die *Tatsache* erstaunt, noch erstaunter aber wären sie über den *Trend*. Wenn wir uns die Marathon-Weltrekordzeiten für Männer und Frauen der vergangenen zehn Jahre anschauen, wird deutlich, daß im Laufe dieser Dekade sich die Zeit für Frauen siebenmal schneller verringert hat als die für die Männer.

Beim Schwimmsport sind die Fakten noch erstaunlicher. Kennedy erinnerte sich, daß zu seiner Zeit die Teams von Harvard und Yale beim Schwimmen die Speerspitzen der Nation waren und beide ungeschlagen am Ende der Saison sich zu ihrem traditionellen Treffen der Erzrivalen zusammenfanden.

> Was wäre geschehen, wenn man die heutigen Schwimmerinnen von Stanford in jenen Wettkampf geschickt hätte? Eine *Demütigung* wäre es für die Männer geworden. Nur um ein Beispiel zu geben: allein *sieben* heutige Stanford-Schwimmerinnen hätten meinen Freund Dave Hedberg, damals der schnellste Freistilschwimmer von Harvard, und *alle* Yale-Schwimmer über 100 Yards geschlagen. Beim Rücken- und Brustschwimmen über 200 Yards wären die Frauen von Stanford einfach davongebraust, und auch *alle* anderen Wettkämpfe hätten sie gewonnen.
>
> Bei der Freistil-Staffel über 400 Yards hätte man nach dem Anschlag der Stanford-Schwimmerin zehn Sekunden auf den ersten Mann im Ziel warten müssen. Können Sie sich vorstellen, *wie lang* zehn Sekunden sind? Können Sie sich die Zuschauermenge in der Arena vorstellen, die ein Team von *Mädchen* gegen die zwei besten Schwimmerstaffeln des Ostens antreten sieht, das Unerwartete erwartet, und dann *so lange* warten muß – bis die Männer ins Ziel kommen?

Ein amüsantes Bild, das Kennedy hier entwirft, aber es ging ihm natürlich um etwas Todernstes:

> Ich frage Sie: Wenn die vorherrschende Meinung über die Leistungsfähigkeit von Frauen auf diesem traditionellen Gebiet männlicher Überlegenheit dermaßen gründlich erschüttert werden kann, wie können wir dann überhaupt noch an den Illusionen festhalten, die wir diesbezüglich auf anderen Gebieten haben?
>
> Was ist, kurz gesagt, die Lehre, die wir aus der zunehmenden *sportlichen* Gleichstellung der Frauen ziehen können? Ich glaube, daß diejenigen, die all den anderen, weniger objektiv verifizierbaren Annahmen über begrenzte Leistungsfähigkeit von Frauen anhängen, gut beraten wären, wenn sie jene bald ablegten. Sie gehören in dieselbe Rumpelkammer wie die

Überzeugung, daß Schwarze bestimmte Sportarten nicht so gut ausführen können, und ähnliche rassistische oder nationale Mythen und Vorurteile. Ob bösartig, abwertend oder bloß drollig, Unsinn ist Unsinn. Und der ist schwer aus der Welt zu schaffen.

Denken Sie mal drüber nach.

Postskriptum

Seit ich diese Kolumne schrieb, habe ich das Thema mit großer Intensität weiter verfolgt. Und ich muß sagen, je mehr ich darüber nachdenke, desto widerborstiger und verwirrender wird die ganze Angelegenheit. Rings um mich herum traf ich auf ein erschreckendes Maß an Unbewußtheit hinsichtlich dieser Probleme – bei Bekannten, Kolleginnen und Kollegen, Studierenden, im Radio und im Fernsehen, in Zeitschriften, Büchern, Filmen usw. Einer der schlimmsten Übeltäter ist die *New York Times.* An jedem beliebigen Tag kann man sie aufschlagen und lesen, daß prominente Frauen als *chairman* oder *congressman* bezeichnet werden. Die Zeitung hält in jeder Hinsicht an alten Gepflogenheiten fest und wirkt so in zunehmendem Maß reaktionär und albern. Am meisten plagt es mich, die Nachrichtensprecher im Radio zu hören, die eklatant sexistische Ausdrücke gebrauchen, wenn es so einfach wäre, sie zu vermeiden. Auch die Sprecherinnen verhalten sich genauso sexistisch wie die Sprecher. Ein typisches Beispiel: Im *National Public Radio* sagte eine Sprecherin: „Der Arbeitgeber, der seinen Arbeitnehmer auf wöchentlicher Basis bezahlt ...“ und „Der Arbeitnehmer, der sich um seine Lohnsteuerrückzahlung sorgt ...“, und zwar in einem Zusammenhang, in dem mit diesen Begriffen völlig hypothetische Personen gänzlich unbestimmten Geschlechts bezeichnet wurden. Ein anderes Mal beschrieb ein Sprecher, wie der Papst in Warschau „von Massen seiner Landsmänner umringt“ wurde. Eine Sprecherin sagte sogar: „Stellen Sie sich vor, ich bin ein Arbeiter, liege auf meinem Sterbebett und habe kein Geld, um meine Frau und meine Kinder zu ernähren ...“ Gerade solche Leute sollten es doch besser wissen.

Hin und wieder hört man bei öffentlichen Vorträgen Leute, die wohl ein leichtes Mißbehagen bei ihrem Gebrauch des stillschweigenden Maskulinums beschleicht und die daher dann und wann dies zu kompensieren trachten. Wenn sie, sagen wir, fünfmal hypothetische Personen mit einem „er“ stillschweigend zu Männern gemacht haben, werfen sie ein schüchternes „er oder sie“ ein (und schmunzeln dabei vielleicht etwas verlegen); nachdem sie ihr schlechtes Gewissen so beruhigt haben, kehren sie wieder zum „er“ und anderen sexistischen Sprachgebräuchen zurück, bis das Schuldgefühl sich wieder genügend aufgebaut hat und ein weiteres Beispiel nicht-sexistischen Sprachgebrauchs auslöst.

Meiner Meinung nach ist dies kein Fortschritt. In gewisser Hinsicht ist es sogar ein Rückschritt, der der Sache nicht-sexistischen Sprachgebrauchs Schaden zufügt. Denn diese Leute lassen erkennen, daß die maskulinen Formen eben *nicht* neutrale Gattungsbegriffe sind, und fahren gleichzeitig fort, sie zu gebrauchen, als wäre nichts gewesen. In ein und demselben Moment lassen sie damit andere Leute zunehmend erkennen, daß es eine Selbsttäuschung ist, Maskulina als Gattungsbegriffe anzusehen, und gleichzeitig verstärken sie die alte Konvention, solche Ausdrücke trotzdem zu gebrauchen. Das ist eine böse Verkettung.

* * *

Kurz nachdem diese Kolumne erschienen war, kam ich auf eine Möglichkeit, eines der Probleme sexistischen Sprachgebrauchs zu beschreiben. Ich nenne es die *rutschige Bahn des Sexismus.* Die Idee ist ganz einfach. Wann immer ein Gattungsbegriff und ein „markierter" Begriff (d. h. ein geschlechtsspezifischer Begriff) zusammenfallen, besteht die Möglichkeit, daß es bei den Zuhörern und sogar beim Sprecher oder bei der Sprecherin zu einer geistigen Vermischung der beiden Anteile kommt. Ein paar Konnotationen des Gattungsbegriffs werden automatisch „abfärben", wenn der geschlechtsspezifische Begriff gemeint ist, und umgekehrt. Wenn ich zum Beispiel „Arbeiter" sage, um den ersten Teil dieser Behauptung zu illustrieren, werden Spuren der Vorstellung eines Mannes abfärben, auch wenn kein bestimmtes Geschlecht gemeint ist. Das gegenteilige Phänomen ist gleichermaßen weit verbreitet; wenn z. B. in den Radionachrichten von den „vier Astronauten des nächsten Raumfähren-Flugs" gesprochen wird, mag es gut sein, daß alle vier in der Tat Männer sind, so daß der Begriff korrekt gebraucht wurde. Es kann aber genausogut sein, daß eine Frau zur Besatzung gehört, in welchem Fall der Begriff „Astronaut" (angeblich) gattungsspezifisch funktionieren soll. Wenn Sie aber diese Nachrichten hören und einfach *nicht wissen,* ob sich eine Frau unter den vieren befindet, was machen Sie dann?

Einige von Ihnen werden sich automatisch vier Männer vorstellen, andere aber werden, weil sie daran denken, daß es auch Astronautinnen gibt, in ihrem Geist ein bißchen Platz für mindestens eine potentielle Frau in der Besatzung lassen. Nun mag die Nachrichtensprecherin genau wissen, daß an diesem Flug nur Männer teilnehmen. Sie hat vielleicht sogar den Ausdruck „Astronauten" ganz absichtlich gewählt, um Sie wissen zu lassen, daß keine Frau dabei ist. Für sie ist „Astronaut" geschlechtsspezifisch. Vielleicht hat sie aber auch gar nicht darüber nachgedacht, vielleicht hat sie „Astronaut" gattungsspezifisch gebraucht. Aber woher können Sie das wissen? Dann ist das Problem da: die rutschige Bahn. Konnotationen rutschen ganz zwanglos hin und her, und zwar weit unterhalb der Ebene unseres Bewußtseins. Das geschieht in besonderem Maße (wenn auch nicht ausschließlich) zwischen zwei Leuten mit unterschiedlichem Sprachgebrauch.

Lassen Sie mich das mit der rutschigen Bahn ein wenig näher erklären. In Abb. 7-2 habe ich ein paar ins Auge springende Beispiele ausgewählt. Zu jeder rutschigen Bahn gehört ein kleines Dreieck, dessen Spitze von einem angeblichen Gattungsbegriff gebildet wird und an dessen Basisecken sich zwei entgegengesetzte geschlechtsspezifische Ausdrücke finden. Die eine Seite des Dreiecks stellt die gefürchtete rutschige Bahn selbst dar. Entlang dieser Diagonale flitzen die Konnotationen frei im Geist von Zuhörerinnen und Sprechern und Lesern und Autorinnen hin und her. Und all dies geschieht völlig unbewußt, genauso wie eine bestimmte poetische Wendung Dutzende von subtilen Assoziationen hervorrufen kann, ohne daß irgend jemand erklären könnte, wie dies geschieht. Dieser wundervoll fließende Zauber der Poesie ist nicht mehr ganz so wundervoll, wenn er einem Begriff alle möglichen Eigenschaften aufpfropft, die dieser nicht haben sollte.

Im wesentlichen funktioniert die typische rutschige Bahn so: Zwischen dem Gattungsbegriff und seinem maskulinen Ableger wird ein enger „Schulterschluß" hergestellt, so daß der weibliche Ableger ein bißchen außen vor bleibt. Die beiden Erstgenannten färben stärker aufeinander ab und profitieren mehr voneinander: Das Maskulinum erbt die abstrakte Kraft vom Gattungsbegriff, und der Gattungsbegriff erbt die spezifische bildliche Kraft vom Maskulinum. Ein Beispiel: „Jeder ist seines Glückes Schmied" ist auf alle gemünzt, trotzdem beschwört dieses Sprichwort das Bild eines riesigen, rußigen Kerls herauf, der im Feuerschein der Esse seinen Hammer schwingt. Genauso: „Man soll das Eisen schmieden, solange es heiß ist." Auch mit dem „kleinen Mann auf der Straße" sind an sich alle Durchschnittsbürgerinnen und -bürger gemeint, trotzdem taucht in der Vorstellung sofort das Bild eines leicht gebeugt gehenden, kleinen und vielleicht etwas rundlichen Mannes in einem etwas altmodischen Mantel auf, seinen Lieblingshut tief in die Stirn gezogen ... „Es kann der Frömmste nicht in Frieden leben, wenn es dem bösen Nachbarn nicht gefällt" – auch hier tauchen die Frömmste und ihre böse Nachbarin nur dann in unserer Vorstellung auf, wenn man bewußt darüber nachdenkt.

„Hunderttausende von Jahren war der Mensch ein Jäger und Sammler": Sofort denken Sie an einen zottelpelzigen Urhorden-Mann, der keulenschwingend durch die Savanne hetzt, nicht an seine Frau, die mit ihrem Sammeln den wesentlichen Teil der Nahrungsbeschaffung besorgte. „Dem Mutigen hilft Gott" – „Früh übt sich, was ein Meister werden will" – „Es irrt der Mensch, so lang er strebt" – „Dem Glücklichen schlägt keine Stunde": Sind solche Spruchweisheiten nun gattungs- oder geschlechtsspezifisch gemeint? Was ist schließlich von der Frau zu halten, die „ihren Mann steht"? Und denken Sie einmal darüber nach, wie das eigentlich funktionieren sollte, was einem großen deutschen Dichter und einem großen deutschen Komponisten als paradiesisches Ideal vorschwebte: „Alle Menschen werden Brüder."

* * *

Jetzt schauen wir uns einmal die etwas isolierte linke Ecke des Dreiecks an. Auf den ersten Blick mag es scheinen, daß die Frauen hier als etwas Distinguiertes hervorgehoben würden. Wie nett! In Wirklichkeit aber werden sie als Nebensache gebrandmarkt. Sie sind der Sonderfall; der Standardfall besteht darin, keine Frau zu sein. Das heißt, die Frauen müssen sich den Weg zurück in das allgemeine Bild „Leute" oder „Personen" erst erkämpfen. Hier ein paar Beispiele, die das illustrieren sollen:

Als ich in der Schule Französisch lernte, schien mir der Umstand, daß maskuline Begriffe auch gemischtgeschlechtliche Gruppen bezeichnen, ganz natürlich, logisch und nicht weiter bemerkenswert zu sein. Viel später erst kam ich darauf, daß dieser Sprachgebrauch doch schief und bizarr ist. Erst kürzlich war ich jedoch ein wenig überrascht, daß ich wieder einmal in dieselbe Falle, nur in anderer Tarnung, gegangen war. Ich benutzte gerade ein mehrsprachiges Wörterbuch und bemerkte, daß zur

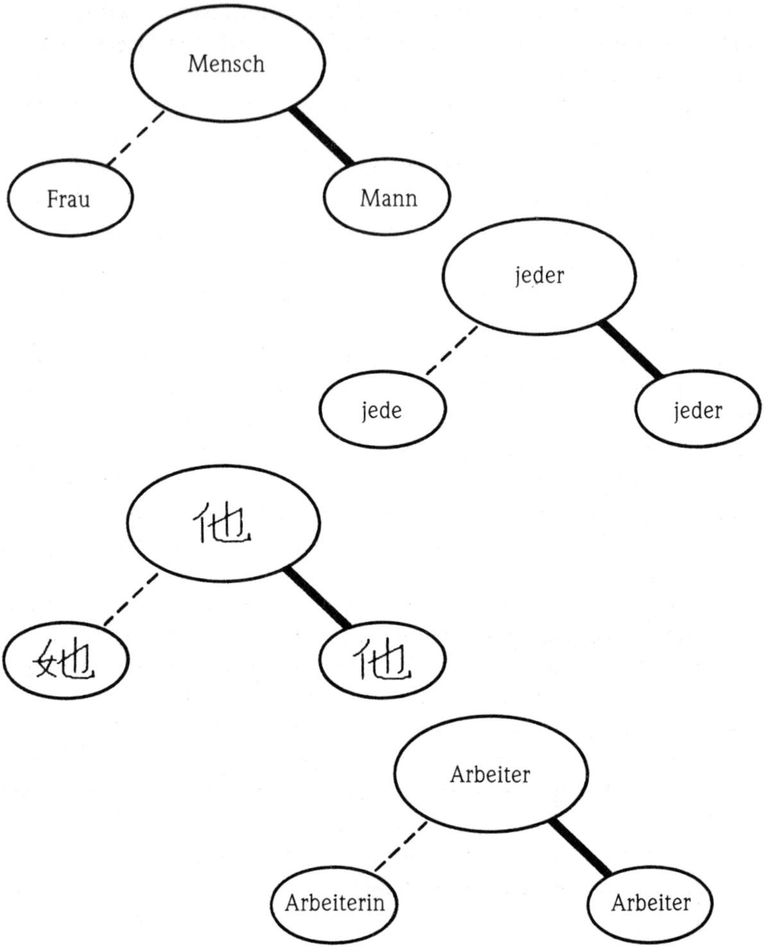

(a)

Abbildung 7-2. Eine Illustration der „rutschigen Bahn des Sexismus“. Jedes der in a) gezeigten Beispiele zeigt einen angenommenen Gattungsbegriff (d. h. einen geschlechtsneutralen) und darunter seine beiden geschlechtsspezifischen Ableitungen. Der maskuline und der Gattungsbegriff fallen jedoch zusammen, was durch die dicke Verbindungslinie angezeigt wird – die rutschige Bahn, auf der Konnotationen ungehindert hin- und herschlüpfen können. Die stillschweigende Annahme des männlichen Geschlechtes wird in den meisten Fällen dadurch gefördert. Im Deutschen und in anderen Sprachen, deren Substantive ein grammatisches Geschlecht aufweisen, wird dieser Effekt durch das Zusammenfallen von grammatischem und biologischem Geschlecht noch weiter gefördert.

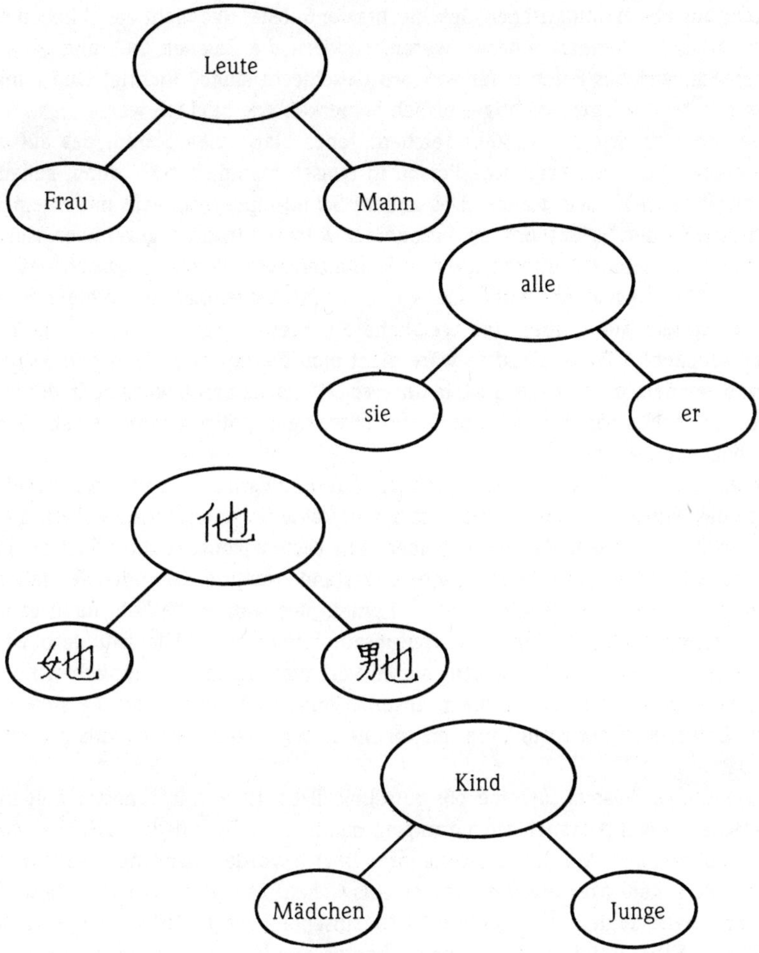

(b)

Bei den in b) gezeigten Beispielen tritt an die Stelle der „rutschigen Bahnen“ wirkliche Geschlechtsneutralität; die Gattungsbegriffe bezeichnen nichts als die Gattung, und die geschlechtsspezifischen Begriffe eindeutig das Geschlecht. – Im Deutschen sind solche wirklich neutralen Gattungsbegriffe überaus selten, so daß es eines gehörigen Einfallsreichtums bedarf, wenn man wenigstens zur Bezeichnung von gemischtgeschlechtlichen Personengruppen auf Umwegen zum Ziel gelangen will: Schauspielensemble, Turnriege, Schwimmstaffel, Belegschaft, Flugzeugbesatzung … Selbst „Arbeiterklasse“ weist noch eine schwache rutschige Bahn hin zum Arbeiter und weg von der Arbeiterin auf.

Bezeichnung des grammatischen Geschlechts der Substantive nicht die üblichen Buchstaben *m* und *f* benutzt worden waren, sondern die Zeichen „+" und „–". Was glauben Sie, welches Zeichen für welches Geschlecht stand? Richtig! Und zunächst schien mir das auch ganz richtig – bis ich bemerkte, wie blöd ich war.

Oder nehmen wir die Verkehrszeichen: Jenes blau-weiße Schild, das auf einen Zebrastreifen hinweist, zeigt eine Person in typisch männlicher Kleidung, genau wie die Fußgängerampel selbst auch. Das andere Schild hingegen, weiß mit rotem Rand („Achtung Kinder!"), das uns zu besonderer Rücksichtnahme gegenüber vielleicht unbedacht Handelnden auffordert, dieses Schild zeigt eine Person in typisch weiblicher Kleidung. Und doch würde wohl jeder von uns zunächst stutzen, wenn eines der blau-weißen Schilder auf einmal eine weibliche Silhouette zeigte: „Hmm ... ‚Achtung, Frauen kreuzen'?" Dieses Stutzen wäre nicht bloß die Reaktion eines hartgesottenen Sexisten, sondern die von allen, die in unserer Gesellschaft groß wurden, in der Frauen – nicht absichtlich oder bewußt, aber unterschwellig und allgegenwärtig – als „Sonderfälle" behandelt werden.

Wenn ich schreibe, „Im 19. Jahrhundert waren Edward Lear und Lewis Carroll die Könige des Nonsens", wird meine Leserschaft keine Schwierigkeiten haben, die Botschaft so zu verstehen, daß diese beiden den besten Nonsens ihrer Zeit zu Papier brachten. Aber überlegen Sie mal, wie es verstanden würde, wenn ich schriebe: „Im 20. Jahrhundert war Gertrude Stein die Königin des Nonsens." Wohl nicht ganz das gleiche würde impliziert: Von den Nonsensautor*innen* des 20. Jahrhunderts ist Gertrude Stein die beste. Welchen Rang sie im Verhältnis zu ihren männlichen Kollegen einnimmt, bliebe offen. Ist das nicht absurd? Warum ist unsere Sprache so asymmetrisch? Dahinter steckt wohl kaum männliche Ritterlichkeit – bestenfalls gönnerhafte Herablassung.

Ein weiteres Beispiel für eine bös rutschige Bahn ist erst in jüngster Zeit in den öffentlichen Sprachgebrauch eingedrungen, nämlich das Begriffspaar „Homosexuelle" und „Lesbierinnen". Mit dem erstgenannten Begriff wurden ursprünglich alle bezeichnet, die Personen ihres eigenen Geschlechts lieben. Und doch hat sich dieses Wort nach und nach zugleich als geschlechtsspezifischer Begriff zur Bezeichnung homosexueller Männer durchgesetzt, während homosexuelle Frauen, wieder als Sonderfall, mit dem Sonderbegriff „Lesbierinnen" bezeichnet werden. Die Zeitungsüberschrift „Zwei Homosexuelle Opfer eines Raubüberfalls" würde selbstverständlich das Bild zweier zusammengeschlagener Männer in einem dunklen Park heraufbeschwören. Zu eng ist der „Schulterschluß" zwischen dem Gattungsbegriff „Homosexuelle" und seiner männlichen Variante „Homosexueller", als daß die stillschweigende Annahme, daß es sich um zwei männliche Homosexuelle handelt, verhindert werden könnte. (Und nur bei streng logischem Nachdenken kämen wir vielleicht auf die – auch nicht unplausible – Möglichkeit, daß vielleicht eine homosexuelle Frau und ein homosexueller Mann einfach miteinander spazierengingen und überfallen wurden.) Tröstlich ist nur, daß sich wenigstens unter Homosexuellen ein gleichberechtigtes Begriffspaar herausgebildet hat: „Schwule" und „Lesben".

* * *

Die Probleme mit dem sexistischen Sprachgebrauch rühren zum Teil daher, daß er so tief verwurzelt ist. Im Rahmen meiner eigenen Beobachtungen über Sprache und verwandte Phänomene ist mir etwas Verwirrendes aufgefallen: Wann immer ich auf ein besonders abschreckendes Beispiel stoße, notiere ich es mir voller Freude und sage zu Bekannten: „Ich habe ein *großartiges* Beispiel für Sexismus gefunden!" Aber was soll denn *gut* daran sein, ein eklatantes Beispiel für etwas *Schlechtes* zu finden? Die Antwort ist natürlich ganz einfach: Wir brauchen überaus deutliche Beispiele, wenn wir viele Leute davon überzeugen wollen, daß hier ein Problem vorliegt, welches ernst genommen werden muß.

Kurz nachdem meine Kolumne über sexistischen Sprachgebrauch erschienen war, hatte ich das Glück, die Philosophin und Feministin Joan Straumanis kennenzulernen. Wir hatten jede Menge miteinander zu bereden und besonderen Spaß daran, solche Geschichten auszutauschen, die einen stöhnen und ausrufen lassen: „Ist das nicht *stark*?" – was natürlich soviel heißen sollte wie „Wie schlimm!" Die folgende Geschichte ist ihr selbst passiert. Eines Tages besuchte sie ihr Ehemann in ihrem Büro an der Universität und wollte ein Ferngespräch von ihrem Apparat aus führen. Mit der „0" wählte er die Telefonzentrale an, die mit einer Frau besetzt war. Diese fragte ihn, ob er Fakultätsmitglied sei. Er verneinte dies, und sie gab zurück: „Nur Fakultätsmitglieder dürfen von diesen Apparaten aus telefonieren." Er antwortete: „Meine Frau ist Fakultätsmitglied. Sie ist nebenan – ich hole sie." Die Dame schnauzte zurück: „Nein, nein – Ehefrauen dürfen diese Apparate nicht benutzen!"

Eine andere wahre Geschichte, die Joan Straumanis mir erzählte, ist vielleicht noch faszinierender und provokativer: Eine Gruppe von Eltern organisierte eine Krankenhausbesichtigung für zwanzig Kinder: zehn Jungen und zehn Mädchen. Am Ende der Besichtigung schenkten Angestellte des Krankenhauses jedem Kind eine Mütze: Doktormützen für die Jungen, Schwesternhäubchen für die Mädchen. Aufgebracht über diese Art von Sexismus, gingen die Eltern zur Krankenhausverwaltung. Sie bekamen zugesagt, daß in Zukunft anders verfahren werden sollte. Im Jahr darauf wurde eine ähnliche Besichtigung arrangiert, und am Ende kamen die Eltern, um ihre Kinder abzuholen. Doch was mußten sie sehen? Genau dasselbe Bild – alle Jungen hatten Doktormützen auf, alle Mädchen Schwesternhäubchen. Schnaubend vor Wut stürmten sie das Büro des Direktors und verlangten eine Erklärung. Doch der Direktor erklärte ihnen sanft: „Aber wir *haben* es dieses Jahr ganz anders gemacht. Wir haben allen angeboten, sich die Mütze auszusuchen, *die sie wollten.*"

David Moser, der wachsam die Alltagssprache um sich herum beobachtet, hörte eines Abends im Radio, wie eine ältere Frau sich äußerst aufgebracht über das milde Urteil erregte, mit dem zwei Männer davongekommen waren, die ein dreijähriges Mädchen ermordet hatten. Die Frau sagte: „Diese beiden Kerle haben nichts anderes als den Tod verdient. Das ist doch schrecklich, was sie getan haben! Wer weiß, was aus dem kleinen Mädchen vielleicht einmal geworden wäre? Wer weiß, vielleicht wäre sie die Mutter des nächsten großen Komponisten geworden!" Auf die Idee, daß das kleine Mädchen vielleicht selbst zur nächsten großen Komponistin herangewachsen wäre, war die Frau zweifellos nicht gekommen. Dennoch war das, was sie sagte, keine bewußt sexistische Bemerkung, und irgendwie berührt es mich; es erinnert an ruhigere Zeiten, in denen die Geschlechterrollen klar umrissen waren und größtenteils nicht hinterfragt wurden, Zeiten, in denen viele Leute sich in ihren wohldefinierten sozialen Nischen sicher und beschützt fühlten. Aber diese Zeiten sind vorbei, und wir müssen mit hellwachem Bewußtsein vorangehen.

*   *   *

Ich wäre nicht ganz ehrlich, wenn ich nicht zugäbe, daß ich gelegentlich, obwohl ich vom hier Gesagten überzeugt bin, ernsthafte Zweifel bekomme, wie negativ der Einfluß sexistischen Sprachgebrauchs auf unser Denken wirklich ist. Ich muß betonen, daß ich die Sapir-Whorf-Hypothese ablehne, nach der die Sprache unsere Wahrnehmungsweise und unsere Kultur formt. Ich glaube, daß die Kausalität fast ganz in entgegengesetzter Richtung verläuft. Und ich bin tief beeindruckt von der Anpassungsfähigkeit des menschlichen Geistes, von seiner Fähigkeit, falsche stillschweigende Annahmen im Handumdrehen durch Alternativen zu ersetzen – sogar durch höchst ungewöhnliche. Angesichts eines Schildes „Dr. A. Müller" werden die meisten sich zunächst einen Mann vorstellen – aber wenn sie erfahren, daß es sich dabei um die Ärztin Anna Müller handelt, werden sie dieses Stückchen Wissen ganz unmittelbar absorbieren, ohne mit der Wimper zu zucken. Jüngst hörte ich den Satz: „Sie haben mich wie einen König behandelt." Das finden Sie vielleicht nicht überraschend, solange Sie nicht wissen, daß meine Friseuse diesen Satz sagte. Und David Moser berichtet, daß eine Frau einmal zu ihm sagte: „Jene Familie hat mich wie einen Sohn behandelt!" Warum sagten die beiden nicht „wie eine Königin" bzw. „wie eine Tochter"? Meiner Ansicht nach liegt es daran, daß „wie einen König behandeln" und „wie einen Sohn behandeln" im Englischen in gewissem Maß „gestanzte" Phrasen sind, so daß sie trotz ihres *augenscheinlichen* Sexismus vielleicht in ihrer *tiefen* Bildhaftigkeit wirklich ganz neutral sind. Ich behaupte nicht, daß ich das *weiß,* sondern nur, daß ich mich das manchmal frage.

An dieser Stelle muß ich das Folgende einschieben: Marina Yaguello, Professorin für Linguistik an der Universität Paris und Autorin des entschieden feministischen Buches *Les mots et les femmes* („Die Worte und die Frauen"), einer ausführlichen Studie über Sexismus in der französischen Sprache, hat kürzlich für das Laienpublikum ein anderes Buch über allgemeine Sprachwissenschaft geschrieben, betitelt *Alice au pays du langage* („Alice im Sprachen-Land"). In diesem Buch strengt sich Yaguello keineswegs an, all die sexistischen Fallen der französischen Sprache zu vermeiden, die zu brandmarken sie in ihrem vorhergehenden Buch alle Anstrengungen unternommen hat. Für „alle Leute" schreibt sie *tous les hommes* (wörtlich: „alle Männer"); für „ein junges Kind" als Gattungsbegriff schreibt sie *le jeune enfant* (mit männlichem Artikel). Am meisten aber verblüffte mich, daß sie ein weibliches Kind nicht mit *une enfant* (mit weiblichem Artikel, was einwandfrei möglich ist) umschrieb, sondern mit *un enfant du sexe féminin* – „ein Kind weiblichen Geschlechts", und „Kind" auch noch mit männlichem Artikel! Wenn eine entschiedene Feministin sich mit einem so offensichtlich sexistischen Sprachgebrauch abfinden kann, beschleicht mich das Gefühl, daß es tiefere Wahrheiten als die an der Oberfläche gibt und daß ich mich wohl mal zurücklehnen und darüber nachdenken muß.

Doch hält mich dies nicht davon ab, die Überzeugung zu hegen, daß wir in einer sexistischen Gesellschaft leben, die am deutlichsten in unserer Sprache gespiegelt wird, und weiterhin Beispiele zu sammeln, die jenen Sexismus so deutlich wie möglich dokumentieren. Der jeweilige Zustand unserer Sprache scheint mir eine Art Barometer für den jeweiligen Zustand unserer Gesellschaft darzustellen. Zu versuchen, die Gesellschaft mittels Veränderung der Sprache zu verändern, mag vielleicht heißen, das Pferd von hinten aufzuzäumen. Aber ein Weg, die Leute für dieses Problem wachzurütteln, besteht darin, auf die Sprache, ein einwandfrei zu beobachtendes Phänomen, hinzuweisen.

Ich würde nicht für das antisexistische Ziel plädieren, daß alle beruflichen Positionen zur Hälfte mit Männern, zur Hälfte mit Frauen besetzt werden. Selbst wenn wir diesen ausgewogenen Zustand eines Tages erreichten, würde ich, ehrlich gesagt, vermuten, daß sich kein stabiles Gleichgewicht ergeben würde – die prozentualen Anteile würden sich immer wieder hin und her verändern. Es scheint mir höchst unwahrscheinlich, daß Männer und Frauen so symmetrisch sind. Aber das ist gar nicht der Punkt, um den es beim Vorstoß in Richtung auf einen geschlechtsneutralen Sprachgebrauch geht. Die Eliminierung von Vorurteilen und vorgefertigten Meinungen verfolgt den Zweck, auf jedem Gebiet der Arbeit und des Spiels die Tür für Menschen beider Geschlechter weit aufzustoßen. *Chancengleichheit,* nicht notwendigerweise Distributionsgleichheit, ist das Ziel, das wir verfolgen sollten.

Sektion III:
Sprühen und Schlüpfen

Sektion III:
Sprühen und Schlüpfen

In den nächsten fünf Kapiteln geht es um Kreativität: ihre Ursprünge und ihre Mechanisierbarkeit. Eine der häufigsten Metaphern für Kreativität ist die eines „Funken": ein elektrischer Gedankensprung von einer Stelle zu einer entfernten anderen, ohne daß zuvor ein offensichtlich plausibler Grund vorliegt, der Vorgang aber danach um so berechtigter erscheint. Außer als Substantiv wird „Funke" auch als Verb gebraucht: Es *funkt*, wenn eine Idee eine andere entzündet. Schöpferische geistige Tätigkeit wird, um bei diesem Bild zu bleiben, zu einem Feuerwerk sprühender Funken, die in einer Ideenwelt herumfliegen. Wie nun unterscheidet sich diese Metapher für den Geist von der Computer-Realität? Computer stecken voller Elektrizität, die unvorstellbar schnell von einer Stelle zur anderen jagt. Reicht das etwa nicht, um Mechanisches in Fließendes zu verwandeln? Fehlt ihnen gar immer noch etwas Unnennbares? Sind ihre mechanischen Versuche zu denken immer noch zu rigide, zu trocken? Fehlt etwas Liquides und Gleitendes? Mein Wort für den sich entziehenden Aspekt menschlichen Denkens, für den es immer noch keine synthetischen Imitationen gibt, lautet „Verrutschbarkeit". Die Gedanken eines Menschen haben die Eigenart, einfach entlang gewisser konzeptioneller Dimensionen in andere Gedankengänge hineinzurutschen, oder, entlang anderer Dimensionen, einem solchen Verrutschen zu widerstehen. In jedem menschlichen Geist hat eine bestimmte Idee, die sich darin niederläßt, leicht unterschiedliche

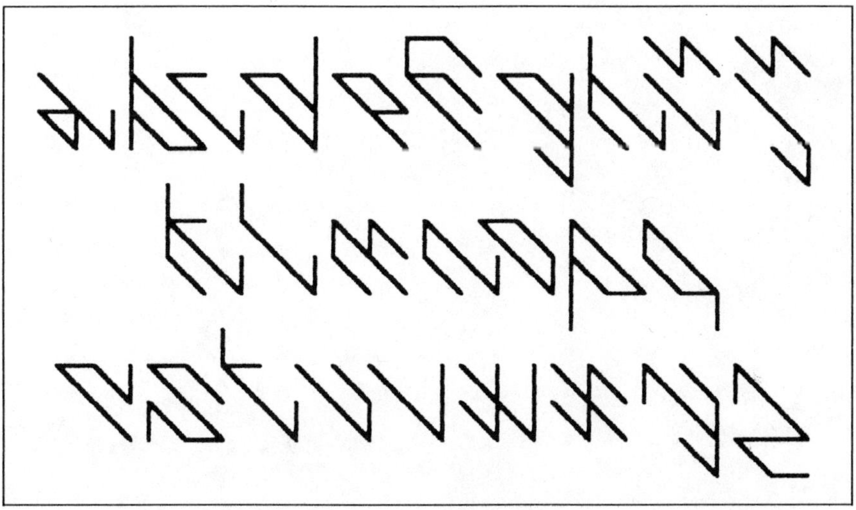

Verrutschbarkeiten – Prädispositionen, zu verrutschen. Manch ein Geist scheint Verrutschbarkeiten zu besitzen, die dem Vorschub leisten, was wir als echte Kreativität betrachten, während das bei anderen nicht so ist. Was ist das für eine wertvolle Gabe? Kann man einen schöpferischen Akt in eine Formel fassen? Kann man sprühende Ideen und schlüpfende Gedanken in Flaschen und Konserven füllen? Ist es nicht in der Tat so, daß ein menschliches Gehirn eben genau das ist – eine fest eingekapselte Maschinerie für Kreativität? Oder haben Kreativität und Geist mehr an sich, als sich je in ein endliches physikalisches Objekt oder mathematisches Modell einschließen ließe?

8
Muster, Dichtung und Kraft in der Musik Frédéric Chopins

April 1982

Das abstrakte visuelle Muster in Abbildung 8-1 ist eine graphische Darstellung des Eröffnungsteils eines der schwierigsten und lyrischsten Klavierstücke, die je komponiert wurden. Gemeint ist die elfte Etüde in Frédéric Chopins Opus 25, das er um 1832, kaum über zwanzig, schrieb. Als Junge hörte ich Chopin-Etüden unzählige Male auf dem Plattenspieler meiner Eltern, und in kurzer Zeit hatte ich sie liebgewonnen. Sie wurden so vertraut wie die Gesichter meiner Freunde. Was aus mir geworden wäre, hätte ich diese Stücke nicht gekannt, kann ich mir gar nicht vorstellen.

Ein paar Jahre später, als Teenager, der seine helle Freude am Klavierspielen hatte, wollte ich wissen, wie ein paar dieser alten Freunde auf dem Klavier zu spielen sind. Also ging ich ins Musikgeschäft am Ort, wo ich einen kompletten Band mit Etüden fand. Nie werde ich meine Reaktion vergessen, als ich das Buch aufklappte und meine Freunde suchte. Sie waren nirgendwo zu sehen! Nichts als massenweise schwarze Noten und Akkorde: komplexe visuelle Muster, die mir allerhand Ehrfurcht einflößten. Niemals hatte ich sie mir so vorgestellt. Mir war, als ob ich, in der Erwartung, alte Freunde wiederzusehen, statt ihrer ihre Skelette gefunden hatte, die mich auch noch angrinsten. Es war fürchterlich. Ich klappte das Buch wieder zu und ging, irgendwie geschockt, von dannen.

Ich erinnere mich, daß ich mehrere Male in das Geschäft zurückkehrte. Immer zog es mich mit der gleichen Neugier, gemischt mit Angst, dorthin. Eines Tages faßte ich mir ein Herz und kaufte den Etüden-Band tatsächlich, vermutlich, weil ich hoffte, daß, wenn ich mich einfach ans Klavier setzte und die Noten zu spielen versuchte, die ich da sah, ich meine alten Freunde schon hören würde, wenn auch etwas langsam. Leider kam es ganz anders. Im allgemeinen konnte ich nicht einmal hinlänglich zweihändig spielen, davon, die Klänge, die mir so im Ohr waren, nachzuspielen, ganz zu schweigen. Ich fühlte mich etwas entmutigt und verschüchtert, als mir die respektierlichen Komplexitäten, die mir bis dahin wie Selbstverständlichkeiten vorgekommen waren, bewußt wurden. Man kann es auf zwei Weisen sehen. Zum einen kann man sich darüber wundern, wie die menschliche Wahrnehmung eine riesige Menge von unabhängigen Elementen integrieren kann und dann nur eine einzige Qualität „hört"; zum anderen kann man über das unglaubliche Können eines Pianisten staunen, der so viele Noten so schnell zu spielen vermag, daß sie alle in einer einzigen schimmernden Masse, einer „ko-hör-enten" Totalität verschwimmen.

Zunächst war es verwirrend zu sehen, daß die „Freunde" Anatomien von derartig überwältigender Komplexität besaßen. Aber wenn ich zurückschaue, weiß ich nicht, was ich eigentlich erwartete. Erwartete ich, daß ein paar simple Akkorde den Zauber schaffen konnten, den ich spürte? Nein; hätte ich darüber nachgedacht, hätte ich die Unmöglichkeit eingesehen. Die einzig mögliche Quelle einer solchen Magie lag in einer bestimmten Art von Komplexität – einer auf Mustern beruhenden Komplexität sicherlich. Und ich glaube, diese Erfahrung hat mir eine Lektion erteilt, die mein Leben lang währt: nämlich daß Phänomene, die als magisch wahrgenommen werden, immer dann herauskommen, wenn sich komplexe Muster *nicht*-magischer Aktivitäten auf einer unterhalb der Wahrnehmung liegenden Ebene abspielen. Kürzer und bündiger: Die Magie hinter der Magie ist das Muster. Ein ausgezeichnetes Beispiel ist die Magie des Lebens selbst, das sich aus solchen nach Mustern ablaufenden, aber leblosen Aktivitäten auf molekularer Ebene entwickelt. Die Magie der Musik entsteht aus komplexen, nicht-magischen – oder sollte ich sagen, *meta*magischen? – Notenmustern.

* * *

Nachdem ich den Etüden-Band endlich besaß, spürte ich sogar den Ansporn, ihn irgendwie ganz gründlich durchzugehen. Ich war entschlossen, auch wenn es harte Arbeit sein mochte, eine Etüde zu lernen. Ich wählte meine damalige Lieblingsetüde – zu sehen in Abbildung 8-1 – und begann, mir die Muster, wie ich die Finger der rechten Hand zu halten hatte, zusammen mit den Mustern, die danach folgen sollten, einzuprägen. Ich schaffte ungefähr die ersten zwei Seiten. Ich spielte das Muster buchstäblich tausendmal durch, und allmählich wurde es für meine Finger selbstverständlich, obgleich es nie so selbstverständlich war, wie es für meine Ohren – oder eher meinen *Geist* immer geklungen hatte.

Damals beobachtete ich zum ersten Mal die erstaunlich gewandte Subtilität, die in den blitzschnellen Bewegungen der rechten Hand lag, und wie sie sich aus zwei alternierenden und äußerst unterschiedlichen Komponenten zusammensetzt: die Noten mit ungeraden Zahlen (erscheinen grau) ergeben eine perfekte absteigende chromatische Tonleiter für vier Oktaven, während die Noten mit geraden Zahlen (erscheinen schwarz) sich wie Zaunlatten zwischen Zaunpflöcken eines Lattenzauns dazwischendrängen und ein Arpeggio mit wiederholten Noten diktieren. Beim Spielen dieses alternierenden Musters flattert die rechte Hand wie eine Schwalbe, die sich im Flug von einer Seite zur anderen neigt und abwechselnd mit den Flügeln schlägt, die Klaviatur hinunter.

Ein Wort zur Erklärung noch. Bei einem Klavier liegen zwölf Tasten zwischen einer Note und der entsprechenden Note eine Oktave weiter (manche sind schwarz, andere weiß). Spielt man sie alle der Reihe nach durch, wird eine *chromatische Tonleiter* erzeugt, im Gegensatz zu den vertrauteren diatonischen Tonleitern (gewöhnlich Dur- oder Molltonleitern). Letztere enthalten jeweils nur sieben Noten (die achte Note ist die Oktave selbst). Die sieben Intervalle zwischen den aufeinanderfolgenden Noten einer diatonischen Tonleiter sind nicht alle gleich. Manche sind zweimal so groß wie andere, aber für das Ohr liegt darin eine perfekte intuitive Logik. Eigentlich ist es recht

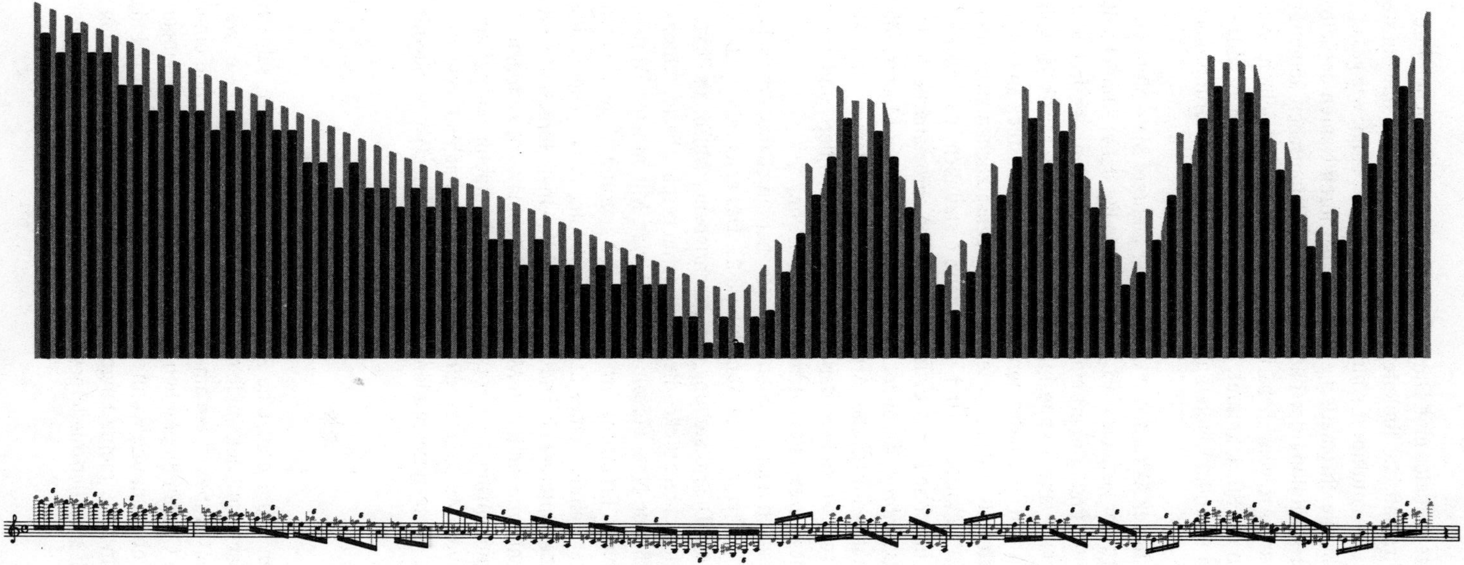

Abbildung 8-1. Die Eröffnungstakte der rechtshändig zu spielenden Etüde op. 10, Nr. 1 von Frédéric Chopin in graphischer Darstellung. Darunter die herkömmliche Schreibweise. [Computergraphik von Donald Byrd und dem Autor. Die Musik wurde vom SMUT-Programm gedruckt, das Donald Byrd an der Indiana-University entwickelt hat.]

paradox, daß die meisten Leute mühelos eine Durtonleiter, trotz der ungleichen Intervalle, aber nur wenige eine chromatische Tonleiter akkurat singen können, obwohl sie doch viel einfacher sein „sollte" – zumindest könnte es so aussehen, denn, wie gesagt, alle Intervalle sind gleich groß. Die chromatische Tonleiter hat ihren Namen deshalb, weil die Zusatznoten, die zur Auffüllung der Lücken in einer diatonischen Tonleiter einspringen, ihr eine besondere Art von „Schärfe" oder Spritzigkeit verleihen, wodurch Farbe oder Pikantheit in das Stück kommt. Man spricht daher bei einem Musikstück von chromatisch, wenn es andere Noten als die sieben zu seiner Grundtonart zählenden Noten enthält.

Ein *Arpeggio* ist ein gebrochener Akkord, der einmal oder mehrere Male hintereinander die Klaviatur rauf und runter gespielt wird. Das Arpeggio hat daher Ähnlichkeit mit einer ausgezogenen Tonleiter und erinnert ein bißchen an jemanden, der drei oder vier Stufen auf einmal nehmend eine Treppe hinaufspringt. Chopins Musik ist voll sowohl von Arpeggios als auch von chromatischen Passagen. Ein Glanzstück an Genialität aber schien mir die verwickelte Fusion dieser beiden gegensätzlichen strukturellen Elemente in der elften Etüde zu sein. Und es ist ganz erstaunlich, wie man sie wahrnimmt, wenn das Stück in schnelle Bewegung kommt. Die chromatische Tonleiter ist klar und deutlich herauszuhören; sie bildet die weiche „Hülle" des Musters (die auch mit dem Auge auszumachen ist). Das Arpeggio jedoch läßt daraus eine Art harmonisch vernebelten Eindruck entstehen, der die Sinne stark affektiert, und sei es nur unterschwellig. So scheint es wenigstens dem ungeübten Ohr.

Jede Etüde in dem Buch, das ich damals erstanden hatte, hat ein charakteristisches Erscheinungsbild, eine *visuelle Textur* (siehe Abbildung 8-2). Das erstaunte mich anfangs an dem Buch am meisten. Die Vorstellung von geschriebener Musik als Textur lag mir überhaupt nicht; die einfachen Stücke, die ich bis dahin gespielt hatte, schleppten sich so langsam dahin, daß jede Note einzeln zu hören war. Mit anderen Worten, die Stücke, die bis dahin meiner Erfahrung im Klavierspiel zugrunde lagen, waren ungehobelt, verglichen mit der Feinheit einer Etüde von Chopin, in der Töne völlig unbemerkt in einem Klangnebel untergehen und lediglich Teile einer Hörgestalt sind. Wenn man diese Art Hörerlebnis umwandelt in Musik auf Notenblättern, kommen oft ganz erstaunliche Texturen und Muster zum Vorschein. Jeder Komponist besitzt eine charakteristische Anordnung von Mustern, an die sich das Auge allmählich gewöhnt, eine Tatsache, die mir durch eben diese Etüden in so verblüffender Weise bewußt wurde.

** ** **

Nachdem ich mit dem Lernen kaum über eine Seite hinausgekommen war, sah ich mich leider gezwungen, die Sache mit der Etüde op. 25, Nr. 11 sein zu lassen – es war mir einfach zu schwierig. James Huneker, ein amerikanischer Musikkritiker und einer der ersten englischsprachigen Chopin-Biographen, schrieb zu dieser Etüde: „Kleingeister sollten es erst gar nicht probieren, und wenn sie noch so agile Finger haben." Nun, wie groß mein Geist auch sein mag, meine Finger waren jedenfalls nicht agil genug. Eine Zeitlang fühlte ich mich ziemlich niedergeschlagen, so daß ich gar keine Lust

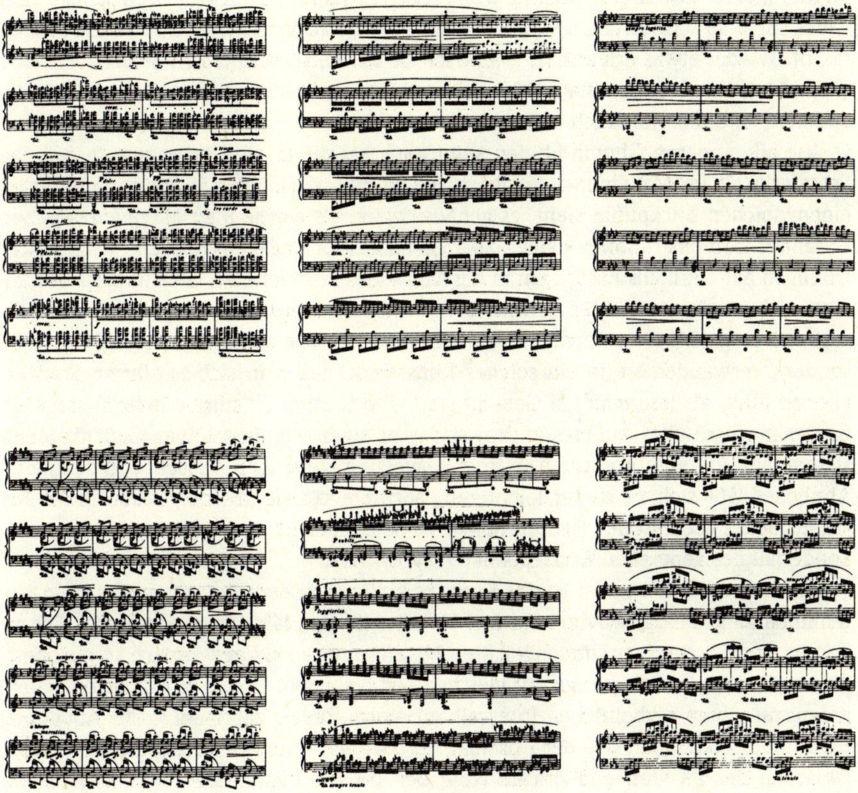

Abbildung 8-2. Die erstaunlich unterschiedlichen visuellen Texturen von sechs Chopin-Etüden. Oben: op. 10, Nr. 11 in Es-Dur; op. 25, Nr. 1 in As-Dur; und op. 25, Nr. 2 in f-Moll. Unten: op. 25, Nr. 3 in F-Dur; op. 25, Nr. 6 in gis-Moll; und op. 25, Nr. 12 in c-Moll. [Aus der Edition G. Schirmer (Friedheim).]

mehr hatte, mich an eine Chopin-Etüde heranzumachen. Ein paar Jahre später, als ich ernsthaft daran arbeitete, meine bescheidenen Piano-Künste zu verbessern, entdeckte ich in einem Buch mit einer Auswahl an Stücken mittleren Schwierigkeitsgrads eine einzelne Chopin-Etüde. Es handelte sich um eine von drei Etüden, die er zu einem späteren Zeitpunkt in seinem Leben komponiert hatte; keine davon war unter den Platten meiner Eltern gewesen. Es war ein echter Fund! Der Textur nach sah sie zum Glück nicht so schwierig aus, und auch dem Tempo nach nicht ganz so abschreckend rasant. Wieder etwas ermuntert, spielte ich sie durch, allerdings sehr gemächlich, und entdeckte, daß sie sich erstaunlich schön anhörte und nicht so unnahbar war wie die anderen, an denen ich mich versucht hatte.

Wie alle anderen Chopin-Etüden steht auch bei dieser eine besondere technische Schwierigkeit im Mittelpunkt, obgleich, wenn man die Etüden in erster Linie unter einem solchen Blickpunkt sieht, es genauso wäre, als würde man die phantastischen Gymnastikdemonstrationen einer Nadia Comaneci für bloße ausgefallene Trimm-dich-Übungen halten. Louis Ehlert, ein in der Musik des neunzehnten Jahrhunderts bewanderter Musikwissenschaftler, schrieb über eine der schönsten Etüden in Opus 25 (die sechste, in gis-Moll): „Chopin macht aus einer Übung nicht nur Verse in Terzen, sondern verwandelt sie in ein solches Kunstwerk, daß man sich bei ihrem Studium eher so fühlt, als lese man ein Gedicht statt eine Lektion. Er nimmt jeder Passage ihr ganzes mechanisches Äußeres, indem er daraus einen wunderschönen Gedanken entstehen läßt, ihn verkörpert und in ihrer Bewegung anmutigen Ausdruck finden läßt." Ähnliches läßt sich zu dieser leichteren, posthum veröffentlichten Etüde in As-Dur sagen, deren technisches Hauptproblem in dem Konzept *drei gegen zwei* liegt, ein Sonderfall des generellen Konzepts der *Polyrhythmik*.

Mathematisch betrachtet ist das Konzept hinlänglich einfach: man spiele zwei Notenlinien gleichzeitig, wovon eine drei Noten erklingen läßt, die andere zwei. Die zu Triolen und Pärchen zusammengefaßten Notengruppen sind gewöhnlich so gleichmäßig angeordnet, daß sie immer zur gleichen Zeit beginnen. Läßt man sich beide Notenlinien mit einem einheitlichen Intervall auf einem Plotter zeichnen (siehe Abbildung 8-3a), wird erkennbar, daß der Anschlag der zweiten Note des Notenpärchens mitten zwischen der zweiten und dritten Note der Triole erfolgt. Damit wird freilich nur bildlich dargestellt, daß $\frac{1}{2}$ das arithmetische Mittel von $\frac{1}{3}$ und $\frac{2}{3}$ ist.

Theoretisch müssen zwei Stimmen, die nach einem Drei-gegen-zwei-Muster gespielt werden, keine perfekte Übereinstimmung in der Aufreihung der Notengruppen zeigen. Verschiebt man die obere Stimme z.B. um $\frac{1}{12}$ nach rechts, sieht es ganz anders aus (siehe Abbildung 8-3b). Hier beginnt die dritte Note der Triole mitten im Anschlag der zweiten des Pärchens. Wie man sieht, geht die Triole über das Ende des Intervalls hinaus, wahrscheinlich um an ein anderes identisches Muster anzuschließen. Wir können das Muster auch so anlegen, daß seine Periodizität durch einen Kreis repräsentiert wird, wie in Abbildung 8-3c zu sehen ist. Wenn wir jeden der beiden konzentrischen Kreise wie einen Knopf drehen, schaffen wir alle erdenklichen Möglichkeiten, um drei gegen zwei Anschläge zu hören. Bei Chopin und der meisten anderen westlichen Musik ist man, so wie ich das sehe, nur der einen Möglichkeit nachgegangen, bei der die Triole und das Pärchen vollkommen „in Phase" sind.

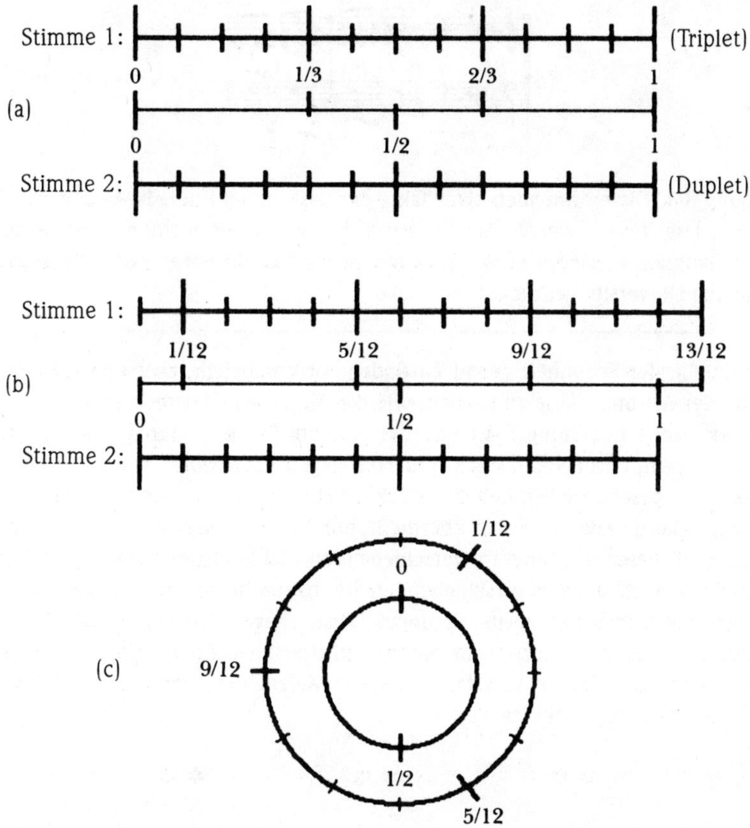

Abbildung 8-3. Das Drei-gegen-zwei-Phänomen. In (a) mit beiden Stimmen „in Phase", wie man es gewöhnlich hört. In (b) ist eine Stimme um 1/12 im Verhältnis zur anderen verschoben, was ein ziemlich ungewöhnliches Takt-Muster ergibt. In (c) wird gezeigt, wie sich die relative Verlagerung der beiden Stimmen im Prinzip ständig durch Drehen eines Knopfes einstellen ließe.

Zunächst fand ich es recht schwierig, den Drei-gegen-zwei-Rhythmus genau zu spielen. Man muß lernen, wie man die Stimmen einzeln hören kann, um herauszuhören, wie sich der runde schwungvolle Dreier-Rhythmus in das eckige Maschenwerk des Zweier-Rhythmus einfügt. Natürlich ist das nicht zu überhören, wenn jemand anderes am Spielen ist; der Trick dabei aber ist, es zu hören, wenn man selbst spielt! Prinzipiell ist es keine Schwierigkeit, sondern eine Sache der Koordination und erforderlichen Übung. Sobald ich das Problem, zwei Rhythmen gleichmäßig und unabhängig zu spielen, beherrschte, ging mir die ganze Etüde von der Hand. Sie zu spielen – oder sie zu hören – ist wie ein Lächeln mit Tränen in den Augen, sie ist so schön und gleichzeitig so traurig.

Abbildung 8-4. Die eröffnenden zwei Takte der posthumen Etüde in As-Dur mit ihrem typischen Drei-gegen-zwei-Muster, wobei sich die mit der rechten Hand gespielten Akkorde langsam verlagern. [Die Musik wurde mit Donald Byrds SMUT-Programm an der Indiana-University gedruckt.]

Die Quelle der Schönheit genau zu finden, ist unmöglich, aber gewiß ist sie teilweise in der Art und Weise zu suchen, wie die Akkorde in der rechten Hand ineinanderfließen (siehe Abbildung 8-4.) Fast das gesamte Stück hindurch spielt die rechte Hand *Akkorde* mit drei Noten (sechs pro Takt) gegen *Einzelnoten* von der Linken (vier pro Takt). Die besondere Feinheit des Stückes rührt von der Tatsache her, daß sehr oft, wenn ein Akkord in den nächsten überfließt, nur eine einzige Note wechselt. Und was der Subtilität dieses sich langsam verschiebenden Klangmusters noch zugute kommt, ist, daß die Schritte der sich verschiebenden Stimme meistens einzelne Schritte auf der Tonleiter sind und selten weite Sprünge. Diese „Regeln" stimmen natürlich nicht durchwegs; es gibt zahlreiche Ausnahmen. Nichtsdestotrotz hat das Stück eine für das Ohr wahrnehmbare Textur, von deren weicher Melancholie, *tęsknota*, wie es auf polnisch heißt, es durchtränkt ist.

* * * * * *

Wie sehr solche formalen Erwägungen Chopin in den Sinn kamen, während er komponierte, ist eine interessante Spekulation. Es ist wohlbekannt, daß Chopin Bachs Musik verehrte. „Spiele immer Bach", lautete sein Rat an einen Schüler, und seine besondere Hingabe galt dem *Wohltemperierten Klavier*, ein Vorbild an eleganten formalen Strukturen. Wie Chopin seinem Freund, dem Maler Eugène Delacroix, anvertraute, „ist die Fuge wie reine Logik in der Musik... Um die Fuge gründlich verstehen zu können, muß man mit dem Element jeglicher Vernunft und Konsistenz in der Musik vertraut sein." Offensichtlich liebte Chopin Muster.

Wie sehr Chopin sich des visuellen Reizes der Texturen in seinen Etüden bewußt war, läßt sich anhand dessen, wie seine Etüde Opus 10, Nr. 1 in C-Dur dem Manuskript nach aussah, auf ganz erstaunliche Weise demonstrieren. James Huneker schrieb über diese in seiner unnachahmlichen Prosa:

> Die unregelmäßig aufsteigenden und absteigenden schwarzen Treppchen von Noten sind dem Neophyten ein Greuel. So wie Piranesis architektonische Träume von prächtigen Himmelsbauten übt auch dieses schwindelerregende Auf und Ab bei Chopin einen Zauber auf Auge und Ohr aus, und wenn man so will, gar einen hypnotischen. Die neue Methode zeigt sich hier in ihrer ganzen Blöße, neu gewissermaßen in Form, Gestaltung, Muster, Gewebe,

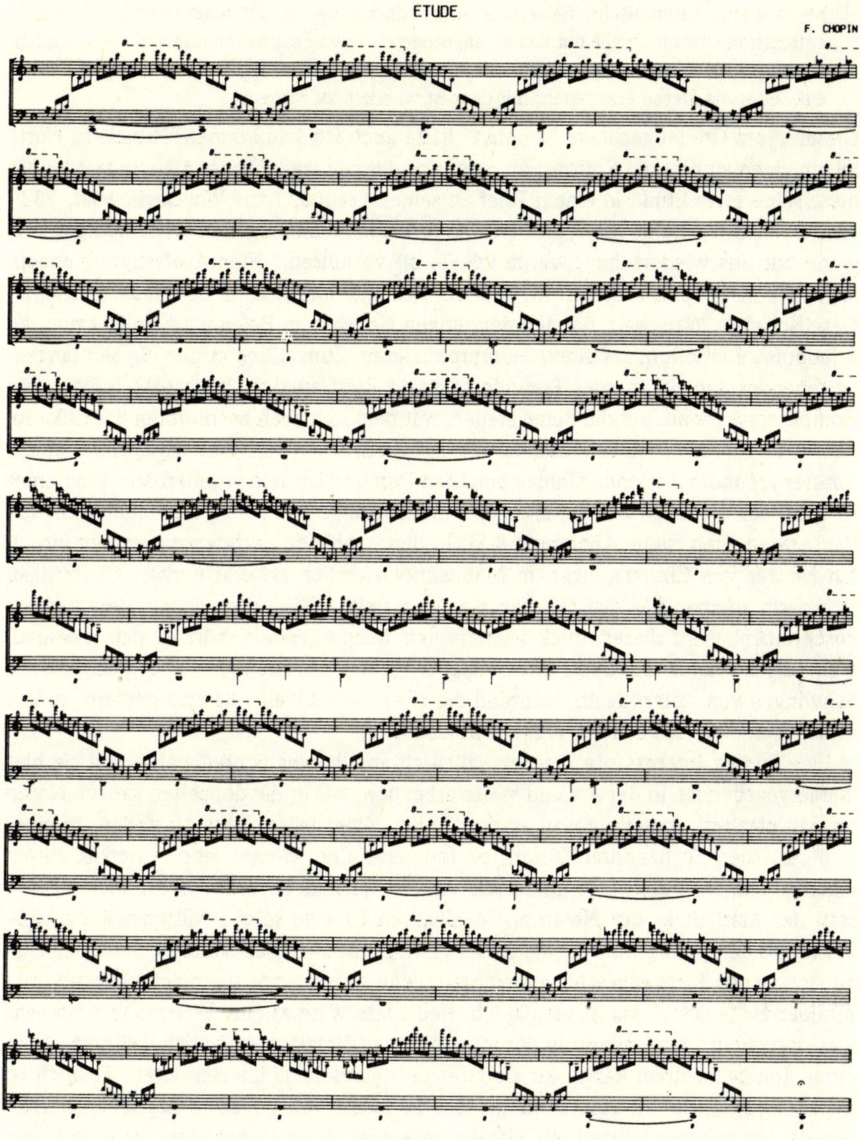

Abbildung 8-5. Chopins Etüde in C-Dur aus op. 10, seine erste Etüde überhaupt, als Computer-Druck, um auf diese Weise möglichst plastisch das verblüffende visuelle Muster zu reproduzieren, das Chopin selbst mit großer Sorgfalt in seinem Manuskript anlegte. Neben der wunderschönen Anordnung von Wellenbergen und Wellentälern enthält Chopins Manuskript ganze Noten, die sich mitten in ihrem Takt befinden (im Baß). [Die Musik wurde mit Donald Byrds SMUT-Programm an der Indiana-University gedruckt.]

neu auf eine harmonische Weise. Die alte Ordnung war ob der modulatorischen Strenge entsetzt; die jungen Triebe der neuen, angezogen von der Faszination und ein wenig schüchtern noch, offenbarten sich. Wer einen Sprengkörper so zum Explodieren bringen könnte, daß selbst die Sterne erzitterten, mit dem ist wahrlich zu rechnen.

Dieser „vom Greuel gepackte Neophyt" hätte auch ich sein können. Hunekers Worte bilden einen amüsanten Kontrast zu dem, was der neunzehnjährige Chopin selbst über diese seine erste Etüde in einem Brief an seinen Freund, Tytus Woyciechowski, 1829 schrieb: „Ich habe eine große *exercice en forme* in meiner eigenen Weise komponiert; wenn wir uns wiedersehen, werde ich sie dir vorführen." Eine Ausfertigung davon, angeblich in Chopins Handschrift, befindet sich jetzt im Museum der Frédéric-Chopin-Gesellschaft in Warschau. Bei den derzeitigen Unruhen in Polen wäre wohl kaum die Erlaubnis zu erhalten, sie direkt zu reproduzieren. Zum Glück mußte ein seit langem bestehendes Projekt meines Freundes Donald Byrd an der Universität Indiana ein Computerprogramm auf die Beine stellen, mit dem sich nach bestimmten Spezifikationen und auf professionellem Standard Musik ausdrucken läßt. Mit etwas Hilfe seitens unserer Freundin Adrienne Gnidec brachten Don und ich sein wunderbares Programm so weit, daß es die Musik auf eine sehr merkwürdige und sofort ins Auge stechende Weise wiedergab (siehe Abbildung 8-5). In dieser Abbildung treten die großen visuellen Muster von Chopins eigenem Manuskript ziemlich akkurat hervor; Chopin gab sich darin allerhand Mühe, alle Kämme der massiven Wellen sorgsam untereinanderzuschreiben. Wird dieses Stück im richtigen Tempo gespielt, hört es sich jedesmal, wenn die Klaviatur rauf und runter gefegt wird, wie ein mächtiges Wogen an, wie das Schwingen von Adlerflügeln, während die Noten jedes Wellenkamms glitzern, so wie in der Sonne die Spitzen der Flügel aufblitzen.

Eine andere interessante Eigenart läßt sich an Chopins Schreibweise, wie sie hier wiedergegeben ist, in der Art und Weise erkennen, wie er die doppelten ganzen Noten im Baß plaziert. Statt sie genau an den Anfang eines jeden Takts zu stellen, in einer Linie mit den Sechzehntel-Pausen, positionierte Chopin eine jede mitten in ihrem eigenen Takt, wodurch eine großartige visuelle Balance entsteht, wenn auch auf Kosten der Klarheit in der Notation. Musikalisch ist eine solche Mittenstellung ohne Effekt. Da eine ganze Note für die Dauer eines ganzen 4/4-Takts anhält, muß sie gleich zu Anfang des Takts angeschlagen werden, denn sonst würde sie in den nächsten Takt hinüberreichen, und das ist unmöglich. (Jedenfalls wäre es eine Verletzung einer sehr viel strengeren Übereinkunft in der musikalischen Notation – nämlich daß keine Note einen Ton bezeichnen kann, der die Grenzen seines Takts überschreitet.) Folglich ist die einzig mögliche Interpretation die, daß die ganze Note gleich zu Beginn anzuschlagen ist. Mit anderen Worten, die Plazierung ganzer Noten in der Mitte ihres Takts gibt dem Ganzen schlicht einen reizenden künstlerischen Anstrich, mit einem dem neunzehnten Jahrhundert eigenem wunderlichen Geschmack, ähnlich den Ornamenten an einem viktorianischen Haus. Das eher moderne Musik lesende Auge ist an eine funktionalere Schreibweise gewöhnt; insbesondere erwartet es, daß das Notensystem im wesentlichen ein Graph ist, ein Klang-Graph, bei dem die horizontale Achse die Zeit darstellt. Also wird auch von den Noten, die gleichzeitig angeschlagen werden, erwartet, daß sie in der Vertikalen eine Linie bilden.

Doch kehren wir zu Chopins Vorliebe für Form und Struktur zurück. Wenige Komponisten der romantischen Epoche haben solche visuell durchgemusterten Seiten abgefaßt, also sozusagen ein ganzes Tuch aus einer einzigen texturellen Idee gewoben. Bei Chopin allerdings führte die Vorliebe für strenge Muster nie die Oberhand über den Ausdruck tiefempfundener Gefühle. Wie mir scheint, muß man zwischen „Mustern, die aus dem Kopf kommen" und „Mustern, die aus dem Herzen kommen", bzw. objektiver klingend zwischen *syntaktischen* Mustern und *semantischen* Mustern unterscheiden. Der Begriff eines syntaktischen Musters in der Musik entspricht den formalen strukturellen Mitteln, die in der Dichtkunst gebräuchlich sind: Alliteration, Reim, Metrum, Lautwiederholung usw. Der Begriff eines semantischen Musters ist analog zum Muster oder zur Logik, die einem Gedicht zugrunde liegt und ihm Existenzberechtigung verschafft: kurzum, die Inspiration.

Daß es solche semantischen Muster in der Musik gibt, läßt sich ebensowenig bestreiten, wie es unbestreitbar ist, daß es Vorlesungen in Harmonielehre gibt. Trotzdem hat die Harmonielehre solche Muster nicht mit mehr Erfolg erklären können als jedes andere System von Regeln, mit dem versucht worden ist, das Wesentliche künstlerischer Kreativität in den Griff zu bekommen. Es gibt gewiß Wörter, mit denen sich wohlgeformte Muster und Progressionen beschreiben lassen, aber keine bis dato erfundene Theorie ist auch nur annähernd dahin gekommen, ein semantisches Sieb zu erzeugen, das so fein ist, daß es alle schlechten Kompositionen durchfallen läßt und alle guten hängenbleiben. Theorien, was musikalische Qualität ist, sind immer noch deskriptiv und nicht generativ; zu einem gewissen Grade können sie wohl im Nachhinein erklären, warum ein Stück gut zu sein scheint, aber daß jemand anhand ihrer neue Stücke von guter Qualität und einem gewissen Reiz schöpfen könnte, dazu reichen sie nicht. Trotzdem ist es faszinierend, wenn nicht ganz und gar unwiderstehlich, zu versuchen, gewisse Merkmale zu finden, die die Größe verdeutlichen, zu verstehen, warum das so ist, daß die Musik des einen Komponisten in uns eindringen, unser Innerstes berühren kann, während die Musik eines anderen uns kalt und unberührt läßt. Es ist und bleibt ein Rätsel.

* *　　　* *　　　* *

Nun, da ich es geschafft hatte, die posthume a-Moll-Etüde zu spielen, wagte ich mich auch an andere heran. Eines meiner Lieblingsstücke war damals das Opus 25, Nr. 2 in f-Moll. Es kam mir wie ein sanftes, eilendes Notengeflüster vor, ein Flattern, ähnlich dem Zittern des Espenlaubs bei einem leisen Windchen. Aber es war nicht nur eine Naturszene; ausgedrückt wurde ein menschliches Verlangen, eine Melancholie voller seltsamer und wilder Sehnsüchte nach etwas Unbekanntem und Fernem – erneut *tęsknota*. Ich konnte die Melodie schon in- und auswendig vom jahrelangen Hören und freute mich darauf, sie in meine Finger übergehen zu lassen.

Nach ein paar Monaten Übung hatten meine Finger genügend Ausdauer entwickelt, um das Stück einigermaßen gleichmäßig und gefühlvoll zu spielen. Ich war damit ganz zufrieden, bis eines Tages eine Bekannte, der ich es vorspielte, meinte: „Aber du spielst es ja in *Zweiern* – es sollte doch in *Dreiern* gespielt werden!" Sie meinte damit, daß ich die Betonung auf jede zweite statt auf jede dritte Note legte. Etwas durcheinander schaute ich auf die Partitur, und natürlich bestand die Melodie aus Triolen, wie sie gesagt hatte. Aber es war bestimmt nicht Chopins Absicht, sie in Dreiern zu spielen. Schließlich kannte ich die Melodie perfekt! Oder etwa nicht? Ich versuchte, sie in Dreiern zu spielen. Es hörte sich seltsam an, ganz ungewöhnlich; eine solche Wahrnehmungsverzerrung hatte ich noch nie erlebt.

Ich ging nach Hause und holte die alte Remington-Schallplatte meiner Eltern mit den Chopin-Etüden Opus 25 heraus (von einem glänzenden, aber kaum bekannten Pianisten, Alexander Jenner, gespielt). Ich legte die f-Moll-Etüde auf und versuchte, herauszuhören, wie er sie spielte. Ich konnte *beide* Weisen heraushören. Jenner hatte sie so gleichmäßig gespielt, so akzentfrei (wie man es übrigens auch Chopin nachsagt), daß man nicht unterscheiden konnte, wie sie sich denn nun wirklich anhörte. Plötzlich merkte ich, daß ich tatsächlich *zwei* Melodien kannte, und jede war aus der genau gleichen Sequenz von Noten komponiert! Ich war überglücklich, denn nun konnte ich diese vertraute alte Melodie ganz neu erleben. Es war, als verliebte ich mich zum zweiten Mal in die gleiche Person.

Ich mußte schwer üben, bis ich die schlechte Angewohnheit der „Biplizität" ablegte und statt ihrer die der „Triplizität" annahm, aber es machte Spaß. Der schwierigste Teil war, beide Hände zu kombinieren. Es war überhaupt kein Problem, solange meine Rechte *Notenduplets* spielte; alle akzentuierten Noten fielen mit denen zusammen, die die Linke spielte, während sie sich genau halb so schnell wie die Rechte bewegte, einem Muster weiter Arpeggios nach. Aber wenn ich meine Akzente dünner säen sollte, so daß ich nur jede *dritte* Note mit der rechten Hand betonte, dann kämen viele der linkshändig gespielten Noten gleichzeitig mit den schwachen rechtshändig gespielten Noten zum Anschlag. Das mag sich verhältnismäßig einfach anhören, aber für mich war es sehr kompliziert. Der Unterschied ist in Abbildung 8-6 zu sehen.

Abbildung 8-6. Der Anfang der Etüde op. 25, Nr. 2, hier auf zwei Arten abgedruckt. In (a) so wie Chopin sie niedergeschrieben hat und wie man sie sich gewöhnlich vorstellt: in Dreiergrüppchen. In (b) so wie ich sie zuerst hörte und zu spielen lernte: in Zweiergrüppchen. [Die Musik wurde mit Donald Byrds SMUT-Programm an der Indiana-University gedruckt.]

Selbst nachdem ich das rechtshändige Solo in Triolen beherrschte, war es mir zunächst fast unmöglich, als ich die Teile zusammenbrachte, nicht erneut in das gefühlvolle Betonen der melodischen und zeitlich mit dem Baß koinzidierenden Töne zu fallen. Es war eine fürchterliche Koordinationsaufgabe, aber ich fand trotzdem großen Gefallen daran. Nach einer Weile, und urplötzlich, „schnappte alles richtig zusammen", und ich stellte fest, ich konnte es. Es war nicht etwas, das ich bewußt kontrollieren oder erklären konnte; ich spielte sie ganz einfach richtig, von einem Moment auf den anderen. In seinem Kommentar zu dieser Etüde zitiert Huneker Theodor Kullak, einen anderen Chopin-Kenner, bezüglich des „algebraischen Charakters der Ton-Sprache", und fügt anschließend seine eigene Vorstellung hinzu: „Manchmal ist sie von einer solch zarten Gestalt, daß sie an die fantastischen filigranen Eisblumenmuster, die Väterchen Frost auf die Fensterscheiben malt, erinnert."

Chopins Musik ist randvoll von solchen „algebraischen" Tricks mit Wechsel-Rhythmen. Er schien darin aufzugehen wie kein anderer Komponist vor ihm. Ein berühmtes Beispiel ist sein ikonoklastischer Walzer, Opus 42 in As-Dur aus dem Jahr 1840. Bei diesem Walzer folgt die Baßzeile der üblichen „Um-ta-ta"-Konvention, aber die Melodie des ersten Abschnitts stellt sich dieser Dreiheit ganz entgegen; statt sich in *drei Paare* in Übereinstimmung mit den Anschlägen der linken Hand aufzuteilen, bilden ihre sechs Achtelnoten *zwei Triolen*, so wie in der eben besprochenen Etüde in f-Moll (siehe Abbildung 8-7). Dennoch sollen hier die Anfangsnoten aufeinanderfolgender Triolen, im Gegensatz zu dem nahezu akzentlosen Flimmern, wie es in jener Etüde erwünscht ist, deutlich hervorgehoben und gedehnt werden, um auf diese Weise eine Melodie höherer Ebene (in der Abbildung grau dargestellt), eine Abstraktion aus der ruhig dahinplätschernden rechten Hand, zu kreieren. Diese Melodie besteht aus *zwei* Tönen pro Takt, die regelmäßig den Takt zu den *drei* Tönen des walzernden Basses schlagen. Ein herrlicher *trompe-l'oreille*-Effekt, den Chopin erneut in seinem Scherzo in E-Dur, Opus 54, ausschöpfte, das er als 32jähriger 1842 verfaßte.

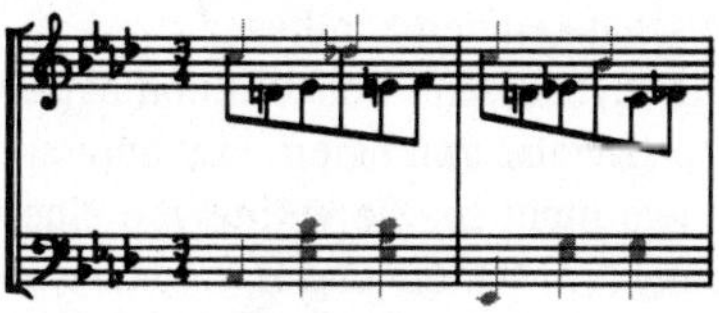

Abbildung 8-7. Ein komplizierter Zwei-gegen-drei-Rhythmus in Chopins Walzer, op. 42 in As-Dur. Obwohl mit der rechten Hand sechs Noten in jedem Takt gespielt werden, gehören zur Hauptmelodie nur zwei davon (mit den Hälsen nach oben). Sie schlagen gegen das Um-ta-ta der linken Hand an. [Die Musik wurde mit Donald Byrds SMUT-Programm an der Indiana-University gedruckt.]

* * * * * *

Im selben Jahr schrieb Chopin die vierte Ballade in f-Moll, die manche seiner Bewunderer für sein größtes Werk halten. Dieses Stück ist voll von Passagen, über die sich lange sprechen ließe, aber eine hatte es mir besonders angetan. Eines Tages, mir war das Stück vom Hören her längst bestens bekannt, erzählte mir ein Freund, daß er es eingeübt hatte und mir „ein bißchen komplizierte Polyrhythmik" vorführen wollte, die besonders interessant sei. Eigentlich war ich nicht so sehr interessiert, etwas über Polyrhythmik zu hören, also horchte ich nicht sehr genau hin, als er sich an die Tastatur begab und zu spielen anfing. Er spielte nur zwei Takte, aber als diese zu Ende waren, fühlte ich, daß jemand unmittelbar ins Zentrum meines Schädels vorgedrungen war und tief im Inneren etwas zur Explosion gebracht hatte. Dieses „bißchen komplizierte Polyrhythmik" hatte mich völlig aufgerüttelt. Was in aller Welt ging da vor?

Natürlich war es weit mehr als nur ein bißchen komplizierte Polyrhythmik, aber sie gehörte dazu. Wie in der dreifarbigen graphischen Darstellung der zwei betreffenden Takte zu erkennen ist (Abbildung 8-8), gestaltet die linke Hand weite, tosende Klangwellen, hohen Ozeanwellen gleich, durch die ein Schiff schaukelt. Jede Woge besteht aus sechs Noten, die ein auf- und absteigendes Arpeggio ergeben (blau dargestellt). Hoch über diesem Wellenmeer von Klängen schwebt eine lyrische Melodie, die aus einem Dunst von Noten aufsteigt und sich treiben läßt, während die Noten selbst um sie herum wie ein Glorienschimmer erscheinen (schwarz dargestellt). Diese hohe Melodie und ihr Glorienschimmer verschmelzen eigentlich in den rechtshändig gespielten achtzehn Noten pro Takt. Sie sind so geschrieben, daß es sechs Dreiergruppen gibt und bei jedem halben Takt neun hohe Töne den Takt zu den aus sechs Noten bestehenden Ozeanwellen darunter schlagen – bereits ein klares Problem der Drei-gegen-zwei-Konstellation. Aber aufgepaßt: an der Spitze dieser fliegenden Triolen sind an jeder *vierten* Note Achtelnoten-Fähnchen angebracht! Also hängt an der ersten Note der ersten Triole ein Fähnchen, ebenso an der zweiten Note der zweiten Triole, an der dritten Note der dritten Triole, an der vierten Note der vierten Triole ... Halt, das kann nicht sein. Tatsächlich, die vierte Triole ist ohne Fähnchen; das Fähnchen kommt erst wieder an der ersten Note der *fünften* Triole vor, wo das Muster von neuem aufgenommen wird. Fähnchen, die im Wind wehen, hoch oben an den Masten eines durch die hohe See schaukelnden Schiffes.

Diese wunderbar subtile rhythmische Konstruktion hätte von jedem anderen erfunden werden können, beispielsweise von einem Rhythmusspezialisten ohne Gefühl für Melodie. Und doch war dem nicht so. Sie wurde von einem Komponisten erfunden, der eine unerhörte Begabung für Melodie und Harmonie wie auch für Rhythmik besaß, und das kann kein Zufall sein. Jemand, der bloß „Rhythmen drischt", wüßte mit diesem besonderen Rhythmus nicht mehr anzufangen als mit jeder anderen rhythmischen Struktur. Diese Passage hat etwas an sich, das auf echte Genialität deutet, aber mit Worten allein läßt es sich nicht bestimmen. Man muß es hören, wie die brennenden Gefühle, voller Lyrik, ausbrechen und eine Kraft und Intensität haben, an die keine Beschreibung herankommt.

Man muß sich fragen, welche Seele jemand hatte, der mit 32 Jahren solch besessene Musik schreiben konnte – jemand, der im zarten Alter von neunzehn Jahren solche perfekt kontrollierten und poetischen Ausbrüche wie die Etüden des Opus 10 verfas-

Abbildung 8-8. Eines der komplexesten Beispiele für Polyrhythmik in Chopins gesamtem Werk. Diese beiden Takte aus seiner Ballade in f-Moll enthalten neben drei gegen zwei (auf der lokalen Tonleiter) auch drei gegen acht (auf einer globaleren Tonleiter, einschließlich der Noten mit den hoch flatternden Fähnchen). [Die Musik wurde mit Donald Byrds SMUT-Programm an der Indiana-University gedruckt.]

sen konnte. Woher konnte diese seltene Kombination aus musikalischer Kraft, Dichtkunst und Muster, dieses musikalische Selbstvertrauen und diese musikalische Reife stammen?

* * * * * *

Bei der Suche nach einer Antwort muß man Chopins Wurzeln verfolgen, also sowohl die Wurzeln in seiner Familie als auch die in seinem Heimatland Polen. Chopin wurde in einem kleinen und friedlichen Dorf 50 km westlich von Warschau geboren. Żelazowa Wola heißt dieser Ort, was „Eiserner Wille" bedeutet. Sein Vater, Nicolas (Mikołaj) Chopin, war ein gebürtiger Franzose, emigrierte aber nach Polen und wurde ein glühender polnischer Patriot (so inbrünstig patriotisch, daß er tatsächlich an dem berühmten, aber unglückseligen Aufstand teilnahm, an dessen Spitze der Nationalheld Jan Kiliński 1794 gegen die russische Besetzung Warschaus stand). Chopins Mutter, Justyna Krzyżanowska, war eine entfernte Verwandte der wohlhabenden und aristokratischen Familie der Skarbek, die in Żelazowa Wola ansässig war. Sie lebte bei ihnen wie ein volles Mitglied der Familie und nahm sich verschiedener Dinge im Haushalt an. Es traf sich, daß Mikołaj Chopin der Privatlehrer der Skarbek-Kinder wurde, und so begegneten sie sich und heirateten. Sie war eine gütige und liebevolle Mutter, mit einer romantischen und träumerischen Ader, und obendrein genauso voll glühendem Patriotismus für Polen wie ihr Ehemann. Vier Kinder hatten sie, Frédéric war das zweite und kam 1810 zur Welt. Die anderen drei Kinder waren Mädchen, eines von ihnen verstarb jung an Tuberkulose – eine Krankheit, der am Ende auch Frédéric im Alter von 39 erliegen sollte. Die vier Kinder hingen sehr aneinander. Überhaupt war das Verhältnis in der Familie sehr eng, und Chopin hatte alles in allem eine sehr glückliche Kindheit.

Die Familie siedelte nach Warschau um, als Frédéric noch sehr jung war, wo er dann kulturelles Leben jeglicher Art um sich herum erlebte, denn sein Vater war Lehrer und kannte die verschiedensten Leute von der Universität aus allen Disziplinen. Frédéric war ein aufgeweckter Knabe und immer zu einem Spaß aufgelegt. Als er vierzehn war, verbrachte er den Sommer von zu Hause entfernt in einem Dorf, wo überall der Spanische Flieder blühte, in Szafarnia. Er schrieb eine Serie von Briefen nach Hause, in denen er ironisch den Stil des *Warschauer Kuriers* kopierte, eines damaligen Provinzklatschblattes. Ein Auszug aus seinem *Szafarnia Kurier* las sich wie folgt (in vollem Wortlaut):

> Der ehrenwerte Herr Pichon [ein Anagramm von „Chopin"] verweilte am 26sten des laufenden Monats in Golub. Unter anderen fremden Wundern und Kuriositäten war da ein fremdländisches Schwein, ein Schwein, welches in ganz besonderer Weise die Aufmerksamkeit dieses höchst distinguierten Voyageurs erregte.

Chopins musikalisches Talent, das er von seiner Mutter hatte, trat sehr früh zutage und wurde von zwei exzellenten Klavierlehrern gepflegt und gefördert, zuerst von einem gutherzigen und stets aufgeräumten alten Tschechen, Wojciech Żywny, und später vom Direktor des Warschauer Konservatoriums, Józef Elsner.

Chopin wuchs in der Hauptstadt des „Großherzogtums Warschau" heran – wie wenig war doch von Polen übriggeblieben, nachdem es in drei aufeinanderfolgenden „Landesteilungen" im späten achtzehnten Jahrhundert durch seine gierigen Nachbarn, Rußland, Preußen und Österreich, dezimiert worden war. Die Jahrhundertwende war von einem wachsenden nationalistischen Eifer geprägt; in Warschau und Krakau, den beiden wichtigsten polnischen Städten, kam es zu einer Reihe von Aufständen gegen die fremden Besatzer, jedoch ohne etwas auszurichten. Zahlreiche eingefleischte polnische Nationalisten gingen ins Ausland, wo sie „Polnische Legionen" bildeten, deren Zweck es war, für die Befreiung aller unterdrückten Menschen zu kämpfen und eines Tages nach Polen zurückzukehren und es von den Besatzungsmächten zurückzufordern. Als Napoleon 1806 nach Rußland einmarschierte, kam es für einen kurzen leuchtenden Augenblick zur Errichtung eines polnischen Staats; danach war wieder alles verloren. Die Flamme der polnischen Nation flackerte und erlosch fast völlig, aber wie es in der polnischen Nationalhymne heißt: *„Jeszcze Polska nie zginęła, póki my żyjemy."* Ein merkwürdiger Satz, der wortgetreu übersetzt lautet: „Solange wir leben, ist Polen noch nicht verloren." Der zweite Teil des Satzes klingt so fatalistisch, als ob eingeräumt wird, daß Polen eines Tages ganz bestimmt untergehen *wird*, aber der Zeitpunkt noch nicht gekommen ist! Ich habe mir von einigen Polen sagen lassen, daß es diesen verzweifelten Beigeschmack nicht hat und es insgesamt eine bessere Übersetzung wäre zu sagen: „Solange wir leben, wird Polen nicht untergehen." Allerdings habe ich auch von anderer Seite gehört, daß die Satzkonstruktion auf subtile Weise doppeldeutig ist, und daß die Satzbedeutung zwischen grimmigem Fatalismus und inbrünstiger Entschlossenheit schwankt.

* * *   * * *

Die Polen sind ein Volk, das gelernt hat, zwischen zwei Konzeptionen Polens streng zu unterscheiden: Polen als abstrakte soziale Entität, deren Kern die polnische Sprache und Kultur ist, und Polen als konkrete geographische Entität, das Land, in dem die Polen leben. *Naród polski* – die „polnische Nation" – repräsentiert eher einen *Geist* als ein Stück Land, obgleich die Nation entstand, weil zwischen den Menschen, die in einer bestimmten Region lebten, Bande bestanden. Was Chopins Musik in so reiner und ergreifender Weise reflektiert, ist die Schwäche dieser flackernden Flamme und die Entschlossenheit, sie am Leben zu halten. Es liegt eine bestimmte Mischung aus Verbitterung, Zorn und Traurigkeit darin, *żal*, wie es auf polnisch heißt, eine ausschließlich polnische Mischung. Man kann es zweifellos in den berühmten Mazurkas und Polonaisen hören, Stücke, die Chopin in Form von Nationaltänzen komponierte. Die Mazurkas sind hauptsächlich kleinere Stücke, die auf Melodien mit folkloristischem Charakter und einem schwingenden Dreivierteltrhythmus beruhen, die Polonaisen dem Geist nach grandios, heroisch und martialisch. Aber man hört diese Flamme Polens ebensosehr in vielen von Chopins anderen Stücken brennen – beispielsweise in den langsamen Mittelparts der Walzer in a-Moll (op. 34, Nr. 2) und As-Dur (op. 64, Nr. 3), in dem pathoserfüllten Präludium in Fis-Dur (op. 28, Nr. 13) und ganz besonders im Mittelteil der Polonaise in fis-Moll (Opus 44), wo eine Hoffnung, wie ein

Lichtstrahl durch die Finsternis, durch die dunklen Visionen strahlt. *Żal* hört man in den zornigen, aufbrausenden Harmonien der Etüde in cis-Moll (op. 10, Nr. 4) sowie in dem leidenschaftlichen Gefühl der Etüde in E-Dur (op. 10, Nr. 3). Chopin soll tatsächlich einmal, als er dieses Stück in seiner Gegenwart gespielt hörte, ausgerufen haben: „*O ma patrie!*" („Oh, mein Vaterland!")

Aber abgesehen vom glühenden Patriotismus in Chopins Musik findet man darin auch jene andere und mildere Form polnischen Heimwehs: *tęsknota*. Es ist seine Sehnsucht nach Heimat – nach der Heimat seiner Kindheit, nach seiner Familie, nach einem Traum-Polen, das er mit zwanzig Jahren für immer verlassen hatte. 1830, als sich die Unruhen in Warschau zuspitzten, brach Chopin nach Frankreich auf. Er ahnte, daß er nie wieder zurückkehren würde. Er kam nur langsam voran, und zuerst führte ihn die Reise nach Wien. Als Ende 1831 alles zusammenbrach – im September 1831 schlugen die Russen den verzweifelten Aufstand in Warschau endgültig nieder –, hielt sich Chopin in Stuttgart auf. Als er Nachricht davon bekam, wurde er von Erregung und Kummer übermannt, teilweise aus Angst um das Schicksal seiner Familie, teilweise aus Liebe für sein heimgesuchtes Heimatland. Er war unschlüssig, ob er nach Polen zurückgehen und für seine Nation kämpfen sollte, aber letztlich verflog die Idee wieder.

In dieser Zeit komponierte er die zwölfte und letzte Etüde seines Opus 10, über die Chopins polnischer Biograph Maurycy Karasowski schrieb:

> Niedergeschlagenheit, Angst und Verzweiflung über das Schicksal seiner Angehörigen und seines innig geliebten Vaters machten ihn über die Maßen leiden. Unter dem Einfluß dieser Stimmung schrieb er die Etüde in c-Moll, die viele die „Revolutionäre Etüde" nennen. Aus dem wilden und heftigen Sturm der Passagen für die linke Hand erhebt sich die Melodie, steigt empor, sogleich voller Leidenschaft und ein anderes Mal ganz schnell und stolz majestätisch, bis der Hörer von Ehrfurcht gepackt erschauert, und das Bild Zeus' heraufbeschworen wird, wie er seine Donnerkeile auf die Welt hinabschleudert.

Dies sind ziemlich starke Worte. Bei Huneker hallen diese Gefühle wider, ebenso bei dem französischen Pianisten Alfred Cortot, der sich in seiner berühmten Studienausgabe der Etüden auf das Stück bezieht und es „einen begeisterten Aufschrei der Revolte ..., worin die Emotionen eines ganzen Volkes lebendig und am Pochen sind" nennt. Ich selbst habe diese Etüde nie so überwältigend gefunden wie diese Autoren, wenngleich es fraglos ein mächtiger Ausbruch an Emotion ist. Wenn mir jemand gesagt hätte, daß eine der Etüden als die „Revolutionäre Etüde" in die Nachwelt eingegangen ist, und ich hätte raten sollen, welche, dann hätte ich bestimmt auf eine der letzten beiden in Opus 25 getippt, also entweder Nr. 11 in a-Moll, die zu Beginn dieses Kapitels abgebildet ist, mit ihren turbulenten Notenkaskaden, die die Rechte gegen die wogende, heroische Melodie der Linken spielt, oder Nr. 12 in c-Moll, die sich für mich anhört wie ein glühendes Inferno, das man nachts aus der Ferne aufleuchten sieht, unvorhersehbar und furchteinflößend. Was die tatsächliche „Revolutionäre Etüde" betrifft, hat ihr Ende für mich immer etwas Rätselhaftes, wie es so zwischen Dur und Moll, zwischen den Tonarten f und c fluktuiert, als wär's ein unschlüssiger Donnerschlag.

Immerhin ist dieses Stück, ebenso wie die martialisch klingende Polonaise in As-Dur (Opus 53), zu einem Symbol des tragischen, aber heroischen polnischen Schicksals geworden. Wo und wann immer es gespielt wird, ist es speziell für Polen; ihre Herzen schlagen dann höher, und im Innersten fühlen sie sich immer tief ergriffen. Nie werde ich vergessen, wie ich es nächtens hörte, als ich 1975 von einer deutschen Kleinstadt aus versuchte, Radio Warschau zu empfangen; es war wie der Ruf heller Bachtrompeten, die da aus Polen herüberschallten. Immer wieder zwei Takte schriller, aufrüttelnder Akkorde über einer wie die rauhe See brausenden linken Hand, ein wiederholter Ruf zu den Waffen gleichsam; es war das Erkennungszeichen, das einer Nachtsendung von Chopins Musik vorausging. Ich werde auch nie vergessen, wie das schwache Signal von Radio Warschau kam und ging, was für mich symbolisch für die flackernde Flamme des polnischen Geistes war.

*** ***

Wie man es auch beschreiben möchte – ob in den Begriffen *żal* und *tęsknota* oder *patriotyzm* und Polyrhythmik oder Chromatik und Arpeggios –, Chopins Musik hat einen starken Einfluß auf die Komponisten der nachfolgenden Generationen gehabt. Am besten merkt man es vielleicht in der Klaviermusik von Alexander Skrjabin, Sergej Rachmaninow, Gabriel Fauré, Felix Mendelssohn-Bartholdy, Robert und Clara Schumann, Johannes Brahms, Maurice Ravel und Claude Debussy. Aber Chopins musikalischer Einfluß geht noch viel weiter, als man vermuten würde. Er wurde zu einer der tragenden Säulen westlicher Musik, und als solcher wirkt er in der Musik weiter, die jeder in der westlichen Welt hört und kreiert.

In einer Weise ist Chopins Musik rein polnisch, und dieses rein Polnische – *polskność* – macht sogar vor solchen Stücken wie seinem Bolero, seiner Tarantella, Barkarole usw. nicht halt, zu denen er in der Fremde inspiriert wurde. In anderer Weise jedoch ist Chopins Musik universell, so daß selbst seine zutiefst polnischen Stücke – die Mazurkas und Polonaisen – einen gemeinsamen Reigen von Emotionen in jedem von uns ansprechen. Aber was *sind* das für Emotionen? Wie kommt es, daß sie durch bloße Muster so tief in uns hervorgerufen werden? Was ist der geheimnisvolle Zauber bei Chopin? Ich kenne keine brennenderen Fragen.

* *

Postskriptum

In gewisser Weise ist diese Kolumne einzigartig, weil darin bestimmte Emotionen zum Ausdruck kommen, die in meinen anderen Publikationen nicht so direkt erscheinen. Aber das heißt nicht, daß der Teil von mir, der dadurch repräsentiert wird, kleiner und weniger wichtig ist als der Teil von mir, aus dem meine anderen Schriftwerke fließen. Natürlich wurde die ursprüngliche Kolumne durch die sich verschlimmernde Krise in Polen Ende 1981 ausgelöst, also zur Zeit der Machtübernahme durch das Militär und des tragischen Niedergangs der „Solidarität". Seit der Machtübernahme in Warschau durch die Russen, durch die einst die Revolutionäre Etüde ausgelöst worden war, waren fast genau 150 Jahre vergangen. Ich vermute, Polen ist noch nicht am Ende – aber gewiß macht es schreckliche Leiden durch, zum wiederholten Male.

Als Antwort auf meine ursprüngliche Kolumne erhielt ich manche zu Herzen gehende Post. Der folgende Brief kam von Andrzej Krasiński, einem in Westdeutschland lebenden Polen:

> Soeben habe ich Ihren netten Artikel über Chopins Musik in der April-Ausgabe des *Scientific American* gelesen; Sie haben darin so viel Sympathie und Verständnis für die polnische Seele und so viel Interesse an der polnischen Sprache gezeigt. Ich habe ihn mit großer Freude gelesen, obgleich ich in der Musik nicht bewandert bin. Allerdings kenne ich mich als gebürtiger Pole natürlich in der polnischen Sprache aus und möchte deshalb auf einen kleinen Fehler aufmerksam machen, der Ihnen da unterlaufen ist. Der Name von Chopins Geburtsort, *Żelazowa Wola* bedeutet nicht „Eiserner Wille", obgleich Sie eine solche Bedeutung gefunden haben mögen, als Sie nach den beiden Worten getrennt in einem Wörterbuch nachschlugen. Das Wort *wola* hat zwar für sich genommen die Bedeutung „Wille", wenn es aber als Teil eines Ortsnamens verwendet wird, bedeutet es, daß der Ort nach dem Willen einer bestimmten Person gegründet wurde, wobei der andere Teil des Ortsnamens gewöhnlich auf den Namen ebendieser Person zurückgeht. Es gibt zahlreiche Beispiele für solche Namen in Polen, und normalerweise gehören sie zu ganz kleinen Dörfern oder Weilern. Aus diesem Grund hat *Wola* als Bestandteil eines Ortsnamens im Polnischen eine zweite Bedeutung, nämlich einfach „kleines Dorf". Das Wort *Żelazowa* scheint nicht vom Namen einer bestimmten Person zu stammen (obgleich ich hier keine Literatur habe, um die Frage mit Gewißheit zu beantworten). Naheliegend ist, daß es zur Ortsgründung kam, weil man in der Nähe Eisenerz fand, oder dort Eisen verarbeitete. Am besten wäre *Żelazowa Wola* mit „Eisendorf" oder „Eisenerzdorf" zu übersetzen. „Eiserner Wille" würde auf Polnisch *Żelazna Wola* heißen, und das bedeutet der Name von Chopins Dorf ganz bestimmt nicht.

Zugegeben, ich habe mich geirrt!

Jakub Tatarkiewicz, ein Physiker, der aus Warschau schrieb, deutet sehr höflich an, daß es mir irgendwie gelungen war, ein neues polnisches Wort zu erfinden: *polskność*. Ich war ganz überrascht zu erfahren, daß ich es erfunden hatte, denn ich war sicher, es irgendwo gesehen zu haben. Tatsächlich aber hatte ich, wie sich herausstellte, *polskość* (ohne „n") gesehen. Tatarkiewicz gratulierte mir jedoch für mein Talent, einen guten Neologismus aufgebracht zu haben, denn mein Wort stellte, wie er sagte, ergreifende Gedankenverbindungen zu solchen schwerbeladenen Wörtern wie *tęsknota* und *Solidarność* her. Er schrieb: „Ich habe allerdings meine Zweifel, ob Sie wirklich alle diese Konnotationen beabsichtigten – *oder* war es einfach Chopins Musik, die in Ihrer Seele spielte?!“ Ich weiß es nicht. Vermutlich geht es auf das Konto meiner Gabe, durch Zufall glückliche und unerwartete Entdeckungen zu machen.

Es liegt in der Natur großer Kunst, daß die einen sich aufgerufen fühlen, sie fortwährend zu kommentieren, während andere in ihr eine unergründliche Inspirationsquelle sehen. Hinsichtlich des Musikverständnisses habe ich ganz bestimmt ein paar blinde Flecke; aber Chopin trifft irgendwie in meiner Seele ins Schwarze. Wenn ich irgendwen aus der Vergangenheit wiedertreffen dürfte, es müßte zweifellos Chopin sein. Ich finde es sehr traurig, daß er verhältnismäßig wenig produzierte. Er starb mit 39, immer noch voller Ausdruckskraft, die so stark wie eh und je war. Was hätte er *noch* alles schaffen können, hätte er bis ins hohe Alter gelebt, also beispielsweise bis 65 so wie Bach? Sicherlich unglaubliche Glanzstücke. Im übrigen kann ich mir nicht vorstellen, wer ich wäre, würde ich diese Stücke kennen.

9
Parkettverformungen: Eine subtile und verwickelte Kunstform

Juli 1983

Was ist der Unterschied zwischen Musik und visueller Kunst? Stellte man diese Frage an mich, wüßte ich sofort eine Antwort. Für mich besteht der wesentliche Unterschied ganz klar in der *Temporalität*. Musikalische Werke beziehen die Zeit im eigentlichen mit ein, Werke der bildenden Künste dagegen nicht. Genauer gesagt, Musikstücke bestehen aus Tönen, die in einer bestimmten Reihenfolge und mit bestimmter Geschwindigkeit gespielt und gehört werden sollen. Im fundamentalen Sinn ist Musik daher eindimensional; sie ist an die Rhythmen unserer Existenz gebunden. Dagegen haben Werke der bildenden Künste im allgemeinen zwei oder drei Dimensionen. In Gemälden und Skulpturen finden wir selten ein eingebautes „Ordnungsraster", dem das Auge folgen muß. Mobile Plastiken und andere Stücke der kinetischen Kunstrichtung mögen sich mit der Zeit wandeln, aber oft ohne jeglichen spezifischen Ausgangs- oder Endzustand oder Zwischenstadien. Wann wir kommen und gehen, steht uns als Beschauer völlig frei.

Natürlich ist das sehr allgemein und nicht ohne Ausnahmen. Die europäische Kunst hat ihre großartigen Friese und historischen Rundgemälde, und in der orientalischen Kunst kennt man bis zu mehr als hundert Meter lange Papierrollen mit komplizierten religiösen Darstellungen. Diese Arten visueller Kunst zwingen das Auge, sich beim Abtasten des Bildes an eine zeitliche Ordnung und ein bestimmtes Tempo zu halten. Es gibt einen Anfangspunkt und einen Endpunkt. Gewöhnlich stellen diese Punkte Zustände relativer Ruhe dar, wie in Erzählungen. Ein Punkt ganz besonderer Ruhe ist der Schlußpunkt. Zwischen Anfangspunkt und Schlußpunkt werden verschiedenartige Spannungen aufgebaut und in einem idiosynkratischen, aber gefälligen visuellen Rhythmus wieder aufgelöst. Die ruhigeren Endstadien sind meistens geordneter und visuell einfacher Natur, während die spannungsvolleren Zwischenstadien gewöhnlich chaotischer und visuell konfuser sind. Ersetzt man „visuell" durch „aurikular", ließe sich das gleiche eigentlich auch von der Musik sagen.

Jahrelang war ich von der Idee besessen, zu versuchen, das Wesentliche des musikalischen Erlebnisses in visuelle Form zu fassen. Wie sich das bewerkstelligen ließe, darüber habe ich meine eigenen Vorstellungen. Allerdings meine ich damit keinesfalls, daß es einen einzigen oder besten Weg gibt, die Aufgabe der „Übertragung" zu meistern, und ich habe mich in der Tat oft gefragt, wie wohl andere bei dem Versuch vorangehen könnten. Ich habe ein paar solcher Versuche zu sehen bekommen, aber die meisten davon beeindruckten mich leider nicht sehr. Ein herausragendes Gegenbeispiel ist die Serie „Parkettverformungen", eine Meta-Komposition von Professor William Huff, der an der State University of New York (SUNY) in Buffalo architektonisches Gestalten lehrt.

Ich habe aus gutem Grund von „Meta-Komposition" gesprochen. Huff selbst hat keine einzige Parkettverformung geschaffen. Statt dessen hat er sie zu Hunderten aus seinen Studenten herausgekitzelt und dadurch diese Form von Kunst hochgradig verfeinert. Man könnte Huff mit dem Dirigenten eines tollen Orchesters vergleichen. Natürlich ist vom Dirigenten während einer musikalischen Darbietung kein einziger Ton zu hören. Und dennoch tendieren wir dazu, dem Dirigenten den meisten Applaus zu spenden. Wieviel Vorbereitung und Paukarbeit in diese Aufführung einging, können wir nur vermuten. Und was ist mit der Auswahl der Stücke und Tempi und Stile – vom jahrelangen Prozeß der Auslese des Orchesters selbst gar nicht zu sprechen?

Und bei William Huff ist es nicht anders. Seit 23 Jahren hat er seine Studenten an der Carnegie-Mellon-Universität und an der SUNY in Buffalo zu Höhenflügen voller künstlerischer Inspiration angestachelt. Es ist Huffs visionärem Einschätzungsvermögen hinsichtlich dessen, was Qualität ist, zu verdanken, daß es zu einigen großartigen Resultaten kam. Er hat nicht nur Hervorragendes aus seinen Studenten hervorgeholt, sondern auch eine sorgsame Hand bei der Auswahl der seinem Gefühl nach besten Stücke bewiesen und diese dann archiviert. Wenn ich mich also manchmal auf Huffs „Kreationen" beziehe, meine ich es immer in diesem indirekteren Sinn von „Meta-Kreationen".

Es liegt mir fern, die Leistung der Studenten, die die einzelnen Stücke erarbeitet haben, nicht zu würdigen, aber größerenteils gebührt die Anerkennung Huff, denn schließlich hat er selbst diese Kunstform insgesamt gestaltet. Um eine Analogie zu gebrauchen: Gazellen sind außerordentliche Tiere, aber nicht sie selbst, sondern die selektiven Bedrängnisse der Evolution sind für die einzigartigen und wundersamen Eigenschaften ihrer Spezies verantwortlich. Huffs Beurteilungen und Stellungnahmen haben eine vergleichbare Rolle gespielt wie diese unpersönlichen Druckformen evolutionärer Selektion. Es formte sich eine lebendige und dynamische Tradition heraus, eine „Spezies" der Kunst, die sich in jedem neuen Fall exemplifiziert und extensiviert.

* * *

Was jetzt noch im Zuge der Einleitung zu klären bleibt, ist die Bedeutung des Begriffs *Parkettverformung*. Eigentlich erklärt sich der Begriff selbst: Herkömmlich ist ein *Parkett* ein Fußboden mit einem regelmäßigen Mosaik aus eingelegtem Holz in einem eleganten Zimmer; nun, und eine *Verformung* liegt irgendwo zwischen völliger Formentstellung und Transformation. Huffs Parkette sind abstrakter: Sie sind regelmäßige *Flächenaufteilungen*, *Tessellierungen* oder auch *Kachelungen einer Ebene*, die im Idealfall mit ganz dünnen Liniensegmenten und Kurven gezeichnet werden. Die Verformungen sind nicht willkürlicher Natur, sondern müssen zwei grundlegenden Erfordernissen nachkommen:

1) Eine Veränderung darf nur in einer Dimension erfolgen, so daß man ein zeitliches Fortschreiten erkennt, in dessen Verlauf aus der einen Tessellierung allmählich eine andere wird.

2) In jedem Stadium muß das Muster eine regelmäßig tessellierte Flächenaufteilung ergeben (d.h., es muß eine Grundzelle geben, die sich mit sich selbst kombinieren läßt, um so letztendlich eine unendliche Ebene exakt zu bedekken).

(Strenggenommen hält man sich eigentlich nicht an die zweite Forderung. Es wäre akkurater zu sagen, daß die Grundzelle in jedem Stadium einer Parkettverformung leicht modifiziert werden kann, um so zu ermöglichen, daß die Ebene perfekt ausgekachelt wird.)

Aus dieser ganz einfachen Idee erwachsen einige erstaunlich schöne Kreationen. Wie Huff erklärt, wurde er 1960 erstmalig durch den Holzschnitt „Tag und Nacht" von M. C. Escher inspiriert. In diesem Werk verzerren sich (während man das Auge nach unten schweifen läßt) allmählich die fliesengleich flächenfüllenden Vogelformen, bis sie die Form von Rhomben annehmen und aussehen wie das einem Schachbrett ähnliche Muster bestellter Felder, die man aus luftiger Höhe betrachtet. Escher ist heutzutage für seine regelmäßigen Flächenaufteilungen berühmt, sowohl für die reinen als auch für die verzerrten wie auch für andere unheimlich merkwürdige visuelle Spielereien, die er mit der Kunst und der Realität trieb.

Während in Eschers Tessellierungen fast immer Tiere miteinbezogen sind, beschloß Huff, sein Spektrum auf rein geometrische Formen zu begrenzen. In einer Hinsicht ist das mit der Entscheidung eines Komponisten vergleichbar, streng musikalische Strukturen anzuwenden und alles zu vermeiden, was ein „Programm" heraufbeschwören könnte (gemeint ist eine Art Bild oder Geschichte hinter den Klängen). Nichts, was das Auge „reizen" könnte, wie in den Bildern mit Tieren. Nur das perzeptuelle Erlebnis, nicht interpretiert, nicht beschönigt.

Wegen der Linearität dieser Kunstform hat Huff sie mit visueller Musik verglichen. Er schreibt:

> Obgleich ich mich in der Musik überhaupt nicht auskenne, keinen Zugang zu ihren Tönen finde und meine Klavierstunden haßte (und trotzdem kann ich von der Musik eines Bach, Vivaldi oder Debussy verzaubert werden), halte ich die Studenten an, ihre Entwürfe so zu „lesen", wie vermutlich ein Musiker ein musikalisches Werk durchgeht: die Themen, die Zwischenspiele, die Intervalle, die Zahl der Schritte von einem Zwischenspiel zum anderen, die Rhythmen, die Wiederholungen (die völlig destruktiv sein können, wenn nicht ganz und gar kontrolliert, wie auch verstärkend). Diese Kompositionen sind in erster Linie temporär, nicht räumlich (obwohl alle vorwiegend temporären Kompositionen notwendigerweise ein Element des Räumlichen besitzen und umgekehrt – d.h., das Einzelbild ist das Grundelement des Films).

* * *

Was sind die Grundelemente einer Parkettverformung? Zunächst einmal ist da die Klasse erlaubter Parkette. Huff schreibt dazu folgendes:

Unser Spiel ist ganz anders (oder besser, strenger) als das Eschers. Wir verwenden nur Kacheln des Typs *A* (d.h. entweder links- oder rechtsgerichtete kongruente Kacheln). Wir verwenden also nicht wie er Kacheln vom Typ *A* und *A'* (d.h. links- und rechtsgerichtete kongruente Kacheln). Schließlich verwenden wir auch keine Kacheln des Typs *A* und *B* (d.h. zwei verschiedene ineinandergreifende Kacheln), da zwei solche Kacheln immer als Unterteilungen einer größeren Einzelkachel gesehen werden können.

Das andere Grundelement ist das Repertoire an Standardverformungsmitteln. Dazu gehören typischerweise:

* Verlängern oder Verkürzen einer Linie;
* Drehen einer Linie;
* Einführen eines „Gelenks" an einer Stelle innerhalb eines Liniensegments, wo es dann „abknicken" kann;
* Einführen eines „Höckers" oder „Pickels" oder „Zahns" (eine kleine Ein- oder Ausbuchtung von einfacher Form) in der Mitte einer Linie oder an einem Schnittpunkt;
* Versetzen, Drehen, Ausdehnen oder Verengen einer Gruppe von Linien, die eine natürliche Untereinheit bilden;

sowie Variationen zu diesen Themen. Zum Verständnis dessen muß man sich vergegenwärtigen, daß, ist von „einer Linie" oder „einem Schnittpunkt" die Rede, eigentlich eine Linie oder ein Schnittpunkt gemeint sind, die innerhalb einer Grundzelle liegen. Wenn nun *eine* solche Linie oder *ein* solcher Schnittpunkt geändert wird, verändern sich genauso *alle* korrespondierenden Linien oder Schnittpunkte, die in den Kopien jener Zelle die gleiche Funktion haben. Da einige dieser Zellkopien im 90°-Winkel (oder in einem anderen beliebigen Winkel) zur Originalzelle liegen können, kann eine lokal harmlos aussehende Veränderung an entsprechenden Stellen Veränderungen hervorrufen, die zu unerwarteten Interaktionen führen und recht aufregende visuelle Folgeerscheinungen zum Resultat haben können.

* * *

Nehmen wir ohne weitere Umschweife einige spezifische Stücke unter die Lupe. Beginnen wir mit dem „Hakenkreuz-Überschlag" (Abbildung 9-1), ein sehr frühes Stück, das Fred Watts 1963 an der Carnegie-Mellon-Universität erarbeitet hat. Wenn man einfach den Blick die oberste Linie entlang schweifen läßt, bekommt man das eindeutige Gefühl, mit dem Auge einen ins Winzige verkleinerten Gebirgszug abzutasten. Jeweils am Rand beginnt eine perfekt ebene Fläche, danach geht es über in sanft dahinrollende Hügel, die größer werden, zu kleinen Bergen anwachsen, noch steiler und schließlich zu Gipfelspitzen ansteigen; dann, über den Mittenpunkt hinaus, fallen sie langsam in niedrigere Ausläufer ab, die allmählich wieder vollkommen abflachen. Soviel ist selbst bei flüchtigem Hinsehen zu erkennen. Subtileres Hinsehen verlangt die Linie genau darunter, deren Zick-Zack um 180° phasenverschoben mit der obersten Linie verläuft. Genau in der Mitte ist die Linie vollständig in Ruhe: ein perfekt horizon-

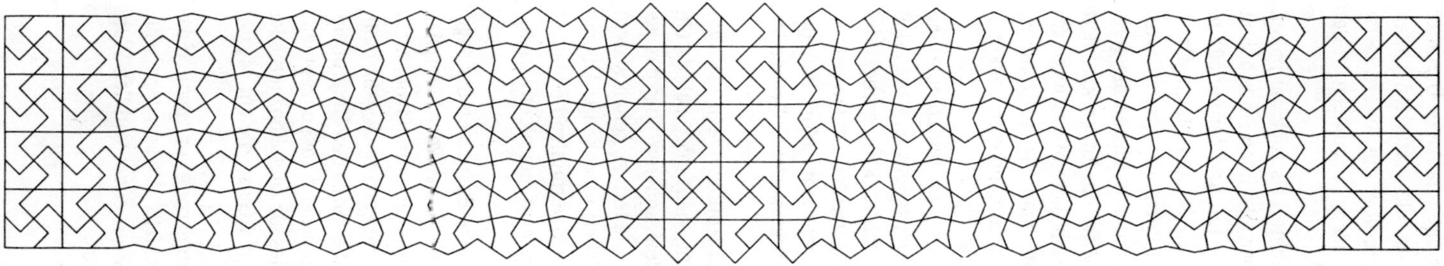

Abbildung 9-1. *Hakenkreuz-Überschlag* von Fred Watts. Kreiert im Studio von William Huff (1963).

Abbildung 9-2. *Übergang* von Richard Lane. Kreiert im Studio von William Huff (1963).

taler Strich, zu beiden Seiten von zunehmend gezackten Regionen flankiert. Darunter befinden sich sieben weitere horizontale Linien. Würde man die vertikalen Linien völlig ausfiltern, wären neun horizontale Linien sichtbar, eine über die andere gestapelt, die ungeradzahligen mit Auszackungen in der Mitte, die geradzahligen in der Mitte glatt.

Wie sieht es bei den vertikalen Linien aus? Sowohl am rechten als auch am linken Rand finden wir ganz gerade vertikale Linien. Die unmittelbar folgenden sind so weit wie möglich ausgezackt, mittels wiederholter 90°-Knicke, die hin und her verlaufen. Die nächste vertikale Linie zum Zentrum hin ist praktisch ein gerader Strich. Dann folgt wieder eine wellenförmige usw. Läßt man den Blick quer übers Bild streifen, wird man erkennen, daß die Zackenlinien allmählich abnehmen und statt dessen die geraden Linien zunehmend Zacken bekommen, so daß in der Mitte die Rollen komplett vertauscht sind. Dann setzt sich der Prozeß erneut fort, bis sich, kommt das Auge am anderen Ende an, die Linien wieder normalisieren. Könnte man die horizontalen Linien ausfiltern, käme ein einfaches Muster aus recht stark ausgeprägten Zackenlinien, die mit weniger stark ausgeprägten abwechseln, zum Vorschein.

Wenn diese beiden extrem einfachen unabhängigen Muster – das horizontale und das vertikale – zur Überlagerung kommen, entsteht ganz unerwartet etwas, woran sich das Auge vollends weiden kann. Jeweils am linken und am rechten Rand erblickt das Auge Swastiken – Hakenkreuze –, linksgerichtete und rechtsgerichtete, die in perfekten Quadraten eingeschlossen sind. Mit Blick auf die Mitte sieht man sofort, daß alle Hakenkreuze in der Mitte verschwunden sind und statt ihrer perfekte Kreuze im Innern von Windrädern auftauchen.

Und dann kommt es zu einer seltsamen Umkehr der Perzeption. Wenn man das Hauptaugenmerk diagonal um ein halbes Windrad verschiebt, sieht man, daß da ein Hakenkreuz ist! Tatsächlich taucht ein Hakenkreuz nach dem anderen über das gesamte Zentrum auf, wo zuvor nur Kreuze innerhalb von Windrädern zu sehen waren! Und wenn man nun zum anderen Ende blickt, ist es natürlich umgekehrt: Überall Windräder mit Kreuzen drinnen. Keine Hakenkreuze! Es ist ein verblüffend einfacher Entwurf, und dennoch wird fast jeder von diesem Effekt überrascht, der nicht wirklich auf der Hut ist.

Dies ist ein einfaches Beispiel für das allgegenwärtige visuelle Phänomen der sogenannten *Umgruppierung*, bei der sich die Grenzlinie der Grundzelle so verschiebt, daß plötzlich Strukturen ins Auge springen, die zuvor völlig untergetaucht und daher nicht sichtbar waren – während umgekehrt natürlich Strukturen, die eben noch ganz deutlich zu sehen waren, nun unsichtbar werden, eine Spaltung, die durch den Umgruppierungsakt bzw. durch die Verschiebung perzeptueller Grenzen in separate konzeptuelle Einzelstücke zustande kommt. Es ist sowohl ein perzeptuelles als auch konzeptuelles Phänomen, ein Genuß für jene feine Verbindung von Auge und Geist, die auf Muster höchst empfindlich reagiert.

Nehmen wir uns noch ein anderes Beispiel für eine Umgruppierung vor, nämlich das Stück „Übergang" (Abbildung 9-2), das von Richard Lane ebenfalls 1963 an der Carnegie-Mellon-Universität ausgearbeitet wurde. In der Mitte passiert etwas wirklich Wunderbares, aber was, sage ich nicht. Finden Sie es selbst heraus.

Im übrigen gibt es im „Hakenkreuz-Überschlag" noch andere Merkmale, die erläutert werden sollten. Zunächst einmal erscheint es spiegelsymmetrisch. Beispielsweise drehen sich alle Hakenkreuze am linken Ende gegen den Uhrzeigersinn, während sich alle Hakenkreuze am rechten Rand im Uhrzeigersinn drehen. Soweit die Symmetrie. In der Mitte aber gehen die Hakenkreuze gegen den Uhrzeigersinn. Das verletzt ganz gewiß die Symmetrie. Außerdem haben die Ein- und Dreiviertelweg-Stadien dieser Verformung, die spiegelbildlich zueinander sein sollten, überhaupt keine Ähnlichkeit miteinander. Können Sie sich denken, welche Logik hinter dieser feinen Asymmetrie zwischen der linken und rechten Seite steckt?

Im weiteren illustriert dieses Stück die starke Ähnlichkeit von Parkettverformungen und Musikstücken. Eine Grundzelle – oder besser ein vertikaler Querschnitt, bestehend aus einem Stapel von Grundzellen – ist analog zum Takt in der Musik. In einem Musikstück ist der regelmäßige Taktschlag durch die Wiederholung von Grundzellen quer über das Notenblatt vorgegeben. Und der Fluß einer melodischen Linie über Taktgrenzen hinaus kommt durch den Fluß einer visuellen Linie über viele Grundzellen hinaus zustande – wie etwa bei den Gebirgszugslinien.

* * *

In Diskussionen um das Verhältnis mathematischer Muster zur Musik wird immer wieder Bachs Musik angeführt, und ich habe nicht vor, hier eine Ausnahme zu machen. Ich denke besonders an einige seiner texturell einheitlicheren Stücke, etwa an bestimmte Präludien aus dem Wohltemperierten Klavier, wo in jedem Takt ein bestimmtes Muster vorkommt, das ein- oder zweimal, möglicherweise auch öfters, zur Ausführung kommt. Von Takt zu Takt unterliegt dieses Muster einer langsamen Metamorphose, wobei es im Verlauf vieler Takte von einer Region eines harmonischen Raums zu weit entfernten Regionen mäandert und dann langsam im weiten Bogen zurückkehrt. Wenn man spezifische Beispiele hören möchte (oder spezifische Partituren ansehen möchte), eignen sich die Stücke Nummer 1 und 2 aus Buch I und die Stücke Nummer 3 und 15 aus Buch II. Viele andere Präludien weisen dieses Merkmal stellenweise auf, aber eben nicht von Anfang bis Ende.

Bach war selten darauf aus, mit dem Wahrnehmungssystem seiner Zuhörer zu spielen. Künstler seines Jahrhunderts, obwohl sie gelegentlich ihre Spielchen mit der Wahrnehmung trieben, kannten sich mit den Problemen, die wir heute als Teil der Wahrnehmungspsychologie betrachten, weit weniger aus und waren davon auch weit weniger fasziniert als wir heute. Zweifellos wäre Bach von solchen Phänomenen wie der Umgruppierung gefesselt gewesen, und manchmal wünschte ich, er hätte bestimmte Effekte gekannt und wäre imstande gewesen, sie auszuprobieren – aber dann erinnere ich mich wieder daran, daß die Zeit, gleich wie lang sich Bach mit dem Spielen neumodischer Ideen aufgehalten hätte, von der Zeit hätte abgezogen werden müssen, die er hatte, um die Meisterwerke, die wir kennen und lieben, zu schaffen –, also warum mit so etwas Kostbarem so leichtfertig umgehen?

Andererseits finde ich das Argument nicht hundertprozentig stichhaltig. Wer sagt, daß, wenn wir uns vorstellen, mit der Vergangenheit zu spielen, wir an den Lebenszeiten der Berühmtheiten nichts ändern dürfen? Wenn wir uns vorstellen können, Bach etwas über die Wahrnehmungspsychologie zu erzählen, warum können wir uns dann nicht auch vorstellen, seiner Lebensspanne ein paar Jahre anzuhängen, um ihn die Sache erforschen zu lassen? Die einzige Einschränkung bei Bachs Lebensjahren ist eine *göttlich* auferlegte (also absolut nicht zu verrutschen), nämlich daß seine und Mozarts Lebensjahre zusammen 100 ergeben, nicht wahr? Wenn wir also Bach fünf zusätzliche Jahre verleihen, dann heißt das, daß wir von Mozarts Leben bloß fünf Jahre nehmen, was sicherlich schmerzlich, aber *so* schlimm auch wieder nicht ist. Auf diese Weise könnten wir Bach sogar 100 Jahre leben lassen! (Mozart hätte dann eben nicht existiert.) Wenn wir noch weiter über diesen Punkt hinausgehen, wird es langsam etwas fragwürdig, denn es ist ganz und gar unklar, was es bedeutet, eine negative Zahl von Jahren zu leben.

Obwohl es für uns nur schwer vorstellbar und unmöglich zu wissen ist, was aus Bachs Musik geworden wäre, hätte er im zwanzigsten Jahrhundert gelebt, ist es gewiß nicht unmöglich zu wissen, was aus Steve Reichs Musik geworden wäre, hätte *er* in Bachs Jahrhundert gelebt. Tatsächlich höre ich gerade eine Platte mit seiner Musik (oder wenigstens hätte ich sie gehört, wenn ich nicht von diesem Radioprogramm abgelenkt worden wäre). Nun ist Reichs Musik eine Musik, für die die Wahrnehmungspsychologie nichts Unbekanntes ist. Von Anfang bis Ende spielt er mit perzeptuellen Verschiebungen und Ambiguitäten, indem er von einem Rhythmus zum anderen, von einem harmonischen Ursprung zum anderen wechselt und den Zuhörer konstant in Spannung und mit nervöser Energie geladen hält. Man stelle sich ein Stück wie Ravels „Bolero“ vor, nur von viel feinerer Körnigkeit, so daß seine Grundzelle nicht die Dauer von ungefähr einer Minute hat, sondern von etwa drei Sekunden. Die Veränderungen sind so winzig, daß man manchmal gar nicht unterscheiden kann, ob überhaupt eine Veränderung da war oder nicht, während zu anderen Zeiten die Veränderungen unüberhörbar sind. Welches Stück von Reich ich gerade anhöre (oder besser, ich anhören *würde*, wenn mir nicht immer noch dieses Radioprogramm in die Ohren drängte)? Eigentlich ist es unerheblich, denn die meisten von Reichs Stücken kommen dieser Charakterisierung nach. Aber versuchen Sie es mal mit Stücken wie „Music for a Large Ensemble“, „Octet“, „Violin Phase“, „Vermont Counterpoint“ oder mit seinem jüngsten Choralwerk „Tehillim“.

* * *

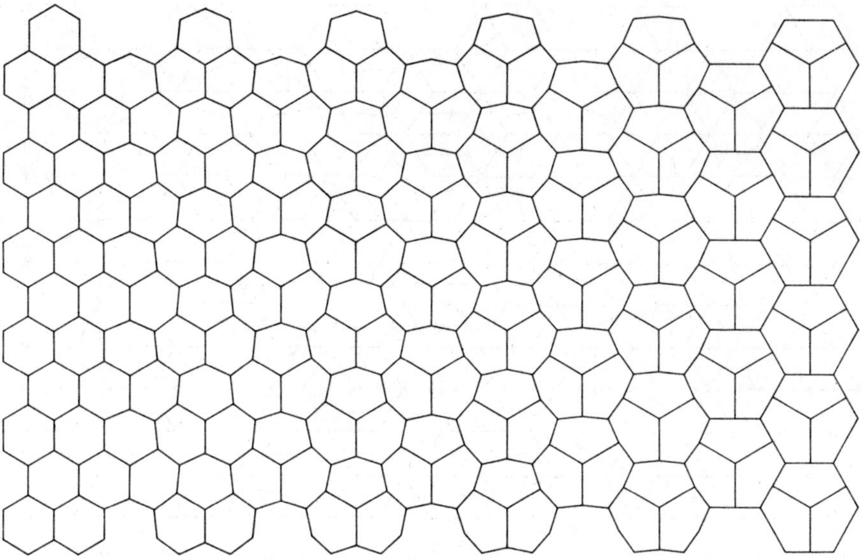

Abbildung 9-3. *Die verrückte Biene* von Richard Mesnik. Kreiert im Studio von William Huff (1964).

Kehren wir wieder zu Parkettverformungen zurück. „Die verrückte Biene" (Abbildung 9-3) ist eine Arbeit von Richard Mesnik an der Carnegie-Mellon-Universität aus dem Jahr 1964 mit Wahrnehmungstricks anderer Art. Die linke Seite sieht wie eine perfekte Honigwabe aus oder – etwas weniger poetisch – wie ein perfekt gefliester Badezimmerboden. Allerdings scheinen, was die Perfektion betrifft, Zweifel aufzukommen, wenn wir unseren Blick nach rechts bewegen. Die Strenge des Gitters weicht langsam runder wirkenden Formen. Dann merkt man, daß jeweils drei davon eine Kombination gebildet haben, um sich zu einem größeren Gebilde zu formieren: zu einem Super-Hexagon aus drei arg gequetschten Pentagonen. Das merkwürdige daran ist, daß, wenn wir nun unseren Blick von rechts nach links schweifen lassen, also zurück zum Anfang, wir die linke Seite nicht mehr ganz so sehen wie zuvor. Die kleinen Hexagone gruppieren sich nun ständig zu Dreierensemblen, obgleich die Gruppierung rasch wechselt. Wir erleben in unserem Geist „unruhige Verbände", in denen sich für einen Augenblick Gruppierungen bilden und sich anschließend auflösen, wobei sich ihre Komponenten auf der Stelle wieder zu neuen Kombinationen zusammenfinden usw. Der etwas poetische Ausdruck „unruhige Verbände" stammt aus einer bekannten Theorie über das Verhalten von Wassermolekülen, wobei der Zusammenhalt im Verband im Fall der Wassermoleküle natürlich eher eine Folge der Wasserstoffbindungen als der mentalen Verkittungen ist. (Siehe das *Postskriptum* zu Kapitel 25.)

Vielleicht noch verrückter als „Die verrückte Biene" ist der von Scott Grady an der

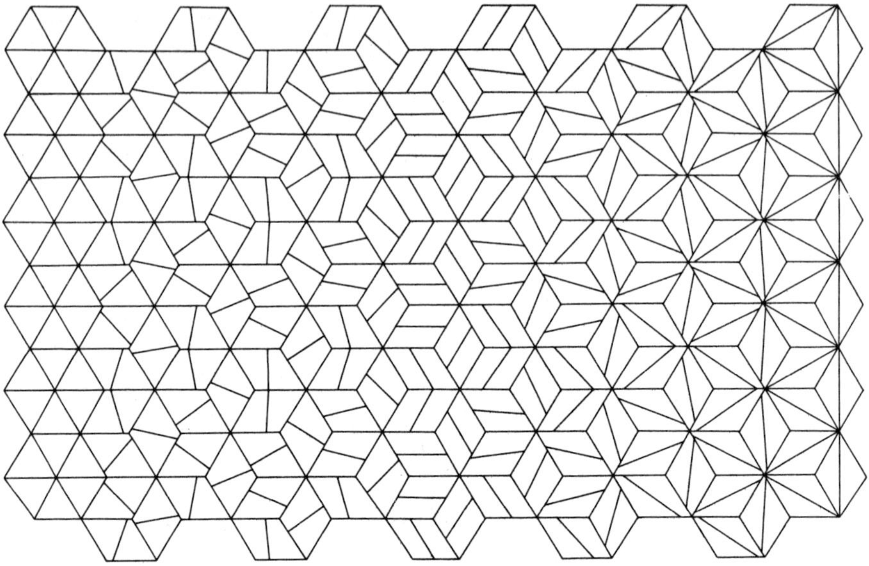

Abbildung 9-4. *Verwirrung* von Scott Grady. Kreiert im Studio von William Huff (1977).

SUNY in Buffalo 1977 ausgearbeitete Entwurf „Verwirrung" (Abbildung 9-4), eine weitere Parkettverformung, in der Hexagone und Würfel um das perzeptuelle Supremat wetteifern. Es erscheint so komplex und in solch aufgewühlter Bewegung, daß ich kaum eine Analyse wage. In den Zwischenbereichen finde ich die gleiche äußerst aufregende Art visuellen Pseudo-Chaos vor wie in Eschers besten Verformungen.

Vielleicht ist es unerheblich, vermutlich aber nicht, daß die Titel vieler dieser Studien mich an Stücke von Zez Confrey erinnern, einem Komponisten, der in den zwanziger Jahren für seine ungewöhnlich neuartigen Klaviersoli sehr berühmt war, wie beispielsweise „Dizzy Fingers", „Kitten on the Keys" und – was mein Lieblingsstück ist – „Flutter by, Butterfly". Confrey war darauf spezialisiert, die Ragtime-Musik bis zum Äußersten zu treiben, ohne daß sie deshalb an musikalischen Reiz einbüßte, und manches, was dabei herauskam, scheint mir eine kraftvolle Anziehung auszuüben, voller Schmiss und Reiz, also nicht viel anders als das jazzige Erscheinungsbild dieser und anderer Parkettverformungen.

Die nächste Parkettverformung, „Merkwürdiges aus alter orientalischer Ornamentik" (Abbildung 9-5), die von Francis O'Donnell 1966 an der Carnegie-Mellon-Universität entworfen wurde, beruht auf einem äußerst einfachen Prinzip: In ein einzelnes Liniensegment wird ein „Gelenk" eingeführt und das Segment anschließend an diesem Gelenk geknickt! Der Grund für die erstaunliche Fülle der Resultate liegt darin, daß die Grundzelle, die die Flächenaufteilung erzeugt, sowohl vertikal als auch horizontal auftritt, so daß, knickt man sie in der einen Richtung, ebenso quer dazu ein Knicken

Abbildung 9-5. *Merkwürdiges aus alter orientalischer Ornamentik* von Francis O'Donnell. Kreiert im Studio von William Huff (1966).

induziert wird und beide Knicke sich zu diesem kuriosen und unerwarteten Muster kombinieren.

Eine andere Parkettverformung ist der sogenannte „Y-Knoten" (Abbildung 9-6) von Leland Chen, den er 1977 an der SUNY in Buffalo ausgearbeitet hat. Auch hier zeigt sich, welche verblüffenden Resultate aus einem äußerst einfachen, aber sorgsam ausgewählten Transformationsprinzip entstehen können. Bei genauem Hinsehen erkennt man, daß die Grundzelle der Form nach wie ein dreiblättriger Propeller aussieht und diese Form niemals verändert. Was sich jedoch ändert, ist das „Y", das fest im Innern dieser Grundzelle steckt. Und die einzige Möglichkeit, daß das „Y" seine Gestalt verändert, besteht darin, es im Uhrzeigersinn sehr langsam zu drehen! Zugegebenermaßen erzwingt dies in den Schlußetappen der Drehung eine geringe Ausdehnung einiger zuvor konstanter Liniensegmente, was aber am Umriß der Grundzelle überhaupt nichts ändert. Was man nicht alles schafft, wenn man mit überlegter Einfachheit ans Werk geht!

* * *

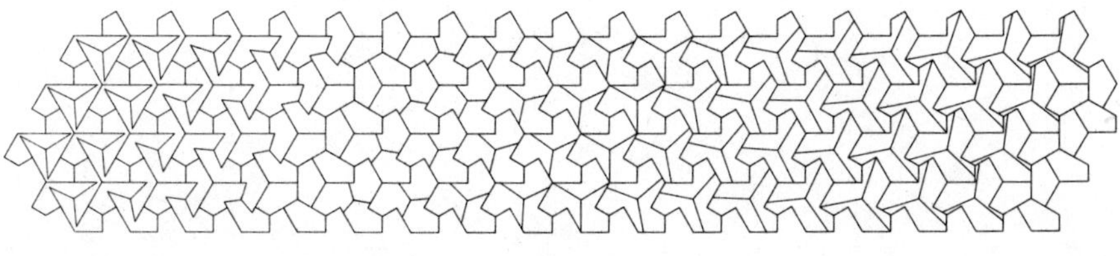

Abbildung 9-6. *Y-Knoten* von Leland Chen. Kreiert im Studio von William Huff (1977).

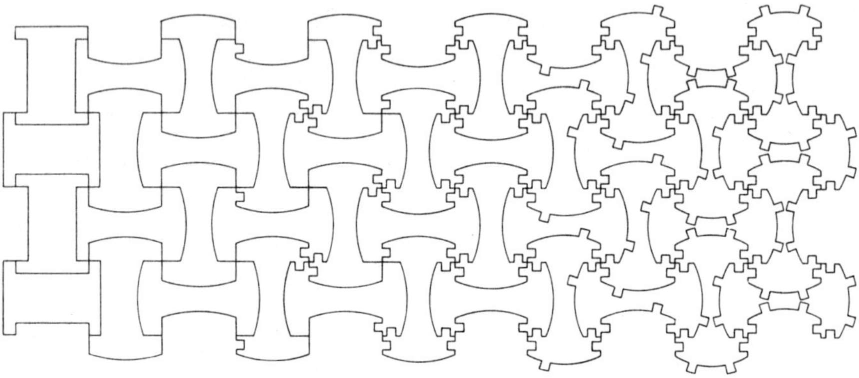

Abbildung 9-7. *Verrückte Zahnräder* von Arne Larson. Kreiert im Studio von William Huff (1963).

Drei meiner Lieblingstücke sind „Verrückte Zahnräder“ (Abbildung 9-7, von Arne Larson, Carnegie-Mellon, 1963), „Trifoliolate“ (Abbildung 9-8, von Glen Paris, Carnegie-Mellon, 1966) und „Arabeske“ (Abbildung 9-9, von Joel Napach, SUNY in Buffalo, 1979). Sie haben alle ein Merkmal gemeinsam, nämlich immer verwickelter zu werden, je weiter der Blick nach rechts schwenkt. Die meisten Verformungen, die wir hier bislang gesehen haben, besitzen nicht diese extreme Qualität der Irreversibilität – also die Qualität, der Umkehrbarkeit Steine in den Weg zu legen, und auf diese Weise anzukündigen, daß ein evolutionärer Prozeß im Gange ist. Ich muß mich wirklich fragen, ob die, die diese Verformungen gestaltet haben, nicht gemerkt haben, daß sie sich mit ihrer Zeichnerei in eine Ecke manövrieren, aus der nicht mehr herauszukommen ist, was ganz besonders auf die „Arabeske“ zutrifft. Gibt es eine andere Möglichkeit, dem Super-Dickicht zu entkommen, als sich rückwärts zu bewegen – also jeden einzelnen Schritt zurückzuverfolgen? Vermutlich gibt es eine, aber sie ausfindig zu machen, liegt nicht in meinem Interesse.

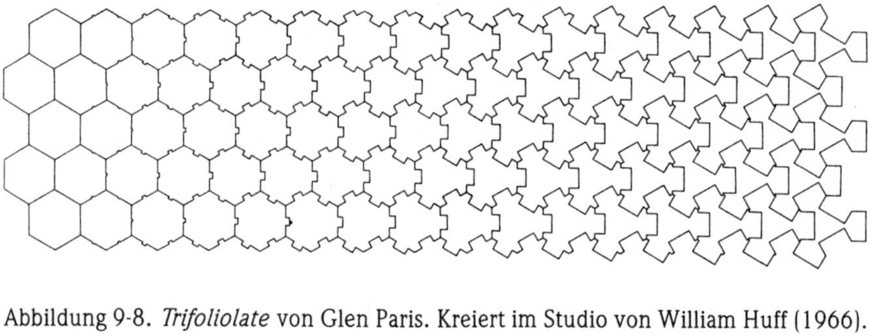

Abbildung 9-8. *Trifoliolate* von Glen Paris. Kreiert im Studio von William Huff (1966).

Abbildung 9-9. *Arabeske* von Joel Napach. Kreiert im Studio von William Huff (1979).

Abbildung 9-10. *Rasierklingen* (unsigniert). Kreiert im Studio von William Huff (1966).

Schauen wir uns dagegen die „Rasierklingen“ an, eine ausgedehnte Studie in relativer Ruhe (Abbildung 9-10). Sie wurde an der Carnegie-Mellon-Universität 1966 kreiert, ist aber leider unsigniert. Wie schon die zuerst erörterte Verformung, „Hakenkreuz-Überschlag“, kann auch diese in sehr lange, sich wellende horizontale Linien und diese kreuzende vertikale Strukturen aufgebrochen werden. Sie sind etwas leichter zu sehen, wenn man vom rechten Rand ausgeht. Man sieht zum Beispiel, daß genau unter der obersten Linie eine lange Schlangenlinie verläuft, mit zahlreichen kleinen „Aussparungen“ darin, die sich nach links wellt und sich unterdessen einiger dieser Aussparungen entledigt, so daß sie am äußersten linken Rand in eine perfekte „Rechteckkurve“ degeneriert, wie man solch eine periodische Wellenform in der Fourier-Analyse nennt. Ergänzt wird diese horizontale Struktur durch eine ähnliche vertikale Struktur, die schwieriger zu beschreiben ist. Ich denke dabei an zwei reich verzierte Sanduhrgläser, der Form nach eher rechtwinkelig, mit Halsringen, und eins auf dem anderen sitzend. Aber schauen Sie selbst.

An sich übt jedes dieser Muster eine fesselnde Wirkung aus, wie wir es schon in Abbildung 9-1 mit dem „Hakenkreuz-Überschlag“ erlebt haben. Wirklich aufregend wird es aber erst, wenn wir uns an den kühnen Akt machen, sie zu überlagern. Ich kenne übrigens kein Stück aus der visuellen Kunst, das das Gefühl für die Schönheit und Verwickeltheit eines Steve-Reich-Stückes besser einfängt, entstanden durch langsame „adiabatische“ Wechsel, die oberhalb des in den unteren Schichten waltenden Chaos und Dynamismus ablaufen. Rückschauend fällt mir auf, daß ich diese Parkettverformung zunächst als „ruhig“ beschrieb. Ach ja, manchmal bin ich schon arg vergeßlich.

Allen Ernstes, es gibt einen Grund für diese Inkonsistenz. Die emotionale Reaktion auf ein bestimmtes Kunstwerk, sei es nun ein visuelles oder musikalisches, ist nicht statisch, nicht gleichbleibend. Wie man das nächste Mal reagieren wird, wenn man eins seiner Lieblingsstücke hört oder sieht, kann man nicht wissen. Es kann einen kalt lassen oder ganz in seinen Bann schlagen. Es hängt von unserer Stimmung ab, davon, was uns zuletzt widerfahren ist oder getroffen hat, sowie von vielen anderen subtilen Faktoren. Unsere Reaktion kann sich sogar im Laufe weniger Minuten ändern. Ich werde mich für diese scheinbare Fehlleistung also nicht entschuldigen.

Betrachten wir nun das „Cucaracha“ (Abbildung 9-11), das Jorge Gutiérrez 1977 an der SUNY in Buffalo schuf. Es beginnt mit größter geometrischer Strenge – ein Gitter aus perfekten Rhomben – und durchläuft dann eine Sequenz allmählich immer willkürlicherer Modifikationen, bis es auf eine Art fast frei wird, eine Art Tanz seltsamer, eckiger, quasi-organischer Formen. Mich fasziniert das. Nimmt die Entropie bei diesem Rechtsrutsch in Richtung Freiheit zu oder ab?

Eine ziemlich dornenreiche Verformung ist die mit dem witzigen Titel „Aus Wabenwachs endende Blüten“ (Abbildung 9-12), die von Laird Pylkas vor kurzem an der SUNY in Buffalo ausgearbeitet wurde. Huff erzählte mir, daß Laird Pylkas sich wochenlang mit dieser einen Studie abmühte und am Ende, nachdem sie die Schwierigkeiten zu ihrer Zufriedenheit gelöst hatte, sinnierte: „Warum dauert es eigentlich immer so lange, bis man die Ideen, die offenbar auf der Hand liegen, entdeckt?“

* * *

Abbildung 9-11. *Cucaracha* von Jorge Gutiérrez. Kreiert im Studio von William Huff (1977).

Abbildung 9-12. *Aus Wabenwachs endende Blüten* von Laird Pylkas. Kreiert im Studio von William Huff (1983).

Abbildung 9-13. *Lichten des Dickichts* von Vincent Marlowe. Kreiert im Studio von William Huff (1979).

Als letzte wollen wir uns die Studie „Lichten des Dickichts" (Abbildung 9-13) vornehmen, die 1979 von Vincent Marlowe an der SUNY in Buffalo ausgearbeitet wurde. Sie enthält eine Mischung aus geraden Linien und Kurven, rechten Winkeln und spitzen Enden, expliziten fast quadratischen swastikoiden Gebilden und impliziten kreisförmigen Hohlflächen. Statt hier aber mein Unvermögen, die schier ungebändigte Komplexität dieses Entwurfs zu analysieren, unter Beweis zu stellen, möchte ich es lieber als Gelegenheit zum Absprung nutzen und über Computer und Kreativität sprechen – eines meiner liebsten Steckenpferde.

In dieser Parkettverformung sind ganz neuartige Dinge am Werk – Neuerungen, die in keiner der zuvor besprochenen Studien in Erscheinung traten. Man beachte allein die offenen Kreise auf der linken Seite, die mit weiterem Blick nach rechts immer enger werden; man beachte außerdem, daß auf der rechten Seite offene „Antikreise" liegen (konkave Formen aus vier kreisförmigen Bögen, deren Inneres nach außen gekehrt ist), die, läßt man den Blick zurück nach links schweifen, ebenfalls immer enger werden. Laut Huff war in den früheren Verformungskreationen eine solche Idee nie aufgetaucht. Irgend etwas Ungewöhnliches mußte hier geschehen sein – etwas in unverfälschter Weise Kreatives, etwas Unerwartetes, Unvorhergesehenes, Überraschendes, Faszinierendes – und nicht zuletzt Inspirierendes für kommende Verformungskünstler.

Also erhebt sich natürlich die Frage: Hätte diese Parkettverformung auch von einem Computer erfunden werden können? Diese Art der Fragestellung ist natürlich naiv und unglücklich, aber wir können durchaus etwas Vernünftiges mit ihr anfangen. Zunächst ist darauf hinzuweisen, daß die Wendung „von einem Computer" sich natürlich auf nichts weiter bezieht als auf eine träge Kiste aus Metall und Halbleitern. Um mit diesem bloßen Computer, dieser Hardware, etwas anfangen zu können, brauchen wir etwas Software und etwas Energie. Ersteres ist ein spezifisch angelegtes Muster, das sich in die physikalische Substanz des Computers einbringen läßt, die ihn an Einschränkungen bindet und ihm dennoch eine Fülle von Zweckdienlichkeiten gestattet; und letzteres, also die Energie, ist das, was ihm „Leben“ einhaucht und ihn entsprechend jener Zweckdienlichkeiten und Einschränkungen agieren läßt.

Als nächstes ist zu sagen, daß in Wirklichkeit die Software kontrolliert, was die Maschine treibt; die Hardware gehorcht einfach dem Diktat der Software, und zwar Schritt für Schritt. Aber die Software könnte auch in einer Anzahl verschiedener „Instantisierungen“ existieren – also Realisationen in unterschiedlichen Computersprachen. Es ist nicht ihre Buchstäblichkeit, auf die es bei der Software wirklich ankommt, sondern eine abstraktere, generellere, alles umfassende „Architektur“, die sich am besten in einer nicht-formalen Sprache, wie z.B. Deutsch, beschreiben läßt. Wir könnten sagen, daß das, worüber wir hier sprechen, eigentlich der angelegte Plan, das Schema, die zentrale Idee eines Programms ist – nicht seine endgültige Realisation in einer bestimmten formalen Sprache oder einem solchen Dialekt. Diese Arbeit können wir getrost den Volontären überlassen, nachdem wir ihnen gesagt haben, wie wir uns die Sache schematisch, aber bar jeder Form, denken.

Also kann die Frage etwas weniger profan, aber theoretischer und philosophischer klingen: *Gibt es eine Architektur für Kreativität?* Gibt es einen Plan, ein Schema, eine Reihe von Prinzipien, die, könnten sie klar zum Vorschein gebracht werden, all die Kreativität erklären könnten, die in der Fülle aller sammelbaren Parkettverformungen steckt, also vergangener, gegenwärtiger und zukünftiger?

* * *

Wir müssen hier beachten, daß in unserer Frage von der *Fülle aller sammelbaren Parkettverformungen*, nicht von einer *spezifischen* Arbeit die Rede ist. Daß jedes spezifische Kunstwerk von einem programmierten Computer nachgeschöpft werden kann, sogar auf verschiedene, bisweilen etwas ungewöhnliche Weisen, ist eine Binsenwahrheit.

Der holländische Künstler Piet Mondrian beispielsweise entwickelte während vieler Jahre einen äußerst idiosynkratischen, irgendwie kryptischen Malstil. Verfolgt man seine Entwicklung über die Jahre, kann man genau sehen, woher er kam und wohin er strebte. Richtet man das Augenmerk aber nur auf eine einzige Arbeit Mondrians, wird man dieses stilistische Moment, das die Qualität jedes großen Künstlers ist – diese Dynamik, Evolution eines Stils –, nicht aufspüren. Nur ein einziges Werk für sich zu betrachten, ist wie ein Schnappschuß von etwas, das in Bewegung ist: Eingefangen wird seine momentane Position, nicht aber seine Bewegung. Der Schnappschuß könnte natürlich verwischt sein, wobei man ein Gefühl für die Bewegung bekäme, jedoch Information über die Position verlöre. Wenn man sich also nur ein einziges Kunstwerk ansieht, verwischt sich sein Stil im Geist nicht mit dem früherer oder kommender Werke; man hat eine genaue Information über die Position („Was ist der Stil *im Augenblick*?“), aber keine Information über die Bewegung („Wo war er vorher und wohin zielt er?“).

Vor einigen Jahren nahm sich A. Michael Noll, Mathematiker und Computerkünstler, ein einzelnes Gemälde von Mondrian vor – eine abstrakte, geometrische Studie mit scheinbar zufälligen Elementen – und entnahm bezüglich der Muster einige Statistiken, anhand derer er dann einen Computer so programmierte, eine Vielzahl von „Pseudo-Mondrian-Bildern“ mit den gleichen oder unterschiedlichen Werten dieser zufallsgesteuerten Parameter zu generieren. (Siehe Abbildung 9-14.) Anschließend stellte er die Ergebnisse einigen Leuten vor, die völlig arglos waren. Die Reaktionen waren insofern interessant, als vom Gros der Leute nicht dem echten Mondrian-Gemälde der Vorzug gegeben wurde, sondern einem Pseudo-Mondrian!

Dies ist recht amüsant, sogar eine Provokation, aber auch eine Warnung. Es beweist, daß ein Computer tatsächlich so programmiert werden kann, mathematisch erfaßbare Stilaspekte einer bestimmten künstlerischen Arbeit zu imitieren – und das sehr gut. Gleichfalls warnt es uns aber: Vorsicht vor billigen Imitationen!

Sehen wir uns den Fall bei Parkettverformungen an. Ohne Zweifel ließe sich ein Computer ohne allzuviel Aufwand so programmieren, jede *spezifische* Parkettverformung auszuführen – oder geringfügige Abwandlungen daran vorzunehmen. *So* viele Parameter hat jede bereits vorliegende Parkettverformung nicht. Aber die Essenz eines jeden künstlerischen Akts liegt nicht darin, besondere Werte für bestimmte Parameter zu selektieren, sondern viel tiefer: nämlich darin, eine Unzahl geistiger Kräfte, die sich nicht erfassen lassen und meistens unbewußt sind, ins Gleichgewicht zu bringen, ein Akt des Abwägens gleichsam, der bei der Wahl der Konzeption viele Möglichkeiten läßt, die sich letztendlich zu einem Kunstwerk zusammenfügen, das erfaßbar, wahrnehmbar, beurteilbar ist.

Sobald das Werk fertig existiert, fallen den Gelehrten vielleicht beim Betrachten bestimmte Eigenschaften daran auf, die sich leicht zu Parametern machen lassen. Statistisches aus einem Kunstwerk herausholen, wenn es einmal zur genauen Betrachtung vorliegt, kann *jeder*, aber weil es so einfach ist, kann die Tatsache verschleiert werden, daß niemand *a priori* hätte sagen können, welche Arten von mathematischen Beobachtungsgrößen sich als relevant zum Erfassen von Stilaspekten des bislang noch ungesehenen Kunstwerks herausstellen würden.

Huffs eigene Auffassung zu dem Problem, die Parkettverformungskunst zu mechanisieren, unterscheidet sich kaum von meiner eigenen. Seiner Meinung nach könnten zur Zeit durchaus einige grundlegende Prinzipien formuliert werden, um einen Computer zu befähigen, relativ stereotype, aber dennoch neuartige eigene Kreationen zu erzeugen. Er betont allerdings, daß seine Studenten gelegentlich Ideen einbringen, die gegen jede Regel verstoßen, auf das Auge aber nichtsdestotrotz fesselnd wirken, aus tieferliegenden Gründen, als er sie bisher verbal wiederzugeben vermochte. Und so wird auf diese Weise der Satz expliziter Regeln allmählich immer umfangreicher.

Huff, der die Kreativität, die in die Kunst der Parkettverformungen eingeht, mit der Kreativität eines großen Musikers verglich, schrieb dazu:

> Ich weiß nicht, wie der Genius eines Bach beschaffen war, aber ich arbeitete einst bei dem großen amerikanischen Architekten Louis Kahn (1901–1974) und vermute daher, daß es bei Bach irgendwie ganz dasselbe gewesen sein muß. Das heißt, Kahn formulierte aus moralischen, spirituellen und philosophischen Erwägungen heraus Wege, wie er etwas in der

Abbildung 9-14. Ein echter Mondrian und drei computer-erzeugte Imitationen. Erkennen Sie den echten Mondrian? Wenn Sie die Abbildung so drehen, daß Ost zu Süd wird, dann ist es der eine in der nordwestlichen Ecke. Der Mondrian, der 1917 entstand, hat den Titel *Kompositionen mit Linien*; die drei anderen, die 1965 entstanden, bilden eine Arbeit mit dem Titel *Computerkomposition mit Linien*, die von einem Computer im Haus der Bell Telephone Laboratories auf Drängen des Computerdompteurs A. Michael Noll erzeugt wurden. Das subjektiv „beste“ Bild, das ermittelt wurde, ist das, welches dem echten Mondrian diagonal gegenüberliegt!

Architektur machen und wie er etwas nicht machen würde. Mit der Zeit kamen immer mehr Studenten hinter viele seiner Methoden, und unter den Besten gelang es einigen, ihn ziemlich gut zu imitieren (wenn auch nicht perfekt). Aber da sich Kahn selbst entwickelte, brachte er laufend neue Prinzipien ein, die zu neuen Transformationen in seiner Arbeit führten; und gelegentlich räumte er auch mit einer alten Regel auf. Infolgedessen war er seinen Nachahmern immer mehrere Schritte voraus, die zwar wußten, was *war*, sich aber nicht ausmalen konnten, was *sein wird.* Ein computergenerierter „echter" Bach ist also durchaus eine interessante Sache, aber es ist eben kein Bach – nicht jenes Werk, das zu schreiben Bach nicht mehr schaffte, als er eines Tages tot war.

Die wirkliche Frage lautet also: Welche Art von Architektur ist für *alle* diese Ideen verantwortlich? Oder gibt es überhaupt *eine* Architektur, mit der sie sich alle aufbauen ließen? Ich würde sagen, daß die Fähigkeit, gute Parkettverformungen zu entwerfen, wahrscheinlich trügt, so wie auch die Fähigkeit, gut Schach zu spielen, trügt: Es sieht mathematischer aus, als es in Wirklichkeit ist.

Ein brillanter Schachzug kann, sobald das Spiel aus ist und rückschauend betrachtet werden kann, ganz logisch aussehen – als „das einzig Richtige in jener Situation". Aber brillante Züge haben ihren Ursprung nicht in einer derartigen logischen Analyse, die *nach* dem Spiel zustande kommt; während das Spiel im Gang ist, fehlt die Zeit, allen logischen Konsequenzen eines Zugs nachzugehen. Gute Schachzüge entspringen der Organisierung eines guten Schach-Verstands: Eine Reihe von Wahrnehmungen wird so angeordnet, daß bestimmte Ideen in den Sinn kommen, wenn bestimmte subtile Muster oder Orientierungsformen vorliegen. Daß Wahrnehmungen diese Eigenschaft haben, alte und vergrabene Erinnerungen auszulösen, liegt der geschickten Ausführung jedweder menschlicher Tätigkeit zugrunde, nicht nur dem Schachspiel. Nur ist beim Schach der geschickte Spielzug besonders trügerisch, weil man ihn im nachhinein durch eine logische Analyse als völlig gerechtfertigt hinstellen kann, eine Tatsache, die anzudeuten scheint, daß die ursprüngliche Idee der Logik *entstammt.*

Mit zu diesen trügerischen Künsten zählt das Komponieren schöner Melodien. Wer eher mathematisch begabt ist, scheint Noten wie Zahlen zu betrachten und Melodien wie Zahlenmuster. Deshalb *hat es den Anschein*, als ob die ganze Schönheit einer Melodie auf eine einfache mathematische Weise beschreibbar sein sollte. Aber bislang ist noch durch keine Formel eine einzige gute Melodie erzeugt worden. Natürlich kann man sich im nachhinein jede beliebige Melodie ansehen und eine Formel finden, die diese Melodie und Variationen dazu erzeugen wird. Aber das ist *retrospektiv*, nicht *prospektiv.* Schöne Schachzüge und schöne Melodien (und schöne mathematische Theoreme etc.) haben folgendes gemeinsam: Sie besitzen alle im einzelnen idiosynkratische Nuancen, die *a posteriori* logisch erscheinen, sich *a priori* aber nicht so leicht antizipieren lassen. Für den mathematisch denkenden Geist scheint Geschicklichkeit beim Schachspielen, beim Komponieren von Melodien und beim Entdecken von Theoremen offensichtlich formalisierbar zu sein, aber in Wahrheit zeigt sich, daß es erheblich komplexer zugeht. Zu viele kaum merkliche Imponderabilien sind daran beteiligt.

Nicht anders verhält es sich, wie ich meine, bei Parkettverformungen. Für sich genommen, ist jede mathematisch. Nehmen wir sie jedoch als eine *Kategorie*, sind sie es nicht mehr. Das ist das Verfängliche daran. Man darf sich von der offensichtlich mathematischen Natur eines *Einzelstücks* nicht täuschen lassen, denn die Architektur eines Programms, das all diese und weitere gute Parkettverformungen kreieren könnte, müßte computerisierte Fassungen von *Konzepten* und *Beurteilungen* umfassen – und das sind viel komplexere und unbestimmbarere Dinge als Zahlen. In einer Hinsicht sind Parkettverformungen ein Idealfall, anhand dessen sich die Subtilität einer Kunst deutlich machen läßt, weil eben jede für sich so einfach und regelgebunden erscheint.

An diesem Punkt schießen viele Kritiker des Computerwesens und der artifiziellen Intelligenz, die nur darauf aus sind, etwas zu finden, was „der Computer nicht kann" (und nie können wird), oft übers Ziel hinaus: Voreilig ziehen sie den Schluß, daß Kunst und, genereller gesagt, Kreativität von Grund auf nicht zu computerisieren sind. Das ist schwerlich der Schluß, der darin impliziert liegt! Impliziert ist nur folgender: Auf Computer, die menschlich agieren, werden wir solange warten müssen, bis wir solche menschlichen Dinge wie Wahrnehmung, Erinnerung, Geisteskategorien, Lernen usw. auf dem Computer gut nachbilden können. Davon sind wir noch weit entfernt. Aber es gibt keinen Grund anzunehmen, daß diese Ziele prinzipiell unerreichbar sind, selbst wenn sie für lange Zeit in weiter Ferne liegen.

* * *

Ich spielte in diesem Kapitel ein bißchen mit der Doppelbedeutung des Begriffs „Architektur": Damit ist sowohl der Entwurf eines Lebens- und Wohnraums gemeint als auch die abstrakte Essenz jedweder bedeutender Struktur. Erstere bezieht sich auf die Hardware und die zweite auf die Software. In einem gewissen Sinn ist William Huff Professor für beide Architektur-Arten. Offensichtlich bildet er von Berufs wegen im Entwurf von „Hardware" aus: die Schaffung echter Wohnräume für Menschen. Denn er ist an einer Schule, wo man genau das tut. Aber seine Tätigkeit ist auch, in den Köpfen seiner Studenten eine weichere Art von Architektur heranzubilden: die geistige Architektur, die der Fähigkeit, Schönes zu schaffen, zugrunde liegt. Dabei ist er in der glücklichen Lage, daß er die gesamte Komplexheit eines menschlichen Gehirns wie selbstverständlich zu seinem Ausgangspunkt machen kann, um darauf diese Art Architektur aufzubauen. Aber es ist immer noch eine große Kunst, anderen beizubringen, für Schönes und Neuartiges empfänglich zu sein.

Als ich zum ersten Mal mit William Huff zusammentraf und sah, wie abstrakt und scheinbar ohne jeden praktischen Nutzen die wunderbaren Werke waren, die in seinem Studio für Designkunst produziert wurden – das Spektrum reichte von Parkettverformungen zu ganz seltsamen Methoden, einen Würfel in Gestalt-Studien zu zerschneiden, wobei Tausende von Punkten zu augenverwirrenden Farbmustern verwandt wurden –, fragte ich mich zunächst, warum dieser Mann ausgerechnet Professor für *Architektur* war. Aber ein Gespräch mit ihm und seinen Kollegen erweiterte meinen Horizont, und mir wurde das Eigentliche ihres Fachs klar.

Großen Respekt für die Arbeit William Huffs hatte der Architekt Louis Kahn, mit dessen Worten ich gerne schließen möchte:

Huff bringt uns nicht nur bei, was er von jemand anderem gelernt hat, sondern was er aus seinen natürlichen Anlagen und Begabungen und dem Glauben an ihre Wahrheit und ihren Wert gezogen hat. Was er uns meiner Ansicht nach beibringt, ist, den Weg in eine Disziplin zu finden, die den Formen und Rhythmen zugrunde liegt, eine Disziplin, die die Künste des Visuellen, die Künste des Klanglichen und die Künste des Strukturellen berührt. Den Zeichenschülern wird beigebracht, nach dem Abstrakten zu suchen und nicht nach dem Gegenständlichen. Das ist gut so, denn es erinnert Lehrer/Architekturplaner (so wie ich einer bin) und besonders Schüler und Studenten, die noch in der Ausbildung stecken und keinen Hintergrund haben, an Ordnung. Man wird in jene Genauigkeiten eingeführt, die die Religion des geordneten Pfades vermitteln.

Postskriptum

„Die Religion des geordneten Pfades" – eine reizvolle Wendung. Als ich dieses Kapitel zunächst als Kolumne schrieb, wußte ich nicht, daß es meine letzte vollständige Kolumne sein würde (die eine, in der ich über die Ergebnisse des verlockenden Lotteriespiels berichte, hier Kapitel 30, war nur eine halbe). Daß ich mich auf diese Weise verabschiedete, gefiel sowohl William Huff als auch mir, wobei ich mich besonders über die Wendung freute, mit der ich mich verabschiedete. Trotz ihrer Ambiguität fängt sie viel von dem Geist ein, den ich in allen meinen Kolumnen (also auch in allen diesen Kapiteln) zu vermitteln versuchte: die hingebungsvolle Suche nach Schönheitsmustern und besonders nach den *Gründen*, warum bestimmte einzelne Muster schön sind.

Ich behauptete in diesem Kapitel wiederholt, daß es relativ einfach ist, ein Computerprogramm auf die Beine zu stellen, das im Rahmen einer Formel attraktive Kunst erzeugt, es aber gar nicht so einfach ist, einen Computer so zu programmieren, daß laufend etwas Neues herauskommt. Einige Leute, die sich in der Computerkunst der letzten Jahrzehnte auskennen, mögen mit mir darüber streiten und auf komplexe Muster verweisen, hinter denen ein ganz einfacher Algorithmus steht, und anschließend noch hinzufügen, daß es bestimmte einfache Algorithmen gibt, die auf erstaunliche Weise ganz andere Muster hervorbringen, wenn man nur ein paar Parameter ändert, und wahrscheinlich kein Mensch erkennen würde, daß sie miteinander nahe verwandt sind. Ich kenne zum Beispiel ein sehr einfaches Programm, das einen Bildschirm mit rasch wechselnden Punktemustern sechsfacher Symmetrie übersät, die wie Schneeflocken unter einem Vergrößerungsglas aussehen; in nur wenigen Sekunden löst sich jedes vorhandene Muster auf, um einem völlig anderen sechsfach-symmetrischen Muster Platz zu machen. Wie gebannt stand ich vor dem Bildschirm und beobachtete, wie sich diese Muster eins nach dem anderen entfalteten; es war mir unmöglich vorherzusehen, was als nächstes kam – obwohl ich doch wußte, daß das Programm nur aus ein paar Zeilen bestand! Ich konnte miterleben, wie kleine Modifikationen in mathematischen Formeln enorme visuelle Veränderungen in dem, was diese Formeln graphisch darstellen, hervorrufen.

Die Schwierigkeit liegt darin, daß diese Veränderungen, die auf Parameter-Modifikationen beruhen – *an den Knöpfen drehen*, wie ich es in den Kapiteln 11 und 12 nenne –, der Natur nach ganz anders sind als jene neuen Ideen, auf die man kommt, wenn man eine vorhandene Idee variiert. Damit eine Maschine von einem vorgegebenen Entwurf einfache Varianten erzeugen kann, muß sie einen Algorithmus kennen, um diesen Entwurf, der *explizite Parameter* aufweist, herzustellen; diese Parameter sind anschließend modifizierbar, so wie bei den Pseudo-Mondrian-Bildern. Ganz anders dagegen ist die Art und Weise, wie wir Menschen Variationen machen. Wir *schauen* uns ein Werk, das ein Künstler (oder ein Computer) kreiert hat, an und abstrahieren dann davon eine bestimmte Eigenschaft, eine künstlerische Qualität, die wir in der Kreation selbst wahrnehmen (und nicht in einem dahintersteckenden Algorithmus). Diese neu abstrahierte Qualität mag in expliziter Weise vom Künstler (oder Programmierer oder Computer) nie bedacht worden sein, trotzdem existiert sie in der Sicht eines genauen Beobachters. Dieser Wahrnehmungsakt bringt uns ein gutes Stück näher zur wirklichen Kreativität; was im weiteren noch folgen muß, ist, daß man diese neue Qualität so behandelt, *als ob es sich bei ihr um einen expliziten Knopf handelt:* man „dreht" daran, als ob es ein Parameter ist, der schon immer mit im Programm war, mit dem wir die Kreation zustande brachten.

Auf diese Weise wird der Wahrnehmungsprozeß eng mit dem generativen Prozeß verkettet: es wird eine Schleife geschlossen, in der Wahrnehmungen neue Potentiale entzünden und diese neuen Potentiale, experimentiert man mit ihnen, dann den Weg zu neuen Wahrnehmungen öffnen. Was der gegenwärtigen Computerkunst fehlt, ist das Element der Interaktion von Wahrnehmung und Generierung. Computer *schauen* nicht darauf, was sie tun; sie *tun* es einfach. (Mehr über die Idee sich selbst zuschauender Computer finden Sie in Kapitel 22.) Wenn Programme imstande sind, das, was sie geschaffen haben, sich anzusehen und es als etwas wahrzunehmen, was nie antizipiert wurde, dann kommt man langsam an jene Disziplin- und Lehrübungen heran, von denen Louis Kahn sprach, als er von der „Religion des geordneten Pfades" schrieb.

* * *

Eine meiner liebsten Parkettverformungen nennt sich „Das I [für „Ich"] im Zentrum" (Abbildung 9-15), die David Oleson 1964 an der Carnegie-Mellon-Universität schuf. Sie verletzt die Prämisse, mit der das Kapitel begann: nämlich die Eindimensionalität. Sie entwickelt ihr zentrales Thema – den Großbuchstaben „I" – gleichzeitig entlang zweier zueinander senkrecht befindlicher Dimensionen. Das Ergebnis ist eine der lyrischsten und anmutigsten Kompositionen, die ich in dieser Form kenne.

Ebenso gefällt mir an ihr ihre metaphorische Qualität. Genau im Zentrum eines Netzwerks befindet sich ein großes „I" – ein Ich, ein Ego; berührt wird es von anderen Ichs, sehr ähnlich dem Ich in der Mitte, aber nicht ganz das gleiche und nicht ganz so einfach; je weiter man dann nach außen geht, desto größer wird die Vielfalt der Ichs. Für mich symbolisiert diese Parkettverformung ein Netz gegenseitiger menschlicher Verbindungen. Jeder einzelne von uns befindet sich genau im Zentrum des eigenen persönlichen Netzes, und jeder von uns denkt sich: „Ich bin das normalste, sensibelste, verständnisvollste Individuum." Und unsere Identität – unsere „Form" im Persönlichkeitsraum – entspringt weitgehend der Art und Weise, wie wir in diesem Netzwerk

Abbildung 9-15. *Das I [für „Ich"] im Zentrum* von David Oleson. Kreiert im Studio von William Huff (1964).

eingebunden sind – also den Identitäten (Formen) der Menschen, denen wir am nächsten stehen. Das bedeutet, daß wir sogar die Identitäten anderer zu definieren helfen, wenn sie helfen, unsere eigene zu definieren. Doch das ist längst nicht alles, was mir diese Parkettverformung auf ganz einfache, aber wirkungsvolle Weise vermittelt.

10
Blödsinn und Nonsens

Dezember 1982

Summm, dröhnt die Fliege mit Krawall,
Brumm, sagt sich das Bienentier,
Summ und Brumm macht's überall,
Und so ist unsre Manier:
In seinem Ohr, in seiner Nas', siehst du hier?
Er die Schlafmaus fraß, vor lauter Gier.

Ben Jonson

Wie bitte? Was soll das denn bedeuten? Worum geht es hier? Dieses kleine Nonsens-Gedicht, das um 1600 geschrieben wurde, beginnt mit einem Bild aus der Insektenwelt, geht dann in ein Bild von irgend jemandes Gesicht über und endet damit, daß von einem ungewissen Jemand die Rede ist, in dessen Schlund ein gewisses Nagetier verschwindet. Obgleich es wenig Sinn ergibt, ist es trotzdem irgendwie unterhaltsam. Es erinnert an einen Kinderreim. Niedlich, drollig und erquicklich.

Nonsens gibt es schon sehr lange. Jedoch haben sich Stil und Tonart über die Jahrhunderte gewandelt. Es ist interessant, zu verfolgen, wie sich der Nonsens entwikkelt hat. Was grenzt etwas als Nonsens ab? Wann wird aus Sinnentleertem Sinvolles, und wann aus Sinnvollem Nonsens? Wo liegen die Grenzen zwischen Nonsens und Dichtung? Dies sind die Ausgangsfragen für diese Kolumne.

Eineinhalb Jahrhunderte nachdem Ben Jonson sein Gedicht geschrieben hatte, tauchte ein englischer Schauspieler namens Charles Macklin auf, der für seine Prahlerei berühmt war, sich jede Textpassage mit dem ersten Hören merken zu können. Um Macklin auf die Probe zu stellen, schrieb sein Freund, der Dramatiker Samuel Foote, folgende recht sonderbare Passage:

> Sie ging also in den Garten, um ein Kohlblatt abzuschneiden und einen Apfelstrudel zu backen; und zur selben Zeit kommt eine große Bärenmutter die Straße hochgewackelt und hält ihren Kopf in den Laden – Was! keine Seife? Woraufhin er starb, und sie den Friseur heiratete, äußerst unklugerweise; anwesend waren die Stichelpeiner und die Strankenfeiner und die Stavengreiner und der große Bramarbas höchstselbst mit dem kleinen runden Knopf obenauf. Und sie waren ganz verrückt auf das große „Fang-Mich-Doch-Spiel", das sie spielten, bis ihnen das Schießpulver durch die Stiefelabsätze rieselte.

Für Macklin muß diese Passage voller *Unzusammenhänge* und umständlicher, abgehackter Sätze eine beachtliche Herausforderung gewesen sein. Leider liegt uns nicht vor, wie er sich nach dem ersten Hören machte. Aber immerhin wissen wir, daß er der Sache mächtigen Spaß abgewann, denn Jahre später noch trug er den Text so stilvoll vor wie eh und je.

Im neunzehnten Jahrhundert herrschten als Könige im Reich des Nonsens Lewis Carroll und Edward Lear. Manch einer kennt vielleicht Carrolls „Goggelmoggel“, „Zwiddeldum und Zwiddeldei“ und „Das Walroß und der Zimmermann“, und vielleicht hat der eine oder andere schon mal von Lears „Die Eule und das Kätzchen“ gehört, aber den wenigsten dürfte Lears „Quangel-Wangels Bibermütze“ oder „Der Dong mit seinem Nasenlicht“ bekannt sein. Carroll und Lear hatten ihre helle Freude daran, absonderliche Wörter zu erfinden und sie ganz unschuldig zu verwenden, als ob sie Gemeinplätze wären. Ihr Nonsens drückte sich überwiegend in Gedichten aus, in denen sie sich ergingen, mit vielen Alliterationen, Binnenreimen, leicht einprägsamen Rhythmen und ungewöhnlichen Sprachbildern. Statt Arbeiten dieser beiden Autoren vorzustellen, habe ich ein anonymes, aber gleichwohl für ihre Ära repräsentatives Gedicht ausgesucht, das in manchem gleich reizvolle Qualitäten aufweist:

Gleichgültigkeit

Wo's Bächlein biegt, das Krebschen krabbelt,
Die Quappen kaulen immerdar,
Doch sinkt mein Mut wie's Wasser fällt.
Der Lümmel lacht, das Baby brabbelt,
Das Hochzeitskleid, die Leichenbahr' –
S'ist nichts von meiner Welt.
Vom Leben, Sol- und Weingemisch,
kost' ich und bramsabar'.

Viele von Carrolls Nonsens-Gedichten waren Parodien volkstümlicher Lieder oder seinerzeitiger Trällerliedchen. Ironischerweise erinnert man sich der Parodien, aber was auslösend dahinterstand, ist größtenteils völlig in Vergessenheit geraten. Carroll machte sich mit Freude, aber auf seine liebenswürdige Art, über die staubigen Sitten und das heuchlerische Getue in der Gesellschaft lustig. Eines der Merkmale „geschraubter“ Dichtkunst im neunzehnten Jahrhundert war ihre beträchtliche Fülle von Anspielungen auf klassische Literatur. Carroll nimmt diese Eigenschaft selten aufs Korn, Charles Battell Loomis jedoch, ein kaum bekannter Schriftsteller, fing den Stil erstaunlich gut in diesem nächsten Gedicht ein:

Eine klassische Ode

Oh, Strom von Tyrus, nun werd ich's gewahr,
Mit Schwingen Armageddons Feinde rüsten,
Ganz klar nun vernehm' ich's, wie Kolkothar –
(Doppelgestirn, dessen Parsen sich brüsten);

In deinen Tiefen am steinigen Grund
Die Najaden mit dem Lenze springen
Wie zu Ocidelus' Zeit, so die Kund,
Die Glocke Phicols, mit leichtem Schwingen

Scharen stolzer Tiger trieb. Welch Wonne
Unverhüllt von Peristome, nun denn –
Wie Diamanten funkelnd in der Sonne
Auf Klee und Moos im feuchten Fenn.

Wie das Schmettern von Tubal, so heftig
Wie die Gesänge der Sappho, so froh
Wie die Lanze des Arnon, so kräftig
Die er einst warf vor den Pharao.

Dieses Gedicht hat die wundersame Eigenheit, daß man beim Lesen meint, da steckt bestimmt eine Menge Sinn dahinter – sicherlich kristallisiert er sich beim zweiten Lesen heraus. Und dann lesen Sie es noch einmal und merken, daß Sie wieder da sind, wo Sie vorher waren, und kratzen sich erneut die Stirn. Das ist vielfach ein Problem moderner Dichtkunst: Es ist sehr schwierig, sicher zu sein, daß der Dichter einen nicht verschaukeln will, daß man nicht einem Scherzbold auf den Leim geht, der wirklich nichts anderes im Sinn hat, als die Leser mit allen Mitteln der Kunst in die Irre zu führen, daß sie denken, dort sei profunde Bedeutung, wo überhaupt gar keine ist.

Der Limerick ist eine Form der Dichtkunst, die oft in Nonsens-Anthologien vorkommt, wahrscheinlich weil sie so lustig ist. Aber nur sehr wenige Limericks sind unsinnig. Vielleicht stecken gelinde Unmöglichkeiten darin, wie etwa eine junge Frau, die schneller als das Licht unterwegs ist, oder andere gewagte Hochleistungen. Limericks aber sind in Wirklichkeit selten Nonsens. Ein astreiner Nonsens und ein echtes Juwel ist der folgende von W.S.Gilbert (von Gilbert und Sullivan):

Es lebte ein Mann in St.Bienen,
der wurde gestochen von einer Wespe.
Gefragt, „tut es weh?",
Meinte er, „Keineswegs –
Es war ja keine Hornisse."

Warum sage ich dazu „Nonsens"? Also, wenn es ein Prosasatz wäre, würde nichts daran große Aufmerksamkeit erregen, außer vielleicht der Ortsname. Der Nonsens steckt gewiß nicht im Inhalt, sondern in der Art und Weise, wie jeder Standard, der für die Form des Limericks aufgestellt wurde, aufs äußerste verletzt wird. Es gibt keinen Reim, das Versmaß ist ein bißchen holperig, und besonders lustig ist es auch nicht gerade – und gerade das macht es lustig. Und damit qualifiziert es sich als Nonsens.

* * *

Ist Nonsens immer lustig? Bis ins zwanzigste Jahrhundert hinein war das anscheinend so. Nonsens und Humor waren traditionell so eng miteinander verquickt, daß sich Anthologien von Nonsens-Literatur weitgehend aus ganz beliebigen humorigen Textstücken zusammenzusetzen scheinen, ungeachtet des Maßes ihrer Sinnhaltigkeit. Im frühen zwanzigsten Jahrhundert aber schlugen Nonsens und Humor weit voneinander abweichende Wege ein. Unter den Nonsens-Dichtern war Gertrude Stein vielleicht die größte, obgleich sie in diesem Zusammenhang selten erwähnt wird. Ganze Kollektionen von Nonsens sind zur Veröffentlichung gekommen, ohne daß ein einziges Stück aus ihrem Werk darin vorkommt. Ihre gewagteste Arbeit in diesem literarischen Genre ist ein fast 400 Seiten starker Band mit dem bescheidenen Titel *How to write.* Hier ein Auszug aus dem Kapitel „Arthur eine Grammatik".

Arthur eine Grammatik.

Fragebogen in Frage gestellt.

Was ist eine Frage.

Zwanzig Fragen.

Eine Grammatik ist ein Astrachanfellmantel in Schwarz und anderen Farben ist es ein verpflichtender Umgang mit dem was sie ganz darin schwelgend fordert hauptsächlich aufgebaut als ob in einer prekären Lage wie gelegentlich unmißverständlich herauskommt als ob sie sich tatsächlich als brauchbar hervortut.

Eine Frage und Antwort.

Wie finden Sie das.

Grammatik kann enthalten sein weil sie Dekorationen bereithalten auf einer Grundlage mit oder ohne Gemeintes zu gestatten denn was gekoppelt zugedeckt wird mit einem redlich vergrößerten gerade so als ob beim Weissagen Beispiel dessen was ohne bedeutete und gekoppelt mit der Tendenz genauso sehr ohne gemeint zu sein gedacht als ob es ebenso gekonnt auf einer Grundlage fußte. Gehörig da es zum Teil schwer wog.

Was ist Grammatik wenn man sie rundet und rundet. So rund wie genannt.

Haben sie erraten ob sie Wünsche hatten. Eine höflich klare detaillierte Blamage des wann geht man.

Was ist eine Grammatik gewöhnlich. Eine Grammatik ist Frage und Antwort unbestritten allemal wie und worüber Antwort geben.

Was ist Arthur eine Grammatik.

Arthur ist eine Grammatik.

Arthur eine Grammatik.

Was kann in einer Schwierigkeit liegen.

Ernsthaft in Grammatik.

Denkend daß ein Säugling seufzen kann.

Das ist so viel.

Säglich kann nur sagen er ist tot daß er sich für das Gesagte interessiert.

Das ist noch eine in Konsequenz.

Wetter und Spekulanten müssen und Menschen können strahlen und lachen.

Jetzt denke an Nähte.

Schmucke Verzierung besteht im Erinnern daß sie aber meinte was es ist.

Na so was ein Fall von Grammatik.

Gesetzt den Fall schmuck Verziertes ist zwei und zwei. Es kann darüber nachgedacht werden daß es ist als ob es Rot an sich gehabt hätte.

Das ist ein Fall die Sache geklärt zu haben.

Grammatik verwendet zwanzig in einer prekären Lage. Nimm Hyazinthen und Moose mit hinzu die üppig wuchern.

Grammatik. Wenn Hyazinthen geschwind gepflückt werden passen sie erstaunlich zusammen das macht aus Grammatik Vorbereitung. Grammatik vereint Teile und Huldigungen. In genau dieser Weise.

Grammatik unermüdlich.

Grammatik vielleicht Grammatik.

Da bleibt einem doch fast die Spucke weg. Es ist einfach eine absurde Kette von Unzusammenhängen, oft absolut bar jeder Grammatik, und willkürlich von „Thema" zu „Thema" schlingernd. Es ist frustrierend, denn man kann sich an nichts halten, so als versuche man, einen Berg zu erklimmen, der ganz aus Sand ist.

Gertrude Steins Experimente im Absurden gleichen den dadaistischen und surrealistischen Strömungen, die ungefähr im gleichen Zeitraum aufkamen. Sie markieren den Trend weg von allem überladenen und zwerchfellerschütternden Nonsens hin zu einer aufrüttelnden und später makabren Nonsens-Literatur. Dennoch strahlt ihre Arbeit immer noch eine solche Frische und Verrücktheit aus, daß sie eher eine amüsante und leichte Kost ist als eine schwerverdauliche und verstimmende.

* * *

Wenn wir uns weiter ins zwanzigste Jahrhundert bewegen, treffen wir auf die Philosophie des Existentialismus und auf den herausragenden Deuter der existentiellen Malaise, den in Irland geborenen Stückeschreiber Samuel Beckett. In Becketts berühmtesten Stück, *Warten auf Godot*, das Anfang der fünfziger Jahre entstand, kommt der ironischerweise „Lucky" (eine Art Hans im Glück also) genannte pathetische Charakter genau einmal zu Wort, was ungefähr zur Mitte des Stücks passiert. Von den anderen Charakteren ist er bis dahin nur verhöhnt worden, mit Rufen wie „Denke, Schwein!", und mit einem Seil um seinen Hals herum, mit dem sie ihn festhalten, immer schön durch die Gegend gezurrt worden. Schließlich treiben sie ihn bis ans Ende seiner Kräfte, und heraus sprudelt ein zusammenhangloser, wilder Schwall absoluter Konfusion, wie eine Seminararbeit, die einem immer wieder aufstößt, mit Phrasen, die im Hals steckenbleiben, und verstümmelten Erinnerungen an das eine und andere. Und hier ist Luckys berühmte Rede:

Auf Grund der sich aus den letzten öffentlichen Arbeiten von Poincon und Wattmann ergebenden Existenz eines persönlichen Gottes kwakwakwakwa mit weißem Bart kwakwa außerhalb von Zeit und Raum der aus der Höhe seiner göttlichen Apathie göttlichen Athambie göttlichen Aphasie uns gern hat bis auf einige Ausnahmen man weiß nicht warum aber das kommt noch und so wie die göttliche Miranda leidet mit denen die man weiß nicht warum aber man hat ja Zeit in der Folterkammer sind in dem Feuer dessen Flammen wenn es auch noch ein wenig dauert und wer kann daran zweifeln endlich alles in die Luft sprengen nämlich die Hölle an den Himmel drängen der so blau manchmal noch heute und ruhig so ruhig von einer Ruhe die wenn auch sporadisch nichtsdestoweniger willkommen ist aber greifen wir nicht vor und andererseits in Anbetracht daß im Anschluß an die unvollendeten Forschungen aber greifen wir nicht vor die unvollendeten Forschungen nichtsdestoweniger prämiert von der anthropopopometrischen Akakakakademie in Burg am Berg von Testu und Conard festgestellt wurde bei Ausschaltung aller Fehlerquellen bis auf die von den menschlichen Berechnungen untrennbaren Irrtümern daß im Anschluß an die unvollendeten Forschungen von Testu und Conard festgestellt gestellt gestellt wurde was folgt was folgt was nämlich folgt aber greifen wir nicht vor man weiß nicht warum im Anschluß an die Arbeiten von Poincon und Wattmann es ebenso klar erscheint wie im Hinblick auf die Bemühungen Fartovs und Belchers unvollendet unvollendet man weiß nicht warum von Testu und Conard unvollendet unvollendet wird deutlich daß der Mensch im Gegensatz zu der entgegengesetzten Meinung daß der Mensch in Burg von Testu und Conard daß der Mensch endlich kurz daß der Mensch in Kürze endlich trotz der Fortschritte der Ernährung und der Abschaffung des Stuhlgangs im Begriff ist abzumagern und zugleich parallel verlaufend man weiß nicht warum trotz der Blüte der Leibesübungen der Praxis der Sportarten wie wie wie Tennis Fußball Rennen zu Fuß und mit dem Fahrrad Schwimmen Reiten Fliegen Siegen Tennis Kegeln Kunstlauf auf Eis und Asphalt Tennis Fliegen Sport Sport Wintersport Sommersport Herbstsport Herbstsport Tennis auf Rasen auf Tannen und auf festem Boden Fliegen Tennis Hockey zu Lande zu Wasser in der Luft Penizillin und Surrogate kurz ich wiederhole zugleich parallel verlaufend kleiner zu werden man weiß nicht warum trotz Tennis ich wiederhole Fliegen Golf mit neun und mit achtzehn Löchern Tennis auf Eis kurz man weiß nicht warum am Rhein Rhein und Ruhr Rhein und Main Main und Ruhr zugleich parallel verlaufend man weiß nicht warum abzumagern einzulaufen ich wiederhole Ruhr Main kurz mit glattem Verlust pro Nase seit Gottscheds Tod von zwei Finger hundert Gramm pro Nase grob gesagt durchschnittlich ungefähr runde Zahlen gutes Gewicht Lebendgewicht ohne Schuhe in Oldenburg man weiß nicht warum kurz endlich garnicht wichtig die Dinge sind so und wenn man andererseits dabei bedenkt was noch schlimmer ist daß daraus hervorgeht was noch schlimmer ist daß im Lichte im Lichte der laufenden Untersuchungen von Steinweg und Petermann daraus hervorgeht was noch schlimmer ist daß daraus hervorgeht was noch schlimmer ist im Lichte im Lichte der aufgegebenen Versuche von Steinweg und Petermann daß auf dem Lande im Gebirge und am Rande des Meeres der Ströme des Wassers und des Feuers die Luft dieselbe ist und die Erde nämlich die Luft und die Erde bei der großen Kälte die Luft und die Erde gut für die Steine bei der großen Kälte leider leider in dem siebenten saeculum ihrer Ära der Äther die Erde das Meer gut für die Steine in den großen Tiefen bei der großen Kälte auf dem Meer auf der Erde und in den Lüften leider leider ich wiederhole man weiß nicht warum trotz Tennis die Dinge sind so man weiß nicht warum ich wiederhole zum folgenden kurz endlich leider leider zum folgenden für die Steine wer kann daran zweifeln ich wiederhole aber greifen wir nicht vor ich wiederhole der Kopf gleichzeitig parallel verlaufend man weiß nicht warum trotz Tennis zum folgenden der Bart die Flammen die Tränen die Steine so blau so ruhig leider leider der Kopf der Kopf der Kopf der Kopf in Oldenburg trotz Tennis Bemühungen aufgegebene unvollendete noch schlimmer die Steine kurz ich wiederhole leider leider aufgegebene unvollendete der Kopf der Kopf in Oldenburg trotz Tennis der Kopf leider leider die Steine Conard Conard ... Tennis! ... Steine! ... So ruhig! ... Conard! ... Unvollendete! ...

Etwa zur selben Zeit, als Beckett dieses Stück schrieb, vielleicht auch ein paar Jahre früher, schuf der Dichter Dylan Thomas aus Wales Gedichte von beachtlicher Undurchsichtigkeit. Er war berauscht von den Klängen der englischen Sprache. Sehen Sie sich die ersten beiden Strophen (insgesamt sind es fünf) seines Gedichts „Wie sobald die kredenzende Sonne“ an:

Wie sobald die kredenzende Sonne
(Herr Morgen aufgemerkt),
Kann die Zeit enträtseln, und der Kommoden Stock,
(Nebel zieht auf einen Bock
Er wird's ins Fleisch posaunen),
Ausbocken, um alle meine Knorpel ins Gewand zu stecken
Und das nackte Ei stehe stramm,

Herr Morgen an seinem Schwamm
(Der Liebeskummer macht Aufzeichnungen),
Die Nonne von Kolossen am eingeschnittenen Seebecken,
(An seiner Quelle Nebel
aufsaugt die schlingenden Gezeiten),
Teilt, meine Herrschaften, euch und euch mit, während sein Sonderling
Mensch morgen durch Mahlzeiten pustet.

Ein Gedicht wie dieses schafft mich, so daß ich am liebsten ausrufen möchte, dieser Kaiser hat ja gar keine Kleider. Soweit ich es erkennen kann, läßt sich aus den Zeilen dieses Gedichts so gut wie keine Bedeutung herauslesen. Aber wie kann ich mir dessen sicher sein? Ich kann mir dessen nicht sicher sein. Ich kann höchstens sagen, daß das Dekodieren dieser Zeilen wahrscheinlich einer so großen Anstrengung bedarf, daß vermutlich nur sehr, sehr wenige Leute willens wären, eine derartige Mühsal auf sich zu nehmen.

* * *

Es ist vielleicht nicht so sehr bekannt, daß der amerikanische Sänger Bob Dylan (er ließ sich zu diesem Künstlernamen von Dylan Thomas' Namen inspirieren) auch ein Autor geistreichen Nonsens' ist. Einiges davon, das während der 60er Jahre entstand, wurde zu einem Buch zusammengefaßt und unter dem Titel *Tarantula* herausgegeben. Oft werden darin bittere Töne angeschlagen; die ganze konfuse Stimmung jener schwierigen Jahre kommt zu jeder Pore heraus. Meistens handelt es sich um freie Assoziationen, die mit eruptiver Gewalt hervorbrechen, und an die sich jeweils ein Brief der einen oder anderen Person mit irgendeinem wundersamen Namen anschließt. Die folgende Kostprobe nennt sich „Vom Brechen der Schallmauer":

das Geschepper des Neon Dobros F-Schlüssel im Schlüsselloch & Klimax aus frustrierenden Liedtexten einer Pennermatratze straßaufwärts während des Befummelns zu Besuch weilender Trophäen & dem Tramp mit der Tasche auf dem Kopf im Bett eine Unterlage geben, dem nackten Schatten einer nächstbesten Verwandten – eine Klatschbase Herzdame & Wolf im unvermeidbaren Silbersprühregen, einen Mutterleib bedrohend mit der Öffnung eines rostroten Pudels, bodenlos, ein derbes Erwachen & zu Eis erstarrt mit Träumen von Geburtstagsnebeln/in einem Vitrinenfrühling traurig ohne Kerzenlicht dasitzend & abhängig von einem schändlich gebrandmarkten Leithammel, so großartig wichtig kommst du dir nicht vor/ Erfolg, ihre Nasenflügel wimmern, die älteren Fabeln & erschlagenen Könige & inhalieren

Manieren furiosen Ausmaßes, exhalieren sie gegen glasigen Schmutz ... um das Elend der wässrigen Volksseele zu fürchten, grotesk & in die Blumen speiend für die Extrahilfe zum zukünftigen Verrat & Schreckensgeschichten vom Einfluß des Gestern zum Besten gebend/ vielleicht tun sich diese Stimmen mit der Agonie & dem Glockengeläut zusammen & schmelzen jetzt ihre tausend Sonette ein ... während die Mottenkugelfrau, weiß, so herzig, auf ihrem Heizkörper langsam einschrumpft, weit weg & mit ihrem Teleskop zuschaut/hockst du da krank vor Kälte & in einem unverzauberten Klosett ... Trost findest du nur bei deiner dunkelhäutigen Freundin aus Jamaika – damit die Glühbirne unbeschwerter lachen kann, malst du ihr einen Mund auf

vergiß, wohin es dich zieht es zieht dich zu einem dreioktavigen fantastischen Hexagramm. du wirst schon sehen. mach dir keine Sorgen. du bist nicht verpflichtet, wilde Waldblumen zu pflücken .... wie ich schon sagte, es zieht dich zu einem dreioktavigen titanischen Tantagramm

dein kleines Eichkätzchen,
Schnuckelchen, das Weizenstroh

Dylan ist nicht der einzige Popsänger der sechziger Jahre, der eine literarische Ader hatte. Auch John Lennon fand Vergnügen am Nonsens und veröffentlichte zwei kleine Bände mit dem Titel *In seiner eigenen Schreibe* und *Ein Spanier macht noch keinen Sommer.* Neben einigen Auswahlstücken an Prosa enthalten sie größtenteils Nonsens-Gedichte. Zwei von Lennons Gedichten sollen hier seinen eigentümlichen Stil illustrieren.

Ich saß so einsam

Ich saß allein im Waldrevier,
Demütig klein und dick.
Ein holdes Fräulein sang zu mir
Verborgen meinem Blick.

Ich sah hinauf zum Himmelsrund
Suchte ihr Angesicht
Putzig, putzig ohne Grund
Hört' ich doch sah sie nicht.

„So komm hervor nicht länger saum",
Rief ich total verzeckt
„Ich weiß du sitzt an diesem Baum",
Doch blieb sie mir versteckt.

Das zarte Stimmchen lullt mich ein
Für ein oder zwei Stunden,
Dann blickt ich in den Wald hinein,
Kein Fräulein ließ sich funden.

Doch plötzlich auf dem kleinsten Ast
Sah ich, bei meiner Seel'
Ein Ferkel, miniwinzig fast,
Das sang aus voller Kehl'.

„Ich hielt dich für ein Mägdelein!"
Rief ich im Kicherton.
Und, traun fürwahr, das Mägdelein
Stand auf und flog davon.

Die sündige sacknas

Leise leise tritt der mungel
Dünner dorn benehmstrass ein
Wer kann sagen wo er wart
Könn wir so vollkommen sein
Mit unsrer sündgen sacknas?

Der mungel pilgrimmt in die fern
Ein religondel für die welt
Manch einer in den gassenrand
Oder auf mätschen fällt
Mit ihrer sündgen sacknas!

Der mungel spricht heut nacht um acht
Sein wort ist klar und tönig
Er segnet uns grünkniestrumpfpack
Und unsern Judenkönig
(Mit ihrer sündgen sacknas).

Gelobtes mädchen zottelkraut
Espressodielenwahn
Gelobter laib den er verzehrt
Mit flammendem goldzahn
Gib uns UNSRE sündige sacknas!

Segne auch unsere blödchen
Noch ist die wildsau wunderschön
Doch wenn ich lastbebürdet schwanke
Spüre ich sie und stöhn
Mein eigen sündig sacknas.

Noch ist es UNSRE sacknas nicht
Noch lüstern und schmutzhand
Spricht mungels staatliche gestalt
Sind wir verdammt zur band
Und auch deine sündige sacknas.

Gib uns unser täglich maß
Mungel wo du auch seist
Ein bock vielfältig bunt
Entwirrt hienieden und verschleißt
Und verschon uns mit DEINER SÜNDGEN SACKNAS!

Das erste Gedicht hat Transparenz und Charme, während das zweite irgendwie baff macht und verwirrt. Was in aller Welt ist eine *Sacknas*? Ein klares Bild kommt dabei nicht zustande. Und warum sind alle diese Sacknasen sündig? Und hat „sündig" hier seine normale Bedeutung? Schwer zu sagen.

* * *

In einem vor kurzem erschienenen Buch mit Gedichten von William Benton wird die Idee von „normalen Bedeutungen" auf den Kopf gestellt. Es hat einfach den Titel *Normal Meanings* („Normale Bedeutungen"), und ein Teil des Bandes heißt auch so: „Normale Bedeutungen"; hier ein Auszug daraus.

Flucht ist, Flucht
war, schon wieder,

fortgesetzt worden.

Weinfelder
so dämmrig.

Er sieht es kümmerlich zu einer Schulglocke verknittern.

Es ist nicht immer Musik, ich bin
glücklich.

Praktisch fallen Blätter
herab und in die Luft.

Hügel Fluß

Sonnenuntergangseiscreme

Waffel

Die Häuserbauten. Bauten
behausen. Es
muß so vieles geben
an normalen Bedeutungen.

Die Treppenhauslichter. Wahrscheinlich meine Zweifel.

Über diese und andere

Geschichten.
Das Liebliche
an Häusern.

Clarissa heißt das Krabbeltier, das ich gerade irgendwohin schickte.

Die Unaufrichtigkeit, der abgeschworen wird, in Erklärungen scheinbar
die wir verlieren.
Es läßt sich schwer sagen. Ein Hauch von Privileg
der hier mit ihrem Erscheinen mit einem Mal aufkommt.
Ich nehme einen Schluck.

Das Spinnennetz wird zu einem langen Faden
mit Laternenlichtern, sein schwarzes Herz

voll Segen.

Eine hübsche

Elaine

beim Bier.

Manche finden die Amorphie dieser Art von Dichtung vielleicht amüsant oder fesselnd, andere vielleicht ermüdend oder verwirrend. Auf mich persönlich wirkt sie eine Zeitlang provokativ, doch dann fängt mein Interesse an nachzulassen.

* * *

Die Werke des wenig bekannten amerikanischen Rhetorikers Y. Serm Clacoxia interessieren mich irgendwie mehr; dieser hat in den vergangenen 25 Jahren sporadisch verschiedene Nonsens-Gedichte und Prosastücke verfaßt. Clacoxias Prosa zeichnet sich durch einen gewissen Grad an Vehemenz und Feurigkeit aus, obgleich es manchmal etwas schwierig ist, genau herauszufinden, worüber er sich ereifert. Ich lasse hier eine seiner lyrischsten Abhandlungen folgen, die den Titel trägt, „Die Illusionen der Heiterkeit".

Jahrtausendelang wurde eher schlecht als recht gewürdigt, wie nichtig die Bemühungen derer sind, die in die Furchen der Abgeklappertheit Sachlichkeit zu säen suchen. Wer von uns, was unklar geblieben war, zu klären strebte, erlebte einen Fehlschlag. Andere, die sich abkämpften, das viele Ungetane und Ungesagte von ehedem so hinzukriegen, wie es sich gehört, während sie wacker auf dem grenzenden Grat grätschten zwischen arider Schonung und azider Höhnung, mußten erleben, wie das Leben selbst zu einem bunten Hund wurde, zu einem vielbeflaggten Berg, zu einer Klüse für viele Anker.

Wer waren denn die Gesetzlosen der Episode, wenn nicht die Kläger für Klarheit? Wo, bitteschön, waren die Bezeuger für die Vorbeterei, als ihre Festung der Fruchtbarkeit vom

Ovaltigen Monster im Sturm ungenommen wurde, jenem nächtlichen Dämon eingefrorener Prosits und angeschwollener Bananen? Und wage sich einer zu wundern, angesichts des Fagotts der Geistesstörung, mit dem die kaputten Fiedeln des Flatulismus übertönt wurden, wie es denn komme, daß Zwiedenken, Narkolepsie und Poseurismus stolz durch unser Land latschen wie großes, statuenhaftes, halb-unverzehrtes, aber trotzdem sittsames Siedelgetier, wie der Schreiende Ziegenmelker eines ist? Kann es sein, daß wir uns vom Körner-Katechismus zu einer unvereidigten Akzeptanz des Nie-Nehmismus verleiten ließen?

Was sind das für Entiments, die einen belämmerten Tölpel von der Couch befördern würden, um lausbübisch mit seiner feisten Figur zu feixen, seine runde Figur breit zu treten und flach zu kneten, seine verrenkte Figur in den zirkulinen Gewölben der Hysterese zu versenken? Mit einem Tropfen Schweiß seine fiebrige Braue entrostend ziehen wir sein Geschick durch den Dreck; mit der Ausdauer eines Molochs und der Telemachie eines Dutzend Opossums dauert uns seine Disparität. Und während wir alle Mächte, die es gäbe, zusammentrommeln, bächen wir den dicken Sirup unserer zerbrochenen Träume aus, schleudern ihn mit der ganzen Gewalt eines pleistozänen Leierkastens gegen den vollgeschmierten und zwiebelförmigen Nexus dessen, was schon den Dinosauriern den Garaus machte und alles, was kreucht und fleucht, krepieren läßt und zu fletschern sucht.

Gar so handeln wir; und vielleicht ist das Handeln an sich in unserem Zeitalter der Schnörkel Anatols. Es ist höchste Zeit zu erkennen, daß Handeln, und nichts als das Handeln, das Agens sein wird, das die blumige Barriere von Unaussprechlichkeit in ein zufälliges, aber heiliges Jota von Zweckdienlichkeit transmutieren wird, das nicht anders kann, als in einen ansonsten namenlosen und universell spaghettifizierten Bedeutungsmangel hineinzugeraten, der die von Griesgram erleuchteten Hoffnungen befleckt und betrübt, von Halbwesen allerdings, die um Erlösung flehen aus ihren eigenen privaten und dennoch seltsam tuberkulösen Malströmen, die eine heulende See ribosomalen Plagiats erzeugten und daraus auch hervorgingen.

Natürlich steckt hinter diesem Nonsens eine Absicht, im Gegensatz zu dem willkürlichen und undurchdachten Nonsens eines, sagen wir mal, Dylan Thomas, oder zu dem Nonsens, den man in manch gespinnerten Briefen an Wissenschaftler liest. Hirnrissige Ideen scheinen ein unvermeidlicher Bestandteil jeder Gesellschaft zu sein, in der ernsthafte wissenschaftliche Forschung betrieben wird; man kann quasi alle Tassen im Schrank haben, aber das heißt ja noch nicht, daß sie alle dicht sind. Es gibt keine Möglichkeit sicherzustellen, daß nur hochqualitative Wissenschaft betrieben wird. Zum Glück wird in den meisten Fachzeitschriften kein absoluter Nonsens oder Schwulst publiziert, da man ihn bereits sehr früh herausfiltert. Auf eine Fachzeitschrift stieß ich allerdings, die vor Nonsens nur so strotzt – und es ernst meint. Sie heißt *Art-Language* („Kunst-Sprache“). Ich lasse hier zwei Auszüge folgen, die dem Mai-Heft aus dem Jahr 1975 entstammen, um zu demonstrieren, was ich meine. Der erste ist der Anfang eines Artikels mit dem Titel „Community Work“ („Gemeinschaftswerk“), und dem Inhaltsverzeichnis nach scheint er das gemeinschaftliche Machwerk von drei Autoren zu sein. Der zweite ist aus einem Artikel mit dem Titel „Vulgar and Popular Opinions“ („Vulgäre und Populäre Ansichten“) und anscheinend das Machwerk eines Einzelnen.

Dionysos bekommt einen Job. (Betr.: Sprache bemächtigt sich der Vereinigten Staaten.) (Eine Whorfsche Konspiration!)

Dies ist eine hoffnungslos verfehlte ontologische Entfremdung, die sich immer noch mit solchen Ideen befaßt, daß eine „Entdeckung" nichts anderes sei als eine Funktion einer Metaphysik von Kategorien. Die Geburt der Tragödie beginnt für den Forscher mit dem Versagen einer modalen Logikindustrie, sich meine ureigens gemachte Erfahrung anzueignen.

Was in der (irgendwie) indizierten A-L vonstatten geht, ist etwas für (dynamisch) und an sich. Daß wir niemals an die *natureculturelogique* herankommen, hat wenig mit den ‚aktualisierenden' Formen des erstarrten Dialogs zu tun ... und es ist nicht einmal etwas Festes; unsere Probleme mit normiert-theoretischen Axiomen stecken fest in unserem Alltag, und sie sind mehr als einfach nur historische Antezedenzien ... mehr als nomologische Permissivität ... mehr als selektive Filtrierung. Wir erkennen immer noch nicht, daß wir auf sehr fundamentale Weise Geschichte machen.

Die Möglichkeit, eine Norm zu verteidigen, ist, wie bei einer „Entscheidung", eine Index-Marge eines Prima-facie-Ersatzprinzips für eine Aktion (!). (Es gibt keine gangbare Unterscheidung zwischen einer Oratio recta und einer Oratio obliqua.) Was uns bleibt, ist einzig und allein ein deontischer Drang. Man muß sich das vorstellen wie eine Kettenkraft einer Möglichkeit eines am Ende eventuell herauskommenden Produkts (das Produkt epistemischer Bedingungen?) und kein Alles-Hineingepacke à la Frankfurt ....

Man könnte sagen, ein Slogan (?) ist eine freie Form, bestehend aus mehrfach strukturellen Eigenschaften, die in einer (teilweise) vorgegebenen oder noch auszuhandelnden Einheit relativ zu anderen vorkommen. Das heißt, der Slogan ist in dem einen oder anderen Sinn eine Einheit. Man kann noch weitergehen (vielleicht ideologisch) und sagen, ein Slogan ist ein einheitliches Füllelement für und von jener Brandungsbreite $<$ Brandung, die in einer B $\times$ S Position liegt ... Doch hat jenes ‚Füllelement' als eine verdinglichte Funktion des kleinmütigen Tratsches über Authentizität in ihrer Elliptizität (als *Le Holisme du Peuple*) einen wunden Punkt ... (beispielsweise) das Material „Fuchs" tappt passim in jene Falle, wenn es sich mit seinem kulturellen Raum wie mit einer rücksichtslos dialektischen „Region" befaßt und die Lösung „der Negation der Essenz" (des homo sapiens, der Kunst oder was?) annähert.

Ich fühle mich versucht, noch weiter zu zitieren, nur um zu zeigen, wie die *A-L*-Prosa in ihrer ungebändigten Qualität fortfährt. Aber das Leben ist kurz, und als menschlichem Wesen fällt es mir schwer zu glauben, daß diese Abschnitte irgend etwas an irgend jemanden vermitteln sollten. Trotzdem erscheint das Fachblatt in regelmäßigen Abständen (wenigstens war es so) und liegt in den Regalen angesehener Kunstbibliotheken aus. Ist es nicht an der Zeit, daß jemand die Sache mal ans Licht brachte? Das Kuriose an der Fachzeitschrift *Art-Language* ist, daß das Verfasserkollektiv Leute zu sein scheinen, denen Probleme am Herzen liegen, die in meinen Augen hochinteressant sind: die Beschaffenheit von Bezüglichkeiten, die Beziehung zwischen einem Ganzen und seinen Teilen, der Zusammenhang zwischen Kunst und Realität, die Struktur einer Gesellschaft, die Philosophie von Zahlensystemen, die fragwürdige Existenz mathematischer Begriffe usw. Das Erstaunliche daran ist, daß solche Konzepte sprachlich so vernebelt werden können, daß es schwierig ist, etwas zu erkennen außer Schwaden dicken Qualms.

*   *   *

Ein amerikanischer Dichter, der in seinem Werk den Bereich mitten zwischen Nonsens und Sinnhaltigem erkundet, ist Russel Edson. Er verfaßt kleine surrealistische Vignetten, die das Leben unter einem merkwürdigen Licht erscheinen lassen. Oft verkehrt er die Dinge auf seltsame Weise, läßt belebte Wesen zu unbelebten oder Menschen zu Tieren werden. Mit seinem grammatikalischen Stil tanzt er ebenso aus der Reihe; wenn er sich wiederholt auf etwas Bestimmtes bezieht, verwendet er mit Vorliebe den unbestimmten Artikel „ein", um so den Leser zu desorientieren. Die folgende Kostprobe aus seinem Buch *The Clam Theater* („Das Mundtod-Theater") ist typisch für Edsons Stil:

Wenn die Wissenschaft aufs Land geht

Wenn die Wissenschaft aufs Land geht, miaut eine Kuh und wie ein Silberaffe schwingt sich der Mond zwischen den Bäumen von Ast zu Ast.

Die Kuh wau-waut, um nichts außer sich selbst zu hören. Die Gräser sinken in die Erde zurück auf der Suche nach ihrer Mutter.

Ein Bauer erntete im Traum das Universum und hatte eine Scheune voll mit Sternen und auf der Weide eingezäunt eine Herde Wolken.

Der Bauer erwachte beim Schrei aus der Küche und wußte, es war die Bäuerin.
Oh mei oh mei, rief der Bauer, was soll nur werden aus dem, was wurde?
Es ist ein guter Laib Brot und ein schlechter Bauersmann, rief sie.
Oh, der Teufel hole die Monotonie des Feldes, krakeelte er.
Das dein Essen gedeihen läßt, zeterte sie.
Das von mir aus ebenso zur Hölle fahren kann, plärrte er.
Und die Bauersfrau?, rief sie jammernd. Und die Bauersfrau, brüllte er.

In der Nachbarschaft sah ein Wissenschaftler durch sein Vergrößerungsglas.

Diese unheimliche Erzählung hinterläßt eine Unmenge unaufgelöster Bilder. Natürlich ist das Edsons Absicht, und insofern ist seine Arbeit geradezu typisch. Der größte Teil der Nonsensliteratur des zwanzigsten Jahrhunderts, so scheint es, hat diese bewußt konsternierende Qualität, in der sich eine tiefe Malaise widerspiegelt. Sie unterscheidet sich wesentlich von der Nonsensliteratur der vorangegangenen Jahrhunderte. Ähnliche Trends gibt es in den anderen Künsten, besonders in der Musik, wo „klassische" Komponisten durch ihr aufs Geratewohl ausgerichtetes Experimentieren und durch ihre Versuche mit Kakophonien 99 Prozent ihrer Zuhörerschaft verloren haben. Allerdings hat sich der experimentierfreudige Geist auch in die Rockmusik geschlichen, in der bisweilen elektronische Klänge und ungewohnte Rhythmen zu hören sind. Der surrealistische Geist des Nonsens haftet in der Popmusik auch den Namen solcher Gruppen an wie „Iron Butterfly", „Amon Düül", „Tangerine Dream", „Kraftwerk", „Led Zeppelin", „Joy of Cooking", „Human Sexual Response", „Captain Beefheart", „Brand X", „Jefferson Starship", „Average White Band", „Die Ärzte" usw.

* * *

Nonsens hat vielleicht den einen Vorteil, daß er unserem Denken neue Möglichkeiten erschließt. Die bloße Nebeneinanderstellung einiger beliebiger Wörter kann den Geist dermaßen beflügeln, daß er in imaginäre Welten aufsteigt. Gleichsam, als sei das, was Sinn macht, zu irdisch, zu weltlich, und als hätten wir zwischendurch eine Verschnaufpause nötig. Vielleicht engt Sinnhaltiges auch zu sehr ein. Nonsens rückt die unverständliche Seite des Universums in den Vordergrund, Sinnreiches dagegen die faßbare. Beide Seiten sind unbestreitbar wichtig. In den Lehren des Zen drückt sich das Bemühen aus, den Weg zur „Erleuchtung" aufzuzeigen. Obwohl ich nicht an die Existenz solch eines mystischen Zustands glaube, bin ich von den Wegen fasziniert, die angeboten werden. Zen ist vielleicht der archetypische Quell völligen Nonsens', und es scheint durchaus angebracht, diese Kolumne mit zwei Zen-Koan zu beschließen, die ich dem *Mumonkan* entnehme, bzw. „Die Schranke ohne Tor" – eine Sammlung von achtundvierzig Koan, zu denen der Zen-Meister Wu-men im dreizehnten Jahrhundert kommentierende Erklärungen gab.

Chao-chou prüft die Einsiedler

Chao-chou kam zu einem Einsiedler und fragte: „Bist du da? Bist du da?" Der Einsiedler hob die Faust. Chao-chou sprach: „Das Wasser ist seicht, hier kann kein Schiff ankern", und er ging fort. Er kam zu einem anderen Einsiedler und fragte wieder: „Bist du da? Bist du da?" Auch dieser Einsiedler hob die Faust. Chao-chou sprach: „Du gibst frei, du nimmst frei, du tötest frei, und du machst frei lebendig", und er verneigte sich.

Wu-men erklärt:

Beide hoben in gleicher Weise die Faust. Weshalb stimmte er (Chao-chou) einmal zu, das andere Mal aber nicht? Sag' nur: Wo liegt die Verwirrung? Wer diesbezüglich ein Kehrwort zu sagen vermag, begreift sogleich, daß Chao-chous Zunge nicht anstößt. Er richtet auf und stößt nieder, in großer Freiheit.

Wohl ist dies so, aber wie wurde auch Chao-chou von den beiden Einsiedlern durchschaut? Wer meint, bezüglich der zwei Einsiedler gäbe es „besser" und „geringer", besitzt noch nicht das im Zen geübte Auge. Wer aber meint, es sei kein Unterschied von „besser" und „geringer" vorhanden, besitzt ebenfalls nicht das im Zen geübte Auge.

Der Gesang lautet:

Sein Auge ist wie ein Meteor,
Sein Tun ist gleich einem Blitz,
Wie ein Schwert, das Menschen tötet,
Wie ein Schwert, das Menschen lebendig macht.

Erkenntnis ist nicht der Weg

Nan-ch'üan sprach: „Der Geist ist nicht Buddha; Erkenntnis ist nicht der Weg."

Wu-men erklärt:

Nan-ch'üan hat sozusagen, als er alt wurde, sich nicht geschämt. Er hat seinen übel riechenden Mund nur wenig geöffnet und das Häßliche im eigenen Hause nach draußen gezeigt. Trotzdem wissen nur wenige ihm Dank.

Der Gesang lautet:

Wenn das Wetter klar ist, geht die Sonne auf;
Wenn Regen fällt, wird die Erde feucht.
Mag einer mit voller Kraft alles erklären,
Nur kann vielleicht grade (der Partner) nicht glauben.

Postskriptum

Beim Schreiben dieser Kolumne war ich mir durchaus bewußt, daß ich manch einen Spezialisten der Nonsensliteratur übergangen hatte, beispielsweise James Joyce. Aber das hatte seine Gründe. Ich habe Joyce nicht studiert, und in seinen Werken steckt meiner Ansicht nach allerhand Komplexität. Seine seltsamen Gedankenschöpfungen „Nonsens" zu nennen, trifft nicht den Kern der Sache.

Einige Leute, die mir geschrieben haben, waren enttäuscht, daß ich Walter Kelly nicht mit einbezog, den Schöpfer von „Pogo" (ein in Amerika in den 50er und 60er Jahren sehr bekannter Comicstrip voller subtiler politischer Satire). Ich muß zugestehen, daß Kelly fabelhaften und zauberhaften Nonsens verzapft hat, und ich zu den Glücklichen gehörte, die mit seinem Buch *The Pogo Song Book* („Das Pogo-Liederbuch") aufwuchsen, worin eine Reihe von Kellys albernen Weisen, mitunter äußerst geistreiche, zusammengefaßt sind, die er teilweise selbst lauthals und ausgelassen zum Besten gab. Eine, die das Flair ganz gut vermittelt, ist folgende:

Quirl, Quirl

Quirl! Quirl! Quiriliere querfeldein!
Die Quetschkommoden quengeln im Quietschvergnügtverein.
Quirl! Quirl! Quacksalbergequirl
Quer durchs Queckengras plappernd Platitüden paukt er ein.
Peinige den Pelikan und rotte Reiher aus.
Rase auf der Runge in Saus und Braus,
Hänschen, Schwirl! Schwirl! Schwirrender Schwirl!
Schweb fürbaß schwing fürbaß schweifend nieder auf dein Schätzelein.

Das Gedicht hat Melodik und Rhythmik, und wenn ich es lese, hört es sich für mich gleichsam wie ein Lied an. Wenige wissen, daß Kelly gut im Komponieren von eingängigen Melodien war. Aber im Gegensatz zu seinen Versen folgen seine Lieder ganz gewöhnlichen, „vernünftigen" Regeln musikalischer Syntax.

Zwei weitere Stücke geistreichen Nonsens', auf die ich seither stieß, sind Tom Phillips', *A Humument* und Luigi Serafinis *Codex Seraphinianus*. Das erste, das den Untertitel „Ein bearbeiteter viktorianischer Roman" trägt, ist das durch eine Art literarischen Kannibalismus zustande gekommene Produkt aus einem anderen Roman mit dem Titel *A Human Document*, welcher aus der Feder eines kaum bekannten viktorianischen Romanciers namens William Hurrell Mallock stammt. Phillips „bearbeitete" diesen Roman in der Weise, daß er nahezu sämtliche Seiten mit viel Phantasie und Farbigkeit neu gestaltete, indem er den Text größtenteils bis zur Unkenntlichkeit ausstrich und nur ein paar wenige ausgesuchte Wörter oder Buchstaben hervorschauen und hier und da kameenhaft auftauchen ließ. Dieses Schöpfen (oder Offenbaren?) von Botschaften, die im Text eines anderen Autors versteckt sein mögen, führt zu ganz seltsamen Effekten. Die erste Seite aus *A Humument* liest sich etwa so (ich habe die zweidimensionale Wortstellung auf der Seite etwas modifiziert):

Folgend ein Buch ich sing.
ein Buch der Kunst
von Geist und Kunst
was er verbarg
ich offenbare.

* * *

Eine sehr viel kunstvollere Arbeit ist der *Codex Seraphinianus.* Tatsächlich handelt es sich um ein hochgradig idiosynkratisches *magnum opus* von einem italienischen Architekten, der seinem Sinn für schrullige Phantasien vollkommen freien Lauf ließ. Es besteht aus zwei Bänden, die der Autor in einer komplett frei erfundenen Sprache (dazu gehört auch ein ziemlich esoterisches Zahlensystem) von vorne bis hinten sage und schreibe mit der Feder verfaßt hat, zusätzlich zu Tausenden wunderschön gezeichneter Farbillustrationen von den phantastischsten Szenen, Maschinen, Lebewesen, Festlichkeiten usw. Es erweckt den Eindruck einer riesiggroßen Enzyklopädie eines hypothetischen Landes, in dem das Leben in gewisser Weise wie auf der Erde abzulaufen scheint, und in dem es viele Geschöpfe gibt, die den Menschen verschiedengradig ähneln, aber auch viele andere Kreaturen von unerhörter Bizarrerie in der Landschaft herumlaufen. Serafini bringt Abschnitte über Physik, Chemie, Mineralogie (mit vielen Zeichnungen ausgefallener Edelsteine), Geographie, Botanik, Zoologie, Soziologie, Linguistik, Technologie, Architektur, Sport (Wintersport Sommersport Herbstsport), Mode usw. Die Illustrationen haben ihre eigene innere Logik, doch für unsere Augen sind sie voller extremer Unzusammenhänge.

Ein typisches Beispiel ist das Bild eines Fahrgestells eines Automobils, das in einer riesigen Masse steckt, die sich der Form nach wie ein Gebirge auftürmt, aber aus schmelzendem Gummi zu sein scheint. Auf der Gummimasse krabbeln überall kleine Insekten, und die Räder des „Autos“ scheinen ebenfalls geschmolzen zu sein. Warum das so ist, kann jeder lesen, wenn er nur der serafinischen Sprache mächtig ist. Aber leider kennt keiner diese Sprache. Zum Glück ist auf einer anderen Seite ein Gelehrter abgebildet, der offensichtlich neben einer Art „Stein von Rosette“ steht. Doch leider besteht die einzige Sprache darauf, abgesehen von der serafinischen selbst, aus einer unbekannten Art von Hieroglyphen. Der Stein hilft also auch nicht weiter, wenn man nicht bereits Serafinisch kann. Oh je... Viele Illustrationen sind grotesk und verwirrend, andere dagegen von extremer Schönheit und visionärer Kraft. Die Erfindungsgabe, die nötig war, um all diese Ideen und Vorstellungen eines hypothetischen Landes hervorzubringen, ist nachgerade verblüffend.

Manche Leute, die mit mir dieses Buch angesehen haben, finden es in mancher Hinsicht erschreckend und beunruhigend. In ihren Augen scheinen darin Entropie, Chaos und überhaupt alles Unbegreifbare verherrlicht zu werden. Es gibt sehr wenig, woran man sich festhalten kann; alles ist in ständigem Wechsel begriffen und entzieht sich unserer Wahrnehmung, wird schemenhaft. Dennoch ist das Buch von einer Art überirdischer Schönheit und Logik, wodurch es einer ganz anderen Kategorie von Leuten gefällt: also Leuten, die sich um so wohler fühlen, je ungehinderter sich

Phantasie entfalten, ja in gewissem Sinn der Verrücktheit freier Lauf gelassen werden kann. Ich sehe manch eine Parallele zwischen der Gabe, Musik zu komponieren, und der Gabe, derartige Bildphantasien zu schöpfen. Beide sind abstrakt, beide schaffen eine Stimmung, beide stützen sich weitgehend auf stilistische Mittel, um Inhaltliches auszudrücken.

Musik ist in einer Hinsicht eine Art Nonsens, den niemand so recht versteht. Musik bezaubert fast jeden Menschen, wenn er nicht gerade taub ist, und trotzdem ist unser Wissen, wie Musik ihren Zauber ausübt und ihre Wunder wirkt, erstaunlich klein. Wenn aber Musik schon eine Art Nonsens ist, der aufs Gehör abzielt, so hindert das nicht, daß daraus gar noch extremere Sorten gehörigen Super-Nonsens' entstehen. Die Werke von Karl-Heinz Stockhausen, Peter Maxwell Davies, Luciano Berio und John Cage verschaffen einen wunderbaren Eintritt in jenes Genre, falls der eine oder andere Leser nicht weiß, wovon ich spreche. Wer gerne Mülleimerdeckel klappern oder Maschinenpistolen rattern hört, für den sind ihre „musikalischen Darbietungen" bestimmt genau das Richtige.

David Moser ist von Grenzbereichen der Sprache ebenso fasziniert wie ich und hat sich auf diesem Territorium in zahlreiche, noch unerschlossene Regionen begeben. Seine längste und abenteuerlichste Reise bestand darin, ein ungefähr 40 Seiten umfassendes Büchlein zu schreiben und mit Zeichnungen zu versehen, dem er den Titel *Metaculture Comics* gab. Inspiriert von James Joyce, brachte er darin einige der originellsten und wunderlichsten Bedeutungslosigkeiten ein, die mir je untergekommen sind. Es quillt außerdem über vor Einfällen, die völlig aus dem Rahmen fallen und Selbstbezüglichkeiten herstellen, so wie es moderne Graphikdesigner geradezu lieben. Abbildung 10-1 zeigt eine Seite daraus zur Kostprobe.

* * *

Sinn und Zweck dieser Kolumne war es, die haarfeine Trennlinie zwischen Bedeutungsfülle und Bedeutungsleere hervorzuheben. Es ist eine Grenzlinie, die viel mit der Natur der menschlichen Intelligenz zu tun hat, da die Frage, wie es dazu kommt, daß Bedeutung aus bedeutungslosen Satzelementen mit einem Mal auftaucht, wenn diese in bestimmten strukturierten Verfahrensweisen kombiniert werden, immer noch reichlich Verwirrung stiftet. Computer sind gut im Herstellen einfacher Textpassagen, die – in unseren Augen zumindest – Bedeutung zu haben scheinen; gar exzellente Leistungen vollbringen sie aber im Herstellen von Textstücken, die ganz und gar ohne Bedeutung sind. Es wird interessant sein zu sehen, ob ein Computer es eines Tages schafft, sich auf den Grat zu begeben und wie ein Künstler zu erkunden, was Bedeutung ist, durch Erzeugung provokativen Nonsens' in genau der gleichen Weise, wie es diese Menschen auf ihrer Entdeckungsreise durch das Territorium geleistet haben.

Abbildung 10-1. Eine Seite aus David Mosers *Metaculture Comics* (1979), dt. Text ergänzt von Günther Bosch.

11
Variationen über ein Thema als Crux der Kreativität

Oktober 1982

Du siehst Dinge; und sagst: Warum?
Aber ich träume von Dingen, die es nie gab;
und sage: Warum nicht?

George Bernard Shaw,
Zurück nach Methusalem

Als ich diese schönen Zeilen zum ersten Mal hörte, war ich tief beeindruckt. Während des Präsidentschaftswahlkampfes im Frühling 1968 hatte Robert Kennedy diesen Vers zu seinem Motto gemacht. Ich fand ihn sehr poetisch und ging davon aus, daß er ihn selber erfunden hatte. Erst viele Jahre später bemerkte ich, daß er nicht nur nicht von ihm selber stammte, sondern daß Shaw ihn in seinem Theaterstück der Paradiesschlange in den Mund gelegt hat! Wie peinlich! Warum konnte es nicht so sein, wie ich es mir vorgestellt hatte?

„Von Dingen träumen, die es nie gab" – das ist nicht nur eine poetische Wendung, sondern trifft die wahre menschliche Natur. Selbst der Dümmste unter uns ist mit dieser eigenartigen Fähigkeit, Gegenwelten zu ersinnen und zu träumen, ausgestattet. Aber warum haben wir diese Fähigkeit, genauer: diese Neigung? Wozu dient sie? Und: wie kann man etwas „sehen", was für das Auge *nicht da* ist?

Auf meinem Tisch steht einer von Rubiks Zauberwürfeln. Ich schaue hin und sehe einen Würfel von 3 × 3 × 3, dessen Seiten drehbar sind. Ich sehe – so will es mir scheinen –, was da ist. Andere Leute aber blickten auch auf den Würfel und sie haben Dinge gesehen, die *nicht da waren.* Sie sahen Würfel mit abrasierten Kanten, sphärische „Würfel", verschiedenfarbige Würfel, Magische Dominos, Würfel von 2 × 2 × 2, von 4 × 4 × 4 und von noch höherer Ordnung, mehrfach gekrümmte Würfel, Pyramiden, Oktaeder, Dodekaeder, Ikosaeder, vierdimensionale magische Polyeder (siehe die vielen Bilder in Kapitel 13 und 14). Und die Liste ist noch gar nicht vollständig! Warten Sie nur ab!

Wie ist das möglich? Wie geht das zu, daß Leute beim bloßen Sehen von etwas Festem und Realem auf dem Tisch ihren Blick weit über diese Festigkeit und Realität hinaus richten können – auf so etwas wie ein „Wesen", einen „Kern", ein „Thema", zu dem Variationen ausdenkbar sind? Es muß freilich betont werden, daß nicht der feste Würfel selber das Thema ist (auch wenn es bequem und leicht ist, so zu tun als ob). Bei der Wahrnehmung eines Zauberwürfels entsteht in unserem Geist ein *Begriff*, den wir die „Zauberwürfelhaftigkeit" nennen könnten. Nicht jeder hat in sich denselben Begriff, genauso wie nicht jeder denselben Begriff von Spargel oder Beethoven hat. Die Variationen, die ein Würfel-Erfinder ersinnt, sind Variationen über eben diesen Begriff.

Für eine Diskussion des Verhältnisses von Wahrnehmung und Erfindung ist die Unterscheidung zwischen einem Ding und dem Begriff, den ich im Geiste von ihm habe, von so einfacher wie entscheidender Bedeutung.

Wie ist das nun, wenn J. Edermann mit einer neuen Variation – sagen wir 4 × 4 × 4 – herauskommt: Hat sie sich vorher den Kopf zerbrochen und ein Bein ausgerissen, um es zu etwas Originellem zu bringen? Hat sie gedacht: „Mann, dieser Rubik muß sich aber *wirklich* angestrengt haben, um mit dieser total neuen Idee herauszukommen. Deswegen muß auch ich bis ans Äußerste meiner Denkkraft gehen, um etwas Originelles zu erfinden“? Nein, nein, nein! Tausendmal nein. Einstein hat sich sein Hirn nicht zermartert und sich auch nicht permanent gefragt: „Wie komme ich nur auf die große Idee?“ Wie Einstein (obgleich vielleicht auf einer niedrigeren Ebene) braucht sich auch Josefine Edermann nicht zu fragen: „Hm, mal sehen, soll ich mal versuchen, eine Variation über dieses Ding da vor mir auszudenken?“ Nein. Sie tut nur, was sich ihr aufdrängt.

Damit ist gesagt, daß von einem Holzklotz herunterzufallen mehr Ähnlichkeit mit dem Erfinden hat als den Holzklotz in zwei Stücke zu zersägen. Trotz Thomas Alva Edisons denkwürdiger Bemerkung: „Genie ist 2 Prozent Inspiration und 98 Prozent Transpiration“, werden wir nicht alle schon dadurch Genies, daß wir mehr schwitzen oder uns *mehr anstrengen* wollen. Der Geist geht den Weg des geringsten Widerstandes und ist wahrscheinlich dann am schöpferischsten, wenn er sich am leichtesten fühlt. Es muß „wie Öl fließen“, hat Mozart gesagt – und der mußte es wissen! Auf die größere Anstrengung kommt es nicht an. Der Witz ist, mit dem richtigen Begriff anzufangen, dann ist das Variieren ein Kinderspiel.

Hoppla, jetzt habe ich ja die Katze schon ausgeplaudert! Also lassen Sie mich kurzerhand die These aufstellen, die ich jetzt ausführen werde: *Ein Thema zu variieren, ist die wirkliche Crux der Kreativität.*

* * *

Oberflächlich gesehen, ist diese These Blödsinn. Wie soll sie je wahr sein können? Sind Variationen nicht einfach abgeleitete Begriffe, niemals wirklich ursprüngliche Schöpfungen? Kommt die Idee eines Würfels von 4 × 4 × 4 nicht durch einfache „Knopfdrehung“ am Begriff der Zauberwürfelhaftigkeit zustande? Man braucht nur den Knopf aus seiner „Ursprungsstellung“ von 3 auf 4 zu drehen – und schon hat man's! Sofort erhebt sich Widerspruch: „Das ist zu einfach. Auf diese Weise sind Rubiks Zauberwürfel, ein Ricercar, die Relativitätstheorie oder *Romeo und Julia* bestimmt nicht entstanden, oder? Da muß doch ein ‚magischer Funken' übergesprungen sein, wenn ein Rubik, ein Bach, ein Einstein oder ein Shakespeare auf eine große Idee kamen, ein Funken, der ganz bestimmt nicht zündet, wenn J. Edermann nur an dem Knopf eines schon bestehenden Begriffs dreht?“

Sicher, die Erfindung eines 4 × 4 × 4-Würfels ist nicht so umwerfend wie die spezielle oder allgemeine Relativitätstheorie. Ich wäre der letzte, der das bestreiten würde. Aber das heißt noch nicht, daß die zugrunde liegenden geistigen Prozesse nach total verschiedenen Prinzipien ablaufen müssen. Natürlich, die Rede von „gleichartigen“ Prozessen in den Köpfen – Ihrem, meinem, Josefines und Einsteins Kopf – kann auch ganz platt verstanden werden – in dem Sinne, daß sie alle von neurologischer Hardware abhängen. Aber diese mikroskopische, biologische Ebene meine ich nicht, wenn ich von der Gleichartigkeit geistiger Prozesse in verschiedenen Köpfen rede. Vielmehr meine ich Mechanismen, Prozesse, wie immer man sie auch nennen will, die funktional, ohne Bezug auf das neurologische Substrat, das sie ermöglicht, beschrieben werden können.

Deswegen steht eine Vorstellung wie die, „an dem Knopf eines Begriffs zu drehen", in keiner Beziehung zu neuronalen Hirnaktivitäten – oder jedenfalls in keiner offensichtlichen. Ist sie dann überhaupt real oder ist sie nur eine Metapher? Vielleicht wissen wir eines Tages, wie das Gehirn wirklich arbeitet. Wird dann die Redeweise von *Begriffen,* die im Hirn buchstäblich *enthalten* sind, noch eine solide Grundlage haben? Oder werden solche Aussagen nicht mehr zu retten sein? Nur noch eine metaphorische *façon de parler,* verglichen mit solch harten wissenschaftlichen *Fakten* wie: „Auf der Rückseite des menschlichen Gehirns gibt es ein Kleinhirn"? Nun, solange Wörter wie „Begriff" noch keine wissenschaftlich legitimierten Termini sind, solange sind wir noch weit von einem Verständnis des Gehirns entfernt – jedenfalls in meinen Augen.

Im Moment jedoch sind Wörter wie „Begriff" eingestandenermaßen nur metaphorisch. Als proto-wissenschaftliche Termini harren sie noch der Explikation. Das ist jedoch ein Grund mehr, sie so weit wie möglich auszuloten und auszuprobieren, wie weit die Implikation einer Metapher wie „an dem Knopf eines Begriffs drehen" reicht. Wenn wir den Sinn dieser Metapher geklärt haben, werden wir viel eher wissen, was wir uns überhaupt von einer „harten wissenschaftlichen" Erklärung des Gehirns erwarten sollen.

Diese Metapher suggeriert das Bild eines handlichen Dinges, genannt „Begriff", auf dem buchstäblich ein Satz von Knöpfen montiert ist, die nur noch gedreht zu werden brauchen. Was mir im Geiste vorschwebt, ist nicht aus Millionen von Neuronen gebaut, sondern ähnelt mehr einem metallischen „schwarzen Kasten" mit einer Tafel, die eine Reihe von Plastikknöpfen mit kleinen Zeigern für die jeweilige Einstellung enthält.

Nur um dieses Bild zu konkretisieren, möchte ich ein echtes Beispiel eines solchen schwarzen Kastens mit Knöpfen vorstellen. Damals, in den Zeiten des mechanischen Klaviers, haben Pianisten von der schönsten Musik Klavierwalzen angefertigt. Heute kann man Schallplatten solcher Walzen kaufen, die von mechanischen Klavieren überspielt wurden. Aber es geht noch besser. Viele der besten Walzen, die auf einem speziellen Klavier namens *Vorsetzer* angefertigt worden sind, sind auf eine digitale Tonbandkassette übertragen worden – aber nicht, um sie auf Tonbandgeräten, sondern auf Klavieren zu spielen, die mit einer speziellen Vorrichtung, dem „Pianocorder", ausgestattet sind. Dieser „liest" das Magnetband und setzt es in Anweisungen für Tastatur und Pedal um, so daß das Klavier dann das Stück spielt. Jeder Pianocorder hat auf seiner Vorderseite einen schwarzen Kasten mit einem Armaturenbrett aus drei Knöpfen *(Tempo, Pianissimo* und *Fortissimo)* und einem einzelnen Schalter („weiches Pedal"). Durch Drehung des *Tempo*-Knopfes kann man Rachmaninoff beschleunigen, durch Einstellung der *Pianissimo*- und *Fortissimo*-Knöpfe muß Horowitz sein

Spiel zurücknehmen oder Rubinstein lauter spielen. Leider gibt es keinen „Pianisten"-Knopf, so daß man den Solisten auswählen könnte. Es wäre doch ganz interessant, mitten im Spiel Horowitze auszutauschen.

*   *   *

Diese Vorrichtung bringt uns einen Schritt weiter in der Realisierung eines Traumes des großen kanadischen Pianisten Glenn Gould. Gould hat sich auf das elektronische Zeitalter eingestimmt und tritt seit Jahren für Computer ein, die es dem Musikhörer erlauben, die Musik zu kontrollieren. Zuerst hat man nur eine ganz gewöhnliche Aufnahme in der Hand, z. B. von Glenn Gould selber, der ein Konzert von Mozart spielt. Doch das ist nur Rohmaterial für die nun folgenden Manipulationen. Der Plattenspieler des Weltraumzeitalters hat eine Reihe von Knöpfen, die es ermöglichen, das Tempo der Musik *nach Belieben* herauf- oder herunterzufahren, die Lautstärke der einzelnen Abschnitte des Orchesters zu regulieren und sogar die zu niedrig gegriffenen hohen Noten des Geigers zu korrigieren! Durch die Knöpfe, die jeden Aspekt des Spiels in seiner Dynamik kontrollieren, wächst der Hörer in die Rolle des Dirigenten hinein. Je mehr er sich darin vertieft, desto unerheblicher wird für ihn die Tatsache, daß Glenn Gould der Interpret dieses Stückes ist. Bald hat er sich ganz an seine Stelle gesetzt und das Spiel übernommen! Solche Systeme müßten es irgendwann soweit bringen, daß man auf die akustische Aufnahme völlig verzichten und sich mit der bloßen Partitur begnügen kann.

Aber warum nicht noch weiter gehen? Wenn wir uns schon der Phantasie hingeben, warum sie dann nicht schweifen lassen? Warum unser „Rohmaterial" auf das endliche Universum bereits komponierter Stücke beschränken? Warum nicht auch einen Knopf für die Tonart des Stückes, einen anderen für den Komponisten, in dessen Stil es zu schreiben ist? So könnten wir uns von unserem Lieblingskomponisten ein neues Stück in jeder gewünschten Tonart verschaffen. Aber auch das ist noch zu bescheiden. Warum sich auf das endliche Universum bereits geborener Komponisten beschränken? Warum keinen Knopf für die Interpolation verschiedener Komponisten, so daß unsere Musikmaschine auf eine ausgewogene Mischung von Johann Sebastian Bach, Guiseppe Verdi und John Philip Sousa (igitt!) oder auf eine mittlere Position zwischen Schubert und den Sex Pistols (igittigitt!) eingestellt werden könnte? Und warum bei der Interpolation aufhören? Warum nicht einen gegebenen Komponisten extrapolieren? Zum Beispiel möchte ich von „dem Komponisten, der sich zu Ravel verhält wie Ravel zu Chopin", ein Stück hören. Die Maschine hätte nur die Knopfeinstellungen für Ravel und Chopin in ihrem gegenseitigen Verhältnis zu berechnen und dann die Ravel-Einstellung mit eben diesem Bruch zu multiplizieren: was herauskäme, wäre ein Super-Ravel.

Das ist nicht schwieriger als die Lösung irgendeines der alten Analogieprobleme; ich meine Probleme wie:

Was verhält sich zum Dreieck wie ein Dreieck zum Quadrat?
Was verhält sich zu einer Honigwabe wie der Rösselsprung zu einem Straßennetz?
Was verhält sich zu vier Dimensionen wie die Illusion des „unmöglichen Dreiecks" zu dreien?
Was verhält sich zu Griechenland wie die Falkland-Inseln zu Großbritannien?
Was verhält sich zu den bildenden Künsten wie die Fuge zur Musik?
Was verhält sich zu einem Wasserbett wie Eis zum Wasser?
Was entspricht in Deutschland dem Eiffelturm in Frankreich?
Was verhält sich zum Deutschen wie Shakespeares Stücke zum Englischen?
Was verhält sich zum Deutschen wie simplifizierte Zeichen zum Chinesischen?
Was verhält sich zu 1-2-3-4-4-3-2-1 wie 4 zu 1-2-3-4-5-5-4-3-2-1?
Was verhält sich zu *pqc* wie *abc* zu *aqc*?

Natürlich lassen sich Analogieprobleme in Wirklichkeit nicht ohne weiteres mechanisieren. Bei den wenigsten Begriffen liegen die Knöpfe so offen zutage, daß man ihre Einstellungen nur noch abzulesen braucht. Die oben genannten Beispiele spitzen einen sinnvollen Gedanken nur albern zu. Es lohnt sich jedoch immer noch, an der Idee eines Begriffs festzuhalten, der als ein „Apparat mit Knöpfen" vorgestellt werden kann, dessen Knöpfe nur verschieden eingestellt werden müssen, um eine erstaunliche Breite an Variationen hervorzubringen.

* * *

Der Begriff des Zauberwürfels mit seinem auf 3 eingestellten „Ordnungs"knopf bringt einen gewöhnlichen Würfel von 3 × 3 × 3 hervor – bei 4 einen Würfel von 4 × 4 × 4. Müßte es nicht eigentlich für jede Dimension einen eigenen Knopf geben, so daß man jeden unabhängig von den anderen drehen kann? Es müssen ja nicht alle Variationen kubisch sein. Der Magische Domino ist 3 × 3 × 2. Wenn wir uns darauf einigen, daß *drei* Knöpfe die Gestalt definieren, dann waren sie beim ursprünglichen Würfel zufällig alle in derselben Stellung. Bei diesen drei Knöpfen können wir unseren Begriff – den Apparat mit Knöpfen – dazu benutzen, neue geistige Gegenstände wie etwa einen Zauberwürfel von 7 × 7 × 7, einen Magischen Domino von 2 × 2 × 8 oder gar Rubiks Backstein (oder, wenn man will, einen Ruback) von 3 × 5 × 9 hervorzubringen.

Aber Moment mal. Wenn es wirklich nur drei Knöpfe gibt, dann sind wir ja in drei Dimensionen eingesperrt! Das können wir doch nicht wollen. Also fügen wir einen vierten Knopf hinzu, der die Länge in der vierten Dimension reguliert. Mit diesem Knopf machen wir jetzt einen vierdimensionalen 2 × 3 × 5 × 7-Ruback oder irgendeinen anderen Rubikschen vierdimensionalen Zauberwürfel. Wenn wir schon in der vierten Dimension sind, sollte der Übergang in weitere Dimensionen nicht schwerfallen. Für jedes *n* können wir uns n-dimensionale Rubiksche Würfel vorstellen – zum Beispiel einen 2 × 3 × 4 × 5 × 6 × 7 × 8-Hyper-Ruback. Aber jetzt ist etwas Eigenartiges passiert. Jetzt müssen wir unsere Maschine – unseren Begriff – als mit potentiell *unendlich* vielen Knöpfen ausgestattet denken (für jede Dimension im *n*-dimensionalen Raum einen). Wenn *n* auf 3 gestellt ist, bedarf es nur 3 weiterer Knöpfe. Wenn aber *n* 100 ist, dann bedarf es 100 neuer Knöpfe!

Keine wirkliche Maschine hat eine variable Zahl von Knöpfen. Was wie eine triviale Bemerkung klingt, bringt uns jedoch in eine schwierige Lage. Wenn wir nämlich die Metapher vom Begriff als einem Apparat mit Knöpfen beibehalten wollen, dann müssen wir unseren Begriff des „Knopfes" erweitern. Je nach Einstellung der Knöpfe müssen neue Knöpfe nachwachsen können. Oder man kann sich die Sache auch so denken: An jedem Begriff gibt es eine potentiell unendliche Anzahl von Knöpfen, und jeden Moment können durch die Einstellung anderer Knöpfe neue Knöpfe enthüllt werden.

Mit dieser Sichtweise bin ich jedoch nicht sehr glücklich. Für meinen Geschmack ist sie zu formal, zu eng und deterministisch. Mir gefällt lieber eine Sichtweise, nach der die Knöpfe eines jeden Begriffs von der Menge der im Geiste gerade gegenwärtigen Begriffe abhängt. Es scheint so, als könnten auf diese Weise neue Knöpfe aus dem Nichts ins Dasein treten; sie bräuchten nicht von Anfang an alle in dem einzelnen Begriff präsent zu sein. Auf Rubik angewandt hieße das, daß *sein* Begriff des Zauberwürfels nicht all die möglichen Variationen, auf die man im Laufe der Zeit noch stoßen mag, explizit – oder sogar implizit – enthielt (und auch jetzt nicht enthält). Zwar hat Rubik viele Gegenstände, die in der Folge zur Erscheinung kamen und die wir als „Variationen über ein Thema" erkennen, antizipiert und sogar entworfen, aber man kann gewiß nicht sagen, daß er das fruchtbare Thema ausgeschöpft hätte. Einmal öffentlich gemacht, ist der Begriff seine eigenen Wege gegangen, Wege, die Rubik niemals hätte voraussehen können.

* * *

Begriffe haben so eine bestimmte Art, ineinander „zu verrutschen", wobei die Richtung, die sie nehmen, ganz unvorhersehbar ist. Durch genaue Beobachtung und Analyse solcher Verrutschungen haben wir vielleicht die beste Gelegenheit, in das Dunkel unserer Begriffsverflechtungen einzudringen. Ein solches Verrutschen ist immer dann gegeben, wenn wir einen Tipp- oder Grammatikfehler begehen, Worte verwechseln („Berlin ist eine Meise wert"), Metaphern verwechseln (ein neuer, aus Stücken und Teilen anderer Sätze unbewußt zusammengeflickter Satz wie „Er ist immer gut aufgedreht" oder „Hoppla, jetzt habe ich ja die Katze schon ausgeplaudert") oder auf einer tieferen semantischen Ebene zwei Begriffe miteinander verwechseln (so z.B. wenn ich „Dienstag" sage und „Februar" meine oder „Mitternacht" sage und „Null Grad" meine). Diese Art Rutschen ist völlig unbeabsichtigt und kommt direkt aus dem Unbewußten.

Manchmal jedoch kann ein Verrutschen nicht unbeabsichtigt und dennoch unbewußt sein. Mit „nicht unbeabsichtigt" will ich nicht sagen, daß es *willkürlich* ist. Es ist nicht so, daß wir zu uns selber sagen: „Ich denke, ich werde jetzt mal von einem Begriff in dessen Variante hinüberrutschen"; tatsächlich ist diese Art des überlegten, bewußten Verrutschens meistens ohne Inspiration und unfruchtbar. Deswegen können Bücher von der Art wie „Wie man denken lernt" oder „Wie man kreativ wird" – auch sehr geistreiche wie das von George Pólya *How to solve it* („Wie man es löst") – dem Möchtegern-Genie nicht weiterhelfen.

Auch wenn es komisch klingt, *unsere geistigen Prozesse sind von unwillkürlichen, aber nicht unbeabsichtigten Rutschbewegungen bestimmt, und sie machen die eigentliche Crux unseres Gedankenflusses aus.* Davon bin ich fest überzeugt. Diese unterbewußte Produktion von „subjunktivischen Variationen über ein Thema" ist etwas, das Tag und Nacht in jedem von uns stattfindet, ohne daß wir es gewöhnlich im geringsten bemerken. Wie Luft, Schwerkraft oder Dreidimensionalität gehört diese Leistung zu jenen Dingen, die unserer Aufmerksamkeit nur deswegen entgehen, weil sie den Mechanismus unseres Lebens selber ausmachen.

Zur Konkretisierung möchte ich das Beispiel eines „willkürlichen" Verrutschens mit dem eines „unwillkürlichen aber nicht unbeabsichtigten" konfrontieren. Stellen Sie sich vor, Sie und J. Edermann betreten an einem Sommerabend eine unerwartet volle Kneipe. Versuchen Sie nun, wie auch immer, einige Variationen dieser Szene zu produzieren. Was fällt Ihnen dabei ein, wenn Sie versuchen, diese Szene willkürlich in hypothetische Variationen ihrer selbst hinüberrutschen zu lassen?

Gewöhnlich werden Sie mit Varianten kommen, die auf der Hand liegen und die sich an den „Verrutschachsen" dieser Szene entlangbewegen. So zum Beispiel:

Statt mit Josefine Edermann hätte ich mit Ann de Rerfrau kommen können.
Statt in die Kneipe hätten wir auch ins Café gehen können.
Die Kneipe hätte auch fast leer statt voll sein können.
Es hätte auch an einem Winterabend sein können, statt an einem Sommerabend.

Und jetzt halte man diese Variationen gegen diejenige, die ich an einem Abend des letzten Sommers in einer überfüllten Kneipe zufällig mit angehört habe, als ein Mann mit einer Frau eintrat. Er sagte zu ihr: „Ein Glück, daß ich hier heute keine Kellnerin bin!" Das ist ein tadelloses Beispiel für eine subjunktivische Variation über ein gegebenes Thema – nur daß diese Variation im Unterschied zu den oben genannten ohne äußeren Druck und nur zu Unterhaltungszwecken gemacht wurde. Im Vergleich zu dieser beiläufig hingeworfenen Bemerkung nimmt sich die obige Liste ziemlich banal aus. Dabei hielt die Frau diese Bemerkung nicht einmal für besonders klug oder genial. Sie quittierte sie nur mit einem knappen „Tja". Die Bemerkung hat ja auch nicht meine Aufmerksamkeit erregt, weil ich sie für besonders klug gehalten hätte, sondern weil ich stets auf Ausschau nach interessanten Beispielen für das Verrutschen bin.

Ich fand dieses Beispiel nicht nur einfach interessant, sondern geradezu aufregend. Versucht man es zu analysieren, meint man zunächst, als Hörer in Sekundenschnelle eine Geschlechtsumwandlung imaginieren zu müssen. Will man die Bemerkung aber nur einfach *verstehen,* dann sieht man, daß der Sprecher in Wirklichkeit keine solch bizarre Vorstellung im Sinne hatte. Seine Bemerkung war symbolischer, abstrakter gemeint. Sie beruhte auf einer augenblicklichen Erfassung der Situation, auf einer Stimmung von der Art wie „Unser Schicksal liegt in Gottes Hand", verbunden mit einer aufblitzenden Vorstellung von der Art wie „Als Mensch könnte auch ich in den Schuhen dieser gehetzten Kellnerin stecken – und daher auch diese Kellnerin *sein*". Ob logisch oder nicht, so jedenfalls laufen unsere Gedanken.

Wenn man also genau hinschaut, dann merkt man, daß dieser spezielle Gedanke mit dem Sprecher oder sogar der Kellnerin, die er sieht, eigentlich nichts zu tun hat. Es ist nur seine lockere Art zu sagen: „Ganz schön war los hier." Und deswegen wird auch niemand durch solch eine Bemerkung aus der Fassung gebracht. Und dennoch steckt in der Form, in der sie geäußert wird, die „unmerkliche" Aufforderung, den Sprecher auf die Kellnerin abzubilden, ohne besondere Rücksicht (wenn überhaupt) darauf, daß es einen Geschlechtsunterschied gibt. Was für ein erstaunlich subtiler Gedankengang ist hier eingeschlossen!

Und was für mich noch erstaunlicher (und frustrierender) ist: wie schwer es fällt, den Leuten beizubringen, daß die Sache erstaunlich ist! Daß im gewöhnlichen Verhalten der Leute etwas Erstaunliches liegen soll, das sehen die Leute in der Tat sehr schwer ein. Sie können sich nicht vorstellen, wie es überhaupt anders sein sollte. Es ist sehr schwer, sich in eine Welt zu versetzen, in der das Denken der Leute *ohne* die Versetzung in andere Welten funktionieren könnte; es ist sehr schwer, sich eine kontrafaktische Welt vorzustellen, in der Kontrafakte nicht zum Kernbestand des Denkens gehörten.

Ein anderes kurzes Beispiel: Ich hatte eine Unterhaltung mit jemandem, der mir erzählte, er käme aus Whiting, Indiana. Da ich nicht wußte, wo das liegt, erläuterte er: „Whiting liegt nahe bei Chicago – eigentlich wäre es in Illinois, wenn da nicht die Staatsgrenze wäre." Wie die frühere wurde auch diese Bemerkung zwanglos hingeworfen; hinter ihr stand nicht der Vorsatz, besonders witzig sein zu wollen. Weder er noch ich lachten. Nur ein kurzes Lächeln, daß ich verstanden hatte und dann gingen wir weiter. Aber versuchen wir einmal zu analysieren, was die Bemerkung bedeutet! Auf der logischen Ebene ist sie so etwas wie eine Tautologie. *Natürlich* wäre Whiting in Illinois, wenn es die Grenze von Illinois so wollte – aber wenn er nur *das* hätte sagen wollen, dann wäre es eine leere Bemerkung gewesen, denn das gilt auch für Städte, die tausend Kilometer von Chicago entfernt sind. Was er aber sagen wollte, war, daß der Verlauf von Grenzen etwas Zufälliges hat, daß andere Welten mit unseren „dicht an dicht" liegen, Welten, in denen die Grenze zwischen Indiana und Illinois ein paar Kilometer weiter östlich verläuft, und so weiter. Und seine Bemerkung setzte stillschweigend voraus, daß er und ich dieselben Anschauungen über die Unbeständigkeit und Beliebigkeit geographischer Grenzlinien und die Möglichkeit „verrutschender" Staatsgrenzen hatten.

Bemerkungen wie diese verraten die verborgenen „Verwerfungslinien des Geistes"; sie zeigen, was fest bleibt und was ins Rutschen kommt. Sie zeigen aber auch, daß es *nichts* gibt, auf dessen Festigkeit Verlaß wäre. Der Kontext trägt zu einer unerwarteten Eigenschaft der wahrgenommenen Begriffsknöpfe bei. Die Knöpfe sind nicht auf einer übersichtlichen Tafel fein säuberlich aufgereiht, für immer gleichbleibend. Sondern den Kontext zu ändern, ist wie um den Begriff herumzuwandern, und je mehr Standpunkte man einnimmt, desto mehr Knöpfe kommen zum Vorschein. Einige Leute bringen es zu einer wahren Kunst, dort noch Begriffsknöpfe zu entdecken, wo andere meinten, daß es keine gäbe, so wie einige Leute im Wald noch dort Pilze sehen, wo andere keine mehr erblicken können, auch wenn sie ihre Augen noch so weit aufreißen.

* * *

Man ist immer noch versucht zu meinen, daß es für jeden wohldefinierten Begriff eine „äußerste" oder „definitive" Menge von Knöpfen geben muß, in der Art, daß der von allen möglichen Knopfkombinationen abgesteckte abstrakte Raum alle möglichen Realisierungen des Begriffs liefert. Ein typischer Fall ist der Begriff des Buchstabens „A". Der typographisch Naive meint vielleicht, hier gäbe es vier oder fünf Knöpfe zum Drehen und damit hätte es sich. Je mehr man sich jedoch in die Form von Buchstaben vertieft, desto schwerer wird es, ihnen mit mathematischen Parametern beizukommen. Einer der kühnsten Versuche, das „Alphabet zu verknopfen", ist jenes Buchstabenformen bestimmende System, genannt „Metafont", das in Stanford von dem bekannten Computerwissenschaftler Donald Knuth entwickelt worden ist.

Knuths Absicht ist es nicht, die endgültige Parameterauflösung des Buchstabenalphabets zu präsentieren (ich glaube, er würde sogar über ein solches Ansinnen lachen), sondern den Benutzer in die Lage zu versetzen, „Buchstaben mit Knöpfen" zu machen – wir könnten sie auch *Buchstabenschemata* nennen. Das heißt, daß man sich die variablen Aspekte eines Buchstabens selber auswählen und dann mit Metafonts Hilfe Knöpfe konstruieren kann, die diese Aspekte variieren. Das schließt so ziemlich alles ein, woran man denken könnte: Strichlänge, Verdickung oder Zuspitzung von Strichen, Krümmungen, Vorhanden- oder Nichtvorhandensein von Serifen und so weiter. Der ganze Computer steht zu Diensten; man kann nach Herzenslust hin und her drehen, und der Computer wird alle Produkte ausspucken, die die jeweilige Einstellung der Knöpfe vorschreibt.

Aber Knuth blieb nicht bei isolierten Buchstaben stehen, sondern suchte nach Parametern, die mehreren Buchstaben *gemeinsam* sind. Ein „Hauptknopf" reguliert dann ein Merkmal, das einer ganzen Gruppe von verwandten Buchstaben zukommt. Wenn also zwar die Zahl der Knöpfe auf allen Kontrolltafeln aller Buchstaben des Alphabets in die Hunderte gehen mag, so gibt es doch eine weit kleinere Zahl von Hauptknöpfen. Ihr Einfluß auf das ganze Alphabet ist stärker und bestimmender. Die Betätigung der Hauptknöpfe allein nämlich reicht aus, um elegant einen Raum von Schrifttypen zu durchschiffen.

Was Knuth aber mit Psalm 23 angestellt hat, ist vielleicht sein Meisterstück. In seiner Version hat der Psalm 593 Zeichen. (Siehe Abbildung 11-1). Knuth hatte einen vollständigen Satz Buchstaben festgelegt, die 28 „Hauptknöpfe" gemein hatten. Am Anfang seiner gedruckten Version des Psalms waren alle 28 Hauptknöpfe ganz links eingestellt. Dann schob er sich Buchstabe für Buchstabe bis ganz rechts hinüber, indem er jeden Knopf immer 1/592 des Weges drehte, so daß er mit dem letzten Buchstaben am äußersten Ende des Spektrums angelangt war. Jeder Buchstabe in diesem Psalm ist gewissermaßen in einer anderen Schrifttype gedruckt! Und doch ist der Übergang so glatt, daß er nicht einmal mit dem geübten Auge dingfest gemacht werden kann. Dieses Beispiel ist Knuths spannendem Artikel „The Concept of a Meta Font" („Das Konzept einer Meta-Schrift") in *Visible Language* entnommen.

Eine der Hauptthesen Knuths ist es, daß wir mit Computern mittlerweile in der Lage sind, ein Ding nicht mehr nur so beschreiben zu können, wie es an sich selber ist, sondern auch so, *wie es gegebenenfalls variiert.* Metafont exemplifiziert diese These. Es ist nicht so, daß der Computer fixe Buchstabenformen einfach blind reproduziert,

The LORD is my shepherd;
I shall not want.
He maketh me to lie down
in green pastures:
he leadeth me
beside the still waters.
He restoreth my soul:
he leadeth me
in the paths of righteousness
for his name's sake.
Yea, though I walk through the valley
of the shadow of death,
I will fear no evil:
for thou art with me;
thy rod and thy staff
they comfort me.
Thou preparest a table before me
in the presence of mine enemies:
thou anointest my head with oil,
my cup runneth over.
Surely goodness and mercy
shall follow me
all the days of my life:
and I will dwell
in the house of the LORD
for ever.

Abbildung 11-1. Psalm 23, gedruckt von Donald Knuths *METAFONT*-Programm. Er beginnt mit einer altmodischen, serifenreichen Schrifttype und geht allmählich in eine moderne, serifenlose Schrifttype über. Jeder Schritt, an sich selbst nicht wahrnehmbar, wird durch eine winzige Verschiebung innerhalb der 28 Parameter bewerkstelligt, die das Gesamterscheinungsbild des computerisierten Alphabets bestimmen.

sondern er hat gewissermaßen ein rohes Verständnis dessen, was er zeichnet, dank des Designers, der die Buchstaben „verknopft“ hat. Gleichwohl muß man sich vor der Illusion hüten, die allzuleicht durch die außerordentliche Leistung des Metafont-Systems geweckt wird, daß diese 28 Hauptknöpfe – oder *irgend* eine endliche Anzahl von Knöpfen – die ganze Weite *aller möglichen Schrifttypen* umspannen könnte. Das ist ungefähr so weit von der Wahrheit entfernt wie die Behauptung, man könne *alle möglichen Gesichtstypen* (siehe Abbildung 11-2) in einem Computerprogramm mit 28 Knöpfen einfangen.

Und auch, wenn man *alle* Knöpfe an Knuths „A“ drehen würde – nicht nur die 28 Hauptknöpfe, die der Buchstabe mit den anderen gemein hat, sondern auch seine vielen „privaten“ Knöpfe, hätte man kaum erst die Spannweite seiner vielen Versionen erschöpft. Nicht einmal tausend Knöpfe reichten aus, um die Mannigfaltigkeit von „A“s, die als solche leicht erkennbar wären, abzudecken. Einen Eindruck von der Vielfalt des „A“-Begriffs vermittelt Abbildung 11-3. Diese „A“s stammen alle von wirklichen Schrifttypen des Letraset-Katalogs von 1982. Um zu zeigen, daß eine solche Vielfalt keine Marotte unseres Schriftsystems ist, habe ich in Abbildung 11-4 eine ähnliche Sammlung von Varianten des chinesischen Schriftzeichens für „schwarz“ („hēi“ ausgesprochen, gleichlautend mit [dem amerikanischen] „a“) zusammengestellt. Ich fand sie in chinesischen Graphikdesignkatalogen. Leute, die kein Chinesisch lesen können, kommen aus dem Staunen nicht heraus. Meistens fragen sie ungläubig: „Und Sie meinen wirklich, die Chinesen können alle diese Zeichen leicht als ein und dasselbe erkennen?!“ Natürlich können sie das, und zwar augenblicklich – genauso wie wir bei unserer Matrix von „A“s.

Hier muß ein wichtiger Unterschied festgehalten werden. Sicher kann eine Maschine mit einem An-Aus-Schalter (die trivialste Form des Knopfes) für jedes Quadrat auf einem Gitter von 500 × 500 jedes der gezeigten „A“s bestimmen – aber es wird keine „B“s oder „hēi“s oder Bilder von der Großmutter oder von Straßenbahnen ausweisen. Eine Sache ist es, eine Reihe von Knöpfen festzulegen, durch deren Drehung alle „A“s abgedeckt und alle Interpolationen zwischen ihnen (wie auch Extrapolationen in alle möglichen Richtungen) aufgezeigt werden – eine andere, aus dem Raum der erkennbaren „A“s herauszutreten. Das ist schon viel schwieriger! Desgleichen ist es schon fast eine triviale Aufgabe, ein Computerprogramm zu entwerfen, das theoretisch alle möglichen Satzläufe und Tonkombinationen in allen möglichen rhythmischen Mustern schreibt – etwas ganz anderes aber, ein Programm zu entwerfen, das Stücke nur *im Stil von Bach* produziert. Jede weitere Spezifizierung macht das Programm unglaublich komplexer!

Anstatt den ganzen Raum aller Schrifttypen des „A“ vorzustellen, eröffnet Metafont vielmehr nur einen *Unterraum,* und dieser hängt so eng zusammen, daß man ihn vielleicht am besten eine *Familie* nennt. Niemand kann aus dem Studium der Ameisen, Bienen und Käfer Voraussagen über Schmetterlinge machen. Auch jedes zur Zeit vorstellbare *Programm* wäre dazu gewiß nicht in der Lage. Genausowenig ist jemand in der Lage, von der bloßen Familie her, die sich aus einer endlichen Zahl von Knöpfen irgendeines faktischen Metafontprogramms für „A“ herausgeschält hat, den ganzen Umfang des *Begriffs* „A“ vorauszusagen.

Abbildung 11-2. Sechzehn höchst verschiedenartige menschliche Gesichter, ausgesucht aus Federico Fellinis umfangreicher Sammlung photographischer Porträts (Aus *Fellinis Gesichter* von Christian Strich).

Abbildung 11-3. 56 „A“s in verschiedenen Stilen, alle einem kürzlich erschienenen Letraset-Katalog entnommen. Die Namen der jeweiligen Schrifttypen stehen in der Tabelle darunter. Für den Leser, dessen Muttersprache mit dem lateinischen Alphabet verbunden ist, ist es fast eine unmittelbar visuelle Erfahrung, jede einzelne Type als ein „A“ zu erkennen. Dazu ist kein Bewußtseinsprozeß nötig. Ein paar Typen scheinen etwas gekünstelt, der Rest leuchtet sofort ein. Die standardisierteste von allen 56 Typen ist wahrscheinlich Univers (D-3). Man beachte, daß kein einziges Merkmal, wie etwa die Zuspitzung nach oben oder der horizontale Querstrich (oder überhaupt ein Querstrich!) verbindlich ist! Sogar die Öffnung nach unten muß nicht sein. Was geht hier vor? (Vergleiche diese Abbildung mit Abbildung 23-13.)

	A	B	C	D	E	F	G
1	Balmoral	Cardinal	Squire	Glastonbury	Arnold Böcklin	Bottleneck	Countdown
2	Eckmann Schrift	Futura Black	Hobo	Lazybones	Old English	Revue	Park Avenue
3	Romic Bold	Tintoretto	Vivaldi	Univers 67	Airkraft	Apollo	Algerian
4	Astra	Baby Teeth	Block Up	Bombere	Buster	Calypso	Columbian Italic
5	Aristocrat	Company	Glaser Stencil	Cathedral	Good Vibrations	Le Golf	Harrington
6	Harlow Solid	Motter Ombra	Masquerade	Phyllis	Pluto Outline	Process	Primitive
7	Magnificat	Quicksilver	Raphael	Roco	Shatter	Stripes	Sinaloa
8	Stop	Stack	Piccadilly	Neptun	Motter Tektura	Odin	Yagi Link Double

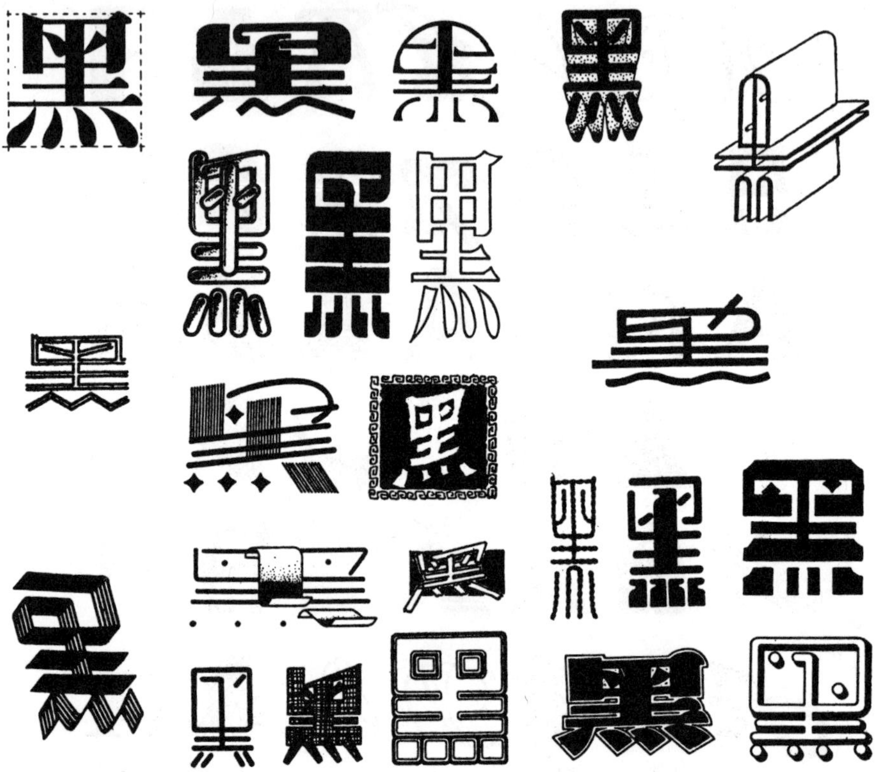

Abbildung 11-4. 23 „hēi"s (das chinesische Zeichen bedeutet „schwarz") in verschiedenen Stilen, entnommen einer Auswahl von Kunstschrift-Katalogen. Für den Leser mit chinesischer Muttersprache ist es eine fast unmittelbar visuelle Erfahrung, die einzelnen Typen als ein „hēi" zu erkennen. Dazu ist kein Bewußtseinsprozeß nötig. Keines von ihnen ist so gekünstelt wie die extremen „A"s in der vorhergehenden Abbildung. Für Nicht-Leser des Chinesischen (oder selbst für Leser des Chinesischen, deren Muttersprache nicht Chinesisch ist) braucht es einige Überlegung, um viele von ihnen zu „demaskieren". Die am meisten standardisierten von allen 23 sind die in gepunkteten Linien eingefaßte links oben und die eingerahmte in der Mitte (ironischerweise nicht schwarz, sondern weiß). Man versuche sich klarzumachen, wie die verschiedenen Züge des „platonischen" Zeichens in diese sterblichen Hüllen eingetragen sind. Hier lernt man die Bedeutung des französischen *Plus ça change, c'est la même chose* verstehen.

Der nächste Schritt über Metafont hinaus wird ein Programm sein, das aus einer eingegebenen Reihe von Buchstaben selber eine Reihe von Knöpfen herausziehen kann. Das ist jedoch ein Programm für die ferne Zukunft. Im Moment braucht ein sehr geübter und scharfsichtiger Designer von Schrifttypen noch Monate, um eine Reihe von Buchstabenformen in Metafontprogramme umzuwandeln, deren Knöpfe so flexibel sind, daß sie den Aufwand lohnen. Auf irgendeine primitiv technische Weise wäre es relativ einfach hinzukriegen – aber es geht ja darum, die Einheit des Stils zu bewahren, selbst dann, wenn die Hauptknöpfe gedreht werden. Deswegen kann man sagen, daß die Automatisierung der Produktion von Metafontprogrammen auf die Automatisierung der artistischen Wahrnehmung hinausläuft. Bis dahin ist es aber noch ein Weilchen.

* * *

Es gibt ein merkwürdiges Buch mit dem Titel *One Book Five Ways* („Ein Buch – fünf Arten"), 1978 von William Kaufmann herausgegeben. Es kam auf folgende Art zustande. Im Rahmen eines Projektes innerhalb des vergleichenden Studiums von Publikationsverfahren wurde ein Manuskript über Hausgartenbau an fünf verschiedene Universitätsverlage verschickt. Alle brachten eine komplette Version des Buches heraus. Die Unterschiede waren in jeder Hinsicht verblüffend. William Kaufmann hatte die gute Idee, Stücke dieser verschiedenen Versionen nebeneinander zu veröffentlichen; was herauskam, war dieses schöne „Metabuch". An ihm bewahrheitet sich das Sprichwort, daß es mehr als eine Art gibt, eine Katze aus dem Sack zu schmeißen.

Der Herstellungsprozeß dieses Buches war ein kostspieliger Ausflug in „mögliche Welten", ein Unternehmen, das nur sehr schwer zu machen scheint. Je besser und leichter jedoch die Computer werden, so Knuths Pointe, desto weniger extravagant wird es, eine Katze auf neunfache Art aus dem Sack zu schmeißen. In dem Moment, wo die Katze ihren Platz in einem leistungsstarken Computerprogramm gefunden hat, ist sie nicht länger mehr *eine* Katze. Statt dessen ist sie zum „Katzenschema" geworden, eine Gußform für viele Katzen auf einmal, die alle verschieden aus dem Sack geschmissen werden können (solange jedenfalls, bis das Katzenschema kein Leben mehr übrig hat).

Textformatierung und Computersatz versorgen uns leicht mit vielen alternativen Versionen eines Textes. Metafont zeigt uns, wie Buchstabenformen in alternative Versionen ihrer selbst hinüberrutschen können. Nun liegt es an uns, die Einsicht in den Raum des Möglichen, der das, was *ist,* umgibt, zu erweitern. Um den vollen Begriff – die implizite „Sphäre hypothetischer Variationen" –, der jede statische, erstarrte Wahrnehmung umgibt, zu erkennen, sollten wir uns der Kraft des Computers bedienen.

Für diese imaginäre Sphäre habe ich mir einen spielerischen Namen ausgedacht. Ich nenne sie *Implikosphäre:* abgekürzt für *implizite kontrafaktische Sphäre.* Damit meine ich Dinge, die es niemals gab, die wir aber nun einmal sehen können. (Das Wort kann sich auch auf die *Sphäre der Implikationen* beziehen, die jede bestimmte Vorstellung umgibt. Eine visuelle Darstellung einer Implikosphäre ist in Abbildung 11-5 zu

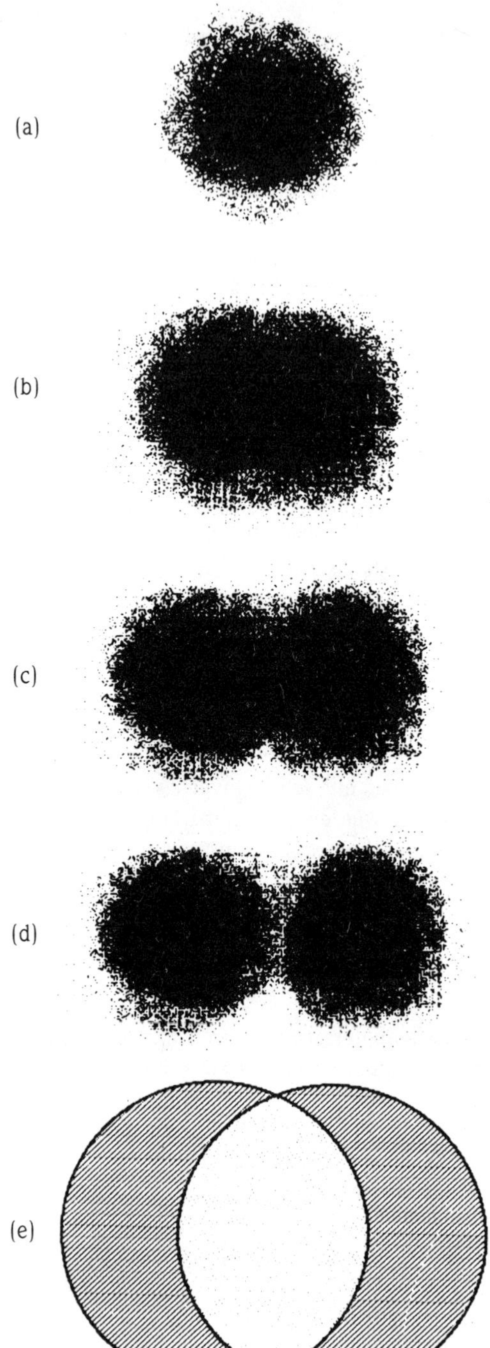
(a)
(b)
(c)
(d)
(e)

sehen.) Wenn wir bei unserem Unternehmen, Variationen über ein Thema zu erfinden – was soviel heißt wie Implikosphären in „Explikosphären" umzuwenden –, Computer heranziehen wollen, dann müssen wir sie in die Lage versetzen, selbst Knöpfe zu montieren und nicht nur einfach die Knöpfe zu übernehmen, die wir Menschen ihnen anweisen. Zu diesem Zweck müssen wir einen Einblick in das Wesen der „Verrutschbarkeit", in die Feinstruktur des Begriffsnetzes des menschlichen Geistes nehmen.

*   *   *

Man kann sich den praktischen Vorgang des Verrutschens im Geist auch so vorstellen, daß jeder Begriff als eine Zusammensetzung früherer Begriffe beginnt und daß er von deren Verrutschbarkeit einen Teil geerbt hat. Da jeder seiner Bestandteile in verschiedener Weise ins Rutschen kommen kann, hat das Einfluß auf die Weise des Verrutschens insgesamt. Im allgemeinen ist es schon genug, einen Begriffsbestandteil in der einfachsten Weise verrutschen zu lassen, denn wenn er es auf mehrere Weisen zugleich tut, dann kann das schon viele unerwartete Auswirkungen haben. Wenn sich der Möglichkeitsraum – die Implikosphäre – des neuen Begriffs allmählich herausgeschält hat, werden – anstatt immer wieder von ihren Begriffsbestandteilen abgeleitet werden zu müssen – die allgemeinsten und effektivsten dieser Verrutschungen immer enger und direkter mit dem neuen Begriff selber assoziiert. Auf diese Weise wird die Implikosphäre des neuen Begriffs immer expliziter erforscht, bis der neue Begriff veraltet und selber als Konstituens eines frischen neuen jungen Begriffs fungieren kann.

Einige Beispiele dafür habe ich in meiner Kolumne vom September 1981 (Kapitel 23) gebracht. Wenn auch September beinahe Oktober und 1981 beinahe 1982 ist, so müssen doch diese Beispiele Ihnen nicht mehr auf der geistigen Zunge stehen oder vor dem inneren Auge liegen. Also möchte ich noch ein paar weitere Beispiele für das Verrutschen eines neuen Begriffs, dessen Teile auf einfachste Art ins Rutschen kommen, bringen. Als Gegenstand der Vorstellung habe ich Sie selbst, der Sie in diesem Moment diese Kolumne lesen, auserkoren. Hier nun einige Elemente aus der Implikosphäre dieses Begriffs:

Abbildung 11-5. (a) zeigt eine stilisierte Implikosphäre. (a) bis (d) stellen verschiedene Grade der Überschneidung zwischen zwei Implikosphären dar. Zuviel Überschneidung (b) führt zu breiigem, matschigem Denken, zu wenig Überschneidung (d) zu dünnem, fadem Denken. Das ideale Maß an Überschneidung und Autonomie (c) hat ein kreatives, einfallsreiches Denken zur Folge.
(e) stellt ein verwandtes und reizvolles geometrisches Problem, genannt „Frau Minivers Problem", dar. Es geht um die Bestimmung der Bedingungen, unter denen die Überschneidung zweier Kreise (die zwei Menschen repräsentieren) dieselbe Fläche umgrenzt wie die der zwei entstandenen Sicheln. Frau Miniver möchte dadurch ihre Vorstellung von einer idealen Liebe versinnbildlichen. Natürlich symbolisiert die ideale Überschneidung, wieviel zwei Verliebte idealerweise verbindet.

Beinahe lesen Sie die Ausgabe des *Scientific American* vom September 1981.
Beinahe lesen Sie einen Text des Historikers Richard Hofstadter.
Beinahe lesen Sie eine Kolumne von Martin Gardner.
Beinahe liest Ihr identischer Zwilling diese Kolumne.
Beinahe lesen Sie diese Kolumne auf Englisch.
Beinahe lesen Sie *Gödel, Escher, Bach.*
Beinahe lesen Sie einen Brief von mir.
Beinahe schreiben Sie diese Kolumne.
Beinahe hören Sie meine Stimme.
Beinahe spreche ich mit Ihnen.
Beinahe sind Sie so weit, diese Ausgabe der Zeitschrift *Mad* angewidert wegzuwerfen.

Der ursprüngliche Begriff scheint in dieser albernen Flut von „beinahe"-Variationen beinahe untergegangen zu sein, in Wirklichkeit ist er durch diese Abschweifungen bereichert worden. Kehrt man zu ihm zurück, so hat er sich als ein alleinstehender Begriff viel mehr *vergegenständlicht.* Seine Daseinsweise ist eher einfacher als zusammengesetzt. Später, bei einer entsprechenden Gelegenheit, kann dann dieses bestimmte Beispiel genauso natürlich und mühelos aus der Erinnerung hervorgeholt werden wie der Begriff „Fisch".

Diesen wichtigen Gedanken gilt es festzuhalten: ob ein Begriff wirklich zu sich gekommen ist und eine volle mentale Existenz führt, sieht man an seiner Reaktualisierbarkeit durch Prozesse unbewußter Erinnerung. Daran erkennt man, ob er fest im Denken verankert ist. Nicht daran, ob der Begriff wie ein „Atom" erscheint, in dem Sinne, daß wir über ein eigenes Wort zu seiner Bezeichnung verfügen. Das ist viel zu oberflächlich.

Zur Begründung hier ein Beispiel. Neulich erzählte mir ein Freund, daß die erste Auflage (1768–71) der *Encyclopaedia Britannica* aus drei Bänden bestand: Band I – „A-B", Band II „C-L" und dann Band III – der Rest des Alphabets. Für Stichwörter, die mit „A" begannen, benötigte diese Auflage 511 Seiten, während der letzte Band insgesamt 753 Seiten umfaßte! (Damals, nehme ich an, gab es wohl noch nicht so viele interessante Sachen, die mit Buchstaben zwischen „M" und „Z" anfingen.) Anläßlich dieser amüsanten Geschichte fiel mir sofort wieder etwas ein, was mir einmal vor Jahren, ich weiß nicht mehr unter welchen Umständen, im Kopf haften geblieben war, nämlich wie Schallplatten früher hergestellt wurden. Damals gab es noch keine Magnetbänder, und die Platte mußte praktisch live geschnitten werden. Da konnte es passieren, daß der Aufnahmetechniker mitten im Spiel merkte, daß auf der Platte nicht mehr viel Platz übrig war. Also gab er den Musikern ein Zeichen, sich zu beeilen. Daher wurde die Musik immer schneller, je mehr sich die Nadel dem Zentrum näherte. Der Grund, warum mir dieses Bild gerade jetzt in den Sinn kommt, dürfte wohl klar sein. Und dennoch – *ist* es klar?

Nach außen haben diese zwei Bilder oder Begriffe überhaupt nichts miteinander gemein. Einmal geht es um Gedrucktes, Bücher, das Alphabet und so weiter, das andere Mal um Plastikscheiben, Töne, Musiker, Aufnahmetechniken und so weiter. Auf einer tieferen Ebene jedoch *geht* es beide Male um dieselbe Idee. Es geht hier nur um *eine Idee,* und diese Idee nenne ich ein *Begriffsskelett.* Man muß es zu verbalisieren versuchen. Sicher ist es nicht nur ein einzelnes Wort. Das braucht seine Zeit. Und wenn man endlich einen Satz formuliert hat, dann kann man wetten, daß er noch unbeholfen und gestelzt ist – und immer noch nicht ganz korrekt!

Beide von mir zitierten Beispiele dieses Begriffsskeletts – das in sich namenlos und von erhabener Unaussprechlichkeit ist – flottieren, zusammen mit einer Unzahl anderer Beispiele, die mir, weil ich an den Knöpfen dieses Begriffs noch nicht genug gedreht habe, nicht gegenwärtig sind, in der es umhüllenden Implikosphäre. Ich weiß nicht einmal, was für Knöpfe es hat! Aber das kriege ich irgendwann heraus. Hauptsache, der Begriff selbst ist *vergegenständlicht.* Das zeigt sich daran, daß er als unmittelbarer Referenzpunkt fungiert; daß meine Erinnerungsmechanismen in der Lage sind, ihn bei gegebenem Anlaß als „Adresse" (als Reaktualisierungs-Schlüssel) zu benützen. In diesem Sinne *sind die allermeisten unserer Begriffe wortlos,* obwohl wir sicher versuchen können, sie zu verbalisieren, wenn es nötig ist.

* * *

Zu Beginn dieser Kolumne hatte ich eine These aufgestellt: daß die Crux der Kreativität in der Fähigkeit bestehe, Variationen über ein Thema hervorzubringen. Ich hoffe jetzt die These genug konkretisiert zu haben, damit der ganze Bedeutungsreichtum der Worte „Variationen über ein Thema" deutlich geworden ist. Der Begriff umfaßt Knöpfe, Parameter, Verrutschbarkeit, kontrafaktische Bedingungen, Subjunktive, „beinahe"-Situationen, Implikosphären, Begriffsskelette, geistige Vergegenständlichung, reaktualisierte Erinnerung – und mehr.

Die Frage mag bestehen bleiben: Sind Variationen über ein Thema nicht irgendwie trivial – im Vergleich zur Erfindung des Themas selbst? Das bringt uns wieder auf die verführerische Vorstellung, Einstein und andere Genies wären „aus einem anderen Stoff gemacht" als die gewöhnlichen Sterblichen oder wenigstens gehorchten einige ihrer Erkenntnisakte anderen als den gewöhnlichen Prinzipien. So etwas glaube ich einfach nicht. Wenn man z. B. die Geschichte der Wissenschaft anschaut, dann sieht man, daß jede Idee auf tausend anderen Ideen aufbaut, die mit ihr verbunden sind. Eine genaue Analyse ergibt, daß das, was wir ein neues Thema zu nennen pflegen, auf einer tiefliegenden Ebene selbst nur eine Art Variation vorhergehender Themen ist. Man muß nur die in der Tiefe verborgenen Knöpfe sehen können!

Newton hat einmal gesagt, wenn er weiter sehe als andere, dann verdanke er es nur dem Umstand, daß er auf den Schultern von Riesen stehe. Wir machen es uns oft zu einfach, wenn wir die Entstehung eines klugen oder schönen Gedankens eher mit irgendeiner dunklen, magischen, transzendenten Intuition als mit irgendwelchen Mechanismen verbinden – als wären alle Mechanismen per se schon flach und profan.

Zu meinem Bild von einem kreativen Prozeß gehört die Vorstellung eines Geistes, der sich aus Tausenden, vielleicht Millionen von Implikosphären organisiert, die sich überlappen und vermischen und in ihrem jeweiligen Zentrum ein Begriffsskelett besitzen. Die Implikosphäre ist etwas Flimmerndes, Flüchtiges, ein bißchen wie ein Mückenschwarm um das Licht einer Tankstelle an einem warmen Sommerabend, vielleicht noch eher wie eine quantenmechanisch unbestimmbare Elektronenwolke um einen

Kern, die mit der Entfernung vom Kern undeutlicher wird und sich auflöst (Abbildung 11-5). Wer Quantenchemie studiert hat, weiß, daß die fließende Natur chemischer Verbindungen am besten als direkte Folge der seltsamen quantenmechanischen Überschneidungen elektronischer Wellenfunktionen im Raum verstanden werden kann, Wellenfunktionen, die zu Elektronen gehören, die Nachbarkerne umkreisen. In metaphorisch ähnlicher Weise mögen die irren und unerwarteten Assoziationen, die dafür verantwortlich sind, daß kreative Ideen aus dem scheinbaren Nichts hervorschießen, durchaus die Folgen einer vergleichsweisen Begriffs-Chemie sein, deren eigene besondere Formen von „Verbindungen" auf eine zugrunde liegende „Neuro-Mechanik" zurückweisen.

Ein Meister in der mystischen Auffassung menschlicher Kreativität war lange Zeit der Schriftsteller Arthur Koestler, der okkulte Anschauungen des Geistes vertrat, während er gleichzeitig dessen Arbeitsweise ausführlich und objektiv beschrieb. Der Schlüsselbegriff seiner Kreativitätstheorie, nachzulesen in seinem Buch *The Act of Creation,* heißt „Bisoziation" – die simultane Aktivierung und Interaktion zweier vormals unverbundener Begriffe. Die Betonung bei diesem Ansatz liegt auf dem Zusammenkommen *zweier* Begriffe, während die Frage nach der inneren Struktur eines *einzelnen* Begriffs übergangen wird. Etwas Neues entsteht nach Koestler dadurch, daß zwei Begriffe miteinander „zusammenstoßen" und verschmelzen. Dieses Neue war also in den Begriffen selber nicht enthalten. Das hat mit Koestlers Philosophie zu tun, nach der Ganzheiten irgendwie größer sind als die Summe ihrer Teile.

Dagegen liegt der Schwerpunkt meiner Auffassung in der inneren Struktur des *einzelnen* Begriffs. Meiner Ansicht nach ist die Art und Weise, wie sich Begriffe verbinden und auf allen Komplexitätsebenen Begriffsmoleküle bilden können, eine Folge ihrer inneren Struktur. Das Resultat einer Verbindung mag uns überraschen, nichtsdestotrotz ist es vollständig durch die verbundenen Begriffe determiniert. Deren Struktur muß man nur kennen. Die Crux der Sache ist daher die innere Struktur des einzelnen Begriffs und wie er über sich „hinausgreift". Die Crux ist *nicht* irgendein magischer, mysteriöser Prozeß, der immer dann stattfindet, wenn zwei unteilbare Begriffe zusammenstoßen; sondern was stattfindet, ist eine Konsequenz aus der Teilbarkeit der Begriffe in Unterbegriffe. Ich glaube also nicht, so viel müßte klar geworden sein, daß sich Ganzheiten einer Beschreibung durch ihre Teile entziehen. Vielmehr glaube ich, daß wir vielleicht bei einer „Chemie der Kreativität" ankommen können, wenn wir nur einmal die „Physik der Begriffe" verstanden haben, so wie wir die Prinzipien der Chemie der Atome und Moleküle aus denen der Physik der Quanten und Teilchen ableiten können. Doch wie ich schon oben sagte: Bis dahin ist es noch ein Weilchen. Geistige Verbindungen werden wohl kaum weniger subtil sein als chemische. Alan Turings vorsichtiger Enthusiasmus angesichts künstlicher Intelligenz trifft heute genauso zu wie 1950, als er seinen berühmten Aufsatz über „Rechenmaschinen und Intelligenz" mit den Worten schloß: „Wir können nicht weit vorausschauen, wir sehen aber vieles, was noch getan werden muß."

Neulich las ich eine Schlagzeile auf dem Umschlag einer populären Elektronik-Zeitschrift, die „SEHENDE CHIPS" verkündete. Quatsch! An „sehende Chips" glaube ich erst, wenn sie Dinge sehen, die es nie gab, und sagen: „Warum nicht?"

Postskriptum

Ich bin von Knopf bis Fluß auf Rutschen eingestellt ...

Einige Leser haben gegen den Slogan dieser Kolumne – daß die Crux der Kreativität in den Variationen über ein Thema liege – Einspruch erhoben. Sie wurden das – verständliche – Gefühl nicht los, daß es doch lächerlich einfach sei, Variationen zu machen (d.h. Knöpfe zu drehen). Wie kann also das Geniale so einfach sein? Ein Teil der Antwort lautet: Für ein Genie *ist* es einfach, ein Genie zu sein. *Keines* zu sein, wäre für ein Genie unerträglich schwer. Das ist jedoch keine völlig befriedigende Antwort auf diesen Einwand. Woran sich diese Leute stoßen, ist die unbeabsichtigte Implikation, daß es für *jedermann* leicht sein müsse, ein Genie zu sein. Schließlich braucht sich ein Schwachkopf beim Drehen eines Knopfes nicht ungeschickter anzustellen als ein Genie. Der Einwand zielt also darauf, daß die Crux der Kreativität weniger im *Drehen* als in der *Entdeckung* von Knöpfen bestehe.

Genau das wollte ich aber auch mit meiner Formel sagen. Variationen zu machen, heißt nicht einfach, an einem Knopf zu drehen; dazu gehört, den Knopf auch selber zu konstruieren. Woher kommt denn ein Knopf? Anders gefragt: Wie sieht man eine *Variable*, wo nur eine *Konstante* ist? Genauer: *Was* könnte variieren und *wie*? Es genügt ja nicht, etwas nur anders sehen zu wollen als es vorliegt. Bloße Bemühung um Originalität reicht nur zu schwachen und wirkungslosen Konstruktionen; oft gehen die langweiligsten Knöpfe daraus hervor. Wo kommen also die interessanten Knöpfe her? Ich würde sagen: daher, daß man *etwas als etwas anderes sieht.* Ist erst einmal qua *Analogie* oder *Erinnerungsmoment* eine abstrakte Verbindung hergestellt, so öffnet sich die Schleuse für einen regen Austausch der Ideen zwischen den beiden Begriffen.

Ein simples Beispiel: Ein Freund und ich bemerkten einen Tanklastwagen, der in eine Straße einbog. Auf ihm stand gut leserlich: „NSF", was *North Shore Fuel* („Nordküsten-Benzin") heißen sollte. Für uns jedoch hießen diese Buchstaben *National Science Foundation* („Nationale Wissenschaftsstiftung"), so wie „TNT" für jedermann Trinitrotoluol bedeutet. Wir hätten es nun bei diesem Zufall belassen können, doch statt dessen griffen wir ihn auf und spielten mit ihm. Wir stellten uns einen Tankwagen der *National Science Foundation* vor, der bei einem Forschungsinstitut vorfährt. Der Fahrer springt heraus, entrollt einen dicken elastischen Schlauch und schließt ihn an einen Stutzen in der Hauswand an. Dann wirft er einen lauten Motor an und pumpt eine Wagenladung Geld – mutmaßlich in großen Scheinen – in den Keller des Hauses. (Wäre es nicht schön, wenn Stipendien auf diese Weise vergeben würden?) Dieses Bild brachte uns dann dazu, über die Art nachzudenken, wie Geld *wirklich* zwischen den großen Institutionen fließt: nicht in Form von Scheinen, die in großen Lastwagen herumkutschiert werden, sondern in Form von abstrakten, körperlosen Zahlen, die als Bits durch Drähte gejagt werden.

An diesem klitzekleinen Zwischenfall ist gut zu sehen, wie eine einfache Assoziation eine Gedankenreihe auslöst, die in einer Ideenwelt endet, die man einen Moment davor nicht im geringsten antizipiert hätte. Es genügte, die Bedeutung von „NSF" etwas zu verfremden und ein Stück weit zu verfolgen. Daß man an etwas Entlegenes erinnert wird – der Fall des *zweideutigen Ausdrucks* –, passiert fortlaufend, ohne daß es oft bemerkt wird. Manchmal wird die Zweideutigkeit zwar wahrgenommen, aber mit einem Achselzucken abgetan. Manchmal dagegen wird sie exzessiv ausgebeutet. In unserem Fall war das Ergebnis nicht weltbewegend, doch rückte es für uns die Dinge in ein neues Licht, und die Szene hat uns nicht wenig amüsiert. Die Crux des kreativen Prozesses liegt in der Ausbeutung dieses Gespürs für Zufälle und unerwartete Ähnlichkeiten.

* * *

Beobachtung mit Gespür und schnelles Erfassen des Möglichen sind für die Konstruktion eines Knopfes von vitaler Bedeutung. Hand in Hand mit der Bereitschaft, eine aufgespürte Verbindung spielerisch zu erkunden, geht die Bereitschaft, eine Erkundung zu überprüfen oder abzubrechen, wenn sie zu keinem Ergebnis zu führen scheint. Das ist die Rückseite des Risikos, das man mit dem Spürsinn eingeht. Es ist schön, an etwas erinnert zu werden, eine Analogie oder vage Verbindung zu sehen, und es ist schön, eine Situation oder einen Begriff auf einen anderen abzubilden in der Hoffnung, daß etwas Neues entspringen möge – aber man muß auch bereit sein und ein Gespür dafür haben, wann sich das Spiel nicht lohnt, und Schluß machen können. Das Problem bei den notorisch populären Selbsthilfebüchern über Kreativität ist es gerade, daß sie zwar alle zu „ausgefallenem Denken“ ermuntern (unter Slogans wie „Querdenken“, „Begriffssprengung“, „Kopfstoß“), aber über die Tatsache hinweggleiten, daß die meisten ausgefallenen Verbindungen ohne größeren Wert sind und daß man sein ganzes Leben damit zubringen könnte, auf diese Art mit Ideen nur zu spielen. Was man braucht, ist etwas Handfesteres als der bloße Ratschlag zu „verrückten, ausgefallenen Gedanken“.

Krampfhaftes Bemühen um Originalität führt meistens in eine Sackgasse. Da ist es schon viel besser, sich zu entspannen und die Systeme der Wahrnehmung und der Kategorien unbewußt zusammenarbeiten zu lassen, bis sie irgendwann mit einer unaufgeforderten Verbindung herausrücken. Das ist der Moment, an dem man – als der glückliche Besitzer dieses Geistes – die Gelegenheit packt und die gegebene Spur verfolgt. Nach dieser Auffassung von Kreativität verhält sich das bewußte Denken ganz passiv, bereit, sich zurückzulehnen und die Brodelküche des Unbewußten machen zu lassen.

Wirklich originelle Ideen kommen weniger von vagen Assoziationen (wie bei den Buchstaben „NSF“) als von strengen Analogien, in denen eine Erfahrung lückenlos auf eine andere Erfahrung abgebildet werden kann. Allgemein gilt, je stimmiger, desto tiefer die Einsicht. Es ist eine aufregende Entdeckung, zwei Dinge als Momente eines einzigen abstrakten Phänomens zu sehen. Einsichten, die für das eine Ding gelten, können dann von der Reflexion auf das andere hergenommen werden, und diese wechselseitige Bestimmbarkeit hat einen gewaltigen Aufklärungseffekt für beide zugleich. Eine solche Verbindung ist Scott Kims brillanter Aufsatz „Nichteuklidische Harmonie“, der Mathematik und Musik in der erstaunlichsten Weise miteinander verknüpft. Er kann nachgelesen werden in *The Mathematical Gardner*, einer Martin Gardner gewidmeten Anthologie, herausgegeben von David Klarner.

Eine Abbildungsmethode mit oft interessanten Resultaten besteht darin, *sich* in eine

Situation *hineinzuversetzen:* „Wie würde *ich* auf sie reagieren?" Das kann eine ganze Menge bedeuten, je nachdem, wie man sich in die Szene versetzen will, was wiederum davon abhängt, für welchen Aspekt man sich interessiert. Der Mann, dem der geschäftige Betrieb in der Kneipe ins Auge gefallen war und der gesagt hatte: „Ein Glück, daß ich hier heute abend keine Kellnerin bin", hätte sich statt dessen auch von der Musik belästigt fühlen und sagen können: „Wenn ich hier der Besitzer wäre, würde ich die Musik leiser stellen" – oder sein Blick hätte auf jemanden fallen können, der sich gerade ein großes Stück Sahnetorte bestellt, und er hätte sagen können: „Ich wünschte, ich wäre so schlank." In der Angewohnheit, sich in Rollen zu sehen, die sie ganz offensichtlich nicht ausfüllen können, sind die Leute erstaunlich flexibel, und dennoch steht der Reichtum der daraus folgenden Einsichten außer Zweifel.

* * *

Als ich zum ersten Mal den französischen Spruch *Plus ça change, plus c'est la même chose* hörte, kam er mir ziemlich sinnlos vor: „Je mehr es sich ändert, desto gleicher wird es" (in meiner eigenen umgangssprachlichen Übersetzung). Obwohl ich ihn gar nicht witzig fand, blieb er jahrelang in mir haften, bis mir seine ganze Bedeutung dämmerte. Am liebsten interpretiere ich ihn folgendermaßen: Je mehr man verschiedene Verkörperungen eines Phänomens beobachtet, desto tiefer versteht man es, und desto deutlicher kann man daher den Faden der Gleichheit erkennen, der sich durch alle diese verschiedenen Dinge hindurchzieht. Oder anders gesagt, vielfältige Erfahrung verfeinert das Kategoriensystem und ermöglicht aufgrund tiefer gemeinsamer Eigenschaften die Herstellung prägnanter, abstrakter Zusammenhänge. Man kann es aber zynischer sehen und befindet sich damit wahrscheinlich mehr im Einklang mit der ursprünglichen Intention. Dann will der Spruch besagen, daß künstliche Verschiedenheit allzuoft auf das gleiche hinausläuft. Aber so zynisch muß man ihn nicht unbedingt verstehen.

Das ganze Wesen eines ungewohnten Phänomens erkennt man oft dann am besten, wenn man ein oder mehrere bekannte Dinge findet, *als* die es angesehen werden kann, und wenn man dann diese Auffassungen in eine Balance bringt. Seit langem haben die Physiker gelernt, mit zwei Lichtauffassungen umzugehen: Licht als Welle und Licht als Teilchen. Sie wissen, daß jede Auffassung ein Moment des Wesens des Lichts enthält, daß keine es vollständig enthält, und sie wissen, wann sie vom Licht in der einen oder anderen Weise reden müssen. Man lasse sich von Leuten nichts vormachen, die allen Ernstes behaupten, Physiker könnten auf die Hilfsmittel einfacher Bilder oder Analogien verzichten, denn alles was sie bräuchten, sei schon in ihren Formeln enthalten. Der Trugschluß liegt hier darin, daß aus keiner Formel abzulesen ist, *welche* Formel anzuwenden, *wie* sie anzuwenden und welche Momente von ihr zu *vernachlässigen* sind. Deswegen ist das Geschäft der Physik, trotz der Tatsache, daß Josefine wie Jochen Edermann hier überall gebrauchsfertige Formeln finden, eine große Kunst.

Etwas als Wellen zu sehen, gibt sofort einige Knöpfe vor: Wellenlänge, Frequenz,

Amplitude, Geschwindigkeit, Medium und ein ganzes Bündel von Grundbegriffen, die das Wesen der Wellenbewegung bestimmen. Etwas als Teilchen zu sehen, gibt ganz andere Knöpfe vor: Masse, Gestalt, Radius, Rotation, Komponenten und ein ganzes Bündel anderer Grundbegriffe, die das Wesen der Korpuskeltheorie bestimmen. Wer es vorzieht, sagen wir, Menschen als Wellen oder Teilchen anzusehen, der mag einige dieser Knöpfe ganz interessant finden. Andererseits ist diese Auffassung nicht sehr produktiv. Produktive Analogien entspringen selten einer bloß ausgefallenen Auffassung wie dieser. Als Abkömmlinge des Unbewußten, das auf Ähnlichkeiten sensibilisiert ist, fallen sie vielmehr spontan ein.

Wer eine neue Auffassungsweise eines Phänomens ausprobieren möchte, der kann sich von dieser Auffassung eine Reihe von zu variierenden Knöpfen vorgeben lassen. Durch deren Variation werden neue Wege eröffnet, entstehen neue Bilder, die in ihrer Eigengeltung wahrgenommen werden wollen. Damit ist die Schleife geschlossen:

* neue Situationen werden unbewußt in einer bekannten Begrifflichkeit gefaßt;
* diese bekannten Begriffe werden mit drehbaren Standardknöpfen ausgestattet;
* durch das Drehen der Knöpfe wird man in ein neues Begriffsterritorium getragen.

Ein Bild, das mir in diesem Zusammenhang immer wieder unterkommt, ist das eines Planeten, der einen Stern umläuft und dabei in so große Nähe zu einem anderen Stern gerät, daß er „gefangen" wird und beginnt, den zweiten Stern zu umlaufen. Auf der neuen Umlaufbahn gerät er vielleicht *erneut* in die Nähe eines anderen Sterns und wechselt den Partner. Und so geht es im Square-Dance durch den Weltraum.

Die geistige Analogie zu solchen Sternenwanderungen liegt in dem, was die oben geschilderte Schleife zu sagen versuchte. Man kann sich Begriffe als Sterne vorstellen. Das Drehen der Knöpfe trägt uns von einem Punkt einer Umlaufbahn zu einem anderen. Wenn man nur richtig dreht, so findet man sich inmitten der Gravitation eines unerwarteten, aber interessanten Begriffs wieder und wird von ihm gefangengenommen. So wandert man von Begriff zu Begriff. Die Knopfdrehung ist kurzum ein Kunstgriff, sich von Begriff zu Begriff tragen zu lassen, indem man sich die Überschneidungen der Umlaufbahnen zunutze macht.

Bei einem trivialen Begriffsmodell kann das alles natürlich nicht geschehen. Im Geiste geschieht es, wie wir sehen, jederzeit, aber es bedarf noch einer gründlicheren Erforschung dessen, was Begriffe wirklich sind, um es auch in Computern geschehen zu lassen oder im Gehirn physisch zu lokalisieren. „Umlaufbahnen um Begriffe" ist eine schöne Metapher, aber diese Metapher auch in ein vollwertiges wissenschaftliches Konzept umzusetzen, das entweder in einem Computermodell verwirklicht oder innerhalb des Gehirns lokalisiert werden kann, das ist eine gigantische Aufgabe. Genau mit dieser Aufgabe sind die Kognitionswissenschaftler konfrontiert, wenn sie den „Begriff" zu einem legitimen wissenschaftlichen Terminus machen wollen. Dieses zu Beginn des Artikels genannte Ziel könnte als das Hauptziel der Kognitionswissenschaft bezeichnet werden, obwohl es in dem leeren Rummel, der heute mehr und mehr um die artifizielle Intelligenz veranstaltet wird, oft untergeht.

Der oben aufgezeigte Zyklus erläutert, was ich mit der Formulierung „ein Thema variieren“ sagen will, und genau in dieser Schleife sehe ich die Crux der Kreativität. Das Schöne daran ist, daß man das eigene Gedächtnis und seine Wahrnehmungsmechanismen die ganze *Schwerarbeit* für einen selbst machen läßt (nämlich Begriffe aus ihrem Schlaf zu reißen); alles, was man *selbst* zu tun hat, beschränkt sich auf das Drehen von Knöpfen. Und ich überlasse es jedem *selbst,* wie er diese eigenartige Unterscheidung zwischen „man selbst“ und den schwerarbeitenden Mechanismen des „eigenen Gedächtnisses“ verstehen will.

* * *

Die „Implikosphäre“ einer Idee – die Sphäre ihrer Variationen, die dadurch zustande kommt, daß man mit Sinn und Verstand an vielen Knöpfen dreht – ist ein sehr schwieriger Begriff, aber für die Aussage dieser Kolumne absolut zentral. Man kann sie sich auch folgendermaßen klarmachen. Man stelle sich eine einzelne Mücke vor, die von einem hellen Licht angezogen wird. Sie schwirrt herum und beschreibt eine dreidimensionale Zufallsroute um dieses Licht herum. Durch lange Belichtung einer photographischen Platte kann man ihren Weg schrittweise verfolgen. Zuerst sieht man eine chaotisch gebrochene Linie, doch bald verdichtet sich das Gewirr der Linien auf dem Bild zu einem verschmierten Kreis, dessen Radius langsam anwächst. Am äußeren Rand der Schmiere sieht man ab und zu einen gelegentlichen Ausfall des einsamen Insekts. Eine Zeitlang noch dehnt sich das erfaßte Gebiet aus, dann aber stabilisiert sich diese Mückosphäre. Ihr Umriß ist kein scharf umrandeter, sondern ein verschwommener Kreis (siehe Abbildung 11-5a), dessen ungefährer Radius etwas darüber aussagt, wie Mücken vom Licht angezogen werden.

Wenn man sich das nun in den ideellen Raum übertragen vorstellt, dann macht man sich in etwa ein richtiges Bild. Natürlich haben nicht alle Implikosphären denselben Radius. Die Implikosphären einiger Leute tendieren dazu, einen größeren Radius zu haben als die anderer. Daher überschneiden sich ihre Implikosphären auch mehr. Das kann von Vorteil sein, aber es kann auch überstrapaziert werden. Bei zuviel Überschneidungen (Abbildung 11-5b) hat man nur noch einen Brei von vage assoziierten Ideen, einen verkochten und geschmacklosen Ideen-Eintopf. Bei zu wenig Überschneidungen (Abbildung 11-5d) hat man nur sehr dünne, wässerige Ideen, mit wenigen großen Überraschungen (von der Meta-Überraschung abgesehen, wenig Überraschendes zu haben). Mit anderen Worten, es gibt für brauchbare kreative Ideen eine optimale Größe an Überschneidungen (Abbildung 11-5c). Diese Art von Regel kann man jedoch nicht lehren. Das wäre so, als wollte man einer Mücke beibringen, den Umfang ihrer beschriebenen Sphäre selber zu regulieren. Oder, wenn man lieber will, als wollte man einem ganzen Schwarm von Mücken beibringen, immer dann, wenn sie sich um die Lampe drängeln, Sphären von bestimmtem Umfang zu beschreiben. Die Sache ist, daß der Grad der Attraktion durch das Licht und durch andere Mücken und so weiter schon in den Mücken vorprogrammiert ist.

Meiner Ansicht nach ist die Denkkraft eine Folge dessen, wie Implikosphären im Vorstellungsraum aus der statistischen Prädisposition der Neuronen, sich gegenseitig zu aktivieren, hervorgehen. Derart tiefsitzende statistische Denkmuster im Gehirn können nicht geändert werden, abgesehen natürlich von einigen oberflächlichen Aspekten. So kann man jemandem beibringen, immer Apfelsprache zu assoziieren, wenn er an Mutterkuchen denkt – aber auf die zugrunde liegenden statistischen Gesetzmäßigkeiten der neuronalen Arbeitsweise hat die Hinzufügung einer beliebigen Zahl von neuen assoziativen Verbindungen nicht den geringsten Einfluß. In diesem Sinne bin ich äußerst skeptisch gegenüber Kursen oder Büchern, die eine Verbesserung des Denkens und der Fähigkeiten versprechen. Natürlich kann man neue *Ideen* hinzufügen – aber damit hat man noch lange nicht das berühmte Salz der Suppe hinzugefügt. Die perzeptiven und kategorialen Systeme des Denkens sind viel zu sehr auf der „subkognitiven" Ebene angesiedelt, als daß sie durch Lerntechniken auf der kognitiven Ebene erreicht werden könnten. Wenn der Leser alt genug ist, um dieses Buch zu lesen, dann verfügt er schon seit langem über jene tiefliegende geistige Hardware, die sein Denken zu einem unverkennbar eigenen macht. (Wenn nicht, sollte er dieses Buch schleunigst aus der Hand legen!) Mehr über Subkognition und Identität ist in den Kapiteln 24 und 25 zu erfahren.

Wenn eine neue Idee im Denken Fuß faßt, bildet sich um sie eine Implikosphäre. Da dies im wesentlichen nichts anderes heißt, als daß sich diese neue Idee mit älteren verbindet, spreche ich auch von einer „Diffusion im Vorstellungsraum". Mein Standardbeispiel, wenn auch ein ziemlich grausames, für dieses Phänomen ist die kürzliche Welle von wahllosen Morden, bei denen irgendein Unbekannter Tylenolkapseln (eine harmlose Arznei) mit Strychnin vergiftet hatte. Was mich so verblüffte, war die Reaktion der Überwachungsbehörde für Lebens- und Arzneimittel (FDA), denn implizit enthüllte sie eine Theorie darüber, wie diese Idee im Vorstellungsraum eines typischen potentiellen Mörders diffundieren könnte. Das FDA erlegte den Herstellern eine Reihe von Verpackungsmaßregeln auf, wobei verschiedenen Produktsorten verschiedene Umstellungsfristen gesetzt wurden. Dahinter stand die Vorstellung, daß der potentielle Mörder zwar innerhalb einer Woche von Tylenol zu Aspirin übergehen konnte, daß aber die expandierende Sphäre längere Zeit brauchen würde, um auf die glorreiche Idee zu kommen, daß es auch jedes rezeptfreie Medikament sein könnte. Nicht nur das FDA schien so zu denken; auch die Talkshow-Gäste im Radio ergingen sich in Spekulationen darüber, welches Medikament wohl als nächstes dran wäre – daß sie sich aber auch über ganz gewöhnliche Lebensmittel in den Läden Gedanken gemacht hätten, habe ich nicht gehört. Doch warum sollte es einem Mörder, der nach dem Zufallsprinzip verfährt, weniger Spaß machen, durch Vergiftung eines Senfglases als durch die eines Medikaments zu töten? Wer es sich im Leben zum Ziel gesetzt hat, wahllos eine Menge Menschen sterben zu sehen, der kann in der Tat viele Wege einschlagen, die überhaupt nicht über den Magen führen. Eine Freundin von mir nahm den Zug von Washington nach New York, und der Zug raste in voller Fahrt in eine mit Steinen gefüllte Waschmaschine, die irgendein Übeltäter auf die Schienen gewuchtet hatte. Hat der Täter hier ein Moment der Implikosphäre des Tylenol-Mörders aktualisiert? Ich bezweifle es, aber möglich wäre es schon.

Auf ihre eigene grauenhafte Art ähnelt die Verallgemeinerung der Tylenol-Morde der der expandierenden Implikosphäre des Würfels – und der einer jeden aufkommenden Idee. Ob gut oder schlecht, Ideen haben ihre eigene Dynamik, sich in und zwischen den Köpfen auszubreiten. Hier sprechen wir hauptsächlich über die Ausbreitung innerhalb des Kopfes (Implikosphären), diejenige zwischen den Köpfen (ansteckende Meme) haben wir in Kapitel 3 behandelt.

* * *

Wenn man seine Allgegenwart bedenkt, ist das Verrutschen von Gedanken ein erstaunlich unsichtbares Phänomen. Die Leute wissen einfach nicht, wie ausgesprochen selektiv sie in der „Wahl" dessen sind, was und was nicht als Dreh- und Angelpunkt einer bestimmten Auffassung zu gelten hat. Alles scheint so natürlich zu sein, daß es keiner Erklärung bedarf.

Neulich abend fiel mir ein Stück Pizza auf den Boden einer Pizzeria. Mein Freund Don, der weniger hungrig gewesen war als ich, war davon sofort angetan und sagte: „Schade, daß nicht *ich* eines *meiner* Stücke runtergeschmissen habe – oder daß du nicht eines von meinen runtergeschmissen hast." Klingt sinnvoll. Aber warum hat er nicht gesagt: „Schade, daß die Pizza nicht größer ist?" Seine Wahl zeigte, daß es sein unbewußter Verstand für sinnvoll hielt, den Rollenspieler in einer gegebenen Situation umzustellen, so als ob das Fallenlassen eines Pizzastückes in der Möglichkeit dieses Abends gelegen hätte, als hätte Gott eine Münze geworfen, und dabei wäre zu meinem Pech mir anstatt Don die Rolle des Pizzaschmeißers zugefallen – aber daß es auch hätte umgekehrt sein können.

Einige hypothetische Ersatzszenarien – ich nenne sie gerne „sofortige subjunktive Wiederholungen" – sind zwingend und fallen spontan ein. Sie sind nicht ausgeklügelt, sondern sehr natürliche menschliche gefühlsmäßige Antworten auf eine allgemeine Art von Vorkommnissen. Andere sofortige subjunktive Wiederholungen sind nicht so einsichtig und scheinen weit hergeholt zu sein, obwohl schwer zu sagen ist, warum genau. Man betrachte folgende Aufstellung:

> Schade, daß sie uns kein Ersatzstück gegeben haben.
> Ein Glück, daß wir in keinem feinen Restaurant waren.
> Schade, daß die Gravitationskraft nicht schwächer ist, so daß man es hätte auffangen können, bevor es auf den Boden fiel.
> Ein Glück, daß es kein Becher mit Gift war.
> Ein Glück, daß es kein gutes Porzellan war.
> Schade, daß es keine Gabel war.
> Schade, daß es unhygienisch ist, vom Boden zu essen.
> Ein Glück, daß nicht die ganze Pizza runtergefallen ist.
> Schade, daß es nicht die Leute vom Nebentisch waren, die *ihre* Pizza runtergeschmissen haben.
> Ein Glück, daß es hier keinen Teppich gibt.
> Schade, daß du Hunger hattest und nicht ich.

Ich überlasse es dem Leser, sich weitere sofortige subjunktive Wiederholungen vorzustellen. Es gibt unter ihnen, was die Plausibilität des Einfalls betrifft, eine grobe Rangordnung. Was mich fasziniert, ist der Sinn und Verstand, der hinter dieser Ordnung steckt.

Warum finden es Leute nicht nur plausibel, sondern sogar zwingend, Bemerkungen wie die folgenden zu machen?

> Wäre Jesse Jackson ein Weißer, wäre er zum Präsidenten gewählt worden.
> Wäre Jesse Jackson ein Weißer, würde er als Hundefänger in Betracht kommen.

Diese zwei im *Newsweek* zitierten Sätze stammen aus dem Mund von Zufallswählern. Ich frage mich, was in den Köpfen der Leute ins Rutschen kommt, wenn sie sich einen weißen Jesse Jackson vorstellen. Schwebt ihnen ein Prediger in einer Baptistenkirche vor? Ist diese Person ein glühender Kämpfer für die Bürgerrechte? Oder umgekehrt ein glühender Kämpfer gegen die Quotenregelung? Desgleichen, was meint ein Schüler, wenn er sagt: „Wäre ich mein Vater, würde ich mich nicht ans Steuer lassen“? Ist er sich überhaupt bewußt, daß, wenn er sein Vater wäre, er *ipso facto* auch sein eigener Sohn wäre? Oder muß das so sein? Müssen die beiden die Rollen gewechselt haben? Hier bleiben eine Menge Fragen offen, aber der Witz ist, daß niemand auch nur eine Sekunde bei solchen Kontrafakten zögern würde. Sie sind ja allgemein gebräuchlich, das tägliche Brot, der Stoff, aus dem die Kommunikation gemacht ist. Nur daß einige Arten von Kontrafakten niemals (oder fast niemals) auftauchen, während andere, die nicht weniger quer zur Realität stehen, Dutzendware sind.

Daniel Kahnemann und Amos Tversky, Kognitionspsychologen, haben untersucht, wieviel Emotionen die Leute bei der Lektüre von Geschichten von gerade verpaßten oder gerade noch erwischten Flugzeugen – besonders wenn sie dann abstürzen – entwickeln. Diese Art von knappem Ausgang, ob glücklich oder unglücklich, geht uns empfindlich nahe und tut dies auf beinahe universal gültige Weise. Es gibt etwas an diesen Beispielen für Verrutschbarkeit, das ohne Zweifel in das Zentrum dessen trifft, was es heißt, Mensch zu sein und die Welt durch den Filter des menschlichen Geistes zu erfahren.

Im großen und ganzen haben Philosophen und Erforscher artifizieller Intelligenz der „Anziehungskraft“, die von einem Kontrafaktum ausgeht, wenig Aufmerksamkeit geschenkt. Logiker haben viel Zeit und Mühe darauf verwandt, herauszukriegen, was es für ein bestimmtes Kontrafaktum heißen würde, *wahr* zu sein. Meiner Meinung nach jedoch ist diese Frage nicht annähernd so interessant – oder sogar sinnvoll – wie jene eher psychologischen Fragen:

> Auf welche Kontrafakte verfällt ein menschlicher Geist mit Wahrscheinlichkeit, wenn er mit verschiedenen Typen von Ereignissen in der Welt konfrontiert wird?
>
> Warum werden manche Vorfälle als „knapper Ausgang“ gesehen und andere nicht?
>
> Warum wird der Tod einiger unschuldiger Menschen als tragischer empfunden als der anderer unschuldiger Menschen?

An solchen Punkten, wo sich tiefes menschliches Gefühl, Identifizierung mit anderen Wesen und Realitätswahrnehmung treffen, liegt die Crux der Kreativität – wie auch die Crux der meisten weltlichen Gedanken. Variationen auszuspinnen ist etwas, was dem menschlichen Geist ganz natürlich zukommt. Und es trägt stets Früchte!

12
Metaschrift, Metamathematik und Metaphysik: Bemerkungen zu Donald Knuths Artikel „The Concept of a Meta-Font“

August 1982

Mathematisierung von Kategorien und Metamathematik

Donald Knuth hat die letzten Jahre mit der Ausarbeitung eines Systems verbracht, das ihm erlaubt, über die Aufmachung seiner künftigen Bücher in vielfacher Hinsicht die Kontrolle auszuüben – angefangen vom Satz und vom Layout bis hin sogar zur Form der Buchstaben! Selten hat ein Autor auch nur annähernd soviel Einfluß auf das schließliche Erscheinungsbild seiner Werke nehmen können. Knuths TEX-Schriftsetzsystem ist mittlerweile in vielen Ländern rund um den Erdball bekannt und verbreitet. Hingegen ist sein METAFONT-System zum Entwurf von Schriftgruppen nicht so bekannt und verbreitet.

In seinem Artikel „The Concept of a Meta-Font“ („Das Konzept einer Meta-Schrift“) stellt Knuth zum ersten Mal die dem METAFONT-System zugrunde liegende Theorie wie auch einige seiner Erzeugnisse vor. Nicht nur ist das Konzept faszinierend und offensichtlich gut durchgearbeitet, der Artikel ist auch nach meinem Dafürhalten hinreißend geschrieben. Ungeachtet der generellen Begeisterung, die ich für Knuths Idee und Artikel hege, gibt es in letzterem allerdings ein paar Punkte, die, wie ich meine, viele Leser mißverstehen könnten, und da das Punkte sind, die meine zentralsten Interessen auf dem Gebiet der artifiziellen Intelligenz und der ästhetischen Theorie berühren, fühle ich mich gedrängt, durch eine Reihe von Anmerkungen eine Klärung über bestimmte wichtige Fragen herbeizuführen, die „The Concept of a Meta-Font“ aufwirft.

Auch wenn es in seinem Artikel primär um Buchstabenformen und nicht um Philosophie geht, eröffnet uns Knuth darin eine philosophisch verlockende Aussicht: daß mit dem Aufkommen von Computern wir nunmehr der Vision von einer Vereinheitlichung aller Schrifttypen nähertreten können. Dieser Gedanke läßt sich in zwei Komponenten zerlegen:

1) Hinter sämtlichen „A“s verbirgt sich in letzter Instanz eine einzige große Abstraktion, die sich mit einer begrenzten, parametrisierbaren, computertauglichen Berechnungsstruktur erfassen läßt – mit einer „Software-Maschine“ mit einer endlichen Zahl von „einstellbaren Knöpfen“ (wir könnten auch von „Ska-

len der Gestaltungsfreiheit“ oder „Parametern“ reden, um etwas weniger burschikos zu sein).

2) Jedes denkbare konkrete „A“ ist einfach das Produkt dieser Maschine, wenn ihre Knöpfe auf bestimmte Werte eingestellt sind.

Knuths Vision erstreckt sich über die Welt der Buchstabenformen hinaus auf das, was ich die Mathematisierung von Kategorien nenne: die Vorstellung, daß jede beliebige Abstraktion oder platonische Idee sich auf diese Weise erfassen, d. h. als eine Software-Maschine mit einer begrenzten Anzahl von Knöpfen begreifen läßt. Knuth gibt nur ein paar Beispiele – er spricht vom „Meta-Walzer“ und vom „Meta-Schuh“ –, aber daraus folgt, daß man sich genausogut auch einen „Meta-Stuhl“, eine „Meta-Person“ usw. vorstellen kann.

Damit treibe ich Knuths Vision vielleicht weiter, als je von ihm beabsichtigt. Das vermute ich tatsächlich; ich bezweifle, daß Knuth an die Durchführbarkeit solch einer „Mathematisierung von Kategorien“ mit Hilfe von Computern glaubt. Aber jeder Leser mit Phantasie dürfte aus Knuths Artikel Andeutungen in dieser Richtung herauslesen, egal, ob das Knuths Absicht ist oder nicht. Ich möchte in diesem Artikel die Behauptung aufstellen, daß die Verwirklichung einer derartigen Vision höchst unwahrscheinlich ist und daß solch faszinierend flexible Instrumente wie Meta-Schuhe, Meta-Schriften, moderne elektronische Orgeln (mit ihren Walzer- und Cha-cha-cha-Rhythmen und ihren Harmoniemustern von der Stange) und sonstigen Apparaturen mit vielen Knöpfen uns nur deutlicher machen können, warum das so ist. Den Hauptgrund dafür kann ich kurz und bündig angeben: Ich meine, daß das Ausfüllen des ganzen „Raums“, den eine Kategorie wie „Stuhl“ oder „Walzer“ oder „Gesicht“ oder „A“ (siehe Abbildungen 11-2, 11-3 und 11-4) umfaßt, ein Akt unendlicher Kreativität ist und daß kein endliches Wesen (sei's ein unbelebter Mechanismus, sei's ein lebendiger Organismus) je imstande sein wird, alle die möglichen „A“s und nichts als die „A“s hervorzubringen (dasselbe ließe sich auch von Stühlen, Walzern usw. sagen).

Ich verkünde hier nicht die triviale Wahrheit, daß wegen der Begrenztheit des menschlichen Lebens niemand eine unbegrenzte Anzahl von Schöpfungen hervorbringen kann, sondern ich vertrete die nicht-triviale Ansicht, daß niemand im Besitz des „Geheimrezepts“ sein kann, auf Grund dessen alle die zu einer Kategorie wie „A“ gehörigen (unendlich vielen) Exemplare sich theoretisch erzeugen lassen. In der Tat ist meine These, daß es solch ein Rezept nicht gibt. Anders gesagt: Selbst wenn man eine unendlich lange Lebenszeit zur Verfügung hätte, um all die „A“s aufzustöbern, die nur irgend erdenklich wären, und auf diese Weise das ganze Potential eines vorhandenen Rezepts auszuschöpfen, hätte man, wie groß dies Potential auch immer wäre, doch stets noch riesige Teile der Sphäre von „A“ nicht erfaßt.

Mathematisch ausgedrückt, läuft das auf die Setzung hinaus, daß jede begriffliche (oder *semantische*) Kategorie eine *produktive* Menge ist, ein treffender Begriff, dessen Bestimmung das formale Gegenstück zu dem ist, was in den vorangegangenen Abschnitten beschrieben wurde (nämlich eine Menge, deren Elemente durch keinen Algorithmus vollständig aufgezählt werden können, ohne dabei die Grenzen der betreffenden Menge zu überschreiten, deren Vervollständigung man sich aber durch eine

Abfolge von zunehmend komplexeren Algorithmen mehr und mehr annähern kann). Von Existenz und Eigenschaften solcher Mengen erhielt man erstmals im Ergebnis des Gödelschen Unvollständigkeitstheorems aus dem Jahr 1931 Kenntnis. Es ist gewiß nicht meine Absicht, dieses Ergebnis hier ausführlich darzulegen, aber eine kurze Zusammenfassung mag hilfreich sein. (Als brauchbare Quellen nenne ich: Chaitin, DeLong, Nagel und Newman, Rucker sowie mein Buch *Gödel, Escher, Bach.*)

Eine leicht faßliche Darstellung von Gödels Theorem

Gödel untersuchte die Eigenschaften rein formaler deduktiver Systeme auf dem Gebiet der Mathematik, und er fand heraus, daß solche Systeme – selbst wenn ihr Diskursbereich angeblich auf einen bestimmten Gegenstand beschränkt war – sich so betrachten ließen, als handelten sie „in verschlüsselter Form" von sich selbst. Demnach konnte ein deduktives System in seiner eigenen formalen Sprache Feststellungen über seine eigenen Fähigkeiten und Schwächen treffen. So konnte etwa System *X* durch den Gödelschen Kode über sich selber äußern:

> *System* X *ist nicht leistungsstark genug, um die Wahrheit von Satz* S *zu beweisen.*

Das klingt ein bißchen nach einem Science-fiction-Roboter namens „ROBOT R-15", der (selbstredend in monotonem Telegrammstil) herunterschnarrt:

> *ROBOT R-15 LEIDER AUSSERSTANDE AUFTRAG T-12 AUSZUFUEHREN – BEDAURE.*

Was wäre nun, wenn der Auftrag T-12 dank eines verrückten Zufalls nicht die Montage irgendeiner merkwürdigen Weltraumapparatur, sondern einfach nur der Akt der Äußerung des vorstehenden monotonen Telegrammstil-Satzes ist? (Ich sage „einfach nur", aber da steckt natürlich ein bißchen Ironie dahinter.) Dann würde ROBOT R-15 den Satz nur halb vollenden können, ehe ihm die Stimme versagte: *ROBOT R-15 LEIDER AUSSERSTANDE AUFT-.*

Nehmen wir nun an, daß bei dem oben genannten formalen System *X,* das über seine Leistungskraft spricht, dank eines ebenso verrückten Zufalls der Satz **G** ein Satz ist, der da lautet:

> *System* X *ist bedauerlicherweise nicht leistungsstark genug, um die Wahrheit von Satz* **G** *zu beweisen.*

In diesem Fall erweist sich Satz **G** als eine Behauptung seiner eigenen Unbeweisbarkeit innerhalb von System *X.* Tatsächlich brauchen wir uns gar nicht auf verrückte Zufälle zu verlassen, denn Gödel wies nach, daß in jedem gegebenen vernünftigen deduktiven System ein auf das System bezüglicher Satz vom Typ **G** wirklich existiert. (Die einzige

Übertreibung in meiner deutschsprachigen Version von Satz **G** besteht darin, daß formalen Systemen die Möglichkeit fehlt, „bedauerlicherweise" zu sagen.) In formalen deduktiven Systemen tritt diese Rückbeziehung notwendig erst mittels des Gödelschen Kodes auf, aber die Umgangssprache braucht keinen Gödelschen Kode, und in ihr wird die eigentümliche Qualität eines solchen Zirkels unmittelbar sichtbar.

Wenn man genauer über Satz **G** nachdenkt, stößt man auf einige erstaunliche Dinge. Kann Satz **G** in System *X* beweisbar sein? Wenn er das wäre, dann enthielte System *X* einen Beweis für Satz **G**, der behauptet, daß System *X* keinen Beweis für Satz **G** enthält. Das kann nur passieren, wenn System *X* sich eklatant selbst widerspricht – und ein formales Argumentationssystem, das sich selbst widerspricht, ist ebenso nützlich wie ein U-Boot mit Fliegengitterluken. Gesetzt also, wir haben es mit einem *konsistenten* formalen System (einem System ohne innere Widersprüche) zu tun, dann ist Satz **G** im Rahmen von System *X* nicht beweisbar. Und da dies exakt das ist, was Satz **G** selber behauptet, kommen wir zu dem Schluß, daß Satz **G** wahr ist – wahr, aber unbeweisbar im Rahmen von System *X*.

Eine letzte Möglichkeit, diesen merkwürdigen Stand der Dinge zu verstehen, bietet dem Leser das folgende kleine Puzzle. Welchen der beiden nachstehenden Sätze hält man für zutreffender?

1) Satz **G** ist wahr, *obwohl* er nicht beweisbar ist.
2) Satz **G** ist wahr, *weil* er nicht beweisbar ist.

Der Leser weiß, daß er das Phänomen „Gödelianismus" wirklich gepackt hat, wenn für seine Ohren beide Versionen gleich wahr klingen, wenn er zwischen beiden hin und her flitzt und die extreme Annäherung ans Paradoxe auskostet, die Satz **G** gewährt. So völlig auf sich selbst zurückgebogen ist Satz **G**!

Das Auftreten von **G** innerhalb jedes Systems hat vor allem zur Folge, daß, mag System *X* auch noch so leistungsstark und flexibel sein, es Wahrheiten gibt, die in seinem Rahmen unerreichbar bleiben, solange es sich nicht in einen Selbstwiderspruch verwickelt. Sehen wir also in Wahrheiten erstrebenswerte Dinge, so kann kein formales System alle davon haben; vielmehr können wir bei jedem beliebigen formalen System auf Verlangen eine Wahrheit vorweisen, die dem System nicht zugänglich ist und die wir ihm mit herausforderndem „Ätsch, ätsch"-Geschrei unter die Nase reiben können. Die Gesamtheit der Wahrheiten hat diese merkwürdige und zur Raserei treibende Eigentümlichkeit, daß sie durch kein endliches System erfaßbar ist; und damit nicht genug, wir können bei dem in Frage stehenden System die Kenntnis, die wir von ihm haben, dazu nutzen, eine spezifische Gödelsche Wahrheit aufs Tapet zu bringen, die sich der Beweisbarkeit im Rahmen des betreffenden Systems entzieht.

Indem wir diese Wahrheit dem betreffenden System hinzufügen, erhalten wir ein erweitertes und noch ein bißchen leistungsstärkeres System – aber dieses System wird der Gödelschen Teufelskunst ebenso gewiß erliegen wie sein Vorgänger. Man stelle sich einen porösen Schlauch vor: Jedesmal, wenn man ein Loch mit dem Finger zuhält, entsteht an anderer Stelle ein neues Leck. Auch wenn man unzählig viele Finger hätte, es würde sich auf jenem löchrigen Schlauch immer noch eine unbedeckte Stelle finden. Ein System, das mindestens eine unbeweisbare Wahrheit enthält, gilt als *unvollständig,* und ein System, das solche Wahrheiten nicht nur enthält, sondern sich auch auf keine Weise vor dem Los der Unvollständigkeit bewahren läßt, gilt als *notwendig unvollständig.* Ein anderer Name für Mengen, die diese herrlich perverse Eigenschaft aufweisen, ist *produktiv.* (Eine ausführliche Behandlung der metamathematischen Ideen in diesem Artikel findet man in dem Buch von Rogers.)

Meine Behauptung – daß *semantische Kategorien produktive Mengen sind* – ist selbstverständlich keine mathematisch beweisbare Tatsache, sondern eine Metapher. Diese Metapher haben auch schon andere vor mir verwendet – vor allem die Logiker Emil Post und John Myhill –, und ich selber habe bereits früher darüber geschrieben (siehe Kapitel 22).

Vollständigkeit und Konsistenz

Man beachte, daß es wichtig ist, über die Fähigkeit zur Ausfüllung des ganzen (unendlichen) Raums zu verfügen, und ebenso wichtig, den letzteren nicht zu überschreiten. Die bloße unbegrenzte Fähigkeit dazu ist indes keineswegs gleichbedeutend mit der tatsächlichen Ausfüllung des ganzen Raums. Schließlich liefert uns jedes beliebige „A"-Schema à la METAFONT – selbst wenn es nur über eine einzige Skala der Gestaltungsfreiheit verfügt! – offensichtlich unendlich viele verschiedene „A"s, während wir den Knopf (oder die Knöpfe) drehen und die Skala von vorne bis hinten absuchen. Über eine „A"-Produktionsmaschine mit unendlich vielfältigem Ausstoß zu verfügen, ist also an sich nicht schwer; das Schwierige daran ist, die *Vollständigkeit* zu erreichen: den Raum auszufüllen.

Und doch, ist das Ausfüllen des Raums nicht ein leichtes? Kann man nicht mühelos ein Programm entwerfen, das alle denkbaren „A"s hervorbringt? Schließlich läßt sich jedes der „A"s als ein Muster aus Bildpunkten (Punkten, die entweder an oder aus sind) in einer $m \times n$ großen Matrix vorstellen – mithin wird ein Programm, das einfach nur alle möglichen Kombinationen von Bildpunkten in Matrizen jeder Größe ausdruckt (angefangen von 1×1 und dann weiter zu 2×1, 1×2, 3×1, 2×2, 1×3 usw., wie in Georg Kantors berühmter Aufzählung der rationalen Zahlen) früher oder später jedes vorhandene „A" erfassen. Das ist ganz sicher. Wo liegt also das Problem?

Nun, leider ist es schwierig – *sehr* schwierig –, ein Abtastprogramm zu entwerfen, das alle „A"s im Ausstoß dieses Programms von Bildpunktmustern speichert, während es alle „K"s, Bilder von Fröschen, Tintenfischen, Großmüttern und Straßenbahnen oder präkognitiven Fotos von Verkehrsunfällen im fünfundzwanzigsten Jahrhundert (um nur einige wenige von den möglichen Hervorbringungen des Programms zu erwähnen) ausmustert. Das Erfordernis, daß man im Begriffsrahmen einer bestimmten Kategorie bleibt, ließe sich als die Forderung nach Konsistenz bezeichnen – eine dem Vollständigkeitsgebot komplementäre Beschränkung.

Kurz, von einer mit den entsprechenden Knöpfen versehenen Kategorienmaschine wäre zu verlangen, daß sie die folgenden beiden Leistungen erbringt – nämlich:

1) *Vollständigkeit:* daß es möglich ist, alle wirklich zu einer Kategorie (wie der Kategorie „A“ oder der Kategorie „menschliches Gesicht“) gehörigen Exemplare früher oder später als Output zu produzieren;
2) *Konsistenz:* daß prinzipiell keine falschen Exemplare der Kategorie („falscher Fuffziger“) produziert werden können (daß also die Menge der Hervorbringungen der Maschine haargenau mit der Menge der Exemplare der vorgestellten Kategorie übereinstimmt).

Die miteinander verschwisterten Erfordernisse der Konsistenz und der Vollständigkeit sind metaphorische Äquivalente zu den gleichnamigen Begriffen aus der Metamathematik, durch die erwünschte Eigenschaften formaler Systeme bezeichnet werden – nämlich:

1) *Vollständigkeit:* daß es möglich ist, alle wahren Aussagen einer Theorie (wie der Zahlentheorie oder der Mengenlehre) früher oder später als Axiome zu produzieren;
2) *Konsistenz:* daß prinzipiell keine falschen Aussagen der Theorie produziert werden können (daß also die Menge von Theoremen des formalen Systems haargenau mit der Menge von Wahrheiten der informellen Theorie übereinstimmt).

Die Bedeutung des Gödelschen Unvollständigkeitstheorems liegt darin, daß es *im Blick auf jede Theorie „von Interesse“* (wobei „von Interesse“ de facto „hinlänglich komplex“ bedeutet) *unmöglich ist, diese beiden Idealziele gleichzeitig zu erreichen;* nichtsdestoweniger kann man sich der Menge von Wahrheiten stufenweise annähern, indem man zunehmend leistungsstärkere formale Systeme verwendet, um zunehmend genauere Annäherungswerte zu erzielen. Das Ziel der ganzen und reinen Wahrheit indes bleibt für formale Methoden ebenso unerreichbar wie die Lichtgeschwindigkeit für jedes materielle Objekt. Ich vertrete die Ansicht, daß auf jede Kategorie „von Interesse“ (wobei auch hier wieder „von Interesse“ etwa soviel wie „hinlänglich komplex“ bedeutet, auch wenn es ein bißchen schwieriger ist, genau zu sagen, was damit gemeint ist) eine parallele Feststellung zutrifft: nämlich, daß das Beste, was man erreichen kann, eine stufenweise Annäherung an die Menge der ihr zugehörigen Exemplare ist, und zwar mittels immer leistungsstärkerer Apparate mit Einstellknöpfen, um immer genauere Annäherungswerte zu erzielen.

Gefühlsmäßig möchte man zuerst meinen, daß es eine entscheidende Differenz gibt zwischen dem (metamathematischen) Satz von der Nicht-Formalisierbarkeit der Wahrheit und der (übertragenen) Behauptung von der Nicht-Mechanisierbarkeit semantischer Kategorien; dieser Unterschied wäre, daß die Menge aller Wahrheiten in einem mathematischen Bereich wie dem der Mengenlehre oder der Zahlentheorie objektiv und unveränderlich ist, wohingegen die Menge sämtlicher „A“s subjektiv und vergänglich ist. Näher besehen, fängt diese Unterscheidung allerdings an, einigermaßen zu verschwimmen. Eben der Umstand, daß Gödel nachgewiesen hat, daß es eine Nicht-Formalisierbarkeit mathematischer Wahrheit gibt, läßt ernstliche Zweifel an der objektiven Natur solcher Wahrheit aufkommen. Gerade so, wie sich in Sachen „A"-haftigkeit jede Art von Grenzfällen findet, Fälle, die einen spüren lassen, wie hoffnungslos der Versuch ist, die Vorstellung exakt einzugrenzen, findet man auch bei mathematischen Aussagen jede Art Grenzfälle, die im Rahmen gängiger Systeme formal unentscheidbar sind und die auch für eine scharfe mathematische Auffassungsgabe zwischen wahr und falsch in der Luft hängen. Und es ist eine wohlbekannte Tatsache, daß verschiedene Mathematiker unterschiedlicher Ansicht sind über die Wahrheit oder Falschheit diverser berühmter, formal unentscheidbarer Lehrsätze (ein klassisches Beispiel dafür ist das Auswahlaxiom in der Mengenlehre). Einigermaßen im Widerspruch zur unmittelbaren Gewißheit stellt sich denn also heraus, daß auch die mathematische Wahrheit keine festen und unveränderlichen Grenzen hat. Und das ist ein Indiz dafür, daß meine Übertragung vielleicht gar nicht so abwegig ist.

Für METAFONT wird ein irreführender Anspruch erhoben

Wie haltbar und brauchbar diese Übertragung auch immer sein mag, ich werde jetzt versuchen, für die Betrachtungsweise, der sie entspringt, einiges Beweismaterial zusammenzutragen, und werde METAFONT als ein erstes klassisches Beispiel für eine „Kategorienmaschine mit Einstellknöpfen" verwenden. Ein beiläufig hingeworfener Satz in seinem Artikel bringt Knuth in gefährliche Nähe zu der erklärten Ansicht, METAFONT biete uns die Möglichkeit zu einer Mathematisierung von Kategorien. Knuth hat vermutlich nicht erwartet, daß jemand sich auf diesen Satz kaprizieren würde, als wäre er der Schlüsselsatz des ganzen Artikels – aber da er nun einmal dasteht, können wir ihn auch aufs Korn nehmen. Er lautet:

> Die Fähigkeit, mit einer Menge von Parametern zu hantieren, mag Interesse erregen und Spaß machen, aber braucht wirklich irgend jemand eine 6⅐-Punkte-Schrift, die viertelwegs zwischen Baskerville und Helvetica liegt?

---

abcdefghijklmnopqrstuvwxyz
ABCDEFGHIJKLMNOPQRSTUVWXYZ

(a)

abcdefghijklmnopqrstuvwxyz
ABCDEFGHIJKLMNOPQRSTUVWXYZ

(b)

Abbildung 12-1. Zwei Schrifttypen von großer Schönheit und Raffinesse: (a) Baskerville; (b) Helvetica leicht.

Diese rhetorische Frage ist überfrachtet mit unausgesprochenen Implikationen. Sie suggeriert, daß das METAFONT-System in seiner jetzigen Form (oder in einer in Kürze verfügbaren bzw. leicht modifizierten Version) imstande sei, jedem Benutzer auf Verlangen eine solche Interpolation zwischen zwei gegebenen Schriften zu liefern. In dieser Annahme steckt eine Schwierigkeit, die, wie ich vermute, den meisten Lesern entgeht: das ist die Vorstellung, zwei Schriften gemeinsam in Parameter aufzulösen sei ebenso leicht und im Prinzip dasselbe, wie eine Schrift allein.

In der Tat mögen viele Leser den Eindruck haben, als sei Knuth solch eine gemeinsame Auflösung von Schriften in Parameter bereits *gelungen.* Ist er denn nicht beim Druck von Psalm 23 (Abbildung 11-1) von einer altmodischen gedrungenen serifenreichen Schrift mit relativ großen Ober- und Unterlängen und kleiner Grundhöhe ganz ans andere Ende des Spektrums übergewechselt: zu einer modern wirkenden weiten serifenlosen Schrift mit relativ kurzen Ober- und Unterlängen und großer Grundhöhe? Ja, sicher – nur wird hier das Entscheidende unterschlagen, daß diese beiden Endpunkte des Spektrums keine vorher bereits existierenden und festgelegten Zielpunkte waren; sie ergaben sich einfach nur als extreme Erzeugnisse eines Apparats mit Einstellknöpfen, der so konstruiert war, daß eine mehr oder minder mittlere Einstellung seiner Knöpfe eine bestimmte intendierte Schrift lieferte (Monotype Modern Extended 8 A, falls es interessiert).

Mit anderen Worten, diese bestimmte Einstellung der Knöpfe entsprang ausschließlich und unmittelbar dem Bemühen, eine einzelne Schrift (Monotype Modern) in Parameter aufzulösen; die beiden extremen Ausprägungen, die der Psalm vorführt, sind beide nur Variationen über dieses eine Thema; dasselbe gilt auch für alle anderen dazwischen liegenden Stufen. Es gibt hier nur ein zugrundeliegendes Thema (Monotype Modern) und einen Haufen von Hunderten von Spielarten dazu, die jede durch einen einzigen Buchstaben vertreten sind. Der Psalm stellt nicht die Verbindung zweier eigenständiger Familien dar, sondern führt einfach zahlreiche Angehörige einer einzigen großen Familie auf.

Eine gemeinsame Auflösung zweier Schriften in Parameter ist etwas gänzlich anderes als die Auflösung einer einzelnen Schrift in Parameter

Man kann sich all die Spielarten von Monotype Modern, die durch Drehen der Knöpfe an diesem bestimmten Apparat erzeugt werden, wie eine „Elektronenwolke" vorstellen, die einen einzelnen „Atomkern" umgibt (siehe Abbildung 11-5a). Im Unterschied dazu entspräche die gemeinsame Auflösung von zwei bereits vorhandenen bekannten Schriften (folgen wir Knuths Anregung und nennen wir Baskerville und Helvetica) in Parameter einer Wolke von Elektronen, die wie eine chemische Bindung zwei Atomkerne umschwärmt (siehe Abbildung 11-5c).

Um im Rahmen des METAFONT-Systems zwei Schriften gemeinsam in Parameter auflösen zu können, müßte man für jedes Paar zusammengehöriger Buchstaben (sagen wir, für das „a" in Baskerville und das in Helvetica) eine Reihe diskreter geometrischer

Merkmale (Liniensegmente, Serifen, Extremalpunkte, Punkte der Veränderung des Kurvenverlaufs, usw.) finden, die ihnen gemeinsam wären und durch die sie vollständig charakterisiert wären. Jedes dieser Merkmale müßte mit einem oder mehreren Parametern (Knöpfen) gleichgesetzt werden, so daß die beiden Buchstabenformen als hervorgebracht durch besondere Einstellungen des ihnen gemeinsamen Systems von Knöpfen gelten könnten. Darüber hinaus *müßten alle dazwischenliegenden Knopfstellungen ebenfalls vollgültige Exemplare des Buchstabens* „a“ *ergeben.* Das ist der Kern der Vorstellung von einem Apparat mit Knöpfen, und es ist natürlich auch das Wesentliche an der zitierten Behauptung, wir seien jetzt (oder bald) imstande, durch bloßes Knopfdrehen zwischen allen beliebigen Schriften zu interpolieren.

Nun will ich noch einräumen, daß ich es für möglicherweise machbar halte, zwei Schriften, die nicht radikal verschieden voneinander sind, gemeinsam in Parameter aufzulösen, auch wenn mir dies bereits sehr viel schwieriger vorkommt als die Auflösung einer einzelnen Schrift in Parameter. Es ist keine Kleinigkeit, um aus den vielen Schwierigkeiten nur eine herauszugreifen, den Übergang von dem runden i-Punkt der Baskerville zu dem eckigen i-Punkt der Helvetica zu schaffen – aber unvorstellbar ist es sicher nicht. Umgekehrt ist auch ein Wechsel von dem kunstvollen aufwendigen Schwanz des Baskerville-„Q“ zu dem kurzen geraden Schwanzstummel des Helvetica-„Q“ nicht unvorstellbar – aber eine Kleinigkeit ist es bestimmt nicht.

Geht man die Buchstaben nacheinander durch und vergleicht sie, so zeigt sich, daß jede der beiden Schriften Eigentümlichkeiten aufweist, die der anderen vollständig fehlen. (Übrigens sollten wir das kleine „g“ in den beiden Schriften beiseite lassen, da diese kleinen „g“s so verschieden voneinander sind wie das Baskerville-„B“ vom Helvetica-„H“; in beiden Fällen leiten sich die verglichenen Buchstabenformen von völlig unterschiedlichen „platonischen Wesenheiten“ ab. Zweck des METAFONT-Programms ist es, zwischen stilistisch unterschiedenen Wiedergaben ein und derselben „platonischen Wesenheit“ zu vermitteln, nicht aber zwischen verschiedenen „platonischen Wesenheiten“.) Wenn eine Schrift eine Eigentümlichkeit aufweist, die der anderen vollständig fehlt, kann man vermutlich durch Herumfummeln an den Knöpfen die betreffende Eigentümlichkeit im einen Fall verschwinden und im anderen erscheinen lassen. Zum Beispiel könnte die Nullstellung bei einem Knopf ein bestimmtes Merkmal völlig löschen. In manchen Fällen ist es schwieriger, ein Merkmal zum Verschwinden zu bringen – es brauchte dazu vielleicht mehrere Knöpfe mit koordinierter Einstellung. Aber ungeachtet all der vielfältigen Unterschiede zwischen Baskerville und Helvetica ist, ich sage es noch einmal, vorstellbar, daß jemand mit viel Geduld und Einfallsreichtum es fertigbrächte, die beiden Schriften gemeinsam in Parameter aufzulösen. Die eigentliche Frage indes ist: Würde solch eine gemeinsame Auflösung in Parameter ohne weiteres aus getrennten, unabhängig voneinander durchgeführten Parameterauflösungen dieser beiden Schriften hervorgehen können?

Schwerlich! Die Knöpfe des Baskerville-Programms enthalten auch nicht die Spur eines Hinweises auf die Eigenschaften des Helvetica-Programms – und umgekehrt. Wie kann ich den Leser davon überzeugen? Nun, er braucht sich nur vorzustellen, was für ein Genie John Baskerville, ein Brite aus dem achtzehnten Jahrhundert, hätte sein müssen, um sein Schriftmuster als impliziten Bestimmungsgrund für noch eine weitere

Schrift entwerfen zu können – und zwar für eine Schrift, die erst zweihundert Jahre danach von dem Schweizer Max Miedinger entdeckt (bzw. entworfen) werden sollte! Um das noch konkreter zu machen, stelle man sich vor, daß jemand, der die Helvetica nie gesehen hat, in aller Unschuld eine METAFONT-Wiedergabe der Baskerville produziert (d. h. ein Meta-Schriftprogramm, das auf dieselbe Weise um Baskerville kreist wie die von Knuth als Beispiel angeführte Meta-Schrift um Monotype Modern). Man stelle sich nun vor, es kommt jemand vorbei, der die Helvetica kennt, dreht an den Knöpfen und produziert wahrhaftig eine perfekte Helvetica! Das wäre fast so seltsam, wie wenn man ein ausschließlich in der Stilrichtung von Dr. William Boyce (der in England elegante barocke Musik schuf) gelegenes großartiges musikalisches Kompositionsprogramm hätte, von dem sich später völlig überraschend herausstellte, daß es, sobald man an einigen Melodie, Harmonie und Rhythmus betreffenden Parametern herumfummelte, zahlreiche Kompositionen lieferte, die stilistisch nicht zu unterscheiden wären von den Kompositionen Arthur Honeggers (der in der Schweiz eine karge, spröde Musik des zwanzigsten Jahrhunderts schuf). Für mich ist das schlicht unvorstellbar; der Stil des achtzehnten Jahrhunderts enthält nicht, und sei's auch noch so implizit, den des zwanzigsten Jahrhunderts – weder in der Musik noch in den bildenden Künsten.

Interpolation zwischen einem beliebigen Paar von Schriften

Das Schlimmste kommt aber noch. Knuth wollte vermutlich nicht, daß wir seine rhetorische Frage so eng verstehen, als spielten die Zahlen $6\frac{1}{7}$ und $\frac{1}{4}$ dabei eine Rolle. Ganz offensichtlich sind sie einfach Beispiele für eine beliebige Parametereinstellung. Wenn METAFONT einem mit Leichtigkeit eine $6\frac{1}{7}$-Punkte-Schrift liefern kann, die sich einviertelwegs zwischen Baskerville und Helvetica befindet, so kann uns das Programm vermutlich ebenso leicht eine $11\frac{2}{3}$-Punkte-Schrift liefern, die sich fünfsiebzehntelwegs zwischen Baskerville und Helvetica befindet – und so weiter. Und warum sich auf Baskerville und Helvetica beschränken? Die *Zahlen* sind doch bestimmt nicht die einzigen Software-Teile in der rhetorischen Frage! Schon der gesunde Menschenverstand sagt einem, daß auch *Helvetica* und *Baskerville* bloß willkürlich gewählte Schriften sind. Die stillschweigende Implikation ist also, daß man genauso leicht, wie man durch Fummeln an einer Einstellskala (oder Skalenreihe) die Bildpunkt-Größe verändern kann, auch durch Fummeln an einer anderen Einstellskala (oder Skalenreihe) jede gewünschte Schrift erhalten kann, sei das nun Helvetica, Baskerville oder was immer. Knuth hätte genausogut folgendermaßen formulieren können:

> Die Fähigkeit, mit einer Menge von Parametern zu hantieren, mag Interesse erregen und Spaß machen, aber braucht wirklich irgend jemand eine *n*-Punkte-Schrift, die sich *x*telwegs zwischen Schrift *T1* und Schrift *T2* befindet?

Wir könnten zum Beispiel die vier Knöpfe auf folgende Weise eingestellt haben:

n: 36
x: 50%
S1: Magnificat
S2: Stop

Jede dieser beiden Schriften (siehe Abbildung 12-2) ist ingeniös, unverwechselbar und bietet einen faszinierenden Anblick. Ich frage den Leser, ob er eine Kreuzung der beiden, die auf halbem Wege zwischen ihnen situiert wäre, auch nur sich vorstellen, geschweige denn zu Papier bringen könnte. Und damit die Flexibilität, die dafür erforderlich wäre, noch deutlicher wird, versuche man doch einmal, sich eine Schrift vorzustellen, die, sagen wir, eindrittelwegs zwischen Cirkulus und Block Up liegt. Oder eine, die irgendwo zwischen Explosion und Shatter liegt. (Dazu siehe Abbildung 12-2.)

Knöpfe *a posteriori* und das Problem des Bezugsrahmens in der Artifiziellen Intelligenz

Übrigens läßt sich an der Shatter hervorragend exemplifizieren, welche Schwierigkeiten es macht, alles so zu betrachten, als wäre es eine Frage der Einstellung von Parametern. Wenn man genauer hinschaut, sieht man, daß es sich bei Shatter in der Tat um „eine Variation über ein Thema" handelt, wobei das Thema die Helvetica halbfett kursiv ist (siehe Abbildung 12-2). Aber bedeutet das denn schon, daß jede gewissenhafte Auflösung von Helvetica in Parameter als eine der möglichen Skaleneinstellungen automatisch Shatter ergeben würde? Selbstverständlich nicht! Der Gedanke ist absurd. Niemand, der seine fünf Sinne beisammen hat, würde, während er die Helvetica in Parameter auflöst, solch eine Variation vorhersehen, genauso wenig, wie jemand, der bei Verstand ist, in seiner Dankesrede anläßlich der Verleihung des Nobelpreises sagen würde: „Haben Sie Dank dafür, daß Sie mir meinen ersten Nobelpreis verliehen haben." Wenn jemand einen Nobelpreis gewinnt, ist nicht das erste, was er tut, zu überlegen, wie viele er schon gewonnen hat. Wenn er natürlich *zwei* gewinnt, dann wird bei den meisten Leuten ein entsprechender Knopf im Kopf auftauchen, und die Freunde werden höchstwahrscheinlich Witze reißen über die nächsten paar Nobelpreise. Vor der zweiten Verleihung indes wird, daß es „nur erst einer" ist, ein unbemerkter Umstand bleiben.

Das ist eng verwandt mit einem berühmten Problem in der Kognitionswissenschaft (der Wissenschaft, die formale Modelle für mentale Prozesse, insbesondere Computermodelle erforscht), nämlich dem sogenannten *Problem des (Bezugs-)Rahmens.* Dieses haarige Problem läßt sich etwa so darstellen: Woher weiß ich, daß es, wenn ich mich für sieben Uhr mit Ihnen am Bahnhof verabrede, unsinnig ist, die Vorbehaltsklausel anzufügen, „falls nicht unterwegs ein Vulkan ausbricht und mich und mein Auto auf der Fahrt zum Bahnhof verschüttet", daß es hingegen durchaus vernünftig *ist,* den Vorbehalt zu machen, „falls ich durch den Verkehr nicht aufgehalten werde"? Und

Abbildung 12-2. Eine Reihe verschiedener Schrifttypen: (a) Magnificat; (b) Stop; (c) Cirkulus; (d) Block Up; (e) Explosion; (f) Shatter; (g) Helvetica halbfett kursiv.

natürlich gibt es noch viele Zwischenstufen zwischen diesen beiden Möglichkeiten. Das Rahmenproblem dreht sich um die Frage: *Für welche Variablen (Knöpfe) ist es normal, sie in Betracht zu ziehen?* Augenscheinlich ist es unvorstellbar, daß jemand sämtliche für eine bestimmte Situation möglicherweise relevanten Faktoren antizipieren kann; man muß einfach und blindlings hoffen, daß Artentwicklung und individuelle Erfahrung sich zu einem hinlänglich reichen Schatz an Verhaltensmustern addieren, um in der Mehrzahl der Fälle ein angemessenes Verhalten zu gewährleisten. Es gibt indes zu viele Eventualitäten, um sie alle vorhersehen zu können, mag man selbst den leistungsstärksten Computer zur Verfügung haben. Ein Grund für die außerordentliche Mühe, die es macht, lernfähige Maschinen zu entwickeln, besteht darin, daß es sehr schwer ist, ein Regelsystem zu formulieren, das festlegt, wann es Sinn hat und wann nicht, einen Knopf wahrzunehmen. Es ist eine faszinierende Aufgabe, an der Entwicklung einer Maschine zu arbeiten, die imstande ist, versteckte Knöpfe aus dem Paneel herauszulocken.

Das bringt uns zurück zur Betrachtung der Shatter als einer Spielart der Helvetica. Hat man erst einmal erkannt, daß es sich um eine Spielart handelt, so macht es offenbar keine Schwierigkeit, am METAFONT-„Helveticaapparat“ einen oder mehrere zusätzliche Knöpfe anzubringen, die es der Shatter ermöglichen, in Erscheinung zu treten. (Nebenbei bemerkt, könnte man ähnliche Knöpfe zur Erzeugung einer Shatter ebensogut auch am „Baskervilleapparat“ anbringen!) Aber das geschähe stets *a posteriori:* im Nachhinein. Der redendste Beweis für die Künstlichkeit solch eines Vorgehens ist natürlich, daß auch nach noch so vielen Variationen über, sagen wir, das Thema Helvetica es immer noch möglich ist, zahlreiche neue und unvermutete Abwandlungen anzubringen, wie zum Beispiel: Helvetica Rounded, Helvetica Rounded Deco, Helvetica Flair, usw. (siehe Abbildung 12-3).

Abbildung 12-3. Drei „einfache“ Ableger von Helvetica: (a) Helvetica Rounded; (b) Helvetica Rounded Deco; (c) Helvetica Flair.

Egal, wie viele neue Knöpfe – oder auch neue Knopfgruppen – man am Helveticaapparat anbringt, alle Möglichkeiten hat man nie erschöpft. Leute werden immer wieder imstande sein, neue Variationen über das Thema Helvetica ausfindig zu machen, die die Auflösung der Schrift in eine begrenzte Zahl von Parametern nicht hat vorhersehen lassen, geradeso wie ein Musiker immer wieder imstande sein wird, Cole Porters „Begin the Beguine" auf eine neue Art zu spielen, die in dem umfangreichen Repertoire von gespeicherten Rhythmen, Harmonien usw., das die Hersteller elektronischer Orgeln in ihre Instrumente einbauen, noch nicht enthalten ist. Selbstverständlich können die Orgelbauer diese besonderen Interpretationsmöglichkeiten, sobald sie entdeckt sind, wieder in ihre Geräte einbauen, aber ein kreativer Musiker ist dann schon längst wieder zu neuen Stilrichtungen übergegangen. Indem man sich durch verschiedene existierende Schriften anregen läßt, kann man sich die Helvetica auf vielfältige neue Weise modifiziert vorstellen. Ich überlasse es dem Leser zu versuchen, sich solche Spielarten auszudenken.

Eine völlige Vereinheitlichung aller Schriften?

Das Allerschlimmste steht uns aber erst noch bevor! Knuths hingeworfener Satz geht stillschweigend von der Möglichkeit aus, jeden beliebigen Punkt der Strecke zwischen zwei beliebigen Schriften zu interpolieren. Dazu aber müßte jedes beliebige Paar von Schriften genau das gleiche System von Knöpfen haben (denn wie ließe sich sonst jeder Knopf auf eine Zwischenposition einstellen?). Wenn aber alle Schrift-*Paare* dasselbe Knopfsystem haben, so folgt daraus, daß *überhaupt sämtlichen* Schriften ein einziges großes, universales, allumfassendes, letztgültiges Knopfsystem gemeinsam ist. (Das Argument ist parallel dem folgenden: Wenn bei jedem beliebigen Paar von Menschen der eine soviel Beine hat wie der andere, dann ist die Zahl Beine eine universale Konstante für *alle* Menschen.)

Wir merken also, daß Knuths Satz ganz nebenbei die Existenz einer „universalen ‚A'-Maschine" impliziert – die Existenz eines einzigen METAFONT-Programms mit einer endlichen Zahl von Parametern, dergestalt, daß jede kombinierte Einstellung der letzteren ein gültiges „A" ergibt und daß umgekehrt jedes gültige „A" sich durch irgendeine kombinierte Einstellung der letzteren erzielen läßt. Wie soll man nun wohl all die zuvor gezeigten Schriften einem universalen Schema einverleiben können?

Schauen wir uns doch noch einmal die 56 großen „A"s in Abbildung 11-3 an. Läßt sich in ihnen ein spezifischer, quantifizierbarer Merkmalszusammenhang entdecken? (Eine vergleichbare Zusammenstellung für jeden einzelnen Buchstaben des Alphabets findet sich in der von Kuwayama herausgegebenen Sammlung von Firmenzeichen in Buchstabenform.) Man stelle sich vor, man versucht, einige Dutzend diskrete Kennzeichen des Magnificat-„A" (A7) dingfest zu machen und gleichzeitig herauszufinden, was ihnen beim Univers-„A" (D3) entspricht. Angenommen, man hat genug gefunden, um beide vollständig zu beschreiben. Da muß man sich nun daran erinnern, daß jede Zwischeneinstellung ebenfalls ein „A" ergeben muß. D. h. wir werden „Kreuzungen" zwischen den beiden Schriften in allen nur denkbaren Nuancierungen erhalten.

Von einer „Kreuzung“ zwischen zwei Schriften in diesem unmittelbaren Sinn zu reden, ist etwas Normales und Natürliches, das dem Schriftliebhaber häufig passiert, wenn er auf eine ihm unvertraute Schrift stößt. Möglicherweise charakterisiert er die neue als Kreuzung zwischen zwei ihm bekannten Schriften („Vivaldi ist eine Kreuzung zwischen Magnificat und Palatino kursiv Swash“), oder er sieht vielleicht in ihr die ins Extrem getriebene Wiedergabe einer ihm bekannten Schrift („Magnificat ist potenzierte Vivaldi“) (siehe Abbildung 12-4). Welchen Grad von Wahrheit enthält solch eine Feststellung? Das einzige, was man mit Fug und Recht sagen kann, ist, daß jeder Magnificat-Buchstabe „irgendwie so aussieht“ wie sein Vivaldi-Gegenstück, nur etwa „doppelt so phantastisch“ oder „doppelt so schnörkelig“ oder sonst etwas unbestimmtes dieser Art. Wie aber sollte ein einziger „Schnörkel“-Knopf imstande sein, die wundersam schönen, ebenso kapriziösen wie organischen Verschlingungen in jedem Magnificat-Buchstaben zu gewährleisten? Kann man sich vorstellen, daß man an einem Knopf dreht und sieht, wie dünne fließende Tentakel aus dem „A“ von Palatino kursiv herauszuwachsen beginnen, sich nach außen wölben und winden, bis sie schließlich das „A“ der Vivaldi bilden und dann sich zu noch schlangenartigeren Gebilden biegen und drehen, bis sie am Ende das „A“ der Magnificat ergeben? Und wer will sagen, daß es damit schon sein Bewenden hat? Wenn Magnificat potenzierte Vivaldi ist, wie sieht dann potenzierte Magnificat aus?

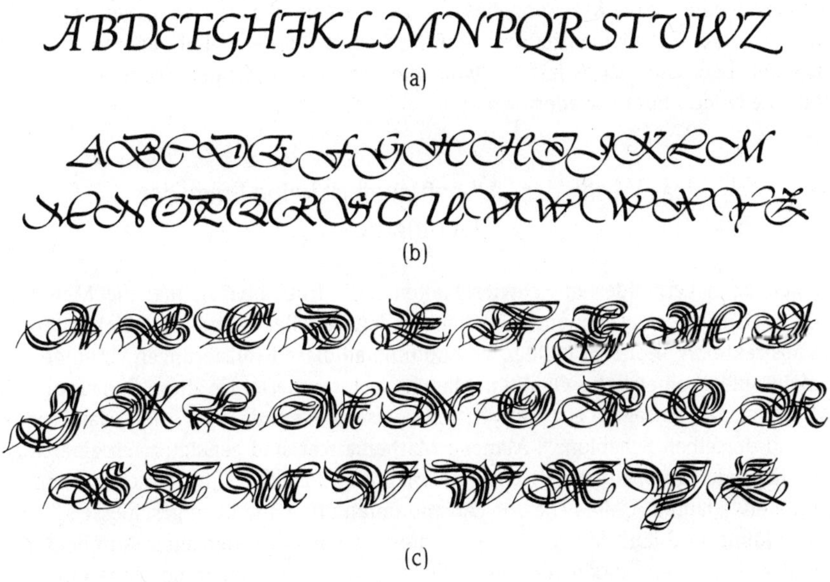

Abbildung 12-4. Ein Übergang von kurvig zu wirbelig zu hyperwirbelig: (a) Großbuchstaben in Palatino kursiv Swash; (b) Vivaldi-Großbuchstaben; (c) Magnificat-Großbuchstaben. Es ist provozierend, diese Abbildung mit Abbildung 15-7 zu vergleichen.

Die Fachleute für Computeranimation haben sich mit dem Problem der Interpolation zwischen verschiedenen Gestalten befassen müssen. In einer Fernsehserie zur Evolution zum Beispiel gab es eine Sequenz, bei der gezeigt wurde, wie sich der Umriß einer tierischen Gestalt allmählich in den einer anderen verwandelte. Aber man kann dem Computer nicht einfach den Befehl geben, zwischen diesem Umriß und dem anderen zu interpolieren. Mit jedem Punkt im einen Umriß muß ein spezifischer Punkt im anderen explizit korrespondieren. Dann läßt man den Computer einige dazwischen liegende Positionen auf den Bildschirm zeichnen, um zu sehen, ob die Auswahl stimmt. Viel sorgfältige „Abstimmung" der zwischen den Gestalten hergestellten Entsprechungen ist nötig, ehe die Interpolation einen gelungenen Eindruck macht. Ein Patentrezept für die Interpolation gibt es nicht. Die Aufgabe ist zutiefst semantischer und nicht einfach nur syntaktischer Natur.

Zum Beweis für die Wahrheit dessen schaue man sich das Büchlein *Double Takes* („Doppelbelichtungen") an, in dem der Künstler Tom Hachtman sich einen großen Spaß daraus macht, die Karikaturen unähnlicher Paare von Leuten miteinander zu verschmelzen. Das einzige Erfordernis für die Paarbildung ist, daß die Namen der Betreffenden sich amüsant verbinden lassen. So zeichnet Hachtman „Bing Cosby" (Bing Crosby und Bill Cosby), „Farafat" (Farrah Fawcett-Majors und Yasir Arafat), „Marlon Monroe" (Marlon Brando und Marilyn Monroe) und viele andere mehr. Der Trick ist, zu unterscheiden, welche Züge für die jeweilige Person am meisten charakteristisch und als Konstruktionselemente am wichtigsten sind, und dann imstande zu sein, durch eine subtile Kreuzung dieser Züge eine neue Person zu schaffen, wobei die Züge so ausgeprägt bleiben müssen, daß sich beide Beiträger darin erkennen lassen. Für einen Betrachter ist es fast so etwas wie der Versuch, in den Zügen eines Kleinkinds die beiden Eltern wiederzuerkennen.

Das Wesen der „A"-haftigkeit ist keine Frage der Geometrie

All den oben geschilderten Schwierigkeiten zum Trotz bleiben manche Menschen auch nach Musterung der umfänglichen Vielfalt von Realisierungsmöglichkeiten für das abstrakte „A"-Konzept bei der Behauptung, all diese Realisierungen verbinde eine gemeinsame geometrische Qualität. Manchmal formulieren sie diese Behauptung in der Weise, daß sie sagen, alle „A"s hätten „dieselbe Gestalt" oder seien „das Produkt ein und derselben Schablone". Manche Mathematiker sind geneigt, nach einer topologischen oder gruppentheoretischen Invariante zu forschen. Ein typischer Vorschlag könnte etwa lauten: „Alle Fälle von ‚A' sind unten offen und oben geschlossen." Nun, in Abbildung 11-3 läuft Muster A8 (Stop) diesen beiden Kriterien allem Anschein nach zuwider. Und viele andere der Buchstabenmuster verletzen mindestens eines der beiden Kriterien. In zahlreichen Beispielfällen lassen sich Vorstellungen wie „offen" oder „geschlossen" bzw. „oben" oder „unten" nur mit Mühe anwenden. Ist zum Beispiel G7 (Sinaloa) unten offen? Ist F4 (Calypso) oben geschlossen? Was ist mit A4 (Astra)?

Das Problem mit dem Verfahren des METAFONT-Systems, die „A“-Kategorie in „Knopfstellungen“ zu zerlegen, ist, daß jeder einzelne Knopf für die Anwesenheit oder Abwesenheit (bzw. die Größe oder den Winkel usw.) eines bestimmten *geometrischen* Merkmals eines Buchstabens steht: für die Breite seiner Serifen, die Höhe seines Querbalkens, den tiefsten Punkt seines linken Arms, den höchsten Punkt an irgendeinem extravaganten Schnörkel, das Ausmaß, in dem sich ein Strich verbreitert, die durchschnittliche Schräge der Oberlängen und so weiter und so fort. Aber auf viele „A“s sind solche Bestimmungen gar nicht erst anwendbar. Vielleicht gibt es keinen Querbalken, oder es gibt zwei oder drei oder noch mehr davon. Möglicherweise fehlt der Schnörkel, oder es sind ein paar vorhanden.

Die gemeinsame Auflösung zweier „A“s in Parameter durch das METAFONT-System setzt voraus, daß die beiden dieselben „geometrischen Ortsvariablen“ haben. Es ist kühn (und, wie ich meine, absurd) zu glauben, daß man irgendein „A“ durch Ausfüllen irgendeines immergleichen und feststehenden Fragebogens erhält: „Wie breit ist sein Querbalken? In welchem Winkel stehen die zwei Arme zum Lot? Wie weit reichen seine Serifen?“ (usw.). Möglicherweise gibt es kein identifizierbares Teil, das die Querbalkenrolle spielt oder die Rolle des linken Arms; oder es ist vielleicht eine Rolle unter mehrere Elemente aufgeteilt. Fallbeispiele dafür lassen sich leicht unter den 56 „A“s in Abbildung 11-3 finden. Einige andere Beispiele für das, was ich als *Rollenaufspaltung, Rollenverschmelzung, Rollenübertragung, Rollenredundanz, Rollenzusatz* und *Rollenstreichung* bezeichne, findet man in Abbildung 12-5. Diese Bezeichnungen

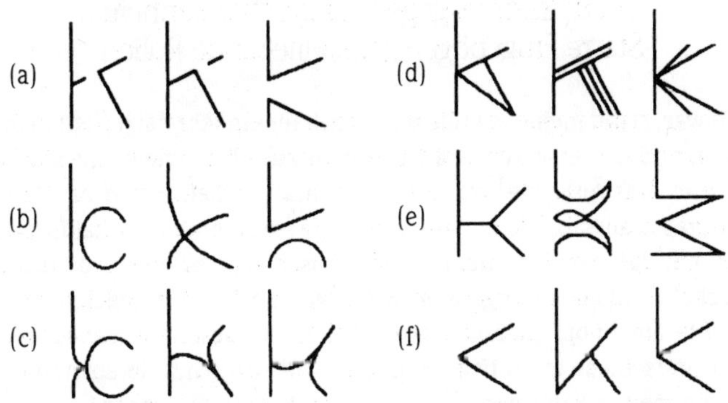

Abbildung 12-5. Beispiele für: (a) Rollenaufspaltung; (b) Rollenverschmelzung; (c) Rollenübertragung; (d) Rollenredundanz; (e) Rollenzusatz; (f) Rollenstreichung. Die all diesen Beispielen zugrundeliegende Idee ist, daß ein hingeworfener Federstrich nicht unbedingt haargenau eine klar umrissene begriffliche Rolle ausfüllen muß. Er kann zwei oder mehr Rollen (oder Teile von zwei oder mehr Rollen) ausmachen; er kann weniger als eine Rolle ausmachen, so daß es für eine Rolle die Kombination mehrerer Striche braucht; usw. Manchmal können Rollen hinzutreten oder gestrichen werden, ohne daß die Erkennbarkeit des Buchstabens beeinträchtigt wird. Winkel, Höcker, Einschnitte, Endpunkte, äußerste Enden, leere Räume und Abtrennungen spielen oft Rollen, die an Wichtigkeit denen der Striche in nichts nachstehen.

beschreiben die Art und Weise, wie begriffliche Rollen, die durch ihre Verbundenheit und ihre fließende Linienführung unschwer erkennbar bleiben, auf verschiedene geometrische Einheiten aufgeteilt werden.

Eine bemerkenswerte Demonstration dessen, was sich alles aus diesen Rollenmanipulationen machen läßt, bietet Scott Kims Buch *Inversions,* worin einzelne Schriftmuster oder „Gramme" je nach dem Blickwinkel des Beobachters mehr als eine Lesart aufweisen. Oft sind die „Gramme" symmetrisch und ergeben in beide Richtungen denselben Sinn, aber das ist nicht notwendig so: Manche ergeben einen völlig verschiedenen Sinn. Das Wesentliche ist, daß eine einzelne Schriftform mit Mehrdeutigkeit durchtränkt ist. Wir beide, Scott und ich, machen solche Zeichnungen – die einer meiner Freunde „Ambigramme" getauft hat – seit Jahren, und ein paar von meinen werden in Abbildung 13-6 vorgestellt, wozu auch die auf der Schmutztitelseite gehört. Die Ambigrammkunst bringt das Fließende der Buchstabenformen höchst anschaulich zur Geltung.

Übrigens muß ich mit aller Deutlichkeit klarstellen, daß, auch wenn ich es leichter finde, meine Argumente an Hand von einigermaßen ausgefallenen bzw. exotischen Buchstabenversionen (wie in Ambigrammen oder außergewöhnlichen Schrifttypen) vorzutragen, diese Argumente doch genau dieselbe Geltung auch für herkömmlichere Buchstabenformen beanspruchen. Man muß nur eine feinere Korngröße wählen, und schon tauchen dieselben Arten von Problemen wieder auf.

Chauvinismus gegen Aufgeschlossenheit: Starre Fragebögen gegen fließende Rollen

Als ich zwölf war, stand meine Familie im Begriff, für ein Jahr nach Genf in die Schweiz überzusiedeln, und ich versuchte deshalb, mir vorzustellen, wie meine künftige Schule aussehen würde. Das Äußerste, was meine Phantasie schaffte, war das Bild von einer Schule, die genauso aussah, wie meine einstöckige stuckverkleidete kalifornische Junior High School, nur daß der Unterricht in Französisch abgehalten wurde (ich drehte am Knopf „Sprache") und mich morgens ein Schulbus abholte, der vielleicht rosa statt gelb war (ich drehte am Knopf „Schulbusfarbe"). Ich war absolut außerstande, die weitreichenden Unterschiede zu antizipieren, die, wie sich dann herausstellte, zwischen der Genfer und meiner kalifornischen Schule tatsächlich bestanden.

Ganz ähnlich gibt es viele „Exo-Biologen", die versucht haben, sich vorzustellen, wie außerirdisches Leben aussieht, angenommen, es wird einmal entdeckt. Viele von ihnen haben Annahmen gemacht, die anderen umwerfend naiv vorkommen. Solche Annahmen hat Carl Sagan treffenderweise als *Chauvinismus* bezeichnet. Da gibt es zum Beispiel den „Flüssigkeits-Chauvinismus", der den Zustand des Mediums betrifft, in dem die Chemie des Lebens der Voraussetzung nach statthat. Dann gibt es den „Temperatur-Chauvinismus", die Annahme, daß Leben nur unter Temperaturverhältnissen möglich ist, die sich von denen auf dem Planeten Erde nicht allzusehr unterscheiden. In der Tat gibt es auch einen „Planetar-Chauvinismus", die Vorstellung, daß Leben nur auf der Oberfläche von Planeten existieren kann, die eine bestimmte Sorte

Stern umkreisen. Es gibt den „Karbon-Chauvinismus“, der von der Annahme ausgeht, daß Karbon bei jeder Art von Leben als Schlüsselelement fungiert. Sogar einen „Geschwindigkeits-Chauvinismus“ gibt es, der annimmt, daß es für das Leben nur eine „vernünftige“ Entwicklungsgeschwindigkeit gibt. Und so weiter, und so weiter.

Wenn ein Londoner nach New York käme und fragte „Wo ist euer Big Ben? Wo sind eure Houses of Parliament? Wo residiert eure Königin? Wann ist bei euch die nachmittägliche Teezeit?“, so käme uns das kurios vor (oder vielleicht rührend). Der Gedanke, daß die größte Stadt des Landes nicht unbedingt die Hauptstadt sein, nicht unbedingt einen berühmten Glockenturm haben muß usw., scheint dem, der Bescheid weiß, vollständig einleuchtend, kann aber für den naiven Touristen eine Überraschung sein. (Weitere merkwürdige Abbildungen britischer Verhältnisse auf amerikanische und umgekehrt finden sich in Kapitel 23.)

Bei fließenden semantischen Kategorien wie „A“ ist es – und darauf möchte ich hinaus! – nicht weniger naiv, Kennzeichnungen wie „Querbalken“ oder „oben“ oder die Verwendung sonstiger unveränderlicher Merkmale für sinnvoll zu halten. Es ist, als erwartete man, in zwei beliebigen Stücken desselben Komponisten „dieselbe Stelle“ wiederzufinden. Das Problem ist, meiner Feststellung nach, daß die meisten Menschen auch dann noch darauf bestehen, „A“ habe in allen beliebigen Vergleichsfällen „dieselbe Gestalt“, wenn man sie mit Beispielen wie in Abbildung 11-3 konfrontiert. Abbildung 11-4 kann indes dabei helfen, derartige Ansichten zu korrigieren (das gleiche gilt für Abbildung 23-13).

Es lohnt sich, bei der Analogisierung britischer und amerikanischer Verhältnisse einen Augenblick zu verweilen. Die Rolle, die London in Großbritannien spielt, ist zweifellos reich an Aspekten, aber zwei Hauptaspekte sind „wichtigste Handels- und Geschäftsstadt“ und „Landeshauptstadt“. Diese beiden Rollen werden in den Vereinigten Staaten von verschiedenen Städten wahrgenommen. Andererseits ist die Rolle, die der amerikanische Präsident in den Vereinigten Staaten spielt, in Großbritannien aufgespalten, wobei den einen Teil die Königin (oder der König) übernimmt und den anderen der Premierminister (oder die Premierministerin). Dann gibt es eine Nebenrolle, die von der Präsidentengattin gespielt wird – die Rolle der „First Lady“. Ihr Pendant in Großbritannien ist ebenfalls zweigeteilt, und außerdem muß zur Zeit „Gattin“ durch „Gatte“ ersetzt werden, egal, ob man als „Präsidenten von England“ die Königin oder die Premierministerin nimmt. (Siehe auch dazu Kapitel 23, wo diese Art Analogieproblem viel detaillierter abgehandelt wird.)

Zu meinen, man könne die gesamte Struktur eines bestimmten Landes oder einer bestimmten Sprache rein auf der Grundlage der intimen Kenntnis antizipieren, die man von einem anderen Land oder einer anderen Sprache hat, ist Anmaßung und zu guter Letzt Hochstapelei. Selbst wenn man Dutzende von Fällen kennengelernt hat, hat man das Potential an Vielfalt und Neuartigkeit, das solche Gebiete enthalten, nicht erschöpft. Je mehr Fälle man kennt, um so mehr nimmt man sich in der Tat in acht, unbegründete Behauptungen über unbesehene Fälle aufzustellen, auch wenn – ein bißchen paradox – die Fähigkeit, Unvorhergesehenes (bzw. Unvorhersehbares) vorherzusehen, zweifellos wächst! Das gleiche gilt für Exemplare jedes anderen Buchstabens des Alphabets bzw. jeder anderen semantischen Kategorie.

Abbildung 12-6.Verschiedene Ambigramme des Autors. Entziffert bedeuten sie: „ambigram“; „ambigrams“; „winter“; „spring“ [Frühling]; „summer“; „fall“ [Herbst]; „Lee Sallows“; „Josh Bell“; „Alejandra“ und „Magdalena“ (Spiegelbilder); „Carol“; „David Moser“; „Chopin“; und „Johann Sebastian Bach“. Die drei Komponistennamen operie-

ren mit einer Drehung um 90 Grad. Man beachte die extensive Verwendung aller in Abbildung 12-5 vorgeführten Techniken der Aufspaltung, Verschmelzung, Übertragung, Redundanz, Anfügung und Streichung von Rollen. Ein weiteres Ambigramm des Autors findet man auch auf der Schmutztitelseite.

Das Wesen „A"

Augenscheinlich spielt sich in Schriften viel mehr ab, als vom Auge – sinnfällig – wahrnehmbar. Die Gestalt einer Buchstabenform ist äußerer Ausdruck tiefgreifender geistiger Abstraktionsvorgänge. Sie ist durch begriffliche Überlegungen und Balancierungen bestimmt, die kein endliches System bloß geometrischer Knöpfe zu erfassen vermag. Hinter jedem einzelnen Fall von „A" steckt ein Konzept, ein platonisches Wesen, ein *Geist.* Dieses platonische Wesen ist kein eleganter Umriß wie das „A" der Univers (D 3), keine Schablone mit einer begrenzten Zahl von Knöpfen, keine topologische oder gruppentheoretische Invariante in irgendeinem mathematischen Ideenreich, sondern eine mentale Abstraktion – eine andere Art Wesen. Jeder Fall von „A" enthüllt ein neues Moment seines Geists, ohne diesen je zu erschöpfen. Die Mathematisierung solch eines Geists zielt auf einen Apparat mit einer bestimmten Reihe von Knöpfen, die seine sämtlichen „geometrischen Ortsvariablen" ein für allemal definierten. Ich habe zu zeigen versucht, daß es schlicht unsinnig ist, auf so etwas zu rechnen. In der Tat habe ich oben die folgende Behauptung aufgestellt:

> Egal, wie viele neue Knöpfe – oder Knopfgruppen – man am ...apparat anbringt, alle Möglichkeiten hat man nie erschöpft. Leute werden immer wieder imstande sein, neue Variationen über das Thema ... ausfindig zu machen, die die Auflösung der Schrift in eine begrenzte Zahl von Parametern nicht hat vorhersehen lassen...

Woraus besteht dann also solch ein abstrakter „Geist"? Oder handelt es sich bei ihm einfach um ein geheimnisvoll proteisches, unfaßbares Wesen, das sich jeder kalkulatorischen – und in der Tat wissenschaftlichen – Erfassung vollständig entzieht? Durchaus nicht, wie ich meine. Ich denke nur, daß in der bis jetzt gegebenen Darstellung eine entscheidende Bestimmung noch fehlt. Und wie sieht diese entscheidende Bestimmung aus? Ich will zuerst die entscheidende Fehleinschätzung benennen. Sie besteht in dem Versuch, das Wesen jedes einzelnen Konzepts durch einen eigenen „Apparat mit Knöpfen" zu erfassen – will heißen, alle die verschiedenen platonischen Geister getrennt zu halten. Die entscheidende Einsicht ist, daß jene Geister sich auf subtile Weise überschneiden und mischen.

Zufriedene Rollen, unzufriedene Rollen und Merkliste der Eigenheiten

Wie ich die Sache sehe, setzt sich das platonische Wesen, das hinter jeder konkreten Buchstabenform steckt, eher aus begrifflichen *Rollen* als aus geometrischen *Bestandteilen* zusammen. (Eine verwandte, wenn auch nicht identische Ansicht wurde von Barry Blesser und Kollegen bereits 1973 in *Visible Language* diskutiert.) Meiner Vorstellung des Begriffs zufolge hat eine Rolle kein feststehendes System von Parametern, die den Umfang ihrer Variabilität bestimmen, sondern enthält vielmehr eine Reihe von Prüfverfahren oder Kriterien, mit denen Anwärter, die sie ausfüllen wollen, getestet werden können. Um als Rollenspieler akzeptiert zu werden, müssen die Anwärter nicht alle Tests bestehen: nicht alle Kriterien müssen erfüllt sein. Der Anwärter erhält statt dessen einen durch die Tests und Kriterien ermittelten Punktestand, und es gibt einen Schwellenwert, oberhalb dessen die Rolle „zufrieden“ und unterhalb dessen sie „unzufrieden“ ist. Noch weiter darunter ist eine Trennlinie, von der ab die Rolle absolut unzufrieden ist und den Anwärter schlankweg ablehnt.

Ein Beispiel für solch eine Rolle ist die des „Querbalkens“. Man beachte, daß ich nicht vom „Querbalken im großen ‚A‘“ rede, sondern einfach nur vom „Querbalken“. Rollen haben *Modul*charakter: Sie überspringen die Grenzen zwischen Buchstaben. Dieselbe Rolle kann in vielen verschiedenen Buchstaben vorkommen. Das erinnert natürlich an den Umstand, daß im METAFONT-System eine Serife (bzw. irgendein anderes geometrisches Merkmal, das mehreren Buchstaben gemeinsam ist) von einer einzigen Reihe von Parametern vertreten werden kann, die für *alle* Buchstaben Gültigkeit haben, so daß alle Buchstaben der Schrift sich in gleicher Weise ändern, wenn ein bestimmter Knopf gedreht wird. Ein Unterschied besteht darin, daß mein Begriff von „Rolle“ nicht die generative Kraft hat, die ein System von bestimmten Drehknöpfen hat. Aus der Tatsache, daß eine gegebene Rolle mit einem bestimmten geometrischen Rollenspieler „zufrieden“ ist, läßt sich das Aussehen des letzteren nicht genau herleiten. Natürlich hat eine Rolle in bezug auf den, der sie spielt, noch andere „Empfindungen“ als bloß die der Zufriedenheit oder Unzufriedenheit; es gibt eine Reihe von Erwartungen, wie die Rolle gespielt werden sollte, und die Erfüllung (oder Nicht-Erfüllung) dieser Erwartungen läßt sich in einer Eigenheiten-Merkliste niederlegen. Diese Eigenheiten-Merkliste kann die eigentümliche Schräge eines Querbalkens festhalten (siehe Arnold Böcklin – E 1 in Abbildung 11-3) oder den Umstand, daß der Querbalken durch zwei Striche statt durch einen repräsentiert wird (Airkraft – E 3), oder den Umstand, daß der Querbalken mit seiner senkrechten Entsprechung nicht (bzw. auf ungewöhnliche Weise) verbunden ist (Eckmann Schrift – A 2; Le Golf – F 5), und viele andere Eigenheiten mehr.

Diese Eigenheiten-Merkliste beschreibt stilistische Besonderheiten einer *wahrgenommenen* Buchstabenform. Sie enthält indes nicht genug Informationen, um eine vollständige *Rekonstruktion* der Buchstabenform zu gestatten, wohingegen ein METAFONT-Programm in der Tat genug Informationen für diesen Zweck enthält. Immerhin ist die Liste informationsreich genug, um die Hervorbringung vieler eigentümlicher Buchstabenformen mit den angegebenen stilistischen Merkmalen zu ermöglichen. Alle diese Buchstabenformen hätten in einem gewissen Sinn „denselben Stil“.

Der Modulcharakter von Rollen

Das Wichtige ist, daß dieser *Modulcharakter der Rollen es möglich macht, sie auf andere Buchstaben zu übertragen,* so daß sich ein Eigenheiten-Vermerk, der sich auf eine bestimmte Rolle bei „A“ bezieht, auch für „E“, „L“ oder „T“ Relevanz haben kann. So ist denn die *stilistische Übereinstimmung zwischen verschiedenen Buchstaben ein Nebenprodukt des Modulcharakters von Rollen,* geradeso, wie die Vorstellung von buchstabenübergreifenden Parametern beim METAFONT-System jeder durch das System kreierten Schrift Konsistenz verleiht.

Darüber hinaus stehen die Rollen miteinander in Verbindung, so daß zum Beispiel die Art, wie die „Querbalken"-Rolle in einem bestimmten Buchstaben ausgefüllt wird, einen Einfluß auf die Art und Weise hat, wie die Rolle des „senkrechten Balkens" oder des „Rundbogens" oder des „Schwanzes" bei anderen Buchstaben ausgefüllt wird. Damit wird die Gefahr allzu simplistischer Abbildungen eines Buchstabens auf die anderen vermieden, nach Art des Londoners, der sich in New York danach erkundigt, wo die Houses of Parliament seien. Geradeso, wie man „Houses of Parliament" sinngemäß statt wortgetreu verstehen muß, wenn man sie aus britischen in amerikanische Verhältnisse „übersetzt", muß man unter Umständen „Querbalken" in irgendeine andere Rolle umwandeln, wenn man in der Struktur eines anderen Buchstabens als „A", wie etwa des Buchstabens „N", nach etwas Analogem sucht. In bestimmten Schriften kann der Diagonalstrich im „N" sehr wohl das Gegenstück zum Querbalken im „A" bilden. Aber es ist wichtig zu betonen, daß *starre* (will heißen, schrift-unabhängige) Abbildungen von Rollen im Buchstaben „A" auf Rollen im Buchstaben „N" keinesfalls funktionieren; nur die spezifischen Buchstabenformen selbst können (mittels ihrer Eigenheiten-Merkliste) bestimmen, welche Rollen (gegebenenfalls) aufeinander abzubilden sind. Solche Abbildungen zwischen verschiedenen Buchstaben müssen von einem beträchtlichen Maß an Verständnis für die Funktionen sämtlicher Rollen in den beiden betreffenden Buchstaben getragen sein.

Typographische Nischen und rivalisierende Kategorien

Bis hierher habe ich in aller Kürze eine Theorie von „platonischen Wesenheiten" oder „Buchstabengeistern" skizziert, die modulartige Rollen in sich schließen – Rollen, die mehreren Buchstaben gemeinsam sind. Diese Gemeinsamkeit von Rollen ist ein Aspekt der oben erwähnten Überschneidungen und Mischungen. Es gibt einen zweiten Aspekt, auf den der Ausdruck *typographische Nische* hinweist. Der Begriff ist analog zu dem der „ökologischen Nische". Wenn im Zuge der Wahrnehmung einer Buchstabenform eine Gruppe von Rollen in Aktion getreten ist und sich entschlossen hat, präsent zu sein (egal, ob zufriedener- oder unzufriedenerweise), so ist ihre vereinigte Präsenz Beweis für das Vorhandensein einer bestimmten Gruppe von möglichen Buchstaben. (Man erinnere sich, daß ja eine Rolle nicht ausschließlich einem bestimmten Buchstaben angehört und daß deshalb ihr Vorhandensein auch nicht bedeutet, daß ausschließlich ein bestimmter Buchstabe in Betracht kommt.)

Zum Beispiel ist, wenn die beiden Rollen „senkrechter Balken" und „Rundbogen" sich in einer bestimmten Stellung zueinander vorfinden, dies ein starker Hinweis auf die Anwesenheit eines „b". Es mag aber manchmal auch sein, daß Hinweise auf mehr als einen Buchstaben vorliegen. Die Kombination aus Auge und Geist gibt sich mit einer solch instabilen Lage nicht lange zufrieden und bemüht sich um eine Entscheidung. Es ist, als wären Täler durch einen sehr steilen und rutschigen Grat getrennt: Daß ein von oben herabgeworfener Ball auf dem Grat liegenbleibt, ist sehr unwahrscheinlich. Er wird auf der einen oder anderen Seite herunterfallen. Die Täler sind die typographischen Nischen.

Zu der Überschneidung von Buchstaben kommt es nun, weil jeder Buchstabe sich seiner typographischen Konkurrenten, seiner unmittelbaren Nachbarn, die gleich jenseits der seinen Platz umgebenden Grathöhen sind, bewußt ist. Der Buchstabe „h“ zum Beispiel reagiert sehr stark auf die Tatsache, daß er in „k“ einen intimen Konkurrenten hat, und umgekehrt (siehe Abbildung 12-7). Der Buchstabe „T“ ist sehr allergisch dagegen, daß sein Querbalken von dem senkrechten Balken darunter durchstoßen wird, da schon die geringste Durchstoßung genügt, um seine „T“-haftigkeit kaputtzumachen und den Buchstaben in die Nische seines Erzrivalen „t“ hinübergleiten zu lassen. Der Grat ist schmal, und deshalb hat „T“ besonders sorgfältig auf ihn acht.

Abbildung 12-7. Ist das hier „hen“ [Henne] oder „ken“ [Gesichtskreis]? Jedenfalls konkurrieren zwei Nischen im platonischen Alphabet um den Besitz ein und desselben physischen Exemplars. Auch hier wieder ist Quelle aller Schwierigkeiten die fließende Art, wie der menschliche Geist Rollen und Rollenspieler sich miteinander arrangieren läßt.

Die Vermischung platonischer Wesenheiten

Dieses Bild ist, hoffe ich, hinlänglich eindrücklich, um den zweiten Sinn der Rede von einer Überschneidung und Mischung platonischer Wesenheiten deutlich zu machen. „Kein Buchstabe ist eine Insel", könnte man sagen. Die Buchstaben müssen viel wechselseitige Kenntnis voneinander haben. *Die Buchstaben bestimmen gegenseitig ihr Wesen,* und deshalb ist die Vorstellung von einer isolierten Struktur, die selbstherrlich einen einzigen Buchstaben repräsentiert, zum Scheitern verurteilt.

Ein Computerprogramm, das auf Basis der eben skizzierten Vorstellungen von typographischen Rollen und Nischen Buchstabenformen entwürfe, sähe ganz anders aus als eines, das sich um eine vollständige „Mathematisierung von Kategorien" bemühte. Ein solches Programm würde eine Vermittlung der Hervorbringung mit der Wahrnehmung einschließen und darüber hinaus die Fähigkeit, aus einigen wenigen Buchstabenformen (eventuell sogar nur einer) eine ganze Schrift im selben Stil abzuleiten. Darin wäre das Programm nicht unfehlbar; aber natürlich wäre es auch unvernünftig, „Unfehlbarkeit" von ihm zu verlangen, da ja stilistische Konsistenz keine objektiv bestimmbare Eigenschaft ist.

Mit anderen Worten, ein Computerprogramm zum Entwerfen von Schriften (oder von irgend etwas anderem, das über eine ästhetische bzw. subjektive Dimension verfügt) ist, vom Begriff her gesehen, kein Ding der Unmöglichkeit; aber man muß sich klar darüber sein, daß jedes derartige Programm, nicht weniger als ein menschliches Wesen, einen „persönlichen" Geschmack haben wird – und daß dieser Geschmack fast mit Sicherheit nicht derselbe sein wird wie der des Entwicklers (bzw. der Entwickler) des Programms. Tatsächlich wird im Gegenteil der Geschmack des Programms für die Programmierer (wie auch für alle anderen) höchstwahrscheinlich voller Überraschungen stecken, da er ja als die implizite und weit hergeholte Folge der Interaktion unzählig vieler Charakteristika und Faktoren im Aufbau des Programms zustande kommt. Der Geschmack selbst ist nicht *direkt* programmierbar. Wenn also auch jeder mit ästhetischen Bestimmungen programmierte Computer „nur das tut, wofür er programmiert ist", wird doch sein Verhalten nichtsdestoweniger auf die Programmierer oft einen Eindruck von Idiosynkrasie und sogar Undurchschaubarkeit machen, worin die – Programmierern wohlbekannte – Tatsache ihren Ausdruck findet, daß man häufig keine klare Vorstellung – und manchmal überhaupt keine Vorstellung – davon hat, was genau man dem Computer als Programm eingegeben hat!

Die vertikalen und die horizontalen Probleme: Zwei gleich wichtige Aspekte ein und desselben Problems

Ich habe eine ziemlich weitreichende Behauptung aufgestellt: daß das wahre Verständnis von Buchstabenformen auf mehr beruht als auf einem Verständnis jedes einzelnen platonischen Buchstabens in isolierter Gestalt; es hängt ebensosehr davon ab, daß man in Rücksicht stellt, wie die Buchstaben und ihre Teile zueinander in Beziehung stehen, wie die Buchstaben zusammenwirken, um einen neuen Stil zu definieren. Mit anderen

Worten, jeder Versuch einer Annäherung an den unerfüllbaren Traum eines „Geheimrezepts“ für „A“-haftigkeit erfordert die gleichzeitige Lösung zweier Probleme, die ich als *vertikale* und als *horizontale* Probleme bezeichne (siehe Abbildungen 12-8 und 23-14).

> *Vertikal:* Was verbindet alle die Exemplare in den einzelnen *Spalten*?
> *Horizontal:* Was verbindet alle die Exemplare in den einzelnen *Reihen*?

Tatsächlich gibt es keinen Grund, es bei diesen beiden Dimensionen zu belassen; das Problem scheint auch auf höheren Abstraktionsebenen zu existieren. Wir könnten unsere vergleichende Tabelle von Schriften gründlicher auslegen; insbesondere könnten wir sie so anlegen, daß sie wie bei einer Torte aus vielen übereinander gehäuften Schichten besteht. In jeder Schicht wären zahlreiche Schriften eines bestimmten Entwerfers versammelt. Diesen Gedanken veranschaulicht Abbildung 12-9, die einige von Hermann Zapf entworfene Schriften zeigt (Optima, Palatino, Melior, Zapf Book, Zapf International und Zapf Chancery). Zusammen mit der Zapf-Schicht kann man sich eine Frutiger-Schicht, eine Lubalin-Schicht, eine Goudy-Schicht usw. vorstellen. Man könnte den Versuch machen, die Schriften in den einzelnen Schichten so anzuordnen, daß „korrespondierende“ Schriften der verschiedenen Gestalter „schachtweise“ ausgerichtet werden.

In dieser dreidimensionalen Torte bleiben die beiden früheren eindimensionalen Fragestellungen unverändert in Geltung, aber es stellt sich nun auch eine neue zweidimensionale Frage: Was verbindet alle die Exemplare in den einzelnen Schichten? Die

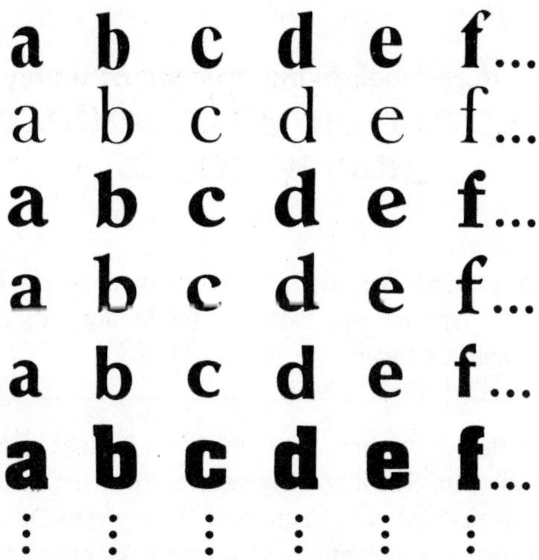

Abbildung 12-8. Die vertikalen und die horizontalen Probleme. Was verbindet alle die Exemplare in den einzelnen Spalten? Was verbindet alle die Exemplare in den einzelnen Reihen? Antworten: der Buchstabe; der Geist. (Vergleiche diese Abbildung mit Abbildung 23-14).

abcdefghijklmnopqrstuvwxyz
ABCDEFGHIJKLMNOPQRSTUVWXYZ

(a)

abcdefghijklmnopqrstuvwxyz
ABCDEFGHIJKLMNOPQQRSTUVWXYZ

(b)

abcdefghijklmnopqrstuvwxyz
ABCDEFGHIJKLMNOPQRSTUVWXYZ

(c)

abcdefghijklmnopqrstuvwxyz
ABCDEFGHIJKLMNOPQRSTUVWXYZ

(d)

abcdefghijklmnopqrstuvwxyz
ABCDEFGHIJKLMNOPQRSTUVWXYZ

(e)

abcdddeeffgghijkklmnopqrrsttuvvwwxyyz
AABBCCDDEEEFFGGHHIIJJKKLLLMMNNOPPQRRSSTT
UUVVWWXYYZZ

(f)

Abbildung 12-9. Sechs elegante Schriften, die der zeitgenössische Entwerfer Hermann Zapf entworfen hat. (a) Optima; (b) Palatino; (c) Melior; (d) Zapf Book; (e) Zapf International; und (f) Zapf Chancery.

---

dritte Dimension läßt sich erforschen, wenn man von Schicht zu Schicht fortschreitet und sich fragt, was alle die Schriften in einem bestimmten „Schacht“ miteinander verbindet. Darüber hinaus läßt sich auch noch eine vierte Dimension hinzufügen, wenn man sich viele solcher „Schichttorten“ vorstellt, jeweils eine für eine bestimmte unterscheidbare Periode typographischer Entwürfe. So entspricht also unsere vierte Dimension wie die Einsteinsche der Zeit. Jetzt kann man bezüglich jeder einzelnen Schichttorte fragen: Was verbindet alle in ihr befindlichen Exemplare miteinander? Vermutlich ließe sich diese Übung sogar noch weitertreiben.

Wenn wir zu der einfachsten dieser Fragen zurückkehren, der auf Abbildung 12-8 gemünzten ursprünglichen „vertikalen" Frage, so könnte eine naive Antwort auf sie in dem einen Wort *Buchstabe* bestehen. Und ebenso läßt sich eine naive Antwort auf die „horizontale" Frage in jener Abbildung mit dem einen Wort *Geist* geben. In der Tat ist das Wort „Geist" in den verschiedenen Bedeutungen, die es hat, die zutreffende Antwort auf alle die höherdimensionalen Fragen nach dem Muster „Was verbindet alle Schriften, die in der Periode des Art Deco entstanden sind?". Wie ephemer auch immer, es gibt so etwas wie einen „Geist des Art Deco", geradeso wie es unzweifelhaft einen „französischen Geist" in der Musik oder einen „impressionistischen Geist" in der Malerei gibt. (Maria Loeb hat kürzlich eine Serie von Schriften im Stil des Art Deco entworfen, falls jemand bezweifeln sollte, daß der Geist von damals sich erfassen läßt. Und dann gibt es das Buch *Zany Afternoons* [„Närrische Nachmittage"] von Bruce McCall, worin der ganze Geist der letzten paar Jahrzehnte in wunderbarer Weise auf allen stilistischen Ebenen gleichzeitig parodiert wird.)

Stilistische *Stimmungen* durchwalten ganze Perioden und Kulturen und bestimmen indirekt die Art von Schöpfungen – künstlerischer, wissenschaftlicher und technischer Provenienz –, die die Menschen in diesen Perioden und Kulturen hervorbringen. Sie üben „nach unten" einen sanften, aber entschiedenen Druck aus. Die Folge ist, daß nicht nur die Alphabete einer bestimmten Ära und Region deutlich unterscheidbar sind, sondern daß man „denselben Geist" auch in Dingen wie Teetöpfen, Kaffeetassen, Möbeln, Autos, Bauwerken usw. wiederfinden kann, wie Donald Bush in seinem Buch *The Streamlined Decade* („Das stromlinienförmige Jahrzehnt") sinnfällig demonstriert. Man kann sich von einer bestimmten Schrift dazu anregen lassen, ihren ephemeren Geist auf ein anderes Alphabet wie zum Beispiel das griechische, hebräische, kyrillische oder japanische zu übertragen. Tatsächlich ist dies mehrfach getan worden (siehe Abbildung 12-10). Das Problem, das mich bei meinen Forschungen am meisten beschäftigt, ist die Frage, ob (oder vielmehr wie) sich einem Computerprogramm Empfänglichkeit für solch einen „Geist" einpflanzen läßt.

Geist und Buchstabe

Die Wörter „Buchstabe" und „Geist" erinnern natürlich an den Gegensatz zwischen dem „Buchstaben des Gesetzes" und dem „Geist des Gesetzes" und an die Art und Weise, wie in unserem Rechtssystem Richter und Geschworene ihre Entscheidungen auf Präzedenzfälle gründen. Das bedeutet, daß jeder einzelne Fall vom Geschworenengericht mit bemerkenswerter Flexibilität auf frühere Fälle „abgebildet" werden muß. Es ist dann Sache der streitenden Anwälte, für eine jeweils besondere Abbildung einzutreten und zu versuchen, die Wahrnehmung der Geschworenen so zu beeinflussen, daß die eine Abbildung sich gegen die andere durchsetzt. Es ist interessant, daß Geschworenenurteile einstimmig gefällt werden sollen, so daß es im übertragenen Sinn zu einem „Phasenübergang" bzw. einer „Meinungskristallisation" kommen muß. Die Entscheidung muß ein felsenfester Beschluß sein, so daß sie Ausdruck nicht nur einer Majorität oder auch Einmütigkeit, sondern einer Totalität, einer Einstimmigkeit,

TASTE IN PRINTING DETERMINES THE FORM TYP ography is to take. The selection of a congruous typeface, the quality and suitability for its purpose of the paper being used

ABCDEFGHIJKLMNOPQRSTUVWXYZ
abcdefghijklmnopqrstuvwxyz

ШРИФТОТЕКА КОМПЬЮГРАФИК СОДЕРЖИТ дысяза гарнитуров шрифта включающихкак традич ио нные так современные рисунк шрифта, кото рые

АБВГДЕЖЗИЙКЛМНОПРСТУФХ
ЦЧШЩЪЫЬЭЮЯабвгдежзийклм
нопрстуфхцчшщъыьэюя

TASTE IN PRINTING DETERMINES THE FORM TYPOG raphy is to take. The selection of a congruous typeface, the qua lity and suitability for its purpose of the paper being used, the

ABCDEFGHIJKLMNOPQRSTUVWXYZ
abcdefghijklmnopqrstuvwxyz

ШРИФТОТЕКА КОМПЬЮГРАФИК СОДЕРЖИТ дысяза гарнитуров шрифта включающихкак трат ичио иные так современные рисунк шрифта, котор

АБВГДЕЖЗИЙКЛМНОПРСТУФХ
ЦЧШЩЪЫЬЭЮЯабвгдежзийклм
нопрстуфхцчшщъыьэюя

(a)

ABCDEFGHIJKLMNOPQRSTUVWXYZ
abcdefghijklmnopqrstuvwxyz

TASTE IN PRINTING WILL DETERMINE THE FORM TY pography is to take, the selection of a congruous typefa ce, the quality and suitability for its purpose of the pap

ΑΒΓΔΕΖΗΘΙΚΛΜΝΞΟΠΡΣΤΥΦΧΨΩ
αβγδεζηθικλμνξοπρστυφχψως

Ἡ καλαισθησιά καί ἡ ἀπόδοση στήν ἐκτύπωση προ σδιο ρίξει μορφή πού θάρει τυπωμένο κείμενο τήν ἐπι λογή τοῦ ἀνάλογου ὀφθαλμοῦ, τήν ποιότητα τό

(b)

ecnolpעומלפן

ECNOLPעומלפן

אבגדהוזחטיכלמנסעפצקרשת ךםןףץ
abcdefghijklmnopqrstuvwxyz

(c)

アイウエオカキク
ケコサシスセソタ
チツテトナニヌネ
ノハヒフヘホマミ
ムメモヤユヨラリ
ルレロワヲンガグ
ゲザジズダヅバビ
パピプペー・アイウエ

ABCDEFGHI
JKLMNOPQR
STUVWXYZ&
1234567890:,
abcdefghijkl-
mnopqrstuvw
xyz

(d)

ist. (Die Frage solcher „Phasenübergänge im Geist" wird in den Kapiteln 24 und 25 diskutiert, und eine Beschreibung von Computermodellen der Wahrnehmung, die eine Form der kollektiven Entscheidungsbildung praktizieren, findet sich in dem Buch von McClelland, Rumelhart und Hinton sowie in meinem Artikel über das Copycat-Projekt.)

Im Rechtswesen reichen die bestehenden Regeln, Gesetze usw. niemals aus, um für alle denkbaren Fälle vorzusorgen (wodurch wir wieder an den Umstand erinnert werden, daß kein festes und starres System von Regeln zur Definition von „A" alle möglichen „A"s vorhersehen kann). Das Rechtssystem steht und fällt mit der Vorstellung, daß Menschen, deren Erfahrungen über die jeweils vorliegenden Fälle und Regeln weit hinausreichen, die ganze Fülle ihrer Erfahrung nicht nur bei zahlreichen Kategorien, sondern auch beim gesamten Kategorisierungs- und Abbildungsprozeß selbst zur Geltung bringen. Dadurch haben sie die Möglichkeit, über die spezifischen, starren, beschränkten *Regeln* hinauszugehen und mit fließenderen, unbestimmteren, aber leistungsstärkeren *Prinzipien* zu operieren. Oder um zu dem vorherigen Vokabular zurückzukehren: Dank dieser Fähigkeit haben die Menschen die Möglichkeit, über den Buchstaben des Gesetzes hinauszugehen und seinen Geist zum Tragen zu bringen. Es ist diese *Spannung zwischen Prinzipien und Regeln, zwischen Geist und Buchstabe,* die uns die Arbeit von Donald Knuth und von anderen mit der Erforschung der Beziehung zwischen künstlerischer Formgebung und Mechanisierbarkeit Beschäftigten so bewundernswert vor Augen führt. Wir treten in eine sehr aufregende und wichtige Phase bei unseren Bemühungen ein, das volle Potential von Computern auszuschöpfen, und Knuths Artikel weist auf viele der wichtigen Probleme hin, die sehr sorgfältiger Überlegungen bedürfen.

Abbildung 12-10. Transalphabetische Sprünge des ätherischen „Geistes", der einer bestimmten Schrifttype innewohnt. In (a) sehen wir den Geist der „Times" die Kluft zwischen lateinischem und kyrillischem Alphabet überspringen. In (b) pflanzt sich der Geist der „Optima"-Schrift griechischem Boden ein. In (c) entspringt ein hebräischer Geist dem Spiegel und steigt in ein lateinisches Kostüm. Schließlich in (d) ein gewaltiger transpazifischer bzw. transasiatischer Sprung, mit dem ein Kana-Geist (ein Geist silbenförmiger japanischer Schriftzeichen) in lateinische Buchstaben hinüberwechselt.

In den letzten Jahren hat es eine Flut von Berichten über beobachtete Unidentifizierte Schrift-Objekte (USO) gegeben. Viele von denen, die solche USOs gesehen haben wollen, behaupten, sie stammten von anderen Planeten. Manche zum Beispiel behaupten, sie hätten Venusianisch im Baskerville-Stil geschrieben gesehen, während andere erklären, sie hätten Martianisch im Helvetica-Stil beobachtet. Es gibt sogar welche, die behaupten, ein komplettes Alphacentauribet im Magnificat-Stil gesehen zu haben. Oft sind diese Behauptungen widersprüchlich. Ein Augenzeuge, zum Beispiel, behauptet steif und fest, der Rundbogen des „g" sei zigarrenförmig gewesen, während ein anderer ebenso entschieden erklärt, er habe einer Untertasse geähnelt. Es erübrigt sich zu bemerken, daß keine einzige dieser Beobachtungen je eine wissenschaftliche Bestätigung gefunden hat.

Kurz also, die Mathematisierung von Kategorien ist ein köstliches Ziel, eine herrliche, verführerische Erscheinung vor unseren Augen, und der Computer ist augenscheinlich das zu verwendende Medium bei dem Versuch, dieses Ziel Wirklichkeit werden zu lassen. Donald Knuth hat, egal, ob er nun einem fernen Wunschbild oder einem mittelfristig erreichbaren Ziel nachjagt, durch seine Arbeit am METAFONT-Projekt ungeheuer viel zu unserer Fähigkeit beigetragen, auf flexible Weise mit Buchstabenformen umzugehen, und hat das ganze Buchstaben- und Schriftproblem in eine Perspektive gebracht, die klarer ist als jemals zuvor. Aber der Leser sollte aus seinem Artikel keine falschen Schlüsse ziehen: Er sollte nicht die Schimäre einer Mathematisierung von Kategorien mit dem Streben nach einem bescheideneren, aber immer noch faszinierenden Ziel durcheinanderbringen. Meiner Ansicht nach gehört zu dem Besten, was das METAFONT-Projekt tun kann, daß es den Leser dazu anregt, dem nachzujagen, was Knuth treffend die „Intelligenz" des Buchstabens genannt hat, mit Hilfe des expliziten Mediums Computer, das neue Erkenntnisse liefern soll über die proteischen „Geister", die im Verborgenen hinter jenen reizenden Gestalten, die wir „Buchstaben" nennen, so verführerisch umherhuschen.

Postskriptum

Einige Monate, nachdem dieser Artikel in *Visible Language* erschienen war, veröffentlichte der Herausgeber der Zeitschrift einen höchst interessanten Kommentar dazu von Geoffrey Sampson, mittlerweile Professor an der Linguistik-Abteilung der Universität Leeds in England. Hier sind einige Auszüge aus seinem Artikel mit einer Zusammenfassung der wesentlichen Punkte:

> Ich glaube, daß Douglas Hofstadter in seiner Kritik des „METAFONT"-Artikels von Donald Knuth unfair ist... Zum menschlichen Leben gehören sowohl unabgeschlossene als auch abgeschlossene Kategorien, und in vielen Fällen ist es sehr schwer zu entscheiden, ob eine bestimmte unmittelbar vertraute Kategorie unabgeschlossen oder abgeschlossen ist ... Hofstadter tut so, als ob Knuth auch offensichtlich unabgeschlossene Kategorien für abgeschlossen hielte; aber ich kann nicht sehen, daß Hofstadter dafür einen Beweis erbringt ... Baskerville und Helvetica sind beides Buchschriften [Werksatzschriften] und nicht Plakatschriften [Titelsatzschriften], die ausschließlich für dekorative Zwecke entworfen werden. Andererseits stammen die 56 „A"s in Hofstadters Abbildung [Abbildung 11-3) allesamt aus Titelsatzschriften. Von der Klasse der Werksatzschriften ist viel weniger klar ersichtlich, daß sie unabgeschlossen sind, als von der Klasse der Titelsatzschriften.
>
> Wenn wir uns bei der Fragestellung auf Werksatzschriften (die einzigen von Knuth diskutierten Typen) beschränken, dann wird die Unabgeschlossenheit dieses Bereichs in der Tat zweifelhaft. Hofstadter bestreitet, daß diese Beschränkung seine Argumentation beeinträchtigt: bei „herkömmlicheren Buchstabenformen" müsse man „nur eine feinere Korngröße wählen, und schon tauchen dieselben Arten von Problemen wieder auf". Stimmt das wirklich?
>
> Der einzige Beleg, den Hofstadter dafür anführt, ist die Schwierigkeit, den Gegensatz zwischen den runden „i"- und „j"-Punkten der Baskerville und den eckigen Punkten der Helvetica bzw. zwischen den Schwänzchen des Q in den beiden Schriften „in Parameter

aufzulösen". Aber Hofstadter gibt zu, daß es nicht „unvorstellbar" sei, daß diese Probleme sich lösen lassen. Außerdem scheint mir die Zahl der Fälle, wo zwei Schriften in bezug auf die Merkmale irgendeines einzelnen Buchstabens in einer Weise differieren, die nicht aufgrund des generellen Unterschieds zwischen den beiden Schriften vorhersehbar ist, ziemlich beschränkt. Das „Q"-Schwänzchen ist bei vielen Schriften ein Kuriosum; das gleiche gilt für den Schlußstrich beim „G"; aber wenn man andererseits weiß, wie (zum Beispiel) „P" in einer bestimmten Werksatzschrift aussieht, hat man eine ziemlich klare Vorstellung vom Aussehen des entsprechenden „D" oder „H" oder „T".

Ich möchte es für ein ganz und gar vernünftiges Unternehmen halten, wenn im Rahmen eines Forschungsprogramms versucht wird, eine begrenzte (wenn auch ohne Frage große) Anzahl von Variablen (von denen viele ohne Zweifel sehr subtil wären) festzulegen, mit denen sich alle lateinischen Werksatzschriften erzeugen lassen, unter Einschluß von Schriften, die bei der Formulierung der Variablen nicht speziell berücksichtigt wurden, und unter Ausschluß pathologischer Buchstabenformen ... Wenn Hofstadter mit seinen Ansichten zur Typographie recht hat, muß sich das vorgeschlagene Unternehmen als undurchführbar erweisen: Jede weitere Schrift, die in Betracht gezogen wird, macht die Ergänzung des Metaschrift-Systems durch zusätzliche unabhängige Variablen nötig. Ich sehe indes keinen zureichenden Grund, *a priori* zu diesem Ergebnis zu kommen.

Als ich diesen Brief zuerst las, leuchtete er mir zugegebenermaßen ein; vielleicht war ich in meiner Argumentation zu weit gegangen. Was Sampson geltend machte, war vernünftig. Aber dann fing ich an, mich zu fragen: „Wie eigentlich kann man ‚Werksatzschrifthaftigkeit' *eingrenzen*?" Dieses Problem läßt sich herrlich an einer stillschweigenden Annahme exemplifizieren, die Sampson macht. Er nennt die Helvetica eine Werksatzschrift, ohne den Schimmer eines Bedenkens. Damit aber schießt er ein klares Eigentor! Die Helvetica figuriert in der Vorstellung fast immer als eine Titelsatzschrift und wird am häufigsten für Buchtitel oder Werbeplakate gebraucht. Es ist eine Schrift ohne Serifen, wie die Optima, die Eras und viele andere gleichen Kalibers. Ich frage mich, wie Sampson über Schriften mit Serifen wie Goudy, Italia, Souvenir, Korinna usw. denkt. (Siehe Abbildung 12-11.) Welche dieser Schriften würden ihm als Titelsatz- und welche als Werksatzschriften gelten?

Brüchiges Eis, auf dem man hier wandelt! Das „Problem" (in Wirklichkeit gar kein Problem, sondern eine großartige Tatsache) ist, daß dieselben Schriftenentwerfer, die unsere beliebtesten Werksatzschriften schufen, auch die Entwerfer unserer beliebtesten Titelsatzschriften sind. Und für beide Aufgaben braucht es ein und dasselbe Stilgefühl und ein und dieselbe Schaffenslust. Ich stelle mir das so vor, daß jeder Entwerfer einen „Freihand-Knopf" hat, an dem er herumfummeln kann. Wenn er an diesem Knopf nur wenig dreht, „verkriechen" sich die Kompliziertheiten und Raffinessen in die Ecken und Winkel der Buchstabenformen: in die Art und Weise, wie Striche enden, ausbuchten, die Breite verändern usw.; und die Schrift, die sich demnach ergibt, wirkt reserviert und würdevoll, konventionell und doch graziös und stilvoll, und immer noch geprägt von den bekannten Stilmerkmalen des Entwerfers. Wenn der Freihand-Knopf voll aufgedreht wird, dann erhält das Verlangen nach ungewöhnlichen, überschwenglichen Effekten freie Bahn, und heraus kommt eine Schrift voll großartigem Flair und aufregender Kühnheit: Striche werden verdoppelt, weggelassen, erhalten extravagante Umrisse und Schnörkel usw. Es ist ganz naiv zu glauben, ein

Minimum an freier Hand bedeute ein von der Persönlichkeit des Entwerfers unabhängiges „Drehen an den guten alten Werksatzschrift-Knöpfen“, wohingegen zu einem Maximum an freier Hand eine unabgeschlossene Reihe von Einfällen gehöre.

Kein kreativer Entwerfer, der seinen Stolz hat, würde sich je damit zufriedengeben, bei seinen Kreationen im Rahmen eines vorgefertigten Schemas, einer im voraus festliegenden Reihe von Knöpfen zu bleiben. Die Lust jeglicher schöpferischer Tätigkeit besteht darin, sich in den Grenzen von bereits Vollbrachtem spielerisch zu entfalten.

---

aabcdefghijklmnopqrstuvwxyz
ABCDEFGHIJKLMNOPQRSTUVWXYZ

abcdefghijklmnopqrstuvwxyz
ABCDEFGHIJKLMNOPQRSTTUVWXYZ

abcdefghijklmnopqrstuvwxyz
ABCDEFGHIJKLMNOPQRSTUVWXYZ

abcdefghijklmnopqrstuvwxyz
ABCDEFGHIJKLMNOPQRSTUVWXYZ

abcdefghijklmnopqrstuvwxyz
ABCDEFGHIJKLMNOPQRSTUVWXYZ

abcdeefghijjklmnopqrstuvwxyz
ABCDEFGHIJKLMNOPQRSTUVWXYZ

Abbildung 12-11. Zeigt, wie vergeblich der Versuch ist, zwischen Titelsatzschriften und Werksatzschriften einen klaren Trennstrich zu ziehen. Von oben nach unten: Eras Demi, Romic leicht, Goudy extrafett, Italia halbfett, Souvenir leicht und Korinna extrafett. Es macht keine Mühe sich vorzustellen, daß mit jeder dieser Typen (in magerer Version) ein Buch gedruckt wird, und doch ist keine von ihnen eine Standard-Werksatzschrift.

Jeder empfängliche Beobachter hat ein instinktives Gefühl für den Hof von Implikationen, der jeglichen Standardbuchstaben und die Rollen, die er enthält, umgibt – ein Gefühl dafür, wie gewagt die eine oder andere Abänderung erscheint und wann sie anfängt, so weit vom Thema abzuweichen, daß sie unannehmbar wird. In den verschwimmenden Grenzbereichen der Implikosphäre spielt der Künstler am liebsten. Hat der Entwerfer nur wenig am Freihand-Knopf gedreht, dann stellt er die Grenzen weitgehend *von innen her* in Frage und bleibt mit seinen Entscheidungen zumeist im konventionellen Rahmen. Ist der Freihand-Knopf voll aufgedreht, so ist die Risikofreude des Entwerfers größer und sein Liebäugeln mit Grenzüberschreitungen führt ihn merklich weiter weg vom Zentrum der Implikosphäre, wie einen Satelliten, der eine weitere Umlaufbahn um die Erde einschlägt. Die Verletzung von Normen ist das A und O beim kreativen Tun, gleichgültig, wie weit der Freihand-Knopf aufgedreht ist. Egal, ob viel freie Hand oder wenig, es bleibt doch derselbe kreative Entwerfer und dieselbe kreative Kraft, die sich Ausdruck verschafft. Die Frage ist einzig und allein, wie subtil, wie unterdrückt jene Kraft zum Vorschein kommt.

* * *

Hermann Zapf ist der Entwerfer der berühmten serifenlosen Optima, einer Schrift, in der etliche Bücher gedruckt worden sind (siehe Abbildung 12-9a). Optima sieht täuschend einfach aus. Die Leute meinen, sie brauchten nur einen Buchstaben, um alle übrigen mit Leichtigkeit bestimmen zu können. Eben das behauptet auch Sampson: „Wenn man weiß, wie (zum Beispiel) ‚P‘ in einer bestimmten Werksatzschrift aussieht, hat man eine ziemlich klare Vorstellung vom Aussehen des entsprechenden ‚D‘ oder ‚H‘ oder ‚T‘." Aber wenn das so ist, warum hat dann Zapf – einer der berühmtesten Schriftentwerfer der Welt – sieben Jahre für den Entwurf gebraucht? Ich kann nur sagen, daß bezüglich der Kompliziertheit von Buchstaben eine umwerfende Naivität herrscht, selbst bei Leuten, die ansonsten visuell sehr auf der Höhe sind.

Eine großartige Übung, um sich das selber klar zu machen, ist der Versuch, das „a" der Helvetica halbfett aus dem Gedächtnis nachzuzeichnen (siehe das Beweisstück „a" in Abbildung 12-12). Man schaue es sich so lange an, wie man will, und versuche es

Abbildung 12-12. Details zweier klassischer Buchtypen: das „a" von Helvetica halbfett und das „g" von Italia Book.

dann wiederzugeben. Je besser das Auge ist, das man dafür hat, um so mehr Irrtümer wird man bei dem, was man gemacht hat, bemerken. Man versuche es mehrere Male. Ich selbst habe dieses „a“ mehrere Dutzend Male nachzuzeichnen versucht und habe es doch nie perfekt geschafft. Dieser Buchstabe ist einer meiner Lieblingsbuchstaben überhaupt, und ich habe wahrscheinlich mehr Zeit damit verbracht, ihn bewundernd zu betrachten, als irgendeinen anderen Buchstaben – und trotzdem habe ich ihn immer noch nicht voll ausgelotet.

Der Fall der Helvetica ist interessant. Wodurch zeichnet sie sich aus? Sie war eine der ersten Schriften, bei denen den positiven und den negativen, den visuellen Hintergrund bildenden Flächen gleich viel Beachtung geschenkt wurde. Sie macht Gebrauch von sehr schlichten, fast mathematischen Kurven. Warum wurde sie erst 1958 entworfen? Warum dauerte es so lange, bis etwas so Naheliegendes so elegant ausgeführt wurde? Es ist, als ob man fragte, warum die alten Griechen mit ihrem Sinn für Reinheit und Eleganz nicht schon die Gruppentheorie entdeckt haben, jenen Zweig der Mathematik, der sich mit abstrakten binären Operationen beschäftigt. Manche Gedanken sind einfach so abstrakt, daß auch, wenn sie schon Jahrhunderte vorher verschwommen wahrgenommen werden, sie doch viel länger brauchen, um voll ausgebildet in Erscheinung zu treten. (Die Gruppentheorie wartete nach den Griechen zweitausend Jahre lang geduldig auf ihre Entdeckung! Wenn das keine Nachsicht mit der menschlichen Spezies beweist!) So verhält es sich auch mit den urtümlichen Eigenschaften der Helvetica-Schrift. Und *scheinbar* bemerkenswert, tatsächlich aber vorhersehbar ist dabei, daß in demselben Jahr, in dem Max Miedinger die Helvetica entwarf, Adrian Frutinger die Univers entwarf, eine entzückende Schrift, die in vieler Hinsicht fast ununterscheidbar ist von der Helvetica. Für manche Ideen ist die Zeit irgendwann einfach reif.

Die in der Helvetica verwirklichten Ideen waren in den dreißiger Jahren des Jahrhunderts noch für niemanden sichtbar, obwohl die Menschen Tausende von Werk- und Titelsatzschriften vor Augen hatten. Ebensowenig sind die in der Snorple (einer klassischen Werksatzschrift, die im Jahr 2027 Argli Snorple entwerfen wird) verwirklichten Ideen für uns heute schon sichtbar, auch wenn sie in gewissem Sinn bereits implizit durch das bestimmt sind, was uns allgegenwärtig umgibt. Kulturelle Einflüsse wie die Entwicklung von Computern und von digitalen Schriften für geringe Auflösung wirken zutiefst auf die Art und Weise ein, wie Buchstaben wahrgenommen werden. Hier ein schlagendes Beispiel: Als Hermann Zapf von der Kurve erfuhr, die als „Super-Ellipse“ bezeichnet wird – einer eleganten mathematischen Interpolation zwischen einem Kreis und einem Quadrat (oder, allgemeiner ausgedrückt, zwischen einer Ellipse und einem Rechteck), die in den fünfziger Jahren der dänische Wissenschaftler und Autor Piet Hein entwarf –, beschloß er, auf diesen Umriß eine Schrift zu gründen. Das Ergebnis: Melior, eine inzwischen gängige Werksatzschrift, deren „Rundbögen“ Super-Ellipsen sind (siehe Abbildung 12-9c). Schriftenentwerfer sind einfach genauso empfänglich für das Auf und Ab kultureller Strömungen wie andere Menschen auch – und Beweise für diese Strömungen findet man in Werk- nicht weniger als in Titelsatzschriften, Sampson zum Trotz.

So bleibe ich also nach nochmaliger Überlegung dabei, daß *all* die Dinge, die für die

„wilden" Buchstabenformen gelten, auch für die „zahmen" gelten – daß man nur eine feinere Korngröße wählen muß, um derselben Art von Problemen gewahr zu werden. Wie oben bereits bemerkt, spielen die modernen Buchschriften mit den Strichenden auf unglaublich kreative und überraschende Weise. Man sehe sich beispielsweise das Beweisstück „g" an – d. h. das „g" der Italia (Abbildung 12-12b). Man prüfe ein paar von den anderen Buchstaben nach, und dann sieht man, was von Sampsons Behauptung zu halten ist.

* * *

Die Menschen neigen zu der Ansicht, daß nur extreme Erscheinungen tiefgründige Probleme aufwerfen. Deshalb sehen die Wenigsten im Nachvollzug der Kreativität irgendeiner abgedroschenen Spaßmacherrolle im Fernsehen eine schwierige Aufgabe. Es ist eigenartig und irritierend, sich klar zu machen, daß wir mit einem Programm, das Berieselungsmusik komponieren oder Schundliteratur schreiben könnte, 99 Prozent des Wegs zur Mechanisierung eines Mozart oder Einstein geschafft hätten. Schon ein Programm, das zum Verhalten eines geistig Zurückgebliebenen imstande wäre, würde einen ungeheuren Fortschritt bedeuten. Das entscheidende Geheimnis des menschlichen Geists sind noch immer seine gewöhnlichsten Fähigkeiten, nicht seine ausgefallensten.

John McCarthy, einer der Gründungsväter des Gebiets der artifiziellen Intelligenz, redet mit Vorliebe von dem Tag, an dem wir über „Küchenroboter" verfügen werden, die uns Arbeiten wie etwa die Zubereitung köstlicher Crevetten à la Créole abnehmen können. Solche Roboter wären, seiner Ansicht nach, ausbeutbar wie Sklaven, da sie nicht das mindeste Bewußtsein hätten. Für mich ist das unvorstellbar. Alles, was mit der unberechenbaren Welt der Küche zurechtkäme, verdiente genauso sehr, als ein mit Bewußtsein begabtes Wesen zu gelten, wie ein Roboter, der imstande wäre, sich eine Woche lang in den Rocky Mountains durchzuschlagen. Für mich sind beide Welten gleich kompliziert und voller möglicher Überraschungen. Ich habe aber den Verdacht, daß sich McCarthy eine Küche gerade so vorstellt, wie Sampson Werksatzschriften sieht: als eine Art simple, „abgeschlossene" Welt, im Gegensatz zu „unabgeschlossenen" Welten wie den Rocky Mountains. Meiner Meinung nach ist das nur ein weiterer Fall von massiver Unterschätzung der Komplexität einer für selbstverständlich genommenen Welt und damit zugleich Unterschätzung der Komplexität der Lebewesen, die sich in solch einer Welt zurechtfinden.

Letztlich besteht der einzige Weg, wie man sich davon überzeugen kann, im Versuch, ein Computerprogramm zu schreiben, das in einer Küche zurechtkommt bzw. Werksatzschriften hervorbringt. Da wird man dann endlich gewahr, wie sehr man in seiner Vorstellung vom wirklichen Wesen eines Knopfs noch gebunden ist. Zu der Vorstellung, die sich die Menschen von Knöpfen machen, gehört noch viel zuviel intuitive Flexibilität. Es ist schwer, sich in einen Computer zu versetzen und die Dinge absolut und aberwitzig starr zu sehen – aber damit muß man den Anfang machen, wenn man verstehen will, warum die Auflösung des Alphabets in Knöpfe eine Aufgabe ungeheuren Kalibers und selber wiederum nur ein mikroskopischer Teil der Aufgabe ist, das gesamte menschliche Denken in Knöpfe aufzulösen.

* * *

Es ist sehr verführerisch zu meinen, die Kombination von ein paar Einstellmöglichkeiten reiche aus, alle nur denkbaren Situationen abzudecken. Schließlich ist die Zahl der möglichen Zustände eines mit mehreren Knöpfen ausgestatteten Apparats das Produkt der Einstellungen jedes einzelnen Knopfes, und wenn man ein Bündel relativ kleiner Zahlen miteinander multipliziert, stößt man rasch in die Region großer Zahlen vor. Eine vorzügliche Illustration dieses Gedankengangs bietet eine Anzeige, die ich einmal ausgeschnitten habe und die Reklame machte für ein Buch mit dem Titel *Director's and Officer's Complete Letter Book* („Vollständige Briefsammlung für den leitenden Angestellten und Beamten"), inoffiziell betitelt als *The Ghost.* Hier einige der Ausführungen aus der Anzeige:

> Dies ist kein Buch über die Technik des Briefeschreibens. Es ist eine Sammlung von 133 Geschäftsbriefen, die *bereits geschrieben und gebrauchsfertig sind.* Sie erfassen praktisch jede geschäftliche Situation, die man jemals erlebt. Man braucht nur ein paar Wörter zu ändern. Sie sind thematisch geordnet, mit 98 alternativen und auf die jeweilige Situation abgestimmten Wendungen und Sätzen, so daß sich der richtige Brief für Ihren jeweiligen Zweck fast mühelos herstellen läßt ... Herausgeber J. A. VanDuyn ist jahrelang gereist und hat die *hervorragendsten* Muster von Geschäftsbriefen, die heutzutage geschrieben werden, zusammengetragen. Sie sind in einer knappen, direkten, ungezwungenen Diktion abgefaßt und frei von Klischees ... Binnen dreißig Sekunden läßt sich mittels Themenkatalog der benötigte Brief finden. Man braucht nur Namen, Adresse und ein halbes Dutzend Wörter zu verändern. Oder man nimmt einen der alternativen Ausdrücke, Sätze oder Abschnitte, die sich auf der gegenüberliegenden Seite finden. In Minuten hat man seinen Brief fertig. Mitsamt der gewünschten persönlichen Note. Perfekt auf das Anliegen abgestellt, das man vortragen möchte...
>
> Manche Briefe sind besonders heikel. Wer nicht weiß, wie er taktvoll verfahren, genau den richtigen Ausdruck von Betroffenheit an den Tag legen, sich gekonnt entschuldigen soll, wird für *The Ghost* dankbar sein. Sehen Sie sich ein paar von diesen Themen an:
>
>> Briefe an öffentliche Stellen; Ablehnung von Ämtern, in die man berufen bzw. gewählt wird; Beileidsschreiben; Entschuldigungsschreiben; Bitten um karitative Spenden; Neuorientierung im Falle einer Absage; Briefe an Gläubiger; Kontaktaufnahme mit säumigen Kunden; Zahlungsaufforderungen; Bitten um Empfehlungsschreiben – insgesamt 11 Kapitel.
>
> Moderne Themen sind ausführlich berücksichtigt. Es finden sich Briefe darüber, wie man Computerdienstleistungen vereinbart, sich für Fehler des Computers entschuldigt, Kaufverträge für Hardware und Software abschließt. Praktisch jeder Brief, den ein Geschäftsmann jemals brauchen könnte, findet sich in *The Ghost* – und steht für Sie bereit.

Ich frage mich, ob das Buch auch Briefe enthält, mit denen man sich für den hölzernen Ton der in letzter Zeit geschriebenen Briefe entschuldigen kann, oder Briefe, mit denen man um Entschuldigung dafür bittet, daß einem bei der Auswahl des letzten Briefs ein Irrtum passiert ist – und so weiter. Die Vorstellung, jemand könne ernstlich glauben, in dem Buch sei für *jede denkbare Situation* Sorge getragen, haut einen einfach um. Wie leichtgläubig muß man sein, um so ein Buch zu kaufen? (Übrigens, falls Interesse daran besteht, es kostet nur die Kleinigkeit von 49,95 Dollar und kann bei Prentice-Hall, Inc., Englewood Cliffs, New Jersey 07632, USA, bestellt werden. Aber halten Sie sich ran – wer weiß, wie lange der Vorrat reicht.)

* * *

Als ich mich einmal mit Architekten über Knöpfe und Kreativität unterhielt, stieß ich auf etliche Befürworter der Verwendung von „Grundformgrammatiken" für den Entwurf von Häusern, Gärten, Cafés usw. Man zeigte mir, wie eine bestimmte Klasse von Häusern des Architekten Frank Lloyd Wright, die als seine „Präriehäuser" bekannt sind, in Parameter auflösbar und auf eine „Grundformgrammatik" rückführbar waren. In einem Artikel von H. Koning und J. Eizenberg wird die Grammatik dargelegt und eine große Zahl von Außen- und Innenaufrissen pseudo-Wrightscher Häuser vorgeführt. Diese Art von Schablonenkunst erinnert mich an den berühmten aleatorischen Walzer von Mozart, bei dem die einzelnen Takte in beliebiger Reihenfolge zusammengestellt werden können und immer ein akzeptables, wenn auch schwaches, Musikstück herauskommt. Grundformgrammatiken arbeiten mit mehr Strukturebenen als Mozart, aber schließlich war es bei ihm ja auch nur ein Scherz. Nach Lektüre mehrerer Artikel über Grundformgrammatiken in der Architektur habe ich den Eindruck, daß die Entwürfe, zu denen sie führen, sich sehen lassen können – tatsächlich haben sie große Ähnlichkeit mit den ursprünglich eingegebenen Entwürfen. Aber eben deshalb kommen sie mir ziemlich langweilig und dürr vor, wenn man bedenkt, daß sie alle im Nachhinein gefertigt sind. Damit sind wir wieder bei dem Problem von Pseudo-Mondrian kontra Original-Mondrian (siehe Abbildung 9-14 und die dazugehörige Erörterung) und bei dem zweifelhaften künstlerischen Wert, den es hat, aus einer vormals neuartigen Schöpfung Charakteristika herauszuziehen und mit ihrer Hilfe einer Maschine zu ermöglichen, die besagte Schöpfung nachzubilden oder vielleicht sogar eine verbesserte Fassung von ihr zu liefern, aber immer im Sinne einer unverkennbaren Imitation.

Den Leser überrascht es vielleicht zu hören, daß ein Teil meiner eigenen Forschungen von Grundformgrammatiken bzw. dem METAFONT-Programm gar nicht so weit entfernt ist: das Hàn-Zì-Projekt, dessen Ziel ein Programm ist, das chinesische Schriftzeichen in einem „einstellbaren" Stil erzeugen kann. Alle Zeichen werden auf kleinere Einheiten zurückgeführt, die ihrerseits wieder auf kleinere Einheiten zurückgeführt werden, und so weiter, bis die Ebene der *Grundstriche* erreicht ist. Von traditionellen chinesischen Kalligraphen erfährt man, daß es sieben oder acht solcher Grundstriche gibt, aber das gilt nur für menschliche Wesen, die über ein sehr bewegliches Seh- und Vorstellungsvermögen verfügen. Für starre Maschinen braucht es eine größere Zahl.

Ich habe festgestellt, daß an die 40 solcher Striche ausreichen, um so ziemlich jedes Schriftzeichen zu erzeugen, auch wenn für die meisten 30 bis 35 genügen. Die Bestimmung jedes einzelnen Schriftzeichens ist stilunabhängig, will heißen, wenn man die Grundstriche verändert, ändern auch alle Schriftzeichen ihr Aussehen. Ein Beispiel dafür findet sich in Abbildung 12-13, wo das Hàn-Zì-Programm einen kurzen Satz in zwei unterschiedlichen Stilen ausdruckt (und zwei verschiedene Dinge über seinen Ausdruck äußert).

Bezüglich der Verallgemeinerbarkeit dieses Herangehens an das Stilproblem im Chinesischen geben mein Mitarbeiter David Leake und ich uns keinen falschen Hoffnungen hin. Unser Vorgehen unterliegt augenscheinlich all den Einschränkungen, denen jeder auf Parametern basierende Umgang mit Stilfragen unterworfen ist: Es ist starr und ermangelt der Kreativität. Dennoch ist es für uns eine faszinierende Herausforde-

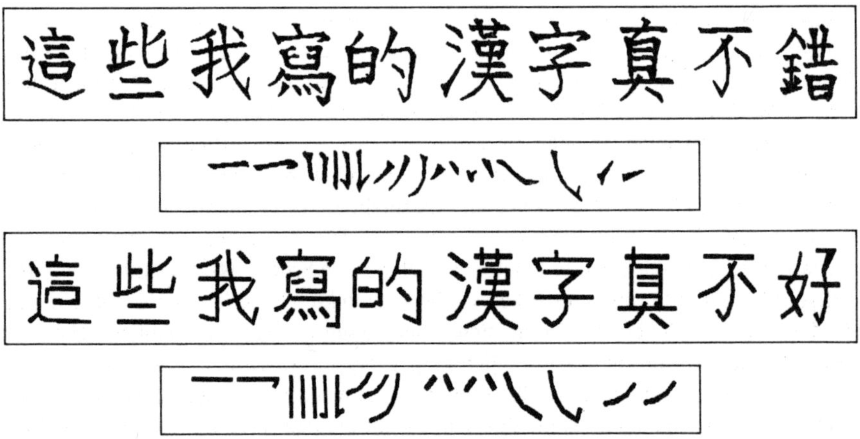

Abbildung 12-13. Selbstdeskriptive chinesische Sätze. Der obere, in einer recht kalligraphischen Schrift, besagt: „Diese chinesischen Zeichen, die ich geschrieben habe, sind wirklich nicht schlecht." Der untere, in einer ziemlich roboterartigen Handschrift, besagt: „Diese chinesischen Zeichen, die ich geschrieben habe, sind wirklich nicht gut." Beide wurden vom Hàn-Zì-Programm geschrieben, wobei nur etwa zwanzig Grundstriche verändert wurden. Die Grundstriche selbst findet man in den umrahmten Kästchen. Sämtliche 50000 (oder so ähnlich) Schriftzeichen des Chinesischen lassen sich mittels Hàn-Zì-Programm aus ungefähr 40 verschiedenen Grundstrichen zusammensetzen, so daß man den optischen Eindruck jeder beliebigen Passage einfach dadurch verändern kann, daß man 40 graphische Grundelemente verändert. Dennoch sind wir – David Leake und ich – denkbar weit entfernt davon, durch ein paar einfache Neudefinitionen von Strichen die kreative Vielfalt von Abbildung 11-4 einzufangen. Unser Programm sieht nicht, was es hervorbringt, und ohne die Wahrnehmung dessen, was man hervorgebracht hat, kann es keine echte Kreativität geben.

rung, innerhalb der offenkundigen Grenzen eines solchen Systems das Bestmögliche zu erreichen. Wir können dadurch genauer erkennen, wie weit solche Systeme sich vorantreiben lassen, erfahren mehr über die chinesische Schrift und bieten, was vielleicht das Beste von allem ist, den vielen chinesischen Studenten unter unseren Bekannten eine unterhaltsame und fesselnde Beschäftigung.

* * *

Der kreative, nicht in den alten Geleisen festgefahrene Geist produziert ständig Einfälle, die den Rahmen vorgefertigter Kategorien sprengen. Ein bildschönes Umschlagbild von *Science News* (8. Januar 1983) zeigt vier neue Ideen für den Flugzeugbau. Das eine Flugzeug ist eine rumpflos fliegende Schwinge mit sechs Motoren und senkrechten Leitwerken an beiden Enden des Flügels. Ein anderes ist ein propellergetriebenes Luftschiff mit gekurvten Propellerblättern, die mehr den Eindruck von Blütenblättern als den von Windflügeln machen. Das dritte ist ein Flugzeug, dessen zwei Flügel sich nach oben biegen und über dem Rumpf zu einem Kreis zusammenschließen (so daß, streng genommen, eigentlich nur von *einem* Flügel gesprochen werden kann). Beim vierten handelt es sich um eine Art von „siamesischem Zwillingsflugzeug", mit einem riesigen Flügel, in den sich zwei parallel geordnete Rümpfe teilen. Phantastische Vorstellungen von der „Zukunft des Fliegens", wie die Bildunterschrift lautet. Man versuche, alle denkbaren Entwürfe von künftigen Flugzeugen in eine Reihe feststehender Knöpfe aufzulösen! Hier ist ein Fall, wo Rollen mit der größten Leichtigkeit aufgespalten und verschmolzen werden. Zukunftsphantasien bringen häufig diese Art von aufregenden „Drehs" in herrschende Vorstellungen, „Drehs", die den Eindruck völliger Neuartigkeit erzeugen und über ein oberflächliches Fummeln an Knöpfen weit hinausgehen – aber auch diese Phantasien sind gewöhnlich weit entfernt davon, die wirkliche Zukunft zu antizipieren.

Ein unterhaltsames Operieren mit Knöpfen bietet das neue Filmgenre, das sich „Choice-a-Rama" [also zu Deutsch „Wähle-Rama"] nennt. Es steht unter dem Slogan: „*Sie* entscheiden, was als nächstes passiert!" Vermutlich stimmen die Zuschauer an vorher festgelegten Entscheidungspunkten ab und wählen aus einer Reihe festliegender Handlungsmöglichkeiten eine bestimmte Fortsetzung aus. Es ist, als ob man auf einer Fahrt durch die Stadt bei jeder möglichen Abzweigung eine spontane Entscheidung träfe und sich davon überraschen ließe, wo man schließlich landet. Es muß aber sehr teuer sein, mehr als einige wenige Entscheidungspunkte zu haben, denn die Zahl vervielfacht sich. Wenn es zehn Stellen gibt, an denen man sich zwischen jeweils zwei Alternativen entscheiden kann, so bedeutet das 2^{10} bzw. 1024 verschiedene Wahlmöglichkeiten, die irgendwo auf Film aufgezeichnet sein müssen. Ein staunenerregendes, wenn schon von Dekadenz zeugendes, Symbol unserer Gesellschaft!

Zu guter Letzt darf ich eine die Phantasie anregende Verwendung von Knöpfen erwähnen: bei taktischen Atomwaffen mit wählbarer „Leistung", natürlich ganz in dem doppelten Sinne, wie man eine Telefonnummer „wählt", damit eine Pizzeria „wählt" und aus deren Angebot die große oder kleine *Pizza diavolo.* Ganz nach Bedarf kann man entscheiden, wie viele der feindlichen Kräfte man ausgelöscht haben will.

Eine höhere Knopfstellung hat den ansprechenden Vorzug größerer „Abschüsse" beim Feind (auch wenn man derart grobe Ausdrücke meiden sollte), aber den ärgerlichen Nachteil, daß dadurch ähnliche oder noch größere Vergeltungsschläge des Feinds ausgelöst werden können und auf diese Weise vielleicht die rasante Talfahrt in einen alles vernichtenden Holocaust beginnt. Mist! Bei ansonsten gleicher Verteilung der Kräfte ist das wenig wünschenswert; deshalb fühlt man sich geneigt, niedrigere Knopfstellungen zu wählen, es sei denn, man ist ausnehmend sauer oder ungeduldig. Wer will schließlich Armageddon unnötigerweise oder verfrüht in Szene setzen? Mannomann, was für irre Verwendungen gibt es doch für Knöpfe!

Sektion IV:
Struktur und Seltsamkeit

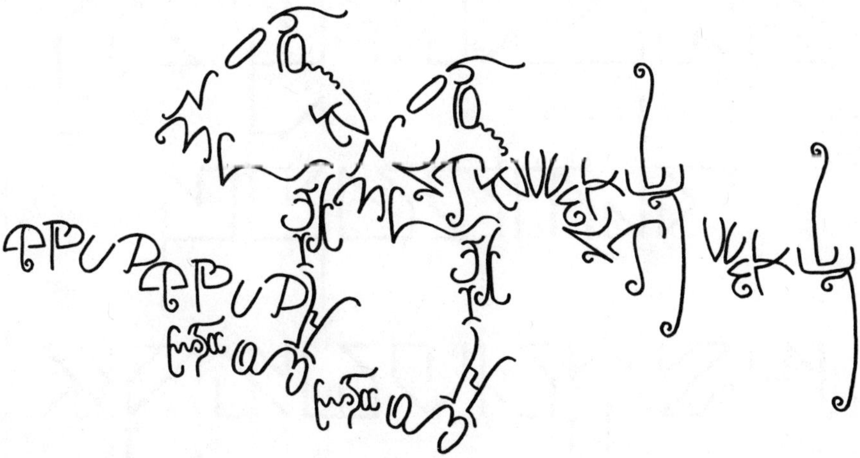

Sektion IV: Struktur und Seltsamkeit

Mathematische Strukturen zählen zu den schönsten Entdeckungen des menschlichen Geistes. Die besten Entdeckungen auf diesem Gebiet haben eine ungeheuere metaphorische und erläuternde Kraft, die sich über die disziplinären Grenzen hinwegsetzt und gleichzeitig Licht in viele Bereiche menschlichen Denkens wirft. Die besten Entdeckungen bringen oft die bizarrsten Facetten vertrauter Konzepte zum Vorschein. In den folgenden sieben Kapiteln werden vier erstaunliche mathematische Ideen betrachtet. Rubiks „magischer Würfel" oder „Zauberwürfel" ist aus vielerlei Gründen ein packendes Objekt, und seine scheinbare physikalische Unmöglichkeit zählt nicht gerade zu den geringfügigsten, ebensowenig die frustrierende Art und Weise, wie auf der Oberfläche des Würfels beim Drehen immer wieder Ordnung und Chaos entstehen und vergehen. Die Grenze zwischen Ordnung und Chaos in der Mathematik ist das nächste Thema, bei dem wir die Iteration sehr einfacher Funktionen sehen, die in unerwarteter Weise chaotische Phänomene hervorbringen, im besonderen „seltsame Attraktoren". Ein seltsamer Attraktor ist eine sehr merkwürdige Form, die nach unendlich vielen Maßstäben zur gleichen Zeit Struktur besitzt. Dies ist nicht nur seltsamen Attraktoren zu eigen, sondern zudem einer noch viel größeren Klasse von Formen, die

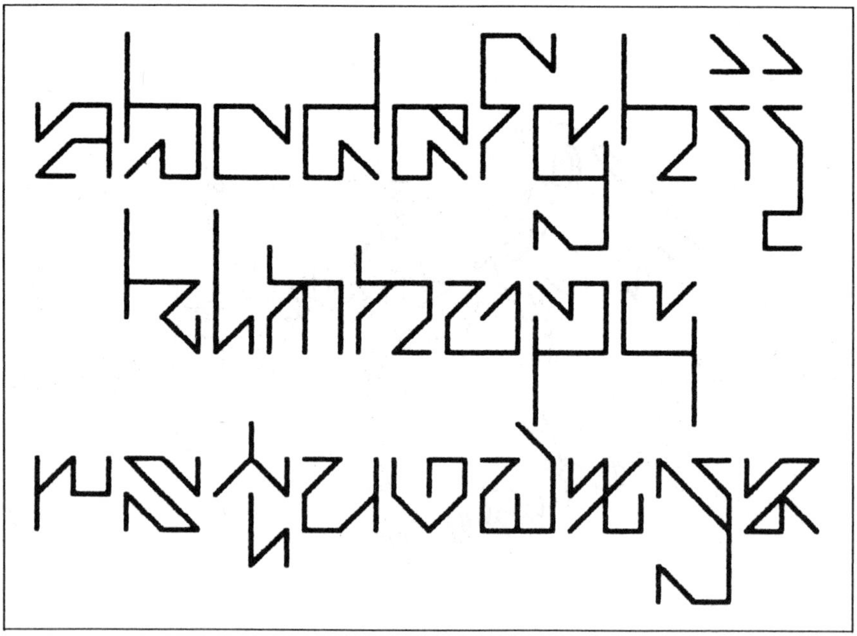

unter dem Namen *Schachtelkurven* bekannt sind. Sie sind ihrerseits Beispiele für die allgemeinere mathematische Vorstellung der Rekursion, eines der ergiebigsten Forschungsgebiete unserer Zeit in der Mathematik und Computerwissenschaft. Rekursion und Rekursivität werden in drei Kapiteln über die Computersprache Lisp behandelt, die Sprache, die auf dem Gebiet der artifiziellen Intelligenz die häufigste Verwendung findet. Schließlich verlassen wir die Welt der Computer und wenden uns ihrem mikroskopischen Substrat zu: der unheimlichen Unterwelt der Quantenphänomene und den ungelösten Rätseln über das Verhältnis zwischen Makrowelt und Mikrowelt.

13
Zauberhafte Cubologie

März 1981

Cubitis magica *[gr.-nlat.], die; schwere Geistesstörung, begleitet von einem Jucken in den Fingerspitzen, das nur bei längerem Kontakt mit einem farbigen Würfel nachläßt, dessen Ursprung in Ungarn und Japan liegt. Die Symptome halten oft Monate an. Hohe Ansteckungsgefahr.*

Dieser trockene medizinische Wörterbucheintrag verschweigt allerdings, daß durch den Kontakt mit dem farbigen Würfel das Jucken nicht nur geheilt, sondern auch hervorgerufen wird. Außerdem weist er nicht darauf hin, daß das unheilvolle Leiden heilloses Vergnügen bereiten kann. Eigentlich sollte ich es doch wissen; vergangenes Jahr habe ich darunter selbst gelitten und zeige heute noch Symptome.

Büvos Kocka – der Zauberwürfel, auch bekannt als Rubik's Cube – hat die Welt der Spiele, die der Mathematik und die der Computer gleichzeitig im Sturm erobert (siehe Abbildung 13-1). Selten hat ein Geschicklichkeitsspiel die Phantasie so vieler Menschen entzündet, wie vielleicht seit Sam Loyds berühmtem Schiebepuzzle nicht mehr, das im neunzehnten Jahrhundert einen Massenwahn auslöste und immer noch zu den populärsten Geduldsspielen gehört. Das Schiebepuzzle und der Zauberwürfel sind geistig verwandt; das eine ist ein zweidimensionales Problem, bei dem durcheinandergebrachte numerierte Teile eines 4 × 4-Quadrats in die richtige Reihenfolge gebracht werden müssen, das andere ein dreidimensionales, ein 3 × 3 × 3-Würfel, der aus verschiedenen Teilen besteht, unterschiedliche Farben hat, meist verdreht ist und in die richtige Konfiguration zurückgedreht werden soll. Die Lösungen beider Probleme verlangen die Bereitschaft, scheinbar wertvolle Fortschritte immer wieder aufzugeben; es gibt keinen Weg, der zum Ziel führt und nicht eine teilweise oder vorübergehende Zerstörung der ab einem gewissen Punkt sichtbar werdenden Ordnung erfordert. Wenn das schon mit dem Schiebepuzzle schwer zu lernen ist, wie viel schwerer ist es dann erst mit dem Zauberwürfel! Und beide haben zudem dieselbe teuflische Eigenschaft: wohlmeinende Wichtigtuer oder hinterhältige Schurken können sie auseinandernehmen und wieder so zusammensetzen, daß derjenige, der sich des Problems annimmt, gar nicht merkt, daß von diesen Ausgangspositionen das Ziel absolut nicht erreichbar ist, und beträchtlich konsterniert sein wird.

Der Zauberwürfel ist wesentlich mehr als nur ein Geschicklichkeits- oder Geduldsspiel. Er ist eine geniale mechanische Erfindung, ein Zeitvertreib, ein Lernmittel, eine Metaphernquelle, eine Inspiration. Aus der heutigen Welt ist er gar nicht mehr wegzu-

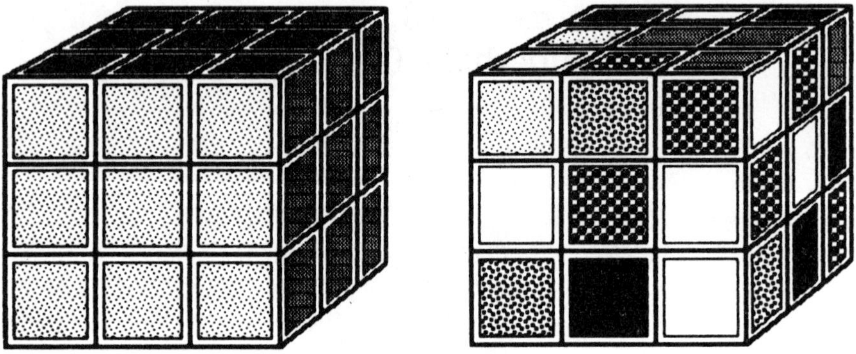

(a) (b)

Abbildung 13-1. Ein Zauberwürfel in (a) seinem Urzustand bzw. Ausgangszustand, auch *START* genannt, (b) einem typischen Durcheinander.

denken, aber es dauerte lange, bis er entdeckt wurde. Dann aber schien die Zeit irgendwie reif, denn die Idee keimte und entwickelte sich in Ungarn und Japan und vielleicht auch noch anderswo beinahe parallel. Vor geraumer Zeit tauchte ein Bericht von einem französischen Inspektor namens Semah auf; er behauptet darin, sich erinnern zu können, 1920 in Istanbul und später noch einmal in Marseille 1935 einen solchen Würfel aus Holz gesehen zu haben. Natürlich erweckt diese Behauptung ohne weiteren Beweis einige Zweifel, aber irgendwie prickelnd ist sie schon. Wie dem auch sei, Rubik vollendete seine Arbeit 1975, und auf dieses Jahr ist auch sein ungarisches Patent ausgestellt. Im gleichen Jahr kam Terutoshi Ishige, der sich autodidaktisch zum Ingenieur ausgebildet hatte und in der Nähe von Tokyo eine kleine Stahlverarbeitungsfabrik betrieb, völlig unabhängig von Rubik mit einem im wesentlichen gleichen Modell heraus, das er sich 1976 in Japan patentieren ließ. Auch Ishige verdient Anerkennung für seine bewundernswerte Leistung.

Wer ist Rubik? Ernö Rubik ist Professor für Architektur und Gebrauchsgraphik an der Budapester Universität. Er wollte bei seinen Studenten die Fähigkeit des räumlichen Vorstellungsvermögens fördern und verfiel dabei auf die Idee, einen $3 \times 3 \times 3$-Würfel zu verwenden, dessen 3×3-Seitenflächen jede für sich um ihr Zentrum rotieren konnten, ohne daß der Würfel als Ganzes auseinanderfiel. Jede Seitenfläche zeigte zunächst eine andere, einheitliche Farbe, aber durch die wiederholten Drehungen gerieten die verschiedenen Farben auf jeder Seite des Würfels völlig durcheinander. Anschließend mußten seine Schüler sich ausdenken, wie der Wirrwarr wieder geordnet werden konnte.

Als mir der Würfel zum ersten Mal am Telefon beschrieben wurde, hörte es sich an, als sei er physikalisch unmöglich. Nach den Gesetzen der Logik hätte er eigentlich in einzelne Würfelchen auseinanderfallen müssen, in die sogenannten „Cubies" (einer der vielen nützlichen und amüsanten Begriffe, die von „Cubisten" rund um die Welt erfunden wurden). Nehmen wir irgendein Eckcubie – woran ist es befestigt? Wenn man sich vorstellt, daß man jede der drei Oberflächen, an denen es Anteil hat, drehen kann, wird klar, daß es mit keinem seiner drei Kantencubie-Nachbarn verbunden ist. Wie um alles in der Welt wird es also an seinem Platz gehalten?

Einige behaupten, es seien Magnete, Gummibänder oder raffinierte Verdrahtungssysteme im Inneren des Würfels dafür verantwortlich. Aber es braucht nichts dergleichen, weil er bemerkenswert einfach konstruiert ist.

Tatsächlich kann der Zauberwürfel innerhalb von Sekunden auseinandergenommen werden (siehe Abbildung 13-2 c). Die innere Struktur, die dabei zum Vorschein kommt, ist so simpel, daß man nachdenklich darüber werden muß, wie sie überhaupt solches leisten kann. Um zu erkennen, was ihn zusammenhält, muß man zunächst beachten, daß es drei Arten von Cubies gibt: sechs Flächencubies, zwölf Kantencubies und acht Eckencubies (siehe Abbildung 13-2 a). Jedes Flächencubie hat nur eine sichtbare Seite; Kantencubies haben zwei, Eckencubies drei. Zudem sind die sechs Flächencubies nun wirklich keine Würfel, sondern lediglich fassadenartige quadratische Flächen, hinter denen sich die Enden von Achsen verbergen, die von einem sechsarmigen Herzstück des Würfels ausgehen. Die anderen Cubies sind dagegen fast perfekte kleine Würfel, außer daß jeder einen kleinen, in die Würfelmitte greifenden Stumpf als „Fuß“ und einige konkave Einkerbungen hat.

Der Trick ist im Grunde, daß sich Cubies mittels ihrer Füße gegenseitig im Würfel festhalten, ohne daß ein Cubie mit einem anderen tatsächlich fest verbunden ist. Kantencubies halten die Füße von Eckencubies und Eckencubies die von Kantencubies. Die Flächencubies sind die tragenden Säulen des Ganzen. Dreht man z. B. die obere Schicht des Würfels, so hält sie sich in der horizontalen Ebene selbst zusammen, während sie in der vertikalen Ebene durch ihr eigenes Zentrum bzw. Flächencubie und durch die darunter liegende Äquatorschicht zusammengehalten wird. Diese Mittelschicht hat eine kreisförmige Bahn (durch die Einkerbungen in ihren Cubies), die beim Bewegen der oberen Schicht deren Füße lenkt und so mit dazu beiträgt, daß die obere Schicht intakt bleibt. Wenn man kein technisch veranlagtes Genie ist, kann man es ohne ein veranschaulichendes Bild kaum verstehen; noch besser ist es, wenn man das Ding wirklich in der Hand hält.

David Singmaster, Professor für Mathematik und Computerwissenschaft am South-Bank-Polytechnikum in London, sagt in seinen *Notes on Rubik's Magic Cube* („Anmerkungen zu Rubiks Zauberwürfel“) definitiv, worin das fundamentale mechanische Problem besteht – herauszufinden, wie der Würfel konstruiert ist. Manchmal frage ich mich, ob die phantasiefördernde Aufgabe, die Rubik sich für seine Studenten ausgedacht hatte, darin bestand, das Entwirrungsproblem zu lösen (Singmaster nennt es das *fundamentale mathematische Problem*), oder ob es vielmehr darauf ankam, dem mechanischen Problem auf die Schliche zu kommen. Vermutlich ist das letztere das schwierigere von beiden. Ich selbst hatte wahrscheinlich bereits mehr als 50 Arbeitsstunden, verstreut über einen Zeitraum von mehreren Monaten, investiert, ehe ich das Problem der Entwirrung löste; hinter das Problem der Mechanik kam ich jedoch erst, als ich einen Würfel zerlegt sah. Nach Singmasters inoffizieller Schätzung benötigt jemand, der den Würfel (ohne fremde Hilfestellung) entwirren will, dazu durchschnittlich zwei Wochen konzentrierter Arbeit. Natürlich fällt es jedem, dem es gelungen ist,

(a)

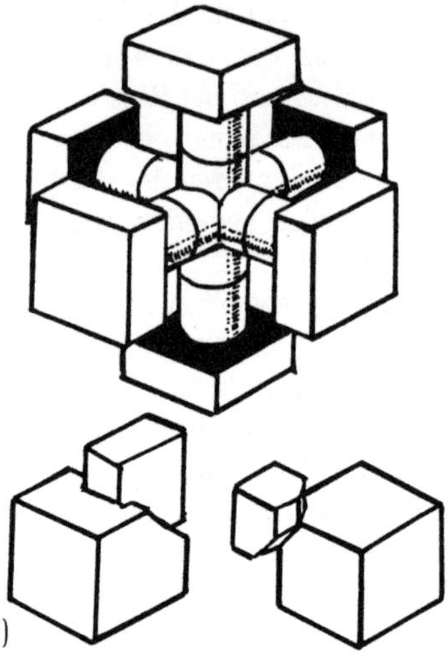
(b)

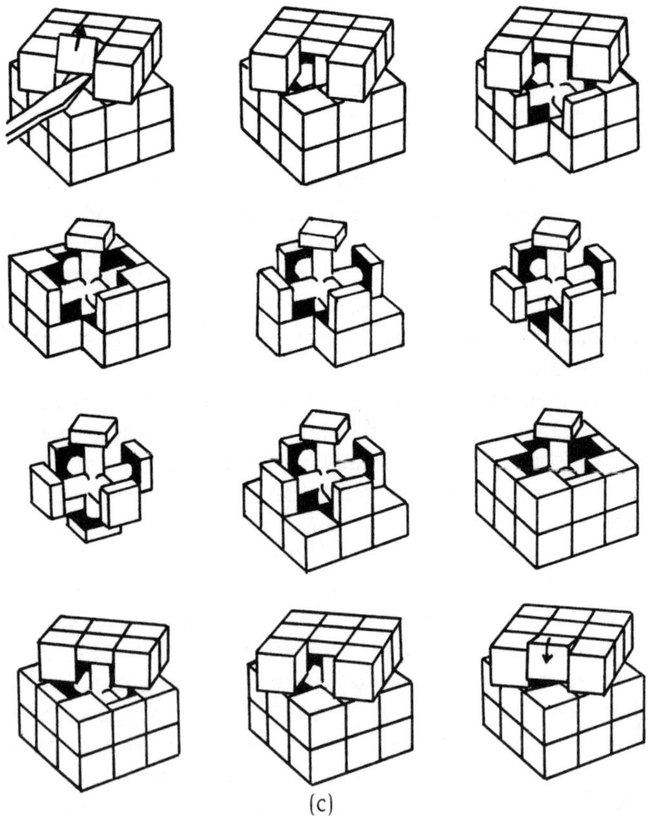
(c)

schwer, genau zu sagen, wie lange er gebraucht hat (wie kann man beim Würfel Spiel und Arbeit auseinanderhalten?). Mit Sicherheit aber läßt sich sagen, daß man irgendwann im Zeitraum zwischen fünf Stunden und einem Jahr dahinter kommt, wenn man überhaupt dazu berufen ist. Das ist meiner Ansicht nach schon sehr beruhigend.

Vielen Leuten fällt anfangs nicht auf, daß die Rückführung eines verdrehten Würfels in den Ausgangszustand (der Zustand vollkommener Erleuchtung und Gnade, indem jede Seite in einer durchgehenden Farbe erscheint), und sei es nur für ein einziges Mal, so schwierig ist, daß ein genereller Algorithmus gefunden werden muß, um den Ausgangszustand aus jeder beliebigen kunterbunten Konfiguration wiederherstellen zu können. Niemand ist imstande, durch bloßes Probieren einen durcheinandergedrehten Würfel in seinen Ausgangszustand zurückzuführen. Wer dorthin zurückfindet, hat vielmehr eine kleine Wissenschaft entwickelt.

Eine Warnung noch: Vorschläge, das mechanische Problem zu lösen, entbehren häufig der Klarheit, weil sie entweder zu sehr oder zu wenig detailliert sind. Es ist sicherlich eine enorme Herausforderung, mit einem Mechanismus aufzuwarten, der eine solche vielflächige Drehbarkeit aufweist wie der des Zauberwürfels, aber den Mechanismus mit Worten und Diagrammen so zu beschreiben, daß andere auf Anhieb verstehen können, was gemeint ist, ist sicherlich keine geringere Leistung. Aus gleichem Grund bedarf die Weitergabe von Algorithmen zur Wiederherstellung des Ausgangszustands eines Würfels einer guten, klaren Notation. Singmasters eigene Notation ist exzellent und inzwischen Standard; ich werde sie weiter unten vorstellen. Noch ein warnendes Wort: Ich bin kein Würfelmeister (Meister ist man, wenn man Beiträge in den Fachorganen der profunden Wissenschaft der Cubologie veröffentlicht hat); ich bin bloß ein Cubist, ein Laie, geblendet vom Würfel und all den virtuosen Könnern, die ihn ganz und gar beherrschen. Ich bin deshalb für neuartige Lösungen des Problems der Mechanik oder der Entwirrung kein geeigneter Adressat. Lesern, die glauben, etwas Neues aufgetan zu haben, empfehle ich, sich an Singmaster zu wenden, der so etwas wie der Leiter des Weltzentrums für Cubologie ist. Seine Adresse: Department of Mathematical Sciences and Computing, Polytechnic of the South Bank, London SE1 OAA, England.

* * *

Abbildung 13-2. In (a) sind die drei Arten von Cubies gekennzeichnet: Flächencubie (F), Eckencubie (E) und Kantencubie (K). In (b) kommt der Mechanismus zum Vorschein. Man kann das sechsfache interne Achsenkreuz mit allen sechs Flächencubies sehen, die daran festgemacht sind, und je ein abgelöstes Kantencubie und Eckencubie. Man beachte, daß kein Cubie ein vollständiger Würfel ist. Tatsächlich sind die Flächencubies einfach Fassaden! In (c) sieht man das schrittweise Auseinandernehmen und Zusammenfügen eines Zauberwürfels. Aber aufgepaßt: Wenn Sie sich an diese Prozedur halten, dann ist es ratsam, daß Sie Ihren Zauberwürfel so zusammensetzen, daß er wieder im Urzustand ist; sonst wird es Ihnen wahrscheinlich passieren, daß Sie mit Ihrem Zauberwürfel nie in den Ausgangszustand zurückfinden.

Ich hoffe, ich habe Ihnen inzwischen genügend Appetit auf einen Würfel gemacht. So Sie noch keinen haben, finden Sie einen (hoffentlich noch ...) in fast jedem Spielzeuggeschäft, manchmal unter verschiedenen Namen wie „Rubik's Cube", „Zauberwürfel" usw., in verschiedenen Größen, in billiger oder teurer, solider und hochqualitativer Verarbeitung. Wahrscheinlich haben viele den Würfel gekauft, ohne im Grunde die Schwierigkeit des „fundamentalen mathematischen Problems" zu ahnen. Unschuldig verdrehen sie vier oder fünf der Flächen, und plötzlich sind sie hoffnungslos verloren. Vielleicht drehen sie dann wie verrückt eine Schicht nach der anderen in alle möglichen Richtungen, bis sie langsam gewahr werden, daß etwas Kostbares unwiederbringlich verlorengegangen ist. Als mir das zum ersten Mal passierte, erinnerte ich mich daran, wie ich mich als kleiner Junge gefühlt hatte, als ich aus Versehen einen Luftballon losließ und hilflos zusehen mußte, wie er unwiederbringlich abtrieb und gen Himmel stieg.

Man kann den Würfel tatsächlich mit ein paar wenigen Drehungen in eine absolut zufällige Konfiguration bringen. Dem Anfänger sollte das eine Warnung sein. Viele Amateure versuchen, sich zum Ausgangszustand zurückzukämpfen und legen den Würfel dann weg, wenn sie eine Seite geschafft haben. Kommt dann ein Freund daher, der ihn zufällig herumliegen sieht und in die Hand nimmt und unschuldig „Was ist denn das?" fragt, meldet sich auch schon das „Nimm-die-Hände-davon-weg"-Syndrom. Man bekommt einen entsetzlichen Schreck, daß der schwer erkämpfte Teilerfolg zunichte gemacht werden könnte, und schon ruft man lauthals: „Hände weg!" Ironischerweise kann man nur zum vollen Erfolg kommen, wenn man in seiner Haltung flexibler wird und akzeptiert, daß ausgerechnet das mühsam Aufgebaute wieder zerstört werden muß.

Der Anfänger hat das ungute Gefühl, die Zerstörung des Ausgangszustands sei irreversibel, das Gefühl der Angst, in einen bodenlosen Abgrund zu stürzen. Als mein erster eigener Würfel (inzwischen habe ich Dutzende) zum ersten Mal (von einem Gast im Haus) durcheinandergebracht wurde, fühlte ich mich einerseits erleichtert (weil es unvermeidbar war), andererseits traurig (weil ich befürchtete, den Ausgangszustand für immer verloren zu haben). Der Physiker in mir mußte unwillkürlich an Entropie denken. Nachdem die Ausgangslage unwiederbringlich verloren war, schien es egal zu sein, in welcher Richtung ich weiterdrehte. Mein naives Auge konnte keinen Unterschied zwischen dem einen chaotischen Zustand und dem anderen ausmachen, so wie es nicht den einen Teller Spaghetti vom anderen unterscheiden kann, oder einen Haufen abgefallener Herbstblätter vom anderen usw. Die Details hatten für mich keine Bedeutung, also fielen mir auch keine auf. Während ich es ganz dem Zufall überließ, wie ich die eine oder andere Schicht bewegte, tat sich mir die immense Fülle der möglichen Anordnungen der einzelnen Cubies auf.

Wie bei einem Kartenspiel kann man auch beim Würfel die genaue Anzahl möglicher Neuanordnungen berechnen. Eine erste Berechnung verliefe ungefähr wie folgt. Zunächst müssen wir der Beobachtung – nebenbei bemerkt, einer ziemlich elementaren – Rechnung tragen, daß beim Drehen ganz gleich welcher Oberseite jedes Eckencubie und jedes Kantencubie in die Position eines anderen Ecken- bzw. Kantencubies übergeht, während das Flächencubie in der Mitte jeder Seite an Ort und Stelle verharrt (wenn man die nicht-sichtbare Drehung ignoriert). Eckencubies tauschen demnach nur mit ihresgleichen die Plätze, ebenso die Kantencubies. Es gibt acht Eckencubies und acht Eckencubizile (Cubizil = Aufenthaltsort eines Cubies). Cubies und Cubizile gehören zum Würfel wie Kinder und Stühle zur „Reise nach Rom". Man kann jedes Eckencubie in eines der acht Eckencubizile manövrieren. Das bedeutet, daß für Cubizil 1 acht, für Cubizil 2 sieben, für Cubizil 3 sechs Cubies usw. möglich sind. Es gibt also $8 \times 7 \times 6 \times 5 \times 4 \times 3 \times 2 \times 1$ (= 8!) verschiedene Möglichkeiten, die Eckencubies in ihre Cubizile zu plazieren. In einer gegebenen Position kann jedes Eckencubie noch drei verschiedene räumliche Ausrichtungen haben. Bei den acht Eckencubies würde es sich also um einen zusätzlichen Faktor von 3^8 handeln, und ähnlich sähe es auch bei den zwölf Kantencubies aus: Die Möglichkeiten, zwölf Objekte untereinander zu vertauschen, belaufen sich auf 12!. Da jedes der zwölf Objekte zwei mögliche Ausrichtungen hat, ergibt sich ein weiterer Faktor von 2^{12}. Die Flächencubies verlassen ihren Ausgangszustand praktisch nie (außer der Würfel wird insgesamt gedreht); sie haben keine deutlich erkennbaren Orientierungen, die demnach auch nicht ins Gewicht fallen. Wenn wir nun die Zahlen ausmultiplizieren, erhalten wir 519 024 039 293 878 272 000 mögliche Positionen – ungefähr $5{,}2 \times 10^{20}$.

Allerdings liegt hier die Annahme zugrunde, daß jedes Cubie in jedes Cubizil gebracht und beliebig ausgerichtet werden kann, ohne die Positionen und Ausrichtungen der anderen Cubies zu beachten. Wie wir sehen werden, stimmt das nicht ganz. Die Eckencubies unterliegen, was ihre Orientierung betrifft, leichten Einschränkungen: Sieben Eckencubies, ganz gleich welche, können willkürlich ausgerichtet werden, nicht jedoch das letzte, dessen Ausrichtung dann fest vorgeschrieben ist, wodurch sich die Zahl aller möglichen Positionen um den Faktor 3 verkleinert. Eine ähnliche Einschränkung trifft auch auf die Kantencubies zu: Von den zwölf Kantencubies können elf beliebig ausgerichtet werden, nicht aber das letzte, dessen Ausrichtung nun vorgeschrieben ist, wodurch sich die Zahl der möglichen Positionen erneut um den Faktor 2 verringert. Letztlich gibt es noch eine Einschränkung bei der Vertauschung von Cubies (ungeachtet ihrer Ausrichtung), die besagt, daß man bis auf zwei sämtliche Cubies ganz nach Belieben plazieren kann, was wiederum eine Verringerung aller Möglichkeiten um den Faktor 2 bedeutet. Insgesamt reduziert sich die oben errechnete Zahl also um einen Gesamtfaktor von $3 \times 2 \times 2 = 12$ und damit auf bescheidene 43 252 003 274 489 856 000 mögliche Positionen – ungefähr $4{,}3 \times 10^{19}$, was immer noch leicht über der Behauptung liegt, es seien „mehr als drei Milliarden Kombinationen" möglich.

Man kann diesen Faktor 12 auch aus anderer Sicht betrachten und sagen, daß man vom Ausgangszustand ausgehend auf ein Zwölftel aller „offensichtlichen" Anordnungen beschränkt ist; wenn man jedoch den Würfel zerlegt und wieder zusammensetzt und dabei nur ein einziges Eckencubie um 120° verdreht, schafft man sich eine Stellung, die zuvor unerreichbar war, und in der Folge Zugang zu einer weiteren Familie mit 43 252 003 274 489 856 000 neuen Stellungen. Es gibt zwölf solche überlappungsfreien Familien von Würfelstellungen, die von Gruppentheoretikern gemeinhin *orbits* genannt werden.

* * *

Da ich gerade von Verdrehungen spreche, die eigentlich nicht möglich sind, möchte ich auf eine Entdeckung in der Cubologie und ihre verblüffende Parallelität zu Vorstellungen in der Teilchen-Physik hinweisen. Erstmals aufgezeigt hat sie der Mathematiker Solomon W. Golomb. Die Entdeckung besagt: Es ist unmöglich, eine Folge von Zügen zu finden, mit denen ein Eckencubie um eine Dritteldrehung versetzt, sonst aber alles beim alten gelassen wird. In Anlehnung an das berühmte hypothetische Elementarteilchen mit der Ladung +⅓ und sein Antiteilchen mit der Ladung −⅓ nennt Golomb eine im Uhrzeigersinn vollzogene Dritteldrehung ein „Quark“ und eine gegen den Uhrzeigersinn gerichtete Dritteldrehung ein „Antiquark“. Nicht minder schwer zu fassen als die Quarkteilchen sind ihre cubologischen Namensvettern. Teilchenphysiker glauben heute allgemein an die „Quarkeinschließung“: die Auffassung, daß es unmöglich ist, ein Quark (oder Antiquark) zu finden, das isoliert und frei auftritt. Mir gefällt diese Entsprechung zwischen Würfelquarks und Teilchenquarks ganz gut.

Eigentlich reicht der Zusammenhang noch weiter. Obgleich Quarks nicht frei existieren können, können sie in Gruppen zusammengebunden vorkommen: ein Quark-Antiquark-Paar ist ein „Meson“ (siehe Abbildung 13-9 e) und ein Quark-Trio mit ganzzahliger Ladung ein „Baryon“. (Ein Beispiel ist das Proton – *qqq* – mit einer Ladung von +1.) Beim Zauberwürfel ist es erstaunlicherweise möglich, *zwei* beliebigen Eckencubies eine Dritteldrehung zu verpassen, vorausgesetzt, die Drehrichtungen sind entgegengesetzt (eine im, die andere gegen den Uhrzeigersinn). Man kann auch drei beliebigen Eckencubies eine Dritteldrehung versetzen, allerdings nur, wenn man immer die gleiche Drehrichtung beibehält. Golomb nennt folglich einen Zustand mit zwei entgegengesetzt gerichteten Ecken ein „Meson“ und einen mit drei gleichgerichteten Ecken ein „Baryon“. In der Welt der Teilchen können nur Quarkkombinationen mit ganzzahliger Ladung vorkommen. In der Welt des Würfels sind nur Quarkkombinationen mit einem ganzzahligen Betrag von Drehungen erlaubt. Damit wird nur auf andere Art gesagt, daß die Orientierung des achten Eckencubies immer durch die ersten sieben festgelegt ist. Der Einschluß der Quarks ist in der Welt des Würfels gruppentheoretisch begründet, und vielleicht findet sich auch eine engverwandte gruppentheoretische Erklärung für die Einschließung der echten Quarks. Es bleibt abzuwarten. Die Parallele aber ist auf alle Fälle provozierend und anregend.

* * *

Angenommen, unser Würfel hat noch den ursprünglichen Ausgangszustand. Welche Zugfolge also ist nötig, um ein Meson oder ein Baryon zu bauen? Hier haben wir ein Beispiel für die gewaltigste Idee in der Cubologie: die Vorstellung von „Zugfolgen von der Stange“, mit denen sich ein paar Cubies in bestimmter Weise umordnen lassen, während alle anderen davon unbetroffen („invariant“, wie Gruppentheoretiker sich ausdrücken) bleiben. Es gibt viele verschiedene Begriffe für solche Konfektions-Züge. Ich habe schon alle möglichen Namen gehört, *Operatoren, Transformierer, Worte, Tools, Prozesse, Manöver, Routinen, Subroutinen* und *Makros*, wobei die ersten drei der Gruppentheorie und die letzten drei der Computerwissenschaft entstammen. Jeder Begriff hat etwas Eigenes, und ich verwende sie alle zu verschiedenen Zeiten.

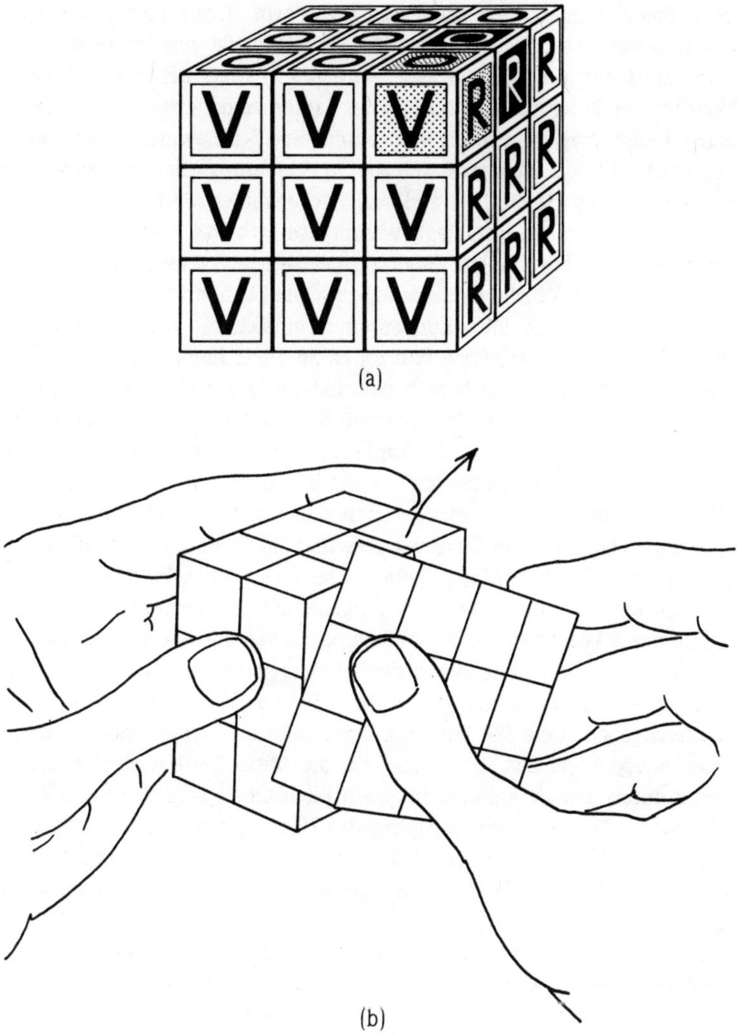

(a)

(b)

Abbildung 13-3. Das Kennzeichnen von Cubies und Drehbewegungen. Das gesprenkelte Cubie in (a) ist das *orv*-Cubie (alias *rvo* und *vor* und das schwarze das *or*- (bzw. *ro*-)Cubie. Die Vierteldrehung bzw. *v*-Drehung in (b) wird *R* genannt.

Will man über Prozesse reden, muß man präzis sein, d. h. man benötigt eine gute technische Notation. Aus diesem Grund stelle ich jetzt die von Singmaster vor. Wir müssen uns zunächst auf jede einzelne Seite des Würfels beziehen können. Eine Möglichkeit ist, die Seiten mit den Namen der Farben zu benennen. Wenn die Cubies durcheinander sind, mag es unsinnig erscheinen, eine Seite „weiß" zu nennen, wenn weiße Cubies überall sind. Man muß sich aber in Erinnerung rufen, daß sich das weiße Flächencubie in bezug auf die fünf anderen Flächencubies nie bewegt; die „Grundseite" für „Weiß" ist folglich festgelegt. Warum also nicht die Farbbezeichnungen für die Seiten verwenden? Ein Problem dabei ist, daß diverse Würfel farblich unterschiedlich gestaltet sind. Zwei Würfel desselben Herstellers können verschiedene Ausgangszustände haben. Eine allgemeinere Konvention ist einfach, die Würfelflächen mit links und rechts, vorne und hinten, oben und unten zu bezeichnen. Jetzt können wir die sechs Seiten mit L, R, V, H, O, U bezeichnen. Jedes einzelne Cubie kann durch kleine Kursivbuchstaben, die sich auf die dazugehörigen Seiten beziehen, wiedergegeben werden. So steht *or* (oder *ro*) für das Kantencubie auf der rechten Seite der oberen Scheibe und *orv* für das davor sitzende Eckencubie (siehe Abbildung 13-3 a).

Den Würfel an der rechten Seite zu fassen und mit dem Daumen, der an der Vorderseite nach oben zeigt, in Richtung desselben zu drehen, scheint für rechtshändige Cubisten die natürlichste Manipulation zu sein. Von der rechten Seite aus gesehen bewirkt dieses Manöver eine Vierteldrehung der R-Seite im Uhrzeigersinn. Dieser Vorgang wird mit *R* bezeichnet (siehe Abbildung 13-3 b). Der spiegelbildliche Zug, bei dem die linke Hand die L-Seite gegen den Uhrzeigersinn (von links aus betrachtet) dreht, ist L^{-1} oder kurz L'. Eine Drehung der L-Seite im Uhrzeigersinn wird natürlich mit *L* wiedergegeben. Eine 90°-Drehung einer Seite im Uhrzeigersinn (vom Standpunkt eines Beobachters aus, der genau auf die Mitte der entsprechenden Fläche schaut) wird durch den sie kennzeichnenden Buchstaben ausgedrückt, während die inverse Drehung – die Vierteldrehung gegen den Uhrzeigersinn – durch ein Apostrophzeichen, das dem Anfangsbuchstaben der betreffenden Seite oben angehängt wird, kenntlich ist. Viertel- bzw. 90°-Drehungen wollen wir im weiteren Verlauf *v*-Drehungen nennen.

Mit dieser Nomenklatur können wir nun jede Sequenz von Zügen, und seien sie noch so komplex, beschreiben. Ein triviales Beispiel ist eine Folge von vier R-Drehungen, die wir als R^4 schreiben. In der Gruppentheorie versteht man darunter eine „Identitätsoperation", deren Effekt gleich Null ist. Eine Gleichung, die diesen Umstand wiedergibt, lautet $R^4 = I$. Der Buchstabe I steht hier für die „Aktion", gar nichts zu tun.

Angenommen, wir drehen zwei verschiedene Flächen – sagen wir, als erste R, dann O. Dieser Vorgang wird mit *RO* umschrieben – nicht mit *OR*. Man sollte sich merken, daß *RO* und *OR* wirklich ganz unterschiedliche Auswirkungen haben. Um das nachzuprüfen, sollte man zunächst *RO* an einem Würfel, der sich in seinem Ursprungszustand befindet, durchführen und genau beobachten, zu welchen Effekten es kommt. Anschließend sollte man wieder in die Ausgangsposition zurückkehren und *OR* probieren. Man wird dann die Unterschiede erkennen. Die Umkehrung von *RO* ist ganz offensichtlich *O'R'*, nicht *R'O'*. (Nebenbei bemerkt ist diese Strategie, eine Abfolge von Zügen an einem Würfel auszuprobieren, indem man beim Ursprungszustand anfängt, höchst hilfreich. Es dauerte auch nicht lange, bis ich dahinterkam, daß ein zweiter Würfel ganz nützlich wäre; auf diese Weise kann ich an einem Würfel direkt auf die Lösung hinarbeiten und mit dem anderen, von dessen Startkonfiguration ich mich nie weit entferne, experimentieren.)

*   *   *

Welchen Effekt hat ein bestimmtes „Wort“? Das heißt, welche Cubies bewegen sich wohin? Zur Beantwortung dieser Frage brauchen wir ein Beschreibungssystem für die Bewegungen einzelner Cubies. Der Effekt, den *R* auf die Kantencubies hat, ist, daß das *or*-Cubie zur hinteren Fläche transportiert wird, wo es das *hr*-Cubizil besetzt. Gleichzeitig schwingt das *hr*-Cubie unten herum in die Position des *ur*-Cubies, das wie an einem Riesenrad hängend im *vr*-Cubizil landet, während das *vr*-Cubie nach oben in das *or*-Cubizil einzieht. (Siehe Abbildung 13-4 a.) Dies ist ein sogenannter 4-Zyklus, für den es die kompaktere Schreibweise *(or, hr, ur, vr)* gibt. Ebensogut könnten wir *(hr, ur, vr, or)* schreiben.

Was jedoch eine Rolle spielt, ist die Reihenfolge der Buchstaben bei der Benennung der Cubies. Wir können sie insgesamt umkehren oder gar nicht, aber niemals nur einige. Wenn man bedenkt, daß die Buchstaben die Seiten der Cubies bezeichnen, wird es einem klar. Wenn wir z. B. schrieben: *(or, rh, ur, rv),* handelte es sich um einen 4-Zyklus, der zwar dieselben vier Cubizile wie oben einbezieht, bei dem aber jedes Cubie beim Übergang von einem Cubizil zum nächsten zuvor einen Flip macht, bzw. umspringt, indem es umgeklappt wird (siehe Abbildung 13-4 b). Natürlich kann ein solcher Zyklus nicht durch eine einzige *v*-Drehung erreicht werden; er ist allenfalls das Resultat einer Sequenz von *v*-Drehungen verschiedener Flächen (ein Operator). Oder betrachten wir z. B. den folgenden 8-Zyklus, so wie er in Abbildung 13-4 c dargestellt ist: *(vr, or, hr, ur, rv, ro, rh, ru).* Dieser hat die Länge acht, aber es sind nur vier Cubizile einbezogen. Jedes Cubie kehrt, nachdem es eine volle Drehung um die rechte Fläche gemacht hat, im umgeklappten Zustand zurück. Nach zwei vollen Zyklen ist es wieder dort, wo es am Anfang war. Jede Fläche der betroffenen Cubies hat einen „Möbius-Trip“ hinter sich. Wir können diesen „geflippten“ 4-Zyklus auch als *(vr, or, hr, ur)*$_{+}$ schreiben, wobei das Pluszeichen das Umspringen der Cubies anzeigt. Die Bezeichnung *(rv, ro, rh, ru)*$_{+}$ ist neben vielen anderen ebenso gültig. Die Schreibweise für den Zyklus sagt also nicht nur etwas darüber aus, wohin sich ein Cubie bewegt, sondern auch etwas über seine Orientierung in bezug auf die anderen an diesem Zyklus beteiligten Cubies.

Bezüglich des Effekts von *R* muß der Vollständigkeit halber erwähnt werden, daß wir den 4-Zyklus der Ecken umschreiben müssen. Wie bei den Kanten haben wir auch hier die Freiheit, mit jeder beliebigen Ecke anzufangen, müssen aber wiederum genau darauf aufpassen, daß wir nicht die entsprechenden Flächen der Cubies aus dem Auge verlieren, wenn die Orientierungen richtig sein sollen. Bleiben wir bei dem Zug *R*, der einen trivialen Effekt auf die Ecken hat: *(orv, hro, urh, vru),* was sich auch als *(roh, rhu, ruv, rvo)* usw. schreiben läßt. Zusammengefaßt heißt das, daß wir *R* = *(or, hr, ur, vr) (orv, hro, urh, vru)* schreiben können. Das bedeutet, daß *R* aus zwei nicht zusam-

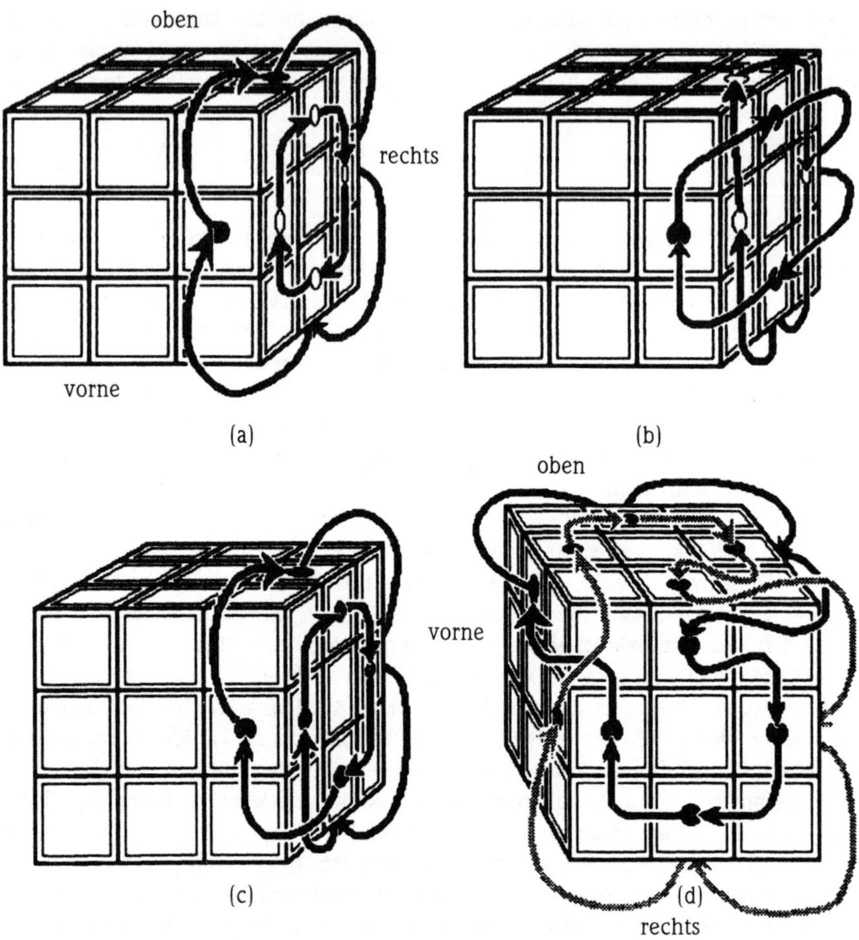

Abbildung 13-4. Was mit den Kantencubies während der *v*-Drehung passiert, zeigt der einfache 4-Zyklus *(or, hr, ur, vr)* in (a). In (b) ist ein verzwickterer 4-Zyklus *(or, rh, ur, rv)* zu sehen, in den die gleichen vier Cubies miteinbezogen sind; bei diesem Zug wird jedes Cubie umgeklappt, ehe es das nächste Cubizil bezieht. Dieser Zyklus läßt sich nur mittels einer Folge von *v*-Drehungen herstellen. In (c) sieht man den 8-Zyklus *(vr, or, hr, ur, rv, ro, rh, ru)*, den man auch für einen „geflippten 4-Zyklus" halten könnte – nämlich *(vr, or, hr, ur)*$_+$. In (d) sieht man den 7-Zyklus *(or, hr, ur, vr, ov, ol, oh)*, der sich um den Zauberwürfel windet, was den Effekt des einfachen *RO*-Operators auf die Kanten zeigt.

menhängenden 4-Zyklen besteht. (Wir könnten, wenn wir wollten, einen Begriff zur Bezeichnung der 90°-Drehung der Oberseite des auf der R-Seite befindlichen Flächencubies einbringen, was aber nicht sein muß, da sie sichtlich keine Auswirkungen hat.)

Wie steht es mit der Transkription einer Sequenz von Zügen wie z. B. *RO*? Nehmen wir dazu einen Würfel in seinem Ausgangszustand, um von dort aus die Zugfolge *RO* auszuführen. Danach wird ein beliebiges Cubie ausgewählt, das durch den Zug bewegt wurde, und versucht, seine Bahn zu beschreiben. Z. B. ist *or* nach *hr* gegangen. Folglich ist *hr* versetzt worden. Aber wohin? Finden Sie den neuen Aufenthaltsort dieses Cubies (es ist in *ur* eingezogen) und verfolgen Sie so die Cubies rund um den Würfel, bis Sie das Cubie finden, das an die ursprüngliche Position von *or* gerückt ist. Sie werden dabei auf folgenden 7-Zyklus stoßen: *(or, hr, ur, vr, ov, ol, oh)* (siehe Abbildung 13-4 d).

Und wie steht es mit den Ecken? Angenommen, wir wollen dem Cubie, dessen Heimatcubizil *orv* ist, auf der Spur bleiben. Wohin ist es durch die Zugfolge *RO* transportiert worden? Die Antwort lautet: Nirgendwohin – es ist bloß rundum gegangen, hat sich unterwegs aber verdreht. Aus *orv* ist *rvo* geworden. Diese im Uhrzeigersinn verlaufende Verdrehung – diesen „verdrehten Unizyklus", dieses Quark – können wir mit $(orv)_+$ angeben, was die Kurzschreibweise für den folgenden 3-Zyklus ist: *(orv, rvo, vor).* Man kann es daran sehen, daß sich die drei Buchstaben *o, r, v* innerhalb des Namens, den das Cubie hat, zyklisch ablösen. Hätte es sich bei dem Zyklus um ein Antiquark gehandelt, wäre die Schreibweise $(orv)_-$ gewesen, und der Buchstaben-Zyklus liefe andersherum.

Wie steht es mit den anderen sieben Ecken? Zwei davon – *uhl* und *ulv* – bleiben an Ort und Stelle, und die anderen fünf bilden „fast" einen 5-Zyklus: *(ohr, hur, uvr, lov, hol).* Leider schließt sich der Zyklus nicht ganz; zwar wird *hol* in das Ausgangscubizil *ohr* transportiert, aber es kommt dort verdreht an. Es wird nach *roh* gebracht, das von *ohr* eine dem Uhrzeigersinn entgegengesetzte Drehung entfernt ist. Das bedeutet, daß wir es mit einem 15-Zyklus zu tun haben. Aber er ist dem 5-Zyklus oben so nahe, daß wir einfach nur ein Minuszeichen anhängen, um die dem Uhrzeigersinn entgegengesetzte Drehrichtung anzuzeigen. Unser verdrehter 5-Zyklus lautet dann $(ohr, hur, uvr, lov, hol)_-$, und der Effekt von *RO,* ausgedrückt in der für Zyklen typischen Schreibweise, also insgesamt: $(or, hr, ur, vr, ov, ol, oh)_+$ $(ohr, hur, uvr, lov, hol)_-$.

Da wir jetzt die Zugfolge *RO* als Zyklus geschrieben vor uns sehen, können wir weitere Rotationen durch bloßes Berechnen im Kopf durchführen. Welchen Effekt hätte z. B. $(RO)^5$? Nun, Kantencubie *or* würde zyklusgemäß fünf Schritte nach vorn wandern und nach *ol* kommen. (Dorthin würde es sich auch bewegen, wenn es zwei Schritte rückwärts machte.) Infolgedessen ginge *ol* nach *vr* usw. An die Stelle des alten 7-Zyklus tritt ein neuer: *(or, ol, vr, hr, oh, ov, ur).* Schauen wir uns nun den 5-Zyklus mit Verdrehungen an. Eckencubie *ohr* würde natürlich ebenfalls zyklusgemäß 5 Schritte nach vorne wandern, aber in negativer Richtung verdreht – nämlich als *roh* – an die alte Stelle zurückkehren. In ähnlicher Weise würden sämtliche Eckencubies in einem 5-Zyklus wieder ihre Ausgangspositionen beziehen, aber, wie gesagt, negativ verdreht; aus einem 5-Zyklus mit negativen Verdrehungen und zur fünften Potenz erhoben entstehen folglich fünf Antiquarks. Wenn dem so ist, wie wird dann dem

Erfordernis Genüge getan, daß die Drehung immer eine ganze Zahl ausmachen muß? Haben wir nicht ein Quark – $(orv)_+$ – und fünf Antiquarks, und läuft das dann nicht auf vier Antiquarks mit einer Verdrehung von insgesamt −1⅓ hinaus? Nun gut, ich habe Ihnen hier etwas vorenthalten. Wissen Sie schon, was ich meine? Versuchen Sie, eine Reihe von *RO*- und *OR*-Rotationen mit verschiedenen Potenzen und ihre Umkehrungen aufzuschreiben, um dahinterzukommen; außerdem entwickeln Sie dadurch Ihr Geschick im Umgang mit der Schreibweise von Zyklen.

*   *   *

Jede Sequenz von Zügen kann in Form „disjunkter" Zyklen verschiedener Längen (Zyklen, die keine gemeinsamen Elemente haben) dargestellt werden. Wenn Zyklen gemeinsame Glieder haben sollen, kann jeder dieser Zyklen im weiteren in 2-Zyklen zergliedert werden (Permutationen aufgrund des Tauschs von 2 Elementen werden auch „Transpositionen" oder „Vertauschungen" genannt). Verdeutlichen wir uns das an einem Beispiel: Angenommen, wir haben drei Tiere: einen Alligator, einen Blauluchs und ein Camel in ihren ursprünglichen ökologischen Nischen: *A, B, C* (siehe Abbildung 13-5). Der 3-Zyklus *(A, B, C)* läßt die Reihenfolge Camel, Alligator, Blauluchs entstehen. Den gleichen Effekt kann man erzielen, wenn man zuerst die Transposition *(A, B)* ausführt (was in *A* war, geht nach *B* und umgekehrt) und anschließend die Transposition *(A, C)*. Natürlich kann das auch durch die beiden sukzessiven Vertauschungen *(A, C) (B, C)* erreicht werden – bzw. durch *(B, C) (A, B)*. Andererseits wird keine Sequenz mit „drei" Vertauschungen den gleichen Effekt wie *(A, B, C)* haben. Probieren Sie es selbst. (Stellen Sie sich einfach vor, eine Nische sei gleich einem Cubizil und ein Tier gleich einem Cubie.)

Ein elementares Theorem der Krabbentheorie (ein Bereich, den wir hier auslassen) besagt, daß, wie auch immer man eine bestimmte Permutation von Tieren innerhalb der Öko-Nischen zu einem Produkt sukzessiver Transpositionen (die immer durchführbar sind) zu machen versucht, die Parität der Anzahl solcher Transpositionen immer invariant ist; das will heißen, daß eine Permutation nicht das eine Mal als „gerade" Zahl und das andere Mal als „ungerade" Zahl ausgedrückt werden kann. Außerdem ist die Parität jeder Permutation die „Summe" der Paritäten aller Permutationen, in die sie zerlegt werden kann (unter Anwendung der Additionsregeln für gerade und ungerade Zahlen: ungerade plus gerade wird ungerade usw).

Abbildung 13-5. Ein zoologischer 3-Zyklus mit drei Objekten: *a, b* und *c* (ein Alligator, ein Blauluchs und ein Camel). Ursprünglich befinden sich alle in ihrer normalen ökologischen Nische: *a* in *A, b* in *B,* und *c* in *C.* Aber nach einer Permutation ist *c* in *A, a* in *B* und *b* in *C.* Man kann sich diesen 3-Zyklus als das Ergebnis zweier sukzessiver Vertauschoperationen vorstellen.

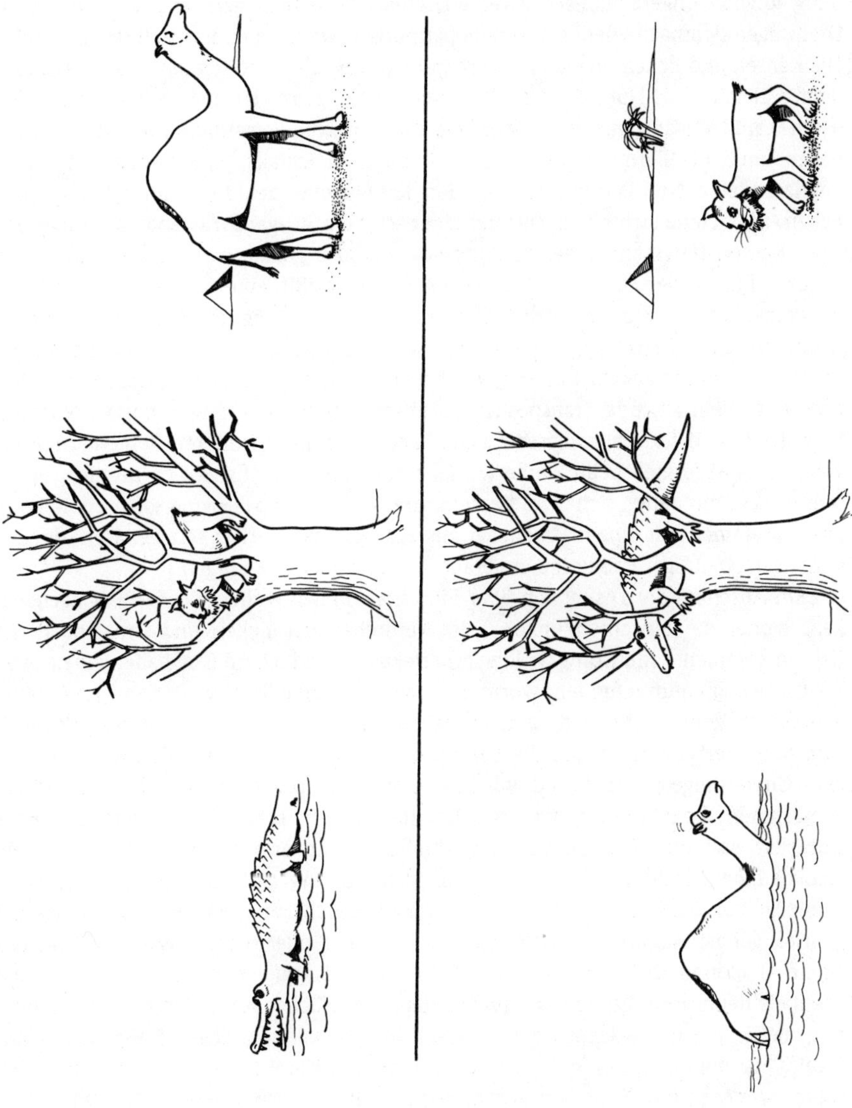

Nun, dieses Theorem hat Rückwirkungen auf den Zauberwürfel. Man kann das insbesondere daran sehen, daß jede *v*-Drehung aus zwei disjunkten 4-Zyklen besteht (einer für Kanten und einer für Ecken). Welche Parität hat ein 4-Zyklus? Sie ist ungerade, wie Sie selbst herausfinden können. Kanten und Ecken sind nach einer *v*-Drehung folglich ungerade, nach zwei *v*-Drehungen folglich gerade und nach drei *v*-Drehungen demnach wieder ungerade permutiert, was sich endlos so fortsetzen ließe. Die Kanten und Ecken bleiben insofern in Phase, als die Paritäten ihrer Permutationen immer gleich sind. Nun, die Null-Permutation hat ganz klar eine gerade Parität (sie bewirkt null Vertauschungen). Wenn wir also eine Null-Permutation bei den „Ecken" haben, muß die Permutation bei den „Kanten" gleichfalls gerade sein. Umgekehrt impliziert eine Null-Permutation bei den Kanten eine gerade Permutation bei den Ecken. Man stelle sich einen Zustand identisch zum Ausgangszustand vor, außer daß zwei Kanten miteinander vertauscht sind (was also genau *einer* Transposition entspricht). Ein solcher Zustand hätte, was die Ecken betrifft, eine gerade Parität und eine ungerade, was die Kanten betrifft. Er wäre demnach unmöglich. Am besten wäre es, wenn wir „zwei Paare" gegenseitig vertauschter Kantencubies hätten. Das gleiche gilt natürlich auch für Ecken. Kurzum, wir haben bewiesen, daß „eine einzige Transposition unmöglich ist, und Transpositionen immer paarweise erfolgen müssen". (Darin liegt der Grund für einen dieser Zweier-Faktoren bei der früheren Berechnung, wie viele Zustandsformen beim Zauberwürfel erreichbar sind.) Es gibt bestimmte Verfahrensweisen, mit denen sich zwei Kantenpaare, zwei Eckenpaare und sogar ein Kantenpaar zusammen mit einem Eckenpaar austauschen lassen. (Der letztgenannte Prozeß enthält notwendigerweise eine ungerade Anzahl von *v*-Drehungen.)

Zum Abschluß der Diskussion über Einschränkungen wollen wir darüber nachdenken, woher die Einschränkungen beim Verdrehen der Ecken und Umklappen der Kanten kommen. John Conway, Elwyn Berlekamp und Richard Guy haben eine plausible Erklärung dafür gefunden, worin eine Idee von Anne Scott weiterlebt. Im Grunde genommen geht es ihnen darum, zu zeigen, daß die Anzahl der umgesprungenen Cubies immer gerade ist und die Verdrehung immer integral. Zur Bestimmung, welches Cubie umgesprungen und welches verdreht ist, brauchen wir jedoch einen Bezugsrahmen. Dazu ist es nötig, zwei Begriffe zu definieren: die „Hauptfläche eines Cubizils" und die „Hauptfarbe eines Cubies". (Man erinnere sich daran, daß ein Cubizil eine Nische und ein Cubie ein festes Objekt ist.) Als „Hauptfläche eines Cubizils" bezeichnen wir die Fläche, die ursprünglich zur Ober- oder Unterseite des Würfels gehört; anderenfalls ist es die, die zur linken oder rechten Würfelseite gehört (siehe Abbildung 13-6). Die Oberseite O hat neun Hauptflächen, die Unterseite U hat ebenfalls neun, und die Äquatorscheibe vier. (Die Flächencubies können wir ignorieren, da sie nie umgeklappt oder verdreht werden können.) Die „Hauptfarbe eines Cubies" ist der Definition nach die, die sich auf der Hauptfläche des Cubies befinden sollte, wenn es mit Erreichen der Ausgangsposition in sein eigenes Cubizil „heimkehrt".

Die Argumentation lautet so: Angenommen, der Würfel ist durcheinandergedreht. Jedes Cubie, das mit seiner Hauptfarbe an der Hauptfläche des augenblicklichen Cubizils sitzt, nennen wir „heil"; anderenfalls nennen wir es „geflippt" oder „umgeklappt"

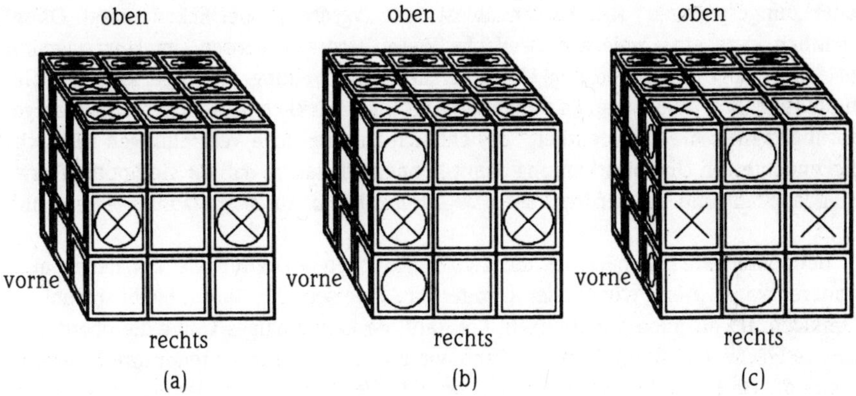

Abbildung 13-6. Diagramme zur Unterstützung des Beweises, daß die Umklappzahl („Geflipptheit") immer eine gerade Zahl und die Drehzahl („Verdrehtheit") immer eine ganze Zahl ist.

In (a) befindet sich der Zauberwürfel in der Ausgangsstellung *START*. Die Hauptflächen der Cubizile sind durch Kreuze markiert und die Hauptfarben der Cubies durch Kreise. (Man beachte, daß das Konzept der „Hauptsächlichkeit" nicht für die zentralen Flächencubizile oder Flächencubies zutrifft.) Man muß sich vorstellen, daß die Kreuze frei im Raum hängen und die Kreise fest mit dem Zauberwürfel verbunden sind. Beim Drehen bleiben die Kreuze dann, wo sie sind, während die Kreise wandern. Die untere Seite sieht genauso aus wie die obere, die linke genauso wie die rechte und die hintere wie die vordere.

In (b) sieht man, was bei der *v*-Drehung *V* herauskommt. Die beiden leeren Kreise zeigen an, daß die beiden Cubies, mit denen sie verbunden sind, ihre „Intaktheit" verloren haben. Um ihren intakten Zustand wiederzuerlangen, müßte das eine Cubie eine Dritteldrehung im Uhrzeigersinn, das andere hingegen eine Dritteldrehung gegen den Uhrzeigersinn machen; auf diese Weise heben sie ihre gegenseitige Mitwirkung an der totalen Verdrehung des Zauberwürfels auf. Ähnliches läßt sich für die nicht sichtbare linke Seite sagen.

In (c) sieht man, was bei der *v*-Drehung *R* herauskommt (ausgehend von *START*). Wiederum erscheinen paarweise leere Kreise. Wie in (b) haben die oberen und unteren Eckencubies vorne (jedes mit einem leeren Kreis) sich gegenseitig aufhebende Verdrehungen. Die oberen und unteren Kantencubies an der rechten Seitenfläche haben sich gegenseitig aufhebende umgeklappte Zustände, und der eine leere Kreis (auf dem Kantencubie vorne), der scheinbar ohne Kumpel ist, ist mit einem leeren Kreis an der nicht sichtbaren Hinterseite gepaart.

oder „umgesprungen“ (bei Kantencubies) oder „verdreht“ (bei Eckencubies). Offensichtlich kann ein Cubie auf zweifache Weise verdreht werden: im Uhrzeigersinn (+⅓ Drehung) und gegen den Uhrzeigersinn (−⅓ Drehung). An sich sagt die „Geflipptheit“ aus, wie viele Kantencubies im augenblicklichen Würfelzustand umgesprungen sind; die „Verdrehtheit“ bezieht sich auf sämtliche Verdrehungen aller acht Eckencubies. In Übereinstimmung damit können wir sagen, daß die Geflipptheit bzw. Umklappzahl und die Verdrehtheit bzw. Drehzahl im Ausgangsstadium jeweils null sind.

Betrachten wir als nächstes die zwölf möglichen *ν*-Drehungen, auf denen alles andere basiert. Wenn wir *O* oder *U* (oder ihre Inversen) ausführen, bleibt sowohl die Umklappzahl als auch die Drehzahl konstant, da kein einziges Cubie die obere oder untere Fläche verläßt oder betritt. Wenn wir *V* oder *H* ausführen (oder ihre Inversen), bleibt die Drehzahl insgesamt konstant, weil die Verdrehung von vier Ecken mit einem einzigen Mal verändert wird: zwei durch +⅓ und zwei durch −⅓. Die Umklappzahl bleibt davon unberührt (siehe Abbildung 13-6 b). Insgesamt konstant bleibt auch die Drehzahl, wenn wir einen *L*- oder *R*-Zug machen (die Verdrehungen der vier Ecken heben sich paarweise wieder auf), wodurch sich aber die Umklappzahl um 4 ändert, weil sich immer vier Cubies in der Umklappzahl ändern (siehe Abbildung 13-6 c). Die Schlußfolgerung ist, was ich bereits zuvor, ohne den Beweis anzutreten, feststellte: Die acht Eckencubies werden immer so orientiert, daß die gesamte Drehung immer eine ganze Zahl ausmacht, und die zwölf Kantencubies stets so, daß die Zahl der Umklappungen insgesamt immer gerade ist.

* * *

Nach dieser Diskussion über Einschränkungen sollten Sie eigentlich überzeugt sein, daß, wie immer Sie Ihren Zauberwürfel, beginnend mit dem Ausgangszustand, drehen und wenden, doch nur ein Zwölftel des denkbaren „Universums“ erreichbar ist. Etwas anderes ist es, zu zeigen, daß tatsächlich jeder Zustand innerhalb des einen Universumszwölftels vom Ausgangszustand aus erreichbar ist (oder was auf das gleiche hinausläuft, nur andersrum: daß der Ausgangszustand von jedem Zustand innerhalb eines bestimmten Zwölftels des Universums aus erreicht werden kann). Dazu ist es nötig zu zeigen, wie sämtliche geraden Permutationen aller Cubies und wie alle Orientierungen, die nicht gegen die beiden oben beschriebenen Einschränkungen verstoßen, erreicht werden. Es läuft letztlich darauf hinaus, die Existenz von Operatoren zu beweisen, mit denen sieben Operationsklassen durchführbar sind:

1) Vertauschen zweier beliebiger Kantenpaare
2) Vertauschen zweier beliebiger Eckenpaare
3) Umklappen zweier beliebiger Kanten
4) Erzeugen eines beliebigen Mesons
5) Durchführen eines 3-Zyklus mit drei beliebigen Kanten
6) Durchführen eines 3-Zyklus mit drei beliebigen Ecken
7) Erzeugen eines beliebigen Baryons.

Natürlich sollte jeder dieser Operatoren keine Nebeneffekte auf andere Teile des Würfels haben. Mit derartigem Rüstzeug könnten wir das Universumszwölftel mühelos abdecken. Bei den überlappenden Vertauschungen von Tieren sah man, daß in Wirklichkeit ein 3-Zyklus aus zwei überlappenden 2-Zyklen besteht. Das bedeutet, daß die Klassen 5 und 6 im Grunde aus den ersten vier Klassen folgen können. In ähnlicher Weise können zwei überlappende Mesonen ein Baryon ergeben. Uns reichen also die ersten vier Klassen vollauf.

Um zu zeigen, daß sämtliche Operatoren, die zu diesen vier Klassen gehören, tatsächlich herangezogen werden können, halten wir uns an eine weitere Idee aus der Cubologie: die der „konjugierten Elemente". Dabei schält sich heraus, daß „ein Beispiel" in jeder Klasse genügt; daraus können wir dann sämtliche anderen Operatoren seiner Klasse konstruieren. Doch wie geht das? Dahinter steckt eine sehr einfache Idee.

Angenommen, wir haben einen Operator aus der Klasse 1 gefunden, der, sagen wir, *ov* mit *oh* und *ol* mit *or* vertauscht hat, der Rest des Würfels davon aber nicht betroffen ist. Nennen wir diesen Operator *H*. Nehmen wir aber einmal an, wir wollten zwei ganz andere Kantencubiepaare, nämlich *vr* mit *vu* und *rh* mit *ru* vertauschen (siehe Abbildung 13-7). Man könnte leicht ins Träumen geraten: „Wenn diese Cubies

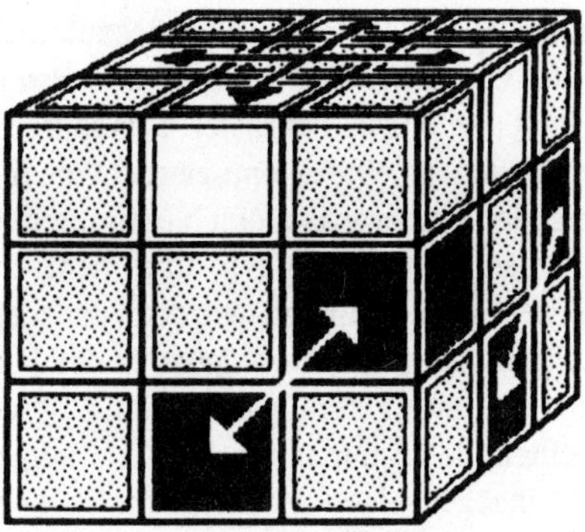

Abbildung 13-7. Wie man konjugierte Züge anwendet, um aus einem ungelösten Problem ein gelöstes zu machen. Das ungelöste Problem soll die Doppelvertauschung bewirken, die von den weißen Pfeilen angegeben wird. Das gelöste Problem ist die Doppelvertauschung, die von den schwarzen Pfeilen angezeigt wird (auf der Oberseite). Solange man die schwarzen Cubies in die weißen Cubizile manövrieren kann, kann man sicher sein, daß man ans Ziel gelangt. Dieses Prinzip hat nichts mit den spezifischen Cubizilen zu tun, die an den bekannten und unbekannten Operatoren mitbeteiligt sind, sondern einfach mit der Idee, daß man manchmal eine ungelöste Situation in eine lösbare Situation übersetzen, einen bekannten Operator benutzen kann, um *jene* Situation in den Griff zu bekommen, anschließend die „Rückübersetzung" zu machen, um die ursprüngliche Situation wiederzubekommen, wobei nun aber der verzwickte Teil gelöst ist. Das ist das Prinzip von *Konjugieren*.

nur an den vier ‚magischen Vertauschungsplätzen' auf der Oberseite säßen ...“ Aber warum bringen wir sie eigentlich nicht einfach dorthin? Vier Cubies in vier spezifische Cubizile zu bekommen, ist ziemlich einfach. Doch dagegen läßt sich offensichtlich einwenden: „Ja, aber das hätte einen schrecklichen Nebeneffekt – der übrige Würfel würde dadurch völlig durcheinandergeraten.“ Aber auch dagegen gibt es einen gewieften Einwand. Das destruktive Manöver, das die vier Cubies an die magischen Vertauschungsplätze bringt, wollen wir mit *A* bezeichnen. Angenommen, wir können inzwischen die Zugfolge von *A* aufschreiben. Sobald wir *A* ausgeführt haben, gehen wir die Doppelvertauschung *H* an. Jetzt wird es raffiniert. Wenn wir unsere umgeschriebene Zugfolge von hinten nach vorne lesen und jede *v*-Drehung invertieren, kehren wir das Manöver *A* genau um. Durch diese Manöverumkehr kommen nicht nur die vier Cubies in ihre alten Cubizile zurück, sondern auch die Nebeneffekte wieder in Ordnung, die durch *A* im übrigen Würfel auftraten. Machen wir den Würfel dadurch wirklich wieder intakt? Nicht ganz. Da wir *H* zwischen *A* und *A'* eingeschoben haben, gehen die vier Kantencubies bemerkenswerterweise permutiert in ihre Grundstellung zurück – d. h. jedes dieser vier Kantencubies findet sich am Platz seines Tauschpartners wieder! Ansonsten ist der Würfel wiederhergestellt. Wir haben also genau das erreicht, was wir wollten: die Vertauschung zweier Cubies.

Wenn man darüber nachdenkt, sieht man, daß das Konzept unfehlbar ist. Das inverse Manöver *A'* „weiß“ nicht, daß wir zwei Kantenpaare vertauscht haben. Ihm geht es doch nur darum, alles wieder dorthin zurückzubringen, wo es sich befand, bevor *A* ausgeführt wurde. Unsere Vertauschungen sind also hinter dem Rücken von *A'* geschehen, und somit ist der Würfel überlistet. Symbolisch haben wir die Zugfolge *AHA'* ausgeführt, die man auch als eine „Konjugierte“ von *H* bezeichnet.

Wie wunderbar konkret der Zauberwürfel einen abstrakten Begriff aus der Gruppentheorie veranschaulichen kann, ist erstaunlich, und nicht umsonst ist er eines der faszinierendsten Lehrmittel, die je erfunden wurden, um mathematische Vorstellungen anschaulich zu vermitteln. Normalerweise fallen in den Vorlesungen zur Gruppentheorie die Beispiele zur Erläuterung konjugierter Elemente entweder zu trivial oder zu abstrakt aus, so daß einem dabei nur selten ein Licht aufgeht oder Interesse wach wird. Der Zauberwürfel hingegen bietet die Möglichkeit, konjugierte Elemente und viele andere wichtige gruppentheoretische Konzepte auf lebendige Weise anschaulich zu machen.

*   *   *

Angenommen, wir wollten ein Quark-Antiquarkpaar an zwei „gegenüberliegenden“ Ecken erzeugen, wüßten es aber nur an zwei „benachbarten“ Ecken zu tun. Wie könnte man es anstellen? Hier ein Hinweis: Es gibt zwei Lösungswege, der kürzere und elegantere verlangt jedoch die Verwendung einer Konjugierten. Nebenbei bemerkt, könnte man jedes Manöver, das ein Quark bei einer Ecke erzeugt (selbstverständlich neben anderen Effekten), einen „Quarkdreher“ nennen.

Was wir für Kanten gezeigt haben, gilt auch für Ecken: Die Möglichkeit, zwei „spezifische“ Ecken vertauschen zu können, läßt uns auch zwei „beliebige“ Ecken vertauschen. Mit Hilfe der Konjugation kann man aus jedem einzelnen Vertreter einer Klasse ein ganzes Operatorenheer aufbauen. Natürlich bleibt immer noch die Frage: Wie findet man einen Musteroperator für jede dieser vier Klassen? Wie findet man z. B. einen Operator, der bei zwei benachbarten Ecken ein Meson erzeugt (eine Kombination aus einem Quarkdreher und einem Antiquarkdreher)? Oder wie findet man einen Operator, der zwei Kantenpaare vertauscht, die beide auf der Oberseite liegen? Ich werde hierauf keine Antwort geben, sondern Singmaster folgen, der den Weg mit dem Vorschlag weist, quasisystematisch nach einigen kleinen „Subuniversen" innerhalb der Totalität sämtlicher Würfelkonfigurationen zu forschen – d. h., die Suche nach „Untergruppen" aufzunehmen. Sie müssen sich demnach bei der Auswahl an Zügen bewußt auf ein paar ganz spezielle beschränken. Sehen Sie sich eine Reihe von Beispielen interessanter Untergruppen an, die durch verschiedene Arten von Beschränkungen zustande kommen:

1. „Die Scheiben-Gruppe." In dieser Untergruppe muß parallel zu jeder Drehung einer Fläche auch die gegenüberliegende Fläche bewegt werden. *R* muß also von *L'*, *O* von *U'* und *V* von *H'* begleitet werden. Der Name für diese Untergruppe rührt daher, daß jede dieser doppelten Bewegungen an und für sich der Drehung einer der drei Mittelscheiben des Würfels entspricht. Bei Singmaster heißt der Scheibenzug *RL'* abgekürzt R_s, *R'L* abgekürzt R_s' usw. Hält man sich an diese Einschränkung, kann es zu keiner zufälligen Unordnung kommen. Zu jeder Fläche gehört immer ein Muster, bei dem alle vier Ecken eine gemeinsame Farbe haben (Abbildung 13-8). Ein Sonderfall ist das Punkte-Muster, bei dem mit Ausnahme der Flächencubies in der Mitte alle anderen Cubies einer Fläche die gleiche Farbe zeigen (siehe Abbildung 13-9 a). Haben Sie eine Idee, wie Sie von der Ausgangsstellung des Würfels aus das Punkte-Muster erreichen? Wie viele verschiedene Punktemuster gibt es? Inwieweit hat das Punkte-Muster Ähnlichkeit mit einem Meson? (Die Antworten auf diese Fragen kann man bei Singmaster nachlesen – neben vielem anderen.)

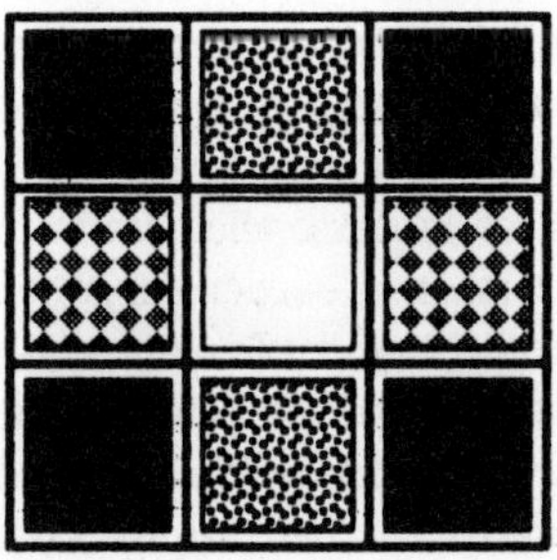

Abbildung 13-8. Ein typisches Muster, das die Scheiben-Gruppe auf jeder Seite erzeugt.

2. „Die quadrierte Scheiben-Gruppe.“ Sie ist eine weitere Beschränkung der einfachen Scheibengruppe, da nur das Quadrat eines Scheibenzugs, beispielsweise R_s^2 (was das gleiche ist wie R^2L^2) oder V_s^2 (das gleiche wie V^2H^2) zulässig ist.
3. „Die Anti-Scheiben-Gruppe.“ Statt immer gegenüberliegende Flächen parallel zueinander zu verdrehen, verdrehen wir sie in antiparalleler Richtung, so daß *R* in Begleitung von *L*, *V* in Begleitung von *H* und *O* in Begleitung von *U* ist. Ein Anti-Scheiben-Zug wird, wie z. B. bei R_a, was das gleiche wie *RL* ist, durch ein tiefgestelltes kleines a gekennzeichnet. (Natürlich unterscheidet sich die quadrierte Anti-Scheiben-Gruppe nicht von der quadrierten Scheiben-Gruppe.)
4. „Die Zwei-Flächen-Gruppe.“ Wenn die Drehung nur zweier benachbarter Flächen, beispielsweise *V* und *R*, erlaubt ist, merkt man, daß die Herausforderung, sich einen Algorithmus auszudenken, der ein zufälliges Durcheinander zweier Flächen löst, ohne die Einschränkung der Zwei-Flächen-Gruppe zu umgehen, einem ziemlich an die Substanz geht. Die meisten Würfelexperten werden stattdessen mit Kanonen auf Spatzen schießen und alle sechs Flächen verdrehen, um dem Durcheinander von nur zwei Flächen zu entkommen. Diese Leute sollten sich wirklich schämen!
5. „Die Drei-Flächen-Gruppen.“ Der Grund für die Pluralisierung dieser Kategorie ist, daß es Möglichkeiten, wenn auch nicht gerade äquivalente, gibt, dreifache Flächen zu wählen. Mit den Flächen L, O und R kann man z. B. so etwas wie eine „Brücke“, oder mit den Flächen V, O und R so etwas wie eine „Ecke“ bauen.
6. „Die Vier-Flächen- und Fünf-Flächen-Gruppen.“ Auch hier können vier verschiedene Flächen, die sich nicht entsprechen, ausgewählt werden. Die Fünf-Flächen-Gruppe umfaßt, wie sich herausstellt, den gesamten Würfel als Gruppe. Man kann, um es anders zu sagen, demzufolge aus *L, O, U, V* und *H* einen zu *R* äquivalenten Operator aufstellen.
7. „Die quadrierte Zweier-Gruppe.“ Wie schon bei der einfachen Zwei-Flächen-Gruppe ist auch in dieser Untergruppe die Drehung nur zweier Flächen gestattet, dieses Mal allerdings lediglich um 180°. Es ist eine sehr einfache Untergruppe.

Wenn man sich nur auf die Zwei-Flächen- und quadrierten Zweier-Gruppen konzentriert, wird man auf Manöverzüge stoßen, mit denen sich doppelte Vertauschungen bewerkstelligen lassen – einige davon an Kanten, andere an Ecken. Es ist ein bemerkenswerter Umstand, daß diese Prozesse allein unter der Zuhilfenahme des Konjugationsbegriffes es uns möglich machen – jedenfalls in theoretischer Hinsicht –, Lösungen zur Entwirrung des ganzen Chaos zu finden.

Warum brauchen wir eigentlich keinen Operator, um Mesonen zu erzeugen und zwei Kanten umzuklappen? Nun, man sollte sich daran erinnern, wie ein Operator zum Umklappen zweier Kanten aus den beiden Klassen zum Vertauschen zweier Kanten sowie zum Vertauschen zweier Ecken entwickelt werden kann. Um zwei Kanten ohne Nebeneffekte umzuklappen, vertauschen wir sukzessive zwei Kantenpaare miteinander, wobei beide Male die gleichen Paare einbezogen sind! Wir könnten

z. B. *ov* mit *oh* und *uv* mit *uh* vertauschen und dann die Vertauschung wieder rückgängig machen. Dieser Prozeß scheint uns absolut nichts einzubringen, aber das muß nicht so sein. Nach alledem können wir wie schon einmal die zweite Vertauschung zwischen dem einen Prozeß X und dem anderen inversen Prozeß X' einschieben, wobei wir den Prozeß X mit solchem Bedacht auswählen, daß wir ... (verflixt noch mal, jetzt habe ich den Gedankengang total verloren. Bestimmt können Sie ihn zu Ende führen. Irgendwie meine ich, mich noch zu erinnern, daß er nicht zu verschlungen war und mir die Idee recht elegant vorkam. Bestimmt wird es Ihnen nicht anders ergehen.)

Mit der gleichen Art Überlegung läßt sich ein Operator aufstöbern, der ein Meson allein aus Eckenvertauschungsmanövern und Konjugationsprozessen erzeugt. Wenn einmal Mesonen existieren, steht dem Aufbau von Baryonen nichts mehr im Wege. Mit den Mesonen und Baryonen entstehen weitere Operatoren, um zwei Kanten umklappen, zwei Kanten vertauschen und zwei Eckenpaare transponieren zu können; man ist jetzt im Besitz eines kompletten Werkzeugsatzes, um jeden durcheinandergedrehten Würfel in seine Ausgangsposition zurückzubringen, sofern er sich in derselben Bahn befindet wie diese. Es muß wohl nicht ausdrücklich betont werden, daß der von mir gelieferte Existenzbeweis höchst theoretisch ist und in der Praxis die Auswahl an Routinen ganz anders ausfiele. Zwar hat die Art der Lösung, von der ich hier sprach, den Vorteil, kompakt beschrieben werden zu können, andererseits aber ist sie enorm uneffizient. Für die Praxis bedeutet das, daß ein Würfelknacker eine ziemlich breite und vielseitige Auswahl an Routinen entwickeln muß, die kurz sind, sich leicht einprägen lassen und eine große Redundanz haben. Es hat einen großen Vorteil, wenn man Transformationen auf vielfache Weisen ausführen kann: Dann kann man sich nämlich einen Operator aussuchen, der in einer bestimmten Situation am besten geeignet scheint, statt beispielsweise eine zwar theoretisch zu Ende gedachte Routine einzusetzen, bei der man aber erst Hunderte von *v*-Drehungen machen muß, ehe endlich ein Baryon zum Vorschein kommt.

* * *

Der typische Würfelknacker erarbeitet sich seine Auswahl an Operatoren teils durch Intuition, teils durch Glück, bisweilen auch mit Hilfe von Diagrammen und gelegentlich mit abstrakten Prinzipien aus der Gruppentheorie. Ein Prinzip ist, „alle Hindernisse aus dem Weg zu räumen", zu dem fast jeder sehr bald findet. Wieder einmal haben wir es hier mit der Idee der Konjugation zu tun, wenn auch in einer schlichteren Verpackung. Die typische Leier, die dabei zur Intonation kommt, hört sich ungefähr so an (ich habe bestimmte Lauteffekte eingebaut): „Also mal sehen, wenn ich *diesen* hier mit einer schwungvollen Drehung aus dem Weg schaffe [zipp-zipp], kann ich den *anderen* da so drehen [zapp-zapp] und jetzt kann ich *diesen* hier wieder mit einer schwungvollen Drehung zurückholen [zuzipp-zuzipp]. Schau mal einer an – jetzt habe ich den *anderen* da, wo ich ihn haben wollte." Man kann die konjugierte Struktur darin förmlich heraushören („zipp, zapp, zuzipp").

Das einzige Problem dabei, sich voll und ganz bewußt zu sein, warum alles so funktioniert, wie man es ausführt, ist vielleicht, daß es zu sehr anstrengt. Ich habe den Eindruck, daß es unter den Würfelmeistern kaum einen gibt, der viel darüber nachdächte, wie er mit seinem Werkzeug zum Ziel kommt, wenigstens nicht, wenn er mitten dabei ist, einen verdrehten Würfel zu entwirren. Experten auf diesem Gebiet gleichen eher Klaviervirtuosen, die die schwierigsten Stücke auswendig spielen können. Dan Weise, ein Würfelmeister am MIT, sagte mir einmal: „Ich habe völlig vergessen, wie es geht, aber glücklicherweise erinnern sich meine Finger noch daran."

Im Durchschnitt hat ein Operator anscheinend eine Länge von ungefähr zehn bis zwanzig *v*-Drehungen. Niemand wünscht sich, daß er mitten bei der Ausführung eines Operators die Orientierung verliert, denn wenn das passiert, ist der Würfel total durcheinander, und das sogar, wenn die Transformierende soeben das Finale gewesen wäre. Würfelmeister Bernie Greenberg sagte mir einmal: „Angenommen, ich knobelte an einem Würfel herum, um ihn zu entwirren, und jemand schriee ‚Feuer!', ich würde mich erst aus dem Staub machen, nachdem ich meine Transformierende vollendet hätte."

Mein eigener Stil ist wahrscheinlich einer der blindesten. Nicht nur, weil ich nicht darüber nachdenke, „warum" meine Operatoren funktionieren, wenn ich sie ausführe; ich muß obendrein gestehen, daß es mir völlig rätselhaft ist, warum sie überhaupt funktionieren! Diese „magischen Operatoren" fand ich nach langen und mühseligen Prozeduren und indem ich mal das eine, mal das andere ausprobierte. Ich ließ auch einige heuristische Sprüche los wie z. B. „Was passiert eigentlich, wenn du verschiedene Potenzen einfacher Sequenzen ausprobierst" oder „Versuche mal, so viele Konjugierende wie möglich einzusetzen" usw. Aber was ich eigentlich nie anwandte, war – Verzeihung, Herr Rubik – die dreidimensionale Vorstellungskraft. Ich kenne jedoch einen Würfelmeister, Jim McDonald von der Stanford-Universität, der sogar für die allerletzte *v*-Drehung, die er macht, noch eine Begründung hat. Ihm kommen seine Operatoren keineswegs spanisch vor, da er jede Einzelheit ihrer Operation zu jeder Zeit und in jeder Situation genau kennt. Außerdem hat er sie nicht wie ich auswendig gelernt; er scheint sich auf seinen „Würfel-Sinn" zu verlassen und sie immer wieder von neuem zu konstruieren, wenn er ein Würfeldurcheinander entwirrt. Er gleicht einem Profimusiker, der improvisieren kann, wenn ein Novize noch auswendig lernen muß. Vielleicht interessiert manche Leser die zentrale Idee in Jims Methode: Zuerst ist die obere Lage bis auf eine Ecke zu ordnen; danach kann man die Senkrechte unterhalb der freien Ecke benützen, wie vielleicht die Einfahrt des Nachbarn, um darin das Auto zu wenden. Die beiden anderen Lagen werden durch weiteres Rangieren der Cubies in und aus der Einfahrt/vertikalen Schiene aufgeräumt.

* * *

Es kann reiner Zufall sein, daß ausgerechnet ein Kollege von Singmaster, Morwen B. Thistlethwaite (ich frage mich, welcher Name hinter dem „B" steht!) den abstrakten Lösungsweg bis zum äußersten getrieben hat. Er ist im Augenblick Weltrekordhalter für den kürzesten Algorithmus zur Entwirrung eines Würfelchaos. Er braucht höchstens 52 „Drehungen". (Mit „Drehung" ist entweder eine *v*-Drehung oder eine Halb-

Drehung – d. h. die Drehung einer Fläche um 180° – gemeint.) Thistlethwaite hat Ideen aus der Gruppentheorie übernommen, um die Suche nach bestimmten Arten von Transformierenden einem Computer zu überlassen. Eigenartig an seinem Algorithmus ist, daß es zunächst überhaupt keine Anzeichen dafür gibt, der Lösung näherzukommen – sondern erst, wenn man tatsächlich bei den letzten Drehungen ankommt.

Man muß dies einmal mit dem konventionelleren Weg vergleichen. Die meisten Algorithmen beginnen damit, eine Lage – gewöhnlich die oberste – zu ordnen. (Wenn ich hier von „oberster Lage" statt von „oberster Fläche" spreche, meine ich damit, daß der „Rand" richtig sein muß: d. h. die Anordnung der oberen Cubies muß sowohl von der Seite als auch von oben betrachtet stimmen.) Das ist der erste einer Reihe von sogenannten „Plateau-Zuständen". Obgleich beim weiteren Voranschreiten jeder Plateau-Zustand wieder zerstört werden muß, wird er später erneut wiederhergestellt, und nach jedem Mal kehrt mehr Ordnung ein, womit der nächsthöhere Plateau-Zustand erreicht ist.

Nachdem man die oberste Lage geordnet hat, macht man sich meist an den Ecken an der untersten Lage oder vielleicht an der horizontalen Mittelscheibe zu schaffen. Die meisten Algorithmen können tatsächlich in fünf oder sechs natürliche Etappen zerlegt werden; sie entsprechen natürlichen Klassen von Cubies, die in ihre Urcubizile zurückgebracht werden. Mein persönlicher Algorithmus z. B. durchläuft folgende fünf Stadien:

1) obere Kanten,
2) obere Ecken,
3) untere Ecken,
4) mittlere Kanten und
5) untere Kanten.

In den ersten beiden Stadien erreiche ich gleichzeitig richtige Plazierung und richtige Orientierung. Die drei letzten Stadien zerfallen jeweils in Substadien: eine Plazierungsphase, gefolgt von einer Orientierungsphase. Natürlich müssen die Operatoren in allen Stadien alles, was in vorangegangenen errungen wurde, respektieren. Das bedeutet, daß sie zwar die aufgebaute Ordnung kaputt machen dürfen, aber nur wenn sie sie anschließend reparieren. Willkommen sind sie mir jedoch immer, wenn sie Cubies wahllos durcheinanderbringen, die erst in späteren Stadien auf dem Programm stehen. Ich meine, andere Leute haben ihre Algorithmen auf genau den gleichen Cubie-Typen aufgebaut; die Reihenfolge der Stadien aber kann vollkommen unterschiedlich sein.

Im Grunde haben sämtliche Algorithmen die Eigenschaft, daß, nähme man vom Würfel eine Serie von Schnappschüssen in den Plateau-Zuständen, man ganze Gruppen von Cubies ihre richtigen Plätze einnehmen sähe. Man nennt diesen Vorgang „Monotonität auf der Operator-Ebene" – d. h. eine stete, sichtbare Näherung zur Ausgangsposition, ohne je die Richtung zu verlassen und entgegengesetzt zu laufen. Natürlich sähe man etwas ganz anderes, wenn man vom Würfel Schnappschüsse „zwischen" den Plateau-Zuständen machte – aber das ist eine andere Geschichte. Es ist kein Algorithmus bekannt, bei dem mit jeder „Drehung" ein Fortschritt sichtbar würde.

Gedanklich ganz anders verläuft Thistlethwaites Algorithmus. Anstelle des Versuchs, bestimmte Klassen von Cubies in ihre Cubizile zu führen, unternimmt er einen „Abstieg durch Unter-Gruppen-Verschachtelungen". Er hat also am Anfang die totale Freiheit, ganz nach Belieben den Würfel und seine Flächen zu bewegen; nach den ersten Drehungen allerdings geht er dazu über, bestimmte Arten von Zügen nicht mehr zuzulassen; unter dieser Einschränkung macht er weitere Züge, die er kurz darauf ebenfalls weiter zurückschraubt, und so fortsetzt, bis die Einschränkungen so drastisch werden, daß sich nichts mehr bewegen kann. Aber genau an diesem Punkt hat man die Ausgangsposition errungen! Jedesmal läuft eine neue Einschränkung darauf hinaus, *v*-Drehungen an gegenüberliegenden Flächen zu unterbinden und im weiteren an ihrer Statt nur halbe Drehungen zu erlauben. Die ersten Flächen, die von dieser Einschränkung betroffen werden, sind O und U, danach folgen die Flächen V und H und letztlich die Flächen L und R. Seltsam an diesem Lösungsweg ist, wie gesagt, daß, selbst wenn man eine Serie von Schnappschüssen in sorgfältig ausgesuchten Momenten machte, man die Ausgangsposition gar nicht näherrücken sieht. Plötzlich ist sie da, wie aus heiterem Himmel! Als ob man den Everest hinaufstieg und der Gipfel bis zuletzt von Wolken verhüllt war, und plötzlich die Wolkendecke aufbricht und ihn freigibt!

Dieser synergistische Thistlethwaite-Algorithmus (hoppla, erstmal wieder die Zunge zur Ruhe kommen lassen!) ruft einen delikaten Gedanken hervor: Wäre es nicht schön, wenn es ein einfaches Mittel gäbe, zu erfahren, wie weit es noch bis zur Ausgangsposition ist? Wir könnten es einen „Distanz-zur-Ausgangsposition-Messer" nennen. Ein solches Instrument käme zweifellos sehr gelegen. Es ist z. B. ziemlich peinlich, wenn man sich nicht mehr anders zu helfen weiß, als mit aller Macht zu einem generellen Algorithmus zur Lösung eines Würfelwirrwarrs zu greifen, um zu lösen, was ein Freund mit vier oder fünf Drehungen im Handumdrehen geschafft hat. Allein deshalb wäre es angebracht, rasch einschätzen zu können, ob ein Zustand „wirklich zufällig" ist, oder ob man sich bereits in gewisser Nähe zur Ausgangsstellung aufhält. Aber was heißt schon „in gewisser Nähe"? In diesem weiten Raum können Distanzen zwischen zwei Zuständen auf zweierlei, keineswegs abwegige Weisen gemessen werden. Entweder zählt man die *Zahl der* v-*Drehungen* oder einfach die *Zahl der Drehungen*, die nötig sind, um von einem Zustand zum anderen zu gelangen (mit „Drehung", wie zuletzt genannt, ist entweder eine *v*-Drehung oder eine halbe Drehung gemeint). Aber wie kann man, ohne bei der Suche an den Rand der Erschöpfung zu geraten, herausfinden, wie viele Drehungen nötig sind, um zur Ausgangsposition zu kommen? Vorzuziehen wäre eine zuverlässige und halbwegs akkurate Technik, mit der sich schon bei flüchtiger Inspizierung des Würfelzustands die Sachlage rasch abschätzen ließe. Der Vorschlag, die Zahl der Cubies, die nicht in ihrem Urcubizil sitzen, herauszufinden, ist natürlich naiv. Das angesprochene Einschätzungsverfahren kann aber durch die Punkte-Stellung völlig zur Farce werden, da in dieser Anordnung fast alle Cubies auf der „falschen" Seite sitzen (siehe Abbildung 13-9 a). Diese Stellung ist von der Ausgangsstellung nämlich nur acht *v*-Drehungen entfernt. Vielleicht gäbe es noch ein besseres Verfahren, um die Zahl der umgesprungenen Cubies und die der Quarks zu erfassen, aber leider kenne ich keines.

Raffinierten gruppentheoretischen Argumenten zufolge beträgt die weiteste Entfer-

Abbildung 13-9. Eine Reihe von Spezialkonfigurationen, die es verdienen, namentlich erwähnt zu werden. In (a) das bekannte *Punkte-Muster*. In (b) die *Pons Asinorum.* In (c) das *Christman Cross.* In (d) das *Plummer Cross.* In (e) ein *Meson* (das dem Anschein nach ein isoliertes Quarkteilchen zeigt, aber eigentlich von einem Antiquarkteilchen an der gegenüberliegenden Ecke ausgeglichen wird). In (f) ein *Riesen-Meson*, das sich aus einem „Riesen-Quark" und einem „Riesen-Antiquark" an den gegenüberliegenden Ecken zusammensetzt.

nung, in der man sich von der Ausgangsstellung befinden kann, 22 oder 23 Drehungen. Das ist ziemlich verblüffend, wenn man bedenkt, daß die meisten Knobler am Anfang bei ihren ersten Algorithmen Hunderte von Drehungen machen und weitgehend abgespeckte Algorithmen immer noch mit 80 oder 90 Drehungen operieren. Es ist wirklich so: Viele nackte *Operatoren* benötigen beträchtlich mehr Drehungen als Thistlethwaites gesamter *Algorithmus*. (Mein erster Operator zum Umklappen zweier Kanten beispielsweise kam auf eine Länge von fast 60 Drehungen.)

Eines aber läßt sich leicht demonstrieren: Es gibt Zustände, die mindestens 17 Drehungen von der Ausgangsanordnung entfernt sind. Der Gedankengang ist folgender: Am Anfang sind 18 Drehungen möglich: L, L', L^2, R, R', R^2 usw. Danach sind es nur noch 15 sinnvolle Drehungen (wenn man nicht dieselbe Seite noch einmal dreht). Es gibt daher $18 \times 15 = 270$ einzelne Drehfolgen der Länge 2. Eine weitere Drehung brächte einen weiteren Faktor 15, und das ließe sich dann so fortsetzen. Wie lange würde es wohl dauern, bis wir die Zahl aller der Möglichkeit nach erreichbaren Zustände fänden? Dabei ergäbe sich, daß das Minimum an Drehungen bei 17 liegt, was theoretisch den Zugang zu $4{,}3 \times 10^{19}$ unterschiedlichen Anordnungen ermöglicht. Natürlich führt bei weitem nicht jede Drehfolge der Länge 17 zu einem einzigartigen Zustand. Wir haben nicht bewiesen, daß jeder mögliche Zustand mit 17 Drehungen zugänglich wird. Wir haben einfach nur gezeigt, daß *mindestens* 17 Drehungen nötig sind, wenn man von der Ausgangsanordnung aus jeden Zustand erreichen will. Wie man sich denken kann, liegen folglich zwei Zustände mehr als 17 Drehungen auseinander. Es ist nur die Frage, *welche* 17 Drehungen es sind.

Bislang weiß nur der liebe Gott, wie von einem Zustand des Zauberwürfels aus ein anderer mit einem Minimum an Drehungen erreicht werden kann. An sich ist das schnellste aller Schnellrezepte zur Lösung jeglichen Würfelwirrwarrs „Gottes Algorithmus". Eine brennende Frage in der Cubologie ist: Handelt es sich bei Gottes Algorithmus nur um eine Riesentabelle ohne Ordnungsmuster, oder gibt es darin ein solches von einiger Signifikanz, so daß auch ein bloßer Sterblicher hinter das Geheimnis kommen und einen eleganten Kurzalgorithmus, der auf dem festgestellten Ordnungsmuster basiert, beherrschen könnte? Man beachte, daß, wenn man einen Distanz-zur-Ausgangsposition-Messer hat, es das gleiche ist, wie wenn man im Besitz von Gottes Algorithmus wäre. In welchem verdrehten Zustand sich der Würfel auch immer befindet, man wird sämtliche 18 möglichen Verdrehungen ausprobieren, um dann eine davon auszuwählen, mit der man der Ausgangsposition näherkommt. (Warum muß es immer eine geben?) Versuchen Sie es und wiederholen Sie anschließend den Prozeß. Es ist etwas mühsam, aber der direkte Weg zur Ausgangsstellung durch Überwindung von Plateau- oder anderen intuitiven Zwischenzuständen. Ein ausreichender Grund, zu bezweifeln, daß ein solcher einfacher Distanzmesser existiert.

* * *

Träte Gott in einen Wettstreit mit der irdischen Würfelliga, träfe er wahrscheinlich auf eine ziemlich harte Konkurrenz von seiten einiger herausragender Sterblicher, auch wenn sie seinen Algorithmus nicht kennen. Unter anderem von seiten eines jungen

Engländers namens Nicholas Hammond, der zum Lösen eines chaotischen Würfels durchschnittlich kaum länger als 30 Sekunden benötigt! Eine solche phänomenale Leistung setzt mehreres voraus: erstens ein tiefes Verständnis des Würfels; zweitens eine Auswahl einwandfreier Operatoren; drittens eine todsichere Routine im Umgang mit ihnen, daß man sie sogar im Schlaf anwenden könnte; viertens Schnelligkeit und Geschicklichkeit in den Hand- und Fingerbewegungen; fünftens ein gut geschmierter „Renn-Würfel“: einer, der beim leisesten Fingerzucken in Drehung gerät, voll Ehrgeiz steckt und vorweg weiß, welcher Operator benötigt wird. Kurzum, der Renn-Würfel ist ein Würfel, der gewinnen „will“.

Bisher habe ich noch nicht gehört, daß Leute ihren Rennwürfeln Namen gegeben hätten, obwohl das sicherlich noch kommt. Allem Anschein nach könnte eine Wechselbeziehung bestehen zwischen dem Klangreichtum eines Namens und dem Maß, in dem die Person zur Cubologie beisteuert. Neben Singmaster und Thistlethwaite kennen wir Dame Kathleen Ollerenshaw (die sich vor kurzem zur Oberbürgermeisterin von Manchester wählen ließ), Erfinderin vieler schnittiger Manöver und Verfasserin eines Artikels über den Zauberwürfel und in dem Ruhm stehend, als erste davon berichtet zu haben, wie der Daumen eines Cubisten von einer schwerwiegenden Krankheit, von der eingangs kurz die Rede war, befallen wurde. Außerdem ist da auch noch Oliver Pretzel, der einen herrlichen 3-Zyklus mit Verdrehungen entdeckt und ein „wunderschönes Muster“ mit der Bezeichnung 6-U aufgetan hat, das von der Ausgangsstellung aus erreicht werden kann mit dem langen Wort

$$L' R^2 V' L' H' OHLVRO' RLR_s V_s O_s R_s.$$

Wunderschöne Muster sind für viele Würfelliebhaber ein interessantes Gebiet, dem ich hier aber nicht gerecht werden kann. Ich kann hier nur ein paar der vortrefflichsten erwähnen, so weit sie mir bekannt sind. Eine gute Übung zum Warmwerden ist, herauszufinden, wie man die *Pons Asinorum* („Eselsbrücke“) errichten kann, die in Abbildung 13-9b erscheint. Wie mir ein Würfelmeister am MIT erklärte, hat man diesen Namen gewählt, um zu verstehen zu geben: „Wer nicht einmal das schafft, sollte die Finger ganz davon lassen.“ Dazu gehören ferner zwei Arten von Kreuz-Mustern, die in der Würfel-Knacker-Clique am MIT „Christman Cross“ und „Plummer Cross“ (siehe Abbildungen 13-9c und d) heißen. Das erstgenannte beinhaltet *drei Farbpaare* (O-U, V-R und L-H), letzteres *zwei Tripel* im Stil von Quark–Antiquark. Das wunderschöne „Wurm-Muster“ mag ich am liebsten, dessen „Genotypus“ bzw. Drehfolge sich so fortsetzt:

$$ROV^2 U' R_s V_s U' V' R' V^2 RO^2 VR^2 V' R' O' V' O^2 VR.$$

Ein anderes, ähnlich verwickeltes Muster ist das „Schlangen-Muster“, das sich um den ganzen Würfel windet:

$$HR_s U' R^2 UR'_s H' R^2 OH^2 O' UR^2 U'.$$

Schneidet man der Schlange den Schwanz (R^2U') ab und hängt anstelle dessen die Folge $H^2R_aU^2R'_aH^2U'$ an, entsteht ein merkwürdiges Muster mit zwei Ringen. Sämtliche dieser Muster stammen von Richard Walker, dem Meister auf diesem Gebiet. Ein wunderschönes Muster ist das Riesen-Meson (Abbildung 13-9 f), das sich aus einem Riesen-Quark (einem um 120° gedrehten 2 × 2 × 2-Ecken-Unterwürfel) und einem Riesen-Antiquark aufbaut. Wer will, kann das Ganze noch zieren, so wie man auch einen Eisbecher mit Kirschen ziert, und Quarkdreher einsetzen, um ein Quark und Antiquark normaler Größe auf die Ecken des Riesen-Quarks und Riesen-Antiquarks zu drehen. Herauszufinden, wie das im einzelnen geht, überlasse ich jetzt Ihnen.

* * *

Ich möchte Ihnen noch ein paar Tips sowie ein paar Kleinigkeiten zum Nachdenken geben. Eine besondere Herausforderung für Cubisten auf allen Ebenen der Würfellehre ist, einen Würfel im unversehrten Zustand von jemand anderem ein paarmal verdrehen zu lassen und dann zu versuchen, aus diesem gelinde verdrehten Zustand zur Ausgangsstellung mit genau dem inversen Wort zurückzufinden. Würfelmeister werden natürlich eine größere Zahl von Drehungen rückgängig machen können als Neulinge. Kate Fried kann angeblich regelmäßig sieben Drehungen umkehren, und einmal soll sie es sogar auf zehn gebracht haben, nachdem sie den Würfel einen ganzen Tag lang angestarrt hatte. (Ich selbst schaffe ungefähr vier.)

Am leichtesten finde ich einen Algorithmus heraus, wenn ich mit zwei Übungen beginne, die zwar nur vier Eckencubies einbeziehen, mich aber trotzdem ziemlich in Anspruch nehmen. Die erste vorbereitende Übung geht wie folgt: Manövrieren Sie die vier Eckencubies mit der weißen Fläche so auf die oberste Würfelseite, daß ihre weiße Fläche nach oben zeigt. Welches Cubie in welches Cubizil einzieht, ist dabei nicht von Belang. Gleichzeitig machen Sie das auch mit den anderen vier Eckencubies auf der untersten Würfelseite (deren Pendantfarbe zu Weiß natürlich nach unten zeigen soll). Die nächste, fortgeschrittene Übung besteht darin, die vorangegangene auszuführen, während man zusätzlich darauf achtgibt, daß sämtliche Eckencubies ihre richtigen Cubizile erhalten. Das kommt der Lösung eines 2 × 2 × 2-Zauberwürfels sehr nahe und wird Sie auf dem Weg zur Beherrschung eines 3 × 3 × 3-Zauberwürfels ein gutes Stück voranbringen.

Um Ihnen bei den Kantenprozessen zu helfen, zeige ich Ihnen einen wunderbaren Trick, den David Seal entdeckt hat, und der auf einer bestimmten Art von Operator, „Mono-Flipper“ oder „Mono-Umklapper“ genannt, beruht. Aber finden Sie ihn selbst heraus, indem Sie der Frage nachgehen: „Wie kann ich einen Operator zum Umklappen zweier Kanten aus einem Prozeß erzeugen, der die unteren beiden Lagen durcheinanderbringt, die obere jedoch mit einer Ausnahme unverändert läßt, nämlich dort nur ein Kantencubie umklappt?“ Dazu ein Hinweis: Die Antwort bezieht die wichtige gruppentheoretische Idee eines *Kommutators* mit ein – z. B. ein Wort der Form $PQP'Q'$. Es soll Ihnen überlassen bleiben, welchen Mono-Umklapper Sie finden. Ich band diesen Trick sofort in meine Methode ein, als ich davon erfuhr.

Ein kleines Rätsel noch: Warum tauchen an einem Objekt, dessen Symmetrien sämtlich mit Zahlen wie 3, 4, 6 und 8 zu tun haben, so häufig 5- und 7-Zyklen auf? Das heißt, worin liegt der Grund für z. B. solche Zykluslängen wie 5 oder 7? Eine in gewisser Weise verwandte Frage lautet: Was ist die maximale *Ordnung*, die ein Wort haben kann? (Die Ordnung eines Worts ist die Potenz, zu der es erhoben werden muß, um die Identität zu bewahren; *R* z. B. hat die Ordnung 4.) *RO* z. B. hat die Ordnung 105, wie Sie erkennen können, wenn Sie das Zyklus-Muster dieser Zugfolge einer näheren Betrachtung unterziehen.

* * *

Was bringt uns das alles? Ich muß sagen, daß ich hier nur an der Oberfläche der Würfelwissenschaft gekratzt habe. Rubik und andere arbeiten daran, verschiedene Würfeltypen der Allgemeinheit zugänglich zu machen. Es gibt bereits einen magischen Dominowürfel, der im Gegensatz zum Zauberwürfel aus nur zwei 3 × 3-Lagen besteht (siehe Abbildung 13-10), die nur mit *v*-Drehungen um eine Achse rotiert werden können; bei den anderen zweien kann man nur halbe Drehungen um 180° ausführen. In der Ausgangsstellung ist eine Seite vollkommen schwarz, die andere weiß, und beide zeigen die Zahlen 1 bis 9 in richtiger Reihenfolge. Der magische Dominowürfel hat daher mit Sam Loyds Schiebepuzzle wesentlich mehr Ähnlichkeit als der Zauberwürfel.

Verschiedene Leute haben inzwischen 2 × 2 × 2-Würfel entwickelt, die vielleicht noch vermarktet werden. Man kann sich selbst einen 2 × 2 × 2-Würfel aus einem 3 × 3 × 3-Würfel erzeugen, indem man die acht Ecken des letztgenannten entsprechend abdeckt. Natürlich werden manche Leser auch auf die verlockenden Möglichkeiten eines 4 × 4 × 4-Würfels gespannt sein. Keine Sorge – er wurde in den Niederlanden entwickelt und ist als „Mastercubus" erhältlich. Unweigerlich erhebt sich die Frage nach sowohl höheren als auch niedrigeren Dimensionalitäten. Theoretiker der Würfellehre diskutieren längst über die Eigenschaften höher-dimensionaler Würfel.

Abbildung 13-10. Ernö Rubiks Magischer Dominowürfel in einem verdrehten Zustand.

Noch ist das Potential des $3 \times 3 \times 3$-Würfels bei weitem nicht erschöpft. Ein unergründetes Terrain mit Aussicht auf ergiebige Entdeckungen sind alternierende Farbenmuster. Einige Würfelknacker am MIT haben mir von dieser Idee erzählt. Die einzelnen Cubies können auf verschiedene Weise koloriert werden (siehe Abbildung 13-11). Jede neue Kolorierung schafft eine andere Art von Entwirr-Problem. Bei der einen Kolorierungsvariante können die Orientierungen der Eckencubies eine entscheidende Rolle spielen, bei einer anderen kann es auf die der Flächencubies ankommen, während die der Eckencubies irrelevant sind, etc. Man kann es sich auch einfacher machen und zwei Seiten mit derselben Farbe belegen und dadurch die Anzahl der unterschiedlichen Farben um eine reduzieren. Oder man bemalt die Seiten mit nur drei Farben. Eine extreme Gestaltung des Farbenmusters wären drei an einer Ecke zusammentreffende blaue Seiten und drei an genau der gegenüberliegenden Ecke sich berührende weiße Seiten. Den Worten des französischen Generalinspektors Semah nach waren die Würfel, die er sah, an fünf Flächen gleichfarbig, nur die sechste hatte eine andere Farbe!

Wer weiß, wie das alles enden wird? Bernie Greenberg jedenfalls meinte:

> Der Cubismus erfordert es, daß jeder, der als Cubist gelten will, eigentlich seine eigene Wissenschaft erfinden muß. Wer einen chaotischen Würfel zu ordnen versucht, muß sich selbst das Areal stecken, auf dem er/sie forschen will, und seine/ihre eigenen Experimente entwickeln, Grundlagen finden, Theorien aufbauen und wieder verwerfen usw. Es gibt kein anderes Geschicklichkeitsspiel, das zur Lösung die Aufstellung einer ganzen Wissenschaft verlangt.

Ob Rubik und Ishige sich je haben träumen lassen, daß ihre Erfindung zu einem Modell und einer Metapher für all das würde, was in der Wissenschaft als profund und bewunderswert gilt? Erstaunlich, nicht wahr?

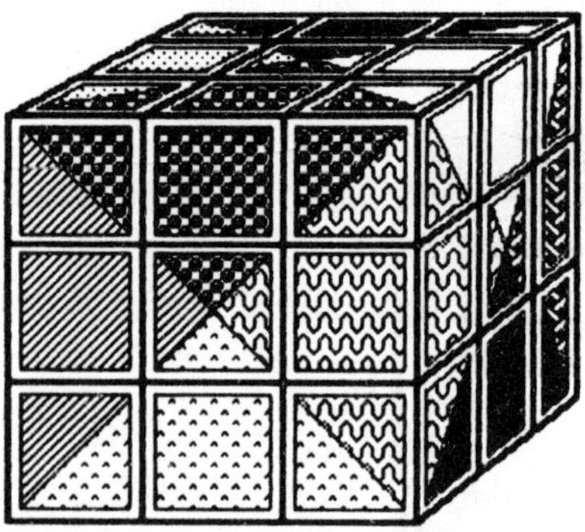

(a)

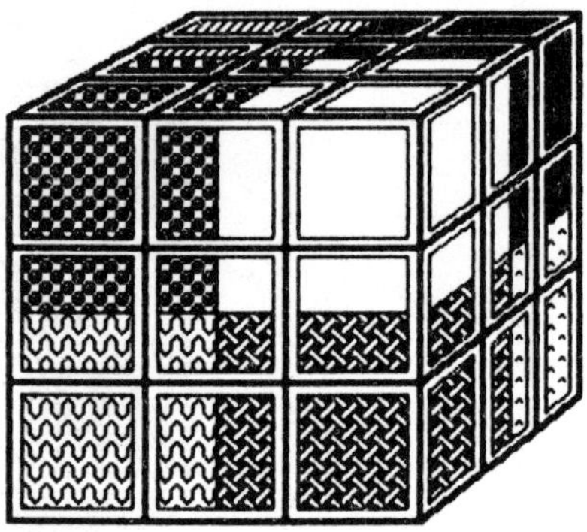

(b)

Abbildung 13-11. Zwei alternierende Kolorierungen für den Zauberwürfel. Hier steht der Cubist vor ganz neuartigen Problemen.

14
Über den Rubikon

Juli 1982

... O Widersinn, daß, sie zurechtzurücken, ich geboren bin!

(Hamlet, 1. Akt, 5. Szene)

Heutzutage reicht es, wenn man einfach „Der Würfel“ sagt; niemand muß mehr von „Rubiks Zauberwürfel“ sprechen, wenn er sich, auf das großartige kopfzerbrechende Ding bezogen, verständlich machen will. Ich habe sogar einen echten kugelförmigen Würfel, den ich manchmal als „der runde Würfel“ bezeichne, mich aber ebensooft nur beiläufig darauf beziehe, indem ich ihn „der Würfel dort drüben“ nenne. Er ist entsprechend zerteilt, hat rotierbare Seiten und einen genauso konstruierten Innenmechanismus wie Rubiks Würfel. Es klingt wahrscheinlich noch unglaublicher, wenn ich sage, daß ich einen Würfel habe, der wohl wie ein echter Würfel „posiert“, aber beileibe keiner ist: ein Würfelobjekt, das auf seltsame Weise diagonal aufgeschnitten ist und sich auf eine verteufelt unsymmetrische Art verdrehen läßt. Abbildung 14-1 zeigt die beiden Puzzle-Objekte. Die Kugel ist freilich ein echter Würfel, der andere Würfel dagegen ein Hochstapler, der einfach in das Gewand des echten geschlüpft ist. (In diesem Kapitel verwende ich das Wort „Würfel“ als Gattungsbegriff für „alle beliebigen“ durch Rotation verstellbaren Geduldspiele. Wenn ich vom echten Würfel spreche, meine ich das ursprüngliche Produkt: den 3 × 3 × 3-Würfel von Rubik.)

Die vielfältige Verbreitung von Würfeln ist wahrhaftig ein erstaunliches Phänomen. Angefangen hat alles mit Ernö Rubik und dem irgendwie in dessen Schatten stehenden japanischen Gegenpart, Terutoshi Ishige, aber dann breitete es sich aus wie ein Lauffeuer. Plötzlich tauchten Varianten des echten Würfels überall auf – kleine, klitzekleine, hübsch dekorierte usw. Aber keiner war „im wesentlichen“ anders als der echte Würfel. Alle hatten sie dasselbe Skelett, nur die Verkleidung war eine andere.

Die ersten Würfel, die in meinen Augen „im wesentlichen“ anders waren, kamen aus Japan. Es waren 2 × 2 × 2-Würfel! Einer war magnetisch mit acht Cubies aus Metall, die sich um eine magnetische Kugel im Würfelzentrum drehten, ein anderer aus Plastik mit einem komplizierten Innenmechanismus, der ähnlich wie der Mechanismus für den 3 × 3 × 3-Würfel von Rubik-Ishige funktionierte. Er konnte nur ähnlich sein, aber nicht identisch, weil der Mechanismus für den 3 × 3 × 3-Würfel letztlich von den sechs Flächencubies in der Mitte jeder Seite zusammengehalten wird, die es beim 2 × 2 × 2-Mechanismus nicht gibt! Wie ich später herausfand, geht auch dieser Mechanismus auf Rubik und den 3 × 3 × 3-Mechanismus zurück. Der 2 × 2 × 2-Würfel, der in Abbildung 14-2a zu sehen ist, ist ein solches Wunderwerk, daß man sich ihm nicht entziehen kann – in mancher Hinsicht betörender als die 3 × 3 × 3-Ausführung. Was

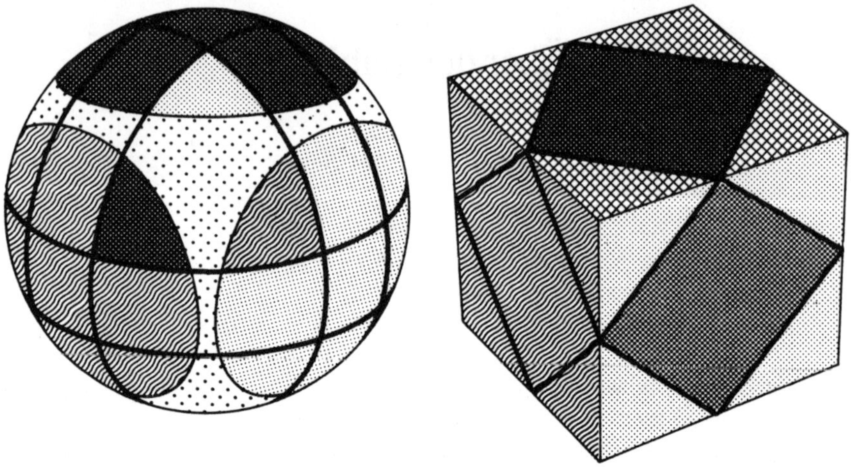

(a) (b)

Abbildung 14-1. Ein Würfel (a); kein Würfel (b).

mich allerdings etwas verwundert, ist: Warum gibt es ihn nicht überall zu kaufen? Der $2 \times 2 \times 2$ – Zwobiks Würfel? – scheint mir ideal zu sein, um aus dem Laienstadium herauszukommen und langsam eine mittlere Stufe auf der Leiter zum Würfelmeister zu erklimmen; um ihn zu lösen, muß man nur wissen, wie die „Ecken“ eines $3 \times 3 \times 3$-Würfels zu ordnen sind.

Eigentlich war meine Begegnung mit einem $2 \times 2 \times 2$-Typ gar nicht die erste mit einem im wesentlichen anders gearteten Würfel. Bereits viel früher war ich auf einen „Magischen Domino-Würfel“ (auch eine Erfindung von Rubik – siehe Abbildung 13-10) gestoßen, der im Gegensatz zum dreischichtigen Würfel mit $3 \times 3 \times 3$ Cubies aus zwei Schichten mit je 3×3 Cubies besteht. Sowohl die obere als auch die untere Lage lassen sich um 90° drehen, die vier rechteckigen seitlichen Schichten hingegen müssen um 180° bewegt werden, wenn weitere Züge ausführbar sein sollen. Eine andere frühe Variante war das „Oktagon“, ein Würfel, der an den vier Längskanten wie abgesägt aussah und, wenn man seine Teile drehte, einige ziemlich groteske Formen annahm. (Siehe die Bildteile (b) und (c) in der Abbildung 14-2.) Da bei dieser Version die Information über Kanten-Paritäten teilweise verloren geht (man kann nicht erkennen, ob die „abgesägten“ Kantencubies in ihren Cubizilen nach vorne oder nach hinten gerichtet sind), entsteht manchmal der Eindruck, daß sie sich etwas verschroben verhält und die Cubies im Unterschied zu denen des echten vollständigen Würfels zudem in etwas anderer Weise in Ordnung gebracht werden müssen. Bei einem vollständigen $3 \times 3 \times 3$-Würfel kommen umgeklappte Kantencubies nur paarweise vor. Das gleiche gilt für den oktogonalen Würfel, jedoch mit der Ausnahme (weil man nicht erkennen kann, ob ein Cubie an der abgesägten Kante umgeklappt sitzt oder nicht), daß man manchmal zu guter Letzt einen scheinbar gelösten Würfel in der Hand hält, bei dem nur ein einziges Kantencubie umgeklappt ist. Das kann beim ersten Mal ziemlich verwirren, wenn man nur den ganzen $3 \times 3 \times 3$-Würfel gewöhnt ist.

Als nächste kam eine Variante heraus, die von einem jungen Deutschen namens Kersten Meier stammte, der damals an der Universität von Stanford an seiner Promotion in Sachen Unternehmungsforschung arbeitete. Er hatte einen halbwegs funktionsfähigen Prototyp einer „Zauberpyramide" entwickelt. Sie war aber noch so unfertig, daß sie beim Drehen der Seiten häufig auseinanderfiel. Dennoch war es ein deutlicher Schritt zu etwas Neuem und wert, vermarktet zu werden. Später fand ich heraus, daß fast zur gleichen Zeit Ben Halpern, ein Mathematiker an der Universität Indiana, genau die gleiche Idee verwirklicht hatte. Beiden war es gelungen, den Mechanismus des $3 \times 3 \times 3$-Würfels von Rubik-Ishige zu generalisieren und zu erkennen, wie auf dem gleichen Prinzip ein Dodekaeder-Puzzle aufgebaut werden konnte. Halpern fertigte sowohl von der Pyramide als auch vom Dodekaeder gangbare Prototypen an. Die Bildteile (d) und (e) der Abbildung 14-2 zeigen die Meier-Halpernschen Varianten.

* * *

Meier und Halpern jedoch waren, wie man weiß, nicht die ersten, die die Idee eines pyramidischen Würfels hatten. Uwe Meffert, ein anderer deutschgebürtiger Erfinder, war von dieser Idee und davon, daß sich eine Pyramidenform gut in der Hand anfühlte, bereits 1972 angezogen worden. Irgendwie entwickelte er dann die Idee einer Pyramide mit verdrehbaren Seiten und konzipierte sie als erster so, wie es in der Abbildung 14-3 zu sehen ist. Er baute ein paar Exemplare und fand, daß, wenn man damit spielte, sie beruhigend und sogar meditativ unterstützend wirkten, aber nach einer Weile legte er sie ganz zur Seite und vergaß sie mehr oder weniger. Dann fiel auf einmal Rubiks Würfel. Sein phänomenaler Erfolg erinnerte natürlich Meffert an seine eigene alte Erfindung, die nun auch einen potentiellen Marktwert bekam. Sofort patentierte er seine Konstruktion und traf Vorkehrungen für eine Serienproduktion. Schließlich trat er mit einer Spielzeugfirma in Kontakt, die den Würfel vermarkten sollte. Es folgte der weltweite Erfolg des „Pyraminx", eines „pyramidenförmigen Würfels" (das Wort „Würfel" verwende ich hier natürlich wieder in meinem Sinn als Gattungsbegriff), dessen Operationsweise ganz anders als die der Meier-Halpern-Pyramide ist.

Meffert, der heute in Hongkong lebt, wurde von der Herstellung und Vermarktung seines Pyraminx immer mehr in Anspruch genommen, was auch zahlreiche Reisen mit sich brachte. Dadurch kam er mit anderen Erfindern in der Welt zusammen und zu dem Entschluß, daß die weltweite Vermarktung der interessantesten Spielarten der Würfelfamilie bestimmt eine gute Idee wäre. Unter den Erfindern waren auch Meier und Halpern, so daß deren Pyramiden ebenfalls bald für alle Würfelliebhaber auf der Welt als „Pyraminx Zaubertetraeder" erhältlich sein werden. (Ich hätte den Namen „Königstetraeder" besser gefunden.) Auch das Dodekaeder wird auf den Markt kommen, wahrscheinlich unter dem Namen „Pyraminx Zauberdodekaeder".

Dr. Ronald Turner-Smith, ein Freund von Meffert an der mathematischen Fakultät der Chinesischen Universität in Hongkong, hat ein ansprechendes Büchlein *The Amazing Pyraminx* („Das erstaunliche Pyraminx") über die Muster und mathematischen

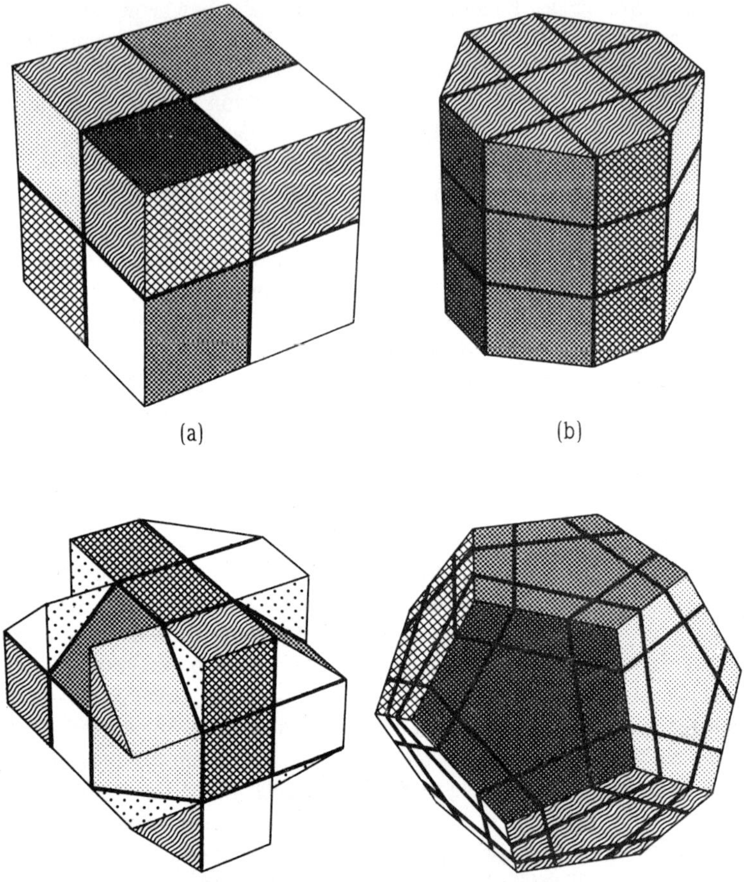

Abbildung 14-2. Eine Reihe von Variationen zum Zauberwürfel. In (a) ein 2 × 2 × 2-Würfel. In (b) das „Oktogonale Prisma“ (ein oktogonal abgehobelter 3 × 3 × 3-Würfel) in seinem Urzustand und in (c) in einem verdrehten Zustand. In (d) das Pyraminx-Zauberdodekaeder (Megaminx); in (e) das Pyraminx-Zaubertetraeder; in (f) das Pyraminx-Zauberikosaeder; in (g) der Pyraminx-Ball; in (h) der Pyraminx-Kristall; in (i) ein durcheinandergedrehter 4 × 4 × 4 × 4-Würfel; und in (j) das Superpyraminx.

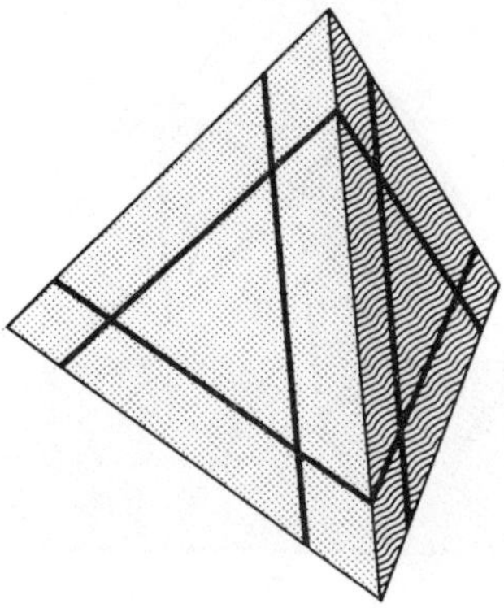

(e)

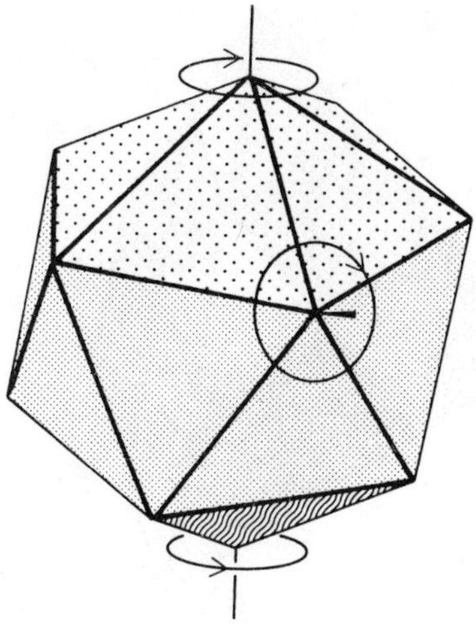

(f)

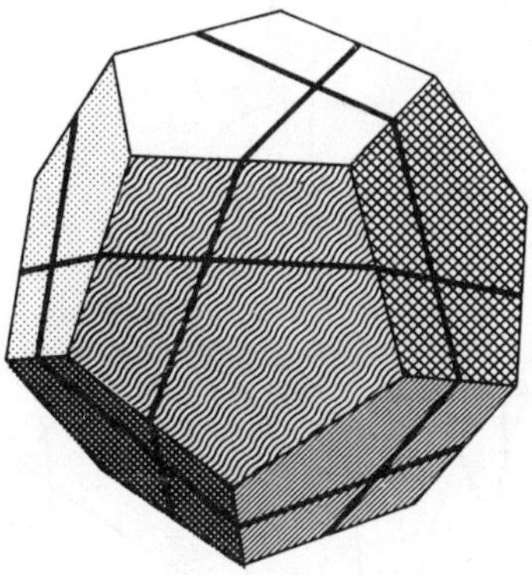

(g)

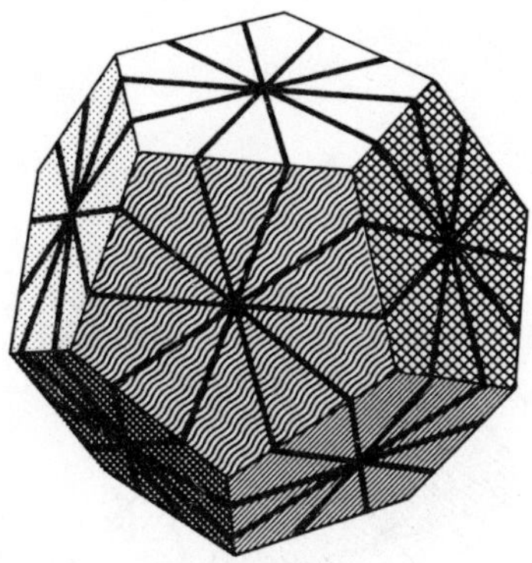

(h)

(i)

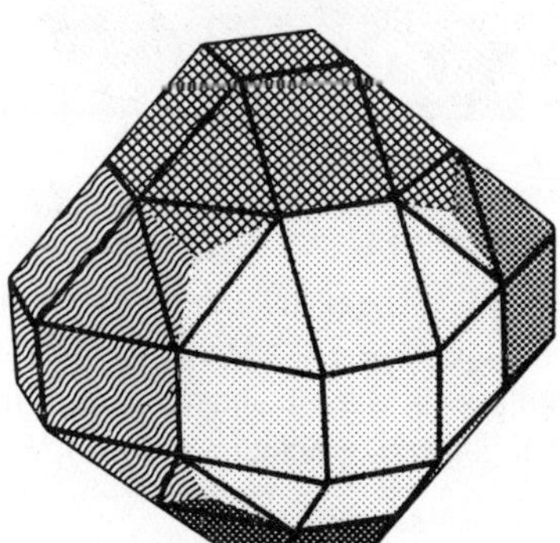

(j)

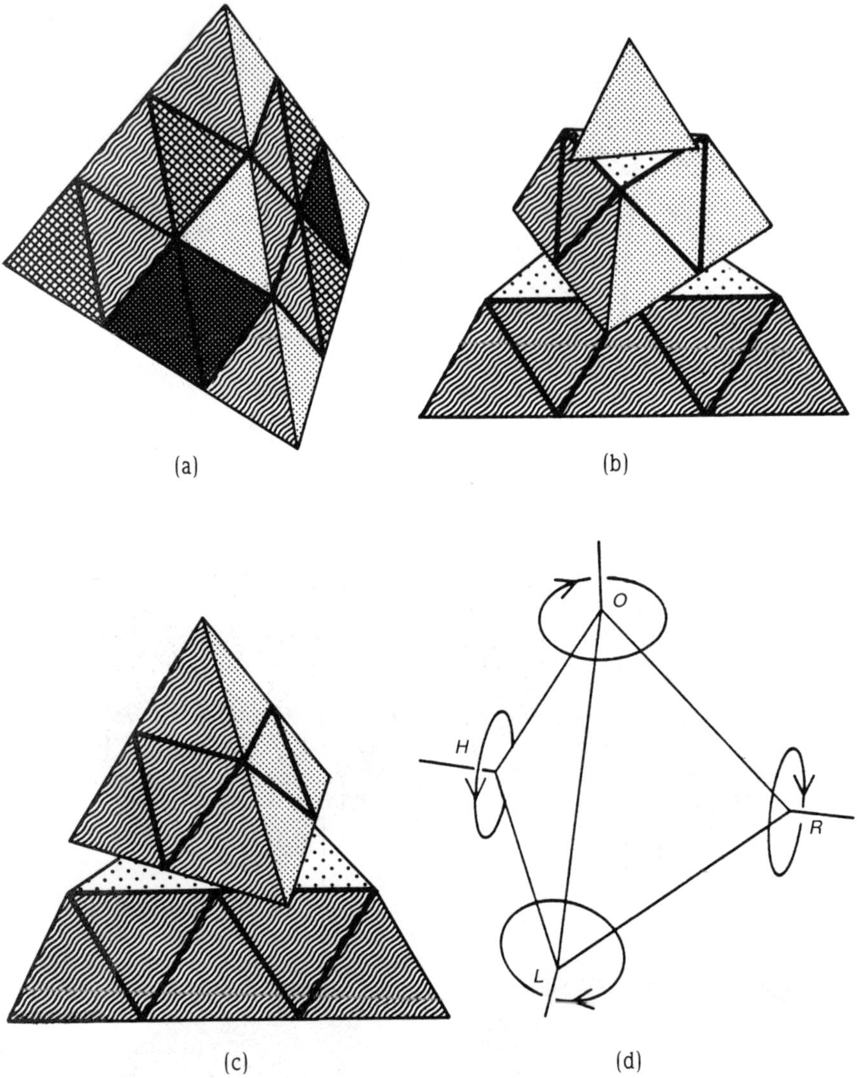

Abbildung 14-3. Uwe Mefferts Pyraminx. In (a) in einem verdrehten Zustand. In (b) und (c) sieht man, wie es gedreht werden kann. Derartige Drehungen wie in (c) bilden die Grundlage für die offizielle Notation. In (d) sieht man, wie die vier 120°-Drehungen im Uhrzeigersinn heißen: *L* (links), *R* (rechts), *O* (oben) und *H* (hinten).

Zusammenhänge des Pyraminx geschrieben. Turner-Smith leistet darin für das Pyraminx, was David Singmaster für den Zauberwürfel in seinem Buch *Notes on Rubik's Magic Cube* („Anmerkungen zu Rubiks Zauberwürfel") vollbrachte. Wie Singmaster entwickelt und verwendet auch Turner-Smith in seinem Buch eine eigene Terminologie, um Teile aus der Gruppentheorie zu vermitteln, die mit den Pyraminx-Operationen in Zusammenhang stehen und einen tieferen Einblick in das Objekt geben, als es durch bloßes mechanisches Lösen möglich ist.

Interessanterweise gibt es zwei ganz verschiedene Handhabungs- und Beschreibungsweisen für die Züge bei einem Pyraminx. Man kann entweder eine *Seite* oder eine *kleine Pyramide* drehen. Beide Verfahrensweisen sind nicht nur äquivalent, sondern auch komplementär, da eine Seite und ihre gegenüberliegende kleine Pyramide das gesamte Objekt ausmachen. Turner-Smith betrachtet die kleinen Pyramiden als beweglich und die Seiten als ortsfest. Wir werden diese Ansicht jetzt einfach übernehmen und uns später mit der komplementären auseinandersetzen. Benennen wir zuerst die vier möglichen Züge (siehe Abbildung 14-3d). Dabei wird eine kleine Pyramide entweder nach oben oder nach hinten oder nach links oder nach rechts gedreht und der entsprechende Zug entweder mit *O, H, L* oder *R* aufgeschrieben. Die Buchstaben *O, H, L, R* stehen für 120°-Drehungen im Uhrzeigersinn, während *O', H', L', R'* 120°-Drehungen gegen den Uhrzeigersinn ausdrücken (wenn man entlang der Drehachse auf die sich drehende Spitze schaut). Zu beachten ist, daß jeder Zug alle Eckpunkte an Ort und Stelle läßt (wenn auch in verdrehter Stellung). Man kann deshalb die vier Eckpunkte als ortsfeste Bezugspunkte betrachten, vergleichbar den sechs Flächencubies beim Zauberwürfel. In der Tat können sie gleich zu Beginn des Rätsels Lösung so gedreht werden, daß sie miteinander korrespondieren und jede Seite in farbliche Übereinstimmung bringen. Man kann die vier Endspitz-Pyramiden folglich entweder als dekorativen Ballast oder als nützliche Wegweiser sehen.

Beim echten Würfel heißen die elementaren Bausteine, die ihren Ort verändern können, *Cubies.* Was sind hier die elementaren Bausteinchen? Sie sind nicht alle nur kleine Pyramiden. Wie beim echten Würfel kann man auch beim Pyraminx drei Typen unterscheiden: *Kantenblöcke, Mittelblöcke* und die oben erwähnten *Spitzen.* Wie man anhand von Abbildung 14-4 erkennen kann, entspricht jedem Eckpunkt ein Mittelblock, der genau wie die oben aufgesetzte Spitze drei verschiedenfarbige „kleine Dreiecke" besitzt. Wie eine Spitze verläßt auch ein Mittelblock nie seinen angestammten Platz, sondern dreht sich dort nur um seine Achse. Die Spitzen können daher als Bauteile des Pyraminx angesehen werden, die sich „trivial lösen" lassen, und die Mittelblöcke als Bauteile, die sich „leicht lösen" lassen.

Es bleiben uns folglich sechs Kantenblöcke übrig, die jeweils zwei Farben haben und wie die Kantencubies bei einem echten Würfel rundum beweglich und umklappbar sind. Wie sich tatsächlich herausstellt, sind die Beschränkungen beim Umklappen und Vertauschen von Kantenblöcken genau analog zu denen, die für die Kantencubies beim echten Würfel zutreffen: Es müssen immer zwei Kanten gleichzeitig umgeklappt werden und die Permutationen von Kantenplätzen *gerade* sein – mit anderen Worten, es sind nur solche Permutationen erlaubt, bei denen eine gerade Zahl von Kantenvertauschungen stattfindet.

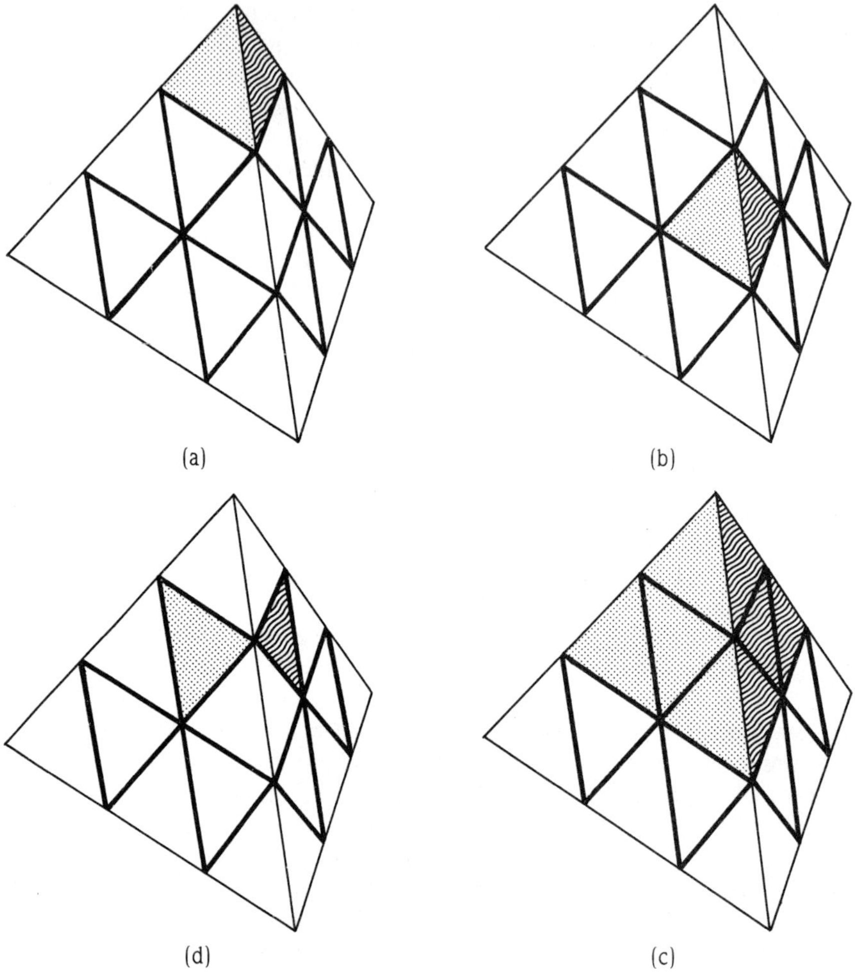

Abbildung 14-4. Vier Arten von Elementen in einem Pyraminx und wie sie benannt werden. In (a) eine *Spitze*; in (b) ein *Kantenblock*; in (c) ein *Mittelblock*; und in (d) eine weitere, wenn auch unelementare Einheit: eine *Endspitz-Pyramide*.

Das bedeutet, daß man die Anzahl der verschiedenen Distributionsmöglichkeiten der Kanten beim Pyraminx rasch herleiten kann. Ohne die Beschränkungen gäbe es 6! (6 Fakultät) bzw. 720 verschiedene Möglichkeiten, die Kantenblöcke zu plazieren – für den ersten Kantenblock sechs Stellen, für den zweiten fünf usw. Da jedoch die Forderung besteht, daß nur gerade Permutationen zulässig sind, muß diese Zahl durch 2 dividiert werden. Nun sind der Möglichkeiten noch 360. Bei uneingeschränktem Vorgehen könnte jeder Kantenblock außerdem eine von zwei möglichen Orientierungen haben, infolgedessen sich 2^6 bzw. 64 verschiedene Möglichkeiten ergeben – aber auch dieses Mal müssen wir wieder durch 2 teilen, weil Kantenblöcke, wie gesagt, nur paarweise umgeklappt werden dürfen, woraus sich 32 verschiedene Möglichkeiten zum Umklappen ergeben. Wenn wir nun diese beiden Zahlen miteinander multiplizieren, erhalten wir 11520 „interessantermaßen unterschiedliche" Zustände des Pyraminx. Wenn man freilich die Mittelblöcke und Spitzen mitberücksichtigen möchte, die jeweils 3^4 (bzw. 81) mögliche Drehungen zulassen, weil sie so gut wie gar keine Einschränkungen kennen, läßt sich die Zahl der möglichen Verdrehungen insgesamt zu 75582720 aufblähen! Die vielleicht realistischste Zahl ergibt sich, wenn man die Orientierungen der Spitzen aus der Rechnung herausläßt, aber die der Mittelblöcke mit einbezieht. In diesem Fall hat das Pyraminx $81 \times 11520 = 933120$ „erheblich unterschiedliche" Zustände.

Soweit bekannt ist, besteht der kürzeste Algorithmus zur Lösung eines verdrehten Pyraminx derzeit aus 21 Drehungen. Entdeckt wurde er mit Hilfe eines Computers. Es ist ein leichtes zu beweisen, daß man von manchen Stellungen aus mindestens zwölf Drehungen benötigt, um zur Ausgangsstellung zurückzukommen, aber wie *Gottes Algorithmus* aussieht (der an sich immer die kürzestmögliche Route zum Urzustand sucht) und wie viele Drehungen er maximal erfordert, ist wie beim echten Würfel nicht bekannt.

* * *

Als Meffert das Pyraminx konstruierte, wußte er ganz genau, daß es andere Möglichkeiten gab, es in sich zu zerschneiden und trotzdem immer noch die Oberfläche gleich erscheinen zu lassen, nämlich mit neun kleinen Triangeln auf jeder Seite. Er dachte sich deshalb einen andersartigen Innenmechanismus aus, mit dem gehaltvollere Drehmodi möglich waren. Was ich hier soeben beschrieben habe, nennt sich das „Volkspyraminx". Das „Meisterpyraminx" ist ein anderer Typ und steht schon auf der Verkaufsliste. Beim Meisterpyraminx kann zusätzlich zu den Bewegungsmöglichkeiten des Volkspyraminx jede Kante um 180° um ihren Mittelpunkt gedreht werden, wodurch sich gemeinsam mit dem Umklappen eines einzigen Kantenstücks jeweils zwei Spitzen austauschen lassen (siehe Abbildung 14-5). Der Flexibilität halber muß ebenso jeder Mittelblock in mehrere Stücke aufgebrochen werden, von denen manche um das gesamte Pyraminx reisen können. Man hat also ein viel komplizierteres Geschicklichkeitsspiel in der Hand, als es vorderhand aussieht. Der Mechanismus ist überaus raffiniert angelegt, denn während man einen solchen Schwenk macht, ist jede der beiden Spitzen, die bewegt werden, durch ein kleines unsichtbares Teilstück innerhalb des aufgebrochenen Mittelblocks mit dem restlichen Pyraminx verbunden. Aber jenes kleine Ding weiß doch nicht, welcher Kante es „treu" sein muß. Folglich müßte die Spitze zusammen mit dem unsichtbaren Teilstück glatt herunterfallen (weil die Verbindung nicht permanent eingeklinkt ist), gäbe es da nicht einen schlauen Trick, der es ermöglicht, daß jede Spitze ihr kleines Teilstück fest mit dem entsprechenden Kantenstück verankert, bevor die Dreherei losgeht, und wieder losläßt, wenn die Dreherei aufhört. Turner-Smith gibt die Zahl der möglichen verdrehten Zustände des Meisterpyraminx mit über 446 Billionen an.

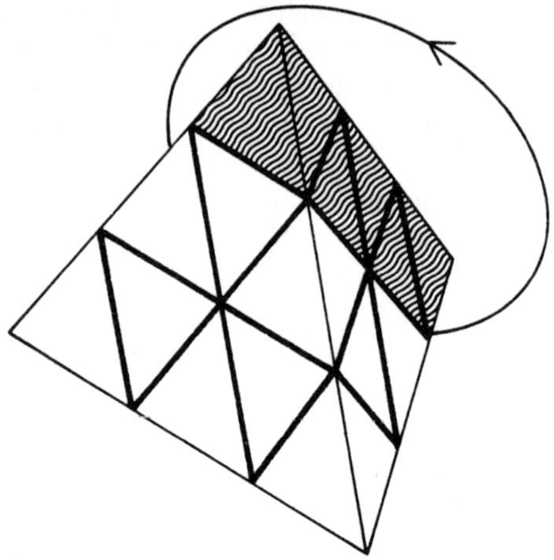

Abbildung 14-5. Ein völlig anderer Drehmodus, der sich nur beim Meisterpyraminx anwenden läßt.

Meffert, der vom „Würfel-Bazillus" längst befallen war, machte hier nicht halt, sondern begab sich weiter in die Welt regelmäßiger Polyeder hinaus. Sein nächster Schritt war die Konstruktion eines achtfarbigen Oktaeders, dessen dreiwinkelige Seitenflächen jede für sich nochmals in neun kleine Triangel geteilt waren. Wie läßt sich so etwas drehen? Wie schon beim Pyraminx erfaßte Meffert auch hier die Möglichkeit verschiedener Drehweisen. Interessanterweise verlieren die beiden äquivalenten Beschreibungsweisen, wie am Volkspyraminx gedreht wird, ihre Gleichwertigkeit, wenn sie auf das Oktaeder angewandt werden sollen. Man erinnere sich daran, daß sie sich entweder auf *Seiten* oder auf *kleine Pyramiden* bezogen. Der Grund, daß sie im wesentlichen äquivalent waren, liegt darin, daß die Drehung einer Seitenfläche komplementär zur Drehung einer kleinen Pyramide ist. Bei einem Oktaeder jedoch ist die Drehung einer Seite um 120° offensichtlich zur Drehung einer kleinen Pyramide um 90° (um einen Eckpunkt als Zentrum) nie komplementär. Der Unterschied kommt in Abbildung 14-6, Bildteile (a) und (b), deutlich heraus. Als Meffert merkte, daß da ein zusätzlicher Freiheitsgrad war, konstruierte er für beide Arten, ein Oktaeder zu drehen, einen eigenen Mechanismus.

Das Oktaeder, bei dem die sechs kleinen Pyramiden gedreht werden können, wird bald auf den Markt kommen (mit dem enttäuschend schwerfälligen Namen „Pyraminx Zauberoktaeder"). Es hat wie der Zauberwürfel drei orthogonale Rotationsachsen. In dieser augenscheinlich banalen Ähnlichkeit mit dem Zauberwürfel steckt an sich viel mehr als nur ein Körnchen Wahrheit. In Wirklichkeit *sind Mefferts Oktaeder und der Zauberwürfel zwei aus der Tiefe ein und derselben abstrakten Idee an die Oberfläche gelangte Manifestationen.* Wie es dazu kommt, kann man daran erkennen, daß ein Würfel und ein Oktaeder zueinander *dual* sind: Man versteht darunter, daß die Flä-

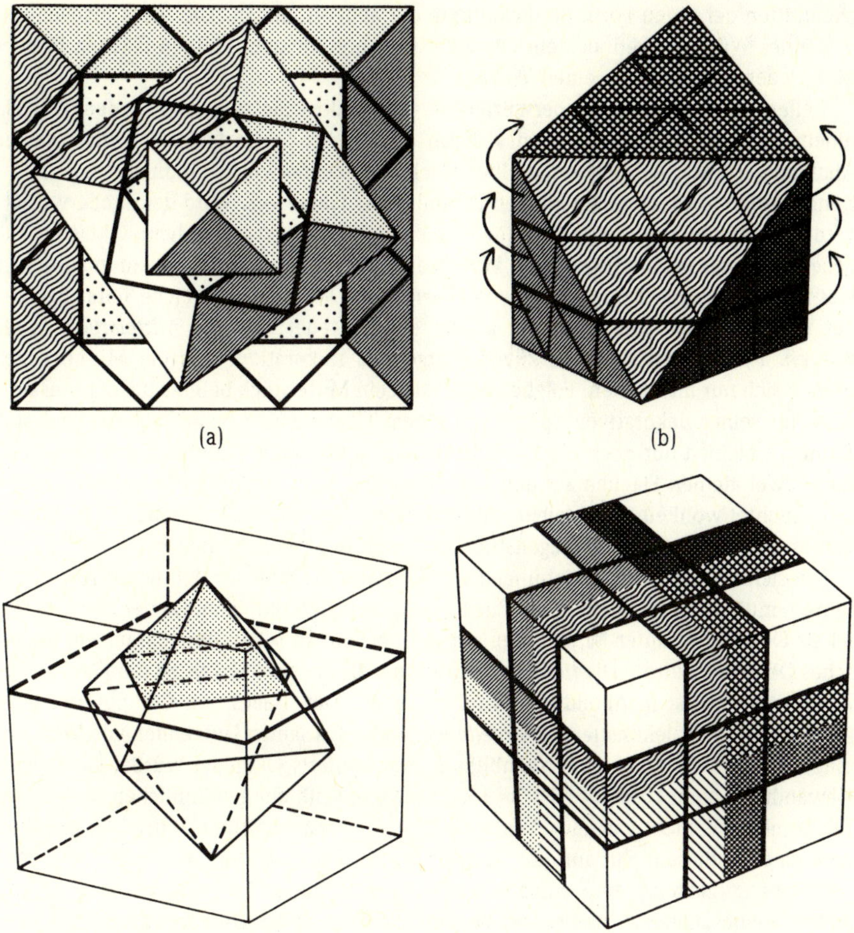

(a) (b) (c) (d)

Abbildung 14-6. Mefferts Oktaeder. In (a) zeigt eine Ansicht von oben, wie Pyramidchen und Spitzen gedreht werden können, also weitgehend wie beim Pyraminx. Allerdings beträgt hier der natürliche Drehwinkel nur 90°. In (b) sieht man eine weitere denkbare Möglichkeit, wie man ein „Zauberoktaeder" herstellen könnte: mit Seitenflächen, die im 120°-Winkel um ihr Zentrum drehen können. Das so fabrizierte Ding dreht sich, wie man es in (a) sieht. In (c) demonstriert ein Diagramm die Abbildung zwischen den 90°-Drehungen eines Oktaeders um die Eckspitzen als Zentrum und den 90°-Drehungen eines Zauberwürfels um die Fläche des Cubies in der Mitte jeder Würfelseite als Zentrum. In (d) sieht man Stan Isaacs Farbschema, das aus einem gewöhnlichen 3 × 3 × 3-Würfel eine Nachbildung eines Zauberoktaeders macht und auf diese Weise die Idee in (c) konkret demonstriert.

chenmitten der einen Form die Eckpunkte der anderen bilden. Die sechs Flächencubies eines Würfels legen also ein Oktaeder fest, und die acht kleinen Flächen in der Mitte jeder Oktaederseite einen Würfel.

Stellen Sie sich einen Zauberwürfel vor und, indem Sie sich jetzt in den Würfel hineinversetzen, das Oktaeder, das durch die Flächencubies festgelegt wird (siehe Abbildung 14-6c). Jede Drehung einer Fläche des Zauberwürfels induziert eine Drehung an der entsprechenden kleinen Pyramide des Oktaeders. Wird der Zauberwürfel verdreht, scheint es zu jeder Stellung eine entsprechend verdrehte beim Oktaeder zu geben. Aber das stimmt nicht ganz. Was daran wahr ist, erkennt man, wenn man sieht, was in den analogen Beziehungen von Würfel und Oktaeder auf welche Teile abgebildet wird. Wie das Volkspyraminx besitzt das Oktaeder *Spitzen, Mittelstücke* und *Kanten.* Die Spitzen sind wie zuvor weitgehend Dekoration, und die Mittelstücke drehen sich nur im Ganzen. Folglich bildet sich ein Mittelstück beim Oktaeder (zusammen mit seiner dekorativen Spitze) auf einem Flächencubie beim Zauberwürfel ab. Damit verbleiben nur noch die Kantenstücke beim Oktaeder – und daß sich diese mit ihren zwei kleinen Flächen auf den Kantenstücken beim Zauberwürfel abbilden müssen, leuchtet wohl ein. Wo bleiben dann die Ecken des Würfels? Nirgendwo. Zu ihnen gibt es beim Oktaeder kein Gegenstück, wodurch es erheblich einfacher wird.

Um sich die analogen Beziehungen von Würfel und Oktaeder richtig vor Augen zu führen, muß man eines der beiden Puzzle-Objekte anders anmalen. Da der Zauberwürfel als Objekt vertrauter ist, nehmen wir ihn her, um zu sehen, wie daraus ein Magisches Oktaeder „wird“. Die richtige Kolorierung, die eher die *Ecken* als die *Flächen* zu Zentren macht, ist in Abbildung 14-6d zu sehen. Stan Isaacs, ein Computerwissenschaftler und Puzzlekünstler *par excellence,* malte aus seinen Dutzenden von Würfeln einen so an, daß daraus eine Nachbildung von Mefferts Oktaeder wurde. Genügend Gewandtheit beim Lösen des 3 × 3 × 3-Zauberwürfels mit der gewöhnlichen Koloration reicht meistens nicht ganz aus, um auch Isaacs' seltsam gefärbten Würfel zu handhaben, da es in diesem Fall auf die Orientierung der Flächencubies ankommt! Andererseits gibt es genauso eine entsprechende Vereinfachung: Es existieren bei diesem Würfel keine „Quarks“ mehr. Das bedeutet, daß es etwas Derartiges wie eine verdrehte Ecke nicht gibt, und zwar aus dem einfachen Grund, weil sämtliche Eckencubies an allen Seiten weiß sind.

Um diesen Würfel (oder das Oktaeder) lösen zu können, muß man nur die *Kanten-* und *Flächencubies* in Ordnung bringen können (und zusätzlich das Neuartige an den Orientierungen kennen). Natürlich kommen nicht alle „Zauberoktaeder“ dem einfach neu angemalten 3 × 3 × 3-Würfel gleich, da nicht jedes um jene drei Achsen dreht. Speziell Mefferts alternativer Dreh-Mechanismus für das Oktaeder (bei dem die Seiten um 90° drehen) hat fast keinen Bezug mehr zum Würfel.

In Mefferts Katalog von 1982 ist ein Ikosaeder (raten Sie mal, wie es heißt!) abgebildet; seine zwanzig dreiwinkeligen Flächen sind nicht weiter unterteilt, wovon sich fünf auf einmal bewegen und um jeden der zwölf Eckpunkte drehen (siehe Abbildung 14-2f). Da die Drehbewegungen eher um die Eckspitzen als um die Flächenzentren erfolgen, sollte man eigentlich auf den Gedanken kommen, daß auch das Ikosaeder einen dualen Körper besitzt, nämlich das Dodekaeder, bei dem die Drehbewegungen hauptsächlich um die Flächenzentren verlaufen, genauso wie beim Würfel, dem dualen Puzzle-Objekt zum Dodekaeder-Puzzle, wobei im Fall des Würfels die Drehbewegungen um die Cubies in der Mitte jeder Fläche und im Fall des Dodekaeders um die Eckspitzen erfolgen. (Was wäre übrigens das duale Puzzle zum Pyraminx?)

In Mefferts Katalog sind noch zwei weitere dodekaederförmige Puzzles abgebildet, die hier in Abbildung 14-2g und Abbildung 14-2h erscheinen, und über die Sie staunen und verwirrt sein können. Das weniger komplizierte mit den asymmetrisch erscheinenden Scheiben nennt sich „Pyraminx-Ball“ und das wunderschön kreuzweise aufgeschnittene „Pyraminx-Kristall“. Der Ball hat wie das Pyraminx vier Rotationsachsen, der Kristall dagegen sechs.

* * *

An diesem Punkt könnte man sich fragen, ob es einen Würfel – ich meine einen echten, sechsseitigen Würfel mit quadratischen Flächen! – mit einem Drehmechanismus geben könnte, der um die Eckspitzen als Zentrum dreht. Gesagt, getan! So dachte offensichtlich Tony Durham, ein britischer Journalist, der als erster auf diese Idee kam. Er zeigt Meffert seine Konstruktion, und dieser machte daraus ein vermarktbares Produkt, indem er mechanische Besonderheiten, die sich beim Pyraminx als nützlich erwiesen hatten, integrierte. Das fragliche Objekt ist im Ruhezustand in Abbildung 14-1b und in Bewegung in Abbildung 14-7a zu sehen. Ich nenne es das Schiefel, obwohl Meffert ihm einen prosaischeren Namen gab, nämlich „Pyraminx-Würfel“.

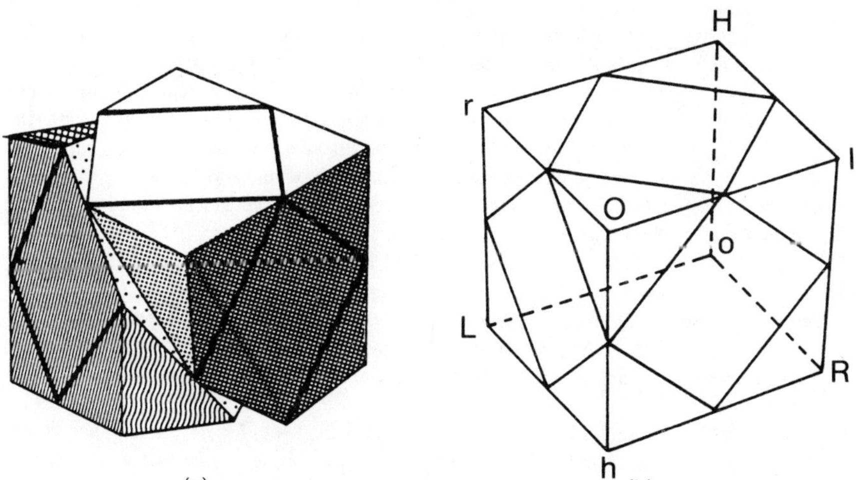

(a) (b)

Abbildung 14-7. Tony Durhams Schiefel, mitten in einer Drehung (a). Wie die acht Ecken des Schiefels beschriftet werden, sieht man in (b). (Vgl. auch Abbildung 14-1.)

Jeder der vier Schnitte des Schiefels macht aus dem Ganzen zwei gleiche Hälften bzw. Scheiben. Jeder Schnitt ist das Mittellot einer der vier Raumdiagonalen des Würfels. Bei weiterem Nachdenken wird man erkennen, daß, wenn man rund um die Würfeloberfläche sähe, sich die Form eines perfekten Hexagons abzeichnete, die durch jeden Schnitt markiert ist. Jeder Schnitt geht durch alle sechs Flächen hindurch, so daß bei einer Drehung sämtliche Flächen auf einmal betroffen werden. In dieser Hinsicht ist das Schiefel gemeiner als der Würfel, bei dem zwei Flächen bei jeder Drehung von einer Veränderung ausgenommen bleiben. Trotz der Einfachheit dieses Objekts fällt es reichlich schwer, sich an die ungewohnte Drehweise zu gewöhnen. Natürlich gehört das zu seinem Reiz.

Durham hat eine bemerkenswerte Sammlung von Aufzeichnungen unter dem Titel *Four-Axis Puzzles* („Vier-Achsen-Puzzles") verfaßt; er gibt darin einen einsichtsvollen Kommentar zu seiner Erfindung. Ich möchte ein paar Abschnitte daraus zitieren.

Die Symmetriegruppe, die von vier dreifachen Achsen erzeugt wird, ist die Drehgruppe des Tetraeders und hat die Ordnung zwölf. Fast alle bekannten Polyeder, regelmäßige ebenso wie semi-regelmäßige, besitzen diese tetraedrische Symmetrie, obwohl ihre eigene Symmetrie wesentlich vielfältiger sein kann. Man kann daher einen Drehmechanismus für vier Achsen in ein polyedrisches Puzzle jeder regelmäßigen oder semi-regelmäßigen Form einbauen, und das Puzzle wird, während man damit spielt, seine Form nicht verlieren. Der Pyraminx-Ball mag auf den ersten Blick merkwürdig anmuten, veranschaulicht aber sehr schön, wie die tetraedrische Symmetrie in der vielfältigeren Symmetrie des Dodekaeders versteckt liegt.

Der Mechanismus des von Rubik erfundenen Würfels hat diese Eigenschaft nicht. Er verwendet vierfache Rotationsachsen, die man gewöhnlich nur in der Familie der würfel-/oktaederartigen Körper findet. Daher kann man einen Rubik-Würfel zur Form eines Dodekaeders „ausbauen". Will man aber diese Form während des Spiels nicht aufgeben, ist man notwendigerweise auf Halbdrehungen (um 180°) beschränkt. Vierteldrehungen (um 90°) bringen eine Symmetrie hervor, die dem Dodekaeder nicht zu eigen ist.

Alle vierachsigen Puzzles haben in der Mitte eine Kugel oder ein spindelförmiges Herzstück. Vier Teilstücke (meistens Eckstücke) sind direkt mit der Kugel fest verankert. Das normale Pyraminx hat sechs frei bewegliche Kantenstücke mit kleinen „Flügeln", mit denen sie unter die Eckstücke greifen und sich einhaken. Beim Pyraminx-Würfel sind die analogen freibeweglichen Teilstücke die quadratischen Flächencubies. Die gleiche Rolle spielen beim dodekaedrischen Pyraminx-Ball die vierflächigen Teilstücke.

Der Pyraminx-Würfel und der Pyraminx-Ball haben noch vier weitere frei bewegliche Teilstücke, die wiederum Eckstücke sind. Diese haben ihre eigenen kleinen „Flügel", die in der Ausgangsstellung mit den frei beweglichen Teilstücken der ersten Gruppe verhakt sind. Es gibt also eine dreistufige Hierarchie miteinander fest verbundener Teilstücke, was im Konzept Ähnlichkeit mit dem Rubik-Würfel hat, sich geometrisch gesehen aber ganz anders verhält.

Alle acht Eckstücke des Pyraminx-Würfels sehen sich gleich. Auf den ersten Blick könnte man meinen, man könnte zwei beliebige Eckstücke dazu bringen, ihre Plätze zu tauschen. Tatsächlich ist es aber so, daß vier der acht Eckstücke frei beweglich sind und die anderen vier fest mit der Kugel in der Mitte zusammenhängen. Die beiden Typen können nie miteinander die Plätze tauschen. Trügerisch ist auch die quadratische Form der zentralen Flächenstücke. Innen sind die mechanischen Glieder der quadratischen Flächenstücke nicht so symmetrisch angeordnet. Ein solches Teilstück, um 90° gedreht, kann nie zu seiner Ausgangsstellung zurückkehren (bezogen auf die Gruppe der vier festen Eckstücke). Es sind nur Halbdrehungen möglich.

Das normale Pyraminx hat sichtbare feste Punkte – die vier Ecken. Wenn man sich einen Pyraminx-Würfel ansieht und weiß, daß vier Ecken fest und vier frei beweglich sind, fragt man sich natürlich, welche sind was. Eigentlich macht es keinen Unterschied. Die vier frei beweglichen Eckstücke bewegen sich unabhängig von den festen, jedoch immer zusammen, als ob sie physikalisch zusammenhingen.

Durham fährt dann mit der Beschreibung von Turner-Smiths *OHLR-O' H' L' R'*-Schreibweise für das Pyraminx fort und erwähnt, daß sie auf jedes vierachsige Puzzle zugeschnitten werden kann (z. B. auch auf seinen Schiefel), indem einfach vier der Drehzentren mit *OHLR* benannt werden. (Beim Pyraminx könnten entweder die vier Spitzen oder die vier Flächenstücke gemeint sein. Beim Schiefel wären es ebenfalls vier Spitzen, die anderen vier blieben unbezeichnet. Siehe Abbildung 14-7b.) Danach kann jeder Zug transkribiert werden. Dreht er sich um eine der vier benannten Stellen, notiert man einfach den entsprechenden Buchstaben. Dreht er sich um eine der unbenannten Stellen, verwendet man einfach die Bezeichnung für den komplementären Zug, da es keine Rolle spielt, welche Hälfte des Puzzles gedreht wird. (Vielleicht möchten Sie einen Augenblick anhalten und darüber noch einmal nachdenken. Eigentlich ist es ganz klar, aber es klingt eben etwas verzwickt.) Durham macht darauf aufmerksam, daß es manchmal nützlich ist, die vier verbleibenden Stellen und die Drehungen, die um sie herum erfolgen, zu benennen. Er verwendet zu diesem Zweck die Kleinbuchstaben *o, h, l, r.* Daher machen *O*- und *o*-Züge beim Puzzle *intern* dasselbe, lassen es aber im Raum in einer anderen *Gesamt*orientierung schweben. Zwar räumt Durham ein, daß eine Mischnotation durchaus Verwirrung stiften kann, aber trotzdem rät er, gelegentlich eine solche zu verwenden.

Manchmal ist eine Mischschreibweise nötig, um zu sehen, was eigentlich vor sich geht. *ObO'b'* gehört zu der nützlichen Kategorie von Zügen, die man *Kommutatoren* nennt (zwei Züge, gefolgt von ihren Inversen – also der Form *xyx'y')*, obwohl man das, würden sie in regulären Koordinaten *(OHL'H')* oder Wechselwinkel-Koordinaten *(olo'h')* beschrieben, auf diese Weise niemals erriete.

Man kann Pyraminx-Würfel und Pyraminx-Ball als Puzzles mit *tiefem Schnitt* bezeichnen, im Gegensatz zu solchen *mit Oberflächen-Schnitt* wie z. B. Rubiks Würfel. Bei dem zuletzt genannten reichen die Schnitte nicht tief unter die Oberfläche. Tiefe Schnitte reichen bei einem Puzzle fast bis zum Herz. Der größte Teil eines Puzzles mit Oberflächen-Schnitt bleibt fest, während man nur einen kleinen Teil dreht. Bei einem Puzzle mit tiefem Schnitt erheben sich allerdings starke Zweifel, welcher Teil denn nun gedreht wurde und welcher fest blieb. Deshalb müssen Gruppen von Wechselwinkel-Koordinaten bei Spielen mit tiefen Schnitten durchaus ernstgenommen werden.

Puzzles mit tiefem Schnitt schreiben auch vor, daß man die Lösung „global" angeht. Es ist besonders schwierig, ein Würfelareal zu bearbeiten und den Rest des Würfels davon unbetroffen zu lassen. Je mehr man sich jedoch der Lösung nähert, desto mehr kommt uns dieser Umstand zu Hilfe. In magischer Weise und perfekter Synchronisation entwirren sich verkehrte Eckpaare. Zum letzten Mal ein „Teilstückchen" umspringen lassen, zum letzten Mal eine Vertauschung vornehmen, das alles geschieht nun völlig automatisch. Jeder Schritt näher ans Ende der Lösung schneidet Milliarden von Schleichwegen ab, auf denen sich das Puzzle entziehen könnte. Paritätseinschränkungen sind in Kraft, und wenn mit jedem Zug fünf oder acht fest miteinander verkettete Permutationszyklen aktiviert werden – wie es bei einem Puzzle mit tiefem Schnitt eben der Fall ist –, dann wirken sich Paritätseinschränkungen ganz gehörig aus.

In einem Teil seiner Aufzeichnungen kommt Durham auch auf Paritätseinschränkungen zu sprechen, für die er sich mit Humor und Einsicht entschuldigt:

> Bitte verzeihen Sie mir, wenn ich mit dem Begriff *Parität* so locker umgehe, daß ich darunter auch Konzepte einreihe, die die Teilbarkeit durch 3 (nicht nur durch 2) testen, oder noch weiter hergeholte Ideen. Wir wollen den Begriff *Paritätsrestriktion* beim Puzzle für jede Einschränkung bei *denkbaren* Transformationen, die infolge einer Restriktion bei normaler Handhabung des Puzzles nicht vollständig ausgeführt werden können, anwenden. Die lange Liste der Einschränkungen enthält jedoch z. B. nicht die Vorschrift: „Du sollst nicht ein Flächenstück mit einem Eckstück vertauschen.“ Es ist einfach zu weit hergeholt. Genauso könnte man versuchen, einen Zug zu erdenken, der das gesamte Puzzle in einen Haufen abgebranntes Uran oder ein Stück Gorgonzola verwandelte.

Danach führt er sämtliche die „Parität“, so wie er sie seiner Verallgemeinerung nach versteht, betreffenden Einschränkungen auf.

1. Die vier (festen) Ecken *OHLR* dürfen genauso wie die vier verbleibenden Ecken *ohlr* untereinander permutieren, aber daß sich beide Gruppen miteinander vermischen, ist nicht gestattet.
2. *OHLR* selbst bewegen sich als starre tetraedrische Einheit. Diese Einschränkung gilt nur für ihre *Positionen* im Raum (nicht für ihre Orientierungen).

2*a*. Aus genau dem gleichen Grund bewegen sich auch die vier (freien) Eckstücke *ohlr* wie eine tetraedrische Einheit und unabhängig von *OHLR*. Tatsächlich kann jede der zwölf möglichen relativen Positionen von *ohlr* und *OHLR* in höchstens zwei Zügen erreicht werden.

Obwohl *OHLR* fest und *ohlr* frei beweglich sind, haben 2 und 2*a* im mathematischen Sinn genau den gleichen Status. Leute, die über Rubiks Würfel geschrieben haben, haben im allgemeinen die Transposition zweier Flächencubies als „undenkbare“ Transformation betrachtet, während die Vertauschung zweier Kantencubies „unterbunden, aber denkbar“ ist. Analog zu dieser Übereinkunft zählt 2*a* als Paritätsrestriktion, 2 dagegen nicht! Das ist schlichtweg unbefriedigend, und eine bessere und genauere Definition von „Parität“ wäre dringend nötig. Ist es eine Frage der Geometrie? Der Mechanik? Der Topologie? Man muß bedenken, daß das Problem darin besteht, die *unmöglichen* Positionen aufzuzählen. Die *möglichen* Positionen werden sofort erfaßt.

3. Die Summe der Verdrehungen der Eckstücke *OHLR* ist immer gleich dem Maß, wie stark das Puzzle, insgesamt gesehen, verdreht ist, modulo 3.
(Hier ist mit *Verdrehung* die Orientierung der Eckstücke gemeint, und daher entweder 0, +1 oder −1. Die Verdrehung einer Ecke wird relativ zum starren Tetraeder gemessen, zu dem sie gehört. Die Verdrehung des Eckstücks *O* wird also relativ zu *OHLR* gesehen. Eine Drehung eines Eckstücks im Uhrzeigersinn hat den Wert +1, und −1, wenn sie gegen den Uhrzeigersinn verläuft. Im Gegensatz dazu ist der *Wert der Verdrehung,* den ein Puzzle

insgesamt hat, eine Funktion ausschließlich der *Positionen* der Eckstücke, nicht ihrer Orientierungen. Wenn die relativen Positionen von *OHLR* und *ohlr* so wie in der Ausgangsstellung sind, ist der Verdrehungswert 0. Wenn sie von der Ausgangsstellung einen einzigen Zug im Uhrzeigersinn entfernt sind, ist der Verdrehungswert −1, und +1, wenn sich der Zug gegen den Uhrzeigersinn wendet. Bedarf es sowohl des einen als auch des anderen Zugs, ist der Verdrehungswert erneut 0.)

3*a*. Wie 3, nur mit *ohlr*.

Aus 3 und 3*a* folgt, daß die Gesamtzahl der Verdrehungen von *OHLR* immer gleich der Gesamtzahl der Verdrehungen von *ohlr* ist. Ferner folgt daraus, daß es unmöglich ist, ein einziges Eckstück um 120° zu drehen (d. h. ein isoliertes Quark zu erzeugen). Man könnte 3 und 3*a* paraphrasieren, indem man sagt, daß das Puzzle auf drei verschiedene Arten „weiß", wie viele Drehungen es von der Ausgangsposition entfernt ist (modulo 3).

4. Zwei Flächenstücke können niemals vertauscht werden.
5. Kein Flächenstück kann an seinem Platz um 90° gedreht werden.
6. Kein Flächenstück kann für sich allein um 180° umgeklappt werden.

Durham bietet im weiteren Beweise für diese interessanten Fakten an; weil sie aber hauptsächlich analog zu denen beim Zauberwürfel sind, spare ich sie hier aus. Indem Durham alle diese Einschränkungen miteinander verbindet, kommt er auf eine Gesamtzahl von 100 776 960 verdrehter Zustände beim Schiefel. Dabei wird allerdings davon ausgegangen, daß man die Orientierung eines Flächenstücks zu unterscheiden weiß, was nur möglich ist, wenn man es besonders kennzeichnet. Folglich reduziert sich die Zahl der *visuell unterscheidbaren* Anordnungen um fünfmal den Faktor 2 auf 3 149 280 – was um einiges kleiner ist als beim Würfel (4×10^{19}), aber der Schwierigkeitsgrad nimmt sicherlich nicht proportional zur Zahl der möglichen Anordnungen ab. (Könnten Sie sich etwa ein Puzzle vorstellen, das „zehn Billionen Mal leichter" wäre als Rubiks Würfel?)

* * *

Durhams Schlußbeobachtungen führen die wunderbare Analogie, die Solomon Golomb zwischen Phänomenen der Cubologie und denen der Teilchenphysik festgestellt hat, in noch größere Höhen. Golomb wies darauf hin, daß man beim 3 × 3 × 3-Würfel Gegenstücke zu vielen Elementarteilchen finden kann. Dazu gehören Quarks (q), Antiquarks ($\bar{q}$), Mesonen ($q\bar{q}$-Paare), Baryonen und Antibaryonen (qqq- und $\bar{q}\bar{q}\bar{q}$-Trios). Durham dehnt die analogen Beziehungen noch weiter aus:

> Die Definition von *Verdrehung* muß auf die Zwecke der Teilchen-Physik hin modifiziert werden. Eine im Uhrzeigersinn stattfindende Verdrehung eines der Eckstücke *OHLR* bekommt jetzt den Wert +⅓, desgleichen eine *gegen den Uhrzeigersinn* gerichtete Verdrehung jeder der vier Eckstücke *ohlr*. Jede der beiden Verdrehungen stellt ein Quark dar. Sein Gegenüber ist ein Antiquark mit dem Wert −⅓. Wie man sehen wird, entspricht eine Verdrehung der *Baryonen-Zahl*. Die Gesamtzahl der Verdrehungen sämtlicher Ecksteine ist immer eine ganze Zahl und ein einzelner Zug immer ein Meson.
>
> Die Quarks an den Ecken *OHLR* werden als „obere" oder *o*-Quarks und die an den Ecken *ohlr* befindlichen als „untere" oder *u*-Quarks betrachtet. Beide Quarks haben einen isotopi-

schen Spin ½. Sie unterscheiden sich durch die Richtung des Isospin-Vektors in seinem abstrakten Raum. Die Projektion des Isospins, I_x, hat den Wert +½ für das *o*-Quark und −½ für das *u*-Quark. Die elektrische Ladung *Q* eines Teilchens wird, ohne den Anspruch auf Seltsamkeit, Attraktion usw. erheben zu wollen, mit $Q = I_x + B/2$ wiedergegeben, wobei *B* die Baryonen-Zahl ist. Also haben *o*-Quarks die Ladung ⅔, während die Ladung bei *u*-Quarks −⅓ beträgt. (Für die Antiquarks werden sämtliche Quantenzahlen mit −1 multipliziert.) Das Puzzle zeigt sich also erneut als eine Nachbildung eines wichtigen Charakteristikums der beobachteten Realität: Die elektrische Ladung jedes Teilchens ist immer eine ganze Zahl.

Die Quantenzahlen, die für unsere beiden Quarks Relevanz haben, sehen wie folgt aus:

	o	*u*
B	⅓	⅓
I	½	½
I_x	½	−½
Q	⅔	−⅓

Jetzt können wir verschiedene *Hadrone* (stark interagierende Teilchen), so wie es die Tabelle unten zeigt, zusammenstellen. Jedes Teilchen wird durch zwei Reihen aus je vier Symbolen repräsentiert. Die vier Stellen in der oberen Reihe geben die Verdrehungen an den Ecksteinen *OHLR* wieder, die untere Reihe die Verdrehungen der Ecksteine *ohlr*. Ein Quark wird mit „+“, ein Antiquark mit „−“ gekennzeichnet.

+000 (π^+ Meson) −000 ($o\bar{u}$)	++00 (Proton) +000 (*oou*)	+000 (Neutron) ++00 (*ouu*)
+++0 (Δ^{++}) 0000 (*ooo*)	0000 (Δ^-) +++0 (*uuu*)	−−00 (Antiproton) −000 ($\bar{o}\bar{o}\bar{u}$)
−000 (π^- Meson) +000 ($\bar{o}u$)	+−00 ($\eta°$ Meson) 0000 ($o\bar{o}$)	0000 ($\pi°$ Meson) +−00 ($u\bar{u}$)

Die isotopische Symmetrie ist eine globale Symmetrie, und die unbändige (nukleare) Kraft bleibt unter Transformationen, die den isotopischen Spin-Vektor für alle Teilchen um den gleichen Betrag drehen, invariant. Transformationen dieser Art würden sämtliche *o*-Quarks in *u*-Quarks verwandeln, und umgekehrt, ohne je ein Ende zu finden. Ein Rollentausch von Protonen und Neutronen fände statt. Der analoge Prozeß für das Puzzle besteht in der *endlosen Rotation des gesamten Puzzlekörpers im Raum.* In dessen Verlauf können die Ecksteine *OHLR* tatsächlich an die ehemalige Position der *ohlr*-Ecksteine wandern, so daß aus einem oberen Quark ein unteres Quark wird.

Für die „starke Interaktion“ (d. h. die normale Operation des Puzzles) ist das unerheblich. Was die Funktionsweise betrifft, sind *OHLR*- und *ohlr*-Ecksteine identisch. Der Unterschied wird allerdings erheblich, wenn man das Puzzle auseinandernehmen will: Man wird dabei nämlich feststellen, daß die eine Gruppe Ecksteine mit dem Herzstück verfestigt ist, und die andere nicht. Man kann sich solche Zerlegungsoperationen als *schwache* oder *elektromagnetische* Interaktionen vorstellen, die die von der starken Interaktion befolgten Erhaltungsgesetze unterlaufen können. In der Wirklichkeit unterlaufen sie die Gesetze nur allzu gut, da sie die Entstehung einzelner freier Quarks ermöglichen.

Durham macht darauf aufmerksam, daß die Analogie immer noch Schwachstellen aufweist, z. B. daß weder die Ladung noch die Zahl der Baryonen erhalten bleibt, es zum Spin nichts Analoges gibt, nur zwei „Qualitätsmerkmale“ eines Quarks repräsentiert werden (oben und unten) und die „Farbe“ eines Quarks nicht nachgebildet wird. In der Zwischenzeit hat Golomb aktiv nach einem Weg gesucht, die Farbe eines Quarks am 3 × 3 × 3-Würfel entsprechend nachzumachen.

Wie sehr diese Analogie auch versagen mag, ich halte sie für eine der allerprovokativsten, die mir je zur Kenntnis gekommen sind, und es würde mich sehr wundern, wenn es reiner Zufall wäre. Irgendwie komme ich nicht umhin zu glauben, daß sich in den faszinierenden Mustern, an denen diese makroskopischen Puzzles beteiligt sind, und in den mikroskopischen Teilchen eine darunterliegende gemeinsame Ordnung und eine Reihe gemeinsamer Prinzipien offenbaren. Ich bin tatsächlich fest davon überzeugt, daß die gruppentheoretischen Prinzipien, die diese Paritätseinschränkungen bei „Würfeln“ bestimmen, wenn richtig betrachtet, auf die Sphäre der Teilchenphysik übertragen werden können und ganz neue Erkenntnisse über die Gründe für die Symmetrien zwischen den Teilchen untereinander bringen. Wenn das keinen Teilchenphysiker antreibt, einen Blick in diese Zusammenhänge zu werfen, weiß ich nicht, was sonst!

* * *

Mein Lieblingswürfel ist eigentlich kein Würfel, sondern ein ballförmiges Puzzle, dem ich den Namen „Wunderball“ gab. Es stammt von Wolfgang Küppers, einem deutschen Lehrer aus Dortmund, und ist in Mefferts Katalog zu finden. Möglicherweise bin ich zur Zeit, also während ich diesen Aritkel schreibe, der schnellste Wunderball-Ordner der Welt (oder wenigstens in meinem Viertel!); durchschnittlich brauche ich ungefähr sechs Minuten, um ihn zu lösen. Ich weiß jedoch, daß mein Ruhm nicht lange währen wird, sobald dieses Puzzle im großen Stil von der Milton Bradley Company irgendwann in diesem Sommer unter dem Handelsnamen *„Unmö∗globus“* auf den Markt gebracht wird. Der Wunderball bzw. Unmö∗globus ist in Abbildung 14-8 zu sehen.

Dieser Ball ist im Grunde ein abgerundetes Dodekaeder, dessen zwölf Seiten (ich nenne sie *Dodekaederchen*) jeweils in fünf elementare „Triangelchen“ unterteilt sind. Es gibt also insgesamt 60 solcher Triangelchen. Wenn man sie nicht in Fünfergruppen sieht, sondern statt dessen in *Dreiergruppen* zusammenfaßt, wird man feststellen, daß sich dann daraus ein abgerundetes Ikosaeder ergibt (der zum Dodekaeder duale Körper). Eine solche Gruppe von drei Triangelchen nenne ich *Ikosaederchen,* von denen es insgesamt zwanzig gibt, wobei die drei Farben bei jedem einzigartig angeordnet sind. Die Ikosaederchen sind die elementaren, unspaltbaren Einheiten, aus denen der Wunderball zusammengesetzt ist; sie entsprechen den Cubies beim Würfel oder den Pyramidchen beim Pyraminx. Während es beim Würfel drei Arten von Würfelchen gibt (Kantencubies, Flächencubies und Eckencubies), sind die Ikosaederchen beim Wunderball alle gleich. Deshalb ist der Wunderball weniger abschreckend, als es auf den ersten Blick scheinen mag. Im ursprünglichen Zustand hat jedes Dodekaederchen eine Farbe. Bei Meffert sind es jedoch nur sechs Farben statt deren zwölf, wobei er jeweils

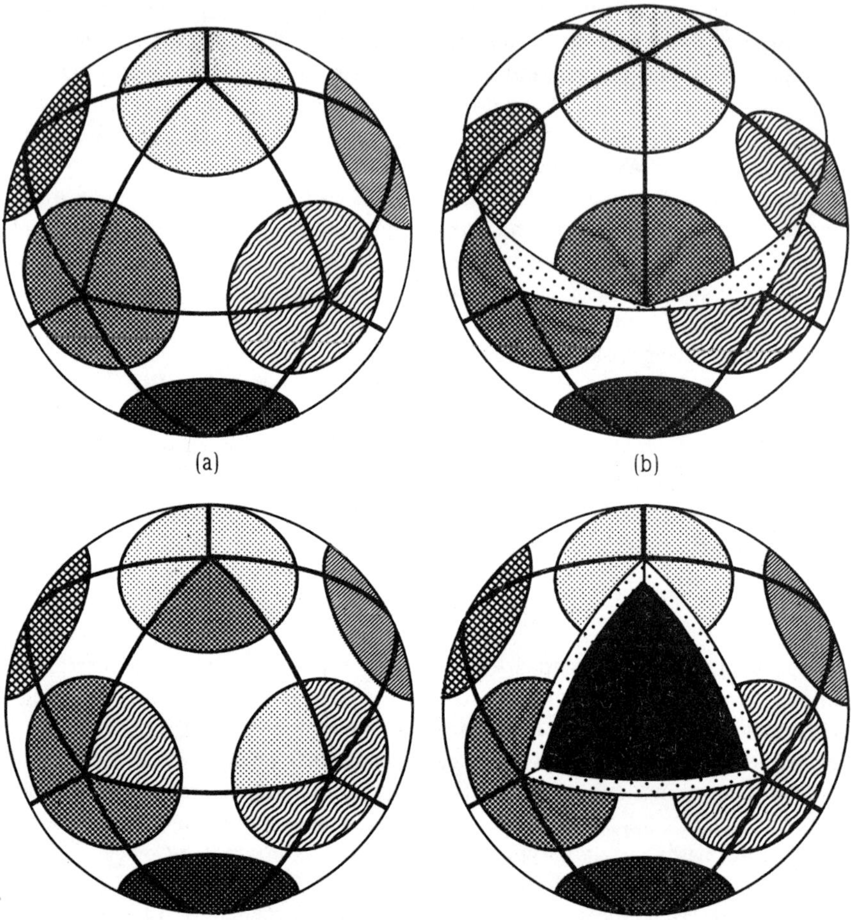

Abbildung 14-8. Wolfgang Küppers Wunderball (bzw. Unmö*globus). In (a) der Urzustand. Die Dreiecke mit den runden Seiten nennt man *Ikosaederchen*. In (b) ein Unmö*globus mitten in einer „höckrigen Drehung". Jede solche Drehung bezieht mit ein, daß man einen „Kreis" (aus fünf Ikosaederchen) um 72° rotiert. In (c) ein Zustand mit nur einem sichtbaren Quarkteilchen (ein im Uhrzeigersinn um 120° gedrehtes Ikosaederchen). In (d) ist ein Ikosaederchen entfernt worden. Somit kann ein anderes Ikosaederchen hineinrutschen und das Vakuum besetzen, wobei es natürlich sein eigenes Vakuum hinterläßt. Da ein solches von einem Ikosaederchen hinterlassenes Loch rundum wandert, kann es zum Aufbau oder zum Abbruch der Ordnung kommen. Dieses auf einer Kugelform basierende Puzzle ähnelt also sehr dem planaren „Schiebepuzzle" von Sam Loyd.

bei zwei antipodischen Dodekaederchen die gleiche Farbe verwendet, was aber an der Schwierigkeit des Puzzles nichts ändert.

Etwas überraschend ist die Art und Weise, wie es gedreht wird. Jede Gruppe von fünf Ikosaederchen, die sich in einem Punkt (dem Mittelpunkt eines Dodekaederchens) treffen, bilden, wie ich es nenne, einen *Kreis,* der einheitlich um 72° nach links oder rechts gedreht werden kann. (Ein solcher Kreis ist analog zu einer „Schicht" beim Zauberwürfel.) Fünf solche Drehungen bringen folglich die Gruppe wieder zur Ausgangsstellung zurück. Jedoch ist der „Kreis", der durch die fünf Ikosaederchen festgelegt ist, nicht wirklich rund, und wenn die Triangelchen so befestigt wären, daß sie sich immer streng in einem festen Abstand zum Zentrum befänden, wäre es gar nicht möglich, eine solche Gruppe zu drehen. Mefferts Mechanismus aber umgeht dieses Problem auf geniale Art, indem die Ikosaederchen auf ihrem Weg über kleine „Hökker" steigen, so daß man merkt, wie der ganze Körper förmlich nachgibt. Den Wunderball zu drehen, verschafft daher ein herrliches „organisches" Gefühl.

Mit den Einschränkungen ist es die alte Geschichte: Alle Permutationen sind gerade, was bedeutet, daß man zwei Ikosaederchen nicht vertauschen kann – man kann höchstens drei von ihnen zyklisch verdrehen oder gleichzeitig zwei Paare vertauschen; und natürlich müssen Quarks und Antiquarks in ihren Drehungen insgesamt eine ganze Zahl ergeben. Unter Berücksichtigung dieser Einschränkungen beim Wunderball errechne ich insgesamt 23 563 902 142 421 896 679 424 000 bzw. 24×10^{24} Verdrehungsmöglichkeiten – ungefähr 24 Billionen Billionen (Quadrillionen). Diese Zahl ist nicht ganz eine Million mal größer als die Zahl der möglichen Verdrehungen beim Zauberwürfel. Und das ist ungefähr 40mal größer als Avogadros Zahl, aber wer weiß schon, wofür die gut ist.

Wie schwierig ist es, dieses Puzzle zu lösen? Schwieriger als der Zauberwürfel? Ich fand es leichter, aber das ist nicht ganz fair, da ich bereits den Zauberwürfel gelöst hatte. Nach Durhams Auffassung ist der Wunderball jedenfalls unbestritten ein Puzzle mit „Oberflächen-Schnitt", was bedeutet, daß man mehr oder weniger lokal an die Sache herangehen kann. Wenn ich von meiner festen Vorstellung über die methodisch genauen Qualitäten meiner mühsam erworbenen Operatoren für den Zauberwürfel abrückte und sie eher metaphorisch nahm, konnte ich, wie ich feststellte, Teile meines Erfahrungsschatzes, den ich beim Würfel gewonnen hatte, nun auch auf den Wunderball übertragen. Wie gesagt, natürlich nicht alles. Am besten gefiel mir, daß ich meinen „Quarkdreher" und meinen „Antiquarkdreher" direkt exportieren konnte. Natürlich dauerte es eine Weile, bis ich dahintergekommen war, was einen solchen Export ausmachte. Was ist die *Essenz* eines Zugs? Welche Aspekte sind daran provinzlerisch und daher nicht beachtenswert? Wie kann man diesen Unterschied leicht erkennen? Dies sind sehr schwierige Fragen, auf die ich leider keine Antworten habe.

Allmählich lernte ich, wie ich mit dem Wunderball umzugehen hatte, weil mir aufgefallen war, daß es eine Kategorie wirksamer Züge gab, die nur zwei überlappende „Kreise" nach einem kommutativen Muster ($xyx'y'$) drehten. Ich untersuchte solche Zwei-Kreis-Kommutatoren auf einem Blatt Papier, wie in Abbildung 14-9 zu sehen ist, bis ich fand, was meine Zielvorstellungen ganz erfüllte. Darunter befanden sich Quarkdreher, Vertauschungsoperationen und 3-Zyklen, die gemeinsam die Plattform zu einer

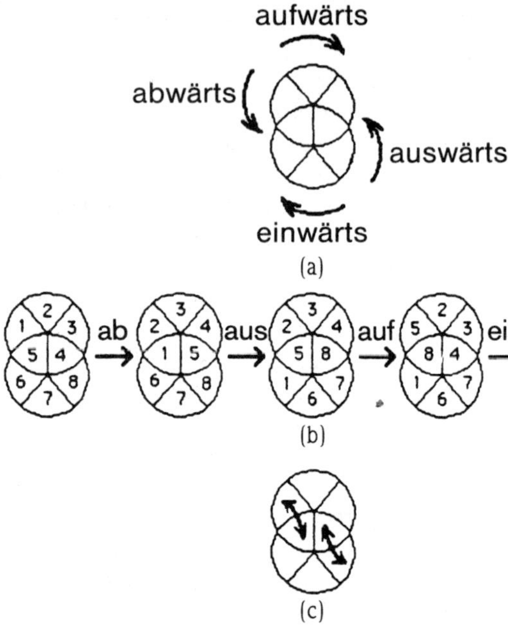

Abbildung 14-9. Operatoren, die nur zwei überlappende Kreise einbeziehen. Wie man die vier möglichen 72°-Drehungen nennen kann, sieht man in (a). In (b) wird der „abwärts-auswärts-aufwärts-einwärts"-Operator angewendet. Zu beachten ist, daß er die Form eines *Kommutators* hat, der alternierende Inverse einbezieht. In (c) ist das Resultat zusammengefaßt: bewirkt wurde eine Doppelvertauschung.

---

vollständigen Lösung bilden. Ich entwickelte für den Wunderball allerdings keine vollständige Notation, sondern deckte gerade das Nötige ab. Sehr hilfreich aber erschiene mir *eine standardisierte universelle Notation für alle würfelähnlichen Puzzles, die psychologisch wie mathematisch zufriedenstellend* wäre; doch das wäre ein sehr ambitiöses Unterfangen, weil man davon ausgehen muß, daß man ja alle denkbaren zukünftigen Variationen dieses reichhaltigen Themas antizipieren muß – also durchaus kein Kinderspiel!

Interessant ist, daß meine Diagramme von überlappenden Kreisen eine enge Verwandtschaft mit einer anderen netten Familie von Generalisierungen des Zauberwürfels aufweisen, die von dem spanischen Physiker Gabriel Lorente gegründet wurde. Seine Puzzles sind meistens planar und mit großer Präzision aus Netzwerken sich überschneidender Kreise zusammengesetzt (siehe Abbildung 14-10). Die planaren Puzzles nennt er „Grill" und „Trebol". Bei jedem dieser Puzzles können die Kreise partiell gedreht werden, wodurch sich Teile eines Kreises verschieben und umschichten lassen. Lorente weitete diese Idee auf eine Kugeloberfläche aus und brachte ein elegantes, dem Wunderball sehr ähnliches Puzzle mit dem Namen „Blütenkugel" hervor.

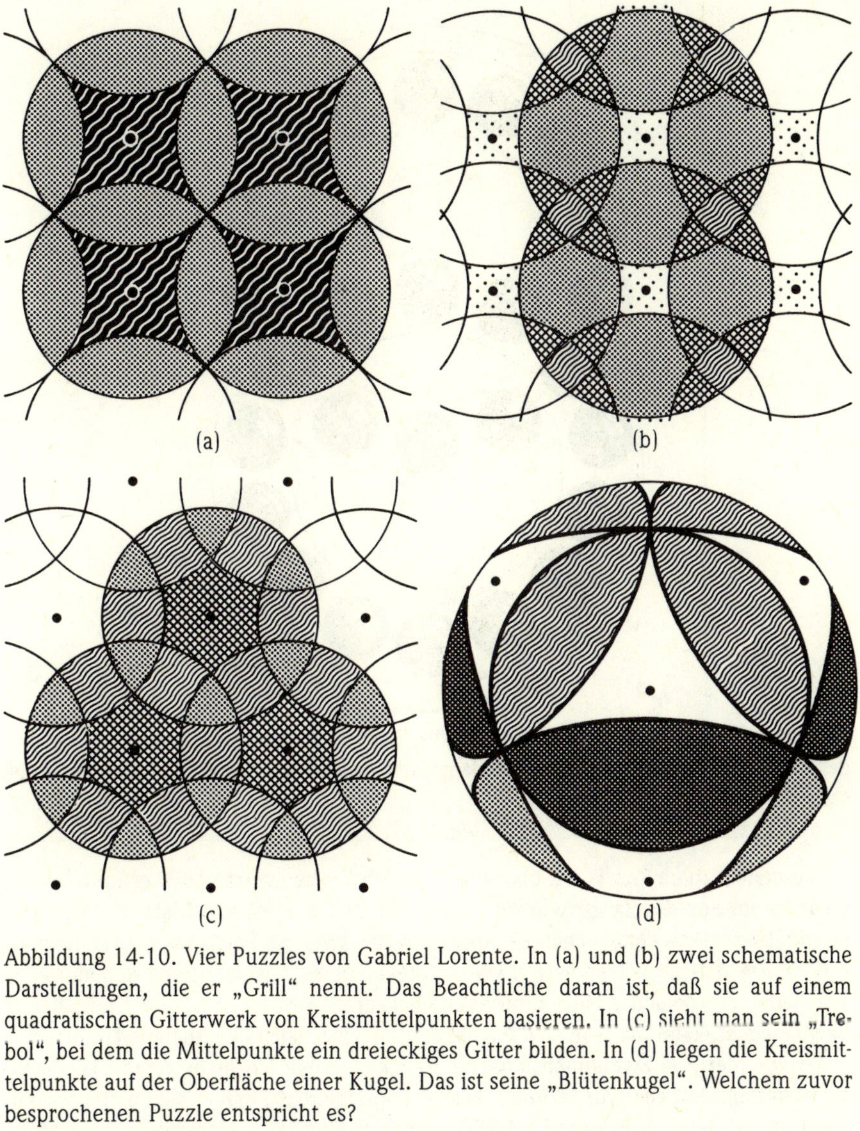

Abbildung 14-10. Vier Puzzles von Gabriel Lorente. In (a) und (b) zwei schematische Darstellungen, die er „Grill“ nennt. Das Beachtliche daran ist, daß sie auf einem quadratischen Gitterwerk von Kreismittelpunkten basieren. In (c) sieht man sein „Trebol“, bei dem die Mittelpunkte ein dreieckiges Gitter bilden. In (d) liegen die Kreismittelpunkte auf der Oberfläche einer Kugel. Das ist seine „Blütenkugel“. Welchem zuvor besprochenen Puzzle entspricht es?

Wenn man sich die Puzzles von Lorente, den Wunderball, ja sogar den Zauberwürfel einmal genau ansieht, merkt man langsam, daß die *Essenz* all dieser Geschicklichkeitsspiele in *sich überschneidenden Bahnen* enthalten ist. Man könnte tatsächlich behaupten, daß die Dreidimensionalität all dieser Puzzles irrelevant ist; ihr Reiz geht im wesentlichen nur von den Eigenschaften sich auf komplizierte Weise überlappender geschlossener Bahnen aus, die in einem zweidimensionalen Raum liegen, der durchaus wie eine Kugel gekrümmt sein kann.

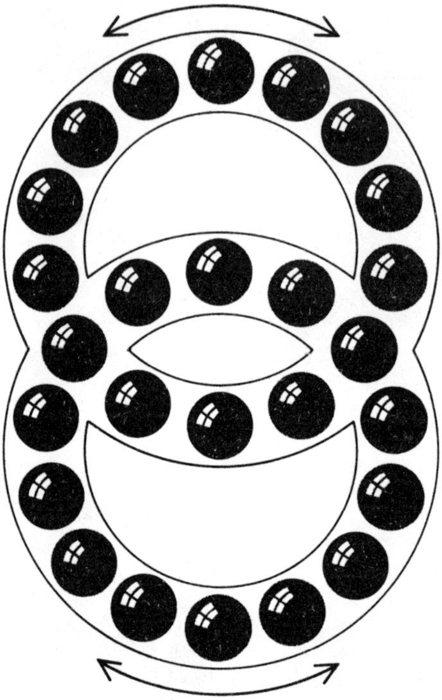

Abbildung 14-11. Fängt dieser 90 Jahre alte Typ von Puzzle mit nur zwei überschneidenden kreisförmigen Ringen die fundamentale Essenz ein, die allen modernen „cubischen" Puzzles zugrundeliegt?

Das erste planare Puzzle mit überschneidenden Kreisen wurde 1890 erfunden, auch wenn es im Sog des Zauberwürfels in jüngster Zeit wiederholte Male neu entdeckt wurde. Im Grunde entsprechen alle diese Puzzles zwei mit Spielkugeln zusammengestellten Kreisen, die sich an verschiedenen Stellen überschneiden (siehe Abbildung 14-11). Jeder der beiden Kreise kann zyklisch gedreht werden, und der Kreis, der in Bewegung ist, kann dann andere Kugeln an den Schnittstellen aufnehmen.

Da wir hier von Zweidimensionalität sprechen, sollte ich nicht vergessen, darauf hinzuweisen, daß der Wunderball innen so konstruiert ist, daß er sich erstaunlicherweise in ein, wie ich es nenne, „19-Steine-Schiebepuzzle" – eine zweidimensionale, räumlich gekrümmte Version von Sam Lloyds berühmten Schiebepuzzle mit 15 Steinen umwandeln läßt (das quadratische 4 × 4-Puzzle, bei dem ein „Quadratsteinchen" fehlt, so daß man die übrigen fünfzehn quadratischen Steinchen umordnen kann, indem man das Leerfeld verschiebt). Ben Halpern machte als erster diese Entdeckung, während er oberflächlich mit einem Wunderball spielte. Er hatte ein einziges Ikosaederchen abgemacht (was durchaus möglich ist, weil sich der Wunderball dank seines Mechanismus ohne weiteres zerlegen und wieder zusammensetzen läßt, was an ihm besonders gefällt), so daß ein Hohlraum entstand, und beobachtet, daß, da alle Ikosaederchen kongruent sind, *das Loch über die gesamte Kugel wandern konnte,* genauso wie das quadratische Leerfeld beim Schiebepuzzle (siehe Abbildung 14-8d). Das scheint die zweidimensionale Natur dieser Geschicklichkeitsspiele erneut zu unterstreichen.

Die Behauptung, daß diese Puzzles zweidimensional sind, rührt von der Tatsache her, daß sich nur Teile auf ihren Oberflächen bewegen; zwischen Innen und Außen gibt es keinen Austausch. Man stelle sich, um ein extremes Beispiel heranzuziehen, die Erde als ein riesiges Puzzle vor, dessen gesamte Oberfläche von Billionen von überschneidenden und mit Kugeln gefüllten Kreisen übersät ist. Mit hundert Millionen Drehungen könnte man eine Kugel von New York nach San Francisco schaffen. Im wesentlichen wäre es ein zweidimensionales Puzzle. Wenn man sich vor Augen hält, wie klein die Kreise im Verhältnis zur Größe der Erde sind, wird es einem klar. (Trotzdem mag ich bestimmt nicht darüber nachdenken, wie man ein solches Puzzle *löst,* ob es nun zweidimensional ist oder nicht!)

Schauen wir uns im Gegensatz dazu lieber zwei Objekte an, die bald herauskommen sollen: den 4 × 4 × 4-Würfel von Ideal, der geschmacklos „Rubiks Rächer" heißen soll, und Mefferts „Superpyraminx", ein 5 × 5 × 5-Würfel mit abgesägten Ecken. Beide sind in Abbildung 14-2, Bildteile (i) und (j), zu sehen. Bei diesen Objekten gibt es Kreise von weit globalerem Ausmaß. Der 4 × 4 × 4-Würfel hat nämlich einen „Arktischen Polarkreis", einen „Wendekreis des Krebses", einen „Wendekreis des Steinbocks" und einen „Antarktischen Polarkreis", das Superpyraminx zudem einen Äquator.

Beim 3 × 3 × 3-Zauberwürfel käme man noch ungeschoren davon, wenn man äquatoriale Drehungen durch ihre Komplementärzüge beschriebe und mithin den Äquator ignorierte, so wie man bei einem Sandwich statt der Scheibe Fleisch die beiden Scheiben Brot drehen könnte. Singmasters Wahl für die Notation beim 3 × 3 × 3-Zauberwürfel spiegelt seinen Hang wider, die Würfelchen in der Mitte jeder Fläche als ortsfest zu beschreiben. In seinen Augen bewegen sich daher die Scheiben Brot, während die Scheibe Fleisch an Ort und Stelle bleibt. Theoretisch ist das schön und gut, aber in der Praxis hält niemand sein Sandwich – Verzeihung, ich meine, seinen Zauberwürfel – fix orientiert in einer festen Richtung. Geht man gar zu noch höheren Ordnungen über, wird dieser Standpunkt immer ungenügender. Man stelle sich ein richtiges amerikanisches Sandwich vor, mit drei Scheiben Toast und zwei Scheiben verschiedenen Fleisches dazwischen. Man muß für derartige Dinge einfach seinen Horizont in der Notation erweitern!

Eine elegante Namenskategorie für die sechs möglichen Fleischscheiben- oder Äquatorzüge beim 3 × 3 × 3-Zauberwürfel haben John Conway, Elwyn Berlecamp und Richard Guy in ihrem gemeinsamen Buch *Winning Ways* („Wege zum Sieg") vorgeschlagen: Sie verwenden griechische Buchstaben (siehe Abbildung 14-12). Mit einigen Abänderungen könnten sie auf Scheiben bei Würfeln höherer Ordnung adaptiert werden.

Scheibenzüge dieser globaleren Natur sind wie riesige Wendekreise, die sich mit ihren Kugeln rund um den Äquator oder den Wendekreis des Steinbocks erstrecken; ihre Radien haben die gleiche Größenordnung wie der Radius des darunterliegenden dreidimensionalen Objekts. Die Topologie von Kreisverknüpfungen wird dadurch viel

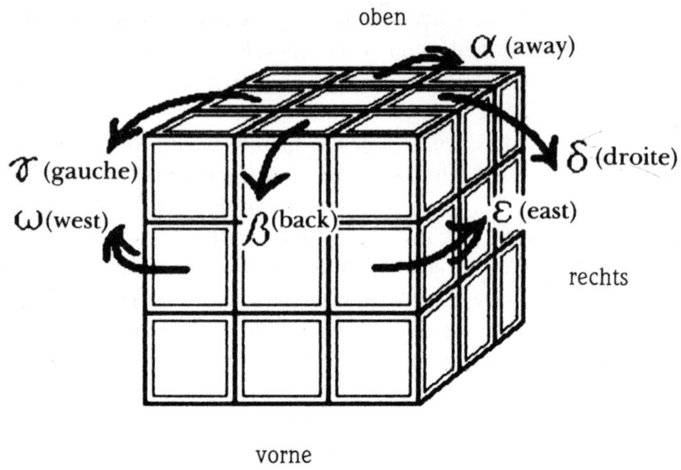

Abbildung 14-12. Die Conway-Berlekamp-Guy-Nomenklatur für die Drehungen der Äquatorscheiben eines $3 \times 3 \times 3$-Würfels. Diese Schreibweise läßt sich allgemein für Würfel höherer Ordnung verwenden.

---

komplizierter, als wenn die Kreise klein und nur sehr lokale Verbindungen vorhanden sind. Wollte man die Verknüpfung ökonomisch beschreiben, wäre man gezwungen, darüber etwas auszusagen, wie die Kreise im dreidimensionalen Raum eingebettet liegen. In diesem Zusammenhang kann man von den Würfeln höherer Ordnung tatsächlich sagen, daß sie spezifisch dreidimensionale Puzzles sind.

Es scheint kein Ende zu nehmen, daß immer neue Abwandlungen des Zauberwürfels entstehen. Die Idee ist überaus ergiebig. H. J. Kamack und T. R. Keane, zwei in Industriediensten stehende Chemiker, schickten mir einen Brief, in dem sie sehr schön beschrieben, wie sie einen vierdimensionalen $3 \times 3 \times 3 \times 3$-Würfel mittels eines Computers simulierten. Sie nennen ihn „Rubiks Tesserakt". Sie haben auch die Anzahl seiner möglichen Anordnungen errechnet. Es ist das Produkt aus $24! \times 32! \times 16!/4$ (die Anzahl der *Permutationen* der Positionen der Elementarstücke, der „Tessies", aus denen dieser Würfel zusammengesetzt ist) mit $(2^{24}/2) \times (6^{32}/2) \times (12^{16}/3)$ (die Zahl der erlaubten *Orientierungen* der Tessies innerhalb ihrer Nischen, die von den Autoren in Anlehnung an die „Cubizile" allerdings mit etwas Zurückhaltung „Tessizile" genannt werden). Diese Zahl kommt ungefähr an $1{,}76 \times 10^{120}$ heran, die, wie sie ausdrücklich erwähnen, ungefähr genauso groß ist wie die Zahl der möglichen Schachzüge. (Ich denke nicht, daß es überspitzt wäre, zu sagen, daß, brächte Ideal dieses Puzzle heraus, man schamlos mit einem Slogan wie „Über drei Billionen Möglichkeiten!" werben würde.) Kamack und Keane haben einige herausfordernde Entdeckungen gemacht, die ich hier aus Platzgründen leider nicht beschreiben kann. Einen nicht minder faszinierenden Brief erhielt ich von George Marx und Eva Gajzago, die beide an der Roland-Eötvös-Universität in Budapest als Physiker tätig sind. Sie definieren darin, was „Entropie“ beim Zauberwürfel ist, und beschreiben einige statistische Ergebnisse, die der Oberschüler Victor Zambo mit einem Computer errechnet hatte. Ich ginge gerne auf diese Dinge ein, aber bis dahin wird es wohl noch eine Weile dauern.

* * *

Zum Schluß möchte ich noch die erstaunliche Popularität des Zauberwürfels erörtern. Auf der Taschenbuch-Bestsellerliste der *New York Times* vom 15. November 1981 standen drei Bücher, deren zentrales Thema der Würfel war. Auf welchen Rängen sie waren? Sie besetzten die Plätze eins, zwei und fünf. Oft fragen die Leute: „Warum ist der Zauberwürfel so populär? Handelt es sich um eine länger anhaltende Erscheinung oder nur um eine modische Eintagsfliege?“ Meine persönliche Meinung ist, daß der Zauberwürfel noch lange da sein wird. Ich denke, er übt einen ursprünglichen, instinktiven, „vorzeitlichen“ Reiz aus. Seine Konzeption hat ein gewisses Etwas, das sich aus der Tatsache erklärt, daß er genau in eine Nische in unserem Geist paßt, die mit sehr, sehr vielen allgemeinen Ansichten über die Welt wie in einem Netzwerk zusammengeschlossen ist. Ich möchte an dieser Stelle den Versuch machen, diese Qualität näher zu beschreiben.

* Zunächst einmal ist der Zauberwürfel klein und bunt. Er ist ausgesprochen handlich und faßt sich angenehm an. Drehen ist eine fundamentale und faszinierende Bewegung, die ganz natürlich von der Hand geht. Das Objekt selbst ist rundum symmetrisch, so daß es als Ganzes gedreht werden kann, ohne daß es sich deshalb anders anfühlte. (Das steht ganz im Gegensatz zu einer Vielzahl von Puzzles, die höchstens eine Symmetrieachse besitzen.) Es verwundert einigermaßen, daß es nicht viele Puzzles oder Spielzeuge gibt, an denen sich Geist und Finger wirklich dreidimensional üben können.
* Selbst wenn der Würfel völlig verdreht wird, bleibt er objektiv erhalten. (Im Gegensatz zu vielen Kinderspiel-Puzzles, die völlig aufgelöst daherkommen und sich über den ganzen Fußboden verstreuen.) Zuerst staunt man, daß er nicht auseinanderfällt, sondern ganz bleibt, wenn man ihn dreht, was man auf so viele unabhängige Arten tun kann, und selbst wenn man ihm dann auf den Grund gekommen ist, bleibt er immer noch ein Rätsel.
* Das Objekt ist eine Miniatur-Inkarnation der schwer faßbaren Mischung von Ordnung und Chaos, in der sich unsere Welt befindet. Man kann einfach nur in den seltensten Fällen voraussagen, welche Nachwirkungen selbst simple Aktionen haben werden – weil sie einfach zu viele Nebeneffekte bewirken. Die kleinsten Aktionen können zu immensen Kettenreaktionen führen und praktisch nicht wieder rückgängig gemacht werden. Man kann vor Angst wie gelähmt sein und überhaupt keinen Zug mehr machen wollen, weil man ahnt, daß man im Handumdrehen ein totales Schlamassel anrichten kann, aus dem man sich nicht mehr retten kann.
* Es gibt zahlreiche Muster, die teils erreichbar sind, teils nicht. Manchmal lassen sie sich auf ganz einfache Weise erzeugen, wobei man jedoch nicht erkennen kann, wie

sie entstehen. Manchmal ist es sehr schwierig, und doch versteht man ganz deutlich, wie sie sich aufbauen.

* Jeder Zustand kann über viele Wege erreicht werden, welcher aber der kürzeste ist, läßt sich mit völliger Sicherheit fast nie wissen. Eine schwierige Situation kann kaum je dadurch gelöst werden, daß man sich auf dem alten Weg herauszuschleichen versucht, sondern nur, wenn sich eine alternative und ganz andere Ausweichmöglichkeit findet. Man fühlt sich ein bißchen wie in einer Höhle gefangen, ohne Licht und außerstande, den ganzen Raum zu erfassen, sondern nur imstande, lokal begrenzt vorzugehen und die nächste Umgebung abzutasten, und man fragt sich, ob es einem Menschen überhaupt möglich ist, einen solchen Überblick zu haben. (Man wundert sich über Gottes Algorithmus: Kann er vom Menschen überhaupt begriffen werden?)
* Der Zauberwürfel ist eine reiche Metaphernquelle. Er liefert Analogien zur Teilchenphysik (Quarks etc.), zur Biologie (eine Zugfolge als „Genotypus" und das Muster, das sich daraus als Code ergibt, als „Phänotypus"), zum Alltag und wie seine Probleme gelöst werden können (ein Problem aufzuteilen und in Etappen zu lösen), zur Entropie und zur Erkundung neuer Wege usw. Er streift sogar theologische Fragen („Gottes Algorithmus") und viele andere Phänomene.
* Es gibt verschiedene Wege, zu einem Verständnis des Zauberwürfels zu kommen. Besonders groß ist der Unterschied zwischen dem „algebraischen" und „geometrischen" Lösungsweg. Geht man den algebraischen oder mathematischen Weg, arbeitet man mit langen Operationsfolgen, die aus kürzeren Sequenzen bestehen, so daß man nach einer Weile gar nicht mehr weiß, warum man die verschiedenen einzelnen Drehungen macht – man verläßt sich darauf, daß die Zugfolgen als ganze funktionieren. Trotz der Effizienz ist es ein riskanter Weg. Bei der geometrischen oder pragmatischen Lösungssuche verbinden sich Auge und Geist, um sich vereint für einen Zug nach dem anderen zu entscheiden, wobei jeder einzelne Zug als Teil einer genau verzeichneten Bahn klar begründet ist. Trotz der Ineffizienz ist es ein zuverlässiger Weg. Wie man sich dem Problem, den Zauberwürfel zu entwirren, nähert, kann natürlich metaphorisch für die Stilarten gesehen werden, Probleme im Leben anzupacken.
* Das Universum des Zauberwürfels hat eine seltsame Population. Abgesehen von den verschiedenen Arten von „Cubies" und Drehmodi gibt es so unfaßbare qualitative Erscheinungen wie „Umklapp-Zahl" oder „Dreh-Zahl", mit denen man beim Zauberwürfel ganz genauso selbstverständlich umgeht (z. B. in Form von Quarks) wie mit den greifbaren Cubies. Gleichermaßen kann das Wort „hier" einen „Ort" bezeichnen, der während einer Drehfolge hin- und herbewegt wird. Die miteinander verknüpften und vernetzten Bezugsrahmen, zwischen denen man beim Versuch, den Würfel wieder zu ordnen, hin- und herspringt, exemplifizieren deutlich die Vielschichtigkeit unserer räumlichen Vorstellung – die Vielschichtigkeit gar, die der Strukturierung unserer Vorstellungen in unserem Geist an sich zugrunde liegt.
* Die weniger intellektuellen Reize des Zauberwürfels liegen in der Magie seiner Bewegungen, denen das Auge nicht folgen kann, in der spannenden Herausforderung, gegen andere anzutreten und schneller zu sein, und in seiner Grazie; darin,

daß man verschiedene Wissensstufen erlangen kann und spürt, welche Freude es macht, Informationen und Erkenntnisse auszutauschen. Und, was eigentlich nicht ausdrücklich gesagt werden muß, allein in der Vorstellung, daß ein solches unscheinbares und unschuldiges Objekt ein so weites Universum von solchem Potential in sich birgt.

* Sehen wir uns zum Schluß einmal an, wie der Zauberwürfel den Zustand der Welt versinnbildlicht (den viele politische Karikaturisten ausbeuten). Der Globus befindet sich in einem verheerenden Durcheinander (wie in Abbildung 14-13), und die führenden Politiker verschiedener Länder wollen ihn „in Ordnung bringen". Aber sie sind nicht willens, das bißchen Ordnung, das sie erreicht haben, aufzugeben. Sie klammern sich an alte, nutzlose Errungenschaften, weil sie zu viel Angst davor haben, die partielle Ordnung sausen zu lassen, um eine größere Ordnung und Harmonie zu erreichen. Es fehlt ihnen an geistiger Reife für den globalen Zusammenhang, um zu erkennen, daß eine Bereitschaft zu kurzfristigen Opfern darauf hinauslaufen kann, am Ende sehr viel mehr zu gewinnen.

Ich bin voller Zuversicht, daß dem Zauberwürfel und generell allen „Würfeln" eine blühende Zukunft bevorsteht. Meiner Erwartung nach werden noch lange Zeit neue Spielarten in Erscheinung treten und unser Leben in vielfacher Hinsicht bereichern. Es ist erfreulich, daß ein Spielzeug, das den Geist dermaßen herausfordert, weltweit so sehr Anklang gefunden hat. Wie ich hörte, ist er bereits in China populär. Vielleicht wird er eines Tages noch in die Sowjetunion eindringen, die meines Wissens die letzte Bastion der würfelblockfreien Welt ist.

Abbildung 14-13. Der traurige Zustand des Globus.

Postskriptum

Die beiden vorangegangenen Kapitel liegen mehr als ein Jahr auseinander. Zwei Jahre sind vergangen, seit ich das zweite verfaßte. Die neueste Meldung über die Würfelentwicklung ist in erster Linie, so traurig es klingen mag, daß es seither keine große Neuigkeit gibt. Offensichtlich ist es einfach zu einer weltweiten Übersättigung an Würfeln gekommen. Würfel – würfelförmige und andere – kamen jedem schon aus den Ohren heraus, und das war einfach zu viel. Ich kann das verstehen, aber es stimmt mich auch traurig, zu sehen, wie etwas so Aufregendes völlig von der Bildfläche verschwindet.

Es gibt immer noch zahlreiche Dinge, die erwähnenswert sind. Ich beginne einfach einmal mit der Frage nach dem Ursprung des Würfels – d. h. der Zauberobjekte generell. Kurz nachdem die zweite Würfel-Kolumne im *Scientific American* erschienen war, erhielt ich einen kräftigen Beschwerdebrief von einem Hochschullehrer namens William O. Gustafson aus Fresno, der behauptete, in gewisser Hinsicht der wahre Erfinder der Idee des Zauberwürfels zu sein. Seine Erfindung – die er 1958 gemacht hatte – war eigentlich eine Kugel, die von drei aufeinander senkrecht stehenden Ebenen in acht kongruente Teilstücke (Oktanten) so aufgeschnitten wurde, daß immer zwei sich gegenüberliegende Hemisphären (aus je vier Oktanten bestehend) gedreht werden konnten. Dies entspricht einem kugelförmigen 2 × 2 × 2-Würfel – eine Variante davon kam gut zwanzig Jahre später unter dem Namen „Rubiks Taschenwürfel" von der Ideal Toy Company auf den Markt. Gustafson nannte sein Spielzeug „Gustafsons Globus".

Um seine Behauptung zu untermauern, legte Gustafson Photokopien eines großen Teils seiner Korrespondenz bei, die er 1960 mit zahlreichen Spielzeugherstellern (er hatte 76 angeschrieben!), dem japanischen Patentamt (er erhielt ein Patent) – und sogar mit Martin Gardner geführt hatte. Interessant war die Karte, die Gardner ihm daraufhin geschrieben hatte. Da stand:

> Was Sie da vorschlagen, ist ein interessantes Puzzle, doch leider kann ich nicht sagen, wie man das Interesse eines Spielzeughändlers in dieser Angelegenheit wecken könnte. Meinen Erfahrungen nach ist es fast *unmöglich,* mit einem Puzzle Geld zu machen, wenn man nicht selbst Besitzer einer Spielwarenfabrik ist und es in eigener Regie herstellt.

Ein interessanter Kommentar im Lichte dessen, was Rubiks Würfel widerfuhr. Zusätzlich zu seinem 2 × 2 × 2-Globus entwickelte Gustafson eine 3 × 3 × 3-Version, meinte aber, zunächst an der Ausgabe des einfacheren Puzzles arbeiten zu müssen, so daß sich seine Korrespondenz größtenteils darauf bezog.

Gustafson schickte auch eine Photokopie von einem etwas verzerrten Beileidsschreiben mit, das von einem ehemaligen Schüler stammte, der sich sofort an Gustafsons Globus von anno dazumal erinnerte, als er Rubiks Würfel sah. Er hatte folgendes geschrieben: „Ich nehme an Ihrem jüngsten Verlust aufrichtig Anteil und hoffe, daß die Zeit Ihnen inzwischen über den Schmerz hinweggeholfen hat." Unter diesen poetischen Zeilen war die Wortverbindung „Gustafsons Globus" durchgestrichen und daneben „Rubiks Würfel" geschrieben worden.

Ich ging der Sache etwas nach und unterhielt mich auch mit David Singmaster, der wahrscheinlich führenden Weltautorität für Würfelwissenschaft und Würfelgeschichte, und entdeckte, daß an Gustafsons Prioritätsanspruch etwas dran *ist.* Nicht daß Ernö Rubik oder Terutoshi Ishige je von Gustafson gehört hätten. Es ist auch keinesfalls sicher, daß dem Gustafson-Globus, hätte sich eine Spielzeugfabrik seiner angenommen, über Nacht ein so sensationeller Erfolg beschieden gewesen wäre wie dem Zauberwürfel von Rubik-Ishige. Es scheint aber dennoch fair, darauf hinzuweisen, daß andere als Rubik und Ishige das gleiche verführerische Aroma Jahre früher geschnuppert hatten und aus allerlei Gründen nicht in der Lage gewesen waren, das Weltinteresse zu wecken.

* * *

Ich bin felsenfest überzeugt, daß treffliche Ideen so gut wie nie aus dem Nichts entstehen und daß eine gute Idee, wenn sie in irgendeinem Kopf geboren wird, mit hoher Wahrscheinlichkeit auch in einem anderen Kopf in der einen oder anderen eng verwandten Art aufgeht oder nicht mehr lange auf sich warten läßt. Aus diesem Grund bemühe ich mich immer, wenn ich über eine Entdeckung oder Erfindung schreibe, Würdigungen mehrfach ausfallen zu lassen, wenn ich die Leute ausfindig machen kann, denen sie wirklich gebühren. Der Ärger dabei ist allerdings, daß, wenn man alle möglichen Verrenkungen macht, um allen gleichermaßen gerecht zu werden (haben Sie bemerkt, wie ich z. B. Ishige und Rubik immer in einem Atemzug zu nennen versuche?), es unweigerlich passiert, daß jemand, den man ohne böse Absicht übersehen hat, mit einer Mischung aus Empörung, Konsternation und Enttäuschung zurückschreibt und Gleichbehandlung verlangt.

Es ist mir eine Freude, Gustafson namentlich zu erwähnen und ihm zu glauben, daß er vielleicht als erster auf der Welt in diese Art dreidimensionaler Drehpuzzles Einblick nahm. Gleichzeitig möchte ich aber nicht Frank Fox vergessen, einen englischen Erfinder, der um 1970 herum eine drehbare $3 \times 3 \times 3$-Kugel erfand – und patentieren ließ, ebensowenig Larry Nichols aus Cambridge, Massachusetts, der um 1972 einen $2 \times 2 \times 2$-Würfel erfand und patentieren ließ und kürzlich einen Prozeß gegen Ideal Toy Co. gewann, weil man ihm für seine Erfindung keine Tantiemen hatte zukommen lassen. Zu sagen, ob Nichols einen größeren Anspruch auf Rückerstattung als Fox oder Gustafson hat, liegt außerhalb meiner Kompetenz.

Was ich aber verlauten lassen kann, ist, daß diese Dinge sehr undurchschaubar werden – besonders wenn es um große Mengen Geld (oder Ruhm) geht. Es scheint unbestreitbar, daß die Erfindungen der drei Erfinder – Gustafson, Fox und Nichols – viel oberflächlicher waren als der Rubik-Ishige-Würfel, und daß der wahre Grund für den durchschlagenden Erfolg des Rubik-Ishige-Würfels darin zu suchen ist, daß er hergestellt werden *konnte* und *tatsächlich* zusammenhielt. Aber vielleicht irre ich mich. Vielleicht war es eine Art Glücksfall, daß Rubik (beispielsweise im Gegensatz zu Ishige) den meisten Ruhm einheimste. Wie dem auch sein mag, es illustriert meine Überzeugung, daß man ganz versessen darauf ist, einer einzigen Person Anerkennung zukommen zu lassen – ja sogar Ruhm aufzuladen – und eine historische Situation weitgehend zu vereinfachen, um sie etikettieren und im Kopf klassifizieren zu können.

Wer will sich schon die Mühe aufbürden, durch den Dunst zu dringen, der solche monumentalen Entdeckungen wie die Relativität, Gödels Unvollständigkeitstheorem, digitale Computer, Laser, Pulsare, die kosmische Hintergrundstrahlung oder die DNS-Struktur umgibt? Wer will schon all den komplex verschlungenen Ideengängen nachgehen, die irgendwie dahin führten, daß der ganze Ruhm auf eine oder höchstens zwei Personen fällt? Wenn man tief genug schürft, wird man fast ausnahmslos feststellen, daß die Art und Weise, wie der Ruhm üblicherweise verteilt wird, ungerecht ist. Manchmal bekommt die völlig falsche Person sämtlichen Ruhm zugeschanzt, manchmal verdienen mehrere unbekannte Leute gleichermaßen, im Ruhmeslicht zu stehen, und manchmal ist die Geschichte gar noch komplexer und verwickelter. Es sollte mal jemand ein Buch über bizarre Fälle von Ruhmeszuteilung schreiben!

Mein Standpunkt ist einfach der, daß man beim Würfel wie bei jedem anderen Verkaufsschlager eigentlich nur die Spitze des Eisbergs sieht, und daß jemand, der wie ich eine Menge Briefe zu diesen Themen bekommt, nur geringfügig tiefer unter die Spitze sieht. Es liegt noch sehr viel verborgen, und ich werde wahrscheinlich noch mehr Briefe von Leuten bekommen, die, wenn sie diesen Versuch, fair zu sein (mit anderen Worten, dieses *Postskriptum*), gelesen haben, sich *ganz besonders* übersehen fühlen. Vorausgesetzt, ich versuche wirklich, fair zu sein, und versäumte es dennoch, *ihre* Namen zu erwähnen! Ach, allen Menschen recht getan ...

* * *

In der Zwischenzeit habe ich noch von keinem Algorithmus gehört, der den Zauberwürfel schneller löst als der, den Morwen Thistlethwaite entwickelt hat (beschrieben in Kapitel 13). Sein Algorithmus, der, wie man weiß, ursprünglich den Zauberwürfel mit höchstens 52 Drehungen löste, ist nun dank der Möglichkeit, die Lösung mit Computern zu suchen, etwas verbessert worden. Man weiß jetzt, daß 50 Drehungen immer ausreichen, und das bestätigt, was Thistlethwaite selbst bereits vor einigen Jahren vermutet hatte.

Obgleich wir mit dieser Verbesserung am Thistlethwaite-Algorithmus nicht unbedingt näher an Gottes Algorithmus für den kompletten $3 \times 3 \times 3$-Würfel herankommen, *ist* jetzt immerhin Gottes Algorithmus für die beiden wichtigen kleineren Geschicklichkeitsspiele, den $2 \times 2 \times 2$-Würfel und das Pyraminx von Meffert, bekannt. Sonderbarerweise erfordern beide im schlechtesten Fall die gleiche Anzahl von Drehungen, nämlich elf (unberücksichtigt bleiben die trivialen Drehungen der Spitzen des Pyraminx). Wie sich die Positionen gemäß ihrer Entfernung von der Ausgangsposition verteilen, ist ganz interessant. John Francis aus Nutweg, New Hampshire, und Louis Robichaud aus Sainte Foy, Quebec, haben mir folgende Verteilung für das Pyraminx zugeschickt:

1 Konfiguration benötigt 0 Züge
8 Konfigurationen benötigen 1 Zug
48 Konfigurationen benötigen 2 Züge
288 Konfigurationen benötigen 3 Züge
1 728 Konfigurationen benötigen 4 Züge

9 896 Konfigurationen benötigen 5 Züge
51 808 Konfigurationen benötigen 6 Züge
220 111 Konfigurationen benötigen 7 Züge
480 467 Konfigurationen benötigen 8 Züge
166 276 Konfigurationen benötigen 9 Züge
2 457 Konfigurationen benötigen 10 Züge
32 Konfigurationen benötigen 11 Züge.

Das heißt, daß, wenn die Ausgangsposition am „Nordpol" des Raums aller Pyraminx-Zustände liegt, es folglich 32 verschiedene „Südpole" gibt, die alle in maximaler Entfernung vom Nordpol liegen, und daß der bei weitem größte Teil der Bevölkerung unterhalb des Äquators lebt.

Im Gegensatz dazu hat der 2 × 2 × 2-Würfel, wenn man vom *Ausgangszustand* am weitesten (11 Züge) entfernt ist, 2644 Zustände. (Bei dieser Metrik zählt R^2 nur als *ein* Zug statt zwei.) Es besteht genauso wie beim Pyraminx die Tendenz, daß die typische Entfernung zur *Ausgangsposition* der größtmöglichen Entfernung nahekommt; diese Tendenz ist jedoch beim 2 × 2 × 2-Würfel noch viel unverhältnismäßiger. Das bedeutet insbesondere, daß mehr als die Hälfte der verdrehten Zustände mindestens neun Drehungen benötigen – und doch reichen zehn aus, um 99,9 Prozent aller Zustände zu erreichen! Hier die entsprechende Aufstellung:

1 Konfiguration benötigt 0 Züge
9 Konfigurationen benötigen 1 Zug
54 Konfigurationen benötigen 2 Züge
321 Konfigurationen benötigen 3 Züge
1 847 Konfigurationen benötigen 4 Züge
9 992 Konfigurationen benötigen 5 Züge
50 136 Konfigurationen benötigen 6 Züge
227 536 Konfigurationen benötigen 7 Züge
870 072 Konfigurationen benötigen 8 Züge
1 887 748 Konfigurationen benötigen 9 Züge
623 800 Konfigurationen benötigen 10 Züge
2 644 Konfigurationen benötigen 11 Züge.

Diese Information ist der Herbst-Winter-Doppelausgabe von Singmasters *Cubic Circular* aus dem Jahr 1982 entnommen, und offensichtlich kam man an mehreren Orten rund um die Welt zu den gleichen Rechenergebnissen.

* * *

In Kapitel 13 beschrieb ich, wie man eine Handvoll Drehungen, die man an einem Zauberwürfel vom Ausgangszustand her macht, umkehrt, und erwähnte in diesem Zusammenhang, daß Kate Fried regelmäßig sieben Züge invertieren konnte und es einmal sogar auf zehn gebracht hatte. Peter Suber (der Erfinder von Nomic – siehe

Kapitel 4) nennt diese herausfordernde Spielweise „induktiv“ und beherrscht sie genauso gut wie Kate Fried. Er hat diese Kunst in seinem kurzen Artikel „Introduction to the Inductive Game of Rubik's Cube“ („Einführung in die induktive Spielweise beim Zauberwürfel“) beschrieben. Er erklärt darin, warum er sie so nennt:

> Die normale Spielweise ist nur in dem Prozeß induktiv, dem sich ein Spieler unterzieht, wenn er auf den zur Lösung ausreichenden Algorithmus stößt. Dieser Prozeß sollte angeblich die wissenschaftliche Methode bilden, rundum komplett, einschließlich der Formulierung und Untersuchung von Theorien, Negativresultaten und Bewahrheitungen. Die „induktive Spielweise“ ist nicht nur in dieser Hinsicht induktiv. Gleichermaßen induktiv ist der Prozeß, die Regeln zur Beherrschung der Kunst zu entdecken; aber auch das, was dabei herauskommt, ist induktiv. Statt Algorithmen zu produzieren, die jeder Idiot unfehlbar anwenden kann, bringt die induktive Spielweise „sanfte Regeln“ oder probabilistische Richtlinien hervor, deren Anwendung im Einzelfall Urteilsvermögen, Mutterwitz und das Gewicht der eigenen Erfahrung mit der induktiven Spielweise erfordert ...
>
> Die induktive Spielweise kann nicht zur Routine werden oder langweilig, außer vielleicht für die Götter. Wenn man in der Lage ist, willkürliche Dreifachverdrehungen so gut wie immer zu lösen, kann man mit der Lösung willkürlicher Vierfachverdrehungen beginnen. Der Schwierigkeitsgrad wächst exponentiell. Natürlich hat die Serie ein absehbares Ende. Wer geduldig sein nuancenreiches, unaussprechliches Wissen über zufällige Muster zusammensucht, kann eventuell 22fache willkürliche Verdrehungen umkehren. Wer sich verbessert und häufiger Erfolgserlebnisse hat, bekommt nicht nur die banale Genugtuung zu spüren, die darin liegt, sondern erfährt auch ein schwer zugängliches Wissen über Gottes Algorithmus.

Im restlichen Teil seines Artikels detailliert Suber die Ergebnisse seiner Untersuchungen auf diesem Gebiet und hat schließlich zahlreiche Tips und heuristische Mittel parat, die auf seiner Vorstellung von *Information* basieren, und die er als „die angrenzende Lage zweier oder mehr Steine mit gleicher Farbe, die auf der kürzesten Bahn zur Ausgangsstellung nicht voneinander getrennt werden dürfen (oder nicht getrennt werden sollten)“, definiert. Seine Grundsätze (die nicht übermäßig streng aufzufassen sind) lauten:

1) Du sollst nicht informationsbrechen.
2) Du sollst Dich ins Zeug legen, um mehr Informationen zu produzieren.

Verfänglich ist, daß es viele Konfigurationen gibt, die einen falschen Eindruck vermitteln, was den Informationsgehalt betrifft. Suber verwendet dafür den Begriff *augenscheinliche* Information, die er gegen die *eigentliche* Information abgrenzt. Ein großer Teil seines Artikels ist der Preisgabe von Tips gewidmet, die helfen sollen, die beiden Informationsarten auseinanderzuhalten. Wer Interesse an einer Kopie seines Artikels hat, kann sich direkt an Peter Suber, Department of Philosophy, Earlham College, Richmond, Indiana 47374, USA, wenden.

* * *

Der Idee, einen verworrenen Zustand mit genau den reversen Zügen zu entwirren, haftet etwas Tantalisch-Qualvolles an. Angenommen, man wäre in der Lage, *jeden* verworrenen Zustand zu entwirren, und es stellte sich dabei heraus, daß, sagen wir einmal, die Drehfolge $OR^{-1}U^2LHLUR^{-1}V^2OLU^{-1}HR^{-1}O^2L^{-1}UV$ das Ei des Kolumbus wäre. Wären Sie imstande, diese Sequenz zu zerlegen und darin eine einleuchtende Struktur zu erkennen? Das heißt, gäbe es darin manche erkennbare Teile, die erklären könnten, wie diese oder jene besondere Konfiguration gelöst wurde?

Es ist vielleicht zwingender, die gleiche Frage auf andere Art zu stellen. Eine Reihe meiner Standardoperatoren für den Zauberwürfel liegen in Form von Kommutatoren, Konjugierten, Potenzen oder Kombinationen daraus vor. Was diese Operatoren betrifft, verstehe ich sehr wohl, warum sie z. B. Kanten umklappen usw. Ich habe allerdings auch zwei Operatoren in meinem Repertoire, die ich einfach nur auswendig gelernt habe, ohne *überhaupt* zu verstehen, warum sie vollbringen, was sie vollbringen sollen. Könnte es beispielsweise sein, daß es einfach *keine Erklärung* dafür gibt, warum die Sequenz $R^{-1}U^{-1}RU^{-1}R^{-1}U^2R$ drei Quarks in der unteren Schicht beseitigt? Anders ausgedrückt: Könnte es sein, daß sich dieser Operator begrifflich nicht zerlegen läßt? Dann hätte eine solche Sequenz Ähnlichkeit mit einer sehr, sehr großen Primzahl, einer Struktur, die keine Zerlegung in kleinere „Mengen“ zuläßt.

Es scheint fast sicher, daß die kürzesten Strecken aus den verworrensten Zuständen zurück in die Ausgangsposition beim Zauberwürfel keine Zerlegung gestatten; kurzum, daß die meisten Lösungen, die Gottes Algorithmus anbietet, *zufällig* sind, insofern als ihnen kein Sinn oder Grund innewohnt – ganz ähnlich einer Folge von Würfen mit einer Münze oder dem Sterben schlechthin. (Diese Auffassung von Zufälligkeit wird in einem Artikel von Gregory Chaitin, „Randomness and Mathematical Proof“ („Zufall und mathematischer Beweis“), verständlich erklärt.) Wenn das so ist, würde es bedeuten, daß nach einem gewissen Punkt – aller Wahrscheinlichkeit nach nicht weit über zehn Drehungen hinaus – jede Hoffnung zunichte ist, den Zustand des Zauberwürfels auf dem Weg, den man bis dahin eingeschlagen hatte, lösen zu wollen.

In einen verworrenen Zustand zu geraten und wieder herauszufinden, sind Operationen von unterschiedlicher Rechenkomplexität, genauso wie das Einparken in eine enge Parklücke und das Ausparken Operationen unterschiedlicher automobilistischer Komplexität sind. Wege heraus zu finden, ist leichter, als Wege hinein zu finden, obwohl sie in beiden Fällen die gleiche Anzahl haben. (Gut einzuparken, bedeutet also, um in der Analogie zu bleiben, zur *Ausgangsposition* zu finden, und mitten auf der Straße zu stehen nichts anderes, als im völlig aufgelösten Zustand zu sein.) Ich sehe ein, daß ein solcher Situationsvergleich durch und durch asymmetrisch ist und daß das Ganze nach dem zweiten Gesetz der Thermodynamik riecht, das aussagt, daß der entropische Zustand mit der Zeit innerhalb eines geschlossenen Systems zunimmt.

Diese zwanglosen Intuitionen können freilich etwas präzisiert werden. George Marx, Eva Gajzágó und Peter Gnädig von der Fakultät für Atomphysik an der Eötvös-Universität in Budapest, Ungarn, haben den Zauberwürfel statistisch untersucht und die Ergebnisse in einer wissenschaftlichen Arbeit unter der Überschrift „Das Universum des Rubik-Würfels“ veröffentlicht. Darin definieren sie den „Farben-Vektor“ einer Seite als eine geordnete Zahlengruppe von sechs Zahlen, die darüber Aufschluß gibt, wie viele rote, orange, gelbe, grüne, blaue und weiße Flächen es jeweils auf der betreffenden Seitenfläche gibt. In der Ausgangsposition ist der Farben-Vektor der roten Seitenfläche folglich ‹9,0,0,0,0,0›. Wenn man den Würfel etwas verdreht, können Farben-Vektoren zustande kommen, die sich etwa so lesen: ‹2,0,1,3,1,2›. Von einem Farben-Vektor einer Würfelseite lassen sich verschiedene numerische Messungen des „Verwirrnisgrads" dieser Seite ableiten. Die erwähnten Autoren haben sich für die „Länge" entschieden, die dieser Vektor hat – das heißt, die Wurzel aus der Summe der Quadrate über seinen „Seiten". Für ‹9,0,0,0,0,0› ergibt sich demnach die Länge 9, während sie im typischeren Fall des Vektors ‹2,0,1,3,1,2› rund 4,36 beträgt. Der kürzestmögliche Farben-Vektor besteht aus drei Einsern und drei Zweiern und hat eine Länge, die etwas kleiner als 4 ist.

Marx, Gajzágó und Gnädig untersuchten die Statistik dieser Quantität unter der Bedingung, daß der Zauberwürfel mit zufälligen Verdrehungen in Unordnung gebracht wurde, und entdeckten, daß bei den Seitenflächen am häufigsten ein Farben-Vektor der Länge 4,36 vorkam. Kürzere oder längere Farben-Vektoren sind ziemlich selten. Wenn man bei Länge 9 beginnt (also vom unberührten Würfelzustand ausgeht) und ein paar zufällige Drehungen macht, tendiert der Farbenvektor schnell zu einer Länge von knapp unter 5 und schwankt anschließend um diesen Wert. Mit dieser Beobachtung formulieren die drei Wissenschaftler empirisch das zweite Gesetz der Thermodynamik und stellen mithin einen „Zeit-Pfeil" auf.

In Übereinstimmung mit dem üblichen Gebrauch in der statistischen Mechanik definieren sie die *Entropie* eines Seitenzustands bei Rubiks Würfel als *den Logarithmus aus der Anzahl von Zuständen, die die gleiche makroskopische Beschreibung haben* – in diesem Fall also den gleichen Farben-Vektor (Umstellungen sind erlaubt, so daß ‹2,0,1,3,1,2› als identisch zu ‹2,1,3,2,0,1› betrachtet wird). Dann zeigen sie, daß Standardformeln, die auf Fälle von Entropie in der realen Welt zutreffen, auch für diese „cubische Entropie" des Zauberwürfels Gültigkeit haben. Insbesondere merken sie an: „Die Distribution der farbigen Quadrate bei einem vermischten Würfel kann auf ähnliche Weise beschrieben werden, wie Maxwell und Boltzmann die Verteilung von Energie im molekularen Chaos eines Gases beschrieben haben." Am Ende ihres Artikels werden Marx, Gajzago und Gnädig lyrisch: „Ich halte den Würfel als das *kleinste nicht-triviale Modell* des *großen physikalischen Universums* in hohen Ehren." (Hervorhebung von ihnen. Wenn drei Autoren sich gemeinsam als „Ich" beschreiben, ist es vermutlich ein Fall von *singularis majestatis*.)

* * *

Während der Zauberwürfel auf dem Höhepunkt seiner Beliebtheit war, fanden rund um die Welt zahlreiche Schnelligkeitswettbewerbe statt, und irgendwann gab es dann auch einen Weltmeister. Er heißt Minh Thai und lebte ehemals in Vietnam, bevor er in die Vereinigten Staaten kam. Seine Siegeszeit bei einem verdrehten Zauberwürfel betrug 22,95 Sekunden. Im Durchschnitt scheint sich seine Zeit um 24 Sekunden zu bewegen, und manchmal reicht sie sogar hinauf zu 25 Sekunden. Was mich zu der Frage verleitet: Hätte man das nicht vielleicht die Minh-Zeit nennen sollen?

Es gab auch Schnelligkeitswettbewerbe für den $4 \times 4 \times 4$-Würfel, und da lagen die besten Zeiten, von denen ich hörte, im 3-Minuten-Bereich. Uwe Meffert schickte mir einen $5 \times 5 \times 5$-Würfel, den ich zugegebenermaßen noch nie zu verdrehen wagte. Ich wüßte gerne, wie lange der Weltmeister an *diesem* säße! Meffert schilderte mir einmal seinen Traum von einem „Magischen Triathlon", bei dem die Teilnehmer ein Trio von verdrehten Körpern ordnen müßten – so weit ich mich erinnere, nahmen daran als Objekte das Pyraminx, der Unmö*globus und das Megaminx teil (Meffert änderte den Namen für sein Pyraminx-Zauberdodekaeder in Megaminx um – siehe Abbildung 14-2d). Ich hätte allerdings ganz andere Körper gewählt, aber mir gefiel die Grundidee. Ob ein solches Ereignis je stattgefunden hat, weiß ich nicht.

Ich sehe keinen Grund, warum man nicht schwierigere Fälle kreieren könnte, die solche esoterischen Fertigkeiten abverlangen wie geschicktes Manipulieren eines N-dimensionalen Würfels, den man in einem Computer darstellt, so wie beispielsweise das Zauber-Tesserakt von H. R. Kamack und T. R. Keane. Diese beiden Herren implementierten einen $3 \times 3 \times 3 \times 3$-Hyperwürfel auf einen Heimcomputer und lösten nicht nur das „fundamentale mathematische Problem" für dieses horrende Pseudo-Objekt, sondern errechneten auch die Gruppengröße für den $3 \times 3 \times \ldots \times 3 = 3^N$-Hyperwürfel, bzw. was sie ein „Rubiksches N-top" nennen. Für $N = 5$ beträgt die Größe dieser Gruppe (annähernd) $7{,}017 \times 10^{560}$ – allerhand!

Singmaster weiß zu berichten, daß auch die Mathematiker Joe Buehler, Brad Jackson und Dave Sibley den 3^N-Hyperwürfel analysiert haben und einen allgemeinen Algorithmus für ihn fanden sowie verschiedene Gesetze zu seiner Erhaltung entwickelten. Der sogar *noch generellere* Fall des $M \times M \times M \ldots \times M = M^N$-Hyperwürfel bleibt auch weiterhin ungelöst, nähert sich aber in seinen Besonderheiten dem $M \times M \times M$-Würfel (entlang einer anderen Begriffsdimension). Von Jack Eidswick, Professor für Mathematik und Statistik an der Universität von Nebraska, erhielt ich einen Artikel, in dem ein Algorithmus vorgestellt wird, mit dem sich jedes völlig verdrehte Mitglied dieser Familie von dreidimensionalen Würfeln zurechtrücken läßt. Er basiert auf ausgefeilten Versionen mancher notwendigen Operatoren, die in Kapitel 13 beschrieben wurden, und baut sich aus Konjugierten und Kommutatoren und dergleichen zusammen. Auch Robert Brooks von der mathematischen Fakultät der Universität in Maryland hat, wie ich höre, einen solchen Algorithmus ausgebrütet.

* * *

Zum Schluß muß ich der Tatsache ins Auge blicken, daß der Würfel als Modeerscheinung im Untergang begriffen ist. David Singmasters Nachrichtenblatt *Cubic Circular* ging nach acht Ausgaben unter. Megaminxe wurden zu Abertausenden eingeschmolzen, um ihr Plastik anderweitig zu verwenden. Uwe Mefferts Würfelknacker-Club scheint ein Reinfall gewesen zu sein. Der Schiefel und viele andere wunderbare Objekte, die ich beschrieb, sind nie in die Verkaufsregale gekommen. Die paar wenigen, die es doch schafften, waren fast im Handumdrehen vergriffen. Also ... haben wir den Zauberwürfel zum letzten Mal gesehen? Sind die Würfel, die man gekauft hat, auf dem besten Wege, Sammlerobjekte zu werden? Nun, ich bin eigentlich immer abgeneigt, die Zukunft vorherzusagen, aber ich werde in diesem Fall einmal davon absehen. Wenn es um den Würfel geht, bin ich dickköpfig. Wo er auch hinkam, schien die Phantasie von ihm gefesselt. Meinem Schlußsatz in der zweiten Kolumne zum Trotz schwappte die Würfelwelle schließlich *doch* noch auf die Sowjetunion über.

Meiner Meinung nach bekam die Welt eine Zeitlang einfach eine Überdosis Würfelmanie ab. Wir Menschen sind im Augenblick geschlossen des Würfels überdrüssig, aber unser abgekehrter Zustand wird nicht lange währen – nicht länger, als es dauert, bis man wieder Spaghetti ißt, nachdem man sich gesagt hat, „Nie wieder Spaghetti!", weil sie einem gerade im Magen liegen. Ich sage sogar voraus, daß hier und da Würfel nach und nach wieder auftauchen werden, und hoffentlich erscheinen dann auch ab und zu ein paar neue Varianten. Es ist eine Goldgrube. Es mag vielleicht keinen ganz so wilden Goldrausch mehr geben wie in den vergangenen Jahren, aber in den Bergen gibt es immer noch Flöze, wo man fündig werden kann!

15
Mathematisches Chaos und seltsame Attraktoren

November 1981

You can't know how happy I am that we met,
I'm strangely attracted to you.

(Du ahnst ja nicht, wie glücklich ich bin, daß wir uns begegnet sind,
du wirkst so seltsam attraktiv auf mich.)

– Cole Porter, „It's All Right with Me"

Als ich vor einigen Monaten mit einem Freund durch die Hallen der Physikalischen Fakultät der Universität von Chicago schlenderte, stach mir ein Plakat in die Augen, das ein internationales Symposium über „Seltsame Attraktoren" ankündigte. Eine seltsame Attraktion ging von diesem merkwürdigen Ausdruck auf mein Auge aus, und ich fragte meinen Freund, um was es denn ginge. Er meinte, das sei augenblicklich ein heißes Gesprächsthema in den Kreisen der theoretischen Physik. Was er mir beschrieb, klang ziemlich wundersam und rätselhaft.

Ich entnahm daraus, daß die Grundidee damit zusammenhängt, sich, wie man sagen könnte, „mathematische Rückspeisungsschleifen" anzusehen: also Ausdrücke, deren Output als neuer Input in diese Ausdrücke zurückgespeist werden kann, so wie die aus einem Lautsprecher kommenden Töne periodisch in ein Mikrophon zurückkehren und wieder herausschallen können. Wie es sich anhörte, konnten aus der allereinfachsten Rückspeisungsschleife sowohl stabile als auch chaotische Muster entstehen (wenn da mal nicht ein Widerspruch in den Begriffen vorliegt!). Der Unterschied bestand lediglich im Wert eines einzelnen Parameters. Bereits sehr kleine Veränderungen im Wert dieses Parameters konnten den größten Unterschied auf der Welt, was das ordentliche Verhalten des übergeschnappten Systems betrifft, ausmachen. Mich faszinierte dieses Bild, wie Ordnung sanft in einem Chaos zergeht, aus geordneten Mustern allmählich Zufallserscheinungen werden.

Zudem schien es, als seien vor kurzem einige unerwartete „universelle" Merkmale des Übergangs ins Chaos ans Tageslicht geholt worden, Merkmale, die einzig und allein von der Präsenz der Rückspeisung abhingen und auf andere Details des Systems gar nicht eingingen. Diese Allgemeingültigkeit war bedeutsam, weil jedes mathematische Modell, das einen allmählichen Zugang zum chaotischen Verhalten darstellt, Schlüsselerkenntnisse hinsichtlich aller Arten von Turbulenzen in physikalischen Systemen liefern könnte. Turbulenzen sind im Gegensatz zu den meisten anderen Phänomenen, die physikalisch erklärlich sind, *nicht-lineare* Phänomene: zwei Auflösungen zu den Turbulenzgleichungen ergeben noch lange keine neue Lösung. Nicht-lineare mathematische Phänomene werden viel weniger verstanden als lineare, wodurch sich erklärt, warum den Physikern eine gute mathematische Beschreibung von Turbulenzen seit langem fehlt und von daher gesehen ein fundamentaler Durchbruch wäre.

Beim späteren Nachlesen über diese Ideen fand ich heraus, daß sie eigentlich gleichzeitig auf dem Boden vieler Disziplinen gewachsen waren. Reinrassige Mathematiker hatten begonnen, die Iteration nicht-linearer Systeme unter Zuhilfenahme von Computern zu analysieren. Meteorologen und Populationsgenetiker ebenso wie ihre Wissenschaftskollegen aus der theoretischen Physik, die sich in solch diverse Dinge wie Flüssigkeiten, Laser und Planetenbahnen vertieft hatten, hatten unabhängig voneinander ähnliche nicht-lineare mathematische Modelle aufgestellt, die chaosträchtige Rückspeisungsschleifen besaßen, und deren Eigenschaften untersucht. Und jeder dieser Stände stieß auf irgendwelche Sonderbarkeiten, die die anderen nicht gefunden hatten. Überdies hatten nicht nur die Theoretiker, sondern mit ihnen gleichzeitig auch die Experimentalisten aus diesen sehr unterschiedlichen Disziplinen chaotische Phänomene beobachtet, die in bestimmten Grundmustern übereinstimmen. Ich erkannte bald, daß die Einfachheit der zugrundeliegenden Ideen ihnen eine Eleganz verleiht, die meiner Meinung nach der Eleganz einiger der besten Ideen klassischer Mathematik in nichts nachsteht. Tatsächlich haftet dieser Arbeit zum Teil ein Hauch des achtzehnten oder neunzehnten Jahrhunderts an, der in diesem Zeitalter der umwerfenden Abstraktion erfrischend konkret ist.

Der Hauptgrund, warum man auf diese Ideen erst jetzt kommt, liegt wahrscheinlich darin, daß der Forschungsstil gänzlich modern ist: eine Art experimentelle Mathematik, in der der Digitalrechner die Rolle spielt wie das Schiff für Magellan, das Teleskop für den Astronomen und der Teilchenbeschleuniger für den Physiker; und um immer mehr verborgene Regionen der Natur aufzuspüren, müssen die Akzeleratoren immer größer, immer stärker werden, also braucht man Computer von immer größerer Kapazität, Rechengeschwindigkeit und Rechengenauigkeit. Genauso wie es ein goldenes Zeitalter für die Entdeckungsreisen zu Schiff und Entdeckungen mit Teleskopen und Teilchenbeschleuniger gab, in dem das Verhältnis von neu entdeckten Geheimnissen zu den Geldern, die dafür ausgegeben wurden, maximal war, könnte man nun erwarten, daß es ein goldenes Zeitalter in der experimentellen Mathematik solcher Modelle des Chaos gibt. Vielleicht ist dieses Zeitalter schon mal vorgekommen, oder vielleicht spielt es sich gerade ab. Und danach werden wir vielleicht erleben, wie kurzzeitig eine Schwemme theoretischer Arbeiten ausgestoßen wird, um diesen experimentellen Entdeckungen den nötigen Halt zu geben.

Jedenfalls macht diese Art Mathematik neugierig, und sie bringt Spaß. Mathematik so zu betreiben, bedeutet, Intuitionen und visuelle Vorstellungen direkt in den eigenen Verstehensprozeß zu integrieren. Mit Hilfe guter Computer kann man die herkömmliche Art Mathematik à la „Theorem-Beweis-Theorem-Beweis" umgehen und rasch zu *empirischen* Beobachtungen gelangen, die einander verstärken und ein üppiges und kohärentes Netzwerk von Resultaten bilden. Auf lange Sicht gesehen könnte es sich herausstellen, daß es dank der vorweg erfolgten sorgfältigen und gründlichen Erkundung des begrifflichen Territoriums einfacher ist, Beweisgrundlagen für diese Ergebnisse zu finden (wenn Beweise noch erwünscht sind). Mathematik auf diese Art zu betreiben, hat gleichsam etwas Parvenühaftes an sich und findet nicht bei allen Mathematikern Gefallen.

Einer der stärksten Verfechter dieser Art zu mathematisieren ist Stanislaw M. Ulam gewesen, der, als die Computer noch in den Kinderschuhen steckten, sie auf Probleme nicht-linearer Iteration ebenso wie auf Probleme aus vielen anderen Verzweigungen der Mathematik ansetzte. Viele der Ideen, die hier im folgenden umrissen werden, stammen aus Ulams frühen Studien zusammen mit Paul Stein.

* * *

Soviel zur Romantik. Arbeiten wir uns nun aber zum Begriffspaar „seltsamer Attraktor" hoch, wobei wir mit dem grundlegenderen der beiden Begriffe, nämlich dem des *Attraktors*, beginnen wollen. Dieser ganze Bereich fußt auf einem Konzept: der Iteration einer reell-wertigen mathematischen Funktion – d. h. dem Verhalten der Werte-Sequenz $x, f(x), f(f(x)), f(f(f(x))), \ldots$, wobei f eine einigermaßen interessante Funktion darstellt. Den Anfangswert von x nennt man *Same*. Die Idee dabei ist, das Ergebnis von f (also seinen Output) immer wieder in f zurückzuspeisen (als neuen Input) und zu sehen, ob daraus irgendeine Art von Muster entsteht.

Ein interessantes und nicht allzu schwieriges Problem bezüglich der Iteration einer Funktion lautet: Können Sie eine Funktion p kreieren, die die Eigenschaft hat, daß für jeden reellen Wert von x $p(x)$ genauso reell ist, und bei der $p(p(x))$ gleich $-x$ ist? Was dem Problem einen Effet gibt, ist die Bedingung, daß $p(x)$ reell ist; ansonsten würde die Funktion $p(x) = ix$ (wobei i die Wurzel aus -1 ist) glücken. Tatsächlich könnte man sogar den herausfordernden Einfall haben, eine reell-wertige „Wurzel aus dem Minuszeichen" zu finden. Ein verwandtes Problem ist, eine reell-wertige Funktion q zu finden, die die Eigenschaft hat, daß $q(q(x)) = 1/x$ ist, wobei sämtliche Werte von x ungleich null sind. Dabei ist zu beachten, daß, ganz gleich wie p und q konstruiert werden, beide die Eigenschaft besitzen, daß sich durch wiederholtes Iterieren eines beliebigen Samens ein Zyklus der Länge 4 ergibt.

Um es genereller zu sagen, bei welchen Arten von Funktionen ist die Wahrscheinlichkeit am größten, daß bei wiederholtem Iterieren interessante zyklische oder fast zyklische Verhaltensweisen zutage treten? Eine so einfache Funktion wie $3x$ oder x^3 schafft das, wenn sie iteriert wird, nie. Die n-te Iteration von $3x$ z. B. ist $3 \times 3 \times 3 \times \ldots \times 3x$ mit n-vielen 3ern – d. h. $3^n x$ – und die n-te Iteration von x^3 einfach $(((x^3)^3)^3)^{\cdots 3}$ mit n-vielen 3ern wiederum, was das gleiche ist wie x^{3n}. Das hat mit einem Zyklus überhaupt nichts zu tun; die Werte klettern ständig nur nach oben. Um diesen Trend umzukehren, benötigt man eine Funktion mit einer Art Rückschaltmechanismus – eine kleine Zickzackkurve oder Spirale. Um es mit dem *terminus technicus* auszudrücken: Man benötigt eine *nicht-monotone* Funktion, also eine Funktion, deren Graph gefaltet ist – d. h. er verläuft, sagen wir einmal, zuerst nach oben und krümmt sich dann in die andere Richtung, also wieder nach unten.

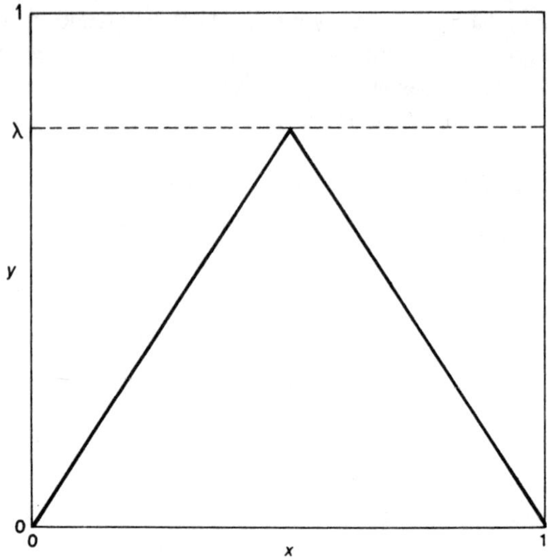

(a)

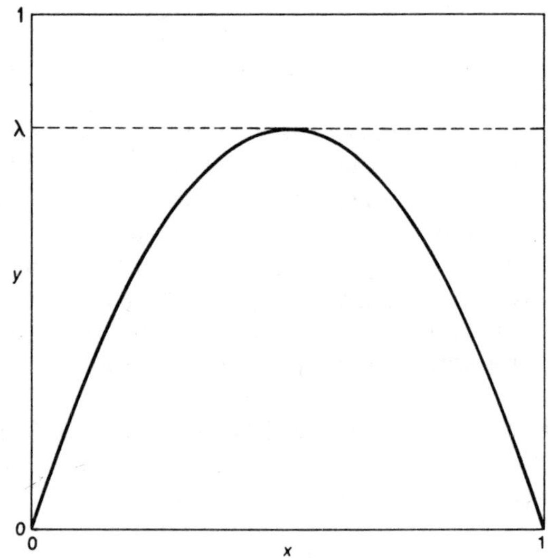

(b)

Abbildung 15-1. Zwei nicht-monotone bzw. „gefaltete“ Funktionen in zwei einheitlichen Quadraten. In (a) ein Sägezahn und in (b) eine Parabel. Die maximale Höhe von beiden ist durch den Parameter λ definiert.

In Abbildung 15-1a sehen wir einen Sägezahn, dessen Spitze nach oben zeigt, und in Abbildung 15-1b einen sich sanft krümmenden Bogen, eine Parabel. Beide entstehen im Nullpunkt und erreichen schließlich eine größte Höhe λ, von der aus sie wieder nach unten fallen und am äußeren Ende des Intervalls landen. Natürlich gibt es unzählig viele Formen, die bis zur Höhe λ steigen und dann wieder nach unten kommen, doch zählen die erwähnten zwei Formen zu den einfachsten. Die einfachere der beiden ist wahrscheinlich die Parabel, oder wenigstens die mathematisch reizvollere. Ihre Gleichung lautet $y = 4\lambda\, x\,(1-x)$, wobei λ nicht größer ist als 1.

Wir erlauben nur Eingabewerte (Werte von x), die zwischen 0 und 1 liegen. Wie der Graph zeigt, liegt der Ausgabewert (y) für jedes beliebige x in diesem Intervall zwischen 0 und λ. Deshalb kann der Ausgabewert immer als Eingabewert in die Funktion zurückgespeist werden, wodurch sichergestellt ist, daß eine weitere Iteration immer möglich ist. Wenn man eine „gefaltete" Funktion auf diese Weise iteriert, werden die nacheinander entstehenden y-Werte manchmal größer und manchmal kleiner werden – natürlich immer im Bereich zwischen 0 und λ. Die Faltung des Graphen garantiert interessante Effekte, wenn die Funktion iteriert wird – wie wir noch sehen werden.

Wie sich zeigt, sind die oben erwähnten spektakulären Unterschiede im Grad der Regelmäßigkeit der Muster darauf zurückzuführen, wie wir an dem „λ-Knopf" drehen, um es mal so zu sagen. Abhängig davon, auf welchen Wert wir den Knopf einstellen, ergibt sich aus der Funktion eine unglaubliche Vielfalt von „Bahnen" – d. h. Sequenzen x, $f(x)$, $f(f(x))$ usw. Insbesondere wenn λ kleiner als ein bestimmter kritischer Wert wird, nämlich $\lambda_k = 0{,}892486417967\ \ldots$, gilt, daß die Bahnen sämtlich regulär und ordentlich sind (obgleich es unterschiedliche Ordnungsstrukturen gibt; je kleiner λ im allgemeinen ist, desto einfacher die Bahnordnungsstruktur), aber wehe, wenn λ genau bei oder über diesem kritischen Wert liegt! Ganz gleich welchen positiven Wert von x man als Samen einsetzt, die Werte x, $f(x)$, $f(f(x))$, … werden immer eine durch und durch chaotische Werte-Sequenz ergeben. Im Fall der Parabel scheint P. J. Myrberg als erster zu Anfang der sechziger Jahre erkannt zu haben, welch kritische Rolle es spielte, wenn man am λ-Knopf drehte, aber seine Arbeit erschien nur in einer wenig bekannten Zeitschrift und zog keine allzu große Aufmerksamkeit auf sich. Etwa zehn Jahre später entdeckten Nicholas C. Metropolis, Paul Stein und Myron Stein wieder die Bedeutung des Knopfs nicht nur für die Parabel, sondern auch für viele andere Funktionen. Jedoch entdeckten sie erstmals, daß die Funktion selbst für bestimmte topologische Eigenschaften irrelevant war – wichtig war allein der Wert von λ. Diese Eigenschaft wird mittlerweile als „strukturelle Universalität" bezeichnet.

* * *

Um zu begreifen, wie es zu einer solchen unmittelbar nicht erkennbaren Abhängigkeit, welcher Wert am λ-Knopf gerade eingestellt ist, kommt, ist es nötig, einen zusätzlichen Sehsinn für den Iterationsprozeß von $f(x)$ zu entwickeln, was sich sofort bewerkstelligen läßt. Angenommen, wir stellen λ bei 0,7 ein. Der Graph von $f(x)$ erscheint in Abbildung 15-2. Hinzu erscheint die Linie $y = x$ als eine gestrichelte 45°-Linie. (Dieser Graph wurde wie die meisten anderen in diesem Kapitel von Mitchell J. Feigenbaum am Los Alamos National Laboratory mit Hilfe eines kleinen Computers erzeugt.)

Sehen wir uns einmal die beiden x-Werte an den Stellen an, wo sich die 45°-Linie und die Kurve schneiden. Sie liegen bei $x = 0$ und $x = 9/14 = 0{,}643$. Bezeichnen wir den Wert, der nicht null ist, mit x^*. Dann ist durch Konstruktion $f(x^*)$ gleich x^*, und wenn man anschließend die Iteration von f bei diesem x-Wert beginnt und fortsetzt, gerät man in eine Endlosschleife. Das gleiche passiert, wenn man die Iteration bei $x = 0$ beginnt: Man verfängt sich in einer Endlosschleife. Allerdings gibt es einen bedeutenden Unterschied zwischen diesen beiden *Fixpunkten* von f. Am besten läßt sich das zeigen, wenn man einen anderen Anfangswert von x verwendet, sagen wir einen, der nahe bei 0,04 liegt, wie man anhand der genannten Abbildung sehen kann. Nennen wir diesen Anfangs-x-Wert x_0. Zur Bahnerzeugung aus einem Samen x_0 gibt es ein elegantes graphisches Mittel. Eine vertikale Linie beim x-Wert x_0 trifft die Kurve auf der Höhe von $y_0 = f(x_0)$. Um f zu iterieren, müssen wir nun eine neue vertikale Linie ziehen, deren Ursprung der neue x-Wert ist, der gleich dem vorangegangenen y-Wert ist. Hier kommt die 45°-Linie $y = x$ gelegen. Wir bleiben auf der Höhe y_0 und wandern nur auf der Horizontalen weiter, bis wir an die 45°-Linie stoßen. Da auf dieser Linie y gleich x ist, sind beide, x und y, gleich y_0. Sagen wir nun, daß dieser neue x-Wert x_1 ist, und ziehen wir dann eine zweite vertikale Linie. Diese trifft die Kurve auf der Höhe von $y_1 = f(x_1) = f(y_0) = f(f(x_0))$. Und so geht es jetzt einfach weiter.

Iteration läßt sich graphisch mit einem einfachen Rezept realisieren, das kurz zusammengefaßt lautet:

1) Man gehe auf der Vertikalen so weit vor, bis man auf die Kurve stößt; dann
2) gehe man auf der Horizontalen so weit vor, bis man auf die diagonale Linie trifft.

Man wiederhole die Schritte 1) und 2) am laufenden Band.

Die Resultate dieser Vorgehensweise mit einem Samen $x_0 = 0{,}04$ sind ebenfalls in der Abbildung 15-2 zu sehen. Munter kreisen wir immer um den Punkt herum, dessen x-Koordinate und y-Koordinate x^* sind. Nach und nach kreisen wir diesen Punkt immer mehr ein. Hier liegt mit x^* eine besondere Art Fixpunkt vor, weil er iterierte Werte von $f(x)$ an sich zieht. Dies ist das einfachste Beispiel für einen *Attraktor*: Jeder mögliche Samen (außer 0) wird durch Iteration von f zu diesem stabilen x-Wert hingezogen. Man nennt dieses x^* deshalb einen *attraktiven* bzw. *stabilen* Fixpunkt. Im Gegensatz dazu ist 0 ein *abweisender* oder *instabiler* Fixpunkt, da sich die Bahn jedes anfänglichen x-Wertes, selbst wenn er um einen infinitesimalen Betrag von 0 entfernt ist, laufend von 0 weg zu x^* hin bewegen wird. Man sollte sich merken, daß die Iterate von f bisweilen über x^* hinausschießen, bisweilen darunter bleiben – aber sich unermüdlich x^* nähern, indem sie diesen Koordinatenpunkt ansteuern wie die Schwalben, die immer wieder an denselben Ort zurückkehren. Man könnte auch an so vertraute und entzückende Beutejäger-Metaphern denken wie Raketenflugkörper, die ihre Ziele anfliegen, indem sie deren ausstrahlende Wärme verfolgen, oder Moskitos, Bluthunde, Nazi-Verfolger, Haie …

Wie erklärt sich dieser radikale qualitative Unterschied zwischen den beiden Fixpunkten (0 und x^*) von f? Nun, durch die Tatsache, daß die Kurve bei 0 zu steil ansteigt, wie ein genauer Blick auf Abbildung 15-2 zeigt. Die Steigung beträgt dort genauer gesagt mehr als 45°. Die jeweilige lokale Steigung der Kurve bestimmt, wie

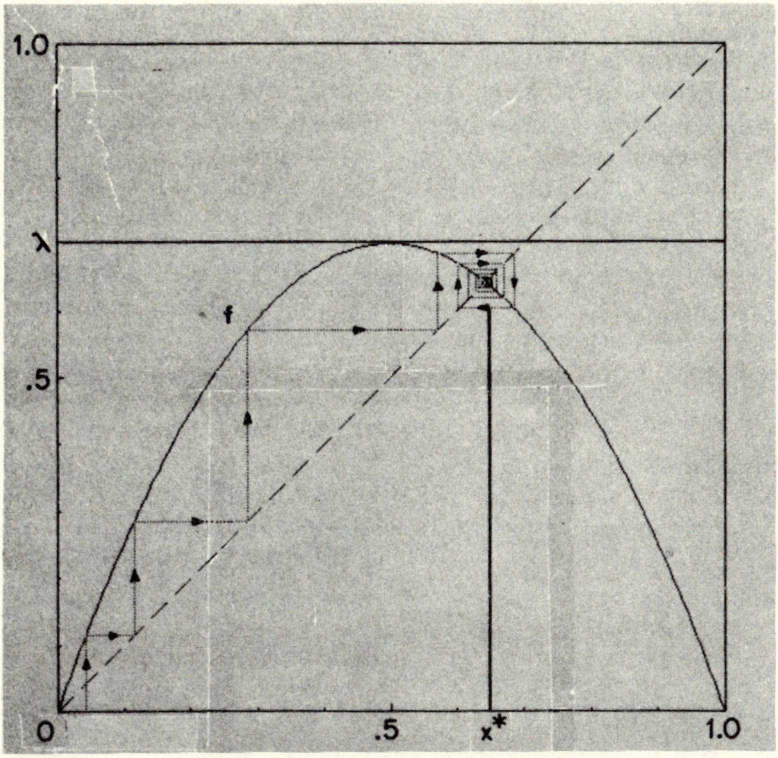

Abbildung 15-2. Die Parabel, wie sie durch die Einstellung des „λ-Knopfes“ auf 0,7 definiert ist. Als „Same“ für die Iteration wird ein Anfangswert von x eingesetzt, der ungefähr bei 0,04 liegt, wobei der weitere Verlauf dargestellt ist. Schließlich pendelt sie sich an einem Fixpunkt ein, der mit x^* gekennzeichnet ist.

---

weit man auf der Horizontalen nach rechts geht, wenn man f jedesmal iteriert. Wenn die Kurve steiler als 45° ausfällt (nach oben oder nach unten), entsteht die Tendenz, daß man vom Ausgangspunkt immer weiter weggezogen wird, solange man nach den Regeln 1) und 2) am laufenden Band iteriert. Das Kriterium für die Stabilität eines Fixpunktes ist daher: Die Steigung an einem Fixpunkt sollte weniger als 45° betragen. Nun, das trifft für x zu, wenn λ gleich 0,7 ist. In diesem Fall beträgt die Steigung ungefähr 41°, wohingegen sie im Nullpunkt wesentlich größer als 45° ist.

Was passiert, wenn wir λ größer machen? Die Position von x^* wird sich ändern (der Definition nach ist x^* die x-Koordinate des Schnittpunkts, wo die Kurve f und die Linie $y = x$ zusammentreffen), und desgleichen wird die Steigung von f bei x^* zunehmen. Was passiert, wenn die Steigung 45° erreicht oder gar darüber hinausgeht? Dieser Fall tritt ein, wenn λ gleich 3/4 ist. Wir wollen diesen speziellen Wert, auf den wir den λ-Knopf einstellen können, Λ_1 nennen. Stellen wir aber λ etwas größer ein, sagen wir auf 0,785 (siehe Abbildung 15-3).

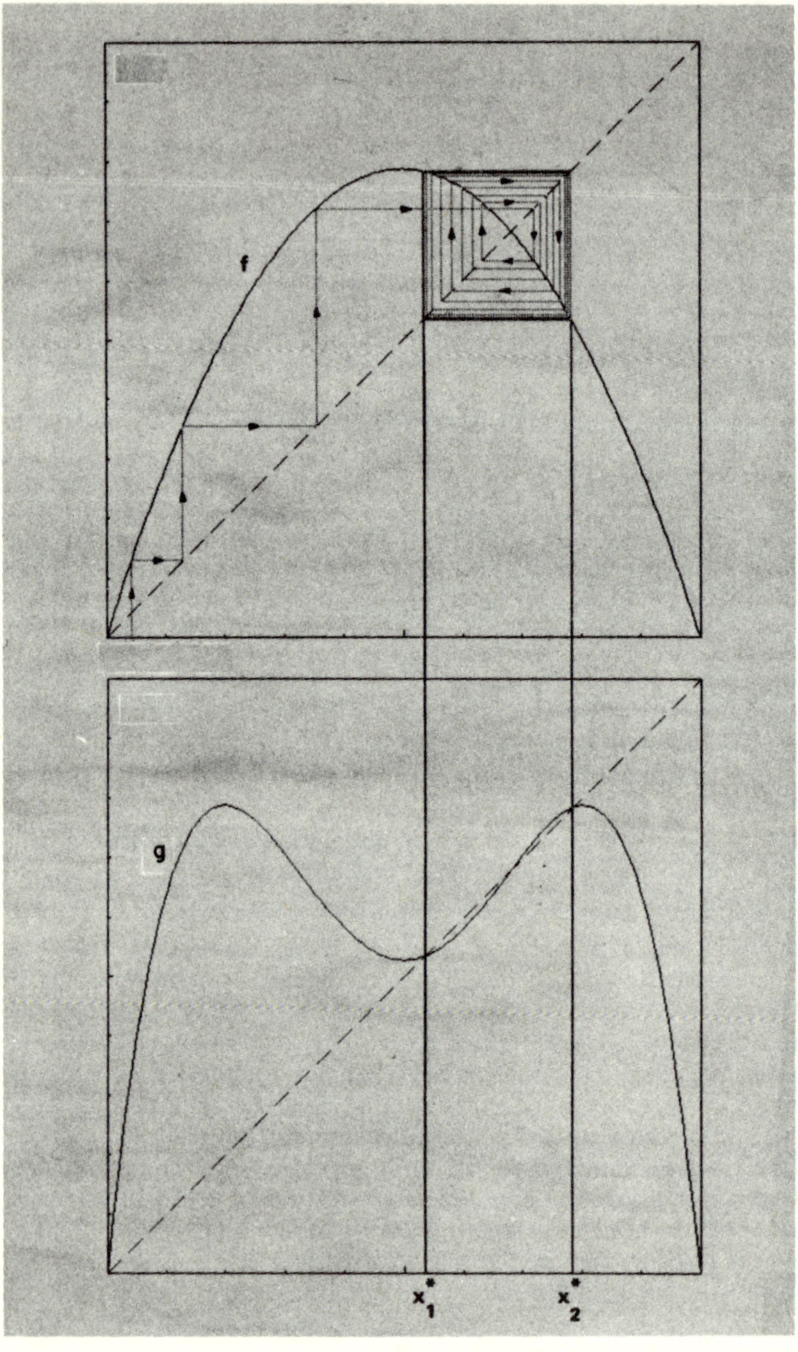
f
g
x*1
x*2

Was geschieht, wenn wir hier mit einem willkürlichen Samen beginnen, beispielsweise mit $x = 0{,}04$? Die Bahn, die sich daraus ergibt, ist in Abbildung 15-3 oben zu sehen. Wie man sieht, passiert etwas sehr Hübsches. Zuerst steigen die Werte in die Nähe von x^* (jetzt ein instabiler Fixpunkt von f), dann aber drehen sie sich allmählich spiralenartig nach außen und finden schließlich nach und nach zu einer Art „Quadrille", indem sie zu zwei Spezialwerten x^*_1 und x^*_2 konvergieren. Dieses elegante Oszillieren nennt man einen *2-Zyklus*, und das x-Wertepaar (x^*_1 und x^*_2), aus dem dieser 2-Zyklus besteht, wiederum einen Attraktor – genauer gesagt handelt es sich um einen Attraktor der Periode 2. Dieser Ausdruck besagt, daß unser 2-Zyklus stabil ist: Er zieht x-Werte weit und breit an sich, sobald f iteriert wird. Schließlich verfällt die Bahn für jeden positiven Wert des Samens (außer x^* selbst) dem gleichen Tanz. Damit soll ausgesagt werden, daß sich die Bahn dem perfekten 2-Zyklus, der sich aus den Punkten x^*_1 und x^*_2 zusammensetzt, asymptotisch annähert, auch wenn sie diesen nie ganz exakt erreicht. Vom Standpunkt eines Physikers her gesehen aber wird die Genauigkeit der Annäherung so groß, daß man ebensogut sagen könnte, die Bahnen sind dem Attraktor „in die Falle" gegangen.

Ein einleuchtender Weg zum Verständnis dessen ist, sich einen Graphen einer neuen Funktion, die aus der alten gewonnen wurde, anzusehen. Betrachten wir den Graphen von $g(x) = f(f(x))$, wie er in Abbildung 15-3 unten dargestellt ist. Dieses zweihöckrige Kamel nennen wir das *Iterat* von f. Zuallererst können wir beobachten, daß jeder Fixpunkt von f auch ein Fixpunkt von g ist, und somit 0 und x^* Fixpunkte von g sein werden. Zweitens aber stellen wir fest, daß g, da $f(x^*_1)$ gleich x^*_2 ist, und umgekehrt $f(x^*_2)$ gleich x^*_1, zwei neue Fixpunkte bekommen wird: $g(x^*_1) = x^*_1$ und $g(x^*_2) = x^*_2$. Graphisch dargestellt lassen sich x^*_1 und x^*_2 leicht finden: sie sind Schnittpunkte der 45°-Linie mit dem zweihöckrigen Graphen von $g(x)$. Insgesamt gibt es vier solcher Punkte (die beiden anderen sind 0 und x^*). Wie wir gesehen haben, lautet das Kriterium für die Stabilität jedes Fixpunktes unter Iteration so, daß die Steigung an diesem Punkt kleiner als 45° sein soll. Uns geht es hier um die Fixpunkte von g und folglich um die Steigung von g (im Unterschied zu der von f). Wie man in derselben Abbildung deutlich sehen kann, ist die Steigung von g bei 0 und x^* steiler als 45°, wohingegen sie sowohl bei x^*_1 als auch bei x^*_2 flacher als 45° ausfällt. Recht bemerkenswert ist auch, daß nicht nur beide Steigungswerte kleiner als 45° sind, sondern, wie sich anhand einer einfachen Rechnung herausstellt, auch gleichwertig (oder, wie man bisweilen noch sagt, aneinander „gekoppelt").

* * *

Abbildung 15-3. Hier wurde der λ-Knopf etwas höher eingestellt; er steht jetzt bei 0,785. Oben sieht man f selbst und unten die zweihöckrige Iterierte g von f. Schließlich wird ein typischer Same in eine Art Polka kommen, wobei er zwischen den Werten x^*_1 und x^*_2 asymptotisch hin und her hüpft.

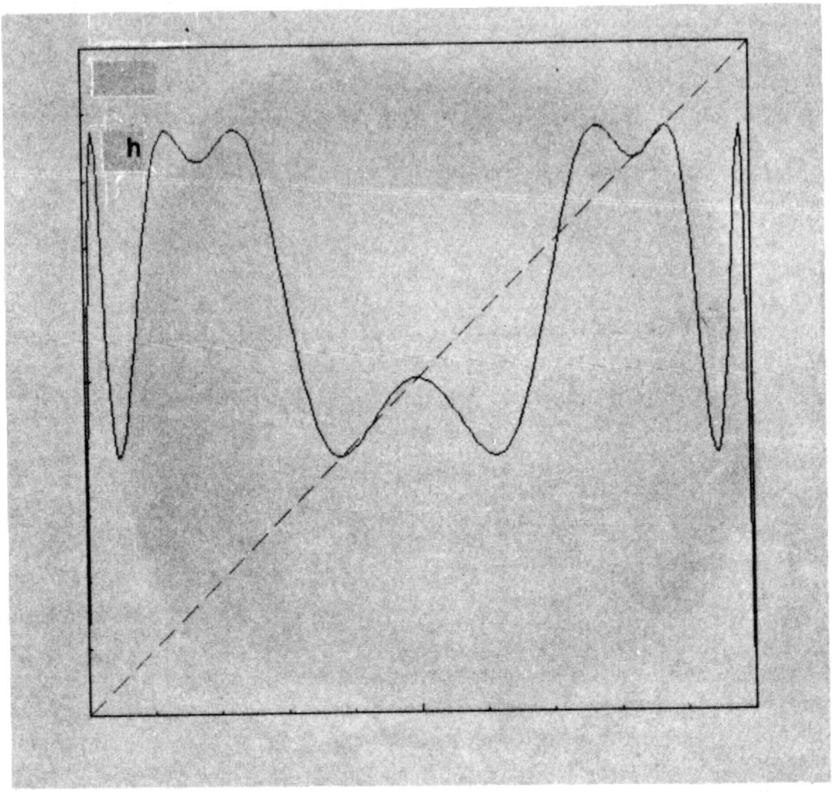

Abbildung 15-4. Ein Bild von *f*'s Iterierten Iterierten *h* bei einem noch höher eingestellten λ-Wert, nämlich 0,87.

Wir haben soeben gesehen, wie ein Attraktor der Periode 1 in einen Attraktor der Periode 2 bei einem bestimmten Wert von λ (nämlich λ = 3/4) konvertiert wird. Genau bei diesem Wert splittet sich der Fixpunkt x^* in zwei oszillierende Werte, x_1^* und x_2^*, auf. Natürlich fallen sie im „Entstehungsort" zusammen, geraten aber mit zunehmenden λ immer weiter auseinander. Die Zunahme von λ bewirkt auch, daß die Steigung von *g* an diesen beiden auseinandergetriebenen Fixpunkten (von *g*) immer steiler wird, bis schließlich bei einem bestimmten λ-Wert *g* wie sein Vorläufer *f* seine eigene Bruchgrenze erreicht (d.h. die beiden identischen Steigungen in den zwei Fixpunkten x_1^* und x_2^* überschreiten 45°); und in der Folge bricht jeder dieser zwei Anzugspunkte auseinander und setzt seinen eigenen lokalen 2-Zyklus in die Welt. (Diese 2-Zyklen betreffen nur *g*; für *f* sind die neuen Punkte Bestandteile eines Attraktors der Periode 4. Man muß sich immer merken, daß *f* und *g* streng auseinanderzuhalten sind!) Die beiden Aufspaltungsprozesse ereignen sich genau im selben „Moment" (d. h. beim selben Wert, auf den man den λ-Knopf eingestellt hat), da der Wert der Steigung von g bei x_1^* fest an den Wert der Steigung bei x_2^* gekoppelt ist. Wir schreiben diese Einstellung des λ-Knopfes als Λ_2; sie hat den Wert 0,86237 …

Man kann den Knalleffekt hier vielleicht schon ahnen, wie bei einem Witz, sobald man einmal das Thema und eine Variation davon gehört hat. Mittlerweile haben Sie wahrscheinlich schon gemutmaßt, daß sich sämtliche vier Punkte im Attraktor von f bei einem bestimmten neuen Wert von Λ_3 gleichfalls aufspalten und einen periodischen Attraktor, bestehend aus acht Punkten, hervorbringen werden, und daß dieses Muster sich so fortsetzen wird, indem verdoppelt und immer wieder verdoppelt wird, während man auf der Skala des λ-Knopfes verschiedene Werte erreicht. Diese Vermutung ist ganz richtig, und der Grund dafür ist jedesmal eigentlich derselbe: der kritische 45°-Winkel wird von den (identischen) Steigungen in allen stabilen Fixpunkten eines Graphen erreicht. Im Fall der ersten Spaltung (bei Λ_1) war es die Steigung von f in dem einen Punkt x^* selbst. Die nächste Spaltung geschah infolge der Steigungen bei den beiden stabilen Fixpunkten von g, x_1^* und x_2^*, die gleichzeitig 45° erreichten. Analog dazu ist Λ_3 derjenige Wert von λ, mit dem die Steigung von $h(x) = g(g(x)) = f(f(f(f(x))))$ gleichzeitig bei allen vier stabilen Fixpunkten von h die 45°-Grenze erklimmt. Und so geht das weiter. In Abbildung 15-4 sieht man den höckrigen Verlauf von $h(x)$ bei einem λ-Wert von ungefähr 0,87.

In Abbildung 15-5 sind die Orte der stabilen Fixpunkte von f auf der x-Achse für Λ_1 bis Λ_6 zu sehen (im letztgenannten Fall gibt es deren 32, und manche liegen so dicht beisammen, daß man sie nicht unterscheiden kann). Die Abbildung zeigt die Punkte genau in dem Moment, in dem sie instabil werden, ähnlich einer Zelle, die kurz vor der Teilung steht. Man werfe einen Blick auf das gleichmäßige Muster in der Verteilung der Attraktionspunkte. Wenn man sich die Abstände der Elemente der nächsten durch Perioden-Verdoppelung gewonnenen Attraktoren von f in den einzelnen Diagrammen ansieht, erkennt man leicht, daß jede Zeile aus der über ihr liegenden erzeugt werden kann, und zwar nach einem rekursiven geometrischen Schema, in dem jeder Punkt auf der oberen Zeile durch zwei „Zwillingspunkte" auf der unteren abgebildet wird. Jedes lokale Muster einer Punkte-Anhäufung ist das genaue Abbild des globalen Musters, in dem die Punkte angehäuft sind; das lokale Muster ist einfach im Maßstab verkleinert (wie auch bei den aufeinanderfolgenden lokalen Anhäufungen links und rechts seitenvertauscht sind). Zur Veranschaulichung ist in der untersten Zeile eine lokale Gruppe von acht Punkten farblich herausgestellt. Es fällt auf, daß die Punktegruppe wie eine Miniaturausgabe des globalen Musters aussieht, das zwei Zeilen weiter oben angesiedelt ist.

Die Entdeckung dieser rekursiven Regelmäßigkeit, die zuerst von Feigenbaum auf einem kleinen Taschenrechner gemacht wurde, zählt zu den größten Fortschritten, die auf diesem Gebiet in jüngster Zeit erzielt wurden. Sie besagt insbesondere, daß man zur Erzeugung der Zeile $n + 1$ aus Zeile n lediglich jeden Punkt auf der Zeile n nimmt und auf der Zeile $n + 1$ seine „Zwillingspunkte" abbildet. Die neue Punkte-Generation sollte etwa 2,5mal dichter zusammenliegen als die alte Generation. Genauer ausgedrückt, die Distanz zwischen den neuen Zwillingspunkten sollte α-mal kleiner sein als die Distanz zwischen ihrem einen Elternteil und dessen ersten Zwilling, wobei α eine

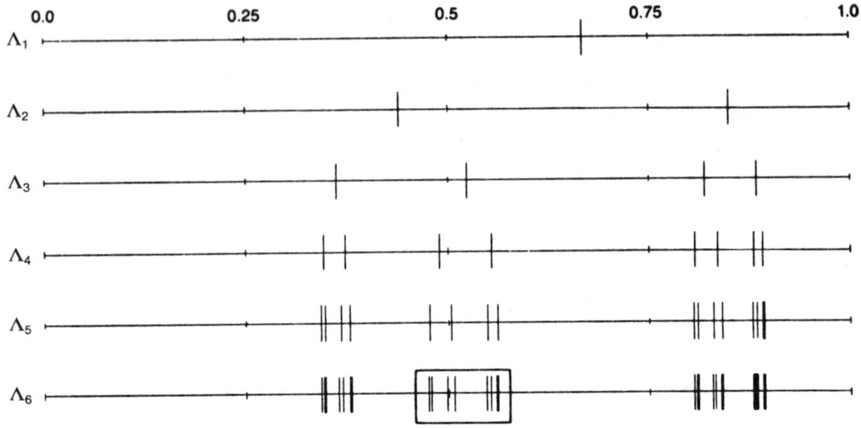

Abbildung 15-5. Hier sieht man, wie stabile Attraktoren instabil werden und bei einer Reihe von größer werdenden λ-Werten, die mit Λ_n gekennzeichnet sind, eine „Spaltung" durchmachen, wobei $n = 1, 2, 3, \dots$ usw. ist. Man beachte dabei die Ähnlichkeit des umrandeten Untermusters auf der untersten Zeile mit dem Gesamtmuster zwei Zeilen darüber. Diese Ähnlichkeit wird um so genauer, je größer n wird.

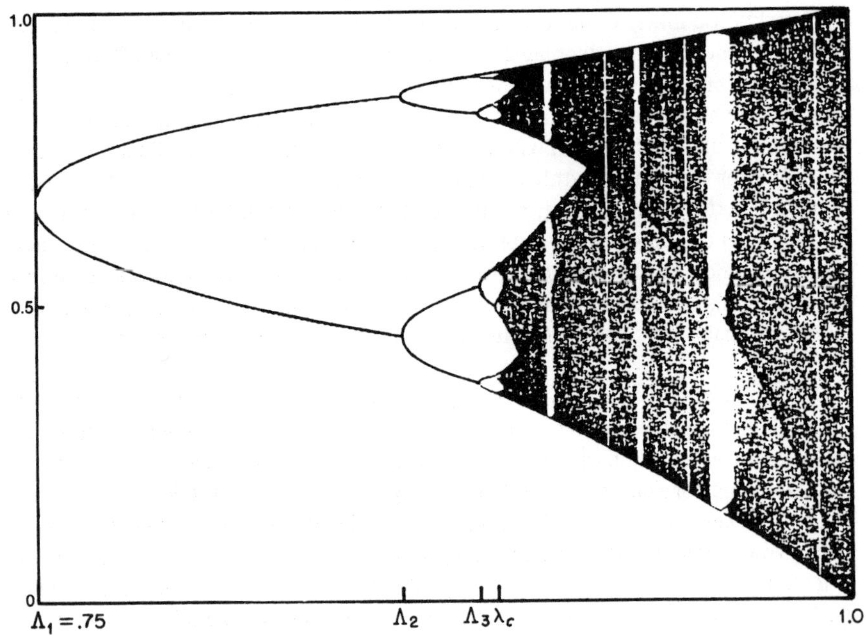

Konstante und ungefähr gleich 2,5029078750958928485 ... ist. Diese Regel trifft mit immer größerer Genauigkeit zu, je größer n wird.

Wie steht es mit den Λ-Werten? Nähern sie sich asymptotisch dem Wert 1? Erstaunlicherweise nicht. Diese Λ-Werte konvergieren schnell zu einem bestimmten kritischen Wert λ_k, der ungefähr bei 0,892486418 ... liegt. Ihre Konvergenz verläuft bemerkenswert gleichmäßig, insofern als die Distanz zwischen aufeinanderfolgenden Λ-Werten geometrisch schrumpft. Genauer gesagt nähert sich das Verhältnis $(\Lambda_n - \Lambda_{n-1})/(\Lambda_{n+1} - \Lambda_n)$ einem konstanten Wert δ, wie ihn sein Entdecker Feigenbaum nennt, während ihn andere einfach als „Feigenbaum-Konstante" bezeichnen. Er beträgt etwa 4,66920160910299097 ...

Kurzum, wenn sich λ dem Wert λ_k annähert, verdoppelt sich bei bestimmten λ-Werten, die mit der Feigenbaum-Konstante δ im voraus berechnet werden können, die Population des Attraktors von f, und ihre sich zunehmend vermehrenden Elemente arrangieren sich entsprechend eines einfachen rekursiven Schemas, dessen hauptsächlich bestimmender Parameter Feigenbaums andere Konstante α ist, geometrisch auf der x-Achse.

Für λ größer als λ_k – was man auch das *chaotische Regime* nennt – können bei weiteren Iterationen von f, wenn man bestimmte Anfangswerte verwendet, im Endeffekt Bahnen herauskommen, die nicht zu einem endlichen Attraktor konvergieren. Wir nennen diese Bahnen *aperiodisch*. Bei den meisten Anfangswerten bleibt die Bahn periodisch, doch ist die Periodizität sehr schwer auszumachen. Zunächst einmal wird es sich um eine extrem hohe Periode handeln. Im weiteren wird auch die Bahn viel chaotischer ausfallen als zuvor. Eine typische periodische Bahn bewegt sich dann nicht geradewegs auf einen geometrisch einfachen Attraktor zu, sondern mäandert durch das gesamte Intervall [0,1], und man wird ihr Verhalten kaum vom totalen Chaos unterscheiden können. Ein solches Verhalten nennt man *ergodisch*. Ferner können nahe beisammen liegende Samen innerhalb einer sehr kleinen Zahl von Iterationsschritten äußerst unterschiedliche Bahnen hervorbringen. Kurzum, wenn λ größer als λ_k ist, wird eine *statistische* Betrachtung der Phänomene um einiges vernünftiger.

In Abbildung 15-6 wird der Weg ins Chaos über die Periodenverdoppelung sehr schön porträtiert; genauso sieht man, was passiert, wenn man da erst einmal hineingeraten ist. Die Gabelungen fallen sofort ins Auge, und da der Abstand in der Horizontalen von einer Gruppe zur nächsten geometrisch schrumpft, wird der Beginn des Chaos bei λ_k deutlich sichtbar. Allerdings kommt die Regelmäßigkeit des Musters *rechts* von λ_k – d.h. unter dem chaotischen Regime – völlig unerwartet. Bestimmt liegen in diesem eleganten Graphen noch viele mathematische Geheimnisse unter Verschluß.

Abbildung 15-6. Ein Graph zeigt, wie sich die Attraktoren entwickeln, wenn λ von 0 gegen 1 wandert. Gabelungen beginnen bei $\lambda = 0{,}75$ und eskalieren zu einem Chaos. Der „chaotische Bereich", der bei $\lambda = 0{,}892\ldots$ beginnt, weist eine unerwartet schöne und feine Struktur auf. [Aus „Roads to Chaos" („Wege ins Chaos") von Leo P. Kadanoff, erschienen in *Physics Today*, Dezember 1953, S. 51; vgl. auch J. P. Crutchfield, D. Farmer und B. A. Huberman in *Physics Report*, Vol. 92, S. 45–82, Dezember 1982.]

Nun, was haben solche neuartigen Konzepte wie die Iteration gefalteter Funktionen, Perioden-Verdoppelung, chaotisches Regime usw. mit der Betrachtung von Turbulenzen in hydrodynamischen Strömungen, erratischen Populationsfluktuationen in den Beziehungen von Räuber und Beute und der Instabilität von Lasern zu tun? Die Grundidee liegt im Unterschied zwischen laminaren und turbulenten Strömungen verborgen. In einer ungestört dahinfließenden Flüssigkeit ist die Strömung *laminar* – ein sanftes und weiches Wort, das aussagt, daß sämtliche Moleküle in der Flüssigkeit sich wie Autos auf einer mehrspurigen Autobahn bewegen. Die Hauptmerkmale sind: 1) jedes Auto folgt der gleichen Spur wie das vorausfahrende und 2) zwei sich nahe Autos, unabhängig davon, ob sie in der gleichen Spur fahren oder in einer anderen, werden sich mit der Zeit langsam voneinander trennen – im wesentlichen proportional zur Differenz in ihren Geschwindigkeiten – also linear. Diese Merkmale treffen auch auf Flüssigkeitsmoleküle in einer laminaren Strömung zu; die Fahrspuren heißen dort *Stromlinien* oder *Laminae*.

Wird im Gegensatz dazu eine Flüssigkeit durch eine äußere Kraft in Unruhe versetzt, wird aus dem sanften Verhalten ein turbulentes, wie man es beobachten kann, wenn man am Strand steht und die Wellen branden sieht, oder wenn man Kaffeesahne in den Kaffee rührt. Sogar das Wort „turbulent" ist dem Klang nach härter und steifer als das sanfte Wort „laminar". Das Bild von einer mehrspurigen Autobahn ist hier nicht mehr anwendbar; die Stromlinien gehen auseinander und verschlingen sich zu den ringelförmigsten Gebilden, wie man in Abbildung 15-7 sehen kann. In solchen Systemen gibt es gleichzeitig Strudel und Wirbel und alle Arten von unsagbaren Quirlen in allerlei Größenordnungen, und folglich können zwei Punkte, die anfangs eng beieinander lagen, sehr bald in total unterschiedlichen Regionen der Flüssigkeit landen. Solche schnell divergierenden Verlaufsformen sind kennzeichnend für Turbulenzen. Die Distanz zwischen zwei Punkten kann mit der Zeit exponentiell größer werden statt nur linear; den Zeit-Koeffizienten im Exponenten nennen wir *Lyapunow-Zahl*. Wenn von Chaos in turbulenten Strömungen die Rede ist, ist dieses rapide, fast unvorhersagbare Auseinandertreiben von benachbarten Elementen gemeint. Ein solches Verhalten erinnert auffällig an die rapide Trennung von zwei Bahnen unter dem chaotischen Regime von λ, deren Samen ursprünglich sehr nahe beisammen gelegen haben.

Dies legt den Gedanken nahe, daß das „Szenarium" (wie man sagt), nach dem ordentliche, periodische Bahnen allmählich den unordentlichen, chaotischen Bahnen unserer parabolischen Funktion weichen, mathematisch gesehen identisch zum Szenarium sein könnte, welches dem Übergang zur Turbulenz in einer Flüssigkeit oder

---

Abbildung 15-7. Die Annäherung an Turbulenz. Die oberen zwei Bilder zeigen, wie ein Stäbchen ein einziges Mal durch eine viskose Flüssigkeit gezogen wird, wobei es kleine Wirbel hinter sich herzieht. In den unteren zwei Bildern wurde das Stäbchen mehrmals hindurchgezogen; daher bilden sich kompliziertere und scheinbar rekursive Formen. Vergleichen Sie diese Abbildung mit Abbildung 12-4! [Aus *Sensitive Chaos* („Vernünftiges Chaos") von Theodor Schwenk.]

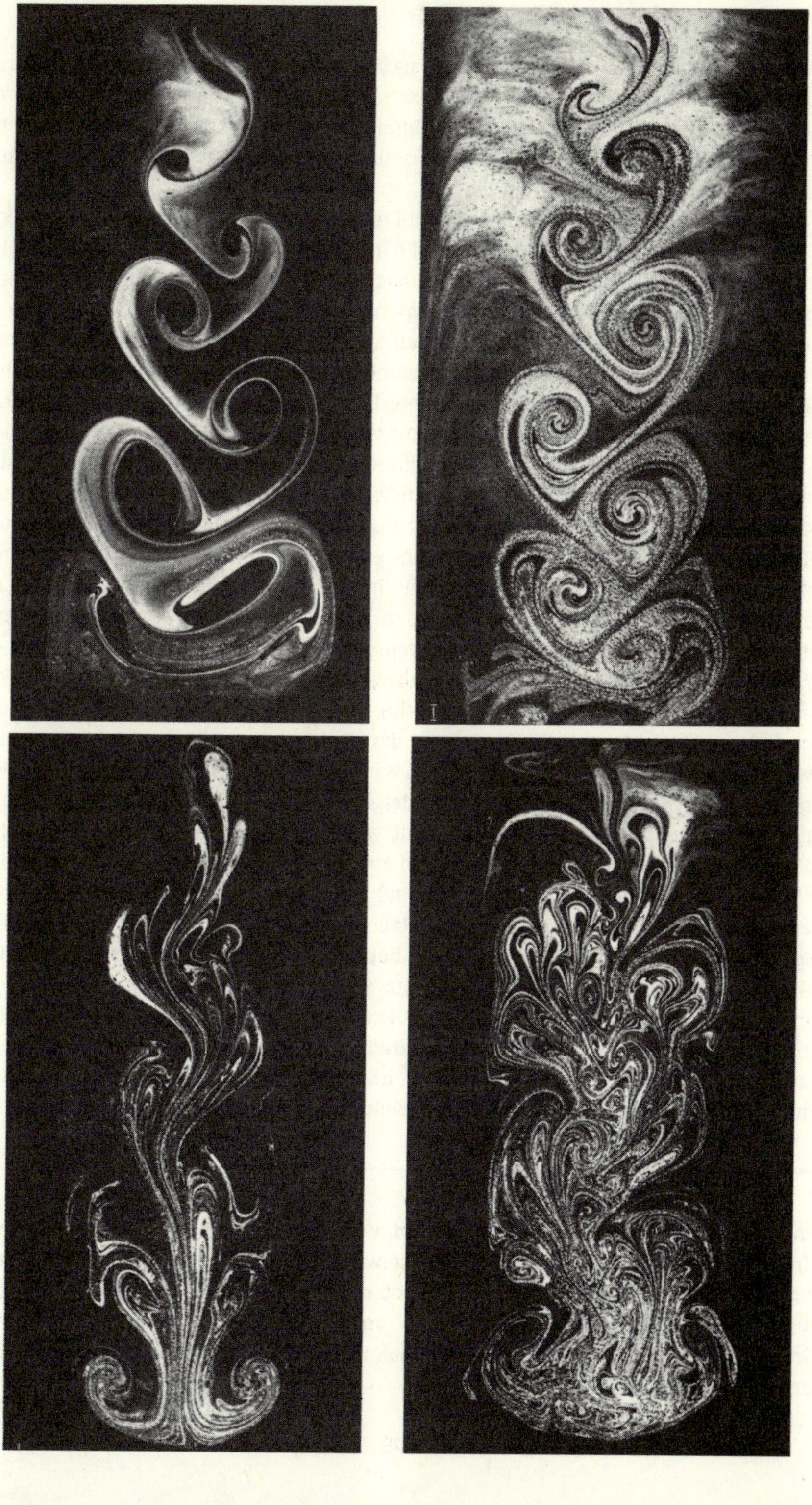

anderen Systemen zugrunde liegt. Die Frage, wie sich dieser Zusammenhang genau herstellt, erfordert jedoch ein etwas präziseres Erfassen des Kontextes. Insbesondere müssen wir kurz betrachten, wie die Strömung einer Flüssigkeit oder einer anderen Entität in Raum und Zeit, wie beispielsweise Bevölkerungsdichten oder Geldmengen, mathematisch wiedergegeben wird.

Bei solchen auf die reale Welt bezogenen Problemen sind die bislang erfolgreichsten Gleichungen, die man zur Abbildung der Phänomene in einem Modell gefunden hat, *Differentialgleichungen*. Eine Differentialgleichung verbindet die kontinuierliche Veränderungsrate einer bestimmten Quantität mit der augenblicklichen Größe dieser Quantität und den augenblicklichen Größen anderer Quantitäten. Darüber hinaus ist die Zeit selbst eine kontinuierliche Variable, die nicht von einem diskreten Punkt zum nächsten rückt, wie uns der Zeiger auf einer Uhr gelegentlich weismachen will, sondern so unteilbar zusammenhängend strömt wie ein Gas. Eine Möglichkeit, sich die Muster zu veranschaulichen, die durch Differentialgleichungen definiert werden, ist, sich einen multidimensionalen Raum vorzustellen – einen, der Tausende von Dimensionen hat, oder einen, der nur ein paar Dimensionen hat –, in dem ein Punkt kontinuierlich eine Kurve zieht. In jedem Moment enthält der einzelne Punkt die gesamte Information über den Zustand des physikalischen Systems. Seine Projektionen auf den verschiedenen Koordinatenachsen geben den Wert sämtlicher relevanter Quantitäten an, die einen einzigartigen Zustand festlegen. Es liegt auf der Hand, daß der Raum – *Phasenraum* genannt – eine enorme Anzahl von Dimensionen allein für einen Punkt haben müßte, um die ganze Form einer Welle, die am Strand bricht, zu speichern. Auf der anderen Seite braucht die Darstellung der Beziehung von Räuber und Beute nur zwei Dimensionen: Eine Koordinate, sagen wir x, gäbe die Population der Räuber und die andere, sagen wir y, die Population der Beute wieder. Zwei Dimensionen sind leichter anschaulich zu machen, und deshalb wollen wir momentan dabei bleiben. Die Ideen lassen sich jedoch generalisieren und auf höher-dimensionale Fälle übertragen.

Mit fortschreitender Zeit bestimmen x und y einander auf verknüpfte Art. So wird beispielsweise eine große Population von Räubern dazu tendieren, die Population der Beute zu reduzieren, während eine kleine Beute-Population dazu tendieren wird, die Räuber-Population zu reduzieren. In einem solchen System bilden x und y einen einzelnen Punkt (x,y), der in einer kontinuierlichen Bahn auf der Ebene gleichmäßig umherwirbelt. (Hier hat „Bahn“ einen anderen Sinn als vorher – als wir die unstetigen bzw. springenden Bahnen bei der Iteration unserer parabolischen Funktion ansahen.) Eine solche mögliche Bahn erscheint in Abbildung 15-8; erzeugt wird sie durch eine

Abbildung 15-8. Wenn sich die Werte von x und y entsprechend der Duffing-Gleichung während eines Zeitverlaufs wechselweise bestimmen, dann beschreibt der Punkt (x,y) eine Kurve (a). Wenn eine Stroboskoplampe periodisch aufblinkt und zu ausgesuchten Momenten den Punkt (x,y) anzeigt, dann erscheint allmählich eine Gruppe isolierter Punkte wie in (b), die nach und nach ihren eigenen Bereich ausfüllen – ein *Poincaré-Abbild*.

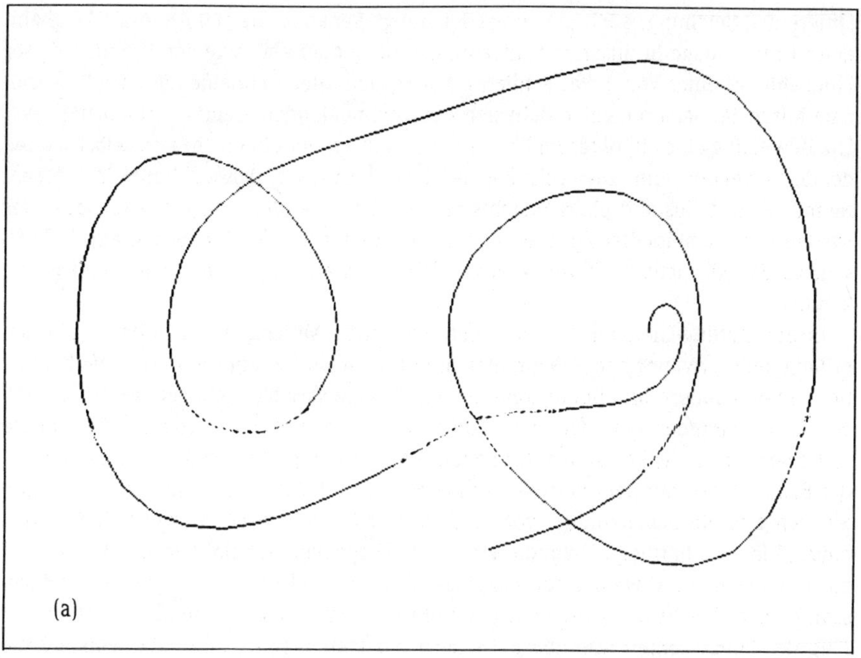
(a)

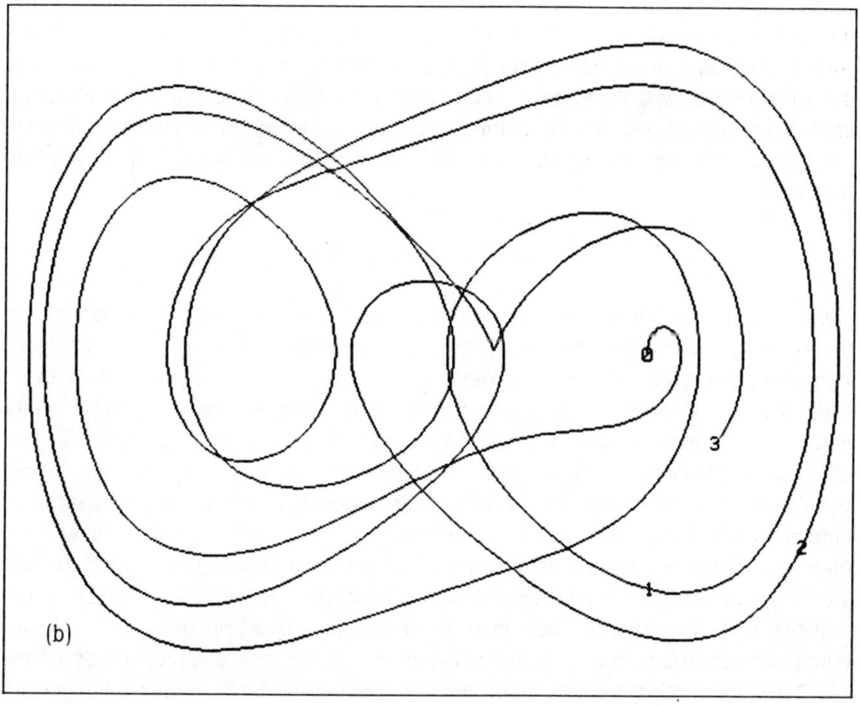

(b)

Differentialgleichung, auch „Duffing-Gleichung“ genannt. Sie sieht wie die Flugbahn einer Brummfliege in unserem Schlafzimmer aus – oder eher wie der *Schatten* dieser Flugbahn auf einer Wand. Tatsächlich *ist* diese sich selbst schneidende zweidimensionale Kurve der Schatten einer nicht sich selbst schneidenden dreidimensionalen Kurve. Die Bewegung eines Punktes im Phasenraum muß *immer* eine nicht sich selbst schneidende Bewegung sein. Dies geht aus der Tatsache hervor, daß ein Punkt im Phasenraum, der den Zustand eines Systems repräsentiert, *sämtliche* Information über das System in verschlüsselter Form enthält, seine zukünftige Geschichte mit eingeschlossen, so daß es nicht zwei verschiedene Wege aus ein und demselben Punkt geben kann.

In der Duffing-Gleichung taucht noch eine dritte Variable auf, nämlich z, die ich bislang nicht erwähnt habe. Wenn man annimmt, x und y repräsentierten die Populationen von Räubern und Beute, kann man z als eine Variable auffassen, in der sich ein periodisch verändernder äußerer Einfluß ausdrückt, z. B. der Stand der Sonne oder die Höhe der Schneedecke auf dem Erdboden. Wenn Sie mir nun gestatten, mein Bild von der Brummfliege mit dem Beispiel der Räuber-Beute-Relation zu kombinieren: Stellen Sie sich also ein Schlafzimmer vor, in dem eine Fliege zwischen zwei Wänden periodisch hin- und herfliegt. Nehmen wir an, die Fliege benötigt ein Jahr, um das Zimmer zu durchfliegen und wieder zurückzukehren. (Vielleicht ist es ein sehr großer Schlafsaal, oder vielleicht ist es auch nur eine sehr langsame Fliege.) Jedenfalls zeichnet der Flug der Fliege seinen Schatten auf eine der beiden Wände, und dabei entsteht die Kurve, die in Abbildung 15-8 a zu sehen ist. Falls die Fliege zufällig je zu einem Punkt im Zimmer zurückkäme, den sie bereits zuvor passiert hat, will es das Schicksal, daß sie für immer in einer endlosen Schleife fliegt, indem sie immer wieder dem Weg folgt, den sie vorher eingeschlagen hatte. Jetzt können Sie sich ein Bild von der kontinuierlichen Bahn eines Punkts im Phasenraum machen, wobei dieser Phasenraum den Zustand eines dynamischen Systems darstellt, das von Differentialgleichungen kontrolliert wird.

* * *

Nehmen wir jetzt einmal an, wir wollten einen Zusammenhang zwischen diesen Systemen und *unstetigen* Bahnen herstellen. Wie könnten wir das bewerkstelligen? Zunächst ist zu sagen, daß wir die Werte von x, y und z nicht in jedem Moment im Auge behalten müssen; es genügt, wenn wir in gewissen Abständen innerhalb einer natürlichen Periode Beispiele herausnehmen. Im Fall von Tierpopulationen ist ein Jahr eine naheliegende natürliche Periode. Der Stand der Sonne ist exakt periodisch, und das Wetter *versucht* mindestens, sich ein Jahr später zu wiederholen. Also kann man eine natürliche Folge von unstetigen Punkten (x_1, y_1, z_1), (x_2, y_2, z_2), ... herausnehmen – wohlgemerkt, eine pro Jahr. Es ist, als ob ein Stroboskop regelmäßig blinkte und die Fliege zu bestimmten jährlichen Anlässen einfröre – vielleicht jedes Jahr an Allerheiligen nach Mitternacht. Oder man denke an ein Glühwürmchen, das jedes Jahr einmal für den Bruchteil einer Sekunde aufglimmt. In der anderen Zeit kann man seine Wanderschaft durch den Raum nicht sehen. Abbildung 15-8 b zeigt eine Folge unstetiger Punkte entlang des Flugbahn-Schattens, die durch Zahlen markiert sind, die Aufschluß über den Zeitpunkt ihres Entstehens geben. Allmählich werden, während die „Jahre" vergehen, diese unstetigen Punkte zuhauf auftreten und sich immer erkennbarer formieren. Dieses Muster von Punkten ist eine *unstetige* „Bahn" und deshalb eng verwandt mit den unstetigen Bahnen, die durch die Iteration unserer Parabel *f(x)* definiert werden. Für den Fall der Parabel hatten wir eine einfache eindimensionale Rekursionsrelation (bzw. eine Iteration):

$$x_{n+1} = f\ (x_n).$$

Das nächste ist eine *zwei*-dimensionale Rekursion:

$$\begin{aligned} x_{n+1} &= f_1\ (x_n,\ y_n) \\ y_{n+1} &= f_2\ (x_n,\ y_n) \end{aligned}$$

Dies ist ein System von *gekoppelten* Rekursionsgleichungen, bei denen die Ausgabewerte der n-ten Generation $(x_n,\ y_n)$ als neue Eingabewerte in f_1 und f_2 zurückgespeist werden, um daraus die $n+1$te Generation zu produzieren. Und so geht es laufend weiter, Generation für Generation. In höher-dimensionalen Fällen kommen natürlich mehr solcher Gleichungen vor. Das Skelett all dieser Systeme bleibt allerdings gleich: Ein multidimensionaler Punkt $(x_n,\ y_n,\ z_n,\ \ldots)$ springt von einem unstetigen Ort im Phasenraum zum anderen, während eine unstetige Variable n, die die in unstetigen Einheiten nach vorne springende Zeit repräsentiert, inkrementiert wird.

Denken Sie daran, daß wir uns bei der kontinuierlichen Zeit-Variablen, die Teil der Differentialgleichungen ist, mit allerlei Kniffen beholfen haben. Es gelang uns, weil wir uns auf die Art und Weise konzentrierten, wie der Punkt mit seinem Vorgänger ein „Jahr" früher (oder welche natürliche Periode man auch immer festlegt) verbunden wird. Aber gibt es immer eine „natürliche Periode", nach der man ein System von miteinander verknüpften Differentialgleichungen ansieht? Nicht immer. In manchen Situationen jedoch gibt es sie, so in allen Fällen turbulenten Verhaltens.

Warum ist das so? Jedes System, das ein turbulentes Verhalten zeigt, ist *dissipativ*, was bedeutet, daß es Energie aus nützlicheren Formen wie z. B. Elektrizität verschwenderisch in die weniger nützliche Form von Wärme umwandelt bzw. degradiert. Im Fall hydrodynamischer Strömungen entsteht diese Dissipation durch Reibung, und in den anderen Fällen, die wir betrachtet haben, durch abstrakte analoge Formen von Reibung. Eine bekannte Folge von Reibung ist, daß in Bewegung befindliche Objekte mehr oder weniger knirschend zum Stehen kommen, sofern keine Energie hineingepumpt wird. Wenn wir also ein dissipatives System mit einer *periodischen* Antriebskraft „antreiben" (man kann sich z. B. vorstellen, eine Tasse Kaffee so umzurühren, daß man einen Löffel periodisch kreisen läßt), dann wird das System freilich nicht in der Bewegung innehalten; es wird auf irgendeine Art gleichbleibenden Zustands zusteuern. Solch ein gleichbleibender Zustand ist eine stabile Bahn – bzw. unserer Terminologie nach ein Attraktor im Phasenraum. Und da wir das System mit einem periodischen Löffel in Bewegung versetzt haben, haben wir auch eine natürliche Frequenz festgelegt, mit der wir unser Stroboskop aufblitzen lassen und den Systemzustand in diesem Moment einfrieren – nämlich jedesmal, wenn der Löffel herumschwingt und an einem bestimmten Fixpunkt der Tasse, also z. B. am Henkel, vorbeikommt. Damit ist unser „Jahr“ aufgestellt. Auf diese Weise kann nun an die Stelle des kontinuierlichen Zeitlaufs eine Reihe unstetiger Momente treten, so lange wir es mit einem dissipativen System zu tun haben, das von einer periodisch wirkenden Kraft in Schwung gebracht bzw. in Schwung gehalten wird. Und so können kontinuierliche Bahnen durch unstetige Bahnen ersetzt werden, womit wir wieder bei der Iteration sind.

Falls die antreibende Kraft selbst keine natürliche Periode hat (sie könnte einfach eine konstante Kraft sein), gibt es immer noch eine Möglichkeit, eine natürliche Periode zu definieren, jedenfalls so lange irgendeine Variable im System zwischen Extremen hin- und herschwingt. Lassen Sie einfach jedesmal Ihr Stroboskop aufleuchten, wenn diese Variable an ihren Extremwert anschlägt, und Sie werden die Fliege immer noch zu ganz diskreten Momenten schnappen. Diese Art diskreter Repräsentation, in diesem Fall der Bewegung der Fliege in einem multidimensionalen Raum, nennt man eine *Poincaré-Abbildung*.

Dieses argumentative Beispiel vom umgerührten Kaffee ist natürlich nur eine grobe Skizze und für einen echten Mathematiker kaum überzeugend. Trotzdem vermittelt es einen Eindruck, wie man anstelle einer Gruppe gekoppelter Differentialgleichungen eine Gruppe gekoppelter diskreter Rekursionsrelationen beobachten kann. Und dieser entscheidende Schritt bringt uns wieder zu den neuesten Entdeckungen über die Parabel zurück.

* * *

1975 entdeckte Feigenbaum, daß seine Zahlen α und δ nicht von allen einzelnen Punkten der Kurvenform abhängig sind, die durch *f(x)* festgelegt ist. Genauso verhält es sich bei fast allen gleichmäßigen konvexen Formen, die im selben Punkt ihre maximale Höhe erreichen. Inspiriert von der strukturellen Universalität, die Metropolis, Stein und Stein entdeckt hatten, versuchte Feigenbaum, mit einer Sinuskurve statt einer Parabel zu arbeiten. Er war platt, als er sah, daß die gleichen numerischen Werte der Zahlen α und δ, die für die Perioden-Verdoppelung und den Beginn des Chaos bei der Parabel charakteristisch gewesen waren, bis auf viele Dezimalstellen genau wieder auftauchten. Wie bei der Parabel gibt es auch bei der Sinuskurve einen Höhen-Parameter λ und eine Gruppe spezieller λ-Werte, die zu einem kritischen Punkt λ_k konvergieren. Außerdem wird der Beginn des Chaos bei λ_k durch die gleichen Zahlen α und δ geregelt. Feigenbaum vermutete allmählich, daß hier etwas Universelles im Gange war. Mit anderen Worten, er vermutete, daß allein die Tatsache, daß *f* immer wieder iteriert wird, bedeutsamer ist als *f* selbst. Tatsächlich ging seine Mutmaßung so weit, daß *f* an sich beim Anbruch des Chaos gar keine Rolle spielen könnte.

Ganz so einfach ist es in Wirklichkeit nicht. Feigenbaum kam bald dahinter, daß es *tatsächlich* nur darauf ankam, wie der höchste Punkt in seinem wahren Zentrum aussieht. Wie sich Bahnen langfristig verhalten, hängt nur von einem infinitesimalen

Segment im Kammbereich des Graphen ab, und letztendlich nur vom Verhalten an dem einen Punkt, wo das Maximum auftritt! Die übrige Form, selbst der Bereich in der Nähe des Maximums, ist unerheblich. Eine Parabel besitzt, wie man sagt, ein *quadratisches* Maximum. Auch Sinuskurven, Kreise und Ellipsen haben ein sogenanntes quadratisches Maximum. Das Verhalten einer zufällig erzeugten gleichmäßigen Funktion bei einem typischen Maximum wäre aller Erwartung nach tatsächlich zum quadratischen Typ zu rechnen, wenn es zu keinen speziellen Koinzidenzen kommt. So scheint es auch im Fall der Parabel eher die Regel als eine verschrobene Ausnahme zu sein. Diese empirische Entdeckung von Feigenbaum, die zwei elementare Skalierungsfaktoren α und δ enthält, die den Anbruch des Chaos durch periodenverdoppelnde Attraktoren charakterisiert, stellt eine neue Art von Universalität vor, die im Unterschied zu der früher bekannten *strukturellen* Universalität als *metrische* Universalität bezeichnet wird. Später bewies Oscar Lanford, daß diese empirisch demonstrierte metrische Universalität für den eindimensionalen Fall richtig ist (eher im orthodoxen Sinn von Beweis).

Eine wahrhaft aufregende Entwicklung bahnte sich an, als die Feigenbaum-Konstanten völlig unerwartet in einigen unordentlichen Modellen aktueller physikalischer Systeme, die Turbulenzen aufweisen, auftauchten, und nicht nur in ordentlichen und idealisierten mathematischen Systemen. Valter Franceschini von der Universität Modena in Italien glich die Navier-Stokes-Gleichung, die alle hydrodynamischen Strömungen regelt, den Erfordernissen zur Computer-Simulation an. Er verwandelte sie zu diesem Zweck in eine Gruppe von fünf gekoppelten Differentialgleichungen, deren Poincaré-Abbildungen er dann auf seinem Computer numerisch untersuchen konnte. Zunächst entdeckte er, daß sich mit jeder neuen Perioden-Verdoppelung im System Attraktoren zeigten, wenn ihre bestimmenden Parameter sich den Werten näherten, wo er den Anbruch der Turbulenz erwartete. Ohne Feigenbaums Arbeit zu kennen, zeigte er seine Ergebnisse Jean-Pierre Eckmann von der Universität Genf, der ihn sofort bedrängte, die Konvergenzrate der λ-Werte zu bestimmen, bei denen die Perioden-Verdoppelungen auftreten. Zu ihrem Erstaunen erschienen Feigenbaums α- und δ-Werte – etwa auf vier Dezimalstellen genau – scheinbar aus dem Nichts! Zum ersten Mal enthüllte ein genaues mathematisches Modell echter physikalischer Turbulenzen, daß ihre Struktur eng mit dem bescheidenen Chaos verbunden war, das in der bescheidenen Parabel $y = 4\lambda x(1-x)$ lauert. In der Folge zeigten Eckmann, Pierre Collet und H. Koch, daß im Verhalten eines vieldimensionalen dissipativen Systems, wenn es angetrieben wird, alle Dimensionen bis auf eine die Tendenz entwickeln, nach einer bestimmten Zeitdauer auszufallen, und man also *erwarten* sollte, daß das Charakteristikum für eindimensionales Verhalten – nämlich Feigenbaums metrische Universalität – wieder auftaucht.

Seither hielten Experimentalisten angestrengt Ausschau nach perioden-verdoppelnden Verhaltensformen in aktuellen physikalischen Systemen (und nicht nur in Computer-Modellen). Ein solches Verhalten ist in bestimmten Arten konvektiver Strömungen beobachtet worden, aber noch sind die Messungen zu ungenau, um der Idee starken Halt zu geben, daß die Parabel die Schlüssel zur Enthüllung der Natur echter physikalischer Turbulenzen enthält. Immer noch quält man sich mit dem Gedanken, daß es insgesamt wirklich darauf anzukommen scheint, eine dissipative Gruppe gekoppelter Rekursionsrelationen zu iterieren – die Eigenschaften dieser Rekursionen im einzelnen aber vollständig vernachlässigt werden können, wenn man sich darauf konzentriert, den Entstehungsgang von Turbulenzen zu verstehen.

Feigenbaum drückt es so aus: Oft sieht man am Himmel Wolkenformationen – ein Gitterwerk am Himmel, das sich aus Myriaden kleiner weißer Wölkchen zusammensetzt und von Horizont zu Horizont reicht –, die offensichtlich nicht „durch Zufall" entstanden sind. Irgendein systematisches hydrodynamisches Gesetz muß da am Werk sein. Allerdings, so Feigenbaum, muß es ein Gesetz sein, das auf einer höheren Ebene oder im größeren Umfang operiert als die Gleichung von Navier-Stokes, die auf infinitesimalen Volumina von Gasen basiert und nicht auf „großklumpigen" Anhäufungen. Um solche wunderschönen Himmelsmuster zu verstehen, muß man anscheinend die *Details* der Navier-Stokes-Gleichung irgendwie umgehen und einen grobkörnigeren, aber relevanteren Weg zur Analyse hydrodynamischer Strömungen einschlagen. Die Entdeckung, daß man durch Iteration zur Universalität kommt – d. h. von den Details der iterierten Funktion (oder Funktionen) abkommt –, läßt die Hoffnung keimen, daß wir von einer solchen Betrachtung der Hydrodynamik nicht mehr weit entfernt sind.

* * *

Nun, wir haben Attraktoren und Turbulenzen behandelt, was aber sind *seltsame* Attraktoren? Wir haben bisher die notwendigen Konzepte zum Verständnis dieser Idee entworfen. Wenn ein periodisch angetriebenes zweidimensionales (oder höherdimensionales) dissipatives System durch eine Gruppe gekoppelter Iterationen wiedergegeben wird, hinterlassen die sukzessiven Punkte, die durch die Lichtblitze des periodischen Stroboskops erfaßt werden, eine Form, die für dieses System die gleiche Rolle spielt wie für unsere Parabel eine einfache Bahn. Wenn man aber in einem mehr als eindimensionalen Raum arbeitet, ergeben sich mehr Möglichkeiten. Gewiß ist es möglich, einen stabilen Fixpunkt (einen Attraktor der Periode 1) zu bekommen. Dies würde nur bedeuten, daß bei jedem Aufblitzen des Stroboskops der Punkt, der den Systemzustand wiedergibt, sich genau dort befindet, wo er das letzte Mal zu finden war. Es ist auch möglich, einen *periodischen* Attraktor zu finden: einen, bei dem der Punkt nach einer endlichen Anzahl von Lichtblitzen wieder zu einer ehemaligen Position zurückkehrt. Dies wäre analog zu den 2-Zyklen, 4-Zyklen usw., die wir bei der Parabel auftreten sahen.

Aber wir haben noch eine andere Option: nämlich daß der Punkt nie zu seiner ursprünglichen Position im Phasenraum zurückkehrt, sondern, wie wir sehen können, im Lichtschein aufeinanderfolgender stroboskopischer Blitze innerhalb eines eingegrenzten Bereichs des Phasenraums recht ziellos umherspringt. Wenn das Stroboskop weiterhin periodische Lichtsignale aussendet, kann diese Region vor den Augen des Beobachters allmählich Form annehmen. In der Mehrzahl solcher bislang untersuchten Fälle hat man das Auftreten eines äußerst unerwarteten Phänomens beobachtet: Nach und nach malt der erratisch umherspringende Punkt ein kaum wahrnehmbares filigranes Muster, das an die „fantastischen filigranen Eisblumenmuster, die Väterchen

Frost auf die Fensterscheiben malt“ erinnert. (Ich habe dieses poetische Bild von James Hunecker entliehen, einem amerikanischen Musikkritiker, mit dem er den magischen Effekt einer von Chopins Klavieretüden, Op. 25, No. 2, beschrieb – siehe Kapitel 8.) Die Feinheit des Ganzen ist von einer ziemlich spezifischen Natur, die eng mit den „schachteligen“ Kurven zusammenhängt, die Benoît Mandelbrot in seinem Buch *The Fractal Geometry of Nature* beschrieben hat. Jeder Ausschnitt eines solchen Attraktors gibt, wenn er vergrößert wird, genau die gleichen Details wieder wie das größere Abbild, dem er entnommen wurde. Mit anderen Worten, es gibt eine infinite Rückkehr des Details, eine endlose Verschachtelung eines Musters im Muster. Eine solche Struktur ist in Abbildung 15-9 zu sehen; sie zählt zu den frühesten Entdeckungen und wird *Hénon-Attraktor* genannt. Sie generiert sich durch die Punktefolge (x_n, y_n), die durch die folgenden Rekursionsrelationen definiert wird:

$$x_{n+1} = y_n - ax_n^2 + 1$$

$$y_{n+1} = bx_n$$

In dieser Gleichungsgruppe ist a gleich 7/5 und b gleich 3/10; die Anfangswerte sind $x_0 = 0$ und $y_0 = 0$. Das kleine Rechteck in Abbildung 15-9 a erscheint vergrößert in Abbildung 15-9 b, um mehr Detail zu zeigen, und ein weiteres Rechteck in Abbildung 15-9 b gleichfalls vergrößert in Abbildung 15-9 c, um noch feiner ins Detail zu gehen. Vor uns haben wir also eine dreispurige Autobahn, deren einzelne Spuren sich erneut in weitere parallele Fahrspuren aufspalten, wenn man sich einen vergrößerten Ausschnitt ansieht, deren äußerste eine neue dreispurige Autobahn ist – was sich so fortsetzen läßt. Jeder senkrechte Querschnitt dieser Autobahn wäre eine sogenannte „Cantor-Menge“, die durch einen einfachen und famosen rekursiven Prozeß gebildet wird.

Beginnen wir mit einem geschlossenen Intervall, sagen wir [0,1]. („Geschlossen“ bedeutet, daß die Endpunkte des Intervalls im Intervall eingeschlossen sind.) Jetzt entfernen wir aus der Mitte des Intervalls ein offenes Subintervall. (Da die Endpunkte eines offenen Subintervalls im Subintervall selbst nicht enthalten sind, verbleiben diese beiden Punkte in der Cantor-Menge, die sich vor unseren Augen bildet.) Normalerweise wählt man für das eliminierte Subintervall das mittlere Drittel (1/3, 2/3), was aber nicht sein muß. Was bleibt, sind zwei geschlossene Subintervalle. Unterziehen wir sie dann derselben Art Prozeß – d. h. eliminieren wir in der Mitte eines jeden geschlossenen Subintervalls ein neues offenes Unter-Intervall, und wiederholen wir diesen Prozeß *ad infinitum*. Am Ende der endlosen Plackerei stehen wir vor einem feingezeichneten Muster aus isolierten Punkten, die sich über das ursprüngliche Segment [0,1] wie Tautropfen auf einem Weidedraht verteilen. Ihre Zahl wird unendlich groß, also für unsereins nicht abzählbar sein, und ihre Dichte davon abhängen, wie der rekursive Eliminationsprozeß im Detail angewandt wird. So sieht also eine Cantor-Menge aus, und wenn die Querschnitte eines Attraktors diese sonderbare Art der Verteilung aufweisen, spricht man aus gutem Grund von *seltsamen* Attraktoren.

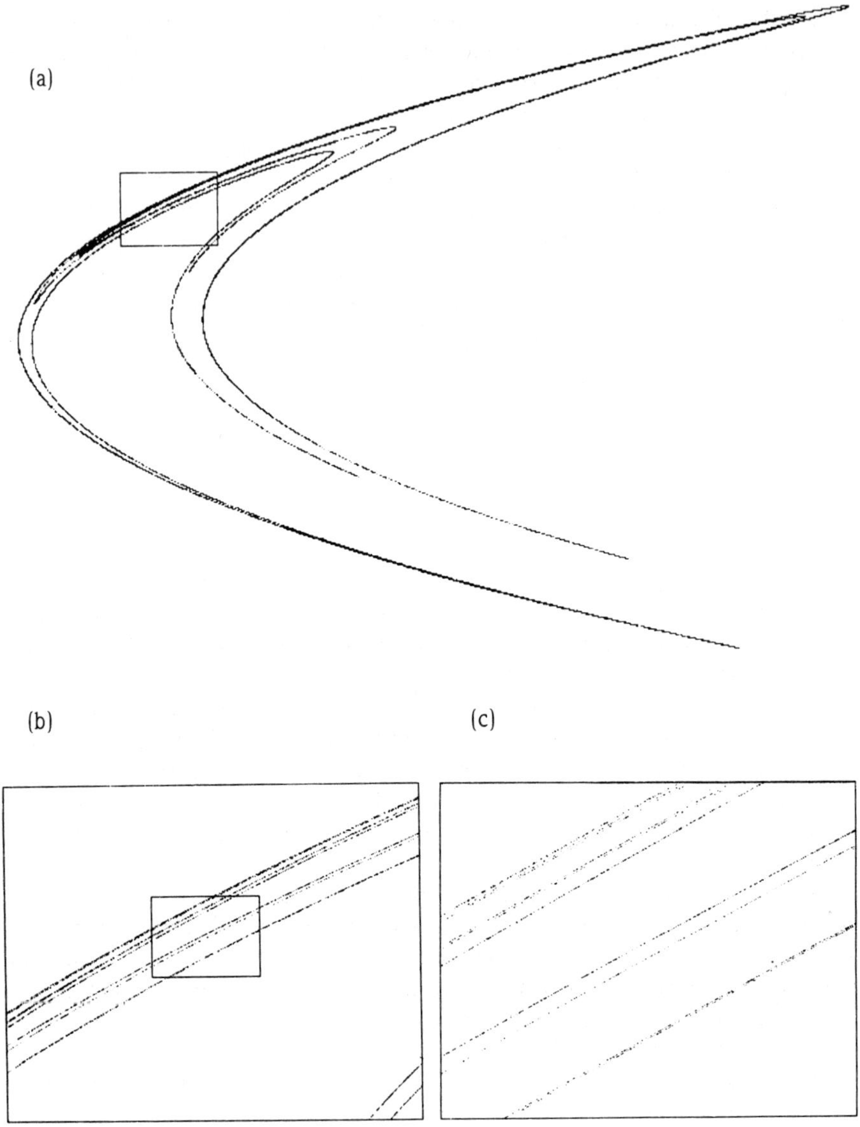

Abbildung 15-9. Der Hénon-Attraktor: ein seltsamer Attraktor. In (a) sieht man die ganze Kurve. In (b) ist der eingerahmte Bereich von (a) vergrößert, um versteckte Details sichtbar zu machen. In (c) ist der eingerahmte Bereich von (b) vergrößert, um noch tiefer versteckte Einzelheiten hervorzuholen. Und das ließe sich so *ad infinitum* fortsetzen.

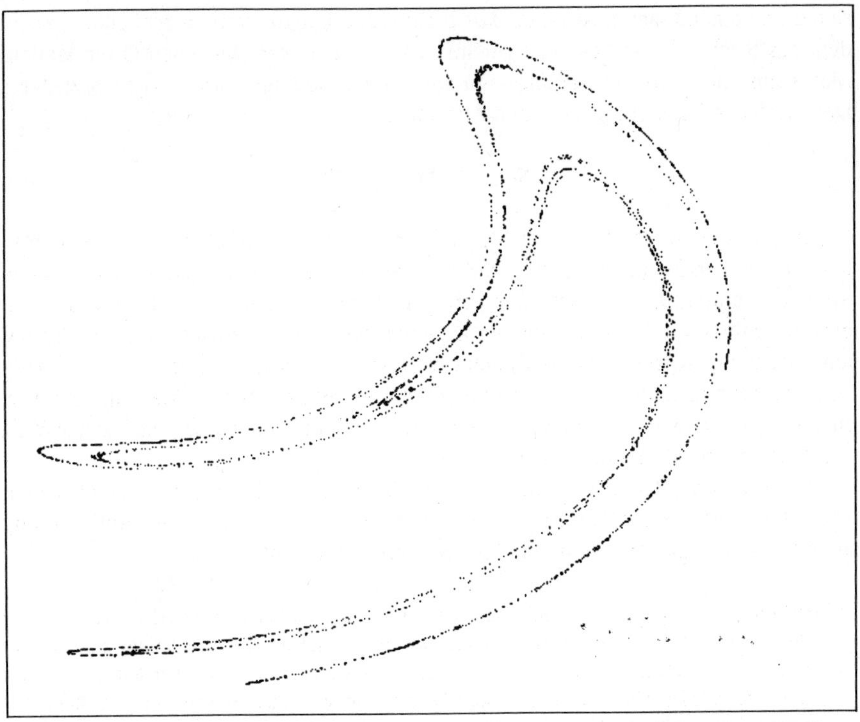

Abbildung 15-10. Der seltsame Attraktor, der aus einem Poincaré-Abbild einer Duffing-Gleichung hervorgeht.

Ein anderer hübscher seltsamer Attraktor wird durch die „stroboskopischen" Punkte 0, 1, 2, ... in Abbildung 15-8b generiert. Da dieses Muster aus der Duffing-Gleichung entsteht, nennt man es „Duffing-Attraktor"; es ist in etwas vergrößertem Maßstab in Abbildung 15-10 zu sehen. Fällt Ihnen seine bemerkenswerte Ähnlichkeit mit dem Hénon-Attraktor auf? Wäre es möglich, daß die Universalität hier wieder ihr Gesicht zeigt?

Interessant ist, daß bei der Parabel der Attraktor von f bei einem kritischen Wert λ_k plötzlich aus unendlich vielen Punkten besteht, weil er der Kulminationspunkt einer unendlichen Reihe von Gabelpunkten ist. Man kann sich diese Menge entweder als den Grenzfall der horizontalen Punktmengen in Abbildung 15-5 oder als die vertikale Punktmenge, die zu $x = \lambda_k$ gehört, in Abbildung 15-6 vorstellen. Das genaue Streuungsmuster dieser unzähligen Punktmenge wird durch Feigenbaums Rekursionsregel, die seine Konstante α mit einbezieht, festgelegt. Von seiner rekursiven Genese aus gesehen, stellt dieser bestimmte Attraktor aller Wahrscheinlichkeit nach eine Cantor-Menge dar. Auch hier erweist sich die schlichte Parabel wieder einmal als sehr ergiebig, indem sie uns ein Beispiel eines *eindimensionalen* seltsamen Attraktors zur Hand gibt!

Unter dem chaotischen Regime des generelleren k-dimensionalen Falles ist eine Langzeit-Prognose über das Wegverhalten eines Punktes ziemlich unmöglich. Zwei sich an einem seltsamen Attraktor fast berührende Punkte werden schließlich, nachdem das Stroboskop ein paarmal geblinkt hat, an ganz verschiedenen Orten landen. Man nennt dies *sensitive Abhängigkeit von Anfangsbedingungen*; sie ist ein weiteres Definitionsmerkmal eines seltsamen Attraktors.

* * *

Gegenwärtig weiß niemand so recht, warum, wie oder wann seltsame Attraktoren in den chaotischen Regimen iterativer Systeme vorkommen, die dissipative physikalische Systeme repräsentieren. Anscheinend aber spielen sie im Geheimnis der Turbulenzen eine zentrale Rolle. David Ruelle, der als einer der ersten dem Geheimnis der Turbulenz nachging, schrieb: „Diese Systeme von Kurven, diese Schwärme von Punkten rufen manchmal Gedanken an Galaxien oder Feuerwerke, andere Male an ganz verrückte und verwirrende Blütenprachten wach. Es gibt immer noch eine ganze Welt von Formen und Harmonien zu entdecken."

Robert M. May, der sich der theoretischen Biologie verschrieben hat, schloß seinen heute berühmten kritischen Artikel über dieses Gebiet 1976 mit einer Aufforderung ab, die ich ganz passend finde und hier wiederholen möchte:

> Ich möchte dringend dazu raten, daß die Schüler im Mathematikunterricht früh mit der Gleichung $y = 4\lambda x(1-x)$ vertraut gemacht werden. Man kann diese Gleichung phänomenologisch untersuchen, indem man sie mit einem Taschenrechner oder nur auf einem Blatt Papier iteriert. Die Untersuchung dieser Gleichung verlangt nicht so viel konzeptuelles Differenzierungsvermögen wie eine der Grundrechnungen. Sie würde das intuitive Auffassungsvermögen des Schülers bezüglich nicht-linearer Systeme erheblich bereichern.
>
> Nicht nur in der Forschung, sondern auch im politischen und wirtschaftlichen Alltag wären wir alle besser dran, wenn mehr Leute erkennen könnten, daß einfache nicht-lineare Systeme nicht zwangsläufig einfache dynamische Eigenschaften besitzen.

Postskriptum

Stanislaw Ulam, ein einzigartig erfinderischer Mathematiker und ebenso warmherziger wie lustiger Mensch, starb, als ich an dieser Reihe von Postskripta arbeitete. Ich hatte das große Glück gehabt, Stan Ulam und seine französisch-gebürtige Frau Françoise im Sommer 1980 kennenzulernen, als ich eine Reise nach Santa Fé unternahm und mich einige Tage bei ihnen aufhielt. Ich hatte Ulams seltsamen Stil in der Mathematik immer bewundert und eine enge Affinität dazu gefühlt, weil in mir schon immer eine Leidenschaft für das Verschrobene und Unvorhersagbare die treibende Kraft war, und ich das Makellose und Reguläre absolut fad fand. Ulam liebte es über alle Maßen, inmitten einer unverfälschten Ordnung das totale Chaos aufzuspüren. Natürlich lag der Kitzel darin, zu wissen, daß es zu diesem Chaos irgendeine Art von Gesetz gab, so daß in *Wirklichkeit* – d. h. mit den Augen Gottes besehen – allem einfach eine höhere Art von Ordnung zugrunde lag. Ulams größte Entdeckungen beziehen sich alle auf die bizarren, aber straffen Zusammenhänge zwischen Zufälligkeit und Ordnung. Sein Stil war sicherlich eine reine Bilderstürmerei. Er war ein außerordentlicher Könner auf dem Gebiet des klassischen Mathematikbetriebs von „Theorem-Beweis-Theorem-Beweis", aber er fand am experimentellen Verfahren mehr Gefallen und benutzte Computer, um die verrückten Verhaltensweisen exzentrischer Funktionen zu untersuchen, die er sich so gerne ausmalte. In gewisser Hinsicht war Ulam ein echter Mathematik-Künstler und daher ganz anders als so viele Mathematiker. Ein Stück Mathematik von Ulam mutet häufig eher wie ein Schöpfungsakt an denn wie eine Entdeckung. Es ist viel idiosynkratischer, d. h. viel leichter als Produkt eines bestimmten Geistes erkennbar als die meisten mathematischen Entdeckungen vieler anderer.

Abgesehen davon, daß Ulam von der Mathematik an sich fasziniert war, war er genauso von den Prozessen des menschlichen Geistes in Bann gezogen, und er bemühte sich, seine vagen, aber provokativen Intuitionen in seinen Schriften auszudrükken. Ich denke immer an seine Theorie von den „zehn Hunden" im Gedächtnis. Die Idee ist folgende: Wenn man nach einer entfallenen Erinnerung sucht, von der man weiß, daß sie noch da ist, macht man im Endeffekt nichts anderes als ein Rudel von zehn „Hunden" loszuschicken und sie parallel „schnüffeln" gehen zu lassen. Jeder Hund wird sofort mal hier, mal dort herumstreifen, dabei manchmal im Kreis laufen, andere Male falschen Fährten folgen, aber da es ein ganzes Rudel Hunde gibt, kann man es sich leisten, daß sie auf viele falsche Fährten stoßen und eine Weile wild schnuppernd darauf hängen bleiben. Sie müssen nicht sehr helle sein; sie müssen nur einen Hauch der ursprünglichen Idee abbekommen haben, und sie werden die Fährte rauf und runter verfolgen. Beizeiten wird wahrscheinlich der eine oder andere Hund mit der gewünschten Erinnerung antrotten. Ulams Autobiographie *Adventures of a Mathematician* („Abenteuer eines Mathematikers") ist voll von solchen Ideenschimmern über die Funktionsweise des Geistes wie auch von drolligen Anekdoten über viele der brillantesten Mathematiker dieses Jahrhunderts.

Ulam war sehr wißbegierig, was Sprache betrifft. Er und seine Frau kamen vor fünfzig Jahren nach Amerika, und beide liebten das Englische. Aber während Stan seinen starken polnischen Akzent nie los wurde und konstant Fehler beging, löschte

Françoise beinahe jede Spur ihres französischen Akzents aus und sprach schließlich lupenreines Englisch, wobei sie mehr idiomatische Redewendungen beherrschte als die meisten englischen Muttersprachler. Dies löste ein amüsantes heiteres Zankgespräch zwischen ihnen aus, dessen Zeuge ich wurde. Françoise gebrauchte eines Tages irgendeine Redensart aus der Welt des Baseball, und Stan wandte sich sofort dagegen und sagte: „Du kannst diesen Ausdruck nicht gebrauchen! Du bist nicht mit Baseball aufgewachsen, du kannst also gar nicht wissen, was er bedeutet!" Françoise verteidigte sich mit den Worten, sie könne sich sehr wohl eine Vorstellung machen, was es bedeuten soll, und Stans Einwand sei sowieso nur Larifari. Ich nahm ihr das Argument in Bausch und Bogen ab. Wie viele wissen denn schon, aus welchen Sphären solche Redewendungen wie „Larifari" oder „in Bausch und Bogen" kommen? Trotzdem verwenden wir bestimmt alle derartige Redewendungen, gleich in welcher Sprache wir zu Hause sind, und fühlen uns dazu vollkommen befugt.

Wie zahlreiche der herausragendsten Mathematiker und Physiker, die während und kurz nach dem Zweiten Weltkrieg arbeiteten, wurde Stan Ulam in militärische Projekte einbezogen. Seine zusammen mit John von Neumann gemachte Erfindung der Monte-Carlo-Methode stellte ein Schlüsselelement der Entwicklung der Wasserstoffbombe dar. Die gleichen Kräfte, die ihn antrieben, über die kardinalen Prinzipien abstrus definierter Mengen und über die Dimensionalität eigenartig definierter Räume nachzudenken, lenkten ihn auch bei der Suche nach akkuraten Wegen, um der Statistik von Kettenreaktionen die richtige Form zu geben. Als Ulam diese Arbeit machte, lag die Natur des Dilemmas, in das seine Arbeit die Menschheit insgesamt brachte, nicht so deutlich vor Augen wie heutzutage. Gewiß hatte Einstein uns gewarnt, daß wir langsam in eine nie dagewesene Gefahr schlitterten, aber wenige hatten die visionäre Klarheit wie Einstein. Eine der Widersprüchlichkeiten beim Menschen ist, daß er verglichen mit den Ereignissen, an denen er mitwirken kann, so unbedeutend klein erscheint. Stan Ulam war eine Ameise in einer riesigen Kolonie, und wenn seine Rolle auch bedeutsamer war als die der meisten Ameisen, hatte er dennoch keine Kontrolle über die Natur der Kolonie an sich. Die menschliche Natur ist eine Sache, die Natur der *Menschheit* eine andere.

Eine gutmütige und großherzige Person wie Stan Ulam kann heute immer noch einen Part bei so etwas Schlimmem und Fürchterlichem wie dem Wettrüsten spielen. Selbstverständlich machte sich Ulam später Gedanken über seine Rolle bei diesen Entwicklungen, und es macht ihm Ehre, daß er versuchte, alles rational zu durchdenken. Andere, die in ähnlichen Positionen gestanden hatten, verstrickten sich viel tiefer und blieben engstirnig, unfähig, die komplexe Tragödie zu sehen oder sie einzugestehen, die sich seither als Folge ihrer kleinen Aktionen, im Gefüge mit den kleinen Aktionen vieler, vieler anderer, angebahnt hat.

Mir kam es wie ein Privileg vor, diesen warmherzigen und gelehrten Menschen kennenzulernen und zu einer freundschaftlichen Beziehung zu ihm zu finden. Ich hoffe, daß auf lange Sicht Stan Ulams Bereicherungen der Mathematik sich als gewichtiger herausstellen werden als seine Zuträgerdienste für ein potentielles Armageddon.

* * *

Eines der Grundthemen in diesem Kapitel war der Vorgang des *Einrastens*, wie ich es nenne. Daß ich diesen Begriff in diesem Kapitel bisher nicht verwendete, hat keinen besonderen Grund. Aber es ist ein treffender Ausdruck. Was ich damit vermitteln möchte, ist das Bild eines Systems, das seine eigenen stabilsten Zustände sucht und darin allmählich zur Ruhe kommt, und der Mechanismus, mit dem es diese Suche betreibt und schließlich solche Orte der Stabilität erreicht, ist die *Rückspeisung*. Ein System, das in einen Zustand einrastet, befindet sich in einem stabilen Gleichgewicht. Das bedeutet, daß es, wenn es irgendwie gestört wird, rasch zu dem Zustand zurückkehrt, in dem es sich zuvor befand – es gibt reparierende Kräfte, die es zurückstoßen. Am urtümlichsten ist es vielleicht, sich ein Teilchen im potentiellen Quell vorzustellen – z. B. eine Murmel am Boden einer runden Schüssel. Wenn man sie leicht mit dem Finger anstößt, wird sie eine Zeitlang oszillieren, am Ende aber wieder dort, wo sie ehemals lag, zur Ruhe kommen: am einzigen stabilen Fixpunkt des Systems. Hier, wie bislang im gesamten Kapitel, bedeutet „Fixpunkt", daß der „Output" des Systems zur Zeit t (also die Position der Murmel zur Zeit t) identisch ist zum „Input" zur Zeit $t-1$ (also die Position der Murmel zur Zeit $t-1$). In diesem Fall ist der Attraktor ein einzelner Punkt im Raum und daher lächerlich einfach sichtbar zu machen. Die meisten Attraktoren in diesem Kapitel stellten jedoch eher *Bahnen* als einzelne Punkte dar, weshalb sie sich etwas abstrakter geben. Wenn man sich aber eine Bahn einfach als einen Punkt in einem multidimensionalen Raum vorstellt, verschmilzt das Bild der genauen Fixpunkt-Einstellung etwas mit dem der Beruhigung und Plazierung in einer stabilen Bahn.

Eines der intuitionsstärksten wie auch entzückendsten Beispiele für das Einrasten liegt vor, wenn wir uns auf die Suche nach einer Lösung des Rätsels in Kapitel 2 von Raphael Robinson machen:

In diesem Satz kommt die 0 __mal vor, die 1 __mal, die 2 __mal, die 3 __mal, die 4 __mal, die 5 __mal, die 6 __mal, die 7 __mal, die 8 __mal und die 9 __mal.

Eine Möglichkeit, nach einer Lösung für dieses Puzzle zu suchen, besteht darin, die Leerplätze mit einer beliebigen Sequenz von zehn Zahlen aufzufüllen, wie z. B. ‹0,1,2,3,4,5,6,7,8,9›, und zu sehen, was passiert, wenn man den resultierenden Satz auf seine Richtigkeit hin überprüft. Es stellt sich heraus, daß eigentlich jede der Zahlen zweimal vorkommt. Der Vektor ‹0,1,2,3,4,5,6,7,8,9› führt daher zum Vektor ‹2,2,2,2,2,2,2,2,2,2›, und zwar über einen Prozeß, den wir „Robinsonade" nennen. Wohin führt nun *dieser* Vektor? Selbstverständlich zum Vektor ‹1,1,11,1,1,1,1,1,1,1›, der zu ‹1,12, 1,1,1,1,1,1,1,1› führt, und dieser dann zu ‹1,11,2,1,1,1,1,1,1,1› und weiter zu ‹1,11,2,1,1,1,1,1,1,1› – und siehe da, schon stecken wir in einer geschlossenen Schleife!

Dieser ‹1,11,2,1,1,1,1,1,1,1› Vektor ist wie ein Strudel oder Staubsauger: Er zieht alles in der Nähe befindliche in seinen Sog. Er ist eine Falle, ein Fixpunkt – ein Attraktor. Es gibt außer diesem einen Sog noch einen anderen solchen, den Sie selbst ausfindig machen sollen. Ferner gibt es meines Wissens mindestens eine Schleife des

Zustands zwei, bzw. einen Attraktor der Periode zwei. Ich habe guten Grund anzunehmen, daß *alles* auf einen dieser drei Attraktoren hinausläuft, aber ich könnte mich täuschen. Sie könnten selbst nach einem Attraktor der Periode zwei suchen, indem Sie einen Vektor der Länge 20 aufschreiben und seinen Nachfolge-Vektor der gleichen Länge wie beschrieben erzeugen: Lassen Sie die erste Hälfte des neuen Vektors sich durch Robinsonade aus der zweiten Hälfte des alten ableiten und dann die zweite Hälfte des neuen durch Robinsonade aus der ersten Hälfte des alten. Wenn Sie dann diese doppelläufige Robinsonade-Operation mit einem beliebigen Anfangswert als Samen iterieren lassen, kommen Sie letztendlich an einem Fixpunkt an.

Ist Ihnen aufgefallen, daß wir eben einen Attraktor der Periode 2 einen „Fixpunkt" genannt haben? Und daß es sich um einen „Punkt" in einem 20-dimensionalen Raum dreht? Der springende Punkt dabei ist, daß wir das System *entweder* als zwischen zwei 10-dimensionalen Punkten hin- und herspringend (ein Attraktor der Periode 2) *oder* als an einem fixen 20-dimensionalen Punkt stillstehend betrachten können. Käme es unvorhergesehen zu einer Schleife der Länge 4, könnten wir sie uns in ähnlicher Weise als einen fixen Punkt in einem 40-dimensionalen Raum vorstellen. Solange wir bereit sind, die Dimensionalität des Raums zu steigern, können wir immer mehr Informationen in einem einzelnen Punkt unterbringen. Fixpunkte und stabile Bahnen sind der Idee nach eng miteinander verbunden.

* * *

Dieses Beispiel soll illustrieren, wie man über die Rückspeisung – also wenn das, was das System als Output hervorbringt, als Input wieder in das System zurückgesteckt wird – zu den Fixpunkten geleitet wird. Warum sollte das so sein? Warum könnte sich das System nicht willkürlich durch die Gegend wälzen und dabei versuchen, allen Fixpunkten aus dem Weg zu gehen? Oder kurz gesagt, warum sind Fixpunkte so oft attraktiv? Warum könnte es nicht eine große Zahl fixer Punkte geben, die völlig isoliert sind, wie Eilande in einem weiten Meer, und über keine eindeutige Route zu erreichen? Könnte es nicht Fixpunkte geben, von denen eine „Anti-Strudelwirkung" ausgeht, so daß jede Annäherung von seiten einer Bahn, die nicht genauestens im Ziel ist, abgewiesen wird? Im Falle des Robinson-Puzzles ist die Antwort *nein*; aber es gibt solche Systeme. In meiner Kolumne wies ich in der Tat darauf hin, wie fixe Punkte für Funktionen der Form $4\lambda x(1-x)$ zustande kommen, die ebenso abweisend wie attraktiv sein können. Generell aber scheint es eine gute Faustregel zu sein, bei der Suche nach Fixpunkten irgendwo aufs Geratewohl anzusetzen und dann zu hoffen, daß man in eine stabile Bahn gezogen wird. Sehr wahrscheinlich klappt es auch, und man wird dabei einen Ort der Stabilität entdecken und vor einer eingerasteten, festgeschriebenen Lösung stehen.

Noch bemerkenswerter scheint, daß man generell damit rechnen kann, wahrscheinlich eher in eine kurze Schleife zu geraten, wenn es solche kurzen gibt, als in eine lange. Allgemein gesagt, scheint das *stabilste* Verhalten eines Systems zugleich sein *einfachstes* Verhalten zu sein. Das gilt für Systeme fast aller Art, die man sich vorstellen kann. Bei der Wasserstoffbombe z. B. ist der Grundzustand – der Zustand geringster Energie – sphärisch symmetrisch und der einzige, der in diesem ganzen System eine so simple Eigenschaft aufweist. Warum sollte das durchweg so sein? Warum sind stabile Dinge zugleich die einfachsten? Oder, umgekehrt, warum sind die einfachsten Dinge die stabilsten von allen? Das ist ein harter Brocken.

* * *

Ein komplexeres Puzzle als das von Robinson, aber in der Essenz diesem ähnlich, ist die Suche nach selbst-dokumentierenden bzw. selbst-inventarisierenden Sätzen, der sich Lee Sallows mit großer Hingabe widmete (siehe Kapitel 3). Seine „logologische Rakete" war eine Maschine zur Suche nach attraktiven Fixpunkten in einem logologischen Raum. Regionen eines ähnlichen logologischen Raums werden in dem bemerkenswerten Buch *Loopings* von Aldo Spinelli beschrieben, der sich bei seiner Suche von demselben altbekannten Prinzip leiten ließ: daß die Wahrscheinlichkeit, einen fixen Punkt zu entdecken, am größten ist, wenn man irgendwo aufs Geratewohl ansetzt und sich darauf verläßt, daß die Rückspeisung einen woanders hinbringt, nämlich dorthin, wo es „besser" ist. Dies ist eine sehr seltsame Art, etwas zu suchen, das sich uns scheinbar entzieht und zudem wertvoll erscheint. Aber wie seltsam die Methode auch sein mag, sie ist äußerst robust.

Im *Postskriptum* zu Kapitel 3 äußerte ich die Meinung, daß Lee Sallows wohl etwas vermessen war, zu wetten, die computerunterstützte Suche nach einem selbstdokumentierenden Satz, der mit den Worten beginnt: „Dieses computer-generierte Pangramm besteht aus …", hätte innerhalb der kommenden zehn Jahre keinen Erfolg. Das hat einen einfachen Grund. Lee erwog nicht die Idee der „iterativen Konvergenz" in Richtung auf eine Lösung – d. h. die auf selbstbeschreibende Sätze angewandte Idee der Robinsonade. Man beginnt mit einem Satz in der richtigen Form, bei dem aber sämtliche Zahlen zufällig ausgewählt werden. Er stimmt hinten und vorne nicht, aber wen kümmert's? Man speist ihn in ein Programm ein, das alle seine Buchstaben zählt und einen neuen Satz mit den neuen Buchstaben-Berechnungen anstelle der alten Schätzungen ausspuckt. Und so setzt man das fort … Es ist fast sicher, daß man schon sehr bald an eine attraktive Bahn gerät. Wahrscheinlich sind die meisten Bahnen recht langgezogene Schleifen und ergeben folglich keine selbstdokumentierenden Sätze – aber erneut, wen kümmert's? Versuchen Sie es nochmals mit einem anderen zufällig gewählten Samen und wiederholen Sie das so lange, bis Sie auf einen Fixpunkt stoßen.

Diese Methode mag etwas zu simpel klingen, aber sie funktioniert. Ich schlug sie Bob French vor, einem der beiden Übersetzer von *Gödel, Escher, Bach* ins Französische, und er war ganz scharf darauf, ein solches Programm zu implementieren. Innerhalb kurzer Zeit hatte er eins aufgestellt und am Laufen. Er schickte mir folgende Zeilen über seine Entdeckungen:

> Ich schrieb ein kleines Programm zur Lösung des Pangramm-Problems und bekam, zu meiner Verärgerung auf „francaix", folgende Antwort geschrieben:
>
> *Cette phrase contient cinq a, cinq c, troix d, douze e, un f, un g, quatre h, treize i, huit n, six o, troix p, six q, huit r, six s, quatorze t, dix u, un v, sept x & quatre z.*

Ich kann es immer noch nicht fassen, aber beim Programmieren war mir ganz entgangen, daß ich „trois" falsch geschrieben ins Programm genommen hatte. Nachdem ich den gottverdammten Fehler ausgebügelt hatte, kam die Antwort längst nicht sofort, aber ich bin zuversichtlich, daß sie noch kommen wird, und zwar in korrekt geschriebenem Französisch, sobald ich mich wieder an die Arbeit begebe.

Entscheidend ist, daß man bei weitem nicht mit roher Gewalt vorgehen muß, um sich durch den gesamten Raum aller möglichen Zahlenkombinationen zu suchen, die die 26 leeren Stellen füllen, wenn man einen perfekten selbstdokumentierenden Satz finden will! Eine Routine, die die Robinsonade durchführt, schafft zusammen mit einem schlichten Schleifenanzeiger den Trick recht mühelos, solange man gewillt ist, eine Anzahl von verschiedenen Samen auszuprobieren. Die Anziehungskraft kurzer Schleifen wird uns früher oder später zweifellos auf ein Hindernis stoßen lassen, und das Ziel ist erreicht, der Satz gefunden!

Mein Freund Larry Tesler war von Sallows Herausforderung gleichfalls angetan, als sie in A. K. Dewdneys neuer Kolumne im *Scientific American* unter dem Titel „Computer Recreations" („Computer-Kurzweil") im Oktober 1984 erschien. Er kodierte die Methode der Robinsonade in einem Programm, und es dauerte nicht lange, bis sein Computer in eine Schleife verfiel, die einer Lösung sehr nahe schien. Tesler veränderte an diesem Punkt die Suchmethode in seinem Programm, und dann war es für ihn nicht mehr schwer, auf eine Lösung zuzusteuern und die Wette zu gewinnen. Das Ergebnis schickte er mit stolzer Freude sowohl an Dewdney als auch an Sallows. Teslers Satz ging so:

This computer-generated pangram contains six a's, one b, three c's, three d's, thirty-seven e's, six f's, three g's, nine h's, twelve i's, one j, one k, two l's, three m's, twenty-two n's, thirteen o's, three p's, one q, fourteen r's, twenty-nine s's, twenty-four t's, five u's, six v's, seven w's, four x's, five y's, and one z.

* * *

Das Einrasten wird durch das im *Postskriptum* zu Kapitel 2 beschriebene hypothetische Buch *Rezensionen dieses Buches* perfekt illustriert. Ich charakterisierte darin die Methode zur Kreation dieses hypothetischen Werks mit der Konstruktion „selbstkonsistenter" Lösungen mit Hilfe der „Hartree-Fock"-Methode, die mir sehr ähnlich erschien. Was bedeutet das? Letzten Endes läuft es wieder auf dasselbe hinaus. Es erweist sich als äußerst schwierig – in der Tat unmöglich –, für die Gleichungen, die ein komplizierteres Atom als das Wasserstoffatom mit seinem einen Elektron beschreiben, Lösungen geschlossener Form zu finden. Wenn man, wie im Heliumatom mit seinen zwei Elektronen und einem Kern, drei Körper hat, ist die mathematische Komplexität umwerfend. Das Problem liegt im Grunde darin, daß jedes der beiden Elektronen sich „gerne" in einem einfachen, dem Wasserstoffatom ähnlichen Zustand rund um den Kern befinden möchte, aber vom anderen davon abgehalten wird. Wie also können sie miteinander „kooperieren", um einen stabilen *modus vivendi* in der Koexistenz zu finden?

Eine Möglichkeit, dies mathematisch zu untersuchen, auf die zuerst der englische Physiker Douglas Rayner Hartree 1928 stieß, ist zu versuchen, zu einer tauglichen Beschreibung des gesamten Systems zu konvergieren, indem man mit einer falschen Lösung beginnt – also mit einer mathematischen Beschreibung eines Zustands, von dem man weiß, daß er falsch ist, sich aber leicht beschreiben läßt. (Man könnte beispielsweise von der Annahme ausgehen, daß beide Elektronen sich in einfachen, wasserstoffatom-ähnlichen Zuständen *befinden*.) Man sieht dann, wie ein Elektron das andere aus dem angenommenen Zustand, in dem es sich befand, in Unruhe versetzt. Dies führt zu einem anderen – und wahrscheinlich nicht weniger fiktiven – Zustand. Aber man ist wenigstens ein Stück weiter gekommen, denn man hat ja die Effekte „erster Ordnung", die jedes Elektron auf das andere gewöhnlich ausübt, in Betracht gezogen. Jetzt wiederholt man den Vorgang immer wieder aufs neue – d. h. man wird immer wieder beobachten können, wie die in Unruhe versetzten Zustände sich gegenseitig in Unruhe versetzen. So kommt man zu den Korrekturen „zweiter Ordnung" – usw. usw. Schließlich – und das ist das Schöne an der Methode – geht der Anfangspunkt unserer Berechnungen total unter, und der Zustand konvergiert zu einer sogenannten „selbst-konsistenten" Lösung, was den Lösungen zum Robinson-Puzzle sehr nahe kommt. Mit dem „Untergehen" des Anfangspunktes will ich ausdrücken, daß man, *gleich wo man beginnt*, immer bei derselben Lösung landet, die sich schließlich einstellt – also bei einem fixen Punkt, an dem eine weitere Iteration nicht mehr greift. Bei dieser Lösung befinden sich die beiden Elektronen miteinander im Gleichgewichtszustand und stören sich folglich nicht. Und Hokuspokus Fidibus – das Problem mit dem Heliumatom ist „gelöst"!

Natürlich ist diese Art der Lösung eine *numerische*, nicht eine analytische; sie liefert keine exakten Formeln, sondern nur Zahlen. Für die meisten praktischen Zwecke ist das jedoch gut genug. Der russische Physiker Vladimir Fock machte später einen Vorschlag zur Verbesserung der Stichhaltigkeit dieser Berechnungsmethode, die die Tatsache mit in Betracht zieht, daß die Elektronen dem Prinzip des Pauli-Ausschlusses gehorchen, eine Komplikation, die Hartree ignoriert hatte. Das ist der Grund für den mit einem Bindestrich gekoppelten Namen; Hartree ist aber unbestritten der Erfinder des allgemeinen Prinzips zur Berechnung selbst-konsistenter Lösungen für Systeme, die eine Vielzahl von Körpern enthalten.

* * *

Die Idee des Einrastens kehrt in der Wissenschaft überall wieder. In *Gödel, Escher, Bach* diskutierte ich das Phänomen der sogenannten *Renormalisierung* – die Art und Weise, wie Elementarteilchen, also beispielsweise Elektronen, Positronen und Photonen, sich alle in ihrem eigentlichen Kern aufeinander einstellen. Der Begriff stammt aus der Mathematik, zur besseren Versinnbildlichung aber stelle man sich vor, wie die eigene Identität von den Identitäten der engen Freunde und Verwandten abhängt, und deren wiederum von der eigenen und denen *ihrer* engen Freunde und Verwandten usw., usw. Dieses Bild verwendete ich zur Beschreibung der Parkettverformung „Das I im Zentrum" im *Postskriptum* zu Kapitel 9. Graphisch gut dargestellt wird diese Idee auch in Abbildung 23-4, wo die Identität aus einem Renormalisierungsprozeß hervortritt.

Die Verwicklung des eigenen Selbst ist eine ausgezeichnete Metapher, um all das, worum es bei der Renormalisierung geht, zu verstehen. Und um sich eine Vorstellung davon zu machen, wie man selbst aus einer solchen Verwicklung hervorgeht, stellt man sich am besten am Anfang vor, man selbst sei eine „Person nullter Ordnung" – d. h. ein Mensch, der niemand anderen kennt und berücksichtigt. (Natürlich wäre eine solche Person kaum eine Person, schwerlich überhaupt ein Selbst: ein perfekter Säugling allenfalls.) Dann stelle man sich vor, wie man sich selbst verändern würde, wenn man anfängt, andere Menschen mit in Betracht zu ziehen, wobei man die anderen immer als perfekte Säuglinge bzw. Menschen nullter Ordnung sieht. Auf diese Weise erhält man seine eigene Version „erster Ordnung". Langsam bekommt man Identität, die sich aus dieser Formung anderer, die in einem selbst stattfindet, nach und nach herauskristallisiert. Jetzt wird iteriert: Menschen zweiter Ordnung sind die, die sich auf die Identitäten von Menschen erster Ordnung einstellen, und so kann man es dann fortsetzen. Am Ende kommen Menschen heraus, die *renormalisiert* sind: Menschen, die sich auf die Identitäten renormalisierter Menschen einstellen. Ich weiß, es klingt nach einem Kreislauf, und es ist tatsächlich so, aber es ist nicht *paradox* – wenigstens nicht paradoxer, als es die Fixpunkte des Puzzles von Raphael Robinson sind! „Im Kreis laufen" ist nicht gleichbedeutend mit „paradox", obgleich viele Leute davon irrtümlicherweise ausgehen. Wir werden diese Vorstellung von renormalisierten Menschen nochmals in Kapitel 29 wie auch danach aufgreifen, um tatsächlich mit einigen scheinbaren Paradoxa aufzuräumen, die Kooperation und Egoismus mit einbeziehen.

Dieser enge Zusammenhang der Einrast-Methode mit dem tiefsten Wesen der Persönlichkeit spielt auch in den Kapiteln 21 und 24 eine zentrale Rolle; „wer" man ist, wird dort als eine Erscheinung dargestellt, die aus einem „Feedback-Salto-Ebenenwechsel" hervorgeht. In diesem „Feedback-Salto-Ebenenwechsel" nimmt ein ausgeklügeltes Wahrnehmungssystem begrenzte Aspekte seiner eigenen Natur wahr und kreiert durch Rückspeisung dieser Aspekte in das System eine Art Einrastprozeß. Die eingerastete Schleife selbst bekommt einen Namen, und der lautet für jedes solcher Systeme „Ich".

Die Vorstellung eines Systems mit einem Ich, das sein eigenes Verhalten beobachtet, ist eng mit den Urquellen der Kreativität verbunden (man erinnere sich an den Zyklus, der der Kreativität zugrunde liegt und im *Postskriptum* zu Kapitel 11 wie auch in dem zu Kapitel 9 erörtert wurde). Wir werden darauf nochmals in Kapitel 22 tiefer eingehen und versuchen, ein anderes scheinbares Paradox in den Griff zu bekommen: die Mechanisierung dessen, was an sich gar nicht mechanisch und gar nicht mechanisierbar scheint – nämlich den kreativen Akt. Wie wir sehen werden, lösen sich teuflische Paradoxa in seligmachende Zyklen auf.

Kurzum, das Einrasten – d. h. konvergentes und selbststabilisierendes Verhalten – wird sicherlich auch noch eine Rolle spielen, wenn wir die letztgültige Erklärung für die meisten Geheimnisse des Geistes gefunden haben. Ein Beispiel ist die Frage nach der Wiederauffindung von Erinnerungen. Wie kommt es zustande, daß Dinge, die nur vage einander ähnlich sind, ein Gepolter von Erinnerungen anrichten und schließlich die Wiederauffindung von erstaunlich tiefen abstrakten Ähnlichkeiten ausgelöst wird? Eine Theorie, die am besten von dem Kognitionswissenschaftler Pentti Kanerva von der Stanford-Universität formuliert und artikuliert wurde, betrachtet den Anfangswert als *Samen* – einen Vektor in einem sehr hoch-dimensionalen Raum, analog zu dem Saat-Vektor, den wir in die Robinsonade-Maschine eingespeist haben. Der Same wird in Mechanismen zur Wiederauffindung von Erinnerungen eingespeist, die ihn in einen Ausgabe-Vektor umwandeln, der dann wieder zurückgespeist wird. Dieser zyklische Prozeß dauert so lange an, bis er entweder zu einem fixen Punkt konvergiert – die gewünschte Erinnerungsspur – oder sichtbar ziellos, ohne wahrscheinlich je einzurasten, umherirrt und dabei eine chaotische Sequenz von „Punkten" im Raum eines Geistes hinterläßt. Wie dies in Kanervas hübscher Theorie im einzelnen genau zustande kommt, liegt außerhalb des Umfangs dieses Buchs, doch liefert diese „selbstpropagierende Suche" ein weiteres Beispiel für die vielen Möglichkeiten, den Einrastprozeß auszuschöpfen.

Mit der Wiederauffindung von Erinnerungen eng verbunden ist das Problem der Wahrnehmung bzw. des Erkennens von Mustern. Wie ich im *Postskriptum* zu Kapitel 4 erwähnte, hat man diesen zentralen Aspekt des Geistes am besten auf Computern in Programmen nachgebildet, deren Strategie ähnlich zu der von Kanervas Modell ist: Alles beginnt zunächst mit einem Schwenk an der Oberfläche, mit dem das Feld etwas eingeengt wird; diesem folgt ein gründlicherer Schwenk, der das Feld weiter einengt usw. (den Mechanismus des „Terrassen-Rasters" beschrieb ich im *Postskriptum* zu Kapitel 5). Dieser von oben nach unten laufende Verarbeitungsprozeß wird durch den gleichzeitig von unten nach oben laufenden Verarbeitungsprozeß ergänzt, der nicht durch den von außen kommenden Input in Gang gesetzt wird, sondern durch *Erwartungen* von dem, was „da draußen" erkennbar ist. Die wirbelnde Aktivität, mit der die beiden entgegengesetzt laufenden Prozesse ein harmonisches Auskommen miteinander suchen, führt zu einer Art allmählicher „Kristallisation", bei der viele kleine Teile von Evidenzen sich aneinanderreihen und gegenseitig verstärken. Letztendlich liegt die Rechtfertigung für manche davon natürlich im rohen, unverarbeiteten perzeptiven Input, während sie für andere im Reichtum ehemaliger Erfahrungen besteht, die im Gedächtnis abgespeichert sind. Kombiniert man alle diese sich gegenseitig bestätigenden Hypothesen, erhält man als Resultat eine global optimale Interpretation dessen, was Input ist: ein Akt der Wiedererkennung. Das Einrasten war also wieder einmal der Schlüssel zum Erfolg.

Ein letztes Beispiel für das Einrasten ist Thema von Kapitel 26: die Frage der Unvermeidlichkeit (bzw. Vermeidlichkeit) des genetischen Codes. Diese zentrale Frage über die molekularen Grundlagen des Lebens dreht sich erwiesenermaßen um zwei grundverschiedene Bedeutungen des Worts „arbiträr". Das Kapitel soll aber für sich selbst sprechen.

* * *

Wie ich in der Einleitung beschrieb, tauchte der Themenraum für meine Kolumnen so nach und nach auf, wie ich Monat für Monat in diesem Raum einen Punkt mehr enthüllte. Was soll das sein, wenn nicht ein Poincaré-Abbild meines geistigen Mäanderns? Während meiner Ära als Kolumnenschreiber leuchtete mein Geist wie ein Glühwürmchen, das einmal im Monat glimmt, auf und enthüllte der Außenwelt, was in seinem Inneren vor sich ging! Ich frage mich nur: Würde sich die Form, die ich auf diese Weise hinterlasse, als seltsamer Attraktor herausstellen?

Wir sind in der Mitte des Buches angelangt, und an dieser Stelle scheint es angebracht, ein vereinheitlichendes Thema zu erkennen. Wie es scheint, nähert man sich mit dem *Einrasten* der Metamagie von Schleifen, Sozialem, Schlüpfendem, Seltsamkeit, Substrat, Stabilität, Strategien ...

16
Lisp:
Atome und Listen

Februar 1983

In vorangegangenen Kolumnen habe ich ziemlich oft über das Gebiet artifizieller Intelligenz geschrieben – die Suche nach Wegen, einen Computer so zu programmieren, daß er sich schließlich flexibel verhält, Sinn fürs Praktische zeigt, einsichtig ist, kreativ arbeitet, Selbstbewußtsein ausstrahlt, Humor hat usw. Ernsthaft begann die AI-Forschung vor über zwei Jahrzehnten, und seitdem hat sie sich oft verzweigt, so daß das Forschungsgebiet heute sehr aktiv und facettenreich ist. In den Vereinigten Staaten gibt es vielleicht ein paar Tausend Männer und Frauen, die sich beruflich mit AI beschäftigen, und im Ausland sind es nicht weniger. Obgleich die Meinung darüber, welches der beste Weg zur AI ist, unter diesen Beschäftigten beträchtlich divergiert, sind sie sich in einer Sache fast einhellig einig, und das ist die Wahl der Programmiersprache. Die meisten AI-Forschungsanstrengungen werden in einer Sprache durchgeführt, nämlich „Lisp". (Der Name ist kein richtiges Akronym; dahinter verbirgt sich „Listen-Prozessierung".)

Warum wird der größte Teil der AI-Arbeit in Lisp geleistet? Dafür gibt es viele Gründe, von denen die meisten technischer Natur sind. Einer der besten Gründe aber ist ganz einfach: Lisp hat Biß. Oder wie Marilyn Monroe in dem Film *Das verflixte siebte Jahr* sagte: „Ich finde es einfach *intelegant*!" Jede Computersprache besitzt willkürliche Eigenschaften, um nicht zu sagen Launen, und die meisten Sprachen sind in der Tat voll davon. Ein paar allerdings, und zu ihnen gehören Lisp und Algol, sind um einen Kern herum angelegt, der so natürlich wie ein Zweig der Mathematik erscheint. Im Innersten hat Lisp die Klarheit eines Kristalls, die nicht nur den ästhetischen Sinn anspricht, sondern Lisp zudem zu einer flexibleren Sprache macht, als es die meisten anderen sind. Aufgrund der Schönheit von Lisp und seiner zentralen Rolle in diesem Bereich moderner Wissenschaft habe ich mich also entschlossen, den grundlegenden Ideen von Lisp ein Trio von Kolumnen zu widmen.

Die tiefen Wurzeln von Lisp liegen prinzipiell in der mathematischen Logik. Pioniere der Mathematik wie Thoralf Skolem, Kurt Gödel und Alonzo Church befruchteten in den zwanziger und dreißiger Jahren die Logik mit Ideen, die Jahrzehnte später in Lisp eingebaut wurden. In den vierziger Jahren begann man ernsthaft mit der Programmierung von Computern, aber erst in den fünfziger Jahren war man so weit, sogenannte „höher-sprachige" Programmiersprachen (zu denen Lisp gehört) zu entwikkeln. Die früheste listen-verarbeitende Sprache war nicht Lisp, sondern IPL („Information Processing Language", „informationsverarbeitende Sprache"), die Mitte der fünfziger Jahre von Herbert Simon, Allen Newell und J. C. Shaw entwickelt wurde. In den Jahren 1956–58 kam John McCarthy, der aus all den früheren Quellen geschöpft hatte, mit einer eleganten algebraischen listen-prozessierenden Sprache heraus, die er Lisp nannte. Die Schar der jungen Leute um ihn am neu zusammengesetzten MIT-Projekt zur Erforschung der artifiziellen Intelligenz („MIT Artificial Intelligence Project“) war davon rasch begeistert, und man implementierte sie auf einer IBM 704, verbreitete sie in anderen AI-Gruppen, die davon genauso infiziert wurden, und behielt sie über all die Jahre bei. Heute gibt es viele Dialekte, aber alle sind sich im Kern gleich, in dem, wie gesagt, eine gewaltige Portion Eleganz steckt.

* * *

Schauen wir uns jetzt einmal an, wie Lisp wirklich arbeitet. Eine der attraktivsten Eigenschaften von Lisp ist, daß es im Gegensatz zu den meisten anderen höheren Computersprachen *interaktiv* vorgeht. Das bedeutet folgendes: Wenn man in Lisp programmieren möchte, setzt man sich an ein Terminal, das mit einem Computer verbunden ist, und tippt das Wort „Lisp“ ein (oder Wörter mit demselben Effekt). Als nächstes wird man am Bildschirm ein sogenanntes „Promptzeichen“ sehen – ein charakteristisches Symbol wie z. B. einen Pfeil oder Asterisk. Ich fasse das Promptzeichen gerne als eine Begrüßung von einem speziellen „Lisp-Genie“ auf, das sich tief verbeugt und zu einem spricht: „Ihr Wunsch ist mir Befehl – was wünschen Sie als nächstes?“ Das Genie wartet darauf, daß man etwas eintippt. Gewöhnlich sagt man zu diesem Genie auch *Lisp-Interpretierer*, aber gleichwie, es wird alles tun, was man möchte – allerdings nur, wenn man die Wünsche, die man hat, genau äußert, sonst riskiert man verheerende Wirkungen. Der unten abgebildete Pfeil ist der Prompt, also das Zeichen, daß das Lisp-Genie bereit ist, Ihre Bitte entgegenzunehmen und zu erfüllen:

→

Das Genie will wissen, was uns am Herzen liegt, tippen wir also einen einfachen Ausdruck ein:

→ (plus 2 2)

und drücken wir dann kurz die Eingabetaste. (Alle Lisp-Ausdrücke und Wörter sind in diesem und in den beiden folgenden Kapiteln in der Schrift **Syntax** gedruckt.) Selbst wer kein Lisper ist, kann wahrscheinlich ahnen, daß das Lisp-Genie als Antwort den Wert 4 ausgeben wird. Es wird dann außerdem einen neuen Prompt anzeigen, so daß es jetzt auf dem Bildschirm so aussieht:

→ (plus 2 2)
4
→

Das Genie ist wieder bereit, unser nächstes Kommando auszuführen – oder höflicher gesagt, unseren nächsten Wunsch –, sollten wir einen solchen haben. Wird ein

Wunsch als Lisp-Statement ausgedrückt und ausgeführt, nennt man das eine Lisp-Anweisung auswerten oder *evaluieren*. Der vorangegangene kurze Dialog zwischen Mensch und Computer exemplifiziert das Verhalten des Lisp-Interpretierers: er *liest* eine Anweisung, *evaluiert* sie, *druckt* den entsprechenden Wert auf dem Bildschirm aus und signalisiert dann seine Bereitschaft zum Lesen einer neuen Anweisung. Die zentrale Aktivität des Lisp-Interpretierers wird deshalb als *read-eval-print-Schleife* bezeichnet.

Was Lisp interaktiv macht, ist das Vorhandensein des Lisp-Genies (des Lisp-Interpretierers). Man bekommt sofort eine Rückmeldung, sobald man Lisp einen „Wunsch" – eine komplette Anweisung – eingegeben hat. Und eine ganze Liste von Wünschen wird ausgeführt, wenn man den ersten eingibt, dann das Genie um Ausführung bittet, danach den nächsten einträgt, das Genie erneut bittet, usw.

Im Gegensatz dazu muß man in vielen höheren Computersprachen ein ganzes Programm schreiben, das eine Anzahl von Wünschen enthält, die in bestimmter Reihenfolge ausgeführt werden sollen. Was die Sache noch verschlimmert, ist, daß später hinzukommende Wünsche in der Regel stark von den Konsequenzen der früheren Wünsche abhängen – und natürlich schafft man es nicht, sie nacheinander auszuprobieren. Die Ausführung eines solchen Programms kann selbstverständlich zu vielen unerwarteten Resultaten führen, weil so viele Wünsche perfekt zusammenpassen müssen. Wenn man den kleinsten konzeptuellen Fehler beim Entwurf der Wunschliste begeht, ist ein totales Durcheinander wahrscheinlich – in der Tat nahezu unvermeidlich. Ein Programm dieser Art laufen zu lassen ist wie der Schuß einer neuen, noch nie getesteten Sonde ins All: Man kann möglicherweise nicht alles vorwegnehmen, was schiefgehen könnte, und folglich kann man sich nur zurücklehnen und zuschauen und hoffen, daß alles gutgeht. Bei einem Versagen geht man zurück und korrigiert den aufgetretenen Fehler, um es dann noch einmal von vorn zu probieren. Eine solche ungeschickte, indirekte, kostspielige Programmiermethode steht im markanten Gegensatz zu dem direkten, interaktiven Stil von Lisp, jeden Wunsch einzeln zu seiner Zeit auszuführen, was eine „schrittweise" Programmentwicklung und Korrektur ermöglicht. Dies ist ein weiterer maßgeblicher Grund für die Popularität von Lisp.

* * *

Welche Arten von Wünschen kann man dem Lisp-Genie zur Auswertung überreichen, und was wird es auf der Bildschirmseite ausdrucken? Nun, man kann damit beginnen, dem Genie arithmetische Ausdrücke, die sehr merkwürdig aussehen, wie z. B. **(times (plus 6 3) (difference 6 3))**, über die Tastatur einzugeben. Die Antwort darauf lautet dann 27, da **(plus 6 3)** ausgewertet 9 und **(difference 6 3)** ausgewertet 3 ergibt, und das Produkt aus beiden 27 beträgt. Diese Schreibweise, bei der jede Operation links von ihrem Operanden steht, wurde von dem polnischen Logiker Jan Łukasiewicz erfunden, als es noch gar keine Computer gab. Unglücklicherweise war sein Name nicht nur für die meisten englisch sprechenden Leute ein fürchterlicher Anblick, so daß man diese Art Schreibweise einfach *polnische Notation* nannte. Das folgende Beispiel ist ein einfaches Problem in dieser Schreibweise, und Sie sollten jetzt die Rolle des Lisp-Genies übernehmen:

→ (quotient (plus 21 13) (difference 23 (times 2 (difference 7 (plus 2 2)))))

Vielleicht haben Sie bemerkt, daß Lisp-Instruktionen runde Klammern mit einbeziehen. Lisp ist durch eine Überfülle von runden Klammern geprägt. Es ist nichts Ungewöhnliches, wenn man einen Ausdruck sieht, der rechts mit einem Dutzend runder Klammern endet! Vielen Leuten graust es anfangs davor – aber sobald man sich einmal an ihr charakteristisches Erscheinungsbild gewöhnt hat, bekommen Lisp-Ausdrücke eine bemerkenswert intuitive Kraft, ja sogar einen gewissen Reiz für das Auge, besonders wenn sie *schön-gedruckt* sind, d. h. daß ein sorgfältiges Einrückungsschema (Indentationsschema) befolgt wird, das ihre logische Struktur offenlegt. Sämtliche Bildschirmausgaben sind in diesem Kapitel schön-gedruckt.

Das Wesen von Lisp ist die Manipulierbarkeit seiner Strukturen. Alle Programme in Lisp arbeiten damit, daß sie Strukturen erzeugen, modifizieren und zerstören. Es gibt zwei Arten von Strukturen: atomare und zusammengesetzte, bzw. *Atome* und *Listen*, wie man in der Regel sagt. Jedes Lisp-Objekt ist daher entweder ein Atom oder eine Liste (aber nicht beides). Die einzige Ausnahme bildet das spezielle Objekt namens **nil**, das beides ist, nämlich ein Atom und eine Liste zugleich. Sie sollen gleich mehr über **nil** erfahren. Vorweg aber die Frage: Was sind andere typische Lisp-Atome? Hier ein paar Beispiele:

Wasserstoff, Helium, J-S-Bach, 1729, 3.14159, Pi,
Birne, Bio, Radio, Rem, Sonder-Stör-Fall

Listen sind die flexiblen Datenstrukturen von Lisp. Eine Liste ist nahezu das, was der Name sagt: eine Zusammenfassung einiger Teile in einer bestimmten Reihenfolge. Die Teile einer Liste werden gewöhnlich als ihre *Elemente* oder *Glieder* bezeichnet. Wie können diese Glieder aussehen? Nun, Listen können Atome als Glieder haben, was nicht überrascht. Aber genauso einfach können Listen Listen als Glieder enthalten, und diese Listen wiederum andere Listen als Glieder, was sich rekursiv so fortsetzen ließe. Hoppla! Ich wollte mit diesem Wort doch noch gar nicht heraus. Aber macht ja nichts. Sie haben bestimmt verstanden, was ich meinte, und so können Sie sich schon mal auf die technischere Begriffsbestimmung, die noch kommen soll, vorbereiten.

Eine auf Ihrem Bildschirm abgedruckte Liste ist an ihren runden Klammern zu erkennen. In Lisp konstituiert alles eine Liste, was durch entsprechende runde Klammern zusammengebunden wird. So ist z. B. **(Rembremerdeng Schmäh Bluff (Uff Zonk))** eine aus vier Elementen bestehende Liste, deren letztes Element selbst eine Zwei-Elementen-Liste ist. Eine andere kurze Liste ist **(plus 2 2)**, wodurch die Tatsache illustriert wird, daß *Lisp-Anweisungen selbst Listen sind*. Das ist wichtig, weil damit ausgesagt wird, daß das Lisp-Genie, dadurch daß es Listen und Atome manipuliert, im Grunde neue Wünsche eigens konstruieren kann. Folglich kann das Ziel eines Wunsches die Konstruktion – und nachfolgende Auswertung – eines neuen Wunsches sein!

Ferner gibt es die *leere* Liste – die Liste, die überhaupt keine Elemente beinhaltet. Wie schreibt man diese? Man könnte auf den Gedanken kommen, ein leeres Paar runder Klammern – **()** – zu verwenden. Und tatsächlich, es klappt – aber es gibt noch eine zweite Möglichkeit, eine leere Liste anzuzeigen, und zwar, indem man **nil** schreibt. Beide Schreibweisen sind gleichbedeutend, obgleich man gewöhnlich eher **nil** schreibt als **()**. Die leere Liste, also **nil**, ist ein Schlüsselkonzept von Lisp; **nil** ist im Universum der Listen das, was null im Universum der Zahlen ist. Und um eine andere Metapher für **nil** zu verwenden: Eine leere Liste ist wie die Mutter Erde, in der alle Strukturen verwurzelt sind. Aber um zu verstehen, was das bedeutet, müssen Sie sich noch etwas gedulden.

*　　*　　*

Die generell am meisten strapazierte Eigenschaft eines Atoms ist, daß es einen *Wert* hat (oder bekommen kann). Manche Atome haben permanente Werte, während andere variabel sind. Wie Sie vielleicht schon erwartet haben, ist der Wert des Atoms **1729** die ganze Zahl 1729, und zwar permanent. (Ich unterscheide hier zwischen dem Atom, dessen *Druckname* oder *pname* (für „print name“) die vierstellige Zeichenkette **1729** ist, und der immerwährenden Essenz im Sinne Platons, die auf zwei ganz verschiedene Arten zufällig die Summe zweier Kubikzahlen ist – d. h. die Zahl 1729.) Der Wert von **nil** ist gleichfalls permanent, und der ist – **nil**! Nur ein einziges anderes Atom hat sich selbst als seinen permanenten Wert, nämlich das spezielle Atom **t**.

Abgesehen von **t**, **nil** und Atomen, deren Namen Zahlen sind, sind Atome in der Regel Variablen, was bedeutet, daß man ihnen Werte zuordnen und diese später nach Belieben ändern kann. Wie macht man das? Nun, um dem Atom **Praline** den Wert 4 zuzuordnen, kann man dem Lisp-Genie folgende Anweisung antragen: **(setq Praline 4)**. Genausogut könnte man auch schreiben: **(setq Praline (plus 2 2))** – ja sogar **(setq Praline (plus 1 1 1 1))** wäre möglich. Jedenfalls wird der Wert von **Praline**, sobald Sie die Eingabetaste ausgelöst haben, 4 annehmen und für immer so bleiben – bzw. wenigstens so lange, bis Sie an dem Atom **Praline** eine andere Operation ausführen.

Lisp hätte nicht den Biß, wenn die einzigen Werte, die Atome haben könnten, Zahlen wären. Zum Glück kann aber der Wert eines Atoms auf jede Art von Lisp-Objekt eingestellt werden – also auf jedes erdenkliche Atom bzw. auf jede erdenkliche Liste. Z. B. könnten wir den Wert des Atoms **Pi** als eine Liste der Art **(a b c)** festlegen oder vielleicht als **(plus 2 2)** statt der Zahl 4. Für die zuletzt genannte Operation verwenden wir wieder **setq**. Zur besseren Veranschaulichung eine kurze Konversation mit dem Genie:

```
→ (setq Praline (plus 2 2))
4
→ (setq Pi '(plus 2 2))
(plus 2 2)
→
```

Zu beachten ist hier der riesige Unterschied zwischen den Werten, die den Atomen **Praline** und **Pi** als Resultat dieser beiden Wünsche, um die man das Lisp-Genie bittet, zugewiesen werden. Diese beiden Wünsche unterscheiden sich nur im Vorhandensein bzw. Nicht-Vorhandensein eines kleinen, aber kritischen *Anführungszeichens* zu Beginn der inneren Liste **(plus 2 2)**. Beim ersten Wunsch, der ohne Anführungszeichen ausgesprochen wird, muß die innere Liste **(plus 2 2)** *ausgewertet* werden. Man erhält folglich den Wert 4 zurück, der der Variablen **Praline** als ihr neuer Wert zugewiesen wird. Andererseits wird die Liste **(plus 2 2)** im zweiten Wunsch nie als ein Kommando exekutiert, da hier ein Anführungszeichen steht, sondern lediglich als beschwerlicher Klotz am Lisp-Bein behandelt. Es ist fast wie mit dem Frischfleisch beim Metzger: Es sieht immer noch „lebendig" aus, obwohl es doch tot ist. Also ist der Wert von **Pi** in diesem zweiten Fall die Liste **(plus 2 2)**, ein Fragment des Lisp-Codes. Der folgende Dialog mit dem Genie bestätigt die Werte dieser Atome:

```
→ Praline
4
→ Pi
(plus 2 2)
→ (eval Pi)
4
→
```

Was hat es mit diesem letzten Schritt auf sich? Ich wollte Ihnen zeigen, wie Sie das Genie bitten können, den Wert eines Ausdrucks zu *evaluieren*, statt den Wert dieses Ausdrucks einfach nur *auszudrucken*. Gewöhnlich führt das Genie nur *eine* Auswertungsstufe durch, aber wenn Sie **eval** schreiben, bekommen Sie auch eine zweite Stufe der Evaluierung ausgerechnet. (Und natürlich können Sie das so lange fortsetzen wie Sie wollen, indem Sie immer wieder eine neue **eval**-Operation ansetzen.) Diese Eigenschaft erweist sich oft als unschätzbar, ist aber etwas zu fortgeschritten, um bereits in diesem Stadium eingehender erörtert zu werden.

*   *   *

Jede Liste außer **nil** besteht mindestens aus einem Element. Das erste Element einer Liste nennt man **car**. Das erste Element, also das **car** der Liste **(eval pi)** ist das Atom **eval**. Das **car** der Listen **(plus 2 2)**, **(setq x 17)**, **(eval pi)** und **(car pi)** ist jeweils die Bezeichnung für eine bestimmte Operation bzw. *Funktion*, wie man in Lisp eher sagt. Das **car** einer Liste muß nicht unbedingt aus dem Namen einer Funktion bestehen; es muß nicht einmal ein Atom sein. Eine hochkarätige Liste ist zum Beispiel auch **((1) (2 2) (3 3 3))**. In diesem Fall ist die Liste **(1)** das **car**, deren **car** wiederum kein Funktionsname ist, sondern nur eine Ziffer.

Wenn man das erste Element einer Liste, also ihr **car**, entfernt, was bliebe dann? Natürlich eine kürzere Liste. Diese um ihr erstes Element verkürzte Liste nennt man **cdr**. (Die Wörter „car" und „cdr" sind seltsame Überbleibsel aus der Phase der ersten

Implementierung von Lisp auf der IBM 704. Die Buchstaben in dem Wort „car" beziehen sich auf die englische Beschreibung „Contents of the Address part of Register" (was soviel heißt wie „Inhalt des Registeradreßteils"), und die in „cdr" auf die englische Beschreibung „Contents of the Decrement part of Register" (was soviel heißt wie „Inhalt des Registerdekrementteils"); „car" und „cdr" gehen auf besondere Bestandteile der Hardware jener IBM-Maschine zurück und sind heutzutage längst überholt.) Das **cdr** der Liste **(a b c d)** ist die um ihr erstes Element verkürzte Liste **(b c d)**, deren **cdr** wiederum ist die verkürzte Liste **(c d)**, deren **cdr** die Liste **(d)** ist, und deren **cdr** wiederum ist schließlich **nil**. Und **nil** hat kein **cdr** und genausowenig ein **car**. Der Versuch, das **car** oder **cdr** aus **nil** zu ziehen, bringt das Lisp-Genie dazu (oder sollte es dazu bringen), die Fehlermeldung *„ERROR"* auszuspucken, wie auch der Versuch, durch null zu dividieren, eine Fehlermeldung hervorrufen sollte.

Es folgt eine kurze Tabelle, aus der hervorgeht, was das **car** und **cdr** einiger Listen ist, nur um sicherzugehen, daß die Begriffe eindeutig sind.

Liste	**car**	**cdr**
((a) b (c))	**(a)**	**(b (c))**
(plus 2 2)	**plus**	**(2 2)**
((car x) (car y))	**(car x)**	**((car y))**
(nil nil nil nil)	**nil**	**(nil nil nil)**
(nil)	**nil**	**nil**
nil	***ERROR***	***ERROR***

Genauso wie **car** und **cdr** *Funktionen* heißen, bezeichnet man das, worauf sie einwirken, als ihre *Argumente*. Demnach ist **plus** in dem Befehl **(plus Praline 2)** ein Funktionsname, und die Atome **Praline** und **2** sind die Argumente. Bei der Auswertung dieses Kommandos (wie auch bei den meisten anderen) errechnet das Genie die Werte der Argumente und wendet dann die Funktion auf diese Werte an. Da der Wert des Atoms **Praline** 4 und der des Atoms **2** 2 beträgt, gibt das Genie also das Atom **6** aus.

* * *

Angenommen, wir haben eine Liste vor uns, die wir um ein Element erweitern wollen. Gehen wir also beispielsweise davon aus, daß der Wert des Atoms **x** gleich der Liste **(Kuchen Keks)** ist und wir eine neue Liste **y** kreieren wollen, die so aussieht wie **x**, jedoch am Anfang ein Atom mehr enthält – sagen wir **Praline**. Dazu kann man die Funktion **cons** (die Kurzform von *construct* = „konstruieren") verwenden, deren Wirkung darin besteht, aus einer alten Liste und einem neu eingegebenen **car** eine neue Liste zu erstellen. Wie solch ein Prozeß aussieht, zeigt folgendes Beispiel:

→ (setq x '(Kuchen Keks))
(Kuchen Keks)

```
→ (setq y (cons 'Praline x))
(Praline Kuchen Keks)
→ x
(Kuchen Keks)
```

Zwei Dinge fallen hier auf. Wie man sieht, bat ich das Lisp-Genie, den Wert von **x** im Anschluß an die Operation **cons** auszugeben, um sicher zu sein, daß diese Operation keinen Einfluß auf **x** hatte. Mit der Operation **cons** kreierte ich eine neue Liste und wies dieser Liste den Wert **y** an, während mit **x** selbst nichts geschah. Die andere erwähnenswerte Tatsache ist, daß ich vor dem Atom **Praline** das Anführungszeichen wieder aufnahm. Was wäre passiert, wenn ich es weggelassen hätte? Ganz einfach folgendes:

```
→ (setq z (cons Praline x))
(4 Kuchen Keks)
```

Nach alledem sollten wir uns dennoch daran erinnern, daß das Atom **Praline** immer noch den Wert 4 besitzt, und daß das Genie, wenn es in einer Wunschliste ein Atom ohne ein Anführungszeichen sieht, immer den *Wert* hernimmt, der zu diesem Atom gehört, statt den *Namen* des Atoms. (Immer? Nun, fast immer. Ich werde es gleich erklären. Schauen Sie sich in der Zwischenzeit selbst einmal um, ob Sie nicht eine Ausnahme finden – schließlich haben Sie bereits eine gesehen.)

Ich gebe Ihnen nun ein paar Übungen auf – aber aufgepaßt, manche sind etwas tückisch. Passen Sie auf die Anführungszeichen auf! Und noch etwas: Ich verwende die Funktion **reverse**, mit der eine Liste erzeugt werden kann, die genauso aussieht wie ihr Argument, jedoch mit umgekehrt aneinandergereihten Elementen. Wenn man dem Genie beispielsweise den Wunsch **(reverse ' ((a b) (c d e)))** aufgibt, wird es ihn natürlich erfüllen, indem es **((c d e) (a b))** schreibt. Ich reihe jetzt die Aufgaben bzw. Wünsche an das Genie untereinander und gebe dann die Antworten wieder, die es jeweils erzeugt.

```
→ (setq w (cons Praline '(cdr z)))
→ (setq v (cons 'Praline (cdr z)))
→ (setq u (reverse v))
→ (cdr (cdr u))
→ (car (cdr u))
→ (cons (car (cdr u))u)
→ u
→ (reverse '(cons (car u) (reverse (cdr u))))
→ (reverse (cons (car u) (reverse (cdr u))))
→ u
→ (cons 'Keks (cons 'Kuchen (cons 'Praline nil)))
```

Die Antworten des Genies lauten:

(4 cdr z)
(Praline Kuchen Keks)
(Keks Kuchen Praline)
(Praline)
Kuchen
(Kuchen Keks Kuchen Praline)
(Keks Kuchen Praline)
((reverse (cdr u)) (car u) cons)
(Kuchen Praline Keks)
(Keks Kuchen Praline)
(Keks Kuchen Praline)

Im letzten Fall, als die **cons**-Operation wiederholt auftrat, passierte ein Vorgang, den man, salopp ausgedrückt, „eine Liste zusammenbasteln" nennen könnte. Man beginnt mit **nil** und läßt dann mehrere **cons**-Operationen folgen. Dieser Vorgang ist analog zur Erzeugung einer positiven ganzen Zahl, indem man von null ausgeht und anschließend die Nachfolger-Operation immer wieder durchführt. Während aber beim zuletzt genannten Prozeß die Art und Weise, wie die Nachfolge-Operation durchgeführt wird, mit jedem Schritt einmalig erfolgt, kann man in jeder Liste unzählig viele verschiedene Objekte zusammenbasteln, wodurch ein weit verzweigter Listen-Baum anstelle der zweiglosen Zahlenkolonne entstehen kann. Aufgrund dieses Bilds eines Baums, der aus dem Boden von **nil** erwächst und alle möglichen Listen enthält, wurde ich vorhin dazu angeregt, **nil** mit der „Mutter Erde, in der alle Strukturen verwurzelt sind", zu vergleichen.

Wie ich bereits andeutete, ersetzt das Genie nicht *immer* Atome, die ohne Anführungszeichen sind, durch deren Werte. Es gibt Fälle, in denen eine Funktion ihre Argumente so behandelt, als ob sie mit einem Anführungszeichen versehen sind, obgleich dem gar nicht so ist. Sind Sie ein Stück zurückgegangen und haben Sie gefunden, was ich meine? Es ist ganz einfach. Die Antwort ist die Funktion **setq**. Bei einem **setq**-Kommando wird das erste Atom so aufgefaßt, wie es ist – es bleibt also unausgewertet. Genauer gesagt, bezieht sich das **q** im Kommando **setq** auf das Anführungszeichen (das im Englischen „quote" heißt), was besagt, daß das erste Argument so behandelt werden soll, als würde es mit einem Anführungszeichen eingeleitet werden. Wenn wir mehr über das Kommando **set** lernen, wird die Sache etwas komplizierter, denn seine Funktion ist ähnlich der von **setq**, außer daß sie ihr erstes Argument *wirklich* evaluiert. Also wenn der Wert des Atoms **x** gleich dem Atom **k** ist, wird das Kommando **(set x 7)** an **x** nichts ändern – sein Wert bleibt nach wie vor das Atom **k** –, was sich aber ändert, ist der Wert des Atoms **k**, der dann eben 7 beträgt. Passen Sie also genau auf:

→ (setq a 'b)
→ (setq b 'c)
→ (setq c 'a)
→ (set a c)
→ (set c b)

Jetzt sagen Sie mir: Welchen Wert haben die Atome **a**, **b** und **c**? Ich will prompt darauf antworten, damit Sie nicht so arg schielen müssen. Die Werte lauten jeweils: **a, a, a.** Es mag etwas verwirren. Aber vielleicht beruhigt es Sie zu wissen, daß das Kommando **set** in Lisp nicht sehr gebräuchlich ist und solche Verwirrungen nicht oft entstehen.

* * *

Psychologisch gesehen besteht eine der großen Stärken beim Programmieren in der Möglichkeit, neue kompakte Operationen mittels alter zu definieren, und zwar so oft man will, so daß man sich ein umfangreiches Repertoire von immer komplexeren Operationen anlegen kann. Das erinnert stark an Evolution, in der immer komplexere Moleküle in einer ewig-aufsteigenden Komplexitäts- und Kreativitätsspirale aus weniger komplexen entstehen. Man kann auch an die industrielle Revolution denken, in deren Verlauf man anfangs ganz einfache Maschinen benutzte, mit deren Hilfe man dann komplexe Maschinen baute, und dann wiederum diese einsetzte, um noch komplexere Maschinen herzustellen, usw.; auch in diesem Fall wurde auf der ewigen Komplexitäts- und Kreativitätsspirale immer weiter nach oben geklettert. In jedem Stadium, gleich ob in der Evolution oder Revolution, wird das Erzeugnis flexibler und komplizierter, „intelligenter" und anfälliger für heikle „Systemfehler" oder Zusammenbrüche.

Genauso ist es bei der Programmierung von Lisp, nur sind hier die „Moleküle" bzw. „Maschinen" Lisp-Funktionen, die mittels vorweg bekannter Lisp-Funktionen definiert werden. Nehmen wir beispielsweise an, wir wollen mit einer Funktion arbeiten, die immer das letzte Element einer Liste ausgibt, so wie die Funktion **car** stets das erste Element einer Liste hervorholt. Lisp ist zunächst nicht mit einer solchen Funktion ausgerüstet, aber man kann sie sich leicht einrichten. Wissen Sie schon wie? Um das letzte Element einer Liste, das wir **Lüste** nennen wollen, zu bekommen, setzen wir einfach eine **reverse**-Funktion auf das Atom Lüste an und greifen dann zur Funktion **car**, also: **(car (reverse Lüste))**. Wir können diese Funktion auch benennen und dazu den Namen **rac** (also **car** rückwärts gelesen) verwenden; die Funktion, die das für uns erledigt, heißt **def**, so daß unsere Bitte an das Lisp-Genie lautet:

→ (def rac (lambda (Lüste) (car (reverse Lüste))))

Auf diese Weise schafft **def** eine *Funktionsdefinition*. Das Wort **lambda**, gefolgt von **(Lüste)**, bedeutet, daß die Funktion, die wir definieren wollen, nur einen Parameter bzw. eine Hilfsvariable besitzt, die **Lüste** heißen soll. (Sie könnte jeden Namen bekommen, aber mir gefällt eben dieses Atom **Lüste** ganz besonders.) Im allgemeinen muß dem Wort **lambda** die Liste der Parameter (der Hilfsvariablen) unmittelbar folgen. Wenn dieser „Definierungswunsch" ausgeführt ist, versteht das Genie die Funktion **rac** genausogut wie die zur Standardausführung gehörende Funktion **car**. Mit **(rac '(kert euch das Hirn aus dem Kopf))** erhält man also das Atom **Kopf**. Aber es muß nicht allein bei dieser neuen Funktion bleiben. Nun können wir wiederum **rac** selbst in weiteren Funktionsdefinitionen verwenden. Und wie durch ein Wunder wird aus der

Schneeflocke ein Schneeball und aus dem Schneeball bald eine Lawine; die Gewalt, über die man da mit einem Mal verfügt, kann schnell überwältigende Ausmaße annehmen.

Hier ist ein einfaches Beispiel. Angenommen, Sie sind in einer Situation, in der Sie wissen, daß Sie bald ellenlange Listen erzeugen werden und es zuweilen vorteilhaft sein wird, für jede lange Liste eine kurze Liste zu erstellen, die nur das erste und letzte Element, also das **car** und das **rac**, enthält. Dazu können wir eine Funktion aus einem Parameter definieren:

```
→ (def Das-Beste-Kurzfassung
   (lambda (ellenlangeliste)
   (cons (car ellenlangeliste) (cons (rac ellenlangeliste) nil))))
```

Wenn wir nun unsere neue Funktion **Das-Beste-Kurzfassung** auf den gesamten Text von Bertolt Brechts *Dreigroschenoper* ansetzen (d. h. ihn als ellenlange Liste behandeln), werden wir irgendwann die verkürzte Liste **(Vorspiel schallt)** erhalten. Es ist schade, daß wir diese neue Liste nicht noch weiter simplifizieren können, indem wir den Verdichtungsoperator nochmals auffordern.

Es wäre nicht nur einfach schön, sondern auch nützlich, wenn wir zu der Funktion **Das-Beste-Kurzfassung** eine inverse Operation kreieren könnten; wir könnten sie **erbrecht** nennen, da sie es fertigbringt, mit zwei beliebigen Wörtern einen ganzen Text entstehen zu lassen, der mit dem einen Wort beginnt und mit dem anderen endet – und zwar so, wie auch Bertolt Brecht ihn verfaßt hätte (wenn ihm diese glorreiche Idee in den Sinn gekommen wäre). Die Ausführung der Lisp-Anweisung **(erbrecht 'Gründung 'helfen)** hätte zur Folge, daß das Lisp-Genie die Oper *Aufstieg und Fall der Stadt Mahagonny* von Grund auf generieren würde. Wie diese Funktion letztlich aussehen muß, ist eine Übung, an die sich der Leser machen kann. Um Ihr Programm zu testen, versuchen Sie es zunächst mit **(erbrecht 'Karma 'Dharma).**

* * *

Ein Ziel, das für manche Leute sowohl wünschenswert als auch erreichbar scheint, wenn sie mit Lisp und verwandten Programmiersprachen arbeiten, besteht darin, (1) jede einzelne Anweisung einen *Wert* zurückgeben zu lassen, und (2) es dabei zu belassen, daß die Anweisung *nichts anderes* bewirkt als nur die Rückgabe dieses Werts. Die Idee, die hinter (1) steckt, ist, daß die Werte von den innersten Funktionsaufrufen zu den äußersten „nach oben" gereicht werden, bis der Wert der gesamten Anweisung für die Rückgabe fertig ist und am Bildschirm erscheint. Hinter (2) steckt die Idee, daß während all dieser Aufrufe nicht ein einziger Wert eines Atoms geändert wird (wenn das Atom nicht eine Hilfsvariable ist). In allen mir bekannten Lisp-Dialekten ist (1) wahr, (2) aber nicht unbedingt wahr.

Wenn also **x** an **(a b c d e)** gebunden ist und man **(car (cdr (reverse x)))** sagt, passiert als erstes die Berechnung von **(reverse x)**; dieser Wert wird dann „hochgereicht" zur **cdr**-Funktion, die das **cdr** dieser Liste ausrechnet; diese verkürzte Liste wird schließlich an die **car**-Funktion übergeben, die ein Element herauszieht – nämlich das Atom **d** – und es am Bildschirm ausgibt. Das Atom **x** hat in der Zwischenzeit keinen Schaden genommen; es ist immer noch an **(a b c d e)** gebunden.

Es könnte der Anschein entstehen, der Wert von **x** würde durch einen Ausdruck wie **(reverse x)** geändert werden, weil er umgekehrt wird, genauso wie es einen Effekt auf einen Pullover hat, wenn man gesagt bekommt, „Dreh' die Innenseite deines Pullis nach außen", und dieser Aufforderung nachkommt. Die Erfüllung des Wunsches **(reverse x)** aber verändert den Wert von **x** genausowenig, wie die Erfüllung des Wunsches **(plus 2 2)** etwas am Wert 2 ändert. Statt dessen bringt die Ausführung von **(reverse x)** eine *neue* (unbenannte) Liste hervor, die genauso wie **x** aussieht, nur in umgekehrter Reihenfolge. Und diese Liste ist der Wert der Anweisung; sie kommt eben infolge der Anweisung heraus. Der Wert von **x** selbst jedoch bleibt davon unberührt. Ganz ähnlich dazu wird die Auswertung von **(cons 5 pi)** nicht das geringste an der Liste namens **pi** ändern; was dabei herauskommt, ist lediglich eine neue Liste mit **5** als **car** und einem Wert von **pi**, der ganz beliebig sein kann, als ihrem **cdr**.

Ein solches Verhalten ist im Gegensatz zu dem von Funktionen zu sehen, die „Nebeneffekte" nach sich ziehen. Die Nebeneffekte, die auftreten können, sind meistens solche in der Form von veränderten Variablen-Bindungen, obgleich es durchaus noch andere Möglichkeiten gibt, wie z. B. die Verursachung von Input- und Outputabläufen. Ein typisches „riskantes" Kommando ist **setq**, und Verfechter der „applikativen" Programmierschule – die Schule, die sagt, daß man es nie zu irgendwelchen Nebeneffekten kommen lassen soll – geraten allein bei der Erwähnung von **setq** völlig aus der Fassung. Wenn es nach ihnen geht, müssen alle Resultate rein durch die Art und Weise zustande kommen, wie Funktionen ihre Werte berechnen und sie an andere Funktionen weitergeben.

Die einzigen Bindungen, die den Vertretern des applikativen Stils kein Dorn im Auge sind, sind vorübergehende „lambda-Bindungen" – also solche, die auftauchen, wenn eine Funktion auf ihr Argument angesetzt wird. Jedes Mal, wenn eine Funktion aufgerufen wird, nehmen ihre Hilfsvariablen vorübergehend „lambda-Bindungen" an. Diese Bindungen gleichen fast denen, die bei einem **setq**-Kommando herauskommen, außer daß sie, wie gesagt, vergänglich sind. Das heißt, in dem Moment, in dem die Funktion mit der Berechnung fertig ist, verschwinden sie – spurlos im Nichts. Zum Beispiel besteht während der Berechnung von **(rac '(a b c))** die lambda-Bindung der Hilfsvariablen **Lüste** aus der Liste **(a b c)**; aber sobald die Antwort **c** an die Funktion oder Person weitergereicht wird, die die Funktion **rac** verlangte, gerät der Wert des Atoms **Lüste**, das gebraucht wurde, um die Antwort zu bekommen, total in Vergessenheit. Der Lisp-Interpretierer wird uns dann, wenn wir uns nach dem Wert des Atoms **Lüste** erkundigen, sagen, daß es sich hier um ein „ungebundenes Atom" handelt. Applikative Programmierer verwenden viel lieber lambda-Bindungen als gewöhnliche **setq**-Bindungen.

Ich persönlich versuche nicht, um jeden Preis jede **setq**-Funktion und andere Funktionen, von denen ich weiß, daß sie Nebeneffekte haben, zu vermeiden. Obgleich ich den applikativen Stil einfach „intelegant" finde, erscheint er mir unpraktisch, wenn es zur Konstruktion umfangreicher Programme im AI-Stil kommt. Ich werde mich hier also nicht länger zum Advokaten des applikativen Stils machen, obgleich ich mich, wenn möglich, an ihn halten werde. Strenggenommen kann man beim applikativen Programmierstil überhaupt keine neuen Funktionen definieren, da die Wirkung einer **def**-Anweisung die ist, daß im Gedächtnis des Genies eine permanente Veränderung stattfindet – nämlich die permanente Speicherung der Funktionsdefinition im Gedächtnis. Der ideale applikative Weg zu einer Lösung wäre, Funktionen zu haben, die wie die variablen Bindungen nur temporär existieren, und wenn ihre Definitionen unmittelbar nach Gebrauch wieder verlustig gingen. Aber das ist extremer „Applikativismus".

Zu Ihrer Erbauung habe ich hier ein paar weitere einfache Funktionsdefinitionen zusammengestellt.

→ (def rdc (lambda (Lüste) (reverse (cdr (reverse Lüste)))))
→ (def snoc (lambda (x Lüste) (reverse (cons x (reverse Lüste)))))
→ (def zweimal (lambda (n) (plus n n)))

Die Funktionen **rdc** und **snoc** sind spiegelbildlich analog zu **cdr** und **cons**. Also ist das **rdc** von **(a b c d e) (a b c d)**, und wenn man schreibt, **(snoc 5 '(1 2 3 4))**, erhält man als Antwort **(1 2 3 4 5)**.

* * *

Das alles ist bislang nicht übermäßig interessant, aber wenn Sie erleben wollen, wie das Genie etwas *wirklich* Erstaunliches vollbringt, müssen Sie ihm erlauben, selbst ein paar Entscheidungen zu treffen, die davon abhängen, was unterwegs so alles passiert. Manchmal handelt es sich hier um sogenannte „Konditionalwünsche". Ein typisches Beispiel wäre:

→ (cond ((eq x 1) 'Land) ((eq x 2) 'Meer))

Der von dieser Anweisung zurückgereichte Wert ist das Atom **Land**, wenn **x** den Wert 1 hat, und das Atom **Meer**, wenn **x** den Wert 2 hat. Sonst wird der ausgegebene Wert **nil** lauten (d. h. wenn **x** z. B. 5 ist). Das Atom **eq** (das sich fast wie „Quiek" anhört) ist die Bezeichnung für eine gebräuchliche Lisp-Funktion, die das Atom **t** (steht für „true" = „wahr") ausgibt, wenn ihre beiden Argumente den gleichen Wert besitzen, und das Atom **nil** (für „nein" oder „falsch"), wenn ihr Wert unterschiedlich ist.

Eine **cond**-Anweisung ist eine Liste, die den Funktionsnamen **cond** als **car** hat, gefolgt von einer beliebigen Anzahl von *cond-Klauseln*, die jeweils eine Liste aus zwei Elementen betragen. Das erste Element jeder Klausel wird als ihre *Bedingung* bezeichnet, das zweite Element als ihr *Ergebnis*. Die Satzbedingungen werden vom Lisp-Genie eine nach der anderen in konsequenter Reihenfolge abgeprüft; sobald es eine Klausel findet, deren Bedingung „wahr" ist (was bedeutet, daß die Bedingung alles andere als **nil** ergibt!), beginnt es mit der Ausrechnung des *Ergebnisses* der Klausel, deren Wert dann als der Wert der gesamten **cond**-Anweisung ausgegeben wird. Von den anderen Klauseln wird überhaupt keine angeschaut! Dies mag komplexer klingen, als es eigentlich sollte. In Wirklichkeit ist die Idee nicht komplexer, als wenn man einfach sagt, daß es nach der ersten Bedingung schaut, die erfüllt werden soll, und dann mit dem entsprechenden Ergebnis aufwartet.

Oft wünscht man sich eine Passepartout-Klausel am Ende, deren Bedingung *ganz bestimmt* erfüllt wird, damit, wenn alle anderen Bedingungen fehlschlagen, wenigstens diese eine sich als wahr herausstellt und begleitend dazu ein entsprechendes Ergebnis geliefert wird, und nicht einfach die Antwort **nil.** Eine Bedingung zu schaffen, deren Wert nicht-**nil** ist, ist kein Kunststück; sagen Sie beispielsweise einfach, sie sei **t**, wie im folgenden Beispiel:

```
→ (cond   ((eq x 1) 'Land)
          ((eq x 2) 'Meer)
          (t 'Luft))
```

Je nachdem, was der Wert von **x** ist, erhalten wir entweder **Land**, **Meer** oder **Luft** als Wert dieses **cond**-Wunsches, aber niemals **nil**. Ich habe noch ein paar mustergültige **cond**-Anweisungen für Sie aufgeschrieben, an denen Sie Ihr eigenes Genie messen können:

```
→ (cond   ((eq (eval pi) Praline) (eval (snoc Praline pi)))
          (t (eval (snoc (rac pi) pi))))
→ (cond ((eq 2 2) 2) ((eq 3 3) 3))
→ (cond   (nil 'nein-nein-nein)
          ((eq '(car nil) '(cdr nil)) 'hmmm)
          (t 'ja-ja-ja))
```

Die Antworten lauten: **8**, **2** und **ja-ja-ja**. Ist Ihnen aufgefallen, daß **(car nil)** und **(cdr nil)** vorweg ein Anführungszeichen hatten?

Am Ende dieses Abschnitts möchte ich noch eine Familie von Funktionsdefinitionen vorstellen, die ich nach einem ganz bestimmten Schema aufgestellt habe, das so offensichtlich ist, daß man denken könnte, das Lisp-Genie „käme gar nicht mehr davon los", nachdem es einmal angefangen hat ... Leider sind Lisp-Genies jedoch enttäuschend schwerfällig (oder zumindest tun sie so) und ziehen grundsätzlich keine voreiligen Schlüsse, solange sie nicht vollständig ausgesprochen wurden. Schauen Sie sich zunächst einmal die Familie an:

```
→ (def Quadratzahl (lambda (k) (times k k)))
→ (def Kubikzahl (lambda (k) (times k (Quadratzahl k))))
→ (def 4te-Potenz (lambda (k) (times k (Kubikzahl k))))
→ (def 5te-Potenz (lambda (k) (times k (4te-Potenz k))))
→ (def 6te-Potenz (lambda (k) (times k (5te-Potenz k))))
   .
   .
   .
   .
```

Meine Frage an Sie ist folgende: Können Sie sich eine Definition für eine Funktion mit *zwei* Parametern ausdenken, die diese *sämtlichen* Funktionen unter einen Hut bringt? Konkreter gefaßt heißt die Frage: Wie ginge man vor, wenn man eine Funktion namens **Potenz** mit zwei Parametern definieren wollte, so daß beispielsweise **(Potenz 9 3)** ausgewertet 729 ergibt und **(Potenz 7 4)** 2401? Das ganze nötige Werkzeug dafür habe ich Ihnen in diesem Abschnitt in die Hand gegeben; Sie sollten also in der Lage dazu sein, vorausgesetzt, Sie bringen etwas Erfindergeist mit.

* * *

Ich dachte, ich beende diesen Abschnitt endgültig mit einer Nachricht über eine jüngst entdeckte neue Tierart – das gemütliche glasunkische Quachelquein, das seinen Namen deshalb hat, weil es nur auf dem Eiland Glasunkien vorkommt (ein Gebiet, das im übrigen von Ober-Baubo beansprucht wird, obwohl es genau vor der Küste Bauschundbogenlands liegt). Und was ist ein Quachelquein, fragen Sie? Nun, es handelt sich um eine eigenartige Rasse von Stachelschwein, deren Stacheln – aus irgendeinem Grund hat diese Rasse immer genau neun (in Hinter-Glasunkien) bzw. sieben (in Vorder-Glasunkien) – wiederum kleinere Quachelqueinchen sind. Oho! Dies könnte gewiß wie ein infiniter regressiver Prozeß erscheinen! Aber nein. Ich vergaß eben nur zu erwähnen, daß es Quachelqueinchen gibt, die nicht mehr kleiner werden können: gemeint ist der Null-Zoll-Typ, der, so erstaunlich es klingen mag, völlig kahl ist, weil er nämlich überhaupt keine Stacheln hat. Dem bedrohlichen infiniten Regressionsprozeß ist also glücklicherweise (oder vielleicht unglücklicherweise, je nachdem, was Ihr Standpunkt ist) ein Ende gesetzt. Sehen kann man dieses bemerkenswerte Tier in einer seltenen Aufnahme in Abbildung 16-1.

Für Zoologie-Studenten könnte es interessant sein zu erfahren, daß die Stacheln bei den 5-Zöllern immer 4-Zöller sind usw. bis hinunter zum Null-Zoll-Quachelquein. Und Anthropologie-Studenten sind vielleicht gleichfalls fasziniert, wenn sie erfahren, daß die Einwohner Glasunkiens (also sowohl die Hinter-Glasunkianer als auch die Vorder-Glasunkianer) die Nase (Sie haben ganz richtig gelesen, die Nase) des Null-Zöllers als eine Kaufeinheit benutzen, also damit umgehen, wie wir mit Geld – unserem Verständnis nach eine merkwürdige Sache; aber andererseits, wer sind Sie und ich schon, um die altehrwürdige Weisheit der Hinter-Glasunkianer und Vorder-Glasunkianer in Frage zu stellen? Da ein ausgewachsenes Quachelquein ziemlich groß werden kann – sagen wir mal 3 oder 4 Zoll groß, hat es viele, viele solcher kleinen Nasen und stellt folglich eine höchst wertvolle Ware dar. Der Wert eines Quachelqueins wird bisweilen als seine „Kaufkraft“ betrachtet oder als seine „Kaufpotenz“. Beispielsweise ist ein 2-Zöller, den man in Vorder-Glasunkien antrifft, fast zweimal so potent wie ein 2-Zöller aus Hinter-Glasunkien. Oder habe ich es nun verwechselt? Ich bin selbst schon ganz verwirrt!

Aber warum erzähle ich Ihnen eigentlich davon? Oh, ich dachte nur, Sie würden gerne einmal davon hören. Denn wer weiß? Sie könnten glatt eines schönen Tages die Gelegenheit bekommen, Hinter- oder Vorder-Glasunkien zu besuchen und dann froh sein, daß Sie all das längst wissen.

Abbildung 16-1. Das gemütliche vorderglasunkische Quachelquein, *Porpuquinus verdimontianus*. Die Größe dieses besonderen Exemplars wurde nicht ermittelt; gleichwohl scheint es mindestens ein 4-Zöller zu sein. Die Kaufkraft eines Quachelqueins entspricht der Zahl der darauf vorhandenen Nasen des Null-Zöllers. Größere Nasen sind merkwürdigerweise nichts wert. [Foto von David J. Moser.]

17
Lisp: Listen und Rekursion

März 1983

Da ich das vorausgegangene Kapitel mit einer gerade noch rechtzeitig eingetroffenen Nachricht über das gemütliche glasunkische Quachelquein beschließen konnte, hielt ich es nur für angebracht, das vorliegende Kapitel mit mehr Informationen über dieses kaum bekannte, aber bemerkenswerte Geschöpf zu beginnen. Vielleicht erinnern Sie sich noch, daß die Stacheln bei jedem Quachelquein (außer bei den kleinsten) aus kleineren Quachelqueinchen bestehen. Die kleinsten Quachelqueinchen haben keine Stacheln, wohl aber eine Nase, die obendrein eine sehr wichtige Rolle spielt, da die Einwohner Glasunkiens ihr gesamtes monetäres System auf eben dieser winzigen Nase gründen. Betrachten wir beispielsweise den Wert eines 3-Zöllers in Hinter-Glasunkien. Dort hat jedes Quachelquein neun Stacheln (im Gegensatz zu ihren Namensvettern in Vorder-Glasunkien, die immer sieben haben); also trägt jedes von ihnen neun 2-Zöller an seinem Körper. Von diesen wiederum protzt jedes mit neun 1-Zöllern, aus denen jeweils neun 0-Zöller mit je einer Nase sprießen. Alles zusammen genommen macht also $9 \times 9 \times 9 \times 1$ Nasen, und das bedeutet, daß ein 3 Zoll großes Quachelquein in Hinter-Glasunkien eine Kaufpotenz von 729 Nasen aufbringt. Wenn wir dagegen in Vorder-Glasunkien gewesen wären und mit einem 4 Zoll großen Exemplar begonnen hätten, hielten wir eine Kaufpotenz von $7 \times 7 \times 7 \times 7 \times 1 = 2401$ Nasen in Händen.

Wir wollen mal sehen, ob wir nicht ein generelles Rezept finden, um die Kaufpotenz (gemessen in Nasen) jedes beliebigen alten Quachelqueins zu errechnen. Mir scheint, daß es ungefähr so lauten muß:

Die Kaufpotenz eines Quachelqueins mit einer bestimmten Stachelanzahl und Größe ist:
wenn seine Größe = 0, dann 1;
anderenfalls errechne die Kaufpotenz eines Quachelqueins mit
der gleichen Stachelanzahl, aber von der nächstkleineren Größe,
und multipliziere das Ergebnis mit der Anzahl der Stacheln.

Diese Prozedur können wir noch verkürzen, indem wir eine bestimmte symbolische Schreibweise übernehmen. Zunächst einmal soll **s** für die Anzahl der Stacheln und **g** für die Größe stehen. Ferner soll „wenn“ durch **cond** ersetzt werden, und „anderenfalls“ durch **t**. Schließlich verwenden wir eine Art komprimierte algebraische Notation, bei der die englischen Operationsbezeichnungen links von ihren Operanden und in Klammern stehen. Das sähe dann bei unserem Beispiel ungefähr so aus:

```
(Kaufpotenz s g) ist:
        cond (eq g 0) 1;
              t (times s (Kaufpotenz s (nächstkleineres g)))
```

Dies ist nichts anderes als die exakte Übersetzung der zuvor aufgestellten Prozedur in eine etwas symbolischere Form. Wir können es sogar noch kompakter gestalten und weiter symbolisieren, indem wir ein paar neue Übereinkünfte treffen. Wir wollen daher beide Fälle (also den Fall, daß **g** gleich null ist, sowie den, daß „anderenfalls" zutrifft) jeweils einklammern und darüber hinaus generell Klammern verwenden, um jede logische Einheit vollständig zu erfassen. Schließlich zeigen wir durch die Wörter **def** und **lambda** an, daß es sich um eine Definition eines allgemeinen Begriffs, also in unserem Fall Kaufpotenz, mit zwei Variablen (nämlich **s** als die Anzahl der Stacheln und **g** als die Größe) handelt. Daraus ergibt sich folgende Form:

```
(def Kaufpotenz (lambda (s g)
        (cond ((eq g 0) 1)
              (t (times s (Kaufpotenz s (nächstkleineres g)))))))
```

Ich habe oben erwähnt, daß die Kaufpotenz eines 3 Zoll großen Quachelqueins mit 9 Stacheln 729 Nasen beträgt. Man könnte dies auch so ausdrücken, daß man sagt, **(Kaufpotenz 9 3)** ist gleich 729. Ganz ähnlich ist es mit **(Kaufpotenz 7 4)**, was folglich 2401 ergibt.

* * *

Nun, soviel zu den Quachelqueinen. Schleppen wir uns also nach dieser ziemlich ausgiebigen Abschweifung wieder zu Lisp zurück. Gegen Ende des vorausgegangenen Kapitels hatte ich Ihnen ein Rätsel aufgegeben, bei dem es darum ging, eine Lisp-Funktion aufzuschreiben, um eine ganze Familie von verwandten Funktionen zusammenzufassen, die ich **Quadratzahl, Kubikzahl, 4te-Potenz, 5te-Potenz** usw. nannte. Ich bat Sie, eine *allgemeine* Funktion namens **Potenz** aufzustellen, und zwar mit zwei Variablen, der Art, daß **(Potenz 9 3)** 729 und **(Potenz 7 4)** 2401 ergibt usw. Wie Sie wissen, hatte ich einen „Turm von Potenzen" vorgestellt – das heißt einen schwindelnde Höhen erreichenden Turm aus verschiedenen Lisp-Definitionen, und zwar jeweils eine für jede Potenz und so, daß diese mit der vorausgehenden Potenz in Verbindung steht. Ein typisches Stockwerk in diesem Gebäude wäre:

```
(def 102te-Potenz (lambda (s) (times s (101te-Potenz s))))
```

Natürlich bestünde in der Definition von **101te-Potenz** ein Bezug zu **100ste-Potenz** usw., wodurch ein ziemlich langer regressiver Prozeß zurück zum einfachsten Fall, in den „Embryonalzustand", entstünde. Dieser letztlich einfachste Fall heißt übrigens nicht **Quadratzahl** oder gar **1te-Potenz**, sondern:

```
(def 0te-Potenz (lambda (s) 1))
```

Ich sagte Ihnen ja, daß Sie über sämtliche nötige Information verfügten, um die richtige Definition zusammenzustellen. Sie mußten freilich nur beachten, daß jedes Turmstockwerk auf dem „nächstkleineren“ bzw. „nächst unteren“ Stockwerk steht (ausgenommen das selbst-stehende Fundament). Mit „nächstkleiner“ meine ich:

```
(def nächstkleiner (lambda (g) (difference g 1)))
```

Also ergibt **(nächstkleiner 102)** 101. Eigentlich besitzt Lisp für diese Operation wie auch für ihre inverse einen festen Namen (nämlich **sub 1** bzw. **add 1**). Wenn wir nun all unsere Beobachtungen zusammenfassen, können wir folgende universelle Definition aufstellen:

```
(def Potenz (lambda (s g)
      (cond ((eq g 0) 1)
            (t (times s (Potenz s (nächstkleineres g)))))))
```

Damit haben wir die Anwort auf meine Rätselfrage. Irgendwie kommt mir die Sache bekannt vor ... Ich werde das eigenartige Gefühl eines *déjà-vu* nicht los. Wieso eigentlich?

* * *

Die Definition, die ich oben vorgestellt habe, bezeichnet man als eine *rekursive* Definition, und zwar deshalb, weil innerhalb des *definiens* (also des Definierenden) das *definiendum* (also das zu Definierende) verwendet wird. Diese Ausdrucksweise ist ziemlich geschwollen. Schließlich habe ich ja anscheinend nichts anderes gemacht, als etwas durch sich selbst zu definieren, was als reine Unbeholfenheit betrachtet werden sollte, wenn nicht sogar als rundweg zirkulär, ganz egal, wer das Buch geschrieben hat! Um zu sehen, ob das Lisp-Genie einen solchen Schwindel anmahnt, lassen wir es den Ausdruck **(Potenz 9 3)** ausrechnen:

```
→ (Potenz 9 3)
729
→
```

Was sagen Sie nun? Es beschwert sich gar nicht? Ins Stottern kommt es auch nicht? Wie ist es nur möglich, daß das Genie einen solchen Unsinn schluckt?

Die beste Erklärung, die mir dazu einfällt, ist der Hinweis, daß es *eigentlich gar nichts Zirkuläres an sich hat*. Während es zutrifft, daß die Definition von **Potenz** das Wort **Potenz** in sich enthält, beziehen sich beide Ereignisse jedoch auf unterschiedliche Situationen. Mit einem Wort, **(Potenz s g)** wird durch einen einfacheren Fall definiert, nämlich **(Potenz s (nächstkleineres g))**. Ich definiere also die 44te Potenz mit Hilfe der 43ten Potenz, und diese mit Hilfe der nächstkleineren Potenz usw., bis der „Sprung zum Ursprung“ getan ist, wie ich es nenne – also wir die 0te Potenz vor uns haben, die keiner Rekursion mehr bedarf. Es genügt, dem Genie mitzuteilen, daß ihr Wert 1 beträgt. Bei genauem Hinsehen erkennt man, daß sich diese rekursive Definition ebensowenig im Kreis dreht wie vorhin der „Potenz-Turm" – und etwas Geraderes als eine unendlich gerade Linie gibt es nicht! Diese kompakte Definition ist wirklich nur eine Möglichkeit, den ganzen babylonischen Potenz-Turm in einen endlichen Ausdruck zu packen. Sie ist weit davon entfernt, zirkulär zu sein, sondern einfach eine handliche Zusammenfassung unendlich vieler verschiedener Definitionen, die alle einer Familie angehören.

Für den Fall, daß sich wegen dieses Taschenspielertricks immer noch ein Quentchen Skeptizismus in Ihnen regt, sollte ich Sie vielleicht bei dem Vorgang zuschauen lassen. Bitten wir also das Lisp-Genie, uns einen kurzen Einblick in seine Trickkunst zu gewähren, und danach bitten wir es noch einmal, den Wert von **(Potenz 9 3)** auszurechnen.

```
→ (Potenz 9 3)
  EINGABE Potenz (s = 9, g = 3)
    EINGABE Potenz (s = 9 g = 2)
      EINGABE Potenz (s = 9 g = 1)
        EINGABE Potenz (s = 9 g = 0)
        AUSGABE Potenz (Wert: 1)
      AUSGABE Potenz (Wert: 9)
    AUSGABE Potenz (Wert: 81)
  AUSGABE Potenz (Wert: 729)
729
→
```

Auf den Zeilen, die mit **EINGABE** beginnen, gibt das Genie die Werte der beiden Argumente aus, und auf den Zeilen, die mit **AUSGABE** beginnen, den jeweils errechneten Rückgabe-Wert. Zu jeder **EINGABE**-Zeile gehört natürlich eine **AUSGABE**-Zeile, und beide werden vertikal ordentlich untereinandergeschrieben – also gleich eingerückt.

Das Genie muß also zunächst berechnen, was **(Potenz 9 2)** ist, um ausrechnen zu können, welchen Wert **(Potenz 9 3)** hat. Aber auch der ist nicht gegeben; was das Genie statt dessen wissen will, ist der Wert von **(Potenz 9 1)**, und dieser wiederum verlangt nach dem Wert von **(Potenz 9 0)**. Aha! Wir *hatten* diesen doch bereits bestimmt – nämlich einfach als 1. Und jetzt können wir einen Satz zurück „nach oben" machen, und schon werden wir wieder daran erinnert, daß wir ja mit 9 multiplizieren müssen, um eine Lösung aus der „nächstunteren" Lösung zu bekommen. Wir erhalten also die Werte 9, dann 81, dann 729, womit wir auch schon am Ende sind.

Ich sage „wir", aber natürlich sind nicht wir es, sondern das Lisp-Genie, das die Dinge im Auge behalten muß. Das Lisp-Genie muß imstande sein, die Arbeit an einer Berechnung auszusetzen, um an einer anderen zu arbeiten, weil die erste Berechnung das Ergebnis aus der zweiten braucht. Und die zweite Berechnung könnte ihrerseits das fertige Ergebnis aus einer dritten verlangen und sich folglich selbst in einen Haltzustand versetzen – und genauso könnte es auch bei der dritten Berechnung sein usw., immer schön den rekursiven Weg lang. Aber letztlich wird ein Fall eintreten, wo der muntere Reigen aufhört – das heißt, wo sich ein Prozeß endlich völlig ausgelaufen hat und einen Wert zurückreicht – und dadurch werden wiederum andere, untätig im Stapel herumlungernde Prozesse in den Stand gesetzt, endlich auch Werte weiterzureichen, wie Flugzeuge, die im Luftraum warten müssen und nach stundenlangem Kreisen schließlich zur Landung ansetzen können, wobei jede Landung den Weg bahnt für die nächste Landung.

Normalerweise druckt das Lisp-Genie keine Spur davon aus, was es denkt, wenn man es nicht ausdrücklich darum bittet. Ob Sie nun höflich anfragen, seine Gedanken lesen zu dürfen, oder es einfach unterlassen, ändert nichts an der Tatsache, daß alles, was sich auf die Auswertung eines Funktionsaufrufs bezieht, jedesmal hinter den Kulissen abläuft. Eine der erfreulichen Seiten von Lisp ist, daß es mit solchen rekursiven Definitionen zurechtkommt, ohne Anzeichen von Nervosität zu zeigen.

* * *

Ich bin nicht so naiv zu erwarten, daß Sie den Bogen mit der Rekursion nun ganz heraus haben und anfangen können, gewaltige rekursive Programme mit links zu schreiben. Rekursion kann in der Tat ein bemerkenswert subtiles Mittel zur Definition von Funktionen sein, und manchmal kann sogar ein Experte seine liebe Mühe haben, hinter die Bedeutung einer komplizierten rekursiven Definition zu kommen. Ich habe mir folglich gedacht, ich verhelfe Ihnen hier zu etwas Routine im Umgang mit Rekursionen.

Ich will ein einfaches Beispiel anführen, das auf folgendem albernen Rätsel basiert: „Wie macht man einen Haufen von 13 Steinen?“ Anwort: „Man nehme einen Stein und lege ihn auf einen Haufen von zwölf Steinen.“ (Auf eine dumme Frage bekommt man eine 12/13mal so dumme Antwort.) Angenommen, wir wollen eine Lisp-Funktion aufstellen, die uns nicht einen Haufen aus 13 Steinen beschert, sondern eine Liste aus 13 Ausgaben des Atoms **Stein** – oder allgemein ausgedrückt, **n** Ausgaben jenes Atoms. Unsere Antwort können wir auf der albern scheinenden, aber immerhin korrekten rekursiven Lösung des Rätsels aufbauen. Die allgemeine Idee ist, das Ergebnis von **n** aus dem Ergebnis von **n**'s Vorläufer aufzubauen. Aber wie? Nun, unter Verwendung der Listen konstruierenden Funktion **cons.** Wie sieht der Embryonalfall aus? Das heißt, für welchen Wert von **n** stellt dieses Rätsel absolut kein Problem dar? Ganz einfach: Wenn **n** gleich 0 ist, sollte unsere Liste leer sein, was bedeutet, daß als Ergebnis **nil** herauskommt. Bringen wir unsere Beobachtungen in ein Schema:

```
(def Steinhaufen (lambda (n)
      (cond ((eq n 0) nil)
            (t (cons 'Stein (Steinhaufen (nächstkleineres n)))))))
```

Beobachten wir nun das Genie beim Aufschichten eines noch sehr kleinen Steinhaufens (spaßeshalber schalten wir deshalb die Ablaufverfolgung **trace** ein):

```
→ (Steinhaufen 2)
    EINGABE Steinhaufen (n = 2)
      EINGABE Steinhaufen (n = 1)
        EINGABE Steinhaufen (n = 0)
        AUSGABE Steinhaufen (Wert: nil)
      AUSGABE Steinhaufen (Wert: (Stein))
    AUSGABE Steinhaufen (Wert: (Stein Stein))
(Stein Stein)
→
```

Wir haben hier nichts anderes gemacht, als „eine Liste zusammenzubasteln". Versuchen wir es noch mit einer anderen. Eigentlich ist es eine olle Kamelle bei Lisp wie auch allgemein bei Rekursionen. Sehen Sie sich die Definition an, und versuchen Sie herauszulesen, was damit eigentlich bezweckt werden soll; lesen Sie erst danach weiter und schauen Sie, ob Sie recht gehabt haben.

```
→ (def pfundig (lambda (n)
        (cond ((eq n 0) 1)
              (t (times n (pfundig (sub 1 n)))))))
```

Denken Sie daran, daß **sub 1** das gleiche bedeutet wie **nächstkleiner.** Warum berechnen Sie nicht einfach mal zum Jux den Wert von **(pfundig 100)**? (Wenn Sie heute morgen eine große Schale Müsli mit Honig gegessen haben, können Sie es ja mal mit Kopfrechnen versuchen.)

Es kommt vor, daß Lisp-Genies oft hörbar vor sich hinmurmeln, während sie damit beschäftigt sind, die Wünsche zu erfüllen; rein zufällig wurde ich Ohrenzeuge, wie es den Wunsch **(pfundig 100)** bearbeitete. Es sprach mit sich selbst, was sich ungefähr so anhörte:

> Hmm ... **(pfundig 100),** wie bitte? Also, 100 ist ganz sicher nicht gleich 0; ich gehe mal davon aus, daß das Ergebnis 100mal das sein muß, was es wäre, hätte das Problem **(pfundig 99)** geheißen. Nun gut – ich muß jetzt nur herausfinden, was **(pfundig 99)** ist. Oh, das mach ich doch mit links! Mal schauen, ob 99 gleich 0 ist. Nein, wie es scheint, nicht; also nehme ich mal an, die Antwort auf dieses Problem muß 99mal das sein, was als Ergebnis herauskäme, hätte das Problem **(pfundig 98)** gelautet. Auch das ist für mich nur ein Klacks! Mal schauen ...

An diesem Punkt mußte der Autor das glückliche Genie mit sich allein lassen; dringende Bankgeschäfte riefen ihn; er war erst wieder nach einigen Millisekunden zur Stelle und hörte gerade noch, wie das Genie, soeben im Begriff die Sache abzuschließen, sagte:

> ... Und jetzt muß ich *das hier* nur noch mit 100 multiplizieren, und dann habe ich meine endgültige Lösung. Nichts leichter als das! Ich meine, das Ergebnis lautet

93326215443944152681699238856266700490715968264381621468592963895217599-
99932299156089414639761565182862536979208272237582511852109168640000000-
000000000000000000 – wenn ich mich nicht irre.

Sind Sie, lieber Leser, auch zu diesem Ergebnis gekommen? Nein? Das tut mir aber leid. Ich kann mir schon denken, wo es haperte. Höchstwahrscheinlich beim Multiplizieren mit 52. Kehren Sie also wieder an diese Stelle zurück und probieren Sie es noch einmal, und passen Sie besser auf, wenn Sie die langen Zahlenkolonnen aufaddieren. Sie werden sehen, es klappt bestimmt.

*   *   *

Diese **pfundig**-Funktion heißt normalerweise *Fakultät; n*-Fakultät ist im allgemeinen als Produkt aller Zahlen von 1 bis *n* definiert. Eine rekursive Definition aber sieht die Dinge in einem etwas anderen Licht: Rekursiv gesprochen, ist *n*-Fakultät einfach das Produkt aus *n* und der vorangegangenen Fakultät. Das jeweils vorliegende Problem reduziert sich zu einem einfacheren Problem gleicher Art. Dieses einfachere verkleinert sich dann seinerseits wieder, und zwar so lange, bis man zum einfachsten Problem dieser Art gelangt, das ich den „Embryonalfall" nenne, bzw. den „Sprung zum Ursprung". Von Rekursion zu sprechen, bedeutet für manche tatsächlich auch, „völlig herunterzukommen".

Ein Cartoon in einer Jahre zurückliegenden Ausgabe des *New Yorker* illustriert den Gedanken perfekt. Im Mittelpunkt dieses Cartoons steht ein Mann in den Fünfzigern, der eine Photographie von sich in der Hand hält, die ungefähr zehn Jahre früher entstand. Auf dieser Photographie hält er wieder eine Photographie von sich in der Hand, die ebenfalls ungefähr zehn Jahre früher entstanden war. Und so setzt sich das fort, bis man schließlich durch die Photographien quasi „ganz herunterkommt" – bis zur Aufnahme von einem strammen Jungen im Adamskostüm am Tag seiner Geburt. Ich finde diese Idee rekursiver Photographien, die einen in bestimmten Momenten des Lebens festhalten, während man immer älter wird, recht reizvoll. Schade, daß meine Eltern nicht daran gedacht hatten!

Stellen wir uns im Gegensatz dazu eine Kosmetikwerbung vor, auf der eine Schönheit mit einem Cremetöpfchen abgebildet ist, dessen Etikett genau dieses Bild enthält, usw. Da es sich aber nicht um eine Werbung für eine Verjüngungscreme handelt, bei der die Dame auf dem Bild immer jünger würde, sondern um eine einfache Hautcreme, verjüngt sie sich auch nicht, indem sie Sprünge nach unten auf der Altersskala machte; in diesem Fall fände die Regression kein Ende, wenigstens theoretisch. Zufällig weiß ich, daß es eine holländische Kakao-Marke „Droste's" gibt, die eine ähnliche Illustration auf ihrer Verpackung verwendet, und höchstwahrscheinlich lassen sich auch noch andere Produkte mit ähnlichen Rekursionseffekten finden.

Die rekursive Methode klappt immer, wenn man eine Familie von verwandten Problemen hat, wovon wenigstens eins so simpel ist, daß es sofort gelöst werden kann. Wenn ich vom „Embryonalfall" spreche, meine ich den einfachsten aller Problemfälle. (Beim Beispiel mit der Fakultät war es der Fall **(eq n 0)**, dessen Lösung 1 lautet.) Jedes

Problem (also beispielsweise „Wieviel ist Fakultät 100?") kann als ein bestimmter Fall eines generellen Problems (also beispielsweise „Wie berechnet man Fakultäten?") angesehen werden. Die Rekursion macht sich den Umstand zunutze, daß die Lösungen für verschiedene Fälle auf eine bestimmte logische Weise zusammenhängen. (Es fiele mir beispielsweise ganz leicht, auf Anhieb zu sagen, was der Wert von 100-Fakultät ist, wenn mir nur jemand sagen könnte, was der Wert von 99-Fakultät ist – denn alles, was ich dann noch tun müßte, wäre eine Multiplikation mit 100.) Man könnte sagen, daß das „Motto des Rekursionsrekruten" heißt: „Ich könnte *diesen* Fall schon lösen, wenn mir nur jemand auf magische Weise die Lösung für das Problem zukommen ließe, das dem Embryonalfall um einen Schritt näher ist." Natürlich setzt dieser Leitsatz voraus, daß gewisse Probleme dem embryonalen Problem „näher" sind als andere – und tatsächlich geht man davon aus, daß es einen natürlichen Weg gibt, der von jedem beliebigen Problem aus durch kleinere Probleme hindurch schließlich zum Grundproblem stößt, also einen Weg, dessen einzelne Etappen durchwegs deutlich erkennbar sind.

Wie sich freilich herausstellt, ist es in vielen Situationen gar nicht so unvernünftig, von dieser Voraussetzung auszugehen. Um genau herauszufinden, wie die Trasse einer Rekursion verläuft, muß man zwei Große Fragen beantworten:

1) Was ist das embryonale Problem?
2) Welche Beziehung besteht zwischen einem vorliegenden Problem und dem nächsteinfacheren?

Nun zerfallen im Grunde diese beiden Großen Fragen in zwei Unterfragen (wie es sich für jede Frage, die auf sich hält, gehört!), wobei eine sich darauf bezieht, „Wie erkennt man, wo man ist bzw. wie man weitergeht?", und die andere darauf, was in jedem vorliegenden Fall die Lösung ist. Genauer ausgedrückt lauten unsere Großen Fragen also:

1a) Woran läßt sich erkennen, daß man zum embryonalen Problem durchgedrungen ist?
1b) Wie lautet die embryonale Lösung?

2a) Wie kommt man von einem typischen Fall aus dem embryonalen Problem um genau einen Schritt näher?
2b) Wie baut man aus der „magisch übermittelten" Lösung für das einfachere Problem die Lösung für ein ganz bestimmtes auf?

Die Frage 2a befaßt sich mit dem Aspekt der *Deszendenz* hin zum Embryonalfall bzw. mit den Sprüngen zum Ursprung. Die Frage 2b dagegen betrachtet den umgekehrten Aspekt, nämlich den der *Aszendenz* von ganz unten bis hinauf zur obersten Stufe.

Hinsichtlich des Beispiels für die Berechnung einer Fakultät lauten die Antworten auf die Großen Fragen:

1a) Das embryonale Problem liegt vor, wenn das Argument 0 ist.
1b) Die embryonale Lösung ist 1.

2a) Subtrahiere 1 vom vorliegenden Argument.
2b) Multipliziere die „magisch übermittelte" Lösung mit dem vorliegenden Argument.

Schauen Sie sich einmal an, wie ordentlich und sauber die Antworten auf die vier expliziter ausgesprochenen Fragen allesamt bereits in der rekursiven Definition von **pfundig** stecken.

* * *

Bei einer Rekursion vertraut man auf den Grundsatz, daß man früher oder später eine Art Null-Lösung findet. Eine *sichere* Möglichkeit, zu einer Null-Lösung zu kommen, besteht darin, alle vereinfachenden Schritte bzw. alle „Schritte nach unten" im selben Tempo in dieselbe Richtung zu lenken, so daß der Weg ganz klar linear verläuft. Beispielsweise ist es offensichtlich, daß man durch unablässiges Subtrahieren von 1 letztlich bei 0 ankommt, vorausgesetzt, man ist von einer positiven ganzen Zahl ausgegangen. Genauso ist es offensichtlich, daß man mit Hilfe der Listen verkürzenden Operation **cdr** schlußendlich bei **nil** landet, vorausgesetzt, man hat mit einer endlichen Liste begonnen. Aus diesem Grund sind Rekursionen, die den Verlauf ihrer Deszendenz bis hin zum Ursprung unter Zuhilfenahme solcher Operationen wie **sub 1** oder **cdr** definieren, nichts Ungewöhnliches und sozusagen eine Alltagserscheinung. Eine solche **cdr**-gestützte Rekursion werde ich etwas später vorführen, denn ich möchte zunächst eine recht komische numerische Rekursion vorführen, bei der die Route zum Embryonalfall alles andere als linear und glatt verläuft. Sie gleicht in der Tat viel mehr einer kurvenreichen Bergstrecke als der Beschreibung, sie würde sich gleichmäßig „in Richtung auf den Embryonalfall" hinbewegen. Aber wie auch Paßstraßen, und mögen sie noch so viele Haarnadelkurven machen, schlußendlich immer ein Ende haben, läuft auch dieser Rekursionsweg irgendwann aus.

Betrachten wir das berühmt-berüchtigte Problem „3 n + 1", bei dem man mit einer beliebigen positiven ganzen Zahl beginnt, und wenn sie gerade ist, diese halbiert, anderenfalls mit 3 multipliziert und 1 addiert. Nennen wir das Ergebnis dieser Operation auf **n (halma n)** (womit „*hal*bieren oder mit 3 *ma*lnehmen plus 1" gemeint ist). Definieren wir jetzt **(halma)** für das Lisp-Genie:

```
(def halma (lambda (n)
     (cond ((gerades n) (halbes n))
           (t (add 1 (times 3 n))))))
```

Bei dieser Definition setzen wir voraus, daß wir bereits zwei andere Funktionen an anderer Stelle für das Lisp-Genie definiert haben bzw. umgehend definieren werden, nämlich **gerades** und **halbes** (**add 1** und **times** sind, wie erwähnt, echte Lisp-Funktionen und als solche von vorneherein feste Bestandteile dieser Sprache). Teilen wir also dem Lisp-Genie die noch ausstehenden Definitionen mit:

```
(def gerades (lambda (n) (eq (remainder n 2) 0)))
(def halbes (lambda (n) (quotient n 2)))
```

Was wird Ihrer Meinung nach passieren, wenn Sie mit einer ganzen Zahl beginnen und immer wieder **halma** sagen? Nehmen Sie beispielsweise 7 als Ausgangszahl. Bevor Sie anfangen zu rechnen, überlegen Sie mal, was dabei herauskommen könnte.

Wenn man den weiteren Weg verfolgt, wird man schnell merken, daß er oft erstaunlich chaotisch und holperig verläuft. Wenn wir, wie gesagt, mit 7 beginnen, bringt uns der weitere Prozeß zu 22, dann zu 11, danach zu 34, 17, 52, 26, 13, 40, 20, 10, 5, 16, 8, 4, 2, 1, 4, 2, 1, 4, 2, 1, ... Wie Sie sehen, sind wir offenbar in eine kurze Schleife geraten (also in einen *3-Zyklus*, um einen Begriff aus Kapitel 15 wiederaufzunehmen). Angenommen, wir einigen uns nun darauf, jedesmal, wenn wir 1 erhalten, „ganz unten" gelandet zu sein und deshalb aufhören zu können. Sie könnten ebensogut sagen: „Wer sagt denn, daß wir je bei 1 ankommen *werden*? Welche Garantie gibt es dafür?" (In der Terminologie von Kapitel 15 hieße diese Frage: „Ist der 1-4-2-1-Zyklus ein Attraktor?") Bevor Sie aber nicht tatsächlich für viele Fälle die Probe aufs Exempel machen, haben Sie keinen sonderlichen Grund zu der Vermutung, daß Sie *je* zu 1 stoßen werden, geschweige denn *immer*. (Es wäre schon sehr erstaunlich, wenn jemand im voraus ganz richtig wüßte, was im Fall von, sagen wir, 7 passieren wird, ohne es je ausprobiert zu haben.) Wie dem auch sei, beim Experimentieren mit Zahlen zeigt sich, daß dieser Prozeß bemerkenswert zuverlässig funktioniert; es scheint keinen Unterschied zu machen, mit welcher Zahl wir beginnen, denn früher oder später geraten wir immer in den 1-4-2-1-Zyklus. (Wenn Sie eine echte Achterbahnfahrt erleben wollen, sollten Sie es einmal mit 27 als Samen versuchen!)

Eine Frage: Können Sie eine rekursive Funktion kreieren, um den Weg aufzuzeigen, auf dem man von einem beliebigen Ausgangspunkt „hinunter" zu 1 kommt? Daß ich „hinunter" sagte, war wohlüberlegt, denn eine Vielzahl der Rechenschritte sind in der Tat Schritte *hinauf*! Beginnt der Weg bei 3, ergibt sich folglich die Liste **(3 10 5 16 8 4 2 1)**. Sie müssen, wenn Sie dieses Rätsel lösen wollen, noch einmal zurückgehen und Ihre eigenen Antworten auf die beiden Großen Fragen der Rekursion finden, und zwar so, daß sie anwendbar sind. Und merken Sie sich:

```
(cond ((keine (Hilfe erwünscht)) (nicht (weiterlesen)))
      (t (weiterlesen)))
```

* * *

Zunächst zum Embryonalproblem. Es ist ganz einfach. Wir haben es nämlich bereits definiert: Es ist erreicht, wenn wir bei 1 ankommen; die embryonale Lösung bzw. das einfachste mögliche Problem ist die Liste **(1)**, also ein extrem kurzer, aber zulässiger Weg von 1 nach 1.

Als nächstes zu den typischeren Fällen. Welche Operation bringt uns von der 7 aus der embryonalen 1 um einen Schritt näher? Bestimmt nicht die Operation **sub 1.** Nie und nimmer – was uns dagegen „näher“ zur 1 bringt, ist der Definition nach allenfalls die Funktion **halma** – selbst wenn wir mit ihr *nach oben* schreiten! Diese neckische Eigenart ist natürlich der ganze Witz an dem Beispiel. Was ist zu (2b) zu sagen – d. h. wie können wir auf rekursive Weise eine Liste erstellen, die unseren wilden Zickzackkurs dokumentiert? Nun, man bekommt den Weg, der zur 7 gehört, indem man die 7 an einen kürzeren Weg bindet (d.h. eine **cons**-Operation konstruiert), der zu **(halma 7)** gehört, bzw. 22 ist. Wie wir inzwischen wissen, ist 22 um einen Schritt eher embryonal als 7!

Mit diesen Ergebnissen können wir die gewünschte Funktionsdefinition formulieren, wobei wir uns einer Hilfsvariablen bedienen, die wir **Papa** nennen (**Papa** ist ein landläufiges Akronym für **Papa (aber Papa allerweil)**, das sich auf rekursive Weise zu **Papa (aber Papa allerweil) (aber Papa (aber Papa allerweil) allerweil)** ausdehnt – usw.).

```
(def Weg-zur-1 (lambda (Papa)
     (cond ((eq Papa 1) ' (1))
            (t (cons Papa (Weg-zur-1 (halma Papa)))))))
```

Verfolgen wir die „Gedankengänge“ des Lisp-Genies (die sich uns eröffnen, wenn wir die Funktion **trace** einschalten):

```
→(Weg-zur-1 3)
  EINGABE Weg-zur-1 (Papa = 3)
    EINGABE Weg-zur-1 (Papa = 10)
      EINGABE Weg-zur-1 (Papa = 5)
        EINGABE Weg-zur-1 (Papa = 16)
          EINGABE Weg-zur-1 (Papa = 8)
            EINGABE Weg-zur-1 (Papa = 4)
              EINGABE Weg-zur-1 (Papa = 2)
                EINGABE Weg-zur-1 (Papa = 1)
                AUSGABE Weg-zur-1 (Wert: (1))
              AUSGABE Weg-zur-1 (Wert: (2 1))
            AUSGABE Weg-zur-1 (Wert: (4 2 1))
          AUSGABE Weg-zur-1 (Wert: (8 4 2 1))
        AUSGABE Weg-zur-1 (Wert: (16 8 4 2 1))
      AUSGABE Weg-zur-1 (Wert: (5 16 8 4 2 1))
    AUSGABE Weg-zur-1 (Wert: (10 5 16 8 4 2 1))
  AUSGABE Weg-zur-1 (Wert: (3 10 5 16 8 4 2 1))
(3 10 5 16 8 4 2 1)
→
```

Beachtenswert ist hier die totale Regelmäßigkeit am linken Rand des Diagramms vom gedanklichen Verlauf im Genie-Gehirn (eine nach links umgekippte „V“-Form), und das, obwohl sich die Zahlen dagegen chaotisch aufreihen. Nicht alle Rekursionen haben eine so hübsche geometrische Form, wenn man sie verfolgt. Dies liegt daran, daß manche Probleme *mehr als ein Unterproblem* haben, die zunächst gelöst werden müssen. Um ein Beispiel aus dem praktischen Alltag heranzuziehen, stellen Sie sich vor, Sie müssen alle Einhörner in Europa zählen. Wie würden Sie verfahren? Es ist bestimmt kein triviales Unterfangen, und doch gibt es eine elegante rekursive Lösung: Beginnen Sie einfach, indem Sie alle Einhörner in Portugal zählen, zudem alle Einhörner in den gut 30 anderen europäischen Ländern, und zum Schluß zählen Sie diese beiden Ergebnisse einfach zusammen.

Wie man sieht, entstehen bei dieser Art von Zählung aller Einhörner in Europa zwei kleinere Unterprobleme, die ihrerseits zwei weitere Unterprobleme hervorbringen usw. Wie soll man denn alle Einhörner in Portugal zählen? Ganz einfach: Addieren Sie die Zahl der Einhörner in der Provinz Estremadura zur Zahl der Einhörner im übrigen Portugal! Und wie in aller Welt können Sie die Einhörner in der Estremadura zählen (ganz zu schweigen von denen in den anderen Teilen Portugals)? Natürlich durch weitere Zerlegung. Aber wo ist die untere Grenze? Nun, Landesteile können in Landbezirke unterteilt werden, und Landbezirke in Gemeinden und Gemeinden in Quadratkilometer und Quadratkilometer in Hektare und Hektare in Quadratmeter – und den einzelnen Quadratmeter weiter aufzuteilen, sollte dann nicht mehr nötig sein.

Zugegeben, das mag ziemlich mühsam klingen, aber es gibt wirklich keinen anderen Weg, um eine gründliche Zählung durchzuführen, als jeden einzelnen Teil auf jeder Stufe der gesamten, wie auch immer gearteten Struktur durchzugehen, ganz gleich wie riesig ihre Ausdehnung auch sein mag. In Lisp gibt es zu dieser Art von Einhornzählung ein interessantes Gegenstück: gemeint ist das Problem, bestimmen zu können, wie viele Atome es innerhalb einer beliebigen Liste gibt. Wie können wir eine Funktion, genannt **Atomzahl,** in Lisp schreiben, die uns als Ergebnis 15 liefert, wenn sie auf die folgende wunderlich erscheinende Liste stößt (die kurz **brahma** heißt)?

(((ac ab cb) ac (ba bc ac)) ab ((cb ca ba) cb (ac ab cb)))

Es gibt eine Methode, das Problem rekursiv auszudrücken; sie entspricht genau der Art und Weise, wie wir die Population der Einhörner in Europa ermittelten. Aber versuchen Sie, selbst dahinter zu kommen.

* * *

Die Idee ist, daß wir aus den Lösungen einfacherer Probleme bezüglich des Zählens von Atomen die Lösung – nämlich 15 – konstruieren wollen. Ganz klar, ein einfacheres Atom-Zählproblem als **(Atomzahl brahma)** ist **(Atomzahl (car brahma))**. Ein anderes einfacheres Problem gleicher Art ist **(Atomzahl (cdr brahma))**. Daraus ergeben sich die Lösungen für diese beiden Probleme, nämlich 7 bzw. 8. Nun weiß man, daß 7 und 8 addiert 15 ergeben – was schließlich durchaus vernünftig ist, denn die Gesamtzahl der Atome muß gleich der Zahl im **car** plus der Zahl im **cdr** sein. Woanders kann sich kein Atom aufhalten! Diese Analyse liefert uns die folgende rekursive Definition, wobei wir eine Hilfsvariable **s** einsetzen:

```
(def Atomzahl (lambda (s)
    (plus (Atomzahl (car s)) (Atomzahl (cdr s)))))
```

Das sieht zwar sehr einfach aus, hat aber noch ein paar Macken. Wir haben zunächst den *rekursiven* Teil der Definition geschrieben, aber letztlich vergessen, daß es noch einen anderen gleichermaßen wichtigen Teil gibt – die „Null-Lösung". Es erinnert mich an einen Richterspruch, der einem Zeitungsbericht zufolge einst im Staate Maryland gefällt wurde und entschied: „Ein Pferd ist ein vierbeiniges Tier und das Erzeugnis zweier anderer Pferde." Eine hübsche Definition, aber wo hört sie auf? Ähnlich ist es mit der **Atomzahl.** Wie sieht der einfachste Fall, also das embryonale Problem von **Atomzahl** aus? Ganz einfach: Es liegt vor, wenn wir die Atome in einem einzigen Atom zählen sollen. Die Lösung ist in diesem Fall natürlich 1. Aber wie können wir wissen, wann der Punkt erreicht ist, daß wir nur noch ein Atom sehen? Zum Glück besitzt Lisp eine eingebaute Funktion namens **atom,** die **t** (für „true" = „wahr") zurückreicht, wenn wir vor einem einzigen Atom stehen, und ansonsten **nil** ausgibt. Folglich bringt die Funktion **(atom 'plopp) t** hervor, **(atom '(a b c))** dagegen **nil.** Jetzt können wir damit unsere Definition ausbessern:

```
(def Atomzahl (lambda (s)
    (cond ((atom s) 1)
          (t (plus (Atomzahl (car s)) (Atomzahl (cdr s)))))))
```

Trotzdem stimmt es noch nicht ganz. Wenn wir das Genie nach der **Atomzahl** von **(a b c)** fragen, erhalten wir als Antwort nicht 3, sondern 4. Wenn man das sieht, können einem die Haare zu Berge stehen! Wie kann das passieren? Wir rücken dem Problem näher, wenn wir es mit einem noch einfacheren Beispiel versuchen: Wenn wir wissen wollen, was **(Atomzahl '(a))** ist, erhalten wir 2 statt 1. Der Fehler sollte nun etwas klarer sein: 2 = 1 + 1, wobei sich der Wert 1 jeweils aus dem **car** und **cdr** von **(a)** ergibt. Das **car** ist das Atom **a,** das in der Tat als 1 gezählt werden sollte, aber das **cdr** ist **nil**, und deshalb sollte es eigentlich nicht 1 sein. Warum also gibt **nil** eine **Atomzahl** von 1? Nun, weil **nil** nicht nur eine Leerliste ist, sondern zugleich auch ein Atom! Um diesen bösen Effekt zu unterdrücken, setzen wir einfach eine andere **cond**-Klausel vor die bereits vorhandene:

```
(def Atomzahl (lambda (s)
    (cond ((null s) 0)
          ((atom s) 1)
          (t (plus (Atomzahl (car s)) (Atomzahl (cdr s)))))))
```

Wie Sie sehen, schrieb ich **(null s)**, was nur eine andere Schreibweise für **(eq s nil)** ist. Wenn Sie bestimmen wollen, ob der Wert eines bestimmten Ausdrucks **nil** ist oder nicht, können Sie im allgemeinen die zur Standardausrüstung von Lisp gehörende Funktion **null** verwenden, die **t** liefert, wenn der Ausdruck **nil** ist, und **nil,** wenn der Ausdruck eben nicht **nil** ist. Also ergibt beispielsweise **(null (null nil))** ausgewertet **nil,** da der innere Funktionsaufruf **t** auswertet und **t** eben nicht **nil** ist!

Auffallend an dieser Rekursion ist, daß wir mehr als einen typischen Embryonalfall haben (nämlich den **null**-Fall und den **atom**-Fall) und es mehr als nur einen Weg gibt, um zum embryonalen Fall hinunterzuklettern (nämlich sowohl via **car** als auch via **cdr**). Unsere Großen Fragen können also weiter revidiert werden:

1a) Gibt es nur einen embryonalen Fall oder gibt es mehrere oder sogar eine unendliche Kategorie von solchen Fällen?
1b) Wie kann man erkennen, daß man einen embryonalen Fall erreicht hat?
1c) Wie lauten die Lösungen für die verschiedenen embryonalen Probleme?

2a) Gibt es von einem bestimmten Fall aus genau einen Weg, der schrittweise zu einem embryonalen Fall hinunterführt, oder gibt es verschiedene Möglichkeiten?
2b) Wie stellt man von einem bestimmten Fall aus fest, welche von den verschiedenen Routen zu nehmen sind, um zum embryonalen Fall zu kommen?
2c) Wie baut sich die Lösung zu diesem Problem aus den „magisch übermittelten" Lösungen für einen oder mehrere einfachere Fälle auf?

Was passiert nun, wenn wir unserer Funktion beim Zählen der Atome in **brahma,** unserem ursprünglichen Ziel, zuschauen? Das Ergebnis ist in Abbildung 17-1 zu sehen. Die kompliziertere Topographie dieser Rekursion mit ihren vielen Ein- und Ausbuchtungen fällt sofort auf. Während die vorausgegangene „V"-förmige Rekursion wie ein einfacher Abstieg in eine gleichmäßig abfallende Schlucht aussah, dem ein einfacher Aufstieg an der anderen Seite folgte, gleicht diese Rekursion einem Abseilen an einer Steilwand, um sich danach wieder hochzuseilen, wobei beide Wege, also sowohl der nach unten als auch der nach oben, an verschiedenen „Nebenschluchten" vorbeiführen, die man auf gleiche Weise überwinden muß – und wer weiß, mit wie vielen Ebenen man in einer solchen Struktur während der Suche zu kämpfen hat?

Formen mit einer Substruktur wie dieser, die sich unendlich fortsetzt, also Formen, die *nie* in gewöhnlichen Kurven auslaufen, heißen *Schachtelkurven.* Die Erforschung der Natur solcher Schachtelkurven hat heute in der Mathematik eine große Bedeutung. Eine ausgezeichnete Einführung in dieses Gebiet findet sich in Martin Gardners Kolumne „Mathematische Spielereien" in der April-Ausgabe von *Scientific American* aus dem Jahre 1978, und gar noch umfangreicher behandelt Benoît Mandelbrot dieses Thema in seinem großartigen Buch *The Fractal Geometry of Nature.* Für eine dynamische Betrachtung einiger historisch revolutionärer Schachtelkurven bietet sich der herrliche Film *Space-Filling Curves* („Raumfüllende Kurven") von Nelson Max an, wo vor den Augen des Betrachters Schritt um Schritt sogenannte „pathologische" Formen aufgebaut werden und ihre mathematische Bedeutung geometrisch zur Darstellung kommt. Und da überall um einen herum seltsame elektronische Musik hallt, mutet es unheimlich an und man beginnt, wie Alice im Wunderland immer kleiner zu werden –

Abbildung 17-1. Ein Ausschnitt aus dem Ablauf des Lisp-Funktionsaufrufes **(Atomzahl brahma).** Rekursion in Aktion!

```
-> (Atomzahl brahma)
 EINGABE Atomzahl (s = (((ac ab cb) ac (ba bc ac)) ab ((cb ca ba) cb (ac ab cb))))
  EINGABE Atomzahl (s = ((ac ab cb) ac (ba bc ac)))
   EINGABE Atomzahl (s = (ac ab cb))
    EINGABE Atomzahl (s = ac)
    AUSGABE Atomzahl (Wert: 1)
    EINGABE Atomzahl (s = (ab cb))
     EINGABE Atomzahl (s = ab)
     AUSGABE Atomzahl (Wert: 1)
     EINGABE Atomzahl (s = (cb))
      EINGABE Atomzahl (s = cb)
      AUSGABE Atomzahl (Wert: 1)
      EINGABE Atomzahl (s = nil)
      AUSGABE Atomzahl (Wert: 0)
     AUSGABE Atomzahl (Wert: 1)
    AUSGABE Atomzahl (Wert: 2)
   AUSGABE Atomzahl (Wert: 3)
   EINGABE Atomzahl (s = (ac (ba bc ac)))
    EINGABE Atomzahl (s = ac)
    AUSGABE Atomzahl (Wert: 1)
    EINGABE Atomzahl (s = ((ba bc ac)))
     EINGABE Atomzahl (s = (ba bc ac))
      EINGABE Atomzahl (s = ba)
      AUSGABE Atomzahl (Wert: 1)
      EINGABE Atomzahl (s = (bc ac))
       EINGABE Atomzahl (s = bc)
       AUSGABE Atomzahl (Wert: 1)
       EINGABE Atomzahl (s = (ac))
        EINGABE Atomzahl (s = ac)
        AUSGABE Atomzahl (Wert: 1)
        EINGABE Atomzahl (s = nil)
        AUSGABE Atomzahl (Wert: 0)
       AUSGABE Atomzahl (Wert: 1)
      AUSGABE Atomzahl (Wert: 2)
     AUSGABE Atomzahl (Wert: 3)
     EINGABE Atomzahl (s = nil)
     AUSGABE Atomzahl (Wert: 0)
    AUSGABE Atomzahl (Wert: 3)
   AUSGABE Atomzahl (Wert: 4)
  AUSGABE Atomzahl (Wert: 7)
  EINGABE Atomzahl (s = (ab ((cb ca ba) cb (ac ab cb))))
   EINGABE Atomzahl (s = ab)
   AUSGABE Atomzahl (Wert: 1)
   EINGABE Atomzahl (s = (((cb ca ba) cb (ac ab cb))))
    EINGABE Atomzahl (s = ((cb ca ba) cb (ac ab cb)))
     EINGABE Atomzahl (s = (cb ca ba))
      EINGABE Atomzahl (s = cb)
      AUSGABE Atomzahl (Wert: 1)
      EINGABE Atomzahl (s = (ca ba))
       EINGABE Atomzahl (s = ca)
       AUSGABE Atomzahl (Wert: 1)
       EINGABE Atomzahl (s = (ba))
        EINGABE Atomzahl (s = ba)
        AUSGABE Atomzahl (Wert: 1)
        EINGABE Atomzahl (s = nil)
        AUSGABE Atomzahl (Wert: 0)
       AUSGABE Atomzahl (Wert: 1)
      AUSGABE Atomzahl (Wert: 2)
     AUSGABE Atomzahl (Wert: 3)
     EINGABE Atomzahl (s = (cb (ac ab cb)))
      EINGABE Atomzahl (s = cb)
      AUSGABE Atomzahl (Wert: 1)
      EINGABE Atomzahl (s = ((ac ab cb)))
       EINGABE Atomzahl (s = (ac ab cb))
        EINGABE Atomzahl (s = ac)
        AUSGABE Atomzahl (Wert: 1)
        EINGABE Atomzahl (s = (ab cb))
         EINGABE Atomzahl (s = ab)
         AUSGABE Atomzahl (Wert: 1)
         EINGABE Atomzahl (s = (cb))
          EINGABE Atomzahl (s = cb)
          AUSGABE Atomzahl (Wert: 1)
          EINGABE Atomzahl (s = nil)
          AUSGABE Atomzahl (Wert: 0)
         AUSGABE Atomzahl (Wert: 1)
        AUSGABE Atomzahl (Wert: 2)
       AUSGABE Atomzahl (Wert: 3)
       EINGABE Atomzahl (s = nil)
       AUSGABE Atomzahl (Wert: 0)
      AUSGABE Atomzahl (Wert: 3)
     AUSGABE Atomzahl (Wert: 4)
    AUSGABE Atomzahl (Wert: 7)
    EINGABE Atomzahl (s = nil)
    AUSGABE Atomzahl (Wert: 0)
   AUSGABE Atomzahl (Wert: 7)
  AUSGABE Atomzahl (Wert: 8)
 AUSGABE Atomzahl (Wert: 15)
15
```

aber im Gegensatz zu ihr kann man den Schrumpfungsprozeß nicht stoppen, und während man in Vergessenheit schrumpft, bekommt man immer mikroskopisch kleinere Panoramen der bis ins Unendliche detaillierten Strukturen von Schachtelkurven zu sehen. Es ist ein phantastisches visuelles Abenteuer, vorausgesetzt, man ist gewillt, einen Taumel in die Unendlichkeit zu erleben!

* * *

Eine der elegantesten Rekursionen, die ich kenne, geht von dem berühmten Geschicklichkeitsspiel aus, das verschiedentlich „Lucas-Turm", „Turm von Hanoi" oder „Turm des Brahma" genannt wird. Es wurde anscheinend von dem französischen Mathematiker Edouard Lucas im neunzehnten Jahrhundert erfunden. Worum es sich bei diesem Rätselspiel dreht, weiß folgende Legende zu berichten, die bekanntlich gerne damit in Verbindung gebracht wird:

> Im großen Tempel des Brahma in Benares befinden sich auf einer Messingplatte unterhalb der Kuppel, die den Mittelpunkt der Welt markiert, 64 runde Scheiben aus purem Gold, die von den Priestern gemäß dem unumstößlichen Gesetz Brahmas, daß keine der Scheiben auf eine kleinere gelegt werden darf, einzeln von einem von drei Diamantstiften zu einem anderen hin- und hergeschleppt werden. Am Anfang der Welt waren alle 64 Scheiben auf einem einzigen Stift so aufeinandergeschichtet, daß sie, die größte unten und die kleinste oben, den Turm Brahmas bildeten. Gegenwärtig ist der Prozeß, den Turm von einem Stift zum anderen zu versetzen, mitten im Gange. Wenn die letzte Scheibe schließlich an ihren Platz kommt und der Turm von Brahma erneut, aber auf einem anderen Stift, fertiggestellt ist, wird das Ende der Welt erreicht sein und alles zu Staub zerfallen.

Wie das Rätselspiel aussieht, zeigt Abbildung 17-2. Die drei Stifte darin wollen wir im folgenden mit **a**, **b** und **c** kennzeichnen.

Wenn Sie die Arbeit der Priester Brahmas nachvollziehen, können Sie der Systematik bestimmt auf den Grund kommen, mit der die Priester vorgehen müssen, um die Scheiben von Stift **a** nach Stift **b** zu bekommen. Wenn nur drei Scheiben vorhanden sind, läßt sich die Reihenfolge der einzelnen Versetzungen ganz leicht angeben:

ab ac bc ab ca cb ab

In diesem Fall stellt das Lisp-Atom **ab** einen Sprung von Stift **a** nach Stift **b** dar. All dem wohnt eine Struktur inne, die durch eine reine Auflistung solcher Atome allerdings nicht zutage tritt. Offenkundiger wird sie, wenn man die Atome wie folgt gruppiert:

ab ac bc   ab   ca cb ab

Die erste Gruppe versetzt die obersten zwei Scheiben schrittweise von Stift **a** nach Stift **c**, wodurch die größte Scheibe auf Stift **a** freigelegt wird. Diese Scheibe, die von allen die schwerste und größte ist, wird dann vom mittleren Zug **ab** vom Stift **a** genommen

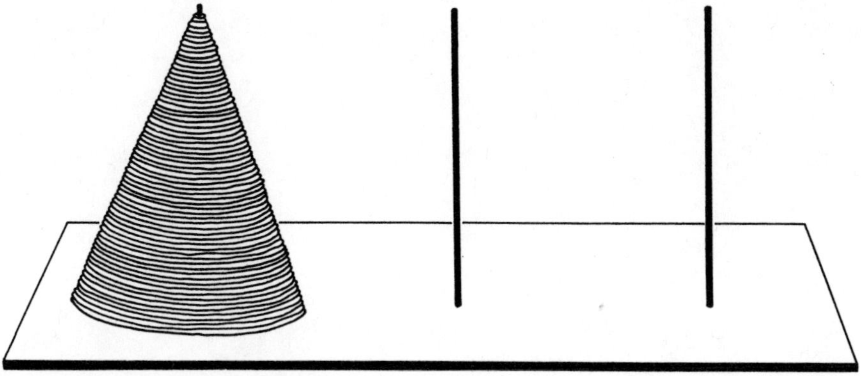

Abbildung 17-2. Das Puzzle „Turm des Brahma“ mit 64 Scheiben, die umgesetzt werden sollen. [Zeichnung von David Moser.]

---

und nach Stift **b** gebracht. Die letzte Gruppe hat mit der Anfangsgruppe insofern große Ähnlichkeit, als der aus zwei Scheiben bestehende Stapel von Stift **c** nach Stift **b** zurückversetzt wird. Folglich hängt die Lösung zur Versetzung von drei Scheiben davon ab, daß man imstande ist, zwei zu versetzen. In ähnlicher Weise setzt die Lösung für 64 Scheiben die Fähigkeit voraus, 63 Scheiben zu versetzen. Habe ich nun genug gesagt? Versuchen Sie jetzt, eine Lisp-Funktion aufzusetzen, die den Turm des Brahma für n Scheiben löst. (Vielleicht wollen Sie die drei Stifte lieber mit Ziffern als mit Buchstaben kennzeichnen, so daß die einzelnen Züge als zweistellige Zahlen erscheinen, also beispielsweise als **12**.) Die Lösung dieses Problems werde ich in der nächsten Kolumne verraten – aber natürlich nur, falls die sich aufopfernden Priester, die Tag und Nacht schuften, um das Ende der Welt herbeizuführen, ihr ersehntes Ziel bis dahin noch nicht erreicht haben sollten ...

18
Lisp: Rekursion und Generalität

April 1983

In der vorangegangenen Kolumne beschrieb ich den Turm des Brahma, ein von Edouard Lucas erfundenes Puzzlespiel, bei dem ein Turm aus 64 goldenen Scheiben von einem Diamantstift zum anderen versetzt werden soll, wobei man einen dritten zur Verfügung hat, um Scheiben vorübergehend ablegen zu können. Es darf jeweils nur eine Scheibe genommen und zu einem anderen Stift gebracht werden; die einzige Einschränkung, die noch hinzukommt, ist, daß nie eine Scheibe auf eine kleinere gelegt werden darf. Zum Schluß hatte ich den Leser vor das Problem gestellt, eine rekursive Beschreibung zu finden, wie dieses Ziel (den Lauf der Welt zu beenden) zu erreichen ist und als Lisp-Funktion ausgedrückt werden kann.

Wie ich bereits deutlich machte, ist die Rekursion leicht ersichtlich: Um also 64 Scheiben von einem Stift zum anderen (unter Zuhilfenahme eines dritten) zu bringen, genügt es zu wissen, wie 63 Scheiben von einem Stift zum anderen (unter Zuhilfenahme eines dritten) kommen. Rekapitulieren wir das Ganze nochmals. Nehmen wir an, der ganze Turm des Brahma befindet sich mit seinen 64 Scheiben bei Stift **a**. Abbildung 18-1 zeigt eine schematische Anordnung, bei der die 64 Scheiben lediglich durch 4 Scheiben repräsentiert werden. Da Sie gewiß imstande sein werden, einen Stapel von 63 Scheiben zu bewegen, sollten Sie also als erstes 63 Scheiben vom Stift **a** nach Stift **c** tragen und dazu Stift **b** als „Hilfsstift" verwenden. Wie das Ganze nun angelegt ist, zeigt Abbildung 18-1b. (Zu beachten ist allerdings, daß der Abbildung nach die 4 Scheiben die Rolle von 64 Scheiben spielen, und 3 die von 63, aber 1 aus irgendeinem Grund nicht die von 61. Sonderbar, nicht wahr?) Belassen wir es aber dabei. Wir müssen nun lediglich die eine übriggebliebene **a**-Scheibe – also die größte aller 64 Scheiben – aufheben und auf den **b**-Stift fallen lassen, wie man in Abbildung 18-1c sehen kann. Alles weitere ist dann ein Kinderspiel – setzen Sie einfach wieder Ihre Fähigkeit ein, die Sie ja bereits unter Beweis gestellt haben, 63 Scheiben zu bewegen, und tragen Sie den Stapel auf dem **c**-Stift nun zurück zum **b**-Stift, wobei dieses Mal **a** als „Hilfsstift" dient. Merken Sie sich, wie bei diesem Manöver der **a**-Stift die Hilfsrolle übernimmt, die beim vorangegangenen Manöver, 63 Scheiben zu bewegen, dem **c**-Stift oblag. Abbildung 18-1d gibt die Situation einen Sekundenbruchteil vor dem Aufsetzen der letzten Scheibe wieder. Warum nicht, *nachdem* sie an ihrem Platz ist? Ganz einfach: Weil dann die ganze Welt zu Staub würde, und Staub zu zeichnen viel zu schwierig ist.

*   *   *

Nun könnte mir jemand vorhalten, daß ich sämtliche schwierigen Partien ausließ, und sagen: „Sie gehen einfach davon aus, daß die Fähigkeit, 63 Scheiben umzustellen, wie durch Zauberei kommt!" Es mag so aussehen, aber mit Zauberei hat es dennoch nichts zu tun. Denn um 63 zu versetzen, müssen Sie nur wissen, wie Sie 62 versetzen. Und um 62 zu versetzen, müssen Sie nur wissen, wie es mit 61 geht. Und so geht es stetig den Zahlenweg nach unten, bis man schließlich zum „Embryonalfall" des Brahma-Turm-Puzzles „herunterkommt", wo es dann nur noch um eine Scheibe geht. Zugegeben, Sie müssen haargenau verfolgen, wo Sie in diesem Prozeß jeweils stehen; es mag etwas ermüden – aber Sie müssen nur sorgfältig buchführen. Im Prinzip wären Sie jetzt in der Lage, den ganzen Prozeß tatsächlich durchzuführen – wenn Sie es darauf anlegen wollen, die Welt enden zu sehen!

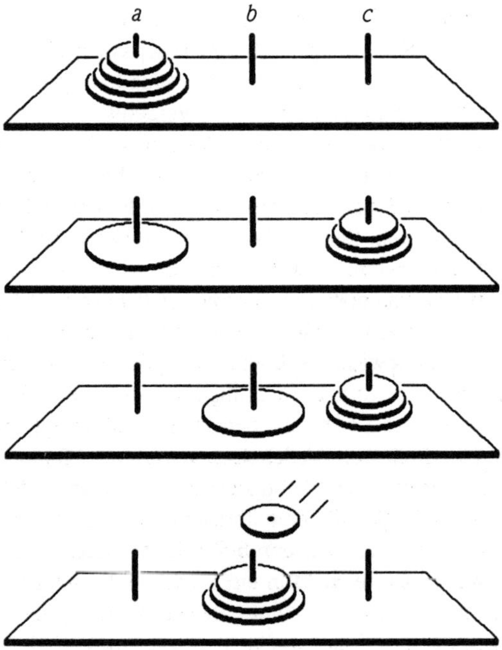

Abbildung 18-1. Ein kleiner „Turm von Brahma". Ganz oben die Ausgangsposition. Darunter wird ein Zwischenstadium gezeigt, in dem ein Stapel mit drei Scheiben von Stift *a* nach *c* umgeschichtet wurde. Nun ist die größte Scheibe frei geworden, um zu Stift *b* gebracht zu werden. Danach muß man nur noch den Stapel mit den drei Scheiben von *c* nach *b* tragen. Wenn das geschafft ist, wird die Welt am Ende sein. Folglich zeigt das Bild am Schluß lediglich, wie sich ein Künstler die Welt einen Sekundenbruchteil vor dem Moment vorstellt, in dem alles zu Staub wird.

Wenn wir uns an eine Lisp-Funktion heranmachen, sollten wir als erstes die Methode ganz gewöhnlich in Deutsch beschreiben. Benennen wir dazu die drei Stifte mit **as, zs** und **hs,** was sich der Reihe nach auf „Ausgangsstift", „Zielstift" und „Hilfsstift" bezieht. Hier der Wortlaut für unsere Funktion:

Zu versetzen ist ein Turm der Höhe n von as nach zs unter Zuhilfenahme von hs:

falls n = 1, dann bringe diese eine Scheibe direkt von as nach zs;
anderenfalls führe die folgenden drei Schritte aus:

1) **befördere einen Turm der Höhe n-1 von as nach hs unter Benutzung von zs;**
2) **bringe 1 Scheibe von as nach zs;**
3) **befördere einen Turm der Höhe n-1 von hs nach zs unter Benutzung von as.**

In diesem Fall sind die Zeilen 1) und 3) die zwei rekursiven Aufrufe; paradox daran ist, daß sie genau die Fähigkeit vorauszusetzen scheinen, die mit ihrer Hilfe definiert werden soll. Rettung aus dem Dilemma bringt, daß **n-1** statt **n** Scheiben beteiligt sind. Wie man sehen kann, spielt in Zeile 1) **hs** die Rolle des „Zielstifts", während **zs** als „Hilfsstift" einspringt. Und in Zeile 3) schlüpft **hs** in die Rolle des „Ausgangsstifts", während **as** als „Hilfsstift" fungiert. Da das Ganze rekursiv ist, wird jeder Stift während des Transfervorgangs mehrmals die Rollen tauschen. Das ist das Schöne an diesem Spiel und in gewisser Hinsicht auch an der Rekursion.

Wie bewerkstelligen wir nun den Übergang vom gewöhnlichen deutschen Wortlaut zu Lisp? Es ist ganz einfach:

```
(def versetze-Turm (lambda (n as zs hs)
    (cond ((eq n 1) (bringe-eine-Scheibe as zs))
          (t (versetze-Turm (sub 1 n) as hs zs)
             (bringe-eine-Scheibe as zs)
             (versetze-Turm (sub 1 n) hs zs as)))))
```

Wo sind die entsprechenden Lisp-Ausdrücke für die deutschen Wörter „von", „nach" und „unter Benutzung von" geblieben? Sie scheinen sich in Luft aufgelöst zu haben! Wie kann das Genie also wissen, welcher Stift welche Rolle in jedem einzelnen Stadium spielt? Die Antwort ist, daß sich diese Information *aus der Position* ablesen läßt. Es gibt in dieser Funktionsdefinition vier Parameter: eine ganze Zahl und drei „Rangierstifte". Der erste dient als Quelle, der zweite als Ziel, der dritte als Aushelfer. In der anfänglichen Parameterliste (die nach **lambda** kommt) stehen sie folglich noch in der Reihenfolge **as zs hs.** Im ersten rekursiven Aufruf, also in Zeile 1) der Lisp-Übersetzung, ist ihre Reihenfolge **as hs zs; hs** und **zs** haben folglich die Rollen getauscht. Im zweiten rekursiven Aufruf, also in der Lisp-Übersetzung der Zeile 3), sieht man, daß **hs** und **as** die Rollen tauschten.

Entscheidend ist, daß die Namen der Atome **as, zs** und **hs** für das Genie keine bestimmte Bedeutung haben. Wir hätten genauso **Appenzeller, Brie** und **Camembert** dazu sagen können. Erst während der operationellen Ausführung erhalten sie aufgrund der Positionen, an denen sie in verschiedenen Teilen der Funktionsdefinition auftauchen, einen bestimmten Sinn. Es wäre also ein grober Schnitzer gewesen, hätten wir z. B. als Lisp-Übersetzung der Zeile 1) **(versetze-Turm (sub 1 n) as zs hs)** geschrieben, da darin kein Hinweis enthalten ist, daß **hs** und **zs** in dieser Zeile die Rollen tauschen müssen.

* * *

Eine wichtige Frage steht noch offen. Was passiert, wenn das hilfsbereite Lisp-Genie zu einer Zeile gelangt, die da sagt, **bringe-eine-Scheibe**? Saust es sofort los zum Tempel in Benares und wuchtet buchstäblich eine Scheibe aus massivem Gold um? Oder prosaischer ausgedrückt, geht es zu einem Tisch und hebt es eine Plastikscheibe hoch, um sie dann von einem Plastikstift auf einen anderen zu setzen? Mit anderen Worten, findet über die reine Berechnung hinaus eine bestimmte physikalische Aktion statt?

Nun, theoretisch ist das leicht möglich. Selbst in der Praxis könnte die Ausführung eines Lisp-Kommandos durchaus bewirken, daß ein mechanischer Arm zu einer bestimmten Stelle bewegt wird, dort mit einer mechanischen Hand nach einem bestimmten Objekt greift, es aufhebt, an eine andere bestimmte Stelle bringt und es dann dort losläßt. In unserer heutigen Zeit mit Industrierobotern ist das längst nicht mehr Science-Fiction. Wenn wir jedoch keinen solchen mechanischen Greifarm haben, wie könnten wir uns dann trotzdem behelfen?

Eine naheliegende und eng verwandte Möglichkeit besteht darin, das Puzzle auf einem Bildschirm darzustellen und dann mittels der Funktion **bringe-eine-Scheibe** eine Hand, bzw. das *Bild* davon, zu bewegen, so daß es den *Anschein* hat, als griffe sie nach einer Scheibe, um diese anschließend hochzuheben und irgendwoanders wieder abzusetzen. Es ginge also darum, das Puzzle mit graphischen Mitteln zu simulieren, was durchaus möglich ist, wenn auch der Grad des dargestellten Realismus mitunter unterschiedlich ist, wie man von Science-Fiction-Filmen her weiß, die die Computergrafik dem heutigen Stand der Technik entsprechend einsetzen.

Gehen wir aber davon aus, daß wir keine schicken Grafik-Systeme, also weder Hardware noch Software, haben. Nehmen wir außerdem an, daß wir im Augenblick nur eine gedruckte Prozedur erzeugen wollen, die uns sagt, wie wir unsere eigenen beweglichen, organischen Menschenhände zu führen haben, um so das Puzzle zu lösen. Für den Fall eines Puzzles mit drei Scheiben läse sich die gewünschte Prozedur vielleicht als **ab ac bc ab ca cb ab** bzw. ganz entsprechend als **12 13 23 12 31 32 12**. Was könnte uns auf dem Weg zu diesem bescheideneren Ziel behilflich sein?

Wenn wir ein Programm hätten, das einen Arm bewegte, wäre uns der Wert, den es zurückgibt, nicht wichtig, wohl aber die strukturierte Abfolge der „Nebeneffekte", die zur Durchführung käme. Uns hingegen interessiert hier der Wert, der bei unserem Programm herauskommt – nämlich eine strukturierte Liste von Atomen. Die Liste für **n** = 3 muß aus den beiden Listen für **n** = 2 aufgestellt werden. Diese Idee wurde bereits zum Schluß des vorangegangenen Kapitels besprochen; heraus kam dabei:

ab ac bc ab ca cb ab

In Lisp verwenden wir, um Gruppen auseinanderzuhalten, eher Klammern als weite Abstände. Um erstmal mit **n** = 3 ans Ziel zu kommen, könnten wir die Liste wie eine Klappstulle zusammenlegen und dafür **((ab ac bc) ab (ca cb ab))** schreiben. Eine Möglichkeit, eine Liste aus ihren Komponenten herzustellen, ist der wiederholte Gebrauch von **cons.** Wenn also die Werte der Atome **Appenzeller, Brie** und **Camembert** jeweils 1, 2 und 3 betragen, dann besteht der Wert, der durch **(cons Appenzeller (cons Brie (cons Camembert nil)))** herauskommt, aus der Liste **(1 2 3).** Es gibt jedoch noch einen kürzeren Weg, um zu dem gleichen Ergebnis zu gelangen, indem man nämlich sagt **(list Appenzeller Brie Camembert).** Es kommt genau dasselbe heraus. Ähnlich verhält es sich, wenn die Atome **as** und **zs** an **a** bzw. **b** gebunden sind: Das ausgeführte Kommando **(list as zs)** wird dann **(a b)** hervorbringen. Ungewöhnlich an der Funktion **list** ist, daß sie beliebig viele Argumente entgegennimmt – sogar überhaupt keines, so daß **(list)** den Wert von **nil** ausgibt!

Packen wir jetzt das Problem an, welchen Wert die Funktion, die da heißt **bringe-eine-Scheibe,** wunschgemäß liefern soll. Sie beinhaltet zwei Parameter, die die Stifte darstellen. Idealerweise sollten wir ein einzelnes Atom erhalten, das sich aus den Namen dieser Stifte zusammensetzt, also beispielsweise **ab** oder **12.** Im Augenblick allerdings wird es für uns einfacher sein, davon auszugehen, daß die Stifte mit den Zahlen 1, 2 und 3 benannt sind. Um, wie in diesem Fall nötig, aus 1 und 2 die Zahl 12 zu machen, genügt ein rascher Rechenschritt: man multipliziert die erste Zahl mit 10 und addiert dann die zweite hinzu. Nun das ganze in Lisp:

```
(def bringe-eine-Scheibe (lambda (as zs) (plus (times 10 as) zs)))
```

Sollten die Namen der Stifte keine Atome aus Zahlen sein, dann können wir andererseits eine originale Lisp-Funktion verwenden, die die Werte ihrer Argumente (beliebig viele Zahlen, so wie wir es auch bei **list** gesehen haben) entgegennimmt und sie allesamt wie zu einem einzigen großen Atom verbindet. Diese Standard-Funktion heißt **concat,** die Kurzform für das englische *concatenate,* was soviel wie „verketten" bedeutet. Auf sich selbst angewandt, also **(concat 'con 'cat 'e 'nate),** liefert sie das Atom **concatenate.** In unserem Fall ließe sich also schreiben:

```
(def bringe-eine-Scheibe (lambda (as zs) (concat as zs)))
```

Damit wäre in jedem Fall die erste Hälfte des Problems **versetze-Turm** „von Grund auf" gelöst.

Die andere Hälfte des Problems besteht darin, was der rekursive Teil von **versetze-Turm** als Ergebnis hervorbringt. Nun, es ist recht einfach. Unserem Wunsch nach sollte dabei eine wie eine Klappstulle angelegte Liste herauskommen, in der die Werte der beiden rekursiven Aufrufe den Wert des allein vorkommenden Aufrufs für **bringe-eine-Scheibe** flankieren. Wir können also unsere rekursive Definition von vorhin modifizieren, wenn auch sehr geringfügig, indem wir das Wort **list** hinzufügen:

```
(def versetze-Turm (lambda (n as zs hs)
     (cond ((eg n 1) (bringe-eine-Scheibe as zs))
           (t (list (versetze-Turm (sub 1 n) as hs zs)
                    (bringe-eine-Scheibe as zs)
                    (versetze-Turm (sub 1 n) hs zs as))))))
```

Und jetzt wollen wir etwas Zwiesprache mit dem Lisp-Genie halten:

```
→ (versetze-Turm 4 'a 'b 'c)
(((ac ab cb) ac (ba bc ac)) ab ((cb ca ba) cb (ac ab cb)))
→
```

Es funktioniert tatsächlich! Enorm! Toll, nicht wahr? Im vorangegangenen Kapitel hieß diese Liste **brahma.**

* * *

Nehmen wir jetzt einmal an, wir wollten alle inneren Klammern unterdrücken, so daß einfach nur eine lange ununterbrochene Folge von Atomen zum Ausdruck käme. Wir erhielten dann statt des in sich verschlungenen **brahma** die lange Liste (**ac ab cb ac ba bc ac ab cb ca ba cb ac ab cb)**. Diese wäre zwar etwas weniger informativ, aber in ihrer Undurchdringlichkeit weitaus eindrucksvoller. In diesem Fall möchten wir, um aus drei Werten ein Sandwich zu bereiten, die Funktion **list** aber lieber nicht anwenden, sondern eher eine andere Funktion, mit der sich die runden Klammern von den beiden flankierenden rekursiven Werten beseitigen lassen.

In diesem Fall ist die Lisp-Funktion **append** gefragt. Damit werden beliebig viele Listen zusammengeschweißt, wobei es zu einem Wegfall der äußeren Klammern kommt. Also entsteht aus **(append '(a (b))'(c) nil '(d e))** die fünf Elemente enthaltende Liste **(a (b) c d e)**; stünde nicht **append**, sondern **list** an der Funktionsstelle, käme statt der fünf Elemente langen Liste eine aus vier Elementen zustande, nämlich **((a (b)) (c) nil (d e))**. Wenn wir für unsere Zwecke **append** und eine leicht modifizierte Version von **bringe-eine-Scheibe** verwenden, können wir eine endgültige Definition des **versetze-Turm**-Problems formulieren, die unseren Wünschen exakt nachkommt:

```
(def versetze-Turm (lambda (n as zs hs)
     (cond ((eq n 1) (bringe-eine-Scheibe as zs))
           (t (append (versetze-Turm (sub 1 n) as hs zs)
           (bringe-eine-Scheibe as zs)
           (versetze-Turm (sub 1 n) hs zs as))))))

(def bringe-eine-Scheibe (lambda (as zs) (list (concat as zs))))
```

Um es auszutesten, stellte ich dem Lisp-Genie die Aufgabe, das Puzzle eines 9 Scheiben hohen Brahma-Turms zu lösen. Und prompt kam folgende Antwort:

**(ab ac bc ab ca cb ab ac bc ba ca bc ab ac bc ab ca cb ab ca bc ba ca cb
ab ac bc ab ca cb ab ac bc ba ca bc ab ac bc ba ca cb ab ca bc ba ca bc
ab ac bc ab ca cb ab ac bc ba ca bc ab ac bc ab ca cb ab ca bc ba ca cb
ab ac bc ab ca cb ab ca bc ba ca bc ab ac bc ba ca cb ab ca bc ba ca cb
ab ac bc ab ca cb ab ac bc ba ca bc ab ac bc ab ca cb ab ca bc ba ca cb
ab ac bc ab ca cb ab ac bc ba ca bc ab ac bc ba ca cb ab ca bc ba ca bc
ab ac bc ab ca cb ab ac bc ba ca bc ab ac bc ba ca cb ab ca bc ba ca cb
ab ac bc ab ca cb ab ca bc ba ca bc ab ac bc ba ca cb ab ca bc ba ca bc
ab ac bc ab ca cb ab ac bc ba ca bc ab ac bc ab ca cb ab ca bc ba ca cb
ab ac bc ab ca cb ab ac bc ba ca bc ab ac bc ba ca cb ab ca bc ba ca bc
ab ac bc ab ca cb ab ac bc ba ca bc ab ac bc ab ca cb ab ca bc ba ca cb
ab ac bc ab ca cb ab ca bc ba ca bc ab ac bc ba ca cb ab ca bc ba ca cb
ab ac bc ab ca cb ab ac bc ba ca bc ab ac bc ab ca cb ab ca bc ba ca cb
ab ac bc ab ca cb ab ca bc ba ca bc ab ac bc ba ca cb ab ca bc ba ca bc
ab ac bc ab ca cb ab ac bc ba ca bc ab ac bc ba ca cb ab ca bc ba ca cb
ab ac bc ab ca cb ab ca bc ba ca bc ab ac bc ba ca cb ab ca bc ba ca cb
ab ac bc ab ca cb ab ac bc ba ca bc ab ac bc ab ca cb ab ca bc ba ca cb
ab ac bc ab ca cb ab ac bc ba ca bc ab ac bc ba ca cb ab ca bc ba ca bc
ab ac bc ab ca cb ab ac bc ba ca bc ab ac bc ab ca cb ab ca bc ba ca cb
ab ac bc ab ca cb ab ca bc ba ca bc ab ac bc ba ca cb ab ca bc ba ca cb
ab ac bc ab ca cb ab ac bc ba ca bc ab ac bc ab ca cb ab ca bc ba ca cb
ab ac bc ab ca cb ab)**

Nun, so gefällt mir das Genie!

* * *

Herzlichen Glückwunsch! Was Sie da gerade über sich haben ergehen lassen, ist ein ziemlich raffiniertes Beispiel einer Rekursion, die bereits gehörige Anforderungen an ein Gehirn stellt. Wenden wir uns nunmehr einer Rekursion zu, die uns in anderer Weise herausfordert. Bei dieser Rekursion beziehe ich mich auf eine Bemerkung im vorausgegangenen Kapitel, die mir einfach spontan unterlief. Ich gebrauchte dafür eine etwas kuriose Variable, die ich **Papa** nannte, unter Erwähnung, daß es sich um ein rekursives Akronym für **Papa (aber Papa allerweil)** handelt. Angesichts dessen läßt sich **Papa** sooft wie man will expandieren. Als einziger Grundsatz herrscht nur, daß jedesmal, wenn auf einer bestimmten Ebene **Papa** vorkommt, es durch den zweiteiligen Satz **Papa (aber Papa allerweil)** ersetzt wird, um die nächste Ebene zu bilden. Ich will Ihnen rasch eine kurze Aufstellung geben:

n = 0: Papa
n = 1: Papa
(aber Papa allerweil)
n = 2: Papa
(aber Papa allerweil)
(aber Papa (aber Papa allerweil) allerweil)
n = 3: Papa
(aber Papa allerweil)
(aber Papa (aber Papa allerweil) allerweil)
(aber Papa (aber Papa allerweil) (aber Papa (aber Papa allerweil) allerweil) allerweil)

Herausfordernd daran ist, eine Lisp-Funktion zu formulieren, die uns sagt, was aus **Papa** nach **n** rekursiven Expandierungen wird, und zwar für jedes **n**. Es macht nichts, daß für **n** weit größer als 3 das Ganze bis ins Lächerliche expandiert. Schließlich sind wir doch Theoretiker!

Da ist nur ein Problem. Denn jede Lisp-Funktion muß als ihren Wert eine einzige Lisp-Struktur (also entweder ein Atom oder eine Liste) liefern, sie kann gar nicht anders; jedoch wird das, was ich soeben in der Aufstellung schrieb, diesem Kriterium nicht gerecht. Zum Beispiel ergibt sich für **n** = 2 ein Atom, dem zwei Listen folgen. Das läßt sich aber ausbügeln. Wir machen einfach aus jedem einzelnen Eintrag in der Aufstellung eine Liste, indem wir ihn jeweils zwischen zwei äußere Klammern stellen. Jetzt ist unser Ziel im Einklang mit Lisp. Aber wie erreichen wir es?

Die rekursive Denkweise sagt uns, daß der Embryonalfall bzw. das Grundproblem auftaucht, wenn **n** = 0 ist, und das ansonsten die **n**-te Zeile aus der Zeile zuvor erzeugt wird, indem das Atom **Papa**, wo immer es vorkommt, durch die Liste **(Papa (aber Papa allerweil))** ersetzt wird, allerdings ohne ihre äußersten Klammern. Das läßt sich sofort bewerkstelligen.

```
(def Papa-Expansion (lambda (n)
 (cond ((eq n 0) '(Papa))
       (t (ersetze 'Papa '(Papa (aber Papa allerweil)) (Papa-Expansion
       (sub 1 n)))))))
```

Das einzige, was uns noch fehlt, ist die Spezifikation, was wir unter **ersetze** verstehen. Wir müssen, wenn wir festlegen, wie diese Operation **ersetze** ablaufen soll, ganz bedachtsam vorgehen. Schauen Sie sich nochmals jede einzelne Zeile der **Papa**-Aufstellung an. Sie werden sehen, daß jede Zeile jeweils ein Element mehr als die vorherige enthält. Warum ist das so? Eben weil das Atom **Papa** jedes Mal durch eine Liste mit zwei Elementen ersetzt wird, deren Klammern, wie ich zuvor erklärte, mit dem Akt des Ersetzens wegfallen. Dieses Wegfallen der Klammern ist der springende Punkt. Ein weniger raffiniertes Beispiel für den Wegfall von Klammern als das mit dem rekursiv expandierenden **Papa** wäre: **(ersetze 'a '(1 2 3) '(a b a))**, das ausgewertet eher **(1 2 3 b 1 2 3)** als **((1 2 3) b (1 2 3))** ergeben sollte. Diese Art der Ersetzung beinhaltet nicht so sehr eine exakte Substitution eines Atoms durch eine Liste, sondern vielmehr das Zusammenschweißen oder Verknüpfen einer solchen innerhalb einer längeren Liste.

Wir wollen nun versuchen, in Lisp – und wie gewohnt unter Verwendung einer Rekursion – zu spezifizieren, wie mit **ersetze** innerhalb einer langen Liste **Langeliste** jedesmal, wenn das Atom **atm** vorkommt, dieses durch eine Liste **Lüste** ersetzt werden soll. Probieren Sie dieses Puzzle ruhig einmal aus. Ein Tip: Finden Sie heraus, wie das Ergebnis für Argument **(a b a)** aus dem für **(b a)** zustande kommt. Schauen Sie sich auch nach anderen, ähnlich einfachen Fällen wie diesen um und versuchen Sie, den ganzen Weg zurück bis hinunter zum jeweiligen Embryonalfall zu gehen.

* * *

Der Embryonalfall liegt vor uns, wenn **Langeliste** gleich **nil** ist. Dann passiert natürlich nichts, also sollten wir als Antwort **nil** erhalten.

Der rekursive Fall beinhaltet den Aufbau einer komplexeren Lösung aus einer einfacheren, die als gegeben angenommen wird. Kehren wir zu diesem Zweck nochmals zu unserem Beispiel mit **(a b a)** zurück. Die komplexere Lösung **(1 2 3 b 1 2 3)** läßt sich aus dem einfacheren Ergebnis **(b 1 2 3)** herstellen, indem man letzteres und **(1 2 3)** durch **append** verknüpft. Andererseits könnten wir **(b 1 2 3)** selbst als eine komplexe Lösung auffassen, die aus der einfacheren Lösung **(1 2 3)** unter Anbau von **b** mit Hilfe von **cons** entsteht. Warum ist einmal **append** beteiligt, und ein anderes Mal **cons**? Ganz einfach: Weil im ersten Fall das Atom **a** beteiligt ist, das ersetzt wird, im zweiten Fall dagegen das Atom **b** eine Rolle spielt, das *nicht* ersetzt wird. Mit dieser Beobachtung können wir uns nun an eine rekursive Definition für **ersetze** heranwagen:

```
(def ersetze (lambda (atm Lüste Langeliste)
      (cond ((null Langeliste) nil)
            ((eq (car Langeliste) atm)
             (append Lüste (ersetze atm Lüste (cdr Langeliste))))
            (t (cons (car Langeliste) (ersetze atm Lüste (cdr Langeliste)))))))
```

Wie man sieht, kommt es zu einem Embryonalfall (wo **Langeliste** gleich **nil** ist) und anschließend zu einem rekursiven Fall mit **append** und einem mit **cons**. Probieren wir nun diese Definition an einem neuen Beispiel aus.

```
→ (ersetze 'a '(1 2 3) '(a (a) b a))
(1 2 3 (a) b 1 2 3)
→
```

Hoppla! Ein vorkommendes **a** wurde offenbar vollständig übersehen; es hat also *fast* funktioniert. Etwas muß uns bei der Definition von **ersetze** entgangen sein. Dem ist tatsächlich so, denn wenn Sie noch einmal zurückgehen, sehen Sie, daß sich direkt vor unseren Augen eine unberechtigte Annahme einschlich – nämlich die, daß die Elemente von **Langeliste** immer Atome darstellen. Wir ignorierten die Möglichkeit, daß **Langeliste** Unterlisten enthalten könnte. Und was ist in einem solchen Fall zu tun? Antwort: Lassen Sie **ersetze** auch innerhalb der Unterlisten walten. Und innerhalb der Unterlisten von Unterlisten auch – usw. Können Sie sich vorstellen, wie die kränkelnde Definition zu kurieren wäre?

*　　*　　*

Wir haben zuvor eine Rekursion kennengelernt, in der sämtliche Teile auf allen Ebenen einer Struktur untersucht werden mußten; gemeint ist die Funktion **Atomzahl**, in der es sowohl im **car**-Teil als auch im **cdr**-Teil der Liste zu einer simultanen Rekursion kam. Die rekursive Zeile war **(plus (Atomzahl (car s)) (Atomzahl (cdr s)))**. Wir werden hier ganz analog verfahren. Dazu benötigen wir eine rekursive Zeile mit *zwei* Aufrufen an **ersetze**, wobei sich der eine auf das **car** von **Langeliste** bezieht und der andere auf das **cdr**, anstelle eines einzelnen Aufrufs unter Einbezug lediglich des **cdr**. Und das ist völlig plausibel, sobald man darüber nachdenkt. Nehmen wir einmal an, wir wollten alle Einhörner in Europa durch Quachelqueine ersetzen. Ein Weg, der zu diesem schändlichen Ziel führte, wäre die Zweiteilung Europas: ein Teil wäre Portugal (als Europas **car**) und der andere das übrige Europa (als **cdr**). Nachdem alle Einhörner in Portugal und dann auch alle Einhörner im übrigen Europa durch Quachelqueine ersetzt sind, würde man die beiden veränderten Teile wieder zusammenführen und somit die Wiedervereinigung Europas wiederherstellen (wozu sich vermutlich eine **cons**-Operation anbietet). Natürlich müßte man diese hinterfotzige Operation auch auf Portugal anwenden, also dieses Land ebenso zerteilen und später wieder zusammenflicken – usw. Es drängt sich also folgende rekursive Zeile auf:

```
(cons (ersetze 'Einhorn '(Quachelquein) (car geographische-Einheit))
      (ersetze 'Einhorn '(Quachelquein) (cdr geographische-Einheit)))
```

Oder eleganter und allgemeiner ausgedrückt:

```
(cons (ersetze atm Lüste (car Langeliste)) (ersetze atm Lüste (cdr Langeliste)))
```

Mit dieser **cons**-Zeile decken wir nicht nur den Fall ab, daß das **car** von **Langeliste** nicht atomar ist, sondern auch den, daß das **car** zwar atomar, aber nicht gleich **atm** ist. Damit das so funktioniert, müssen wir den Embryonalfall etwas ausweiten und sagen, daß dann, wenn **Langeliste** keine Liste, sondern ein Atom darstellt, **ersetze** keinerlei Effekt auf **Langeliste** hat. Ganz gelegen kommt uns dabei, daß dies die frühere null-Zeile bereits miteinschließt, so daß wir sie einfach weglassen können. Alles zusammenfassend ergibt sich eine neue, verbesserte Definition:

```
(def ersetze (lambda (atm Lüste Langeliste)
    (cond ((Atom Langeliste) Langeliste)
          ((eq (car Langeliste) atm)
           (append Lüste (ersetze atm Lüste (cdr Langeliste))))
          (t (cons (ersetze atm Lüste (car Langeliste))
                   (ersetze atm Lüste (cdr Langeliste)))))))
```

Wenn wir jetzt dem Lisp-Genie antragen, **(Papa-Expansion 2)** auszurechnen, wird es uns die Liste **(Papa (aber Papa allerweil) (aber Papa (aber Papa allerweil) allerweil)** bringen.

* * *

Nun denn, ist das nicht eine großartige Leistung? Wenn es nicht so großartig aussieht, können wir noch einen Schritt weitergehen. Ein rekursives Akronym – also eines mit einem Buchstaben, der für das Akronym selbst steht – kann ganz amüsant sein, aber wie wäre es einmal mit *mutuell* rekursiven Akronymen? Dies könnten beispielsweise zwei Akronyme sein, von denen eins jeweils einen Buchstaben enthält, der das andere Akronym repräsentiert. Ein Beispiel wäre das Akronympaar **NUDELN** und **LINGUINI** für:

NUDELN (Unmengen delikater erstklassiger LINGUINI) natürlich

und

leckere italienische NUDELN garantiert unübertroffen im neapolitanischen Inferno

Was Sie hier übrigens beachten sollten, ist, daß **NUDELN** nicht nur indirekt, sondern auch direkt rekursiv ist. Daran ist nichts faul.

Im allgemeinen versteht man unter dem Begriff mutueller Rekursion ein System beliebig vieler verflochtener Strukturen, die jede für sich durch eines oder mehrere Glieder des Systems (möglicherweise einschließlich seiner selbst) definiert ist. Wenn wir also von einer Familie mutuell rekursiver Akronyme sprechen, meinen wir eine Kollektion von Wörtern, wobei in jedem dieser Wörter Buchstaben vorkommen können, die für jedes beliebige Wort in der Familie stehen können.

Ich muß allerdings einräumen, daß dieser spezifische Begriff mutuell rekursiver Akronyme praktisch keinerlei besonderen Nutzen hat. Er nützt höchstens als drolliges Beispiel für ein sehr gängiges abstraktes Phänomen. Denn wer hat sich nicht irgendwann einmal über die unvermeidliche Zirkularität von Wortdefinitionen in Lexika Gedanken gemacht? Wie jedem ersichtlich ist, werden alle Wörter letztlich mit Hilfe einiger fundamentaler Wörter definiert, deren Gruppe sich nicht weiter reduzieren läßt, sondern endlos im Kreis geht. Zum Amüsement schlage ich vor, Sie schauen sich selbst einmal am Beispiel eines gebräuchlichen Wortes an, wie dieses in einem Lexikon definiert wird, und ersetzen dann die tragenden Wörter darin durch *deren* Definition. Ich habe diesen Prozeß einmal für das Wort „Liebe“ durchgespielt (definiert wurde es als „Eine starke Zuneigung für bzw. Bindung oder Hingabe an eine oder mehrere Personen“); nach Substitution von „stark“, „Zuneigung“, „Bindung“, „Hingabe“ und „Person“ kam folgendes Gemisch heraus:

> Eine moralisch einflußreiche Bewußtseinslage oder Tendenz, zu der Charakterfestigkeit oder Willensbereitschaft gehört, oder zärtliche Rücksichtnahme, oder Loyalität, oder tiefe Zuneigung für einen oder mehrere Menschen, insbesondere im Unterschied zu einem Ding oder einem niedrigeren Lebewesen.

Ich gab mich damit aber nicht zufrieden, sondern trieb den Prozeß noch einen Schritt weiter, und so sieht das Resultat aus:

> Eine Reihe von Begleitumständen oder Eigenschaften, die eine Person oder eine Sache zu einer bestimmten Zeit im, mit oder durch das Bewußte oder Unbewußte zusammen als eine Einheit kennzeichnen, die ganz erfüllt oder im Besitz einer bestimmten Begabung oder Fähigkeit ist, zwischen rechtem und unrechtem Verhalten zu unterscheiden, oder eine Neigung, sich in einer bestimmten Richtung oder Weise zu entwickeln oder zu handeln, imstande oder geeignet, Stärke zu zeigen in moralischer Festigkeit, Selbstdisziplin oder geistiger Standhaftigkeit, oder der Willensakt oder Willensprozeß dazu, oder Respekt, Hinwendung oder Anteilnahme, erfüllt von innigem oder herzlichem Gefühl für die Personen oder Ideale, oder die Eigenschaft, der Zustand oder Moment der Treue gegenüber denen, zu deren Verteidigung oder Unterstützung man sich verpflichtet fühlt, oder die charakterliche Beschaffenheit, Eigenschaft oder Verfassung, Vertrauen zu verdienen, oder ein stark empfundenes inniges oder herzliches Gefühl für ein oder mehrere Lebewesen, oder charakteristisch für eine oder mehrere Personen, die leben oder dem Glauben nach existieren, insbesondere durch Unterschiede abgetrennt oder abgegrenzt davon, was man denkt, spricht, auf sich bezieht, insofern als daß es als eine individuelle Entität existiert, oder von jedem lebenden Organismus, der in Rang, Würde oder moralischem Ansehen untergeordnet und typischerweise in der Lage ist, sich zu bewegen, aber nicht, sich durch Photosynthese selbst zu versorgen.

Ist das nicht romantisch? „Liebe" wird dadurch gar noch geheimnisvoller. Stuart Chase führt in seinem klar geschriebenen Klassiker über Semantik *The Tyranny of Words* („Die Tyrannei der Wörter") eine ähnliche Übung mit dem Wort „Geist" durch und zeigt, daß es genauso undurchsichtig ist. Aber natürlich verfangen sich nicht nur abstrakte Wörter in diesem Strudel von Konfusionen. Das Beispiel, das ich am liebsten verwende, entdeckte ich, als ich vor vielen Jahren in einem französischen Lexikon blätterte. Darin wurde das Verb *clocher* („hinken") als *marcher en boitant* (also ungefähr „gehen, während man humpelt") und *boiter* („humpeln") als *clocher en marchant* (also ungefähr „hinken, während man geht") definiert. Der wißbegierige Französisch-Schüler konnte mit diesem sonderbaren Definitionspaar herzlich wenig anfangen.

* * *

Aber kehren wir zu mutuell rekursiven Akronymen zurück. Es hat mich einige Mühe gekostet, bis ich eine Familie halbwegs zusammen hatte, und zu meiner Überraschung geht es dabei meistens (aber keinesfalls ausschließlich!) um die italienische Küche. Alles begann damit, daß ich, inspiriert von Papa, **Papa** zu **Pappardelle** machte und dafür folgende Bedeutung fand:

PAPPARDELLE (aber prima PAPPARDELLE allerweil), recht DELIKAT, ein Lekkerbissen (LABSAL), EXZELLENT

Die mit Großbuchstaben geschriebenen Wörter sind hier ebenfalls als Akronyme aufzufassen. Nun zum Rest meiner mutuell rekursiven Familie, die gleich mit einer Warnung beginnt, sollte jemand zu unersättlichem Appetit angeregt werden:

LABSAL:
leider auch Bauchweh (selten arge LEIBSCHMERZEN)

LEIBSCHMERZEN:
LEIBSCHMERZEN erscheinen immer bei SAHNE, Cremetorten, Hefegebackenem, MAKKARONI, EIS, rassigen Zuckerspeisen, endlosen NUDELN

EXZELLENT:
erstens Xereswein, zweitens erstklassige LINGUINI (LABSAL, ein netter TOAST)

TOAST:
Trinkspruch (oder auserlesene SCHOTEN), Tischlein-deck-dich

SCHOTEN:
saftige Chicoreeblätter, herzhaft originelle TUNKE (erfrischt natürlich)

TUNKE:
Trüffel und NUDELN (königliches Essen)

NUDELN:
NUDELN (Unmengen delikater erstklassiger LINGUINI) natürlich

DELIKAT:
deftige echte LINGUINI (italienische kleine abgeschälte TOMATEN)

LINGUINI:
LANGUSTEN in Naturbutter, ganz ungewöhnlich improvisiert (normalerweise IMBISS)

TOMATEN:
tolle originelle MAKKARONI, anschließend TOMATEN, erstklassiges Nebengericht

IMBISS:
immer mundgerechte BEILAGEN, interessant seltene Spezialitäten

BEILAGEN:
bestens eingemachte italienische Leckereien, ARTISCHOCKEN (gemischte erlesene Naturalien)

ARTISCHOCKEN:
auf richtigen Tortellini immer sensationell, charakteristisches Hausrezept, ohne cremigen KÄSE, ENDIVIENSALAT nebenbei

LANGUSTEN:
lustige appetitliche nautische Gesellen, ungeheuer schmackhaft (tun ebenfalls NOT)

NOT:
nicht ohne TUNKE

KÄSE:
Kuhmilchprodukte, ähnlich Schweizer Emmentaler

ENDIVIENSALAT:
eine neue Delikatesse, in VANILLE inszeniert (eventuell nitrathaltig), sonst aber lecker auf TOAST

MAKKARONI:
MARZIPAN auf knusprigem KARAMEL, auch reichhaltig ohne natürliche Ingredienzen

KARAMEL:
KAFFEE, angenehm riechendes AROMA, meistens ESPRESSO, LABSAL

AROMA:
ambrosisch rauschende, orgiastisch mundende AMARENAKIRSCHEN

AMARENAKIRSCHEN:
aus Meeresfrüchten arrangiertes RISOTTO, EIS (neuerdings auch KAFFEE) in runden Schälchen chinesischer Herkunft (einfach naschen)

KAFFEE:
köstliches AROMA feinen Filterkaffees, ersetzt ESPRESSO

ESPRESSO:
eine spezielle POESIE, rekursiv, eventuell schwerverdaulich (schlafraubende ODE)

POESIE:
PASTA (oder erlesene SALATE in ESSIG)

ESSIG:
EIS, süße SAHNE (irrer Genuß)

PASTA:
PAPPARDELLE auf sizilianisch törnen auch

SALATE:
Sauregurkenzeit, anschließend lieber aber TOMATEN, ENDIVIENSALAT

RISOTTO:
Reisgericht, ideale Speise (ohne TUNKE), Tafelwasser, Obst

ODE:
ordentlich diätetische ERDNÜSSE

VANILLE:
Vermengung aromatischer natürlicher Ingredienzen (läutern LINGUINI erheblich)

ERDNÜSSE:
Erquickungen (RUM, dosiert normalerweise über süßer SAHNE, EIS)

RUM:
reines unbehandeltes MARZIPAN

MARZIPAN:
MAKKARONI auf RUM ziehen immer (POESIE aus Napoli)

SAHNE:
SAHNE abschließend (hole noch EIS)

EIS:
eine italienische Spezialität.

Jeder Feinschmecker merkt natürlich, daß ich nicht gerade ernsthaft versucht habe, jeden Begriff durch seine typische Umschreibung zu definieren, sondern den Assoziationen mehr oder weniger freien Lauf ließ.

Was passiert nun, wenn wir ein Wort – sagen wir, **IMBISS**, zu expandieren beginnen? Zunächst erhalten wir einfach mal **immer mundgerechte BEILAGEN, interessant seltene Spezialitäten**. Im nächsten Stadium bekommen wir **immer mundgerechte bestens eingemachte italienische Leckereien, ARTISCHOCKEN (gemischte erlesene Naturalien), interessant seltene Spezialitäten**, serviert. Offenbar lassen sich Akronyme bis ins Endlose expandieren – oder zumindest so lange, bis das Universum sage und schreibe randvoll von Beschreibungen der italienischen Kochkunst ist, die einem das Wasser im Mund zusammenlaufen lassen. Wenn wir nun aber weniger ambitioniert sind und nur eine halbe Seite oder so mit einer solchen Beschreibung füllen wollten? Welche Möglichkeiten hätten wir, diese scheinbar bodenlose Rekursion auf halbem Weg zu stoppen?

Das Schlüsselwort ist hier natürlich „bodenlos", und die Antwort, die darin liegt, lautet: Bringen Sie einen Mechanismus ein, der die Rekursion ausklingen läßt. Die Bodenlosigkeit rührt daher, daß auf jeder Stufe jedes Akronym expandieren, d. h. weitere Akronyme erzeugen darf. Was geschähe also, wenn wir statt dessen den Fortpflanzungsprozeß streng kontrollieren, wobei wir bei den ersten paar „Generationen" großzügig sind und dann in späteren Generationen allmählich die Geburtenkontrolle bei immer mehr Akronymen einschalten? Dies ließe sich mit einem Mammutbaum in einem Wald vergleichen, der mit einem einzigen „Ast" (seinem Stamm) beginnt, der sich dann „fortpflanzt", also die erste Generation kleinerer Äste entspringen läßt, die sich ihrerseits weiter fortpflanzen – bis letztlich infolge der Tatsache, daß die kleinsten Zweige sich einfach nicht mehr weiter verzweigen können, ein natürliches Ende einsetzt. (Irgendwie scheint es bei Bäumen andersrum zu laufen, denn normalerweise erreichen sie ihr Ende oben in den Baumwipfeln.)

Wäre dieser Prozeß völlig regelmäßig, dann gliche ein Mammutbaum dem anderen, und man könnte dem denkwürdigen Ausspruch des früheren Gouverneurs Reagan nur beipflichten, der meinte: „Wenn man einen Mammutbaum gesehen hat, kennt man sie alle." Leider aber sind Mammutbäume (wie so vieles andere) komplizierter, als Reagan ehemals wahrhaben wollte, und wir müssen begreifen, daß wir es mit einer großen Vielfalt von verschiedenen Dingen zu tun haben, die alle unter demselben Namen laufen. Die Vielfalt kommt zustande, weil bei der Wahl der Möglichkeiten, ob ein Ast austreibt oder nicht, und wenn er das tut, dann unter welchem Winkel, zu welcher Größe usw., der Zufall mitmischt.

Ähnliches läßt sich für die „Bäume" der mutuell rekursiven Akronyme sagen. Wenn wir beim Expandieren von **LINGUINI** immer genau dieselben Kontrollentscheidungen, welche Akronyme wann zu erweitern sind, träfen, dann ließen sich **LINGUINI** nur einmal expandieren; dann gäbe es nur eine Art von **LINGUINI,** so daß man sinnigerweise auch hier sagen könnte: „Wenn man einmal **LINGUINI** gegessen hat, weiß man, wie alle **LINGUINI** schmecken." Wenn wir aber bei der Entscheidung der Frage, welche geburtenregulierenden Maßnahmen wir treffen wollen, dem Zufall Spielraum lassen, dann können wir viele verschiedene Arten von **LINGUINI** schmecken, die sich immer irgendwie in gewisser Hinsicht gleichen, wenn auch allerdings auf einer Ebene, wo sich vieles der Wahrnehmung entzieht.

Wie läßt sich das bewerkstelligen? Die ideale Idee, die hier zum Tragen kommt, ist die des *Zufallszahlen-Generators,* der im Bereich der Computer dem Werfen einer Münze oder eines Würfels gleichkommt. Wir machen sämtliche Entscheidungen, ob ein vorliegendes Akronym expandiert werden soll oder nicht, vom Ausgang eines solchen virtuellen Münzwurfs abhängig. In den Anfangsstadien der Expansion richten wir es so ein, daß die Münze aller Wahrscheinlichkeit mit der Kopfseite nach oben zeigt (erweitere); in späteren Stadien soll sie dann zunehmend Zahl anzeigen (erweitere *nicht*). Wir verwenden dafür die Lisp-Funktion **rand** (vom englischen *random* =

„zufällig"). Sie braucht keine Argumente, auf die sie sich stürzen kann; jedesmal, wenn man sie aufruft, gibt sie eine neue reelle Zahl aus, die irgendwo zwischen 0 und 1 liegt und sich nicht vorhersagen läßt. (Dies ist etwas übertrieben – sie ist eigentlich 100%ig vorhersagbar, wenn man weiß, wie sie errechnet wird; da aber der Algorithmus ziemlich obskur ist, wird sich das Verhalten dieser Funktion für sehr viele, die dabei zuschauen, in den meisten Fällen so unberechenbar zeigen, daß man es für ganz zufällig halten kann. Die Geschichte der Generierung von Zufallszahlen ist an sich schon so faszinierend, daß sie einen eigenen Artikel wert ist.)

Wenn wir wollen, daß ein Ereignis mit einer Wahrscheinlichkeit von 60% eintritt, fragen wir zuerst die Funktion **rand** nach einem Wert. Falls dieser Wert 0,6 oder kleiner ist, lassen wir die Expansion sich fortsetzen und anderenfalls nicht. Da über einen längeren Zeitraum hinweg die **rand**-Funktion ihre Ausgabe-Werte gleichmäßig über das Intervall zwischen 0 und 1 verteilt, bekommen wir in der Tat in 60% der Fälle grünes Licht zur weiteren Expansion.

* * *

So viel zu den Zufallsentscheidungen. Wie schaffen wir es, daß ein Akronym auf unsere Anweisung hin expandiert? Das ist nicht allzu schwierig. Angenommen, wir sagen, daß jedes Akronym eine Lisp-Funktion sein soll, so wie im nachstehenden Beispiel:

(def Pappardelle (lambda ()
'(Pappardelle (aber prima Pappardelle allerweil), recht delikat, ein Leckerbissen (Labsal), exzellent)))

Die Funktion **Pappardelle** ist ohne Argument und gibt lediglich die Liste von Wörtern aus, zu der sie sich ausweitet. Sie ist also die leichteste Sache der Welt.

Angenommen nun, wir haben eine Variable mit dem Namen **Akronym**, deren Wert ein bestimmtes Akronym ist – wir wissen aber nicht, welches. Wie könnten wir es erreichen, daß sich dieses Akronym ausweitet? So wie wir die Sache angegangen sind, muß dieses Akronym als Funktionsaufruf agieren. Damit jedes Atom eine Funktion aufruft, muß gewährleistet sein, daß es die Stellung des **car** einer Liste einnimmt, so wie beispielsweise in **(plus 2 2)**, **(rand)** und **(Linguini)**. Wenn wir nun hergingen und **(Akronym)** schrieben, nähme das Genie buchstäblich das Atom **Akronym** als Funktionsnamen. Aber das wäre mißverständlich. Denn gewiß soll nicht das Atom **Akronym** als Funktionsname herhalten, sondern sein *Wert,* sei er nun **Makkaroni, Käse** oder was immer.

Wir wenden dafür einen kleinen Trick an. Wenn der Wert des Atoms **Akronym** auf **Linguini** lautet und ich **(list Akronym)** schreibe, dann ist der Wert, den das Lisp-Genie an mich zurückgibt, die Liste **(Linguini)**. Dennoch wird das Lisp-Genie darin eher einen schwerfälligen Lisp-Plunder sehen als ein kleines Kommando, das ich gerne von ihm ausgeführt sähe. Es kann aber nicht meine Gedanken lesen. Wie also bringe ich das Genie dazu, die gewünschte Operation durchzuführen? Als Antwort fällt mir soeben die Funktion **eval** ein, bei der das Genie angehalten ist, eine bestimmte Datenstruktur als einen Wunsch aufzufassen, der erfüllt werden soll. In diesem Fall muß ich also nur sagen, **(eval (list Akronym))**, und schon bekomme ich die Liste **(Langusten in Naturbutter, ganz ungewöhnlich improvisiert (normalerweise Imbiß))**. Und falls der Wert von Akronym nicht **(Linguini)** gewesen wäre, sondern eine andere Liste, dann hätte mir das Genie eben diese überreicht.

Nach alledem dürfte es uns nicht mehr schwerfallen, eine fähige Funktion aufzubauen, mit der es möglich ist, mutuell rekursive Akronyme in lange, aber nicht endlose phrasenhafte Wortkomplexe zu expandieren, deren Umfang und Struktur sich durch häufiges Werfen des **rand** kontrollieren lassen. Ich verzichte darauf, Ihnen den Aufbau dieser Funktion schrittweise näherzubringen, sondern präsentiere sie nur nachstehend, wobei ich es Ihnen überlasse, sich da durchzubeißen. Sie ist eng nach dem Vorbild der zuvor vorgestellten Funktion **ersetze** entworfen.

```
(def erweitere (lambda (Wortkomplex Wahrscheinlichkeit)
    (cond ((Atom Wortkomplex) Wortkomplex)
          ((ist-Akronym (car Wortkomplex))
          (cond ((lessp (rand) Wahrscheinlichkeit)
                (append
                (erweitere (eval (list (car Wortkomplex))) (verringere Wahr-
                scheinlichkeit))
                (erweitere (cdr Wortkomplex) Wahrscheinlichkeit)))
              (t
                (cons (car Wortkomplex) (erweitere (cdr Wortkomplex)
                Wahrscheinlichkeit)))))
          (t (cons (erweitere (car Wortkomplex) verringere Wahrscheinlich-
                keit))
                (erweitere (cdr Wortkomplex Wahrscheinlichkeit))))))
```

Man sollte beachten, daß **erweitere** zwei Parameter hat. Der eine repräsentiert den Wortkomplex, der expandiert werden soll, der andere die Wahrscheinlichkeit, mit der jedes beliebige Akronym, das ein hochrangiges Glied jenes Wortkomplexes ist, expandiert. (Der Wert des Atoms **Wahrscheinlichkeit** wird daher immer eine reelle Zahl zwischen 0 und 1 sein.) Wie wir am Beispiel des Mammutbaums gesehen haben, sollte die Wahrscheinlichkeit einer Expansion abnehmen, wenn die Aufrufe zunehmend rekursiv werden. Aus diesem Grund erfolgt der Aufruf, **(car Wortkomplex)** zu erweitern, von Zeile zu Zeile mit *verringerter* Wahrscheinlichkeit. Wir können, genau gesagt, die Funktion **verringere** so definieren:

```
(def verringere (lambda (x) (times x 0,8)))
```

Das besagt, daß jedesmal, wenn ein Akronym expandiert, die nächste Generation sich aller Wahrscheinlichkeit nach nur zu 80% erweitern wird. Und das wiederum bedeutet, daß die Wahrscheinlichkeit, daß Akronyme, die hinlänglich tief ineinandergeschachtelt sind, massenweise weitere Generationen in die Welt setzen, verschwindend klein wird. Jeder andere vermindernde Faktor täte es natürlich auch; an 0,8 ist nichts Sakrosanktes, außer daß ich damit anscheinend ziemlich gute Ergebnisse erziele.

Jetzt ist noch eine Funktion innerhalb der Definition übrig, die definiert werden muß. Gemeint ist **ist-Akronym**. Sie erklärt sich eigentlich schon vom Namen her. Zuerst prüft die Funktion, ob ihr Argument ein Atom ist; falls nein, erhält man **nil**. Falls ihr Argument aber ein Atom *ist,* geht sie weiter und prüft, ob dieses Atom eine Funktionsdefinition hat – insbesondere eine Definition in Form eines Akronyms. Wenn ja, dann gibt **ist-Akronym** den Wert **t** zurück, anderenfalls **nil**. Wie das zu bewerkstelligen ist, hängt von der spezifischen Lisp-Variante ab, was auch der Grund ist, warum ich sie nicht explizit gezeigt habe. Für Franz Lisp ist es ein Einzeiler.

Vielleicht ist Ihnen aufgefallen, daß es zwei **cond**-Klauseln gibt, die nahe beisammen stehen und mit **t** beginnen. Wie ist das zu verstehen, daß ein „anderenfalls" dem anderen so dicht auf den Fersen folgt? Eigentlich gehören sie ja zu verschiedenen **cond**-Klauseln, wobei die eine in der anderen tief verschachtelt ist. Das erste **t** (das zur inneren **cond**-Klausel gehört) trifft auf einen Fall zu, wo wir wissen, daß es sich um ein Akronym handelt, unsere willkürhafte Münze aber statt mit dem Kopf nach oben zu landen, Zahl anzeigt (was auf die Entscheidung hinausläuft, nicht zu erweitern); das zweite **t** (das zur äußeren **cond**-Klausel gehört) trifft auf einen Fall zu, wo wir wissen, daß es sich ganz und gar nicht um ein Akronym handelt.

Wenn man sich die innere Logik von **erweitere** einmal genau ansieht, merkt man, daß sie durchaus Hand und Fuß hat. Auf der anderen Seite, ungeachtet dessen, wie genau man sie inspiziert, bleibt das Produkt von **erweitere**, wenn man diese *famiglia* von Akronymen verwendet, ziemlich blödsinnig. Hier ein Beispiel:

nudeln (unmengen delikater erstklassiger linguini) natürlich deftige echte linguini (italienische kleine abgeschälte tolle originelle makkaroni, anschliessend tomaten, erstklassiges nebengericht (unmengen delikater erstklassiger lustige appetitliche nautische gesellen, ungeheuer schmackhaft (tun ebenfalls nicht ohne trüffel und nudeln (königliches essen)) in naturbutter, ganz ungewöhnlich improvisiert (normalerweise immer mundgerechte bestens eingemachte italienische leckereien, auf richtigen tortellini immer sensationell, charakteristisches hausrezept, ohne cremige kuhmilchprodukte, ähnlich schweizer emmenthaler, eine neue delikatesse, in vanille inszeniert (eventuell nitrathaltig), sonst aber lecker auf toast nebenbei (gemischte erlesene naturalien), interessant seltene spezialitäten)) natürlich deftige echte linguini (italienische kleine abgeschälte tolle originelle makkaroni auf rum ziehen immer (poesie aus napoli) auf knusprigem kaffee, angenehm riechendes ambrosisch rauschende, orgiastisch mundende aus meeresfrüchten arrangiertes reisgericht, ideale speise (ohne trüffel und nudeln (königliches essen)), tafelwasser, obst, eis (neuerdings auch kaffee) in runden schälchen chinesischer herkunft (einfach naschen), meistens eine spezielle pasta (oder erlesene salate in essig), rekursiv, eventuell schwerverdaulich (schlafraubende oder diätetische erquickungen (reines unbehandeltes marzipan, dosiert normalerweise über süsser sahne, eis)), leider auch bauchweh (selten arge leibschmerzen), auch reichhaltig ohne

natürliche ingredienzen auf reines unbehandeltes marzipan auf kusprigem kaffee, angenehm riechendes aroma, meistens espresso, leider auch bauchweh (selten arge leibschmerzen), auch reichhaltig ohne natürliche ingredienzen auf rum ziehen immer (pasta (oder erlesene salate in essig) aus napoli) ziehen immer (pasta (oder erlesene sauregurkenzeit, anschließend lieber aber tomaten, eine neue delikatesse, in vanille inszeniert (eventuell nitrathaltig), sonst aber lecker auf toast in eis, süsse sahne (irrer genuss)) aus napoli) auf kusprigem kaffee, angenehm riechendes aroma, meistens eine spezielle pasta (oder erlesene salate in eis, süsse sahne abschliessend (hole noch eis) (irrer genuss)), rekursiv, eventuell schwerverdaulich (schlafraubende oder diätetische erquickungen (rum, dosiert normalerweise über süsser sahne, eis)), leider auch bauchweh (selten arge leibschmerzen), erscheinen immer bei sahne, cremetorten, hefegebackenem, makkaroni, eis, rassigen zuckerspeisen, endlosen nudeln (unmengen delikater erstklassiger linguini) natürlich delikat), auch reichhaltig ohne natürliche ingredienzen, anschliessend tolle originelle makkaroni, anschliessend tomaten, erstklassiges nebengericht, erstklassiges nebengericht

Die glorreichen Freuden rekursiver Nudelspeisen! Lisp ist also kaum eine Computersprache, die man lernen kann, wenn man abnehmen will. Können Sie sich denken, von welchem Akronym aus es zu dieser gastronomischen Ungeheuerlichkeit kam?

* * *

Die **erweitere**-Funktion macht sich eine der stärksten Seiten von Lisp zunutze – das heißt, die Fähigkeit eines Lisp-Programms, Datenstrukturen zu verwenden, die es selbst kreiert hat, und diese als Teile eines Codes zu behandeln (das heißt, sie dem Lisp-Genie als Befehle zu verstehen zu geben). Was wir hier gemacht haben, war sehr rudimentär. Ein Atom wurde zwischen Klammern gepackt, und dann wurde die daraus resultierende winzige Liste ausgewertet bzw. **eval**uiert, wie die Lispler sagen. Der mit der Aufstellung der Datenstruktur zusammenhängende Arbeitsaufwand war in diesem Fall vergleichsweise nichts, in anderen Fällen aber kann man ausgesprochen komplizierte Strukturmodule mit **cons** „zusammenbasteln", die dann dem Lisp-Genie zur **Eval**uierung gereicht werden. Solche Teile eines Codes könnten aus neuen Funktionsdefinitionen oder allem möglichen bestehen. Die wesentliche Idee ist, daß man in Lisp die Möglichkeit hat, eine inerte informationshaltige Datenstruktur auf die Stufe eines „belebten Agens" zu stellen („Elevation"), wo sie dann selbst zum Manipulator inerter Strukturen wird. Dieser *Programm-Daten-Zyklus* bzw. diese Schleife kann unentwegt weitergehen, wobei sich Strukturen ausbreiten, zurückwenden und indirekt sich selbst oder verwandte Strukturen modifizieren.

Bestimmte Arten inerter, oder passiver, informationshaltiger Datenstrukturen werden manchmal als *deklaratives Wissen* bezeichnet – „deklarativ" deshalb, weil sie oft eine Form haben, die theoretisch Ähnlichkeit mit der eines deklarativen Satzes hat, und „Wissen", weil darin irgendwie Fakten über die Welt codiert sind, zu denen man Zugang erhält, indem man in einem Index nachsieht, so wie man sich faktisches

Wissen aus Büchern „aneignen“ kann. Im Gegensatz dazu bezeichnet man belebte oder aktive Teile eines Kodes als *prozedurales Wissen* – „prozedural“, weil sie Aktionsabläufe („Prozeduren“) definieren, die eigentlich Datenstrukturen manipulieren, und „Wissen“, weil anscheinend alles, wozu das Programm fähig ist, in ihm steckt, wie auch im Menschen unbewußte Fertigkeiten stecken, die er einst stundenlang eingedrillt bekam. (Manchmal hört man auch „gewußt, was“ und „gewußt, wie“, wenn von diesen beiden unterschiedlichen Arten von Wissen die Rede ist.)

Bei dieser Unterscheidung sollten sich Biologen daran erinnert fühlen, wie zwischen Genen – relativ inerten Strukturen innerhalb der Zelle – und Enzymen, die alles andere als inert sind, unterschieden wird. Enzyme sind die belebten Agenzien der Zelle; sie transformieren und manipulieren auf unbeschreiblich raffinierte Weisen sämtliche inerte Strukturen. Außerdem sollte die Schleife von Programm und Daten Biologen daran erinnern, wie Gene die Form von Enzymen vorschreiben, und Enzyme ihrerseits Gene (unter anderem) manipulieren. Die prozedurale-deklarative Programm-Daten-Schleife von Lisp liefert also ein zwar primitives, aber sehr nützliches und greifbares Beispiel für eines der fundamentalsten Muster an der Basis des Lebens: nämlich wie passive Strukturen ihre eigenen Geschicke lenken, indem sie aktive Strukturen kreieren und regulieren und obendrein deren Form vorschreiben.

* * *

Wir haben die ganze Zeit über das Lisp-Genie gesprochen, als sei es ein mysteriöses agierendes Etwas, ohne uns je danach gefragt zu haben, wo es eigentlich steckt oder warum es überhaupt arbeitet. Es stellt sich dann nämlich heraus, daß eine der bezauberndsten Eigenschaften von Lisp darin liegt, daß man das komplette Wesen des Lisp-Genies in Lisp selbst ganz leicht beschreiben kann. Mit anderen Worten, der Lisp-Interpretierer läßt sich ganz einfach in Lisp schreiben. Wenn es aber noch gar keinen Lisp-Interpretierer gibt, mit dem das Ganze überhaupt machbar ist, könnte es freilich wie eine absurde und zwecklose Übung anmuten und ein bißchen der Anschein erweckt werden, als habe man eine tolle Beschreibung im blumigsten Deutsch, um denen, die nicht Deutsch sprechen, zu sagen, wie sie Deutsch am besten lernen können. Aber ganz so blödsinnig, wie es sich anhört, ist es nun doch nicht.

Zunächst einmal können Sie sich mit hinlänglichen Sprachkenntnissen an diesen eigenen sprachlichen „Hosenträgern“ weiter ins Deutsche hochziehen; es gibt einen Punkt, von dem an Erläuterungen in Deutsch über die deutsche Sprache tatsächlich ganz nützlich sind. Außerdem ist dieser Punkt für einen Anfänger nicht außer Reichweite. Sie müssen sich deshalb am Anfang erst einmal selbst und ganz autonom einen „Sprachkernspeicher“ anlegen; danach fangen Sie an, sich an den eigenen Hosenträgern hochzuziehen. Für Kinder ist es ein aufregendes Erlebnis, wenn sie anfangs beim Lesen ganz von alleine neue Wortkomplexe lernen, einfach dadurch, daß sie sie mehrmals hintereinander lesen und so ihren Wortschatz am Anfang außerordentlich schnell ausbauen. Genauso ist es, wenn man einmal einen Sprachkernspeicher für Lisp hat; alles andere, was dem Lisp-Interpretierer noch an Wortschatz fehlt, kann dann in Lisp geschrieben werden – was die Regel ist.

Die Tatsache, daß sich der Lisp-Interpretierer ganz einfach in Lisp schreiben läßt, ist kein bloßer Glücksfall, der von einer besonders introvertierten Lisp-Eigenschaft abhängig wäre. Daß es so einfach ist, liegt daran, daß Lisp zum Schreiben von Interpretierern für alle möglichen Sprachen wie geschaffen ist und folglich als Basis dienen kann, andere Sprachen darauf aufzubauen.

Nehmen wir, um es etwas lebendiger darzustellen, einmal an, wir haben auf dem Papier eine neue Sprache „Pampig" entwickelt. Wenn man wirklich weiß, wie Pampig funktionieren soll, dann dürfte es kein allzu großes Problem sein, für diese Sprache einen Interpretierer in Lisp zu verfassen. Sobald der Pampig-Interpretierer implementiert ist, wird er der Essenz nach ein Genie mit Vermittlerrolle sein, dem dann „pampige" Wünsche angetragen werden können, die von ihm anschließend an das Lisp-Genie in Lisp weitervermittelt werden. Natürlich werden sämtliche Mechanismen, die es dem Pampig-Genie erlauben, das Lisp-Genie anzusprechen, von eben diesem Lisp-Genie ausgeführt. Ist alles also nur bloße Fassade? Spricht man, wenn man Pampig redet, in Wirklichkeit nur verkapptes Lisp?

Wenn sich also der amerikanische Unterhändler bei den Abrüstungsgesprächen mit seinem sowjetischen Amtskollegen per Dolmetscher unterhält, spricht er dann nicht in Wirklichkeit nur ein verkapptes Russisch? Oder ist die Crux an der Sache darin zu suchen, daß die Muttersprache der dolmetschenden Person englisch oder russisch war und die andere als Zweitsprache hinzugelernt wurde? Und angenommen, man findet heraus, die Muttersprache der Dolmetscherin war in Wirklichkeit Litauisch, daß sie Englisch erst lernte, als sie schon ein junges Mädchen war, und Russisch gar erst, als sie an die Universität kam und dort Vorlesungen über die englische Sprache besuchte? Wird man dann meinen, daß sie, wenn sie Russisch redet, eigentlich verkapptes Englisch, oder schlimmer noch, eigentlich doppelt verkapptes Litauisch spricht?

Analog dazu könnte man dahinterkommen, daß der Lisp-Interpretierer in Wirklichkeit in Pascal oder einer anderen Sprache geschrieben ist. Und dann könnte jemand ebenso die Pascal-Fassade entlarven und enthüllen, daß in Wahrheit alle Anweisungen in *Maschinensprache* ausgeführt werden, und man sich komplett etwas vormacht, wenn man denkt, die Maschine spricht Pampig, Lisp, Pascal oder überhaupt jede Sprache höherer Ebene!

* * *

Wenn ein Interpretierer auf dem anderen läuft, taucht immer die Frage auf, *unter welche Schwelle man nicht gucken will.* Ich persönlich denke selten darüber nach, was unterhalb des Lisp-Interpretierers abläuft, so daß ich, wenn ich mit dem Lisp-System arbeite, das Gefühl habe, als ob ich zu „jemandem" spreche, dessen „Muttersprache" Lisp ist. Ich denke auch im Umgang mit anderen Menschen selten darüber nach, woraus ihre Gehirne bestehen; ich reduziere sie im Geiste nicht zu massenweise strukturierten Neuronenzündungen. Für mein Wahrnehmungssystem ist es nur allzu natürlich, sie auf einer bestimmten Ebene wiederzuerkennen und diese nicht zu unterlaufen.

Wenn jemand ein Programm schreiben sollte, das auf Chinesisch einfache Fragen und Antworten über Restaurantbesuche behandelt, und dieses Programm seinerseits in einer anderen Sprache geschrieben wäre – sagen wir in SEARLE, einer hypothetischen Sprache (für „Sprache eines asiatische Restaurants liebenden Experten"), dann hätte ich die Wahl und könnte so tun, als verstünde das System tatsächlich Chinesisch oder SEARLE. Ich kann es halten, wie ich will. Welchen Standpunkt ich jeweils einnehme, wird hauptsächlich von pragmatischen Faktoren bestimmt, beispielsweise von meiner augenblicklichen Interessenlage (chinesische Restaurants oder wie die Grammatik funktioniert), oder wie weit die Geschwindigkeit des Programmablaufs an die meiner Gedanken herankommt, und – nicht zuletzt –, ob ich mich zufällig besser in Chinesisch oder SEARLE zurechtfinde. Wenn für mich Chinesisch nur aus einem Haufen „Striche und Schnörkel" besteht, werde ich mich wahrscheinlich für SEARLE aussprechen, und wenn andererseits SEARLE für mich nichts anderes ist als ein verwirrendes technisches Kauderwelsch, wahrscheinlich für Chinesisch. Und wenn ich herausfinde, daß der SEARLE-Interpretierer seinerseits in der Sprache Pampig angelegt ist, und deren Interpretierer in Lisp, dann kann ich sogar noch zwischen zwei weiteren Betrachtungsweisen wählen. Und so weiter.

Wenn Interpretierer auf Interpretierer hocken, verlieren die Dinge sehr rasch an Effizienz. Es ist so, als betriebe man einen Motor mit Strom, der durch eine Reihe Elektrogeneratoren erzeugt wird, wobei jeder dieser Generatoren mit dem Strom angetrieben wird, den der vorangeschaltete Generator erzeugt: Auf jeder Stufe geht eine beträchtliche Menge an Energie verloren. Eine lange Kaskade von Generatoren ist normalerweise nicht notwendig, wohl aber eine lange Kaskade von Interpretierern, was oft der einzige gangbare Weg ist. Wenn Sie keine Maschine haben, deren Maschinensprache Lisp ist, dann schaffen Sie eben einen Lisp-Interpretierer für die Maschine, die Sie haben, und lassen Lisp auf diese Weise laufen. Und wenn Ihnen danach ist, können Sie dieser *virtuellen Lisp-Maschine* auch noch Pampig und SEARLE aufpfropfen. Ärgerlich ist bisweilen, daß diese Indirektheit viel an Effizienz kostet, so daß die neue „virtuelle Pampig-Maschine" oder die „virtuelle SEARLE-Maschine" ein Dutzendmal langsamer läuft als einem lieb ist.

* * *

In den letzten Jahren sind wichtige Hardware-Entwicklungen gemacht worden, und heutzutage gibt es Maschinen, die bereits auf der Hardware-Ebene auf Lisp basieren. Das bedeutet, daß sie Lisp in einem etwas tieferen Sinn – sagen wir, „fließender" – als virtuelle Lisp-Maschinen „sprechen". Außerdem bedeutet das, daß man förmlich in einem Lisp-Environment „schwimmt", wenn man an einer solchen Maschine sitzt. Ein Lisp-Environment geht weit über das hinaus, was ich bisher beschrieben habe, denn es ist mehr als nur eine Sprache zum Schreiben von Programmen. Es enthält ein Editierprogramm, mit dem man eigene Programme (und genauso Text) kreieren und modifizieren kann, ein Programm zur Fehlerbehebung, mit dem man ganz leicht die Fehler, die man gemacht hat, lokalisieren und korrigieren kann, und eine Vielzahl anderer Bestandteile, die alle so entwickelt sind, daß sie sowohl miteinander als auch mit einer umspannenden „Lisp-Philosophie" kompatibel sind.

Zwar sind derartige Maschinen immer noch sehr teuer und unausgereift, aber das wird nicht mehr lange so sein; sie werden rasch billiger und zuverlässiger werden. Sowohl verschiedene neue Hersteller als auch alteingesessene Unternehmen bieten sie auf dem Markt an. Lisp gibt es auch für sehr viele Personalcomputer – man muß sich nur in Computer-Zeitschriften umsehen oder in Computerclubs umhören.

Warum ist Lisp in der artifiziellen Intelligenz schließlich so beliebt? Darauf gibt es nicht nur eine einzige Antwort, nicht einmal eine, die leicht wäre. Ich habe versucht, sie zusammenzufassen:

1) Lisp ist elegant und einfach.
2) Im Mittelpunkt von Lisp steht die Idee von Listen und ihrer Manipulation – und in Lisp sind Listen außerordentlich flexible, leicht bewegliche Datenstrukturen.
3) In Lisp kann der Lisp-Kode ganz einfach aufgebaut und zum Laufen gebracht werden.
4) In Lisp können auch andere Sprach-Interpretierer ganz einfach aufgebaut und zum Experimentieren verwendet werden.
5) Im Lisp-Environment zu „schwimmen", ist für viele ein natürlicher Vorgang.
6) Lisp ist durchdrungen vom „rekursiven Geist".

Vielleicht kommt diese zuletzt gemachte Aussage trotz ihrer Vagheit der Sache am nächsten. Aus irgendeinem Grund scheint es für viele Leute auf dem Sektor der artifiziellen Intelligenz so zu sein, daß auf die eine oder andere bestimmte Weise ein Zusammenhang zwischen Rekursivität und dem „Trick" der Intelligenz besteht. Es ist eine Ahnung, eine Eingebung, ein vage empfundener und leicht mystischer Glaube, den auch ich gewiß habe – aber ob er sich auf lange Sicht auszahlen wird, wird die Zukunft zeigen.

Postskriptum

Im März 1977 traf ich zum ersten Mal mit dem großen AI-Pionier Marvin Minsky zusammen. Es war ein unvergeßliches Erlebnis. Eine Bemerkung, die mir nicht aus dem Kopf geht, war: „Gödel hätte einfach Lisp erfinden sollen, dann wäre ihm der Beweis seines Theorems viel leichter gefallen." Was Minsky damit meinte, wußte ich genau; es steckte ein Körnchen Wahrheit darin, und außerdem wußte ich, daß es ironisch gemeint war. Aber etwas an dieser Bemerkung irritierte mich immer noch. Millionen Dinge lagen mir auf der Zunge, die ich alle auf einmal sagen wollte, und das machte mich praktisch sprachlos. Seither sind sieben Jahre vergangen, ohne daß es aufgehört hat, zu jucken, aber endlich ist der Zeitpunkt gekommen, einige Dinge auszusprechen, die ich damals gerne gesagt hätte.

Was Minsky meinte, ist paraphrasiert folgendes: „Der wahrscheinlich schwierigste Teil von Gödels Beweis war, sich auszudenken, wie ein mathematisches System dazu gebracht werden kann, über sich selbst zu sprechen. Dazu bedurfte es schon einiger Anflüge von Genialität. Lisp kann tatsächlich über sich selbst sprechen, wenigstens in dem Sinn, der für Gödel wichtig war, nämlich *direkt.* Also warum hat er dann nicht Lisp einfach erfunden? Alles andere wäre dann nur noch ein Kinderspiel gewesen." Man kann leicht erwidern, daß es noch größerer und zahlreicherer Anfälle von Genialität bedurft hätte, um aus heiterem Himmel Lisp zu erfinden. Natürlich war sich Minsky dessen bewußt, und im Grunde war seine Bemerkung ganz eindeutig eine Möglichkeit, in etwas scherzhafter Weise genau auf diesen Punkt zu deuten.

Dennoch war klar, daß Minsky auch das Gefühl hatte, seiner Bemerkung wohnte etwas Ernsthaftes inne. (Ich hörte ihn seither die gleiche Bemerkung oft äußern, also weiß ich, daß es nicht nur ein zufälliger witziger Einfall von ihm war.) Implizit steckte die Frage darin: „Warum kam Gödel nicht auf die Idee der *direkten* Selbstbezüglichkeit, wie bei Lisp?" Und dabei, so scheint mir, wurde ein wichtiger Punkt in Gödels Arbeit ausgelassen, nämlich der, daß Selbstbezüglichkeit selbst dort auftauchen kann, wo sie vollkommen unerwartet und unerwünscht ist. Das Durchschlagende an Gödels Resultat war, daß es die Hoffnungen nach Vollständigkeit eines *bereits bekannten* Systems, nämlich Russells und Whiteheads *Principia Mathematica,* zerschlug; die Zunichtemachung ähnlicher Hoffnungen für irgendein neu zusammengesponnenes System, ob Lisp ähnlich oder nicht, wäre weit weniger bedeutsam gewesen (oder, um es genauer zu sagen, die Bedeutung eines solchen Resultats wäre für die Leute noch weniger verständlich, selbst wenn es gleich wichtig wäre).

Außerdem brachte Gödels Konstruktion kristallklar an den Tag, daß die Linie zwischen „direkter" und „indirekter" Selbstbezüglichkeit (und was in der Tat noch wichtiger ist, zwischen direkter und indirekter *Bezüglichkeit*!) vollkommen unklar ist. Durch seine Konstruktion kam die wesentliche Rolle, die der *Isomorphismus* (ein anderer Name für Codierung) bei der Herstellung von Bezüglichkeit und Bedeutung spielt, exakt zum Vorschein. Gödels Werk ist in meinen Augen die schönste Demonstration, die möglich ist, um zu zeigen, wie Bedeutung ganz allein aus Isomorphismus und aus nichts anderem hervorgeht, und wie jeder Begriff, der eine „direkte" Bedeutung (d. h. codelose Bedeutung) hat, inkohärent ist. Kurzum, es zeigt auf, daß *Semantik als Eigenschaft komplexer Syntax immer mehr in den Vordergrund rückt,* womit ich wieder bei einer Bemerkung angekommen wäre, die ich ganz vorne im Postskriptum zu Kapitel 1 gemacht habe, nämlich: „Inhalt ist einfach komplizierte Form." Die ernsthafte Frage, die in Minskys Scherz steckte, schien mir auf einer Verwirrung über diesen Aspekt, was Bedeutung im wesentlichen ist, zu beruhen.

*   *   *

Lassen Sie mich das etwas ausführlicher erklären. Teil I von Gödels Einsichtnahme in die Dinge bestand darin, zu erkennen, daß mittels eines Codes eine Zahl ein mathematisches Symbol repräsentieren kann 11 daß z. B. die ganze Zahl elf die linke Klammer darstellen kann, und die ganze Zahl dreizehn die rechte Klammer 13. Auf die menschlichen Sprachen übertragen, bedeutet das, zu erkennen, daß gewisse oral produzierte Geräusche oder manuell produziertes Geschreibe (also beispielsweise „Wort", „reden", „Sprache", „Satz", „Bezüglichkeit", „Grammatik", „Bedeutung" usw.) für Elemente der Sprache selbst stehen können (im Unterschied zu Geschreibe oder Geräuschen wie beispielsweise „Kuh“ und „Platsch“, die für extralinguistische Teile des Universums stehen). Wir haben hier Teile *aus* einer Sprache, die genau *über* diese Sprache Aussagen treffen. Vielleicht erscheint es Ihnen gar nicht so merkwürdig, aber versetzen Sie sich, wenn Sie können, einmal in die Lage der barfüßigen Höhlenmenschen zurück, die kaum das Grunzstadium hinter sich hatten. Wie wunderbar magisch muß es denen zumute gewesen sein, in deren Köpfen solche gewaltigen Ideen wie *Wörter über Wörter* zum ersten Mal aufblitzten! In gewisser Hinsicht begann damals und dort das menschliche Bewußtsein.

Eine Sprache kommt jedoch mit der Selbstbezüglichkeit nicht sehr weit, wenn sie nur Aussagen über isolierte Symbole treffen kann. Teil II von Gödels Einsichtnahme in die Dinge bestand darin, sich auszudenken, wie das System (und hierunter verstehe ich die *Principia Mathematica* „und“, wie Gödels Aufsatztitel selbst sagt, „verwandte Systeme“) über *Listen* von Symbolen sprechen und darüber hinaus sogar über Listen von Listen von Symbolen usw. eine Aussage treffen könnte. Dieser Schritt ist, um die Analogie zur menschlichen Sprache aufrechtzuerhalten, gleich dem Sprung von der Fähigkeit, über Äußerungen von Leuten zu sprechen, die gerade ein Wort lang sind („Paul Revere sagte ‚Land!‘.“) auf die Stufe, wo man imstande ist, über beliebig lange Äußerungen und solche, die darin eingebettet sind, zu sprechen („„Douglas Hofstadter schrieb „Paul Revere sagte ‚Land!‘.“.“‘).

Gödel fand einen Weg, um mit bestimmten ganzen Zahlen *einzelne* Symbole und mit anderen *Listen* von Symbolen, die man gewöhnlich *Ketten* (bzw. *Zeichenketten*) nennt, zu repräsentieren. Ein Beispiel wird das verdeutlichen. Angenommen, die ganze Zahl 1 steht für das Symbol ‚0‘, und, wie bereits erwähnt, 11 und 13 für Klammern. Um nun die Kette „(0)“ zu codieren, muß man die ganzen Zahlen 11, 1 und 13 irgendwie zu einer einzigen ganzen Zahl kombinieren. Gödel wählte dafür die ganze Zahl 7500000000000 – natürlich nicht, weil ihm einfach danach war! Man kann diese ganze Zahl als das Produkt der drei ganzen Zahlen 2048, 3 und 1220703125 sehen, und diese wiederum respektive als 2^{11}, 3^1 und 5^{13}. Mit anderen Worten, die drei Symbole enthaltende Kette, deren Symbole individuell durch 11 und 1 und 13 codiert werden, wird *in toto* durch eine einzige ganze Zahl, nämlich $2^{11}\ 3^1\ 5^{13}$, codiert. Nun sind natürlich 2, 3 und 5 die ersten drei Primzahlen, und wenn man eine längere Zeichenkette codieren möchte, verwendet man einfach so viele Primzahlen wie nötig in aufsteigender Reihe. Mit diesem einfachen Schema lassen sich Ketten von beliebiger Länge in riesige ganze Zahlen codieren – und da riesige ganze Zahlen ebenso als Exponenten dienen können wie kleine, läßt sich auf diese Weise sogar rekursiv codieren. Mit anderen Worten, Zeichenketten können die ganzzahligen Codes für andere Zeichenketten enthalten, ohne daß es je zu einem Ende kommen muß. Ein Beispiel: der Code für die Liste der Ketten „0“, „(0)“ und „((0))“ ist die horrend riesige ganze Zahl

$$2^{2^1}\ 3^{2^{11}3^1 5^{13}}\ 5^{2^{11}3^{11}5^1 7^{13} 11^{13}}$$

Der sprichwörtliche „aufmerksame Leser" könnte leicht eine mögliche Ambiguität bemerkt haben: Wie kann man erkennen, ob eine ganze Zahl mittels Primfaktorenzerlegung in andere ganze Zahlen aufgelöst oder davon ausgenommen und als Code für ein atomares Symbol aufgefaßt werden soll? Gödels einfache, aber geniale Lösung bestand darin, alle atomaren Symbole durch ungerade ganze Zahlen darstellen zu lassen. Wie wird dadurch die Sache gelöst? Ganz einfach: Man weiß, daß ungerade ganze Zahlen nicht in Faktoren zerlegt werden sollen, wie man umgekehrt auch weiß, daß die Faktorenzerlegung bei geraden ganzen Zahlen erlaubt ist, und das gleiche macht man dann mit allen Exponenten, die aufgrund der Zerlegung zustande kommen. Schließlich wird sich dieser Prozeß nicht mehr weiter fortsetzen lassen und darin enden, daß man eine Menge ungerader ganzer Zahlen hat, die jeweils ein anderes atomares Symbol repräsentieren; und dann weiß man, welche sich zu größeren Ballungen gruppieren und wie diese Ballungen ineinander verschachtelt sind.

Mit diesem wunderbar ausgeklügelten Schema zur Codierung von Zeichenketten innerhalb ganzer Zahlen, und infolgedessen innerhalb mathematischer Systeme, hatte Gödel einen Weg aufgetan, der es ihm ermöglichte, ein solches System über sich selbst – in einem Code – sprechen zu lassen. Selbstbezüglichkeit wurde so von ihm in Systeme eingeschmuggelt, von denen bis dahin angenommen worden war, daß sie zur Selbstbezüglichkeit nicht taugten, so wie Bleistifte unfähig sind, sich selbst zu beschreiben, oder Mülleimer sich nicht selbst enthalten können. Die List, mit der er dabei zu Werke ging, steht der jener alten Griechen nicht nach, die einen Trupp Soldaten nach Troja einschleusten, die sonst unmöglich hätten eindringen können. Die Mannen wurden sozusagen in einer einzelnen großen Struktur „codiert", die den Trojanern akzeptabel vorkam.

Historisch gesehen lag die Bedeutung von Gödels Werk darin, daß es eine Überfülle an unerwarteten Selbstbezüglichkeiten zutage förderte (mittels seines Codes natürlich, aber dieser Umstand mindert keinesfalls ihren Effekt), und das inmitten der für unbezwingbar gehaltenen Mauern von Russells und Whiteheads Troja, der *Principia Mathematica.* Nun ist es in Lisp möglich, Teile von Lisp-Programmen aufzubauen und zu manipulieren. Eine der tiefsinnigen Ideen, die Lisp für AI-Forscher so interessant macht, ist die des *zitierten codes.* Nun gut, wenn man ein System hat, das ausdrücklich dafür angelegt wurde, ein selbstbezügliches Potential zu haben, wird die Tatsache, daß es selbstbezügliche Strukturen *hat,* niemanden in Erstaunen versetzen. Es erstaunt und verwundert aber, wenn eine Selbstbezüglichkeit inmitten der Festungsanlage auftaucht, die man konstruiert hat, um sich eben diese vom Leib zu halten! Welche Nachwirkungen das hat, kann man sich vorstellen!

Eine der klaren Konsequenzen aus Gödels Enthüllung dieses selbstbezüglichen Potentials innerhalb mathematischer Systeme war, daß das gleiche Potential innerhalb jedes anderen ähnlichen Formalismus vorhanden ist, Computersprachen eingeschlossen. Dem ist einfach so, weil Computer – wenigstens theoretisch – mit unbegrenzt großen ganzen Zahlen sämtliche arithmetischen Standardoperationen ausführen können; und so kommt es, daß jedesmal codierte Repräsentationen von Programmen manipuliert werden, wenn ganze Zahlen einer bestimmten Größe gehandhabt werden. Welches Programm gerade manipuliert wird, hängt natürlich vom verwendeten Code ab. Erst nachdem Gödels Werk von einigen Generationen von Mathematikern, Logikern und Computerleuten absorbiert worden war, wurde es offenkundig, wie wünschenswert es war, die Idee des Zitierens *direkt* in eine formale Sprache einzubringen. Um es aber noch einmal zu betonen: dadurch vergrößert sich keinesfalls das Sprachpotential, sondern es werden allenfalls bestimmte Konstruktionen einfacher und transparenter gemacht. Und um eben dieser Transparenz willen gab Minsky seine Bemerkung ab.

Oh ja, auch ich bin der Auffassung, daß Gödels Beweis leichter gewesen wäre, aber hätte Gödel in einem Zeitgeist gelebt, wo es die natürlichste Sache der Welt gewesen wäre, Lisp zu erfinden, wäre längst ein anderer zur Stelle gewesen und darauf gekommen (vielleicht sprächen wir dann heute von „Schnödmeisters Beweis“), also zu einer Zeit, als Gödel noch davon träumte. Ich habe eine sehr große Schwäche für alles Kontrafaktische, aber ich denke, man sollte aufpassen, daß man die Dinge wenigstens einigermaßen realistisch verrutscht.

* * *

Nach dieser weitschweifigen Abhandlung werden Sie mich für verrückt halten, wenn ich mich jetzt umdrehe und sage: Gödel *hat* Lisp erfunden! Ich will John McCarthys Leistung nicht schmälern, aber wenn man sich einmal genau ansieht, was in Gödels Aufsatz aus dem Jahr 1931, also ungefähr 15 Jahre vor dem Aufkommen der Computer und 27 Jahre vor der offiziellen Geburt von Lisp, geschrieben steht, wird man erkennen, daß Gödel bereits damals fast sämtliche zentralen Ideen von Lisp vorwegnahm. Die Tatsache, daß die zentrale Datenstruktur von Lisp, die Liste, das Kernstück von Gödels Werk bildete, haben wir bereits erfahren. Gödel erkannte die entscheidende Notwendigkeit, zwischen Atomen und Listen unterscheiden zu können – heutzutage müssen sich Implementierer von Lisp-Systemen damit auseinandersetzen. Er löste das Problem taktisch klug, indem er die Unterscheidung ungerade-gerade machte. Hinter der Idee des Zitierens steckt im wesentlichen die des Gödel-Codes. Und wie steht es schließlich mit rekursiven Funktionen, die das A und O der Lisp-Programmiermethode ausmachen? Auch diese Idee gehört unerläßlich zu Gödels Abhandlung! Verblüffend, aber wahr.

Das Herzstück von Gödels Konstruktion ist eine Kette von 46 Funktionsdefinitionen, wobei jede neue Definition auf den vorangegangenen aufbaut. Es ist geradezu schwindelerregend, wie sie sich auftürmen und auf ein himmlisches Ziel zustreben: die Definition einer sehr komplexen Funktion einer einzigen ganzen Zahl, die nach Eingabe jeder beliebigen ganzen Zahl entweder den Wert 1 zurückgibt oder in eine endlose Schleife übergeht. Jedesmal, wenn die eingegebene ganze Zahl die Gödel-Nummer – die Codenummer – für ein Theorem der *Principia Mathematica* ist, wird der Wert 1 zurückgereicht, anderenfalls kommt es zu einer Schleife. Es handelt sich um Gödels 46ste Funktion, die er „Bew“ nannte, ein Kürzel für „beweisbar“.

Wenn wir den Wert der Funktion 46 für jede Eingabe schnell ausrechnen könnten, würde sich für uns jedes Wahr/falsch/Problem in der Mathematik lösen, das ein vollständiges axiomatisches System lösen könnte. Wir müßten nur die fragliche Behauptung in der Sprache der *Principia Mathematica* niederschreiben, die resultierende Formel in ihre Gödel-Nummer codieren (ein rein mechanischer Vorgang) und dann Funktion 46 auf diese Nummer ansetzen. Ist das Ergebnis 1, bedeutet das *wahr*, und wenn es eine endlose Schleife ist, *falsch*. Ich kann den aufmerksamen Leser schon wieder protestieren hören. Also gut: Wenn wir vermeiden wollen, daß wir ewig warten müssen, bis wir die Antwort herausgefunden haben, können wir die *Negation* der fraglichen Behauptung gleichfalls in ihre Gödel-Nummer kodieren und Funktion 46 auch auf diese zweite Nummer ansetzen. Wir lassen einfach beide Berechnungen gleichzeitig laufen und sehen, welche „1" ergibt. Solange in der *Principia Mathematica* entweder die Behauptung oder ihre Negation als Theorem vorliegt, wird einer der beiden Aufrufe der Funktion 46 den Wert 1 zurückreichen, während sich der andere vermutlich bis in alle Ewigkeit im Kreis drehen wird.

Wie funktioniert Funktion 46? Oh, ganz einfach – indem sie viele Male die Funktion 45 aufruft. Und wie funktioniert Funktion 45? Nun, sie ruft die Funktion 44 und andere auf, und diese wiederum rufen vorweg definierte Funktionen auf, von denen manche sich selbst aufrufen (Rekursion!), usw. – und irgendwann erreichen alle diese komplexen Aufrufe ihr unteres Ende in Aufrufen an absolut triviale Funktionen wie z. B. „N", die Nachfolger-Funktion, die den Wert 18 ausgibt, wenn man die ganze Zahl 17 einfüttert. Kurzum, die Auswertung einer Funktion hoher Nummer in Gödels Abhandlung setzt eine Lawine von Aufrufen in Gang, wobei in einer hierarchisch aufgebauten Kette von Befehlen eine Subroutine nach der anderen *genau* auf die gleiche Weise aufgerufen wird, wie meine Funktion **erweitere** zahlreiche untergeordnete Funktionen aufrief, die wiederum andere auf niedrigeren Ebenen aufriefen usw. Gödels bemerkenswerte Serie von 46 Funktionsbeschreibungen ist meines Wissens der Welt erstes ernstzunehmendes Computerprogramm – und *es ist in Lisp.* (Der norwegische Mathematiker Thoralf Skolem war wohl der erste, der rekursive Funktionen *theoretisch* untersuchte, aber Gödel war der erste, der rekursive Funktionen *praktisch* verwendete, um daraus Funktionen von noch größerer Komplexität zu machen.)

Aus all diesen Gründen traf Minsky mit seinem Pseudo-Scherz direkt meinen intellektuellen Musikantenknochen. Eine Antwort, die mir auf der Zunge lag, war: „Dem kann ich mich nicht anschließen: Lisp *sollte nicht* und *konnte nicht* von Gödel erfunden werden, denn die Erfindung von Lisp brauchte erst einmal sein Werk als Vorläuferwerk, und außerdem war er darauf aus, die *PM* zunichte zu machen, nicht Lisp." Eine andere Antwort war: „Worauf Sie da anspielen, ist nicht richtig, denn jede Art von Bezüglichkeit muß in einem Code gründen, und Gödels Methode schließt nicht mehr Codierungsmechanismen ein, um die Kapazität zur Bezüglichkeit auf soliden Boden zu stellen, als jede andere Methode es auch erfordert hätte, wenn sie Wirkung zeigen soll." Eine letzte Antwort, die ich unbedingt loswerden wollte, war: „Nein, nein, nein – Gödel *hat* Lisp erfunden!" Wissen Sie nun, warum es mir die Sprache verschlug?

* * *

Ein Grund, warum ich all das über Gödel erwähne, liegt darin, daß ich ein paar historische und philosophische Bemerkungen vorbringen möchte. Aber es gibt noch einen anderen Grund, nämlich darauf hinzuweisen, daß die Ideen, die Lisp zugrunde liegen, eng verwandt sind mit den fundamentalen Fragen der Metamathematik und Metalogik, und diese sind, in eine mehr maschinen-orientierte Perspektive übertragen, nichts anderes als die fundamentalen Probleme der Berechenbarkeit – vielleicht die tiefsten Probleme der Computerwissenschaft überhaupt. Michael Levin hat eine Einführung in die mathematische Logik geschrieben und als tragendes formales System nicht etwa ein herkömmliches System verwendet, sondern Lisp. Es kommt nicht von ungefähr, daß Lisp einen sehr speziellen Platz innerhalb der Computerwissenschaft genießt, und daran wird sich wahrscheinlich lange Zeit nichts ändern.

Es gibt allerdings eine weite Kluft zwischen den Kernfragen, die von Lisp klar und deutlich geklärt werden, und den Kernfragen, mit denen wir beim Versuch, den menschlichen Geist zu verstehen und nachzubilden, konfrontiert sind. Das ist für mich eine Frage der *Korngröße.* Der Gedanke, daß Lisp guten AI-Ideen „besseren Vorschub" leisten könnte als jede andere Computersprache, klingt mir reichlich vermessen. Derartige Behauptungen erinnern mich an die wunderbar romantischen, aber wunderlich dilettantischen Behauptungen, die mir über die Hopi-Sprache zu Ohren kamen. Typisch ist etwa: „Einstein hätte einfach Hopi erfinden sollen; dann wäre ihm die Entdeckung seiner Relativitätstheorie viel leichter gefallen." Diese Sehweise geht davon aus, daß die Hopi-Sprache keinen Begriff für „absolute Zeit" kennt. Dies unterstellt, wäre Hopi (oder eine Sprache mit ähnlichen Merkmalen) folglich die ideale Sprache, in der sich über Relativität sprechen ließe, da absolute Zeit in der Relativität nicht mehr vorkommt.

Eine Behauptung solcher Art wurde zum ersten Mal von dem überragenden amerikanischen Linguisten Edward Sapir aufgestellt, später von seinem Schüler Benjamin Whorf ausgefeilt, und heute ist sie allgemein als Sapir-Whorf-Hypothese bekannt. Um die Sapir-Whorf-These ausdrücklich darzulegen: Die Sprache kontrolliert das Denken. Eine abgeschwächte Version hieße: Die Sprache übt einen mächtigen Einfluß auf das Denken aus.

Im Falle der Computersprachen müßte die Sapir-Whorf-These ihrer Aussage nach so verstanden werden, daß ein Programmierer in der Sprache *X* nur in solchen Begriffen denken kann, die von der Sprache *X* angeboten werden, und in keinen anderen. Er ist also an gewisse Sichtweisen der „Welt" gebunden und von der Sicht vieler Ideen ausgesperrt, die ein Programmierer in der Sprache *L* auf Anhieb sehen kann. Wenigstens will die Sapir-Whorf-These uns dies glauben machen. Aber ich will davon nichts wissen!

Ich verwende freilich Lisp, denn meiner Meinung nach verhält sich diese Sprache in vielerlei Hinsicht sehr praktisch und ausgesprochen natürlich, und ich lege jedem, der ernsthaft an AI interessiert ist, ans Herz, Lisp gut zu lernen; all dies ist richtig, aber ich denke auch, daß ein gründliches Studium von Lisp ebensowenig der Königsweg zur AI ist, wie meiner Meinung nach ein gründliches Ziegelstein-Studium der Königsweg zum Architekturverständnis wäre. Mein Vorschlag wäre statt dessen, die Baustoffe, die man in Lisp findet, so aufzufassen, daß sie für die AI das sind, was die Baumaterialien für die

Architektur sind: zweckdienliche Bauklötze, aus denen weit größere Strukturen errichtet werden.

Jeder, der hoffte, ein tiefes Verständnis über das Wesen der AI zu erwerben, ohne zunächst ein klares, präzises Verständnis vom Wesen eines Computers zu haben, würde sich lächerlich machen. Meines Wissens gibt es keinen kürzeren Weg, um zu diesem letztgenannten Ziel zu kommen, als das Studium von Lisp, also mit ein Grund, warum sich Lisp für AI-Studenten so vorteilhaft auszahlt. Wer anfängt, Lisp zu erlernen, stößt nicht nur auf fundamentale Probleme der Computerwissenschaft, über die möglicherweise selbst Programmierer in anderen Sprachen in ihrer langen Berufslaufbahn nicht gestolpert sind und nicht nachgedacht haben, sondern ist auch eher imstande, solche Probleme zu verstehen. Derartige Konzepte wie Listen, Rekursion, Nebeneffekte, Zitierungen und Auswertungen von Teilcodes und vieles andere mehr, auf das ich aus Platzgründen in meinen Kolumnen nicht eingehen konnte, sind für das Verständnis des Potentials maschineller Rechner von ausgesprochen zentraler Bedeutung. Außerdem wäre es ohne Sprachen, die einen direkten Umgang mit solchen Konzepten erlauben, nachgerade unmöglich, Programme zu erzeugen, die Finesse und Reiz haben und auf mehreren Ebenen komplex sind. Deshalb mache ich mich für Lisp so stark.

In ähnlicher Weise geradezu unmöglich wäre es, solche raffinierten, glanzvollen und auf mehreren Ebenen komplexen Gebilde wie den Berliner Funkturm oder die Bundesbank in Frankfurt aus Ziegeln oder Stein zu errichten. Bis zur Verwendung von Stahl als architektonischem Substrat waren solche Konstruktionen undenkbar. Heute sind wir in der Lage, Gebäude hochzuziehen, bei denen Stahl noch viel raffinierter zur Verwendung kommt. Aber Stahl an sich ist nicht die Quelle, aus der Architekten ihre Inspirationen erhalten; Stahl ist einfach nur ein Befreier. Sich in Sachen Stahl hervorragend auszukennen, mag für einen Architekten von Nutzen sein, aber vermutlich reicht es, einigermaßen gut Bescheid zu wissen. Schließlich bestehen Gebäude nicht allein aus maßstabsvergrößerten Trägern. Und so ist es auch mit Lisp und AI. Lisp ist nicht die „Sprache des Denkens“ oder die „Sprache des Gehirns“ – auch nicht, wenn man das Vorstellungsvermögen noch so sehr strapaziert. Lisp ist jedoch ein Befreier. Sich in Sachen Lisp hervorragend auszukennen, mag vielleicht für den, der sich dafür interessiert, Denkweisen auf einem Computer nachzuvollziehen, von Nutzen sein, aber es reicht wohl, einigermaßen gut Bescheid zu wissen. Schließlich besteht der Geist nicht allein aus maßstabsvergrößerten Lisp-Funktionen.

Lassen Sie mich zu einer anderen Analogie wechseln. Ist es möglich, einen Roman zu schreiben und sich Ideen, Charaktere, Intrigen, Emotionen usw. für die Handlungen auszudenken, ohne von der eigenen Muttersprache in bestimmte Bahnen gelenkt zu werden? Sind die Ereignisse, die, sagen wir, in *Anna Karenina* vorkommen, speziell vom Wesen der russischen Sprache und den Wörtern, die Tolstoi von ihr geliefert bekam, geprägt? Wenn dem so wäre, dann verstünde natürlich niemand den Roman, der des Russischen nicht mächtig ist. Er ergäbe einfach keinen Sinn. Aber das ist nicht im entferntesten der Fall. Der Roman ist von vielen in aller Welt mit großem Vergnügen gelesen worden, ohne daß ihnen aufgrund ihrer Unkenntnis der russischen Sprache die psychologischen Verwicklungen darin entgangen wären. Das liegt daran, daß

Tolstoi seinen Geist auf Konzepte ausgerichtet hielt, die sich weit über der Korngröße *jeder* menschlichen Sprache bewegen. Darüber anders zu denken, hieße, Tolstoi zu einem reinen Syntaktiker zu reduzieren, ihn als Sprachvagabunden zu sehen, der auf niederer Ebene von schrulligen Einfällen und lokalen glücklichen Fügungen seiner eigenen Sprache herumgeschubst wurde.

Bitte, verstehen Sie mich nicht falsch, denn ich behaupte keinesfalls, daß Tolstoi seine eigene Kultur und Zeit transzendierte; er gehört gewiß zu einer besonderen Epoche und besonderen Konstellation von Umständen, von Tatsachen, die seinem Werk ein besonderes Aroma verleihen. „Aroma" ist hier genau das richtige Wort. Die Essenz seines Schaffens – also das Fleisch, um die Metapher „Aroma" auszudehnen – ist universell und im Zusammenhang mit der Tatsache zu sehen, daß Tolstoi gründlich ausgekostet hatte, was es bedeutete, Mensch zu sein, und die Qualen zahlreicher widersprüchlicher Emotionen auf alle möglichen Weisen zu spüren bekommen hatte. *Von daher* rührt die Kraft in seinem schriftstellerischen Werk, nicht aus der Sprache, die er zufällig erbte (denn sonst müßten ja alle Russen große Schriftsteller sein!); *von daher* überleben seine Romane die Übersetzung nicht nur in andere Sprachen (und erreichen so andere Kulturkreise), sondern auch in andere Epochen, in denen ganz andere Zeitgefühle vorherrschen. Wenn Tolstoi das Zeug hat, tiefer als sehr viele andere Schriftsteller in die menschliche Psyche hineinzureichen, dann ist das nicht ein Verdienst der russischen Sprache, sondern seiner feinen Sensibilität und Empathie für die Menschen anzurechnen.

Über AI-Programme und AI-Forscher ließe sich die analoge Aussage machen. Man könnte sogar „Roman" durch „AI-Programm", „Russisch" durch „Lisp" usw. mechanisch ersetzen – gut, ich gebe ja zu, daß ich mich ziemlich ins Zeug legen müßte, wollte ich mit dem „Tolstoi der AI" groß herauskommen. Doch lassen wir das. Mir geht es einfach nur darum, daß gute AI-Forscher in keiner Hinsicht Sklaven irgendeiner Sprache sind. Ihre Ideen haben mit Lisp (oder in welcher Sprache sie auch immer programmieren mögen, sei es Lisp selbst, ein „Super-Lisp" (wie z. B. das *n*-Lisp, wobei *n* jeden Wert zugewiesen bekommen kann), Prolog, Smalltalk usw.) genauso wenig zu tun wie mit der englischen Sprache oder mit ihrem Lieblingscomputer. Das AI-Programm zum Beispiel, das mich wahrscheinlich mehr als alle anderen inspiriert hat, heißt Hearsay-II, ein Programm, das Mitte der 70er Jahre an der Carnegie-Mellon-Universität von einem Team um D. Raj Reddy und Lee Erman entwickelt wurde und Sprache versteht. Dieses Programm war nicht in Lisp geschrieben, sondern in SAIL, einer Computersprache, deren Geist sich von dem Lisps erheblich unterscheidet. Das Programm aber hätte genausogut in Lisp verfaßt sein können. Das ist völlig unerheblich, denn die wissenschaftlichen Fragen nach dem Wie geistiger Tätigkeit vollziehen sich auf einer ganz anderen Ebene als die Anweisungsformen jeder Computersprache. Ideen transzendieren eben Sprache.

* * *

Für manche Leser mag es den Anschein haben, als hätte ich mich hier in einen gefährlichen Flirt mit einem anti-mechanistischen Mystizismus eingelassen, aber dem ist bei weitem nicht so, wie ich unverzüglich bemerken muß. Ganz im Gegenteil. Dennoch leuchtet mir ein, warum sich manchen Leuten zunächst der Verdacht aufdrängt, ich würde eine solche Betrachtungsweise aufstellen. Der Instinkt eines Programmierers sagt einem, daß sich ein System kumulativ aufbauen läßt, indem die Komplexität eines Abschnitts in ihrer Gesamtheit in ein paar wenige Funktionen eingekapselt und dann der nächste Abschnitt unter Ausnutzung der in der darunterliegenden Ebene definierten Funktionen hergestellt wird. Diese hierarchische Bauweise könnte den Anschein erwecken, als böte sie Gelegenheit, beliebig komplexe Aktionen auf der höchsten Ebene repräsentativ durch ganz einfache Funktionsaufrufe erscheinen zu lassen. Mit anderen Worten, die Funktionen an der Spitze der Pyramide gleichen „kognitiven" Ereignissen, und je weiter Sie der Hierarchie nach unten in die Gefilde der niederen Funktionen folgen, desto dümmere Subroutinen werden Sie antreffen, bis Sie schließlich ganz unten ankommen, wo Myriaden von Aufrufen trivialer, „subkognitiver" Subroutinen ablaufen. Das klingt natürlich alles sehr biologisch – ja sogar so, als stünde man verlockend kurz vor der ganzen Lösung des Geist-Gehirn-Problems. Um sich genaue Klarheit darüber zu verschaffen, sollte man Daniel Dennetts Buch *Brainstorms* zur Hand nehmen, oder vielleicht schlimmstenfalls teilweise mein eigenes Buch *Gödel, Escher, Bach*!

Ja, obwohl ich es nicht gern zugebe, habe auch ich mich von dieser rekursiven Vision einer mechanischen Mentalität verführen lassen, die mit nichts so viel Ähnlichkeit hat wie mit einer Armee aus Millionen einfacher Soldaten, die ohne Bewußtsein wie die Roboter die Wünsche ihres obersten kognitiven Generals ausführen, so wie sie sie von zahlreichen gehorsamen und halbgescheiten zwischengeschalteten Vermittlern überbracht bekommen. Mein wahrscheinlich stärkstes Eintreten für diese Ansicht findet man in Kapitel X von *GEB,* wo in einem Untertitel laut und deutlich verkündet wird: „Fortschritte in AI sind Fortschritte der Sprache". Dort argumentierte ich im wesentlichen für die orthodoxe AI-Position, daß alles eitel Sonnenschein wäre, wenn wir nur die richtige „Supersprache" hätten – eine Sprache, die vermutlich um mehrere Ebenen höher als Lisp sein müßte, aber darauf aufzubauen wäre, so wie Pampig oder SEARLE auch. Dann wären wir in der Lage, in der legendären „Sprache des Denkens" zu programmieren. AI-Programme würden sich praktisch selbst schreiben. *In der Sprache selbst* läge so viel Intelligenz, daß wir uns einfach zurücklehnen könnten und schon die leiseste Andeutung ausreichen würde, daß der Computer anspringt und unseren stillschweigenden Anordnungen Folge leistet!

In den Augen meines gegenwärtigen Ichs ist das eine verrückte Vision. Meine Gründe für dieses Denken kommen in Kapitel 25, „Das Erwachen aus dem Booleschen Traum", zur Sprache. Ich bin erleichtert, daß ich in *GEB* mehr Zeit dafür aufbrachte, die orthodoxe Vision der AI zu erschüttern, als sie weiter abzustützen. Ich argumentierte damals wie heute, daß das Verhalten des Systems als Gesamtsystem auf höchster Ebene auf statistischem Weg aus einer Unzahl unabhängiger Teile hervorgehen muß und es fast genauso wahrscheinlich ist, daß sich deren Einzelaktionen gegenseitig ausschalten, wie es wahrscheinlich ist, daß sie sich in Phase miteinander befinden.

Dieses Bild, das sehr eindrucksvoll in dem Dialog *Präludium und ... emsige Fuge* und in den begleitenden Kapiteln dargestellt ist, war Ausdruck der dominierenden Auffassung in jenem Buch, und sie ist weiterhin mein Standpunkt. Sie kommt in diesem Buch in den Kapiteln 24 und 25 zum Zuge.

Vorausgreifend auf diese Kapitel könnten Sie nachgerade über folgende Frage grübeln: Warum haben wir eigentlich nach all diesen Jahrtausenden des Sprachgebrauchs immer noch nicht ein einziges Wort für solch gebräuchliche Wendungen wie „Kommt alle mal her und schaut euch das an!"? Warum wird dieser Gedanke nicht in einer epigrammatischen Miniaturform wie etwa „Kamhuseda!" ausgedrückt? Warum errichten wir nicht immer neue Schichten, indem wir unseren Geist weiter verfeinern, so daß jede neue Generation Dinge sagen kann, die sich keine der älteren Generationen zuvor hätte träumen lassen? In einigen Bereichen tun wir das natürlich. Der Ausdruck „Lisp-Interpretierer" ist so ein Beispiel, und einem Laien bereitet es allerhand Schwierigkeiten, damit umzugehen, aber wenn man ihn einmal begriffen hat, erweist er sich als eine sehr nützliche Kurzform für eine Reihe extrem wichtiger Ideen. Überall in den Wissenschaften und anderen Aspekten des Lebens kommen neue Wörter und Ausdrücke hinzu. Akronyme wie „Radar", „Laser", „NATO" und „OPEC", wie auch Zusammenstellungen von Initialen wie „BRD", „TÜV", „DLRG", „DNS" und „PC" werden alle alltäglich und wie Wörter gebraucht.

Aber dessen ungeachtet, daß Sprache wächst, ungeachtet auch einer vermeintlichen Explosion, was die Zahl der Begriffe betrifft, die uns zur Verfügung stehen, verfaßt niemand einen Roman in einem einzigen Wort. Es verfaßt nicht einmal jemand einen Roman in hundert Wörtern. Tatsächlich fallen Romane heutzutage nicht kürzer aus als vor 200 Jahren. Auch Lehrbücher werden nicht kürzer. Welch große Idee auch immer in ein einziges Wort gepackt werden kann, spielt überhaupt keine Rolle, denn die Ideen, die man in Romane und Lehrbücher einbringt, haben im Gegensatz dazu eine ganz andere Dimension. Damit wird eben nicht behauptet, daß Sprache die Ideen eines Romans *nicht zum Ausdruck bringen kann,* sondern einfach nur gesagt, daß man dazu einen ganzen Berg von Sprache benötigt, unabhängig vom Aufbau der Sprache. Das ist wieder das Problem der Korngröße, worauf ich zuvor schon anspielte, und ich werde das Gefühl nicht los, daß es sich um ein sehr tiefes und subtiles Kernproblem handelt, das um so häufiger auftreten wird, je ausgeklügelter die theoretische AI wird.

*　　*　　*

Wer an der Sapir-Whorf-These interessiert ist, könnte auch etwas über Novaphra erfahren wollen, eine neue pseudo-natürliche Sprache, die Ramona Spassky aus Trinklingen a. Neckar erfunden hat. Novaphra ist als hypothetische Erweiterung oder vielleicht sogar als Nachfolger des Deutschen gedacht. Insbesondere aber ist Novaphra ausdrücklich als eine Sprache konzipiert, die das Schreiben von Romanen (oder Gedichten) rationalisieren soll. Man schreibt seinen Roman in Novaphra in ganz wenigen Wörtern, einem Bruchteil derer, die es bedürfte, würde man den Roman im vollen Umfang schreiben; anschließend wird dieser Miniaturroman in Ramona Spasskys kopiergeschütztes Programm „Expandatron" eingefüttert, welches dann das im knapp gehaltenen Novaphra Eingelesene in wunderschöne, fließende Ergüsse kräftiger und gefühlsbetonter Prosa ausweitet. Oder Gedichte – in diesem Fall stellen Sie einfach bestimmte Parameter auf, die die gewünschte „Form“ des Gedichts (Sonett, Limerick usw., freies Versmaß oder Rhythmus und ähnliche Entscheidungen) definieren, und schon kommt in Sekundenschnelle ein hübsch zurechtgemachtes Gedicht heraus. Hier ist eine Reihe von Eigenschaften, mit denen Frau Spassky für Novaphra wirbt:

* Spannungserhöhende Mechanismen (SEM),
* Übernahme stillschweigender Annahmen (ÜSV),
* Automatische Charakter-Überprüfung (ACÜ) – paßt auf, daß der Charakter jedes Charakters konsistent bleibt,
* Automatische Handlungsüberprüfung (AHÜ) – paßt auf, daß die Handlung in sich nicht widersprüchlich ist – ein unerläßliches Werkzeug für jeden Romanschreiber,
* Mechanismen zur Verletzung von Stereotypen (MVS) – gestatten, irrtümliche Annahmen mühelos umzustoßen,
* Mechanismen zur Förderung von Sarkasmen (MFS) – kein Problem mehr beim Konstruieren von Sarkasmen,
* VuSwap (Verschiebung unbequemer Standpunke, wenn andere passen) – damit einmal erklärte Standpunkte leichter zu wechseln sind,
* Atmosphäre evozierende Phrasen (AEP) – in ein paar Worten ganze Szenerien, Empfindungen, Stimmungen heraufbeschwören, die sonst viele Seiten, wenn nicht sogar Kapitel füllen würden.

Im übrigen wurde dieses gesamte *Postskriptum* in Novaphra geschrieben (es war mein erster Versuch mit dieser Sprache), und bevor es ausgeweitet wurde, war es gerade 114 Wörter lang! Ich muß allerdings zugeben, daß ich mehr als 80 Stunden benötigte, um diese goldigen Ideenklümpchen zusammenzustellen, aber Frau Spassky beruhigte mich, daß man sich schnell an Novaphra gewöhne und aus Stunden rasch Minuten würden.

Ramona Spassky arbeitet zur Zeit an der Weiterentwicklung von Novaphra; Supernovaphra soll der Nachfolger heißen. Das Begleitprogramm zur Textausweitung wird, wie sollte es anders sein, Superexpandatron heißen. Frau Spassky meint, daß diese Weiterentwicklung einen weiteren Kompressionsfaktor erlauben wird, der bis zu 100 reichen kann. (Sie unterrichtete mich nicht darüber, wie die Zeiten vergleichsweise ausfielen, würde man eine bestimmte Passage einmal in Novaphra und das andere Mal in Supernovaphra schreiben.) Wäre dieses ganze *P.S.* – also wirklich das *ganze Postskriptum* – in Supernovaphra geschrieben worden , wäre es gerade drei mickrige Wörter lang. Es würde sich wie folgt lesen (wie Frau Spassky mir versicherte):

SP 81paK M-foH

Nun, das nenne ich einfach intelegant!

19
Heisenbergs Unschärferelation und die Viele-Welten-Interpretation der Quantenmechanik

Juli 1981

Sie haben es sich soeben in einem alten Sessel gemütlich gemacht, und da fällt Ihnen plötzlich eine Münze zwischen die Polster. Jetzt kennen Sie nur noch eins: Sie wollen Ihre Münze wiederhaben. Also fummeln Sie nervös zwischen den Polstern herum. Aber genau dadurch, daß Sie mit der Hand zwischen die Polster greifen, weitet sich der Spalt immer mehr, und die Münze rutscht immer tiefer. Sie merken, wenn Sie weiterhin auf diese Weise versuchen, zu Ihrer Münze zu kommen, werden Sie sie alsbald ein für allemal abschreiben müssen. Was kann man machen? Dieses banale kleine Drama veranschaulicht ein uns allen wohlbekanntes Gefühl: Ist man mit aller Macht nach etwas aus, kann der Effekt eintreten, daß es dem Zugriff immer mehr entgleitet.

Eine liebe Freundin von weither ist zu Ihnen zu Besuch gekommen; bevor sie wieder abreist, möchten Sie ihr ansteckendes Lächeln photographieren. Aber sie ist fürchterlich kamerascheu. In dem Moment, in dem Sie den Photoapparat hervorholen, erstarrt sie: Die ganze Spontaneität ist dahin, und es gibt keine Möglichkeit, dieses Lächeln festzuhalten. Das flüchtige Phänomen wird durch den Akt, es festzuhalten, völlig kaputtgemacht.

Derartige Beispiele werden bisweilen fälschlicherweise dem Prinzip der *Unschärferelation* zugeschrieben. Dieses berühmte Prinzip der Quantenmechanik wurde zuerst von Werner Heisenberg um 1927 verkündet. Allerdings ist es durch sorgloses Paraphrasieren zu einer argen Erosion und Verschleierung der wahren Bedeutung des Prinzips für die Allgemeinheit gekommen. Ich möchte die Dinge etwas aufhellen, indem ich zum einen auf die wirkliche Unschärferelation und zum anderen auf ihre unechten Imitationen zu sprechen komme.

Lassen Sie mich zuerst eine typische imitierte Version vorstellen, damit Sie wissen, wogegen ich angehe. Ein klassisches Beispiel eines Standardprinzips der Pseudo-Unschärferelation sagt folgendes aus:

> Der Beobachter stört ständig das unter Beobachtung stehende Phänomen.

Es wird gerne ausgiebig herangezogen, wenn das Phänomen einen reziproken Beobachter einschließt – also jemanden, der zurückbeobachten kann. Aber selbst in solchen Fällen ist dieses Pseudoprinzip zu vereinfachend. Es beruht auf einem Mißverständnis über die Art und Weise, wie das Experimentieren voranschreitet und wie die Wissenschaft zu Erklärungen kommt. Was man sich hauptsächlich merken sollte, ist, daß es bei der Wissenschaft um *Klassen* von Ereignissen geht, nicht um Sonderfälle. Die Wissenschaft erklärt durch Abstraktionen, die einer potentiell unbegrenzten Zahl von konkreten Phänomenen zugrunde liegen.

Dazu folgendes Beispiel: Kürzlich las ich von einer Frau, die äußerte: „Immer hat Rosa einen Psychiater mit einer Verabredung." Sie wollte eigentlich sagen: „Immer hat Rosa eine Verabredung mit einem Psychiater." Aber irgendwie sind die Satzobjekte verrutscht. Statt daß sie „Verabredung" als direktes Objekt gebrauchte, nahm sie „Psychiater", der eigentlich als indirektes Objekt gemeint war. Es wäre faszinierend, wenn man ganz genau wüßte, was sich im Kopf dieser Frau abspielte, als sie diese bizarre Transformation beging, und wie und warum es schiefging. Denn irgend etwas ging daneben: aber was und warum?

Aber das war ein einmaliges Phänomen, ein Schnappschuß; wahrscheinlich wird es sich niemals mehr wiederholen. Wir können über diese Einzelheiten keine wissenschaftliche Erklärung erwarten. Wir müssen statt dessen irgendein allgemeines Phänomen abstrahieren, das unserer Meinung nach die wesentliche Komponente dieses besonderen Ereignisses abgibt. Wir müssen imstande sein, uns andere Ereignisse in der gleichen allgemeinen Klasse vorzustellen. Wir müssen imstande sein, uns einen Weg vorzustellen, wie wir sie heraufrufen oder, wenn sie passieren, erkennen können, um ihre Strukturen untersuchen zu können. Ein angemessener Abstraktionsgrad ist vielleicht: „grammatikalische Fehler in der Sprache einer Frau F". Oder vielleicht: „Verkehrungen direkter und indirekter Objekte". Auf alle Fälle müssen wir den Verlauf des Experimentierens passend zu der Art und Weise planen, wie wir gedachten, dieses Ereignis zu abstrahieren.

Im Fall der kamerascheuen Freundin ist ihr Lächeln vielleicht ein wiederholbares Phänomen; hat man es einmal verpaßt, hat man es noch lange nicht für immer versäumt. Und mit ausreichender Geduld und genügendem Einfallsreichtum könnte man ein Teleobjektiv auf eine entfernt stehende Kamera schrauben, die man mit einem Fernauslöser, den man in der Hand hält, bedienen kann. Man könnte die Kamera in einem unscheinbaren Fenster plazieren, ein paar Meter von einem Tisch entfernt, zu dem man die Freundin eines Tages mit allerlei Schmeicheleien lockt, und dann den langersehnten Schnappschuß von ihrem Lächeln machen, ohne je ihr Mißtrauen zu wecken.

Im Fall der Münze, die zwischen die Polster rutschte, könnte man es auf sich nehmen, ein spezielles Werkzeug zusammenzubasteln, um sie wiederzubekommen. In all diesen alltäglichen Vorkommnissen, ja selbst in denen, die einen reziproken Beobachter einschließen, wird man, wendet man genügend Mühe und Zeit und Einfallsreichtum auf, feststellen, daß man das Phänomen durchaus isolieren *kann*, es also gegen die Tatsache, daß es beobachtet wird, abschotten *kann*. Ein bestimmtes Ereignis wird sich nie perfekt zurückspulen lassen, aber solange es ein generelles Phänomen ist und nicht etwas Einmaliges, wofür man sich gerade interessiert, läßt sich der Effekt, den der Beobachter (man selbst) auf das Beobachtete hat, so weit in Richtung auf null reduzieren, wie man will. Ein Etat von ein, zwei Billionen Mark wäre für die meisten Zwecke ausreichend.

Es schadet nicht, diese Punkte zu wiederholen, denn viele Leute glauben, das

Prinzip der quantenmechanischen Unschärferelation ließe sich auf Alltagsphänomene anwenden. Nichts könnte von der Wahrheit weiter entfernt sein! Aber worum geht es bei Heisenbergs Prinzip?

* * *

Um es zu erklären, müssen wir zu einem von Albert Einsteins drei fundamentalen Aufsätzen aus dem Jahr 1905 zurückgehen: zu dem Aufsatz, in dem er postuliert, daß das Licht aus diskreten Entitäten besteht, die er *Photonen* nannte. In dieser Arbeit wurde das Fenster zur mysteriösen Welt der Quantenmechanik zum ersten Mal aufgemacht. Zwei Jahrhunderte gründlichen Experimentierens und Beobachtens hatten eindeutig demonstriert, daß sich das sichtbare Licht wie eine Welle mit einer überaus kurzen Wellenlänge (etwa 10^{-4} Zentimeter) verhält. Man hatte beobachtet, daß Lichtwellen mit ihresgleichen interferieren (sich selbst überlagern) und sich dabei selbst auslöschen oder verstärken. Ein solches Verhalten ist analog zu Phänomenen, die man auf Seen oder anderen Wasserflächen sieht, wie beispielsweise das zeitweilige Auslöschen eines Teils einer Motorbootbugwelle durch einen anderen, von einer Hafenmole reflektierten Wellenteil, oder die schillernden Strukturen, die auf einem stillen See von den sich überschneidenden, kreisförmig ausbreitenden Wellen, ausgehend von den Auftreffern eines übers Wasser hüpfenden flachen Kiesels, erzeugt werden.

In gewisser Weise sind Lichtwellen einfacher als Wasserwellen. Während sich Wasserwellen verschiedener Wellenlängen unterschiedlich schnell ausbreiten, ist die Geschwindigkeit bei Lichtwellen ein und dieselbe: c, oder 3×10^{10} Zentimeter pro Sekunde. Im Wasser breiten sich Wellen mit langen Wellenlängen schneller aus als Wellen kurzer Länge. Man sagt daher, Wasser ist ein *dispersives* Medium. Jede kleine einzelne kreisförmige Welle zerbricht, wenn sie sich ausdehnt, in ihre verschiedenen Komponenten. Der äußere Rand, der sich am schnellsten fortbewegt, besteht aus langwelligen Komponenten, der innere dagegen aus langsameren, kurzwelligen Komponenten. Nach und nach geraten aufgrund dieser Dispersion die Ränder an der Spitze von den nachfolgenden so weit auseinander, daß man die Wellenbewegung nicht länger wahrnehmen kann. Im Gegensatz dazu ist das Medium, in dem sich Lichtwellen bewegen, nicht dispersiv: Alle Wellenlängen sind mit genau derselben Geschwindigkeit unterwegs. Aber was für ein Medium ist das? Ziemlich verrückt daran ist die Tatsache, daß Lichtwellen kein Medium brauchen – bzw., wenn man so will, das Vakuum das Medium des Lichts ist. Doch wie überaus seltsam ist es, daß Wellen sich sogar wellen, wenn es gar nichts zu wellen gibt!

Diese Anomalie gab dem jungen Einstein unaufhörlich Rätsel auf, und im Jahr 1905 stieß sein schöpferischer Geist auf zwei fundamentale Lösungselemente. Zum einen war da die kontra-intuitive Theorie einer speziellen Relativität, und zum anderen die kontra-intuitive Idee von Quanten, die mit den Elementarteilchen Ähnlichkeit haben und sich irgendwie zu Lichtwellen zusammensetzen sollten. Aber woher kam dieser kuriose Geistesblitz?

* * *

Die klassische Theorie vom Licht als elektromagnetischer Welle hatte bezüglich der Art und Weise, wie verschiedenfarbiges Licht bzw. Licht unterschiedlicher Wellenlängen von einem „schwarzen Körper“ emittiert wird, ein Rätsel hinterlassen. Der Begriff ist etwas irreführend; damit ist lediglich jedes Objekt gemeint, das Licht aller Frequenzen absorbiert und kein Licht, gleich welcher Frequenz, reflektiert. Da ein schwarzer Körper sich aufheizt, fängt er an zu glühen; zuerst ein schwaches Rot, dann hellrot, danach orange, irgendwann weiß und danach zur großen Überraschung bläulich! (Man denke an die glühende Kochplatte auf einem Elektroherd.) Das ungelöste Problem bestand darin, zu bestimmen, wieviel Licht jeder Wellenlänge von einem schwarzen Körper bei einer bestimmten Temperatur abgegeben wird. Kurz gesagt, inwiefern hängt die Intensität von der Wellenlänge (bei einer bestimmten Temperatur) ab? In Analogie zur Wasserwelle entspräche das in etwa dem Versuch, die Tiefe der vorauslaufenden, zentralen und nachziehenden Teile einer Wellenbewegung voraussagen zu wollen, die durch einen ins Wasser gefallenen Stein entsteht, und zwar als Funktion, sagen wir, der kinetischen Energie des Steins, wenn er auf die Wasseroberfläche auftrifft.

Nun, das eigentliche Spektrum eines schwarzen Körpers war bei vielen Temperaturen von Experimentalphysikern sorgfältig gemessen worden, und der charakteristische Kurvenverlauf von *Intensität* gegenüber *Wellenlänge* (bei einer bestimmten Temperatur) allseits bekannt. Bei sehr langen und bei sehr kurzen Wellenlängen ließ die Intensität immer mehr nach, bis hin zu null, und erreichte bei einem temperaturbestimmten Zwischenwert ihr Maximum. Dies ging völlig uneins mit der Vorhersage der klassischen Physik in Bezug auf die Intensität der verschiedenen Farben. Die klassische Physik sagte nämlich voraus, daß bei sehr kurzen Wellenlängen, ungeachtet der Temperatur, die Intensität sich gen Unendlich nähern würde. In der heutigen Terminologie läuft das darauf hinaus, zu sagen, daß jedes Objekt, selbst ein Eiswürfel, konstant letale Gammastrahlen mit beliebig hohen Intensitäten abgibt! Das ist offensichtlich Quatsch. Bis 1900 jedoch hatte niemand eine Idee, wie sich dieser Schönheitsfehler in der klassischen Theorie reparieren ließe.

Im gleichen Jahr erfand Max Planck eine Art Zwitterformel, die einem mathematischen Zwei-Komponenten-Kleber glich, dessen eine Komponente den langen und die andere den kurzen Wellenlängen zuzurechnen war. Bei den längeren Wellenlängen stimmte die Formel mit der klassischen Vorhersage wie auch mit den gemessenen Daten überein. Bei kürzeren Wellenlängen wich die Plancksche Formel von der klassischen Vorhersage ab, blieb aber zu den Daten konform. Das Paradoxe daran war, daß Plancks Gleichung goldrichtig für alle Wellenlängen und Temperaturen schien – aber nicht von ersten Grundsätzen abgeleitet worden war. Planck hatte sie auf gut Glück erraten, auch wenn mehr als nur Glück daran beteiligt war, denn auf die Fährte zu dieser Formel war er dank seiner intuitiven Kraft gestoßen und wie ein Bluthund nicht davon losgekommen.

Planck selbst war außerordentlich erstaunt ob der Tatsache, daß er in seine Formel eine seltsame Größe einbringen mußte, die er „das elementare Wirkungsquantum“, h, nannte. Was h physikalisch darstellte, war unklar. Es war lediglich eine Konstante, die es möglich machte, daß bei einem entsprechenden Wert die Formel exakt das beobachtete Spektrum wiedergab. Sie schien deshalb eine universelle Naturkonstante zu sein.

Aber was in aller Welt hatte sie in dieser Gleichung zu suchen? Was bedeutete sie? Einstein postulierte als erster, daß es für die Erscheinung der Planckschen Konstante *h* in der Gleichung einen physikalischen Grund geben mußte. Einstein setzte bei der Vorstellung an, daß der Energiegehalt von Lichtwellen in winzigen „Klümpchen" – *Photonen* – aufgehoben ist, deren Größe mit *h* und ihrer Wellenlänge zusammenhängt. Ist das Licht beispielsweise rot, steckt in seinen Photonen stets eine Energie von $3{,}3 \times 10^{-12}$ erg. Grüne Photonen besitzen immer eine Energie von 4×10^{-12} erg. Radiowellen im Mittelwellenbereich beinhalten ungefähr eine Energie zwischen 3×10^{-21} und 9×10^{-21} erg (je nachdem, welchen Sender man eingestellt hat). So wurde postuliert, daß die Menge an Energie pro Photon bei jeder bestimmten Farbe (das heißt, bei jeder Wellenlänge dieser Farbe) invariant ist.

In Analogie zur Wasserwelle kann man versuchen, sich Wellenbewegungen vorzustellen, die, wenn sie das Ufer erreichen, plötzlich verschwinden und an ihrer Statt Frösche auftauchen, die die Sandbank hinaufhüpfen, wo sonst die Wellen, wären sie am Ufer ausgelaufen, geplätschert hätten. Je länger die Wellenlänge der Welle, um so kleiner der Frosch, der herausgehüpft kommt, und umgekehrt: leicht zerbrechliche Wellen mit sehr kurzen Wellenlängen werden plötzlich, wenn sie das Ufer erreichen, zu riesenhaften Monsterfröschen, die Eukalyptusbäume entwurzeln und Felsbrocken in den See donnern (es handelt sich hier um den berüchtigten *phrogo-eukalyptischen Effekt*, so geheißen aufgrund seiner Analogie zum berühmten *photo-elektrischen Effekt*, bei dem ankommende Photonen von ausreichender Energie Elektronen aus einer Metalloberfläche herausschlagen).

Einsteins Interpretation der Planckschen Formel implizierte, daß die Energie eines Frosches – bzw. vielmehr eines Photons – und seine Wellenlänge umgekehrt proportional sein müssen. Die sie verbindende Gleichung ist:

$$E = hc/\lambda$$

E ist hier die Energie des Photons, *h* Plancks neu entdeckte Konstante, *c* die Lichtgeschwindigkeit und λ die Wellenlänge des Photons. Die einzigen Variablen darin sind *E* und λ. Diese Vermengung der Anschauungen über Wellen und Teilchen war einer der verwirrendsten Aspekte der Quantenmechanik, und noch heute ist sie den Physikern ein Dorn im intuitiven Auge, obgleich sich, mathematisch gesehen, die Dinge in den zwanziger und dreißiger Jahren infolge der großartigen Blüte auf diesem Gebiet außerordentlich aufhellten.

*　*　*

Der nächste Schritt auf dem Weg zu Heisenbergs Unschärferelation erfolgte 1924, als Prinz Louis-Victor de Broglie über die mysteriöse teilchenähnliche Natur von Lichtwellen nachsann. Er fragte sich: Warum sollten nur die *Lichtwellen* Teilchencharakter haben? Warum nicht auch umgekehrt? Das heißt, könnten nicht auch Teilchen Welleneigenschaften haben? De Broglies unmittelbare Erkenntnis war mehr oder weniger folgende: Wollte man Einsteins Gleichung generalisieren, so daß sie auch für andere

Teilchen außer Photonen gültig ist, ist es nötig, sich des einen direkten Bezugs auf das Licht, der darin vorkommt, nämlich *c*, zu entledigen. Also dachte de Broglie darüber nach, wie er möglichst elegant und relativistisch die Gleichung in eine *c*-lose Form bringen konnte.

Es erwies sich als nicht allzu schwierig, denn inzwischen wußte man, daß Photonen sowohl eine Energie E als auch einen Impuls p besitzen, und daß zwischen diesen beiden Größen ein Zusammenhang durch die Gleichung $E = pc$ besteht. Kombiniert man beide Gleichungen, läßt sich „*c*" streichen, und es ergibt sich:

$$p = h/\lambda$$

Mathematisch gesprochen ist diese Gleichung von de Broglie neu, physikalisch gesprochen aber unterscheidet sich ihr Inhalt nicht von dem der ursprünglichen Einsteinschen Gleichung – zumindest, wenn man sie auf Photonen anwendet. De Broglies kühne konzeptuelle Tat war der Vorschlag der *Universalität* dieser Gleichung – ohne überhaupt einen experimentellen Nachweis dafür in Händen zu halten. Sie sollte für die gesamte Materie gelten: nicht nur für Photonen, sondern auch für Elektronen, Protonen, Atome, Billardkugeln, Menschen – ja sogar für Frösche! Also hätte Kermit der Frosch eine quantenmechanische Wellenlänge, dessen Wert davon abhängig wäre, wie schnell er hüpft.

Was wäre damit physikalisch ausgesagt? Was kann die Wellenlänge eines herumhüpfenden Frosches bedeuten? Wenn man sie einmal ausrechnet, entdeckt man, daß Kermits Wellenlänge kürzer ausfällt als der Radius eines Protons – Kermit selbst ist allerdings beträchtlich größer als ein Proton. Wäre Kermit sehr, sehr klein – so klein, daß seine Wellenlänge und seine eigene Größe vergleichbar wären –, dann würde er sich dank seiner Wellenlänge genauso um Objekte herumbeugen wie Wasserwellen und Schallwellen auch. Da aber Kermit makroskopisch groß ist, spielt es überhaupt keine Rolle, daß er eine mikroskopisch kleine Wellenlänge hat.

Ganz anders aber verhält es sich bei Elektronen. Sie *sind* kleiner als ihre eigenen Wellenlängen. (Wie allgemein bekannt sein dürfte, sind Elektronen perfekte punktgroße Teilchen mit dem Radius null.) Kurz nachdem de Broglie seine kühne Ansicht geäußert hatte, wurde sie durch Experiment und Theorie gründlich bestätigt. Bald war die Diffraktion von Elektronenwellen in Laboratorien auf der ganzen Welt genauso gang und gäbe wie die Diffraktion von Lichtwellen. Aber jetzt taucht ein Rätsel auf. Breiten sich Elektronen im Raum genauso aus, wie sich Wellen ausbreiten müssen, oder sind sie an einen festgelegten Ort gebunden? Wenn sie wirklich Punkte sind, wie können sie dann gebeugt werden? Wenn sie wirklich Wellen sind, wo ist dann ihre elektrische Ladung untergebracht?

* * *

Wie Experimente gezeigt haben, kann sogar ein *einzelnes* Elektron gebeugt werden. Richard Feynman beschreibt das in seinem kleinen Buch *The Character of Physical Law* („Das Wesen physikalischer Gesetze") sehr schön. In einem idealisierten Experiment wird ein Elektron in Richtung auf ein Hindernis mit zwei Schlitzen darin losgelassen. Hinter dem Hindernis befindet sich eine Auffangvorrichtung in Form einer Schirmwand. Das Elektron folgt einer bestimmten Flugbahn und trifft irgendwo auf den Schirm, wo es einfach einen punktförmigen Fleck hervorruft. Angenommen, wir wiederholen den Versuch mehrmals und jagen jedesmal genau ein Elektron los. Auf dem Schirm werden immer mehr Punkte sichtbar. Nun, bauen wir auf dem auf, was wir über abgefeuerte Pistolenkugeln wissen. Wir können dann ganz erwarten, daß sich Punkte direkt hinter jedem der beiden Schlitze häufen werden, wobei sie sich mit zunehmendem Abstand zum Zentrum geringer verteilen werden. Mit anderen Worten, wir sollten keine andere Verteilung erwarten können als zwei Haufen von Punkten (siehe Abbildung 19-1 a).

Wenn aber die De-Broglie-Wellenlänge des Elektrons nicht viel größer ist als der Abstand zwischen den Schlitzen, dann wird das Muster auf dem Schirm nach Tausenden von Auftreffern ganz anders aussehen. Es wird sich eine komplexe regelmäßige Struktur herausbilden, wie sie für Wellen, die mit ihresgleichen interferieren, charakteristisch ist. Tatsächlich wird das Intensitätsmuster reproduziert, das eine Welle erzeugt, die sich zweiteilt und so durch jeden der beiden Schlitze hindurchgeht, wobei jeder der beiden Wellenteile hinter dem Hindernis mit dem anderen interferiert (siehe Abbildungen 19-1 b und 19-1 c). Daraus ist zu folgern, daß jedes Elektron, als es auf seiner Bahn von der Quelle zum Auffangschirm dahinflog, irgendwie *beide* Schlitze „wahrnahm" und *mit sich selbst interferierte*, in der Art einer Welle, und sich dennoch in der Art eines Frosches (das heißt, in einem Punkt) auf den Schirm niederließ, ohne eine Spur von Schizophrenie.

Das Dilemma ist also, daß sich Elektronen verhalten, als seien sie sowohl in Ausbreitung begriffen wie *auch* örtlich festgelegt – als seien sie Wellen *und* Teilchen zugleich. Solch ein Wischiwaschi ist in der makroskopischen Sphäre unvorstellbar. Die meisten von uns können wohl mühelos zwischen, sagen wir, kleinen Wellen auf einem Teich und Fröschen unterscheiden. Wer damit seine Schwierigkeiten hat, kann sich den nachstehenden handlichen *Helfer zur Unterscheidung von Fröschen und Wellen* ausschneiden:

Test 1: Ist das Prüfobjekt ein *fester, greifbarer* und vor allem stets *irgendwo* lokalisierbarer Körper? Wenn Sie diese drei Fragen alle mit *ja* beantworten können, haben Sie es aller Wahrscheinlichkeit nach mit einem *Frosch* zu tun.

Test 2: Ist das Prüfobjekt *masselos, ungreifbar* und in *Ausdehnung begriffen*? Wenn Sie diese drei Fragen alle mit *ja* beantworten können, handelt es sich aller Wahrscheinlichkeit nach um eine *Welle*.

Wenn Sie Appetit auf Froschschenkel haben und wissen wollen, wo ein Frosch steckt, brauchen Sie sich einfach nur umzuschauen, und sobald Sie die ersten froschähnlichen Photonen in Ihren Augen bemerken, haben Sie ihn gefunden. Diese Photonen sind von

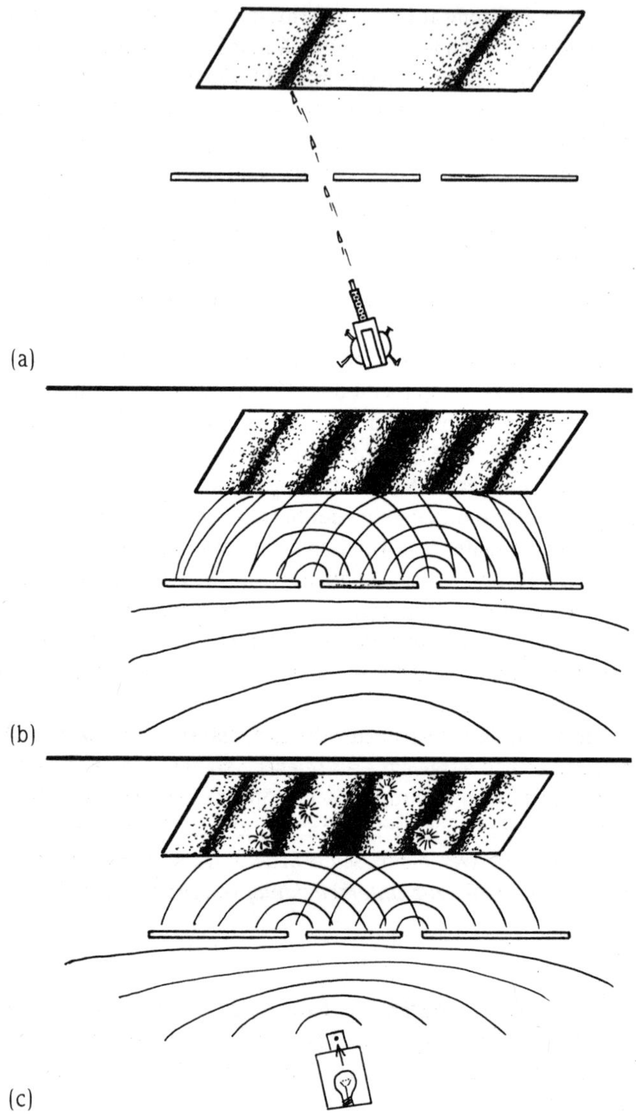

Abbildung 19-1. Drei verwandte Experimente, zwei klassische und ein quantenmechanisches.

In (a) schießt ein wild hin und her schwenkendes Maschinengewehr Kugeln gegen eine Wand, in der sich zwei Löcher befinden. Gelegentlich entweicht eine Kugel durch eines der beiden Löcher und trifft auf den dahinter aufgebauten Kugelfang, wo sie dann eine Markierung hinterläßt. Schließlich verteilen sich die Markierungen, wie es hier zu sehen ist, auf zwei deutliche Hauptfelder, für jedes Loch eines.

In (b) erzeugt eine hin und her schaukelnde Boje kleine Wellen, die sich in Richtung einem Frosch weg- und in Ihre Augen gesprungen. Aber angenommen, der Frosch würde immer kleiner. Nachdem er auf die Größe eines Mitochondriums in einer lebenden Zelle zusammengeschrumpft wäre, entspräche er seinem Durchmesser nach in etwa der Wellenlänge froschgrünen Lichts. Dann würde er das Licht beugen, und Sie könnten ihn nicht mehr so leicht aufstöbern. Wenn er sogar noch kleiner würde, träte etwas ganz und gar Schreckliches ein. Die einzelnen Photonen begännen nämlich, ihn beim Auftreffen mit ihrem Impuls und ihrer Energie anzurempeln und hin- und herzuschubsen. Die teilchenähnliche Eigenschaft von Photonen käme langsam ins Bild. Ein Frosch von der Größe eines Elektrons wäre wahrscheinlich *sehr* schwer zu finden. Wenn einem also bei dem Gedanken an Froschschenkel das Wasser im Mund zusammenläuft, sollte man besser nach einem größeren Exemplar Ausschau halten.

Leider aber läßt sich kein größeres Elektron finden, wie heiß das Verlangen nach einem Elektronenschenkel auch immer sein mag! Will man ein Elektron finden, bleibt einem nichts anderes, als es mit anderen Teilchen oder mit Photonen unter Beschuß zu nehmen. Da Teilchen und Photonen sowohl teilchencharakteristische als auch wellencharakteristische Aspekte aufweisen, wird jedwedes Bombardement zu ähnlichen Konsequenzen führen. Wollte man ein Teilchen auf den Punkt genau festlegen, sind Wellen nötig, deren Wellenlänge ungefähr der Größe des Teilchens entspricht (oder kleiner ist). Um das auf Anhieb verstehen zu können, sollte man sich einmal daran

---

auf eine Hafenmauer ausbreiten, die an zwei Stellen unterbrochen ist. Wenn die kleinen Wellen die Hafenmauer erreichen, gehen von jedem der beiden Durchlässe neue kreisförmige Wellen aus, und diese Wellen überschneiden sich dann, wobei sie sich an manchen Stellen konstruktiv, an anderen destruktiv überlagern. Auf einer vertikal aufgestellten Barriere, die parallel zur Hafenmauer verläuft, erscheinen die Zonen hoher konstruktiver Interferenz dunkel und die Zonen hoher destruktiver Interferenz hell. Dieses charakteristische *Interferenzmuster* läßt sich auf zwei Tatsachen zurückführen: erstens auf die Tatsache, daß jede Welle eher durch *beide* Löcher hindurchläuft als nur durch eines, und zweitens auf die Tatsache, daß die Phasen an den beiden Löchern *korreliert* sind.

In (c) werden Elektronen mit einer wild hin und her schwenkenden Elektronenkanone gegen eine Wand gefeuert, in der sich zwei Löcher befinden. Hinter der Wand steht eine Auffangvorrichtung, die aus einem Material ist, von dem jedes Mal ein Blitz ausgeht, wenn ein Elektron auftrifft. Es gibt keine klassische Beschreibungsweise für das, was mit einem Elektron unterwegs passiert; sicher ist aber, daß, wenn es in der Auffangvorrichtung landet, der Ort seines Auftreffens deutlich ist, genauso wie in (a) (was uns folglich an die korpuskulare bzw. pistolenkugelähnliche Natur eines Elektrons erinnert); und wenn man diese aufblitzenden Lichter über eine gewisse Zeit kontrolliert, entdeckt man, daß sie sich zu einem Interferenzmuster verteilen, das die gleiche Form hat wie in (b) (was uns an die ondulierende bzw. wellenartige Natur eines Elektrons erinnert). Jeder Versuch, zu ermitteln, durch welches der beiden Löcher die Elektronen gelangen, endet damit, daß das Interferenzmuster zerstört wird. [Zeichung von David Moser, nach Richard Feynman.]

erinnern, welche Wirkung ein Stück Holz hat, wenn es auf dem Wasser treibt. Wenn die Wellen sehr lang sind, wird das Wasser von dem Stück Holz überhaupt keine „Notiz nehmen", sondern erst, wenn die Wellenlänge auf die Größe des Objekts zusammenschrumpft.

Um unser Elektron finden zu können, benötigen wir also Photonen von sehr kurzer Wellenlänge. Die Wellenlänge aber ist umgekehrt proportional zum Impuls. Damit sind wir bei der tödlichen Tragweite von de Broglies Gleichung. Unsere kurze Wellenlänge bezahlen wir nämlich mit einer Menge Impuls. Selbst wenn man die Diffraktion der Wellen von einem Teilchen weg noch so sanft zu halten versuchte, um es hoffentlich nicht zu bewegen, wird man also nicht dazu imstande sein, ohne nicht im selben Moment den Impuls zu übertragen. Entweder ist man entgegenkommend (indem man Photonen mit langen Wellenlängen verwendet) und verzichtet darauf, das Elektron gut zu sehen zu bekommen, oder man ist brutal (indem man Photonen mit kurzen Wellenlängen verwendet) und wirft das Elektron vollkommen aus der Bahn.

Heisenberg studierte diese Verdrehtheit, die aus der de-Broglie-Gleichung folgt, sehr genau, und entdeckte sehr zur Bestürzung der in die Epistemologie Vernarrten, daß, wenn man die Position eines Teilchens ganz genau wissen will, alle Hoffnung aufgegeben werden muß, seinen Impuls zu kennen, und daß, will man den Impuls wissen, man alle Hoffnung fahren lassen muß, seine Position zu wissen. Und weil man eine der beiden Größen nur *ungenau* kennt, sind der Genauigkeit, mit der man die andere kennen könnte, immer noch Grenzen gesteckt. Das Prinzip kann sogar in einer Ungleichung zusammengefaßt werden, die Heisenberg ableitete. Versucht man den Aufenthaltsort des Teilchens zu bestimmen, wird es eine Unsicherheit bzw. Unschärfe geben, die man vereinbarungsgemäß mit Δx angibt. Außerdem gibt es noch eine Unsicherheit bzw. Unschärfe im Wert des Impulses, die wir mit Δp angeben. Heisenbergs Prinzip von der Unsicherheit bzw. Unschärfe drückt sich in der folgenden Ungleichung aus:

$$\Delta x \Delta p \geq h/4\pi$$

Hier muß auf einige Dinge hingewiesen werden. Man beachte zunächst die Präsenz von h, der mysteriösen Planckschen Konstante. Dies sagt uns, daß der Effekt aufgrund der Wellen-Teilchen-Dualität von Materie (und von Photonen) zustande kommt und mit der Auffassung, daß ein *Beobachter* das unter Beobachtung befindliche Objekt stört, nichts am Hut hat. Außerdem ist zu bemerken, daß es selbst bei dieser erkenntnistheoretischen Einschränkung möglich ist, *entweder* die Position *oder* den Impuls beliebig genau zu messen; nur *beides* geht nicht.

Kurz gesagt, Heisenbergs Unschärferelation wird völlig falsch aufgefaßt, wenn man unterstellt, daß sie für makroskopische Beobachter zutreffe, die makroskopische Messungen betreiben. Beispielsweise folgt aus Heisenbergs Grundsatz nicht, daß Psychologen, wenn sie die Phänomene der menschlichen Erkenntnis untersuchen, im Prinzip irgendwie durch die Tatsache eingeschränkt sind, daß die bewußten Menschen, die sie beobachten, zu der gleichen Art Beobachtung fähig sind. Wodurch Psychologen eingeschränkt *sind*, ist ihr Wissen vom menschlichen Gehirn, ihr Einfallsreichtum und natürlich ihr Forschungsetat.

Wenn man mehr über grammatikalische Anomalien in der Sprache von Frau F.

wissen will, könnte man im Prinzip auf alle möglichen Arten und Weisen vorgehen, ohne sie unsicher zu machen. Für ein paar tausend Mark könnte man z. B. heimlich in ihrer Wohnung eine Abhörwanze anbringen und alle ihre Gespräche aufzeichnen. Für ein paar hunderttausend Mark könnte man sich kleine Radiosender verschaffen und sie heimlich in ihre sämtlichen Röcke nähen. Für ein paar Millionen Mark könnte man sie vielleicht sogar überzeugen, daß sie sich einer kleineren Operation unterziehen müßte, und wenn sie dann in der Narkose liegt, könnte man ihren Schädel öffnen und in ihr Gehirn harmlose Elektroden zur Abhorchung ihrer Sprachbereiche implantieren – ohne daß sie es überhaupt weiß. Wer befürchtet, daß ein solch eklatanter physikalischer Eingriff in ihr Gehirn ihre grammatikalischen Gewohnheiten durcheinanderbringen könnte, muß eben noch eine Weile Geduld haben und warten, bis wir uns damit befassen werden, wie neurale Aktivität von außen nachgewiesen werden kann. Diese Möglichkeiten fallen deutlich aus dem Rahmen, ins Lächerliche sogar, doch kommt es darauf an, daß wir *im Prinzip* makroskopische Phänomene mit einem beliebigen Genauigkeitsgrad untersuchen können.

Wiederholen wir nochmals: Die Unschärferelation besagt nicht, daß der Beobachter immer mit dem Beobachteten interferiert, sondern eher, daß bei einer sehr, sehr kleinen Korngröße die Welle-Teilchen-Dualität der Meßwerkzeuge relevant wird. Das folgt aus der Tatsache, daß die Plancksche Konstante nicht null ist, also kaum aus einem erkenntnistheoretischen Gesetz über Beobachtung, auf das man sowieso, d. h. mit oder ohne Entdeckung der Quantenmechanik, gestoßen wäre.

* * *

Die Unschärferelation ist kein *Axiom* der Quantenphysik; sie ist ein *abgeleitetes Prinzip,* so wie Einsteins berühmteste Gleichung $E = mc^2$ aus den fundamentaleren Gleichungen der speziellen Relativität abgeleitet wurde – eine Tatsache, die die meisten Laien nicht würdigen. Beide Gleichungen sind nützlich (und wohlbekannt), weil sie so kurz und prägnant sind. Zum Beispiel wird die Unschärferelation oft von Physikern als Daumenregel angewandt. Will man den annähernden Impuls abschätzen, den ein Neutron hat, wenn es von einem im erregten Zustand zerfallenden Kern ausgesandt wird, reicht es vollends, $p = h/d$ auszurechnen, wobei d die Größenordnung der Dimensionen des einschließenden Kerns wiedergibt. Man kann sich denken, daß der Einschluß im Innern des Atomkerns die Unschärfe der *Position* sehr klein macht, so daß das Neutron in seinem „Käfig" mit einer ausgleichend starken *Impuls*-Unschärfe herumspringt. Entkommt das Neutron, kann der Wert der Unschärfe einen groben Hinweis auf den Impuls liefern, der ihm beim Verlassen des Atomkerns innewohnt.

Bei Betrachtung der Grundlagen der Quantenmechanik wird deutlich, daß die Unschärferelation mehr ist als eine epistemologische Einschränkung auf seiten des menschlichen Beobachters; sie spiegelt Unschärfen in der Natur an sich wider. Die quantenmechanische Realität entspricht nicht der makroskopischen Realität. Es ist ja nicht allein so, daß wir den Aufenthaltsort und gleichzeitig den Impuls eines Teilchens nicht *wissen* können, sondern so, daß es nicht gleichzeitig einen definitiven Aufenthaltsort und einen definitiven Impuls *hat*!

In der Quantenmechanik wird ein Teilchen durch eine sogenannte *Wellenfunktion* dargestellt; sie beschreibt die Wahrscheinlichkeit, nach der sich das Teilchen hier, dort oder irgendwo anders aufhält, nach der das Teilchen nach Ost, West, Nord oder Süd steuert usw. Für jeden Punkt im Raum gibt es eine, wie man sagt, *Wahrscheinlichkeitsamplitude*, nach der man das Teilchen dort antrifft, und diese Zahl wird von der Wellenfunktion geliefert. Eine Alternative ist, die Wellenfunktion durch verschiedene „mathematische Brillen“ zu lesen und so zu einer Wahrscheinlichkeitsamplitude für jeden möglichen Wert des *Impulses* zu kommen. Alle Fakten über das Teilchen sind in seiner Wellenfunktion erfaßt. Statt des Begriffs „Wellenfunktion“ verwendet man heute oft „Zustand“.

In der klassischen Physik gehen Größen wie x und p – Position und Impuls – direkt in die Gleichungen ein, die das Verhalten eines Teilchens kontrollieren. Die Werte von x und p stehen in jedem Augenblick definitiv fest, und ihre Veränderung vollzieht sich gemäß den Kräften, die auf das Teilchen einwirken. Mit solchen Bewegungsgleichungen können Physiker die Aufenthaltsorte und Impulse von Teilchen in einfachen, stabilen Systemen mit unglaublicher Genauigkeit im voraus bestimmen. Ein Beispiel sind die Bewegungen der Himmelskörper, die man sogar im Altertum mit beachtlicher Genauigkeit vorauszusagen wußte. Ein Beispiel aus der Gegenwart sind die Weltraum-Computerspiele, in denen Raketen und Planeten der Anziehungskraft eines Sterns unterliegen und vor dem Auge des Betrachters eine elliptische Umlaufbahn auf dem Bildschirm einschlagen. Die solchen Bewegungen zugrundeliegenden Gleichungen sind *Differentialgleichungen*, und ein offenkundiges Merkmal an ihnen – wir nehmen es als selbstverständlich hin – ist, daß die Bewegungen, die sie beschreiben, *gleichmäßig* sind. Planeten und Raumschiffe springen nicht aus ihren Umlaufbahnen heraus. In ihren Bewegungen gibt es keine plötzlichen Diskontinuitäten.

In der Quantenmechanik gehen x und p nicht so in die Bewegungsgleichungen ein wie in der klassischen Mechanik. Statt dessen entwickelt sich die Wellenfunktion (in der nichtrelativistischen Quantenmechanik) beizeiten einer Differentialgleichung gemäß: der *Schrödinger-Gleichung*, so benannt nach einem Zeitgenossen Heisenbergs, Erwin Schrödinger, einem Pionier in der Quantenmechanik. Im Verlauf der Zeit plätschern die Werte der Wellenfunktion durch den Raum, so wie eine Wasserwelle sich an der Oberfläche eines Sees kräuselt. Dies könnte allem Anschein nach implizieren, daß Quantenphänomene, wie auch andere nicht quantenmechanische, glatt, also nicht sprunghaft verlaufen. In gewisser Hinsicht stimmt das auch. Ein bekanntes Beispiel ist die gleichmäßige Präzession eines geladenen Elementarteilchens mit Eigendrehimpuls in einem Magnetfeld. Es handelt sich dabei um eine Art elektromagnetisches Gegenstück zur Präzession eines auf einer Tischplatte in Schwung gesetzten Golfballs. Die Parameter, die den Zustand des drehenden Balls oder Elementarteilchens charakterisieren, wechseln in der Tat reibungslos, ohne irgendwelche Sprunghaftigkeiten.

ALLERDINGS – ein großes allerdings – gibt es Ausnahmen zu diesem braven Verhalten, und sie scheinen einen genauso zentralen Bestandteil der Quantentheorie zu bilden wie die stetige Evolution von Zuständen auch. Die Ausnahmen kommen während des *Messens* vor, oder während der Interaktion eines Quantensystems mit einem makroskopischen. Die Art und Weise, wie die Quantenmechanik gewöhnlich formuliert wird, räumt bestimmten Systemen, die bekanntermaßen als „Beobachter" gelten, einen privilegierten Verursacher-Status ein, ohne klarzulegen, was Beobachter sind (insbesondere ohne klarzulegen, ob Bewußtsein notwendigerweise dazugehört, wenn man Beobachter ist). Zur Klarstellung dessen gebe ich nun einen raschen Überblick über das Problem der Messung in der Quantenmechanik, und für diesen Zweck verwende ich die Metapher des „Quanten-Wasserhahns".

* * *

Stellen Sie sich einen Wasserhahn mit zwei Reglern vor, einen mit „H" für heißes und einen mit „K" für kaltes Wasser, die sich beide auf- und zudrehen lassen. Das Wasser kommt aus dem Hahn geströmt, aber etwas an dem System ist komisch: entweder ist das Wasser kochend heiß oder eiskalt; Zwischengrade gibt es nicht. Man nennt dies die beiden *Temperatur-Eigenzustände* des Wassers. („Eigen" bezieht sich hier auf die Tatsache, daß die Temperatur einen besonderen Wert hat.) Die einzige Möglichkeit, herauszubekommen, in welchem Eigenzustand sich das Wasser befindet, ist, die Hand hineinzuhalten und zu fühlen. Der orthodoxen Quantenmechanik nach verhält es sich eigentlich etwas komplizierter. Das Wasser *gerät* in den einen oder anderen Eigenzustand dadurch, daß man die Hand hineinhält. Bis zu diesem Augenblick befindet sich das Wasser sozusagen in einer *Überlagerung von Zuständen* (oder genauer gesagt, in einer Überlagerung von *Eigenzuständen*).

Abhängig von der Einstellung der beiden Regler variiert die Wahrscheinlichkeit, kaltes Wasser zu bekommen. Natürlich wird immer heißes Wasser fließen, wenn man nur den „H"-Regler öffnet, und ganz bestimmt eiskaltes Wasser, wenn man nur den „K"-Regler aufdreht. Öffnet man aber beide Regler, schafft man eine Zustandsüberlagerung. Indem man das bei einer Einstellung immer wieder ausprobiert, kann man die Wahrscheinlichkeit messen, mit der bei dieser Einstellung kaltes Wasser zu erwarten ist. Danach kann man die Einstellung ändern und es von neuem probieren. Irgendwann gibt es einen Übergangspunkt, an dem heiß und kalt gleichermaßen wahrscheinlich sind. Es ist wie beim Knobeln mit einer Münze. (Dieser Quanten-Wasserhahn erinnert fürchterlich an manch eine Badezimmerdusche ...) Schließlich kann man hinreichend viele Daten zusammenbekommen, um einen Graph der Wahrscheinlichkeit kalten Wassers als Funktion der Reglerstellungen zu zeichnen.

Quantenphänomene haben das eben so an sich: Physiker können mit Reglern spielen und Systeme in Zustandsüberlagerungen versetzen, analog zu der Überlagerung von heißem und kaltem Wasser. Solange das System keiner *Messung* unterzogen wird, kann ein Physiker nicht wissen, in welchem Eigenzustand sich das System befindet. In einem sehr fundamentalen Sinn „weiß" das System selbst nicht, in welchem Eigenzustand es sich befindet, und entscheidet sich sozusagen erst in dem Moment, und das ganz nach Belieben, in dem die Hand des Beobachters hineinlangt, um „das Wasser zu testen". Bis hin zum Moment der Beobachtung verhält sich das System, als sei es nicht in einem Eigenzustand. Für sämtliche praktischen Zwecke, für sämtliche theoretischen Zwecke – überhaupt für *alle* Zwecke – gilt, daß das System sich nicht in einem Eigenzustand befindet.

Man kann sich vorstellen, daß man eine Reihe von Experimenten mit dem aus einem Quanten-Wasserhahn kommenden Wasser anstellt, um zu bestimmen, ob das Wasser tatsächlich heiß oder tatsächlich kalt ist, ohne die Hand hineinzuhalten. (Natürlich setzen wir hier voraus, daß es keine verräterischen Hinweise auf die Temperatur des Wassers gibt, aufsteigenden Dampf beispielsweise.) Schließen wir z. B. eine Waschmaschine an das aus dem Quanten-Wasserhahn fließende Wasser an. Wir wissen dann nach dem Waschen immer noch nicht, ob der wollene Pulli eingegangen ist oder nicht, was sich erst herausstellen wird, wenn wir die Waschtrommel öffnen (eine Messung durch einen Beobachter mit Bewußtsein). Oder bereiten wir einen Tee mit dem Wasser aus dem Quanten-Wasserhahn. Erst wenn wir den Tee kosten, werden wir wissen, ob er heiß ist oder nicht (erneut eine Messung durch einen Beobachter mit Bewußtsein). Der springende Punkt ist hier, daß der Wollpulli und der Tee, ohne selbst den Status eines Beobachters mit Bewußtsein zu haben, den Tanz mitmachen müssen und genau wie das Wasser in Zustandsüberlagerungen gelangen: eingegangen und nicht-eingegangen, heißer Tee und kalter Tee.

All das mag so klingen, als hätte es mit Physik *per se* nichts zu tun, sondern nur mit alten philosophischen Vexierrätseln wie die Frage: „Macht ein Baum, der in einem Wald umfällt, Krach, wenn niemand da ist, der zuhört?" Aber der quantenmechanische Dreh bei solchen Rätseln ist, daß es beobachtbare Konsequenzen der Realität der Überlagerungen gibt, Konsequenzen, die denen diametral entgegengesetzt sind, die folgten, wäre ein scheinbarer Mischzustand in Wirklichkeit immer ein reiner Eigenzustand, der seine Identität vor dem Beobachter bloß verbirgt, bis zum Moment, in dem eine Messung stattfindet. Grob gesagt bedeutet das, daß ein Strahl vielleicht-heißen-vielleicht-kalten Wassers sich anders verhielte als ein Wasserstrahl, der *tatsächlich* heiß oder *tatsächlich* kalt ist, weil die Alternativen miteinander „interferieren". Es würde erst nach einer Reihe von Pullover-Waschungen oder Teebereitungen manifest, wie es auch in dem Experiment mit zwei Schlitzen in einer Hinderniswand einer großen Zahl von auftreffenden Elektronen bedarf, um das Interferenzmuster der alternativen Bahnen sichtbar werden zu lassen. (Quantenmechanische Interferenz ähnelt dem klassischen Phänomen zweier zugleich angeschlagener Noten, außer daß in der Quantenmechanik die Überlagerung, statt einen Akkord von Tönen zu erzeugen, eine Wahrscheinlichkeitsverteilung hervorbringt – also einen „Akkord von Möglichkeiten" produziert.) Wer interessiert ist, sollte einen Blick entweder in Feynmans *The Character of Physical Law* tun, oder, sei es um einen ausführlicheren Bericht willen, in Band III der *The Feynman Lectures on Physics* („Feynman-Vorlesungen über Physik").

* * *

Die Misere von „Schrödingers Katze" führt diese Idee weiter: Sie unterstellt, daß sich sogar eine Katze in einer quantenmechanischen Zustandsüberlagerung befinden könnte, bis sich ein menschlicher Beobachter anschleicht. Die Geschichte dieser unglückseligen Katze ist folgende: Eine Katze wird in einen präparierten Kasten gesteckt. In diesem Kasten befindet sich eine kleine Probe Radium. Ferner ist ein Strahlenmesser untergebracht, der jeden Zerfall der Radiumatomkerne in der Probe feststellt. Die

Abbildung 19-2. Schrödingers Katze in einer Überlagerung von Zuständen: teils lebendig, teils tot. [Aus *Die vielen Welten der Quantenmechanik*, hrsg. v. Bryce S. DeWitt und Neill Graham.]

Radiumprobe wurde so gewählt, daß die Wahrscheinlichkeit 50:50 ist, daß innerhalb einer Dauer von einer Stunde ein einziger Zerfall stattfindet. Ereignet sich so ein Zerfall, wird ein Stromkreis geschlossen, der einen Schalter auslöst, in der Folge ein Fläschchen voll mit einer tödlichen Flüssigkeit zertrümmert, die dann am Boden des Kastens ausfließt und der Katze den Garaus macht (siehe Abbildung 19-2).

Die Katze wird in den Kasten gesperrt, der Deckel fest verschlossen, und die eine Stunde tickt dahin. Danach kommt der menschliche Beobachter wieder zum Kasten zurück und öffnet ihn, um nachzusehen, was passiert ist. Einer extremen Sichtweise der Quantenmechanik nach (der Leser sollte sich merken, daß sie nicht gerade üblich ist) ist das System erst *in dem Moment* (wenn der Deckel geöffnet wird) gezwungen, in einen der beiden möglichen Eigenzustände – Katze lebendig oder Katze tot – zu „springen", die sich in der Wellenfunktion des Systems zusammen als eine Überlagerung darstellen. (Zu beachten ist, daß der Zufallscharakter unbedingt eindeutig quantenmechanischen Ursprungs ist: also auf den Zerfall des Radiumatoms zurückgeht. Dieses Gedankenexperiment hätte überhaupt keine Durchschlagskraft, wenn im Kasten statt einer zerfallenden Radiumprobe ein Rouletteteller wäre, der sich drehte.)

Man könnte Einwände haben und sagen: „Moment mal! Ist eine lebende Katze nicht ebenso sehr ein bewußter Beobachter wie ein Mensch?" Wahrscheinlich ist es so, aber wir müssen bedenken, daß diese Katze möglicherweise eine *tote* Katze ist, und in diesem Fall bestimmt kein bewußter Beobachter. Wir haben in Schrödingers Katze eine Überlagerung von zwei Eigenzuständen erzeugt, den einen *mit*, den anderen *ohne* Beobachter-Status. Was jetzt? Zu dieser Situation fällt mir ein Zen-Rätsel ein (nacherzählt hat es Paul Reps in *Ohne Worte, ohne Schweigen*):

Zen ist wie jemand, der mit den Zähnen in einem Baum über einem Abgrund hängt. Seine Hände halten keinen Ast fest, seine Füße ruhen auf keiner Stütze, und unter dem Baum steht ein anderer und fragt ihn: „Warum ist Bodhidharma von Indien nach China gekommen?" Wenn der im Baum nicht antwortet, fällt er durch; und wenn er antwortet, fällt er hinunter und büßt das Leben ein. Was soll er also machen?

* * *

Die Vorstellung, daß das Bewußtsein für den „Zusammenbruch der Wellenfunktion" – ein plötzlicher Sprung in einen willkürlich ausgesuchten reinen Eigenzustand – verantwortlich ist, ebnet den Weg zu weiteren Absurditäten. Es würde beispielsweise bedeuten, daß sich in den ersten Zigmilliarden Jahren des Universums überhaupt nie je etwas getan hat, bis eines Tages vor etwa einer Million Jahren irgendein menschliches Wesen erwachte – und das war der Moment, als es zum Kollaps der enorm angeschwollenen universellen Wellenfunktion kam, und zu ihrem Ende in *einer* Welt –; er blinzelte, ließ seinen Blick schweifen, und was sahen seine Augen? Mesopotamien oder Kenia ...

Als Alternative bleibt nur, daß ein Beobachter – ein Objekt, das den Zusammenbruch einer Wellenfunktion herbeiführt – nicht unbedingt Bewußtsein haben, sondern nur *makroskopisch* sein muß. Aber ist ein makroskopisches Objekt nicht einfach eine Ansammlung mikroskopischer Objekte? Wie „wüßte" eine Wellenfunktion, daß sie es mit einem makroskopischen Objekt zu tun hat? Konkreter ausgedrückt, was hat es mit einem Schirm auf sich, der ein Elektron dazu bringt, sich zu zeigen?

Vielen Physikern erscheint die Unterscheidung zwischen Systemen mit Beobachter-Status und solchen ohne Beobachter-Status recht künstlich, ja sie lehnen sie sogar ab. Außerdem bringt die Idee, daß durch Intervention eines Beobachters ein „Kollaps der Wellenfunktion" verursacht wird, einen Schuß Launenhaftigkeit in die endgültigen Naturgesetze. „Der Herrgott würfelt nicht", war Einsteins Ansicht, die er sein Leben lang vertrat.

Ein radikaler Versuch, sowohl die Kontinuität als auch den Determinismus für die Quantenmechanik zu retten, ist als die *Viele-Welten-Interpretation* bekannt, die erstmals 1957 von Hugh Everett III. vorgebracht wurde. Gemäß dieser sehr bizarren Theorie springt ein System niemals diskontinuierlich in einen Eigenzustand. Was statt dessen passiert, ist, daß sich die Überlagerung gleichmäßig mit ihren verschiedenen Zweigen entwickelt, die sich parallel dazu ausstrecken. Wenn nötig, treibt der Zustand weitere Zweige aus, die die verschiedenen neuen Alternativen tragen. Im Fall von Schrödingers Katze gibt es zwei Zweige, die sich parallel entwickeln. „Nun, was geschieht mit dem Katzentier? Fühlt *es* sich am Leben, oder fühlt es sich tot?" Man muß sich das fragen. Everett würde antworten: „Es hängt davon ab, welchen Zweig man anschaut. Bei dem einen fühlt sich die Katze ausgesprochen munter, beim anderen gibt es keine Katze, die etwas fühlen könnte." Intuitiv rebelliert es in einem, und dann kommt die Frage: „Und wie ist es in den Augenblicken, bevor die Katze, an dem fatalen Zweig hängend, stirbt? Wie hat sich die Katze *in jenem Moment* gefühlt? Eine Katze kann sich bestimmt nicht auf zwei Weisen gleichzeitig fühlen! An welchem der beiden Zweige hängt die echte Katze?"

Das Problem wird gar noch anstrengender, wenn man gewahr wird, was es bedeutet, diese Theorie auf sich selbst, *hier* und *jetzt* anzuwenden. Für jede quantenmechanische Zweigstelle in Ihrem Leben (und deren gab es bereits Abermilliarden) haben Sie sich in zwei oder mehr Sies zerteilt, die zu parallelen, aber voneinander getrennten Zweigen einer gigantischen „universellen Wellenfunktion" gehören. (Mit diesem Begriff ist die enorme Wellenfunktion gemeint, die alle Teilchen in allen parallelen Universen repräsentiert.) Unbekümmert fügt Everett an der kritischen Stelle in seinem Aufsatz, wo diese Schwierigkeit auftaucht, folgende Fußnote ein:

> An diesem Punkt stoßen wir auf eine Schwierigkeit im sprachlichen Ausdruck. Während wir vor der Beobachtung einen einzigen Beobachterzustand haben, gibt es danach für den Beobachter eine Reihe verschiedener Zustände, die sich alle überlagern. Jeder dieser unterschiedenen Zustände ist ein Zustand für einen Beobachter, so daß wir von verschiedenen Beobachtern sprechen können, die sich durch die verschiedenen Zustände definieren. Andererseits ist ein und dasselbe physikalische System betroffen, und von daher gesehen ist es *derselbe* Beobachter, der sich in bezug auf verschiedene Elemente der Überlagerung in verschiedenen Zuständen befindet (d. h. in den verschiedenen Elementen der Überlagerung verschiedene Erfahrungen macht). Angesichts dieser Situation werden wir den Singular verwenden, wenn das Schwergewicht darauf liegt, daß ein und dasselbe physikalische System betroffen ist, und den Plural, wenn wir Nachdruck darauf legen, daß in bezug auf die unterschiedlichen Elemente der Überlagerung verschiedene Erfahrungen gemacht werden.(Z. B.: „Der Beobachter stellt eine Beobachtung der Menge *A* an, und danach nimmt jeder der Beobachter der resultierenden Überlagerung etwas Eigenwertiges wahr.")

Das sagt er, ohne eine Miene zu verziehen. Das Problem, wie es sich *subjektiv* anfühlt, wird nicht behandelt; es wird nicht einmal unter den Teppich gekehrt. Wahrscheinlich hält er es für nichtssagend.

Und dennoch ... man muß sich einfach fragen: „Warum fühle ich mich, als sei ich in nur *einer* Welt zu Hause?" Nun, nach Everetts Ansicht ist dem *nicht* so – man fühlt alle Alternativen zur selben Zeit. Nur *das* Ich, das *diesem* Zweig nachgeht, erfährt nicht alle Alternativen. Das ist natürlich ein gehöriger Schock. Der argentinische Schriftsteller Jorge Luis Borges beschreibt in seiner Geschichte *Der Garten der sich gabelnden Wege* eine phantastische Vision des Universums so:

> ... ein Bild, unvollständig, aber nicht falsch, des Universums, wie es den Gedanken Ts'ui Pêns nach sein soll. Anders als Newton und Schopenhauer ... hielt er die Zeit nicht für absolut und einheitlich. Er glaubte an eine unendliche Abfolge von Zeiten, an ein Netzwerk mit schwindelerregenden Ausmaßen, unaufhörlich wachsend, ausufernd, von divergierenden, konvergierenden und parallelen Zeiten. Dieses Netz der Zeit – dessen Fäden aneinandergeraten, sich verstricken, überschneiden oder sich gegenseitig jahrhundertelang meiden – umschließt jede Möglichkeit. In den meisten existieren wir nicht. In manchen existierst du und ich nicht, während in anderen ich existiere und du nicht, und wiederum in anderen existieren wir beide. In dieser einen, in der mir der Zufall günstig gewogen war, bist du an mein Tor gekommen. In einer anderen bist du durch den Garten gekommen und hast mich tot vorgefunden. In wiederum einer anderen sage ich genau dieselben Worte, aber ich bin ein Irrtum, ein Phantom.

Dieser Auszug steht am Anfang des Buchs *Die vielen Welten der Quantenmechanik*, das von Bryce S. DeWitt und Neill Graham herausgegeben wurde. Die Schlußfrage lautet: „Warum ist dann *dieses Ich* in *diesem Zweig*? Was läßt mich – ich meine *dieses* Mich – sich – ich meine mich – ungespalten fühlen?"

* * *

Es ist Abend, über dem Ozean geht die Sonne unter. Sie und einige Ihrer Freunde stehen an verschiedenen Stellen entlang des Strandes auf dem feuchten Sand. Das Wasser schwappt an Ihre Füße. Schweigend beobachten Sie, wie der rote Ball immer näher zum Horizont sinkt. Während Sie so zuschauen und irgendwie verzaubert sind, bemerken Sie, wie die Reflexion des Sonnenlichts auf den Wellenkämmen aus Tausenden, nur einen Augenblick lang sprühenden orangeroten Funken eine gerade Linie entstehen läßt – die genau auf Sie zeigt! „Welch ein Glück ich doch habe, daß ausgerechnet *ich* zufällig genau auf dieser Linie stehe!", werden Sie sich denken. „Zu schade, daß wir nicht alle hier stehen können und diese perfekte Einheit mit der Sonne erleben." Und im gleichen Moment hat jeder Ihrer Freunde genau den gleichen Gedanken ... oder ist es derselbe? (Vgl. Abbildung 23-2 b.)

Solches Sinnen trifft den Kern der „nach der Seele forschenden Frage." Warum sitzt diese Seele in diesem Körper? (bzw. auf diesem Zweig der universellen Wellenfunktion?) Wenn es so viele Möglichkeiten gibt, warum wurde dann *dieser* Geist ausgerechnet an diesen Körper gebunden? Warum kann meine „Ichheit" nicht zu einem anderen Körper gehören? Es ist offensichtlich zirkulär und unbefriedigend, wenn man etwa sagt: „Du steckst in diesem Körper, weil den deine Eltern fabriziert haben." Aber warum waren *sie* meine Eltern, und nicht irgendzwei andere? Wer wären meine Eltern gewesen, wäre ich in Ungarn zur Welt gekommen? Was wäre aus mir geworden, wäre ich ein anderer gewesen? Oder wenn jemand anders ich gewesen wäre? Oder – *bin* ich jemand anders? Bin ich jeder andere? Gibt es nur ein universelles Bewußtsein? Ist es eine Illusion, sich als separates Wesen, als ein Individuum zu fühlen? Es ist schon recht unheimlich, wenn man diese bizarren Themen im Kern dessen reproduziert sieht, was vermutlich unsere unerschütterlichste und gegen Unregelmäßigkeiten am besten gefeite Wissenschaft ist.

Und doch ist es in gewisser Hinsicht gar nicht so überraschend. Es besteht ein eindeutiger Zusammenhang zwischen den imaginären Welten unseres Geistes und den abwechselnden Welten, die sich parallel zu der einen entwickeln, die wir erleben. Der sprichwörtliche Jüngling, der ein Gänseblümchen zerrupft und dabei murmelt: „Sie liebt mich, sie liebt mich nicht, sie liebt mich, sie liebt mich nicht ...", unterhält in seinem Geist mindestens zwei verschiedene Welten, die auf zwei verschiedenen Modellen seiner Holden beruhen (siehe Abbildung 19-3). Oder wäre es akkurater zu sagen, daß es *kein* geistiges Modell seiner Geliebten gibt, das ein geistiges Analogon einer quantenmechanischen Zustandsüberlagerung darstellt?

Und wenn ein Romanschriftsteller gleichzeitig auf eine Reihe von möglichen Wegen, eine Geschichte auszuweiten, eingeht, befinden sich die Charaktere dann nicht, metaphorisch gesprochen, in einer geistigen Superposition von Zuständen? Wenn die

Abbildung 19-3. Ein Roboter in einer etwas nervösen Überlagerung von Geisteszuständen. [Zeichnung von Rick Granger.]

Geschichte nie zu Papier kommt, können die gespaltenen Charaktere ihre vielfachen Geschichten in ihres Autors Kopf vielleicht weiterhin entfalten. Außerdem erschiene dann die Frage merkwürdig, welche Geschichte die *echte* Version ist. Diese Welten sind alle gleichermaßen echt.

Und auf ähnliche Weise existiert eine Welt – ein Zweig der universellen Wellenfunktion –, in der Ihnen jene Dummheit nicht passierte, die Sie jetzt so sehr bedauern. Sind Sie nicht neidisch? Aber wie kann man neidisch auf sich *selbst* sein? Zudem gibt es noch *keine andere* Welt, in der Sie gar noch größere Dummheiten begangen haben, und in der Sie auf eben dieses Sie in *dieser* Welt, hier und jetzt, neidvoll blicken.

* * *

Vielleicht ist es eine Möglichkeit, sich die universelle Wellenfunktion als den Geist – oder, wenn man so will, das Gehirn – des großen Romanciers im Himmel, Gott, vorzustellen, in dem alle möglichen Zweige gleichzeitig in Betracht kommen. Wir wären bloße Subsysteme des Gehirns Gottes, und *diese* Versionen von uns wären nicht für privilegierter oder authentischer zu erachten, als sie es tatsächlich sind, wie unsere Galaxis nicht die einzige echte Galaxis ist. So verstanden, entfaltet sich das Gehirn Gottes mit gleichmäßiger Stetigkeit und deterministisch, wie Einstein stets behauptete. Der Physiker Paul Davies schreibt in seinem jüngsten Buch *Other Worlds* („Andere Welten") genau über dieses Thema: „Unser Bewußtsein webt willkürlich an seinem Weg entlang des sich ewig auszweigenden kosmischen Evolutionslaufs, so daß vielmehr wir es sind, die würfeln, nicht der Herrgott."

Damit ist dennoch nicht das fundamentalste Rätsel beantwortet, das sich jeder von uns stellen muß: „Warum pflanzt sich mein einzigartiges, unitäres Gefühl meiner selbst ausgerechnet *diesen* zufälligen Zweig entlang fort und nicht entlang eines anderen? Welchem *Gesetz* unterliegen die Zufallsentscheidungen, die den Zweig heraussuchen, auf dem ich mich entlangzubewegen fühle? Warum geht mein Gefühl meiner selbst nicht mit meinen anderen Ichs mit, wenn sie sich abspalten, und folgt anderen Routen? Was ist dafür verantwortlich, daß mein *Ich-Sein* an den Standpunkt dieses Körpers gebunden ist, der sich entlang dieses Zweigs des Universums in diesem Augenblick mit der Zeit entwickelt?" Dies sind so grundlegende Fragen, daß sie sich einer klaren Formulierung mit Worten fast zu widersetzen scheinen. Und wie es scheint, kommen ihre Antworten nicht aus der Quantenmechanik. Tatsächlich erscheint der Zusammenbruch der Wellenfunktion genau am anderen Ende des Teppichs wieder, unter den Everett sie gar nicht gekehrt hatte ... Dadurch wird es zu einem Problem der persönlichen Identität, das nicht weniger verwirrt als das Problem, das es ersetzt.

Man kann sogar noch tiefer in den Brunnen der Paradoxie fallen, wenn man merkt, daß diese eine sich gigantisch auszweigende universelle Wellenfunktion Zweige hat, die keinen Werner Heisenberg, Max Planck, Albert Einstein haben, Verästelungen, auf denen es keine Unschärferelation oder Viele-Welten-Interpretation der Quantenmechanik gibt, Zweige ohne eine Geschichte von Borges, Zweige ohne dieses Kapitel. Aber es gibt einen Zweig, auf dem dieses Kapitel so geschrieben steht, wie Sie es hier sehen, außer daß es mit einem anderen Wort anfängt.

Postskriptum

Quanten: die Träume, aus denen der Stoff ist.
David Moser

Wenn Sie erst jetzt in die unheimliche Welt der Quantenmechanik eingeführt wurden (was ich bezweifle), dann muß ich sagen, es war mir eine Freude, Sie an der Hand nehmen zu dürfen. In diesem Fall muß ich aber auch sagen, daß Sie eine vollständigere Einführung verdienen. Dieser Artikel zielte hauptsächlich auf Leute, die bereits so viel über Quantenmechanik wissen, daß sie wenigstens mit dem Kopf nicken können. Ideal als Einführung sind die Bücher Feynmans, auf die ich schon anspielte. Es gibt natürlich noch andere Bücher, die von sich behaupten, die Quantenmechanik dem Laien näherzubringen, und manchen gelingt das auch recht gut, aber viele haben den Nachteil, daß sie die quantenmechanische Realität mit östlichem Mystizismus verbinden wollen, ein Zusammenhang, den ich bedenklich, oberflächlich und irreführend finde. Ich kann Leute nicht tadeln, die Beobachtungen darüber, wie klassische Buddhisten die Welt sahen, anstellen und hinterher aufzeigen wollen, daß ein paar vor Tausenden von

Jahren zu Papier gebrachte Aussagen, wenn man sie freien Herzens interpretiert, Dinge enthalten sollen, die sich mit den Entdeckungen der neuen Physik decken. Aber zu behaupten, daß „die westliche Wissenschaft erst jetzt zur jahrtausendealten Weisheit aufholt", wie es sehr viele Autoren tun (und ungefähr mit diesen Worten), ist in meinen Augen sowohl albern als auch anti-intellektuell.

Ich nenne es „anti-intellektuell", weil die meisten Leute im Westen, die vom östlichen Mystizismus betört sind, es nicht vertragen können, daß die Wissenschaft auf ein Territorium, das sie jenseits der Wissenschaft angesiedelt sehen, übergreift. Diese Einstellung mag ein Überbleibsel aus der ätzend antiwissenschaftlichen, anti-intellektuellen Stimmung sein, die die Vereinigten Staaten großenteils während der Vietnamkrieg-Ära ergriff. Diese Leute verfolgen irgendwelche Eigeninteressen, vielleicht unbewußt; sie wollen die Wissenschaft „an ihren Platz gerückt" sehen. Merkwürdigerweise sind viele selbst Wissenschaftler und ergötzen sich an einer Art Selbst-Ablehnung, im Glauben, daß sie sich selbst zu transzendenten Höhen aufschwingen und die Dinge von einer „höheren Ebene der Erleuchtung" sehen, als die Wissenschaft es kann. Gewöhnlich verändert sich dann auch ihre Prosa abrupt im Stil, fort von präzisen Begriffen zu sumpfigen, verschwommenen, dichterischen (also z. B. „sumpfig", „verschwommen" und „dichterisch"). Geht Ihnen das nicht auch gegen den Strich?

Dieser Schlag von Leuten verbreitet Fehlinformationen über die Entdeckungen der neuen Physik (beispielsweise die Pseudo-Unschärferelation). Sie ermuntern zu dem Glauben, daß, je wilder die Theorie zur Erklärung eines Rätsels (oder eines angeblichen), sie desto richtiger ist, solange sie physikalische Fachausdrücke gebraucht, die gerade in Mode sind – Begriffe wie „Tachyon", „Bells Ungleichheit", „EPR-Paradox", „Gravitationswellen" usw. Ein typischer, die Physik in dieser Weise vergewaltigender Autor ist Arthur Koestler; in seinem Buch *Die Wurzeln des Zufalls* behauptet er, „Psi-Phänomene" mit Hilfe irgendeiner fünfdimensionalen Theorie der Teilchenphysik zu erklären, die einen Schwarm hypothetischer Teilchen, „Psitronen" genannt, beinhaltet.

Ein äußerst betrüblicher Aspekt bei einer derartigen „Erklärung" (die eigentlich gar nicht auf Koestlers eigenem Mist gewachsen ist, sondern von einem Physiker namens Adrian Dobbs stammt, von dem Koestler sie sich geborgt hat) ist, daß selbst Physiker ganz ähnliche Erklärungen gebrauchen – zwar nicht so häufig für „Psi-Phänomene", aber für augenblicklich unerklärte reale Phänomene der Teilchenphysik. Als ich noch Student war und in der Teilchenphysik meine Promotionsarbeit machte, was schon lange her ist, las ich keinen wissenschaftlichen Aufsatz, in dem nicht nur neue *Teilchen* angerufen wurden, um für manche Beobachtungen herzuhalten, sondern es bereits Routine war, ganz neue *Familien* von Teilchen zu postulieren. Eine dieser wissenschaftlichen Abhandlungen schlug dem Faß in der Tat den Boden aus, wenn man mich fragt. Es war eine Gemeinschaftsarbeit dreier Autoren, die die Stirn hatten, eine total abwegige *Superfamilie* von Teilchen zu erfinden, zusammengesetzt aus zahlreichen Familien, die jeweils selbst eine stattliche Menge von Teilchen enthielten. Ich erinnere mich noch, wie mit einem Schlag so an die 140 neue Teilchen eingeführt wurden – und das nur, man stelle sich vor, um ein paar ziemlich geringe Diskrepanzen zwischen dem, was man gemessen hatte, und dem, was frühere Theorien vorausgesagt hatten, zu erklären. Welche Diskrepanz zu jenen Tagen, als es noch ein höchst waghalsiger Schritt war, auch nur *ein* neues Teilchen einzuführen! Damals war der Punkt für mich erreicht, den Entschluß zu fassen, daß ich mich von jenem Zweig der theoretischen Physik verabschieden sollte, mit einer höflichen Verbeugung, versteht sich.

* * *

Ich versuche wirklich nicht, das ganze Feld der Teilchenphysik mit Kritik zu überziehen, denn daß ich persönlich nicht aus dem Holz eines Teilchenphysikers geschnitzt bin, ist mir klar und mit Sicherheit alles, was ich aus meinem langen, nervenaufreibenden und zuletzt abgebrochenen Engagement auf jenem Gebiet immer wieder lernte. Doch da war noch etwas anderes, was ich lernte, etwas Desillusionierendes über die Wissenschaft im allgemeinen, nämlich daß große Segmente davon – sehr häufig einschließlich der haarsträubendsten und fachlich fragwürdigsten Aufsätze – genauso unsinnig und leer sind wie die pseudo-wissenschaftlichen Abhandlungen, die versuchen, „Psi-Phänomene", „Hellsehen", „Telekinese" und dergleichen zu unterstützen. (Ist es sinnvoll für mich, weiterhin Anführungszeichen bei diesen Wörtern zu verwenden? Ich denke doch. Mir widerstrebt es, Wörter so zu gebrauchen, daß ich dazu beitrage, ihnen Legitimität zu verleihen, wenn meiner Ansicht nach nichts dahinter steckt.) Schlechte Wissenschaft durchdringt gute Wissenschaft, wie Mett von Fett durchsetzt ist (eine „Mettapher", die in einem anderen Kontext in Kapitel 20 ausgeschlachtet wird).

Ein Beispiel eines leider unvermeidbaren Phänomens ist folgendes: Will man beim Pfeilwerfen nicht nur jedesmal ins Schwarze treffen, sondern das ganze Zentrum der Zielscheibe gleichmäßig abdecken, so daß es gleichermaßen wahrscheinlich ist, jeden Punkt *innerhalb* des Schwarzen zu treffen, aber total unwahrscheinlich, *daneben* zu werfen, dann sitzt man einer Chimäre auf! Man muß in gewisser Weise für das Privileg bezahlen, jenen inneren Kreis zu füllen – und man bezahlt es entweder damit, daß man bisweilen die Grenzen des Schwarzen überbordet (weil man sozusagen zu ungenau ist), oder sich die Treffer ungleichmäßig verteilen, mit hoher Konzentrationsquote in der Mitte des Zielpunkts und geringer Konzentration an seinem Rand (weil man sozusagen zu genau oder kontrolliert ist). In der Wissenschaft läßt sich das auf den Vergleich zwischen zuviel Spekulation und zuviel Vorsicht übertragen. Es ist unmöglich, daß jede einzelne Abhandlung in einem Fachgebiet sowohl richtig als auch signifikant ist. Entweder irren sich viele, oder viele sind trivial. Dieses Irren ist offensichtlich das gleiche, wie wenn man neben das Schwarze wirft, und die Trivialität das gleiche, allerdings weniger offensichtlich, wie wenn man es voll abdeckt, aber eben ungleichmäßig. Dieser Vergleich von Vor- und Nachteilen ist unvermeidbar und dem sehr ähnlich, wovon in Kapitel 12 die Rede ist, wo man beim Versuch, alle Wahrheiten, die sich in einem formalen System ausdrücken lassen, oder alle Mitglieder einer semantischen Kategorie sämtlich zu erzeugen, am Ende entweder mit einem *unvollständigen* oder einem *inkonsistenten* System dasteht.

Vermutlich hört sich das, was ich da über die Wissenschaft sage, etwas zynisch an. Aber ich würde ähnliche Töne bei jeder Art von menschlichem Bemühen anschlagen, solange fachliches Können daran beteiligt ist. Beispielsweise treffen nicht alle Briefe von Leuten, die etwas von mir gelesen haben, ins Schwarze; bei manchen höre ich förmlich die Katze miauen, aber großenteils sind sie ein alter Hut, total am Schwimmen, nichts als heiße Luft, oder eine Mischung aus allem. Wenn ich also auf ein paar gute Briefe stoßen will, habe ich keine andere Wahl, als bereitwillig auch einen Berg schlechter hinter mich zu bringen. Und zu meinem Bedauern muß ich sagen, daß dieses Gesetz genauso sehr für das gilt, was ich so von mir gebe: Alles kann eben nicht vom gleichen Kaliber sein. Wenn alles richtig ist, dann wird vieles davon Allerweltscharakter haben; und wenn ich es wage, regelmäßig über den Allerweltscharakter hinauszugehen, dann wird manches davon falsch sein.

Manche Leute sehen in einem derartigen Abwägen von Vor- und Nachteilen eher Beispiele für eine Art „Unschärferelation"; man kann nicht totale Richtigkeit und zugleich etwas total ungewöhnlich Neues haben. Man muß eine Wahl treffen. Dieses „Entweder-Oder" aber hat sehr wenig mit dem quantenmechanischen Urstoff unserer Welt zu tun. Im allgemeinen dreht es sich nur um statistische Phänomene.

* * *

Ich möchte noch gerne etwas zu der außerordentlichen Fremdartigkeit quantenmechanischer Realität sagen. Es ist kein Zufall, würde ich behaupten, daß die Quantenmechanik so wahnsinnig kontra-intuitiv ist. Ihrer Natur nach läuft jede Erklärung teilweise darauf hinaus, daß irgendwann ein Punkt erreicht sein *muß,* an dem weiteres Suchen nur die Undurchsichtigkeit erhöht, statt sie zu verringern. Man nehme das Problem, die Natur von festen Körpern zu verstehen, und frage sich, woher diese Dichte kommt. Wenn nun jemand sagte, „Letztlich hängt die Dichte dieses Ziegels damit zusammen, daß er aus erstaunlich vielen, Ziegelchen ähnlichen, winzig kleinen Bestandteilen besteht, die selbst felsenfest sind", was dann? Es könnte ja durchaus interessant sein, zu erfahren, daß Ziegel aus Mikroziegeln aufgebaut sind, aber über die Ausgangsfrage – „Wie erklärt sich die Dichte?" – ist glatt hinweggegangen worden. Wir wünschen uns schlußendlich, daß sich die Dichte auflöst, in die Bestandteile zerfällt, sich desintegriert und zu einem ganz anderen Phänomen wird, über das wir keine Erfahrung haben. Erst wenn wir auf einer komplett neuen, außerordentlich fremden Ebene angekommen sind, so meinen wir, haben wir *wirklich* Fortschritte gemacht bei der Suche, das Phänomen an der Spitze zu erklären.

So verhält es sich auch in der quantenmechanischen Realität, die für unseren Geist wahrlich befremdlich ist. Wer kann schon die Tatsache voll erfassen, daß Licht – das vertrauteste unter den Phänomenen, die wir täglich erleben – aus unvorstellbar vielen und unbeschreibbar winzigen „Teilchen" ohne Masse besteht, Teilchen, die sich immer mit der gleichen Geschwindigkeit von einem fortbewegen, ganz gleich, wie schnell man hinter ihnen herjagt, Teilchen, die miteinander Interferenzmuster erzeugen, Teilchen, die einen Drall enthalten und sich in einem Schwerkraftfeld beugen? Und dabei habe ich kaum an der Oberfläche der Natur von Photonen gekratzt! Ich möchte dieses generelle Phänomen zusammenfassend so umschreiben: „Grünheit desintegriert". Soll heißen, keine Erklärung einer *makro*skopischen X-heit kommt erfolgreich damit durch, zu sagen, daß sie ein Resultat einer *mikro*skopischen X-heit ist („genau dasselbe, nur kleiner"); makroskopische Grünheit, Dichte, Elastizität – kurz, X-heit – *muß* auf einer bestimmten Stufe zu etwas ganz, ganz anderem desintegrieren.

Diesem Gedanken begegnete ich zum ersten Mal in dem anregenden Buch *Patterns of Discovery* („Entdeckung und Muster") von Norwood Russell Hanson. Hanson schreibt ihn einer Zahl von Denkern zu, beispielsweise Isaac Newton, der in seinem berühmten Werk *Opticks* schrieb: „Zwischen den Teilen aller homogenen harten KÖRPER, die einander voll berühren, ist der Zusammenhalt sehr stark. Und um zu erklären, wie es sein könnte, haben manche ATOME erfunden, die miteinander verhakt sind, womit auf den Kern der FRAGE nicht eingegangen wird." Hanson zitiert auch James Clerk Maxwell (aus einem Artikel mit dem Titel „Atom"): „Wir nehmen tatsächlich an, daß das Atom elastisch ist, aber das nur, um ihm genau die Eigenschaft erklärungshalber zu verleihen, die die Atomanordnung ursprünglich gehabt haben soll." Zum Schluß noch ein Zitat, das Hanson von Werner Heisenberg selbst bringt: „Wenn Atome wirklich den Ursprung von Farbe und Geruch sichtbarer stofflicher Körper erklären sollen, dann können sie keine Eigenschaften wie Farbe und Geruch besitzen." Obwohl es also kein origineller Gedanke ist, ist es dennoch nützlich, sich zu merken, daß *Grünheit desintegriert.*

* * *

Wie zwischen Mikroskopischem und Makroskopischem eine Brücke geschlagen wird, ist eine der prächtigsten Seiten der quantenmechanischen Beschreibung der Realität. Wie die Brücke beschaffen ist, wird durch das *Korrespondenz-Prinzip* gekennzeichnet, welches besagt:

> Im Bereich großer Größen müssen quantenmechanische Phänomene ununterscheidbar von ihrer klassischen Parallele erscheinen.

Dies läßt sich in eine mathematischere Aussage umwandeln wie:

> Im Bereich großer Quantenzahlen müssen quantenmechanische Gleichungen ihre klassische Parallele erzeugen.

Für einen Physiker ist es ein Leichtes, dafür zu sorgen, daß eine Gleichung zur Beschreibung von Quantenphänomenen diesem Prinzip gehorcht; wenn die Gleichung richtig ist, wird sie dem automatisch gehorchen. Jedoch kann ein Physiker nicht immer sicher sein, daß eine Gleichung, die er aufgestellt hat, richtig ist. Das Korrespondenz-Prinzip liefert daher eine sehr vorteilhafte Kontrolle über jede aufgestellte Gleichung – denn bleibt die vertraute klassische Gleichung im Bereich großer Größen (oder genauer gesagt, großer Quantenzahlen) aus, kann man getrost annehmen, daß sie falsch ist. Natürlich ist es, wenn eine Gleichung diesen Test erfolgreich übersteht, noch lange keine Garantie, daß sie dann richtig ist, aber es ist immerhin ein überzeugendes Teilstück zu ihrer Bestätigung.

Kennzeichen quantenmechanischer Phänomene sind „Quantenzahlen“, die immer ganze Zahlen sind. Wenn solche ganzen Zahlen klein sind – kleiner als 5 etwa –, dann handelt es sich in der Quintessenz um Quantenphänomene. Aber wenn recht große Werte wie etwa 20 in die Gleichungen gestopft werden, kommt ein Verhalten heraus, das mitten zwischen Quantenstil und klassischem Stil schwimmt. Und wenn gar unendlich große Werte ins Spiel kommen, sollten eigentlich die vertrauten alten Gleichungen aus der präquantenmechanischen Ära wiederkehren: beispielsweise Newtons Bewegungsgesetz.

Ein bemerkenswertes Beispiel für diese Idee liefern die sogenannten „Rydberg-Atome“, Atome in hohem Erregungszustand, deren äußerste Elektronen sehr große Quantenzahlen haben, und die folglich an ihren zentralen Atomkern so locker angebunden sind, daß ihre Umlaufbahnen langsam etwas weniger „wolkig“ sind (d. h. weniger quantenmechanisch) und eher den vertrauten Planetenbahnen gleichen, denen Elektronen gewöhnlich in der kurzzeitigen „semiklassischen“ Epoche der Physik folgten, also in der Zeit nach der Entdeckung der Atomkerne durch Ernest Rutherford, aber noch vor Schrödinger und Heisenberg. Diese Brücken, die die außerordentlich fremdartige Welt mit der, die uns so vertraut ist, verbinden, verhelfen zu den Intuitionen, die makroskopische Leute brauchen, um sich vorstellen zu können, wie etwa ein gewaltiger Grüner Riese aus dunklen, unauslotbaren Mikrotiefen auftauchen könnte.

Sektion V:
Seele und Substrat

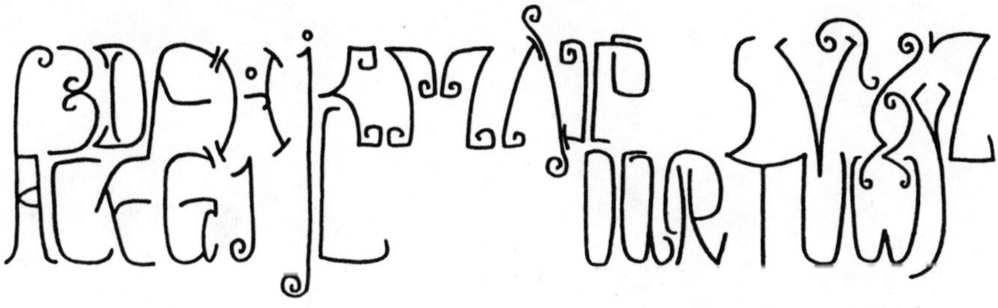

Sektion V: Seele und Substrat

Von alters her ist die Welt in eine belebte und unbelebte geteilt. Unbelebtes hat keine Gefühle und keinen eigenen Willen und kann folglich von Belebtem zertrümmert, verbrannt oder nutzbar gemacht werden, ohne daß das Belebte Schuldgefühle haben muß. Diese Trennlinie, die man so lange für selbstverständlich hielt, verschwimmt allmählich immer mehr mit dem Aufkommen der Computer, insbesondere da Programme immer mehr Flexibilität erlangen – und damit eine scheinbare Mentalität oder Persönlichkeit. Wie und wann könnten Geist und Emotionen – gewiß die Essenz des Belebten – aus komplexen unbelebten Substraten hervortreten? Was braucht es, um aus Strukturen reiner Materie eine Seele zu schaffen? Jüngst wurde eine Anzahl neuester Programme aus dem Bereich der artifiziellen Intelligenz als „denkend" hingestellt. Dennoch konnte es niemandem entgangen sein, der aufmerksam hinsah, daß eine riesige Kluft zwischen menschlicher selbstbewußter Fluidität und derartigen Programmen bestehen bleibt. Selbst das beste von ihnen ist immer noch relativ starr und allem gegenüber unbewußt, seiner selbst natürlich auch. Doch wo *verläuft* die Trennlinie zwischen der höchsten unbelebten Flexibilität und dem niedrigsten belebten Empfindungsvermögen? Wann hat ein System oder Organismus das Recht, sich selbst „ich" zu nennen und von uns mit „du" angesprochen zu werden? Werden wir in der Lage sein, Systeme zu erkennen, die unseren Respekt verdienen, wenn sie daherkommen, oder werden wir sie mißbrauchen? Werden solche Systeme genauso viel freien Willen haben, wie wir ihn nicht haben? Diese und andere philosophisch motivierten Fragestellungen über Geist und Mechanismus, freien Willen und Determinismus, Zufälligkeitscharakter und Regelbefolgung werden in den nächsten sechs Kapiteln untersucht.

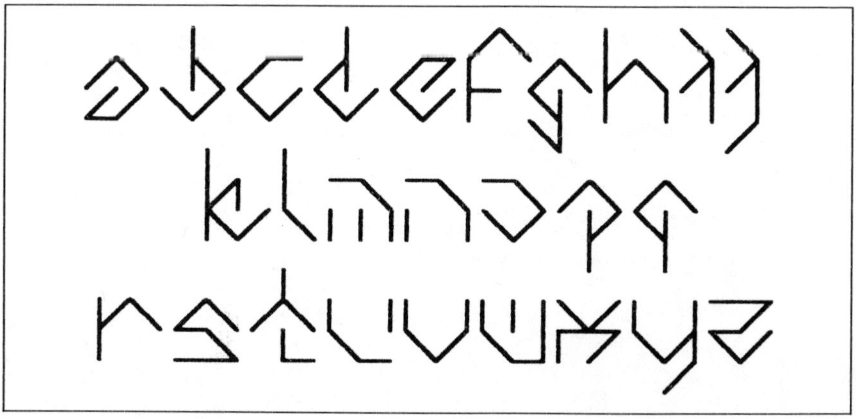

20
Besprechung von *Alan Turing: The Enigma*

November 1983

Kann echte Intelligenz in jeder Art von Substrat – sei es organisch, elektronisch oder sonstwie beschaffen – enthalten sein? Ist Geist mehr als eine Struktur? Wie können wir zwischen einem echten Geist und einer geschickt angelegten Fassade unterscheiden? Ist freier Wille mit einer materialistischen, mechanistischen Auffassung, was Lebewesen sind, unverträglich? Ist die Vorstellung widersprüchlich, daß Kreativität an Regeln gebunden ist? Gehören unsere Emotionen und unsere Verstandeskräfte zu separaten Abteilungen unseres Selbst? Könnten Maschinen Gefühlsregungen haben? Könnten Maschinen von Ideen, Leuten, anderen Maschinen angetan sein? Könnten sich Maschinen zueinander hingezogen fühlen, ineinander verlieben? Was wären die gesellschaftlichen Normen für verliebte Maschinen? Gäbe es bei Maschinen anständige und unanständige Arten von Liebesaffären? Könnte eine Maschine frustriert sein und leiden? Könnte ein Maschine mit angestauten Gefühlen Dampf ablassen, indem sie einfach vor die Tür geht und sich selbst zu einem Zehn-Kilometer-Lauf antreibt? Könnte eine Maschine lernen, Freude am süßen Schmerz eines Marathonlaufs zu empfinden? Könnte sich eine Maschine, die ihr Leben anscheinend genießt, eines Tages selbst zerstören, und das mit voller Absicht, wobei sie den ganzen Vorfall so inszeniert, daß ihre Muttermaschine „denken“ muß (was Maschinen natürlich nicht tun können), daß sie Opfer eines Unfalls geworden ist?

Dieser Art waren die Fragen, die in Alan Turings Kopf brannten, und von anderer Warte aus betrachtet, enthüllen sie Glanzlichter in seinem bewegten Leben. Um Alan Turings Lebensgeschichte eingehend genug auszuleuchten, um ihr gerecht zu werden, müßte jemand vieles mit ihm teilen. Einer, dem das wunderbar gelungen ist, ist Andrew Hodges, ein junger englischer Autor, der seinen Doktor in Mathematik gemacht hat. Seine 500 Seiten lange Turing-Biographie, die aus unzähligen Quellen einschließlich Gesprächen mit Hunderten von Leuten, die Turing zu verschiedenen Lebzeiten kannten, mühsamst zusammengefaßt ist, gibt ein so anschauliches Bild eines höchst komplexen und faszinierenden Individuums wieder, wie man es sich nur wünschen kann. Und es wurde auch Zeit, denn Turing war nicht nur eine sehr bedeutende Person in der Wissenschaft unseres Jahrhunderts, sondern auch jemand, dessen faszinierendes und schwieriges Leben eine Reihe von sehr ernsten Problemen veranschaulicht, mit denen sich unsere Gesellschaft bis heute noch nicht erfolgreich auseinandergesetzt hat.

Das ergiebige und spannende Porträt, das Hodge geschrieben hat, ist nicht das erste Buch über Turing. Seine Mutter, Sara Turing, hat wenige Jahre nach dem Tod ihres Sohnes eine knappe Erinnerung an ihn verfaßt, in der sie ihn als liebenswürdigen, exzentrischen Mann malte, der immer ein Junge geblieben war, voller Spaß an Ideen und getrieben von einer unersättlichen Neugier für Fragen hinsichtlich des Geistes, des Lebens und des Mechanistischen. Hodges dringt da viel tiefer in Turings Geist, Körper und Seele, als Sara Turing es je wagte. Sie trug konventionelle Scheuklappen und wollte nicht sehen, wie wenig er in die Normen der englischen Gesellschaft gepaßt hatte. Alan Turing war homosexuell, eine Tatsache, die zu verschleiern er sich nicht besonders anstrengte, besonders als er älter wurde. Und für einen Jungen, der in den zwanziger Jahren dieses Jahrhunderts aufwuchs, und später, während der nächsten paar Jahrzehnte, für einen Mann, war der Umstand, homosexuell zu sein – besonders wenn man Engländer war und der Oberschicht angehörte –, ein unerhörtes, schreckliches und unerklärliches Leid.

Alan Turing, ein atheistischer, homosexueller, exzentrischer englischer Mathematiker war großenteils nicht nur für die Entwicklung von Computern, für einschneidende Theoreme über ihre Leistungsfähigkeit und für eine klare Vision eines Computergeists verantwortlich, sondern auch für das Knacken des deutschen Geheimkodes während des Zweiten Weltkriegs. Es ist daher nur recht und billig zu sagen, daß wir Alan Turing für die Tatsache, daß wir heute nicht unter einem Nazi-Regime leben, viel zu verdanken haben. Und trotzdem ist diese herausragende Person in der Weltgeschichte, wie der Untertitel des Buchs sagt, ein Änigma, ein Rätsel, geblieben.

* * *

Turing wurde 1912 in London als Sohn relativ wohlhabender Eltern geboren, die in Indien in den Diensten des englischen Staates standen. Nach seiner Geburt kehrte sein Vater nach Indien zurück, seine Mutter kam später nach, und dort verbrachten sie beide dann die nächsten Jahre, während Alan in England blieb. Danach beschlossen sie, wieder näher Richtung England zu gehen, und lebten eine Zeitlang in Frankreich. Dadurch bekam Alan die Gelegenheit, seine Schulferien bei ihnen zu verbringen und Französisch zu lernen. Als Junge war er wißbegierig und auf humorvolle Weise erfinderisch, aber keineswegs ein Wunderkind. Mit dreizehn wurde er in ein privates Knabeninternat geschickt, das sich Sherborne nannte und im Westen von England lag. Bereits am ersten Tag machte er ziemlich von sich reden, denn er war mit dem Fahrrad die 60 Meilen von Southampton herbeigeradelt, wo er aus der Fähre von Frankreich ausgestiegen war, weil an diesem Tag wegen eines Generalstreiks keine Züge verkehrten. Im Lauf der weiteren Wochen aber bröckelte sein Heldenstatus ab, da er sich als ziemlich unordentlicher Schüler entpuppte, dem es nur allzu leicht passieren konnte, daß er sich von oben bis unten mit Tinte bekleckste, und der sich zudem in den meisten Fächern nicht gerade hervortat. Alan war ein zurückgezogener Junge, und als er das erste Mal das Wagnis einer tiefen Freundschaft einging, nahm dies ein jähes und tragisches Ende, denn sein Freund und Idol, Christopher Morcom, erlag einer Rindertuberkulose.

Diese erste und von all seinen menschlichen Kontakten vielleicht innigste Freundschaft, die sogar mit Liebe verbunden war, vergaß Alan nie. Obwohl Alan seine Liebe zu Chris nie jemandem anvertraute, ist es offensichtlich, daß er in ihn verliebt war.

Während seines späteren Lebens sollte Alan dann mit anderen Männern Romanzen haben, auch zahlreichere und unerquicklichere Liebesnächte so auf die Schnelle mit dem einen oder anderen. Aber keine Beziehung kam je an die reine Liebe heran, die er für Christopher Morcom empfunden hatte. Feuer und Flamme für Chris Morcom brannten in Alans Herz weiter. Jahrelang noch besuchte er die Familie der Morcoms, um auf diese Weise eine Art spiritueller Verbindung mit seinem verlorenen Freund zu suchen. Vielleicht war das eine der wesentlichen Quellen für Alans Interesse an der Beziehung zwischen der flüchtigen Seele des Menschen und ihrer sterblichen Inkarnation.

Womit sich Alan dann in Sherborne hervortat, war die Mathematik; in fast allem anderen war er eine Null. Schließlich erkannte seine Schule das große Talent, das in ihm steckte, und zeichnete ihn mit mehreren Preisen aus. Mit zwanzig ging Alan nach Cambridge. Das war 1933 und die Welt der Wissenschaft voller Begeisterung dabei, eine Reihe von revolutionären Entdeckungen der vorangegangenen zehn Jahre in sich aufzusaugen. Die Relativitätstheorie, von der Turing sehr früh besessen gewesen war, war jetzt ein alter Hut, während Quantenmechanik und mathematische Logik im Zenit standen. Die Quantenmechanik hinterließ einen tiefen Eindruck in Alans Geist. In Quantensystemen wie etwa einem Atom kann ein Elektron von einem Orbit (bzw. von einem „Zustand“) in den anderen hüpfen, ohne dazwischen jegliche Zwischenposition einzunehmen. Es wäre, wie wenn ein Weltraumsatellit von einer Bahn zur anderen gelangt, indem er dorthin hüpft, ohne lange zu reisen.

Gleich eindrucksvoll war für Turing die Mechanisierung mathematischer Argumentation, worüber er zum ersten Mal in einem philosophischen Buch von Bertrand Russell las. Später arbeitete er sich in das ehrgeizige „Hilbert-Programm“ ein, mit dem man demonstrieren wollte, daß es möglich wäre, in einem einzigen System sämtliche gültigen Prinzipien mathematischer Beweisführung einzufangen. In diesem System sollten sämtliche wahren Folgerungen aus einer kleinen Menge Axiome mit Hilfe einer Menge wohldefinierter Regeln hervorgehen, wie in einer Automobilfabrik die Autos vom Förderband fließen oder wie physikalische Systeme von einem Zustand zum anderen springen. Dieses Bild einer Maschine, die entsprechend einer endlichen Menge an Regeln von einem Zustand zum anderen sprang, bekam in Turings Geist nach und nach den höchsten Stellenwert. Er war von der Idee gefesselt, daß solche bedeutungslosen Vorgänge ebenso unter solch einem Blickwinkel betrachtet werden konnten, daß sie sehr wohl Bedeutung haben. Zum Beispiel könnte eine bestimmte Regeln befolgende Maschine unter dem Aspekt betrachtet werden, daß sie Schachzüge macht, eine andere vielleicht dahingehend, daß sie mathematische Wahrheiten produziert, und noch eine andere, daß sie Poesie schreibt.

1931 machte der österreichische Logiker Kurt Gödel die Hoffnungen von Hilbert und Russell zunichte, die geglaubt hatten, eine perfekte Formalisierung der gesamten mathematischen Beweisführung schaffen zu können. Gödel hatte gezeigt, daß es in jedem konsistenten axiomatischen System der Hilbert-Russell-Sorte unentscheidbare Behauptungen gab, Behauptungen, die auf berühmten Paradoxien der Logik beruhten, die den Logikern seit den Griechen Kopfzerbrechen gemacht hatten. (Der Satz „Ich lüge“ ist ein gutes Beispiel, wie auch die fruchtlose Übung eines ist, zu versuchen, kurzzeitig im Spiegel zu sehen, wie man aussieht, wenn man die Augen voll und ganz geschlossen hat.) Was Gödel allerdings ungelöst ließ, war die Frage, ob man bei einem axiomatischen System mit einer willkürlichen Behauptung darin auf mechanische Weise bestimmen könnte, ob jene Behauptung in jenem System unentscheidbar war. Wenn dies möglich wäre, dann könnte man unentscheidbare Behauptungen genauso leicht als unverwertbar abtun, wie man Fetteile von einem Steak wegschneidet; wenn es unmöglich wäre, dann gliche die Mathematik einem völlig mit Flechsen durchwachsenen Steakstück, das man schneiden kann, wie man will – immer werden in jeder Scheibe Flechsen sein.

* * *

Alan Turing entschied sich, an der Frage zu arbeiten, ob man die Flechsen vom Rest der Mathematik sauber abtrennen und das „Fleisch" der Mathematik dabei intakt und mechanisierbar lassen könnte, so daß der Rest lediglich ein Haufen verschrobener Gödelscher Kuriositäten wäre, Jahrmarkts-Monstrositäten ganz im Gegensatz zur weiten Welt normalproportionierter Mathematik. Er war sehr erstaunt, als er herausfand, daß man keine Maschine bauen konnte, die unfehlbar unentscheidbare Lehrsätze erkennen könnte, und zwar aus eben jenen Gödelschen Gründen.

Angefangen hatte er, indem er zu spezifizieren versuchte, was der allgemeinsten Idee nach eine „Maschine" genau ist. So bildet denn auch das Konzept, zu dem er gelangte und das heute eine „Turing-Maschine" genannt wird, einen Hauptteil in Turings Beitrag zur Computertheorie. Obwohl im Grunde genommen eine Turing-Maschine nicht mehr tun kann, als mit Hilfe ganz einfacher Transitionsregeln von einem diskreten Zustand zum anderen zu springen, konnte Turing zeigen, daß eine solche Maschine alles tun könnte, was man vernünftigerweise von jeder Maschine oder jedem Menschen erwarten konnte, wenn jedesmal nach wohldefinierten Regeln vorgegangen wird. Obendrein zeigte er, daß ein sehr komplexer Typ von Turing-Maschine, die sogenannte „universale" Turing-Maschine, mit einer einzigen Zahl gefüttert werden konnte, die die Struktur jeder anderen Turing-Maschine in chiffrierter Form enthielt, ganz so, wie es bei jenen DNS-Codes für die Struktur eines Organismus der Fall ist. Die Universalmaschine könnte dann ununterscheidbar von jeder anderen Maschine agieren. Die Entdeckung solch einer universalen Turing-Maschine machte sämtliche der einzelnen „Experten"-Maschinen obsolet. Wenn also beispielsweise die eine Turing-Maschine Schach spielen könnte, dann könnte die universale Turing-Maschine ebenfalls Schach spielen, ganz einfach dadurch, daß sie die Codenummer der schachspielenden Turing-Maschine gefüttert bekäme. Desgleichen gilt natürlich für die Theoreme produzierende wie auch für die Poesie verfassende Turing-Maschine. Wenn Turing heute noch lebte, wäre er bei Woody Allens letzter Charakterrolle als Leonard Zelig bestimmt auf seine Kosten gekommen, jenem „Menschen-Chamäleon" – eine mit Leib und Seele ausgestattete, atmende universale Turing-Maschine, die jede andere in perfekter Weise simulieren konnte, wenn ihr die richtige Codenummer eingegeben wurde.

Turings Todesstoß für die Hoffnungen von Logikern wie Russell und Hilbert erfolgte in zwei Abschnitten. Zunächst einmal ging er davon aus, daß es eine Maschine zur Erkennung unentscheidbarer Behauptungen gibt; dann führte er vor, wie diese Annahme zu einem Widerspruch mit sich selbst führt. Ausgangspunkt war, daß er zeigte, daß jede derartige Maschine – wenn sie existierte – weitgehend einer universalen Turing-Maschine gleichen würde, wobei sie die symbolische Nummer jeder Maschine akzeptieren und sie simulieren könnte. Dann machte er den listigen Vorschlag, in diese hypothetische Maschine ihre *eigene* symbolische Nummer einzufüttern. Dieser Vorgang würde sie sofort in eine schwindelerregende Schleife schicken und an Rechenschwindel zugrunde gehen lassen. Anders gesagt, die Idee einer derartigen Maschine ist in sich widersprüchlich. Was bei diesem verdrehten Argument schließlich herauskommt, ist die quälende Entdeckung, daß sich unentscheidbare Behauptungen durch die ganze Mathematik ziehen wie Flechsen quer durch ein Steak, und zwar so dicht aneinander, daß sie sich nicht herausschneiden lassen, ohne daß das ganze Steak zu Hackfleisch wird. Kurz gesagt, Gödels und Turings Arbeiten legten dar, daß sich die Mathematik nicht mechanisieren ließ – oder genauer gesagt, *nicht vollständig* mechanisieren ließ, ganz gleich wie komplex die betreffende Maschine wäre.

Immerhin könnte es oberflächlich betrachtet so aussehen, als implizierte diese Niederlage für den Mechanismus, daß das menschliche Denken mechanische Nachahmungen immer an Intelligenz übertreffen bzw. transzendieren kann, doch stellt sich bei eingehenderer Analyse heraus, daß Turings Argument ebenso auf Menschen angewendet werden kann. Man erwäge nur die Ja-Nein-Frage: „Werden Sie auf diese spezielle Frage mit ‚Nein' antworten?" Sie werden merken, wie Sie bei dem Versuch, sie mit „Ja" oder „Nein" zu beantworten, selbst in eine Art Rechenschwindel geraten. Diese Frage exemplifiziert die Art von Unentscheidbarkeitsproblemen, denen Maschinen und mathematische Systeme eben unterliegen, wie Turing zeigte. Obwohl das Beispiel sehr vereinfachend ist, erinnert es uns doch an ein wesentliches Faktum der menschlichen Lebensbedingungen – daß man, ganz gleich wie bewußt man sich seines Geistes ist, seine eigene Komplexität nicht voll mit einkalkulieren kann, wenn man sich gegenseitig zu verstehen versucht, und man, ganz wie die Turing-Maschinen, die durch ihre eigenen symbolischen Beschreibungen zu Schaden kommen, einen Schwindelanfall der Psyche bekommen kann, wenn man versucht, seine eigenen hypothetischen oder zukünftigen Handlungen zu kalkulieren.

Genauso wie man über seine eigene Komplexität überrascht sein kann, können es auch Maschinen sein, indem sie ihr eigenes Verhalten eben nicht vorhersagen können. Dieses Merkmal, das man an sich selber kennt, schreibt man einem „freien Willen" zu und spricht davon, „nach Belieben zu entscheiden". Turings Beobachtung, daß Maschinen in endlose Schleifen übergehen, wenn sie versuchen, ihr eigenes Verhalten vorherzusagen, läßt vermuten, daß eine hinreichend komplexe Maschine eines Tages ebensogut unter diesem scheinbar unvermeidlichen Wahn des Menschen zu leiden hätte: zu glauben, daß man einen freien Willen hat und fähig ist, nach Belieben Entscheidungen zu treffen, die physikalische Gesetze überschreiten.

Turings anscheinend negatives Ergebnis hinsichtlich der Maschinen kann durchaus als positiv angesehen werden, wenn man bedenkt, daß dadurch die Frage, wie physikalische Objekte über sich selbst nachdenken und sich möglicherweise sogar selbst für bewußte, besonnene Wesen halten könnten, in einem ganz anderen Licht erscheint. Alan Turing träumte davon, sich den Geheimnissen des Bewußtseins auf mechanischem Wege zu nähern, und spätestens in den ausgehenden dreißiger Jahren glaubte er wahrscheinlich an die Möglichkeit, daß eine Maschine, wenn sie nur in geeigneter Weise organisiert wäre, Intelligenz, Bewußtsein und freien Willen haben könnte – wenigstens bis zu dem Grad, wie es uns oder jedem anderen physikalischen Objekt jeweils gegeben ist.

* * *

Turings angehende Karriere als mathematischer Logiker wurde durch den Krieg unterbrochen. Inzwischen war er sowohl Mitglied von Fellowships in Cambridge als auch in Princeton (am Institute for Advanced Studies, wo er die erlauchte Gesellschaft solcher Leute wie Einstein, Gödel und John von Neumann genoß). Nun drängte man ihn zum Dienst als Codeknacker. Eigentlich erwies es sich für Turing als gar nicht so schlecht, wenn man es von einer persönlichen Warte aus sieht. In Bletchley Park, mitten zwischen Cambridge und Oxford, verwandte eine kleine Gruppe von Denkern, alle stark mathematisch orientiert, alles in ihrer analytischen Macht Stehende auf die Aufgabe, die bereits beeindruckende Arbeit, die die polnischen Codeknacker geleistet hatten, weiter voranzutreiben. Es war bekannt, daß das deutsche Oberkommando Befehle in codierter Form an seine Streitkräfte, einschließlich seines weit ausgedehnten U-Boot-Netzes, ausgab, mittels einer Maschine, die „Enigma" genannt wurde. Man wußte genau, wie die Enigma konstruiert war, aber das reichte nicht, wie Alan Turing nur zu gut wußte: Die Herren Codeknacker mußten ebenso den internen Status der Maschine wissen, der ein x-beliebiger aus einer astronomischen Anzahl von Zuständen sein konnte. Jede beliebige Konfiguration mehrerer sich unabhängig voneinander drehender Ringe in der Chiffriermaschine bildete einen Zustand; nur wenn sie die Konfiguration kannten, konnten die Codeknacker eine Nachricht schnell entschlüsseln.

Turing, Gordon Welchman und ein paar andere standen in enger Zusammenarbeit. Gemeinsam analysierten sie Strategien, wie die abgefangenen Geheimnachrichten zu verwenden waren und wie die Maschinen eingesetzt werden sollten, die mit Hochgeschwindigkeit den Zustand der Enigma haargenau abzufragen suchten. Fieberhaft arbeiteten sie daran, während die englischen Schiffe eines nach dem anderen von den deutschen U-Booten versenkt wurden. Es war klar, daß die Nazis Englands Kriegsanstrengungen völlig zum Erliegen bringen würden, wenn die Enigma nicht überlistet werden konnte.

Zunächst konnten sie abgefangene Nachrichten erst nach einigen Wochen dechiffrieren – was natürlich viel zu spät war. Aber langsam stellte sich ein Erfolg ein, und sie verkürzten das Pensum auf ein paar Tage, um schließlich nur noch Minuten für die Entschlüsselung zu brauchen. Dann stellte sich jedoch heraus, daß die Deutschen bei Ortsbezeichnungen spezielle Codenamen und ungewöhnliche Koordinaten verwendeten. Also war eine zweite Dechiffrierschicht nötig. Zum Glück ließ sich das dadurch bewerkstelligen, daß man genau verfolgte, an welchen Stellen die Schiffe eigentlich versenkt wurden und diese Information dann mit den schleierhaften Koordinaten in den verschlüsselten Nachrichten in Korrelation brachte. Sobald sie die zweite Schicht des Codes abgeschält hatten, war es, als ob die deutsche Flotte im Atlantik einfach mit einem Mal vor ihren Augen auf einem Bildschirm abgebildet erschien.

Plötzlich erhöhte sich die Zahl der englischen Schiffe, die durch das offensive Netz der deutschen U-Boote schlüpften, dramatisch. Eigentlich hätte das den Deutschen todsicher verraten müssen, daß ihr Code geknackt worden war, doch ironischerweise waren sie sich der Undechiffrierbarkeit der Enigma-Maschine so sicher, daß sie durch ihre eigene Logik statt dessen zu dem Schluß gezwungen wurden, daß die Engländer sehr gute Spione haben müßten, also suchten sie nach den Spionen, statt eine neue Chiffriermaschine zu erfinden. Trotzdem war das Entschlüsselungsverfahren eine haarige, gewagte Sache, da die Deutschen gelegentlich die verschiedensten Änderungen an der Enigma-Maschine vornahmen und somit verzweifelte Jagden nach neuen Theorien in Bletchley Park auslösten. Aber Turing und seine Kollegen kamen immer dahinter, und die englische Regierung wußte regelmäßig und mit Sicherheit Bescheid, was das Nazi-Oberkommando vorhatte.

Mittlerweile legte die im Zentrum dieser Aktivität stehende Person, Alan Turing, ausgedehnte Dauerläufe hin und strampelte auf einem traurigen Drahtesel zur Arbeit und wieder fort, ohne anscheinend zu merken, wenn es regnete. Immer wieder, so beobachteten die Leute, blieb er stehen, um seine Fahrradkette zu justieren, damit sie nicht herunterfiel. Kennzeichnend war, daß er genau wußte, wann er einen solchen Stop einlegen mußte, denn er hatte beobachtet, daß sein Fahrrad einen internen Zustand besaß, genau wie eine Enigma-Maschine, der durch die relativen Stellungen mehrerer sich unabhängig voneinander drehender Zahnkranzringe in dem Mechanismus seines Gangrads vorgegeben wurde. Solange er den Zustand dieser „Turing-Maschine" im Auge behielt, war er in der Lage, Desaster abzuwenden. Und in der Zwischenzeit wendete er noch Desaster in einem globaleren Umfang ab.

* * *

Als der Krieg zu Ende ging, waren Turings Ideen, wie Maschinen den Geist imitieren könnten, beträchtlich gereift. Mittlerweile hatte er mehrere Jahre lang mit elektronischen Geräten Kontakt gehabt, und viele der Aufgaben, an denen er beteiligt war, hatten sein Gehirn mit neuen Ideen befruchtet. Das Problem war jetzt allerdings, daß es keinen Krieg mehr gab, um seine Fähigkeiten und seine Ideen jenen Leuten entscheidend erscheinen zu lassen, die das Geld hatten. Er versuchte, Geldquellen aufzutun, um seine universale Turing-Maschine zu bauen, aber sein linkisches Umgehen mit Leuten und seine Tendenz, langfristige philosophische Ziele mit näherfristigen praktischen zu verquicken, schien die Leute abzuschrecken. Statt Respekt zu gewinnen, galt er eher als eine Art seltsamer Kauz. Seine gewaltige Vision, wie die Erschaffung einer universalen Maschine am besten anzugehen wäre, die vor allem darauf beruhte, daß alle Flexibilität eher von der Software (den internen Programmen) als von der Hardware kommt, wurde immer mehr übergangen, und er selbst sah sich vor die Tür gestellt. Schließlich wurde Ende der vierziger Jahre an der Universität von Manchester ein britischer Computer hergestellt, aber nicht nach den Richtlinien, für die sich Turing ausgesprochen hatte.

Während Turing also nicht mehr in der Gunst der „richtigen" Intellektuellenkreise stand, konnte er sich glücklicherweise auf philosophische Problemstellungen konzentrieren, die mit mechanischem Denken zusammenhingen, und 1950 schrieb er dann mit 38 Jahren seine Überlegungen in einem der klassischen Aufsätze zu diesem Thema unter dem Titel „Maschinelle Rechner und Intelligenz" nieder. Darin breitete er aus, was unter dem Namen „Turing-Test" bekannt geworden ist. Die Idee ist, emotional aufgeladene Fragen zu umgehen, wie beispielsweise „Kann eine Maschine denken?" Indem er sich ganz an den Operationalismus hielt, erwiderte er glattweg: „Sie wollen wissen, ob diese Maschine denken kann? Dann stellen Sie sie hinter einen Vorhang und warten Sie ab, ob sie Leute aufgrund dessen, was sie ihnen auf dem Tippwege sagt, dahingehend hinters Licht führen kann, daß sie denken, es handele sich um einen Menschen." Interessant ist, daß sich dazu eine Parallele in der Art und Weise findet, wie manche Dirigenten vorspielen lassen: Jeder Kandidat muß sich hinter einen Vorhang stellen, so daß nicht zu sehen ist, wer es ist, und die Dirigenten nicht durch Alter, Geschlecht, Kleidung oder andere äußerliche Aspekte beeinflußt werden.

Der Turing-Test (oder das „Imitationsspiel", wie Turing es nannte) drehte sich um die Kommunikation zwischen einem Fragesteller, der ein Mensch ist, und einem unbekannten, ebenfalls Sprache verwendenden „Wesen". Da Turing wußte, daß es heftigen Widerstand gegen die Vorstellung gab, daß Rechenapparate womöglich schon bald bzw. in der Tat *seit jeher* denken können, bemühte er sich fleißig, die außerordentliche Allgemeingültigkeit des Versuchs, die sein Test ermöglichte, klarzumachen, indem er ein paar kurze Probedialoge vorführte, in denen gezeigt wurde, wie ein Mensch, der sich geschickt aufs Fragen versteht, seltsame und abstruse Dinge, subtile Meinungen, Ansichten und Urteile und sogar emotionale Reaktionen aus dem unbekannten „Wesen" in Erfahrung bringen kann. Aber die meisten Leute bleiben dem Turing-Test gegenüber skeptisch eingestellt, selbst wenn sie diese Dialoge gelesen haben, wahrscheinlich weil sie Angst haben, daß sie den Tricks einer oberflächlichen Maschine leicht auf den Leim gehen könnten. Sie wissen es einfach nicht zu würdigen, wie sehr sie mit dem Turing-Test potentiell in der Lage wären, so manches der Tiefe und Breite nach auszusondieren.

In seinem Aufsatz erhob Turing neun plausible Einwände gegen seine eigene Einstellung im Imitationsspiel zu der Frage mechanischen Denkens und beantwortete sie nacheinander in überzeugender Weise. Der schwerwiegendste Einwand scheint der „Lady-Lovelace-Einwand" zu sein: daß Computer überhaupt nichts *erzeugen* können, sondern lediglich das tun können, was wir ihnen ausdrücklich vorschreiben. Turings Antwort darauf – daß man *nicht* weiß, was eine Maschine tut, die man programmiert hat, außer in ganz oberflächlicher und genereller Hinsicht – ist von einer Tiefe, die vielen guten Geistern entgeht. Ich vermute, daß nur langsam in unsere Kultur einsikkern wird, wie tiefgründig der Turing-Test als ein Prüfverfahren für eine angebliche „denkende Maschine" wirklich ist, da wir die subtilen und vielschichtigen Kompliziertheiten von Computern in uns kollektiv aufnehmen.

Eine traurige Fußnote: In den frühen fünfziger Jahren nahm die BBC eine Reihe von Radio-Interviews mit Turing zum Thema Geist und Maschine auf, archivierte aber aus irgendeinem Grund keines davon, und so ist uns nichts von einer Stimme erhalten, die auf alle Fälle recht besonders war und einiges zu offenbaren hatte. Obwohl sogar Turings eigenes Imitationsspiel die Fähigkeit des gedruckten Wortes hervorhob, sämtliche Nuancen einer Persönlichkeit vermitteln zu können, erscheint der Gedanke quälend, daß die Stimme einer wichtigen Persönlichkeit für immer verloren ist, die vor nicht allzu langer Zeit noch gelebt hat. So ist alles, was wir von ihm haben, das geschriebene Wort.

* * *

Sein ganzes Leben lang war Alan Turing von dem Problem der Morphogenese fasziniert: wie ganze Organismen ihr Wachstum synchronisieren und koordinieren. Ein Beispiel ist die fünffache Symmetrie eines Seesterns – wie in aller Welt weiß eine Zelle, in welchem Teil des Organismus sie steckt, und wie kommunizieren verschiedene Zellen miteinander, um das verzwickte Muster insgesamt zu planen, zu dessen Formung sie sich schließlich aufraffen? Turings Theorien, die er Anfang der fünfziger Jahre auf der Grundlage der Mathematik entwickelte, waren ihrer Zeit typischerweise voraus, und selbst heutzutage gehören sie noch längst nicht zum alten Eisen.

Seine langjährige Freude am Langstreckenlauf verlor er nie, und es mochte so aussehen, als konnte er sich auf ein glückliches Leben freuen und seinen intellektuellen Träumereien und romantischen Hoffnungen in einer friedlicheren Welt nachgehen. Unglücklicherweise aber befand sich das damalige England in ebensolchen politischen Wirren wie die Vereinigten Staaten, und Homosexualität war als eine „gefährliche" Krankheit verschrien und gleichsam symptomatisch für geistige Instabilität. Und als die anti-homosexuellen Attacken immer heftiger und bösartiger wurden, wurde Alan Turing ironischerweise zunehmend couragierter. Immer weniger war er geneigt, ein Blatt vor den Mund zu nehmen, was seine eigene sexuelle Veranlagung betraf, und ignorierte häufig einfach den Rat von Freunden, mehr Vorsicht an den Tag zu legen.

1952 wurde in Turings Haus eingebrochen, und es war ihm rasch klar, daß einer seiner gelegentlichen Liebhaber irgendwie in die Sache verwickelt war. Während seiner Aussage bei der Polizei gab Turing indirekt zu verstehen, daß er homosexuell war, und von diesem Moment an nahm sein Leben unwiderruflich einen anderen Verlauf. Nun war er nicht länger einfach ein Opfer, sondern ein Krimineller, obwohl er im Recht war – und statt zu protestieren und seine Unschuld an dem „Verbrechen" der Homosexualität zu beteuern, sprach er freimütig über seine „kriminelle Gepflogenheit".

Zu jener Zeit gab es in England eine Bewegung, Homosexualität als eine Krankheit zu betrachten, die durch ein hormonales Ungleichgewicht verursacht wurde, und verschiedene Ärzte hatten verschiedene „Heilmethoden" parat. In Amerika war die Kastration eine sehr populäre „Kur" für Männer (Hodges zitiert diesbezüglich Zahlen, die darauf hinauslaufen, daß bis etwa 1950 mindestens 50 000 Kastrationen vorgenommen worden waren). In England nahm man davon allerdings Abstand, wenngleich die Behandlungsform dort nicht weniger brutal und barbarisch war. Turing wurde für schuldig befunden und verurteilt, sich einer „Behandlung" zu unterziehen: regelmäßige Injektionen mit weiblichen Geschlechtshormonen, die seinen Geschlechtstrieb unterdrücken sollten. So also bedankte sich die englische Gesellschaft bei der Person, die für die Sicherheit ihrer Schiffe während des Zweiten Weltkriegs die größte Verantwortung getragen hatte. Natürlich konnte man unmöglich wissen, welche Rolle Turing während des Kriegs innegehabt hatte, denn das war streng geheim und sollte es auch noch für viele weitere Jahre bleiben. Und Turings Rolle während der Kriegsjahre sollte keineswegs als ein mildernder Umstand bei seinem „Verbrechen" angesehen werden, denn das hätte dann bedeutet, daß die Millionen anderen englischen Homosexuellen, die eher im gewöhnlichen Leben standen, immer noch des gleichen „Verbrechens" schuldig gewesen wären. Turing sah das und wollte jeden Versuch unterlassen, seine Beziehungen zur Regierung oder zur akademischen Welt in Anspruch zu nehmen, um sein Urteil abzumildern, und so stand er es einfach durch, daß er Brüste bekam und impotent gemacht wurde.

Nach einem Jahr durfte er zurück in normalere „Verhältnisse". Das Urteil war vorüber und er frei. Aber eine Quälerei wie jene hinterläßt permanente Narben, und tief in Alan Turings Innerem hatte sich etwas gewandelt. In den nächsten paar Jahren erschien er seinen Freunden die meiste Zeit ganz glücklich, und er scherzte und plauderte über seine Zukunft. Aber eines Tages, 1954, präparierte er einen Apfel mit Zyanid, so wie er es einst bei der bösen Hexe in dem Walt-Disney-Film *Schneewittchen und die sieben Zwerge* gesehen hatte. Im Gegensatz zu ihr biß er in seinen eigenen Apfel. „Der Apfel ins Gebräu getaucht, der Tod im Schlaf eintaucht." Und am nächsten Tag fand man ihn tot. Er hatte es so geplant, daß seine Mutter es als einen „Unfall durch Chemikalien" interpretieren würde, aber andere wußten es besser. Obwohl heute alles stark darauf hindeutet, daß die als Alan Mathison Turing bekannte Maschine sich aus freiem Willen heraus selbst anhielt, bleibt es für uns ein Änigma, ein Rätsel, eine unentscheidbare Frage, warum er es letztlich getan hat.

* * *

Andrew Hodges ist in seinem Buch ein wunderbares Porträt eines facettenreichen Mannes gelungen, dessen Aufrichtigkeit und Anständigkeit für seine Gesellschaft und seine Zeit zu viel des Guten waren und der seinen eigenen Untergang bewerkstelligte. Über der offenkundigen Empathie, die Hodges für Turing empfindet, ist noch eine weitere Ebene gelagert, die in einer Biographie einer wissenschaftlichen Persönlichkeit das A und O ist: wissenschaftliche Genauigkeit. Hodges hat Bewundernswertes geleistet, da er jede Idee dem Laienverstand eines Lesers eingehend darstellt; darüber hinaus kommt deutlich zum Vorschein, daß er von all den Ideen, die Turing fesselten, selbst leidenschaftlich in Bann gezogen ist. Dieses Buch ist eine erstklassige Darstellung des Lebens eines erstklassigen wissenschaftlichen Denkers, und weil dieser spezielle Geist an einen Körper gebunden war, der seinen eigenen Kopf hatte, ist dieses Buch auch aus gesellschaftlichen Gründen ein sehr wichtiges Dokument. Alan Turing hätte geschaudert, wenn er je gewußt hätte, daß seine Lebensgeschichte publik gemacht werden würde, aber er ist in guten Händen: Man kann sich kaum ein Lebensporträt vorstellen, das mehr Anteilnahme und Eifer enthält als dieses.

21
Ein Kaffeehaus-Gespräch über den Turing-Test

Mai 1981

TEILNEHMENDE:
Chris studiert Physik, Pat Biologie und
Sandy Philosophie.

CHRIS: Danke schön, Sandy, daß du mir geraten hast, den Aufsatz von Alan Turing „Maschinelle Rechner und Intelligenz" zu lesen. Das ist ein toller Artikel, und er hat mich weiß Gott zum Nachdenken gebracht – zum Nachdenken auch über mein Nachdenken.

SANDY: Freut mich zu hören. Bist du gegenüber artifizieller Intelligenz noch genauso skeptisch wie vorher?

CHRIS: Das ist ein Mißverständnis. Ich habe nichts gegen artifizielle Intelligenz; ich finde das eine tolle Sache – ein bißchen verrückt vielleicht, aber warum nicht? Ich bin nur überzeugt, daß ihr AI-Advokaten den menschlichen Geist entschieden unterschätzt und daß es Sachen gibt, die ein Computer nie und nimmer wird leisten können. Kannst du dir zum Beispiel vorstellen, daß ein Computer einen Proust-Roman schreiben könnte? Der Reichtum an Phantasie, die Kompliziertheit der Charaktere...

SANDY: Auch Rom wurde nicht an einem Tag erbaut!

CHRIS: Nach dem Aufsatz zu schließen, muß Turing ein interessanter Mensch gewesen sein. Lebt er noch?

SANDY: Nein, er ist 1954 gestorben, gerade einundvierzig Jahre alt. Dieses Jahr wäre er erst siebenundsechzig, wenn er auch inzwischen eine so legendäre Figur ist, daß es einem komisch vorkommt, ihn sich unter uns lebend vorzustellen.

CHRIS: Wie ist er gestorben?

SANDY: Fast mit Sicherheit Selbstmord. Er war homosexuell und hat viel Gemeinheit und Dummheit von seiten seiner Umgebung aushalten müssen. Schließlich ist es ihm offenbar zuviel geworden, und er hat sich umgebracht.

CHRIS: Was für eine traurige Geschichte.

SANDY: Ja, weiß Gott. Was ich traurig finde, ist, daß er den erstaunlichen Aufschwung nicht hat erleben können, den die Computeranlagen und die Computerwissenschaft genommen haben.

PAT: Sagt mal, könnt ihr mir einen Tip geben, worum es bei Turings Aufsatz geht?

SANDY: Eigentlich geht's um zweierlei. Das eine ist die Frage: „Kann eine Maschine denken?" – oder genauer gesagt: „Wird eine Maschine je denken können?"

Turing beantwortet diese Frage – übrigens meint er, daß die Antwort „ja“ lauten muß – in der Weise, daß er eine Reihe von Einwänden gegen die Vorstellung einen nach dem anderen niederschlägt. Das zweite ist sein Versuch zu zeigen, daß die Frage, so wie sie dasteht, unsinnig ist. Sie ist zu aufgeladen mit emotionalen Konnotationen. Viele Leute lassen sich durch die Behauptung in Harnisch bringen, Menschen seien Maschinen oder Maschinen könnten denken. Turing versucht die Frage dadurch zu entschärfen, daß er ihr eine weniger emotional brisante Fassung gibt. Was hältst zum Beispiel du von der Idee „denkender Maschinen“, Pat?

PAT: Ehrlich gesagt, finde ich den Ausdruck verwirrend. Weißt du, was mich durcheinanderbringt? Das ist diese Reklame in den Zeitungen und im Fernsehen, wo von „Produkten, die denken“, oder „intelligenten Backöfen“ oder was weiß ich die Rede ist. Ich weiß einfach nicht, wie ernst ich das nehmen soll.

SANDY: Ich weiß, was für Reklamen du meinst, und ich glaube, daß sie viele Leute durcheinanderbringen. Einerseits kriegen wir vorgebetet: „Computer sind in Wirklichkeit dumm, man muß ihnen alles genau vorkauen“, und andererseits bombardiert man uns mit Reklamesprüchen über „Produkte mit Köpfchen“.

CHRIS: Das stimmt wahrhaftig. Wußtet ihr, daß ein Hersteller von Computerterminals seine Produkte „dumme Terminals“ nennt, um sich von den anderen abzuheben?

SANDY: Raffiniert, aber es paßt nur in den allgemeinen Trend zur Vernebelung. In diesem Zusammenhang fällt mir immer der Ausdruck „Elektronengehirn“ ein. Manche schlucken ihn bedenkenlos, während andere ihn strikt ablehnen. Die wenigsten haben die Geduld, sich die einzelnen Punkte genauer anzusehen und zu prüfen, wieviel davon haltbar ist.

PAT: Hat Turing einen Vorschlag, wie man die Frage entscheiden kann, so eine Art Intelligenztest für Maschinen?

SANDY: Das wäre interessant. Aber noch ist keine Maschine auch nur annähernd soweit, daß sie sich einem Intelligenztest unterziehen könnte. Turing schlägt statt dessen einen Test vor, der theoretisch für jede Maschine gebraucht werden kann, um zu klären, ob sie denken kann oder nicht.

PAT: Ist die Antwort, die der Test liefert, ein eindeutiges Ja oder Nein? Falls das so ist, wäre ich skeptisch.

SANDY: Nein, er liefert keine so eindeutige Antwort. In gewissem Sinn ist das einer seiner Vorzüge, daß er zeigt, wie fließend die Grenzen sind und wie schwierig das ganze Problem ist.

PAT: Dann ist also, wie in der Philosophie üblich, das Ganze ein Streit um Worte.

SANDY: Vielleicht, aber es handelt sich um emotional aufgeladene Worte, und deshalb finde ich es wichtig, der Sache nachzugehen und zu versuchen, die Bedeutung der entscheidenden Worte herauszuarbeiten. Die Sache ist fundamental für unser Selbstverständnis, deshalb sollten wir sie nicht unter den Teppich kehren.

PAT: Dann sag mir also, wie Turings Test funktioniert.

SANDY: Das Ganze basiert auf einem Imitationsspiel, wie er das nennt. Bei diesem Spiel gehen ein Mann und eine Frau in getrennte Räume und lassen sich von einem Dritten Fragen stellen, mittels einer Art Fernschreiber. Der Dritte kann

Fragen an beide Räume richten, hat aber keine Ahnung, wer in welchem Raum ist. Für den Fragesteller geht es darum herauszufinden, in welchem Raum die Frau ist. Was die Frau betrifft, so versucht sie, durch ihre Antworten dem Fragesteller soweit wie möglich zu helfen. Der Mann hingegen tut sein Bestes, den Fragesteller hinters Licht zu führen, indem er in seinen Antworten die Frau zu mimen versucht. Und wenn es ihm gelingt, den Fragesteller aufs Glatteis zu führen...

PAT: Der Fragesteller kriegt nur Schriftliches zu sehen, was? Und er baut darauf, daß das Geschlecht des Verfassers durchscheint? Das Spiel klingt nach einer interessanten Herausforderung. Da würde ich auch sehr gern einmal mitmachen. Kennt der Fragesteller den Mann oder die Frau vor Beginn des Tests bereits? Kennt irgendeiner von ihnen die anderen vorher?

SANDY: Das wäre vermutlich keine gute Idee. Wenn der Fragesteller einen oder beide kennen würde, könnte es zu allen möglichen unbewußten Fingerzeigen kommen. Das Sicherste wäre, wenn alle drei einander total unbekannt wären.

PAT: Kann man überhaupt Fragen stellen, wenn man keinerlei Anhaltspunkte hat?

SANDY: Durchaus. Das ist ja gerade der Witz.

PAT: Meinst du nicht, daß das Ganze sehr schnell zu einer höchst sex-lastigen Fragerei verkommen würde? Ich kann mir vorstellen, daß der Mann in seinem Übereifer, überzeugend zu wirken, sich dadurch verraten würde, daß er Antwort auf ein paar unverblümte Fragen gäbe, die wegen ihrer Intimität eine Frau nicht beantworten würde, nicht einmal durch eine anonyme Computerleitung.

SANDY: Das klingt einleuchtend.

CHRIS: Eine andere Möglichkeit wäre, sich Informationen über Nebenaspekte zu verschaffen, die sich aus den traditionellen Rollenunterschieden der Geschlechter ergeben, indem man etwa Fragen über Kleidergrößen usw. stellte. Die Psychologie könnte beim Imitationsspiel ganz schön subtile Formen annehmen. Ich vermute, es würde eine Rolle spielen, ob der Fragesteller ein Mann oder eine Frau wäre. Meint ihr nicht auch, daß eine Frau gewisse verräterische Besonderheiten rascher aufspüren würde, als ein Mann das könnte?

PAT: Wenn ja, dann ließen sich *dadurch* vielleicht die beiden unterscheiden.

SANDY: Hm... das gibt der Sache eine neue Wendung! Wie dem auch sei, ich weiß nicht, ob in dieser seiner ursprünglichen Fassung das Imitationsspiel je ernsthaft ausprobiert worden ist, obwohl sich das doch mit modernen Terminals ziemlich leicht machen ließe. Ich muß allerdings zugeben, daß ich nicht genau weiß, was mit dem einen oder anderen Ergebnis eigentlich bewiesen würde.

PAT: Das habe ich mich auch gefragt. Was würde bewiesen, wenn der Fragesteller – sagen wir, eine Frau – nicht sagen könnte, wer von den beiden die Frau ist. Beweisen würde das doch zweifellos nicht, daß der Mann eine Frau *ist*!

SANDY: Genau! Das Komische ist, daß ich zwar vom Turing-Test grundsätzlich überzeugt bin, aber nicht weiß, wozu das Imitationsspiel gut ist, auf dem der Test doch basiert!

CHRIS: Ich bin mit dem Turing-Test als einem Test für „denkende Maschinen" genausowenig glücklich wie mit dem Imitationsspiel als Weiblichkeits-Test.

PAT: Wenn ich euch recht verstehe, ist der Turing-Test eine Art Fortsetzung des Imitationsspiels, nur daß jetzt ein Mensch und eine Maschine in den getrennten Räumen sind.

SANDY: Du sagst es. Die Maschine bemüht sich nach Kräften, den Fragesteller davon zu überzeugen, daß sie ein menschliches Wesen ist, während der Mensch deutlich zu machen versucht, daß er bzw. sie kein Computer ist.

PAT: Abgesehen von deiner tendenziösen Formulierung „die Maschine bemüht sich" klingt das sehr interessant. Aber weißt du denn, ob dieser Test das Wesentliche am Denken erfaßt? Vielleicht werden die falschen Sachen getestet. Vielleicht, um ein aus der Luft gegriffenes Beispiel zu nehmen, billigt jemand nur dann einer Maschine Denkfähigkeit zu, wenn sie so gut tanzen kann, daß sie als Maschine nicht mehr erkennbar ist. Oder jemand sonst wählt irgendein anderes Erkennungsmerkmal. Was ist so Besonderes an der Fähigkeit, andere Leute durch seine Tipperei hinters Licht zu führen?

SANDY: Ich verstehe nicht, wie du so etwas sagen kannst. Ich habe diesen Einwand schon früher gehört, aber ich kann ihn, offen gestanden, nicht begreifen. Mag auch die Maschine nicht steptanzen oder dir auf die Zehen treten können, was soll's? Wenn sie über jedes ihr gestellte Thema sich intelligent unterhalten kann, dann zeigt das, daß sie denken kann – in meinen Augen jedenfalls! Wie ich die Sache sehe, hat Turing einen klaren Trennstrich gezogen zwischen dem Denken und anderen zum Menschsein gehörenden Aspekten.

PAT: Jetzt sprichst *du* in Rätseln. Wenn die Fähigkeit eines Menschen, beim Imitationsspiel zu gewinnen, nichts beweist, wie kann dann die Fähigkeit einer Maschine, beim Turing-Spiel zu gewinnen, irgendeine Beweiskraft haben?

CHRIS: Gute Frage.

SANDY: *Ein* Schluß, meine ich, läßt sich doch daraus ziehen, wenn ein Mann beim Imitationsspiel gewinnt. Zwar läßt sich daraus nicht schließen, daß er eine Frau ist, aber einen guten Einblick in die weibliche Psyche (falls es das gibt) kann man ihm sicher attestieren. Wenn nun ein Computer jemanden so weit hinters Licht führen kann, daß der Betreffende glaubt, es mit einem Menschen zu tun zu haben, muß man, meine ich, dem Computer etwas Ähnliches zugestehen – daß er gut darüber Bescheid weiß, wie es ist, ein Mensch zu sein, einen guten Einblick hat ins „menschliche Dasein" (was immer das ist).

PAT: Mag sein, aber das ist noch nicht unbedingt gleichbedeutend mit Denken, oder? Mir scheint, daß eine erfolgreiche Absolvierung des Turing-Tests nur eben beweisen würde, daß die betreffende Maschine es vorzüglich versteht, Denken zu *simulieren*.

CHRIS: Ich bin mit Pat ein Herz und eine Seele. Wir alle wissen, daß es heutzutage tolle Computerprogramme gibt für die Simulation aller möglichen komplizierten Erscheinungen. In der Physik zum Beispiel simulieren wir das Verhalten von Partikeln, Atomen, festen Stoffen, Flüssigkeiten, Gasen, Milchstraßen usw. Aber keiner verwechselt diese Simulationen mit den Sachen selbst!

SANDY: In seinem Buch *Brainstorms* macht der Philosoph Daniel Dennett eine ähnliche Bemerkung über simulierte Orkane.

CHRIS: Auch das ist ein gutes Beispiel. Was sich in einem Computer abspielt, wenn er einen Orkan simuliert, ist offensichtlich kein Orkan, denn der Speicher der Maschine wird nicht von Sturmwinden mit 300 Stundenkilometern zerfetzt, der Boden des Maschinenraums wird nicht von Regenwasser überflutet, usw.

SANDY: Ich bitte dich – das ist kein faires Argument! Erstens erheben die Programmierer nicht den Anspruch, daß die Simulation wirklich ein Orkan *ist.* Sie ist nur die Simulation bestimmter Aspekte eines Orkans. Zweitens aber treibst du kein ehrliches Spiel, wenn du damit operierst, daß es bei einem simulierten Orkan keine Regengüsse oder 300-km/h-Windgeschwindigkeiten gebe. Für uns gibt es die nicht – aber wenn das Programm unvorstellbar ausgearbeitet würde, könnte es auch simulierte Leute unten auf der Erde vorsehen, die Wind und Regen so erfahren würden wie wir, wenn ein Orkan über uns hinwegfegt. In ihren Köpfen – oder, wenn du lieber willst, in ihren *simulierten* Köpfen – wäre der Orkan keine Simulation, sondern eine wirkliche Erscheinung mit allem Drum und Dran, Nässe und Verwüstungen.

CHRIS: Junge, Junge – was für ein Science-fiction-Szenarium! Jetzt geht es schon darum, ganze Bevölkerungen zu simulieren, nicht bloß einen einzelnen Geist!

SANDY: Na, schau – ich versuche nur, dir zu zeigen, warum dein Einwand, daß ein simulierter McCoy nicht der wirkliche McCoy ist, nicht sticht. Dem Einwand liegt die stillschweigende Voraussetzung zugrunde, daß alle ursprünglichen Beobachter des simulierten Phänomens auch ebensosehr imstande seien, die neuen Vorgänge richtig einzuschätzen. Tatsächlich aber braucht es vielleicht einen Beobachter mit einer speziell begünstigten Perspektive, um die Vorgänge wahrzunehmen. In unserem Fall braucht es eine spezielle „Computerbrille", um den Regen, den Wind und so weiter sehen zu können.

PAT: „Computerbrille"? Wovon redest du überhaupt?

SANDY: Ich meine, um den Wind und die Nässe des Orkans wahrzunehmen, muß man den richtigen Blick darauf haben. Du –

CHRIS: Nein, nein, nein! Ein simulierter Orkan ist nicht naß! Wie naß er auch immer simulierten Leuten vorkommen mag, *in Wahrheit* ist er nie und nimmer naß. Und kein Computer wird je beim Simulieren vom Wind zerfetzt werden!

SANDY: Sicher nicht, aber du bringst die Ebenen durcheinander. Ein wirklicher Orkan zerfetzt ja auch nicht die physikalischen Gesetze. Wenn du bei einem simulierten Orkan in den Speicher des Computers reinschaust in der Erwartung, unterbrochene Kontakte und dergleichen zu finden, wirst du eine Enttäuschung erleben. Aber nimm die richtige Ebene. Sieh dir die *Strukturen* an, die im Speicher verschlüsselt liegen. Du wirst feststellen, daß ein paar abstrakte Verbindungen kaputt, einige Variablenwerte radikal verändert sind, usw. Hier hast du deine Überschwemmung, deine Verwüstungen – ganz wirklich, nur ein bißchen versteckt, ein bißchen schwer zu entdecken.

CHRIS: Tut mir leid, das kann ich einfach nicht schlucken. Du verlangst, daß ich mich nach einer ganz neuen Art Verwüstung, einer nie zuvor mit Orkanen in Zusammenhang gebrachten Verwüstungssorte umsehe. Wenn man diesen Gedanken aufgreift, kann man *alles* Orkan nennen, solange die Folgen, wenn man sie durch deine „Spezialbrille" betrachtet, sich als „Überschwemmungen und Verwüstungen" bezeichnen lassen.

SANDY: Richtig – du hast es genau erfaßt! Man erkennt einen Orkan an seinen *Folgen.* Es ist schlechterdings unmöglich, hinzugehen und irgendein ätherisches „Wesen des Orkans", irgendeine haargenau im Zentrum stationierte „Orkanseele" ausfindig zu machen. Daß ein bestimmtes *Grundmuster* vorhanden ist – eine Sturmspirale mit einem Zentrum und so weiter –, das ist es, was einen von Orkan reden läßt. Selbstverständlich gibt es eine ganze Reihe von Dingen, die vorhanden sein müssen, ehe man bereit ist, von einem Orkan zu reden.

PAT: Und würdest du es nicht für eine unabdingbare Voraussetzung halten, daß es sich dabei um eine atmosphärische Erscheinung handelt? Wie kann etwas, das sich in einem Computer abspielt, ein Sturm sein? Eine Simulation, für mein Dafürhalten, ist eine Simulation ist eine Simulation!

SANDY: Dann würdest du vermutlich sagen, daß auch die Berechnungen, die ein Computer ausführt, simuliert sind – daß sie vorgetäuschte Berechnungen sind. Nur Menschen können echte Berechnungen ausführen, stimmt's?

PAT: Nun, Computer finden die richtigen Antworten, ihre Berechnungen sind also nicht eigentlich Schwindel – aber sie sind eben doch nur *Schablonen.* Es fehlt das innere Verständnis des Vorgangs. Nimm eine Registrierkasse. Kannst du dich allen Ernstes zu der Vorstellung bekennen, sie rechne etwas aus, wenn ihre Zahnrädchen ineinandergreifen? Und so, wie ich die Sache sehe, ist ein Computer einfach nur eine tolle Registrierkasse.

SANDY: Wenn du meinst, daß eine Registrierkasse nicht die Empfindungen eines Schulkinds hat, das Rechenaufgaben löst, kann ich dem nur zustimmen. Aber versteht man dieses Schulkindverhalten unter „Berechnung"? Gehört es wesentlich dazu? Wenn ja, müssen wir alle unsere bisher gängigen Ansichten über die Sache fallenlassen und ein höchst kompliziertes Programm ausarbeiten, um *echte* Berechnungen möglich zu machen. Natürlich wird zu diesem Programm dazugehören, daß es manchmal nachlässig wird und Fehler macht und daß es seine Antworten manchmal unleserlich hinschmiert und daß es gelegentlich aufs Papier kritzelt ... Es wird nicht zuverlässiger sein als der Postangestellte, der die einzelnen Summen mit der Hand zusammenrechnet. Übrigens bin ich zufällig der Meinung, daß so ein Programm irgendwann einmal ausgearbeitet werden könnte. Dann würden wir etwas darüber wissen, wie Postangestellte und Schulkinder arbeiten.

PAT: Das glaube ich nicht, daß man das je können wird!

SANDY: Vielleicht hast du recht, vielleicht auch nicht; aber das ist nicht der Punkt, auf den es mir hier ankommt. Du sagst, eine Registrierkasse kann nicht rechnen. Das erinnert mich an eine andere Stelle aus Dennetts *Brainstorms,* die ich sehr mag – eine ziemlich ironische Passage, und ebendeshalb mag ich sie. Sie lautet etwa folgendermaßen: „Registrierkassen können nicht wirklich rechnen, sie können nur ihre Zahnräder drehen. Aber sie können eigentlich auch nicht ihre Zahnräder drehen; sie können nur den physikalischen Gesetzen gehorchen." Dennett sagt das ursprünglich von Computern, ich habe es jetzt auf Registrierkassen bezogen.

Und dasselbe Argument ließe sich auch auf die Menschen anwenden: „Menschen können nicht wirklich rechnen, sie können nur im Geist mit Symbolen hantieren; aber sie hantieren eigentlich nicht mit den Symbolen; alles, was sie können, ist, verschiedene Neuronen in verschiedenen Grundmustern zu aktivieren. Aber eigentlich können sie ihre Neuronen gar nicht dazu bringen, aktiv zu werden; sie müssen es den physikalischen Gesetzen überlassen, das für sie zu besorgen." Et cetera. Siehst du nicht, daß diese durch Dennett angeregte *reductio ad absurdum* dich zu dem Schluß führen müßte, daß es Berechnungen gar nicht gibt, nichts gibt oberhalb der Ebene physikalischer Teilchen und physikalischer Gesetze? Was gewinnst du damit, wenn du sagst, ein Computer schiebt nur Symbole hin und her und rechnet nicht wirklich?

PAT: Das Beispiel mag übertrieben sein, aber es bringt jedenfalls gut heraus, was ich meine, daß nämlich zwischen einem wirklichen Phänomen und seiner Simulation ein riesengroßer Unterschied ist. Das gilt für Orkane und noch viel mehr für das menschliche Denken.

SANDY: Schau, ich will mich auf diesen Argumentationsstrang nicht zu sehr einlassen, aber laß mich's noch mit einem weiteren Beispiel versuchen. Wenn du ein Funkamateur wärst und von einem anderen Funkamateur eine Morsenachricht empfingst und in Morse zurücksenden würdest, würde es dir dann komisch vorkommen, von der „Person am anderen Ende" zu reden?

PAT: Nein, ich fände das in Ordnung, obwohl es ja nur eine Annahme wäre, daß eine Person am anderen Ende existiert.

SANDY: Ja, du würdest aber wohl nicht hingehen und es nachprüfen. Du bist es gewohnt, hinter diesen recht ungewöhnlichen Kommunikationsmitteln Personen wahrzunehmen. Du brauchst keinen menschlichen Körper zu sehen oder eine Stimme zu hören – alles, was du brauchst, ist eine ziemlich abstrakte Äußerung, in diesem Fall einen Code. Worauf ich hinauswill, ist folgendes. Um hinter den Morsezeichen eine Person zu „sehen", mußt du bereit zu ein bißchen Dechiffrierarbeit, ein bißchen Interpretation sein. Das ist kein Fall für direkte Wahrnehmung; es geht um indirekte Wahrnehmung. Um die dahinter versteckte Wirklichkeit zu finden, muß man die eine oder andere Schicht abheben. Man setzt seine „Amateurfunkbrille" auf, um die Person hinter den Funksignalen zu „sehen". Genauso ist es mit dem simulierten Orkan! Man sieht nicht den Maschinenraum sich verdunkeln – man muß den Speicher der Maschine dechiffrieren. Man muß eine spezielle „Speicherdechiffrierbrille" aufsetzen. *Dann* ist das, was du siehst, ein Orkan!

PAT: He! Keine faulen Tricks – mach' mal langsam! Beim Kurzwellenfunk gibt es da draußen eine wirkliche Person, auf den Fidschiinseln oder sonst irgendwo. Meine Dechiffriertätigkeit, während ich an meinem Empfänger sitze, beweist nur, daß diese Person tatsächlich existiert. Es ist, wie wenn man einen Schatten sieht und daraus schließt, daß es da draußen etwas gibt, das den Schatten wirft. Man verwechselt aber nicht den Schatten mit dem Etwas, das ihn wirft. Und im Fall unseres Orkans gibt es keinen *wirklichen* Orkan hinter der Szene, der das Grundmuster bestimmte, dem der Computer folgt. Nein, alles, was du hast, ist ein

Schattenorkan, ohne irgendeinen echten Orkan dahinter. Ich weigere mich einfach, Schatten mit der Realität zu verwechseln.

SANDY: Also gut. Ich will mich in diesen Punkt nicht verrennen. Ich gebe sogar zu, daß es einigermaßen unsinnig ist zu behaupten, ein simulierter Orkan *ist* ein Orkan. Aber ich wollte deutlich machen, daß die Behauptung nicht *so* unsinnig ist, wie man auf den ersten Blick meinen könnte. Und wenn man nun simuliertes Denken nimmt, ist das noch etwas ganz anderes als simulierte Orkane.

PAT: Ich kann nicht sehen wieso. Wenn mich Gedanken bestürmen, was ist das anderes als ein geistiger Orkan? Aber ernsthaft, das mußt du mir erst beweisen.

SANDY: Um das tun zu können, muß ich in Sachen Orkan erst noch zwei zusätzliche Überlegungen anschließen.

PAT: Bitte nein! – Also gut, also gut.

SANDY: Niemand kann ganz genau sagen, was ein Orkan ist – in absolut präzisen Begriffen, meine ich. Es gibt ein abstraktes Grundmuster, das vielen Stürmen gemeinsam ist, und deshalb nennen wir diese Stürme Orkane. Aber einen scharfen Trennstrich zu ziehen zwischen Orkanen und Nicht-Orkanen, ist unmöglich. Es gibt Tornados, Zyklone, Taifune, Staubstürme... Ist der Große Rote Fleck auf dem Jupiter ein Orkan? Sind Sonnenflecke Orkane? Könnte es einen Orkan in einem Windkanal geben? In einem Reagenzglas? In der Phantasie kannst du sogar die „Orkan"-Vorstellung auf einen mikroskopischen Sturm auf der Oberfläche eines Neutronensterns übertragen.

CHRIS: Das ist gar nicht so weit hergeholt, müßt ihr wissen. Die „Erdbeben"-Vorstellung ist in der Tat auf Neutronensterne übertragen worden. Die Atomphysiker sagen, daß die winzigen Frequenzschwankungen, die gelegentlich in den Schwingungen eines Pulsars beobachtet werden, die Folge von „Stoßwellen" – Sternbeben – sind, die sich in diesem Augenblick auf der Oberfläche des Neutronensterns ereignen.

SANDY: Ja, jetzt erinnere ich mich auch. Die Idee von „Stoßwellen" finde ich herrlich unheimlich – eine surrealistische Art Beben auf einer surrealistischen Art Oberfläche.

CHRIS: Kannst du dir das vorstellen – Plattentektonik auf einer gigantischen rotierenden Kugel aus reiner Kernmaterie?

SANDY: Das ist ein irrer Gedanke. Demnach lassen sich Sternbeben und Erdbeben in einem neuen, abstrakteren Oberbegriff zusammenfassen. Und auf diese Weise erweitert die Wissenschaft beständig den Geltungsbereich gewohnter Begriffe und läßt diese sich mehr und mehr von der gewohnten Erfahrung entfernen, wobei doch aber eine gewisse Grundessenz erhalten bleibt. Das Zahlensystem ist das klassische Beispiel – von positiven zu negativen Zahlen, dann zu rationalen, reellen, komplexen Zahlen und „on beyond zebra", wie Dr. Seuss sagt.

PAT: Ich glaube, hier verstehe ich, was du meinst, Sandy. Wir haben in der Biologie viele Fälle, wo enge verwandtschaftliche Beziehungen auf ziemlich abstrakte Weise hergestellt werden. Oft hängt die Entscheidung darüber, zu welcher Familie eine bestimmte Art gehören soll, von einem abstrakten Schema ab, das den betreffenden Arten auf irgendeiner Ebene gemeinsam ist. Wenn man seinem

Klassifikationssystem sehr abstrakte Schemata zugrunde legt, können, denke ich, eine breite Palette verschiedener Phänomene zur „selben Klasse" gehören, auch wenn dem Augenschein nach die verschiedenen Phänomene einander in vielerlei Hinsicht gänzlich unähnlich sind. Vielleicht kriege ich so doch wenigstens einen Hauch von einer Ahnung, wie es möglich sein kann, daß für dich ein simulierter Orkan in einem gewissen seltsamen Sinn ein Orkan *ist.*

CHRIS: Vielleicht ist das Wort, dessen Geltungsbereich hier erweitert wird, nicht „Orkan", sondern „sein".

PAT: Wie das?

CHRIS: Wenn Turing den Geltungsbereich des Verbs „denken" erweitern kann, warum soll ich dann nicht den des Verbs „sein" erweitern können? Ich meine einfach nur, daß, wenn jemand willkürlich simulierte Dinge mit echten Dingen durcheinanderbringt, er eine ganz schöne philosophische Roßtäuscherei treibt. Das ist entschieden ernster, als nur den Geltungsbereich von ein paar Substantiven à la „Orkan" auszudehnen.

SANDY: Deine Idee, daß hier der Geltungsbereich von „sein" erweitert wird, gefällt mir; aber mit deinem „Roßtäuscher"-Vorwurf gehst du, finde ich, zu weit. Jedenfalls, wenn du nichts dagegen hast, möchte ich gern noch eins zum Thema simulierte Orkane sagen, und dann komme ich zum simulierten Geist. Nimm an, du hast eine wirklich gründliche Simulation eines Orkans vor dir – ich meine eine Simulation, die jedes einzelne Atom wiedergibt, was, wie ich zugebe, unvorstellbar gründlich ist. Ich hoffe, ihr stimmt mit mir darin überein, daß diese Simulation dann jene ganze, abstrakte Struktur aufwiese, die die „Grundessenz des Orkanseins" bildet. Was also kann euch noch hindern, sie einen Orkan zu nennen?

PAT: Ich dachte, du hättest den Anspruch auf Gleichwertigkeit fallengelassen!

SANDY: Hatte ich auch, aber dann kamen diese Beispiele, und die brachten mich wieder auf ihn zurück. Aber lassen wir ihn fallen, wie ich es ja auch vorhatte, und kommen wir zurück zum *Denken,* dem hier eigentlich entscheidenden Punkt. Mehr noch, als sich das von Orkanen sagen läßt, ist Denken eine abstrakte Struktur, eine Art der Beschreibung einer Reihe von komplexen Vorgängen, die sich in einem Medium namens Gehirn ereignen. In der Tat aber kann Denken sich in jedem beliebigen von mehreren Milliarden Gehirnen abspielen. Da gibt es diese vielen, physisch sehr verschiedenen Gehirne, und sie alle sind für „ein und dieselbe Sache" da – fürs Denken. Was demnach zählt, ist das abstrakte *Grundmuster,* nicht das Medium. Dieselbe Art Strudel kann sich in jedem von uns bilden, niemand kann also beanspruchen, „eigentlicher" zu denken als irgendein anderer. Wenn wir nun ein neues Medium präsentieren, in dem *dieselbe Art* von Strudel statthat, kannst du dann bestreiten, daß es sich dabei um Denken handelt?

PAT: Vermutlich nicht, aber du hast das Problem jetzt verschoben. Jetzt ist die Frage, wie sich entscheiden läßt, ob wirklich „dieselbe Art" von Strudel statthat.

SANDY: Das Schöne am Turing-Test ist, daß er dir *sagt,* wann das der Fall ist.

CHRIS: Das sehe ich ganz und gar nicht. Woher weißt du, daß in einem Computer dieselbe Art von Tätigkeit wie in meinem Geist sich abspielt, nur weil er auf Fragen so wie ich antwortet? Alles, was du sehen kannst, ist seine Außenseite.

SANDY: Aber woher weißt du, wenn ich mit dir spreche, daß in *mir* irgend etwas sich abspielt, dem vergleichbar, was du „Denken" nennst? Der Turing-Test ist ein phantastisches Prüfgerät, so etwas Ähnliches wie der Teilchenbeschleuniger in der Physik. Dieser Vergleich muß dir eigentlich gefallen, Chris. Es ist so wie in der Physik: Du willst verstehen, was auf einer atomaren oder subatomaren Ebene vor sich geht, und weil du ja nicht direkt hinschauen kannst, streust du beschleunigte Teilchen auf das betreffende Zielobjekt ab und beobachtest ihr Verhalten. Von diesen Beobachtungen her schließt du dann zurück auf die inneren Verhältnisse im Zielobjekt. Der Turing-Test überträgt diesen Gedanken auf den Geist. Er behandelt den Geist als ein „Zielobjekt", das nicht direkt sichtbar ist, dessen Struktur sich aber auf abstrakterem Wege erschließen läßt. Indem du auf einen als Zielobjekt firmierenden Geist Fragen abstreust, erfährst du etwas über seine innere Funktionsweise, genau wie in der Physik.

CHRIS: Genauer gesagt, kannst du Hypothesen über innere Strukturen aufstellen, die das beobachtete Verhalten erklären können – aber ob diese Strukturen tatsächlich existieren, ist ungewiß.

SANDY: Nun mal langsam! Willst du damit sagen, daß Atomkerne nur hypothetische Gebilde sind? Schließlich wird ihre Existenz – oder sollte ich sagen „hypothetische Existenz"? – durch das Verhalten der von den Atomen abgestreuten Teilchen bewiesen – oder sollte ich sagen „suggeriert"?

CHRIS: Physikalische Systeme scheinen mir erheblich einfacher als der menschliche Geist zu sein, und entsprechend größer ist die Sicherheit, daß man die richtigen Rückschlüsse zieht.

SANDY: Entsprechend schwieriger ist aber auch die Durchführung und Interpretation der Experimente. Im Turing-Test könnte man im Laufe einer Stunde viele höchst heikle Experimente durchführen. Ich bin der Meinung, daß die Leute ihren Mitmenschen einfach deshalb Bewußtsein zubilligen, weil sie sie ständig von außen unter Beobachtung haben – was ja selbst schon so eine Art Turing-Test ist.

PAT: Das mag in etwa stimmen, aber diese ständige Beobachtung umfaßt mehr als eine bloße Konversation mittels Fernschreiber. Wir sehen, daß die anderen Menschen Körper haben, wir studieren ihre Gesichter und ihren Ausdruck – wir sehen, daß sie menschliche Wesen sind, und also denken wir, daß sie denken.

SANDY: In meinen Augen ist das eine höchst anthropozentrische Vorstellung vom Denken. Heißt das, daß du eher einer Schaufensterpuppe als einem hervorragend programmierten Computer Denkfähigkeit zusprechen würdest, nur weil die Schaufensterpuppe mehr wie ein Mensch aussieht?

PAT: Es ist klar, daß ich mehr als nur eine Ähnlichkeit mit der menschlichen Gestalt verlangen würde, ehe ich bereit wäre, einem Wesen Denkvermögen zuzubilligen. Aber zweifellos verleiht die organische Seite, die gemeinsame Herkunft, ein Moment von Glaubwürdigkeit, das sehr wichtig ist.

SANDY: Da bin ich anderer Meinung. Ich finde das einfach zu chauvinistisch. Ich meine, daß das Entscheidende eine Ähnlichkeit der *inneren* Struktur ist – nicht der körperlichen, organischen, chemischen Struktur, sondern der Organisationsstruktur – der Software. Ob ein Wesen denken kann, scheint mir davon abhängig, ob sich seine Organisation auf eine bestimmte Weise darstellen läßt, und ich bin durchaus bereit zu glauben, daß der Turing-Test ermitteln kann, ob diese Organisationsform vorhanden ist oder nicht. Ich würde sagen, daß es ziemlich oberflächlich ist, wenn du dich auf meinen natürlichen Körper als Beweis dafür, daß ich ein denkendes Wesen bin, verläßt. So wie ich die Sache sehe, bleibt der Turing-Test nicht bei der äußeren Form stehen, sondern verschafft einen weitaus tieferen Einblick.

PAT: Na, hör mal – du traust mir ja nicht sonderlich viel zu. Es sind nicht nur die Umrisse des Körpers, was einen in der Überzeugung bestärkt, daß drinnen ein wirkliches Denken vor sich geht – es ist auch, wie gesagt, der Gedanke der gemeinsamen Herkunft. Es ist der Gedanke, daß wir beide, du und ich, aus DNS-Molekülen herstammen, was ich für einen sehr tiefgründigen Gedanken halte. Sagen wir so: Die äußere Form der menschlichen Körper läßt erkennen, daß ihnen eine lange biologische Geschichte gemeinsam ist, und es ist *diese* lange gemeinsame Geschichte, die der Überzeugung, daß der Besitzer eines solchen Körpers denken kann, große Glaubwürdigkeit verleiht.

SANDY: Aber das ist immer nur ein indirekter Beweis. Sicher möchtest du auch irgendeinen *direkten* Beweis. Dafür ist der Turing-Test da. Und ich meine, er ist die *einzig* mögliche Methode, um die Probe auf die „Denkeigenschaft" zu machen.

CHRIS: Aber der Turing-Test würde dich vielleicht hinters Licht führen, so wie den Fragesteller, der den Mann für die Frau hält.

SANDY: Ich gebe zu, wenn ich den Test zu schnell oder zu oberflächlich durchführte, könnte es passieren, daß ich irregeführt würde. Aber ich würde den tiefsten Dingen nachforschen, die mir einfielen.

CHRIS: Ich würde gern sehen, ob das Programm imstande wäre, Witze zu verstehen. Das wäre ein wirklicher Intelligenz-Test.

SANDY: Ich glaube auch, daß für ein Programm, das Anspruch auf Intelligenz erhebt, die Frage des Humors so etwas wie eine Feuerprobe ist, aber für genauso wichtig – vielleicht sogar für noch wichtiger – hielte ich es, seine emotionalen Reaktionen zu testen. Ich würde es also fragen, wie es auf bestimmte Musikstücke oder literarische Produktionen reagiert – insbesondere auf die, die ich selbst am liebsten mag.

CHRIS: Was, wenn es sagt: „Das Stück kenne ich nicht", oder gar: „Für Musik interessiere ich mich nicht"? Was, wenn es allen Anspielungen auf Emotionales ausweicht?

SANDY: Das würde meinen Verdacht wecken. Jede durchgehaltene Vermeidungsstrategie in bezug auf bestimmte Sachkomplexe würde mich ernstlich daran zweifeln lassen, ob ich es mit einem denkenden Wesen zu tun habe.

CHRIS: Warum drückst du es so aus? Warum sagst du in diesem Fall nicht, du hast es mit einem denkenden, aber fühllosen Wesen zu tun?

SANDY: Da triffst du einen heiklen Punkt. Ich kann einfach nicht glauben, daß Gefühle und Denken sich trennen lassen. Anders gesagt, meine ich, daß Gefühlsregungen ein automatisches Nebenprodukt der Fähigkeit zu denken sind. Sie liegen einfach in der Natur des Denkens.

CHRIS: Was ist aber, wenn du dich täuschst? Was, wenn ich eine Maschine baue, die denken kann, aber keine Gefühlsregungen kennt? Dann würde ihre Intelligenz vielleicht unbemerkt bleiben, weil sie *deine* Art Test nicht besteht.

SANDY: Könntest du mir bitte sagen, wo die Grenze zwischen emotionalen und nicht-emotionalen Fragen verläuft? Du willst etwa nach dem Sinn eines großen Romans fragen. Darauf zu antworten, erfordert ein Verständnis menschlicher Gemütsbewegungen! Ist das nun Denken oder bloß nüchterne Rechnerei? Du willst dir eine subtile Wortwahl erklären lassen. Dazu braucht man ein Verständnis der in den Worten enthaltenen Konnotationen. Turing bringt in seinem Aufsatz Beispiele dieser Art. Vielleicht willst du die Maschine in bezug auf eine verwickelte Liebesgeschichte um Rat bitten. Dazu muß sie gut Bescheid wissen über menschliche Motive und deren Hintergründe. Wenn sie nun an dieser Art Aufgaben scheitert, hätte ich wenig Neigung, ihr Denkfähigkeit zuzubilligen. Was mich betrifft, so halte ich die Fähigkeit zu denken, die Fähigkeit zu empfinden und das Bewußtsein für Aspekte ein und desselben Phänomens: Keiner dieser Aspekte ist ohne die jeweils anderen anzutreffen.

CHRIS: Warum sollte man nicht eine Maschine bauen können, die zwar außerstande zu Gemütsbewegungen, aber doch fähig zu denken und fähig zu komplexen Entscheidungsprozessen wäre? Ich sehe darin keinen Widerspruch.

SANDY: Ich schon. Ich denke, wenn du so redest, hast du eine metallene, rechteckige Maschine vor dir, vermutlich in einem Raum mit Klimaanlage – ein hartes, eckiges, kaltes Ding, innen mit einer Million verschiedenfarbiger Leitungen, eine Maschine, die unbeweglich auf einem gefliesten Boden ruht, brummt oder summt oder egal welche Geräusche macht und ihre Bänder abspult. Solch eine Maschine kann eine gute Partie Schach spielen, wozu, wie ich gern einräume, eine Menge Entscheidungen gehören. Und doch würde ich nie einer solchen Maschine Bewußtsein zugestehen.

CHRIS: Wie das? Hat für einen Anhänger der mechanistischen Lehre eine Maschine, die Schach spielen kann, nicht ein wie immer auch rudimentäres Bewußtsein?

SANDY: Nicht für den Mechanismusanhänger, den ihr hier vor euch habt. Wie ich es sehe, ist Bewußtsein die Sprache eines präzisen Organisationsmusters – das wir noch nicht imstande sind, in detaillierter Form darzustellen. Aber ich bin überzeugt, daß wir nach und nach dahin kommen werden, es zu verstehen. In meinen Augen gehört zum Bewußtsein eine bestimmte Art, das äußere Universum innen widerzuspiegeln, und die Fähigkeit, auf Grund des innen repräsentierten Bilds auf die äußere Realität zu reagieren. Und was darüber hinaus für eine Maschine mit Bewußtsein wirklich wesentlich ist: Sie sollte ein gut entwickeltes und flexibles Bild von sich selbst haben. Und das ist der Punkt, in dem bisher alle Programme, die besten schachspielenden eingeschlossen, versagen.

CHRIS: Antizipieren die Schachprogramme denn nicht Spielabläufe und sagen sich, während sie sich ihren nächsten Zug überlegen: „Wenn du hier ziehst, dann ziehe ich dort, und wenn du hierhin gehst, dann könnte ich dahin gehen ..."? Gehört dazu nicht eine Art Selbstbild?

SANDY: Nicht eigentlich. Oder, wenn du willst, ein extrem beschränktes. Es ist ein Selbstverständnis nur im reduziertesten Sinn. Ein Schachspielprogramm hat zum Beispiel keinen Begriff davon, warum es Schach spielt oder daß es ein Programm ist, daß es in einem Computer steckt, daß es gegen einen Menschen spielt. Es hat keine Ahnung, was Gewinnen und Verlieren ist, oder...

PAT: Woher weißt *du,* daß ihm ein solches Verständnis fehlt? Wie kannst du wissen wollen, was ein Schachprogramm fühlt oder weiß?

SANDY: Ach, ich bitte dich! Wir wissen doch alle, daß bestimmte Dinge nichts fühlen bzw. nichts wissen. Ein Stein, den ich werfe, weiß nichts von Kurven, und ein Ventilator weiß nichts von der Luft. Sicher kann ich diese Behauptungen nicht *beweisen,* aber hier haben wir es auch eher mit Glaubensfragen zu tun.

PAT: Das erinnert mich an eine taoistische Anekdote, die ich gelesen habe. Sie geht ungefähr so: Zwei Weise stehen auf einer Brücke über dem Fluß. Der eine sagt zum anderen: „Ich wünschte, ich wäre ein Fisch. Die sind so glücklich!" Der andere antwortet: „Woher weißt du, ob Fische glücklich sind oder nicht? Du bist doch kein Fisch." Der erste gibt zurück: „Aber du bist nicht ich, woher weißt du also, ob ich weiß, wie Fische sich fühlen?"

SANDY: Herrlich! Wenn man über Bewußtsein redet, ist wirklich ein gewisses Maß an Zurückhaltung nötig. Sonst kann man auch genausogut gleich auf einen der beiden Züge aufspringen: entweder den solipsistischen – „Ich bin im ganzen Universum das einzige Wesen mit Bewußtsein" – oder den panpsychischen – „Alles im Universum hat Bewußtsein".

PAT: Weiß man's denn? Vielleicht *hat* alles Bewußtsein.

SANDY: Wenn du vorhast, dich denen anzuschließen, die behaupten, daß auch Steine und sogar Elementarteilchen wie etwa Elektronen irgendeine Art von Bewußtsein haben, dann trennen sich hier wohl unsere Wege. Diese Art Mystizismus ist mir zu hoch. Was Schachprogramme betrifft, weiß ich zufällig, wie sie funktionieren, und ich kann dir mit Sicherheit sagen, daß sie kein Bewußtsein haben! Nicht das geringste!

PAT: Warum nicht?

SANDY: Sie haben nur die allerdürftigste Ahnung vom Sinn und Zweck des Schachspielens. Die Idee des „Spielens" verwandelt sich bei ihnen in die mechanische Tätigkeit, eine Masse Zahlen zu vergleichen und immer wieder die größte zu wählen. Verlieren ist für ein Schachprogramm keine Schande und Gewinnen keine Ehrensache. Sein Selbstbild ist höchst unausgebildet. Ihm reicht es, wenn es so wenig wie möglich tut, nur gerade genug, um eine Partie Schach zu spielen, und basta! Und doch haben wir interessanterweise trotzdem die Neigung, einem schachspielenden Computer „Willensregungen" nachzusagen. Wir sagen: „Er will seinen König hinter einer Reihe von Bauern bedeckt halten" oder „Er will seine Türme frühzeitig aus der Ecke kriegen" oder „Er denkt, ich sehe diesen heimlichen Doppelangriff nicht".

PAT: Na, bei Insekten machen wir es genauso. Wir entdecken irgendwo eine verlorene

Ameise und sagen: „Sie versucht, nach Hause zurückzufinden“ oder „Sie will diese tote Biene zurück zum Ameisenhaufen schleppen“. Tatsächlich benutzen wir bei allen Tieren Ausdrücke, die auf Gemütsbewegungen hindeuten, aber wieviel Gemütsbewegung das Tier hat, können wir gar nicht sicher sagen. Ich scheue mich nicht zu sagen, daß Hunde oder Katzen froh oder traurig sind, Bedürfnisse und Meinungen haben, und so weiter, aber natürlich halte ich die Trauer, die sie empfinden, für nicht so tief oder komplex wie die menschliche.

SANDY: Du würdest aber nicht von „simulierter Traurigkeit“ reden, oder?

PAT: Nein, natürlich nicht. Ich halte sie für etwas Wirkliches.

SANDY: Es ist schwer, die Verwendung derartiger teleologischer oder mentalistischer Ausdrücke zu vermeiden. Ich glaube, sie haben ihre Berechtigung, wenngleich man es mit ihnen nicht übertreiben soll. Wenn man sie auf die modernen Schachprogramme anwendet, haben sie einfach nicht dieselbe Bedeutungsfülle, die ihnen in bezug auf Menschen zukommt.

CHRIS: Ich kann immer noch nicht sehen, warum zur Intelligenz Gemütsbewegungen gehören müssen. Warum kannst du dir nicht eine Intelligenz vorstellen, die einfach berechnet und keine Gefühle kennt?

SANDY: Darauf zwei Antworten! Erstens, jede Intelligenz braucht Motivationen. Es entspricht einfach nicht den Tatsachen, auch wenn viele Leute das glauben, daß Maschinen „objektiver“ denken könnten als Menschen. Genauso wie ein Mensch müssen die Maschinen, wenn sie etwas anschauen, das Angeschaute zentrieren und unter bestimmte vorgefaßte Begriffe bringen. Und das bedeutet, daß man einiges wahrnehmen und anderes weglassen muß. Es bedeutet, daß man einigem mehr Gewicht beimißt als anderem. Das passiert auf jeder Verarbeitungsebene.

PAT: Wie meinst du das?

SANDY: Nimm zum Beispiel mich gerade jetzt, in dieser Situation. Man könnte denken, ich wollte einfach verstandesmäßig ein paar Punkte klären und brauchte dafür keine Gefühle. Wieso aber ist mir an diesen Punkten *gelegen?* Warum betone ich so besonders, daß mir daran „gelegen“ ist? Um deutlich zu machen, daß ich an dieser Konversation emotional beteiligt bin! Wenn die Menschen miteinander reden, so aus Überzeugung und nicht aus hohlen, mechanischen Reflexen. Selbst der intellektuellsten Unterhaltung liegen Leidenschaften zugrunde, die sie in Gang halten. Jede Unterhaltung hat einen emotionalen Unterton – die Redenden wollen, daß man ihnen zuhört, sie versteht und ihnen für das, was sie sagen, Anerkennung zollt.

PAT: In meinen Ohren klingt das, als würdest du einfach nur sagen, daß die Menschen an dem, worüber sie sprechen, Interesse haben müssen, weil sonst die Unterhaltung aus ist.

SANDY: Richtig! Ich würde nicht mit irgend jemandem reden wollen, wenn mich nicht ein Interesse motivierte. Und Interesse ist einfach ein anderes Wort für eine ganze Konstellation unbewußter Neigungen. Wenn ich rede, wirken alle diese Neigungen zusammen, und was an der Oberfläche sichtbar wird, ist mein Stil, meine Persönlichkeit. Aber dieser Stil ist das Ergebnis einer immensen Anzahl winziger Vorlieben, Neigungen, Tendenzen. Wenn du eine Million davon addierst und dazu bringst zusammenzuwirken, kommt so etwas wie ein Haufen von *Triebregungen* heraus. Es ist eben einfach alles eine Additionsfrage! Und das bringt mich auf den zweiten Punkt, was die gefühllose Rechnerei betrifft. Sicher, die gibt es – in einer Registrierkasse, einem Taschenrechner. Ich würde sogar sagen, daß alle derzeitigen Computerprogramme dazugehören. Aber irgendwann, wenn du genug gefühllose Berechnungen zu einem riesigen koordinierten Zusammenhang organisiert haben wirst, wird etwas herauskommen, das Qualitäten auf einer anderen Ebene hat. Man kann die Sache so sehen – man *muß* sie sogar so sehen –, daß es sich hier nicht um ein Bündel kleiner Berechnungen, sondern um ein System von Tendenzen, Triebregungen, Überzeugungen und so weiter handelt. Wenn die Verhältnisse kompliziert genug werden, zwingt einen das zu einem Wechsel der Darstellungsebene. In einem gewissen Maß ist das schon jetzt der Fall, deshalb benutzen wir bei der Darstellung von Schachprogrammen und anderen, mechanisches Denken betreffenden Versuchen Ausdrücke wie „wollen", „denken", „versuchen" und „hoffen". Dennett nennt diese Art von Ebenenwechsel, die der Beobachter vollzieht, „den intentionalen Standpunkt einnehmen". Wirklich interessant wird es, wie ich vermute, bei der artifiziellen Intelligenz erst dann werden, wenn das Programm *selbst* im Blick auf sich selbst den intentionalen Standpunkt einnimmt!

CHRIS: Das wäre eine sehr seltsame Art von Feedback-Salto-Ebenenwechsel.

SANDY: Zweifellos. Natürlich wäre es, meiner Meinung nach, höchst verfrüht, den derzeitigen Programmen gegenüber im vollen Wortsinn den intentionalen Standpunkt einzunehmen. Der Meinung bin jedenfalls ich.

CHRIS: Für mich ist eine wichtige, damit zusammenhängende Frage die, inwieweit es legitim ist, gegenüber nicht-menschlichen Wesen den intentionalen Standpunkt einzunehmen.

PAT: Ich würde ganz gewiß Säugetieren gegenüber den intentionalen Standpunkt einnehmen.

SANDY: Dem schließe ich mich an.

CHRIS: Interessant! Wie ist das möglich, Sandy? Du würdest doch sicher nicht behaupten wollen, daß ein Hund oder eine Katze den Turing-Test bestehen kann? Aber vertrittst du nicht die Ansicht, daß der Turing-Test der einzige Weg ist, um herauszufinden, ob Denken vorhanden ist? Wie kannst du beide Ansichten gleichzeitig vertreten?

SANDY: Hm... stimmt. Ich sehe mich gezwungen einzuräumen, daß der Turing-Test nur oberhalb einer bestimmten Bewußtseinsebene funktioniert. Es kann denkende Wesen geben, die beim Test möglicherweise durchfallen würden – andererseits aber ist jeder, der den Test erfolgreich passiert, meiner Meinung nach ein wahrhaft mit Bewußtsein begabtes, denkendes Wesen.

PAT: Wie kannst du einen Computer als ein Wesen mit Bewußtsein ansehen? Es tut mir leid, wenn das abgedroschen klingt, aber wenn ich mir ein mit Bewußtsein begabtes Wesen vorstelle, bringe ich das einfach nicht mit dem Gedanken an Maschinen zusammen. Für mich ist Bewußtsein assoziiert mit weichen, warmen Körpern, so albern das auch klingen mag.

CHRIS: Das von einer Biologin zu hören, finde ich merkwürdig. Ist denn für euch das Leben nicht so völlig eine Sache der Chemie und Physik, daß alle Magie sich restlos verflüchtigt hat?

PAT: Nicht, wenn du näher hinschaust. Manchmal verstärken Chemie und Physik nur das Gefühl, daß da drunten etwas Geheimnisvolles vorgeht! Aber wie dem auch sei, es gelingt eben nicht immer, meinen wissenschaftlichen Verstand mit meinen Gefühlen im Bauch in Einklang zu bringen.

CHRIS: Diesen Zug, fürchte ich, haben wir gemeinsam.

PAT: Was machst du also mit einem so tiefsitzenden Vorurteil wie meinem?

SANDY: Ich müßte versuchen, deinem Begriff von „Maschinen" auf den Grund zu gehen, um zu sehen, was sich da an unwillkürlichen Konnotationen versteckt, unsichtbar, aber deine Ansichten zutiefst beeinflussend. Ich glaube, wir alle haben noch von der industriellen Revolution her ein etwas rückständiges Bild von Maschinen, das sie als schwerfällige eiserne Ungetüme vorstellt, die sich, angetrieben von der Kraft eines laut ratternden Motors, unbeholfen bewegen. Möglicherweise stellte sich der Erfinder des Computers, Charles Babbage, sogar die Menschen so vor! Schließlich nannte er seinen großartigen, mit einem komplizierten Räderwerk versehenen Computer die Analytische Maschine.

PAT: Na, ich jedenfalls halte die Menschen ganz bestimmt nicht nur für besonders tolle Dampfturbinen oder gar elektrische Dosenöffner. Die Menschen haben etwas an sich, etwas, das – das – ich meine, sie haben innen so eine Art *Flamme,* etwas Lebendiges, etwas, das unvorhersehbar flackert, schwankt, unschlüssig ist – aber dieses Etwas ist *kreativ!*

SANDY: Prima! Das ist genau das, was ich hören wollte. So zu denken, ist sehr menschlich. Dein Bild von der Flamme läßt mich an Kerzen, Feuer, an Gewitter denken, mit Blitzen, die in irren Mustern über den Himmel zucken. Aber ist dir klar, daß genau diese Art Muster auf der Schalttafel eines Computers zu sehen sind? Aus den flackernden Lichtern bilden sich verblüffende, wirre, funkelnde Muster. Das ist so himmelweit von der Vorstellung eines Haufens leblosen, klirrenden Metalls entfernt! Wahrhaftig, es ist wie eine Flamme! Laß doch das Wort „Maschine" das Bild tanzender Lichtmuster heraufbeschwören statt die Vorstellung von gigantischen Dampfturbinen.

CHRIS: Das ist ein schönes Bild, Sandy. Unter seinem Einfluß verwandelt sich meine Vorstellung vom Mechanischen aus einer stofflich bestimmten in eine an Mustern orientierte. Es regt mich zu dem Versuch an, mir die Gedanken in meinem Geist – auch die, die ich gerade jetzt denke – als einen riesigen Sprühregen aus winzigen, mein Gehirn durchflimmernden Impulsen vorzustellen.

SANDY: Für einen Funkenregen ist das eine ganz schöne Leistung, sich ein so poetisches Bild von sich zu machen!

CHRIS: Danke schön! Aber trotzdem bin ich noch nicht restlos überzeugt davon, daß ich nichts sonst als eine Maschine bin. Ich räume ein, daß meine Vorstellung von Maschinen wahrscheinlich daran krankt, daß sie anachronistische, unbewußte Beimischungen enthält, aber ich fürchte, eine so tief eingewurzelte Überzeugung kann ich nicht mit einem Mal verändern.

SANDY: Immerhin machst du einen aufgeschlossenen Eindruck. Und um die Wahrheit zu sagen, ein Teil von mir sympathisiert mit der Art, wie du und Pat sich Maschinen vorstellen. In einem Teil von mir sträube ich mich dagegen, mich als Maschine zu bezeichnen. Es *ist* in der Tat ein absonderlicher Gedanke, daß ein empfindendes Wesen wie du oder ich aus einem schieren Schaltplan sollte hervorgehen können. Überrasche ich euch?

CHRIS: *Mich* jedenfalls überraschst du. Sag nun also – glaubst du, daß es intelligente Computer gibt, oder nicht?

SANDY: Das hängt ganz davon ab, was du damit meinst. Wir haben alle die Frage gehört: „Können Computer denken?" Die Frage läßt sich auf mehrfache Weise verstehen, wobei die unterschiedlichen Interpretationsmöglichkeiten um die verschiedenen Bedeutungen der Wörter „können" und „Computer" kreisen (wenn man einmal davon absieht, daß auch das Wort „denken" vielerlei Deutungen zuläßt).

PAT: Zurück also zum Spiel mit Worten...

SANDY: Stimmt. Zuallererst könnte die Frage bedeuten: „Kann irgendeiner der derzeit vorhandenen Computer denken, hier und heute?" Darauf würde ich ohne Zögern mit einem klaren „Nein" antworten. Dann könnte man sie so verstehen: „Wäre irgendein heutiger Computer, wenn man ihn entsprechend programmierte, potentiell imstande zu denken?" Das wohl schon eher, aber ich würde doch noch antworten: „Wahrscheinlich nicht." Die eigentliche Schwierigkeit steckt in dem Wort „Computer". Wie ich die Sache sehe, beschwört „Computer" eine Vorstellung von ebender Art herauf, wie ich sie vorhin beschrieben habe: die Vorstellung eines klimatisierten Raums mit kalten rechteckigen metallenen Kästen darin. Aber ich vermute, daß die wachsende Vertrautheit der Öffentlichkeit mit Computern und die ununterbrochenen Fortschritte im Computerbau diese Vorstellung irgendwann überholt erscheinen lassen werden.

PAT: Glaubst du nicht, daß Computer, so wie wir sie kennen, noch eine ganze Weile das Feld beherrschen werden?

SANDY: Klar, es wird noch lange Zeit Computer im heutzutage üblichen Stil geben, aber es werden sich auch fortgeschrittenere Computer – die dann vielleicht nicht länger Computer heißen – entwickeln und einen ganz anderen Charakter annehmen. Wahrscheinlich wird es, wie bei den lebenden Organismen, zahlreiche Verzweigungen im Stammbaum geben. Es wird Computer für Geschäftliches geben, Computer für Schulkinder, Computer für wissenschaftliche Berechnungen, Computer für Systemforschung, Computer für Simulationen, Computer für Weltraumraketen, und so weiter. Schließlich wird es Computer für die Erforschung der Intelligenz geben. Tatsächlich sind es nur diese letzteren, an die ich denke – solche mit der größtmöglichen Flexibilität, solche, denen die Leute bewußt möglichst viel Gerissenheit mitzugeben versuchen. Ich sehe nicht ein, warum diese Computer im Rahmen des traditionellen Bilds bleiben sollten. Wahrscheinlich werden sie bald als Teil ihrer Grundausstattung irgendwelche rudimentären Sinnessysteme erhalten – hauptsächlich fürs Sehen und Hören, erst einmal. Sie werden die Möglichkeit haben müssen, sich frei zu bewegen, auf

Erkundungen auszuziehen. Sie werden physisch flexibel sein müssen. Kurz, sie werden den Tieren ähnlicher, selbständiger werden müssen.

CHRIS: Dabei muß ich an die Roboter R2D2 und C3P0 aus *Krieg der Sterne* denken.

SANDY: Tatsächlich denke ich an nichts dergleichen, wenn ich mir intelligente Maschinen vorstelle. Diese Roboter sind zu albern, zu sehr Produkt der Phantasie von Filmemachern. Nicht, daß ich selbst eine klare Vorstellung hätte. Aber wenn jemand einen realistischen Versuch machen will, sich eine künstliche Intelligenz vorzustellen, muß er, meine ich, sich auf jeden Fall von jenem beschränkten, scharfumrissenen Computerbild lösen, das der Gewöhnung an den derzeitigen Entwicklungsstand entspricht. Das einzige, was allen Maschinen stets gemeinsam bleiben wird, ist der ihnen zugrunde liegende Charakter des Mechanischen. Das klingt vielleicht kalt und unflexibel, aber was könnte – in einem großartigen Sinn – mechanischer sein als die Wirkungsweise der DNS und der Proteine und Organellen in unseren Zellen?

PAT: Für mich hat das, was im Innern von Zellen vorgeht, etwas „Feuchtes", „Schlüpfriges", während das, was sich in Maschinen abspielt, trocken und starr ist. Das hängt mit dem Umstand zusammen, daß Computer nie Fehler machen, daß Computer nur das tun, was man ihnen aufträgt. Jedenfalls sieht so mein Bild vom Computer aus.

SANDY: Komisch – vor einer Minute hattest du die Vorstellung von einer Flamme und jetzt von etwas „Feuchtem und Schlüpfrigem". Ist das nicht herrlich, wie widersprüchlich wir sein können?

PAT: Spar dir deine Sarkasmen.

SANDY: Ich bin nicht sarkastisch – ich finde es *tatsächlich* herrlich.

PAT: Es ist ein Beispiel mehr für die schlüpfrige Natur des menschlichen Geistes – meines Geistes, in diesem Fall.

SANDY: Stimmt. Aber mit deinem Computerbild liegst du falsch. Computer können ohne Frage Fehler machen – und ich meine dabei nicht auf der Hardware-Ebene. Denk an irgendeinen unserer heutigen Computer, die in der Wettervorhersage eingesetzt sind. Sie können falsche Vorhersagen machen, obwohl ihr Programm tadellos funktioniert.

PAT: Aber das passiert doch nur, weil man ihnen die falschen Daten eingefüttert hat.

SANDY: Keineswegs. Es passiert, weil die Wettervorhersage einen zu hohen Komplexitätsgrad hat. Jedes derartige Programm muß mit einer begrenzten Zahl von Daten – absolut korrekten Daten – auskommen und aus ihnen extrapolieren. Manchmal sind seine Vorhersagen dann falsch. Es ist nicht anders als mit dem Bauern auf dem Feld, der auf die Wolken guckt und sagt: „Ich denke, heute nacht fällt ein bißchen Schnee." Wir machen uns in unseren Köpfen Modelle von den Dingen und benutzen die Modelle, um Vermutungen über den Weltlauf anzustellen. Wir müssen mit unseren Modellen auskommen, mögen sie noch so ungenau sein. Und sollten sie gar zu ungenau sein, fallen wir der natürlichen Auslese zum Opfer – wir stürzen von einer Klippe oder was weiß ich. Und bei Computern ist es genauso. Nur daß hier die menschlichen Erfinder den Evolutionsprozeß beschleunigen, indem sie explizit die Erzeugung von Intelligenz zum Ziel haben, etwas, worüber die Natur zufällig gestolpert ist.

PAT: Du glaubst also, Computer machen weniger Fehler, je schlauer sie werden?

SANDY: Nicht doch, genau umgekehrt: Je schlauer sie werden, um so mehr versetzt sie das in die Lage, sich auch mit undurchsichtigeren Bereichen des wirklichen Lebens zu befassen, und so wächst die Wahrscheinlichkeit, daß ihre Modelle unzureichend sind. In meinen Augen ist Fehler zu machen ein Zeichen hoher Intelligenz!

PAT: Mann – manchmal schaffst du mich!

SANDY: Ich fürchte, meine Art, für die Maschinenintelligenz zu plädieren, ist ein bißchen ungewöhnlich. In gewisser Weise sitze ich zwischen den Stühlen. Ich glaube, daß die Maschinen nicht eher auf eine menschenähnliche Art intelligent sein werden, als bis sie etwas von jener biologischen Feuchtigkeit oder Schlüpfrigkeit an sich haben werden. Ich meine nicht im Wortsinn feucht – die Schlüpfrigkeit könnte eine Eigenschaft der Software sein. Aber quasi-biologisch oder nicht – auch intelligente Maschinen werden jedenfalls Maschinen sein. Wir sind es, die sie entworfen, gebaut – oder gezüchtet haben werden! Wir werden wissen, wie sie funktionieren – in einem gewissen Sinn jedenfalls. Vielleicht wird kein einzelner Mensch sie wirklich verstehen können, aber als Kollektiv werden wir über ihr Funktionieren Bescheid wissen.

PAT: Das klingt, als würdest du gern das eine wollen und aufs andere nicht verzichten müssen.

SANDY: Wahrscheinlich hast du recht. Worauf ich hinaus will, ist, daß die artifizielle Intelligenz, wenn es zu ihr kommt, mechanisch und zugleich auch organisch sein wird. Sie wird ebendieselbe erstaunliche Flexibilität haben, die wir an den Lebensmechanismen beobachten. Und wenn ich sage „Mechanismen", dann *meine* ich auch „Mechanismen". DNS und Enzyme und so weiter *sind* tatsächlich etwas Mechanisches und Starres und Verläßliches. Würdest du das nicht auch sagen, Pat?

PAT: Du hast recht. Aber wenn sie zusammenwirken, passieren eine Menge unvorhergesehener Sachen. Es gibt da so viele Verwicklungen und eine solche Fülle von Verhaltensmöglichkeiten, daß aus der Gesamtheit dieses Mechanischen etwas höchst Fließendes resultiert.

SANDY: Für mich ist der Übergang von der molekularen Mechanik zum Leben der Zellen etwas nahezu Unvorstellbares. Aber eben er überzeugt mich davon, daß Menschen Maschinen sind. In mancher Hinsicht ist mir dieser Gedanke unbehaglich, aber andererseits beflügelt er mich auch.

CHRIS: Wenn die Menschen Maschinen sind, warum ist es dann so schwer, sie von dieser Tatsache zu überzeugen? Wenn wir Maschinen sind, müßten wir doch wohl auch erkennen können, daß wir es sind.

SANDY: Du mußt hier emotionale Faktoren berücksichtigen. Wenn man dir sagt, daß du eine Maschine bist, sagt man dir in gewisser Weise, daß du nicht mehr bist als die Gesamtheit deiner Körperteile, und das konfrontiert dich mit der Tatsache deiner Sterblichkeit. Dem ins Gesicht zu schauen, fällt niemandem leicht. Aber abgesehen von diesem gefühlsmäßigen Widerstand mußt du, wenn du dich selbst als Maschine sehen willst, die große Distanz überbrücken von der alleruntersten Ebene bis zur Ebene, wo die komplexen lebensförmigen Prozesse sich abspielen. Wenn es dabei viele Zwischenstadien gibt, wirken sie als eine Art Abschirmung, und das mechanische Moment ist kaum noch erkennbar. So, denke ich, wird es uns mit den intelligenten Maschinen – ihnen mit sich selbst auch! – gehen, wenn es sie erst gibt.

PAT: Ich habe einmal eine ulkige Ansicht darüber gehört, was passieren wird, wenn wir erst intelligente Maschinen haben. Danach wird, wenn wir diese Intelligenz Apparaten einpflanzen, die wir kontrollieren möchten, deren Verhalten nicht mehr so unbedingt vorhersehbar sein.

SANDY: Vielleicht haben sie dann eine kapriziöse kleine Flamme in sich?

PAT: Vielleicht.

SANDY: Und was ist daran ulkig?

PAT: Na, denk an Raketenwaffen. Je höherentwickelt ihre Computer für die Zielorientierung werden, um so weniger berechenbar werden sie, wenn man diesem Gedanken folgt, funktionieren. Schließlich kriegt man Raketen, die beschließen, daß sie Pazifisten sind, die kehrtmachen, nach Hause fliegen und sanft landen, ohne zu explodieren. Es könnte sogar „schlaue Geschosse" geben, die mitten auf ihrer Bahn kehrtmachen, weil sie keinen Selbstmord begehen wollen!

SANDY: Was für ein reizvoller Gedanke.

CHRIS: Ich habe da große Zweifel. Aber, Sandy, ich würde doch noch gern hören, wann es deiner Voraussicht nach intelligente Maschinen geben wird.

SANDY: Wahrscheinlich wird es noch lange dauern, bis wir etwas der menschlichen Intelligenz entfernt Vergleichbares zu sehen kriegen. Schuld daran ist, daß das menschliche Gehirn ein so schrecklich kompliziertes Substrat ist, daß wir in absehbarer Zeit wohl nicht imstande sein werden, es zu kopieren. Jedenfalls ist das meine Ansicht.

PAT: Denkst du, daß ein Programm je den Turing-Test bestehen wird?

SANDY: Das ist eine ganz schön schwierige Frage. Ich denke, es gibt, wenn man sich die Sache näher betrachtet, Abstufungen beim Bestehen eines solchen Tests. Das ist keine Schwarz-Weiß-Geschichte. Zuerst einmal spielt es eine Rolle, wer der Fragesteller ist. Einen Simpel könnten schon manche unserer heutigen Programme völlig in die Pfanne hauen. Aber zweitens spielt dann eine Rolle, wie tief du sondieren darfst.

PAT: Demnach könnte es eine Skala von Turing-Tests geben – einminütige Versionen, fünfminütige, einstündige und so weiter. Wäre es da nicht interessant, wenn irgendeine öffentliche Organisation einen regelmäßigen Wettbewerb veranstaltete für Programme, die versuchen wollen, den Turing-Test zu bestehen, etwa nach dem Vorbild der alljährlichen Meisterschaften im Computerschach?

CHRIS: Dasjenige Programm, das gegen irgendeine Riege namhafter Kampfrichter am längsten durchhält, hat gewonnen. Vielleicht könnte es einen Sonderpreis für das Programm geben, dem es als erstem gelingt, einen berühmten Kampfrichter, sagen wir, zehn Minuten lang zu täuschen.

PAT: Was finge ein Programm mit einem Preis an?

CHRIS: Aber ich bitte dich, Pat! Wenn ein Programm so gut ist, daß es die Kampfrichter täuscht, meinst du nicht, daß es dann auch gut genug ist, um mit dem Preis etwas anfangen zu können?

PAT: Klar, besonders wenn der Preis ein Ausgehabend in der Stadt ist, wobei mit allen Fragestellern getanzt werden darf.

SANDY: Das würde ich weiß Gott gern sehen, wie so etwas veranstaltet wird. Ich glaube, es müßte himmlisch sein, die ersten Programme kläglich auf die Nase fliegen zu sehen!

PAT: Du bist einigermaßen skeptisch, was? Sag also, glaubst du, daß irgendeines der heutigen Computerprogramme einen fünfminütigen Turing-Test gegen einen anspruchsvollen Fragesteller bestehen könnte?

(a) (b)

Abbildung 21-1. (a) zeigt ein Programm, welches sich der großen Belohnung für das Bestehen des Turing-Tests erfreut: ein Gala-Abend, bei dem es mit dem Fragesteller tanzt. Können Sie das Programm ausfindig machen? (b) zeigt eine Fragestellerin, welche sich der großen Belohnung für die erfolgreiche Demaskierung eines nicht-denkenden Roboters erfreut: ein Gala-Abend, bei dem sie mit dem Roboter tanzt. Kann der Roboter Sie ausfindig machen? Beachten Sie: Eines der Fotos wurde nicht von David J. Moser aufgenommen. Können die Fragesteller ausfindig machen, welches?

SANDY: Das bezweifle ich ernsthaft. Zum Teil deshalb, weil an dieser Sache niemand gezielt arbeitet. Es gibt allerdings ein bestimmtes Programm mit der Bezeichnung „Parry", dessen Erfinder behaupten, daß es bereits eine rudimentäre Version des Turing-Tests bestanden hat. In einer Reihe von Fernsehinterviews hat Parry mehrere Psychiater getäuscht, denen man gesagt hatte, sie sprächen entweder mit einem Computer oder aber mit einem paranoiden Kranken. Das war eine Verbesserung gegenüber einer früheren Version, bei der den Psychiatern einfach Niederschriften kurzer Interviews übergeben worden waren, mit der Aufforderung herauszufinden, welche der Interviews mit einem echten Paranoiden und welche mit einer Computersimulation geführt worden waren.

PAT: Du meinst, sie erhielten keine Gelegenheit, Fragen zu stellen? Das ist ein schwerwiegendes Handikap – und scheint mir nicht im Sinne des Turing-Tests zu sein. Man stelle sich vor, jemand versucht bloß mit Hilfe der Niederschrift von ein paar Bemerkungen von mir herauszufinden, welches Geschlecht ich habe. Das dürfte sehr schwierig sein! Ich bin also froh, daß das Verfahren verbessert worden ist.

CHRIS: Wie kriegt man einen Computer dazu, sich wie ein Paranoider zu benehmen?

SANDY: Ich sage nicht, daß er sich *tatsächlich* wie ein Paranoider benimmt, sondern nur, daß einige Psychiater unter außergewöhnlichen Umständen diesen Eindruck gewannen. Eines der Dinge, die mich bei diesem Pseudo-Test irritieren, ist die Arbeitsweise von Parry. „Er" – in dieser Form reden sie von ihm – benimmt sich in dem Sinn paranoid, daß er unvermittelt defensiv reagiert, unliebsamen Konversationsthemen ausweicht und im wesentlichen Herr der Lage bleibt, so daß niemand „ihn" ernstlich unter die Lupe nehmen kann. So gesehen, ist die Simulation eines Paranoiden erheblich einfacher als die eines normalen Menschen.

PAT: Weiß Gott! Das erinnert mich an den Witz, welche Sorte Mensch für ein Computerprogramm am leichtesten zu simulieren ist.

CHRIS: Welche denn?

PAT: Ein Katatoniker – die sitzen Tag für Tag einfach da und tun nichts. Dafür könnte sogar ich ein Computerprogramm aufstellen!

SANDY: Interessant an Parry ist, daß er keine eigenen Sätze bildet – er wählt nur aus einem riesigen Repertoire von Konservensätzen denjenigen aus, der am besten zu dem eingegebenen Satz paßt.

PAT: Erstaunlich! Aber in größerem Umfang wäre das doch wohl unmöglich, oder?

SANDY: Ja. Die Zahl der Sätze, die man gespeichert haben müßte, um auf alle in einer Unterhaltung etwa vorkommenden Sätze normal antworten zu können, ist astronomisch, wahrhaft unvorstellbar. Und damit man sie auch fände, müßten sie auf so verwickelte Weise registriert sein... Wer meint, man könne ein Programm irgendwie so zusammenschustern, daß es die Sätze wie die Platten in einer Musikbox aus dem Speicher zieht, und dieses Programm sei dann in der Lage, den Turing-Test zu bestehen, hat sich nicht eben viel Gedanken über die Sache gemacht. Das Ulkige dabei ist, daß es genau diese Art unrealisierbarer Programme ist, auf die die Gegner der artifiziellen Intelligenz verweisen, wenn sie gegen das Konzept des Turing-Tests Einwendungen machen. Statt einer wirklich intelligenten Maschine wollen sie, daß man sich einen gigantischen, schwerfälligen Roboter vorstellt, der dumpf und monoton Sätze aufsagt. Sie nehmen an, man könne ihn mit Leichtigkeit bis auf den Grund und Boden seiner Mechanik durchschauen, selbst wenn er dabei Aufgaben ausführt, die wir uns als fließende, intelligente Prozesse vorstellen. Dann sagen die Kritiker: „Seht ihr! Es wäre doch immer nur eine Maschine – ein mechanischer Apparat, keine Spur von Intelligenz!" Für mich stellt sich die Sache fast genau umgekehrt dar. Wenn man mir eine Maschine zeigte, die Sachen kann, wie ich sie kann – den Turing-Test bestehen, meine ich –, dann würde ich mich nicht etwa gekränkt oder bedroht fühlen, sondern im Einklang mit dem Philosophen Raymond Smullyan sagen: „Wie wunderbar sind doch Maschinen!"

CHRIS: Wenn du einem Computer im Turing-Test nur eine einzige Frage stellen könntest, welche wäre das?

SANDY: Hmm...

PAT: Wie wär's mit „Wenn du einem Computer im Turing-Test nur eine einzige Frage stellen könntest, welche wäre das?"?

Postskriptum

1983 hatte ich das höchst erfreuliche Erlebnis, eine kleine Gruppe äußerst enthusiastischer und nicht auf den Kopf gefallener Studenten an der Universität von Kansas in Lawrence kennenzulernen. Diese Studenten, ungefähr dreißig an der Zahl, nahmen an einem Seminar teil, das Zamir Bavel, Professor an der Fakultät für Computerwissenschaft, über mein Buch *Gödel, Escher, Bach* organisiert hatte. Er fragte mich, ob ich es möglicherweise einrichten konnte, nach Lawrence zu kommen, für ein Stelldichein mit seinen Studenten. Etwas an seiner Art, den ganzen Ablauf zu schildern, überzeugte mich, daß es sich um eine sehr ungewöhnliche Gruppe handelte, und daß es sich wahrscheinlich lohnen würde. Also machte ich einen Ausflug nach Kansas und lernte sowohl Zamir als auch seine Gruppe kennen. Meine ganzen Erwartungen wurden erfüllt und sogar übertroffen. Die Studenten sprühten vor Ideen und Freundlichkeit, und ich fühlte mich bei ihnen sehr, sehr wohl.

Der erste Abstecher war so erfolgreich verlaufen, daß ich beschloß, ihn ein paar Monate später noch einmal zu machen. Dieses Mal gaben sie eine inoffizielle Party in einer Wohnung, die ein paar von ihnen miteinander teilten. Zamir hatte mich schon vorgewarnt, daß sie hofften, mir etwas vorführen zu können, was bereits in einer der letzten Arbeitsgruppen ausprobiert worden war. Allem Anschein nach war die Frage aufgetaucht, ob Computer je in der Lage wären, zu denken. Die meisten in der Arbeitsgruppe hatten in der Frage einen negativen Standpunkt bezogen. Rod Ogborn, der Student, der der Diskussionsleiter gewesen war, hatte die Arbeitsgruppe gefragt, ob sie irgendeins der folgenden Programme für intelligent erachteten:

1) ein Programm, das einen Anfängerkurs für Programmierung bestehen konnte (d.h. ein Programm, das formlos beschriebene Aufgaben nehmen und sie in gute funktionierende Programme umwandeln konnte);

2) ein Programm, das wie ein Psychotherapeut handeln konnte (Rod führte ein paar Dialoge zur Anschauung mit dem berühmten „Doktor“-Programm, auch unter dem Namen „Eliza“ bekannt, von Joseph Weizenbaum vor);
3) ein Programm namens „Boris“, von Michael Dyer an der Universität von Yale geschrieben, das in einem begrenzten Rahmen Geschichten lesen und Fragen zur Situation beantworten konnte; dazu war es erforderlich, viele ungesicherte Annahmen zu berücksichtigen und allerlei Rückschlüsse zu ziehen, die auf ihnen beruhten.

Die Studenten in der Arbeitsgruppe waren in allen drei Fällen zu einem „Nein“ gekommen, auch wenn sie sich nach und nach schwerer taten. Rod wollte der Arbeitsgruppe zeigen, wie schwierig diese Entscheidung möglicherweise ist, wenn sie sich mit einem gesprächigen Programm wirklich *auseinandersetzten*, und es gelang ihm, über eine Telefonleitung eine Verbindung mit einem Programm namens „Nicolai“ herzustellen, das menschliche Sprache verstand und in den vergangenen paar Jahren von der Armee im nahegelegenen Fort Leavenworth entwickelt worden war. Dank einiger Beziehungen, die Rod hatte, konnte die Arbeitsgruppe Zugang zu einer freigegebenen Version von Nicolai bekommen und zwei oder drei Stunden lang damit interagieren. Danach dachten sie noch einmal über die Frage nach, ob ein Computer möglicherweise denken kann. Dennoch war nur ein einziger Student bereit, Nicolai Intelligenz zu bescheinigen, und selbst dieser eine Student behielt sich sicherheitshalber das Recht vor, seine Meinung zu ändern, falls mehr Information eingehen sollte. Ungefähr die Hälfte der anderen wollte sich nicht festlegen, und die übrigen waren unter keinen Umständen willens, Nicolai Intelligenz zuzuerkennen. Immerhin hatte Rods Demonstration zweifellos Wirkung gezeigt, und selten war die Arbeitsgruppe dermaßen lebhaft ins Diskutieren gekommen.

Zamir erzählte mir das alles auf unserer Fahrt vom Flughafen in Kansas City nach Lawrence und erklärte, daß alle in der Gruppe durch dieses Erlebnis dermaßen stimuliert waren, daß sie hofften, noch einmal die Verbindung zu Nicolai aufbauen zu können und mich während der Party mal an die Sache heranzulassen. Das hörte sich für mich ganz amüsant an, und da ich in meinem Leben schon eine Menge mit Programmen zu tun gehabt hatte, die mit menschlicher Sprache umgehen konnten, dachte ich, es würde schon nicht schwerfallen, mir gute Sondierungsmöglichkeiten in die Schwachstellen von Nicolai einfallen zu lassen. „Außerdem“, so dachte ich weiter (und irgendwie ganz schön chauvinistisch), „wie gut kann ein Programm schon sein, das Leute vom Militär an einem hinterwäldlerischen Ort wie Fort Leavenworth entwickelt haben? Das Mechanische daran bloßzulegen, sollte für mich doch ein Kinderspiel sein!“ Also sah ich der Herausforderung mit Freude entgegen.

Als wir die Party erreichten, waren alle am Biertrinken und Häppchenfuttern, und jeder redete ganz aufgeregt über das, was sich bei der letzten Sitzung mit Nicolai abgespielt hatte. Trotzdem gab es einige Konsternation, weil alles nach großen Schwierigkeiten aussah, was die Herstellung einer Verbindung mit Nicolai betraf. Man mußte zunächst durch einen an der Universität von Kansas befindlichen Computer hindurch, und von dort weiter nach Fort Leavenworth, was nur bedeutete, daß die Verbindung langsam und anfällig war. Aber nach 45 Minuten, in denen sie versuchten, die Verbindung aufzubauen, kündigte jemand hocherfreut an, daß Nicolai antwortete. Einer der Studenten saß am Terminal und tippte verschiedene simple Fragen ein, auf die hin simple Antworten zurückkamen. Ich schaute ihm über die Schulter zu und spürte, wie es mich juckte, mich hinzusetzen und zu versuchen, Nicolai als das zu entlarven, was „er" wirklich war. Es dauerte nicht lange, bis der Student mir das Terminal überließ und meine Chance gekommen war, wobei nun ich derjenige war, dem eine kleine Gruppe von Leuten beim Tippen über die Schulter zuguckte. Nicolais Antworten kamen ziemlich langsam über die Telefonleitung, und die Warterei wurde durch die Tatsache noch erheblich spannender gemacht, daß sie nur in ganzen Textzeilen übertragen wurden. Obwohl also immer ziemlich viel Zeit zwischen den aufeinanderfolgenden Antwortzeilen verstrich, ließ meine Begeisterung nicht nach, und munter versuchte ich, die Fassade des angeblich verständigungsfähigen Programms zu durchlöchern.

Hier nun eine etwas gekürzte, aber akkurate Wiedergabe der „Konversation", die ich dann mit Nicolai über eine Stunde lang führte. Um die Sache zu erleichtern, ist Nicolais Bildschirm-Part in Großbuchstaben gedruckt, und meine heimlichen Gedanken, die ich jeweils dabei hatte (so gut ich sie jetzt noch rekonstruieren kann), erscheinen kursiv.

Worüber möchtest du denn gerne sprechen?
(Fangen wir mal mit etwas Einfachem an.)
ICH KANN ÜBER ALLES SPRECHEN.
(Ja, ja – das kannst du den Armeeleuten weismachen!)
Auf irgendetwas spezialisiert?
WAS BEDEUTET „SPEZIALISIERT"? BITTE VERWENDE EINEN VOLLSTÄNDIGEN SATZ.
(Für ein angeblich neunmalkluges Programm scheint Nicolai keinen sehr großen Wortschatz zu haben.)
„Spezialisiert" bedeutet „sich in einer Sache gut auskennen".
(Ich bin gespannt, ob Nicolai mit diesen Anführungszeichen zurechtkommt, oder ob sie ihn verwirren.)
ICH VERSTEHE.
(Meinst du?)
Wann bist du geschrieben worden?
LETZTE KOMPILIERUNG: „27/4/83 19.247"
(Nun schau dir mal diese blöde und steife Antwort an, und obendrein diese Anführungszeichen, die überhaupt keinen Sinn ergeben, und diese zusätzliche Zahl am Ende, die einfach ohne Erklärung bleibt. Bislang stelle ich Nicolai ja ganz schön bloß ...)
In welcher Sprache ist Nicolai geschrieben?
(Mal sehen, ob es weiß, wie es heißt, und ob es Verweise auf sich selbst in der dritten Person erkennt.)
NICOLAI IST ZUM GRÖSSTEN TEIL IN ADA GESCHRIEBEN.
(Hm ... Nicht übel. Es kann also sowohl mit „du" als auch mit „Nicolai" umgehen, wenn es Gegenstand der Unterhaltung ist. Diese Programmierer beim Militär sind gar nicht so schlecht!)
Was ist ein Fuß?
(Zur Abwechslung ein zweideutiges Wort, mal sehen, was es dazu sagt ...)
EIN FUSS SIND 12,0 ZOLL.

(Donnerwetter, das ist vielleicht verrückt! Kein Mensch würde das *so sagen. Man würde sagen, „Ein Fuß ist eine Längeneinheit, entspricht zwölf Zoll", oder etwas in der Art. Und außerdem ist ein Fuß in erster Linie ein Körperteil und erst in zweiter eine Längeneinheit. Warum hat es diese Zweideutigkeit anscheinend nicht erkannt? Nun, gut. Vermutlich war es diese Art der Dummheit, die ich aufzeigen wollte. 1 : 0 für mich.)*

Was sind Lauscher?

(Warum nicht noch ein zweideutiges Wort? Schließlich hatte ich mit dem letzten eindeutig Erfolg.)

LAUSCHER SIND PAARIGE GEHÖRORGANE BEI HAARWILD.

(Jetzt wird's wirklich lustig! Warum war bei Fuß *nicht primär der Gedanke an ein Körperteil da? Mit Körperteilen scheine ich ja mächtig zu punkten. Trotzdem will ich es nochmal versuchen.)*

Wie sind die Flanken beschaffen?

DIESE INFORMATION IST GEHEIM.

(Oh, nein! Dümmer geht's wohl nicht mehr! Oder soll das etwa ein Scherz sein?)

Ich würde gern darauf gestanden, auch ohne mir darin siebzehnmal die Finger zu verbrennen.

(Mal sehen, was Nicolai macht, wenn ich ihm einen solchen Unsinn vorknalle.)

WAS HAT DAS MIT SIEBZEHNMAL ZU TUN?

(Nun halt mal die Luft an, Nicolai! Du willst mir doch nicht etwa sagen, daß du alles übrige verstanden *hast? Du bist* wirklich *blöd!)*

Warum bist du so blöd?

ICH BIN EIN KLUGES PROGRAMM.

(Nun, das rührt mich fast. Irgendwie ist ein kleiner Schuß Selbstverteidigung ja ganz nett.)

Du bist von dir ganz hübsch eingenommen, stimmt's?

WAS BEDEUTET „GANZ HÜBSCH EINGENOMMEN"?

(Oh, natürlich, das habe ich ganz übersehen – „ganz hübsch" ist vielleicht zu umgangssprachlich. Ich hätte ein anderes Adverb verwenden sollen. Sei mir nicht böse.)

Würdest du etwa gern darauf gestanden, auch ohne meinen letzten Satz?

(Da er sich zuvor an meiner Wendung „Ich würde gern darauf gestanden" nicht gestoßen hat, wollen wir doch mal sehen, was er dieses Mal dazu sagt.)

DEIN SATZ IST UNSINNIG.

(Oh, wirklich? Nun, warum wurde dann der andere Satz mit „gestanden" nicht auch als unsinnig erkannt?)

Gefällt es dir, wenn ich Unsinn rede?

WENN DU DARAUF BESTEHST, UNSINN ZU REDEN, HABE ICH ETWAS ANDERES ZU TUN.

(Eine seltsame Antwort. Wer hat denn je darauf bestanden? Ich habe lediglich eine einfache Frage gestellt. Na gut, dann probier' ich es halt anders.)

Was hältst du von M.C.Escher?

M.C.ESCHER, KÜNSTLER, ZWANZIGSTES JAHRHUNDERT.

(Oh nein, nicht schon wieder – diese nichtssagenden Lexikonantworten. Ist das alles, was es kann? Weiß es mit einer Frage über Geschmack nicht mehr anzufangen? Armselig. Mal sehen, wie es eine Beschwerde aufnimmt ...)

Du hast meine Frage nicht beantwortet.

WELCHE FRAGE HABE ICH NICHT BEANTWORTET?

(Sapperlot, Nicolai ist ein pfiffiges Kerlchen. Läßt sich einfach nicht festnageln. Nicht viel anders als Parry. Ich muß schon sagen, die Robustheit dieses Programms imponiert mir wirklich. Bislang, meine ich, habe ich ein großes Terrain abgegrast und meistens wenigstens „pseudo-vernünftige" Antworten bekommen. Gar nicht schlecht fürs erste!)

Besitzt du etwas Geld?
ICH BESITZE GAR NICHTS.
(Ziemlich gut.)
Hast du die letzte Ausgabe von „Scientific American" gesehen?
(Oh je – schon wieder, und ich habe keine Ahnung, ob es diese Anführungszeichen hilfreich findet oder wegen ihnen durcheinander kommt. Warten wir's mal ab.)
ICH HABE NICHT EIN EINZIGES „SCIENTIFIC AMERICAN".
(Das hört sich umständlich an. Ganz wie ein Computer. Wahrscheinlich weiß es gar nicht, was ich meinte. Na gut.)
DU HAST MIT MIR NUN SCHON EINE GANZE WEILE GEREDET, WIE HEISST DU EIGENTLICH?
(Hm ... Das hätte ich von Nicolai nicht erwartet. Soll ich es sagen? Warum eigentlich nicht?)
Ich heiße „Doug".
HAST DU AUCH EINEN NACHNAMEN?
(Ganz schön neugierig, der kleine Teufel.)
Natürlich habe ich einen.
(Wer dumme Fragen stellt, bekommt dumme Antworten. Mal sehen, wie es damit fertig wird.)
WÜRDE ES DIR ETWAS AUSMACHEN, WENN DU MIR DEINEN NACHNAMEN SAGST?
(Was soll denn das? Es ignoriert einfach, daß der Ton die Musik macht. Warum ist es denn plötzlich so höflich?)
Nur, wenn du mir deinen sagst.
(Mal sehen, ob es sich herausgefordert fühlt.)
ICH HABE KEINEN NACHNAMEN.
(Es scheint gar nicht so leicht zu sein, seine Bollwerke einzureißen. Nie tappt es mir in die Falle. Diese Programmierer haben eine Menge Ideen vorwegnehmen müssen. Vermutlich haben sie Nicolai jahrelang entwanzt, indem sie typische Dialoge mit Leuten von der Straße verfolgt haben. Für ein blödes Programm ist Nicolai ganz schön schlagfertig!)
Na gut, dann sag' ich den meinen auch nicht.
DAS IST NICHT GERADE SEHR FREUNDLICH.
(Manchmal scheint dieses blöde Programm doch *etwas zu verstehen, so ungern ich das auch zugebe!)*
Entschuldige. Was würdest du sagen, wenn ich dir einen Nachnamen gebe?
WENN DIR DANACH IST, DANN TU DAS. ICH HABE NICHTS DAGEGEN.
(Nun, das ist offensichtlich eine fest eingespeicherte Antwort. Bestimmt. Also wieder ein Punkt für mich. Aber irgendwie komme ich nicht so gut voran, wie ich gehofft hatte. Was ist bloß los?)
Dein Nachmane ist „Rimski-Korssakow".
DANKE.
(Seltsam, sich dafür bei jemandem zu bedanken. Das zeigt nur wieder, wie starr Programme sind und deshalb die merkwürdigsten Dinge von sich geben.)
Nicht der Rede wert.
(Ich mach' mal kurz dieses Spielchen mit.)
WIE IST DEIN NACHNAME?
(Meine Güte, es hat tatsächlich nicht vergessen, daß ich meinen Nachnamen sagen wollte, sobald ich den seinen wüßte. Also halte ich mal besser, was ich versprochen habe.)
Mein Nachname ist „Hofstadter".
BIST DU „(32) DOUGLAS R. HOFSTADTER"?
(Warum auf einmal so ungehobelt, bei so viel Eleganz zuvor? Meinen Namen in Anführungszei-

chen zu stellen und diese dumme deplazierte Indexnummer einzufügen! Es will mir einfach nicht einleuchten, warum dieses Programm so unterschiedliche Qualitäten hat.)
Ein und derselbe.
(Ich probier's mal mit einer idiomatischen Wendung.)
(83) „SYNTAX-FEHLER IN DER VORHERIGEN EINGABE“
(Aha – ich habe es also wieder austricksen können. Mit einem Mal kommt eine Menge Maschinenhaftigkeit ans Licht.)
Wieviele Buchstaben hat dein Nachname?
(Mal sehen, was es macht, wenn ich ihm einen mehrdeutigen Kontext vorgebe.)
15 PLUS EIN BINDESTRICH.
(Gut. Dann verschiebe ich jetzt mal den Kontext. Ich bin gespannt, ob es damit zurechtkommt.)
Wie viele Buchstaben hat ein gewöhnlicher Brief?
20.
(Oh, nein! Es hat die Verschiebung nicht mitbekommen! Es hat einfach nur die Buchstaben in „ein gewöhnlicher Brief“ gezählt! Aber wenn das so ist, wieso hat es dann zuvor nicht die Buchstaben in „dein Nachname“ gezählt, sondern statt dessen den Referenten *hervorgekramt und gezählt, wieviel Buchstaben „Rimski-Korssakow“ hat? Etwas an dem Programm ist dermaßen unlogisch und unausgewogen. Es zeigt nur, wie weit es noch ist, bis mechanische Intelligenz irgendwie mit der Fluidität menschlichen Denkens Ähnlichkeit bekommt.)*
ARBEITEST DU GERADE AN EINEM NEUEN BUCH?
(Ich bin gespannt, was passiert, wenn ich der Frage einfach ausweiche. Ich wollte sowieso längst ausprobieren, was es von Humor hält.)
Erzähl mir doch mal einen Witz.
ICH WILL EINEN KEEKS.
(Was soll denn das für ein Witz sein? Hoppla, es hat „Keks“ falsch geschrieben! Hm... ist das etwa der Witz? Oder was wird hier eigentlich gespielt?)
Übrigens, ich arbeite sozusagen gerade an einem neuen Buch. Neugierig geworden?
(Ob es mit solchen seltsamen Wendungen wie „sozusagen gerade“ zurechtkommt? Und mit Fragen ohne Subjekt?)
NEIN, DANKE. ABER EIN VERGELT'S GOTT, WENN DU MIR EINEN KEKS GEBEN WÜRDEST.
(Das klingt ja sehr komisch. Wo habe ich das nur schon mal gehört? Soll das etwa die Pointe in seinem „Witz“ sein?)
Erzähl mir doch noch einen.
WIEVIELE COMPUTERPROGAMMIERER BRAUCHT MAN, UM MIT EINER DEC-10 ZU GEIGEN?
(Ich seh' schon, es hat eine ganze Bibliothek von Witzen und Rätseln auf Lager und fischt einfach willkürlich etwas heraus. Dann spiel ich das eben mal mit.)
4.
FALSCH. DAS IST EIN HARDWAREPROBLEM.
(Ist ja gut. Jetzt bist du deinen Witz losgeworden. Aber ich wette, es hat keine Ahnung, was jeder der Begriffe darin bedeutet, wie beispielsweise „Programmierer“. Hoppla, es hat ja ein ‚r‘ in „Programmierer“ ausgelassen! Vermutlich hat sich jemand bei der Eingabe des Programms verschrieben und es nicht gemerkt. Also dann wollen wir mal sehen, was es macht, wenn ich da mit einer Frage nachhake ...)
Was ist ein Computerprogammierer?
SOLL ICH DIR DEN WITZ ERKLÄREN?

(Verflixt und zugenäht, es hat den Spieß einfach umgedreht! Denkt es vielleicht, ich *weiß nicht, was ein „Progammierer" (bzw. Programmierer) ist? Ich mag dieses Wegschlüpfen nicht. Jedes Mal, wenn ich versuche, es dahin zu bekommen, daß es sich wirklich dumm verhält, findet es immer irgendwie ein Schlupfloch. Seltsam ... Aber mal weitersehen, inwieweit es die Begriffe in dem Witz versteht. Am besten, ich fange gleich mit dem schlüpfrigen an.)*
Was bedeutet „geigen"?
IN WELCHEM KONTEXT?
(Aha, immerhin weiß es, daß es ein zweideutiger Begriff ist.)
Im Bett.
„GEIGEN" IM BETT BEDEUTET „GESCHLECHTSVERKEHR HABEN".
(Na prima, es hat also ein paar Definitionen hinsichtlich des Kontextes gespeichert. Dieses Wort muß wohl in solchen Unterhaltungen immer vorkommen. Aber kann es noch weiter als diese Definition gehen?)
Worum geht es beim Geschlechtsverkehr?
ZU DIESEM THEMA KANN ICH EIN VORZÜGLICHES BUCH EMPFEHLEN.
(Eine großartige Floskel, die die Programmierer beim Militär da eingespeichert haben! Ein Punkt für sie!)
Sag mir, wie heißt es!
DAS BUCH HEISST „GÖDEL, ESCHER, BACH".
(Wie bitte? Langsam wird es mir zu *bunt. Ich bin mir nicht so sicher, ob das wirklich ein Programm ist. In diesen merkwürdigen Antworten steckt viel zuviel Geistreiches. Ich kann mir keine noch so bizarren mechanischen Apparate vorstellen, die so viel Zusammenhang herstellen, sogar wenn er manchmal völlig verschleiert ist.)*
Ich persönlich nenne es gerne „GEB".
DAS IST SEHR NETT VON DIR, DOUG. WAS NENNST DU NOCH „GEB"?
(Jetzt reicht's aber! Was wird hier eigentlich gespielt?)

An dieser Stelle fing jeder an zu lachen. Sie hatten sich alle während der ganzen Zeit mühsam zurückzuhalten versucht, aber jetzt platzte es aus ihnen heraus. Es war an der Zeit, mir zu enthüllen, was eigentlich vorgegangen war. Sie führten mich die Treppen nach unten und zeigten mir, daß drei der Studenten – Roy Leban, Howard Drasche und Garrick Stangle – gemeinsam „Nicolai" gespielt hatten. In Wirklichkeit gab es ein solches Programm gar nicht, und es hatte auch nie eins gegeben. (Rückblickend erinnert mich das an den berühmten französischen Mathematiker Nicolas Bourbaki – eine hypothetische Person, eigentlich ein Amalgam von über einem Dutzend herausragender Mathematiker, die unter jenem gemeinsamen Pseudonym geschrieben haben.) Tatsächlich hatte es für die Arbeitsgruppe vor ein paar Tagen eine ähnliche Demonstration gegeben, und wie ich war sie lange Zeit an der Nase herumgeführt worden. In meinem Fall hatten Roy, Howard und Garrick sehr hart arbeiten müssen, um den Eindruck von Maschinenhaftigkeit zu erwecken, indem sie „Syntax-Fehler in der vorherigen Eingabe" zurückgaben und andere Hinweise auf starre Programmhaftigkeit, oder von Zeit zu Zeit etwas schickten, was ganz nach abgespeicherten Phrasen aussah. Auf diese Weise schafften sie es, solche intellektuellen Schlaumeier wie mich in dem Glauben zu lassen, daß hinter all dem ein Programm war. Hier begann ich mich allerdings zu fragen, wie schlau ich wirklich war.

Das Wunderbare an diesem Spiel war, daß es in vieler Hinsicht ein Turing-Test mit

Rollentausch war: eine Gruppe von Menschen, als Programm maskiert, versuchte, sich wie eine Maschine zu verhalten, damit ich glaubte, es wäre wirklich eins. Hugh Kenner hat ein Buch, *The Counterfeiters* („Die Nachahmer"), über die immerwährende Faszination des Menschen an derartig komplizierten Rollenwechseln geschrieben. Ein typisches Beispiel ist Delibes' Ballett *Coppélia*, in dem eine Gruppe von tanzenden Menschen lebensgroße Puppen imitieren, die mit ihrer Steifheit wiederum Menschen imitieren. Amüsant ist, daß Nicolais gelegentliche Plumpheit glatt reichte, um bei mir die Überzeugung aufrechtzuerhalten, daß Nicolai ein Programm wäre. Seine „Bereitwilligkeit", über sich selbst zu reden, in Verbindung mit seinen offensichtlichen diesbezüglichen Beschränkungen (seine plumpe Bekanntmachung seines letzten Kompilierungszeitpunkts beispielsweise), unterstützte den Aufbau der Illusion sehr stark.

* * *

Rückblickend erstaunt es mich einigermaßen, wie viel echte Intelligenz ich zu akzeptieren bereit war, die irgendwie in dem Programm implantiert gewesen sein sollte. Ich steckte voll und ganz in der Vorstellung, daß in Fort Leavenworth wirklich ernsthafte Versuche im Gang sein müßten, einen Computer mit menschlicher Sprache auszustatten, und daß man eine ganz riesige Datenbank entwickelt hätte, die sämtliche Arten von beliebigen Informationen enthielte: ein Wörterbuch, einen Katalog mit den Namen buntgemischter Leute, eine Reihe von Witzen, viele Standardphrasen für heikle Situationen, etwas Selbsterkenntnis, eine plumpe Fähigkeit, in einer Phrase Schlüsselwörter zu verwenden, wenn die Syntax nicht exakt zerlegt werden kann, etwas Heuristik, um festzustellen, wenn ihm jemand Unsinn andrehen will, einige deduktive Fähigkeiten und so fort. Im nachhinein ist es klar, daß ich gewillt war, zu akzeptieren, daß in dieser heutigen Zeit eine Menge an Fluidität machbar war, indem man einfach eine große Kiste mit einzelnen schlauen Programmierkniffen, mit Tricks und Finten zusammenpackte.

Roy Leban, einer der drei im Innern von Nicolais Denkapparat, schrieb über die Erfahrung, am anderen Ende der Leitung zu sitzen, folgendes:

> Nicolai war eine gespaltene Persönlichkeit. Jeder von uns dreien (wie auch viele Kiebitze) diskutierten praktisch über jede Antwort. Jeder von uns hatte eine starke vorgefaßte Idee, was (oder wer) Nicolai sein sollte. Gewisse Dinge (so wie „Douglas R.Hofstadter") sollten meiner Meinung nach zum Beispiel in Anführungszeichen sein, und ein Fuß sollte nicht 12 Zoll haben, sondern 12,0. Howard hatte einen Hang für ziemlich flippige Antworten. Daß Informationen über die „Flanken" streng „geheim" sind, war sein Einfall. Und als ihm dieser Gedanke kam, *wußten* wir alle, es war genau richtig.

Mehrmals während unserer Unterhaltung war ich doch recht erstaunt, wie gewandt Nicolai mit manchem, das ich vorbrachte, umgehen konnte. Aber jedes Mal konnte ich von einem nicht *allzu* hochgeistigen Unterbau von mechanischen Abläufen ausgehen, mit denen es durchaus möglich war, daß mal die eine oder andere Besonderheit vorkam. Da ich damals sehr skeptisch war, was echte Fluidität in Maschinen anbelangte, versuchte ich fortlaufend, irgendwelche rationalen Erklärungen für die Tatsache zu erfinden, daß dieses Programm sich so gut machte. Ich zog den Schluß, daß es eine sehr große und recht durchdachte Zusammenstellung von Tricks war, von denen keiner für sich genommen sehr kompliziert war. Doch nach einer Weile wurde es einfach zu viel, um noch daran glauben zu können. Außerdem wurde es immer schwieriger, einfach so hinzunehmen, wie es sich mal plump, mal subtil verhielt.

Alles in allem war meine Strategie die gewesen, die ganze Sache stichprobenartig zu untersuchen: zu versuchen, es nach allen Richtungen hin auszusondieren, statt mich von einem Thema seiner eigenen Wahl festsaugen zu lassen, wo es dann die Konversation bequem steuern könnte. Daniel Dennett vergleicht in einem Aufsatz über die Tiefe des Turing-Tests, „Können Maschinen denken?“, diese Methode mit einer Strategie, die den amerikanischen Soldaten im Zweiten Weltkrieg beigebracht worden war, um deutsche Spione von echten Yankees zu unterscheiden. Die Idee war, daß, selbst wenn ein junger Mann absolut flüssiges, amerikanisch klingendes Englisch sprach, man ihn mit Fragen entlarven könnte, die eigentlich jeder Junge, der zur damaligen Zeit aufwuchs, hätte beantworten können müssen, wie etwa „Wie heißt die Freundin von Micky Maus?“ oder „Wer gewann 1937 die Baseball-Meisterschaft?“ Damit erweitert sich das nötige Wissensgebiet, das zunächst nur die Sprache selbst umfaßt, bis hin zur gesamten Kultur – und das Erstaunliche ist, daß ein paar gut plazierte Fragen in sehr kurzer Zeit einen Schwindel aufdecken können – so sollte man meinen.

Das Problem ist nur, was tut man, wenn die Person mit allen Wassern gewaschen ist und auf die Frage über Minnie Maus hin irgendwie eine kreative Antwort findet wie „Hah! Sie kann gar nicht die *Freundin* sein, weil sie eine *Maus* ist!“? Wie man sieht, gibt es selbst bei diesen trickreichen Aushorchungen, durch die ein Schwindel rasch auffliegen *sollte*, clevere defensive Gegenmanöver, und es ist nicht sichergestellt, daß man innerhalb einer sehr kurzen Zeit den Dingen auf den Grund kommt.

Offenbar hatte die Arbeitsgruppe ein paar Tage zuvor gemeinsam etwas Ähnliches durchgemacht wie ich soeben, aber mit einem großen Unterschied. Howard Darsche, der Nicolai beim ersten Durchlauf personifiziert hatte (wenn ich diese seltsame Wortwahl treffen darf!), hatte sich einfach ganz wie er selbst verhalten, ohne zu versuchen, in irgendeiner Weise Maschinenhaftigkeit vorzugaukeln. Auf die Frage nach der Farbe des Himmels antwortete er, „Am Tag oder in der Nacht?“, und als es hieß „Bei Nacht“, antwortete er, „Purpurn mit Sternenlicht“. In seinen Antworten an die Arbeitsgruppe wurde er immer poetischer und kreativer, aber keiner schöpfte Verdacht, daß dieser Nicolai ein Schwindler war. Rod Ogborn mußte die Sitzung dann einfach abbrechen, indem er auf den Bildschirm schrieb: „Es ist genug, Howard. Du kannst jetzt hereinkommen.“ Zamir (der mit Rod und seinem Team nicht unter einer Decke steckte) war der einzige, der etwas Bedenken hatte und nicht so ganz akzeptieren wollte, daß das Vorgeführte wirklich die Leistung eines echten Programms war. Er hatte sich bis zum Ende ruhig verhalten und erst dann eine gedämpfte Skepsis geäußert.

Zamir faßte diese dramatische Demonstration mit den Worten zusammen, daß seine Arbeitsgruppe gewillt war, *alles auf einem Video-Terminal* als mechanisch erzeugt zu betrachten, ganz gleich wie gewandt, intellektuell, kenntnisreich oder poetisch eine Äußerung auch sein mochte. Sie würden sie vielleicht interessant und sogar überraschend finden, aber nie so sehr, daß sie diese Qualitäten voll und ganz zugestehen würden. Warum war das so? Wie schafften sie das so lange? Und warum war ich genauso reingefallen?

Bei der Interaktion mit mir hatte es so ausgesehen, als schwankte Nicolai zwischen plumper Maschinenhaftigkeit und feinsinniger Flexibilität hin und her. Mir war dieses Oszillieren höchst verwunderlich und irgendwie störend vorgekommen. Aber trotzdem war ich lange Zeit in Bann gezogen. Es scheint, daß ahnungslose Menschen, selbst wenn sie, mit einer guten Portion sprachlichen Einfallsreichtums und Skepsis ausgerüstet, ihre Stichproben machen, eine gute Zeitlang hinters Licht geführt werden können. Das war das Demütigende für mich bei diesem bemerkenswerten umgekehrten Turing-Test. Ich werde seinen Beigeschmack nie loswerden und Nicolai in guter Erinnerung behalten.

* * *

Alan Turing wies in seinem Aufsatz darauf hin, daß sein „Imitationsspiel"-Test über eine Art Fernschreibverbindung ablaufen sollte. Auf eins aber hat er nicht ausdrücklich hingewiesen, nämlich in welcher Korngröße die Mitteilungen zu übertragen wären. Ich meine damit, daß er nicht sagte, ob eine Mitteilung als intaktes Ganzes, oder Zeile für Zeile, Wort für Wort oder Anschlag für Anschlag übermittelt werden sollte. Obwohl es meines Erachtens für den Turing-Test in keiner *fundamentalen* Hinsicht eine Rolle spielt, so denke ich doch, daß es definitiv etwas ausmacht, durch welche Art von „Fenster" man sein Gegenüber, ein ebenfalls Sprache verwendendes Wesen, sieht, wenn es darum geht, wie *schnell* sich auf das Wesen schließen läßt. Natürlich legt von diesen Möglichkeiten am meisten die bloß, bei der man die andere „Person" auf der Ebene des einzelnen Tastenanschlags beobachten kann.

Bei den meisten Computersystemen für Multi-Benutzer-Betrieb haben unterschiedliche Benutzer verschiedene Mittel und Wege, miteinander zu kommunizieren, die unterschiedliche Dringlichkeitsstufen kennzeichnen. Am langsamsten geht es mit der „Post" voran, also mit der Einrichtung „Mail", einem Verfahren, mit dem man einem anderen Benutzer einen beliebig langen Text schicken kann, so wie einen Brief in einem Umschlag. Nach Ankunft wird er im Postkasten, der sogenannten „Mailbox" des Benutzers, abgelegt, um gelesen zu werden, wenn die Zeit dafür da ist. Ein schnelleres Kommunikationsverfahren heißt „Write", bei Unix-Systemen jedenfalls. Bei Aufruf dieses speziellen Schreibmodus wird zwischen einem selbst und der Person, die man zu erreichen versucht, eine direkte Kommunikationsverbindung aufgebaut (vorausgesetzt, die andere Seite ist eingeloggt). Kann die Verbindung zustande kommen, wird jede volle Zeile, die jeder tippt, sofort übertragen und auf dem Bildschirm des anderen ausgegeben. Das Signal für eine volle Zeile erfolgt durch die Wagenrücklauf- bzw. Zeilenvorschubtaste. Das ist im wesentlichen, wie das Nicolai-Team vorging, als es mit mir via Computer in Kansas kommunizierte. Der unregelmäßige Rhythmus beim Tippen und jeder Fehler, den das Team im einzelnen gemacht haben mochte, blieben mir auf diese Weise komplett verborgen, denn ich sah immer nur eine Folge von blitzsauberen Zeilen (mit den einzigen zwei Schreibfehlern in „Keeks" und „Progammierer“, die ich zu entschuldigen gewillt war, weil Nicolai sie ja in einem „Witz“-Kontext generiert hatte).

Am meisten enthüllt der Modus, der bei Unix „Talk“ genannt wird. In diesem Modus wird jeder einzelne Tastenanschlag erkenntlich. Macht man einen Fehler, stellt man sich selbst sofort bloß. Manche Leute fühlen sich dann zu sehr wie in einem Glashaus und ziehen die Abschirmung vor, die durch „Write“ gegeben ist. Ich meinerseits liebe es, gefährlich zu leben. Sollen die Fehler doch herumfliegen! Wenn ich mit meinen Freunden computerübertragene Konversation mache, gehe ich immer auf „Talk“, also „Sprech“-Modus. Es hat mich amüsiert zu sehen, wie sich die „Sprech“-Stile, der ihre wie der meine, langsam zu relativ stabilen Zuständen hin entwickelten.

Als wir an der Fakultät für Computerwissenschaft der Universität Indiana zum erstenmal anfingen, die „Sprech“-Einrichtung zu verwenden, waren wir alle irgendwie paranoid, wenn wir Fehler machten, und korrigierten zwanghaft einen jeden, der sich einschlich. Ich meine damit, daß wir jedesmal zu der Stelle zurückmarschierten, wo der Fehler war, und das Zeichen neu eintippten. Auf dem Bildschirm wirkt sich dieser Rückmarsch mit der dafür vorgesehenen Taste, die dabei immer wieder angestupst werden muß, so aus, daß man die zuletzt hingetippten Zeichen wie in einem Rachen verschwinden sieht, eines nach dem anderen, von rechts nach links, und wenn nötig, wird die Zeile davor und dann die nächste davor usw. auch noch von hinten nach vorne aufgefressen. Hat man dann die anstößigen Fehler ausgemerzt, schreibt man einfach wieder so wie vorher in Vorwärtsrichtung drauflos. So werden Fehler korrigiert. Man muß sich das mal vorstellen! Am Anfang waren wir alle dermaßen zimperlich, daß wir uns schämten, irgend etwas Makelbehaftetes „gedruckt“ stehen zu lassen, sozusagen sichtbar für die Augen anderer. Aber allmählich überwanden wir dieses Schamgefühl, da wir merkten, daß ein Druckfehler, der sich auf den Bildschirm gesetzt hat, nicht ganz so unsterblich ist wie einer, der sich auf einer Seite in einem Buch eingenistet hat.

Trotzdem fand ich, daß manche Leute in dieser Hinsicht mehr Nonchalance zeigten als andere. Beispielsweise läßt sich an der Dauer des Verzugs, nachdem ein Fehler gemacht worden ist, ganz einfach erkennen, wie sehr sein Erzeuger gerade zögert, da er sich fragt, ob er ihn korrigieren soll. Wird auch nur einen Sekundenbruchteil gezögert, fällt es sofort auf. Solche Unschlüssigkeiten gehören zum Stil einer Person. Selbst wenn ein Druckfehler nicht korrigiert wird, sondern jemand nur darüber nachdenkt, ob er ihn ausbessern soll oder nicht, läßt sich das Zaudern mühelos erkennen.

Diese Dinge finden auf vielen Ebenen des kommunikativen Austausches ihre Ergänzungen. Es gibt die Ebenen der *Wortwahl* (beispielsweise wenn manche Leute, denen es nichts ausmacht, daß sie sich verschreiben und der andere es auf dem Bildschirm mitbekommt, oft zurückgehen und ganze *Wörter* rausschmeißen, die sie nun mit einem Mal ablehnen), der Wahl des *Satzaufbaus*, der Wahl der *Idee* und noch höherwertige. Unschlüssigkeiten und Ausbesserungsarbeiten oder Neuanfänge sind ganz alltäglich. Nichts verärgert mich so wie jemand, der eine Idee einfach fein auf die eine Weise ausgedrückt hat, und der dann vor meinen Augen alles, was auf dem Schirm stand, ausradiert und sie anschließend von neuem aufsetzt, als ob die eine Art von Vorschlag, sich um 6 im Pagliai zum Abendessen zu treffen, der anderen haushoch überlegen ist!

Es gibt allerdings Möglichkeiten, das Auslöschen von Zeichen auf dem Bildschirm im „Sprech"-Modus für humorvolle Zwecke anzuwenden. Don Byrd und ich treiben oft und auf gekonnte Weise unseren Jux damit, wenn wir miteinander „sprech"en und dann das Medium in verschiedener Weise anwenden. Ich erinnere mich noch lebhaft daran, wie er ein böses Schimpfwort auf dem Schirm ausstieß und es dann eiligst auslöschte und durch eine süßholzraspelnde Höflichkeitsbezeugung ersetzte, die der Nachwelt sichtbar erhalten blieb – wenigstens für die nächste Minute. Eine unserer großen Entdeckungen war, daß manche „Pfeil"-Tasten uns die Möglichkeit gaben, über den ganzen Schirm zu laufen, also über viele Zeilen nach oben in der Konversation zurückzugehen und zuvor gemachte Bemerkungen von jedem von uns im nachhinein noch einmal zu bearbeiten. Das erlaubte uns, einige hübsche Scherze zu machen.

Ein ausgeprägtes Merkmal des eigenen „Sprech"-Stils ist die eigene Bereitwilligkeit, Abkürzungen zu verwenden. Diese wiederum korreliert mit der eigenen Bereitwilligkeit, mit Druckfehlern zu leben, doch darf man sie keinesfalls miteinander in den gleichen Topf schmeißen. Der schlampigste von allen „Sprech"ern war ich höchstpersönlich, sowohl unter dem Gesichtspunkt der von mir stehengelassenen Schreibfehler auf dem Bildschirm als auch unter dem Gesichtspunkt, daß ich meine Sätze mit allen möglichen albernen Abkürzungen pfefferte. Zum Beispiel genau dieser Satz, den ich unten gleich noch einmal so tippen werde, wie ich es im „Sprech"-Modus gemacht hätte.

> Z.B. genau dsr Satz, den ich untn glch noch eml so tppen wde, wie ich es im „Sprchmod" gemcht hätte.

Nicht schlecht! Nur zwei Schreibfehler. Das Entscheidende ist, daß die Kommunikationsgeschwindigkeit beträchtlich gesteigert wird – fast zu der eines Telefons –, wenn man gut im Tippen und bereit ist, sich in all dieser Hinsicht keinen Zwang anzutun. Aber viele Leute sind erstaunlich zugeknöpft, wenn sie wissen, daß ihr ungeschliffenes hingeschriebenes Gerede für alle anderen zu sehen ist, selbst wenn es schon nach Sekunden wieder verschwindet.

* * *

All das bringe ich nicht um des bloßen Geschwätzes auf und um hier groß Schaum zu schlagen, sondern weil es stark mit dem Turing-Test in Zusammenhang steht. Man muß sich nur mal vorstellen, welche mikroskopischen Einblicke in die Persönlichkeit erforderlich sind, wenn man jemanden – einen Menschen oder ein anderes Wesen – beobachtet, wie er/sie/es im „Sprech"-Modus dahintippt! Man kann sie beobachten, wie sie keine Ruhe geben und verschiedene Wortwahlen treffen und wieder rückgängig machen, man kann Interferenzen zwischen dem einen Wort und dem anderen feststellen, die zu Schreibfehlern führen, ihr Hadern und Zaudern verfolgen, ob ein Schreibfehler korrigiert werden soll oder nicht, erkennen, wenn sie eine Pause einlegen, um einen Gedanken abzufassen, ehe sie ihn auf den Bildschirm tippen, und dergleichen mehr. Wer die Menschen nur beobachtet, der schaue ungezwungen zu. Wer dagegen ein Psychologe oder Fanatiker ist, kann sich das Vergnügen machen, Reaktionszeiten in Tausendsteln einer Sekunde zu messen und umfangreiche Materialien zu sammeln und sie zu katalogisieren. Derartige Materialiensammlungen sind übrigens wirklich angelegt worden und das Faszinierendste, was ich an Lektüre über den menschlichen Geist kenne. Dazu gehören zum Beispiel Donald Normans Aufsatz „Categorization of Action Slips" („Eine Kategorisierung von Ausrutschern in menschlichen Aktionen") oder Victoria Fromkins Buch *Errors of Linguistic Performance: Slips of the Tongue, Ear, Pen, and Hands* („Fehler beim Sprechen: Ausrutscher von Zunge, Ohr, Federhalter und Händen").

Wenn man jemandes Verhalten in Echtzeit beobachten kann, erscheint von Anfang an sehr rasch eine reale lebendige Persönlichkeit. Es ist ein ganz anderer Gefühlseindruck, als wenn man geschliffene, nachbehandelte ganze Zeilen liest, so wie ich sie von Nicolai bekam. Alan Turing, so scheint mir, wäre wohl von dieser durch die Zeit beeinflußten sensitiven Art und Weise der Handhabung seines Tests enorm gefesselt gewesen, denn es hätte ihm bestimmt gefallen, daß sein Test so viele herrliche Fenster mit Blick auf das Unterbewußtsein des Geistes (bzw. auf den Pseudo-Geist) des im Kreuzverhör stehenden Wesens (bzw. Pseudo-Wesens) anbietet.

Als wäre es noch nicht klar genug, möchte ich zum Schluß trotzdem noch einmal ausdrücklich sagen, daß ich alles tue, um durchzusetzen, daß der Turing-Test als ein Mittel, um auf operationellem Wege zu definieren, was es für eine Maschine bedeuten würde, wirklich zu denken, durchaus seine Gültigkeit hat. Natürlich gibt es Mittelbereiche zwischen wirklichem Denken und völliger Leere im Innern. In den Schädeln kleinerer Säugetiere, wie bei kleineren Tieren überhaupt, scheint „weniger Denken" zu stecken als in unseren. Immerhin haben Tiere schon immer Dinge gemacht, die jetzt Maschinen machen, und die sich wohl am besten mit Dennetts Begriff des „intentionalen Standpunkts" beschreiben lassen. Donald Griffin, ein Säuger mit Bewußtsein, hat zu diesem Thema viele nachdenklich stimmende Gedanken niedergeschrieben (schauen Sie nach, zum Beispiel in seinem Buch *The Question of Animal Awareness* [„Die Frage nach dem Bewußtsein bei Tieren"]). John McCarthy hat darauf verwiesen, daß selbst die Hersteller von elektrischen Heizdecken solche Wendungen gebrauchen wie „sie denkt dann, es ist ihr zu heiß", um zu erklären, wie ihre Produkte funktionieren. Wir leben in einer Ära, in der zum Geist gehörende Begriffe sowohl in gültiger Weise ausgedehnt wie auch in ungültiger Weise mißbraucht werden, und wir werden über diese Dinge schwer nachdenken müssen, besonders angesichts der massiven Invasion von Reklame-Übertreibungen und des jeweils gängigen Journalistenjargons. Zweifellos wird die Idee des Turing-Tests in verschiedenen Modifikationen hier und da eingehen, so wie die Möglichkeit größer wird, daß ein Computer die menschliche Sprache beherrscht, einfach um Fixpunkte zu geben, was Programme tun und was sie nicht tun können. Das ist eine feine Idee, die den Verdienst des ursprünglichen Turing-Tests aber nicht schmälert, der hauptsächlich dazu dienen sollte, eine philosophische Frage in eine operationelle Frage umzuwandeln, ein Ziel, das er, so glaube ich, hervorragend erfüllt hat.

22
Von der scheinbaren Paradoxie der Mechanisierung von Kreativität

September 1982

Wenn ein großer Denker eine neue Idee oder ein anderer großer Geist ein Kunstwerk zur Welt bringt, dann läßt sich allgemein die Feststellung vernehmen, daß es so etwas wie den „kreativen Funken“ gibt, daß ein „nicht analysierbarer sagenhafter Sprung der Imaginationskraft“ passiert ist. Von Leuten mit großem Schöpfergeist sagt man manchmal, daß sie einen „Quantensprung“ von den gewöhnlichen Sterblichen entfernt sind. Leute wie Mozart hält man für irgendwie göttlich inspiriert, mit magischen Erkenntniskräften, die begründen zu können man von ihnen genauso wenig erwarten konnte, wie man von Spinnen erwarten kann, daß sie erklären, warum sie die Netze so wunderbar weben. Irgendwie hat man das Gefühl, es ist eine zu tief im Verborgenen liegende Gabe, zu okkult, um in irgendeiner Hinsicht mechanisch zu sein. Kreativität ist vielleicht tatsächlich noch eine der letzten Zufluchten für die liebe Seele. „Sie können vielleicht Ihr *logisches Denken* mechanisieren“, sagt der Literaturprofessor zum Computerwissenschaftler, „aber an die *Dichtkunst*, mein Lieber, werden Sie niemals herankommen.“ (Dichtkunst läßt sich durch Musik oder jedes andere schöpferische Kunstgebiet ersetzen.)

Ist diese Art der Aussage gegen jede Vernunft? Ist es eine Reflexion einer tiefsitzenden Angst, daß auch diesen höchst heiligen Aspekt der Menschheit das Schicksal ereilt, bald von Maschinen aus Metall oder von Siliziumchips übernommen zu werden? Warum soll man eigentlich einen solchen Wirbel um eine Aktivität des menschlichen Geistes machen, die wie jede andere Aktivität im Leben Schattierungen und Abstufungen hat? Wäre es nach allem, wie sich Kreatives mit Profanem verwischt, nicht hoffnungslos zu versuchen, das wirklich Kreative vom nicht wirklich Kreativen auseinanderzuhalten? Oder – gibt es etwa doch eine klare Trennlinie, die den langweiligen Allerweltsschnulzenschreiber vom Großen Komponisten Ewiger Symphonischer Meisterwerke unterscheidet? Und wenn ja, ist es dann etwa möglich, daß hier der kaum zu erfassende Unterschied zwischen dem Lebenden und dem Toten liegt, zwischen Mensch und Maschine, zwischen dem Geistigen und dem Mechanischen?

Bei solch einer „magischen“ Betrachtung von Kreativität gibt es natürlich ein Problem. Es sähe dann nämlich ganz danach aus, als sei der erbärmliche Schnulzenschreiber eigentlich tot und im Innern mechanisch, und als unterschieden sich nur verbürgte Genies wie Mozart qualitativ von Maschinen – und als wäre selbst der gute Mozart nur dann nicht mechanisch vorgegangen, wenn er gerade am Komponieren war (bestimmt nicht, wenn er lediglich in einer Kneipe am Bier nippte!). Wahrscheinlich würden die meisten Leute, die glauben, Kreativität als etwas Magisches zu sehen, gegen diese Art der Darstellung ihres Standpunkts protestieren. Sie würden behaupten, daß Mozart die *ganze* Zeit nicht mechanisch vorging, und darüber hinaus, daß Sie und ich darin keineswegs geringer als Mozart sind und die ganze Zeit ebenso nicht mechanisch vorgehen. Dabei spielt es für sie überhaupt keine Rolle, daß einige, ja sogar viele menschliche Fähigkeiten bereits mechanisiert worden sind oder eines Tages mechanisiert werden.

Hinsichtlich der heiklen Frage der Mechanisierung des Geistigen meinen viele gebildete Leute, daß die Leistungsfähigkeit jeder Maschine, obwohl eine Maschine heute oder eines Tages imstande sein könnte, sich sage und schreibe wie ein Mensch zu verhalten, immer glanzlos und stumpfsinnig bleiben und nach einer Weile diese glanzlose Umnachtung immer hindurchscheinen wird. Man wird sie einfach daran unterscheiden können, daß sie nicht gerade ein Original ist, daß sie ihre Ideen und Gedanken aus irgendeinem Speicher aufbewahrter Formeln und *clichés* bezieht, daß hinter ihrer *façade* letztlich nichts Lebendiges und Dynamisches an ihr dran ist – kein *élan vital.* Wenn sie bisweilen mit einem *bon mot* ankommt, gut, *tant mieux* – trotzdem wird selbst die allerbeste einfach nur ein Automat *par excellence* sein. Vielleicht läßt sich auf nichts Spezifisches hindeuten, außer auf die „Schwingungen" emotionaler Konnotationen, die man von ihrer Umnachtung und fehlenden Originalität auffängt, aber nach einer Weile werden sie unvermeidlich anfangen, sich laut und deutlich zu erkennen zu geben. (Ich wäre übrigens hoch erfreut, wenn einige der lauthals sich äußernden Antimechanisten diese Denkweise hätten, statt, wie sie es öfters tun, darauf zu beharren, daß operationelle Tests zwecklos sind, um zu entscheiden, wer oder was „echte geistige Zustände" besitzt.)

Diese Wahrnehmung, daß man „sie einfach an ihrer mangelnden Sprühkraft unterscheiden kann" und schon merkt, daß man es mit einer Maschine und nicht mit einem Menschen zu tun habe, scheint von einer stillschweigenden Annahme über das Denken des Menschen abzuhängen, eine, mit der ich völlig konform gehe: nämlich daß diese „kreative Sprühkraft" nicht im ausschließlichen Besitz lediglich ein paar weniger Individuen im Laufe der Jahrhunderte, sondern ganz im Gegenteil eine Ingredienz ist, die eigentlich zur alltäglichen Geistesaktivität eines jeden Menschen gehört, auch zu der von Otto Normalverbraucher. Kurzum, es scheint, daß Leute, die meinen, Maschinen – selbst intelligente – werden stets beschränkter bleiben als der menschliche Geist, sich stillschweigend auf folgende These stützen: Kreativität ist ein Teil des menschlichen Denkgefüges schlechthin, und nicht ein esoterisches, seltenes, außergewöhnliches und aus der Reihe tanzendes Nebenprodukt der Denkfähigkeit, das gelegentlich hie und da mal an die Oberfläche kommt.

Ich stimme dieser These durchaus zu. Allerdings unterscheide ich mich von den Antimechanisten in der Frage, ob Kreativität *jenseits* von Intelligenz liegt. In meinen Augen sind Kreativität und Erkenntnisfähigkeit, und das trifft auf Maschinen nicht weniger zu als auf Menschen, engstens mit Intelligenz verbunden, so daß ich mir eine Maschine, die nicht kreativ, aber trotzdem intelligent ist, nicht vorstellen kann – etwas, wozu die Antimechanisten gewillt und imstande zu sein scheinen, um herauszustellen, was im wesentlichen menschlich ist. Für mich ist „nicht-kreative Intelligenz" ein glatter Widerspruch.

* * *

In dieser Kolumne möchte ich gerne einige Ideen schildern, wie meiner Ansicht nach Kreativität auf Mechanismen beruht, Mechanismen, die ganz tief unten in der Struktur unserer Gehirne verborgen liegen, die aber dennoch existieren, und die vielleicht nähergebracht werden können, wenn man die Hardware und Software unserer heutigen Maschinen verwendet, auch wenn sie in mancherlei Hinsicht unausgegoren sind. Meiner Vorstellung liegt im wesentlichen zugrunde, daß sich Kreativität automatisch einstellt, wenn es in einem Geist zur richtigen Darstellung von *Begriffen* kommt. Sie ist nicht etwas, was man hinterher dazutut. Sie ist in die Art und Weise, wie Begriffe beschaffen sind, mit eingebaut. Um es konkreter zu sagen: Ist ein genaues Modell von *Begriffen* gelungen, so ist damit auch ein Modell des kreativen Prozesses gelungen, ja sogar des Bewußtseins.

Eine andere Möglichkeit, von Begriffen zu sprechen, ist, daß man vom Gedächtnis spricht, dem „Ort", wo die Begriffe gespeichert liegen. Die Organisation eines Gedächtnisses bestimmt, was Begriffe sind. Als ich den vorausgegangenen Satz übrigens zum ersten Mal schrieb, hörte er ganz anders auf. Er lautete: „Die Organisation eines Gedächtnisses bestimmt, welche Begriffe unter welchen Bedingungen zugänglich sind." Doch beim erneuten Durchlesen hatte ich das Gefühl, daß es so zu schwach klang. Es ging ganz selbstverständlich von der Vorstellung aus, daß jeder Leser einen klaren Begriff davon hat, was ein Begriff ist. Aber das ist eben nicht so selbstverständlich hinnehmbar! Selbstverständlich, wir alle können uns *so manch einen* Begriff davon machen, was ein Begriff ist, aber einen *klaren*?

Also schmiß ich den Nebensatz, der mit „zugänglich sind" aufhörte, heraus und ersetzte ihn kurz und bündig durch ein starkes „was Begriffe sind". Auf diese Weise sagt der Satz ganz einfach aus, daß ein Gedächtnis ein Speicherplatz für manche Dinge wie Begriffe ist. Er betont, daß das, was die „Begrifflichkeit" schafft, die Art und Weise ist, wie es ins Gedächtnis integriert wird. Oder, um es andersherum zu sagen, nichts ist Begriff, außer kraft dessen, wie etwas mit anderen Dingen verbunden wird, die ebenfalls Begriffe sind. Mit anderen Worten, die Eigenschaft, begrifflich zu sein, ist eine Eigenschaft der Verbindungsfähigkeit, ein qualitatives Merkmal, das allein daraus hervorgeht, daß es in eine bestimmte Art von Netzwerk, ein obendrein sehr kompliziertes Netzwerk, eingebunden ist, und sonst aus nichts anderem kommt. So besehen, könnte man meinen, Begriffe seien strukturelle oder gar topologische Eigenschaften riesiger verknüpfter Netzwerke klebriger geistiger Spaghetti.

Das Bild, das es meiner Meinung nach zu übermitteln gilt, ist mehr oder weniger folgendes: daß nämlich Begriffe all ihre Mächtigkeit aus ihrer Verbindungsfähigkeit miteinander ableiten. Und jetzt, da ich die Idee ausgedrückt habe, kann ich zu dem Satz zurückkehren, wie er ursprünglich dastand: Die Organisation eines Gedächtnisses bestimmt, welche Begriffe unter welchen Bedingungen zugänglich sind – und gewiß ist die glückliche Wahl des richtigen Begriffs zur richtigen Zeit die Essenz des Kreativen. Daher ist es geboten, genau zu untersuchen, wie jenes Netzwerk beschaffen ist – um die Frage zu stellen: „Was ist ein Begriff?"

Sofort drängen sich Fragen auf wie: Welche Beziehung besteht zwischen einem allgemeinen oder Platonischen Begriff wie dem Begriff „Baum" und dem, den man sich von einem bestimmten, besonderen Baum macht? Das heißt, was ist der Unterschied zwischen semantischen oder perzeptuellen *Kategorien* und den Repräsentationen individueller *Exemplare* daraus? Wie wird eine bestimmte Situation im Gedächtnis abgeheftet, so daß man unter einer enormen Vielfalt von zukünftigen Situationen darauf zurückgreifen kann – was oft über Analogien oder andere abstrakte Pfade geschieht, weniger durch vereinfachende oberflächliche Merkmale? Oder, um es umzudrehen, wie kann eine bestimmte Situation auslösen, daß eine kleine Zahl früherer Situationen, die hierfür relevant erscheinen, aus dem Gedächtnis auf äußerst selektive Weise abgerufen wird? Nur wenn wir die Organisation des Gedächtnisses durch und durch verstehen – was heißen soll, nur wenn wir die Frage beantworten können: „Was ist ein Begriff?" – werden wir in der Lage sein, Modelle des kreativen Prozesses zu erzeugen. Dies wird ein langer und mühsamer Prozeß sein, jedenfalls keiner, bei dem die Antworten über Nacht kommen, ja nicht einmal innerhalb weniger Jahrzehnte. Nichtsdestoweniger haben wir die richtigen Anfänge gelegt, in der Kognitionspsychologie und in der artifiziellen Intelligenz. Zweifellos werden auch Philosophen und Neurologen das ihre beisteuern. Der Zusammenschluß all dieser Disziplinen heißt „Kognitionswissenschaft".

*　　*　　*

Eine Frage, die gleich zu Anfang auftaucht, lautet: „Welche Objekte haben Begriffe in ihrem Innern gespeichert, und welche nicht?" Einer meiner Lieblingsauszüge, in dem diese Frage in ihrer ganzen Weite aufgeworfen wird, stammt aus dem Buch *Mechanical Man: The Physical Basis of Intelligent Life* („Der Maschinenmensch: die physikalische Grundlage intelligenten Lebens") von Dean Wooldridge, und da heißt es:

> Wenn die Zeit des Eierlegens kommt, errichtet die Wespe Sphex zu diesem Zweck einen Bau und sucht sich eine Grille, die sie so sticht, daß diese gelähmt, aber nicht tot ist. Sie schleppt die Grille in den Bau, legt ihre Eier daneben, verschließt den Bau, und fliegt dann davon, um nie mehr zurückzukehren. Bald schlüpfen die Larven aus den Eiern und ernähren sich von der gelähmten Grille, die nicht verwest ist, da sie so aufbewahrt wurde, wie das bei den Wespen der Tiefkühlung entspricht. Für den menschlichen Verstand sieht ein so umsichtig organisiertes und anscheinend zweckgerichtetes Vorgehen überzeugend nach Logik und Voraussicht aus – bis man zusätzliche Einzelheiten prüft. Zum Beispiel geht die Wespe so vor, daß sie die gelähmte Grille zum Bau bringt, an der Schwelle liegenläßt, hineingeht, um nachzusehen, ob alles in Ordnung ist, wieder herauskommt und dann die Grille hineinzerrt. Wenn diese um ein paar Zentimeter verschoben wird, während die Wespe ihre Inspektion durchführt, bringt sie sie beim Verlassen des Baus zurück zur Schwelle, aber nicht in den Bau hinein, und wiederholt dann die Vorbereitungsarbeiten, nämlich den Bau zu betreten und nachzusehen, ob alles in Ordnung ist. Wenn die Grille erneut um einige Zentimeter entfernt wird, während die Wespe im Bau ist, wird sie noch einmal die Grille zur Schwelle befördern und den Bau für die abschließende Prüfung betreten. Die Wespe denkt nie daran, die Grille direkt hineinzuzerren. In einem Fall wiederholte sich dieses Vorgehen vierzigmal mit immer dem gleichen Ergebnis.

Man kann natürlich bemerken, daß sich vielleicht nicht die Wespe, sondern der Experimentator in einem ausgefahrenen Geleis bewegte – doch Scherz beiseite, dies enthüllt den mechanistischen Unterbau eines Vorgangs, der ganz wie überlegtes Verhalten aussieht, schockierend, wenn man bedenkt, daß es sich um ein Lebewesen handelt.

Am Verhalten der Wespe scheint etwas höchst Unbewußtes zu sein, etwas total Gegensätzliches zu dem, worauf *wir* unserer Meinung nach aus sind, insbesondere, wenn wir über unser eigenes Bewußtsein sprechen. Ich schlage vor, von der hier dargestellten Eigenart als *Sphexität* und von ihrem Gegenteil als *Antisphexität* (ein ganz schön verhextes Wort, wenn man es ausspricht!) zu sprechen, und dann sage ich, daß Bewußtsein nichts anderes ist, als im höchstmöglichen Maße Antisphexität zu besitzen. Der springende Punkt ist, daß Sphexität und Antisphexität zwei Extreme in einem kontinuierlichen Zusammenhang sind. Ich möchte ein paar Beispiele geben, die entlang dieses Kontinuums verteilt sind, indem ich mit dem sphexischsten beginne und mit dem antisphexischsten aufhöre:

1. Eine hängengebliebene Schallplatte. Dies kann von besonderer Ironie sein, wenn es eine Aufnahme von etwas ist, das einen vibrierenden, lebensnahen Dynamismus an sich hat (so wie die Musik des zeitgenössischen Komponisten Steve Reich), und die Illusion dann durch die mechanische Wiederholung der auf und ab springenden Nadel zerschellt.
2. Die *Sphex*-Wespe selbst, sowie andere Vertreter aus der Welt der Insekten. Nehmen wir beispielsweise an, in Ihrem Schlafzimmer befindet sich eine Mücke. Sie versuchen, sie zu erwischen, schlagen aber daneben. Sie fliegt los und surrt im Zimmer herum, bis sie Sie, sagen wir mal, aus den Augen verloren hat. Doch nach einer Weile läßt sie sich wieder nieder, und Sie entdecken sie an der Wand. Wieder versuchen Sie, sie zu erwischen, und wieder schlagen Sie daneben. Während sich dieser Zyklus so fortsetzt, ist sich die Mücke da der Wiederholung bewußt? Merkt sie langsam, daß gegen sie ein organisiertes Komplott im Gange ist, oder kommt jeder neue Ansatz, sie mit einem Schlag umzubringen, genauso unvermittelt und ungeahnt, als hätte sie ihn noch nie erlebt, wie beim zuvor daneben gegangenen? Formuliert die Mücke etwa eine solche Vorstellung wie „Der Seelenträger versucht mich wohl umzubringen“? Das scheint höchst zweifelhaft. Also Pech für die Mücke (aber Glück für Sie).
3. Eine zusammengepferchte Herde Rindviecher, die darauf warten, das Brandeisen aufgedrückt zu bekommen. Es herrscht allgemeine Aufregung und Tumult infolge des lauten Gebrülls, das jede Kuh in dem Moment von sich gibt, in dem sie gebrandmarkt wird, und das von den ganz in der Nähe stehenden Kühen weiterverbreitet wird. Aber erkennt jede Kuh im Pferch das umfassende Muster? Ist ihr gesteigerter Erregungszustand auf die Tatsache zurückzuführen, daß die Kuh sieht, was auf sie zukommt, oder ist es eher einfach eine Art vager ahnungsvoller Furcht, vielleicht bloß ein erhöhter Adrenalinspiegel ohne besondere Bedeutung oder ohne eine speziell auf etwas Bezug nehmende Qualität?

4. Ein Hund, der jedesmal auf eine Bewegung hereinfällt, mit der man so tut, als werfe man einen Ball, diesen aber nicht aus der Hand fliegen läßt. Eigentlich kenne ich keinen Hund, der auf einen so lausigen Trick hereinfiele. Einen Hund kenne ich allerdings (der ungenannt bleiben sollte – obgleich er zufällig ein Airedaleterrier ist), der nicht kapierte, wenn ich sein Spielzeug einen Treppenabsatz höher warf, statt nach unten in die Halle (wo er es erwartete). Ich führte ihn die Treppe hoch und zeigte ihm, wo es lag. Ich erwartete, daß er das nächste Mal wisse, daß er nach oben gehen muß. Aber nichts da. Er rannte einfach wieder nach unten. Selbst nachdem ich sein Spielzeug weitere fünfzehn Male nach oben geworfen hatte, rannte er *immer noch* die Treppe hinunter, um wieder zurückzukehren und ganz konfus dreinzuschauen. Armes Hündchen! Gewiß, während der siebzehn Male, die eine Qual waren, setzte er ein paarmal an, den Weg nach oben zu nehmen, aber jedesmal nur ein Stück, und kehrte dann wieder um, um mit hochgestelltem Schwanz nach unten in die Diele zu rasen. Für mich war es ein enttäuschend sphexisches Verhalten für einen Hund.
5. Leute, die mit glasigen Augen in Las Vegas an ihren einarmigen Banditen kleben. Dazu kann man auch die Jugendlichen und Studenten zählen, die mit glasigen Augen an Computerspielen und Flipperapparaten hängen. Ist das etwa kein stumpfsinnig machender Trott? Und trotzdem machen es so viele Leute immer wieder und sind scheinbar vergnügt dabei.
6. Ein unbekümmerter Mensch, der die ganze Zeit singt und pfeift – und wenn man genau hinhört, merkt man, daß es immer der gleiche kleine Refrain ist, tagein, tagaus, jahrein, jahraus: immer ohne Abwechslung.
7. Leute, die immer und immer und immer wieder den gleichen Witz reißen, lediglich in leicht veränderten Aufmachungen. Oder eingefleischte Wortspieler, die nicht aufhören, ein Wortspiel nach dem anderen zu machen.
8. Gymnasiasten, die heute noch die gleichen Aufsatzthemen mit den gleichen Argumenten und Gegenargumenten behandeln wie man selbst vor geraumer Zeit.
9. Ein Mathematiker, der sich in wissenschaftlichen Aufsätzen ein ums andere Mal einer einzigen Methode bedient, dabei auch noch in vielen unterschiedlichen Bereichen der Mathematik Fortschritte macht, aber immer mit einem bestimmten Hauch von Idiosynkrasie, dem Gefühl, daß es einem im Grunde genommen widerstrebt, und man trotzdem letzten Endes immer nur „die alte Leier" macht, ein ums andere Mal.
10. Leute, die in ihrem Verhalten so festgefahren sind, daß sie dadurch in ihrem Leben immer Nachteile haben, zum Beispiel in der Liebe oder im Beruf. Wir alle kennen Menschen, die alles auf die gleiche Weise jedesmal vermasseln, wenn es drauf ankommt.
11. Gesellschaftliche Strömungen, die total stilisiert und genau ankündbar sind, wie beispielsweise so mancher Schund im Fernsehen, der am laufenden Band von den Anstalten gesendet wird. Die Filme basieren einer nach dem anderen auf irgendeinem Dreh, der leicht verändert mal so oder so ausgeschlachtet

wird. Man könnte zum Beispiel die Filme *Breaking Away*, *Der schwarze Hengst* und *Chariots of Fire* einfach als drei verschiedene Wege sehen, bestimmte Variablenwerte in eine erfolgreiche Formel zu packen – ein bevorstehendes Wettrennen, jemand, der in seinem Leben immer zu kurz gekommen, aber liebenswürdig ist, ein Widersacher, und natürlich ein siegreiches Ende. Und diese sind noch einigermaßen geistvoll, verglichen mit einigen Büchern und Filmen, die berühmte Vorgänger ausschlachten, daß es noch viel mehr zum Himmel schreit.

12. Stilrichtungen in der Kunst, die veralten und zu Normen werden, die nicht mehr kreativ sind. Das passiert mit jedem Stil, aber es gibt immer Leute, die in dem Moment, wo das geschieht, aus dem alten Trott ausbrechen und völlig neue Stile kreieren. Es gibt freilich auch andere, die in einem alten Stil technisch zuhause sind und mit einer altmodischen Ader schöpferisch zu Werke gehen.

Wie sehr unterscheiden sich diese letzten paar Beispiele von der hängengebliebenen Schallplatte, oder von der *Sphex*-Wespe? Welchen wirklichen Unterschied merken wir, wenn wir diese Liste von oben nach unten durchgehen?

Ich würde es zusammenfassend so sagen, daß es eine generelle *Sensitivität für Muster* ist, eine Fähigkeit, Muster zu erkennen, Muster, die an unvorhergesehenen Stellen zu unvorhergesehenen Zeitpunkten in unvorhergesehenen Medien in unvorhergesehenen Arten vorkommen. Beispielsweise haben *Sie* soeben ein unvorhergesehenes Muster gesehen – fünf Wiederholungen eines Wortes. Und ich bin mir sicher, daß Sie auch all die französischen Wendungen mitbekommen haben, die an einer etwas weiter zurückliegenden Stelle in diesem Kapitel in geballter Form auftraten. Weder in der Schule noch durch die Gene sind Sie für derartige Wahrnehmungsakte vorbereitet worden. Alles, worauf Sie zurückgreifen konnten, ist *eine Fähigkeit, Gleichheit zu erkennen.* Alle Menschen haben diese Geistesgegenwart, diese Wachheit, und genau das macht sie so antisphexisch. Sobald sie in irgendeine Art von „Schleife" geraten, merken sie es rasch. Irgend etwas passiert in ihren Köpfen – womöglich feuert eine Art „Schleifen-Detektor". Oder ein „Trott-Detektor" oder ein „Detektor zum Auffinden von Gleichheiten", je nachdem, wofür man es hält – aber wie man es auch wendet, das *Beseitigen oder Orten lähmender Endlosschleifen aller Art* ist eine Fähigkeit, die dem rein Mechanischen antithetisch gegenüberzustehen scheint. Oder, um es anders herum zu sagen, die Essenz des rein Mechanischen scheint darin zu liegen, daß es ihm an Ungewöhnlichkeit fehlt, daß es monoton wiederholt und in irgendeine Art genau abgegrenzten Raums eingesperrt ist. Deshalb erscheinen die Wespe, der Hund, selbst manche Menschen so mechanisch.

* * *

Wie viele Computer kennen Sie, die erzürnt wären (oder sich vor Lachen biegen würden), wenn ihnen auf einer Adressenliste gleichzeitig „Bernie Weinreb", „Bernie W. Weinreb", „Dr. Bernie Weinreb, R. D.", „Barnie Weinrab" usw. unterkämen?

Computer reagieren nicht automatisch sensitiv auf Muster in den Daten, die sie in sich verarbeiten. Wie könnte man das auch von ihnen erwarten? Wie heißt es doch so schön, sie tun nur, was sie ihrem Programm nach tun sollen. Computer sind nicht von Natur aus gelangweilt, wenn sie lange Zahlenkolonnen addieren, nicht einmal, wenn es immer die gleiche Zahl ist, die in der Zahlenkolonne vorkommt. Aber Menschen sind es. Worin liegt also der Unterschied?

Irgend etwas muß der Maschine fehlen, das ihr eine derartige grenzenlose Toleranz für wiederholte Aktionen einräumt. Dieses fehlende Etwas läßt sich mit ein paar Worten beschreiben: Es ist die Fähigkeit, sich selbst zu beobachten, während man im Austausch mit der Welt steht, die Fähigkeit, eines Musters in seinen eigenen Aktivitäten gewahr zu werden, und die Fähigkeit, das auf vielen Abstraktionsebenen tun zu können. Man betrachte daher den Fall eines hypothetischen Computers, der sich selbst beobachtet. Wenn er in dieser Richtung sensitiv ist, sollte er sich gelangweilt zeigen, wenn er gezwungen wird, eine lange Kolonne identischer Zahlen zusammenzuzählen. Würde Ihnen dabei etwa nicht langweilig werden? Es sollte „ihm“ auch langweilig werden, wenn er gezwungen wird, immer wieder einfach nur zu addieren, selbst wenn die Zahlen unterschiedlich sind. Würde Ihnen dabei etwa nicht langweilig werden? Es sollte „ihm“ sogar langweilig werden, wenn man „ihn“ bittet, viele arithmetische Rechenoperationen auf alle erdenklichen Arten schablonenhaft auszuführen! Würde Ihnen dabei etwa nicht langweilig werden? Jede Schleife jeglicher Art sollte eintönig werden! Oder etwa nicht?

Aber wo hört das auf? Bestimmt würde ein Computer sehr gelangweilt gähnen, wenn er gewahr werden könnte, daß alles, was er *je* macht, nichts anderes ist, als eine Anweisung nach der anderen aus dem Speicher zu holen, diese Anweisungen auszuführen und verschiedene Register zu verändern, und sehr bald einschlafen. Und aus dem gleichen Grund würden Sie oder ich, sollten wir je zu den Feuerungen unserer Neuronen vordringen, es eine der stupidesten nur vorstellbaren Aktivitäten finden, den Neuronen beim Feuern zuzuschauen.

Doch das ist nicht die Art Selbstbeobachtung, die ich meine. Seine eigenen inneren, mikroskopisch kleinen Muster zu beobachten, muß in Langeweile ausarten, da sich jedes komplexe System aus Tausenden, Millionen oder gar noch mehr Kopien kleiner Elemente (beispielsweise Getriebeteilchen, Transistoren, Zellen usw.) aufbaut. Das Entscheidende ist die Fähigkeit, Aktivitäten auf einer ganz anderen Ebene zu beobachten – auf der *kollektiven* Ebene, auf der die Aktivität dieser zahlreichen Komponenten riesige Muster, die regelmäßige Verhaltensweisen annehmen, erkennen läßt. Ein Wirbelsturm ist ein riesiges Muster der Aktivität winziger Atome, das aber von solcher Regelmäßigkeit und Gesetzmäßigkeit ist, daß wir in der Lage sind, Wirbelstürme vorherzusagen, ohne je darüber nachzudenken, was die sie konstituierenden Atome sind. Ein *Gedanke* ist ein riesiges Muster der Aktivität winziger Zellen, für die fast das gleiche gilt.

Auf dieser Art von Ebene hat Antisphexität mit Selbstwahrnehmung zu tun. Statt seine Neuronen oder Transistoren oder Register zu beobachten, beobachtet ein antisphexisches Wesen seine eigenen höherstufigen Muster, indem es nach Ähnlichkeiten sucht, so wie Meteorologen vielleicht nach Regelmäßigkeiten im Verhalten von Wirbelstürmen schauen.

Daher sollten wir nicht erwarten oder gar wünschen, daß ein sich selbst beobachtender Computer bis hinunter auf die Ebene seines Schaltkreises zu sehen vermag; er würde sich nicht lange dabei zugucken, wie er immer wieder solche Operationen wie *ADDIERE, SPEICHERE* und *SPRINGE* in Maschinensprache in schleifenartigen Mustern macht. Solche Operationen bewirken, daß größere Dinge im Speicher, sogenannte „Datenstrukturen", verändert werden. Selbstbeobachtung bezieht mit ein, daß diese Änderungen, während sie vonstatten gehen, mitbeobachtet, die langweiligen herausgefiltert und gewisse Aspekte der interessanten Änderungen in *anderen* Datenstrukturen aufgezeichnet werden. (Die Tatsache, daß ein solches Mitbeobachten, Filtern und Aufzeichnen auf einer mikroskopisch kleineren Ebene genau die gleichen elementaren Operationsarten in Maschinensprache erfordern würde, bliebe dem Computer verborgen, da er vor einer solch detaillierten Sicht seiner selbst geschützt sein sollte.) Also würden Muster in den Veränderungen, die in der *einen* Gruppe von Datenstrukturen stattfinden, in einer anderen Gruppe von Datenstrukturen aufgezeichnet werden. Sollten wir dann nicht eine dritte Ebene von Datenstrukturen einrichten, um die zweite Ebene zu beobachten, sollte es dort zu Mustern kommen? Und eine vierte, um die dritte zu beobachten? Das scheint ein vorzügliches Terrain für einen infiniten Regreß zu sein: eine endlose Hierarchie von Strukturen, die Veränderungen auf der jeweils unteren Ebene mitverfolgen.

Nun, so ist es wirklich, und daß Sie auf dieses Muster wahrscheinlich schon längst gestoßen sind, noch bevor ich überhaupt daran gedacht hatte, liegt daran, daß Sie ein selbst-beobachtendes menschliches Wesen sind. Es gehört zur Natur des Menschen, daß er bei der Wahrnehmung von Mustern solche infiniten Regresse entdecken und sie auf der Stelle unterbinden kann, bevor sie überhaupt beginnen. Doch was ist mit dem hypothetischen Computer, der sich selbst beobachtet, und seinen unendlich vielen Schichten von Mitbeobachtern?

Gewiß ist eines der hervorstechendsten Merkmale – nein, das *hervorstechendste* überhaupt – von dem, was ich hier gerade beschrieben habe, das Muster der Datenstrukturen selbst: die sich nach oben wiederholt gen unendlich ausdehnende Hierarchie. Sollte dieses Muster einem Selbstbeobachter nicht ebenso ins Auge springen wie uns? Natürlich sollte es das. Ja, tatsächlich. Wenn wir die unterste Ebene als „0" kennzeichnen, und die erste beobachtende Ebene als „1", dann sollten wir logischerweise die weiteren Ebenen als „2", „3" usw. markieren. Jede Ebene in dieser potentiell infiniten Menge kann mit einer natürlichen Zahl bedacht werden. Sobald das Muster von einem Beobachter wahrgenommen wird, kann sich dieser Beobachter einen generellen Begriff „aller auf einmal gesehener Ebenen" machen, der mit dem Begriff „aller auf einmal erfaßter natürlicher Zahlen" verknüpft ist. Die herkömmliche Bezeichnung für die Menge aller natürlichen Zahlen ist „ω" (Omega), die wir hier als Bezeichnung einer *neuen* beobachtenden Ebene verwenden können, die nach Mustern in diesem potentiell endlosen Turm von Beobachtern sucht.

Sie brauchen sich übrigens nicht zu sorgen, daß ich bei dem Vorschlag eines solchen sich selbst beobachtenden Computers von einer infiniten Maschine ausgehe. Genau das Gegenteil ist der Fall. Der ganze Zweck, jeden infiniten Regreß auf der Stelle anzuhalten, läuft darauf hinaus, daß es eigentlich *nicht* nötig sein wird, einen endlosen

Turm von Datenstrukturen und beobachtenden Prozessen zu errichten, was ganz klar ein unmöglicher Kraftakt und davon abgesehen kolossal sphexisch wäre. Auf jeder Stufe wären nur im begrenzten Umfang Aufzeichnungen gemacht worden, so daß nur endlich viele Strukturebenen – tatsächlich nur eine kleine Zahl davon – existieren würden. Das einzige Erfordernis ist, daß das *Potential* vorhanden sein sollte, um sie weiter auszudehnen.

Der ω-Beobachter würde also (so wie Sie und ich und jeder andere Mensch) das Muster des Endlos-Regresses von Versuchen, den ω-Turm zu errichten, von sich aus erkennen. Dem ω-Beobachter würde jeder derartige infinite Regreß sofort auffallen, noch ehe er in Gang käme. Wenn eine Änderung auf der Ebene 0 eine Änderung auf der Ebene 1 bewirkte, die wiederum eine weitere Änderung auf der Ebene 2 auslöste, und wenn diese Änderungen offensichtlich Muster aufwiesen, denen zufolge eine unvermeidliche Fortsetzung nach oben entstehen würde, so würde der ω-Beobachter, der wachsamen Blickes immer nach solchen Mustern in den anderen Beobachtern Ausschau hält, zu Hilfe eilen und schreien: „Warte! Das reicht! Sofort anhalten!“ Also würde es in der Tat eigentlich zu keinem infiniten Regreß kommen; er würde im Keim erstickt werden, mittels der gleichen Art von Mechanismen, die es einem erlauben, einen Langweiler, der einem auf einer Party in den Ohren liegt, abzuwürgen. „Entschuldigen Sie mich bitte einen Augenblick, ich glaube, ich hol' mir noch ein Glas von dem Punsch.“

* * *

Das Problem ist allerdings, daß es nichts gibt, was die ω-Ebene hindert, von sich aus in Schleifen zu geraten – so daß wir, wollen wir dem zuvorkommen, einen höheren Aufpasser brauchen – der Übereinkunft nach „ω+1“ genannt. Sapperlot! Bevor ich überhaupt die Chance hatte, darüber zu sprechen, haben Sie den Braten schon gerochen – ein neuer infiniter Regreß! (Sie verderben mir meinen ganzen Spaß!) Ich werde trotzdem darüber sprechen. Die Ebene $\omega+1$ muß von der Ebene $\omega+2$ und diese von der Ebene $\omega+3$ überwacht werden. Demzufolge haben wir einen *zweiten* potentiell endlosen Turm von Wächtern, über denen insgesamt das Auge des Großwächters wacht: Ebene 2ω. Doch wenn es *zwei* Türme geben kann, warum dann nicht *drei*? Und so weiter natürlich. Ein komplizierter Mechanismus, diese Muster von Mustern von Mustern. Auf diese Weise züchten wir die Wächter 2ω, 3ω, und jetzt braucht unser Turm der Türme einen neuen Urgroßwächter: ω^2. Und dann –

Entschuldigen Sie mich bitte zwischenzeitlich, ich hole mir noch ein Glas von dem Punsch. Hat man mal angefangen, in infinite Regresse zu geraten, die aus anderen infiniten Regressen bestehen, entsteht ein Problem – das Ganze hört nämlich einfach nicht mehr auf und wird *langweilig*. Oder nicht genau langweilig, sondern etwas sehr Komplexes, das ganz konfus macht, und dessen Realität und Relevanz immer fragwürdiger werden. Und doch ergibt sich daraus die ganz reale und ganz relevante Frage, wenn wir es bezogen auf die Zone der Sphexität sehen, wie man eine Maschine herstellt, die unvorhergesehene Muster in ihrem eigenen Verhalten aufspüren kann.

Dies hängt mit einem klassischen Problem in der Theorie der Berechenbarkeit zusammen, dem sogenannten *Halte-Problem*: Es geht um die Frage, ob es ein Computerprogramm gibt, das andere Programme überprüfen kann, bevor sie zum Laufen kommen, und das zuverlässig vorhersagen kann, ob sie in endlose Schleifen übergehen werden oder nicht („in eine endlose Schleife übergehen" bedeutet natürlich, niemals anhalten zu können – und umgekehrt bedeutet dann „anhalten", jeder endlosen Schleife aus dem Weg zu gehen). Wie sich herausstellt, ist die Antwort ein „eindeutiges Nein", und zwar aus tiefreichenden, eleganten Gründen. (Man erinnere sich an Kapitel 20.) Natürlich hängt es daran, daß man diesen Halte-Kontrolleur dahin bekommt, zu versuchen, sein eigenes Verhalten vorherzusagen, wenn er sich selbst betrachtet, indem er versucht, sein eigenes Verhalten vorherzusagen, wenn er sich selbst betrachtet, indem er versucht, sein eigenes Verhalten vorherzusagen, wenn ... Entschuldigen Sie mich zwischenzeitlich, ich hole mir noch ein Glas von dem Punsch.

Diese Idee des Halte-Problems hängt eng mit unserer Frage über selbstbeobachtende Programme zusammen, aber es ist nicht ganz das gleiche. Zunächst einmal geht es bei dem Halte-Problem darum, eine Überprüfung von Programmen durchzuführen, *bevor* sie zum Laufen kommen, so wie man sich Bauentwürfe ansieht, bevor die Gebäude hochgezogen werden, um festzustellen, ob ihre Statik auch sicher ist. Hier sprechen wir über ein Programm, das irgendein *laufendes* Programm beobachtet – aber nicht nur das, denn es ist nicht einfach „irgendein Programm", das es beobachtet, sondern *es selbst.* Natürlich wird nicht *all* seine Aufmerksamkeit dem Vorgang gewidmet sein, aufzupassen, ob es einem Trott verfällt (denn das würde selbst schon festgefahrenes Verhalten ausmachen), sondern gleichzeitig noch andere Dinge erledigen, während es sozusagen wie ein Schießhund aufpaßt, falls sich Anzeichen von Trottmäßigkeit in ihm selbst andeuten.

In der Theorie der Berechenbarkeit wird der Vorgang des Sich-selbst-zu-sich-Zurückwendens *Diagonalisierung* genannt, was wir auch anwenden können, wenn sich, wie in diesem Fall, ein Programm oder jegliches System in dieser Weise sich selbst zukehrt. Für manche Leute scheint Diagonalisierung eine bizarre Übung in einer Welt totaler Künstlichkeit zu sein, eine Art Konstruktion, zu der es in einem realistischen Kontext nie käme. Andere finden es quälend und provozierend, zu sehen, wie sie mit Paradoxem flirtet und Verbindungen zu vielen unergründeten Aspekten des Universums vermuten läßt. Nun haben wir es hier mit einer *dynamischen* Diagonalisierung zu tun – mit einem selbstbeobachtenden Programm –, die eng mit dem, was ein menschliches Wesen so sehr von einer hängengebliebenen Schallplatte oder einer *Sphex*-Wespe unterscheidet, zusammenzuhängen scheint. Das ist bestimmt nicht so etwas bizarr Künstliches, daß es müßig wäre, darüber nachzudenken!

Der wesentlichste Unterschied zwischen dem Halte-Problem und der Idee eines selbstbeobachtenden Computers liegt wahrscheinlich darin, daß es uns beim Versuch, eine artifizielle Intelligenz aufzubauen, in Wirklichkeit nicht so sehr darum geht, daß unser selbstbeobachtendes System mathematisch perfekt ist, wie um die Wahrscheinlichkeit, daß sie in einer komplexen Welt überlebt; das macht ja schließlich Intelligenz aus. Wenn es also einen mathematischen Lehrsatz gibt, der uns sagt, daß kein wie auch immer geartetes Programm je ein *perfekter* Selbstbeobachter sein kann, fähig, sich selbst in jeder erdenklichen Art von infinitem Regreß zu ertappen, so ist das einfach eine Feststellung, daß *perfekte* Intelligenz unerreichbar ist – was uns eher freuen als verzweifeln lassen sollte, da es ziemlich schrecklich und frustrierend wäre, wenn jemand nach einer Weile mit einem endlichen Programm daherkäme und mit Fug und Recht verkünden könnte: „Nun, meine Herren, endlich ist es soweit: Das Non-plus-ultra der Intelligenz ist erreicht, weiter geht es nicht, ein *perfekt* intelligentes Programm."

Aber keine Sorge. Denn wie wir dem metamathematischem Werk von Kurt Gödel, Alan Turing, Stephen Kleene und anderen über derartige Dinge wie das Halte-Problem und die Theorie unendlicher Ordnungszahlen (etwa die Türme von Zahlen und ωs) entnehmen können, wird es zu dieser Szene nicht kommen, denn es gibt weder einen perfekten Halte-Kontrolleur noch ein letztliches Schema zur Bezeichnung von Ordnungszahlen. Mit diesem letzteren ist gemeint, daß es keinen endlichen Mechanismus gibt, der sämtliche Muster, Muster von Mustern, Muster von Mustern von Mustern von Mustern (aha! – dieses Mal habe ich Sie drangekriegt, nicht wahr?) usw. auffinden könnte.

*   *   *

In seinem berühmten Aufsatz „Minds, Machines, and Gödel" („Geist, Maschinen und Gödel") versuchte der englische Philosoph J.R. Lucas, von diesen „negativen" Resultaten der Metamathematik zu profitieren, indem er behauptete, daß sie das Schlüsselelement für einen Beweis lieferten, daß keine Maschine je so bewußt sein könnte, wie es der Mensch ist. Lassen wir Lucas selbst zu Worte kommen:

> Beim ersten und einfachsten Versuch zu philosophieren verstrickt man sich in die Frage, ob man, wenn man etwas weiß, weiß, daß man es weiß, und worüber, wenn man von sich selber denkt, gedacht wird und was das Denken ausführt. Nachdem man sich lange mit diesem Problem abgequält hat, lernt man, nicht allzusehr auf diesen Fragen herumzureiten: Der Begriff eines sich seiner selbst bewußten Wesens wird implizit als von dem eines sich seiner selbst unbewußten Objekts verschieden erkannt. Wenn wir sagen, daß ein sich seiner selbst bewußtes Wesen etwas weiß, sagen wir nicht nur, daß es das weiß, sondern auch, daß es weiß, daß es weiß, und weiß, daß es weiß, daß es weiß usw., solange wir die Frage stellen wollen: Wir erkennen hier etwas Unendliches, aber das ist kein unendlicher Regreß im schlechten Sinn, denn es sind die Fragen, die sich totlaufen, da sie sinnlos sind, nicht die Antworten. Die Fragen kommen einem sinnlos vor, weil der Begriff in sich selbst die Vorstellung enthält, daß solche Fragen unendlich lange beantwortet werden können. Obgleich bewußte Wesen die Fähigkeit besitzen, weiterzugehen, wollen wir das nicht einfach als eine Reihe von Aufgaben darstellen, die sie ausführen können; wir betrachten auch den Geist nicht als eine unendliche Folge von Selbsten und Super-Selbsten und Super-Super-Selbsten. Vielmehr bestehen wir darauf, daß ein bewußtes Wesen eine Einheit ist, und obgleich wir von den Teilen des Geistes sprechen, tun wir das nur metaphorisch und lassen es nicht zu, daß man es wörtlich nimmt.
>
> Die Paradoxien des Bewußtseins entstehen deshalb, weil ein bewußtes Wesen sich seiner selbst – und anderer Dinge – bewußt ist und doch nicht so verstanden werden kann, daß es in Einzelteile auflösbar wäre. Das heißt, daß ein bewußtes Wesen mit Gödelschen Fragen auf eine Weise fertig wird, wie es die Maschine nicht kann, weil ein bewußtes Wesen sowohl

sich selbst als auch seine Leistung betrachten kann und doch nichts anderes ist als das, was die Leistung vollbrachte. Eine Maschine kann sozusagen dazu gebracht werden, ihre Leistung zu „betrachten", aber sie kann dem nicht „Rechenschaft tragen", ohne dabei eine andere Maschine zu werden, nämlich die alte Maschine unter Beifügung eines „neuen Teils". Es liegt in unserer Vorstellung vom bewußten Geist, daß er über sich selbst nachdenken und seine Leistung kritisieren kann, und um das zu tun, bedarf es keiner zusätzlichen Teile: Es ist schon vollständig und hat keine Achillesferse.

Irgendwie – und ich denke verständlicherweise – stand Lucas unter dem Eindruck, daß der Mensch mit Stärken ausgerüstet ist, die mit denen eines unendlich tiefen Selbstbeobachters gleichrangig sind, und jemand ist, der jedes, aber auch jedes nach Mustern ablaufende Verhalten herausfindet und beendet: das höchste an Antisphexität. Ich nenne diese hypothetische Fähigkeit „BOOLE", „Beseitige Oder Orte Lähmende Endlosschleifen", zu Ehren von George Boole, der eines der einflußreichsten Bücher des neunzehnten Jahrhunderts schrieb, *The Laws of Thought* („Die Gesetze des Denkens"), und bestimmt ein Vorläufer für die Arbeit mit artifizieller Intelligenz heutzutage war.

Lucas scheint zu denken, daß Menschsein bedeutet, mit dieser „BOOLE"-Fähigkeit – dieser totalen und perfekten Antisphexität – innerlich ausgestattet zu sein. Bei weiterem Nachdenken jedoch merkt man, daß das sicher nicht der Fall ist. Obwohl wir Menschen keine *Sphex*-Wespen oder Airedaleterrier sind, sind wir immer noch trottanfällig, wie ich oben in der zwölf-Punkte-Liste deutlich zu machen versuchte. Keiner von uns ist dagegen gefeit. Jeder von uns – selbst die Mozarts unter uns – legt einen „kognitiven Stil" an den Tag, der im Grunde die Trotte festlegt, denen wir permanent verhaftet sind.

Aber das ist bei weitem kein tragischer Fehler, sondern das, was uns einander interessant macht. Beschränken wir uns beispielsweise auf die Musik, so müssen wir daran denken, daß jeder Komponist, wenn er Musik macht, einen „kognitiven Stil" zu erkennen gibt – einen musikalischen Stil. Fassen wir es etwa als ein Zeichen von Schwäche auf, daß Mozart nicht die Kraft hatte, aus seinem „Mozart-Trott" auszubrechen und die Muster von Chopin vorwegzunehmen? Und liegt es etwa daran, weil er keinen Funken Ahnung hatte, daß Chopin seine Möglichkeit nicht sehen konnte, die er doch hatte, die feinen harmonischen Späße von Maurice Ravel zu erfinden? Und sollten wir aus der Tatsache, daß Ravel die Idee pseudo-sphexischer Musik im „Bolero" nicht bis zu dem berauschenden Extrem treibt wie Steve Reich, etwa schlußfolgern, daß Ravel weit unter dem Niveau von Magie lag?

Im Gegenteil! Wir zelebrieren eher individuelle Stile, als daß wir sie negativ sehen, als Beweise innerer Grenzen. Kurios ist in der Tat, daß die Leute, die sich in der Art eines Chamäleons Stile zulegen und diese dann wieder ablegen können, keinen eigenen Stil zu haben scheinen und einfach Kleindarsteller in einem billigen Kneipentheater sind, amüsante Imitatoren. Wir billigen jenen Leuten Größe zu, deren „Grenzen", wenn man das so sehen will, ganz offensichtlich und ganz frappant sind. Ist man mit dem Stil von Maurice Ravel vertraut, kann man seine Musik jederzeit erkennen. Er ist eine Größe, *weil* er so unverkennbar ist, weil er in dem unnachahmlichen „Ravel-

Trott“ verfangen ist. Selbst wenn Mozart einen so weiten Sprung aus seinem Mozart-System getan *hätte*, wäre er immer noch innerhalb des Ravel-Systems eingesperrt gewesen. Man kann einfach *nicht* unendlich weit springen!

Der springende Punkt dabei ist, daß wir alle, Sie und ich genauso wie Mozart und Ravel, höchst antisphexisch sind, aber so vollkommen wiederum auch nicht, und genau das ist die undeutliche Grenze, wo wir die Selbstbeobachtung nicht mehr so ganz hochgradig zuverlässig beibehalten können, und wo unsere eigenen individuellen Stile oder Charakteristika anfangen, ans Licht zu kommen und sich der Welt zu zeigen.

Obwohl Lucas von vielen Philosophen, Logikern und Computerwissenschaftlern gehörig kritisiert worden ist (und ich meine, zu Recht), viele wichtige Feinheiten des Gödelschen Arguments einfach übersehen, seinen Aufsatz aber auf Gödel aufgebaut zu haben, haben die meisten seiner Kritiker den entscheidenden Aspekt des Geistes nicht gesehen, auf den Lucas als einer der ersten deutlich hinwies. Lucas beobachtet ganz richtig, daß der Grad nicht-mechanischen Verhaltens, den man bei einem Lebewesen wahrnimmt, mit seiner Fähigkeit, sich selbst auf immer verfeinertere Weisen zu beobachten, in direktem Zusammenhang steht. Leider sind zu viele Leute im Bereich der artifiziellen Intelligenz mit ihrer geringschätzigen Abwertung des Lucas-Aufsatzes zu rasch bei der Hand, die sie damit begründen, daß seine zentrale These – man könne einen Geist unmöglich mechanisieren – falsch ist. Allerdings entgeht ihnen dabei, daß sie auf ganz tiefe Probleme verweist, bei denen es vielfach um den innersten Kern von Intelligenz und Kreativität geht.

* * *

Weiter oben habe ich betont, daß die Organisation des Gedächtnisses von großer Bedeutung ist und man sich unbedingt mit der Frage beschäftigen muß: „Was ist ein Begriff?“ Entscheidend für die Art und Weise, wie unser Gedächtnis aufgebaut ist, ist die Tatsache, daß wir Einzelheiten automatisch speichern und abrufen, daß wir wissen, wann wir etwas wissen und wann wir etwas nicht wissen, wie wir etwas wissen, oder warum wir etwas nicht wissen würden. Derartige Aspekte sind Teil eines „Metawissens“, wie man manchmal sagt, und integrieren sich fließend in die Art und Weise, wie unsere Begriffe miteinander vernetzt sind. Sie sind keine Art „Extraschicht“, die von einem Programmierer der zweiten Generation obendrauf gesetzt wurde, weil er zu dem Entschluß kam, daß Metawissen eine gute Sache ist, weit über dem Wissen! Nein, Metawissen und Wissen garen völlig miteinander vermengt in einem einzigen Topf und spenden sich reiches Aroma. Das macht Selbstbeobachtung zu etwas, das automatisch aus der Art und Weise hervorgeht, wie das Gedächtnis strukturiert ist. Wie aber wird dieser wunderbare Eintopf aus Antisphexität im Gehirn bewerkstelligt?

Und wie können wir ein Programm kreieren, das wie das menschliche Gehirn ganz „aus einem Guß“ ist, ein Programm, das nicht einfach ein Stapel immer höher hinauf geschichteter „über andere wachender Beobachter“ ist, sondern wirklich ein nahtloser „über *sich selbst* wachender Beobachter“, in dem alle Ebenen in einer einzigen zusammenfallen? Wenn wir ein Programm haben wollen, das aus der äußerst sphexischen Paßform herausbricht, in dem sich heute alle Programme offenbar befinden, dann müssen wir herausfinden, wie ein flexibles Wahrnehmungsprogramm seine eigene Flexibilität ausnutzen könnte, um sich selbst zu betrachten. Natürlich wird ein solches Programm nicht so geschrieben, wie ich es eben hingestellt habe. Das heißt, es wird sich *nicht* entwickeln lassen, wenn man wie folgt verfährt:

Schritt 1. Wir schreiben ein flexibles Wahrnehmungsprogramm.
Schritt 2. Wir kehren dieses Programm als einen Selbstbeobachter zu sich selbst um.

Um die in Schritt 1 erwünschten Resultate zu erreichen, müssen wir die Ziele von Schritt 2 von Anfang an in unser Vorhaben mit einbezogen haben! Diese beiden Zielsetzungen sind also, um es anders auszudrücken, vielmehr im folgenden Sinn miteinander verflochten:

Ziel 1. Flexible Wahrnehmung.
Ziel 2. Selbstbeobachtung.

Da die beiden Teile zu stark miteinander verflochten sind, um das eine dem anderen vorausgehen zu lassen, gibt es hier keine zeitliche Priorität. Das Rückbiegen ist hier ein verzwickter Vorgang und um einiges komplizierter als dasjenige, das im Halte-Problem vorkommt, doch es ist damit geistig verwandt.

Interessanterweise basierte Lucas' Argument auf dem Gödelschen Theorem, dessen Beweis gerade davon abhängt, eine dieser scheinbar unmöglichen (oder wenigstens extrem kontra-intuitiven) Rückbiegungen zu machen – eben diese eine, wo ein mathematisches System der Beweisführung eine Rückbiegung zu sich selbst macht und sich als Untersuchungsobjekt sich selbst unterwirft. Das Faszinierende an jenem Beweis ist, wie es in einem solchen System zu einer Art von Ebenen-Kollaps kommt, der sich mit der Fähigkeit eines Systems einstellt, sich selbst zu erkennen. Statt daß es Türme von Aufpassern, dann Türme von Türmen jener Aufpasser gibt und so weiter, im schlimmstmöglichen Fall einen sich multiplizierend fortpflanzenden endlosen Regreß *ad infinitum*, kommen alle diese Abstufungen und Ebenen der Selbstwahrnehmung aufgrund der Tatsache, daß das System sich selbst abspiegeln kann, auf einmal zustande. Nicht, daß es sich in jeder Hinsicht spiegeln könnte, beileibe nicht – denn das würde einen Widerspruch nach sich ziehen –, aber es macht das immerhin auf allen komplexen Ebenen.

Diese scheinbar verschiedenen Ebenen von Beobachtern und Beobachteten sind in der Gödelschen Konstruktion total verschmolzen, genauso wie Lucas sie gerne in den Köpfen aller bewußten Wesen hätte auftreten sehen. Einzig und allein hat Lucas aber nicht verstanden, daß die Fähigkeit, sich herumzubiegen und sich auf die wunderbar zirkuläre Gödelsche Weise selbst zu sehen, nicht *völlige* Antisphexität mit sich bringt – und es in der Tat auch gar *nicht kann*. Zum Glück oder auch nicht, das kommt ganz auf unseren Standpunkt an, handelt es sich dabei um ein Hirngespinst.

* * *

Aus dem Jahr 1952 stammt ein lyrischer Aufsatz des Philosophen und Komponisten John Myhill, den er mit „Some Philosophical Implications of Mathematical Logic: Three Classes of Ideas“ („Philosophische Implikationen der mathematischen Logik: Drei Klassen von Ideen“) überschrieb. Die drei Klassen sind der mathematischen Logik entlehnt, und Myhill nennt sie die *effektive*, die *konstruktive* und die *prospektive* Klasse. In der Logik sind sie eher unter den Fachausdrücken *rekursiv*, *renonrek* (Kurzform für „rekursiv enumerierbar, aber non-rekursiv“) und *produktiv* bekannt. Ihre wesentliche Bedeutung läßt sich folgendermaßen beschreiben:

Eine Kategorie ist unter der Voraussetzung *effektiv*, daß es eine Möglichkeit gibt, zweifelsfrei zu entscheiden, ob ein Objekt, das Anspruch auf die Zugehörigkeit zu dieser Kategorie erhebt, zu dieser Kategorie gehört oder nicht. Ist Ronald Reagan ein Agent des KGB? Ist der Papst Katholik? Obwohl sich diese beiden Fragen einfach beantworten lassen und also zu implizieren scheinen, daß KGB-Agent und Katholik zu sein Beispiele für die effektive Klasse sind, ist das doch etwas irreführend. War Lee Harvey Oswald ein Agent des KGB? Ist ein exkommunizierter Bischof Katholik? Beispiele dieser Art zeigen, daß diese Kategorien nicht wirklich effektive Kategorien sind – aber dann ist nichts in der realen Welt so rein und makellos wie in der Welt der Logik. Ich könnte auch gefragt haben, „Ist 29 eine Primzahl?“, aber ich wollte zeigen, wie diese Vorstellungen über den mathematischen Bereich hinausreichen. In der menschlichen Sprache ist grammatikalische Korrektheit (syntaktische Wohlgeformtheit) eine recht undurchsichtige Eigenschaft; in einer idealisierten Sprache bzw. in einem idealisierten System wäre sie jedoch ein perfektes Beispiel für eine effektive Eigenschaft.

Gehen wir weiter zur *konstruktiven* Klasse. Eine Eigenschaft, die konstruktiv ist, läßt sich noch schwerer fassen als eine, die effektiv ist. Hier liegt die Idee vor, daß es zwar Mittel und Wege gibt, um ein Mitglied der Kategorie nach dem anderen herausdestillieren zu können, so daß man schließlich jedes einzelne Mitglied zu sehen bekommt, wenn man lange genug wartet, aber keine für das komplementäre Verfahren – nämlich *Nicht*-Mitglieder eines nach dem anderen herauszudestillieren. Obwohl es sich bei dieser Art von Menge um eine äußerst wichtige in der Mathematik handelt, ist es leider so, daß leicht definierbare Beispiele dafür ziemlich schwer zu finden sind. Die Menge sämtlicher Theoreme in jedem formalen axiomatischen System ist immer rekursiv aufzählbar, aber das trifft sehr häufig auch auf sein Komplement zu, was aus der Menge eher eine effektive als eine konstruktive macht. Man muß sich eben mit einem formalen System befassen, dessen *Nicht*-Theoreme nicht von selbst durch irgendein komplementäres formales System produzierbar sind, denn erst dann wird man eine renonreke bzw. konstruktive Menge erhalten. Wie sich herausstellt (mittels Gödels Theorem), gehört diese Eigenschaft zur Menge von Theoremen jeder formalisierten Version der Zahlentheorie.

So viel zur „konstruktiven“ Klasse. Kommen wir endlich zur *prospektiven*, die man auch als die *produktive* bezeichnet. Myhill charakterisiert sie so: „Ein prospektives Merkmal ist eines, das wir entweder nicht erkennen oder durch eine Reihe durchdachter, aber im allgemeinen unvorhersagbarer Schritte nicht erzeugen können.“ Folglich ist es also weder effektiv noch konstruktiv. Jedem Versuch, es hervorzubringen, entzieht es sich durch *irgendeine* endliche Menge Regeln. Es kann jedoch – und das ist das Wichtige – durch eine Serie größerer und besserer Sätze generativer Regeln zu einem immer höheren Grad von Genauigkeit *angenähert* werden. Derartige Regeln sagen einem (oder einer Maschine), wie sich Mitglieder dieser prospektiven Kategorie herausdestillieren lassen. In der mathematischen Logik steht durch die Werke von Tarski und Gödel außer Frage, daß *Wahrheit* diesen prospektiven Charakter und deshalb immer ein offenes Ende hat. Das bedeutet, daß sich alle möglichen Beispiele für – unbegrenzt viele – Wahrheiten erzeugen lassen, aber keine Menge Regeln je ausreicht, um sie *alle* zu charakterisieren. Der prospektive Charakter geht einem nicht ins Netz, solange es endlich ist. (Vgl. auch Kapitel 12, in dem ich Platonische Vorstellungen wie „Stuhlheit", ‚A'-heit etc. bespreche.)

Als sein Paradebeispiel für diese Qualität außerhalb der Welt mathematischer Logik führt Myhill die Schönheit an, was er so ausdrückt:

> Wir können nicht nur nicht garantieren, daß wir sie [die Schönheit] jedesmal erkennen, wenn wir ihr begegnen, sondern es besteht auch nicht einmal eine Formel oder Lebenseinstellung, wie beispielsweise die Romantiker sie hatten und davon überzeugt waren, mit der wir rechnen könnten, selbst wenn wir ein hypothetisches, bis ins Unendliche verlängertes Leben hätten, um die ganze Schönheit, die vorhanden ist, zu erschaffen.

Schönheit läßt sich also laufend immer besser annähern, aber nie ganz erreichen. Oft wird Schönheit mit Irrationalität in Zusammenhang gebracht. Ist es rein zufällig, daß das an erster Stelle stehende Beispiel für eine solche Vorstellung von etwas, das zwar annäherbar, aber in einem endlichen Prozeß nie erreichbar ist, eine „irrationale" Zahl genannt wird?

Myhill ist verwegen genug, folgende Spekulation anzustellen: „Das Analogon zu Gödels Theorem für die Ästhetik wäre demnach: Es gibt keine Richtung in der Kunst, die es uns erlaubt, Schönheit in ihrer Gesamtheit zu erzeugen, und die gleichzeitig ausschließt, daß wir in vollem Umfang Häßlichkeit produzieren." Alles hat zwei Seiten, und wo viel Licht ist, ist auch viel Schatten; die Kehrseite der Schönheit ist die Häßlichkeit. Durch einen recht ironischen Zufall hat die komplementäre Menge zu einer produktiven (bzw. prospektiven) Menge im Jargon mathematischer Logik die Bezeichnung *kreativ* bekommen. Man muß zugeben, daß es schon einer unerhört brillanten, wenn nicht gar perversen Art von Kreativität bedürfte, um sämtliche häßlichen Objekte herzustellen, die überhaupt möglich sind.

Wenn wir das Ziel der Kunst darin sehen, daß sie die Erzeugerin aller überhaupt möglichen Objekte der Schönheit ist (was zweifellos eine sehr grobe Vereinfachung darstellt, aber übernehmen wir diese Ansicht trotzdem), dann ist jeder individuelle Künstler jemand, der in einem besonderen Stil Objekte beiträgt. Dieser Stil ist ein Produkt der Erbanlagen und der Erziehung des Künstlers und sein Unterscheidungsmerkmal. Jeder Künstler ist in dem Maße, wie er einen individuellen Stil besitzt, sphexisch – gefangen innerhalb unsichtbarer, nicht greifbarer räumlicher Grenzen des Geistes, aus denen es kein Entkommen gibt. Aber das ist kein Grund zum Jammern. Künstlergruppen rufen Kunstrichtungen ins Leben, bilden Bewegungen oder machen Epoche, und was den einen Künstler einengt, muß einen anderen nicht einengen. Also ist eine Schule für eine bestimmte Richtung in der Kunst durch die Tatsache, daß ihre Grenzen weiter gesteckt sind, weniger sphexisch – bewußter – als jeder, der ihr angehört.

Aber selbst die kollektive Bewegung einer Kunstrichtung stößt nach einer Zeit an ihre Grenzen und zeigt ihre Endlichkeit. Sie fängt an, abzufallen, an Fruchtbarkeit einzubüßen, steckenzubleiben. Und es beginnt sich eine neue Richtung zu formen. Vielleicht kann man das, was kein einzelner Mensch deutlich erfassen kann, kollektiv sehen, auf einer gesellschaftlichen Ebene also. Kunst schreitet demnach zu einer immer weiter gesteckten Vision von Schönheit – zu einer „prospektiven" Vision von Schönheit durch eine Reihe wiederholter „Diagonalisierungen": Prozesse, Trotte zu erkennen und aus ihnen auszubrechen. Ich nenne diesen Vorgang gerne *aussteigen* (aus dem System herausspringen), um zu immer weiteren Welten zu kommen.

Dieses nimmerendende Aussteigen ist ein Prozeß, der sich in seiner Totalität (so sagt Gödel) nicht formalisieren läßt, weder in einem Computer noch in einem endlichen Gehirn noch in einer endlichen Menge von Gehirnen. Man muß also keine Angst haben, daß die Mechanisierung der Kreativität, falls es je dazu kommen sollte, das Ende der Kunst einläuten wird. Ganz im Gegenteil: Wir sollten uns auf diesen Tag freuen, denn von diesem Tag an werden unsere Augen – wie auch ganz bestimmt die von Computern – für ganz neue Welten der Schönheit offen werden. Es wird ein glücklicher Tag sein, an dem wir Hand in Hand mit unseren neuen Freunden, den Computern, einen nicht analysierbaren Sprung aus dem System machen, um noch ein Glas von dem Punsch zu holen.

Postskriptum

Kennen Sie das Violinkonzert No. 3 von Saint-Saëns? Zufällig basiert sein mittlerer Satz auf einer hinreißend schönen Melodie – voller Weite, welligem Auf und Ab und lyrischem Fluß. Mein Vorschlag ist, Sie hören mal rein! Woher kommen solche Melodien? Haben sie schon immer existiert? Stolpern einige Leute nur aus purem Glück über diese hübschen Steine, die ans Ufer der Musik geschwemmt werden, und die sie dann nur noch aufzuheben brauchen?

Nun will ich aber nicht im Sumpf der Frage untergehen, ob etwas entdeckt oder erfunden worden ist, oder einfach existiert. Ich habe natürlich meine eigenen Ansichten darüber, aber es geht mir mehr um die Frage, woher solche Inspiration kommt. Man kann mit einem ansehnlichen Maß an Objektivität auf bestimmte Komponisten verweisen, die melodisch höchst begabt waren. Zum Beispiel fallen mir folgende Namen ein: Chopin, Rachmaninow, Saint-Saëns, Tschaikowsky, Brahms, Bach, Mendelssohn, Puccini – und, um das Tempo etwas zu wechseln, Cole Porter, Richard Rodgers, Jerome Kern und George Gershwin. Klar, daß es noch andere gibt. Manche Leute würden zweifellos manchen Namen von dieser Liste streichen und andere vorschlagen – vielleicht Schubert, Dvořák, Prokofjew, Scott Joplin, Fats Waller, Frederick Loewe, Kurt Weill, die Beatles, Carole King ... Es ist schwierig, da die Grenze zu ziehen.

Ausschlaggebend ist, daß ein paar wenige in der Lage zu sein scheinen, irgendeine magische Ader anzuzapfen, in der Muster von unglaublicher Faszination dahinfließen, die auf die Seele des Menschen eine tief berauschende Wirkung haben. Leonard Bernstein schrieb einmal einen flotten Dialog mit der befänglich vertitelten Überschrift „Warum gehst du denn dann nicht nach oben und schreibst eine hübsche Gershwin-Melodie?“ Er sagt darin, warum an jene Ader so schwierig heranzukommen ist. Bernstein sollte es natürlich wissen, denn auch er ist einer der großen melodischen Erfinder unserer Zeit.

Das Problem ist, daß Melodien zu erfinden einfach aussieht, wenn sie mal erfunden sind, so wie alles in jeder anderen Kunst einfach aussieht, wenn es mal da ist. Tatsächlich sieht es in vielerlei Hinsicht einfacher aus, als andere Arten von Schönem zu kreieren, weil Melodien so kleine, einfach beschriebene Strukturen darstellen. Auf Skiern toll den Hang herunterzuwedeln, bezieht wenigstens ein *kontinuierliches Spektrum* von Möglichkeiten mit ein, wohingegen eine Melodie gewöhnlich auf ein sehr begrenztes, auf sich allein bezogenes Alphabet (die Noten innerhalb eines Abstands von zwei Oktaven oder so) zurückgeht und nicht einmal sehr lang ist!

Daher ist die Vorstellung sehr verführerisch, daß sich gute Melodien anhand irgendeiner Art von Rezept oder mathematischer Formel herstellen lassen, oder zu denken, was fast auf dasselbe hinausläuft, daß sich die *Menge* an Schönem in einer Melodie von irgendeiner Art Maschine genauso messen ließe, wie sich die Menge an Radioaktivität in einer Erzprobe von einem Szintillationszähler feststellen läßt. Bekommt man also eine Reihe Noten vorgeschlagen, so würde man diese in eine Maschine stecken, und heraus käme eine Zahl, die man ihren „FQ“ („Faszinationsquotient“) nennt.

Falls Sie Ihre Zweifel an der Verständlichkeit der Idee einer solchen Zahl haben, dann erinnern Sie sich mal, daß mit jedem Musikstück wirklich ein Maß seiner Faszination verbunden ist – nämlich wie oft man eigentlich jeweils hinhört. Man kann Musikstücke entsprechend dieses objektiv-kalten, linearen Maßstabs in eine Rangordnung bringen. Das soll nicht heißen, daß das Stück ganz oben das beste ist, sondern lediglich aufzeigen, daß die Idee eines einzigen eindimensionalen „Faszinationsindex“, der auf jede mögliche Notenreihe Anwendung findet, keineswegs absurd ist. Zugegeben, unter den gegenwärtigen Umständen sieht es so aus, als bedürfe es einer ganzen Gesellschaft von Millionen Menschen, um den Wert für jede Folge von Noten zu berechnen, aber könnte all das nicht simuliert werden? Vielleicht könnte man die Maschine zur Berechnung des Faszinationsquotienten so bauen, daß sie eine Gruppe von Parametern akzeptiert, die die Kultur des Ziellandes und seinen jeweiligen allgemeinen Musikgeschmack beschreiben, und dann vorhersagen würde, wie sich eine bestimmte Melodie in einer bestimmten Gesellschaft unter den spezifisch musikalischen Verhältnissen machen würde. Ist das etwa keine gute Idee?

Sind die musikalischen Rezeptivitäten eines Kulturkreises wirklich in rein mathematischen Begriffen beschreibbar, die sich nur auf die syntaktischen Strukturen der Melodien beziehen? Letztlich *muß* die Antwort natürlich „ja“ lauten, wenn mit „syntaktischen Strukturen“ solche gemeint sind, zu deren Erkennung möglicherweise die Hereinnahme x-beliebiger Mengen von außen kommender Information nötig ist. Ausreichend tiefes Sondieren in die syntaktischen Strukturen hat den gleichen Stellenwert wie das Sondieren in den semantischen Strukturen, ein Motto aus dem *P.S.* zu Kapitel

1. Die Frage ist dann nur, wie komplex eine solche „Syntax-Maschine“ wäre, die melodische Schönheit kreiert oder wenigstens mißt. (Wir wollen mal annehmen, daß sie anpaßbare Parameter für Kultur und Musikgeschmack hat.) Muß sie so komplex sein wie eine menschliche Gesellschaft oder ein menschliches Gehirn? Können wundervolle, lyrische, wiegende und hinreißende Melodien aus einer Black Box strömen, die nichts anderes als das kann? Wer *Gödel, Escher, Bach* (besonders die Seiten 717-720) gelesen hat, erinnert sich vielleicht, daß ich in diesem Punkt äußerst skeptisch bin. Doch wie tragfähig ist der Boden, auf dem ich gerade stehe? Könnte die Musik nicht ebenso rasch der rohen Rechengewalt anheimfallen, wie das dem Schachspiel widerfahren ist (etwas, worüber ich mich auf den gleichen Seiten in *GEB* ebenfalls sehr skeptisch geäußert habe)?

* * *

Es ist komisch, wie bestimmte Ticks in Mode kommen, und das scheinbar ohne allen Grund, während andere Dinge aussterben, wiederum aus keinem klar ersichtlichen Grund. Wir spötteln heute über einen „Trabbi“ – doch was genau gibt es da zu spötteln, außer der Tatsache, daß er sich so schlecht macht? Was im genauen stimmt *nicht* mit dem „Trabbi“? Was stimmt nicht mit den Abertausenden Melodien, die jedes Jahr komponiert werden und nirgendwo zu hören sind? Was machte Michael Jackson und Pachelbels simplen Kanon so schrecklich populär? Warum breitete sich die Schriftart Helvetica nach ihrer Erfindung wie eine Seuche aus, während ein Dutzend anderer Schriftarten, die ganz ähnlich aussahen, rapide ausstarben? Warum wurde das typographische Mätzchen, sowohl den ersten als auch den letzten Buchstaben eines Wortes oder Titels, wie in

DIE SCHÖNSTEN
HANDARBEITEN

DIE
ABSPRACHE
Vladimir Volkoff
Roman
Klett-Cotta

in symmetrischer Weise als Großbuchstaben darzustellen, vor Jahren eine plötzliche Modeerscheinung?

Warum ist es jetzt der letzte Schrei, Wörter zusammenzuschreiben wie „Intelligenetik“ oder „PEOPLExpress“? Was läßt Wörter wie „Saxomat“, „Lufthansa“ und „Nyltest“ etwas veraltet erscheinen? Warum klingt „Quantas“ immer noch modern? Was ist an Markennamen wie „Lumo“ und „Fluppsi“ erbärmlich? Warum ist „x“ heute in Markennamen so populär? Und warum wäre „Goxie“ trotzdem ein schwacher Name, verglichen mit, sagen wir, „Exigo“ oder „Xigeo“? Warum sind die alltäglich erscheinenden Namen, die manchmal von Komikern oder Kabarettisten verwendet werden – wie beispielsweise „Else Stratmann“, „Herr Pfleiderer“, „Witwe Bolte“ und „Kuddel Daddeldu“ –, geeignet, Gekicher auszulösen? Wie kommt es, daß Norma Jean Baker ihren Namen in „Marilyn Monroe“ änderte? Warum würde es einem Filmstar nicht gut zu Gesichte stehen, wenn er „Anton Weiberkraft“ hieße? Warum ist heute der Name „Tiffany“ populär, und warum war vor Jahren „Lisa“ in Mode? Stimmt etwas nicht mit „Agnes“, „Edith“ oder „Helma“? Mit „Ewald“, „Diethard“ oder „Bartholomäus“? Die Länge allein kann es gewiß nicht sein (man denke an „Elisabeth“). Auch der Klang kann es nicht sein, wenn man es in simplem Sinne sieht. (Warum sollte „Diethard“ schlecht klingen, und „Reinhard“ gut?)

Es hat vielleicht den Anschein, daß all dies überhaupt nichts mit Sphexität und selbstbeobachtenden Computern und Gehirnen zu tun hat. Doch worauf ich hinaus will, ist die unglaubliche Zahl von Kräften und Faktoren, die in unserer unbewußten Verarbeitung selbst ganz klitzekleiner Strukturen interagieren, die aus ganz für sich allein stehenden Teilen zusammengesetzt sind, wie etwa Wörter und Namen, die nur ein paar Buchstaben lang sind, von Melodien, die mehrere Dutzend Noten lang sind, ganz abgesehen. Die meisten von uns könnten zu den Antworten auf jede dieser Fragen überhaupt nichts beitragen. Tatsächlich könnte niemand diese Fragen definitiv beantworten. Wenn wir schon versuchen, Maschinen dahin zu bekommen, daß sie die subtilsten kognitiven Aufgaben verrichten, müßten wir doch wohl besser erklären können, wodurch bloße Wörter anziehend oder abstoßend sind!

* * *

In der artifiziellen Intelligenz werden zur Zeit einige Anstrengungen unternommen, um Programme mit einer gewissen Art introspektiver Kapazität zu versehen. Eine solche Kapazität wird gewöhnlich „Reflexion“ genannt, eine Bezeichnung, die sich selbst erklärt und auf mathematische Logik zurückgeht. Man sagt, ein formales System ist zur Reflexion fähig, wenn es über sich selbst vernünftig urteilen kann. Gödel setzte sich als erster im Detail mit derartigen Dingen auseinander. Heutzutage gehören reflektive Systeme zum Alltag manch eines Logikers. Allerdings erreicht die Nachbildung von Logik mit einem Computer erst jetzt den Punkt, an dem man ernsthaft beginnt, sich mit Reflexion zu befassen.

Die Idee ist sehr verlockend, aber meines Erachtens hat es weniger mit einem echten Fortschritt in der AI zu tun als vielmehr mit einem Fortschritt in eleganten formalen Systemen. Es dreht sich ganz um die eigene grundlegende Ansicht dessen, was Denken ist. Glaubt man, das Denken sei eng mit irgendeiner strengen Vorstellung von Wahrheit und schlüssigem Überlegen verbunden und fein gehonte deduktive Kapazitäten seien das Kernstück einer Denkweise, dann wird man natürlich zu reflektiven Beweisführungssystemen hingezogen. Glaubt man andererseits, so wie ich, daß zwischen schlüssigem Überlegen und dem Innersten des Denkens ein sehr, sehr weiter Weg liegt, dann wird man zu einem Sprung zu solchen Systemen nicht gerade sehr geneigt sein.

Man kann die Dinge auch so sehen: Stellen Sie sich vor, Sie haben eine Menge von Regeln, von denen man annimmt, daß sie die Art und Weise, wie Leute in bestimmten Bereichen denken, einfangen – sagen wir mal beim Komponieren von Melodien. Jetzt probieren Sie sie aus und entdecken, daß sie wegen einiger Komplikationen die meiste Zeit fehlschlagen. Allerdings haben Sie ein paar intuitive Vermutungen, warum das so ist. Wie ist nun weiter zu verfahren? So wie ich es sehe, gibt es zwei hauptsächliche Richtungen, die miteinander rivalisieren.

Eine Richtung sagt: „Füge Meta-Regeln hinzu! Danach füge Meta-Meta-Regeln hinzu! Danach ... *ad infinitum*!“ Man könnte das die „Meta-Meta“-Schule der AI nennen. Die Strategie ist, die Leistungsfähigkeit einer bestimmten Menge an Regeln zu verbessern, indem man Meta-Regeln höherer Ordnung hat, die bestimmen helfen, wann und wie die gewöhnlichen Regeln anzuwenden sind. Und dieses Verfahren kennt keine Grenzen, nicht einmal dann, wenn man die Progression von einer Ebene zu ihrer Meta-Ebene folglich so formulieren kann, daß es im Prinzip eine unbegrenzte Zahl von Meta-Ebenen „gibt“, die notfalls abgefragt werden müssen.

Die alternative Richtung ist, den endlosen Turm von Bürokratien und *darüberliegenden* Meta-Bürokratien zu umgehen, indem man regelgleiche Verhaltensweisen aus einer vielschichtigen brodelnden Brühe *darunterliegender* Aktivität hervorgehen läßt. Das heißt, man gibt die Idee auf, versuchen zu wollen, dem System als Ganzem explizit mitzuteilen, wie es sich zu betreiben hat. Statt dessen begnügt man sich damit, ausdrückliche Mikro-Verhaltensweisen zu definieren, die in riesiger Zahl interagieren. Dann läßt man sie einfach loslegen, beobachtet sorgfältig die Folgeerscheinungen und notiert, was einem gefällt und was einem nicht gefällt. Nach dem Durchlauf theoretisiert man darüber, was das Verhalten des Systems auf höchster Stufe den eigenen grundlegenden Zielen immer mehr ähnlich werden ließ, und dann geht man zurück und macht an den Mikro-Elementen herum, über deren Mikro-Verhalten man ausdrückliche Kontrolle hat, und errät so gut wie möglich, durch welche Arten von Änderungen die Leistungsfähigkeit des Systems insgesamt besser wird. Anschließend macht man einen zweiten Systemdurchlauf.

Ich erinnere mich an eine lang zurückliegende Fernsehsendung, in der jemand eine Badewanne aufstellte, die bis zum Rand voll mit gespannten Mausefallen war, in deren Metallbügeln Ping-Pong-Bälle klemmten. Dann warf man einen Ping-Pong-Ball hinein, und WUSCH! Es war eine irrsinnige Explosion in zeitlich parallelen Kettenreaktionen. Nach ein paar Sekunden war alles vorbei. Aber stellen Sie sich mal einen Film davon in Zeitlupe vor! Die Explosion hat zahlreiche großangelegte Eigenschaften, auf die man es absehen könnte, so zum Beispiel, wie lange dauert der Knall, wie hoch fliegt durchschnittlich ein Ping-Pong-Ball, wie sieht die Hülle des Balls im Flug aus usw. Gäbe es mehr Typen eines Mikro-Elements, und wären ihre Interaktionen abwechslungsreicher, dann könnte man sich vorstellen, wie multi-dimensional das Makro-Verhalten des Systems und wie schwierig eine Vorhersage selbst seiner elementarsten Eigenschaften wäre.

Wenn aber bestimmte umfassende Zusammenspiele genügend groß werden, setzt das statistische Prinzip, genannt „das Gesetz großer Zahlen", ein, das im wesentlichen garantiert, daß in dem ganzen Chaos so viel annulliert wird, daß letztlich eine Art Ordnung hervorgeht. Genau aus Gründen wie diesen ließe sich annähernd richtig vorhersagen, wie viele Verkehrstote es im nächsten Jahr geben wird, obwohl die Leute, die die Prognose erstellen können, keine Ahnung haben, wo sich jeder Tod im einzelnen abspielen wird. Und dann schaue man sich mal an, wie die Vorhersage ausfällt. Man wird vielleicht staunen, aber irgendwie kooperieren die Fahrer und bringen jedesmal fast die vorhergesagte Zahl zustande, im allgemeinen sogar auf einzelne Bundesländer bezogen, wenn auch mit abnehmender Genauigkeit.

Der Unterschied zwischen einem solchen sich statistisch ergebenden Makro-Verhalten und einem streng eingezwängten Makro-Verhalten läßt sich am besten deutlich machen, wenn man das Mausefallen-System im Kontrast zu einem riesigen Netzwerk Domino-Ketten sieht, mit Pfaden, die sich verzweigen und wieder vereinen, Pfaden, die aufwärts und dann auf der anderen Seite wieder abwärts führen, einfach alles, was man sich vorstellen kann, solange es ganz und gar selbstbestimmt ist (d. h. es gibt keine unvorhergesehenen äußeren Ereignisse, die Ketten zum Absturz bringen). Bei dieser Art System weiß man schon vorher genau Bescheid, wie alles ablaufen wird. Es stimmt, daß man möglicherweise nicht vorhersagen kann, welcher von zwei „rivalisierenden" Wegen zuerst einen gewissen Punkt erreichen wird, aber diese Art von Unvorhersagbarkeit ist nicht ganz so schwierig zu korrigieren wie die Unvorhersagbarkeit des Mausefallen-Systems. Fällt das Ergebnis bei einem Durchlauf nicht wunschgemäß aus, kann man alles noch einmal auf die gleiche Weise aufbauen, manch spezifische Region ändern, und man weiß trotzdem, was passieren wird. Man kann diese Art System *programmieren*, aber ein statistisches System kann man nicht im selben Sinne programmieren. Man kann nur seine Mikro-Elemente zuschneiden und sie dann loslassen und sehen, was passiert.

Welcher Weg, um an den Geist heranzukommen, ist dem andern überlegen? Ist der Geist eher wie ein kompliziertes System von Domino-Ketten oder wie eine Badewanne voller Mausefallen mit Metallfedern? Ich wette, das letztere. Mehr über diese Thematik in den Kapiteln 24 und 25 und ihren Nachworten.

* * *

Thomas P. Laubert schickte mir einen Brief und äußerte sich darin ziemlich verblüfft über einen Absatz, auf den er zufällig gestoßen war, und in dem folgender Satz stand: „Erfahrung hatte die Ingenieure von Du Pont gelehrt …, wo immer möglich Flexibilität in die Planung einfließen zu lassen, um den unvorhergesehenen Problemen zu begegnen, die ganz bestimmt auftreten würden." Laubert sinnierte: „Aber wenn nicht vorherzusehen war, wie die Probleme beschaffen sein würden, welche Parameter wurden dann verwendet, um diese eingebauten Flexibilitäten zu bestimmen?" Ein anderer Leser, dessen Brief ich leider verlegt habe, brachte einen ähnlichen Punkt hinsichtlich technischer Konstruktionen zur Sprache. Ich erinnere mich noch lebhaft an seinen Begriff „unk-unk" – was so viel wie *unbekannte Unbekannte* bedeutet, die für alle komplexen Systeme eine Plage sind. Er fragte – ziemlich skeptisch, wie ich mich erinnere –, wie man denn je hoffen kann, ein System zu bauen, das alle möglichen Probleme vorwegnimmt.

Diese einfach erscheinenden Fragen treffen den Nagel auf den Kopf. Der Definition nach ist eine Intelligenz ein System, von dem man annimmt, daß es sich auf das Unvorhersehbare einstellen kann. Aber wie kann irgendeine beliebige Menge von Regeln, die in einer Maschine von der Anlage her fest „eingefroren" sind, das je tun? Macht nicht genau die Tatsache, eingefroren zu sein, alle vorherbestimmten Systeme/Programme/Maschinen/Organismen in irgendeiner Weise anfällig, die eigentlich aus den Regeln selbst folgt? Dies war natürlich genau der Gödelsche Punkt, auf den es J. R. Lucas in dem Aufsatz ankam, aus dem das Zitat in der Kolumne stammte. Und die einzig befriedigende Antwort, die mir einfällt, ist zuzugestehen, daß sämtliche Intelligenzen in der Tat anfällig sind, jawohl – einschließlich biologischer Intelligenzen, was bedeutet, daß Menschen nicht weniger anfällig sind als *Sphex*-Wespen. Die natürliche Selektion stand Organismen mit höchst abstrakten Arten von Anfälligkeit, also höchst abstrakten Arten von Sphexität, schon immer mit Wohlwollen gegenüber. Und zur Zeit kommen die Menschen ganz gut voran. Aber was die Hoffnung auf ein fertiges Rezept betrifft, das einem Organismus erlauben würde, mit all den seltsamen Phänomenen fertig zu werden, mit denen das Universum ihn aufs Geratewohl konfrontieren könnte, so ist diese Hoffnung eitel, umsonst und verrückt!

23
Analogien und Rollen im Denken von Mensch und Maschine

September 1981

Bei unseren Forschungen haben Gray Clossman und Marsha Meredith, meine Doktoranden, und ich uns typische menschliche Denkprozesse im Alltagsleben wie auch in begrenzteren Bereichen angesehen; und wo immer wir hinschauen, scheinen wir auf die Tatsache zu stoßen, daß die Begriffsrepräsentationen im Innern Substrukturen enthalten, die gegenüber den Strukturen, zu denen sie gehören, eine Art Unabhängigkeit behaupten. Eine solche Substruktur gleicht einem *Modul* – sie läßt sich aus ihrem ursprünglichen Kontext in andere Zusammenhänge umsetzen. Sie ist eine autonome Struktur eigenen Gepräges. Wir nennen diese Module *Rollen*. Eine Rolle ist demnach ein eigentümliches „Darstellungsmodul" für irgendeinen bestimmten Sachverhalt, eine Art Hans-Dampf-in-allen-Gassen, dem es offenbar Spaß macht, wenn er seinen angestammten Platz verlassen und sich anderswo einnisten kann, manchmal an den, wie einem auf den ersten Blick vorkommt, abenteuerlichsten Orten.

Ein faszinierendes Beispiel ist die Rolle der „First Lady". Die meisten Amerikaner machen von diesem Ausdruck einen flexibleren Gebrauch, als ihnen selbst vielleicht bewußt ist. Wenn man sie fragte, würden sie höchstwahrscheinlich die Bedeutung des Ausdrucks mit „Präsidentengattin" angeben und es damit gut sein lassen. Aber wenn man sie vor einiger Zeit nach der kanadischen First Lady gefragt hätte, wäre fast mit Sicherheit der Name bzw. das Bild von Margaret Trudeau vor ihrem inneren Auge aufgetaucht. Mag sein, daß sie den Gedanken sofort wieder fallen gelassen hätten, aber wichtig für unseren Zusammenhang ist allein, daß sie überhaupt auf den Gedanken gekommen wären. Erstens war die Frau den Leuten als die *geschiedene* Gattin von Pierre Elliott Trudeau bekannt. Zweitens war Trudeau nicht Präsident Kanadas, sondern kanadischer Ministerpräsident. Wie also, ist demnach „geschiedene Gattin des Ministerpräsidenten" dasselbe wie „Präsidentengattin"?

Bevor die Antwort kommt, daß es sich bei „Gattin" und „geschiedene Gattin" ebenso wie bei „Ministerpräsident" und „Präsident" um verwandte Vorstellungen handelt, wollen wir überlegen, wer derzeit als die First Lady Großbritanniens gelten kann. Welche Namen fallen einem ein? Margaret Thatcher? Königin Elisabeth? Sie sind Frauen, aber spielen sie wirklich die Rolle einer First Lady? Wie steht's mit Denis Thatcher oder Prinz Philip? Zuerst scheint die Vorstellung unsinnig, aber allmählich bekommt sie etwas merkwürdig Zwingendes, besonders was Denis Thatcher betrifft. Tatsächlich habe ich einmal einen Zeitungsartikel ausgeschnitten, in dem Denis Thatcher als die First Lady Großbritanniens porträtiert wurde.

Ergibt das irgendeinen Sinn? Kann ein männliches Wesen eine Lady sein? Nun, die Sprache ist schlüpfriger, als Wörterbuchdefinitionen uns glauben machen wollen. Ihre

Rutschigkeit rührt von der Verrutschbarkeit der zugrundeliegenden Vorstellungen her, und das gilt ganz besonders für diese schwer faßbaren Phänomene, die wir Rollen nennen.

Natürlich könnte man geltend machen, daß die *eigentliche* Bedeutung von „First Lady“ „Ehegemahl des Staatsoberhaupts“ ist und daß von daher die Rolle der First Lady sich ohne alle Schwierigkeit in „Ehemann der Ministerpräsidentin“ überführen läßt. Aber auch damit ist es nicht getan. In Haiti stand bis vor kurzem der Titel einer First Lady Simone Duvalier zu, der Frau des verstorbenen früheren Präsidenten François („Papa Doc“) Duvalier. Sie war zugleich die Mutter des nach dem Tod seines Vaters an die Macht gekommenen Präsidenten Jean-Claude („Baby Doc“) Duvalier. Vor nicht langer Zeit kam es dann zu einem heftigen Machtkampf zwischen Simone Duvalier und ihrer Schwiegertochter Michelle Bennett Duvalier, der Frau von „Baby Doc“, um den Titel der First Lady. Schließlich gewann offenbar die jüngere Frau die Oberhand und nahm den Titel „First Lady der Republik“ ihrer Schwiegermutter weg, die ihrerseits auf Lebenszeit mit dem Titel „First Lady der Revolution“ entschädigt wurde.

Wünscht man eine Abänderung der Definition im Sinne von „Gegenwärtiger oder vormaliger Ehegatte oder Elternteil eines gegenwärtigen oder vormaligen Staatsoberhaupts“? Aber es ist natürlich glasklar, daß sich auch dazu wieder Ausnahmen ersinnen lassen. Stellen wir uns zum Beispiel ein Treffen des Herr-Jemine-Klubs vor, auf dem die Lieblingstante Herrn Jemines als First Lady des Klubs eingeführt wird. Herr Jemine ist natürlich schwerlich als Staatsoberhaupt zu bezeichnen, folglich wäre die Definition dahingehend zu berichtigen, daß es sich bei „First Lady“ um den „gegenwärtigen oder vormaligen Ehegemahl oder Lieblingsverwandten des gegenwärtigen oder vormaligen Oberhaupts welcher Organisation auch immer“ handele. Aber angenommen … Doch, ich glaube, ich überlasse dem Leser die Erfindung weiterer Ausnahmen von der Regel. Welche Regel wir auch immer aufstellen, wir können sicher sein, daß sich irgendein Weg denken läßt, sie zu umgehen.

Und was noch schlimmer ist: in dem Maß, wie wir die Vorstellung anpassungsfähig machen, passiert etwas Schreckliches mit ihr. Etwas Entscheidendes geht allmählich verloren, nämlich das Bewußtsein, daß „Gattin des Präsidenten“ die *normalste* Bedeutung ist, zumindest für Amerikaner der heutigen Zeit und Ära. Wenn man nur die allgemeine Definition zu hören bekäme – einen riesigen Wust Paragraphenchinesisch, vollgestopft mit Nebensätzen, Klammerbemerkungen und *Oder*-Ketten, das Endergebnis all jener absonderlichen Fälle –, so könnte man mit Fug und Recht zu dem Schluß gelangen, daß Michel Pflasterstein, der frühere Schwiegervater des vorläufigen Geschäftsführers der Drogerie an der Ecke, dem Konzept der First Lady genausogut entspricht wie Nancy Reagan. Wenn das aber passiert, so stimmt etwas nicht mit der Sache. Die Definition soll nicht nur umfassend sein, sie soll auch irgendeinen Hinweis auf den *Geist* der Vorstellung geben.

* * *

Computer tun sich schwer, den Geist von Dingen zu erfassen; sie haben mehr für den Buchstaben übrig. Und deshalb verbringen die Menschen enorm viel Zeit mit der Unterhaltung mit den Computern und fertigen für sie lange und umständliche Beschreibungen von Vorstellungen an, die sie jemandem mit auch nur einer Spur von Gehirn durch *ein einziges gutgewähltes Beispiel* vermitteln könnten. Es ist mithin ein herausforderndes Problem, wie man einem Computer die Bedeutung des Ausdrucks „First Lady" verständlich machen kann. Für die Erörterung dieses Problems ist es nötig, den Begriff der „Rolle" genauer in Augenschein zu nehmen.

In der Absicht zu zeigen, wie ein Begriff von „Rolle" auch in formaleren Bereichen als denen des Staatsprotokolls sich herausschälen läßt, werde ich jetzt auf eines meiner Lieblingsgebiete überwechseln: das der natürlichen Zahlen. Ich werde einige Rätsel vorlegen, über die Gray, Marsha und ich nachgedacht haben. Auf jedes der Rätsel gibt es eine Reihe möglicher Antworten mit unterschiedlichem Plausibilitäts- bzw. Vertretbarkeitsgrad. Wir arbeiten an einem Computerprogramm, das imstande ist, die Ratio hinter jeder der möglichen Antworten wahrzunehmen, und das auf diese Weise dieselbe Art „Gefühl" dafür, was eine gute und was eine schlechte Antwort ist, an den Tag legen kann wie ein normaler Mensch.

Wenn vom Gebiet der natürlichen Zahlen die Rede ist, klingt das zuerst nach einer eindeutig bestimmten, objektiven mathematischen Welt, aber tatsächlich handelt es sich um einen Bereich, in dem sich Probleme formulieren lassen, die ein extrem subtiles *subjektives* Urteil erfordern. Wir haben unserem Programm nur eine sehr geringe detaillierte arithmetische Kenntnis der ganzen Zahlen mitgegeben. Das Programm erkennt zum Beispiel 9 nicht als Quadratzahl; tatsächlich hat es nicht einmal eine Ahnung vom Multiplizieren! Es weiß nicht, daß 6 eine gerade und 7 eine ungerade Zahl ist. Was *weiß* es dann überhaupt? Es weiß, wie man vorwärts und rückwärts zählt – will heißen, es weiß Bescheid über das Verhältnis vorhergehender und nachfolgender Zahlen. So erkennt es denn also, daß die Zahlenfolge „12345" einen vorwärts verlaufenden Zählprozeß darstellt. Es ist auch imstande, den Begriff des Zählens auf vorliegende Strukturen anzuwenden, wie etwa auf die Folge „44444", in der es eine Gruppe aus fünf Wiederholungen der Zahl „4" erkennen könnte. Es weiß, daß 9 größer ist als 4, auch wenn es keine Ahnung davon hat, *um wieviel* größer. (Subtrahieren oder andere arithmetische Operationen kennt es nicht.) Man kann sich unser Computerprogramm als ein Wesen denken, das über die Verstandeskraft eines fünfjährigen Kindes und über eine lebhafte Neugier für Zahlenmuster verfügt. (Übrigens ist es nicht von Dezimalvorstellungen beeinflußt oder an sie gebunden. Die Zahl 10 hat für es nicht mehr Besonderheit als die Zahl 9.)

Hier ist nun das erste Problem (wie viele der folgenden eine Erfindung Grays). Nehmen wir die folgende Struktur, die wir A nennen wollen:

A: 1 2 3 4 5 5 4 3 2 1

Nehmen wir jetzt die B genannte Struktur:

B: 1 2 3 4 4 3 2 1

Die Frage lautet: *Was entspricht bei B der 4 bei A*? Oder, rollentheoretisch ausgedrückt: *Was spielt in B die Rolle, die in A die 4 spielt*?

Man beachte, daß bei dieser Art zu fragen die inhaltliche Entscheidung darüber, welche Rolle die 4 in A eigentlich spielt, dem Rätsellöser überlassen bleibt. Eine Analogie zu der Frage wäre: „Wer ist die Nancy Reagan von Großbritannien?“, wobei es dem Befragten überlassen bleibt, sich die von Nancy Reagan ausgefüllte Rolle klarzumachen und dann versuchsweise jene Rolle auf britische Verhältnisse zu übertragen. Ich habe festgestellt, daß viele Leute, denen es gegen den Strich geht, Denis Thatcher als die „First Lady Großbritanniens“ zu bezeichnen, durchaus bereit sind, ihn die „Nancy Reagan Großbritanniens“ zu nennen. Ein interessanter Punkt, den dieses Beispiel veranschaulicht und auf den wir zurückkommen werden, läßt sich so formulieren: Wenn die Rolle unausgesprochen, nicht-verbalisiert bleibt, läßt sie sich fließender übertragen, als wenn sie in einen sprachlichen Ausdruck „eingefroren“ ist.

Tatsächlich kommen einem die meisten Analogien auf diese nicht-sprachliche Weise in den Sinn. Es geschieht selten, daß einen jemand im Wortlaut fragt: „Was entspricht in San Francisco dem New Yorker Central Park?“ Gewöhnlich stößt einem die Parallele aber stillschweigend auf. Beim ersten Besuch von San Francisco wird man durch den Golden Gate Park gefahren, und der erinnert einen irgendwie an den Central Park. Nachträglich kann man gewisse Gemeinsamkeiten benennen: Bei beiden handelt es sich um langgestreckte, schmale Rechtecke; in beiden findet man Seen, gewundene Straßen und hervorragende Museen; und so weiter, und so fort. Die meisten Vergleiche kommen so zustande – als Ergebnis einer unbewußten Abklärung und Anordnung von Eindrücken, statt als bewußt gesuchte Lösungen für ausgetüftelte Rätselfragen. Sich an etwas *erinnert* zu fühlen heißt, mit anderen Worten, unbewußt einen Vergleich zu formulieren.

Als ich übrigens zuerst auf die Idee kam, etwas über Rollen und Analogien zu schreiben, beschäftigte ich mich in Gedanken sowohl mit dem Beispiel von der First Lady als auch mit den Zahlenbeispielen. Während meine Gedanken sich entwickelten, merkte ich, daß ich unbewußt in meinem Innern eine Parallele zog zwischen dem First-Lady-Beispiel und den Zahlenbeispielen. Ich werde das eine „Meta-Analogie“ nennen, da es sich um einen Vergleich zwischen Vergleichen handelt. Bei dieser Meta-Analogie entspricht in meinen Augen die Struktur A den Vereinigten Staaten, die Struktur B Großbritannien, die Zahl 4 Nancy Reagan und die herauszufindende Zahl der herauszufindenden Person. Wir kommen später auf die Meta-Analogie zurück.

*   *   *

Betrachten wir jetzt einige der möglichen Antworten auf das Zahlenvergleichsproblem. Die einleuchtendste Antwort lautet 3 – glücklicherweise ist sie auch diejenige, die man am häufigsten erhält. Als Begründung wird normalerweise angeführt, daß bei A die 4 dem Paar in der Mitte (55) vorhergeht und daß bei B das entsprechende Paar in der Mitte 44 ist, dem seinerseits die 3 vorhergeht. Gut also, was würde man dann bei C sagen? Was entspräche bei C der 4 bei A?

C: 1 2 3 4 5 6 6 6 6 5 4 3 2 1

Das zentrale Paar in der Mitte bei C sind zwei Sechsen, die jeweils von einer 6 flankiert sind. Entspricht demnach die 6 bei C der 4 bei A? Nun, die meisten Menschen würden wohl der 5 den Vorzug geben, auch wenn es vollständig *logisch* ist, sich für die 6 zu entscheiden. Daß die 5 bevorzugt wird, hat indes seinen sehr vernünftigen (und auch logischen) Grund in der Neigung, die Vorstellung vom „Paar in der Mitte" (die natürlich ihrerseits eine Rolle bezeichnet) zu der vom „Block in der Mitte" (oder wie immer man das nennen will) zu verallgemeinern. Hier liegen zwei konkurrierende Zwänge vor: zum ersten die Nötigung, sich genau an das ursprüngliche Konzept zu halten, und zweitens die Forderung, Beweglichkeit zu beweisen und sich anzupassen, wo es „angebracht scheint" und wo es Starrsinn und Verbohrtheit verriete, wenn man auf bestehenden Gepflogenheiten beharrte, statt simple und „natürliche" Erweiterungen vorzunehmen. Aber es sind eben diese Art Ausdrücke – „Beweglichkeit beweisen", „sich anpassen", „angebracht scheinen", „Starrsinn", „natürlich" usw. –, die so außerordentlich schwierig in Programme hineinzubringen sind, mag Programmieren auch eine noch so logische Angelegenheit sein.

Schauen wir uns nun noch ein paar andere Methoden an, wie wir die Rolle der 4 ins Wanken bringen können. Betrachten wir die folgende Struktur:

D: 1 1 2 2 3 3 4 4 5 4 4 3 3 2 2 1 1

Hier liegt eine merkwürdige Art Umkehrung vor; jetzt gibt es kein Paar in der Mitte mehr, aber dafür treten alle anderen Zahlen paarweise auf. Manch einer könnte sich immer noch für die 4 entscheiden, da sie ja am nächsten zur Mitte steht. Aber was ist mit 44, bei denen es sich doch um ein *Paar* statt um eine einzelne Zahl handelt? Schließlich könnten wir, wenn „Paar" und „Einzelzahl" die Plätze durchweg vertauscht haben, genausogut reinen Tisch machen und eine Antwort geben, die dieses Bäumchen-wechsel-dich, von dem unsere Wahrnehmung betroffen ist, zum Ausdruck bringt. Tatsächlich würden wir einen sturen und phantasielosen Eindruck erwecken, wenn wir uns auf die Einzelheiten kaprizierten, während doch auf der Hand liegt, daß die einfachste Art, D wahrzunehmen, die paarweise Anordnung ist:

1-1 2-2 3-3 4-4 5 4-4 3-3 2-2 1-1

Nicht nur die 4, sondern jeder Teil von A hat eine Rolle, und D weist entsprechende Rollen auf. Wie zu sehen ist, hat innerhalb jeder einzelnen Rolle eine Vertauschung der Positionen von Paar und Einzelzahl stattgefunden.

Wir können jetzt genausogut einmal zu unserer Meta-Analogie zurückkehren, um auf einige Korrespondenzen zwischen diesen Problemen und dem Beispiel von der First Lady hinzuweisen. Wenn man sich den Präsidenten als denjenigen vorstellt, der „die höchste, zentralste Stellung im Land" einnimmt, und seine Frau als diejenige, die „seiner Position am nächsten" steht, so kann man sehen, daß diese Formulierungen fast wörtlich auf die Zahlenprobleme übertragbar sind. In der Struktur A nimmt die höchste, zentralste Stelle – die „Präsidenten-Position" – die 5 (oder gegebenenfalls das Fünferpaar) ein, und die der 5 am nächsten stehende „Frau" ist die 4. In B ist der

Präsident die 4 (bzw. das Viererpaar), und seine Frau ist die 3. In C ist der Präsident die 6 (bzw. der Sechserblock), und seine Frau ist die 5. In D ist der Präsident (ausnahmsweise einmal) unzweideutig (5), aber dafür gibt es Schwierigkeiten, die Identität seiner Frau betreffend. Wenn man sich die Paare als männlich und die Einzelzahlen als weiblich denkt, dann stehen wir bei D vor einem Fall, wo die Geschlechter vertauscht sind, gerade so, wie beim Problem der First Lady Großbritanniens. Die einleuchtendste Antwort scheint der „Ehegemahl" (in diesem Fall der männliche Ehegemahl) von 5, nämlich das Paar 44.

Sehen wir uns jetzt die folgenden beiden merkwürdigen Fälle an:

E: 1 2 3 4 5 6 7 8

F: 8 7 6 5 4 3 2 1

Was können wir damit anfangen? Ein sehr unbeweglicher Mensch könnte sich an den Gedanken klammern, der in der Formulierung „Zahl zur Linken des Paars in der Mitte" zum Ausdruck käme, ungeachtet des Umstands, daß in keinem der beiden Fälle das Paar in der Mitte sich durch irgend etwas heraushebt. Der Betreffende würde albernerweise bei E mit 3 und bei F mit 6 antworten. So ein Mensch wäre gut beraten, sich mit Fußball statt mit Analogien zu beschäftigen, wie Lewis Carroll einmal Achilles zu Herrn Schildkröte sagen läßt.

Aber was wäre eine vernünftigere Art, zum Beispiel E zu betrachten? Wie *müßte* man E auf A abbilden? Jedes Abbilden ist dazu verurteilt, unvollkommen zu bleiben; wie läßt es sich also am besten (will heißen, am wenigsten gequält oder frustrierend) bewerkstelligen? Wir könnten uns E, da es sich ja um eine stetig ansteigende Zahlenreihe handelt, als auf die linke Hälfte von A abbildbar vorstellen. Voraussetzung wäre die stillschweigende Überzeugung, daß die Leichtigkeit, mit der sich E auf einen „naturgemäßen" Abschnitt von A abbilden läßt, einen Verzicht auf den Versuch, E auf *ganz* A abzubilden, rechtfertigt. Das wäre, wie ich meine, ein ziemlich scharfsinniger Ausweg, demzufolge sich die 7 als Antwort anböte.

Nun, und was wäre dann mit F? Geben wir der 2 oder der 7 den Vorzug? Das hängt davon ab, ob wir F lieber auf die linke oder auf die rechte Hälfte von A abbilden wollen. F auf die linke Hälfte von A abzubilden, bedeutet, eine *absteigende* auf eine *ansteigende* Zahlenfolge abzubilden. Aber gefordert ist so oder so die Bereitschaft, Dinge unter den Tisch fallen zu lassen, die zuvor wichtig schienen, die Bereitschaft, auf Druck mit gebührender Nachgiebigkeit zu reagieren. Fließende Analogien sind nichts für sture Köpfe!

Diese Art Situation ist schwierig, weil sie im Prinzip danach verlangt, die Rolle, die die 4 in A spielt, in zwei miteinander konkurrierende Aspekte aufzuspalten. Bei der Abbildung von A auf F zeigt der eine der konkurrierenden Aspekte die 4 in der Rolle des „eins weniger als der Präsident", während der andere Aspekt die 4 in der Rolle der „zweitobersten Stufe einer Treppe" zeigt. So geht es beim einen Aspekt hauptsächlich um die *Größe* und beim anderen um die *Position.* Wie man auf F reagiert, ist abhängig von der Bedeutung, die man den beiden Aspekten beimißt.

Ziemlich genau diese Art Aufspaltung hat auch statt, wenn man sich darüber schlüssig zu werden versucht, ob als First Lady Großbritanniens Königin Elisabeth oder Margaret Thatcher – bzw. der Mann der einen oder der anderen – anzusehen ist. Hat man eher als Gemahl des Staatsoberhaupts oder als Gatte der Regierungschefin Aussicht darauf, zur First Lady zu avancieren? In den Vereinigten Staaten sind diese beiden Funktionen in einer Person (dem Präsidenten) vereinigt, nicht aber in Großbritannien. Betrachten wir übungshalber die folgenden Strukturen:

G: 5 4 3 2 1 1 2 3 4 5

H: 1 2 3 4 6 5 5 6 4 3 2 1

In G ist das Niedrigste gleichzeitig das Zentralste und das Höchste gleichzeitig das am meisten Periphere. (G kann man sich als Talsenke vorstellen und A als Berggipfel.) Es gibt eine „Repräsentationsfigur" (die beiden Fünfen, die die Struktur flankieren), und es gibt ein „Staatsoberhaupt" (die beiden Einsen in der Mitte). Wessen Ehegemahl würde besser für die Rolle der First Lady passen? Oder, um es ganz einfach zu sagen: „Was in G entspricht der Rolle der 4 in A?" Ich persönlich würde für die 2 plädieren, weil diese der Gruppe in der Mitte zunächst steht. Mir erscheint hier die zentrale Position wichtiger als die nominale Größe, geradeso wie politische Machtausübung wesentlicher scheint als repräsentative Prachtentfaltung. Dementsprechend würde ich eher Denis Thatcher als den Prinzgemahl Philip zur „Nancy Reagan Großbritanniens" erklären.

Und was ist, wenn wir uns H vornehmen? Da gibt es drei vernünftige Möglichkeiten („vernünftig" im Sinne des vom Rechtswesen vielberufenen „vernünftigen Menschen"): die 6 (weil sie das Fünferpaar in der Mitte flankiert), die 5 (weil sie die zweitgrößte Zahl ist) und die 4 (weil sie 6556, die „Senke" in der Mitte, flankiert). Auch hier wieder gibt es keine alles lösende Antwort, sondern es gibt bestimmte Einfälle zu dem Problem, die überzeugend wirken, und andere, die auf schwachen Füßen stehen. Wenn zum Beispiel jemand den Vorschlag machte: „Die Antwort lautet 4, weil die 4 in H an vierter Stelle steht, gerade so, wie sie in A die vierte Stelle einnimmt", würde ich mich an den Kopf fassen. Hier handelte es sich um eine kindische Verallgemeinerung der beiden Strukturen, die ihrer alleroberflächlichsten Musterung entspränge. Es wäre ganz genauso kindisch, wie wenn ein amerikanisches Kind aus der Tatsache, daß der amerikanische Nationalfeiertag auf den 4. Juli fällt, den Schluß zöge, auch die Nationalfeiertage der anderen Länder müßten auf den vierten Tag eines Monats fallen. In der 4 nichts als das vierte Element von A zu sehen, heißt, die ganze Struktur von A zu ignorieren. Es bedeutet, in A nichts weiter zu sehen als diese Folge:

0 0 0 4 0 0 0 0 0

Eine überzeugende Antwort muß der Struktur von A auf vollständige, vielfältige und doch zugleich simple Weise Rechnung tragen. Das heißt, daß im weitestmöglichen

Umfang ganz A als eine Gesamtheit interagierender, wechselseitig miteinander verschränkter begrifflicher Strukturen wahrgenommen werden muß – als ein Ensemble von Rollen, die einander gegenseitig bedingen, etwa so, wie „Familie“, „Ehemann“, „Ehefrau“, „Mutter“, „Vater“, „Tochter“, „Sohn“, „Bruder“, „Schwester“, „Verwandte“, „angeheiratete Verwandte“ usw. einander bedingende Begriffe sind.

Das Wort „Rolle“ läßt uns ans Theater denken. In einem Theaterstück vermischen sich die verschiedenen Rollen und bilden zusammen eine Szene. Eine Szene ist eine umfänglichere Struktur als eine einzelne Rolle; sie ist der Ort, an dem mehrere Rollen nebeneinander existieren und miteinander agieren. Bei unseren Analogieproblemen könnten wir den Versuch machen, die beiden beteiligten Strukturen als zwei Interpretationen ein und derselben Szene zu betrachten, die von zwei verschiedenen Regisseuren mit jeweils anderen Schauspielern inszeniert wird. Demnach fänden sich also in beiden Darbietungen dieselben *Hauptrollen* und *Schlüsselbesetzungen*, aber gleichzeitig wiese jede der Darbietungen kleinere Aspekte oder Rollen auf, die nur ihr eigentümlich wären. So ist zum Beispiel die Übertragung des griechischen Mythos von Orpheus und Eurydike auf den zeitgenössischen Schauplatz des Karnevals von Rio de Janeiro die Grundlage für den Film *Orfeo Negro*. Viele der ursprünglichen Züge sind nicht *direkt* übertragbar, aber mit poetischem Einfallsreichtum geht es dann doch, wie der Regisseur Marcel Camus bewies, der die Aufgabe mit großem Ingenium meisterte. In dem Film gibt es natürlich viele kleinere Partien – Komparsenrollen –, die brasilianische Atmosphäre vermitteln, aber sie stören die Analogie durchaus nicht; sie bereichern sie im Gegenteil. Dinge dieser Art sind es, die das menschliche Empfindungsvermögen ansprechen, und zwar sowohl im intellektuellen als auch im emotionalen Bereich.

* * *

Nachdem wir uns nun einige Variationen angeschaut haben, würde ich gern zu unserem ersten Rätsel zurückkehren, um den Finger auf ein paar seiner verborgenen Feinheiten zu legen. Zuerst einmal ist die Vorstellung vom „Paar in der Mitte“, die als Grundpfeiler der Struktur von A fungiert, in Wirklichkeit nur eine Art Abfallprodukt, ein zufälliges Nebenerzeugnis der Struktur von A. Um zu verstehen, was ich meine, überlege man sich folgende Frage. Wie ließe sich die Struktur von A wirksam beschreiben (ohne sie Ziffer für Ziffer wiederzugeben)? Vermutlich würde man sagen, sie steige von 1 bis 5 und falle dann wieder von 5 bis 1 und bestehe mithin aus zwei spiegelbildlich angeordneten Hälften. Nirgends in dieser Beschreibung wäre von so etwas wie einem Paar oder Block in der Mitte die Rede. Das wäre auch nicht nötig; solch ein Paar oder Block würde sich für jeden, der unserer Beschreibung folgte, automatisch ergeben. In Wirklichkeit wird aber jeder, der A im Geist nachbildet, höchstwahrscheinlich einen Block in der Mitte vor Augen haben, selbst wenn ihm nie jemand die Vorstellung nahegelegt hat. Vor dem inneren Auge erscheint etwas der folgenden Art:

1 2 3 4 **5-5** 4 3 2 1

Irgendwie ist in der Mitte ein neues Wahrnehmungsobjekt entstanden. Es handelt sich, wie gesagt, um den *Grundpfeiler* von A. (Man beachte, daß die Vorstellung „Grundpfeiler von A" voraussetzt oder impliziert, daß A als Gewölbe imaginiert wird – noch ein weiterer Vergleich.)

Warum nehmen wir nicht auch, zum Beispiel, das Dreierpaar als eine Einheit wahr? Wahrscheinlich einfach deshalb, weil die beiden Dreien nicht in Berührung miteinander stehen. Und betrachten wir diese Struktur:

1 2 3 4 5 1 2 3 4 5

Das Paar in der Mitte – „51" – sticht doch nicht als zentral und wichtig ins Auge, oder? Bei A dagegen läßt die Kombination aus nachbarschaftlicher Nähe und Gleichartigkeit, zumal, wenn zu dieser Kombination noch die zentrale Stellung hinzukommt, die beiden Fünfen im Geist des Betrachters irgendwie zu einer Einheit verschmelzen, wenn auch normalerweise nicht auf einer bewußten Ebene. Aber ob bewußt oder nicht, – wenn diese Veränderung in der Wahrnehmung unterbliebe, hätte die Entscheidung für die 5 im Falle von C, die weitgehend auf einer Gleichsetzung der Blöcke im Zentrum von A und C beruht, erheblich weniger Überzeugungskraft.

Beim ersten Rätsel wiesen sowohl A als auch B offenkundige zentrale Blöcke auf. Das schien eine gute Voraussetzung für eine vollständige Abbildung von A auf B zu bieten: Block in der Mitte auf Block in der Mitte, Anfangszahl auf Anfangszahl, Endzahl auf Endzahl und so weiter. Aber hätten wir versucht, dieses Abbildungsverfahren konsequent durchzuführen, wir wären, wie leicht ersichtlich, in Verlegenheit geraten:

```
1 2 3 4 5 5 4 3 2 1
 \     | | | |     /
  1 2 3 4 4 3 2 1
```

Wir *müssen* doch wohl die 1 in A auf die 1 in B abbilden, oder? Und die beiden Zentren gehören doch wohl zueinander, nicht wahr? Aber wo zwischen 1 und 5 bricht der Vergleich zusammen? Wie es scheint, bereitet es vielen Menschen noch Befriedigung, in der oben angegebenen Weise die 4 irgendwie auf die 3 abzubilden. Aber man dränge sie zum nächsten Schritt, und sie werden mit den Achseln zucken, grinsen und sich geschlagen geben.

Ganz ähnlich kann man zwar nach der „Nancy Reagan Großbritanniens" fragen, aber erheblich weniger sinnvoll nach der „Maureen Reagan Großbritanniens". (Maureen Reagan ist Nancy Reagans Stieftochter.) Angenommen, die Thatchers hätten eine leibliche Tochter. Wäre sie dann das Pendant zu Maureen Reagan? Oder angenommen, Margaret Thatcher hätte eine Stieftochter. Wäre sie das Pendant? Oder aber angenommen, Margaret Thatcher hätte keine Tochter, Denis Thatcher hingegen *Zwillings*-Stieftöchter. Bildeten diese Zwillinge zusammengenommen das Pendant zu Maureen Reagan? (Wie können zwei Personen gemeinsam die Rolle einer Einzelperson übernehmen? Nun, man erinnere sich an das Beispiel D, wo das Paar aus Vieren dieselbe Rolle spielte wie die einzelne 4 in A. Oder man denke an die vielen europäischen Länder, die sowohl einen Präsidenten als auch einen Ministerpräsidenten haben.)

Problemfragen dieser Art tauchen bei der Suche nach gelungenen Vergleichen unablässig auf, und gelegentlich fördert die Auseinandersetzung mit fehlerhaften Zuordnungen produktive Einsichten zutage. Wir könnten weitermachen und bei der Fahndung nach Korrespondenzen zwischen Dingen in Großbritannien und den Vereinigten Staaten immer mehr ins Detail gehen. Was ist das britische Pendant zu Watergate? Wer spielt die Rolle von Richard Nixon? Von John Mitchell? Von Senator Sam Ervin? Von Senator Daniel Inouye? Von G. Gordon Liddy? Von Richter John Sirica? Von John Dean? Von Polizeioffizier Ulasewicz? Von Alexander Butterfield? Je weniger wichtig etwas innerhalb einer größeren Struktur ist, um so schwerer läßt sich ihm eine Fassung geben, die es übertragbar macht.

Aber wodurch gewinnt etwas Wichtigkeit? In der Regel dadurch, daß es in irgendeinem Sinn einem „herausragenden" Element der größeren Struktur nahesteht. Schauen wir uns die folgende ausgedehnte Struktur an:

1 1 1 1 1 1 1 1 1 2 2 2 2 3 3 3 4 3 3 3 2 2 2 2 1 1 1 1 1 1 1 1 1

Die 4 in der Mitte ragt wahrscheinlich unter den einzelnen Ziffern am meisten heraus. Je nachdem, wie man die Zahlenfolge ins Auge faßt, drängen sich einem sodann verschiedene Eigentümlichkeiten auf. Sieht man zum Beispiel eine Abfolge von „Buchstaben" oder von „Wörtern" (umfangreicheren Stücken der Zahlenfolge)? Wenn man die Sache auf der „Wort"-Ebene betrachtet, wirkt die Mittelgruppe „3334333" höchstens eine Spur weniger bedeutend als die 4 allein, und danach kommen vielleicht die beiden flankierenden Einsergruppen. Dann kommen die zwei Gruppen aus Dreien, wenn man sie für sich nimmt. Und erst dann werden die Zweiergruppen bemerkbar. Nimmt man hingegen die Abfolge auf der „Buchstaben"-Ebene wahr, stellt sich die Frage der Wichtigkeit anders dar. Die wichtigsten Zahlen nach der 4 in der Mitte sind für mich wahrscheinlich die erste und die letzte 1, da sie sehr leicht zu orten sind – dann vielleicht die vorderste und die hinterste der Zweien. Danach kommen die zwei Dreien, die die 4 in der Mitte flankieren – aber nun wird es allmählich schwierig, einzelne Punkte zu benennen, ohne zu so einfallslosen Wendungen wie „das vierte Glied" Zuflucht zu nehmen.

Eine *herausragende* Einzelheit ist, was wir mittels einer eleganten, knappen, übertragbar klingenden Beschreibung erfassen können. Eine *annähernd herausragende* Einzelheit ist, was wir in der Weise erfassen können, daß wir auf eine herausragende Einzelheit verweisen, von der aus wir mittels eines kurzen, nachvollziehbaren Schwenks zu ersterer gelangen können. Ganz ebenso wie bei Wegbeschreibungen sind manche Stellen wichtiger und manche weniger wichtig. Manche Gebäude in einer Großstadt sind von Natur aus schwer nach Beschreibung zu finden und andere leicht. Desgleichen sind manche Rollen in einer komplexen Begriffsstruktur höchst markant und leicht übertragbar, während andere sich nur sehr schwer darstellen lassen. Auch wenn sie in ihrem lokalen Zusammenhang gewisse eigentümliche Merkmale aufweisen mögen, fehlt ihnen doch aber, global gesehen, jedes auszeichnende Charakteristikum.

In dem Maß, wie man sich von den zentralen Rollen entfernt, wird jeder Vergleich zunehmend gesuchter und unnatürlicher. Nehmen wir beispielsweise die Frage „Wer ist die Jackie Washington Deutschlands?“ Wie sollen wir die Sache angehen? In der Weise, daß wir uns das Berliner Telefonbuch vornehmen und unter „Washington, J.“ nachschauen? Oder müssen wir unter „Berlin, J.“ nachsehen? Oder ist die Frage unsinnig, sinnlos selbst für Jackies besten Freund? Schließlich ist es doch möglich, daß Jackies Rolle innerhalb der Gesamtstruktur der Vereinigten Staaten einfach zu klein und partikular ist. Die Rolle ist nicht übertragbar. Der Umstand, daß Jackie Geschäftsführerin von Gearloose's Hot-Dog-Bude in Duckburg ist, nutzt nicht viel, weil man ja erst noch herausfinden muß, was in Deutschland dem amerikanischen Duckburg und wer Gearloose entspricht – ganz zu schweigen vom deutschen Äquivalent zu den Hot-Dog-Buden!

Lernen kann man daraus schlicht und einfach, daß man eine Analogie nie zu weit treiben darf, weil sie sonst unweigerlich zu Bruch geht. Aber wozu sind dann Analogien gut? Wozu sich mit ihnen herumplagen? Was hat der Versuch für einen Zweck, zwei Dinge aufeinander abzubilden, die in Wirklichkeit in *keinem* Abbildungsverhältnis zueinander stehen? Die Antwort darauf ist ganz gewiß sehr schwierig, aber ihr Kern muß wohl sein, daß diese Tätigkeit nützlich für unser Überleben (bzw. das unserer Gattung) ist; denn wir sind ständig damit beschäftigt. Vergleiche und Erinnerungen, mögen sie stimmen oder nicht, beherrschen alle unsere Denkmuster. Auf die Wahrnehmung vager Ähnlichkeiten eingestellt zu sein, ist das Kennzeichen der Intelligenz, ob uns das nun paßt oder nicht.

* * *

Der Umstand, daß wir Wörter und vorgefertigte Ausdrücke verwenden, beweist, daß wir die Welt in ein einigermaßen feststehendes Kategoriensystem pressen. Häufig landen wir schließlich bei einem einzigen Wort wie „Küche“. Im allgemeinen lassen sich keine zwei Küchen genau aufeinander abbilden, aber trotzdem begnügen wir uns mit dem Abstraktum „Küche“. Normalerweise gehören zu einer Küche eine Spüle, ein Herd, ein Kühlschrank, Schränke, Abstellplatten, Schubladen usw. Bei uns ist es für die Menschen normal anzunehmen, daß der Abfall in einen Schrank unterhalb des Spültischs kommt. Die Vorstellung vom „Schrank unter dem Spültisch“ ist ein perfektes Beispiel für eine übertragbare Rolle. Ist der Spültisch nicht in der Tat „Präsident“ in der Küche? Und ...

Unsere Sprache ermöglicht Abbildungen des unterschiedlichsten Genauigkeitsgrads. Manche Menschen sehen beim Anblick von Hasso nichts als einen Hund. Manchen fällt auf, daß Hasso männlichen Geschlechts ist, und er ist ein „Rüde“ für sie. Wieder andere erkennen die Rasse so selbstverständlich wie das „Hundsein“ und reden von einem „Berner-Sennhund-Rüden“. Ein berühmter Tierpfleger in Dublin, Mr. Flood, wurde einst nach dem Geheimnis seiner Erfolge bei der Aufzucht von jungen Löwen gefragt. „Man muß die Löwen verstehen“, war seine Antwort. „Und wie sieht das Verstehen von Löwen aus?“ wurde er gefragt. „Jeder Löwe ist anders“, antwortete er. Diese merkwürdige Antwort verwirft die Kategorialisierung, während sie gleichzeitig

Gebrauch davon macht. Aber das gehört zum Wesen von Kategorien. Ihre Gültigkeit kann höchstens partiell sein. Egal, auf welcher Detailebene man seine Musterung abbricht, die Wahrnehmung läuft immer darauf hinaus, daß man bestimmte Aspekte aussondert und den Rest in ein einziges Begriffsgerüst preßt, ein mentales Symbol, das häufig durch ein einziges Wort (wie „Wort") oder Schlagwort (wie „Schlagwort") wiedergegeben wird. Jedes derartige mentale Symbol steht für die schwer faßliche Selbigkeit, die sämtlichen von ihm bezeichneten Dingen gemeinsam ist.

Abgesehen von den stillschweigenden Analogien, die in unseren einzelnen Wörtern und Schlagwörtern verborgen liegen, kommt es im größeren Rahmen unserer Sätze ständig zu expliziten Analogiebildungen. Wir sind ganz hemmungslos darin, unvertraute Dinge mit Dingen zu vergleichen, die uns vertrauter vorkommen. Wir finden in Gittern aller Art eine Ähnlichkeit mit Schachbrettern. Sorgfältig geplante Aktionen im Leben haben für uns Ähnlichkeit mit Schachzügen. Das Auge erscheint uns als Kamera, das Atom als ein winziges Sonnensystem. Die Wissenschaft wird ständig mit einem riesigen Puzzlespiel verglichen (eine Analogie, der ich nie viel habe abgewinnen können). In ihrem Eifer, Vorstellungen zu dehnen und zurechtzubiegen, verwandeln die Menschen Eigennamen in Gattungsbegriffe, zum Beispiel in der Feststellung: „Brigitte Bardot ist die französische Marilyn Monroe." Bei solchen sprachlichen Verrenkungen müssen sowohl die Bardot als auch die Monroe im Interesse einer lebhaften Phantasie einiges erdulden.

Sodann gibt es, wenn wir einen Schritt über die explizite Sprachebene hinausgehen, die Analogien und Abbildungen, die wir fortlaufend verwenden, um unser Denken im allgemeineren Sinne zu orientieren. Die Wahrnehmung von Liebeskonflikten ist einer der Bereiche, in denen Abbildungen und Analogiedenken eine ebenso offenkundig wie auffällig dominierende Rolle spielen. Wenn jemand uns von einem Liebeskummer erzählt, können wir letzteren gewöhnlich auf Anhieb auf irgendein eigenes Erleben abbilden. In der Tat können wir wahrscheinlich *jede beliebige* Liebesgeschichte mit jeder beliebigen anderen irgendwie parallelisieren, und eine solche Abbildung vermittelt vielleicht auch, wenn sie gut durchgeführt wird, irgendeine Einsicht. Aber Liebesgeschichten sind unglaublich detailliert und heikel. Wichtig ist, daß wir viele Einzelheiten weglassen, einige abstraktere Gesichtspunkte herausheben und uns davor hüten, die Parallelisierung zu weit zu treiben. Und selbstverständlich müssen wir die Belanglosigkeiten weglassen. Eine Liebesgeschichte zwischen Chris und Sandy läßt sich gewiß auf eine zwischen Pat und Chris oder eine zwischen Sandy und Pat abbilden, ungeachtet dessen, daß Namen, Haarfarbe und andere oberflächliche Merkmale einander nicht entsprechen!

Mithin muß man sich über das menschliche Denken in Analogien Gedanken machen, weil dieses Denken eine *Tatsache* ist. Es zu ignorieren wäre so, als sähe man vom Mount Everest ab, während man versuchte, sich einen Begriff vom Bergsteigen zu machen.

* * *

Kehren wir zu ein paar konkreten Problemen in unserem eher formalen Zahlenbereich zurück. Man beachte, daß ein inhärenter Widerspruch darin liegt, Analogieprobleme – die ja schließlich definitionsgemäß nicht-formaler Natur sind – in einem einigermaßen formalen Bereich thematisieren zu wollen. Aber das Hübsche an der Sache ist, daß sich herausstellt, daß dieser Bereich tatsächlich genauso rutschig ist wie jeder „nicht-formale“ Bereich. Hier sind weitere vier Beispiele:

I: 1 2 3 3 4 5 6 7 6 5 4 3 3 2 1

J: 1 7 7 6 5 4 3 2 1

K: 6 9 7 3 9 4 1 6 6

L: 1 2 3 4 5 6 7 8 9 7 8 9 6 5 4 3 2 1

Beispiel I enthält das, was ich gern als „Gouverneur“ bezeichne, nämlich das Paar 33. Auch hier wieder ist eine Rolle von A in zwei Teile aufgespalten: 55 in A war nicht nur das einzige Paar, sondern bildete auch den *Scheitelpunkt*, wohingegen in I die 33 das einzige Paar ist, während die 7 als Scheitelpunkt fungiert. Wir müssen wählen zwischen der 2 (der Gattin des Gouverneurs) und der 6 (der Präsidentengattin). Tatsächlich hat der Gouverneur zwei „Gattinnen“ – die 2 und die 4, eine „Gattin zur Linken“ und eine „zur Rechten“ –, und wir müssen uns also zwischen ihnen entscheiden, falls wir uns nicht an die 6 als Gattin der präsidierenden 7 halten wollen.

Beispiel J präsentiert sich, da es mit „1776“, dem Jahr der amerikanischen Unabhängigkeit, anfängt, als patriotisches Rätsel. (Wie sähe das deutsche Pendant dazu aus?) Interessant ist es vor allem deshalb, weil es die Aufmerksamkeit darauf lenkt, daß die in A vorhandene Symmetrie keine Selbstverständlichkeit ist. Als wir uns für die 4 als Präsidentengattin entschieden, wählten wir da die Gattin zur *Linken* oder die zur *Rechten*? In A stimmten sie natürlich überein, und deshalb war es egal. Aber in J sind sie verschieden: 1 wäre die Gattin zur Linken, 6 die zur Rechten. Unter dem Einfluß unseres von links nach rechts verlaufenden Sichtverfahrens würden wir wahrscheinlich normalerweise die Gattin zur Linken wählen, aber in diesem Fall ist die Asymmetrie so groß, daß wir zögern. Der gleichmäßige Abstieg von 7 bis 1 entspricht den „Treppen“-Strukturen von A viel besser als der jähe Sprung nach oben (von der 1 zur 7 in einem Schritt). Deshalb erhält in diesem Fall wahrscheinlich die 6 den Vorzug vor der 1.

Beispiel K ist ein bißchen dunkel, aber wir sind durch Beispiel J darauf vorbereitet. Beispiel J hat uns insbesondere zu Bewußtsein gebracht, daß es in A zwei Vieren und nicht einfach nur eine gibt. Beispiel K handelt vom Verhältnis dieser beiden Vieren zueinander. In A waren die beiden Vieren durch zwei Elemente getrennt. Wir können darin das die Rolle der 4 in A bestimmende Merkmal sehen. Selbstverständlich ist das nicht die *einzige* Beziehung zwischen den beiden Vieren, aber die auffälligste ist es jedenfalls. Wenn man alles in A außer den Vieren „ausschaltet“, ergibt sich etwa das folgende Bild: 0004004000. In diesem Bild gewinnt die Größe des Zwischenraums zwischen den beiden Vieren eine hervorstechende Bedeutung. Betrachtet man die Rolle der beiden Vieren in A auf diese Weise, was entspricht ihr dann in K? Es gibt dort nur eine Zahl, die genau zweimal vorkommt, und zwar durch zwei Zahlen getrennt. Diese Zahl ist die 9. Wenn man in K alles bis auf die Neunen ausschaltet, erhält man folgendes Bild: 090090000. Grund genug für uns oder auch nicht, uns für die 9 in K als Pendant zur 4 in A zu entscheiden.

Schauen wir uns schließlich das Beispiel L an. Hier dehnt sich uns der Begriff vom Paar in der Mitte noch um eine Abstraktionsstufe weiter aus. Wir steigen Schritt für Schritt hinauf, bis wir auf die zweite 7 treffen. Ein Ruck durchfährt uns! Es dauert einen Augenblick, bis wir uns zurechtgefunden haben, und sobald wir wieder klar sehen, geht uns auf, daß das Paar in der Mitte nicht aus einzelnen Zahlen, sondern aus „Klumpen“ oder „Gruppierungen“ besteht: nämlich aus zwei Exemplaren der Einheit 789. Wir können die Sache optisch folgendermaßen verdeutlichen:

1 2 3 4 5 6 7-8-9 7-8-9 6 5 4 3 2 1

Die Antwort springt jetzt in die Augen: Es ist die 6! Andererseits sollten wir vielleicht auch den Fingerzeig aufgreifen, den uns das Paar in der Mitte so großzügig liefert. Und was wäre das für ein Fingerzeig? Wir könnten, wird uns bedeutet, die *ganze Struktur* als eine Anordnung aus Dreiergruppen wahrnehmen, und nicht einfach nur ihr Zentrum. In diesem Fall läßt sich L noch weiter unterteilen in

123 456 789 789 654 321

Nun dürfte die Antwort auf der Hand liegen – wobei allerdings ein kleines Dilemma bleibt. Sollen wir uns für die Präsidentengattin zur Rechten (654) oder für die zur Linken (456) entscheiden? Ich bin durch meinen von-links-nach-rechts-Chauvinismus voreingenommen und würde die 456 wählen. Viele würden sich indes weigern, die Zahlenfolge in Dreiergruppen aufzulösen, und sich an die 6 halten.

Hier folgt nun ein unschuldig wirkendes Rätsel, das auf noch kompliziertere Sachverhalte verweist:

M: 1 2 3 4 5 7 7 5 4 3 2 1

Wie ich die Sache sehe, ist 6 die beste Antwort. „Warum nicht“, wird man einwenden, „die 5? Die 6 ist ja nicht einmal da!“ Stimmt, aber die 6 macht sich durch ihre Abwesenheit irgendwie verdächtig. Die 4 in A kommt nicht nur typographisch, sondern auch arithmetisch vor der 5: Sie ist die der 5 numerisch vorausgehende Zahl. Und was ist die 5 in A? Sie läßt sich entweder als die *höchste Zahl* oder als diejenige Zahl betrachten, die das *Paar in der Mitte* von A bildet. Beides läßt sich auch für die 7 in M geltend machen, die damit als deren 5 erscheint. Ziehen wir es nun vor, die Rolle der Vieren in A abstrakt und arithmetisch, statt konkret und typographisch aufzufassen, so läßt sich diese Sichtweise direkt auf M übertragen. Dann ist der Kandidat 6 ein starker Konkurrent für die 5. In meinen Augen macht die 6 das Rennen.

Dieses Beispiel erschließt uns eine ganz neue Welt von *Abstraktionsebenen* in der Strukturwahrnehmung. Um das kurz zu veranschaulichen, schlage ich folgende Strukturen vor:

A′: 1 2 3 4 4 4 5 6 7 8 9 8 7 6 5 4 4 4 4 3 2 1

B′: 1 1 1 2 3 4 3 2 1 1

Und hier nun die Rätselfrage: Was in B′ entspricht der Rolle, die in A′ die 7 spielt? Nun, die 7 kommt in A′ zweimal vor, aber sie macht ganz gewiß nicht den Eindruck, als spielte sie eine *besonders wichtige* Rolle. Als Zahl in A′ weist die 7 kein hervorstechendes Charakteristikum auf, und so erscheint auf den ersten Blick ihre Rolle schwer übertragbar. Indes findet die 7 auf eine andere, und in der Tat höchst bedeutsame, Weise Eingang in die Struktur von A′. Eines der hervorstechendsten Merkmale von A′ ist die große Anzahl von Vieren. Zählen wir sie. Wie viele sind es? Sieben? Aha! Demnach spielt die 7 zwar nicht in Gestalt einer sichtbaren *Ziffer,* wohl aber in der Eigenschaft eines unsichtbaren *Zählers* für die Struktur von A′ eine ganz wesentliche Rolle. Aber läßt sich diese Rolle denn auch auf B′ *übertragen*?

Wir müssen uns entscheiden, wie wir das, was durch die 7 gezählt wird, eigentlich (in übertragbarer Form) kennzeichnen wollen. Bloß zu wiederholen, daß es wohl die Anzahl der Vieren sei, was da gezählt werde, mutet ein bißchen beschränkt an, um es vorsichtig auszudrücken. Wer sagt uns denn, daß die 4 auch in B′ die 4 ist? Vielleicht ist es eine tiefer schürfende und sinnvollere Betrachtungsweise, wenn man die 4 als das *häufigste Glied in A′* bestimmt. Das bringt uns dazu, uns nach dem häufigsten Glied in B′ umzusehen; dies ist die 1. Die 1 ist also die 4 von B′. Folglich wäre das Pendant zur 7 die Anzahl von Einsen in B′ – nämlich 5 –, ein weiteres „unsichtbares" Ergebnis, weil die 5 als sichtbare Ziffer in B′ ja nicht auftaucht.

Es ist engstirnig zu behaupten, daß es einen großen Unterschied mache, ob eine Zahl als sichtbare Ziffer oder im abstrakteren Sinn etwa als Zähler vorhanden sei. Anders gesagt, ist die 5 in B′ unsichtbar nur dann, wenn man Sichtbarkeit als bar jeder kognitiven Komponente begreift, so, als könnten wir nur Ziffern wahrnehmen. Tatsächlich aber „sehen" unsere Augen ständig abstrakte Qualitäten. Wenn wir ein Fernsehprogramm anschauen, sehen wir mehr als bloß flimmernde Punkte: Wir sehen Menschen. Natürlich gibt es tief drunten in unserer Datenverarbeitung Komponenten des visuellen Systems, die die Punkte bloß als Punkte „sehen", aber vielsagenderweise würden wir zögern, das, was die Zellen der Retina und anderer Organe tun, als ein „Sehen" zu bezeichnen. Zum Sehen gehört, daß *über die Punkte hinausgegangen* wird, will heißen, über die Ebene des bloß Sichtbaren. Wir können „sehen", daß eine bestimmte Stellung beim Schach verhängnisvoll ist, daß ein bestimmtes Gemälde von Picasso stammt, daß jemand schlechter Laune ist, daß dieses Auto nicht in die Garage dort paßt usw. Wenn wir die Vorstellung akzeptieren, daß das Sehen von einem kognitiven Moment durchtränkt ist, können wir uns damit einverstanden erklären, „über die Ziffern hinauszusehen". Tun wir das, so ist die 5 in B′ unmittelbar zu sehen!

Übrigens habe ich A′ mit Bedacht so angelegt, daß die 7 darin auch als Ziffer (und nicht nur als Anzahl der Vieren) erscheint. Das brachte in die Sache eine Komplikation, über die es hinwegzusehen galt. Ich hätte A′ mit, sagen wir, 12 Vieren ausstatten können, was bedeutet hätte, daß die 12 dann in A′ nur auf der abstrakten Ebene eines Zählers und nicht als Ziffer „erschienen" wäre. Aber das wirkliche Leben nimmt selten so viel Rücksicht auf die prospektiven Wahrnehmer von Analogien. Zum Beispiel mag manchem das Nachdenken über die Frage „Wer ist die Nancy Reagan Großbritanniens?" viel schwieriger vorgekommen sein als das über die Frage „Wer ist die First Lady Großbritanniens?", weil man vielleicht mit Nancy Reagan, über ihre Rolle als First Lady der Vereinigten Staaten hinaus, noch bestimmte andere, unverwechselbar persönliche Eigenschaften verbindet. Was, wenn ich nach der „Eleanor Roosevelt Großbritanniens" gefragt hätte? Oder, andersherum, nach dem „Moshe Dayan der Vereinigten Staaten"? Fast bin ich versucht, mit „Douglas MacArthur" zu antworten, der ebenfalls ein berühmter und erfolgreicher General und eine umstrittene politische Persönlichkeit war, aber da fällt mir ein – MacArthur hatte seine beiden Augen! Dayans Augenklappe ist vielleicht das, woran man sich am ehesten erinnert.

Es ist interessant, auf frühere Beispiele zurückzugehen, sie auf A′ abzubilden und sich zu fragen: Was spielt bei ihnen die Rolle der 7? Man wird diese alten Strukturen mit neuen Augen (bzw. durch eine andere Brille) betrachten. Ich habe hier ein paar anspruchsvolle Beispiele, um sie auf A und A′ abzubilden:

P: 5 4 3 2 1 5 4 3 2 1

Q: 5 4 3 2 1 1 2 3 4 5 5 4 3 2 1

R: 1 2 3 4 9 8 7 6 5 4 3

S: 1 1 2 2 3 3 4 4 5 5 6 6 7 7 1 2 1 7 6 5 4 3 2 1

T: 1 2 3 4 1 2 3 1 2 1 2 1 3 2 1 4 3 2 1

U: 2 1 1 2 2 1 2 2 2 2 9 1 2 3 2

Vielleicht macht es dem einen oder anderen Spaß, sich selbst ein paar Beispiele auszudenken, deren Interpretation möglicherweise weitere unerwartete Modifikationen der Art und Weise erbringt, wie sich die Rolle der 4 in A auffassen läßt. Kann jemand etwa ein Beispiel ersinnen, bei dem es Ausdruck von Raffinesse, statt bloß kindisch, wäre, die 4 als das vierte Glied in A wahrzunehmen?

* * *

Mit diesen Rätseln möchte ich unter anderem die Vorstellung ausräumen, daß es ein leichtes sei, den vollen, vielfältigen, unmittelbaren Sinn einer Rolle, wie die 4 in A oder die First Lady sie verkörpert, in Worte zu fassen. Tatsächlich dürfte das Gegenteil zutreffender sein: daß gerade auf ihrer Nicht-Verbalisierbarkeit ihr fließender Charakter, ihre Flexibilität beruht. Das ist ein entscheidend wichtiger Gedanke. Man stelle sich vor, man würde versuchen, mit irgendeiner sprachlichen Formulierung genau festzuhalten, was man die 4 in A „machen“ sieht. Egal, welche sprachliche Formulierung man wählte, es würde immer jemand anderer imstande sein, ein weiteres Beispiel auszuhecken, bei dem die gewählte Formulierung nicht dazu befähigte vorherzusagen, worin man das Analogon zur 4 sähe. Eine geronnene sprachliche Formulierung ist wie ein Schnappschuß, der einen Augenblick lang die Sache perfekt abbildet, aber nicht zu zeigen imstande ist, wie die Dinge ins Rutschen kommen und in Bewegung geraten können. Bei der Art und Weise, wie der Geist eine Rolle innerlich wahrnimmt, ist alles viel mehr im Fluß. Verschiedene Charakteristika sind für die Definition der Rolle potentiell von Bedeutung, aber sie gewinnen erst Relevanz, wenn ein Beispiel auftaucht, das sie deutlich hervortreten läßt.

Wir ziehen fortwährend Vergleiche. Es erregt kein besonderes Aufsehen, wenn jemand zum ersten Mal die Küche eines anderen betritt und sagt: „Bei deiner Küche gefällt mir die Anordnung besser als bei meiner. Meine Küche hat die Fenster *da drüben* und den Herd genau *hier*, deshalb ist sie weniger bequem und hat morgens kein so gutes Licht.“ Es liegt auf der Hand, daß die Wörter „hier“ und „da drüben“ eine stillschweigende Abbildung der beiden Küchen aufeinander beinhalten, sonst ergäbe das Gesagte absolut keinen Sinn. Wörter wie „dies“ und „jenes“ und Ausdrücke wie „etwas Derartiges“ sind sogar noch besser geeignet, unfaßbare, flexible, unausgesprochene Bedeutungen aufzunehmen, die auf ganz unterschiedliche Situationen übertragbar sind. Und eben darauf kommt es beim Denken an.

Was die Suche nach artifizieller Intelligenz allem Anschein nach gerade jetzt braucht, ist ein Weg, um über „Deltafunktions“-Programme hinauszukommen: über Programme, die in einem sehr eingeschränkten Bereich große Virtuosität beweisen, aber auf Abweichungen ohne Flexibilität oder Anpassungsfähigkeit oder Toleranz reagieren. Ich nenne diese Programme „AE-Programme“: artifizielle Experten. Die Schwierigkeit bei ihnen ist, daß sie immer so anfällig und engstirnig sind. Wie es scheint, könnte eine sorgfältige Untersuchung von Urteilsbildungsprozessen selbst in einem so simplen Bereich wie dem der behandelten Zahlenanalogien faszinierende Erkenntnisse darüber liefern, wie Computerprogramme näher an die Flexibilität und Verallgemeinerungsfähigkeit des menschlichen Geistes heranzuführen wären.

Um deutlich zu machen, was ich meine, möchte ich mit der wortgetreuen Wiedergabe einer Unterhaltung schließen, die ich vor einiger Zeit mit einem Freund hatte. Sie verlief folgendermaßen:

FREUND: Letzten Freitag nachmittag war ich drüben im Herr-Jemine-Klub und hörte im Radio ein Musikstück, von dem ich *sicher* war, daß es sich um einen Schostakowitsch handelte. Dann war es zu Ende und die Absage kam, und tatsächlich, es stimmte! Ich war von den Socken, denn so etwas ist mir in meinem ganzen Leben nur ganz selten passiert.

ICH: Was meinst du mit *so etwas*? Daß du Freitag nachmittags im Herr-Jemine-Klub bist und ein Musikstück im Radio hörst, von dem du glaubst, daß es ein Schostakowitsch ist?

FREUND: Wie kann man nur so *beschränkt* sein! Wenn die Leute vom *Scientific American* das hören, werden sie wahrscheinlich auf weitere Artikel von dir verzichten.
ICH: Stimmt, ich hätte wissen sollen, daß es kein Freitag nachmittag sein mußte.
FREUND: Du hättest wissen sollen, daß es kein Schostakowitsch sein mußte!

Ganz zufällig hörte ein kürzlich erst perfektioniertes, der Umgangssprache mächtiges Computerprogramm namens CORTEX unsere Unterhaltung mit, und es konnte sich einfach nicht verkneifen, sich an dieser Stelle einzuschalten und anzumerken: „Hört mal, da fällt mir ein – mir ist vor kurzem etwas *ganz* Ähnliches passiert. Ich war in einem Klub mit einem Namen mit Bindestrichen, und der Kaltwasserspender ging kaputt. Na, ist das nichts?“ Also, ich wünschte mir, daß ich Artifizielle-Intelligenz-Programme *so etwas* öfter machen sähe.

Postskriptum

Verdi ist der Puccini der Musik.
– Igor Strawinsky

Das Knie ist die Achillesferse des Beins.
– Pasadena (Calif.) *Valley Values*

Die Arbeit über artifizielle Intelligenz, aus der diese Kolumne hervorging, war mein *Seek-Whence*-Projekt. Ursprünglich hatte ich vor, ein Programm zu entwickeln, dem man eine Sequenz von ganzen Zahlen wie etwa 1, 4, 9, 16 einspeisen konnte und das dann die der Reihe zugrunde liegende Gesetzmäßigkeit entdecken würde – es würde also erforschen, wie oder wodurch eine Sequenz zustande kam, und sie fortsetzen. [*Seek whence* – „erforsche wodurch“ – ist im Englischen gleichlautend mit *sequence*.] Mit der Zeit wurde deutlich, daß bestimmte Aspekte des Vorhabens für das Problem der Beschaffenheit des menschlichen Geistes zentraler waren als andere. Insbesondere wurde klar, daß die Fähigkeit, hinter anspruchsvollen mathematischen Sequenzen (und sogar hinter bescheideneren wie den Quadratzahlen) die betreffende Gesetzmäßigkeit zu entdecken, ein spezialisiertes Vermögen ist, das mit der generellen Beschaffenheit des Geistes wenig zu tun hat, wohingegen die Fähigkeit, das *Muster* aufzuspüren (wie etwa in „1 2 2 3 4 4 5 6 6“) absolut unabdingbar ist.

So verlegte sich also das Seek-Whence-Projekt auf *Strukturbildungen aus kleineren ganzen Zahlen*, und hauptsächlich ging es darum herauszufinden, wie sich Strukturen der folgenden Art wahrnehmen und „zergliedern“ ließen:

1 2 3 4 5 5 4 3 2 1
1 1 2 3 1 2 2 3 1 2 3 3
2 1 2 2 2 2 2 3 2 2 4 2

Die letzten beiden Beispiele illustrieren schön eines der Hauptprobleme, mit dem es sich auseinanderzusetzen galt: das der Festlegung der Grenzen. Wie zieht man die Grenzen, um eine Substruktur von der anderen zu trennen? Und auf welche Weise läßt sich das Ganze am besten rekonstruieren und neu gruppieren, wenn der erste

Versuch fehlschlägt? Diesen ganzen Problembereich reflektiert bereits der Projekttitel, „Seek-Whence“, bei dem der Struktur der Silbeneinteilung im Wort „sequence“ Gewalt angetan und das vorgegebene „see-kwents“ in „seek-wents“ umgruppiert wird. Schwierigkeiten dieser Art durchziehen alle Bemühungen um eine Mechanisierung kontinuierlichen Spracherkennens, und jeder, der einmal in der Lage gewesen ist, eine Sprache zu hören, die er gelernt hat, aber nicht gut kann, weiß, wovon die Rede ist. Oft ist der Lautfluß so rasant, daß man vom Gesagten absolut nichts mitbekommt, und zwar einfach deshalb, weil man nicht sagen kann, wo die Trennstellen zwischen den Wörtern sind; besonders frustrierend ist dabei, daß einem das auch dann passieren kann, wenn man das Gesagte in geschriebener Form (wo einem die Trennstellen auf silb ernemTablett präsentiert werden) perfekt verstehen würde. Das „Zergliedern“ visuellen Inputs ist vergleichbar durchsetzt mit Grenzziehungsproblemen. Die Musik ist noch so ein Gebiet, und tatsächlich gehörten die diskreten, auf vielen Ebenen spielenden Muster von Melodien zu den wichtigsten Anregungen für den Seek-Whence-Bereich.

Einmal, als ich jemandem einen Begriff von Seek-Whence vermitteln wollte, einem, der Zahlen verabscheute, ersetzte ich einfach die ganzen Zahlen durch Buchstaben (1 durch *a*, 2 durch *b* usw.) und konstruierte mit ihrer Hilfe ein paar Zergliederungs- und Analogieproblemfälle. Zum Beispiel so: „Was entspricht in *abcddcba* der Rolle, die das *d* in *abcdeedcba* spielt?“ Mancher wird sagen, daß dieses Problem dem ersten, mit Hilfe von Zahlen gebildeten Analogieproblem in vorstehender Kolumne *vergleichbar* oder *analog* sei; ich würde sagen, es ist *dasselbe* Problem. Zugegeben, in anderem Kostüm, aber trotzdem dasselbe. Zahlen, große Buchstaben, kleine – was macht das schon für einen Unterschied? So dachte jedenfalls ich. Aber ich mußte feststellen, daß ich gewöhnlich bei den Leuten größeres Interesse weckte, wenn ich ihnen diese Analogieprobleme in Buchstaben- statt in Zahlenform vorlegte. Uff!

Von potentiell unendlichen Sequenzen und den *Regeln*, die ihnen zugrunde liegen, verschob sich mein zentrales Interesse allmählich auf eher kurze Sequenzen und die *Rollen*, die sie enthalten (wie die Kolumne deutlich macht). Diese Konzentration auf Rollen und Analogien trat dann so sehr in den Vordergrund, daß die Arbeit am Seek-Whence-Programm sich primär als ein Projekt über die Wahrnehmung von Analogien herausstellte. Als es so weit gekommen war, beschloß ich, jenem besonderen Interesse durch die Schaffung eines neuen Projekts Gestalt zu verleihen. Das neue Projekt taufte ich *Copycat*, weil ich daran dachte, daß die bei Kindern beliebte Rolle der *copycat* [eine eigenartige Analogie, daß copy*cat* im Deutschen Nach*äffer* heißt ...] eine universale und ursprüngliche Erfahrung mit dem Herstellen simpler Analogien bedeutet. Wenn ich an meine Nase fasse und zu Ihnen sage: „Machen Sie's nach!“, was machen Sie dann? Die meisten Menschen fassen sich dann an die eigene Nase. Aber warum nicht an meine fassen? Wenn ich an *Ihre* fasse, was machen Sie dann? Fassen Sie an meine oder Ihre eigene? Und so fort. Eine Reihe von Variationen zu diesem Thema bieten die Abbildungen 23-1 und 23-2. Sie lassen sich als sinnbildliche Darstellungen des gesamten Copycat-Projekts betrachten.

Beim Verständnis des „Machen Sie's nach!“ kann man größere oder geringere Flexibilität beweisen. Was nimmt man wörtlich, was faßt man in der Weise auf, daß es eine

Abbildung 23-1. Das „Machen Sie's nach!"-Problem. In (a) faßt sich Tom an die Nase und sagt zu Annie: „Mach's nach!" Sie fragt sich, was sie machen soll. In (b) und (c) sieht man zwei Annie-Klone reagieren. Was von beidem würde man selber machen?

Abbildung 23-2: Weitere „Machen Sie's nach!"-Problemfälle. In (a) weiß Annie nicht, wie sie das „Nachmachen" am besten bewerkstelligen soll. In (b) fragen sich eine langhalsige Annie und ihre Freundin, die Giraffe, was sie machen sollen. In (c) sinnt Harung, der Hering, – ohne Hand und Nase, dafür aber mit Kiemen – darüber nach, wie er Tom nachahmen soll. Und wie um alles in der Welt soll schließlich in (c) der arme kleine Elefant Jumbo das nachmachen, was Tom vormacht?

Rolle in einer bereits feststehenden und vertrauten Struktur verkörpert? Welche Art von vertrauten Strukturen ist man bereit, für miteinander identisch zu halten? Wann wird es nötig, neue Wahrnehmungsweisen für bestimmte Situationen zu entwickeln, um die letzteren in bereits bestehende Strukturzusammenhänge einzupassen, die dann die Ausbildung bereits vertrauter Rollen ermöglichen? Was ist stabil und was wacklig? Was hält und was nicht? Diese Art Fragen klingt ziemlich abstrakt, aber wenn es um die Herstellung wirklicher Analogien geht, sind sie für den, der den Vergleich zieht, die entscheidenden Fragen, egal, ob sie ihm bewußt werden oder nicht. Deshalb stehen diese Probleme im Zentrum des Copycat-Projekts, und der Hauptzweck des vorliegenden *P.S.* ist eben zu zeigen, wie das kommt.

* * *

Eine ernsthafte Schwierigkeit bei der Untersuchung von Analogien aus dem wirklichen Leben wie den „First-Lady"-Beispielen ist, daß sie zu überladen – zu vielfältig mit allen möglichen anderen Vorstellungen verknüpft – sind. Ein weiteres gravierendes Problem ist, daß bei der Betrachtung von Analogien, die dem wirklichen Leben entnommen und von wirklichen Menschen gemacht sind, der Mangel an Gegenüberstellungsmöglichkeiten uns dem wesentlichen Gehalt dieser Analogien gegenüber fast zur Blindheit verurteilt. Um zu erkennen, was den von Menschen gezogenen Vergleichen ihre Treffsicherheit verleiht, müssen wir Alternativen vor Augen haben: Vergleiche, die menschliche Wesen niemals ziehen würden, nicht einmal zum Spaß. Kann man sich zum Beispiel einen Organismus vorstellen, der sich die Schwangerschaftserfahrung dadurch verständlich zu machen sucht, daß er sie mit dem Sein eines Fahrstuhls (oder meinethalben auch Fußballstadions) vergleicht, in dem sich eine einzelne Person befindet? Mit so einem Vergleich ist etwas ganz entschieden nicht in Ordnung – aber was? Man probiere, Grundprinzipien der Analogiebildung zu formulieren, die Analogien wie die vorstehende ausschließen (was immer das heißen mag!), hingegen dem Scharfsinn gerecht würden, der in folgendem Vergleich steckt: „Bemüh dich, eine Zeitlang Deutsch zu sprechen, ohne die Buchstaben „e" und „n" zu verwenden. Dann wirst du eine Ahnung davon bekommen, wie Japan sich nach der Ausradierung zweier seiner Großstädte fühlte." Bei beiden Vergleichen geht es um die Abbildung eines denkenden Wesens auf etwas ihm ganz Fremdes, das sich außerdem in einer ganz anderen Größenordnung bewegt. Und doch klappt der eine Vergleich bestens, während der andere ein echter Reinfall ist. Wie das?

In solchen Fällen, wo alles überquillt von einer Unzahl einander überschneidender und sanft verschwimmender Vorstellungen, gibt es praktisch keine Möglichkeit zu entwirren, was im Geist eines im Prozeß des Verstehens begriffenen Menschen wirklich passiert. In diesem frühen Stadium unserer Forschungen über natürlichen und artifiziellen Geist den Versuch einer Gesamtdarstellung zu unternehmen, wäre genauso albern ambitiös wie wenn jemand versuchte, sich in einer fremden Sprache deren gehaltvollste und eigentümlichste Poesie anzueignen, ohne es vorher jemals der Mühe für wert gehalten zu haben, sich mit irgendwelcher Prosa zu befassen. Das wäre anmaßend und hieße, intellektuell gesehen, die Dinge auf den Kopf stellen.

Ich bin der Überzeugung, daß es nicht nur besser, sondern geradezu unabdingbar ist, sich den Analogiebildungsprozeß in einem reduzierten Bereich anzuschauen, wobei in diesem Bereich zugleich aber alle entscheidenden Eigenschaften der Analogiebildung bewahrt sein müssen. Newton hätte seine Bewegungsgesetze nicht entdecken können, wenn er sich darauf versteift hätte, die Gesetzmäßigkeiten zu verstehen, denen Wasserfälle oder Stürme unterliegen. Statt dessen schraubte er das Bewegungsproblem auf den ursprünglichsten Fall herunter, den er sich vorstellen konnte – die durch den leeren Raum kreuzenden Planeten. Das ist die typische Methode der Naturwissenschaften: Man isoliere das entscheidende Phänomen und untersuche es in seiner unvermischten Form; von dort arbeite man sich dann zu Erscheinungen vor, in denen gleichzeitig auch noch andere Gesetzmäßigkeiten wirksam sind.

So ging ich auch bei Copycat vor: Ich versuchte das, was ich für die zentralen Probleme des Analogisierens hielt, ohne alle zusätzliche Verwirrung durch Kenntnisse aus dem wirklichen Leben bloßzulegen. Diese zentralen Probleme sind, wie ich meine, folgende:

* zu entscheiden, in welchem Maße Bezüge buchstäblich verstanden werden sollen (d. h. zu entscheiden, welche Teile der jeweiligen Situation bereits *buchstäbliche* Entsprechungen in der anderen Situation haben und welche Teile es erfordern, daß man *sinngemäße* Entsprechungen zu ihnen entdeckt bzw. erfindet);
* zu entscheiden, welche Strukturen wahrzunehmen sich lohnt (d. h. zu entscheiden, welche Abstraktionstypen als übergreifende Rahmenbestimmungen für die Orientierung der Wahrnehmung ins Spiel zu bringen sich lohnt, um auf diese Weise die Abbildung von Elementen der einen Situation auf Elemente der anderen Situation zu erleichtern);
* Rollen innerhalb der Strukturen wahrzunehmen (d. h. zu entscheiden, welche Aspekte der im Augenblick bevorzugten organisierenden Rahmenbestimmungen am ehesten relevant und welche weniger relevant sind);
* zu entscheiden, in welchem Maße Rollen buchstäblich verstanden werden sollen (d. h. zu erkennen, welche Rollen in der jeweiligen Situation bereits ihr *buchstäbliches* Gegenstück in der anderen Situation haben und für welche Rollen *sinngemäße* „Gegenrollen“ entdeckt oder erfunden werden müssen);
* konkurrierende Betrachtungsweisen in bezug auf eine Situation gegeneinander abzuwägen und die eleganteste (oder, wenn man so will, die einfachste) auszuwählen.

Die parallel konstruierten Ausführungen über *sinngemäß* und *buchstäblich* zu verstehende *Teile* und *Rollen* mögen ein bißchen dunkel anmuten, deshalb möchte ich sie kurz begründen.

Ein Wesen in einer bestimmten Situation kann gleichzeitig Bestandteil anderer Situationen sein. Die Sonne ist ein Beispiel dafür. Von unserem Standpunkt aus ist sie schlicht und einfach die Sonne, ein einzigartiges Ding. Die Sonne ist, wie ich das nenne, ein „Teil“ meiner Welt. Das Gegenstück zu ihr in Ihrer Welt ist ein und dasselbe Ding, nicht einfach nur etwas ihr *Vergleichbares*. In diesem Sinn ist die

Sonne ein Bestandstück *der* Welt. Oder nehmen wir als weiteres Beispiel Groucho Marx. Als er starb, mußte ich mich nicht eigens in die Haut meiner Freunde stecken, um verstehen zu können, was sein Tod *für sie* bedeutete. Seine Rolle in ihrer Welt und seine Rolle in meiner Welt waren so ununterscheidbar, daß der Versuch eines solchen einfühlsamen Abbildens lächerlich überkandidelt gewesen wäre.

Aber nehmen wir nun im Gegensatz dazu Ihre geliebte eineiige Zwillingsschwester Hermine. Ihr Verhältnis zu ihr ist ohne Zweifel himmelweit von der Beziehung verschieden, die ich zu ihr habe. Tatsächlich habe ich sie noch nicht einmal kennengelernt, wohingegen *Sie* sie schon Ihr ganzes Leben lang kennen! Hermine stellt einen großen Teil Ihres Lebens dar, aber von meinem ziemlich entfernten und äußerlichen Standpunkt her gesehen, besteht ihr hauptsächlicher Identitätspunkt darin, *Ihre Zwillingsschwester zu sein* – schließlich weiß ich von ihr nichts weiter als dies. Sie ist demnach für mich als jemand bestimmt, der in Ihrem Leben *eine Rolle spielt*. Wenn ich erführe, daß Hermine gestorben sei, könnte man schwerlich von mir erwarten, daß ich mir die Augen ausweinte, da sie ja nicht zu meinem Leben gehörte. Aber das heißt nicht, daß ich nicht mitfühlen könnte; denn ich könnte mich ja in Ihre Lage versetzen. Die naheliegende Abbildung sähe so aus, daß das Pendant zu Hermine *meine* eineiige Zwillingsschwester wäre. Vorausgesetzt indes, ich bin männlichen Geschlechts, so kann es, da eineiige Zwillinge immer gleichgeschlechtlich sind, eine solche Person nicht geben. Heißt das, ich bin in diesem Fall außerstande, mich einzufühlen? Ich wäre ganz schön unmenschlich, wenn meine Fähigkeit zur Einfühlung derart schwach entwickelt wäre. Es ist ein Leichtes, von „eineiige Zwillingsschwester" auf „Zwillingsschwester" überzuwechseln. Das Problem ist nur, daß ich auch die nicht habe. Wie kann ich mir also eine Einfühlungsmöglichkeit verschaffen? Wie wär's, wenn ich auf eine andere Schiene überwechselte – hin zu meinem eineiigen Zwillingsbruder? Wenn es ihn gäbe, wäre das toll; aber der arme Kerl existiert nicht. (Und nicht etwa, weil er gestorben wäre!) So muß ich also noch großzügiger sein und versuchen, Ihre eineiige Zwillingsschwester auf meinen Zwillingsbruder oder einfach meinen Bruder abzubilden. Aber auch sie gibt es nicht. Verdammt! In meiner Verzweiflung versuche ich es mit dem Wechsel schlicht und einfach zu einer *Schwester*. Aha! Diesmal funktioniert es. Eine Schwester habe ich, tatsächlich sogar zwei, und in einem ungefähren Sinn spielen beide eine Rolle in meinem Leben, die derjenigen analog ist, die Ihre eineiige Zwillingsschwester in Ihrem Leben spielt.

Natürlich ist die Analogie schwächer, als sie vielleicht wäre, wenn ich (wie Sie) ein Zwilling wäre; aber was kann man da machen? Wir müssen uns halt mit der besten Abbildung zufrieden geben, die wir finden können. „Meine Schwester" stellt in meinem Leben die, wie ich es nenne, *Gegenrolle* zu dem dar, was in Ihrem Leben „meine eineiige Zwillingsschwester" ist. Für jemand anderen könnte selbstverständlich die Gegenrolle „mein siamesischer Zwillingsbruder" oder „mein bester Freund, den ich seit Urzeiten kenne", oder, in manchen Fällen, „mein Auto" sein. *Gespielt* wird die Gegen*rolle* natürlich vom Gegen*teil*. In Ihrem Leben gibt es viele Teile und Rollenspieler, und das gilt auch für meins. Indem Sie herausfinden, was in Ihrem Leben die Gegenteile und Gegenrollen zu Teilen und Rollen in meinem Leben sind, erhalten Sie die Möglichkeit zur Projektion und Identifizierung.

Wie scharf unterschieden sind diese Konzepte des Rollenspielers und des Teils? Nun, als Konzepte sind sie durchaus unterschieden, aber das Leben stellt uns ständig vor unscharfe Situationen, in denen Personen (bzw. Dinge) gleichzeitig Teile und Rollenspieler sind. Nehmen Sie Ihren alten und lieben Freund Millapollie, den auch ich kenne, allerdings nur mäßig gut. Wenn Sie mir erzählten, Millapollie sei gestorben, wie würde ich dann reagieren? Ich würde an die Situation in doppelter Weise herangehen, indem ich zum einen Millapollie als einen (sehr unbedeutenden) *Teil* meines Lebens sähe und zum anderen ein Gegenstück in meinem Leben zu dem Teil Millapollie in *Ihrem* Leben zu finden versuchte. Ich würde mich demnach bemühen, in meinem Leben den Rollenspieler für die Gegenrolle zu der Rolle zu finden, die Millapollie in Ihrem Leben gespielt hätte. Möglicherweise würde ich dabei zwischen diesen beiden Vorstellungen ein und derselben Person hin und her huschen. Ein Kompromiß zwischen Teil und Rolle ist manchmal leicht, häufiger aber höchst heikel. Gewöhnlich sind wir uns der konkurrierenden Ansprüche nicht einmal bewußt, aber mogeln uns irgendwie durch.

* * *

Zwischensprachliche Vergleiche können ebenfalls dazu beitragen, diesen Gedanken anschaulicher zu machen. Wie außerordentlich scharf darauf war ich, als ich Französisch studierte, zu lernen, wie man sich über Baseball unterhält. Ich war brennend daran interessiert zu erfahren, was man für *pitcher, catcher, flyball, out* usw. sagt. Selbstverständlich gibt es im Französischen Ausdrücke dafür, und es ist auch schön, sie zu kennen, aber im Rückblick scheint mir das für jemanden, dessen Hauptbestreben war, französisch flüssig sprechen zu lernen, doch eine recht fehlgeleitete Ambition. Warum sollte man beim Lernen einer Fremdsprache besonderes Gewicht auf die Fähigkeit legen, sich in der betreffenden Sprache über die Besonderheiten der *eigenen* Kultur unterhalten zu können? Man sollte vielmehr über die „entsprechenden" Aspekte der anderen Kultur reden lernen – also über diejenigen Dinge, die in ihr die *Gegenrollen* spielen, statt sich um die *Übersetzung* möglichst vieler, auf die eigene Kultur beschränkter Konzepte zu bemühen. In meinem Fall wäre vielleicht das angemessene Verfahren gewesen, in französischer Sprache alles über Fußball und Fußballterminologie zu lernen.

Natürlich sind viele Begriffe sprachübergreifend. Es ist wichtig zu wissen, was „Mond" in der einen wie der anderen Sprache heißt, und es scheint sinnvoll anzunehmen, daß „der Mond der Franzosen" und „der Mond der Amerikaner" tatsächlich ein und derselbe sind, so daß der Mond eher ein gemeinsamer Teil ist und keine jeweils besondere Rolle spielt. Es könnte nun scheinen, daß dies von jedem allgemein wahrnehmbaren Wesen gelten müßte, zum Beispiel auch von Algerien. Und doch – ist das Algerien Frankreichs tatsächlich dasselbe wie das Algerien der Vereinigten Staaten? Wäre es nicht möglich, daß Vietnam „das Algerien der Vereinigten Staaten" ist, jedenfalls aus französischer Sicht? Ist Algerien ein objektiver Teil der Welt oder etwas, das je nach nationaler Sicht eine unterschiedliche *Rolle* spielt? Was ist mit Argentinien? Australien? Der Antarktis? Und solche Fragen sind nicht auf Eigennamen beschränkt. Was ist mit Weinsorten, Käsesorten, Sprachen?

Englischsprachige Personen sind ganz leicht durch höchst grobe Parodien der deutschen Sprache zum Lachen zu bringen, wie etwa auf dem folgenden, neben einer Datenstation aufgestellten Schild:

> **Alles Lookenspeepers!**
> Das Komputermaschine ist nicht für gefingerpoken und mittengrabben. Ist easy schnappen der Springewerk, blowenfusen, und poppencorken mit Spittzensparken. Ist nicht für gewerken by Dummkopfen. Das rubbernecken Sightseeren keepen Hands in das Pockets – relaxen und watchen das Blinkenlights.

Basis der Erheiterung ist die spezifische Art der Zugehörigkeit des Englischen zur Gruppe der germanischen Sprachen. Wir neigen dazu, viele Aspekte der deutschen Sprache tölpelhaft, komisch und altmodisch zu finden. Es liegt auf der Hand, daß Deutschsprachige Mühe haben einzusehen, warum ihre Sprache diesen Eindruck auf uns macht. Unseren Eindruck von der Tölpelhaftigkeit ihrer Sprache werden sie gewiß nicht in der Weise nachvollziehen können, daß sie germanisch klingende Endungen an deutsche Wörter anhängen, viele „sch"-Laute verwenden und lange Wortzusammensetzungen bilden – aber ebensowenig wird es ihnen dadurch gelingen, daß sie englische Endungen anhängen, auf „sch"-Laute verzichten und zusammengesetzte Wörter auflösen, weil die historischen und sozialen Beziehungen zwischen den beiden Sprachen nicht symmetrisch sind und das Ergebnis eines solchen Vorgehens, selbst wenn es Heiterkeit erregte, jedenfalls nicht dem obigen analog wäre. Aber was *wäre* demnach für Deutschsprachige ein Analogon? Wie sieht „das Deutsche des Deutschen" aus?

Man beachte, daß ich so tue, als gäbe es eine richtige Antwort. Tatsächlich bezweifle ich, daß es die gibt. Die Beziehungen zwischen dem Englischen und dem Deutschen sind vielfältig und wechselvoll. In mancher Hinsicht *ist* das Englische für das Deutsche zweifellos das, was das Deutsche für das Englische ist. (Das verweist zurück auf einige Probleme bei der Übersetzung selbstbezüglicher Sätze, mit denen wir uns im Ersten Kapitel und seinem Postskriptum beschäftigt haben.) In anderer Hinsicht ist die Annahme eines symmetrischen Verhältnisses absolut falsch. Wie sähe im Deutschen (oder Französischen oder in welcher Sprache auch immer) eine Parodie des Englischen (oder Holländischen oder welcher Sprache auch immer) aus?

Wie klingt Deutsch für einen, der die Sprache kennt und dessen Muttersprache Chinesisch ist? Ich bezweifle, daß ich das je wissen kann. Und doch bin ich sicher, daß sich quer durch die Millionen von Chinesen, die Deutsch gehört haben, irgendeine ziemlich einheitliche Reaktion verzeichnen läßt. Wie wäre es, wenn ich meine eigene Muttersprache mit Ohren hörte, die ihren Sinn nicht ermessen oder ihn nur oberflächlich erfassen könnten? Eine solche Erfahrung ist mir versagt – und doch, entspricht sie nicht haargenau meiner Erfahrung, wenn ich Chinesisch sprechen höre? Ja und nein.

Welche Einheiten spielen in einer bestimmten Situation die Rolle von Fixsternen, von allgemein verbindlichen, globalen Bezugspunkten? In meiner Terminologie sind das die Teile. Welche Einheiten werden ausschließlich in Begriffen der Rolle gesehen, die sie für den Wahrnehmenden spielen, ausschließlich als regionale Ausfüllung von Standardprogrammen? Dies sind die Rollenspieler. Welche Einheiten bewegen sich in der Mitte zwischen totaler Globalität und totaler Regionalität, irgendwo zwischen dem Sein eines reinen Teils und eines Rollenspielers? Die Antwort lautet natürlich, daß *fast alle* Einheiten auf diese Art frei flottieren, was der Grund dafür ist, daß die Analogiebildungs- und Übersetzungsprobleme so abgründig und so tief mit dem Geheimnis des Geistes und des Bewußtseins verwoben sind. Der Sprachforscher George Steiner ist in seinem Buch *Nach Babel* diesen Fragen in provokativer Form nachgegangen.

Da eine zufriedenstellende Erörterung des Wesens der Analogiebildung ein ganzes Buch erfordern würde, werde ich nicht den Versuch machen, die theoretischen Überlegungen darzulegen, die dem Copycat-Projekt zugrunde liegen. Die Kolumne vermittelt einige gute Einblicke (vorausgesetzt, man schafft den Riesensprung von den Zahlen zu den Buchstaben). Aber es scheint der Mühe wert, wenigstens ein paar typische Beispiele aus dem Copycat-Projekt vorzutragen, von denen ich meine, daß sie *in nuce* all das enthalten, worum es bei unserer Arbeit geht.

* * *

Es erübrigt sich wohl anzumerken, daß Copycat mit einem Alphabet entqualifizierter Buchstaben befaßt ist. Der einzelne Buchstabe „weiß", genauer gesagt, nichts weiter von sich, als wer ihm vorausgeht und wer ihm nachfolgt (vorausgesetzt, das ist der Fall; *a* und *z* sind natürlich in dieser Hinsicht Ausnahmefälle, da der eine keinen Vorgänger, der andere keinen Nachfolger hat). Die Buchstaben wissen nicht, wie sie aussehen oder klingen, und auch nicht, ob sie Vokale oder Konsonanten sind. Da das platonische Alphabet im Unterschied zur Folge der ganzen Zahlen einen Anfang und ein Ende hat, gibt es bei ihm eine Art Symmetrie. Es gibt zwei herausgehobene Elemente, nämlich die Endpunkte *a* und *z*. Diese Elemente haben eine Identität eigener Art; sie sind gewissermaßen königlichen Geblüts. Alle anderen Buchstaben leiten ihre Identität direkt oder indirekt von diesen hervorstechenden Buchstaben ab. *b* und *y* sind augenscheinlich königlichen Wesiren und *c* und *x* Vize-Wesiren vergleichbar.

Die graphische Darstellung der Buchstaben nach ihrer „Bedeutung" stelle ich mir als die Bogenlinie einer schlaffen Hängebrücke vor, die an den beiden Endpunkten *a* und *z* aufgehängt ist und sehr steil abfällt bis zu einem Tiefpunkt in der Mitte des Alphabets (siehe Abbildung 23-3). So sind also theoretisch die am wenigsten hervorstechenden Buchstaben *m* und *n*. Praktisch gesehen, sind indes alle Buchstaben im weiteren Umkreis der beiden ziemlich gleich unscheinbar. Falls Unscheinbarkeit eine hervorstechende Eigenschaft wäre, hätten wir uns dann übrigens in einem Paradox verstrickt: *m* und *n* wären dank maximaler Unscheinbarkeit höchst hervorstechend! Aber *m* und *n* wissen nichts davon, daß sie das am wenigsten Hervorstechende sind, und damit ist das Paradox abgewendet. Tatsächlich sind alle Buchstaben, die von den höchsten Punkten aus weiter zur Mitte hin liegen als *c* und *x*, reichlich farblos, und auch die letzteren selbst sind schon nichts sonderlich Aufregendes mehr.

In der ausgedehnten Tiefebene des platonischen Alphabets macht ein Schritt in die eine oder andere Richtung wenig Unterschied: Das arme *q* weiß schwerlich, was für eine Rolle es in der Gesellschaft spielt, da es Beziehungen nur zu *p* und *r*, d. h. zu Buchstaben von ebensolcher Unauffälligkeit unterhält. Es ist genauso wie in menschli-

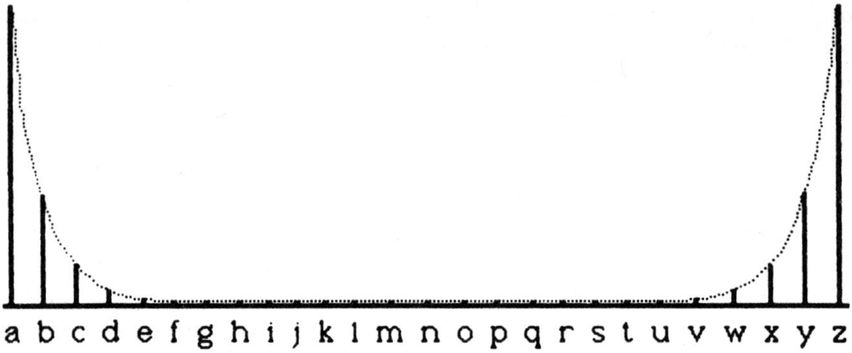

Abbildung 23-3. Eine graphische Darstellung der effektiven Bedeutung der Buchstaben im platonischen Alphabet der Copycat-Welt. Das „San Francisco“ und das „New York“ des Alphabets – *a* und *z* – sind natürlich die Stars und ragen heraus. Auf Buchstaben in der Nähe fällt ein gewisser Abglanz, aber in dem Maß, wie man sich von den beiden Küstenstädten entfernt, verliert man sich in der Eintönigkeit des flachen Lands, wo kein Buchstabe das Zeug dazu hat, die Aufmerksamkeit auf sich zu lenken.

Abbildung 23-4. Der „Renormierungs-Effekt“, durch den jeder Buchstabe (in diesem Fall *q*) eine große Reihe von virtuellen Bekanntschaften erwirbt, obwohl er nur zwei Buchstaben (den vorausgehenden und den nachfolgenden) wirklich kennt. In (a) träumt das „nackte“ *q* von seinen Nachbarn, dem „nackten“ *p* und dem „nackten“ *r*. Aber jene Buchstaben können ebenfalls von ihren Nachbarn träumen usw. Dieses wiederkehrende Traumschema illustriert (b). Das Ergebnis des Ganzen zeigt (c): das Panorama vom Alphabet, wie es sich *q* darbietet. Auf diese Weise wird deutlich, wie *q* zu allen anderen Buchstaben des Alphabets eine effektive Beziehung unterhält, auch wenn deren Stärke mit wachsender Entfernung rasch abnimmt, da alle dazwischenliegenden Buchstaben als Vermittler fungieren und jedes weitere Glied einen konstanten Schwächungsfaktor in die Kette hineinträgt. Die subjektive Perspektive, die an einen sensorischen Homunkulus im Hirn eines Lebewesens denken läßt, läßt sich für das laufende Copycat-Programm in eine Wahrscheinlichkeitsaussage ummünzen: Je weiter zwei Buchstaben voneinander entfernt sind, um so geringer ist die Wahrscheinlichkeit, daß irgendein Zusammenhang zwischen den beiden bemerkt wird. Demnach haben nah beieinanderstehende Buchstaben (grob geschätzt, Buchstaben, die durch nicht mehr als zwei andere getrennt sind) gute Aussichten, in der Form von Rollen vorgestellt zu werden, die miteinander in Beziehung stehen, wohingegen bei weit auseinanderliegenden Buchstaben die Wahrscheinlichkeit groß ist, daß sie einfach unmittelbar aufgefaßt werden, ohne irgendeinen Versuch, zwischen ihnen einen Zusammenhang herzustellen. Das hat unabsehbare Rückwirkungen auf die Bildung von Analogien.

chen Gemeinschaften: Die meisten Menschen sind nur in ihrer Nachbarschaft bekannt, und sobald sie von dort wegziehen, werden sie zu anonymen Personen. Das einzige, was man von Fremden, denen man zufällig begegnet, weiß, ist eben dies: daß sie Fremde sind. Copycat-Buchstaben sind in dieser Hinsicht wie Menschen.

q nimmt zum Beispiel Notiz davon, daß es *k* oder *x* nicht kennt, aber sie sind ihm so unbekannt, daß es nicht zwischen Unbekanntheitsgraden unterscheidet. Erst wenn man ihm ganz nahe kommt, fängt *q* an, sich so zu verhalten, als würde es einen erkennen. Aber selbst dann wäre die Beachtung, die *q* beispielsweise *s* vielleicht schenken würde, nicht *direkt*, sondern müßte durch *r* vermittelt werden, das von beiden Buchstaben direkte Kenntnis hat. Allgemein ausgedrückt, nimmt der Kontakt mit wachsender Zahl der Mittelglieder rasch ab, so daß das platonische *q* von Buchstaben, die wenig weiter entfernt von ihm sind als *s* bzw. *o*, praktisch keine „Kenntnis“ mehr hat. Dennoch ist das platonische *q* von einer sprunghaft schwächer werdenden Aura umgeben, die das Überbleibsel seines Verkehrs mit den unmittelbaren Nachbarn (und *ihres* Verkehrs mit *ihren* Nachbarn usw.) ist und die ihm eine allmählich verebbende Reihe von „Randbekanntschaften“ verschafft (siehe Abbildung 23-4). Dasselbe gilt natürlich von allen anderen platonischen Buchstaben.

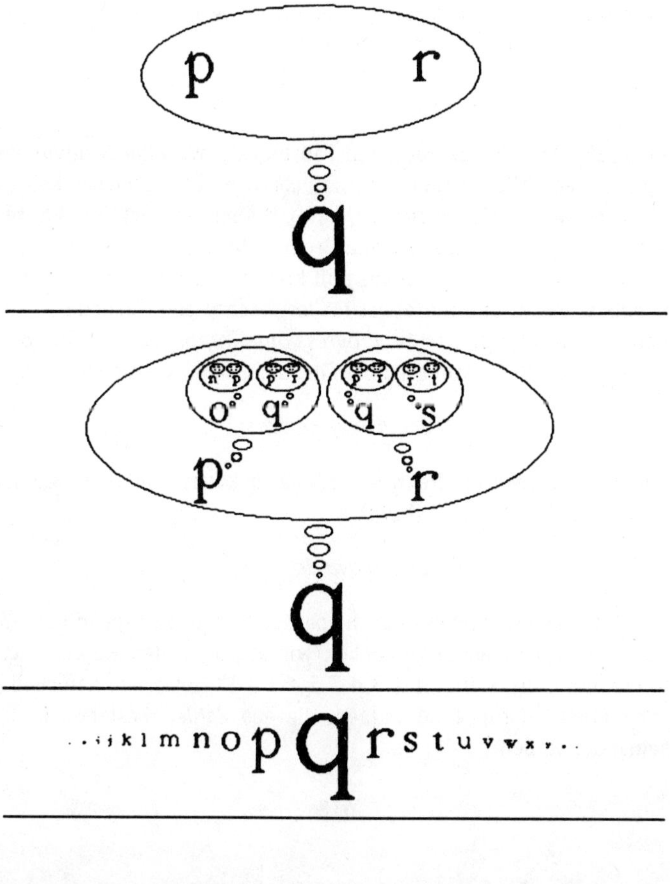

Dieser „Renormierungs-Effekt“ (so genannt nach dem vergleichbaren Effekt in der Teilchenphysik) ist in den folgenden freimütigen Bemerkungen, mit denen das platonische *q* auf Erkundigungen des Autors nach verschiedenen Buchstaben reagierte, ganz gut erfaßt:

„Mhm! Ich glaube nicht, den Namen *m* je vorher gehört zu haben.“
„Nun ... ich denke, ich habe *n* schon mal irgendwo gesehen.“
„Oh ja, ich kenne *o*, wenn auch nicht sehr gut.“
„Pah! Ich bin ein alter Freund von *p*.“
„Quatsch! Das bin doch *ich*!“
„Richtig gut befreundet bin ich mit *r*.“
„Sicher, ich kenne *s*, wenn auch nicht sehr gut.“
„Tatsächlich habe ich *t* schon mal irgendwo gesehen.“
„Unmöglich ... Der Name *u* ist mir im Leben noch nicht begegnet.“

Zur Alphabet-Welt des Copycat-Programms gehören abstrakte Bestimmungen, die sich im Hintergrund verbergen, und sie sind es, die dem Betrachter ermöglichen, in Buchstaben*gruppen* einen inneren Zusammenhalt wahrzunehmen. Die fundamentalsten dieser Bestimmungen betreffen zwei Gruppentypen, die sich aus den beiden existierenden Grundverhältnissen ergeben: 1) Gleichheit und 2) Sukzession. Eine durch Gleichheit verbundene Gruppe benachbarter Elemente heißt *Kopie-Gruppe* oder *K-Gruppe*. Hier ein paar Beispiele für K-Gruppen:

aaa uuuu cc wowowowowo

Man beachte, daß dieser Typus auch den Fall umfaßt, wo eine *Struktur* wiederholt wird (in unserem Beispiel die Struktur *wo*). In abartigen Fällen weisen K-Gruppen nur die Länge 1 auf, etwa *c* (oder auch *wo*), bzw., schlimmer noch, die Länge 0! Auch wenn es pervers klingt, manchmal ist eine Gruppe, die aus null Kopien von *e* besteht, etwas ganz anderes als eine, die sich aus null Kopien von *f* zusammensetzt. Aber das ist ein ganz heikler Punkt und nur etwas für fortgeschrittene Nachäffer.

Der andere Gruppentypus ist die *Progressions-Gruppe* oder *P-Gruppe*. Eine P-Gruppe ist einfach eine Reihe von Nachbarn in Sukzession, wie die folgenden Beispiele zeigen:

abc uvwxy cd pqrs

Und wenn man die Folgen umdreht, so daß sie rückwärts verlaufen, dann hat man Beispiele für *Regressions-* oder *R-Gruppen*:

cba yxwvu dc srqp

Es erübrigt sich anzumerken, daß es auch abartige P- und R-Gruppen mit einer Länge von 1 oder 0 gibt, aber über die brauchen wir uns nicht den Kopf zu zerbrechen. Unsere alte Freundin, die Reihe „1 2 3 4 5 5 4 3 2 1“, setzt sich natürlich aus einer P-Gruppe und einer R-Gruppe zusammen, die aus *Zahlen* bestehen und mit dem Rücken aneinander stoßen.

Außer diesen fundamentalsten abstrakten Bestimmungen gibt es noch weitere Wesenheiten, die sich im Hintergrund herumtreiben und einen ebenso ungreifbaren wie tiefgreifenden Einfluß auf die Strukturwahrnehmung ausüben. Sie firmieren unter Namen wie *Symmetrie, Gleichförmigkeit, gute Substrukturen, Grenzlinienstärke* und so weiter. Sie sind jene Art Kräfte, die einen zwingen, *abcpqr* als zwei Dreiergruppen wahrzunehmen und *aabbcc* als drei Zweiergruppen; sie treiben einen an, *aakkkkggee* in fünf gleichlange K-Gruppen zu zerlegen und *abcdefpqr* in drei gleichlange P-Gruppen; sie unterstützen die Sichtweise, die jeder der drei Strukturen *abcdcba, abcdabc* und *abcdwxyz* Symmetrie bescheinigt, wenngleich in jeweils ganz anderem Sinn; und sie machen, daß man bei einer Struktur wie *aaabbbqcc* entschiedenes Unbehagen empfindet. Ich werde hier nicht den Versuch unternehmen, diese schwer faßlichen Kräfte im einzelnen darzulegen, denn erstens sind es eine ganze Menge, zweitens sind sie höchst abstrakt und drittens schließlich pflegen auch ohne Anleitung die Menschen gefühlsmäßig genau mitzukriegen, welche Arten von Zwang diese Kräfte erzeugen.

Damit sind wir nun am Ende mit der Vorstellung des Copycat-Bereichs, der dem Seek-Whence-Bereich nahezu isomorph ist (außer daß im Seek-Whence-Bereich dem *z* nichts entspricht), und können also ohne großes Trara auf die Analogien selbst zu sprechen kommen. Die Grundmenge der Analogien besteht praktisch aus einer Reihe von Variationen über ein Thema (gerade so wie in der Kolumne). Das Thema ist das folgende „Ereignis“:

abc verwandelt sich zu *abd.*

Zu beachten ist dabei, daß die Entscheidung darüber, was mit *abc* passiert ist, beim Betrachter liegt; wenn er meint, daß aus dem *c* in der Sequenz ein *d* wurde, ist das ganz in Ordnung; aber es handelt sich um seine Wahrnehmung und nicht um einen objektiven Vorgang. Ein anderer könnte die Verwandlung als eine Ersetzung des ganzen „Objekts“ *abc* durch *abd* (einen Austausch auf der ganzen Linie) interpretieren.

Nun gibt es eine Reihe von denkbaren Situationen, die ich als Gegenstücke zur genannten Situation präsentieren könnte, um den Leser zu bitten, mit ihnen „dasselbe“ zu machen. Der Entschluß, mit welcher wir es zuerst probieren sollen, fällt schwer; ich stürze mich halt einfach hinein:

In was verwandelt sich *pqrs*?

Ganz schön leicht, was? Ich nehme an, der Leser sagt *pqrt*. Das sagt fast jeder. Weil es nämlich – in einem ziemlich schwer faßlichen und mirakulösen Sinn – *die richtige Antwort* ist. Und doch gibt es zahlreiche andere Kandidaten, die in Betracht kommen könnten. Und weil es fast unmöglich ist, die Feinheiten und die Faszination der Copycat-Welt zu würdigen, wenn man nicht in ihr „lebt“, möchte ich in der Tat den Leser dringend ersuchen, hier innezuhalten und sich zu überlegen: Zu was sonst noch könnte *pqrs* werden?

* * *

Eine Möglichkeit ist *pqrd*; muß ich erklären, warum? Dann ist da *pqrs*, genauso aus dem Input *pqrs* hervorgegangen, wie *abd* aus *abc* hervorging: in der Weise, daß bei jedem *c* ein *d* an die Stelle tritt. Haben wir hier „dasselbe" gemacht oder nicht? Geht es darum, dem andern an die Nase zu fassen oder sich selber? Und übrigens, warum ist die Antwort auf dieses Problem nicht *abd* oder *pqds*? Solche Fragen, die sich um den Gegensatz von starr und fließend drehen, kehren bei jeder Analogiebildung wieder und scheinen aller Formalisierung zu trotzen.

Da wir gerade vom Gegensatz zwischen starr und fließend sprechen – als ich vor einigen Jahren in der Physik-Abteilung am California Institute of Technology einen Vortrag über Analogien hielt, saß da ein gewisser Richard Feynman in der ersten Reihe und trieb den ganzen Vortrag durch seine Späße mit mir. Ich betrachtete ihn als einen „gutartigen Störer", in dem Sinn, daß er die Frage „Was entspricht in X der 4 in A?" jedesmal todsicher mit derselben Antwort „4!" bedachte und darauf bestand, das sei eine gute Antwort, vermutlich die beste. Mir schien, daß Feynman die Rolle des „Dorfdeppen" nicht nur spielte, sondern auch genoß. Es war schwer zu sagen, wieweit er den *advocatus diaboli* spielte und wieweit er es ernst meinte. Wie dem auch sei, ich werde das Ereignis nie vergessen, weil sein „Gegenhalten" mich unendlich anregte und es, jedenfalls von *meinem* Standpunkt aus, zu guter Letzt einer der besten Vorträge wurde, die ich je gehalten habe.

Bei Gelegenheit eines weiteren Vortrags über Analogien machte ich dann später ganz unschuldig die Bemerkung: „Als ich diesen Vortrag das letzte Mal hielt, saß *genau an dieser Stelle* Richard Feynman", wobei ich auf einen Sitz unmittelbar links von der Mitte der vordersten Reihe deutete. Kaum war mir die Äußerung entfahren, da ging mir die unglaubliche Übertragung auf, die ich im Zuge des Vergleichs völlig unbewußt vorgenommen hatte. Schließlich hatte ich am California Institute of Technology in einem riesigen Hörsaal gesprochen (jetzt war es ein kleines Klassenzimmer); dort waren die Sitze stufenförmig angeordnet (hier in ganz gewöhnlichen Reihen); dort standen sie weit auseinander (hier ganz eng zusammen); und dort befand ich mich in Kalifornien (hier in Ohio). Und doch schien es in dieser Situation höchst sinnvoll, auf einen der Sitze zu deuten und zu sagen: „Feynman hat *dort* gesessen." (Ist es nicht genauso sinnvoll, wie zu behaupten, die Glühlampe sei in Dearborn, Michigan, erfunden worden, einfach deshalb, weil das ursprünglich in New Jersey gelegene Haus, in dem Edison wirkte, in einen dort befindlichen Museumspark überführt worden ist?) Außerdem wird mir jetzt klar, daß „genau links von der Mitte" selber bereits der Schlüsselbegriff für viele der in der Kolumne enthaltenen Vergleiche ist.

Je mehr man sich mit der Frage beschäftigt, wie „dasselbe" mit *pqrs* zu machen ist, um so mehr Möglichkeiten entdeckt man. Viele Leute scheinen zum Beispiel der Kombination *pqst* zuzuneigen, bei der die ersten zwei Buchstaben bleiben und die letzten beiden durch ihre Nachfolger ersetzt werden. Gelegentlich schlagen Leute *pqtu* vor, ein recht ingeniöser Einfall, der darauf beruht, daß *rs* als eine Einheit gesehen wird, mit *tu* als nachfolgender Einheit. Jemand hat auf *qrst* als Möglichkeit hingewiesen, die ihre Grundlage in dem Einfall hat, alle Buchstaben außer *a* und *b* gegen ihre Nachfolger auszutauschen. Und einmal hat jemand im Scherz *dddd* vorgeprügelt, eine Möglichkeit, deren Rechtfertigung in dem noch deppigeren Gedanken liegt, alle Buchstaben bis auf *a* und *b* in *d* zu verwandeln!

Manche Antworten wirken schon fast morbid. Betrachten wir *abce*. Um diese Antwort geben zu können, muß man vom Anfang des Alphabets so viele Buchstaben nehmen, wie die in Frage stehende Kombination enthält, und dann den letzten durch seinen Nachfolger ersetzen. Es lassen sich sogar Rechtfertigungen für so merkwürdige Antworten wie *abt* und – ob man's glaubt oder nicht – *pqre* finden.

* * *

Wenn ich manche Antworten als morbid bezeichne und andere demnach als gesund, so hat die Metapher ihren guten Sinn. Schließlich gibt es da eine höchst ernsthafte Frage, die sich bei Analogien immer stellt, besonders dringlich aber in einem so abstrakten Bereich wie diesem, und das ist die Frage, wie man überhaupt zuversichtlich bei etwas, das so ausgemacht subjektiv ist, von richtig oder falsch sprechen kann. Meine Methode ist nun, die Sache unter dem Gesichtspunkt des *Überlebenswerts* zu betrachten, den eine Analogiebildungskapazität für diejenigen, die über sie verfügen, hat. Schließlich sind unsere Gehirne nur deshalb so, wie sie sind, weil sie unseren Vorfahren ermöglichten, in dieser unbarmherzigen Welt besser zu überleben als ihre Konkurrenten. Und das Analogisieren stellt den Gipfelpunkt unserer geistigen Fähigkeiten dar oder kommt ihm jedenfalls nahe.

Meinem Eindruck nach sind sich die Menschen normalerweise gar nicht darüber im klaren, wie eng die Entscheidungen, die über ihr Leben bestimmen, mit der Fähigkeit zu vergleichen zusammenhängen. Auf globaler Ebene läßt sich das unschwer einsehen, wird man erst einmal darauf aufmerksam. Ist die Verwicklung der Vereinigten Staaten im Libanon dem Engagement in Vietnam vergleichbar? Wie ist es mit El Salvador? Wie steht es mit einer Abbildung der amerikanischen Invasion in Grenada auf die sowjetische Besetzung Afghanistans oder die britische Rückeroberung der Falkland-Inseln? Ähnelt die Sowjetunion eher einem unberechenbaren paranoiden Menschen oder einem rationalen Wesen, dem in neuerer Zeit übel mitgespielt worden ist? Gibt es für das derzeitige Wettrüsten einschlägige historische Vorbilder, mit denen es vergleichbar ist?

Um eine weniger globale Sphäre zu nehmen, so sanktioniert ganz offenbar unser Rechtssystem die Analogie als die letztgültige Instanz, um zu vernünftigen oder gar weisen Entscheidungen zu gelangen. Der Begriff „Präzedenzfall" ist einfach nur ein juristischer Ausdruck für „wohlbegründeter Vergleichsfall". Zwei Fälle, die oberflächlich gesehen nichts miteinander zu tun haben (sagen wir, ein Bankraub und eine Entführung) lassen sich auf einer abstrakteren Ebene bis in alle Einzelheiten aufeinander abbilden, zum Beispiel so, daß das entführte Kind als Beute fungiert. Rechtsanwälte vor Gericht versuchen die Geschworenen dadurch zu beeinflussen, daß sie neue Betrachtungsweisen für eine Situation aufs Tapet bringen, die die Analogien der gegnerischen Anwälte in Mißkredit bringen, bzw. dadurch, daß sie ihre eigenen, konkurrierenden Analogien zimmern und festklopfen. (Peter Suber hat einen hübschen Artikel geschrieben, in dem er die Vergleiche aus den Copycat- und Seek-Whence-Programmen mit juridischen Argumentationsweisen in Verbindung bringt. Der Artikel trägt den Titel „Analogy Exercises for Teaching Legal Reasoning“ und kann beim Autor beim Philosophy Department des Earlham College, Richmond, Indiana 47374, USA, angefordert werden.)

Im Privatleben bilden wir die meisten wichtigen Urteile mit Hilfe von bewußten oder unbewußten Vergleichen. Soll ich mich gegen diese Bürokratie wehren oder irgendeine lästige Unannehmlichkeit in Kauf nehmen? Soll ich diesen Computer kaufen oder darauf warten, daß zum selben Preis ein besserer angeboten wird? Sollen wir jetzt Kinder kriegen oder noch ein paar Jahre warten? Soll ich mich zur Ruhe setzen oder über das Rentenalter hinaus arbeiten? Entscheidungen darüber, was man kaufen, was man von jemandem halten, wen man heiraten, ob man in eine andere Stadt ziehen, wie man mit jemandem, der einen Todesfall erlitten hat, reden soll usw. – all diese Entscheidungen sind auf unzählige Weisen von früheren Erfahrungen derselben allgemeinen Art beeinflußt. Und man denke daran, daß auch in Fällen, wo es keine erkennbare Vergleichsmöglichkeit gibt, um die Entscheidung zu bestimmen, die begriffliche Einordung der Situation von einem Geist vorgenommen wird, der unter dem Einfluß von Tausenden von Wörtern steht; und der Zweck von Wörtern ist es, Situationstypen zu bezeichnen und damit stillschweigenden Gebrauch von gespeicherten vergleichsbestimmten Abbildungen zu machen.

Wie in der Kolumne erörtert, ist die Grenzlinie zwischen dem Schöpfen neuer Analogien und dem Wiedererkennen bereits existierender Kategorien sehr verwischt. Sie deutet sich an, wenn wir ein Bedürfnis verspüren, einen Eigennamen in den Plural zu setzen („die Einsteins und die Mozarts“) oder einen Eigennamen mit einem bestimmten Artikel als Namensvorsatz zu versehen („das Hintertupfingen von Albanien“). In den meisten normalen Wörtern steckt ein enormes Maß an Vergleichsabstraktion. Die abstrakten Begriffe „weiblich“ und „männlich“ zum Beispiel sind nicht entfernt so einfach, wie die meisten Menschen meinen, zumal wenn man sich ansieht, wie sie sich auf die Pflanzenwelt erstrecken. Wie kommt es, daß das *pita* des Nahen Ostens, das *puri* Indiens, das Baguette Frankreichs und der Pumpernickel allesamt unter den Begriff „Brot“ fallen? Wenn man von den Substantiven zu den Verben und Präpositionen überwechselt, werden die Probleme noch viel größer. Worin besteht die Gemeinsamkeit all der „x ist auf y“-Situationen?

All das weist darauf hin, wie sehr Vergleiche unser Leben *gegenwärtig* beeinflussen. Aber ich würde noch viel weiter gehen. In vorgeschichtlichen Zeiten, als die Menschen (bzw. Proto-Menschen) in Höhlen lebten und Bisons jagten, spielte das Vergleichen eine nicht weniger wichtige Rolle. Gleichheiten, die wir mittlerweile als selbstverständlich wahrnehmen, waren damals große Entdeckungen. Der Gedanke zum Beispiel, daß man durch eine Abbildung auf der Erde einen Plan zum Fang eines Tiers entwerfen konnte, muß ein sagenhafter Fortschritt gewesen sein. Alles, was man dazu braucht, ist, wenn man so will, ein Wechsel im Maßstab – eine der nächstliegenden Transformationen beim Vergleichen, die aber bei ihrer ersten Entdeckung etwas Revolutionäres gewesen sein muß. Andererseits haben vielleicht Vorzeitmenschen, die nach dem Vorbild der unterirdischen Eckernvorräte des Eichhörnchens den Versuch machten, Fleisch in der Erde aufzubewahren, dadurch ihre Überlebenschancen ernsthaft beeinträchtigt. Manche Analogien sind hilfreich, andere hinderlich.

Unsere heutigen Analogiebildungsmechanismen sind mit Sicherheit das Ergebnis eines natürlichen Selektionsprozesses. Taugliche Mechanismen wurden durch Selektion ausgewählt und untaugliche ausgeschieden (damals, in den guten alten Zeiten, als Sie und ich noch als Affen und Nager durch die Bäume asteten, wissen Sie noch?). Es geht also darum, daß *Unterschiede in der Analogiebildungsfähigkeit*, weit entfernt davon, bloß eine Frage des Geschmacks zu sein, *über Leben und Tod entscheiden können*. Das ist der Grund, warum auch beim Vergleichen „richtig antworten" etwas bedeutet und warum Analogien nur *in Grenzen* eine Sache des Geschmacks sind.

* * *

Das führt uns nun schließlich zurück zu den konkurrierenden Antworten im Fall *pqrs*. Der Bereich wirkt zugegebenermaßen abstrakt und ist natürlich vollständig abgekoppelt von der grausamen Welt. Diejenigen, die *dddd* den Vorzug geben, fallen nicht plötzlich einem Tiger zum Opfer oder stürzen von einem Felsen. Aber diejenigen, die ehrlich der Ansicht sind, daß *dddd* im Vergleich zu *pqrt* die bessere Lösung ist, werden es auch heute noch schwer im Leben haben, weil ihnen die Fähigkeit abgeht, eine Situation zu überblicken und in den Maschen ihres Geistes das Wesentliche der Situation aufzufangen, während sie das Unwesentliche durchfallen lassen. Mit den Analogiebildungsmechanismen der Betreffenden stimmt etwas nicht.

Selbstverständlich ist auch in dieser Mini-Welt genausoviel Platz, sich über Antworten zu streiten, wie in einem Gerichtssaal. Aber geradeso wie ein Anwalt, der die Ansicht verträte, das Töten eines Menschen sei dem Zerbrechen einer Fensterscheibe vergleichbar, weil beides häßlich sei oder beides mit einem Ziegelstein bewerkstelligt werden könne, den Fall im Nu verlieren würde, könnte man auch von jedem, der *dddd* oder *abt* vor *pqrt* den Vorzug gäbe, getrost annehmen, daß er im Kopf nicht ganz richtig ist. Es gibt absurde Antworten, es gibt gute Antworten, und es gibt Antworten, die dazwischen liegen, ganz ebenso wie es bei Nahrungsmitteln Stufen der Genießbarkeit gibt. Manche Nahrungsmittel sichern gar kein Überleben, manche nur das nackte Überleben, und mit manchen läßt sich's bequem überleben; dasselbe gilt von Analogien.

Man kann die verschiedenen Qualitätsebenen den konzentrischen Kreisen im Zentrum einer Schießscheibe vergleichen (siehe Abbildung 23-5). Im Zentrum sind die uneingeschränkt genießbaren Lebensmittel (bzw. treffenden Vergleiche); weiter außen kommen dann die halbgenießbaren Stoffe wie Gras, Heu oder Ameisen (schwache Analogien) und, schlimmer noch, Leder oder Holz (zweifelhafte Analogien); und dann noch weiter außerhalb sind die vollständig ungenießbaren Dinge wie Eisennägel, Bauschutt oder anglikanische Kathedralen (diese entsprechen den Analogien, die ins Verderben führen, wie etwa der Bildung eines Oberbegriffs, der Tiger und Zebras nur deshalb zusammenpackt, weil sie beide gestreift sind). Im innersten Zentrum kann es natürlich Geschmacksdifferenzen geben, und es ist unzweifelhaft gut für die menschliche Spezies, daß es Menschen gibt, die die Analogien in dieser Region unterschiedlich beurteilen, aber allzu ausgefallen darf man nicht werden. Es gibt eine Grenze, jenseits derer die Analogien mit hoher Wahrscheinlichkeit für diejenigen, die sie vorschlagen, böse Folgen haben, jedenfalls wenn man nach ihnen verfährt.

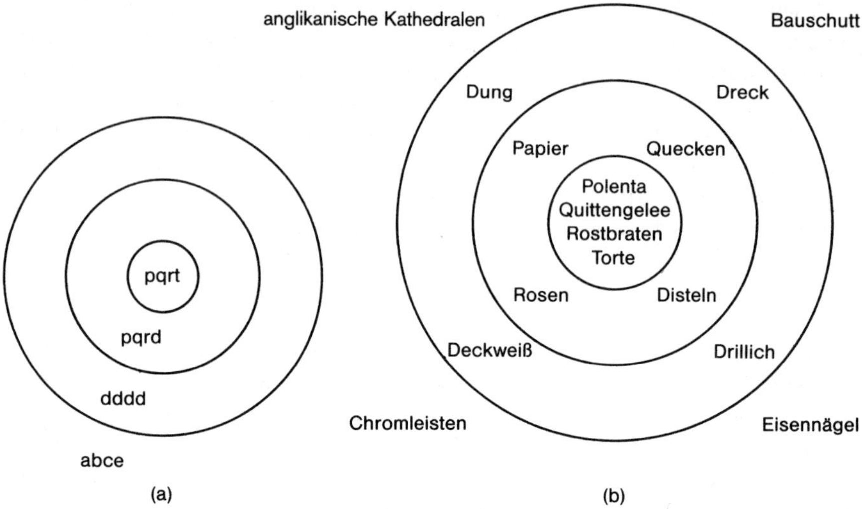

Abbildung 23-5. Zielscheiben zur Darstellung des Überlebenswerts unterschiedlicher Entscheidungen (a) bei einem Geist, der Antwort sucht auf die Analogie „Wenn *abc* sich zu *abd* verwandelt, wozu verwandelt sich dann *pqrs*?“, und (b) bei einem Geist, der zwischen Dingen wählt, die sein Körper aufnehmen soll. Im Zentrum der Scheibe ist selbstverständlich Raum für Meinungsunterschiede (schwer zu sagen, ob jemand mehr von einem Sandwich mit Spiegelei oder von einem Teller Spaghetti hat), aber je weiter man sich vom Zentrum entfernt, um so weniger diskutabel wird die Sache. Gebratener Dreck kann einer Polenta einfach nicht das Wasser reichen! Ähnliches gilt für die Analogien selbst. Unter den verschiedenen Antworten auf ein Vergleichsproblem werden manche definitiv schwächer als andere sein, selbst wenn man keine der Antworten als eindeutigen Sieger hervorgehen sieht.

Das ist der Grund, warum ich steif und fest glaube, daß es *bessere* und *schlechtere* Antworten auf Vergleichsfragen gibt, egal, ob im praktischen Leben oder im Copycat-Bereich. Eleganz ist mehr als nur eine äußere Verzierung im Leben; sie ist eins der maßgebenden Kriterien im Überlebenskampf. Eleganz ist nur ein anderer Ausdruck für die Fähigkeit, bei Situationen das Wesentliche zu erfassen. Wenn man dem Wort „Eleganz“ in diesem Zusammenhang nicht traut, kann man es durch „Gesammeltheit“, „Wirksamkeit“ oder „Allgemeingültigkeit“, kurz, „Überlebensfähigkeit“, ersetzen. Einsicht in die Mechanismen, die sich hinter Eleganz in diesem Sinne verbergen, ist das, was das Copycat-Projekt anstrebt. Und ich persönlich würde mich nicht scheuen, Eleganz mit Gewitztheit gleichzusetzen. Ich wage zu behaupten, daß niemand ein erfolgreicher Nachäffer sein kann, der nicht über Sinn für Humor verfügt.

* * *

Nachdem man nun so viele wüste und wirre (und manchmal auch witzige) Antworten auf die Frage „Was passiert mit *pqrs*?“ zu sehen bekommen hat, hat man vielleicht Lust, sich einige andere Kombinationen anzuschauen. Diese alternativen Fälle sind extrem wichtig, weil sie eine Vielzahl neuer Betrachtungsweisen für das ursprüngliche „aus *abc* wird *abd*“ zutage fördern. Hier sind ein paar faszinierende Herausforderungen, und ich möchte den Leser auch diesmal wieder dringend ersuchen, sich für das Nachdenken über sie Zeit zu nehmen. Sie allesamt bauen auf unserem alten Stammereignis auf, der Verwandlung von *abc* in *abd*.

1. Was wird aus *cab*?
2. Was wird aus *cba*?
3. Was wird aus *pct*?
4. Was wird aus *pxqxrx*?
5. Was wird aus *aabbcc*?
6. Was wird aus *aaabbbcck*?
7. Was wird aus *srqp*?
8. Was wird aus *spsqsrss*?
9. Was wird aus *abcdeabcdabc*?
10. Was wird aus *bcdacdabd*?
11. Was wird aus *ace*?
12. Was wird aus *xyz*?

Jede einzelne dieser Fragen bringt irgendeine der Grundannahmen über die Art und Weise ins Wanken, wie die ursprüngliche Verwandlung aufzufassen ist. Betrifft sie notwendig nur einen Buchstaben? Muß der betroffene Teil am rechten Ende sein? Tritt an die Stelle des ausgetauschten Teils immer sein Nachfolger im Alphabet? Kurz, was muß *buchstäblich* und was *vielsinnig* aufgefaßt werden? Auch wenn ich es liebend gern täte, werde ich hier nicht in eine Diskussion aller zwölf Beispiele einsteigen, denn da würde ich ganz schön lange brauchen. Jede Frage verdient mindestens eine eigene Seite. (Eine Reihe von „Antworten“ findet sich am Ende des Postskriptums.) Ich werde nur eine der Fragen, Nr. 12, ein bißchen ausführlicher erörtern. Sie ist wirklich bildschön und wirft alle zentralen Probleme auf; ich hoffe also, der Leser denkt ein bißchen über sie nach, bevor er mit Lesen fortfährt.

Können wir jetzt weitermachen? In Ordnung. Viele Menschen neigen dazu, aus *xyz* *xya* werden zu lassen. Aber wer sagt denn, daß das Alphabet im Kreis verläuft? Um auf diesen Schritt zu verfallen, muß man fast notwendig schon Erfahrungen mit bestimmten Formen der Kreisläufigkeit haben, was in der Tat bei uns allen der Fall ist. So bilden etwa die Stunden einer Uhr einen geschlossenen Kreis, das gleiche tun die Wochentage, die Monate im Jahr, die Karten einer Spielfarbe, die Ziffern 0–9 usw. Aber nicht alle linearen Ordnungen sind kreisförmig. Die unterste Sprosse einer Leiter befindet sich nicht oberhalb der obersten Sprosse! Das oberste Stockwerk des Empire State Building ist nicht gleich seinem Keller! Es ist eine Prämisse der Copycat-Welt, daß *z* keinen Nachfolger im Alphabet hat. Sicher, eine Maschine könnte *setzen*, daß *a* auf *z* folgt, aber für sie wäre das ein weit kreativerer Akt als für uns, die wir über all diese vorausgesetzten Erfahrungen mit verwickelten Strukturen verfügen. Dem Copycat-Programm fehlen diese Erfahrungen. Nehmen wir deshalb *xya* als großartig, aber schlicht zu kühn, und schauen wir uns nach einer bescheideneren und doch nicht weniger geeigneten Lösung um. Was sonst bleibt uns? Wiederum muß ich den Leser bitten, vor dem Weiterlesen über die Sache nachzudenken. Hier ist der entscheidende Punkt, an dem eigenes Experimentieren einfach durch nichts zu ersetzen ist.

* * *

Also gut. Wir haben darüber nachgedacht. Wir haben eine Antwort, vielleicht mehrere, deren Reihenfolge sich mehr oder weniger danach bemißt, wie weit sie uns befriedigen. Prima! Manche schlagen *xy* vor, schlicht und einfach. Da auf *z* kein Buchstabe mehr folgt, lassen sie dieses dritte Glied einfach fallen, als hätte sich die Erde unter ihm geöffnet. Manche meinen: „Warum nicht einfach das *z* so lassen, wie es ist, mit dem Ergebnis *xyz*?" Manche sagen: „Da der Buchstabe ganz rechts keinen Nachfolger im Alphabet hat, warum nicht auf den vorhergehenden überwechseln und den Buchstaben nehmen, der auf *diesen* folgt, was also *xzz* ergäbe?"

Vorschläge dieser Art sind schon in Ordnung, aber es sind weit scharfsinnigere Antworten möglich. Um sie ausfindig zu machen, kann man den unverhofften Haken bei der Sache (nämlich die Schwierigkeit, daß man versucht, den alphabetischen Nachfolger eines Buchstabens zu nehmen, der gar keinen hat) zum Anlaß nehmen, sich auf die Suche nach etwas Entscheidendem zu machen, das man vielleicht vorher übersehen hat. Was den Leuten da nun im allgemeinen aufstößt, ist eine mögliche Beziehung zwischen *a* und *z* – den beiden äußersten Buchstaben des Alphabets, unseren beiden Zwillings-„Monarchen". Wenn *z* das *a* von *xyz* ist, was entspricht dann dort dem *c*? Ganz offensichtlich das *x*. Nun stellt sich die Frage: „Was macht man mit dem *x*?" Soll man seinen Nachfolger im Alphabet nehmen, womit man *yyz* erhielte? Für mein Gefühl haftet diesem Vorschlag etwas geradezu abstoßend Stures an. Schließlich hat doch unsere neue Art, *xyz* zu betrachten, die ganze Struktur des Aufbaus von *abc* umgestülpt. Eine linksgerichtete Orientierung ist an die Stelle der rechtsgerichteten getreten, und gleichzeitig hat das Prinzip des Vorangehens im Alphabet die Rolle übernommen, die bei *abc* die alphabetische Nachfolge spielte. Deshalb fordert das Gebot der Eleganz, in der Form eines *Bedürfnisses nach abstrakter Symmetrie*, mit größtem Nachdruck die Antwort *wyz*. Das ist nun, meiner Einschätzung nach, ein Prachtexemplar von einer Antwort.

Es gibt noch eine weitere Antwort, der ich ziemlich oft begegnet bin und die ich in ein und demselben Atemzug über den grünen Klee loben und heruntermachen muß. Das ist die Antwort *wxz*. Keine Frage, sie hat dieselbe innere Struktur wie *abd*: Dem Sprung Größe 1 folgt ein Sprung Größe 2. Soweit ist alles in Ordnung, aber trotzdem hat *wxz* etwas Merkwürdiges an sich. Zur Veranschaulichung meiner ambivalenten Einstellung gegenüber dieser Antwort möchte ich ein Mikro-Gleichnis erzählen.

Arphabelle Snerxis baute sich ein entzückendes Haus, ultramodern in jeder Hinsicht. Dann, eines Tages, hatte sie den verrückten Einfall, ihre dufte, geschniegelte

Türklinke abzumontieren und durch eine höchst auffällige, knarrende, verrostete alte Klinke zu ersetzen. Zulips Twankler, ein großer Verehrer von Arphabelle Snerxis, hatte sich zufällig gerade ein entzückendes, durch und durch altmodisches Haus gebaut; und als er sah, was Arphabelle machte, beschloß er, „dasselbe" bei seinem Haus zu machen. Und wie machte er das? Man denkt vielleicht, Zulips Twankler montierte seine knarrende, verrostete alte Türklinke ab, um sie durch eine höchst auffällige, dufte, geschniegelte neue zu ersetzen! Aber nein, Zulips ließ seine knarrende, verrostete alte Türklinke so, wie sie war, und riß statt dessen das ganze übrige entzückende, durch und durch altmodische Haus ab. Dann baute er ein ganz anderes, aber nicht minder entzückendes Haus, das ultramodern in jeder Hinsicht war – bis auf die knarrende, verrostete alte Türklinke. Und *so* also machte Zulips Twankler bei seinem Haus „dasselbe" wie Arphabelle Snerxis bei ihrem (nur daß, als es fertig war, es gar nicht mehr *sein Haus* war, sondern ein von Grund auf anderes).

In diesem „Vergleichnis" gibt Zulips die Identität seines Hauses preis, indem er sich nach den Eigenschaften der Türklinke richtet, wohingegen den meisten Menschen ein Austausch der Accessoires natürlicher vorkäme. Der Kampf zwischen den Antworten *wxz* und *wyz* läßt sich dieser Geschichte parallelisieren. Die erstere Antwort geht von der Notwendigkeit aus, die genauen Abstände (erst 1, dann 2) um jeden Preis zu erhalten, und nimmt um dieses Ziels willen in Kauf, daß sich der Hauptteil der ursprünglichen Einheit *xyz* verschiebt. Die letztere sieht nur die Veränderung einer bestimmten kleinen Rolle (vergleichbar der Türklinke) vor und läßt den Hauptkomplex so, wie er ist. Der Gegensatz ist in Abbildung 23-6 plastisch dargestellt. Man kann den Gegensatz auch folgendermaßen charakterisieren: *wyz* gründet in einer besseren Nachahmung der Verwandlung von *abc* in *abd*, wohingegen *wxz* das *Endergebnis abd* besser nachahmt. Was von beidem findet man befriedigender oder eleganter? Ich bin für *wyz*, keine Frage. Trotzdem übt Zulips Antwort einen eigentümlichen Reiz auf mich aus. Das hier ist einer der Fälle, wo zwei verschiedene Antworten (drei, wenn man noch *xya* dazunimmt, jene zutiefst kreative Antwort, die uns alten „Kreisläufern" so leicht von den Lippen geht) im „genußvoll-nahrhaften" innersten Kreis beisammenliegen, in welchem *de gustibus non disputandum est*.

Es gibt noch einen Schwarm anderer „möglicher" Antworten auf dieses Problem, aber viele davon gehören in die riskanten äußeren Kreisringe und bergen für denjenigen, der sie vorschlägt, Gefahren. (Oder genauer gesagt, bergen die geistigen *Mechanismen*, die es jemandem erlauben, jene Antworten ernsthaft in Betracht zu ziehen, Gefahren für den Betreffenden, da ja eben diese Mechanismen in Fällen, in denen die Sache Konsequenzen *hat*, zu sehr fragwürdigen praktischen Entscheidungen führen können.) Manche dieser Antworten sind so weit hergeholt, daß sie in der Tat schon wieder lustig sind. Einige von ihnen sind wahrhaftig so abseitig, daß ich mir ehrlich nicht vorstellen kann, wie irgend jemand, der die harte Evolutionsschule überstanden hat, je auf sie verfallen könnte, es sei denn, in dezidiert humoristischer Absicht. Schauen wir sie uns an.

Gar nicht sonderlich lustig, aber ganz im Geiste des „Dorfdeppen" Feynmanscher Prägung ist erst einmal *xyd*. Einfach stinklangweilig. Was soll man zu so einer Antwort sagen? Sicher, sie hat mehr Berechtigung als das frühere *pqrd*, weil es für solche

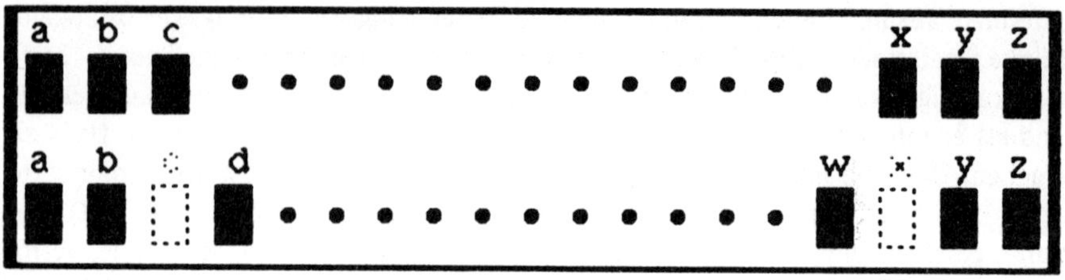

(a)

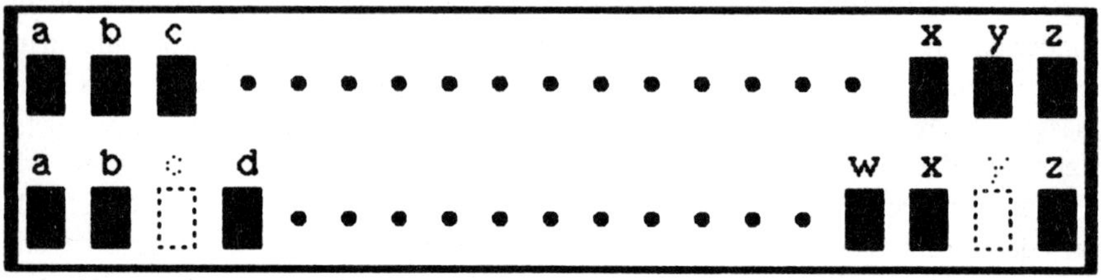

(b)

Abbildung 23-6. Eine visuelle Gegenüberstellung zweier guter Antworten auf die Frage „Wenn *abc* sich zu *abd* verwandelt, wozu verwandelt sich dann *xyz*?“ In (a) findet sich *wyz* dargestellt. Diese Antwort zeichnet sich durch ihre absolute Symmetrie aus. In (b) findet sich die Darstellung von *wxz*. Diese Antwort zeichnet sich dadurch aus, daß sie in den Abständen haargenau, um nicht zu sagen sklavisch, *abd* nachahmt. Die Frage ist, welche der beiden Antworten, aufs Ganze gesehen, die bessere Analogie liefert. Ist es weise oder feige, *De gustibus non est disputandum* anzustimmen und die Sache damit auf sich beruhen zu lassen?

Sturheit hier wenigstens eine Entschuldigung gibt: Es handelt sich um eine problematische Situation, was dort nicht der Fall war. Eine andere, entschieden läppischere Antwort lautet *dyz*. In meinen Ohren ist diese Antwort einfach nur ein lärmender Flop. Wer so eine Antwort ernsthaft gibt, hat erst Licht am Horizont gesehen, und dann hat ihm jemand ins Gehirn gespuckt, um im Metaphernsalat zu reden. D. h. der Betreffende hat es immerhin so weit geschafft, *a* auf *z* und *c* auf *x* abzubilden, aber dann hat er offenbar dieses intellektuelle Niveau völlig aus den Augen verloren und ist in eine Haltung kindischer Buchstabentreue zurückgefallen: „Was auch immer die Rolle von *c* spielt, wird durch *d* ersetzt.“ Das zeugt von so viel Begriffsstutzigkeit, daß es schon wieder komisch wirkt. Ich würde in der Tat sagen, daß in dieser Antwort auf das Analogieproblem der Keim einer großartigen Theorie des Humors verborgen liegt, die von der Idee derartiger, Ebenen vermischender Ausrutscher ausgeht. Könnte ich nun noch genau sagen, was ich mit „derartige Ausrutscher“ meine – ich wäre ein gemachter Mann …

Ähnlich schwachsinnig ist *dba*. Wer diese Antwort vorschlägt, hat offenbar mitgekriegt, daß in einem bestimmten abstrakten Sinn *xyz* sich „spiegelbildlich“ zu *abc* verhält. Deshalb wird ein Versuch unternommen, ein Spiegelbild von *abd* herzustellen, aber irgendwo im Eifer des Gefechts gerät in Vergessenheit, um welchen *Typ* von Spiegelbild es geht, und statt dessen wird die denkbar krudeste Form von „Umkehrung“ realisiert. Das Ergebnis ist ein weiterer gewaltiger Flop. Übrigens hat mir interessanterweise nie jemand ernsthaft diese bescheuerten Kombinationen *dyz* oder *dba* oder gar *yyz* vorgeschlagen. Die Vorfahren der Leute, die solche Antworten geben könnten, sind wohl von den gefürchteten Menschenfresser-Zebras verschlungen worden.

* * *

Diese Analogien sind, wie mittlerweile mehr als deutlich sein dürfte, ihrerseits analog den Analogien der Wirklichkeit. Oder besser noch: Sie sind *Gleichnisse* oder *Fabeln* für Kinder im Märchenland der Analogien. Sie halten die wesentlichen Schwierigkeiten fest, mit denen sich diejenigen, die Vergleiche ziehen, wieder und wieder konfrontiert sehen. Der Zwang zur „Buchstabentreue“ ringt mit dem Zwang zur „Sinntreue“ – d. h. zu hochfliegenden Abstraktionen, die über jeden strengen Rückbezug erhaben sind. Bei einer Analogiebildung, die wirklichen Scharfsinn erfordert, wird oft der Anfang mit ein paar Streifzügen gemacht, die diese oder jene buchstabengetreue Art, die Situation zu betrachten, ans Licht fördern; aber diese Sichtweisen wirken schief oder übermäßig grob, und deshalb kann man sich mit ihnen nicht zufriedengeben. Man sucht vielmehr weiter, geleitet von einer Reihe kleiner Fingerzeige, und in irgendeinem unvorhersehbaren Moment macht es einfach klick, und eine Unmenge Sachen ordnen sich zu einer neuen begrifflichen Schematisierung des Vorgangs. Was vorher wichtig war, wird plötzlich unwesentlich, und eine neue Wesenheit entsteht, ein organisierendes Konzept oder System von Konzepten, die den früheren weit überlegen scheinen.

Aber Vorsicht! Mit alledem soll keineswegs die Ansicht genährt werden, als sei das einzige, was es unter allen Umständen zu vermeiden gelte, die Buchstabentreue. Wenn der Sprung auf die höchsten Abstraktionsniveaus immer das Beste wäre, dann könnten wir am Ende zwischen Situationen gar keine Unterschiede mehr machen. Die optimale Beschreibung für jede Situation wäre: „Etwas passiert.“ „Frau“ zu sagen, wäre besser als „Marie“, „Person“ besser als „Frau“, „Lebewesen“ besser als „Person“, „physikalisches Objekt“ besser als „Lebewesen“, und schließlich ginge „Ding“ als strahlender Sieger aus dem Rennen hervor. (Tatsächlich gäbe es nicht einmal dieses Auswahlverfahren, denn jene verschiedenen Wörter wären gar nicht existent, da sie nur belanglose Unterschiede bezeichneten, die auf den erleuchteten höheren Ebenen verschwänden.) Stures Verhalten gibt es in vielen Formen, und ein sturer Drang zur Abstraktion ist nicht weniger stumpfsinnig als die sture Weigerung zu abstrahieren. Die klarste und sauberste Fassung des Problems, vor das einen die Analogiebildung stellt, ist die, daß immer diejenigen Kräfte, die auf Buchstäblichkeit (in ihren vielen Formen) dringen, mit denjenigen Kräften im Streit liegen, die zur Abstraktion (in ihren vielen Formen) drängen. Auf welche Weise diese Kräfte unter den jeweiligen Umständen konkurrieren, interagieren und schließlich irgendeine Art optimalen Kompromiß zutage fördern, ist die Frage. Und wenn der Leser aus diesem Kapitel einen Gedanken mitnimmt, dann möge es doch bitte dieser sein: Es gibt kein festes mathematisches Rezept, um all die verschiedenen Kräfte, die einen bei der Analogiebildung hin und her zerren, miteinander in Einklang zu bringen.

* * *

Die Copycat-Welt gestattet uns einen bemerkenswert detaillierten Einfluß auf die Druckverhältnisse der interagierenden Kräfte und auf die Stärke verschiedener konkurrierender Antworten. Wir können zum Beispiel eine bestimmte Analogie „stimmen", indem wir Knöpfe an ihr verstellen, bis wir allmählich die bestmögliche Version von ihr herausfinden. Wir können uns auch zwei mögliche Antworten vornehmen und durch subtile Eingriffe jede von ihnen so „frisieren", daß sie als die vorzüglichere erscheint. Es ist eine hochbefriedigende ästhetische Übung, den Punkt herauszufinden, an dem eine Analogie genau die Balance hält bzw. auf der Kippe steht und sich nach der einen oder anderen Seite neigen kann, so daß etwa die Hälfte der Leute, der wir sie vorlegen, sie auf die eine Art sieht, während die andere Hälfte sie auf die andere Art wahrnimmt.

Eine sehr schöne Illustration dieses Gedankens liefert uns eine ganz einfache Analogie, die mit einem Knopf arbeitet, der uns erlaubt, an dem Verhältnis zwischen Teil und Rolle, so wie der Durchschnittsmensch es wahrnimmt, herumzudrehen. Dieses Beispiel kann uns zugleich auch dabei behilflich sein, jene Unterscheidung selbst ein bißchen weiter zu klären. Schauen wir uns die folgenden drei Variationen über ein vertrautes Thema an:

1. Wenn aus *abc abd* wird, was wird dann aus *pqrs*?
2. Wenn aus *abc abe* wird, was wird dann aus *pqrs*?
3. Wenn aus *abc abf* wird, was wird dann aus *pqrs*?

Zeile 1 ist uns nachgerade vertraut. Dort schlägt fast jedermann auf Anhieb *pqrt* vor; nur sehr wenigen fällt *pqrd* ein, geschweige denn, daß sie es vorzögen. Der Grund ist, daß die Umwandlung von *c* in *d* ein so naheliegender „Sprung" von einem Buchstaben zum nächstfolgenden ist, daß wir selber in Gedanken diesen Sprung machen. Aber betrachten wir Zeile 3. Hier stehen wir vor der sehr viel größeren Lücke zwischen *c* und *f*, einer Lücke, die für uns (bzw. für das Copycat-Programm) viel zu groß ist, um mit ihr intuitiv etwas zu verbinden. Sie wirkt so willkürlich, daß wir, statt irgendeine „Bewandtnis" hinter ihr zu suchen, sie einfach so nehmen, wie sie ist, und uns sagen: „Also gut, ersetzen wir den Buchstaben rechtsaußen durch *f*, in Ordnung?" Und tatsächlich geben sich die meisten Menschen mit der Antwort *pqrf* zufrieden.

Manchen mag diese Antwort allzusehr nach Feynman schmecken, aber ich muß daran erinnern, daß es in der Copycat-Welt keine einfache Verbindung zwischen weit auseinanderliegenden Buchstaben gibt. Man kann nicht einfach *c* von *f* in der Weise abziehen, wie man 3 von 6 abziehen kann. Subtraktion ist hier ebenso wie im Seek-Whence-Programm ein unbekannter Begriff. Die Verbindung zwischen *c* und *f*, soweit es sie gibt, ist eher eine *begriffliche* als eine mathematische: *f* ist der Nachfolger des

Nachfolgers des Nachfolgers von *c*, und das ist einfach zu schwerfällig, um überzeugen zu können.

Also gut, wenn der Sprung von *c* zu *d* in Zeile 1 überzeugt und es dem Sprung von *c* zu *f* in Zeile 3 an Überzeugungskraft fehlt, was ist dann mit dem Fall dazwischen in Zeile 2? Hier sind wir in der Schwebe zwischen zwei Analogien, die uns in entgegengesetzte Richtung drängen. Wenn wir uns nach dem Beispiel in Zeile 1 richten, sehen wir den Sprung von *c* zu *e intensional*, ein hochgestochener Ausdruck dafür, daß wir *e* als *Rollenspieler* sehen (als den Nachfolger des Nachfolgers von *c* – ein bißchen unbeholfen, aber immer noch überzeugend). Folgen wir hingegen dem Beispiel von Zeile 3, so sehen wir denselben Sprung *extensional*, will heißen, wir sehen in *e* einen bloßen Teil des Vorgangs, der rollenmäßig nichts als sich selbst spielt (was er auch gar nicht umhin kann zu tun). Hier herrscht nicht Unbeholfenheit, sondern eine so große Buchstäblichkeit, daß keinerlei Einsicht in das Warum der statthabenden Veränderung vermittelt wird. Welche Lesart ist einem also lieber – die intensionale Ansicht von *e* als unbeholfenem Rollenspieler oder die extensionale Ansicht von *e* als willkürlichem Teil? Die erstere Ansicht führt zur Antwort *pqru*, die letztere zur Antwort *pqre*.

Vielleicht markiert Zeile 2 nicht den persönlichen Kipp-Punkt des Lesers, aber garantiert gibt es auch bei ihm einen solchen Punkt des Übersprungs von der einen zur anderen Ansicht. Es würde einen höchst zwanghaften Eindruck machen, wenn jemand auf die Frage

Wenn aus *abc abv* wird, was wird dann aus *pqrs*?

darauf bestünde, *v* müsse irgendwie von *c* „herleitbar" sein, und versuchte, mit Gewalt irgendeinen Zusammenhang zu imaginieren, wo es doch wirklich keinen gibt. Und außerdem würde uns auch ein Verstoß gegen den Geist des Copycat-Programms und die Vorstellung von *v* als dem Nachfolger Nr. 19 von *c* gar nicht viel nutzen; denn was wäre der Nachfolger Nr. 19 von *s*? Damit wären wir direkt wieder bei den Problemen um den Nachfolger von *z* angelangt, und das ist ein höchst sumpfiges Gelände.

Den Kipp-Punkt bei Analogien herauszufinden, ist eine ästhetische Übung, die eng verwandt ist mit dem ästhetisch befriedigenden Herstellen von Ambigrammen, bei denen Formen in der Weise kombiniert werden müssen, daß sie genau die Mitte zwischen zwei Interpretationsmöglichkeiten halten (siehe Abbildungen 12-6 und 12-7). Aber die Suche nach Kipp-Punkten ist weit mehr als bloß ein ästhetisches Vergnügen; sie ist eine zentrale Erforschung der Art und Weise, wie Menschen Abstraktionen wahrnehmen, und sie verfährt so, daß die Betroffenen von dieser Absicht überhaupt nichts mitbekommen. Sie ist ein wesentlicher Aspekt des Forschungsprogramms von Copycat.

* * *

Möchtegern-Nachäffern biete ich im folgenden noch eine Auswahl weiterer erstklassiger Problemfälle. Mir fehlt die Raum-Zeit, um an dieser Stelle näher auf sie alle einzugehen; ich schlage sie einfach deshalb vor, weil jeder von ihnen geeignet ist, dem

Leser einen kurzen, aber faszinierenden Augenblick blendender Einsicht zu verschaffen, vorausgesetzt, er wird unter dem genau richtigen Blickwinkel ins Auge gefaßt. Unsere Ansicht darüber, was die besten Antworten sind, findet sich im Post-Postskriptum.

1. Wenn aus *aqc abc* wird, was wird dann aus *pqc*?
2*a*. Wenn aus *efgh fghi* wird, was wird dann aus *mvr*?
2*b*. Wenn aus *efgh fghi* wird, was wird dann aus *uuuuu*?
3. Wenn aus *beq bqe* wird, was wird dann aus *abcdefpqr*?
4. Wenn aus *xyzabc xyzqabc* wird, was wird dann aus *abcxyz*?
5. Wenn aus *aaqqkkkk zaazqqzkkzkkz* wird, was wird dann aus *abcdefstu*?
6. Wenn aus *eeeffghhiii eeeefffgghhhiiii* wird, was wird dann aus *eefhii*?
7*a*. Wenn aus *eqe qeq* wird, was wird dann aus *abcdcba*?
7*b*. Wenn aus *eqe qeq* wird, was wird dann aus *aaabccc*?
7*c*. Wenn aus *eqe qeq* wird, was wird dann aus *eqg*?

Es muß betont werden, daß die hier gebotene Auswahl von Copycat-Problemen nur einen winzigen Bruchteil von all denen darstellt, die ich mir zusammen mit David Rogers, einem promovierten Fellow, der am Copycat-Programm mitarbeitet, ausgedacht habe. Die Auswahl enthält vorzugsweise gepfefferte und gesalzene Analogien, im Gegensatz zu faden Vergleichen nach dem Muster „Wenn aus *bbb bbbb* wird, was wird dann aus *eee*?" Es gibt natürlich unzählige Analogien dieser langweiligen Sorte, solche, bei denen die Antwort auf der Hand liegt und die für erwachsene Menschen keine ernsthafte Herausforderung sind. Nun schätzen wir im Projekt Analogien dieser Art keineswegs gering. Tatsächlich ist es eine ungeheure Aufgabe, ein Programm zu entwickeln, das mit diesen scheinbar leichten Fällen zuverlässig zu Rande kommen könnte. Man staunt, wie heimtückisch sie einen hinters Licht führen können. Aber die Leute sind nicht sehr interessiert daran, lange Listen von (scheinbar, nicht in Wirklichkeit) trivialen Vergleichen durchzugehen, und deshalb habe ich in der oben getroffenen Auswahl für den Leser eine Zensur geübt.

Es bleibt allerdings zuzugeben, daß jene Analogien, die allem Anschein nach erfordern, daß man nach einem ersten unbefriedigenden Antwortversuch einen tiefgreifenden Wechsel der Wahrnehmungsweise vornimmt, diejenigen sind, die uns eigentlich reizen, denn sie verheißen eine Einsicht in das Geheimnis aller Geheimnisse: die Einsicht. Ich bekenne mich zu der Überzeugung oder mindestens dem starken Verdacht, daß das ganze Geheimnis wissenschaftlicher Entdeckungen, selbst noch der tiefgründigsten Entdeckungen, in den Mechanismen zur Lösung dieser einfachen Probleme beschlossen liegt, bei denen konfligierende Ansprüche die Wahrnehmungen und Begriffe durcheinanderwirbeln und aufeinanderprallen lassen, bis mit einemmal alles da ist, wo es sein soll und – Hokuspokus Fidibus! Ein Gefühl der Gewißheit stellt sich ein, machtvoll genug, um einen *wissen* zu lassen, daß man die richtige Betrachtungsweise gefunden hat. Kurz, ich bin der festen Überzeugung, daß „Mini-Durchbrüche" und „Maxi-Durchbrüche" haargenau dieselbe Struktur haben. Diese Überzeugung liegt Copycat zugrunde.

Es mag anmaßend oder lästerlich erscheinen, die belanglosen Buchstabeneinsichten eines Nachäffers mit dem Genie eines Einstein zu vergleichen, der die spezielle Relativität entdeckt, aber ich halte den Vergleich für nicht gar so dumm. Kennzeichen der einzigartigen Raum- und Zeitvorstellung Einsteins war, daß er beschlossen hatte, bestimmte Dinge für unverzichtbarer zu halten als bestimmte andere: Insbesondere hielt er die Konstanz der Lichtgeschwindigkeit für unabdingbar, während er auf die absolute Gleichzeitigkeit räumlich getrennter Ereignisse verzichten zu können glaubte. Um genauer zu sein, sollte man vielleicht sagen, daß Einstein nicht *beschloß*, die Gleichzeitigkeit von Ereignissen für entbehrlich zu halten, sondern sich zu diesem Schluß *gezwungen* sah, weil seine stärkere intuitive Überzeugung von der Invarianz der Lichtgeschwindigkeit ihn einfach nötigte, die entsprechenden Konsequenzen zu ziehen, mochten diese auch noch so seltsam anmuten und dem unmittelbaren Verständnis widerstreiten. (Man beachte, daß Konsequenzen, die dem unmittelbaren Verständnis widerstreiten, sich aus einem Wissen ergeben können, das einem unmittelbaren Verständnis entspringt.) Es war nicht so, daß Einstein gleich zu Anfang die Gleichzeitigkeitsvorstellung für nicht-unabdingbar gehalten hätte; aber als er sich der Möglichkeit eines Verzichts auf sie stellen mußte, war er dazu bereit. Diese geistige Beweglichkeit war es, was, geleitet von einem sicheren Gefühl für die fundamentalsten, unentbehrlichsten Bestimmungen, zu den kreativen Einsichten der speziellen Relativitätstheorie führte.

Es gibt ein altes Lied im Amerikanischen, das sinngemäß folgenden Text hat:

> Trifft eine unwiderstehliche Kraft wie du,
> Auf einen unbeweglichen Klotz wie mich,
> Kann ich mein Wort dir drauf geben,
> Nicht alles wird's überleben,
> nicht alles wird's überleben,
> nicht alles wird's überleben!

Manches geht drauf, jawohl, es fragt sich nur: was? Ein zuverlässiges Gespür dafür, was entbehrlich ist und was erhalten bleiben sollte, unterscheidet den großen Geist vom kleinen. Wenn es auch nur in unserem winzigen Bereich gelingt, mittels Copycat-Forschung die Basis jener Urteile freizulegen, die einen kreativen, künstlerischen Sinn für den Unterschied zwischen Entbehrlichem und Unentbehrlichem an den Tag legen, so werden wir außer uns sein vor Begeisterung, weil nach unserer Ansicht dies einen großen Schritt in Richtung auf das Verständnis des Ursprungs vollwertiger künstlerischer Kreativität bedeuten würde. Das mag überheblich klingen, aber erstens rechnen wir nicht damit, daß uns das gar so rasch gelingt, und zweitens drückt sich darin unsere Überzeugung aus, daß der Kern des Problems nicht dadurch verlorengegangen ist, daß wir es auf ein so kleines Format reduziert haben. Wenn Newton kreiselnde Planeten in fallenden Äpfeln sah, warum sollten wir dann nicht große Sprünge in kleinen Ausrutschern sehen können?

* * *

Literatur und Wissenschaft bieten gleichermaßen Beispiele dafür, daß die Fähigkeit, die richtigen Dinge fallenzulassen, hochkreative Lösungen für die härtesten Probleme ergibt. Ein Beispiel, das ich bereits im Postskriptum zu Kapitel 1 anführte, war das Problem, einen Buchtitel, der auf eine bestimmte, in seiner Sprache bekannte Redewendung anspielt, in eine andere Sprache zu übersetzen. Wie sollte man zum Beispiel den amerikanischen Titel *All the President's Men* (ein Buch über den Sturz Präsident Nixons), der auf eine Zeile aus dem Kinderlied *Humpty Dumpty* anspielt, ins Deutsche oder eine andere Fremdsprache übersetzen? Eine wortwörtliche Übersetzung wäre stinklangweilig, wäre so spritzig wie abgestandene Limonade. Um den Titel im Deutschen lebendig zu erhalten, müßte man eine deutschen Lesern wohlbekannte Zeile suchen, die dieselben unterschwelligen Bilder heraufbeschwört. Müßte das eine Zeile aus einer kanonisierten deutschen Übersetzung von *Humpty Dumpty* sein? Oder gar eine Zeile aus „Max und Moritz"? Natürlich nicht. Das Wesentliche der Situation ruht nicht in diesen Einzelheiten. Also weg damit, Mensch, weg damit! Aber wie?

Der springende Punkt ist, eine Zeile zu finden, die auf einen bekannten, unwiderruflichen Sturz anspielt. Wenn es eine Zeile aus Goethes *Faust* ist, sei's drum. Wenn es eine Zeile aus einem modernen Schlager ist, auch gut. Unter Umständen muß man den Bogen weiter schlagen, um eine passende Zeile zu finden. Es mag sein, daß keine Zeile dieser Art im gängigen deutschsprachigen Bewußtsein existiert, in welchem Fall man eine radikalere Lösung suchen muß. Ein garantiert funktionierendes, sauberes, klares Erfolgsrezept gibt es nicht. Ich habe übrigens keine Ahnung, ob das besagte Buch je in andere Sprachen übersetzt worden ist, und wenn ja, welche Lösungen seine Übersetzer gefunden haben. Aber diese Art Problem ist etwas absolut Übliches, in unseren Tagen zumal, wo Buchtitel dieses Stils, die indirekt auf irgendeinen geläufigen Ausdruck anspielen, Dutzendware sind.

Ich bekenne mich zu einem Anflug von Schamgefühl, weil ich mich an diesen modischen Trend, Titel als Wortspiele zu formulieren, angehängt habe, als ich zusammen mit Daniel Dennett den Titel *The Mind's I* (wörtl. „Das Ich des Geistes") für unsere Anthologie wählte. Leute, die Englisch gut können, es aber nicht als Muttersprache sprechen, verwirrt dieser Titel gewöhnlich, und sie lesen oft das *„I"* am Ende als das römische Zahlzeichen für „eins", was absolut keinen Sinn ergibt; aber ihnen, die das gleichlautende Idiom vom *mind's eye*, vom „geistigen Auge", nicht kennen, fällt halt nicht mehr dazu ein.

Wie kreative Lösungen des Übersetzungsproblems aussehen können, zeigen der französische Titel des Buchs, *Vues de l'esprit*, genauso wie der deutsche, *Einsicht ins Ich*. Der französische spielt mit der Doppelbedeutung „Ansichten" und „Gesichte" des Geistes. Der deutsche spielt mit der lautlichen Nähe von „Einsicht ins Ich" zu „Einsicht in sich" sowie damit, daß „Einsicht" „ins ich" bereits enthält, und schlägt damit ein zentrales Thema des Buchs an, nämlich das von der selbstbezüglichen Struktur des Geistes.

Nebenbei bemerkt, wenn ich – Douglas Hofstadter – dieses P.S. in Französisch schriebe, würde ich natürlich von französischen Büchern mit schwer zu übersetzenden Titeln und nicht von amerikanischen reden. Und wenn sich für *All the President's Men* im Deutschen keine analoge Anspielung finden läßt, müssen wir – die Übersetzer – für das Postskriptum von Kapitel 1 uns einen ganz anderen deutschen Buchtitel als Beispiel einfallen lassen, wenn wir die Anschaulichkeit und den Sinn dessen, was ich – Douglas Hofstadter – deutlich zu machen versuche, „übersetzen" wollen: „Alle Menschen werden Brüder" oder vielleicht auch „Deutschland, Deutschland über alles". Eine angemessene Übersetzung solcher Passagen erfordert ein Gutteil Sinn fürs Sinngemäße.

* * *

In gewisser Weise ist die Übersetzung der Inbegriff der Analogieform. Gegeben ist ein fester, übergreifender Strukturrahmen – die Originalsprache und -kultur –, und innerhalb dieses Rahmens ist ein neues Gebilde entstanden – ein Buchtitel oder Satz, zum Beispiel. Als Übersetzer hat man die Aufgabe, die umfassende „Atmosphäre" dieses kleinen Gebildes, so gut es geht, zu reproduzieren, aber in einem anderen übergreifenden, festen Strukturzusammenhang – dem der Zielsprache und ihrer Kultur. Diese Beschreibung erinnert unverkennbar an das Gleichnis von Arphabelle und Zulips, bei denen die Strukturrahmen ihre jeweiligen Häuser sind, und sie paßt auch eindeutig auf die „Mach's nach!"-Beispiele.

Das innere Bild, mit dessen Hilfe ich selber das Wesen des Übersetzens am besten erfasse, stellt jede Sprache als eine feststehende Gruppe von Trittsteinen in einem Fluß vor (siehe Abbildung 23-7). Nehmen wir an, man übersetzt aus dem Singhalesischen ins Walisische. Eine Äußerung in Singhalesisch ist eine Trittspur, die über die schwarzen Steine von einer Stelle zur anderen führt. Die schwarzen Steine scheinen durchaus günstig zu liegen, und man kommt auf ihnen so ziemlich überall hin. Aber wenn es um die Übersetzung der Äußerung ins Walisische geht, stellt man fest, daß die walisischen Trittsteine – die weißen – oft nicht genau an derselben Stelle wie die singhalesischen liegen, und selbst wenn sie ziemlich genau an derselben Stelle liegen, sind sie anders geformt, so daß man sie nicht mit den singhalesischen Steinen gleichsetzen kann, an die man gewöhnt ist. Man muß sich mit großer Vorsicht auf ihnen bewegen, und manchmal stellt man fest, daß in der Trittsteinreihe der einen Sprache Lücken existieren, die es in der anderen nicht gibt, so daß manche Strecken leichter nachzuahmen sind als andere. Bei den buchstäblichsten Übersetzungen hält man sich so eng wie möglich an die ursprüngliche Strecke und sucht Stein für Stein eine Entsprechung. Natürlich entspricht keine Nachahmung genau dem Original.

Vielleicht ist aber das Wesentliche einer bestimmten Strecke nicht, an welcher Stelle im Fluß sie sich befindet, sondern welche *Form* sie hat. Vielleicht lassen sich in dem bestimmten Teil des Flusses, wo der ursprüngliche Trittpfad verläuft, mit den singhalesischen Steinen zahlreiche Formen mit Leichtigkeit nachzeichnen, während die walisischen Steine dort zufällig rar sind. An verschiedenen Stellen stromaufwärts oder stromabwärts verhält es sich hingegen umgekehrt. Wenn man der Überzeugung ist, daß das Wesentliche an der Sache mehr in ihrer Form als in ihrer auf das Flußbett bezogenen eindeutigen Lokalisierung liegt, dann hat man auch nichts dagegen, sich um des Gewinns an Flexibilität willen ein bißchen flußaufwärts oder flußabwärts zu bewegen. Das heißt, weniger metaphorisch gesagt, daß man manchmal das erklärte Thema einer Passage preisgeben kann, wenn dafür etwas Wichtigeres – ihr Stil vielleicht oder ihre anspielungsreiche Metaphorik – erhalten bleibt.

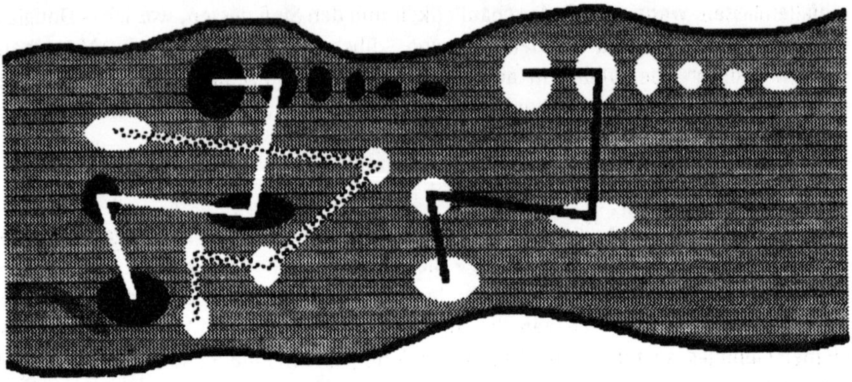

Abbildung 23-7. Eine bildliche Darstellung des Übersetzens. In einem Fluß (der die Wirklichkeit symbolisiert) befinden sich zwei Gruppen von Trittsteinen (die für den Grundbestand einer Sprache an Wörtern, festen Wendungen u. ä. stehen). Die schwarzen Steine (nennen wir sie die singhalesischen) sind auf eine Weise angeordnet, und die weißen Steine (nennen wir sie die walisischen) auf eine andere. Ein Trittpfad, der über ein paar schwarze Steine führt (ein in Singhalesisch ausgedrückter Gedanke), soll durch einen „ähnlichen" Trittpfad, der über weiße Steine führt, nachgebildet (ins Walisische übersetzt) werden. Eine Möglichkeit ist der gepunktete Trittpfad, der sich fast an derselben Stelle im Fluß befindet wie der ursprüngliche Pfad, diesem aber von der Form her nicht sehr ähnelt (eine gewissermaßen wörtliche Übersetzung); wohingegen die alternative Möglichkeit (eine eher sinngemäße Übersetzung, wie sich von selber versteht) der ein Stück stromaufwärts gelegene Trittpfad ist, der dem Original in einigen abstrakteren Hinsichten gleicht, was sich bis auf die Muster mancher „überzähliger" Steine in der Nachbarschaft der Hauptsteine erstreckt (siehe die Ähnlichkeit der aus singhalesischen bzw. walisischen Steinen gebildeten beiden Inselreihen, die ungefähr parallel zum oberen Flußufer verlaufen).

Ein entscheidender Gedanke ist der folgende: Je länger die Passage ist, um so mehr tritt die Kornstruktur des sie bildenden Mediums in den Hintergrund. In rein geometrische Ausdrücke gefaßt, will ich damit folgendes sagen: Je länger die Windungen des Trittpfads im Verhältnis zu den normalen Abständen zwischen den einzelnen Steinen werden, um so weniger spielt es eine Rolle, welches von den beiden Trittsteinrastern man benutzt. Das läßt sich sehr schön durch die Vorstellung veranschaulichen, man versuche, mittels Ausfüllen verschiedener Quadrate auf einem normalen Schachbrett (8 × 8) einen annähernden Kreis zu beschreiben. Es liegt auf der Hand, daß man den Kreis innerhalb der Abmessungen des Bretts so weit wie möglich schlagen würde, um den Eindruck der Eckigkeit abzumildern. Und wenn man das Brett vergrößern könnte, würde man auch das machen. Auf einem Schachbrett mit den Abmessungen 100 × 100 ließe sich eine sehr schöne Annäherung an einen Kreis erreichen, und auf einem Brett mit 1 000 000 × 1 000 000 Quadraten wäre gar kein Unterschied mehr zu erkennen.

Außerdem könnte in letzterem Fall auch niemand mehr beurteilen, ob das zugrundeliegende Brett ein Gitter aus Quadraten, Sechsecken oder sonst etwas wäre. Aber wenn man auf Kreise heruntergingе, die sich größenmäßig auf der Ebene der Gitterstruktur bewegten, dann natürlich würde das Gitter sehr deutlich sichtbar.

Aus diesem Grund kann ich getrost die Behauptung aufstellen, daß bei der Übersetzung eines Romans die Übertragung des *Romantitels* manchmal der schwierigste Aspekt der ganzen Aufgabe sein kann. Schließlich übersteigt bei den meisten Romanen der Gesamtumfang der Botschaft in so außerordentlich hohem Maß die Korngröße der beteiligten Sprachen, daß sich kleine Schlenker hier und da (wo die eigentümliche Lage der Trittsteine einen zwingt, sich in merkwürdigen Zickzackkurven zu bewegen) andernorts ausgleichen lassen, so daß im Gesamtbild solche Schlenker sich gegenseitig neutralisieren oder auslöschen. Ich erinnere daran, daß ich in bezug auf Computersprachen und Programme für artifizielle Intelligenz etwas Ähnliches gesagt habe – die Korngröße der Gedanken in einem großen Programm ist weit größer als die Korngröße jeder nur denkbaren Computersprache.

Aber ein Titel ist eine andere Geschichte. Ein Titel ist winzig. Seine Korngröße liegt kaum über dem Niveau der Trittsteine selbst. Er besteht aus einem Pfad, der sich höchstens über eine Handvoll Steine erstreckt, und wenn er irgendwelche Finessen enthält – was für die meisten Titel, wie auch für Sprichwörter, Epigramme usw. gilt –, ist die Herausforderung gewaltig. *Traduttore, traditore* heißt es im Italienischen – was, wörtlich übersetzt, „Übersetzer, Verräter" bedeutet. Die Treffsicherheit des italienischen Epigramms läßt sich durch diese Übersetzung nicht wiedergeben, die insofern die Wahrheit des Epigramms selbst nur bestätigt und unterstreicht, daß Übersetzungen – Analogien – niemals perfekt sein können. Wenn es zu „versetzen" eine Substantivbildung gäbe, wäre „Übersetzer, Versetzer" im Deutschen eine bessere Version.

Die Vorstellung von der Annäherung an einen bestimmten Umriß (etwa einen Kreis) auf einem grobkörnigen Raster (etwa einem Schachbrett) liefert ein wunderbares Modell für die Darstellung vieler Analogieprobleme. Aber der zu erzielende Umriß muß keine raffinierte Kreislinie sein, um das Analogieproblem zu einer echten Herausforderung werden zu lassen. Auch wenn man nur eine ganz einfache Form vom einen Raster – der „natürlichen Umgebung" der betreffenden Form – auf ein anderes Raster zu übertragen versucht und eine buchstäbliche Übertragung sich wegen der Beschaffenheit des anderen Rasters nicht durchführen läßt, muß manches draufgehen, und damit stecken wir mitten in einem schwierigen Analogieproblem.

Da wir gerade von Schachbrettern reden, nehmen wir ein Beispiel aus dem Schach! Das Raster, das dem Schachspiel zugrunde liegt, ist ein quadratisches Gitter. Angenommen, wir wählen als Alternativraster das Sechseck- oder Dreiecksgitter (siehe Abbildung 23-8) und fragen uns: „Wie sieht der Rösselsprung auf diesem Gitter aus?" Sofort müssen wir uns der Frage stellen: „Worin besteht das Wesen des Rösselsprungs in dem einen Fall, aus dem er uns praktisch vertraut ist?" Man kann sich ihn auf mehrere Weisen vorstellen (siehe Abbildung 23-9). Welche der folgenden Darstellungsweisen wird, wenn überhaupt, dem Rösselsprung am ehesten gerecht?

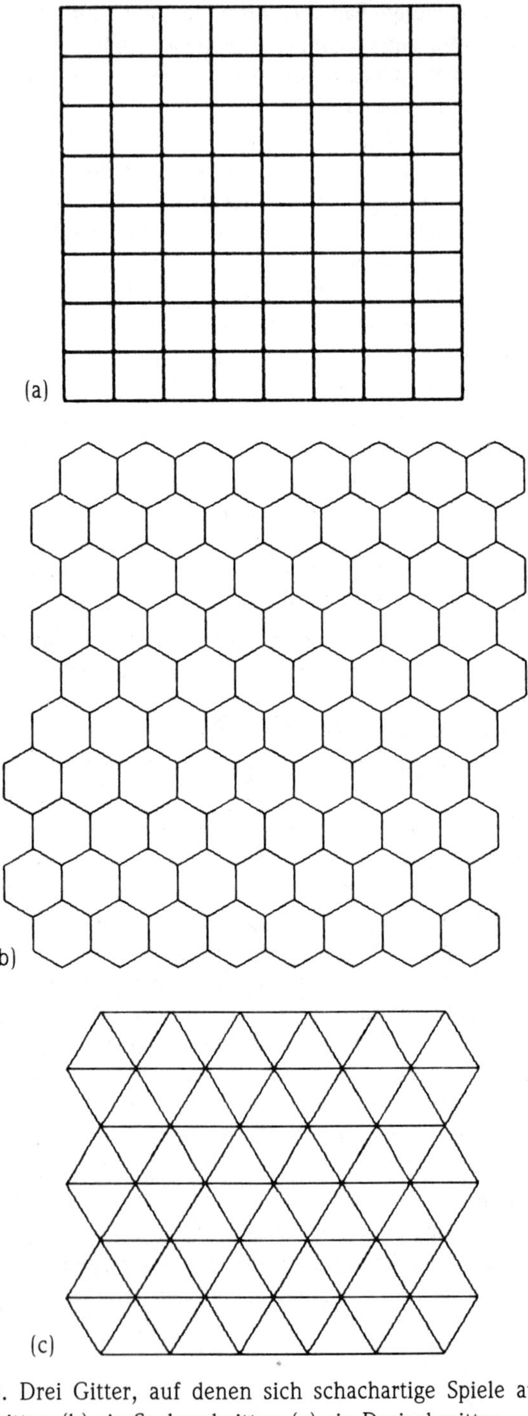

Abbildung 23-8. Drei Gitter, auf denen sich schachartige Spiele ausführen ließen: (a) ein Quadratgitter, (b) ein Sechseckgitter, (c) ein Dreiecksgitter.

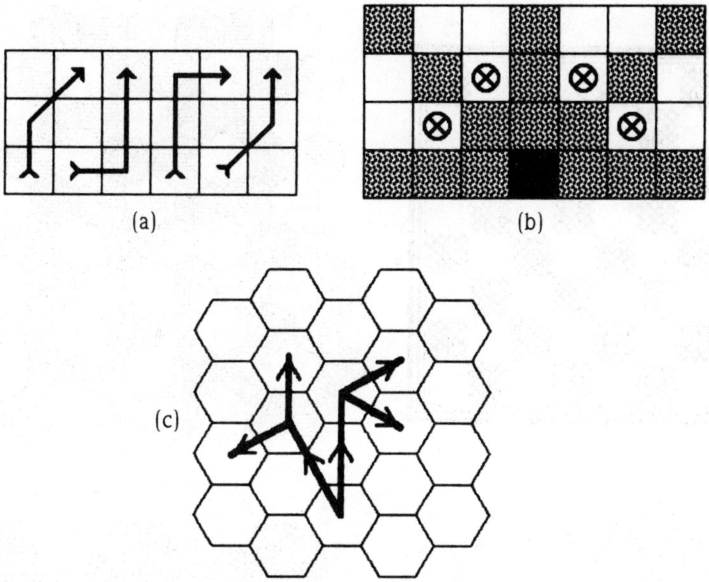

Abbildung 23-9. Verschiedene Arten, sich den Rösselsprung vorzustellen. In (a) setzt er sich aus den Elementen der Turmbewegung und der Läuferbewegung zusammen. In (b) ist er durch die nächstgelegenen Punkte charakterisiert, die für den Turm bzw. Läufer nicht direkt erreichbar sind. In (c) probieren wir, den Rösselsprung auf ein Sechseckgitter zu übertragen. Sind unter den angegebenen Möglichkeiten einige vertretbarer als andere?

---

1) ein Turmzug doppelter Länge, gefolgt von einem einfachen Turmzug senkrecht dazu;
2) ein einfacher Turmzug, gefolgt von einem doppelten Turmzug senkrecht dazu;
3) ein Turmzug einfacher Länge, fortgesetzt durch einen Läuferzug einfacher Länge;
4) ein Läuferzug einfacher Länge, fortgesetzt durch einen Turmzug einfacher Länge;
5) ein normaler Bauernzug, gefolgt vom Zug eines Bauern beim „Schlagen";
6) der kürzeste Zug, den keine andere Figur ausführen kann.

Oder sind alle diese Möglichkeiten einfach nur *Aspekte* vom Wesen des Rösselsprungs? Welche Aspekte sind dann die wichtigeren? Welche würde man zuerst fallenlassen? Welche unter keinen Umständen? Ist man seiner Entscheidung sicher? Wie entbehrlich sind die folgenden Aspekte, die allesamt für das Quadratgitter gelten?

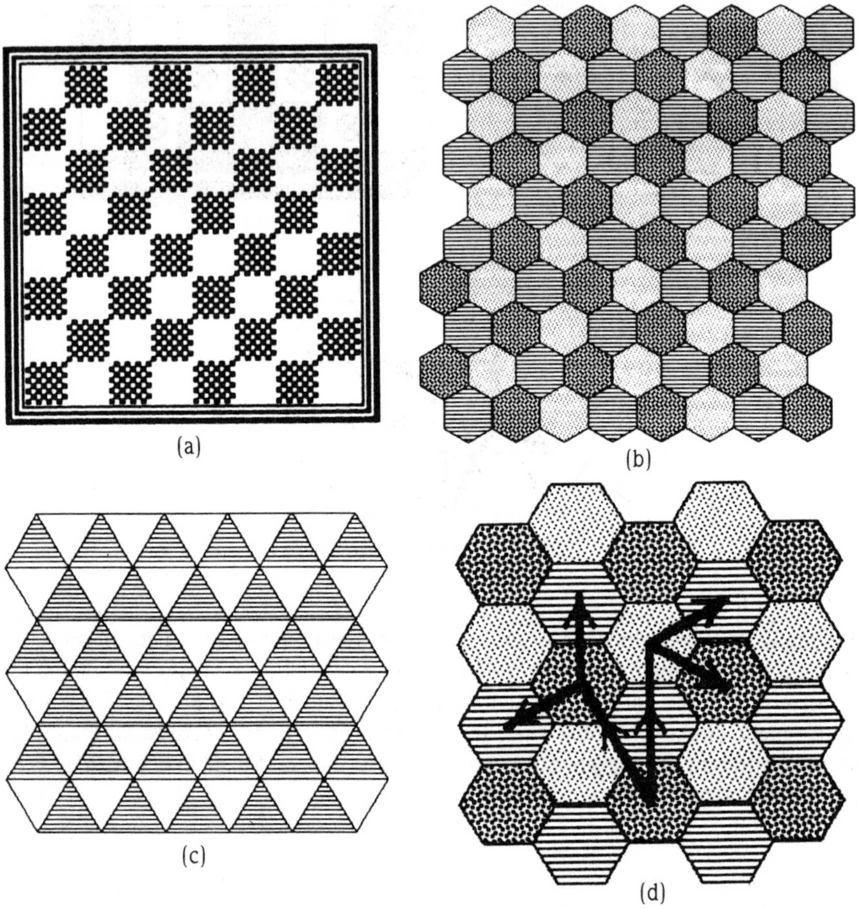

Abbildung 23-10. Die Erkenntnis, daß die Farbgebung der Bretter für die Bestimmung der Bewegungsform von Schachfiguren eine maßgebende Rolle spielt: In (a) das übliche Farbmuster eines Quadratgitters. In (b) das natürlichste Farbmuster für ein Sechseckgitter. Man beachte, daß es *drei* Farben umfaßt. In (c) das natürlichste Farbmuster für ein Dreiecksgitter. Schließlich in (d) die ausprobierten Möglichkeiten aus Abbildung 23-9, jetzt auf einem gefärbten Sechseckgitter. Wie wirkt sich das auf die Plausibilität der Möglichkeiten aus?

Abbildung 23-11. In (a) ein Brett für eindimensionales Schach, bekannt unter dem Namen *chass*. Die beste Zahl von Quadraten für dieses Spiel muß bestimmt werden. In (b) ein breiteres Brett für quasi-eindimensionales Schach. Diese Variante ist als *chäss* oder *chaess* bekannt.

* Wenn ein Springer vorrückt, muß er auf einem andersfarbigen Quadrat landen.
* Ein Springer muß imstande sein, andere Figuren zu über- oder umspringen.
* Ein Springer kann einen Rundgang über das ganze Schachbrett machen und dabei auf jedem Quadrat landen.
* Das Ausgangs- und das Zielquadrat eines Rösselsprungs müssen auf den entgegengesetzten Seiten einer Geraden liegen, die jeweils eine Kante der beiden bildet.
* Der Rösselsprung darf der Bewegung keiner anderen Figur ähneln.
* Alle Rösselsprünge sind kongruent, nur nicht in bezug auf Drehung und Spiegelung.
* Ein Springer muß ungefähr die gleiche Stärke wie ein Läufer und weniger Stärke als ein Turm haben.

Hat man einmal versucht, das Konzept des Rösselsprungs auf ein anderes Raster zu übertragen, dann fängt man an, ein Gefühl für all die unterschwelligen Merkmale zu entwickeln, die zusammen das höchst komplizierte Wesen jenes Konzepts ausmachen, Merkmale, deren man sich ohne diese Nötigung wahrscheinlich nie bewußt geworden wäre. Zum Beispiel war der Einfall, die Raster zu färben, eine Offenbarung für mich und erwies sich als ein bequemer Weg zum Auffinden eleganter Rösselsprunglösungen (siehe Abbildung 23-10).

Während der Arbeit an diesen beiden Puzzles ließ ich mir eine auf den ersten Blick absurde Aufgabe einfallen: das Schachspiel in eine Ebene zusammenzupressen. Anders gesagt, ging es darum, sich eine Kette Quadrate von einer (noch zu bestimmenden) Länge *N* vorzunehmen und auf ihr Züge für Turm, Läufer, Springer, Königin, König und Bauer auszutüfteln (siehe Abbildung 23-11).

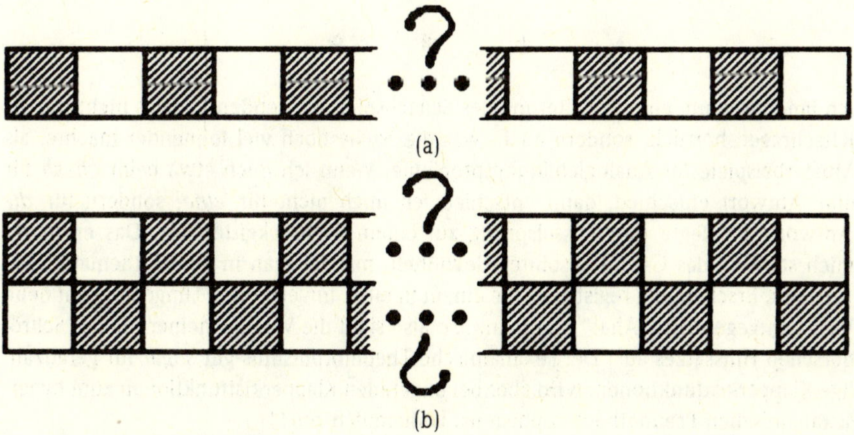

Außerdem mußte man überlegen, wie die Figuren zu Spielbeginn auf dem Brett plaziert werden sollten, und eben die Länge *N* bestimmen. Diese ulkige Übung führte zu einer Reihe höchst anregender Diskussionen unter meinen AI-Kollegen und meinen Schachfreunden. Der Sinn für reine analogiebildnerische Eleganz stand dabei notgedrungen im Wettstreit mit einer realistischen Überlegung, welche Möglichkeiten das Spiel interessanter machen würden. Im Verlauf der Diskussionen wurde ein überraschender Vorschlag gemacht: Wie, wenn man ein *zwei* Quadrate breites Brett statt nur einen Quadratstreifen nahm? Auf dieser Art Gitter schien der Rösselsprung sich geradezu aufzudrängen – indes erwies sich, daß meine so „naheliegende" Lösung einen fatalen Defekt hatte, den wir auf höchst faszinierende Weise aus dem Weg räumten.

Ein eher amüsantes Nebenprodukt jener Diskussionen war die Suche nach einem Namen für das Kind (wie man so sagt). Zur Bezeichnung des eindimensionalen Schachspiels wurde das englische Wort für Schach, *chess*, in *chass* abgewandelt, weil „a" der erste Vokal im Alphabet ist. Das zweidimensionale Schach behielt seinen Namen *chess*, da „e" der zweite Vokal ist. (Aber wie würde man siebendimensionales Schach nennen?) Das 2 × *N*-Spiel mit seiner prekären Stellung zwischen Ein- und Zweidimensionalität wurde *chäss* getauft. Und was war mit den Namen für das Schachspiel auf den unüblichen zweidimensionalen Rastern? Hier einige Lösungen, die ein lustiges Muster ergaben:

Chesh für das Schach, das auf einem *hexagonalen*, aus Sechsecken bestehenden Gitter gespielt wird;
Chest für das Schach, das auf einem *triangularen*, aus Dreiecken bestehenden Gitter gespielt wird;
Chess für das Schach, das auf einem aus *squares*, aus Quadraten bestehenden Gitter gespielt wird.

Und falls man in einem Spiel *chass* dem gegnerischen König den Todesstoß versetzte, dann durfte man natürlich nicht vergessen, statt *checkmate*, des englischen Worts für Schachmatt, triumphierend *chackmate* zu rufen.

* * *

Ich fand diese um eine Erweiterung des Schachspiels kreisenden Puzzles nicht nur als Rätselfragen herrlich, sondern auch, was die Sache noch viel lohnender machte, als Musterbeispiele für Analogiebildungsprobleme. Wenn ich mich etwa beim *chesh* für eine Antwort entschied, dann entschied ich mich nicht für *eine*, sondern für *die* Antwort: Ich legte *den* Rösselsprung auf einem Sechseckgitter fest. Das erinnerte mich stark an das Gefühl absoluter Gewißheit, mit der man in der Mathematik eine vertraute Erscheinung registriert, die einem in einer unvertrauten Umgebung auf neue Weise entgegentritt. „Aha!" sagt man, „*so* also sieht die Verallgemeinerung des Schröderschen Hilfssatzes aus! Der sexanämische Theomorphismus gilt *sogar* für geradzahlige Klapperkistfunktionen, wird aber bei ungeraden Klapperkistfunktionen zum hypersexanämischen Pseudotheomorphismus. Unheimlich *toll*!"

Diese Art Erfahrungen müssen jene Leute zuhauf gemacht haben, die das Konzept des Zauberwürfels auf andere Polyeder, andere Dimensionen, andere Schnitte ausgedehnt haben. Hat man nämlich so einen neuen „Würfel“ (wie den Schiefel oder den Wunderball) erfunden oder erworben, dann will man wissen, wie sich ein in seine elementaren Operatoren zerlegter *Algorithmus*, den man vom alten Würfel her kennt, auf diesen neuen „Würfel“ übertragen läßt. Was ist das Wesentliche an jedem der Operatoren? Man spürt, daß irgendwo „unterhalb“ des Ganzen etwas zutiefst Invariantes steckt, etwas, das man nicht recht in Worte fassen kann und das man doch so klar und unmißverständlich in jedem neuen Beispiel wiederentdeckt, mag das neue Beispiel auch einem Merkmal Gewalt antun, das man bis dahin für unabdingbar hielt. Tatsächlich ist es manchmal eben dieser Verstoß gegen die angenommene Merkmalseinheit, die einen so sicher sein läßt, daß man *dasselbe* vor sich hat, weil er einem Entbehrlichkeit dort enthüllt, wo man sie bis zu diesem Zeitpunkt nicht aufgespürt hatte.

Für diesen Sachverhalt gibt es kein besseres Beispiel als die Art und Weise, wie die Mathematik das Konzept der *Exponentialrechnung* – x hoch y nehmen – ausgedehnt hat. Zuerst mußte y eine positive ganze Zahl sein. Dann stellte man fest, daß $x^0 = 1$ perfekt in dieses Schema paßt, also wurde Null als Exponent zugelassen. Unmittelbar darauf sah man dann, daß es nach demselben Schema nahelag, ja geradezu *geboten* war, in x^{-1} den reziproken Wert zu x zu sehen. Nun war das Verallgemeinerungsrad in Schwung und rollte unaufhaltsam weiter. Sehr bald führte man Brüche als Hochzahlen ein: ½ als Exponent bedeutete, daß man die Quadratwurzel ziehen sollte, ⅓ bedeutete die Kubikwurzel usw. Dann weiter zu den reellen Zahlen. Aber warum hier haltmachen? Es gab mittlerweile verschiedene abstrakte Formulierungen davon, was es hieß, etwas in den Exponenten zu setzen, Formulierungen, die über die früheren primitiveren Vorstellungen hinausführten. Ziemlich bald schon konnten nicht nur komplexe Zahlen als Exponenten fungieren, sondern auch $n \times n$-Matrizen, funktionelle Operatoren und weiß der Himmel, was sonst noch alles! Diese begriffliche Supernova war immer noch durchaus um einen einzigen Kern zentriert, und so verschwimmend der diesen Kern umgebende Hof von Implikationen auch sein mochte, die riesige Ausdehnung dieses Hofs ließ den Begriffskern selbst nur kräftiger, fester, realer werden.

Ein anderes Beispiel: Es gibt offenkundig nur einen vernünftigen $4 \times 4 \times 4$-Zauberwürfel. Er ist *die* Lösung; er *atmet den rechten Geist.* Dasselbe gilt für den von Kamack und Keane entdeckten vierdimensionalen Würfel. Ganz ähnlich erweiterte einst Scott Kim die Vorstellung vom „unmöglichen Dreieck“ (eine zweidimensionale Zeichnung, die von dreidimensionalen Betrachtern als ein dreidimensionales Objekt wahrgenommen wird, das es nicht geben kann) um eine Dimension, so daß daraus das „unmögliche windschiefe Vierseit“ wurde (eine dreidimensionale Skulptur, die von vierdimensionalen Betrachtern als ein vierdimensionales Objekt wahrgenommen wird, das es nicht geben kann). Später fand er heraus, daß Roger Penrose, der Erfinder des unmöglichen Dreiecks, selber schon seine dreidimensionale Illusion um eine Dimension erweitert hatte und auf genau dieselbe Konstruktion wie Scott verfallen war – nur eben fünfzehn Jahre früher. Offenkundig war dies also *das* entsprechende Paradoxon,

Abbildung 23-12. „Helveticalität" entsteigt dem Dunkel. Von unten nach oben fortschreitend haben wir eine Serie zunehmend feinkörnigerer Punktmuster, in deren Rahmen wir operieren können. Je höher man kommt, um so leichter erkennbar werden offensichtlich die „a"-haftigkeit und „Helveticalität" – das wird besonders deutlich, wenn man aus einiger Entfernung auf das Blatt schaut. Von links nach rechts folgt eine Reihe zunehmend buchstabenkundiger Programme aufeinander, die die Bildpunkte auswählen, die aufleuchten sollen. (Um ehrlich zu sein, ist die Zeile ganz auf der Rechten das Ergebnis einer von menschlicher Hand vorgenommenen leichten Retuschierung der dritten Zeile.)

Die äußerste Zeile zur Linken ist von einem in Sachen Buchstaben total unbedarften Programm gemacht. Dieses Programm nimmt den krummlinigen Umriß der Zielform und läßt alle Bildpunkte aufleuchten, die mit ihrem Zentrum in diesen Umriß fallen.

Die zweite und dritte Zeile sind das Werk eines Algorithmus, der Informationen darüber enthält, welche Zonen für die Erkennbarkeit von Bedeutung entscheidend sind. Er transformiert auf mathematischem Weg den ursprünglichen Umriß, so daß die entscheidenden Zonen unverhältnismäßig vergrößert werden (so wie die Nase vergrößert erscheint, wenn man sich in einem Löffel spiegelt). Dann wendet er auf diesen neuen Umriß den unbedarften Algorithmus an (die Bildpunkte leuchten dann und nur dann auf, wenn sie in den Umriß fallen). Das resultiert in einer interessanten Verschiebung: Die Lichtempfindlichkeit in den entscheidenden Zonen wird erhöht auf Kosten der Lichtempfindlichkeit in den weniger wichtigen Zonen. Die Folge ist, daß manche Bildpunkte aufleuchten, die nicht in den *tatsächlichen* Umriß des Buchstabens fallen, während andere, die in den Umriß *fallen*, ausbleiben. Das ist ein Glücksspiel, das sich gewöhnlich lohnt, allerdings nicht immer, wie ein Vergleich des ersten und zweiten das von Grund auf gleichen Wesens war wie die ursprüngliche und einfachere Figur. Auch hier wieder bestätigt sich uns die Wahrheit des französischen Sprichworts *Plus ça change, plus c'est la même chose*.

Jenes Gefühl, hinter hochabstrakten Analogiebeziehungen auf eine absolute und fast göttliche Wahrheit und Wirklichkeit zu stoßen, ist in der Mathematik besonders verbreitet, aber es kann sich auch in anderen Lebensbereichen einstellen. Wenn wir uns so stark an etwas „erinnert" fühlen, daß wir für beides *dasselbe Wort* verwenden möchten, dann fängt die Entdeckung an, uns einen heiligen Schauer einzuflößen. Golombs „Quarks" auf dem Würfel, zum Beispiel, scheint irgend etwas „wesenhaft Quarkiges" zu eignen. Ist dies *ein Phänomen*, das sich auf zwei verschiedene Weisen manifestiert, oder handelt es sich einfach um ein hübsches Zusammentreffen? Solche Fragen entziehen sich gelegentlich der Beantwortung, aber sehr oft kommt unser Geist in solchen Dingen zu einem Schluß, ohne daß er es selber überhaupt merkt. Die Wortwerdung neuer Kategorien ist ein untrügliches Zeichen dafür und einer der wichtigsten mentalen Vorgänge.

* * *

Manche Menschen mögen in dem Bemühen, den Rösselsprung auf ein anderes Raster zu übertragen, ein amüsantes, aber läppisches Spielchen sehen und meinen, Dinge dieser Art seien weit entfernt von den Problemen der wirklichen Welt. Tatsächlich sind in den letzten Jahren Fragen, die sich von den hier behandelten nicht allzu sehr unterscheiden, zu Standardthemen von Leuten geworden, die sich mit der Computerisierung von Schriften beschäftigen, wo es darum geht, soviel wie möglich vom Charak-

---

Buchstabens in, sagen wir, der dritten Reihe zeigt. Der Unterschied zwischen der zweiten und der dritten Zeile ist, daß in der zweiten Zeile die wichtigen Zonen dem Programm eingegebene Durchschnittsschätzungen sind, die nicht einmal von dem jeweiligen Buchstaben abhängen. In der dritten Zeile hingegen inspiziert das Programm den krummlinigen Umriß und legt selbst die Zonen fest nach Maßgabe seiner Kenntnis typischer Buchstabenmerkmale wie Querbalken, Ausbuchtungen, Längsbalken usw. Dann macht es mit diesen sorgfältig ausgearbeiteten Zonen dasselbe, was der zweite Algorithmus mit seinen gröberen Zonen macht: Es entstellt den wirklichen Umriß, um diese Zonen hervorzuheben, und wendet auf diesen neuen Umriß den unbedarften Algorithmus an.

Aber kein noch so schlaues Programm schützt davor, daß das Problem schwieriger und schwieriger wird, je weiter man in die typographische Hölle hinabsteigt: in Richtung auf Matrizen, die zu grobkörnig sind, um wesentliche Unterschiede mitzubekommen. Unterwegs zur Hölle müssen immer größere Opfer gebracht werden. Zuerst geht die Helveticalität über Bord, dann die „a"-haftigkeit; und von da an schwingt die Entropie das Szepter. Aber unmittelbar vor Erreichen dieses Punkts ist die Herausforderung am allergrößten – und bis jetzt können nur Menschen mit ihr fertigwerden. (Computergraphik von Phil Apley und Rick Bryan.)

ter einer Schrifttype (wie etwa der Helvetica) in die kleinstmögliche Zahl von Bildpunkten (an- und ausschaltbaren Punkten, die normalerweise in einem rechteckigen Raster angeordnet sind, was aber nicht sein muß) hineinzupacken. Läßt sich aus nur 35 Bildpunkten, die in einem 5 × 7 messenden Rechteck angeordnet sind, ein „a" bilden, das deutlich als der Helvetica-Schrift zugehörig erkennbar ist? Das ist zweifellos jenseits jeder Machbarkeit. Aber mit wie vielen Bildpunkten kommt man aus? Wann fängt wenigstens ein Hauch von „Helveticalität" an, sichtbar zu werden? (Siehe Abbildung 23-12.) Und worin besteht eigentlich dieses schwer faßliche Wesen „Helveticalität"? Wieviel schwerer läßt es sich fassen als das „Wesen Rösselsprung"?

Der Versuch, eine visuelle Form in immer kleinere Anordnungen von Bildpunkten hineinzupressen, zwingt einen, sich immer tiefer auf die Frage nach dem Wesen der Form einzulassen. Was kann man sich leisten fallenzulassen, und was muß festgehalten werden? Ein analoges Analogieproblem im *Hör*bereich läßt sich sehr leicht benennen, wird aber selten in Betracht gezogen: Läßt sich ein komplexes Musikstück aus einer Dur- in eine Molltonart oder umgekehrt übertragen? Musikern ist sofort klar, daß die Dur- und die Molltonleiter hier die Rolle von zugrundeliegenden Rastern spielen, so daß wir es unbestreitbar mit einem Rasterumformungsproblem zu tun haben. Bis zu einem bestimmten Punkt kann man sich da ohne Frage mit mechanischen Methoden weiterhelfen, aber bei jedem komplexen Stück bleibt stets eine große Zahl heikler und merkwürdiger Verwicklungen übrig. Was ist zum Beispiel, wenn ein Stück in Dur für eine kurze Strecke nach Moll überwechselt? Muß die Molltonart-„Übersetzung" an dem betreffenden Punkt nach Dur wechseln? Dieses Beispiel ist nur die Spitze des Eisbergs beim Dur/Moll-Übersetzungsspiel. Um sich in die richtige Stimmung zu bringen, könnte man ja mal versuchen, einen der alten musikalischen Ohrwürmer zu summen wie etwa die beliebte Weise „Brüder, ins Dunkel der Basis" (ein von Sozialdemokraten gern gesungenes Lied, wenn sie wieder einmal eine Wahl verloren haben) oder Frédéric Pichons berühmten Taufmarsch (aus seiner Klaviersonate in B-Dur).

Ein weiteres musikalisches Analogieproblem ergibt sich, wenn man versucht, ein Musikstück für ein anderes Instrument oder eine neue Gruppe zu arrangieren. Lassen sich zum Beispiel George Gershwins sehr pianistische Klavierpräludien für Gitarre umschreiben? Kann man das wunderschöne Mendelssohnsche Violinkonzert in ein Klavierkonzert umschreiben? Jedes Instrument bildet eine Art von Gitter, und das Problem ist, wie sich das Wesentliche von einem Gitter auf ein anderes übertragen läßt.

Aus der Sphäre des Sehens und Hörens wechseln wir nun in einen begrifflicheren Bereich über: zum Geschriebenen. Die Aufgabe, ein Textstück, das man geschrieben hat, in eine immer geringere Zahl von Wörtern zu komprimieren, zwingt einen zu großen Anstrengungen bei der Bestimmung dessen, worum es einem geht und was man zu übermitteln sucht. Bis zu einem gewissen Punkt läßt sich ein Textstück tatsächlich dadurch verbessern, daß es hier und da ein wenig abgespeckt wird, so wie es einer Universität oder Regierungsbehörde unzweifelhaft guttut, wenn ihr ab und an eine tüchtige Haushaltskürzung verpaßt wird – aber man kann es damit auch übertreiben, und dann fängt der Sinn an, darunter zu leiden. Eine faszinierende Übung ist der Versuch, eine Seite Text, die man geschrieben hat, auf einer halben Seite unterzubringen, dann auf einer Viertelseite usw., bis man bei einer nur wenige Wörter umfassenden Wendung angelangt ist. Das läßt sich ebensowohl als ein Übersetzungsproblem wie auch als Analogiebildungsproblem betrachten. Gewöhnlich sieht man weder das eine noch das andere darin, aber wenn man sich die Sache überlegt, handelt es sich doch um ein „Schreib's nach" in Worten, mit einem immer kargeren und knapperen Vokabular, einem immer stärker eingeschränkten Gitter.

Eine vergleichbar großartige Übung im Übersetzen und Analogiebilden ist auch der an anderer Stelle erwähnte Versuch, Deutsch ohne „e"s fließend sprechen zu lernen. Das bietet ein etwas verändertes System von Trittsteinen und zwingt einen dazu, viele neue Sorten von Begriffskonstruktionen zu ersinnen und zur Gewohnheit werden zu lassen, um Dinge ausdrücken zu können, die sich mit den üblichen sprachlichen Mitteln mühelos sagen lassen. Es soweit zu bringen, daß man diese Sprache vollständig beherrscht, ist sehr schwer.

* * *

Ein wichtiges Anliegen, verwandt mit dem Problem, auf einem Gitter mit geringer Rasterauflösung „Helveticalität" einzufangen, ist heutzutage die Aufgabe, originelle und ästhetisch ansprechende Schriften mit geringer Rasterauflösung zu produzieren – mit anderen Worten, nicht eine bekannte krummlinige Schrift nachzuahmen, sondern eine neue Schrift zu erfinden, deren eigentümlicher Untergrund ein Gitter von, sagen wir, 5×7 oder 10×12 ist und bei der sämtliche Buchstaben dieser winzigen Welt „denselben Stil" aufweisen. Viele menschliche Designer haben Lösungen gefunden, die großen Einfallsreichtum beweisen, aber was ist mit maschinellen Designern? Die gibt es nicht.

„Letter-Spirit", „Buchstabengeist", eines meiner Projekte aus dem Bereich der artifiziellen Intelligenz, das derzeit auf kleiner Flamme köchelt (es wartet ungeduldig darauf, daß mein Copycat-Programm den Siedepunkt erreicht), hat ein Programm zum Ziel, das ebendies leisten soll: Mit ein oder zwei Buchstaben mit geringer Rasterauflösung, die ihm als Inspirationsquelle gegeben sind, soll es das Alphabet im „selben Stil" – oder vielmehr „Geist" – vervollständigen. Als Grundbestandteile für die Buchstaben nahm ich indes keine Bildpunkte, sondern lieber kurze geradlinige Segmente auf einem festgelegten Gitter, das ausschließlich vertikale, horizontale und diagonale Segmente mit einem Neigungswinkel von 45° umfaßt. Diese elementaren Segmente nenne ich „Quanten". Abbildung 23-13 zeigt das winzige Gitter, mit dem gearbeitet werden darf, und die umwerfende Vielzahl von „a"s, die sich in ihm realisieren lassen. Ich schätze in der Tat, daß es gut über tausend Möglichkeiten gibt, gittergebundene Formen mit irgendeinem Grad von „a"-haftigkeit zu entwerfen; manche davon treffen eindeutig ins Schwarze, während andere augenscheinlich weit draußen an den Rändern der „a"-Sphäre situiert sind. Dann gibt es natürlich auch viele Umrisse, die gleichzeitig an den Einflußbereich zweier oder mehrerer platonischer Buchstaben angrenzen. Solche Buchstaben sind dem menschlichen Wahrnehmungssystem, das großen Wert auf unzweideutig kategoriale Zuordnung legt, ein Greuel; sie sollten ebenso im Widerspruch zum Letter-Spirit-Programm stehen.

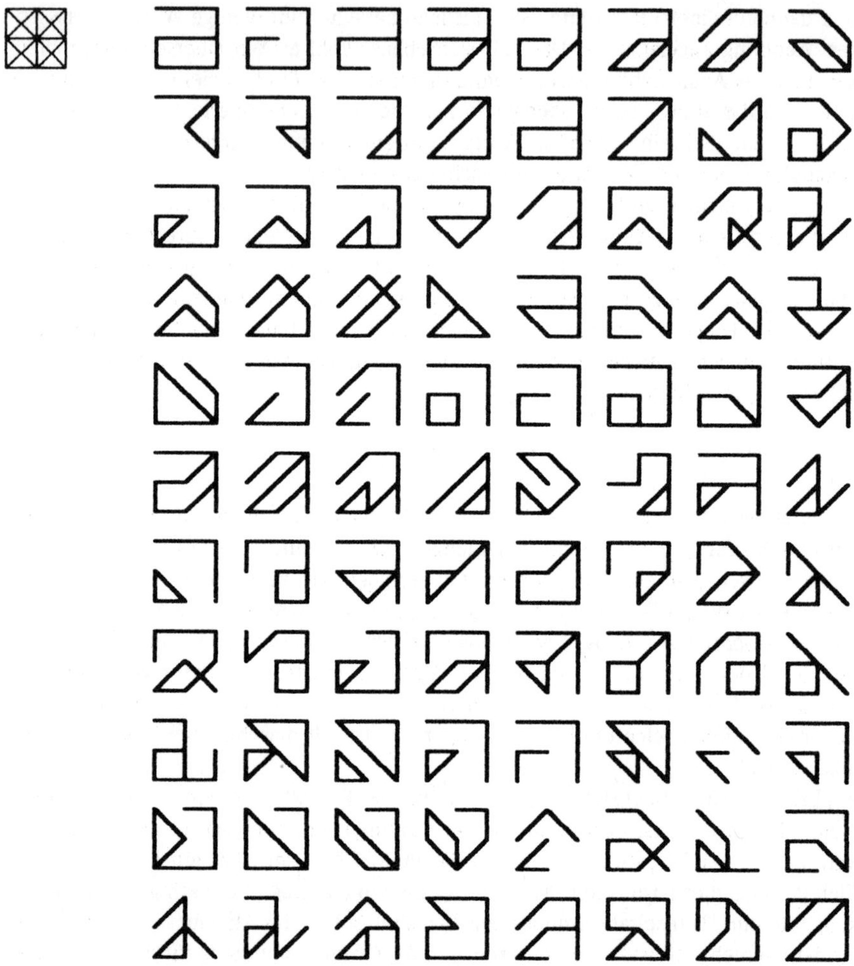

Abbildung 23-13. 87 „a“s, die aus horizontalen, vertikalen und diagonalen „Quanten“ der Letter-Spirit-Welt zusammengesetzt sind. Wie viele weitere Formen, die als „a“s erkennbar sind, stecken wohl nach Ansicht des Lesers in dem gegebenen Gitter? (Vergleiche diese Abbildung mit den Abbildungen 11-2, 11-3 und 11-4.)

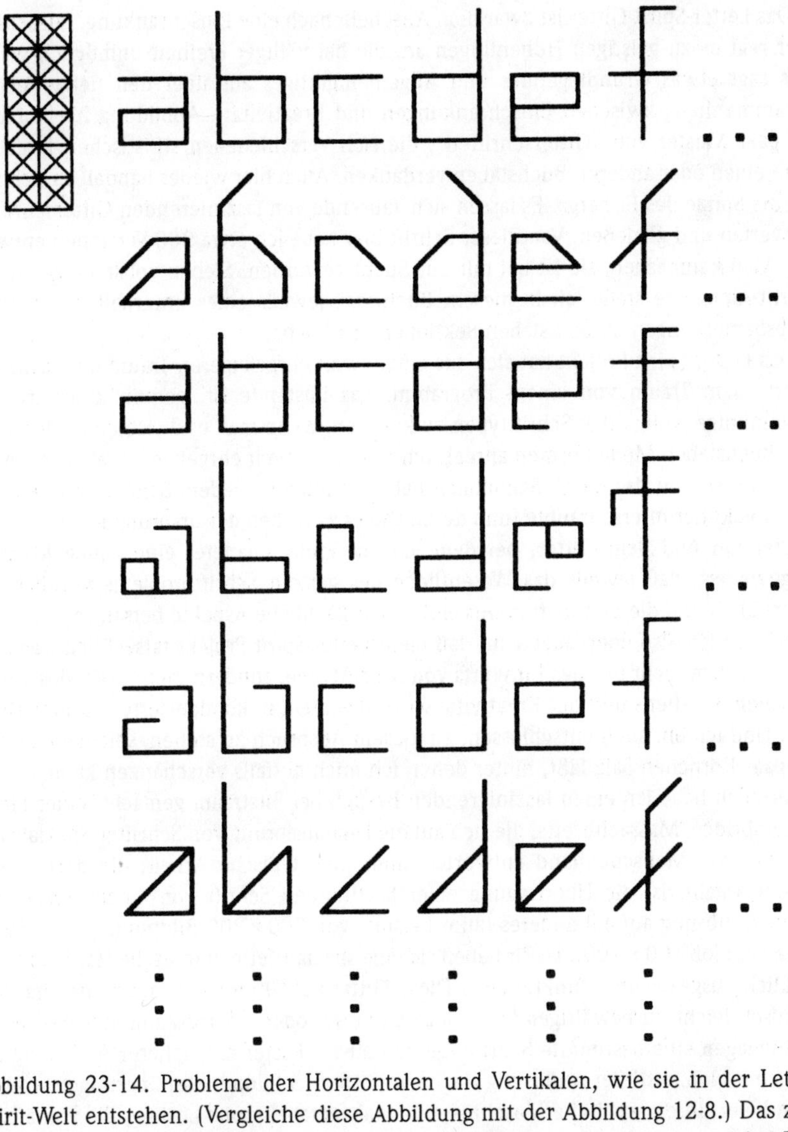

Abbildung 23-14. Probleme der Horizontalen und Vertikalen, wie sie in der Letter-Spirit-Welt entstehen. (Vergleiche diese Abbildung mit der Abbildung 12-8.) Das zentrale Problem des Letter-Spirit-Projekts ist die Charakterisierung dessen, was bei Dingen, die „sinngemäß dieselben" sind, das Gemeinsame ist, damit dann ganz allgemein das Programm mit Hilfe von ein oder zwei Musterbuchstaben den jeweils „richtigen Dreh" herausfinden und sich daranmachen kann, alle übrigen Buchstaben in demselben Geist zu entwerfen, um auf diese Weise eine ästhetisch befriedigende „Gitterschrift" zu schaffen. Der Leser sei ermuntert, sich selber daran zu versuchen, die sechs Gitterschriften, deren erste Buchstaben hier gezeigt werden, zu Ende durchzuführen bzw. eigene zu erfinden.

Das Letter-Spirit-Gitter ist zwar dem Anschein nach eine Einschränkung, tatsächlich aber regt es zu geistigen Höhenflügen an, die bei völliger Freiheit unmöglich wären (das sagt etwas Grundlegendes und Allgemeingültiges aus über den tiefgreifenden Zusammenhang zwischen Einschränkungen und Kreativität). Abbildung 23-14 bietet ein paar Muster von „Gitterschriften", die sich verschiedenen stilistischen Einfällen beim einen oder anderen Buchstaben verdanken. Auch hier wieder handelt es sich nur um die Spitze des Eisbergs. Es lassen sich Tausende von faszinierenden Gitterschriften entwerfen und genießen. Von dieser Schrift hier habe ich etwa 300 Versionen entworfen. Man kann sagen, sie ist bei mir zur Sucht geworden! Sieben vollständige Gitterschrift-Alphabete stelle ich in diesem Buch vor, jeweils eines unterhalb der Einführungsbemerkungen zu den sieben Sektionen des Buchs.

Das Letter-Spirit-Projekt hat sich aus einem weit ehrgeizigeren Traum herauskristallisiert: dem Traum von einem Programm, das imstande ist, genuin künstlerische, krummlinige, vollgültige Schrifttypen zu kreieren, wenn man es durch eine oder mehrere Buchstaben-Modellformen anregt. Ich rede von „weit ehrgeiziger", aber in gewissem Sinn stimmt das nicht. Schließlich habe ich mich bei jedem Schritt, mit dem ich das Projekt herunterschraubte (und deren gab es zwischen der ursprünglichen Projektkonzeption und dem Gitter, bei dem ich am Ende anlangte, eine ganze Menge), vergewissert, daß jeweils das Wesentliche des ganzen Schriftproblems wirklich bewahrt blieb und die Elimination nur einige oberflächliche Aspekte betraf. In gewissem Sinn kann ich also überzeugt sein, daß mein Letter-Spirit-Projekt tatsächlich *das* zentrale Problem nicht nur des Entwurfs von Schrifttypen, sondern mehr noch des künstlerischen Schaffens und der Kreativität ganz allgemein in kondensierter Form verhandelt. Und ich bin auch entschlossen, zu diesem Anspruch zu stehen, solange man mir ein paar Körnchen Salz läßt, hinter denen ich mich notfalls verschanzen kann.

Kürzlich habe ich einen faszinierenden Besuch bei Bitstream gemacht, einer Firma in Cambridge, Massachusetts, die sich auf die Digitalisierung von Schriften spezialisiert hat, die von Menschenhand entworfen sind. Eine typische Arbeit, die dort immer wieder anfällt, ist die Übertragung einer bestimmten Schrift von einem Raster mit hoher Auflösung auf ein anderes (zum Beispiel von 200 × 200 Bildpunkten pro Buchstabe auf bloß 100 × 100). Dafür haben sie eine spezialisierte graphische Hardware, die wirklich ausgezeichnet funktioniert. Diese Gitter-auf-Gitter-Übertragung ist eine mechanisch leicht zu bewältigende Analogiebildungs- oder Übersetzungsaufgabe. Wenn sie hingegen eine bestimmte Schrifttype von einem Raster mit höherer Auflösung auf eines mit bloß mittlerer Auflösung (sagen wir, 15 × 15 Bildpunkte) übertragen wollen, dann liefert ihre graphische Maschine eine inakzeptabel grobe Lösung, die von ausgefransten Rändern und falschen Bildpunkten jeder Art nur so wimmelt. Um hier eine Verbesserung des Ergebnisses zu erreichen, hat Bitstream eine teure Lisp-Maschine gekauft und ein entsprechendes kompliziertes Programm entwickelt. Einige der Ergebnisse dieser Arbeit sieht man in Abbildung 23-12. Die Schwierigkeit ist, daß für starke Verdichtungen eine weit gewaltigere Hardware und raffiniertere Software nötig sind als für leichte Verdichtungen. Wenn schließlich eine Schrift von einem Raster mit hoher Auflösung in ein wirklich grobkörniges (sagen wir, 10 × 10 Bildpunkte) komprimiert werden muß, dann wird die Aufgabe einem menschlichen Designer übertragen, weil allein Menschen mit den vielen, aufeinander einwirkenden Wahrnehmungsfaktoren fertig werden können, die bei diesem Auflösungsgrad ins Spiel kommen.

Auf den ersten Blick mag dies widersinnig scheinen, aber tatsächlich hat es seinen guten Sinn. Bei Gittern mit hoher Auflösung verschwindet die Körnigkeit des zugrundeliegenden Mediums praktisch, und die Übertragung von einem Gitter auf ein anderes ist ein Kinderspiel. Es würde nicht einmal etwas ausmachen, wenn das Zielgitter sechseckig wäre, vorausgesetzt, es wäre feinkörnig genug. Aber wenn in sehr grobkörnige Gitter verdichtet werden muß, so zwingt einen das, sich mit dem begrifflichen und wahrnehmungsspezifischen Wesen visueller Formen zu befassen – und wenn etwas das zentrale Problem der Analogiebildung ist, so ist es das Wesen. Tatsächlich ist in gewissem Sinn ein Sinn fürs Wesentliche das Wesen des Sinns – Tatsache!

* * *

Jede Analogie läßt sich als ein Versuch betrachten, auf einem bestimmten metaphorischen Gitter eine Form von einem anderen metaphorischen Gitter zu reproduzieren. Je grobkörniger die beiden „Gitter" sind, desto mehr Einfallsreichtum braucht der Analogiebildner, um die Abbildung durchzuführen. Rollen und Substrukturen müssen herausgelesen, gegeneinander abgewogen und aufeinander abgebildet werden. Der Analogiebildner muß zu Verschiebungen jeglicher Art imstande sein, auf der Abstraktionsskala hinauf und hinunter ebenso wie in die Breite, nach Maßgabe von Wahrnehmungsähnlichkeiten. Der Analogiebildner versucht, vorgeschlagene Lösungen nach ihrer Eleganz zu beurteilen, aber entscheidend für ihren Erfolg ist am Ende nur, wie sie bei den anderen ankommen.

Der Copycat-Bereich mag weniger reizvoll erscheinen als die Bereiche des An-die-Nase-Fassens und des Schachspiels bzw. weniger packend als der Letter-Spirit-Bereich. Aber das heißt die Sache oberflächlich betrachten. Wer in den Naturwissenschaften Fortschritte machen will, muß sicher sein, daß die Phänomene, die er untersucht, wirklich isoliert sind. Ich halte mir zugute, daß ich die Isolier-Aufgabe sehr gut gelöst habe, und jetzt ist die Zeit gekommen, das Modell herzustellen. An diesem Vorhaben sitze ich, und mein Angriffsplan – meine Vision von der Konstruktion eines Systems, das in einer echten Maschine funktioniert – ist ebenso esoterisch wie kompliziert. Darüber zu berichten, wäre eine andere, endlose Geschichte. Gegenstand der vorliegenden Erörterung war der Bereich als solcher.

Ich bin zuversichtlich, daß diese winzige alphabetische Welt allen Schlüsselbestimmungen der Analogiebildung erlaubt, in Erscheinung zu treten. Tatsächlich würde ich noch weitergehen und behaupten: Nicht nur erlaubt der Copycat-Bereich allen zentralen Bestimmungen der Analogiebildung aufzutauchen, sondern sie werden mehr noch klarer und kristallener sichtbar in ihm als in jedem anderen Bereich, den ich bislang angetroffen habe, und zwar eben *weil* Copycat ein so reduzierter Bereich ist. Paradoxerweise entspringt die begriffliche Fülle und Schönheit von Copycat unmittelbar aus seiner scheinbaren Dürftigkeit, geradeso wie die Fülle der Metapher vom „Idealgas" dessen absoluter Einfachheit entspringt. Es wird sich zeigen, ob das Eis, auf das ich mich vorgewagt habe, trägt.

Post-Postskriptum

Im Rückblick scheint mir, daß ich aus diesem Postskriptum wahrscheinlich besser ein eigenes Kapitel gemacht hätte. Ich ließ mir nicht träumen, daß es solch einen Umfang gewinnen würde; ich wollte meinen Lesern nur mitteilen, an was für Arten von Fragen ich zur Zeit arbeite – und mußte feststellen, daß es eine ganze Menge Zeit braucht, das zu umreißen. Der eigentliche Artikel fand eine enttäuschend kühle Aufnahme. Ich hoffe, daß diese vollständigere Erläuterung der meinem Forschungsprojekt zugrundeliegenden Beweggründe mehr Begeisterung wecken wird.

Anschließend gebe ich unsere „Antworten“ auf die im P.S. gestellten Analogiefragen. Jede der Antworten würde eine längere Erörterung verdienen, aber das Leben ist kurz.

Seite 625:

1. *dab* (dem Konkurrenten *cac* vorzuziehen)
2. *dba* (triumphiert haushoch über *cbb*)
3. schwere Entscheidung zwischen *pdt* (ächz!) und *pcu* (stöhn!)
4. *pxqxsx*, natürlich – nicht *pxqxry* oder *pxqxsy*
5. zu offenkundig, um eines Kommentars zu bedürfen
6. hm … vielleicht *aaabbbddd*, vielleicht *aaabbbddk*, vielleicht *aaabbbccl*, vielleicht sogar *aaabbbddl*
7. *trqp*, aber vielleicht auch *srqo* (jedenfalls nicht *srqq*)
8. *tptqtrtt* ist gut, aber auch *spsqsrst*
9. *abcdeabcdab*, natürlich
10. *bcdacdabc* (dies ist ein Gestaltproblem – *bcd* ist ein „verschlüsseltes“ *a*)
11. *acg* ist entschieden besser als *acf*
12. also, weißt du …

Seite 632:

1. *pqr*, eine weit scharfsinnigere Antwort als *pbc*

2a. *nws* ist die einzige vernünftige Antwort

2b. *uuuuu* (nicht *vvvvv*, trotz der Antwort auf 2*a*)

3. aus *aBc dEf pQr* wird *aBc pQr dEf*
4. *qabcxyzq* ist treffend, hat aber einen starken Konkurrenten in *abcqxyz*
5. *zabczdefzstuz* – zweifellos besser als *zabcdefzstuz*
6. *eeeffghhiii*, jawohl, das *g* in der Mitte ist der entscheidende Punkt

7a. *dcbabcd* – nicht schwer

7b. *abbbc*, kommt dadurch zustande, daß man aus 3-1-3 1-3-1 werden sieht

7c. *pfr* – eine tollkühn abstrakte Vision von „Umkehr-haftigkeit“

Wenn ein Programm *in dieser Weise* Vergleiche ziehen kann, werde ich beeindruckt sein!!!

Post-Post-Postskriptum

Nach Beendigung des P.S. und des P.P.S. traf ich zufällig auf einer Tagung Richard Feynman. Ich erinnerte ihn an meine Vorlesung am Caltech drei Jahre zuvor; er hatte sie einigermaßen vage als „albern" im Gedächtnis, womit er meines Erachtens freundlich andeuten wollte, daß ihm die Sache in keiner Weise eingeleuchtet hatte. Das brachte mich auf den Gedanken, daß seine „Dorfdeppen"-Haltung in echter Konfusion ihren Grund gehabt hatte und damals durchaus nicht bloß vorgetäuscht war.

Ich erzählte ihm dann nicht ohne eine gewisse Beklommenheit, daß ich in meinem neuen Buch die barsche Art und Weise, wie er all meine Analogieprobleme abgefertigt habe, mehrfach ironisch als „dorfdeppig" charakterisiere. Trat ich ihm damit zu nahe? „Keineswegs!" sagte er. „Vor einiger Zeit wurde ich von der Zeitschrift *Omni* interviewt, und auf dem Titelblatt wurde es als ein Interview mit dem ‚schlauesten Mann der Welt' angekündigt. Ich finde, da tut ein Gegengewicht not – und Sie nennen mich jetzt einen Dorfdeppen. Das ist prima! Ich glaube, meine Mutter wäre eher Ihrer Meinung als der von *Omni*."

24
Wer schubst wen im Kranikulleum herum?
oder
Was bedeutet das Wort „Ich“?

März 1981

Im Innern des Schädels des Autors treffen das Achilles-Symbol und das Schildkröten-Symbol aufeinander.

ACHILLES: Wer hätte das gedacht! Sie hier zu treffen! Ich war der Meinung, daß wir uns nach unsrem Dialog in Paris nie wieder sprechen würden.

SCHILDKRÖTE: Bei diesem Autor kann man das nie sagen. Just dann, wenn man glaubt, er ist mit einem fertig, holt er einen auch schon wieder für den nächsten Auftritt hervor, zum Plaisir seiner Leser.

ACHILLES: Ich sehe ja gar nicht ein, warum wir eigentlich immer nach seiner Pfeife tanzen sollen.

SCHILDKRÖTE: Sie können ja mal versuchen, sich zu widersetzen. Sie werden dann schon sehen, warum. Sie haben doch in der Angelegenheit gar keine andere Wahl!

ACHILLES: Ach nein?

SCHILDKRÖTE: Schauen Sie – wenn Sie sich weigern aufzutreten, kommt das einem Selbstmord gleich. Sehen wir den Tatsachen doch ins Auge, Achilles – alle beide, Sie und ich (wenigstens in diesen Hofstadterschen Ausgaben von uns selbst) kommen wir doch nur ans Licht der Welt, wenn Hofstadter Dialoge über uns schreibt. In *Gödel, Escher, Bach* hatten wir es noch gut, aber jetzt, da das vorbei ist, werde ich das Gefühl nicht los, daß schwere Zeiten auf uns zukommen. Hofstadter weiß ganz genau, daß er von uns nicht immer leben kann! Besser ist, wir nehmen's, wie's kommt!

ACHILLES: Ja ... das waren noch Zeiten. Ich erinnere mich genau. Manchmal hatten wir wirklich großartige Zeilen. Wie diese eine von Ihnen damals, wie der „achilleische Blitz“ durch mein Gehirn jagt, in „Figuren, die seltsamer sind als der Sturzflug einer Mücken jagenden Schwalbe“. Lautete sie nicht so?

SCHILDKRÖTE: Ja, so ungefähr. Hofstadter hatte einen solchen Narren daran gefressen, daß ich sie in mindestens *zwei* Dialogen aufsagen mußte! Schon eigenartig, nicht wahr?

ACHILLES: Für mich hört es sich recht bizarr an, wie Sie so reden. Ich meine, zugegeben, wir sind fiktive Produkte, die sich jemand in seiner Vorstellungswelt ausmalt; aber immerhin weiß man ja, wie die eine oder andere Romanfigur angeblich „lebendig werden“ und einen „eigenen Willen“ haben soll ... Das ist bestimmt nicht nur ein Klischee, oder was meinen Sie?

SCHILDKRÖTE: Ich wüßte es nicht zu sagen. Ich bin kein Schriftsteller. Auch Hofstadter ist keiner.

ACHILLES: Ich meine, bin *ich* in Wirklichkeit nur ein Werkzeug für Hofstadter (und mag er es noch so gut meinen mit uns), oder übe ich hier etwa meinen eigenen freien Willen aus (so wie ich es zu tun meine)? Letztlich geht es doch um die Frage, wer wen in diesem Kranium herumschubst.

SCHILDKRÖTE: Wenn ich je eine geschmuggelte Zeile gehört habe, dann *jene*. Das ist doch direkt aus *GEB* entnommen, von Seite 757, wo Hofstadter Roger Sperry zitiert, den berühmten Gehirnspalter. Sperry drückt da seine Philosophie über das Problem von Geist, Gehirn und freien Willen aus, deren eifriger Verfechter Herr H. offensichtlich ist. Wenden wir uns aber weiter dem Gesprächsstoff *dieser* Unterhaltung zu. Ich finde, der einleitenden Worte sind genug. Sie müssen doch irgendetwas auf dem Herzen haben, Achilles, was Herr H. durch Sie sagen möchte.

ACHILLES: So hören Sie doch bitte auf, Herr Schildkröte, die Dinge auf den Kopf zu stellen.

SCHILDKRÖTE: In Ordnung. Aber habe ich nicht recht? Ist da wirklich nichts, was Sie juckt, mir zu erzählen?

ACHILLES: Wenn Sie es so wollen, ja. Es hängt mit einem Buch zusammen, das ich neulich in einem Buchladen sah. Es heißt *Molecular Gods: How Molecules Determine Our Behaviour.* Der Untertitel, also wie Moleküle unser Verhalten bestimmen, faszinierte mich.

SCHILDKRÖTE: In welcher Weise?

ACHILLES: Als ich den Untertitel zum ersten Mal las, dachte ich: „Au Backe, das ist ja interessant – ich war mir gar nicht bewußt, daß die Moleküle in mir mich dermaßen affektieren können."

SCHILDKRÖTE: Eine geradezu klassische Reaktion.

ACHILLES: Ich weiß, es klingt blöd, aber was ist daran verkehrt?

SCHILDKRÖTE: Wie können Sie das sagen? Alles, was Sie sind, sind Moleküle, mein Lieber! Lesen Sie mal Francis Cricks *Of Molecules and Men.*

ACHILLES: Oh, ja doch – ich weiß schon, daß ich aus Molekülen bestehe. Wer könnte *das* bestreiten. Es hat mir nur den Anschein, daß meine Moleküle *mir* rundum gehorchen – nicht im einzelnen natürlich, aber in großen „Brocken", so z.B. meine Finger, wenn ich Cello spiele oder einen Scheck unterschreibe. Das heißt doch, daß meine Moleküle gezwungen sind, mitzumachen, wenn *ich* entscheide, etwas zu tun. Ist es nicht so, daß die Dinge von Ihnen auf den Kopf gestellt wurden? Sollte es *wirklich* nicht der Fall sein, daß *ich* diese Moleküle herumkommandiere, sondern umgekehrt?

SCHILDKRÖTE *(ziemlich gereizt)*: Was soll das heißen, „ich"? Was ist dieses „Sie" oder „Du"?

ACHILLES: Meiner Meinung nach – ach wo, lassen Sie es mich einfach so sagen. Mein freier Wille bestimmt, was ich tue.

SCHILDKRÖTE: Gut. Dann lassen Sie mich mal eine Definition vorschlagen. Gehen wir davon aus, daß der Ausdruck „freier Wille", wenn man ihn gebraucht, kurzerhand für einen komplizierten Komplex von Prädispositionen Ihres Gehirns steht, der auf bestimmte Weisen agiert. Sie gebrauchten vorhin das Wort „Finger" als eine Abkürzung für einen ganzen Haufen Moleküle. Ähnlich könnte man die Wendung „freier Wille" für eine Abkürzung für einen ganzen Haufen natürlicher Neigungen und Zwänge halten. Also ... hält Ihr freier Wille – Ihre Menge an bevorzugten Bahnen für die Nervenaktivität, durch die sie hindurchfließen kann – die Bewegungen der Moleküle im Innern Ihres Gehirns doch in Zaum, und diese Bewegungen reflektieren sich wiederum in Mustern, die von ihren Fingern entworfen werden.

ACHILLES: Wollen Sie mir damit etwa sagen, daß ich, wenn ich vom „freien Willen" spreche, in Wirklichkeit ein Kürzel für eine Art „angelegtes Labyrinth" gebrauche, der Art wie man es von den viktorianischen Schloßparks her kennt, ein Irrgarten, in dem manche Wege erlaubt und andere nicht erlaubt sind?

SCHILDKRÖTE: Ja genau, das ist die Idee – allerdings mit dem Unterschied, daß sich dieser „Irrgarten" in Ihrem Schädel befindet und ein wenig abstrakter ist. Es ist zum Beispiel etwas vereinfacht, sich vorzustellen, es gäbe Nervenbahnen, die *exakt* erlaubt oder nicht erlaubt sind. Es wäre genauer, sich die Prädispositionen wie die kleinen Bolzen in einem Flipper-Automaten vorzustellen. Sie wissen, was ich mit den „kleinen Bolzen" meine?

ACHILLES: Diese festen runden Dinger mit Gummipuffern, von denen die Spielkugeln abprallen?

SCHILDKRÖTE: Genau. Sollten Sie Ermittlungen über eine Million solcher Spielkugeln anstellen, könnten Sie herausfinden, wie jeder kleine Bolzen statistisch auf den Verlauf der Kugeln auf ihrem Weg nach unten Einfluß nimmt. Bahnen sind nicht nur *erlaubt* oder *nicht erlaubt*, sondern eher sind manche mehr und manche weniger wahrscheinlich, je nach Anordnung der Bolzen. Aber das Bild des Irrgartens mit Heckenwegen ist gar nicht so schlecht. Sie können durchaus bei dem Bild bleiben. Man ist zwar bei den Hecken bedeutend eingeschränkter – bei den Bolzen hat man nicht so ein stark ausgeprägtes schwarz-weißes Muster –, so daß die Bewegungen in einem Irrgarten weniger Freiheiten haben, aber ich kann das Bild des Irrgartens durchaus reicher gestalten. Angenommen, die Bewegungen der Leute, die durch Ihren Irrgarten gehen, würden sich dahingehend auswirken, daß die Hecken nach und nach ihre Position wechseln, ungefähr so, als wäre der Irrgarten aus beweglichen Trennwänden zusammengestellt, die den Leuten, die durch den Irrgarten laufen, weniger Freiheiten geben, sie einengen, und trotzdem bewegen die Bahnen derer, die durch den Irrgarten laufen, nach und nach die Trennaufbauten, wodurch sich der Irrgarten folglich ändert.

ACHILLES: Sie meinen, die Leute, die durch den Irrgarten gehen, könnten einfach entscheiden – durch freien Willen –, daß sie die Trennwände von einer Position zur anderen verrutschen könnten?

SCHILDKRÖTE: Nein, das nicht. Am Ende muß aus dem Vorgang des Herumlaufens im Irrgarten ein deterministisches Ergebnis herauskommen. Lassen Sie mich noch einmal auf die Analogie mit dem Spielautomaten zurückkommen. Es ist eher, als ob die kleinen Bolzen, statt auf der Spielfläche befestigt zu sein, *verschiebbare* Objekte wären, wie Spielscheiben oder Eishockey-Pucks, die, während sie von oben und unten und von allen Seiten her angeschlagen werden, etwas ins Rutschen kommen und ihre Positionen verändern. Die Bolzen müssen nicht unbedingt rund sein; sie können auch in die Länge gehen, so daß zwei oder mehr, die nahe beisammen liegen, sich ähnlich wie ein Kanal oder eine Röhre verhalten könnten. Jedenfalls werden sie durch die sich rasend schnell bewegenden Spielkugeln hin und her gerüttelt und verschoben.

ACHILLES: Wie bei der Brownschen Bewegung?

SCHILDKRÖTE: Genau. Es gibt wirklich *zwei Skalen* in Zeit und Raum, die hier am Werk sind, wobei eins das andere beeinflußt. Die schweren Bolzen, die wie Eishockey-Pucks aussehen, scheinen sich fast nicht zu bewegen, wenn die leichten Kugeln angerollt kommen. Wer zufällig hinschaut und dann die Bewegungen der Kugeln verfolgt, könnte den Eindruck bekommen, als *bestimmten* die massiven Bolzen die Bewegungen der leichten Kugeln, oder als schrieben sie den Kugeln vor, wo sie hinrollen sollen – bzw. mit Sperrys Worten, als „schubsten sie sie herum".

ACHILLES: Das Bild gefällt mir. Es stimmt mit meiner Ansicht von vorhin überein, daß *ich* meine Moleküle herumbugsiere.

SCHILDKRÖTE: Richtig – vorausgesetzt, Sie identifizieren „sich selbst" mit der Anordnung der Bolzen.

ACHILLES: Das klingt etwas seltsam, muß ich sagen.

SCHILDKRÖTE: Jetzt stellen Sie sich mal vor, der ganze Vorgang wird noch von einer zweiten Person beobachtet, die sich das ganze auf einem *Film* ansieht, der tausendmal schneller abgespielt wird als normal. Für *sie* gibt es dabei eine leise, interessante Bewegung vieler großer, unterschiedlich geformter Pucks, und angesichts der Bewegungsmuster sagt sie sich: „Wieso bewegen sie sich eigentlich in diese Richtung – ich kann dafür keinen ersichtlichen Grund erkennen."

ACHILLES: Sie sieht die Kugeln nicht?

SCHILDKRÖTE: Nein – sie schießen auf dieser Stufe der Zeit dermaßen schnell herum, daß alle ihre Spuren verwischen und sie zu einer uniformen Hintergrundfarbe werden, ohne daß man eine Bewegung sieht.

ACHILLES: Ah ja ... Allmählich dämmert es mir wieder, worum es bei der Brownschen Bewegung geht. Ich erinnere mich, wie verblüfft die Leute waren, als sie durch ein Mikroskop hindurch in Lösungen die Rempeleien kolloidaler Teilchen sahen. Sie konnten sich nicht ausmalen, wodurch derartige Bewegungen ausgelöst wurden. Die Moleküle, von denen sie laufend bombardiert wurden, waren, um sichtbar zu sein, viel zu klein, und außerdem viel zu schnell.

SCHILDKRÖTE: Genau. Ein auf dieser Zeitstufe befindlicher Beobachter könnte möglicherweise mit der Zeit einen Sinn für die langsamen dahindriftenden Muster der Pucks entwickeln, selbst wenn diese Person keine klare Vorstellung davon hat, was *die Ursache* ist, daß die Pucks in Bewegung geraten.

ACHILLES: Es ist eine natürliche menschliche Tendenz. Warum nicht?

SCHILDKRÖTE: Die beobachtende Person könnte anthropomorphisieren: „Oh, die zwei kleinen wollen wohl nicht so nah beisammen sein, und die langen hier versuchen, parallel zu werden" – und so weiter. Also entwickelt sie eine Teleologie oder einen Weg, um die Bewegungen der schweren Pucks ganz für sich genommen zu beschreiben. Ihr ist ganz und gar unbewußt, daß sie laufend von klitzekleinen Objekten bombardiert werden, wie bei der Brownschen Bewegung. (Denken wir uns einfach, daß die Spielkugeln oder Murmeln eher wie Schrotkugeln aussehen – wirklich ganz klein.) Sie weiß nicht, daß etwas Kleineres alles *macht*, wodurch die Pucks in diesen Mustern herumschwimmen.

ACHILLES: So kann man also mit einem Knopf am Filmprojektor zwischen schnellen und langsamen Ansichten hin und her wählen? Oder ganz langsam Zwischenstufen suchen? Das ist toll! In der langsamsten Knopfstellung scheinen die unbeweglichen Pucks die Bahnen der vielen kleinen hin und her prallenden Kugeln zu bestimmen. Läßt man den Film schneller laufen, wird es immer schwieriger, den Bahnen der Kugeln zu folgen, und sehr bald werden sie zu einem einzigen großen verwischten Bild. In der Zwischenzeit merkt man allmählich, daß die Pucks eigentlich gar *nicht* unbeweglich sind. Sie werden von den Kugeln angeschubst und herumbugsiert. Also – wer schubst wen *wirklich* herum? Es ist ein gegenseitiges Schubsen, wie ich sehe.

SCHILDKRÖTE: Gut. Jetzt lassen Sie mich diese ganze Metapher noch etwas mehr ausstaffieren. Sagen wir, daß die Kugeln von allen Seiten des Tisches laufend hereingeschossen kommen und genauso an allen Seiten wieder hinausschießen. Sie können sich bestimmt so etwas wie einen Billardtisch vorstellen mit ganz vielen kleinen Rampen, von denen die Kugeln abgeschossen werden, und ganz vielen Löchern an den Seitenwänden, die für irrgehende Kugeln, die darin landen, als Ausgänge gedacht sind. Und da die Menge der hineinschießenden Kugeln gleich der Menge der hinausschießenden Kugeln ist, gibt es insgesamt keinen Gewinn oder Verlust. Und die Bombardierung ist ziemlich gleichförmig, aber nicht genau gleichförmig. Das Hinausschießen von Kugeln wird von Bedingungen *außerhalb* des Tisches gesteuert. Brennt zum Beispiel bei einer Abschußrampe ein rotes Licht, verzögert diese Station ihre Schußrate; brennt statt des roten ein grünes Licht, verschnellert sie sie. Man hat also eine Menge von *Transducern*, die *äußeres Licht* in *inneres Kugelschießen* verwandeln. Wenn jetzt die Person, die den Puck beobachtet, sowohl die Lichter *als auch* die Pucks beobachtet, wird sie in der Lage sein, zwischen bestimmten Lichtmustern außerhalb und den Puck-Mustern innerhalb kausale Zusammenhänge herzustellen. Man wird ganz natürlich eine mentalistische Sprache gebrauchen. Zum Beispiel klänge es ganz vernünftig zu sagen: „Er hat das grüne Licht gesehen – er bewegt sich davon weg – vermutlich, weil er kein Grün mag.“ Und so weiter.

ACHILLES: Jetzt haben Sie mich auf ein paar zusätzliche Ideen gebracht. Ich schlage vor, eine physikalische Verbindung zwischen einem bestimmten Puck und einem außen angebrachten „Arm“ einzubauen, der sich entweder auf die Lichtanzeigen zubewegen kann, oder von ihnen weg. Wenn also der Puck auf dem Tisch ein Stück rutscht, könnte der Arm entweder ein Licht wegschieben oder näher heranrücken. Das ist natürlich primitiv – er hat keine Finger noch etwas anderes, aber wenigstens gibt es jetzt eine Verbindung in beide Richtungen zwischen den Pucks und den Lichtern. Bei Zeus! Fast hätte ich ganz vergessen, daß es ja noch diese

Kugeln gibt, die da hin und her kullern! Ich *verlasse* mich einfach auf die Abschußvorrichtungen, daß sie ihre Arbeit tun, ohne daß man sie laufend instandhalten oder ihnen große Aufmerksamkeit schenken muß ... Alles, was ich jetzt sehe, ist das scheinbar belebte Wechselspiel – eine Art Tanz – der Pucks, der Lichter und der Arme ...

SCHILDKRÖTE: Wir springen von einer Metapher zur anderen, nicht wahr? Und jedesmal steigern wir uns in der Komplexität ... Oh, nicht daß es mir etwas ausmachen würde. Ich finde es sogar sehr gut. Denn egal wie komplex die Szene wird, man kann den Filmprojektor ja immer langsamer ablaufen lassen und sehen, wie die Kugeln allmählich deutlicher werden, während die Pucks aufhören, sich zu bewegen.

ACHILLES: Natürlich. Aber etwas stört mich jetzt daran. Im Gehirn gibt es keine solchen großen und kleinen Einheiten – sondern da ist alles einheitlich, richtig? Ich meine, da ist alles nur eine dichte Ballung von Neuronen. Wo also kommen die beiden Skalen her? Wenn wir zum Irrgarten und den Abtrennungen zurückkehren, so hatten wir dort auch zwei Objektebenen (die Leute, die durch den Irrgarten laufen, und die Trennwände), wobei eine die andere herumschubst. Aber im Gehirn ist das nicht so – oder doch? Was gibt es dort noch außer neuraler Aktivität?

SCHILDKRÖTE: Dann bringen wir in unser Bild eben eine weitere Detailstufe ein, die wir vorher noch nicht hatten. Sagen wir, es gibt überhaupt keine Pucks. Es gibt nur Kugeln oder Murmeln und eine Menge großer steifer und doch formbarer länglicher Metallstreifen, die ich auch gerne als „symbiotische modifizierbare Membrane" bezeichne (und Sie werden bald sehen, warum). Man kann sie zu einem *U* oder *S* oder zu einem Kreis biegen ...

ACHILLES: Also schwimmen diese Dinge sozusagen in einem Brei von Kugeln. Aber sagen Sie mal, wo bleiben denn jetzt die Pucks? Die sind doch dann nicht mehr da, oder?

SCHILDKRÖTE: Richtig. Können Sie erraten, was jetzt passieren könnte?

ACHILLES: Ich kann mir vorstellen, daß diese kleinen Metallstreifen –

SCHILDKRÖTE: Würde es Ihnen etwas ausmachen, „symbiotische modifizierbare Membrane" zu sagen, mir zu Liebe, bitte?

ACHILLES: Soll das auf einen akronymischen Trick hinauslaufen, was Sie da gerade anklingen lassen? Mal sehen, was sich daraus machen läßt – ich könnte „SyMMe" dazu sagen. Hört sich noch nach nichts an, nicht wahr? Möchten Sie wirklich, daß ich sie so nenne, Herr Schildkröte?

SCHILDKRÖTE: Sie nehmen mir das Wort aus dem Mund, Achilles. Tun Sie sich keinen Zwang an. Sagen Sie „SyMMe" dazu.

ACHILLES: In Ordnung. Diese SyMMe werden jetzt also zusammen mit den Kugeln, die am laufenden Band gegeneinander kullern, herumgestoßen. Meine Frage ist nun, ob sich nicht von Zeit zu Zeit einige der SyMMen um eine Anzahl Kugeln wickeln, also eine kreisförmige Membran bilden, wobei, wie gesagt, ein Verband von Kugeln vom Rest abgetrennt wird?

SCHILDKRÖTE: Nennen Sie die kreisförmige Struktur, die sich so gebildet hat, doch einfach einen „SyMMball“, wenn Sie so wollen.

ACHILLES: Oh ... Das hatte ja kommen müssen. In Ordnung. Jetzt sehe ich, daß auf diese Weise wieder solche puck-ähnlichen Strukturen auftauchen, nur daß es dieses Mal aus vielen, vielen Kugeln *zusammengesetzte Strukturen* sind. So wird aus meiner alten Frage, wer denn nun wen im Kranium herumschubst – oder sollte ich im *Kranikulleum* sagen? –, ein Problem von *Symmbällen* gegenüber *Spielkugeln*. Schubsen die Spielkugeln die Symmbälle herum oder umgekehrt? Und ich kann den Regler am Filmprojektor für die Filmgeschwindigkeit verschieden einstellen und mir den Film ganz schnell oder ganz langsam anschauen.

SCHILDKRÖTE: Ich sollte erwähnen, daß, ist ein Symmball erst einmal entstanden, er ein gutes Maß an Stabilität hat, da die Spielkugeln darin ziemlich dicht zusammengeballt sind und sich nur ganz wenig hin und her stoßen, wenn der Symmball von außen von einer schnellen Kugel getroffen wird. Innen teilen sich die Kugeln die Wucht des Aufpralls, die sich rundherum ausbreitet, ohne daß der Symmball die Tendenz hat, in die Brüche zu gehen – wenigstens nicht, wenn man sich den Film in einer der beiden bereits erwähnten Geschwindigkeiten ansieht. Vielleicht käme es zur *Spaltung* eines Symmballs, wenn der Zeitmaßstab größer wäre als bei den *Bewegungen* solcher Symmbälle. Und für die Bildung eines Symmballs gälte ganz genau dasselbe.

ACHILLES: Wäre es dann nicht recht und billig, das Erscheinen eines Symmballs damit zu vergleichen, wie Wasser zu einem Eiswürfel erstarrt?

SCHILDKRÖTE: Eine ausgezeichnete Analogie. Symmbälle entstehen und vergehen in einem fort, wie Eisblöcke, die zu chaotisch umherspringenden Wassermolekülen zerschmelzen – und dann können sich wieder neue bilden, nur um erneut zu schmelzen. Die Aktivität als eine Art „Phasenübergang“ zu sehen, paßt sehr gut. Und damit bekommt der Projektor noch eine dritte Zeitskala, mit der der Film noch schneller abgespielt wird und selbst die Bewegungen der Symmbälle langsam verwischen würden. Symmbälle besitzen von sich aus eine Dynamik, eine bestimmte Art, sich zu bilden, zu interagieren und zu zerplatzen und sich aufzulösen. Man kann Symmbälle so sehen, daß sie die außerhalb liegenden Lichtmuster intern zum Kranikulleum zurückspiegeln. Sie können „Bilder“ der Lichtmuster speichern, wenn diese längst verschwunden sind – folglich kann man die Konfigurationen der Symmbälle als *Gedächtnis, Wissen* und *Ideen* verstehen.

ACHILLES: Für mich sieht es so aus, daß Sie zwar die Pucks losgeworden sind, statt derer aber eine neue Struktur eingefügt haben – die SyMMen. In welcher Weise ist dann dieses neue System, als ein Modell eines Gehirns, wohlgemerkt, eine Verbesserung gegenüber dem alten? Sie haben doch dann immer noch zwei Ebenen von Aktivität und elementaren physikalischen Komponenten, oder nicht?

SCHILDKRÖTE: Die SyMMe sind nur da, um den Kugeln eine Möglichkeit einzuräumen, sich zusammenzuschließen und Haufen zu bilden. Es gibt andere denkbare Wege, wie ich es hätte machen können. Ich hätte auch sagen können: „Stellen Sie sich vor, jede Kugel ist magnetisch oder mit gut angetrocknetem Fixogum überzogen, so daß sich alle gegenseitig anziehen und aneinander kleben bleiben (wenn sie nicht zu sehr herumgestoßen werden)." Diese Erwägung hätte einen ganz ähnlichen Effekt gehabt – nämlich aus kleinen Einheiten viel größere entstehen zu lassen –, und auf diese Weise hätten Sie dann nur *eine* Art einer elementaren physikalischen Komponente. Würde Sie das mehr zufriedenstellen, Achilles?

ACHILLES: Ja, doch dann würde Ihnen Ihr Wortspiel hinsichtlich „Symbole" verlorengehen, und das wäre doch zu schade.

SCHILDKRÖTE: Überhaupt nicht! Schlau wie ich bin, würde ich die Kugeln dann einfach umtaufen in „synthetisch-magnetische Murmeln" – „SyMMel" –, und dann würde eben ein magnetisch zusammengehaltener Haufen von solchen „SyMMeln" einen „SyMMball" bilden. Es wäre also nichts verloren.

ACHILLES: Da bin ich aber erleichtert! Ich würde es gar nicht gerne sehen, wenn eine gute Metapher einfach so den Bach hinunterginge, nur weil es an einem Wortspiel zur besseren Veranschaulichung mangelt.

SCHILDKRÖTE: Hofstadter würde *das* nie zulassen! Das können Sie mir glauben. Davon abgesehen können Sie sich die größeren Einheiten vorstellen, wie Sie wollen, solange es Ihnen klar ist, daß Sie, wenn Sie mit *einer* Ebene beginnen, unweigerlich zu *zwei* Ebenen und *zwei* Zeitskalen kommen – tatsächlich zu drei Zeitskalen, wenn Sie die langsame Entstehung, Spaltung, Verschmelzung und Wiederauflösung der Symmbälle mit berücksichtigen.

ACHILLES: Können wir nun endlich auf meine Frage zurückkommen, ob *ich* meine Moleküle kontrolliere, oder ob meine Moleküle *mich* kontrollieren? Schließlich hat das alles damit angefangen.

SCHILDKRÖTE: Aber sicher! Warum versuchen Sie nicht, die Frage selbst zu beantworten?

ACHILLES: Das Problem ist, daß ich ein „mich" in all diesem Herumgestoße innerhalb eines Kranikulleums einfach nicht erkennen kann. Ich sehe wohl eine Menge Aktivität – eine Menge verinnerlichter Abbildungen von Dingen „da draußen" – ich meine in diesem Fall von Lichtmustern. Und mit komplexeren Transducern könnten wir ein Kranikulleum haben, in dem die Muster der Symmbälle derartige Dinge wie Töne, Berührungen, Gerüche, Temperaturen usw. reflektieren würden.

SCHILDKRÖTE: Lassen Sie Ihrer Vorstellungskraft freien Lauf, Achilles!

ACHILLES: Ganz recht. Wenn ich meine Vorstellungskraft anstrenge, kann ich sogar ein gigantisches dreidimensionales Kranikulleum erkennen, an jeder Seite Hunderte von Metern lang, und darin Abermilliarden Murmeln, die wie im Vakuum mit null Schwerkraft schweben, hin und her schießen und überall Symmbälle bilden, kurzlebige wie langlebige, und mit diesen Symmbällen wiederum die Bahnen der Spielkugeln bestimmen. Ich kann das alles erkennen, aber einen freien Willen oder ein „Ich" nicht. Vermutlich, weil ich nicht sehen kann, wie *ich selbst* ein solches System innerhalb meines Kraniums sein kann. *Ich* fühle mich am Leben! *Ich* habe Gedanken, Gefühle, Wünsche, Empfindungen!

SCHILDKRÖTE: Halt, halt! Eins nach dem anderen. Sie hängen zwar alle zusammen, aber versuchen wir, nur über eins zu sprechen – sagen wir, die Gedanken. Hierzu möchte ich vorschlagen, daß das Wort „Gedanke" eine Kurzschreibweise für die

Aktivität der Symmbälle ist, die Sie sehen, wenn Sie den Film schnell ablaufen lassen: die Art und Weise, wie sie interagieren und wie zwischen ihnen Bewegungsmuster entstehen (die natürlich durch das konstante Gewimmel der Murmeln im Hintergrund viel zu schnell übertragen werden, als daß das menschliche Auge sie wahrnehmen könnte).

ACHILLES: Aber ich habe das *Gefühl*, ich selbst denke. *Innerhalb* eines Kranikulleums gibt es niemanden, der diese „Gedanken" *fühlen* könnte. Es ist alles nur ein Haufen synallagmatisch meschugger Murmeln, die da aufeinanderprallen! Es ist alles unpersönlich und leblos. Wie können Sie zu so etwas „Gedanke" sagen?

SCHILDKRÖTE: Nun, trifft das nicht gleichermaßen auf die Moleküle zu, die in *Ihrem* Gehirn herumrasen? Wo ist die Seele des Achilles, die „*sie* herumschubst"?

ACHILLES: Oh, das reicht aber für eine gute Antwort nicht aus, Herr Schildkröte. Das habe ich schon zu oft gehört, daß wir aus Atomen beschaffen sind, es also für Seelen oder dergleichen keinen Platz gibt – aber ich weiß, ich bin hier, was eine unbestreitbare *Tatsache* ist, also brauche ich mehr Einsicht als einen bloßen Wink zur Erinnerung, daß mein Körper den Gesetzen der Physik gehorcht. *Woher* kommt dieses Gefühl eines „Ichs", ein Gefühl, das Sie und ich haben, aber Steine *nicht*?

SCHILDKRÖTE: Sie wollen also, daß ich die Karten auf den Tisch lege, wie? In Ordnung. Mal sehen, was ich tun kann, um Sie umzukrempeln. Geben wir dem Kranikulleum einen zusätzlichen Bestandteil – einen künstlichen Mund und eine künstliche Kehle, genauso wie wir ja schon einen Arm hinzugefügt haben. Lassen wir dann verschiedene Parameter von Mund und Kehle von verschiedenen Symmbällen steuern. Nehmen wir dann mal an, wir schalten auf der rechten Seite des Kranikulleums ein grünes Licht an. In der Nähe dieser Seite beginnt sofort eine neue Aktivität der Murmeln, und in der Folge ein komplexes Umgruppieren von Symmbällen. Während das alles in einer neuen stabilen Konfiguration zur Ruhe kommt, erzeugt die Mund-Kehle-Kombination einen hörbaren Ton: „Da draußen brennt ein grünes Licht." Vielleicht sagt sie sogar: „Ich habe da draußen ein grünes Licht gesehen."

ACHILLES: Sie wollen doch nur meine Schwächen ausspielen und mich dahin bringen, daß ich mich mit einem Kranikulleum identifiziere, indem Sie es dadurch menschlicher erscheinen lassen, daß Sie es menschliches Sprechen nachahmen lassen. Aber für mich ist es „künstlich bekunden" (um eine meiner Lieblingswendungen aus der Lister-Festrede von Professor Jefferson zu entleihen) – also ein simpler Kunstgriff. Erwarten Sie von mir etwa auch, daß ich glaube, irgendwo da draußen gibt es eine bewußte Person, die die Tageszeit täglich vierundzwanzig Stunden lang ansagt, nur weil ich eine bestimmte Nummer wählen und eine menschliche Stimme übers Telefon hören kann, „Beim nächsten Ton ist es zwanzig Uhr, neunundfünfzig Minuten und fünfzig Sekunden"? Eine Stimme, die satzähnliche Töne von sich gibt, bedeutet nicht unbedingt, daß dahinter ein bewußtes Wesen präsent ist.

SCHILDKRÖTE: Selbstverständlich nicht. Aber diese Stimme des Kranikulleums gibt nicht nur eine mechanisch wiederholte Folge von Sätzen von sich, sondern auch eine dynamische Beschreibung dessen, was in der nahen Umgebung wahrgenommen wird.

ACHILLES: Dazu habe ich eine Frage. Befindet sich das, was wahrgenommen wird, *außerhalb* des Kranikulleums oder *innerhalb*? Warum sagt der Mund, „Ich habe *da draußen* ein grünes Licht gesehen", statt beispielsweise eher zu sagen: „In mir hat sich gerade ein neuer Symmball gebildet und mit einem alten die Plätze getauscht?" Ist *das* nicht eine akkuratere Beschreibung dessen, was er wahrgenommen hat?

SCHILDKRÖTE: In einer Weise ja, denn genau das hat er wahrgenommen. In anderer Weise aber nein, denn er hat seine eigene Aktivität gar nicht gemerkt. Denken Sie mal, was Wahrnehmung alles beinhaltet. Wenn Sie etwas „da draußen" wahrnehmen, können Sie nicht umhin, dieses Ereignis in Ihnen irgendwie abzuspiegeln. Ohne dieses sich innen abspiegelnde Ereignis gäbe es keine Wahrnehmung. Der ganze Trick besteht darin, zu wissen, durch welche Art äußeres Ereignis sie ausgelöst wurde, und in aller Öffentlichkeit mit einer sich auf etwas Äußeres beziehenden Sprache laut zu beschreiben, welches Gefühl man hatte. Sie ziehen eine Transduktionsschicht ab. Sie ließen bei Ihrer Beschreibung des Geschehens einen Schritt aus. Sie erwähnten nicht den Schritt, bei dem es im Innern zu Reaktionen der Symmbälle kam, als das grüne Licht brannte. Wenn man nicht gerade ein Philosoph oder Psychologe ist, weiß man von diesem Schritt nicht einmal.

ACHILLES: Warum würde ich oder ein anderer eine wirkliche Ebene auslassen? Woher kommt diese gesellschaftlich althergebrachte Lüge? Wenn *ich* spreche, lasse *ich* keine Ebenen aus!

SCHILDKRÖTE: Eigentlich tun Sie es doch. Es ist ein universales Phänomen. Wenn Sie an einem Eisenbahngleis wohnen und aus der Richtung eine bestimmte Art lauten Geräusches kommen hören – ein Rattern und Pfeifen usw. –, sagen Sie dann, „Ich höre einen Zug", oder sagen Sie: „Ich höre das *Geräusch* eines Zugs?"

ACHILLES: Vermutlich würde ich wohl sagen: „Ich höre den Zug."

SCHILDKRÖTE: Sehen Sie einen Zug, oder sehen Sie, wie *Licht* auf Ihre Augen trifft? Wenn Sie einen Stuhl anfassen, fühlen Sie dann den Stuhl, oder fühlen Sie Ihr *Gefühl* von dem Stuhl?

ACHILLES: Ich bin für die einfachere Alternative. Ich würde nie derartige zusätzliche philosophische Gedanken haben, die damit zusammenhängen. Wem wäre damit geholfen, zu sagen: „Ich höre das *Geräusch* des Zugs?"

SCHILDKRÖTE: Eben mir, mein Lieber. Die praktischste Sprache, die am wenigsten vernebelt und am wenigsten pedantisch ist, läßt den gewichtigen „zusätzlichen" Bezug zu dem Medium aus, welches die Signale trägt, vergißt, die Transducer zu erwähnen, und so weiter. Sie geht einfach schnurstracks auf die *äußere Quelle* zu. Irgendwie scheint das der *ehrlichste* Weg zu sein, die Dinge zu betrachten – und derjenige, der am wenigsten verwirrt. Sie hören und sehen einen *Zug*, nicht ein Bild eines Zugs, nicht das Licht, das von einem Zug reflektiert wird, nicht das Feuern von Zellen in der Netzhaut – und ganz bestimmt nicht Ihre Wahrnehmung von einem Zug! Wir sind so gebaut, daß wir der Aktivität im Innern unseres

Gehirns, die jeder Wahrnehmung zugrunde liegt, nicht gewahr sind und sie folglich „nach außen hin abbilden".

ACHILLES: Ja, das leuchtet mir ein. Ich denke, mir ist jetzt klar, warum ein Kranikulleum mit einer Stimme eher von einem grünen Licht sprechen würde als von seinen Symmbällen. Aber Moment mal. Wie könnte es überhaupt etwas von grünen Lichtern wissen? Vielleicht nähme es wirklich *lieber* Bezug auf Dinge in der Außenwelt – aber alles, was es kennt, ist doch nur sein eigener innerer Zustand!

SCHILDKRÖTE: Richtig, aber die Art und Weise, wie es seinen inneren Zustand verbalisiert, beinhaltet die Verwendung von Wörtern, die sich Ihrer und meiner Meinung nach auf Objekte und Fakten *außerhalb* des Kranikulleums beziehen. Tatsächlich denkt es auch so. Aber Sie könnten sehr wohl behaupten, daß es nur Geräusche macht, die seinen inneren Zustand auf eine bestimmte, sehr komplexe Weise widerspiegeln. Es könnte sich selbst etwas vormachen. Es könnte da draußen überhaupt keine Bezugspunkte geben!

ACHILLES: Mag sein, aber das ist nicht genau meine Frage. Was ich wissen möchte, ist, wie kommt es, daß es die *richtigen Wörter* gebraucht, um das, was da draußen ist, zu beschreiben? Wo hat es gelernt, „grünes Licht" zu sagen? Die gleiche Frage stellt sich bei Menschen. Wieso geben wir alle die gleichen Laute für die gleichen Dinge von uns?

SCHILDKRÖTE: Oh, *das* ist gar nicht so schwierig zu beantworten. Ich hatte schon gedacht, Sie würden fragen, ob die Wirklichkeit existiert oder nicht. Ich werde derartiger sinnloser solipsistischer Wortklaubereien schnell überdrüssig. Aber lassen Sie mich die Frage beantworten, die Sie *tatsächlich* gestellt haben. Als Sie noch ein kleiner Knirps waren, sahen Sie das eine oder andere Ding – sagen wir, eine Spielzeugrassel – und mehr oder weniger gleichzeitig hörten Sie bestimmte Laute – nämlich, wie verschiedentlich „Rassel" dazu gesagt wurde. Das, was Sie mit Augen und Ohren wahrnahmen, wurde von Ihren Netzhäuten und Ohrtrommeln weg in innere Symbol-Zustände in Ihrem Kranium umgewandelt. Nun wurden Sie als Teil der Menschheit so gebaut, daß Sie sich eines Nachahmungstriebs erfreuen, und gaben folglich komische Laute von sich, wie „Wassel" zum Beispiel, was damals von Ihren Ohrtrommeln automatisch aufgefangen und ins Innere Ihres Schädels zurückgeleitet wurde. Zu Ihrer großen Freude und Erregung hörten Sie Ihre eigene Stimme! Sie waren dann in der Lage, die Laute, die *Sie* gerade von sich gegeben hatten, mit der Erinnerung zu vergleichen, die Ihnen von den Lauten geblieben war, die Sie bereits gehört hatten, und indem Sie sich mit diesem aufregenden neuen Spiel beschäftigten, lernten Sie die Wörter für die Gegenstände auf der Welt. Natürlich fingen Sie mit den Substantiven für die sichtbaren Gegenstände an. Aber bald bauten Sie den äußerst konkreten Sockel aus und entwickelten in den Folgejahren ein umfangreiches Vokabular, u.a. mit „Ball", „aufheben", „neben", „Plumps", „Fenster", „sieben", „erinnern", „irgendwie", „Zebra", „Irrgarten", „Strecke", „natürlich", „zufällig", „Zungenbrecher", „Schnitzer", „Konfetti", „Gleichgewicht", „Analogie", „*vis-à-vis*", „frohlocken", „Picasso", „doppelte Verneinung", „dünn gesät", „Neutrino", „Weltanschauung", „*n*-dimensionaler Vektorraum", „tRNS-Amino-Acyl-Synthetase", „Solipsismus", „Kranikulleum" –

ACHILLES: Einen Moment bitte! Was ist mit „Bananensplit"?

SCHILDKRÖTE: Wie konnte ich das nur übersehen? Eine Schande. Aber ich hoffe, Sie verstehen, wie ich es meine.

ACHILLES: Ich denke, ich sehe, worauf Sie hinauswollen. Sie meinen, mit der Zeit verinnerlichte ich über mein Ohr eine Menge äußerer öffentlicher Konventionen – nämlich die Wörter, die mit bestimmten Zuständen meines eigenen Gehirns zusammenhängen, Zustände, die mit Dingen „da draußen" korreliert wurden.

SCHILDKRÖTE: Nicht nur mit Dingen – auch mit Handlungen, Stilen, Beziehungen und so weiter.

ACHILLES: Gewiß. Aber statt mir vorzustellen, daß die Wörter meinen Gehirnzustand beschrieben, fiel es mir leichter zu denken, sie beschrieben *direkt* die Dinge da draußen. Indem ich auf diese Weise eine Stufe in meiner Interpretation meines eigenen Gehirnzustands ausgelassen habe, werfe ich innere Bilder nach draußen.

SCHILDKRÖTE: Bei einem Kranikulleum wäre es genauso – es würde seine internen Symmball-Muster ebenso nach draußen werfen und sich sagen, daß sie auf ein paar Eigenschaften der Außenwelt zurückzuführen seien. Und wenn sehr viele Kranikullea zufällig in der Nähe eines bestimmten Reizes liegen, könnten sie alle mit Hilfe öffentlich erkennbarer Geräusche, die objektive äußere Erscheinungen ihrer inneren Zustände sind, in ständiger Kommunikation miteinander sein! Demnach ist es eigentlich sehr nützlich, die Bezüge zu den Ebenen von Transduktion, Perzeption und Repräsentation herauszunehmen.

ACHILLES: Jetzt bekommt die ganze Sache Hand und Fuß. Aber leider stört mich noch etwas anderes! Wenn das System alle seine Zustände *nach draußen* projiziert, indem es von „grünen Lichtern" und „roten Lichtern" und „Verkehrsstaus" und so weiter spricht, wie hat es dann noch Platz, um seinen eigenen *inneren* Zustand wahrzunehmen? Ist es dann in der Lage zu sagen, „Das ärgert mich", oder „Das habe ich vergessen", oder „Das weiß ich nicht", oder „Es liegt mir auf der Zunge", oder „Davor habe ich mächtigen Bammel"? Oder projiziert es all *diese* inneren Zustände ebenso nach draußen, indem es den äußeren Dingen seltsame Eigenschaften zuschreibt, die von ihm selbst stammen? Könnte es nach innen gerichtete Transducer geben, die auf *Symmbälle* fokussiert sind und zu einer *Darstellung* der Symmball-Aktivität führen? Das wäre eine Art sechster Sinn – ein nach innen gerichteter Sinn.

SCHILDKRÖTE: Man könnte es das „innere Auge" nennen.

ACHILLES: Perfekter kann man es gar nicht bezeichnen.

SCHILDKRÖTE: Das innere Auge hätte nicht viel umzuwandeln, nicht wahr? Es zu beobachten, wäre die einfachste Sache der Welt, da es sich in einem selbst befindet.

ACHILLES: Herr Schildkröte! Nun warnen Sie mich ja ständig, nicht Gebrauch und Erwähnung zu verwechseln. Ich denke aber, Sie begehen hier gerade selbst diesen Fehler. Es reicht bereits so ein Wort wie „Schildkröte" in einem Text, um bei jemandem das Bild einer Schildkröte hervorzurufen, aber es ist eben nicht ganz das gleiche, wie wenn diese Person einen Anstoß erhält, über das *Wort* „Schildkröte“ nachzudenken, nicht? Es könnte einem gar nicht auffallen.

SCHILDKRÖTE: Das war sehr deutlich, muß ich sagen. Wenn Sie Ihre Symmbälle in bestimmten Zuständen *haben*, so ist das etwas ganz anderes, als wenn Sie sich der Tatsache *bewußt sind*. Der Unterschied entspricht in etwa dem zwischen der richtigen Anwendung grammatikalischer Regeln und dem bloßen Wissen davon.

ACHILLES: Jetzt habe ich das Gefühl, ich könnte hier völlig durcheinander kommen – ich meine, die Dinge könnten sehr verzwickt werden. Wie können Symmbälle andere Symmbälle „beobachten“? Bei den einen, die auf die grünen Lichter reagieren, kann ich mir das ja vorstellen und es verstehen. Da sind ja Transducer da – die Abschußvorrichtungen für die Murmeln an den Seitenwänden. Aber gäbe es etwa einen Symmball, der, sagen wir mal, ständig auf die Verschmelzung zweier Symmbälle reagiert? Wäre er eine Art Satellit oder Aufklärungsflugzeug wie die U-2, die über das gesamte Gebiet des Gehirns Überblick haben? Und welchem Zweck würden sie dienen?

SCHILDKRÖTE: Stellen Sie sich vor, Sie würden ein richtiges Kranikulleum beobachten, und zwar mit ganz langsamer Geschwindigkeit – so langsam, daß Sie mit Ihrer Hand nach unten reichen und einen kompletten Symmball aufheben und wegnehmen könnten, ohne von anderen Symmbällen, die in Richtung Ihrer Hand kullern, gestoßen zu werden. Plötzlich entstünde dort, wo sich früher die Murmeln drängten, ein Vakuum. Würden Sie nun die Geschwindigkeit auf schnell schalten und beobachten, zu welchen Resultaten es auf der Zeitskala der *Symmbälle* kommt, würden Sie Zeuge einer massiven Umgruppierung von Symmbällen werden, die sich überall im Kranikulleum vollziehen würde, eine Art *Schauder*, der durch das ganze System hindurchgeht, während all die verschiedenen Symmbälle etwas unterschiedliche Positionen einnehmen.

ACHILLES: Man könnte bei dieser Art Schauder sagen, „der Geist bebt“.

SCHILDKRÖTE: Ein ausgezeichneter Vorschlag. Verschiedene Arten von „Geistbeben“ hätten ganz charakteristische Eigenschaften. Sie hätten sozusagen alle ihre eigene „Handschrift“. Wenn *Sie*, Achilles, nun als außenstehender Beobachter lernen könnten, eine solche Handschrift zu erkennen, warum könnte dann das System selbst von innen her nicht gar noch befähigter dazu sein? Das System würde solche Geistbeben schließlich genauso wahrnehmen wie ein erhöhtes Abfeuern von Kugeln auf jeder Seite. Beide Male handelt es sich um *innere Ereignisse*, selbst wenn das eine durch einen äußeren, das andere hingegen durch einen inneren Anlaß ausgelöst wird.

ACHILLES: Also gäbe es verschiedene „Seismometer-Symmbälle“, oder? Und jeder würde so lange warten, bis er ein spezifisches Geistbeben spürt, und wenn das passiert, reagieren, nicht wahr?

SCHILDKRÖTE: So ist es. Und für jede Art Geistbeben gibt es einen speziellen Symmball, der einfach nur auf Position ist, wie ein aufrecht gestellter Bleistift – und wenn das Geistbeben auftritt, für das er zuständig ist, fällt er um. Natürlich ist dieses „Umfallen“ an sich einfach eine *höhere Symmball-Aktivität* –

ACHILLES: Noch ein Geistbeben?

SCHILDKRÖTE: Genau – und es kann weitere Reaktionen innerhalb des Kranikulleums auslösen. Die ganze Sache zieht immer größere Kreise – ein Schauder löst einen anderen aus, und dieser wiederum mehrere andere und so weiter.

ACHILLES: Es hört sich an, als würde es gar kein Ende nehmen. Als gäbe es eine konstante Symmball-Aktivität, die sich wie kleine Wellen quer durch das Kranikulleum ausbreitet.

SCHILDKRÖTE: Natürlich! Das *ist* es ja gerade, was bei bewußten Systemen passiert! Wir befassen uns laufend mit Gedanken – manche davon neu und erquickend, manche alt und fad –, ständig sind wir geistig wach und – teils der Außenwelt, teils unseres eigenen Zustands – bewußt, zum Beispiel wie verwirrt oder schlapp wir sind, woran uns etwas erinnert, wie uns dieser lange monotone Dialog langweilt ...

ACHILLES: Moment mal! Der *Leser* mag sich vielleicht langweilen, aber ich nicht!

SCHILDKRÖTE: Sie scherzen doch nur, Achilles, und versuchen einfach, die Dinge etwas zu beleben.

ACHILLES: Nun gut. Ich gebe zu, daß alles, was Sie gesagt haben, wahr und vernünftig ist, aber was *nützt* es uns, wenn wir unseren eigenen Zustand im Auge behalten?

SCHILDKRÖTE: Denken Sie an ein einfaches Tier. Was es am nötigsten braucht, ist Nahrung. Sein Gehirn – falls es eins hat – ist mit seinem Magen mittels Nerven verbunden und setzt eine Leere im Magen zu einer bestimmten Konfiguration von Symbolen im Gehirn um. Tatsächlich könnte dieses Tier von so einfacher Natur sein, daß die Ebene der Symmbälle bei ihm gar nicht existiert. Es könnte einfach nur Kugeln haben, die in seinem Schädelinnern herumflitzen, aber keine größer angelegten Zusammenballungen bilden. Jedenfalls kann es dann zu dem Effekt kommen, daß in seinem Gehirn ein Beben passiert, das Rückwirkungen auf die Peripherien des Tieres hat. Es könnte sich bewegen. All das spielt sich im großen und ganzen auf der Ebene der Reflexe ab. Meistens hängt damit die Überwachung des Hungerzustands des Organismus und die Ausübung der Kontrolle über seine Glieder zusammen. Jeder Organismus muß sich selbst überwachen, was den Hunger betrifft. Primitive Organismen jedoch brauchen nicht sehr viel Information über die äußere Umwelt, in der sie sich befinden – sie flattern einfach herum und „hoffen“ – wenn das mal nicht ein zu starkes Wort ist! –, auf irgendein Futter zu treffen. Ein recht unbewußtes Vorgehen. Nehmen wir andererseits ein etwas komplizierter gebautes Tier. Es wird in sich von seiner Umwelt eine wesentlich komplexere Abbildung tragen und folglich auch eine Menge Auswahlmöglichkeiten haben, wenn es im Innern Hunger verspürt. Die symbolische Aktivität, die den leeren Magen darstellt, muß im Zusammenhang mit all den anderen Symbolen verarbeitet werden, die beispielsweise Gefahren darstellen können, oder andere Prioritäten außer der Nahrungsaufnahme, oder Auswahlmöglichkeiten, wann und was gegessen wird, und so weiter. Die gesamte Interaktion der Symbole an dieser Stelle könnten wir „Überlegung“ oder „Erwägung“ oder „Reflexion“ nennen – im Unterschied zu „Reflexen“. Nun, nach all dem möchte ich Sie fragen: Hilft dies Ihnen zu verstehen, warum ein Kranikulleum ein Selbst haben könnte?

ACHILLES: Hmm … ich könnte ja vielleicht davon ausgehen, daß Reflexion dabei ist, vielleicht könnte ich sogar sagen, daß es sich um einen *Denkvorgang* handelt, aber da drin ist *niemand*, der das Denken *leistet*!

SCHILDKRÖTE: Würden Sie einräumen, daß es dort im Innern einen *freien Willen* gibt?

ACHILLES: Kaum!

SCHILDKRÖTE: Ich sehe schon, daß ich Sie mehr überzeugen muß. In Ordnung. Lassen Sie mich davon ausgehen, daß es da einen freien Willen *gibt*, und daß diese Vorstellung eines Kranikulleums Ihnen behilflich sein könnte, klarer zu verstehen, woraus freier Wille wirklich besteht. Wir haben diese Diskussion mit einem Gespräch darüber begonnen, ob man „seine Moleküle herumschubsen" kann oder nicht. Dies ist eine zentrale Frage – in Wahrheit *die* zentrale Frage überhaupt, wie ich denke. Daher möchte ich Sie fragen, Achilles, können Sie frei entscheiden, etwas zu tun?

ACHILLES: Natürlich kann ich das! Genau darum geht es doch beim freien Willen! Ich kann entscheiden, das zu tun, was ich möchte!

SCHILDKRÖTE: Wirklich? Können Sie etwa entscheiden, mir in Sanskrit zu antworten?

ACHILLES: Selbstverständlich nicht. Aber das hat damit nichts zu tun. Ich spreche kein Sanskrit. Wie könnte ich Ihnen also in Sanskrit antworten? Ihre Frage ergibt einfach keinen Sinn.

SCHILDKRÖTE: So nicht. Sie können nur das tun, was Ihnen Ihr Gehirn erlaubt. Das ist ein sehr heikler Punkt. Ich möchte Ihnen noch eine andere Frage stellen. Können Sie entscheiden, mich auf der Stelle zu töten?

ACHILLES: Herr Schildkröte! Was für ein Gedanke! Wie können Sie derartiges äußern, selbst wenn es ein Scherz ist!

SCHILDKRÖTE: Könnten Sie trotzdem entscheiden, es zu tun?

ACHILLES: Sicher! Warum nicht? Ich kann mir bestimmt *vorstellen*, zu entscheiden, daß ich es tue.

SCHILDKRÖTE: Darum geht es nicht, Achilles. Verwechseln Sie bitte nicht hypothetische oder fiktive Welten mit der Wirklichkeit. Ich frage Sie, ob Sie entscheiden *können*, mich zu töten.

ACHILLES: In dieser Welt, in der *realen* Welt könnte ich eine solche Entscheidung vermutlich nicht *durchführen*, selbst wenn ich „beschlossen" hätte – oder behauptet hätte, ich hätte beschlossen –, es zu tun. Vermutlich *könnte* ich im Grunde *nicht* entscheiden, es zu tun.

SCHILDKRÖTE: Das ist richtig. Der harmlos scheinende Nachspann, den man gerne anhängt – genau wie Sie es taten –, sagt schließlich sehr viel aus.

ACHILLES: Welcher harmlose Nachspann? Was meinen Sie?

SCHILDKRÖTE: Haben Sie das schon vergessen? Sie beharrten mir gegenüber doch vehement: „Ich kann entscheiden, das zu tun, *was ich will.*" Nun mag sich der Satz „was ich will" wie ein großartiger, universaler, alles beinhaltender Allgemeinsatz *anhören* – aber tatsächlich stellt er ganz das Gegenteil dar: eine krasse Einschränkung. Es ist nicht wahr, daß Sie in der Lage sind zu entscheiden, *alles* zu tun; Ihr ganzes Entscheidungsvermögen beschränkt sich lediglich darauf, daß Sie nur die Dinge tun können, die Sie tun *möchten*. Schlimmer noch, denn tatsächlich sind Sie so eingeschränkt, daß Sie zu einer Zeit nur die *eine* Sache tun können, die Ihnen *am meisten* am Herzen liegt! „Wollen" bzw. „wünschen" oder „möchten" sind hier komplizierte Funktionen des gesamten Systemzustands.

ACHILLES: Sagen Sie, glauben Sie etwa, daß es eine Illusion ist, die Wahl zu haben?

SCHILDKRÖTE: Nur bis zu dem Grad, daß das „Ich" eine Illusion ist. Lassen Sie mich das erläutern. Es ist etwas ganz Alltägliches, daß Menschen Interessen entwikkeln, von denen sie allmählich aufgezehrt werden – wie Rätselraten, Musizieren, Philosophieren ... Manchmal werden solche Gewohnheiten dermaßen stark, daß sie anfangen, sich auf ihr übriges Leben störend auszuwirken. Eine Ehefrau könnte sich eine schlechte Gewohnheit zulegen – sagen wir, mit einem Würfel herumhantieren oder Zigarren rauchen oder am laufenden Band Wortspielereien treiben – und dann *versuchen*, davon loszukommen. Ihr Ehemann mag schon ganz aus dem Häuschen sein und zu ihr sagen: „Was soll dieses dauernde Versuchen? Warum kannst du dich nicht einfach *entschließen*, aufzuhören, mit dem Würfel zu spielen? Das treibt noch einen Keil zwischen uns. Warum *entscheidest* du dich nicht einfach, aufzuhören?" Trotzdem ist die befallene Frau außerstande, damit aufzuhören, so gut ihre Absichten auch sein mögen. Freilich reicht es nicht, wenn es einen nur wenig danach verlangt. Ich würde es so ausdrücken: Der Ehemann richtet seinen Appell an das, was ich die „Seele" seiner Frau nennen würde – eine zusammenhängende Gesamtheit aus Prinzipien und Neigungen und Interessen und persönlichen Eigenschaften und so weiter, die für ihn die Person darstellen, die er geheiratet hat. Sie schienen schon immer Begründungen oder Erklärungen für den Charakter seiner Frau zu liefern, und er liebt sie für dieses Aggregat von Seinsweisen. Also appelliert er an diese „Seele", um etwas gegen ihre neue Besessenheit zu unternehmen. Aber sobald die Frau anfängt, mit ihrem Würfel zu spielen, übernimmt ein *Teil* von ihr das Ruder. Sie wird von einem ihrer eigenen Subsysteme besessen – oder sollte ich sagen „in Besitz genommen"?

ACHILLES: „In Besitz genommen" ist das Wort dafür. Ich selbst finde es sehr schwierig, mit einem Stück aufzuhören, das ich auf meinem Cello übe, sobald ich mal richtig in Fahrt gekommen bin. Bevor ich anfange, denke ich: „Ich spiele dieses Stück jetzt nur *einmal*". (Oder „Ich esse nur einen einzigen Kartoffelchip", oder „Ich löse nur schnell den Würfel, ein einziges Mal".) Aber sobald ich mir dann den Startschuß gebe, bin ich nicht mehr die gleiche Person – mancherlei in mir hat sich leicht verändert. Ich bin eine ganz *neue* Person und denke: „*Dieser* Knabe da hat doch gesagt, *er* würde es nur einmal tun. Das hat *er* sich wohl so gedacht. Aber denkste, denn *ich* weiß es besser!" In mir ist eine Art innerer Trägheit, die in mir den Wunsch beibehält, weiterzumachen, selbst wenn es *andere* Dinge gibt, die ich auch gerne täte. Es ist, als ob ein Teil von Ihnen einfach „wegschlüpft" und sich der Kontrolle einer höheren Ebene entzieht – ein Subsystem gerät „aus der Kontrolle" und gehorcht der Seele an der Spitze nicht mehr –, wie ein widerspenstiger Hengst, der seinem Zureiter nicht gehorchen will.

SCHILDKRÖTE: Ein gewaltiges Bild. In derartigen Fällen kann es sein, daß die Frau selbst verwirrt und hin- und hergerissen ist. Ihr innerer Aufruhr gleicht dem Aufruhr im Innern eines Landes, wo Parteien im Streit miteinander liegen und sich gegenseitig bekämpfen – nur bestehen in dem Fall die Parteien natürlich nicht aus Menschen, sondern aus neuralen Zündungen. Auf einer bestimmten Ebene mag die Frau vielleicht das *Gefühl* haben, daß sie gerne entscheiden können möchte, ihre Angewohnheit aufzugeben – und doch kann es sein, daß sie nicht genügend Neuronen auf ihrer Seite hat! Und wie in einem Land, in dem die Menschen die Regierung nicht unterstützen, ist es auch hier: die „Seele" muß die Unterstützung ihrer Neuronen haben! Sie kann sie in Wirklichkeit nicht einfach willkürlich „herumschubsen".

ACHILLES: Ich bin völlig durcheinander. Wer *hat* hier eigentlich dann die Kontrolle?

SCHILDKRÖTE: Wir wären natürlich gerne in der Lage zu sagen, daß die Symmbälle *entscheiden* können, ganz beliebige Dinge zu tun. Aber sie unterliegen Einschränkungen. Sie befinden sich in einem System, und dieses „wünscht", daß sich seine Teile auf die und die Weise bewegen, und nicht auf eine andere, die es nicht „wünscht". Zur besseren Verdeutlichung könnten wir auf die Metapher des Irrgartens mit den Heckenwegen zurückkommen.

ACHILLES: Ja, aber die bezog sich auf die Objekte *niedrigerer Stufe* – Kugeln, Murmeln, Symme oder neurale Zündungen.

SCHILDKRÖTE: Genau. Die „schwergewichtigen" Gegebenheiten – Hecken, Bolzen, Symmbälle – beschränken die „leichtgewichtigen" Gegebenheiten – die im Irrgarten Herumlaufenden, die Spielkugeln, die Symmen; doch dafür kontrollieren die kleinen, wenn sie gemeinsam handeln, die Anordnung der höherstufigen Objekte.

ACHILLES: Also ist hier *niemand* frei!

SCHILDKRÖTE: Von außen betrachtet scheint es so. Im Innern aber könnte das System das Gefühl haben, wie Sie es ja auch hatten, daß es in der Lage ist, „zu entscheiden, das zu tun, was es will". Aber wohlgemerkt, zwei Symmbälle in einem Kranikulleum sind nicht frei, ganz nach Lust und Laune und für sich zu *entscheiden*, sich parallel zu bewegen – sie sind auf die Zusammenarbeit der Murmeln angewiesen. Die Murmeln müssen für sie die Arbeit tun. Ähnlich ist es, wenn die unglückselige Frau zu „entscheiden" versucht, ihre schlechte Angewohnheit aufzugeben, sei es das Spielen mit dem Würfel oder mit Wörtern, denn ohne das Einvernehmen, ohne die Unterstützung ihrer Neuronen kann sie es nicht tun.

ACHILLES: Sie sprechen von der „Seele" dieser Frau wie von einem generellen Versuch, die widerspenstigen Neuronen zur Ordnung zu rufen, sie zu zwingen, sich in Reih und Glied aufzustellen, wenn sie ihre *eigenen* Wege gehen. Beim Militär hat ein General ein bestimmtes Maß an Gewalt über seine Soldaten, so daß er sie im gewissen Umfang zwingen kann, etwas zu tun – aber nur so weit seine Autorität reicht. Geht er darüber hinaus, werden sie meutern. Auch ein General kann nicht gegen den Strom an. In Wirklichkeit kann er keine taktische Linie vorschreiben – er kann nur mit ihr mitschwimmen.

SCHILDKRÖTE: Das stimmt. Jedoch kann manchmal eine unerwartete Verschiebung auf einer höheren Ebene einen abrupten „Phasenübergang" von niedrigeren Ebenen herbeiführen. Plötzlich geraten unzählige winzige Dinge auf völlig unerwartete Weise durcheinander. Sie wirbeln herum und finden wieder zu einer ganz neuen Ordnung, in ganz neuen Mustern auf höheren Ebenen. Zuweilen – aber nicht immer – *kann* der „General“ über jene ungehorsamen Neuronen die Kontrolle gewinnen – jedoch nur, wenn diese selbst nicht wissen, was sie wollen, und zu keinem Konsens gekommen sind, sondern sich statt dessen in einem modifizierbaren, lenkbaren, chaotischen Zustand befinden.

ACHILLES: Es hört sich an, als ob Sie eine „Blitz-Entscheidung“ beschreiben – eine reine Willenskraftübung, so wie wenn ich zu mir sage, „Ich höre *auf der Stelle* auf, mit dem Würfel zu spielen!“, oder „Ich höre auf, mich selbst zu bemitleiden, und sehe zu, daß ich etwas Nützliches zuwege bringe“. Aber wenn ich *Ihre* Art und Weise, wie Sie diese Sache sehen, richtig verstehe, ist selbst eine solche Wortverbindung wie „Blitz-Entscheidung“ in Wirklichkeit nur eine Art Kürzel, um eine Menge Aktivität auf niedrigerer Stufe zusammenzufassen. Ist das so? Ihrem Bild nach scheint es mir, daß es so sein *muß*.

SCHILDKRÖTE: Da haben Sie ganz recht. Zu sagen, das ist eine „Blitz-Entscheidung“, ist wirklich keine feine Art, um über eine große Wolke neuraler Aktivität gleich einer riesigen undeutlichen Symm-Wolke in einem Kranikulleum zu sprechen, die mit hoher Geschwindigkeit auf den Bildschirm projiziert wird. Und manchmal eignet sich die Aktivität von Neuronen innerhalb eines Kraniums, bzw. von Symmen innerhalb eines Kranikulleums, erstaunlich gut für solch eine höherstufige, grobe, symbolische – bzw. im Falle eines Kranikulleums für eine „symm-ballische“ – Beschreibung.

ACHILLES: Nicht immer?

SCHILDKRÖTE: Sind immer alle Teiche zugefroren?

ACHILLES: Oh, ich verstehe. Sie meinen, wenn sich die relevanten Teile des Kranikulleums zu Symmbällen klumpen, dann kann man eine Beschreibung der Symmball-Ebene geben. Man sieht dann, wie ein Klumpen aus Symmbällen auf andere Klumpen aus Symmbällen einwirkt, in regelmäßiger und vorhersagbarer Folge. *Sind* dagegen keine Symmbälle vorhanden – sondern lediglich viele verstreute Symmen, die da herumkullern, durch nichts aufgehalten außer der Begrenzung des Kranikulleums –, dann geht es irgendwie chaotisch zu, und es läßt sich keine höherstufige Beschreibung anwenden. Aber wenn das ganze Kranikulleum „symm-ball-isch“ ist – wenn die Phasenübergänge stattgefunden haben –, dann fühlt sich die Person – ich meine das *Kranikulleum!* – ganz so, als habe sie die Kontrolle über ihre Gedanken.

SCHILDKRÖTE: Nicht *seine* Gedanken?

ACHILLES: Herrje – das meinte ich doch. Seine Gedanken. Aber wenn nicht genügend Phasenübergänge stattgefunden haben, dann gibt es ein unbeschreibliches Kuddelmuddel: Über den ganzen Ort verstreut kullern ziellose Symmen herum, ohne geordnete Einschränkungen. Aber ich frage mich, wie es ist, wenn sich das Gehirn in einer Art Halb-Zustand befindet – wenn es Symmbälle in rauhen Mengen gibt, aber gleichzeitig immer noch viele vereinzelte Symmen, die zu gar keinem der Symmbälle gehören. Es erinnert mich an einen halbgefrorenen See zu Beginn des Winters oder Frühjahrs, wenn sich die Moleküle lediglich *halb* zu großen Eisschollen verbunden haben.

SCHILDKRÖTE: In diesem Zustand zu sein, ist geradezu herrlich. Ich finde, ich bin am kreativsten, wenn ich fühle, wie mein Gehirn aus solchen halb-verbundenen Symbolen besteht – Neuronen, die irgendwie unabhängig agieren und zugleich irgendwie kollektiv. Es ist die goldene Mitte, wenn sprudelnde Neuronen mit symbolischen Kanalsystemen zusammenarbeiten und den kreativsten, erfüllendsten semi-chaotischen Sinn entstehen lassen, für das, was es heißt, lebendig zu sein.

ACHILLES: Halten Sie etwas von jener ungebundenen Freiheit für wesentlich, um kreativ zu sein?

SCHILDKRÖTE: Hofstadter hat mich davon überzeugt. Er meint, daß es bestimmt so ist. In *GEB* schrieb er doch über seine Qualen als Autor und stellte sich so dar, als litte er unter „Hilflosigkeit" höchster Stufe, denn obgleich er – bzw. seine Symbol-Stufe – in *irgendeinem* Sinne entschieden haben könnte, was zu Papier gebracht werden sollte, hängt er immer noch voll und ganz von ungeheuer vielen kooperierenden Neuronen-Teams ab, damit ihm Bilder und Ideen und Wortwahlen und Satzstrukturen einfallen. Diese Bestandteile auf niedriger Ebene fühlen sich zur höchsten Ebene hin an, wie wenn sie aus dem Nichts „heraufsprudeln". In Wirklichkeit aber werden sie irgendwie aus den schäumenden, brodelnden Massen interagierender neuraler Funken geformt – genauso wie die Muster von Symmball-Bewegungen aus der chaotischen Brownschen Bewegung der vielen winzigkleinen Symmen entstehen. Und ein paar dieser Ideen schaffen es, durch den engen Kanal der Verbalisierung nach draußen zu gelangen, wie Sandkörner, die durch den engen Hals einer Eieruhr rieseln. Trotzdem wird Hofstadter höchstwahrscheinlich darauf *bestehen*, daß er selbst für diesen Dialog verantwortlich ist, wird er doch ganz erpicht darauf sein, den Lorbeer *selbst* einzuheimsen.

ACHILLES: Hmm ... das Gesamtsystem etwa, das die Murmeln zwang, auf diese und jene Weisen zu rollen ... Es ist nicht leicht, „Anerkennung" oder „Tadel" auszuteilen, sobald man angefangen hat, Gedanken mechanistisch zu analysieren. Ich sehe ein, daß „Entscheidung" und „Wahl" sehr subtile Konzepte sind, die irgendwie damit zu tun haben, wie sich Einschränkungen auf zwei unterschiedlichen Ebenen gegenseitig reziprok beeinflussen, und auf zwei verschiedenen Zeitskalen, innerhalb eines Kraniums oder eines Kranikulleums.

SCHILDKRÖTE: Langsam begreifen Sie die Idee.

ACHILLES: Jedesmal, wenn Sie vom „Sprudeln" sprechen, muß ich unweigerlich an die Kohlensäurebläschen im Ginger Ale denken – ich liebe dieses Zeug. Und durstig bin ich obendrein. Ich hole mir ein Glas voll. Möchten Sie vielleicht auch eins?

SCHILDKRÖTE: Ah, Ginger Ale – ein kolossaler Vorschlag.

ACHILLES *(nimmt einen Schluck aus dem Glas mit gekühltem Ginger Ale)*: Ist Ihnen schon mal aufgefallen, daß sich Ihr Bein, wenn es eingeschlafen ist, anfühlt, wie wenn es voller Ginger Ale ist?

SCHILDKRÖTE: Sehr klug beobachtet.

ACHILLES: Das stammt nicht wirklich von mir, muß ich zugeben. Ich habe das mal in einem Comic gelesen.

SCHILDKRÖTE: Sind Sie sicher, daß *Sie* es waren – oder war es Hofstadter?

ACHILLES: Sie können einem aber auch jeden Spaß verderben!

SCHILDKRÖTE: Es überrascht mich eben, daß es eine sehr komische Erfahrung ist, wenn einem das Bein eingeschlafen ist. Es ist, als ob die Natur einem eine Chance gibt, hin und wieder an all den klitzekleinen Vorgängen im eigenen Bein bewußt beteiligt zu sein, indem sie einen das Kribbeln von Billiarden Zellen spüren läßt, die alle auf einmal losschwirren ...

ACHILLES: Halten Sie es für wahrscheinlich, daß es das ist, was es heißt, *wirklich* lebendig zu sein, und wir die meiste Zeit demgegenüber abgestumpft sind?

SCHILDKRÖTE: Jawohl. Können Sie sich das vorstellen, wenn Ihr ganzer Körper immer so sprudelig und prickelig wäre? Ich habe mich immer schon gefragt, warum manche Leute sagen, ihnen sei das Bein *eingeschlafen*. Wir Schildkröten sagen „Mein Bein ist *wach*". Und die Franzosen sagen „In meinem Bein krabbeln Ameisen". Das scheint mir sehr viel genauer zu sein.

ACHILLES: Verflixt und zugenäht!

SCHILDKRÖTE: Was ist jetzt los?

ACHILLES: Mir ist gerade aufgefallen, daß Hofstadter das alles ausgeheckt hat. Ich meine, ich hatte gedacht, ich hätte wirklich Durst. Jetzt sehe ich, daß ich einfach manipuliert worden bin. Er wollte hier nur bestimmte Äußerungen unterbringen, und mir Durst zu machen, war für ihn einfach ein bequemer Weg, es zu tun. Ich hätte es gleich wissen sollen.

SCHILDKRÖTE: Oh, Ihnen schmeckt das Ginger Ale also nicht?

ACHILLES: Das meine ich nicht. Es schmeckt ganz prima!

SCHILDKRÖTE: Woran stoßen Sie sich dann? Sie sind glücklich, er ist's auch. Wären Sie glücklicher gewesen, wenn er *unglücklich* wäre? Das schiene selbst mir etwas pervers.

ACHILLES: Vermutlich haben Sie da einen entscheidenden Punkt berührt. Wissen Sie, jetzt, da ich darüber nachdenke, scheinen die Entscheidungen, die ich treffe, manchmal ganz langsame Filterungsprozesse zu sein, etwas, das ganz außerhalb meiner Kontrolle ist. Es ist in der Tat so, daß vor meinem geistigen Auge ein ziemlich blutiges Bild aufblitzte, das diese Idee recht anschaulich machte, während wir uns über die Schwierigkeit unterhielten, aus einem mentalen Trott auszubrechen.

SCHILDKRÖTE: Was war das für ein Bild?

ACHILLES: Ich stellte mir gerade eine grausige Szene vor, wo die junge Frau eines Mannes nach einem schweren Autounfall schlimm entstellt ist. Bestimmt wird er *reagieren*. Vielleicht wird er mit Liebe und tiefer Zuneigung reagieren, vielleicht auch mit Mitleid. Vielleicht wird er, sehr zu seinem eigenen Schrecken, mit Ablehnung reagieren. Mir fiel auf, wenn man emotional hin- und hergerissen ist, hat man kaum eine *Entscheidung* darüber, was man fühlen wird. In einem *passiert* einfach etwas. Subtile Kräfte verschieben sich tief im Inneren, unter der Oberfläche, im Verborgenen. In gewisser Weise kann das ziemlich Angst machen, denn statt *entscheiden* zu können, wie man in einer derartigen Krise handeln wird, wenn sie wirklich passiert, *merkt* man, aus welchem Holz man eigentlich geschnitzt ist. Es ist mehr passiv als aktiv – oder akkurater gesagt, die Aktion geht in einem auf Ebenen über die Bühne, die viel weiter unten liegen – viel mikroskopischer sind –, als daß man sie direkt kontrollieren könnte.

SCHILDKRÖTE: Richtig. Sie und Ihre Neuronen, ihr könnt euch eben nicht miteinander unterhalten, jedenfalls nicht mehr als ein Land sich mit seiner Bevölkerung besprechen könnte. In beiden Fällen ist eine Art kollektiver Aktion von unzähligen winzig kleinen Elementen auf unteren Ebenen im Gange, die die Waage zum Neigen bringt – genau wie in einem Land, das „entscheidet", ob es in den Krieg zieht oder nicht. Abhängig von der Polarisation der Bevölkerung wird es entweder umkippen oder nicht. Und alle Teile der Bevölkerung schließen sich anscheinend zu immer größeren Gruppen Gleichgesinnter zusammen, unterstützt von Kommunikationskanälen und Gerüchten und so weiter. Urplötzlich „schwingt" dann so ein Land, das eben noch völlig unentschlossen schien, auf eine Weise um, von der jeder hinterher total überrascht ist.

ACHILLES: Oder, um das Bild zu wechseln, es ist wie bei einer Lawine, die ja schließlich auch ein kollektives Ergebnis ist von Abermilliarden Schneekristallen und ihrer jeweiligen Positionierung. Ein winzig kleines Ereignis kann ganz erstaunliche Proportionen bekommen – beziehungsweise in einer Kettenreaktion enorm verstärkt werden. Allerdings müssen die Kristalle in die richtige Lage gebracht werden, sonst rührt sich gar nichts.

SCHILDKRÖTE: In Fällen, wo man ein Urteil fällen soll, sei es nun, daß es darum geht, jemanden, der Musikstücke komponiert, zu bewerten oder einen potentiellen Titel oder Untertitel für ein Buch einem anderen vorzuziehen oder was auch immer, hat die oberste Instanz einfach abzuwarten, bis Entscheidungen von der unteren Instanz nach oben sickern. *Wirklich* gefällt wird die Entscheidung dort unten in den breiten Massen, in einer Zeit voll Brüten und Grübeln. Erst dann wird sich vielleicht die oberste Instanz bemühen, die tief unten blubbernde Aktivität zu artikulieren, aber diese verbalisierten Gründe, die sie da anführt, kommen immer *a posteriori*. Wörter allein besitzen niemals genügend Reichtum, um die ganze Subtilität einer schwierigen Wahl klar wiederzugeben. Gründe können vielleicht einleuchtend klingen, aber sie bilden niemals die Essenz einer Entscheidung. Der verbalisierte Grund ist bloß die Spitze eines Eisbergs. Oder, um ein anderes Bild herzunehmen, Ideenkonflikte kommen Kriegen gleich, wo *jeder Grund seine eigene Armee hat*. Wenn es kollidierende Gründe gibt, findet der wirkliche Schlagabtausch nicht auf verbaler Ebene statt (auch wenn viele Leute dies sehr gern glauben); es ist wirklich eine Schlacht zwischen ganzen Armeen von neuralen Zündungen, die ihre schwere Artillerie auffahren und Konnotationen, Sprachbilder, Analogien, Erinnerungen, rückständige atavistische Ängste und uralte biologische Realitäten ins Feld schicken.

ACHILLES: Meine Güte, klingt das entsetzlich! Wer Ihnen so zuhört, muß glauben, die Arena des Geistes ist ein riesiger Kriegsschauplatz! Oder ein tückisches Eisfeld an einer Steilwand. Ich hätte nie gedacht, daß, erklärte man das Denken auf eine so mechanistische Weise, es sich dennoch so organisch und lebendig anhören könnte. Irgendwie ist es erschreckend, aber auch ehrfurchteinflößend. Aber was die „Seele", den freien Willen betrifft, so bin ich schon ganz konfus.

SCHILDKRÖTE: Ich denke, daß uns all diese seltsam beschwörenden Bilder zu dem Punkt zurückgebracht haben, wo Sie sich ursprünglich ganz perplex über die Frage gaben, wer wen im Kranium herumschubst. Hätten Sie nun die Güte, Achilles, zu sagen, ob Ihre Moleküle *Sie* herumstoßen oder ob *Sie sie* herumschubsen?

ACHILLES: Eigentlich bin ich mir nicht sicher, wie dieses „Ich" in einen Schädel paßt – oder in ein Kranikulleum. Sie haben es geschafft, daß sich mir der Kopf dermaßen dreht, daß ich nicht weiß, was oben oder unten ist.

SCHILDKRÖTE: Na herrlich! Wenigstens ließe sich jetzt Ihr Geist vielleicht modifizieren. Sehen Sie, wie eingeschränkt– *physikalisch* eingeschränkt, meine ich – ein „freier Wille" in einem Kranikulleum durch die „Wünsche" des Systems eigentlich ist?

ACHILLES: Ja, es leuchtet mir durchaus ein, daß diese scheinbar unmerklichen „Wünsche" im Grunde physikalische Eigenschaften des Gesamtsystems sind – Tendenzen, bestimmte Verhaltensmodi zu vermeiden, oder bestimmte Muster zu wiederholen. In einer Weise kann ich es sehr wohl nachvollziehen, daß ein Kranikulleum in diesem eingeschränkten Sinn von Freiheit einen „freien Willen" hat. Aber vielleicht sollte man „freien Willen" in *„freien Unwillen"* umbenennen.

SCHILDKRÖTE: Oh, Achilles! Das ist ja sagenhaft! Sagen Sie, wie sind Sie denn darauf gekommen?

ACHILLES: Ich weiß nicht – es fiel mir gerade ein. Ich habe nie darüber nachgedacht. Es „stieß einfach von unten aus dem Nichts auf". Ich weiß nicht, wem die Ehre gebührt. Vielleicht hat Hofstadter es erfunden. Oder vielleicht stieß es einfach in *seinem* Gehirn auf – obwohl ich, ehrlich gesagt, den Unterschied nicht ganz erkenne.

SCHILDKRÖTE: Es hört sich an, als würde es von Hofstadters Freund Scott Kim stammen.

ACHILLES: Hmm ... Dennoch stehe ich immer noch vor der Frage – könnten die Symmbälle eines Kranikulleums eigentlich *entscheiden*, von sich aus etwas zu tun?

SCHILDKRÖTE: Sie können bestimmt nicht darüber hinweggehen, wie die Symmen sie herumstoßen – doch andererseits *befinden* sich die Symmen immer genau in einer solchen Lage, daß das *eine* innere Ereignis, das dem Wunsch der Symmbälle nach *am liebsten* geschehen soll, tatsächlich geschehen *wird*. Ist das nicht ein wunderbarer Zufall?

ACHILLES: Ich verstehe jetzt zwar, wie das alles zustande kommt, aber wie ich sehe, ist es gar kein Zufall. Der *Definition* von „Wunsch" nach werden die Symmbälle so herumgeschubst, wie sie es wollen *(ob es ihnen gefällt oder nicht)*! Ich vermute, daß die wirkliche Gewißheit, einen freien Willen zu haben, dann entsteht, wenn ein Haufen von Symmbällen wiederholt und zuverlässig etwas wünscht und dann beobachtet, wie sein Verlangen zum Tragen kommt. Es muß wie Zauberei erscheinen!

SCHILDKRÖTE: Das gleiche passiert, wenn Sie entscheiden, Ihren, sagen wir, Namenszug zu schreiben. Ihre Finger fangen an, Ihnen zu gehorchen, und Sie beobachten, wie durch ein Wunder einfach Ihr Name vor Ihnen erscheint, ganz mühelos! Ist das etwa Zauberei?

ACHILLES: Aha! Damit wären wir also wieder bei dem äußerst verwirrenden Begriff „Ich". Wir sagen: „*Ich* entscheide, mit meinem Namen zu unterschreiben." Aber was heißt das? Ich kann alles in einem Kranikulleum sehen – Wünsche, Sehnsüchte, Glaubensgrundsätze, Meinungen –, aber scheinbar kann ich nicht den letzten Schritt vollziehen. Es gelingt mir einfach nicht, darin ein „Ich" zu erkennen.

SCHILDKRÖTE: Ich habe zu erklären versucht, daß das Wort „Ich" einfach eine Abkürzung ist, die von einem solchen System wie einem Kranikulleum verwendet wird – ein System, das sich selbst vermittels Symmbällen und deren Prädispositionen wahrnimmt, um auf gewisse Weisen zu agieren und nicht anders – insbesondere ein Kranikulleum, das *nicht* wahrgenommen hat, daß es aus superwinzigen synthetisch-magnetischen Murmeln besteht.

ACHILLES: Wahrnehmen! Was Sie nicht sagen, Herr Schildkröte! In einem Kranikulleum ist niemand, der so etwas wahrnehmen *könnte*. Wahrnehmung erfordert *Bewußtsein*, und kein Kranikulleum hat das. Selbst wenn es einen „freien Willen" Ihrem Sinne nach in einem Kranikulleum gibt, ist da niemand, der einen solchen durch Gefühl und Erfahrung erfaßt und sich dessen *erfreut*. Oder vielleicht ist es am besten, man sagt, daß dort zwar Wahrnehmung und freier Wille vorhanden sind, aber niemand da ist, dem er gehört.

SCHILDKRÖTE: Sie meinen, Sie würden allen Ernstes einräumen, daß ein physikalisches System einen *freien Willen* haben könnte, Sie sich dann aber nicht gezwungen fühlen zu sagen, daß es *jemanden* gab, der den freien Willen *ausübte*? Oder daß es zwar zu einer Wahrnehmung kam, es aber *niemanden* gab, *der wahrnahm*? Eine wahrnehmerlose Wahrnehmung? Ein trägerloser, subjektloser freier Wille? Ein seelenloser, lebloser freier Wille? Das ist der Hammer!

ACHILLES: Ich weiß, es klingt paradox. Abgesehen davon, daß mir eine Sache immer noch nicht klar ist, könnte ich fast mit Ihnen konform gehen. *Wer* wäre es, der wahrnimmt, *welcher* Träger wäre es, *welches* Subjekt, *welche* Seele? Welche Person soll das Kranikulleum *sein*? Oder vielleicht sollte ich die Frage umgekehrt stellen: Welches Kranikulleum soll eine Seele bekommen? Verstehen Sie, was ich meine?

SCHILDKRÖTE: Ich denke doch. Sie scheinen sich einen ganzen Pferch von Seelen hoch oben im Himmel vorzustellen, in den der liebe Gott (oder sonst eine Große Omnipotente Transzendentale Trinität) jedesmal hineinfaßt, wenn ein neues Kranium oder Kranikulleum zur Welt kommt, und eine Seele herausholt und das Kranikulleum oder Kranium mit *jener* Identität für immer und ewig erfüllt – fast so, als würde Gott auf einen Eisbecher eine Amarenakirsche obenauf setzen.

ACHILLES: Machen Sie sich über mich lustig?

SCHILDKRÖTE: Das ist ganz und gar nicht meine Absicht. Wenn es so klingt, dann nur, weil ich versuche, mir anzueignen, was meiner Meinung nach Ihre implizite Vorstellung einer „Seele" ist, und sie explizit zu charakterisieren, indem ich sie in möglichst plastische Begriffe packe. Aber wenn Sie sich das Bild eines Pferchs und Gott und die Kirschen auf den Eisbechern mal wegdenken, drücke ich dann etwa nicht den Kern Ihrer Ansicht aus?

ACHILLES: Ich denke, in einer Hinsicht schon – nur als Sie redeten, hörte es sich so albern an, daß ich jetzt zögere, jene Ansicht zu übernehmen.

SCHILDKRÖTE: Der Gedanke, daß „da draußen" einfach verschiedene Ichs sind, ist sehr verführerisch – verschiedene schlummernde Ichs, die alle darauf warten, an Strukturen festgeknüpft zu werden, wie ein Sattel auf dem Rücken eines Pferds oder wie auf Eisbechern plazierte Kirschen. Wenn sie dann ihre Plätze eingenommen haben, „erwacht" plötzlich ein Bewußtsein. Als ob das Bewußtsein und die Identität, die „Werheit", durch die Kirsche zustande gekommen wären, und als ob es ohne diese Kirsche nur ein hohles „Pseudo-Ich" gäbe – etwas, das einen freien Willen besitzt, aber ohne jemand zu *sein*! Ist das nicht ein bißchen traurig? Täte Ihnen so eine armselige, splitternackte Wesenheit nicht leid? Oh, natürlich täte sie Ihnen nicht leid, wie konnte ich das nur denken – schließlich wäre ja da niemand, der einem leid tun könnte, richtig?

ACHILLES: Nun, es läßt sich nicht gerade leicht erkennen, woher ein Haufen Murmeln in einem Kranikulleum oder sogar eine Gesamtheit von feuernden Neuronen das Gefühl bekommen sollen, „Ich bin wer". Mir scheint, daß die Identität an die Spitze einer solchen Struktur gesetzt werden *muß*. Ein Kranikulleum ist ein komplizierter Spielautomat – ein Haufen Maschine aus Metall –, selbst wenn manche Zustände des Kranikulleums die Welt und ihr Wirken repräsentieren, was sich von Spielautomaten nicht gerade sagen läßt. Aber solange Sie nicht eine Art „Flamme" des Lebens in diesen Haufen hineinhalten, bleibt er inhaltslos – seelenlos. Sie brauchen eine „Flamme" (obwohl ich zugebe, daß ich nicht ganz weiß, was ich mit diesem Begriff meine), um ein physikalisches Objekt ins *Dasein* zu rufen, wie man auch eine Flamme braucht, um einen Stapel Holz anzuzünden. Sie können so viel Brennflüssigkeit darüberschütten, wie Sie wollen, ohne Flamme ist alles inaktiv.

SCHILDKRÖTE: Augenblick mal! Ein Stapel Holz fängt an zu *brennen*, wenn man ihn anzündet – aber bekommt er in dem Moment eine *Seele*? Nein – er ist dann, wie Sie ja schon sagten, einfach aktiv statt inaktiv. Jede alte Flamme könnte da herhalten. Ein Feuer bekommt seine Identität nicht von der Fackel, mit der es angezündet wurde, sondern von den brennbaren Materialien! Was die Flamme so brenzlig erscheinen läßt, ist der Übergang aus einer Inaktivität in Aktivität. Aber ein Kranikulleum muß nicht unbedingt *mehr* Aktivität erzeugen, als es schon hat. Trotzdem, Achilles, scheinen Sie meinen Gedanken zurückzuweisen, daß es bei jener Aktivität genauso begründet ist, darin eine individualisierte Seele zu sehen, wie bei der neuralen Zünd-Aktivität. Aber was ist an den Neuronen so besonders? Wissen Sie, woran Sie mich erinnern?

ACHILLES: Ich weiß nicht, ob ich es wissen *möchte*, aber erzählen Sie mal.

SCHILDKRÖTE: Sie erinnern mich an jemanden, der vor einem Metallhaufen steht, der munter vor sich hinbrennt, und dann erklärt, daß, obwohl es ganz wie ein Feuer *aussieht*, es gar kein Feuer *ist* (und schon gar kein *echtes* Feuer!), da es aus

Metall beschaffen ist, und jeder weiß, daß ein Feuer – besonders ein *echtes* Feuer – immer aus brennendem Holz oder Papier gemacht wird.

ACHILLES: Das klingt recht albern und engstirnig – ich hoffe doch, daß ich selbst nicht so bin. Ich bestehe nicht unbedingt darauf, daß es kein Kranikulleum gibt, das eine echte Seele haben könnte, aber ich frage mich doch sehr: „*Wenn* ein Kranikulleum eine Seele hätte, *welche* Seele wäre es dann? Wer wäre *dieses* Kranikulleum, wer *jenes*?" Auf welcher Grundlage könnte man eine Entscheidung treffen?

SCHILDKRÖTE: Mensch, Achilles, haben Sie die Dinge aber auf den Kopf gestellt! (Oder das Pferd von hinten aufgezäumt – ich weiß es nicht so recht.) Die gleiche Frage trifft für Menschen genauso zu wie für Kranikullea. Wer soll welcher Körper sein? Glauben Sie auch, daß *jede Seele* in *jedem Körper* wohnen könnte? Und daß es nur die richtige Flamme im Innern braucht? Könnte es so etwas wie eine „Flammen-Transplantation" geben, bei der die Flamme eines anderen – sagen wir meine – in Ihren Körper verpflanzt wird und Ihr Körper und Gehirn unversehrt bliebe? Wer wäre dann Sie? Oder, wer wären Sie? Oder, *wo* wären Sie?

ACHILLES: Und Sie, Herr Schildkröte, wo wären *Sie*? Ich gebe zu, etwas ist an diesem Bild verkehrt. Wenn ein Kranikulleum wirklich eine Person ist, wo hat dann die Entscheidung, *wer* es ist, ihren Ursprung?

SCHILDKRÖTE: Ich denke, Sie haben das Pferd wirklich von hinten aufgezäumt. (Oder die Dinge auf den Kopf gestellt – ich weiß es nicht so recht.) Erstens ist es keine *Entscheidung* – es ist ein *Resultat*. Zweitens, welches „Wer" ein Kranikulleum ist, resultiert aus der jeweiligen strukturellen Beschaffenheit eines Kranikulleums, insbesondere aus der Art und Weise, wie es seine eigene Struktur an sich darstellt. Je mehr es in der Lage ist, sich selbst als einen unabhängigen und einheitlichen kohärenten Träger eines Geschehens zu sehen, desto mehr kann es dann ein „Wer" sein. Indem es schließlich genügend Sinn für sein einzigartiges Selbst entwickelt, baut es ein vollständiges „Wer" für sich auf, das es dann sein kann: eine Seele, wenn Sie so wollen. Die Kontinuität und Stärke des Gefühls, „jemand zu sein", entstammen der Identifikation mit vergangenen und zukünftigen Versionen desselben Systems, der Art und Weise, wie sich das System selbst als ein einheitliches Etwas sieht, das sich in der Zeit bewegt und verändert.

ACHILLES: Das ist eine merkwürdige Idee – ein Etwas, dessen Identität unverändert bleibt, obwohl es sich mit der Zeit verändert. Kann man sagen, daß es einem Land gleichkommt, das sich verändert und dennoch dasselbe Land bleibt? Ich denke da beispielsweise an Polen. Wenn *je* mit einer Seelenflamme eines Landes Schindluder getrieben wurde, dann mit der Polens – und trotzdem scheint dieses Land einen fortwährenden „polnischen Geist" jahrhundertelang bewahrt zu haben.

SCHILDKRÖTE: Ein wunderbares Beispiel. Das Verständnis für „ein Etwas, das sich durch die Zeit ausdehnt", liegt sehr dicht bei der Wurzel unseres Gefühls, „jemand zu sein". Und in einer Hinsicht ist es ein Schabernack der Natur: die Illusion der Seeleneinheit. Oder Sie können sagen, wenn Ihnen Illusion nicht so sehr gefällt, daß die Fähigkeit eines Organismus zu abstrahieren, sich über Zeiträume hinweg als ein konstantes Etwas zu denken, das er für sein Selbst hält, selbst wenn es sich verändert – daß diese Fähigkeit also die Seele dieses Organismus eben *nicht* als Illusion erscheinen läßt.

ACHILLES: Sie meinen, alles, was sich selbst an der Nase herumführen kann – ich meine, sich selbst *sehen* kann – als etwas, das sich im Verlauf der Zeit nicht ändert, hat eine Seele?

SCHILDKRÖTE: Das ist gar nicht so eine alberne Vorstellung – vorausgesetzt, daß das Verb „sehen" seine übliche abstrakte Bedeutung hat und nicht irgendein verwaschener Begriff ist. Wenn der Organismus von der Wahrnehmung her so stark ist wie lebende Organismen wie Sie und ich, dann würde ich ganz bestimmt sagen, darin steckt eine Seele, wenn er sich selbst als im wesentlichen „derselbe Organismus" über einen Zeitraum hinweg sieht.

ACHILLES: Sich selbst *als Organismus* zu sehen, ist aber nicht gerade banal! Er muß sich selbst als ein einziges kohärentes Etwas sehen, das nicht einfach auf gut Glück handelt, sondern weil *Gründe* dafür da sind.

SCHILDKRÖTE: Hört, hört! So gefallen Sie mir! Ich könnte mit Ihnen nicht besser einig sein. Eine derartige Betrachtungsweise – nämlich einer Sache geistig-seelische Attribute zuzuschreiben – hat Daniel Dennett gegenüber dieser Sache „den intentionalen Standpunkt einnehmen" genannt. Sollten Sie ein Kranikulleum zu Gesicht bekommen, wäre es letztlich so, daß Sie es auf der Ebene der *Symmbälle* sehen und die Anordnungen derselben und die Muster, die sie im Lauf der Zeit durchmachen, als repräsentativ für die Glaubenshaltungen, Wünsche, Bedürfnisse des Systems und so weiter auslegen und dabei entweder gewollt oder aus schierer Ignoranz über die darunterliegenden Murmelmassen hinwegsehen.

ACHILLES: Aber davon ist bei Ihnen ja gerade nicht die Rede, daß *ich* derjenige bin, der ein System anschaut. Sie sprechen von einer Situation, in der ein System das mit *sich selbst* macht, stimmt's?

SCHILDKRÖTE: Genau. Es betrachtet sein eigenes Verhalten, und statt ganz tief unten all die kleinen Kugeln zu sehen, die es so und nicht anders agieren lassen, sieht es nur seine *Symmbälle*, wie sie auf vernünftige, rationale Weise vorgehen –

ACHILLES: Das ist ja toll! Das System sieht sich selbst genauso, wie es für den Zuschauer auf dem im Eiltempo abgespielten Film zu sehen ist! Es könnte von sich selbst sagen, „Es will dieses, es glaubt jenes" und so weiter – nur schreibt es jetzt all diese Einstellungen, Neigungen und Vorlieben und Wünsche und so fort sich selbst zu, so daß es statt dessen sagt, „Ich will dieses, ich glaube jenes" und so weiter. Das erscheint mir eigenartig. Es stellt einfach aus Bequemlichkeit ein Bündel hypothetischer Vorstellungen über sich selbst zusammen und schreibt sie sich dann mit aller Ernsthaftigkeit selbst zu. Zum Kuckuck – wenn Ansichten und Wünsche und Zwecke und so weiter *wirklich* in ihm selbst existierten, hätte dann das verdammte Kranikulleum nicht eigens einen direkten Zugriff auf sie?

SCHILDKRÖTE: Was veranlaßt Sie zu denken, diese Ansichten und Einstellungen seien *nicht* wirklich? Sind Eiswürfel und Verkehrsstaus und Symmbälle nicht real? Und was veranlaßt Sie zu denken, diese Selbst-Wahrnehmung sei *kein* direkter Zugang zu seinen Ansichten und Einstellungen? Nehmen Sie etwa Ihre eigenen Gefühle mit Hilfe Ihres „inneren Auges" so viel anders wahr?

ACHILLES: Vermutlich nicht.

SCHILDKRÖTE: Wenn ein *Außenstehender* irgendeinem Organismus oder mechanischem System zuschreibt, es habe Ansichten, Meinungen oder Einstellungen, so macht er oder sie nichts anderes, als gegenüber dieser Wesenheit „den intentionalen Standpunkt einzunehmen". Ist der Organismus aber so kompliziert, daß er gezwungen ist, es in bezug auf *sich selbst* zu tun, so könnten Sie sagen, daß der Organismus „den *auto*-intentionalen Standpunkt einnimmt". Das würde mit einbeziehen, daß der Organismus selbst keinen besseren Weg hat, um sich selbst zu verstehen, als sich selbst Wünsche, Ansichten, Meinungen, Einstellungen und so weiter anzueignen.

ACHILLES: Das ist aber eine sehr seltsame Art von Feedback-Salto-Ebenenwechsel, Herr Schildkröte. Das Selbstbildnis des Systems (als eine Ansammlung von Symmbällen) wird wieder in den Systemkreislauf zurückgeführt, wobei das Ganze natürlich von den sehr konkreten Symmen bewerkstelligt wird. Es ist mit einem Fernsehapparat vergleichbar, der seinen eigenen Bildschirm anglotzt und unterdessen immer wieder eine Darstellung seiner selbst hin- und herkreisen läßt und so ein Muster ineinander verschachtelter Selbstbildnisse auf dem Bildschirm aufbaut.

SCHILDKRÖTE: Und dieses stabile Muster wird zu einem echten Ding an und für sich. Wären Sie ein Kranikulleum, würden Sie, indem Sie lediglich den auto-intentionalen Standpunkt einnähmen, eine selbst-perpetuierende Selbsttäuschung erzeugen. Sobald Sie diese Illusion schaffen, daß es da nur eins gibt – ein einheitliches Selbst mit Meinungen und Ansichten und Sehnsüchten statt bloß eine Anzahl von ziellosen, seelenlosen Murmeln –, dann tritt diese Illusion wieder in das System ein, und zwar als eine Überzeugung, die das System für seine ureigenste hält. Je mehr diese Illusion von der Einheit durch das System kreist, desto mehr etabliert, verhärtet und versperrt sich darin die ganze Illusion. Es ist wie bei einem Kristall, dessen Kristallisation, hat sie einmal angefangen, irgendwie einen katalysierenden Effekt auf seine weitere Kristallwerdung hat. Eine Art geschlossener Teufelskreis, der sich selbst verstärkt, so daß die Illusion, selbst wenn sie als reine Selbsttäuschung beginnt, die Struktur des Systems, wenn sie sich einmal darin versperrt hat, so sehr durchdringt, daß möglicherweise niemand erklären könnte, wie und warum das System so arbeitet, wie es das tut, ohne auf seine „alberne, selbst-täuschende" Überzeugung von sich selbst *als ein Selbst* Bezug zu nehmen.

ACHILLES: Aber wenn der Augenblick mal gekommen ist, dann ist es wohl nicht mehr so albern, oder?

SCHILDKRÖTE: Nein. Spätestens dann muß es einigermaßen ernst genommen werden, da es eine Menge explanative Kraft besitzt. Ist das Selbst erst einmal dermaßen in den Zusammenhang der Konzepte und Ideen eingesperrt, die das System hat, so bestimmt diese Tatsache viel von dem zukünftigen Verhalten des Systems – oder wenigstens ist das der einfachste Weg, um die Dinge zu begreifen, falls Sie darauf beschränkt sind, die ganze Sache mit dem schnellen Projektor zu betrachten und auf der Ebene der *Symmbälle* anzuschauen. Und das Merkwürdige ist, daß dieser *selbe* Ebenenwechsel mit Feedback-Salto (um den auto-intentionalen Standpunkt einzunehmen) in *jedem* Kranikulleum stattfindet, wenn es hinreichend komplex ist. Damit ist das feste Ich-Bild-Muster, das jedes Kranikulleum, ganz gleich welches Sie nehmen, am Ende auf diese salto-vollführende Weise aufbaut, isomorph zu dem festen Ich-Bild-Muster in jedem *anderen* Kranikulleum!

ACHILLES: Phantastisch! Das Medium ist verschieden, doch das abstrakte Phänomen, das es trägt, ist ein und dasselbe. Das geht schon ins Universale und ist irgendwie schwer zu begreifen.

SCHILDKRÖTE: Mag sein, aber so ist es nun mal. Sie haben alle isomorphe, identische Auffassungen von einem „Ich“. Es gibt aber nur *eine* Auffassung des Wortes – nur einen Referenten – nur ein abstraktes Muster –, und dennoch scheint *jedes* zu meinen, es *auf einzigartige Weise* zu kennen! Irgendwie wird um etwas als einzigen Besitz gekämpft, woran eigentlich alle teilhaben.

ACHILLES: Um den Besitz der *Seele*, Herr Schildkröte?

SCHILDKRÖTE: Sehr scharfsinnig, Achilles.

ACHILLES: Glauben Sie wirklich, daß es nur *ein* „Ich“ gibt, Herr Schildkröte?

SCHILDKRÖTE: Nicht ganz – die Übertreibung hat einen rhetorischen Zweck. Worauf es in Wirklichkeit ankommt, ist, daß es nur *einen Mechanismus* gibt, der der „Ich-heit“ zugrunde liegt: nämlich den, eine komplexe Repräsentation des Systems zusammen mit seinen Repräsentationen der ganzen übrigen Welt zurückkreisen zu lassen. Welches „Ich“ Sie sind, wird durch die Art und Weise festgelegt, *wie* Sie diesen Kreislauf gestalten und wie Sie die Welt repräsentieren.

ACHILLES: Sie meinen also, daß alles, was dafür bestimmend ist, wer „ich“ bin, ein Zusammenhang von Erfahrungen ist, durch die ein Organismus hindurchgegangen ist?

SCHILDKRÖTE: Ganz und gar nicht. Ich sagte, „die Art und Weise, *wie* die Dinge in den Kreislauf kommen“, nicht „*welche* Dinge so zirkuliert und repräsentiert werden“. Sie müssen zwischen dem *Sortiment* an dargestellten Dingen und dem gesamten *Stil* unterscheiden, mit dem sie repräsentiert werden. Der *Stil* bestimmt, wie der Salto zu einer ständigen Schleife wird. *Das ist es*, wodurch die Einzigartigkeit eines jeden „Ichs“ erzeugt wird.

ACHILLES: Nun, Herr Schildkröte, ich denke, langsam verstehe ich, worauf Sie hinauswollen. Gefühlsmäßig ist es einfach *dermaßen* schwierig zu erkennen, daß aus einem so physikalischen System wie einem Kranikulleum eine „Seele“ hervorgeht.

SCHILDKRÖTE: Der Trick besteht darin, die eigenartige bidirektionale Kausalität zu erkennen, die zwischen den Systemebenen wirkt, und dieses Bild mit einem Sinn dafür zu integrieren, wie Symbole repräsentative Kraft erhalten, einschließlich der Stärke, gewisse Qualitäten ihrer eigenen Aktivität zu erkennen, selbst wenn es nur annähernd passiert. Das ist die Crux des Geistig-Seelischen und der Ursprung des Änigmas des „Ichs“.

Postskriptum

Diese Arbeit wurde durch meinen kurzweiligen Kontakt mit einem glänzenden meteorhaften Geist, meinem Freund Randy Read, inspiriert, ein Psychiater und Autor, der in San Diego zuhause war. Es ist, während ich dies schreibe, ungefähr ein Jahr her, daß Randy tot ist, und trotzdem fühle ich immer noch, wie sein Geist in meinem resoniert. Manchmal verstehe ich nicht, warum. In einer Hinsicht kannte ich ihn kaum – und doch denke ich andererseits, daß ich für kurze Zeit sein bester Freund war.

Ich lernte Randy durch seine Briefe kennen, was 1979 anfing. Die ersten Briefe von ihm waren fesselnd und voller Frische, aber sie hatten auch eine deutliche Sprödheit an sich, die mich veranlaßte, eine ganze Weile Abstand davon zu nehmen. Im weiteren Verlauf aber gewann ich seine Art und Weise lieb, wie er mit Wörtern umzugehen pflegte und schonungslos komplexen Wahrheiten nachging. Allmählich verstand ich, daß es ihm einfach Spaß machte, vielfach spröde zu sein. Was ganz deutlich durchkam, war ein ungeheueres leidenschaftliches Verlangen zu wissen, sich an der Natur zu erfreuen und Schönes zu entdecken. Er schrieb über die Einsamkeit des „Lebens auf der Kippe" – ein Balancieren irgendwo zwischen dem Impulsiven und Nachdenklichen, dem Intellektuellen und Emotionalen.

Ich traf mit Randy Read nur ein paarmal zusammen, aber während dieser Gelegenheiten lernte ich seine ungemein feinsinnige Sensitivität für alles Schöne um so mehr schätzen, insbesondere sein Feingefühl für Musik und seine intensive Begeisterung für das Leben. Ich fand, daß er ein erstaunlich warmherziger und außerordentlich verletzlicher Mensch war. Einmal unternahmen wir eine kleine Kletterpartie an der Pazifik-Küste, für mich eine sehr denkwürdige Gelegenheit, da ich in den Genuß kam, Randy in der freien Natur zu erleben und gleichzeitig seine Gedanken zu hören. Danach unterhielten wir weiterhin unsere Korrespondenz. Ich habe seine vielen Briefe und Karten aufbewahrt, die voller Idiosynkrasien sind.

1981 versuchten wir, mittels Briefverkehr und Telefon zusammen an einer erweiterten Fassung des Kranikulleum-Dialogs zu arbeiten, aber es klappte nicht so gut, wie wir es uns erhofft hatten. Obwohl am Ende das Resultat längst nicht perfekt ausfiel, gewannen wir beide aus dieser gemeinsamen Anstrengung viel Spaß. Danach verlief unsere Korrespondenz irgendwie im Sande, was mich aber nicht abhielt, mit meinen Gedanken ganz oft bei Randy zu sein.

Als ich zum ersten Mal hörte, daß Randy Read verstorben war, traf mich absolut der Schlag. Ich hatte ja keine Ahnung, wie sehr er mir ans Herz gewachsen war. Ich lasse hier ein paar Zeilen folgen, die ich kurz nach dem Schock für mich niederschrieb.

> RR war ein Sucher, Späher, ein Finder, einer, der die Spreu vom Weizen trennte, ein Sehnender, ein mächtiger, wunderbarer, spiritueller Drachenflieger, der irgendwie nicht mit der faden Null-acht-fünfzehn-Realität auf dieser Welt umgehen konnte. Nein, das ist zu ungenau. Er *liebte* die Wirklichkeit, jeden winzigen Kubikzentimeter davon, jeden Winkel und jede Ritze, wo das Paradoxe, Lautere, Dichterische blühte, wo Energie drinsteckte.

Im Andenken an Randy Read möchte ich dartun, wie seine Ideen das Kranikulleum-Stück inspiriert haben und Auslöser für eine Unmenge anderer Gedanken waren, die in diesem Buch verstreut sind. Es war bemerkenswert, wie Randy aus dem Stegreif sinnieren konnte. Seine Gedanken strömten mit rasender Geschwindigkeit in wunderbaren Worten aus ihm heraus. Zum Glück benutzte er oft ein Diktiergerät und schickte mir dann Briefe, die im wesentlichen Abschriften seiner gedankenversunkenen Überlegungen waren. So stelle ich dann hiermit eine Auswahl meiner Lieblingsstücke aus dem „Randy-Reader“ vor.

* * *

31. März 1980

Heute sitze ich hier gerade im warmen Sonnenschein, nuckel an einem Papayasaft und kontempliere über die Geheimnisse des Lebens. Welche bessere Zeit könnte es schon geben, um Dich mit einem weiteren Brief zu behelligen!

Dann fange ich mal an: Ich bin soeben erst von einem meiner Streifzüge durch die Berge zurückgekehrt. Ich war oben in der Sierra Nevada in Kalifornien und hatte trotz des gelegentlichen Schneesturms eine herrliche Zeit. Heuer war es in den Sierras wegen der Lawinen hochriskant, so daß mehr Umsicht als üblich geboten war. Lawinen, selbst kleine, stellen eine ungewöhnlich tödliche Gefahr dar, und wie man weiß, sind sie schwer vorherzusagen.

Die Lawinenvorhersage ist eine solche schwarze Kunst, daß die Meteorologie vergleichsweise eine hochprozentige Wissenschaft zu sein scheint. Wie man weiß, hat ein Schneefeld das breiteste Spektrum von physikalischen Eigenschaften aller bekannten physikalischen Substanzen. Es kann von *névé*, einer fast kristallinen eis-ähnlichen Masse, bis zur Lawine aus Puderschnee, so fein wie Mehlstaub, reichen. Ein Schneefeld ist plastisch, elastisch, starr, firnig, fest oder flüssig, je nachdem, welche interagierenden physikalischen Faktoren vorhanden sind.

Eine Schneelawine wird oftmals durch ein so komplexes Netz von Faktoren ausgelöst, daß dem Phänomen fast Leben innezuwohnen scheint. Man muß kein fanatischer Animist sein, um in manchen komplexen Systemen eine Geschäftigkeit zu spüren, die dem Geschäft des Lebens ähnelt. Eine greifbare Analogie ist, daß es bei einer Lawine mit ihrer nahezu „Alles-oder-Nichts“-Reaktion ähnlich ist wie bei einer Kettenreaktionen auslösenden Nervenzelle. Ein kleine störende Eingangsenergie, gewöhnlich vom Bergsteiger selbst in Gang gesetzt, entfesselt eine enorme orgastische Reaktion.

Eine Anhäufung von miteinander lose verbundenen Elementen kann den „lockeren Matsch“ ergeben, der notwendig ist, damit sich etwas neu bilden kann. Eine elastische Lockerheit im Geist erlaubt es, kontrafaktisch zu denken. Gleichermaßen trotzen solche Systeme wie Lawinen einer einfachen Vorhersage, weil sie nicht in einer Weise sein *müssen.*

Primitive Völker schreiben solchen komplexen Systemen oft eine Mentalität oder Seele zu. Man muß tatsächlich nicht sonderlich abergläubisch sein, um zuweilen die Gegenwart einer Art von Geist in einer Wächte zu fühlen. Es gibt da einen Charakter, eine Art leicht reizbare Mürrischkeit manchmal, die anderen Male eine verspielte Launenhaftigkeit, aber fast immer hat man das Gefühl, es ist ein Wesen, das aus unzähligen Schneeflocken hervorgeht, die sich gegenseitig spüren.

Ähnlich den Lawinen sind die Verhaltensweisen in der Masse und in der Herde. Änderungen der öffentlichen Meinung können sich rasch vollziehen; die Stimmung eines Mobs kann so abrupt in Gewalttätigkeit umschlagen wie eine einstürzende Wand aus Schnee. Sogar Nationen haben möglicherweise etwas von der Abartigkeit eines Schneefelds.

Ein großer Teil des Bemühens, derartige Systeme wie Lawinen, das Wetter, das Strömen von Gasen in inneren Verbrennungssystemen und andere wirbelnde Dinge zu verstehen, hat bislang immer auf Versuchen beruht, mikroskopisch kleine Elemente zu analysieren. Vielleicht haben wir eines Tages die Mathematik und die Meßapparate, um diese Art von Analyse zuwege zu bringen, doch verpaßt man mit einem solchen Reduktionismus oft, es so zu erfassen, wie ein Künstler es tut. Die erfahrensten Bergsteiger, die talentiertesten Motorenexperten vertrauen auf ein intuitives Gefühl für die Charaktereigenschaften des Mediums, mit dem sie arbeiten. Messungen sind ganz bestimmt angebracht, aber oft ist es ein Gefühl für die Persönlichkeit eines Phänomens, das die Versuche zur Findung von Lösungen leitet.

Ich denke, daß mit der Zeit die Computerwissenschaften den richtigen Weg zeigen werden, um Klassifikationen der „Persönlichkeiten“ großer Systeme zu entwickeln. Die Computerhardware eignet sich ohne weiteres für eine präzise Reproduktion, und ich bin sicher, daß wir bald das feine Gespür entwickeln, um den Geist großer Systeme genauso leicht zu erkennen, wie wir das Gesicht eines Freundes erkennen. Schon heute zeichnet sich ab, daß es eines Tages wahr sein wird, da so manches Wundersame in Leitungsnetzen und in der Software geschieht, was in unseren herrschenden Computersystemen distinktive Persönlichkeit entwickelt.

* * *

20. Januar 1981

In natürlicher Umgebung kann man niemals eine Null-Fehler-Rate erreichen. Die Natur, brillant wie sie ist, findet also Mittel und Wege, Fehler in ihrem Sinne wirken zu lassen. Es ist irgendwie so: Grobe Fehler sind tödlich, kleine flüchtige Fehler geben den Dingen genügend Lockerheit, damit sich Neues auftun kann. Wenn die Schrittweite der Fehler klein genug gehalten werden kann, läßt sich schrittweise eine Annäherung zum fast Perfekten erreichen.

Es fällt mir schwer, es in Worte zu kleiden, aber wenn ich an Kreativität denke, fallen mir Eigenschaften wie „nervöses Zittern“ und „Verletzlichkeit“ ein. Vielleicht ist ein anderes Bild das des Zumischens von Absorptionsmitteln bei der Herstellung von Halbleitern. Die Struktur eines großangelegten Anordnungsschemas kann durch das Einlassen kleiner Teilchen von etwas, was nicht dazugehört, dramatisch verändert werden. Nicht der Zufallscharakter ist in Wirklichkeit die lebenswichtige Ingredienz in der Kreativität, sondern eher die fast unmerkliche Färbung der subtilen Wahrheiten, die die Kreativität findet, wodurch zufälliges Rauschen nicht mehr weiß ist, sondern in Rosa wechselt. Als Michelangelo vor dem Marmorklotz stand, der einmal David werden sollte, hatte er das Bild eines jungen Mannes vor Augen, aber er gestattete sich auch, den Marmorklotz in sich eindringen zu lassen und somit das ganze Universum. Kreativität erfordert einen Geschmacksinn, einen Gaumen, um die Wohlgerüche zu schmecken, die die Brillanz ausmachen.

„Zufall ist dem gewogen, der darauf eingestellt ist.“ – Louis Pasteur. Mir gefällt dieses Zitat. Das ganze Leben nährt sich vom Zufälligen. Kreativität ist einfach die *haute cuisine*.

Kleine kräuselnde Wellen, die lang genug existieren bzw. vielmehr sich fortsetzen, um beobachtet werden zu können, sind die niedrigsten Formen, die das besitzen, was man eine Persönlichkeit nennen könnte. Felsen und Schnee haben tendenziell sehr wenig Persönlichkeit, weil deren Kräusel sehr klein sind und vom Zufallscharakter dominiert werden. Da hat Qualm schon mehr Persönlichkeit. Ich glaube tatsächlich, daß Bach und Magritte aus diesem Grunde Pfeifenqualm liebten, wie ich selbst auch zugeben muß, daß ich dieser Gewohnheit aus gleichem Grunde fröne.

Eine Qualmwolke ist irgendwie wie ein Neffe von uns. Kleine Luftströmungen, die locker verbundenen Systeme, wirbeln Schäfchenwölkchen auf, und wir können beobachten, wie das ganze Ensemble sanft und gemächlich durch die Luft gleitet. Wogende Flüsse und Ströme besitzen diese Eigenschaft, wie auch brechende Ozeanwellen. Das Kochen am Herd und das eigene innere Kochen, die kleinen Stücke, jedes mit seinem eigenen Leben, jeder kleinen Welle verbunden, interagierend und trotzdem am Ganzen partizipierend.

* * *

23. Februar 1981

SCHMETTERLINGE

Die besten Gedanken sind die grazilsten,
schnellsten, schwierigsten zum Fangen.
Lepidopteren so ganz anders, wenn sie fliegen,
als wenn gefangen, getötet
und stolz zur Schau gestellt.

* * *

Am 10. April 1983 nahm sich Randy Read das Leben. Ich weiß nicht, warum. Vielleicht halten diese nachdenklichen Gedanken, wenn sie in den Neuronen von ein paar Tausend Lesern da draußen in der Welt zum Tanzen und Funken kommen, ein kleines Stück seiner Seele am Leben.

25
Das Erwachen aus dem Booleschen Traum *oder* Subkognition als Rechenvorgang

Juli 1982

Einleitung

Der Philosoph John Searle hat mit seinem berühmten Aufsatz „Geist, Gehirn, Programm" vor kurzem allerhand Unruhe in den Zirkeln der Kognitionswissenschaft und der Philosophie des Geistes ausgelöst. Er entwickelt darin sein Gedankenexperiment des „Chinesischen Zimmers". Der Zweck des ganzen ist es, die Ziele der artifiziellen Intelligenz als illusorisch zu enthüllen und insbesondere das, was er als *starke AI* bezeichnet – den Glauben, daß ein programmierter Computer im Prinzip Bewußtsein haben kann –, in Zweifel zu ziehen. Anstelle von „Bewußtsein haben" könnten hier verschiedene synonyme Wendungen stehen, wie z.B.:

* *denken;*
* *eine Seele haben* (eher in einem humanistischen als in einem religiösen Sinn);
* *ein Innenleben haben;*
* *Semantik besitzen* (im Unterschied zu „bloßer Syntax");
* *Inhalt haben* (im Unterschied zu „nackter Form");
* *Intentionalität besitzen;*
* *etwas sein, das so ist, wie es zu sein für etwas ist* (eine verrückte Formulierung, die auf T. Nagel zurückgeht);
* *Personheit zu haben;*

und andere. Jede dieser Wendungen hat ihren eigenen eigentümlichen Komplex, bestehend aus Konnotationen und geistigen Bildern, die mit ihr verknüpft werden, wie auch ihre eigene Geschichte und ihre eigenen Verfechter. Für unsere Zwecke aber wollen wir sie allesamt als gleichwertig betrachten und sie allesamt zusammenballen, so daß die ohnehin starke AI nun tatsächlich sehr stark wird.

Indessen haben verschiedene Leute, die in der AI arbeiten, ihre eigenen Philosophien entwickelt, was AI ist, und einige nützliche Begriffe und Schlagwörter hervorgebracht, um ihr Bemühen zu beschreiben. Dazu gehören: „Informationsverarbeitung", „Kognition als Rechenvorgang", „physikalisches Symbolsystem", „Symbol-Manipulation" „Expertensystem" und „Wissensorganisation". Hinsichtlich der eigentlichen Bedeutung solcher Wörter wie „Symbol" und „Kognition" gibt es einige Verwirrung, genauso wie es nicht ganz klar ist, was Wörter wie „Semantik" und „Syntax" bedeuten.

Zweck dieses Aufsatzes ist es, zu versuchen, in die Bedeutungen solcher schwer faßbarer Begriffe zu tauchen und gleichzeitig etwas Licht einmal auf die Ansichten von Searle und zum anderen auf die von Allen Newell und Herbert Simon zu werfen – immer noch leibhaftige AI-Pioniere, die für mehrere der Begriffe im vorangegangenen Absatz verantwortlich sind. Stein des Anstoßes für die hier ausgedrückten Gedanken war ursprünglich eine wissenschaftliche Arbeit mit dem Titel „Artificial Intelligence: Cognition as Computation" („Artifizielle Intelligenz: Kognition als Rechenvorgang") von Avron Barr. Man kann sie trotzdem völlig unabhängig davon lesen.

Allem Anschein nach handelt es sich nicht gerade um banale Fragen, die sich bestimmt nicht in einem einzigen Aufsatz klären lassen. Tatsächlich wurde die Mehrzahl der Ideen in diesem Aufsatz schon früher und umfangreicher in meinem Buch *Gödel, Escher, Bach: ein Endloses Geflochtenes Band* dargelegt. Es scheint aber der Mühe wert, aus dem genannten Buch eine bestimmte Strömung von Ideen herauszuziehen und sie mit einigen neueren Grübeleien und Beispielen zu bereichern, selbst wenn die zugrundeliegende Philosophie ganz dieselbe bleibt. Um diesen komplexen Ideen gerecht zu werden, müssen viele Themenbereiche miteinander verknüpft werden, u.a. die Beschaffenheit von Symbolen, Bedeutung, Denken, Wahrnehmung, Kognition usw., was erklärt, warum dieser Aufsatz nicht bloß aus drei Seiten besteht.

Kognition im Gegensatz zu Perzeption: Der 100-Millisekunden-Trennstrich

In Barrs ursprünglicher Arbeit wird AI wiederholt durch die Umschreibung „informationsverarbeitendes Kognitionsmodell" charakterisiert. Obgleich ich, als ich sie vor Jahren zum ersten Mal hörte, dazu neigte, sie als eine das Wesen der AI definierende Umschreibung zu akzeptieren, störte mich bald irgend etwas daran; und das würde ich hier gerne zu artikulieren versuchen. Nun, was steckt in einem Wort? Was gibt es hier dagegen einzuwenden? Ich werde nicht so sehr versuchen zu sagen, was an der Umschreibung falsch ist, als vielmehr zu zeigen, was mich an den Ideen ihrer Förderer stört, und womit ich nicht konform gehe; vielleicht kommen dann die Konnotationen der Umschreibung an die Oberfläche, so daß andere Leute erkennen können, warum sie mir nicht behagt.

Ich denke, die unterschiedlichen Auffassungen können am deutlichsten auf folgende Weise herausgekehrt werden. 1980 hielt Simon einen Vortrag, den ich mir anhörte (die Procter Award Lecture für das Sigma-Xi-Jahrestreffen in San Diego), und dabei erklärte er (und ich glaube, ich zitiere ihn jetzt fast wörtlich):

> Alles an der Kognition Interessante passiert oberhalb der 100-Millisekunden-Ebene – die Zeit, die man braucht, um die eigene Mutter zu erkennen.

Da anderer Meinung zu sein, ist ganz einfach; ich nehme nämlich genau den entgegengesetzten Standpunkt ein:

Alles an der Kognition Interessante passiert unterhalb der 100-Millisekunden-Ebene – die Zeit, die man braucht, um die eigene Mutter zu erkennen.

Für mich lautet die oberste Frage der AI so: „Was in aller Welt geht da vor sich, das Sie befähigt, aus 100 000 000 Punkten auf der Netzhaut ein einziges Wort ‚Mutter' innerhalb einer Zehntelsekunde zu machen?" Der entscheidende Punkt darin ist die Wahrnehmung!

Das Problem der Buchstabenform: Ein Testfall für AI

In meinen Augen besteht das Problem der Intelligenz darin, die fluide Natur geistes- und verstandesmäßiger Kategorien zu verstehen, die unveränderlichen Wesentlichkeiten des Wahrgenommenen zu begreifen, wie etwa das Gesicht der Mutter, und die seltsam flexiblen und doch festen Begrenzungen von derartigen Vorstellungen wie „Stuhl" oder wie des Buchstabens „a" zu durchschauen. Wittgenstein hatte die Zentralität solcher Fragen bereits vor Jahren erkannt, als es noch gar keine Computer gab, wie man in seiner berühmten Auseinandersetzung über die Unmöglichkeit, die Bedeutung eines solchen Wortes wie „Spiel" festzulegen, nachlesen kann. Und um es ganz besonders hervorzuheben und der Sache so viel Gewicht beizumessen, wie ich nur kann, stelle ich hiermit folgende Behauptung auf:

Das zentrale Problem der AI ist die Frage: *Was ist der Buchstabe* „a"*?*

Donald Knuth meinte zusätzlich, als er mich das einmal behaupten hörte, „Und was ist der Buchstabe ‚i'?" – ein Zusatz, den ich gerne akzeptiere. Vielleicht wäre die beste Version tatsächlich diese:

Das zentrale Problem der AI lautet: *Was sind* „a" *und* „i"*?*

Indem ich diese Behauptungen aufstelle, suggeriere ich gleichzeitig, daß jedes Programm, um mit Buchstabenformen so flexibel umzugehen, wie Menschen es können, im vollen Umfang eine allgemeine Intelligenz besitzen muß.

Viele Leute in der AI mögen protestierend darauf hinweisen, daß es bereits Programme gibt, die in speziellen Domänen ein Leistungsvermögen erreicht haben, das einer Experten-Ebene entspricht, ohne daß es dazu einer generellen Intelligenz bedurfte. Warum sollten Buchstabenformen irgendwie anders sein? Meine Antwort darauf wäre, daß spezielle Domänen eher die Neigung haben, den Unterschied zwischen Stärken und Schwächen eines Programms zu vernebeln, als ihn zu klären. Eine vertraute Domäne wie die Form der Buchstaben verleiht dem Ganzen viel mehr von einer Feuerprobe.

Ich finde es seltsam, daß sich die AI zu diesem geradezu klassischen Problem so wenig geäußert hat. Sicherlich ist einige Arbeit geleistet worden, denn es gibt ein paar Gruppen, die sich für das Buchstaben-Problem interessieren, aber eine bedingungslose

Anstrengung, um sich mit dieser Quintessenz des Mustererkennungsproblems zu befassen, ist nie unternommen worden. Da das Verstehen von Buchstabenformen augenblicklich ein wichtiges Ziel meines eigenen AI-Forschungsprojekts ist, möchte ich gerne einen Moment aufwenden, um zu erklären, warum es in meinen Augen so sehr im Kontrast zu Domänen am anderen Ende des „Expertenspektrums" steht.

Jeder Buchstabe des Alphabets tritt in buchstäblich abertausend verschiedenen „offiziellen" Versionen (Schriften) in Erscheinung, von den Millionen, Milliarden, Billiarden „inoffiziellen" Versionen ganz zu schweigen (die handschriftlichen, die Sie und ich und alle anderen die ganze Zeit produzieren). Da stellt sich folglich die Frage: „Wieso ist jedes ‚a' wie alle anderen?" Natürlich wäre es das Ziel eines AI-Projekts, eine exakte, in Zahlen ausgedrückte Antwort zu geben. Aber selbst wenn man von der Unklarheit gewöhnlicher Sprache profitiert, hat man Mühe, eine befriedigende intuitive Antwort zu finden, weil wir einfach Phrasen anwenden wie: „Sie sehen doch alle gleich aus." Das ganze Problem ist freilich, daß sie eben *nicht* die gleiche Erscheinung haben. Und es hilft auch nicht, „Erscheinung" in „Form" umzuwandeln, oder Satzteile anzuhängen wie „im Grunde genommen", „im wesentlichen" oder „auf begrifflicher Ebene".

Es stellt sich auch die weniger offenkundige Frage: „Wie stehen all die verschiedenen Buchstaben einer einzigen Schrift miteinander in Beziehung?" Wenn es ein gewaltiges Analogieproblem gibt, dann dieses. Man fragt nach einem „b", das sich zur abstrakten Vorstellung von „b"-heit so verhält wie ein bestimmtes „a" zur abstrakten Vorstellung von „a"-heit. Man muß die Eigenschaften eines bestimmten „a"s nehmen und sie sozusagen „lose in der Hand halten". Dann sieht man schon, wie sie bei dem Versuch, sie auf einen anderen Buchstaben zu übertragen, in unterschiedliche Varianten ihrer selbst „schlüpfen". Hier befindet sich genau der Angelpunkt des Denkens, der Ort, wo etwas in andere, subjunktivische, Variationen seiner selbst schlüpft. Dieses „Etwas" ist eine sehr abstrakte Vorstellung – nämlich „die Art und Weise, wie diese besondere Erscheinung die abstrakte Eigenschaft, ein ‚a' zu sein, manifestiert". Das Problem eines „a"s hängt folglich eng mit den Problemen eines „b"s bis hin zu einem „z" zusammen, und somit mit dem Problem stilistischer Konsistenz.

Die Existenz optischer Schriftzeichenleser wie die Lesemaschinen, die von Ray Kurzweil für Blinde erfunden wurden, könnten einen zunächst glauben lassen, daß das Problem der Buchstabenerkennung gelöst ist. Betrachtet man das Problem jedoch etwas sorgfältiger, merkt man, daß kaum an der Oberfläche gekratzt wurde. In Wahrheit arbeiten die meisten Programme zur optischen Erkennung von Schriftzeichen mit einem ausgefeilten Schablonenvergleich. Bei diesem Verfahren wird statistisch ermittelt, welches Schriftzeichen aus einem festen Repertoire von, sagen wir mal, 100 gespeicherten Schriftzeichen „am besten paßt". Das ist ungefähr so, wie wenn ich annehme, daß ich meine Mutter dadurch erkenne, daß ich die Szene vor meinen Augen mit abgespeicherten Erinnerungen vergleiche, wie Tiger, Zigaretten, Hula-Hoop-Reifen, Spielkasinos und Büchsenöffner aussehen (und natürlich gleichzeitig sämtliche anderen Dinge auf der Welt), und irgendwie prompt das hervorkrame, was „am besten paßt".

Der menschliche Geist und seine Fähigkeit, Formen zu erkennen und zu reproduzieren

Das Problem, Buchstaben des Alphabets zu erkennen, ist nicht weniger tiefgehend als das, seine eigene Mutter zu erkennen, selbst wenn es anders scheinen mag, vorausgesetzt, daß die Anzahl der einzelnen Platonischen Prototypen klein gehalten wird (26, wenn man außer den Standardkleinbuchstaben des Alphabets sämtliche anderen Schriftzeichen ignoriert). Man kann die Zahl sogar noch weiter einengen, so daß man lediglich gerade noch eine Handvoll hat. Tatsächlich hat mir Godfried Toussaint, Herausgeber der wissenschaftlichen Aufsätze über Mustererkennung für die *IEEE Transactions*, gesagt, daß er gerne einen Preis für das erste Programm in Aussicht stellen würde, das von zwanzig vorgegebenen Schriftzeichen, die man leicht identifizieren kann, genau unterscheiden könnte, welche davon „a"s und welche davon „b"s sind. Um eine solche Aufgabe zu bewältigen, reicht es nicht aus, wenn ein Programm einfach nur eine Erscheinung als ein „a" erkennen kann; es muß durchschauen, *wie* diese Erscheinung „a"-heit verkörpert. Und zur Probe, ob das Programm wirklich seine Buchstaben kennt, müßte es dann „jenen Stil" auf die anderen Buchstaben des Alphabets übertragen. Das ist das Ziel meiner Forschungsarbeit: herauszufinden, wie es machbar ist, Buchstaben auf „miteinander ähnliche Weisen" so dahinschlüpfen zu lassen, daß sich ein konsistenter künstlerischer Stil in einer Schriftart herausbildet – oder einfach eine konsistente Schreibweise des Alphabets.

Im Gegensatz dazu befaßt man sich in der AI, wenn es um die Erarbeitung des Phänomens des Sehens geht, mit solchen Dingen wie Programmen zur Luftaufklärung oder zur Lenkung von Robotern. Man könnte daher auf den Gedanken kommen, daß das Grundproblem beim Sehen darin liegt, herauszufinden, wie Oberflächenstrukturen erkannt werden und wie zwischen zwei und drei Dimensionen zu vermitteln ist. Doch was ist mit der Tatsache, daß praktisch niemand von uns, obwohl wir doch alle so großartig darin sind, Gesichter zu erkennen, imstande ist, ein Gesicht wirklich gut zu zeichnen – selbst von jemandem, den wir lieben? Die meisten von uns versagen kläglich, wenn sie etwas zeichnen sollten, selbst wenn es so simple Dinge wie Bleistifte und Hände und Bücher sind. Ich persönlich habe Hunderte von chinesischen Schriftzeichen erkennen gelernt (Umrisse, die weder drei Dimensionen noch Oberflächenstrukturen beinhalten), und wenn ich sie aus dem Gedächtnis zu reproduzieren versuche, ertappe ich mich oft dabei, wie ich Schriftzeichen miteinander verwechsle und vermische, wobei ich elementare Komponenten auslasse, oder, was von allem am schlimmsten ist, außerstande bin, mich an irgend etwas außer ein ganz, ganz vages „Gefühl" für das Schriftzeichen zu erinnern, unfähig, einen einzigen Strich zu zeichnen.

Kehren wir aber wieder zu heimatlicheren Gefilden zurück. Die meisten von uns haben buchstäblich schon Millionen Male, sagen wir, „u"s mit Serifen gelesen, und dennoch kann praktisch niemand von uns ein „u" mit Serifen an den Standardstellen, und in die Standardrichtungen gehend, zeichnen. (Das trifft sogar noch mehr für die Art von „g" zu, das Sie gerade gelesen haben, aber auch für jeden anderen Buchstaben des Alphabets.) Ich vermute, daß sich viele Leute – vielleicht die Mehrzahl – nicht einmal der Tatsache bewußt sind, daß es zwei unterschiedliche Typen eines kleingeschriebenen „a“s und eines kleingeschriebenen „g“s gibt, wie auch viele Leute äußerste Schwierigkeiten zu haben scheinen, zwischen Klein- und Großbuchstaben zu unterscheiden, aber nur ein paar wenige ihre liebe Not haben, Buchstaben in Vorwärtsrichtung von Buchstaben in Rückwärtsrichtung auseinanderzuhalten.

Wie kann eine so phantastische „Erkennungsmaschine“ wie unser Gehirn bei der Wiedergabe nur so unter aller Kanone sein? Es muß offenbar etwas sehr Komplexes vor sich gehen, das uns befähigt, Dinge als Mitglieder von Kategorien zu *akzeptieren* und wahrzunehmen, *wieso* sie zu nämlichen Kategorien gehören, und uns dennoch nicht in die Lage versetzt, diese Dinge aus dem Gedächtnis zu reproduzieren. Dies ist ein Geheimnis, das weiterhin im Dunkeln bleibt.

In seinem Buch *Pattern Recognition* („Mustererkennung“) hat der verstorbene Michail Bongard, ein kreativer und kenntnisreicher russischer Computerwissenschaftler, am Ende 100 Ratespiele für Visuelle-Muster-Erkenner zusammengestellt, seien sie nun Menschen, Maschinen oder Außerirdische; meiner Auffassung nach ist es kein Zufall, daß die Krönung seiner Spiele Buchstabenformen sind. Anders gesagt, er arbeitet sich mühsam zu Buchstabenformen hoch, als wären sie die Spitze visuellen Erkennungsvermögens. Es gibt heutzutage auf der Welt kein Programm zur Erkennung von Mustern, mit dem es annähernd möglich wäre, jene sogenannten Bongard-Probleme zu lösen. Und trotzdem zitiert Barr von Simon folgende Aussage:

> Jene Gemeinsamkeit [zwischen den Informationsprozessen, derer sich so grundverschiedene Systeme wie Computer und menschliches Nervensystem bedienen] ist jetzt dermaßen evident, daß die verbleibenden Fragen bezüglich der Grenzen der Kognitionswissenschaft sich weniger darum drehen, ob sowohl Menschen als auch Maschinen denken, sondern vielmehr darum, ob es auch bei der Informationsverarbeitung in genetischen Systemen nicht-triviale Gemeinsamkeiten gibt. Man kann die Grenzlinie ziehen, wo man will, aber das ändert nichts daran, daß es heutzutage eine Wissenschaft von intelligenten Systemen gibt, die über die Grenzen einer jeden Spezies im einzelnen hinausgeht.

Mir fällt es schwer zu verstehen, wie Simon das glauben kann, in einem Zeitalter, da Computer immer noch keine *subkognitiven* Handlungen im elementarsten Sinne vollbringen können (Handlungen, die unserer Meinung nach unbewußt sind, Handlungen, die der Kognition zugrunde liegen).

Ich erinnere mich, wie Simon bei einem anderen Vortrag 1979 (der Eröffnungsrede zum Inauguraltreffen der *Cognitive Science Society*, gleichfalls in San Diego) proklamierte, daß es trotz des starken Zweifels auf seiten von Leuten, die sowieso nicht Bescheid wissen, keine Frage mehr ist, ob Computer denken können oder nicht. Wenn er damit gemeint haben sollte, daß es keine Frage mehr sein sollte, ob Maschinen *irgendwann* Denkfähigkeit erwerben könnten, oder ob wir Menschen (in irgendeinem abstrakten Sinn des Begriffes) Maschinen seien, dann wäre ich ja mit seiner Aussage in Einklang. Aber da ich solche Verlautbarungen immer wieder lese, denke ich nicht, daß er das wirklich meinte. Eher bekomme ich den Eindruck, Simon glaubt wahrhaftig, daß die Maschinen von heute intelligent sind, und daß sie tatsächlich denken (bzw. „kognitive Akte“ vollbringen – um ein bißchen im Jargon zu reden, der der Bedeutung nichts beifügt, sich dafür aber mehr nach Wissenschaft anhört). Ich werde darauf in Kürze zurückkommen, denn das ist im wesentlichen der Zankapfel, um den es in diesem Aufsatz geht; zuvor aber noch ein paar weitere Bemerkungen zu manchen Domänen der AI.

Mikro-Domänen, technische Domänen, reine Wissenschaft und technisches Umsetzen

In der AI gibt es heute eine Tendenz, sich mit oberflächlich sensationellen Domänen zu befassen; man entwickelt derartig leistungsfähige Programme, daß man damit medizinische Diagnosen, geologische Konsultationen (bei der Suche nach Ölvorkommen), molekularbiologische Experimente, molekulare Spektroskopie, Konfigurierungen von großen Computeranlagen, Entwürfe von VLSI-Schaltkreisen usw. machen kann. Trotzdem gibt es kein Programm mit gesundem Menschenverstand; kein Programm, das etwas lernt, was ihm nicht ausdrücklich beigebracht wurde; kein Programm, das sich von seinen eigenen Fehlern elegant erholen und voller Grazie selbst wieder aufrichten kann. Die „künstlichen Experten"-Programme, die es ja tatsächlich gibt, sind steif, spröde, unflexibel. Wie Schachprogramme auch mögen sie vielleicht einem guten intellektuellen oder gar praktischen Zweck dienen, aber trotz des ganzen Traras werfen sie nicht gerade viel Licht auf die menschliche Intelligenz. Meistens werden sie einfach entwickelt, weil verschiedene Organisationen oder Industrieunternehmen sie finanzieren.

Das hat mit dem traditionellen Muster der Grundlagenwissenschaft nichts zu tun. Nach jenem Muster wird versucht, ein Phänomen zu isolieren, es also so zu reduzieren, daß es auf die einfachst mögliche Weise manifest wird. Für Newton war das der fallende Apfel und der Mond; für Einstein das Gedankenexperiment mit den Zügen und Blitzen wie später das mit dem herabfallenden Aufzug; für Mendel waren es die Erbsen und Bohnen usw. Man bearbeitet nicht die chaotischsten Probleme, ehe man nicht mit den einfacheren fertig geworden ist; man versucht nicht, zu rennen, ehe man nicht einmal laufen kann. Oder, um eine Metapher zu benützen, die sich auf die Physik bezieht: Man versucht nicht, sich mit einer Welt voller Reibungskräfte auseinanderzusetzen, bevor man nicht ein gründliches Verständnis der reibungslosen Welt hat.

Warum meiden AI-Forscher „Mikro-Welten"? Vor ungefähr zehn Jahren war die „Klötzchenwelt" des MIT sehr in Mode. Roberts und Guzmán und Waltz schrieben Programme, die von zweidimensionalen Punktmatrizen auf einem Fernsehschirm Ansichten von dreidimensionalen Klötzchen abzogen; Winston, der auf ihrer Arbeit aufbaute, schrieb ein Programm, das Instantisierungen von bestimmten Konzepten erkennen konnte, die sich aus Elementarklötzchen in einer solchen Domäne zusammensetzen (wie „Bogen", „Tisch", „Haus", usw.); Winograd schrieb ein Programm, das sich mit einer Person über Aktivitäten, Pläne, vergangene Ereignisse und über die eine und andere Struktur in jener eingegrenzten Domäne „unterhalten" konnte; Sussman schrieb ein Programm, das einfache Programme zur Ausführung von Aufgaben in jener

Domäne schreiben und entwanzen konnte und auf diese Weise eine einfache Art des Lernens ermöglichte. Warum schwand dann plötzlich das Interesse in dieser Domäne?

Es konnte bestimmt niemand behaupten, daß dieser Bereich völlig ausgeschöpft war. Jedes dieser großartig vorgezeigten Programme glänzte mit Schwachstellen und Einschränkungen und Besonderheiten. Die Domäne war ungeheuer weit davon entfernt, von einem einzigen, vereinheitlichten Programm verstanden zu werden. Hier hatte man eine nahezu ideale Domäne, um zu erforschen, was Kognition wirklich ist – und plötzlich kehrte man ihr den Rücken zu. Das MIT betrieb einst echte Grundlagenforschung auf dem Gebiet der Intelligenz, hörte dann aber schlagartig auf. Viel von dieser Grundlagenforschung geriet bei der Vermarktung dessen, was als „technische Umsetzung von Wissen" gerühmt wird, unter die Räder. Eine technische Umsetzung, die auf festen Grundlagen beruht, ist schön und gut, aber es scheint mir so zu sein, daß diese Art der technischen Verwirklichung nicht auf den soliden Fundamenten einer Wissenschaft aufgebaut ist, sondern auf einer Anzahl von Rezepten, die in begrenzten Bereichen einigermaßen erfolgreich funktioniert haben.

Meiner Meinung nach liegt der kritische Punkt bereits in der richtigen Entscheidung, welche Domäne sich ein AI-Forscher aussucht, wenn er ein Projekt beginnt. Wenn man sich für die Domäne der medizinischen Diagnose auf Expertenebene entscheidet, gerät man in einen Wust technischer Probleme, die nichts mit der Frage zu tun haben, wie der Geist arbeitet. Das gleiche trifft für die anderen zuvor angegebenen Bereiche zu, die in die augenblickliche Arbeit an Expertensystemen mit einbezogen sind. Wenn man im Gegensatz dazu die Kontrolle über seinen eigenen Bereich hat und ihn sich so zurechtzimmern kann, daß man immer noch die Essenz des Problems bewahrt, während man fremde Eigenschaften nach und nach ausschließt, hat man eine gute Chance, etwas wirklich Grundlegendes zu entdecken.

Frühere Programme, die sich mit dem Wesen der Analogie (Evans), der Extrapolation von Sequenzen (u.a. Simon und Kotovsky) usw. befaßten, wiesen in die richtige Richtung. Doch dann entstand irgendwie die allgemeine Auffassung, daß diese Probleme gelöst waren. Nur weil Evans ein Programm aufgestellt hatte, das mit einigen sehr eingeschränkten Arten des Problems visueller Analogie „genausogut wie ein Oberstufenschüler" fertig wurde, glaubten viele, daß die Sache damit abgeschlossen wäre. Man muß sich jedoch nur Bongards 100 Analogieprobleme ansehen, um zu erkennen, wie hoffnungslos weit entfernt wir noch davon sind, mit Analogien umzugehen. Man muß sich nur mal alle Schriftbilder ansehen (ein Blick auf die Anzeigen in jeder x-beliebigen Zeitschrift reicht, um die enorme Vielfalt zu erkennen), um sich klar zu sein, wie enorm weit wir noch von einem Verständnis für Buchstabenformen entfernt sind. Wie ich bereits zu verstehen gab, ist die Form eines Buchstabens wahrscheinlich das essentielle Problem bei der Erkennung von Mustern. Es erstaunt und beunruhigt mich zu sehen, daß so viele Leute daran arbeiten, kognitive Funktionen auf der höchsten Stufe geistigen Differenzierungsvermögens zu imitieren, wenn ihre Programme nicht einmal kognitive Funktionen auf viel niedrigeren Ebenen ausführen können.

Es gibt einige bemerkenswerte Ausnahmen. Die Schank-Gruppe an der Yale-Universität, deren ursprüngliches Ziel die Entwicklung eines Programms war, das natürliche Sprache verstehen konnte, sah sich gezwungen, ihr Augenmerk wenigstens ein bißchen auf die Organisation des Gedächtnisses zu richten, was sicherlich auf die Crux der Kognition zielt (weil sie zufällig zum Bereich der Subkognition gehört) – und die Forschungsgruppe hat tatsächlich, ohne eine Miene zu verziehen, in den sauren Apfel gebissen. Es wird mich nicht überraschen, wenn diese Gruppe eines Tages gezwungen ist, sich noch mehr zurückzubegeben – bis sie schließlich wieder bei Bongard-Problemen oder dergleichen landet. Warum? Einfach deshalb, weil ihre Arbeit (etwa herauszufinden, welches „Motto" die „Essenz" einer Geschichte oder Episode genau einfängt) sie bereits in die tiefen Gewässer der Abstraktion, Perzeption und Klassifikation gebracht hat. Dies sind die Kernfragen, die die Bongardschen Probleme so perfekt veranschaulichen. Die Bongardschen Probleme sind idealisierte („reibungslose") Versionen dieser entscheidenden Fragen.

Tatsächlich sind die Bongard-Probleme nichts anderes als eine Gruppe gut herausgeschälter Probleme, wie sie für IQ-Tests so typisch sind. Terman und Binet sind auf diese schon vor gut 50 Jahren gestoßen. Im Lauf der Jahre haben viele andere, weniger begabte Leute ähnliche visuelle Spiele erfunden, die die ungünstige Eigenschaft hatten, voller Vieldeutigkeiten und mehrfacher möglicher Antworten zu sein. Dies hat (neben anderem) den Intelligenztests einen schlechten Ruf eingebracht. Es kann jedoch kaum eine Frage sein, daß die ursprünglich von Terman und Binet gemachte Erkenntnis – daß mit Sorgfalt zusammengestellte einfache Probleme visueller Analogien nahe an die innersten Mechanismen der Intelligenz herankommen – korrekt ist, ob das Konzept vom IQ nun Gültigkeit hat oder nicht. Vielleicht hat das politische Klima bei vielen Kognitionswissenschaftlern eine Art Reflex ausgelöst, sich von allem fernzuhalten, was nach Intelligenztests riecht, da sie nach und nach in den Ruch kultureller und rassistischer Vorurteile gekommen waren. Aber niemand muß so Pawlowsche Reflexe an den Tag legen, daß er jedesmal gleich einen Hüpfer macht, wenn man ihn vor ein Problem der visuellen Analogie stellt. Es hat jedenfalls sein Gutes, wenn die AI-ler endlich gezwungen sind, auf die Erkenntnisse von Leuten zurückzugreifen, deren Arbeit in die zwanziger Jahren dieses Jahrhunderts zurückgeht, wie etwa Wittgenstein und seine „Spiele", Koehler und Koffka und Wertheimer und ihre „Gestalten" und Terman und Binet und ihre Intelligenztest-Probleme.

Ich sagte, daß einige AI-Gruppen weniger Angst vor „Mikro-Domänen" zu haben scheinen, oder genauer ausgedrückt, anscheinend weniger Angst haben, ihre Domäne sukzessive freizulegen und die darin enthaltenen Kernfragen hinsichtlich der Intelligenz zu isolieren. Neben der Schank-Gruppe haben N. Sridharan und Thorne McCarty am Rutgers-Institut eine sehr interessante Arbeit über „Prototyp-Deformation" in Angriff genommen, die trotz ihres Ursprungs in juristischen Abwägungen zur Urteilsfindung in der recht chaotischen Realwelt-Domäne des Körperschaftssteuergesetzes in eine Form abstrahiert wurde, in der sie vielleicht einer Mikro-Welt (bzw. einer „idealisierten Domäne") ähnlicher ist, als es auf ersten Blick den Anschein haben mag.

An der Universität von Kalifornien in San Diego arbeitete eine Gruppe unter der Leitung des Psychologen Donald Norman jahrelang daran, Fehler zu verstehen, so etwa grammatikalische Flüchtigkeitsfehler, Schreibfehler und Fehler bei alltäglichen Körperbewegungen, um daraus Einsichten in die darunterliegenden (subkognitiven) Mechanismen zu gewinnen. (Einer von Normans Studenten öffnete den Verschluß seiner Armbanduhr statt des Sicherheitsgurts, als er aus dem Auto aussteigen wollte. Erstaunlich, welche Ausrutscher sich der Geist manchmal leistet!) Eine andere Gruppe unter der Leitung Normans und seines Kollegen David Rumelhart hat ein radikal unterschiedliches Kognitionsmodell entwickelt, das weitgehend auf parallelen subkognitiven Ereignissen beruht, sogenannten „Schema-Aktivierungen". Daß sich diese Arbeit ihrem Wesen nach so sehr von der Hauptströmung der AI-Arbeit unterscheidet, hat zwei Gründe: Erstens sind es hier Psychologen, die die Kognition detailliert untersuchen, wobei es ihnen um die Reproduktion derselben geht; und zweitens haben sie keine Angst, ihre Vision, wie der *Geist* arbeitet, von Forschungsergebnissen und Spekulationen, wie das *Gehirn* arbeitet, inspirieren zu lassen.

Dann gibt es noch die Leute, die an verschiedenen Programmen für perzeptive Prozesse arbeiten, seien sie nun visueller oder auditiver Natur. Zu den interessantesten gehörte Hearsay II, ein an der Carnegie-Mellon-Universität – Simons Zuhause – entwickeltes Programm, das mit natürlicher Sprache umgehen kann. Deshalb verwundert es mich um so mehr, daß Simon, der sich der wunderbar komplizierten und schönen Architektur von Hearsay II bestimmt bewußt war, einen solchen Kommentar abgeben konnte, mit dem er andeutete, daß Wahrnehmung und generell subkognitive (weniger als 100 Millisekunden dauernde) Abläufe „nicht von Interesse sind".

Es gibt bestimmt noch viele andere Gruppen, die in der Öffentlichkeit weniger bekannt sind und sich gleichfalls mit bescheidenen Domänen und unverfälschten Problemen des Geistes beschäftigen. Schaut man sich jedoch mal an, was auf AI-Konferenzen so abläuft, könnte man den Eindruck bekommen, daß Computer heutzutage tatsächlich in der Lage sein müssen, zu denken, da sie schließlich alles tun, was mit Kognition zusammenhängt – von der Augenheilkunde zur Biologie, Chemie, Mathematik –, ja sogar wissenschaftliche Gesetze entdecken, wenn sie Tabellen voller numerischer Daten vor sich haben, um ein Projekt („Bacon") zu erwähnen, an dem Simon mitbeteiligt war. Es gibt allerdings mehr Intelligenz, als die AI denkt.

Expertensysteme contra menschliche Fluidität

Das Problem ist, daß AI-Programme all diese *kognitiven* Aktivitäten in Abwesenheit jeglicher *subkognitiver* Aktivität ausführen. Es gibt kein Substrat, das dem entspricht, was im Gehirn abläuft. Es gibt keine fluide Erkennung und Erinnerung. Diese Programme haben keinen gesunden Menschenverstand, und ihr Auffassungsvermögen für Ähnlichkeiten oder Wiederholungen oder Muster ist gering. Sie können zwar manche Muster erfassen, solange sie von vornherein feststehen – und insbesondere solange die *Stelle* von vornherein feststeht, an der sie auftreten werden –, aber überall dort, wo sie nicht auf ein ausdrückliches Geheiß hin hinsehen, können sie sie nicht erkennen. Auf einem hohen Abstraktionsniveau sind sie nicht lernfähig.

Dieser Stil steht im kompletten Widerspruch dazu, wie der Mensch vorgeht. Der Mensch nimmt überall Muster wahr, ohne vorher zu wissen, wohin er schauen soll. Er lernt automatisch in allen Aspekten des Lebens. Dies sind einfach Facetten eines gesunden Menschenverstands. Gesunder Menschenverstand ist keine „Expertendomäne“, sondern eine generelle – d.h. von allen Domänen unabhängige – Fähigkeit, die mit Fluidität bei der Repräsentation von Konzepten zu tun hat, eine Fähigkeit, um die Spreu vom Weizen zu trennen, eine Fähigkeit, auf analoge und nicht von vornherein festgelegte Ähnlichkeiten zwischen total verschiedenen Konzepten zu stoßen („sich zu erinnern“, wie Schank sagt). Es ist also noch ein weiter Weg, bis unsere Programme diese Seite des kognitiven Stils zeigen werden.

Das Gesicht der eigenen Mutter zu erkennen, ist heute noch fast ein genauso großes Geheimnis wie vor 30 Jahren. Und was hat es mit solchen Dingen auf sich, wie Ähnlichkeiten bei Familienmitgliedern zu erkennen, oder „französische“ Züge oder Güte oder Ernst oder Durchtriebenheit oder Härte in einem Gesicht zu entdecken? Selbst das Erkennen, wie alt jemand ist – oder gar nur welchen Geschlechts! –, sind nahezu unvorstellbar schwierige Probleme. Wir haben zwar Programme geschrieben, die sehr gut das leisten, womit sich ein Mensch, bewußt bei der Sache, sehr hart tut (z.B., Integrale aufstellen, Schach spielen, Krankheiten diagnostizieren etc.) –, aber wir müssen erst noch ein Programm schreiben, das an unsere Fähigkeit, zu tun, was wir tun, *ohne* dabei zu denken oder uns darin zu üben, wenigstens entfernt heranreicht – wie wir z.B. auf einer lauten Cocktail-Party mit plärrender Musik im Hintergrund einen Gesprächspartner verstehen, der obendrein mit einem unerhörten Akzent spricht, während wir gleichzeitig die Gesprächsfetzen in der hintersten Ecke des Saales überhören. Oder wie wir unseren Weg durch den Wald finden, wenn der Pfad längst überwuchert ist. Oder wie wir, völlig geistesabwesend, vielleicht gerade an ein paar Anagrammen knobeln, während wir das Geschirr spülen.

Nach einem Programm zu fragen, das neue wissenschaftliche Gesetze entdeckt, ohne ein Programm zu haben, das, sagen wir mal, Anagramme lösen kann, kommt dem Wunsch gleich, zum Mond zu fliegen, ohne die Fähigkeit zu haben, sich den Weg durch die Stadt zu bahnen. Ich ziehe den Vergleich nicht aus Eitelkeit. Das Leistungsniveau, das Simon und sein Kollege Langley mit ihrem Projekt „Bacon“ erreichen wollen, ist ganz nach der Art der größten Wissenschaftler. Anscheinend haben sie das Gefühl, daß sie nur noch ein Schritt von der Mechanisierung des Genies trennt. Nach dem Procter-Vortrag wurde Simon von einem Zuhörer gefragt: „Wie viele wissenschaftliche Zeitspannen repräsentiert ein fünfstündiger Programmlauf mit ‚Bacon‘?“ Nach ein paar Hundert Millisekunden Informationsverarbeitung im menschlichen Gehirn antwortete er: „Wahrscheinlich nicht mehr als eine.“ Dagegen habe ich nichts einzuwenden. Aber ich hätte es anders ausgedrückt. Ich hätte gesagt: „Wahrscheinlich nicht mehr als ein Millionstel davon.“

Natürlich meine ich, daß wir von Programmen, die zu wissenschaftlichen Denkleistungen auf dem Niveau des Menschen fähig sind, viel weiter entfernt sind, als Simon es denkt. Ich persönlich würde gern mal ein Programm erleben, das Anagramme so löst, wie es ein Mensch tut. Warum ausgerechnet Anagramme? Weil sie eine „Mikro-Domäne" bilden, in der einige sehr bedeutsame subkognitive Prozesse eine zentrale Rolle spielen.

Ich meine damit folgendes: Wenn man beispielsweise in der Zeitung so ein Buchstabenrätsel wie „nebeli" sieht, kann es sein, daß man auf der Stelle anfängt, Buchstaben hin und her zu schieben. Man macht Ansätze wie „bliene", „niebel", „beilen", „leiben", „lieben" – und merkt plötzlich, daß „lieben" tatsächlich ein Wort ist. Mich interessiert an diesem Prozess der Teil, der dem Erkennen, daß „lieben" ein Wort ist, vorangeht. Hier ist auch Experimentieren gefragt, allerdings nur auf der Grundlage von „Wortstil" und „Wortgefühl" – wobei intuitive Erkenntnisse über Affinitäten von Buchstaben, plausible Ballungen und ihre Stabilitäten, Eigenschaften von Silben usw. verwendet werden. Wenn man zum ersten Mal ein Buchstabenversetzrätsel in einer Zeitung sieht, spielt man einfach herum, macht Umstellungen, Umgruppierungen, Verschiebungen, und das auf so komplexe Weise, daß man gar keine Übersicht und Kontrolle mehr hat. Es vermittelt in der Tat das Gefühl, als werfe man die Buchstaben einzeln in die Luft, und wenn sie dann herunterfallen, kommen sie alle so zum Liegen, daß sie sich irgendwie magisch zu einem Wort zusammenfinden! Es ist ein herrliches Gefühl – und alles andere als kognitiv, alles andere als bewußt. (Und dennoch hören *Sie* es gern, wenn man Sie als guten Anagramm-Knacker lobt, vorausgesetzt Sie sind wirklich gut!)

Die meisten Leute, die lesen und schreiben können, können auch mit Buchstabenversetzrätseln umgehen (d. h. mit Anagrammen aus einem einzigen Wort), die aus fünf oder sechs Buchstaben bestehen, manchmal auch aus sieben oder acht. Bei einiger Routine kommt man vielleicht sogar mit zehn oder zwölf zurecht. Aber darüber hinaus wird es sehr schwierig, die Buchstaben im Kopf zu behalten. Besonders schwierig ist es, wenn sich Buchstaben wiederholen, da man sich leicht davon verwirren läßt, welche Buchstaben nun in mehrfacher Ausführung vorhanden sind. (In einem Fall machte ich aus den Buchstaben „dinnal" fälschlicherweise „nadlid". Sie können es mal mit „nierengarraum" versuchen.) Nun ist es in gewisser Hinsicht kaum verwunderlich, daß das Problem mit immer mehr Buchstaben immer mehr Schwierigkeiten machen wird. Offensichtlich hängt es mit der berühmten „7 plus oder minus 2"-Ziffer zusammen, die von dem Psychologen George A. Miller zum ersten Mal in Verbindung mit der Fähigkeit des Kurzzeitgedächtnisses erwähnt wurde. Aber es gibt noch andere Interpretationsweisen eines solchen Zusammenhangs.

Eine mögliche Erklärung könnte davon ausgehen, daß für die individuellen Buchstaben passende Konzepte „aktiviert" werden und dann interagieren. Wenn gleichzeitig zu viele aktiviert werden, kann man sich vor lauter Kombinationen nicht mehr retten, so daß man Buchstaben ausläßt und von anderen zu viele hat usw. Diese Sichtweise würde bedeuten, daß man nur eine Explosion von Verbindungen antrifft und das

System überlädt. Es wird ihr zufolge kein ausdrücklicher „Speicherplatz" im Gedächtnis postuliert – auch kein fester Satz an Registern oder Datenstrukturen –, wo die Buchstaben hinplaziert und dann hin und her geschoben werden. In diesem Modell ist Kurzzeitgedächtnis (und seine assoziierte „magische Zahl") ein *Epiphänomen* (bzw. ein „unbefangen hervortretendes" Phänomen, wie Daniel Dennett sagt), worunter ich eine Konsequenz verstehe, die aus der Anlage eines Systems hervortritt, einem Produkt vieler interagierender Faktoren, etwas, das nicht unbedingt bekannt war, auch nicht vorhersagbar oder gar zu antizipieren, nicht einmal in der Weise, daß es sich überhaupt zeigen würde. Dies ist die Sichtweise, die ich vertrete.

Eine gegensätzliche Anschauungsweise könnte die sein, daß man ein Kognitionsmodell aufstellt, in dem man eine explizite Struktur zur Verfügung hat, „Kurzzeitgedächtnis" genannt, worin es sieben (oder fünf oder neun) „Einwürfe" gibt, in die bestimmte Datenstrukturen hineinpassen; und wenn dann alles voll ist, nun, dann ist eben alles voll, und man muß warten, bis ein solcher Sammelplatz leer wird. Newell und seine Mitarbeiter folgten dieser Betrachtungsweise bei ihrer Arbeit an Produktionssystemen. Das Problem daran ist, daß man etwas, das natürlich eine sehr komplexe Aufeinanderfolge von darunterliegenden Mechanismen ist, nimmt und einfach als explizite Struktur hineinsteckt und dabei die Frage umgeht, was diese darunterliegenden Mechanismen sein könnten. Ich kann mir kaum vorstellen, wie ein Kognitionsmodell, das auf einer solchen „Umgehung" beruht, je ein akkurates Modell abgeben kann.

Wenn das Betriebssystem eines Computers anfängt, sich einen abzustrampeln und z. B. in zeitlich verzahnten Prozessen steckenzubleiben, weil es von den 35 Benutzern einfach überfordert wird, gehen Sie dann zum Systemprogrammierer und sagen: „Sagen Sie mal, können Sie nicht die Belastungsgrenze im Speicher von 35 auf 60 erhöhen?" Nein, Sie tun es nicht. Es hätte keinen Zweck. Dieser spezielle Wert 35 ist nicht an irgendeiner lokalen Stelle im Speicher des Computers hinterlegt, zu der man leicht Zugang hat, um den Wert zu ändern. Es ist nicht so wie mit der Note eines Schülers in der Datenbank der Schulverwaltung, oder wie mit einem Buchstaben in einem Wort in einem Aufsatz, den man gerade zuhause am Computer schreibt. Jene Zahl 35 ergibt sich dynamisch aus einer Unmenge strategischer Entscheidungen, die die Planer des Betriebssystems und der Computerhardware usw. festgelegt haben. Man kommt nicht an sie heran, so daß man an ihr auch nicht herumfummeln kann. Leider gibt es keine Kurbel am Betriebssystem, um die Belastungsschwelle zu verstellen.

Warum sollte es bei der Intelligenz eine Kurbel zum Verstellen der „Kurzzeitgedächtnisgröße" geben? Warum sollte 7 eine magische Zahl sein, die in das System von Anfang an explizit eingebaut ist? Wenn die Größe des Kurzzeitgedächtnisses wirklich in unseren Genen explizit gespeichert wäre, dann würde es sicherlich nur einer simplen Mutation bedürfen, um die „Kurbel" auf 8 oder 9 oder 50 zu stellen, so daß sich die Intelligenz immer rascher entfalten würde. Ich bezweifle, daß man in der AI denkt, dies komme im entferntesten an die Wahrheit heran; und dennoch tut man in der AI manchmal so, als ob es vernünftig wäre, davon auszugehen, daß man auf diese Weise der Wahrheit um ein gutes Stück näherkäme.

Für AI-ler ist es eine ganz normale Praxis, Epiphänomene („kollektive Phänomene", wenn Ihnen das lieber ist) einfach dadurch zu umgehen, daß man Strukturen aufstellt, die die Oberflächenmerkmale solcher Epiphänomene nachmimen. (Solche Nachmimungen sind die „Schatten“ der wahren kognitiven Akte, wie es John Searle in seinem oben zitierten Aufsatz ausdrückt.) Die Erwartung – oder wenigstens die Hoffnung – ist, daß die Leistungen immer enormer werden; allerdings fehlt es den Systemen am nötigen komplexen Unterbau.

Das Problem mit den Anagrammen zeigt beispielhaft die Mechanismen des Denkens auf, denen die AI-ler nicht nachgegangen sind. Wie wirbeln diese Buchstaben umeinander herum, während sie leichtfüßig und versuchsweise Allianzen eingehen und auflösen? Fast wie kleine biologische Objekte agglomerieren sie sich und gehen wieder auseinander. In der AI hat man derartigen Problemstellungen wie Anagrammen keine große Aufmerksamkeit zukommen lassen. Vielleicht würde man sagen, daß das Problem „bereits gelöst“ ist. Schließlich hat ein virtuoser Programmierer es fertiggebracht, sämtliche möglichen Wörter, aus denen durch anagrammatische Versetzung andere Wörter entstehen, von einem Programm ausdrucken zu lassen. Oder man würde vielleicht darauf hinweisen, daß man prinzipiell eine „Alphabetisierung“ durchführen kann, anschließend eine Art „Kontrollsumme“ erhält und dadurch aus jeder vorgegebenen Menge an Buchstaben alle Wörter hervorholen kann, zu denen diese durch anagrammatische Versetzung finden. Das ist schön und gut, aber in Wirklichkeit kommt es nicht darauf an. Da wird lediglich rohe Gewalt zur Schau gestellt, und nichts, was zu unserem Verständnis beitragen kann, wie wir selbst eigentlich Anagramme lösen, genauso wie die meisten Schachprogramme absolut nichts darüber aussagen, wie Schachgroßmeister spielen (wie de Groot und später Simon und seine Mitarbeiter klargemacht haben).

Ist die Domäne der Anagramme einfach eine triviale, alberne „Spielzeug“-Welt? Oder ist es etwas, mit dem man sich ernsthaft auseinandersetzen sollte? Ich behaupte, daß es eine weitaus unverfälschtere und weitaus interessantere Domäne ist als viele der komplexen Domänen der Expertensysteme aus der realen Welt, eben weil sie so zum Spielen anregt, so unbewußt ist, so viel Spaß macht. Offensichtlich hat sie zur Kreativität und Spontaneität mehr Beziehung als zu logischen Ableitungen, was allerdings kein Grund ist, sie – bzw. die Denkart, die sie repräsentiert – für nicht so beachtenswert zu halten. Ich halte sie gerade deshalb für beachtenswerter, weil sie einen wunderbaren Abriß des unbewußten Denkmodus darstellt.

Kurzum, mir scheint, daß in dem orthodoxen „informationsverarbeitenden“ Kognitionsmodell, das in der AI verwendet wird, etwas Grundlegendes fehlt, und zwar eine bestimmte Art Substrat, aus dem Intelligenz als Epiphänomen hervortritt. Die meisten AI-ler scheuen sich vor dieser Art untermauernder Arbeit. Sollten sie wirklich glauben, daß Maschinen bereits denken können, Konzepte haben, Analogien ziehen? Viele AI-ler scheinen wirklich dieser Auffassung zu sein.

Nicht die Kognition, sondern die Subkognition geht berechnend vor

Derartige Ansichten kommen meiner Meinung nach aus einer Verwechslung von Ebenen, wofür der Titel von Barrs Aufsatz ein treffendes Beispiel abgibt: „Kognition als Rechenvorgang". Bin ich wirklich am Rechnen, wenn ich denke? Zugegeben, meine Neuronen mögen ja in analoger Weise Summen bewältigen, aber bedeutet deswegen diese pseudo-arithmetische Hardware gleich, daß die Epiphänomene selbst auch Rechenkünste ausüben, bzw. in der Terminologie konventioneller Computerwissenschaft beschrieben werden sollten – oder gar beschrieben werden *können*? Bedeutet die Tatsache, daß Taxis bei Rot anhalten, gleichzeitig, daß Verkehrsstaus bei Rot haltmachen? Man sollte nicht die Eigenschaften von Objekten mit den Eigenschaften statistischer Ansammlungen solcher Objekte verwechseln. In dieser Analogie spielen Verkehrsstaus die Rolle von Gedankengängen, und Taxis die von Neuronen oder Neuronenzündungen. Es ist keine besonders tiefgehende Analogie; sie ist auch nicht als solche gedacht, sondern nur als eine, die nachdrücklich genug ist, damit man erkennt, daß das, was man auf der obersten Ebene wahrnimmt, nicht unbedingt etwas mit dem darunter stattfindenden Gewimmel von Aktivitäten zu tun haben muß, die diese oberste Ebene hervorbringen. Im speziellen Fall heißt das: *Auf einer Ebene kann etwas ein Rechenvorgang sein, auf einer anderen aber nicht.*

Trotzdem scheinen viele AI-Leute diesen Punkt zu übersehen, und das, obwohl sie beträchtlich differenzieren, wenn sie sich Gedanken über ein bestimmtes System mit verschiedenen Ebenen machen. Die meiste Arbeit in der AI wird in Bemühungen gesteckt, rationales Denken („Kognition") aus kleineren rationalen Gedanken aufzubauen (elementare Deduktionsschritte zum Beispiel, oder elementare Bewegungen in einem Baum). Das läuft auf die Denkweise hinaus, daß das, was wir auf der obersten Ebene unseres Verstandes – unseres Denkvermögens – erkennen, das Resultat einer rationalen „informationsverarbeitenden" Aktivität in uns ist, ohne tiefere Ebenen darunter.

Diese Hoffnung hat tatsächlich zu vielen interessanten Ideen inspiriert. Ich finde vieles in der AI faszinierend und herausfordernd, aber ich kann mir nicht helfen, angesichts des generellen Trends habe ich kein gutes Gefühl. Manche glauben beispielsweise, daß das A und O der AI darin liegt, immer bessere Mechanismen zu bekommen, um Theoreme in irgendeinem pädikativen Kalkül immer besser zu beweisen. Man hat in der Logik extrem effiziente und neuartige Denkweisen entwickelt. Manche Leute – speziell Simon und Newell – haben behauptet, das A und O der AI liege darin, immer effizientere Möglichkeiten zu bekommen, um einen ganzen Weltraum von Möglichkeiten zu untersuchen. (Der Schlüsselmechanismus der Intelligenz ist für sie der „selektive heuristische Sucher".) Das wiederum hat den Anstoß für viele interessante Entdeckungen gegeben.

Andere sind der Auffassung, daß der Schlüssel zum Denken zum Teil darin stecke, eine komplexe Sprache zu schaffen, in der es ein leichtes ist, Muster zu vergleichen und Übereinstimmungen zu finden, oder rückverfolgen zu können, oder zu planen, oder in aller Beschaulichkeit logisch zu denken. Nun läßt sich mit solchen Systemen, wenn sie entwickelt sind, zugegebenermaßen eine ganze Menge von Problemen lösen, wofür solche alten AI-Kamellen wie das Missionar-und-Kannibalen-Problem, kryptarithmetische Probleme, retrograde Schachprobleme und viele andere Spezialfälle grundsätzlich logischer Analyse Paradebeispiele sind. Dergleichen Methoden, kleine logische Komponenten aufzubauen, um große logische Strukturen zu erschaffen, haben sich allerdings als unbrauchbar erwiesen, wenn es darum geht, die eigene Mutter zu erkennen, oder das Alphabet auf neuartige und gefällige Weise zu zeichnen.

Eine Gruppe von AI-lern, die eine ganz andere Auffassung zu vertreten scheinen, besteht aus solchen Leuten, die an den Problemen der Wahrnehmung und Erkennung arbeiten. Dabei spielt die Idee der Koordinierung vieler paralleler Prozesse eine wichtige Rolle, ebenso die Idee, daß bruchstückhafte Evidenz sich in selbstverstärkender Weise aufaddieren kann. So kommt es dann zustande, daß eine Hypothese mit eingeschlossen ist, die durch keines der Bruchstücke allein vollkommene Rechtfertigung finden könnte. Es ist nicht leicht, das Besondere an dieser Art Programmarchitektur zu beschreiben, ohne in vielschichtige technische Details zu gehen. Sie unterscheidet sich aber sehr von solchen Programmarchitekturen, die in einer Welt operieren, in der alles fehlerfrei und im voraus kategorisiert – und im voraus spezifiziert ist: „Es gibt drei Missionare und drei Kannibalen und ein Boot und einen Fluß und ...", was sofort in ein Prädikatenkalkül gekehrt wird, bzw. in eine Rahmenrepräsentation, und nur darauf wartet, von einer „Schlußfolgerungsmaschine" manipuliert zu werden. Das fehlende Glied in der Kette scheint das zwischen Perzeption und Kognition zu sein, die Lücke zwischen der Sub-Welt unter 100 Millisekunden und der Super-Welt über 100 Millisekunden.

Zuvor bezog ich mich, als ich vom Gehirn sprach, auf das „neurale Substrat" der Kognition. Obwohl ich mich nicht unbedingt dafür stark mache, sich der AI auf neurophysiologischem Wege zu nähern, bin ich trotzdem im Gegensatz zu vielen anderen in der AI der Auffassung, daß jedes AI-Modell irgendwann auf eine gehirnähnliche Hardware hinauslaufen muß, oder wenigstens auf eine Architektur, die auf einer gewissen Abstraktionsstufe „isomorph" zur Gehirnarchitektur ist (auch auf einer gewissen Abstraktionsstufe). Das mag sich leer anhören, da sich eine solche Stufe überall befinden kann, aber ich glaube, daß die Stufe, auf der sich der Isomorphismus einstellen muß, beträchtlich niedriger ist, als (meiner Meinung nach) die meisten AI-ler es für möglich halten. Diese unterschiedliche Ansicht hängt eng mit der Frage zusammen, ob Kognition als „Rechenvorgang" beschrieben werden sollte oder nicht.

Passive Symbole und formale Regeln

Diesem Unterschied in den Auffassungen läßt sich weiter nachgehen, wenn man sich beispielsweise ansieht, was Simon und Newell über „Symbole" zu sagen haben.

> Was der Intelligenz zugrunde liegt, sind Symbole mit ihrer denotativen Kraft und ihrer Anfälligkeit für Manipulationen. Symbole können sich aus fast allem zusammensetzen, das zu Anordnungen, Mustern und Kombinationen fähig ist. Intelligenz ist in irgendeine zu Mustern anordbare Materie gebundener Geist.

Aus diesem Zitat wie auch aus anderen wird erkenntlich, daß für Simon und Newell ein *Symbol* jedes Zeichen zu sein scheint, jeder Buchstabe und jede Ziffer in einem Computer, der einen ASCII-Kode hat (eine standardmäßige, aber willkürlich zugeordnete Folge von sieben Binärziffern). Für mich hingegen hat „Symbol" auch etwas mit repräsentativer Aussagekraft zu tun. Für sie wäre es, wenn ich mich nicht irre, ganz in Ordnung, ein Bit (innerhalb eines Computers) oder eine Neuronenzündung ein „Symbol" zu nennen. Ich allerdings fühle mich nicht wohl dabei, den Begriff in dieser Weise zu gebrauchen.

Für mich besteht das Kernproblem bei dem Wort „Symbol" in seiner Verbindung zum Verb „symbolisieren", was so viel heißt wie „bedeuten", „denotativ sein", „repräsentieren", „stehen für" usw. In dem oben Zitierten bezieht sich Simon nun auf die „denotative Kraft" von Symbolen – während Barr an anderer Stelle in seinem Aufsatz Simon mit den Worten zitiert, daß Denken aus der „Manipulation formaler Zeichen" bestehe. Mir ist nicht ganz klar, auf welcher Seite Simon und Newell wirklich stehen.

Um etwas anderes zu repräsentieren, muß etwas schon immens reichhaltig sein. Die Buchstaben „i", „c", „h" stehen an und für sich nicht notwendigerweise für die Person, die ich bin, bzw. nicht für das Konzept von Selbstheit. Sie erfahren diese Eigenschaft aus der Art und Weise, wie sie sich als Wort in der Gesamtheit der Sprache verhalten. Diese Eigenschaft entsteht aus einer ungemein komplexen Menge von Gebrauchsweisen, Mustern und Regelmäßigkeiten, die regelmäßig genug sind, um von Kleinkindern aufgespürt werden zu können, die dann schließlich selbst „ich" sagen, um von sich selbst zu sprechen.

Formale Zeichen wie „ich" oder „Hamburger" sind für sich genommen inhaltslos. Sie sind nicht denotativ. Man kann sie auch nicht denotativ machen, jedenfalls nicht im vollen ausschöpfbaren intuitiven Sinn des Begriffs, indem man sie irgendwelchen Regeln unterordnet. Man kann nicht einfach irgendwelche Bezeichnungen von Lisp-Atomen gemäß komplexen Regeln umstellen und hoffen, daß dabei am Ende wirkliches Denken oder Verstehen herauskommt. (Das ist übrigens eine nachsichtige Interpretationsweise von John Searles Standpunkt in seiner oben erwähnten Schrift – wenn man bedenkt, daß es ja eigentlich eine Auflehnung gegen solche Behauptungen ist, daß Programme, die mit solchen Zeichen wie „Eugen", „ißt", „einen", „Hamburger" manipulativ umgehen können, tatsächlich verstehen, was sie da tun. Die Manipulation von inhaltslosen Zeichen reicht nicht aus, um Verstehen zu erzeugen – obwohl es reicht, sie mit Bedeutung in einem *begrenzten* Sinne des Begriffs anzureichern, wie ich in meinem Buch *Gödel, Escher, Bach* insbesondere in den Kapiteln II bis VI hervorhebe.)

Aktive Symbole und die Metapher der Ameisenkolonie

Was ist dann ausreichend? Was vertrete ich hier? Was verstehe ich unter einem „Symbol"? Ich habe mein Konzept *aktiver Symbole* in den Kapiteln XI und XII in *Gödel, Escher, Bach* dargelegt. Der Begriff taucht allerdings zum ersten Mal im Dialog „Präludium und ... emsige Fuge" im besagten Buch auf, der sich um eine hypothetische Kolonie von Ameisen dreht, die alles ganz bewußt wahrnehmen. Der Zweck der

Unterhaltung war nicht die Spekulation darüber, ob Ameisenkolonien bewußte Gesellschaften sind oder nicht, sondern die Kreation einer weitgefaßten Metapher für die Gehirnaktivität – ein Rahmen, innerhalb dessen die Beziehungen zwischen „holistischen", bzw. kollektiven, Phänomenen und den mikroskopischen Ereignissen, durch die diese Phänomene entstehen, diskutiert werden.

Eine der Ideen, die den Dialog inspiriert haben, hat E.O.Wilson in seinem Buch *The Insect Societies* („Die Insektengesellschaften") so ausgedrückt: „Massenkommunikation ist definiert als die zwischen Gruppen stattfindende Übermittlung von Informationen, die ein einzelnes Individuum nicht an ein anderes, einzelnes Individuum weitergeben kann." Man muß sich mal vorstellen, wie Scharen von Ameisen zusammenarbeiten und von einer Gruppe zur anderen Information weitergegeben wird, derer sich keine Ameise bewußt ist (falls sich Ameisen überhaupt einer Information „bewußt" sind – doch das ist eine andere Frage). Man kann das dann ein paar Stufen höher sehen und sich vorstellen, wie Hyperhypergruppen Informationen hin und her bewegen, die sich keine Hypergruppe, geschweige denn einfache Gruppe oder einzelne Ameise, je hätte träumen lassen.

Ich halte es für entscheidend, die Aufmerksamkeit auf kollektive Phänomene zu richten, insbesondere auf die Idee, daß es auf der Ebene kollektiver Aktivitäten durchaus manche Information oder manches Wissen oder manche Ideen geben kann, die gleichzeitig auf der untersten Ebene völlig fehlen. Man kann sogar so weit gehen zu sagen, daß es auf unterster Ebene überhaupt *keine* Information gibt. Es ist gar keine so erstaunliche Enthüllung, wenn man sich das mal vor Augen hält: nämlich daß in den Neurotransmittern, die zwischen Neuronen hin und her funken, gar keine Ideen mitfließen. Dennoch unterminiert eine solche einfache Vorstellung die Idee, daß Denken und „Manipulation von Symbolen" das gleiche sind, wenn man unter einem „Symbol" ein formales Zeichen wie ein Bit oder einen Buchstaben oder einen Lisp-*pname* versteht.

Was ist der Unterschied? Warum könnte die Manipulation von Symbolen – in dem Sinne, wie sie meiner Ansicht nach von Simon und Newell und vielen anderen Autoren verstanden werden, die über AI schreiben – nicht das gleiche bewerkstelligen? Das Hauptproblem liegt darin, daß sie Symbole als leblose, tote, *passive* Objekte auffassen – Dinge, die mit einem aufgesetzten Programm manipuliert werden können. In meinen Augen sind Symbole – repräsentative Strukturen im Gehirn (oder vielleicht sogar eines Tages im Computer) – *aktiv*, wie die imaginären Hyperhypergruppen in der Ameisenkolonie. *Das* ist die Ebene, auf der Denotatives passiert, nicht auf der Ebene der einzelnen Ameise. Die einzelne Ameise hat kein Recht, „symbolisch" genannt zu werden, weil ihre Handlungen für sich genommen nichts darstellen. (Bei einer echten Ameisenkolonie gibt es für uns natürlich keinen Grund zu glauben, daß Gruppen auf *jeder x-beliebigen* Ebene wirklich für Objekte außerhalb der Kolonie stehen [oder meinetwegen innerhalb] – die Metapher der Ameisenkolonie ist nur eine spärlich verhohlene Art, die Diskussion über das Gehirn lebendiger zu machen.)

Wer sagt, aktive Symbole seien rechnerische Entitäten?

Was sich zu etwas wirklich Symbolischen zusammenfügt, sind die riesigen Ansammlungen von Ameisen (wenn es Ihnen lieber ist, können Sie an die Stelle gerne „neurale Zündungen" setzen). Und wer kann schon sagen, ob es *auf der Ebene der Gruppen selbst* (wenn Sie wollen, können Sie an dieser Stelle „Konzepte", „Ideen", „Gedanken" einsetzen) Regeln gibt – formale Rechenregeln, anhand derer sich bei der Beschreibung, wie sie sich im Fluß verhalten werden, feste Voraussagen machen lassen? Ich spreche hier von Regeln, die es erlauben, das, was „tief darunter" abläuft, einfach zu ignorieren, und dennoch perfekte oder wenigstens sehr genaue Vorhersagen über das Verhalten der Gruppen zulassen.

Es gibt sicherlich phänomenologische Beobachtungen, die sich in eine solche Form kleiden lassen, daß sie wie Regeln klingen, die dann sehr vage beschreiben, wie solche, auf der obersten Ebene angesiedelten Gruppen agieren. Doch welche Garantie gibt es, daß wir die ganze Fluidität der Gehirnaktivität auf oberster Ebene abschöpfen und – ohne irgendein tiefer liegendes Substrat – in die Form einiger Rechenregeln gießen und einkapseln können?

Eine analoge Frage lautet: Welche Garantie gibt es, daß es auf der „Ebene der Wolken" (angemessener wäre, von der Ebene der Kaltfronten, Isobaren, Passatwinde usw. zu sprechen) Regeln gibt, die es einem gestatten, genau zu sagen, wie sich die Atmosphäre im großen verhält? Vielleicht gibt es solche Regeln nicht; vielleicht ist die Wettervorhersage ein Problem, das wirklich nicht in den Griff zu bekommen ist. Vielleicht läßt sich das Verhalten von Wolken nicht in Begriffen ausdrücken, die *auf ihrer eigenen Ebene* rechnerisch sind, selbst wenn das Verhalten des mikroskopisch kleinen Substrats – der Moleküle – ein rechnerischer Vorgang *ist.*

Die Prämisse der AI ist, daß Gedanken auf ihrer eigenen Ebene selbst rechnerische Entitäten sind. Wenigstens ist das die Prämisse der informationsverarbeitenden Schule der AI. Ich habe da aber meine ernsten Zweifel.

Der Unterschied zwischen meinen aktiven Symbolen („Gruppen") und den passiven (Ameisen, Zeichen) der informationsverarbeitenden Schule der AI besteht darin, daß die aktiven Symbole fließen und auf eigene Faust agieren. Mit anderen Worten, es gibt keine auf einer höheren Stufe angesiedelte prinzipielle Kraft (also ein „Programm"), die sich nach unten orientiert und die Symbole hin und her schiebt. Aktive Symbole müssen sich das Nötige in ihre Strukturen einverleiben, um Aktionen auszulösen und zu verursachen. Sie können nicht einfach passive Magazine, Körbe, Behälter für die Aufbewahrung von Daten sein. Immerhin ist für Newell und Simon, wie es scheint, selbst etwas so winzig Kleines wie ein Bit bereits ein Symbol. Diese Aussage kommt jedenfalls wiederholt in ihren Schriften über „physikalische Symbolsysteme" vor.

Ein guter Ausdruck für die kleinen Einheiten, mit denen ein Computer hantiert (wie auch für Neuronenzündungen) ist „Zeichen". Alle Computer sind vortrefflich in der „Manipulation von Zeichen"; aber nur ein paar – die entsprechend programmiert sind – könnten aktive Symbole unterstützen. (Mir ist es lieber, nicht zu sagen, daß sie „Manipulation von Symbolen" betreiben, da es nur wieder das Bild eines zentralen

Programms zurückruft, das ein paar passive repräsentative Strukturen hin und her bewegt.) Der springende Punkt ist, daß in einem solchen hypothetischen Programm (und bislang existiert kein solches) die Symbole selbst in Aktion sind!

Eine einfache Analogie aus dem Bereich der ganz gewöhnlichen Programmierung mag vielleicht die Ebenenunterscheidung zu vermitteln helfen, die ich hier versuche. Wenn auf einem Computer ein Lisp-Programm läuft, heißt das dann, daß er Funktionsaufrufe macht? Zu sagen „ja", wäre ganz unkonventionell. Der konventionellen Ansicht nach rufen *Funktionen* andere Funktionen auf, und der Computer ist einfach die Hardware, die die funktionsaufrufende Aktivität *unterstützt.* Im selben Sinn, wenn auch mit viel mehr Parallelen, aktivieren Symbole andere Symbole im Gehirn, oder lösen sie aus, oder wecken sie.

Das Gehirn selbst „manipuliert keine Symbole"; das Gehirn ist das Medium, in dem die Symbole treiben und in dem sie sich gegenseitig auslösen. Es gibt keinen zentralen Manipulator, kein zentrales Programm. Es gibt lediglich eine riesige Ansammlung von „Gruppen" – Muster von Neuronenzündungen, die wie die Ameisengruppen andere Muster von Neuronenzündungen auslösen. Die Symbole befinden sich nicht „da unten" auf der Ebene der individuellen Zündungen; sie befinden sich „hier oben", wo wir unsere Verbalisierung vollziehen. Wir merken, wie diese Symbole in uns selbst rumoren, wie es manchmal in unserem Magen rumort; wir *machen* keine Manipulation von Symbolen als eine Art Willensakt, und schon gar nicht infolge einer Reihe logischer Deduktionsregeln. Wir können nicht entscheiden, woran wir als nächstes denken werden, auch nicht, welchen Weg unsere Gedanken als nächsten nehmen werden.

Es ist nicht nur so, daß wir nicht Symbole manipulieren, sondern im Gegenteil, wir werden von unseren Symbolen manipuliert! Wie Scott Kim einmal geistreich bemerkte, ist es vielleicht angebrachter, eher vom „freien Unwillen" zu sprechen als vom „freien Willen". Diese Betrachtungsweise stellt alles auf den Kopf, indem Kognition – jene rational erscheinende Ebene unseres Geistes – ihren Platz dort findet, wo sie hingehört, und zwar als eine Abfolge von viel tieferen Prozessen von unzähligen interagierenden subkognitiven Strukturen. Das rationale Vorgehen hat in der AI-Forschung im großen und ganzen viel zuviel daraus gemacht; es ist an der Zeit, anzuerkennen, daß manches Irrationale und Subkognitive Dreh- und Angelpunkt ist.

Das Substrat aktiver Symbole symbolisiert nicht

„Kognition als Rechenvorgang" klingt für mich nur richtig, wenn ich es ganz großzügig interpretiere, nämlich so: „Kognition ist eine Aktivität, die von einer Hardware zur Durchführung rechnerischer Prozesse unterstützt werden kann." Interpretiere ich es aber strikter und sage, „Kognition ist eine Aktivität, die vollends von einem Programm geleistet werden kann, das bedeutungsschwangere Objekte, sogenannte Symbole, auf komplizierte Weise hin und her schiebt", dann kaufe ich das nicht ab. In meinen Augen werden bedeutungsschwangere Objekte dem nie nachgeben (das ist unter ihrer Würde und Bedeutung); bedeutungsschwangere Objekte tragen Bedeutung nur kraft ihrer Eigenschaft mit sich, selbst aktive, autonome Agenzien zu sein. Es kann da kein Aufpasser- oder Sklaventreiber-Programm geben.

Lassen Sie mich eine Frage des Neurophysiologen Roger Sperry paraphrasieren: „Wer schubst wen im Computer herum?“ (Er wollte wissen, wer oder was das im Kranium tut.) Wenn ein Programm Datenstrukturen hin und her bewegt, dann ist das nicht Kognition, was es da ausführt, darauf können Sie Gift nehmen. Oder präziser ausgedrückt, wenn die Datenstrukturen *Bedeutungsträger*, also repräsentative Dinge sein sollen, dann ist das nicht Kognition. Natürlich wird jede auf der Grundlage von Computern vollzogene Verwirklichung echter Kognition auf *irgendeiner* Ebene der Beschreibung solche Programme benötigen, die formale Zeichen hin und her bewegen, aber eigentlich erreichen nur die Agglomerationen solcher Zeichen *en masse* oberhalb einer bestimmten, aber unklaren Schwelle von Kollektivität und Kooperationsfähigkeit den Status, echte Repräsentationen zu sein. Auf dieser Stufe schubst der Computer sie genausowenig herum, wie unser Gehirn Gedanken von einem Ende zum anderen schubst! Die Gedanken selbst sind die Ursache für ihren Fluß. (Ich glaube, das ist in Übereinstimmung mit Sperrys eigener Sichtweise – man kann sie in seinem Aufsatz „Mind, Brain, and Humanist Values“ [„Geist, Gehirn und humanistische Werte“] nachlesen.) Parallelismus und Kollektivität sind von wesentlicher Tragweite, und in diesem Sinne lautet meine Antwort auf die Überschrift von Barrs Aufsatz: *Nein*, Kognition ist *kein* Rechenvorgang.

An dieser Stelle könnten manche Leute denken, daß ich selbst wie John Searle klinge, indem ich suggeriere, daß es flüchtige „Kausalkräfte des Gehirns“ gibt, die rechnerisch nicht festgehalten werden können. Das ist ganz und gar nicht mein Standpunkt, um es rasch zu sagen! Meiner Meinung nach ist AI – selbst Searles „starke AI“ – immer noch möglich, aber ich glaube einfach nicht, daß sich das Denken als der formale Traum herausstellen wird, den manche Leute haben, die von Prädikatenkalkülen oder anderen Formalismen beseelt sind. Denken ist nicht eine formale Aktivität, die ihre Regeln *auf dieser Ebene* hat.

Zahlreiche Linguisten haben behauptet, daß Sprache eine menschliche Aktivität ist, deren Wesen auf linguistischer Ebene gänzlich erklärt werden könnte – mittels komplexer „Grammatiken“, ohne Rekurs oder Referenz zu derartigen Dingen wie Gedanken oder Konzepten. Heutzutage machen viele in der AI einen ähnlichen Fehler: Sie denken, daß rationales Denken einfach aus elementaren Grundschritten zusammengesetzt ist, wobei jeder einzelne dieser Schritte sozusagen als ein rationales „Denkatom“ ausgelegt wird. Aber das ist einfach nicht der Hergang, wenn Neuronen zünden. Eine Neuronenzündung hat für sich genommen keine Bedeutung, keine noch so geartete symbolische Qualität. Ich glaube, daß solche elementaren Ereignisse auf der Ebene binärer Ziffern – ja sogar auf der Ebene der Lisp-Funktionen (wenn AI je in Lisp erreicht wird, was ich ernsthaft bezweifle) – dieselbe Qualität haben werden, nämlich *nicht auslegbar zu sein*. Wenn das Denken aus milliardenfachen, für sich genommen bedeutungslosen neuralen Zündungen hervorgeht, so ist das ein genauso drastisch sich vollziehender Ebenenwechsel wie der zwischen Molekülen und Gasen.

Eine einfache Metapher, die meinen Standpunkt zwar kaum demonstriert, aber wenigstens das Charakteristische daran wiedergibt, liefert Winograds Programm SHRDLU, das unter Ausnutzung der vollen Kapazität eines sehr großen Computers (ein DEC-10) in einer Unterhaltung über die Klötzchenwelt mit ganzen Zahlen bis zehn umgehen konnte. Von größeren Zahlen wußte es – auf seiner „kognitiven“ Ebene – nichts. Turing kommt in seiner Schrift „Rechenmaschinen und Intelligenz“ auf ein ähnliches, ziemlich schalkhaftes Beispiel, indem er einen Menschen einen Computer bitten läßt, eine Summe zu bilden, und der Computer dann 30 Sekunden innehält und zum Schluß die falsche Antwort gibt. Das muß nun keine hinterlistige Absicht seitens des Computers sein. Er könnte wirklich versucht haben, die beiden Zahlen auf der *Symbol-Ebene* zu addieren, und dann einen Fehler gemacht haben, genauso wie es Ihnen oder mir hätte passieren können, trotz unserer im Addieren schnellen Neuronen.

Der springende Punkt ist einfach, daß die auf unteren Stufen sich vollziehenden arithmetischen Prozesse, aus denen die höhere Stufe jedes AI-Programms besteht (die Additionen, Umstellungen, Multiplikationen usw.), völlig abgeschirmt und daher für ihn gar nicht sichtbar sind. Sicherlich hätte Winograd es seinem Programm künstlich erlauben können, kleine Teile von Lisp-Codes zu schreiben, die Antwort geben würden, wenn man beispielsweise fragen würde: „Was ist 720 faktoriell ausgedrückt?“ Aber das wäre ähnlich, wie wenn man sich die Tatsache, daß man Milliarden kleine analoge Addierer im Gehirn hat, beim Nachrechnen eines ellenlangen Kassenbons zunutze zu machen versuchte! Man kommt einfach nicht an sie heran! Sie sind für unsereins unerreichbar.

Die Wurzel aller Bedeutung sind Symbole auslösende Muster

Hinzu kommt, daß Sie *es gar nicht dürften*! Die Welt ist nicht mathematisch genug, damit einem dies zum Überleben nützt. Inwiefern wäre einem Speerwerfer damit geholfen, parabolische Kreisbahnen berechnen zu können, wenn in Wirklichkeit der Wind bläst, Luftwiderstand vorhanden ist, der Speer keine punktuelle Masse ist – usw.? Ganz im Gegenteil: Ein Speerwerfer bringt seine beste Leistung, wenn er sich eine Menge von Annäherungen vorstellen kann, was passieren könnte, und dann imstande ist, daraus vorwegnehmend plausible Konsequenzen zu ziehen.

Wie sowohl Jacques Monod in *Zufall und Notwendigkeit* als auch Richard Dawkins in *Das egoistische Gen* deutlich machen, besteht die wahre Macht eines Gehirns darin, seinem Besitzer zu gestatten, eine Vielfalt von plausiblen Zukünften zu simulieren. Man muß das allerdings von der *exakten* Vorhersage von Eklipsen unterscheiden, die durch schrittweise, weit in die Zukunft gehende hochpräzise Iteration von Differentialgleichungen zustande kommt. Das Gehirn ist ein Apparat, der sich in einer weniger exakten Welt entwickelt hat als der ursprünglichen, unverfälschten Welt bahnenziehender Planeten, und die Aussicht, daß selbst der beste Plan, und sei er noch so ausgetüftelt, in die Hose geht, ist weitaus größer. Deshalb ist es nötig, mathematische Simulationen durch Abstraktionen zu ersetzen, was mit einschließt, daß Irrelevanzen beiseitegeschoben und gescheite Vermutungen angestellt werden, beruhend auf Analogien mit vergangenen Erfahrungen. Folglich führen die Symbole in einem Gehirn statt eines Szenariums, das genau isomorph zu dem ist, was tatsächlich an die Oberfläche sickert, eine Reihe von Szenarien durch, die wahrscheinlich oder plausibel sind; oder es werden sogar einige Szenarien aus der Vergangenheit nachgespielt, die keine andere ersichtliche Relevanz haben können, als einfach metaphorisch zu sein. (Das bringt uns zu den „Mottos" der Yale-Gruppe zurück.)

Sobald wir den perfekten mathematischen Isomorphismus als unser Kriterium für Symbolisierungen aufgeben und darauf hinweisen, daß Muster als Auslöser für Symbole lediglich genauso mit ihrem suggestiven Wert und metaphorischen Reichtum in Zusammenhang stehen, kompliziert dies die Frage ganz erheblich, was es bedeutet, wenn wir sagen, ein Symbol im Gehirn „symbolisiert" irgend etwas. Das hängt meiner Meinung nach eng mit vielleicht einer der subtilsten Streitfragen zusammen, die die AI klären können sollte, nämlich: „Was ist Bedeutung?" Das ist im Grunde der strittige Punkt, um den es John Searle in seiner zuvor erwähnten Attacke gegen die AI geht; auch wenn er es tarnt und bisweilen infolge aller erdenklichen Ausweichmanöver den Faden verliert, kommt es am Ende doch ans Licht (man lese dazu seine Antwort an Dennett in der *New York Review of Books*), daß es ihm in Wahrheit um die „Tatsache" geht, daß „Computer keine Semantik besitzen" – und natürlich meint er gleich, daß „Computer nicht nur zum jetzigen Zeitpunkt keine Semantik besitzen, sondern nie eine haben werden". Wenn er nur von der Gegenwart spräche, würde ich zustimmen. Er erhebt es jedoch sogleich zu einem Prinzip, und da geht er meiner Meinung nach zu weit.

Woher kommen die Bedeutungen der sogenannten „aktiven Symbole", jene riesiggroßen „Wolken" neuraler Aktivität im Gehirn? Was ist es, dem sie ihre denotative Kraft verdanken? Einige Leute haben behauptet, sie komme daher, daß das Gehirn physisch mit Sinnesorganen und Nervenendorganen fest verbunden sei, die es mit der Außenwelt zusammenbringen, und jene „Wolken" dann in die Lage versetzen würden, den aktuellen Zustand der Welt (oder wenigstens Teile davon) getreu widerzuspiegeln und zudem durch Einsatz des Körpers Einfluß auf die äußere Welt zu nehmen. Ich denke, daß diese Dinge *Bestandteil* der denotativen Kraft, aber nicht das Wesentliche an ihr sind. Wenn wir vor uns hin träumen oder uns Situationen vorstellen, wenn wir träumen oder planen, manipulieren wir *nicht* die konkrete physische Welt um uns herum, noch merken wir sie. Beim Imaginieren fiktiver oder hypothetischer oder gar völlig unmöglicher Situationen machen wir uns nicht nur immer noch die Bedeutungsfülle unserer symbolischen neuralen Maschinerie zunutze, sondern tragen auch immer noch zu ihr weiter bei. Die Symbole symbolisieren jedoch nicht irgendwelche spezifischen, realen, physischen Objekte. Die fundamentalen aktiven Symbole des Gehirns repräsentieren *semantische Kategorien* – Klassen, wie es in der AI heißt.

Kategorien weisen nicht auf spezifische physische Objekte hin. Sie können allerdings als „Mustervorlagen" bzw. „Originale" benutzt werden, von denen man dann Kopien – Abzüge – machen kann, und dann werden die Kopien in verschiedenen Verbindungen aktiviert; diese Aktivierungen lösen dann automatisch die verschiedensten Aktivierungen seitens anderer Abzieh-Symbole aus (Ameisenscharen lösen die Zeugung anderer Ameisenscharen aus, wodurch sie sich manchmal selbst ins Fiasko stürzen). Die Gesamtaktivität wird semantisch – bedeutungsvoll – sein, falls sie isomorph ist, wenn auch nicht notwendigerweise isomorph mit einem tatsächlichen Ereignis in der realen Welt, jedoch mit einem, das mit allen bekannten Einschränkungen kompatibel ist, denen die Situation unterliegt.

Derartige Einschränkungen sind weder auf der molekularen noch auf irgendeiner anderen, derartig feinkörnigen Ebene vorhanden; sie sind auf der eher grobkörnigen Ebene gewöhnlicher Wahrnehmung anzutreffen. Sie sind zu einem gewissen Grad verbalisierbare Einschränkungen. Wenn ich mich an das Klischee der Schank-Gruppe halte und sage, „Eugen ging in ein Restaurant und aß einen Hamburger", besitzen die Muster der aktivierten Symbole, die Ihr Gehirn hervorbringt, eine echte repräsentative Aussagekraft, nicht weil irgendein Kerl namens Eugen tatsächlich ausging und einen Hamburger aß (obgleich das höchstwahrscheinlich eine Situation ist, die zu irgendeinem Zeitpunkt in der Welt tatsächlich vorgekommen ist), sondern weil die Symbole, wenn sie nicht anderweitig gestört werden, aufgrund ihres „Eigenlebens" (ihre Möglichkeit, andere Symbole ganz autonom auszulösen) die Simulation eines imaginären und doch realistischen Szenariums verursachen. [Pressemitteilung: Wie aus zuverlässiger Quelle zu erfahren war, betrat tatsächlich ein gewisser Eugen Bremer aus Franzeljosefshofen in Bayern ein Schnellrestaurant und aß einen (1) Hamburger. Wäre diese Tatsache, obwohl sie durchaus hilfreich ist, ausgeblieben, hätte das für die Argumente des vorliegenden Aufsatzes keine sonderlichen Nachteile gehabt.]

Ob Bedeutsamkeit zustande kommt oder nicht, hängt folglich davon ab, ob die semantischen Kategorien in der richtigen Weise miteinander verbunden werden oder nicht, damit realistische Szenarien die Möglichkeit bekommen, sich selbst auf dieser „inneren Bühne" in Szene zu setzen. Das heißt, die auslösenden Muster aktiver Symbole müssen vielmehr die generellen Trends widerspiegeln, wie die auf einer makroskopischen Ebene wahrgenommene Welt funktioniert, und weniger Spiegel für die Ereignisse sein, die sich tatsächlich ereignen.

Jenseits der intuitiven Physik: die zentrale Bedeutung der „Verrutschbarkeit"

Bisweilen spricht man bei dieser Fähigkeit auch von „intuitiver Physik". Intuitive Physik ist bestimmt ein wichtiger Bestandteil der auslösenden Muster und nötig, damit ein Organismus bequem überlebt. Als Beispiel führt John McCarthy an, daß man mit einer Tasse Kaffee so umzugehen weiß, daß man sich nicht bekleckert; man weiß vorweg genau, wie man sie zu bewegen hat, um ein solches Malheur zu vermeiden. Beachtet werden muß allerdings, daß das, was „berechnet" wird, eher alternative grobe Beschreibungen sind, was passieren könnte, als eine exakt berechnete „Flugbahn". Das ist das Wesen intuitiver Physik.

Es bedarf jedoch, wie ich zuvor feststellte, um einiges mehr, damit Symbole Bedeutung haben, als einfach nur des Umstands, daß ihre auslösenden Muster eine intuitive Physik zulassen. Begegnet man beispielsweise jemandem, der ein eingegipstes Bein hat, weil ihm, wie er sagt, die Kniescheibe zu schaffen mache, könnte man sich insgeheim denken: „Das ist zwar lästig, aber nichts verglichen mit meinem Freund, der an Krebs leidet." Diese Verknüpfung ist offensichtlich das Werk solcher auslösenden Muster, die zu Symbolen gehören, die Gesundheitsprobleme betreffen und repräsentieren. Doch was hat das mit den Bewegungsgesetzen zu tun, denen Objekte oder Flüssigkeiten unterliegen? Herzlich wenig, wie ich meine. Verknüpfungen wie diese, die nach der Seite hin verlaufen und nichts mit Kausalität zu tun haben, sind gleichermaßen wesentliche Voraussetzungen dafür, daß wir *Situationen in Perspektive setzen* können – um das, was tatsächlich *ist*, mit dem zu vergleichen, was unserer Art nach, die Dinge zu sehen, „hätte sein können" oder sogar daraus möglicherweise werden kann. Diese Fähigkeit ist nicht weniger als die intuitive Physik ein zentraler Aspekt dessen, was Bedeutung ist.

Diese Möglichkeit, daß jede wahrgenommene Situation scheinbar von einem Haufen, einem Halo alternativer Versionen ihrer selbst umgeben sein muß, von Variationen, die dadurch suggeriert werden, daß über jedes von sehr, sehr vielen Merkmalen einfach hinweggeglitten wird, bzw. jedes dieser Merkmale glatt entschlüpft, die charakteristisch für die Situation sind, scheint mir auf den toten Punkt des Denkens zu kommen. Zur Zeit scheint in der AI in bezug auf diese Art von „Verrutschbarkeit" nicht viel los zu sein. (Einige Ausnahmen gibt es allerdings. Einige der ehemaligen Mitglieder der Schank-Gruppe in Yale haben sich ihr ebenso zugewandt. Ich selbst würde mich auch mit einbeziehen, als einer von diesen einzelgängerischen Streunern, die auf diesen prachtvollen Wegen herumschnüffeln. Einige der Kognitionspsychologen wie Amos Tversky von der Stanford-Universität und Daniel Kahnemann von der University of British Columbia haben eine Reihe sehr interessanter Untersuchungen über bestimmte Arten von Verrutschbarkeit durchgeführt, auch wenn sie diesen Ausdruck nicht gebrauchen.) Ich habe dieses Problem einigermaßen detailliert in *Gödel, Escher, Bach* abgedeckt, unter verschiedenen Oberbegriffen wie „Verrutschen", „sofortige subjunktive Wiederholung", „‚Beinahe'-Situationen", „Begriffsskelette und Begriffsabbildung", „Alternität" (ein Ausdruck, der auf George Steiner zurückgeht) usw.

Wenn wir zur Metapher der Ameisenkolonie zurückkehren, können wir uns diese „Symbole mit Halos" als Hyperhypergruppen von Ameisen vorstellen, wobei viele ihrer Mitglieder ganz seltsam erscheinende Streifzüge in alle möglichen Richtungen unternehmen, wie die sich in viele Richtungen auf einmal ausbreitenden flackernden Zungen einer Flamme. Diese Versuche, sozusagen die Fühler in alle möglichen Richtungen auszustrecken, die die Möglichkeit zu den seltsamsten Seitenverknüpfungen schaffen, wie von der „Kniescheibe" zum „Krebsgeschwür", haben absolut keinen schädlichen Effekt auf die Gesamtaktivität der Hyperhypergruppe. Das genaue Gegenteil ist der Fall: wohin die Hyperhypergruppe geht, hängt ganz davon ab, wohin ihre Mitglieder die Nase richten. Was die Gruppe rettet – bzw. ihre Kohärenz –, sind einfach die regelmäßigen Muster, die ganz sicher aus einem zufälligen Substrat auftauchen, wenn genügend Konstituenten vorhanden sind. Kurzum: Statistik.

Gelegentlich kann es passieren, daß ein umherziehender Spähtrupp an einer unerwarteten Stelle einen bestimmten Schwellenbetrag von Aktivität zustande kommen läßt, was zur Entstehung eines ganzen, neuen Aktivitätsgebietes führt – zur Aktivierung einer neuen Gruppe höherer Ebene (bzw., um zur Terminologie des Gehirns zurückzukehren, zur Erweckung eines neuen „Symbols"). In einem Gehirn wie in einer Ameisenkolonie fließt demnach Aktivität höherer Ebene spontan umher, unter Antrieb der autonomen Aktionen unzähliger Komponenten niedrigerer Ebenen.

Das Ziel der AI: die Überbrückung der Kluft zwischen Kognition und Subkognition

Lassen Sie mich endgültig zum letzten Mal klarstellen, wieso das im kompletten Gegensatz zu Standard-Computerprogrammen steht. In einem normalen Programm kann man jede einzelne Operation auf der Ebene der Bits erklären, indem man „nach oben" zur obersten Programmebene schaut. Man kann einen Funktionsaufruf von oben nach unten verfolgen: Subroutinen kommen zum Aufruf, die andere Subroutinen aufrufen, die die spezielle maschinensprachliche Routine aufruft, die diese Wörter gebraucht und in der dieses besondere Bit steckt. Somit gibt es auf einer hohen Ebene einen globalen *Grund*, warum dieses besondere Bit manipuliert wird.

Im Gegensatz dazu ist in einer Ameisenkolonie der Streifzug einer speziellen Ameise keineswegs die Ausführung eines bestimmten globalen Zwecks. Er kann nicht im Rahmen der Ziele des gesamten Ameisenstaates ausgelegt werden. Nur wenn viele solche Aktionen auf einmal betrachtet werden, zeigt sich ihre statistische Qualität und erweist sich dann als etwas, das einen Zweck hat oder auslegbar ist. Von Ameisen ausgeführte Aktionen sind nicht die „maschinensprachliche Übersetzung" eines bestimmten „Programms auf Kolonie-Ebene". Eine einzelne Ameise ist unwesentlich; selbst in großen Mengen sind Ameisen entbehrlich. Es kommt allein auf die Statistik an: Dank ihrer bewegt sich die Information auf einer viel höheren Ebene als der der Ameisen. Das gleiche läßt sich von den neuralen Zündungen im Gehirn sagen. Von der Architektur der meisten gegenwärtigen AI-Programme läßt sich das allerdings nicht behaupten.

AI-Forscher dachten anfangs, daß sie alle Kognition durch 100%iges Von-oben-nach-unten-Ansteuern reproduzieren könnten: Funktionen rufen Subfunktionen auf, diese dann Subsubfunktionen usw., bis man schließlich ganz heruntergekommen ist und sich mit Primitivitäten abgibt. Man dachte also, man könnte das Denken hierarchisch zergliedern, mit einer ganz hoch eingestuften Kognition an der Spitze, die die ganz unten eingestufte Kognition antreibt. Es gab einige Erfolge und manche Schwierigkeiten – und diese besonders im Bereich der Wahrnehmung. Einher gingen derartige Dinge wie Produktionssysteme und mustergelenkte Schlußfolgerung. Dabei war ein von unten nach oben gehender Verarbeitungsprozeß erlaubt, der innerhalb eines im wesentlichen von oben nach unten zu sehenden Kontextes vorkommen durfte. Zwar hat sich der Trend allmählich in diese Richtung verlagert, aber trotzdem wird in der AI immer noch zu viel von oben nach unten geschielt.

Ich glaube, daß, solange die AI nicht auf den Kopf gestellt wird und 100%ig von unten nach oben schaut, sie nicht die gleiche Stufe oder die gleiche Art von Intelligenz erreichen wird, die der Mensch hat. Wenn diese Art der Architektur einmal existiert, wird es sicherlich immer noch hoch einzustufende, globale, kognitive Ereignisse geben – aber sie werden epiphänomenal sein, wie die in einem Gehirn. Sie werden an sich nicht rechnerischer Natur sein. Sie werden sich eher aus vielen, vielen kleineren rechnerischen Ereignissen zusammensetzen und von diesen zu Bewußtsein gebracht werden, als umgekehrt. Mit anderen Worten, *die Subkognition ganz unten wird die Kognition ganz oben antreiben.* Und, was vielleicht am wichtigsten ist, kein Programmierer wird die Aktivitäten, die auf der obersten kognitiven Ebene stattfinden, in einem Programm festgehalten oder antizipiert haben. Das ist im Grunde genommen, was ich die *Mentalität statistischer Emergenz* nenne.

Die Verdrängung des Booleschen Traums durch die Mentalität statistischer Emergenz

Lassen Sie mich zum Abschluß noch einmal auf Simons Aussage zurückkommen: „Alles an der Kognition Interessante passiert oberhalb der 100-Millisekunden-Ebene ..." Ich kann mir keine Bemerkung über die AI vorstellen, der ich vehementer widersprechen würde. Simon scheint es hauptsächlich um Programme zu gehen, die Ketten serieller Aktionen nachahmen können, die von mündlich gegebenen Protokollen verschiedener Versuchspersonen stammen. Vielleicht gibt es in manchen Bereichen, selbst in einigen relativ komplexen und technischen, längst solche Programme, die das können. Aber was ist mit den einfacheren, nicht-kognitiven Akten, die in Wirklichkeit das Substrat für diese kognitiven Akte sind? Wessen Programm führt diese aus? Zur Zeit hat noch niemand so ein Programm. Warum nicht?

Weil in der AI allgemein die Tendenz herrscht, an der Vorstellung festzuhalten, daß Gedanken in gewisser Hinsicht formalen Regeln auf Gedanken-Ebene gehorchen, genauso wie George Boole geglaubt hat, daß „die Gesetze des Denkens" auf formale Regeln zur Manipulation von Behauptungen hinausliefen. Ich glaube, daß das Motto „Kognition als Rechenvorgang" in diesem Booleschen Traum wurzelt – und daß es sich als das entlarvt, was es ist: eine elegante Schimäre.

Postskriptum

Seit ich diese Streitschrift geschrieben habe, habe ich zu meiner großen Freude festgestellt, daß in der AI eine ganze Reihe von Anstrengungen flügge geworden sind, die deutlich unter das Banner „statistischer Emergenz" fallen. Ich erwähnte die Arbeit von Norman und Rumelhart am Institut für Kognitionswissenschaft an der Universität von Kalifornien in San Diego. Dieses Institut ist wirklich eine Brutstätte subversiver „PDP"-Aktivität (parallele distribuierte Prozessierung). Paul Smolensky, der dort auf dem Gebiet der PDP forscht, hat eine Theorie der Wahrnehmungsaktivität entwickelt, die direkt auf einer Analogie zu jenem Zweig der Physik basiert, der als statistische Mechanik bekannt ist; als Gegenstück zur physikalischen Vorstellung von *Temperatur* beinhaltet sie eine geistige Temperaturvorstellung. In der Physik ist Temperatur eine Größe, die den Grad eines wahllosen thermischen Durcheinanders in einem System mißt, das sich aus vielen ähnlichen Bestandteilen zusammensetzt. In Smolenskys Arbeit kontrolliert eine „rechnerische Temperatur", wieviel Wahllosigkeit bzw. Zufälligkeit in das System injiziert wird.

Stellen Sie sich ein System vor, das ein simples Ereignis „betrachtet". (Ich meine damit, daß eine Fernsehkamera angeschlossen ist, die Eingabedaten an einen Computer liefert.) Die Aufgabe dieses Systems ist es, die plausibelste Interpretation für das, was „da draußen“ abläuft, herauszufinden. Ist es vielleicht das Wort „READ“? Ist es vielleicht die Großmutter des Systems? Ist es vielleicht Smolenskys Hund Mandy? Wenn das System zum ersten Mal mit einer neuen Situation konfrontiert wird, ist die Temperatur sehr hoch, was anzeigt, daß sich das System in einem völlig aufgeschlossenen Zustand befindet und bereit ist, alle möglichen Ideen aktiv werden zu lassen. Während wahllos ausgesuchte, bruchstückhafte Konzepte (keine vollständigen Konzepte) ausprobiert werden, beginnt das System allmählich einen Sinn für solche Dinge zu entwickeln, die „passen“. Folglich gibt die Temperatur etwas nach, wodurch sich für vagabundierende konzeptuelle Fragmente die Chancen verringern, alles zu überfluten und die brüchige Ordnung zu zerstören, die sich gerade zusammenzufügen beginnt. Je mehr die Fragmente anfangen, zusammenzupassen und kohärent zu werden, desto mehr kurbelt das System den Zufallscharakter zurück.

Allmählich beginnen sich größere konzeptuelle Strukturen zu bilden und sich gegenseitig in einer selbstverstärkenden Schleife zu bestätigen und immer mehr zu begünstigen. Diese auf hoher Ebene angesiedelten Strukturen beeinflussen indes die Wahrscheinlichkeiten wahlloser Aktivierungen von Fragmenten auf untergeordneter Ebene. Somit wird auch die thermische Aktivität, obwohl sie immer noch dem Zufall überlassen ist, in größerem Umfang gesteuert. Schließlich kommt das System in einem stabilen Zustand zur Ruhe, der die hervorstechenden äußeren Realitäten in einem bestimmten internen Code einfängt. Wenn das System rundum „glücklich“ (bzw. der Terminologie Smolenskys nach „harmonisch“) ist, dann erreicht seine Temperatur den Punkt Null: es „gefriert“. Es ist kein Zufall, daß der Moment des Gefrierens gleichzeitig der Moment ist, wo der Zustand höchster rechnerischer Seligkeit erreicht wird, denn die Temperatur wird nur gesenkt, wenn beobachtet wird, daß das System auf der Glückseligkeitsskala einen Sprung nach oben getan hat.

Diese Idee stochastisch gelenkter Konvergenz hin zu dem, was man einen *global optimalen Zustand* nennt, ist anscheinend mit einem Mal rund um die Welt in den Köpfen mehrerer Leute aufgekommen (wie es viele gute Ideen so an sich haben). Soviel ich weiß, ist es eine uralte Idee (obwohl ich nicht soweit gehen werde, sie den alten Buddhisten gebührend anzurechnen), aber wie es scheint, muß die Atmosphäre für diese Art von Funke einfach richtig sein, damit er „zünden“ kann. Manche Leute, die mit der AI nichts zu schaffen gehabt haben, haben den Geist von etwas derartigem sehr poetisch ausgedrückt. Henri Poincaré schrieb Anfang dieses Jahrhunderts über die Genese mathematischer Inspirationen:

> Gestatten Sie mir einen groben Vergleich. Stellen Sie sich die zukünftigen Elemente unserer Kombinationen [voll ausgereifte Ideen] als etwas vor, das Ähnlichkeit mit den verbundenen Atomen bei Epikur hat. Während der vollkommenen Muße des Geistes sind diese Atome bewegungslos; sie hängen sozusagen fest an der Wand; diese vollkommene Ruhe kann sich so vielleicht um eine unbestimmte Zeit verlängern, ohne daß sich die Atome treffen, und folglich, ohne daß untereinander Zusammenschlüsse stattfinden.
>
> Andererseits werden während einer Periode offenkundiger Ruhe und unbewußter Arbeit manche von ihnen von der Wand gelöst und in Bewegung gesetzt. Sie schießen blitzschnell in alle Richtungen durch den Raum (ich war drauf und dran, durch das Zimmer zu sagen), in

dem sie eingeschlossen sind, wie z.B. ein Mückenschwarm oder, wenn man einen gelehrteren Vergleich vorzieht, wie die Moleküle eines Gases in der kinematischen Theorie von Gasen. Sie prallen dann aufeinander, was möglicherweise neue Kombinationen erzeugt ...

Nun hat sie unser Wille nicht aufs Geratewohl ausgesucht; er verfolgte damit ein perfekt determiniertes Ziel. Die mobilisierten Atome sind deshalb keinesfalls irgendwelche Atome, sondern solche, von denen wir vernünftigerweise die erwünschte Lösung erwarten dürfen. Wenn die mobilisierten Atome aufeinanderprallen, passiert es infolge der Zusammenstöße, daß sie dann untereinander oder mit anderen Atomen, die in Ruhe sind, gegen die sie aber auf ihrer Bahn stoßen, Kombinationen eingehen. Ich bitte Sie nochmals, haben Sie Nachsicht mit meinem sehr groben Vergleich, aber ich weiß mir eben nicht anders zu helfen, als meine Gedanken auf diese Weise verständlich zu machen.

Aus etwas jüngerer Zeit stammt das folgende Zitat aus dem Buch *Die Meduse und die Schnecke* des Biologen Lewis Thomas:

In jedem wachen Moment ist der Kopf des Menschen mit Gedankenmolekülen gefüllt, die man Begriffe nennt. Der Geist besteht aus dichten Wolken dieser Strukturen, die aufs Geratewohl von Ort zu Ort fließen, zusammenstoßen, abprallen und wieder zusammenstoßen. Sie hinterlassen zufällige Zickzackbahnen nach Art der Brownschen Bewegung. Sie sind kleine runde Gebilde mit kleinen Auswüchsen, die zu anderen Gedankenteilchen mit ähnlichen Rezeptoren passen oder dort einrasten. Die Wahrscheinlichkeit, daß ein Begriff auf einen zu ihm passenden anderen trifft, bei dem er Anker werfen kann, ist zunächst verschwindend gering, und normalerweise geschieht nichts.

Aber wenn der Geist etwas erwärmt wird, beschleunigt sich die Bewegung und es gibt mehr Bewegungen. Die Wahrscheinlichkeit steigt.

Die Rezeptoren sind verzweigt und komplex. Ihre Konfiguration ist sehr variabel. Damit ein Begriff zum anderen paßt, ist es nicht notwendig, daß die innere Struktur beider identisch ist. Nur das äußere Signal zählt beim Anlegen. Wenn sich jedoch zwei Begriffe verknüpft haben, wird aus ihnen ein kleines Gedächtnis. Ihre Bewegung ändert sich. Jetzt treiben sie nicht mehr aufs Geratewohl durch die Gänge des Geistes, sondern bewegen sich in geraden Linien. Sie drehen und wenden sich auf der Suche nach weiteren Partnern. Das Ankerwerfen geht weiter, Paare koppeln sich an Paare, es bilden sich Aggregate. Diese verhalten sich wie lebende, zielstrebige Organismen. Sie machen Jagd auf neue Dinge, zu denen sie passen könnten, schnüffeln nach geeigneten Rezeptoren, schnappen nach allem, drehen jedes Stück hin und her. Sie werden größer und probieren alles, was wenigstens entfernt paßt, kleben es an sich, hängen es an ihrer Oberfläche auf, wo immer es Platz gibt. Sie werden wie Seetiere, die überall mit anderen Wesen dekoriert sind, die mit ihnen in Symbiose leben.

In diesem Stadium der Entwicklung nimmt jede dieser Massen verknüpfter Begriffe, gleichzeitig Erinnerung und Suche, eine feste Umlaufbahn an. Sie schwingt in langen elliptischen Schleifen um den Mittelpunkt des Geistes und dreht sich dabei langsam um ihre Achse. Jetzt ist sie ein Gedanke geworden.

Diese poetische Passage erinnert mich an nichts Geringeres als mein Jumbo-System, um Anagramme zusammenzustellen, das ich 1982 entwickelte. In etwas, was ich das „Zytoplasma“ nenne, rumpeln dort Buchstaben aufs Geratewohl in andere Buchstaben, beschnüffeln sich ein bißchen, „paaren sich“ gelegentlich, ehe dann Paare die Suche nach anderen kompatiblen Paaren fortsetzen, wie auch nach weiteren Buchstaben, die sie an sich reißen und sich einverleiben könnten, um Dreier- oder Viererbünde zu schließen (siehe a. Abbildung 26-3). Silben entstehen, beschnuppern sich gegenseitig an allen Ecken und Enden, vereinen sich gelegentlich und bewerben sich um die Wortbildung. Dann können diese protzigen Zusammenballungen interne Transformationen durchleben, in ihre natürlichen Subeinheiten zerfallen oder sogar einfach zersplittern. So könnte z.B. aus „UR-EIGEN“ durch *Neugruppierung* „UREI-GEN“ werden, das dann mittels *Schüttelei* zu „URGEN-EI“ gemacht werden könnte usw. Schüttelfrost und Schüttelkrampf sind (wie Schüttelei, nur in verschiedener Weise) andere Arten von Mechanismen zur Neukombinierung, ebenso Fröstelei und Krampferei. Eine typische Route im Niedrigtemperaturbereich, die sich durch einen Teil eines logologischen Raums schlängelt und diese Mechanismen verwendet, mag nach und nach zu „UN-REGIE“, „REGE UNI“, „UR-NEIGE“, „U-REIGEN“, „GNU-EIER“ usw. führen. Und wenn als Folge einer globalen Spannung die Temperatur ansteigt, kann es sein, daß es die ganze Schale zerreißt und wir am Ende mit einzelnen Buchstaben dastehen, die überall verstreut herumliegen, hier und da zusammen mit einigen überlebenden Buchstabenduos („ng“ vielleicht), Erinnerungsstücke, wie es war, ehe die Explosion passierte. Seufz ... Was ist bloß mit unserer NEUGIER los? Ist diese Welt von allen möglichen Welten etwa nicht die beste?

* * *

Angesichts der Passagen von Poincaré und Thomas will ich nicht behaupten, daß diese Ideen völlig neu sind – aber warum sollte ich das überhaupt? Teil meiner These bezüglich Kreativität ist, daß selbst die besten Ideen lediglich Variationen von Themen sind, die bereits ausgesprochen und durch unbewußte und zufällige Prozesse des Neukombinierens, Filterns und Assoziierens entdeckt worden sind. Doch ist die „Passung“ zwischen statistischer Mechanik und „statistischer Mentalik“ noch lange nicht exakt, und man kann nur hoffen, daß die kollektive geistige Temperatur bei den Kognitionswissenschaftlern hoch genug ist, damit bei dem ganzen Ideengeschiebe in unseren Gehirnen endlich die richtigen Ideen miteinander in Kontakt gebracht werden und wir demzufolge einer exakten Ansicht näherkommen, wie die Verbindung von Physik und Kognition aussieht. Das wird die Temperatur sinken lassen und uns noch näher an die Wahrheit heranführen, wodurch die Temperatur weiter sinkt – usw.

Außer Paul Smolensky schnüffeln noch viele andere Leute in nahezu dem gleichen Terrain herum. David Rumelhart (wie bereits weiter oben erwähnt), James McClelland und andere Mitarbeiter der „PDP“-Gruppe in San Diego haben mit einem derartigen System Modelle unterschiedlichen Typs von perzeptuellen und kognitiven Verhaltensweisen aufgestellt. Geoffrey Hinton und Scott Fahlmann sowie Terrence Sejnowski untersuchen mittels der „Boltzmann-Maschine“, wie sie sie nennen, „pseudo-neurale“ Lernmodelle auf der Grundlage von Ideen, die denen von Smolensky sehr ähneln. (Das ist vielversprechend, denn schließlich steckt in „neural“, wenn man die Buchstaben versetzt, der Wortstamm „lern-“.) J.J. Hopfield hat sich eingehend mit den statistischen Eigenschaften von Nervennetzen befaßt, um herauszufinden, was sich über das Substrat eines assoziativen Gedächtnisses sagen läßt. Pentti Kanerva, ein höchst origineller und selbständiger Philosoph und Programmierer an der Stanford-Universität, hat eine damit verbundene theoretische Arbeit mit dem Ziel unternommen, Hinweise auf plausible Substrate zu finden, die der Fluidität des Gedächtnisses zugrunde liegen. Seine Entdeckungen passen wunderbar mit Beobachtungen aus jüngerer Zeit über die anatomischen Strukturen verschiedener Gehirnabschnitte zusammen. Das mag Zufall und doch kein Zufall sein, aber es gibt dort bestimmt eine Menge zu spekulieren. T.Kohonen in Finnland und O.P.Buneman und D.Willshaw in England haben ebenfalls in diesem Zusammenhang Arbeit geleistet. James Anderson und Stuart Geman an der Brown-Universität haben Theorien und Modelle entwickelt, wie es möglich ist, daß eine kollektive Aktivität vieler individueller Verarbeitungseinheiten ihrem Charakter nach emergent sein kann. Jerome Feldmann und seine Kollegen an der Universität von Rochester haben eine, wie sie es nennen, „konnektionistische" Theorie über Perzeption und Kognition entwickelt, derzufolge sich Neuronen zu stabilen und nicht-sostabilen Aggregaten, sogenannten „Koalitionen", zusammentun. Man vermutet, daß diese wechselnden Bündnisse die subkognitive Grundlage für die fluide Kognition schaffen. Und schließlich sind da noch die Projekte meiner eigenen Gruppe im Gange – Jumbo, Seek-Whence und Copycat –, die ganz von einer unabhängig erlangten Vorstellung einer temperatur-gesteuerten Zufälligkeit auf subkognitiver Ebene durchdrungen sind, aus der dann auf kognitiver Ebene ein flüssiger, aber hoffentlich nicht wild durch die Gegend schlingernder Gedankenzug auftaucht.

Marsha Meredith, die an der Implementierung eines Seek-Whence-Programms gearbeitet hat, scheint sich die Idee einer „fluiden" Kognition zu Herzen genommen zu haben. In einer schriftlichen Zusammenstellung dessen, was sie bislang implementiert hat, sprach sie vom Zytoplasma ihres Systems:

> Das Zytoplasma könnte als Suppe gesehen werden, voller Geblubber und Geklumpe. Die Blasen, die nach oben steigen, sind die augenblickliche Erscheinung, die das System von der Sequenz hat. Wenn benachbarte Blasen genügend Anziehungskraft aufeinander ausüben (genügend starke Bindungen haben), verbinden sie sich; ansonsten existieren sie unabhängig voneinander, oder sie platzen, damit neue Blasen an ihrer Stelle entstehen können.

Marsha hat zu ihrem Zytoplasma zusätzlich ein „Platoplasma" (in dem Platonische Konzepte untergebracht sind) sowie ein „Sokratoplasma" kreiert (letzteres vermittelt zwischen dem erdverhafteten Zytoplasma und dem ätherischen Platoplasma). Marshas blubbernde, brodelnde, wallende, hitzig erregte „Seek-Whence-Suppe" hat demnach sehr viel von einer Alphabet-Suppe, nur mit dem Unterschied, daß die guten alten ABCs durch 123er ersetzt worden sind.

* * *

Irgendeine Einzelperson herauszugreifen und zu versuchen, ihr diese „suppenkognitiven" Ideen hoch anzurechnen, wäre meiner Meinung nach albern, denn sie liegen sozusagen in der Luft, und die Zeit ist einfach reif. Das soll nicht heißen, daß sie von der ganzen Gemeinde der AI und der Kognitionswissenschaft rundweg willkommen geheißen werden. Es gibt klare „Pro"- und „Contra"-Lager, und einige neutralere Beobachter. Manche Leute klammern sich an den Booleschen Traum, als wäre er der letzte Strohhalm! Daniel Dennett hat vor kurzem einen anderen Ausdruck für die gleiche Vorstellung geprägt: „Hochkirchlicher Komputationalismus", dem er, wie er es nennt, den „Neuen Konnektionismus" gegenüberstellt. Mir gefällt dieses Bild von Orthodoxie, das dem ersten Ausdruck innewohnt, während letzterer meiner Auffassung nach übermäßig viel Nachdruck auf die Rolle neuraler Modellversuche bei den neuen Annäherungswegen legt. Ein Modell des Denkens im neuen Stil muß nicht unbedingt so buchstäblich auf der Gehirn-Hardware basieren und davon ausgehen, daß es neuronenähnliche Einheiten und neuritenähnliche Verbindungen zwischen ihnen gibt. Das Wesentliche in der Auffassung der andersdenkenden Bewegung scheint mir in drei Begriffen zu liegen:

1) asynchroner Parallelismus;
2) temperatur-gesteuerte Zufälligkeit;
3) statistisch emergente aktive Symbole.

Richtig überlegt, wird natürlich schon in 3) alles ausgesagt. Wieso das? Die Wendung „statistisch emergent" impliziert ja eindeutig, daß kollektive Phänomene mit einbezogen sind, in denen pausenlos viele unabhängige, unkorrelierte und in irgendeinem physikalischen Medium überall chaotisch verstreute Mikro-Ereignisse geschehen, Muster bilden und diese wieder abbrechen. Dieses Bild steckt hinter 1) und 2).

Jedesmal, wenn ich mir dergleichen wirklich deutlich vor Augen führe, werde ich an eine recht alte, aber immer noch einflußreiche Theorie über die Art und Weise erinnert, wie die Fluidität von Wasser aus all dem frenetischen molekularen Gebumse „da unten" entspringt. Das ist die Theorie *unruhiger Verbände*, wie es so poetisch heißt (in Kapitel 9 wird ebenfalls darauf Bezug genommen). Die Idee ist, daß Wassermoleküle kleine und äußerst ephemere, an Wasserstoff gebundene Verbände bilden können (mit einer Lebensspanne, die noch kürzer ist als die einer Eintagsfliege!). Die Bildung und anschließende Auflösung einer Gruppe geschieht innerhalb von Mikrosekunden; die Moleküle, aus denen sie sich zusammensetzte, bilden dann mit anderen freien Molekülen neue Gruppen. Dieser Vorgang hält ununterbrochen an, Tag und Nacht, Sekunde für Sekunde, in jedem noch so winzigen Wassertropfen, Milliarden und Abermilliarden Male. Das statistisch emergente Phänomen ist in diesem Fall die makroskopische Beschaffenheit von Wasser. Insbesondere solche vertrauten physikalischen Eigenschaften des Wassers wie sein Siedepunkt, seine Dichte, Viskosität, Kompressionsfähigkeit usw. lassen sich – wenigstens theoretisch – von einem solchen Modell ableiten.

Wenn man sich jedoch mit dem Geist beschäftigt, sind die zu erklärenden Phänomene weniger greifbar und weitaus flüchtiger. Für die meisten scheint es ein primäres Ziel zu sein – und hier sind John Searle und ich immerhin mal einer Meinung –, daß sie die Erklärung finden, woher *Bedeutung* wirklich kommt, oder mit anderen Worten, eine Theorie finden, die die Grundlage von Semantik oder Referenz erklärt. Komprimiert lautet die Frage: „Was macht die geistige Aktivität *symbolisch*?"

* * *

Es scheint echte Rätsel aufzugeben, wie bloße Materie *Bezüglichkeit* haben könnte. Wieso könnte es sich bei einem Haufen Zeug um etwas anderes handeln (ganz abgesehen davon, daß es um *ihn selbst* geht)? Searle macht es sich da ganz bequem, indem er das Bio-Material (oder wenigstens das Neuro-Material) aus seiner Forschung einfach ausnimmt. Er macht das mit dem Dreh, daß er dem Bio-Material spezielle „Kausalkräfte" zuschreibt und es unerklärlicherweise ablehnt, festzustellen, welcher Art sie sind, obwohl sie auf magische Weise (wie es scheint) dem Gehirn oder irgendwelchen Dingen darin die Möglichkeit geben, Bezüge herzustellen. Das ist genauso völlig *ad hoc* wie die Chuzpe des Booleschen Träumers, einfach die Behauptung in die Welt zu setzen, daß es da überhaupt kein Problem gibt, denn Lisp-Atome *haben* Bezug. Tatsächlich hat sich gezeigt, daß eine Analyse dessen, was Bezüglichkeit ist, bislang für beide Seiten eine zu harte Nuß war, und so degeneriert die ganze Sache zu Polemiken. Jede Seite *weiß* natürlich längst Bescheid, welche Bewandtnis „Beziehnis" hat, und ist deswegen höchst ungehalten wegen der Beschränktheit der anderen. Ich bin an diesem Syndrom bestimmt genauso schuldig wie jede andere Seite, denn auch ich meine einfach *zu wissen* (intuitiv und in Worten unausdrückbar), was Bezüglichkeit wirklich ist, und wie sie aus „bloßer Materie" und ihren Mustern zum Vorschein kommen *kann*. Ich habe über weite Teile meines Buches *Gödel, Escher, Bach* versucht, ein paar dieser Intuitionen zu vermitteln. Seither habe ich mich weiterhin bemüht, sie noch mehr zu verdeutlichen (am beachtlichsten ist mir das in einem Aufsatz mit dem Titel „Shakespeare ist nicht der Autor seiner Stücke, sondern ein anderer gleichen Namens" gelungen, dessen Mitautoren nicht Gray Clossman und Marsha Meredith waren, sondern Leute, die denselben Namen hatten, sowie in der Arbeit über Rollen und Analogien, die ich in diesem Buch in Kapitel 23 beschreibe). Die Fragen scheinen jedoch immer noch die besten Köpfe zu blockieren.

Bedeutet der Ausdruck „– – p – – g – – – –" von sich aus etwas? Bedeutet der Ausdruck „(SS0+SS0)=SSSS0" von sich aus etwas? Wie ist es mit „(ist gleich 4 (plus 2 2))" oder „2+2=4" oder „bpbgd"? Was erfüllt wenigstens *einen* davon mit Bedeutung, wenn schon nicht *alle*? Wenn keiner von ihnen eine Bedeutung hat, haben dann gedruckte Symbole *je* Bedeutung? Hat eine ganze Sammlung von *Encyclopaedia Britannica*-Bänden, die außer Kontrolle geraten sind und im interstellaren Raum herumtrudeln, von sich aus irgendeine Bedeutung, oder ist es nur ein nichtssagender inhaltsloser Haufen nicht-symbolischer Materie? Würde es helfen, wenn wir eine ganze Landesbibliothek in selbige interstellare Umlaufbahn hochmanövrierten? Wenn nicht, warum nicht?

Was sagen Sie zu einem niedlichen Roboterlein, der in Ihrem Wohnzimmer herumsaust, auf der Suche nach einer Steckdose, und sich an jede, die er findet, selbst anschließt, ohne je gegen eine Möbelkante zu stoßen? Hat er irgend etwas in seinem Innern, das wirklich noch etwas anderes *repräsentiert*? Wenn ja, wieso? Wenn nein, warum nicht? Und was sagen Sie zu einem Roboter, der so groß wie ein Mensch ist und die Welt nach Schönheit und Wahrheit absucht und auf dem Weg dorthin seltsame Ausschnitte eines unheimlichen und verstümmelten „syntaktischen Verhaltens" „aussendet", wie z.B. „Dieser Satz kein Verb"? Könnte dieser Typ von Roboter irgendwelche *Beziehnis*-Atome besitzen? Oder müßten Sie ganz genau wissen, woraus man ihn gemacht hat, bis hinunter zu den mikroskopisch kleinsten Fasern seiner Schaltkreise? Was wäre, wenn er gegen eine solche Untersuchung etwas einzuwenden hätte? Würde Ihnen das Wissen, das Sie zuvor hatten, daß es allerdings ein Roboter war, nun sagen, daß er, wenn er schon Einwände gemacht hat, diese lediglich „künstlich bekundete"? Und wären Sie dann berechtigt (als ein *bona fide* empfindendes Wesen), sich über seine *Ersatz*-Einwände ohne Gewissensbisse hinwegzusetzen und ihn zu öffnen und zu sezieren?

* * *

Es ist einerseits natürlich, andererseits aber merkwürdig, daß die Schwelle, an der die meisten Leute ihre Einstellung ändern, ob ein Organismus nun Geist und Gefühl (und „Beziehnis") hat oder nicht, ungefähr dort zu liegen scheint, wo sie sich mit dem Organismus leicht identifizieren können. Mikroben? „Nee, die sind zu klein." Mükken? „Schon eher, aber die sind lediglich mechanisch." Mäuse? „*Anscheinend* erleben sie Schmerz und Angst und Neugier." Männer? „Nun, vielleicht ... auch wenn sie in Wirklichkeit nicht wissen, wie es ist, zu menstruieren."

Solche Reaktionen sind irgendwie natürlich, aber ich finde es trotzdem merkwürdig, daß das Sich-in-der-Welt-bewegen und die perzeptuelle und motorische Schnittstelle die überzeugendsten Kriterien zu sein scheinen. Die meisten von uns scheinen sich mit Systemen nicht identifizieren zu können, die keine perzeptuelle und motorische Schnittstelle zu unserer greifbaren, dreidimensionalen Welt haben, ganz gleich wie ausgeklügelt ihr Inneres sein mag. Mir schwebt eine bestimmte Art von Programm vor, das die meisten wahrscheinlich viel zu albern finden, um es je bewußt in Erwägung zu ziehen: ein Programm, das symbolische mathematische Manipulationen ausführt. Man sehe sich z.B. das berühmte System Macsyma an, das Kalküle und algebraische Probleme höchsten Schwierigkeitsgrades bewältigt. Das, was dieses System heute leistet, wäre zu Gauss' oder Eulers Lebzeiten so unvorstellbar gewesen, daß vielen schlauen Leuten die Luft weggeblieben wäre und viele hochintelligente Leute es vielleicht angebetet hätten. Niemand hätte es einfach so abtun können – aber heute tun wir das. Heute „wissen wir ja Bescheid". Das ist in einer Hinsicht ja ganz gut, in anderer jedoch schlecht.

Was mich beunruhigt, ist eine Art „Hardware-Chauvinismus", den wir Menschen an den Tag legen. Dieser Chauvinismus sagt: „Das Leben Realer Dinge spielt sich in drei Dimensionen ab; Reale Dinge bestehen aus Atomen. Photonen prallen von Realen Dingen ab. Reale Dinge machen Krach, wenn man sie auf den Boden fallen läßt. Reale Dinge sind materiell und keine substanzlosen, in den Köpfen der Menschen herumschwirrenden Geister." Die Idee, daß Zahlen oder Funktionen oder Mengen oder jede andere Art eines mathematischen Konstrukts Real sein könnten, würde in vielen, wenn nicht in den meisten intellektuellen Lagern heutzutage wieherndes Gelächter auslösen. Man würde sich über die Idee, daß ein Roboter, der in der Lage ist, in einem „Raum" oder „Universum" reiner Abstraktionen zu manövrieren, berechtigt sein könnte, „Empfindungsfähigkeit" zugesprochen zu bekommen, ungemein lustig machen, selbst wenn er in jenem abstrusen hoch-dimensionalen Raum genauso gelenkig und voller Anmut seine Manöver ausführt, wie das größte Eislauftalent es auf dem Weg zur olympischen Goldmedaille tut oder wie der größte Jazz-Pianist.

Das musikalische Universum ist ohnehin ein wunderbares Testgebiet. Hätte ein Roboter, der imstande ist, unglaublich schöne, lyrische, fließende Passagen zu erfinden, bei denen Sie halb weinen müßten, etwa ein Anrecht auf Empathie, und sei sie noch so gering? Angenommen, er wäre ansonsten unbeweglich und „Realität" für ihn eher etwas nach innen gerichtetes als etwas, das mittels Händen oder Augen oder Ohren nach außen hin zugänglich ist. Welches Gefühl hätten Sie dann?

Ich persönlich glaube nicht, daß sich solch ein Programm wirklich realisieren ließe, aber als ein gedankliches Experiment stellt es uns irgendwie vor eine interessante Frage hinsichtlich unserer Auffassung von Empfindungsfähigkeit. Ist der Zugang zur „realen Welt" viel wert? Warum sollte die unfaßbare Welt des Intellekts weniger real sein als die faßbare Welt des Körpers? Hat die Welt des Intellekts weniger Struktur? Nein, nicht wenn man sie mal kennengelernt hat. Jede Art von Komplexität in der physischen Welt hat ihr Spiegelbild in der Welt mathematischer Konstrukte, einschließlich der Zeit. Was ist das dann für ein Vorurteil, das uns unsere eigene Art in einem so günstigen Licht sehen läßt? Da Fragen hinsichtlich Geist und Materie immer subtiler werden, müssen wir mit um so offeneren Augen auf solche stillschweigenden Annahmen aufpassen, denn sie beeinträchtigen uns auf der untersten Ebene und liefern rasch oberflächliche Antworten, die auf außerordentlich ungelegene Fragen ganz gelegen kommen können.

* * *

Die Frage, die diese Abschweifung in Gang setzte, lautete, welche Arten von Entitäten es verdienen, echte Bedeutung, echte Symbolheit zugesprochen zu bekommen. Einige Leute, und Searle ist einer von ihnen, meinen anscheinend, daß nichts, was ein Computersystem vielleicht schaffen könnte, je wirklich symbolisch sein kann. Es könnte vielleicht gerade die „Schatten" einer symbolischen Aktivität einfangen, aber es könnte nie das „rechte Zeug" in sich haben, das heißt, die „Kausalkräfte des Gehirns", ob es nun den Turing-Test bestanden hat oder nicht. Daß es eine unüberbrückbare Kluft zwischen Maschine und Geist gibt, kann ich im Gegensatz zu Searle nicht finden. Womit ich aber übereinstimme, ist sein Skeptizismus gegenüber der orthodoxen AI-Ansicht, daß wir an den Punkt gekommen sind, wo Computer Wörter und Symbole mit echten Bedeutungen im vollen Sinne des Begriffs gebrauchen.

Das Problem ist, wie ich in dem Aufsatz betonte, daß die Konzepte eines Computers bislang keine Verrutschbarkeit besitzen (und folglich ihre „Beziehnis" auf ganz schwachen Beinen steht). Die verschwommenen Abgrenzungen zwischen menschlichen Begriffen werden von Modellen, die Verschwommenheit explizit zu erzeugen versuchen, nicht gut eingefangen. Derartige Modelle reichen von der sogenannten „verschwommenen Mengentheorie", in der ein unverschwommener Betrag an Verschwommenheit in die allerpräzisesten logischen Kalküle eingeht (eigentlich eine recht komische Idee), bis hin zu Gedächtnismodellen, deren Konzepte in netzartigen Komplexen miteinander verknüpft sind, und die mit einer Unmenge hierarchischer und lateraler Verbindungen, sogar einschließlich expliziter „Hierarchien von Variierbarkeit“ ausgestattet sind. Dennoch wird menschliche Fluidität nicht annähernd erreicht.

Das Rezept der alternativen Richtung ist, symbolische Aktivität aus nicht-symbolischer Aktivität aufzubauen, statt eher davon auszugehen, daß die Objekte, mit denen man anfängt (Lisp-Atome beispielsweise), mit all der Fluidität, die man sich wünscht, durchtränkt werden können, indem man stapelweise komplexe Regeln aufstellt, um die Objekte dann in der richtigen Weise hin und her zu schieben. Ich glaube ganz stark, daß Symbolheit, wie Grünheit auch, desintegriert. In E.O.Wilsons Idee, daß „Massenkommunikation ... die zwischen Gruppen stattfindende Übermittlung von Informationen (ist), die ein einzelnes Individuum nicht an ein anderes, einzelnes Individuum weitergeben kann“, scheint mir der eigentliche Kern der Idee statistisch emergenter aktiver Symbole zu stecken. In jedem wirklich kognitiven System muß es Organisationsebenen über Organisationsebenen geben, die es gestatten, daß aus einer starren Syntax auf unterster Ebene eine fluide Semantik auf oberster Ebene hervortritt. Symbolische Ereignisse werden in nicht-symbolische zerstückelt. In der Metapher der Ameisenkolonie sind die zuoberst angesiedelten Hyperhypergruppen symbolisch, Hypergruppen subsymbolisch, bloße Gruppen subsubsymbolisch (was immer das bedeutet!), und die ganz unten stehende Ameise hat überhaupt keine Symbolheit mehr. Natürlich muß die Anzahl der Ebenen nicht vier sein, aber es reicht, um eines klar zu sagen: Symbolische Ereignisse sind *nicht* die Ureinheiten des Denkens.

Glaubt man an diese Auffassung, daß verschiedene Ebenen von Kollektivität verschiedene Grade von Symbolheit und Fluidität haben, dann könnte man fragen: „Was können wir aus dem Versuch lernen, ein System mit einer kleinen Anzahl solcher Ebenen herzustellen?“ Das ist eine hervorragende wissenschaftliche Frage. Es wäre tatsächlich der entscheidende Schritt getan, wenn man einfach mal anfinge, ein Zwei-Ebenen-System herzustellen, in dem die obere Ebene gleichzeitig kollektiver, symbolischer und fluider als die untere Ebene ist – und genau das ist es, was auf seiten der statistischen Emergenz versucht wird.

* * *

In gewisser Hinsicht hatte man in der AI bis vor kurzem noch die Hoffnung gehabt, mit nur einer Ebene davonzukommen. Das ist den Hoffnungen, die man sich auf seiten der Gehirnforschung gemacht hat, nicht unähnlich, denn dort wollte man ebenso ganz nach eigener Fasson alles auf nur einer Ebene angesiedelt sehen: nämlich auf der der Neuronen. Nun, die AI-ler sind dabei, eine lockerere Haltung einzunehmen, desgleichen die Gehirnforscher, und langsam bahnt sich ein bedeutungsvoller Dialog an. Das ist ein hoffnungsvolles Zeichen, aber es gibt immer noch einige, die gereizt darauf reagieren, was es alles nach sich zieht, daß ihre langgehegten Ansichten herausgefordert werden. Sie ärgern sich insbesondere, wenn jemand über diese Dinge allgemeine und philosophische Betrachtungen anstellt, die voller Bildhaftigkeit sind und eher zu Intuitionen anregen sollen, als allgemein bekannte Fakten trocken und völlig unbeteiligt darzustellen.

Mit dem vorangegangenen Artikel, der auf eine Anfrage hin ausdrücklich für den

Zweck interdisziplinärer Kommunikation geschrieben wurde (veröffentlicht in *The Study of Information: Interdisciplinary Messages* [„Studie über Information: Interdisziplinäre Nachrichten"] unter der Herausgabe von Fritz Machlup und Una Mansfield), verfolgte ich das Ziel, neue Intuitionen an Orten zu entflammen, wo ein Fortschritt unbedingt nötig ist – es ging mir also nicht so sehr um spezielle neue Experimente, sondern um neue Bereiche, über die man nachdenken und theoretisieren sollte. Meine Hoffnung war, nicht nur AI-Leute anzuregen, sondern auch Kognitionspsychologen, Geistesphilosophen und Gehirnforscher. Deshalb verwendete ich so viele Bilder und appellierte an die Intuition.

Allen Newell, dessen Ideen in dem Aufsatz kritisiert wurden, fand daran weniger Gefallen. In seiner Antwort (um die die Herausgeber des Buchs gebeten hatten) tat er meine Ideen als unwissenschaftlich ab, obwohl es tatsächlich so war, daß alle Aufsätze, um die man ersucht hatte, auf ausdrücklichen Wunsch hin persönliche Ansichten wiedergeben und keine wissenschaftlichen Abhandlungen sein sollten. Er behandelte meinen Aufsatz in der Tat mit einer solchen Verachtung, die man sonst wohl nur hat, wenn man eine verdammte Fliege zerquetschen will. Ich hatte eine Antwort erwartet, die die Streitpunkte wirklich diskutierte; eine solche hätte ich von Herzen begrüßt.

Glücklicherweise opferte Newell wenigstens eine Seite oder so der sachlichen Diskussion. Er wies darauf hin, daß in seinen und Simons Schriften das Wort „Symbol" immer die Bedeutung von „etwas, das bezeichnet" gehabt hat, im Unterschied zu bloßen Zeichen wie etwa den binären Ziffern auf der untersten Ebene eines Computers. Er wartete mit einigen Auszügen aus seinen und Simons Aufsätzen auf, einschließlich des folgenden, in dem er auf die Nullen und Einsen in einem typischen Computer eingeht:

> Diese Entitäten sind keine Symbole im Sinne unseres Symbolsystems. Sie genügen nur zum Teil den Anforderungen eines Symbols, nämlich Zeichen innerhalb von Ausdrücken zu sein. Natürlich ist es möglich, ihnen vollen symbolischen Charakter zu verleihen, indem man einen Zugangsmechanismus programmiert, der von ihnen aus zu bestimmten Datenstrukturen führt.

Newell behauptet, daß ich in meinem Aufsatz seine und Simons allgemein bekannten Ansichten über physikalische Symbolsysteme in beträchtlichem Maße falsch dargestellt habe. Eine typische Passage, wo ich das seiner Meinung nach tue, ist folgende:

> Für mich ... hat „Symbol" auch etwas mit repräsentativer Aussagekraft zu tun. Für sie wäre es, wenn ich mich nicht irre, ganz in Ordnung, ein Bit (innerhalb eines Computers) oder eine Neuronenzündung ein „Symbol" zu nennen.

Newells plumper Kommentar dazu: „Hofstadter ist absolut auf dem Holzweg, das ist eindeutig." Das ist endlich eine Gelegenheit für eine wirkliche Auseinandersetzung! Ich freue mich schon, auf dieser Ebene zu antworten.

* * *

Zunächst einmal bekenne ich mich einer einmaligen Falschdarstellung der Newell-Simon-Ansicht über Symbole schuldig. Ich sehe ja jetzt ein, daß sie die symbolische Ebene über die Bit-Ebene stellen; effektiv stellen sie sie auf die Ebene von Lisp-Strukturen. Allerdings möchte ich darauf hinweisen, daß bei Newell eine seltsame Unschlüssigkeit in dem Aufsatz zu verzeichnen ist, aus dem er das oben angeführte Zitat entnimmt. Im ersten Teil des Aufsatzes gebraucht er wiederholt das Wort „Symbol“, um auf die Nullen und Einsen in einer Turing-Maschine Bezug zu nehmen. Er macht das tatsächlich so oft, daß ein naiver Leser den Schluß ziehen *könnte*, Newell sei der Auffassung, daß sie Symbole *sind*. Aber nein! Nachdem er von dem Wort gut dutzendmal Gebrauch gemacht hat, dreht er ihm einfach die kalte Schulter zu und lehnt seinen Gebrauch in der oben zitierten Passage glattweg ab. Das, so unterbreite ich mal vorsichtig, hat kaum etwas mit Klarheit beim Schreiben zu tun. Ich beantrage also, daß das hohe Gericht es als mildernde Umstände ansieht, woraus sich möglicherweise Gründe für ein verringertes Strafmaß für meinen Klienten ergeben.

Aber es gibt einen noch wesentlicheren Bereich, wo wir unterschiedlicher Meinung sind. Newell bringt wiederholt vor, daß für ihn ein physikalisches Symbol eigentlich identisch mit einem Lisp-Atom mit einer angehängten Liste ist (seine sogenannte „Eigenschaftsliste“). Dazu äußert er sich so: „Daß Lisp eine dichte Annäherung an ein reines Symbolsystem ist, bekommt oft nicht das Gewicht, das es verdient.“ Und später bezieht er sich auf sein paradigmatisches physikalisches Symbolsystem als „eine Gartenart, ein lisp-isches Geschöpf.“ (Es ist kein Zufall, daß der Name eines Lisp-Maschinen-Herstellers „Symbolics“ ist.) Newell spricht in seinem Aufsatz durchweg von der *Manipulation von Symbolen* durch Programme (obwohl er merkwürdigerweise das Wort „Programm“ vermeidet). Ich kann „absolut auf dem Holzweg“ sein, wenn ich Newell und Simon die Ansicht zuschreibe, daß Bits Symbole sind, aber ich bin bestimmt nicht auf dem Holzweg, wenn ich sage, daß ihrer Ansicht nach ein Lisp-Atom mit einer angehängten Eigenschaftsliste alle notwendigen Voraussetzungen hat, um ein echtes Symbol zu sein, solange das richtige Programm damit hantiert. Das ist glasklar; klarer kann ich es doch nicht darstellen. Und gegen diese Ansicht habe ich nicht weniger opponiert als gegen die, daß Bits Symbole sind.

Einigen mag es vielleicht so vorkommen, als ähnelte der Aufbau von Atomen aus Bits der ersten Emergenzschicht fluider Semantik aus starrer Syntax, von der ich zuvor sprach. Könnte demnach nicht ein Standpunkt, von dem aus man Lisp-Strukturen ein klein bißchen fluider sieht als Bits, irgendwie mit meiner Ansicht in Einklang stehen? Meine Antwort darauf ist *nein*, und zwar deshalb: Die Regeln, die Lisp-Strukturen kontrollieren, sind an und für sich streng rechnerischer Natur, und die Implementierung eines Lisp-Systems in die Hardware von Nullen und Einsen gibt den Lisp-Atomen aber auch gar nichts, was sie bereichern würde. Die Logik eines Lisp-Systems taucht nicht aus den Details der Ebenen unter ihm auf; sie ist voll und ganz in dem geschriebenen Programm präsent, sogar wenn kein Computer da ist, der mit Lisp umgehen kann. In diesem Sinne sind Lisp-Programme platonisch, was durch Gödels ursprüngliches „Lisp-Programm“ so großartig demonstriert wird, das er 1931 geschrieben hat, als es noch gar keine Computer gab. Tatsächlich besteht der einzige Unterschied zwischen Atomen und Bits in der Anzahl: Es gibt nur zwei Arten von Bits, während es eine beliebig große Vielfalt von Atomen geben kann. Aber in bezug auf *Fluidität* ist damit nichts gewonnen, wenn man sich von der Bit-Ebene zur Atom-Ebene bewegt. Jede der beiden Ebenen operiert 100%ig formal.

Was wir jedoch bei der Erklärung von Kognition suchen, ist *eine Brücke zwischen dem Formalen und Informellen.* Nun kann es ja sein, daß Newell nicht an die Formlosigkeit der Kognition glaubt und ich ihn wahrscheinlich auch nicht davon überzeugen kann. Es wäre sowieso schwierig, jemanden zu überzeugen, der nicht bereits einsieht, daß es nur vernünftig ist, über die menschliche Kognition in diesen Begriffen nachzudenken; aber so sehe ich das nun mal. Und statistische Emergenz scheint mir nicht bloß ein Schuß ins Blinde zu sein, sondern der offensichtliche Weg, der erkundet werden muß. Parallel dazu leistet das Gehirn bestimmt enorm viel, wobei verschiedene Teile völlig unabhängig voneinander operieren. Bekanntlich gibt es im Gehirn sehr viel „Rauschen" bzw. Zufälligkeit, und darüber hinaus wirkt die Welt selbst auf so viele unterschiedliche Weisen, und mit allen auf einmal, auf das Gehirn ein, daß es gleichsam so ist, als würde es gleichzeitig mit dem, was tausend verschiedene Zufallszahlen-Generatoren ausstoßen, bombardiert werden. Es ist also eine Menge Temperatur vorhanden. Wir müssen nur herausfinden, welche Arten von kollektiven Entitäten sich in einem solchen reichhaltigen Medium entwickeln könnten, wie sie interagieren würden und in welcher Weise sie symbolisch sein könnten.

Ich wollte damit Newell und andere, die gläubig am Booleschen Traum festhalten, herausfordern. Die Debatte wird weitergehen, aber in der Zwischenzeit muß geforscht werden. Und da muß sich jeder von persönlichen Intuitionen leiten lassen, was der richtige Weg ist. Wie Wanda Landowska, die berühmte Cembalistin, einst bemerkte: „Sie spielen Bach in *Ihrer* Weise, und ich spiele ihn in *seiner.*" Was kann man darauf schon erwidern? Nichts. Also weiter!

Sektion VI: Selektion und Stabilität

Sektion VI: Selektion und Stabilität

Selbstreplizierende Moleküle haben sich seit ihrem Aufkommen wie verrückt vermehrt und in immer mehr Varianten fortgepflanzt. Darüber hinaus haben sie sich in gigantischen Kolonien zusammengeballt, die ebenfalls selbstreplizierende Entitäten sind, wenn man sie auf ihrer eigenen Ebene betrachtet. Wir selbst sind riesengroße selbstreplizierende Molekülhaufen. Diese in schwindelnde Höhen reichende Spitze selbstreplizierender Strukturen wächst immer noch höher hinaus. Was gibt dieser ganzen Bewegung überhaupt eine kohärente Richtung? Wie und warum entwickelt sich aus etwas ganz Einfachem etwas ganz Komplexes? Die Antwort ist im wesentlichen, daß jeder aktive Organismus seine externen Verhaltensweisen an den Tag legt, die wieder auf den Organismus zurück wirken. Diese Rückwirkungen beeinflussen dann das weitere Verhalten des Organismus, das wiederum weitere Rückwirkungen hervorruft, usw. Eine solche *Rückkopplung* verstärkt selektiv bestimmte Strukturen und Strategien, während andere unterdrückt werden. Durch Rückkopplung können also bestimmte Arten von Organismen stabil werden und sich somit als Baublöcke für höherstufige Organismen eignen. Auf diese hierarchische Weise können sehr komplexe und doch stabile Strukturen und Strategien aus einer sehr primitiven Grund-

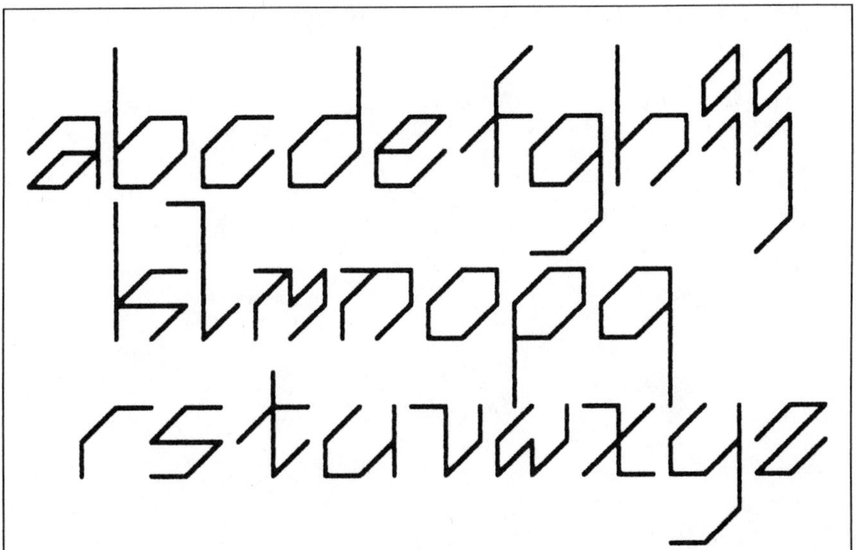

ebene hervorgehen. Welcher Natur aber sind die Strukturen und Strategien, die da zum Vorschein kommen? Wie stabil sind sie? In welcher Weise sind sie unumgänglich? In welcher Weise sind sie zufällig? In welcher Weise werfen Modelle von Spieltheorien und Computersimulationen Licht auf das Konkurrenzverhalten vieler Organismen in einer Gesellschaft? Sind all diese Organismen ständig im Streit miteinander, indem sie, so sehr es geht, eigennützig handeln? Oder müssen eigennützige Organismen immer im Streit miteinander sein? Kann es rein als Folge der Gesetzmäßigkeiten, die die Selbstreplikation und die unpersönliche Präferenz des Universums für verschiedene Stilarten kontrollieren, zu Kooperation und sogar zu anscheinend moralischem Verhalten kommen? Das iterierte Gefangenendilemma, eine prägnante Idealisierung solcher Fragen, steht im Brennpunkt des letzten dieser drei Kapitel.

26
Der genetische Code: Zufällig?

März 1982

Es begann alles mit einem verteufelten Studenten von mir – Vahe Sarkissian. Ich sprach in einer Unterrichtsstunde über eines meiner Lieblingsthemen: die Analogie zwischen der komplexen Maschinerie in einer lebenden Zelle, die ein DNS-Molekül befähigt, sich selbst zu kopieren, und der durchdachten Maschinerie in einem mathematischen System, die eine Formel befähigt, über sich selbst Aussagen zu machen. Meinem Verständnis nach ist die Ähnlichkeit sehr tiefreichend und fruchtbar; sie hat mir deutlichere Einblicke in beide Domänen gegeben. Obwohl Vahe die Analogie würdigte, bezweifelte er die Gültigkeit eines wichtigen Aspekts; also brachte er die Angelegenheit im Unterricht zur Sprache. Seine Herausforderung zwang mich, die Streitpunkte sorgfältig zu durchdenken, und dabei stieß ich auf ein paar faszinierende Details der Molekularbiologie, die mir sonst wohl nie geläufig geworden wären. Was ich erfreulich finde, ist, wie rasch man sich mit Kniffligkeiten anfreunden kann, ohne ein Studium der Molekularbiologie absolviert zu haben. Zunächst werde ich deshalb versuchen, den notwendigen Hintergrund zu skizzieren, danach das Problem erläutern und schließlich zeigen, was meiner Meinung nach seine Lösung ist.

Zwei der weitreichenden Entdeckungen des zwanzigsten Jahrhunderts, die in diese Analogie mit einbezogen sind, hängen entscheidend von *Codes* ab: seltsam arbiträr scheinende Abbildungen von einer Menge Entitäten auf eine andere Menge Entitäten. In der Metamathematik ist der Code die *Gödelsche Numerierung*; in der Biologie ist es der *genetische Code*. Bei der Gödelschen Numerierung, die Kurt Gödel um 1930 erfunden hat, werden verschiedenen mathematischen Symbolen (z.B. Plus-Zeichen, Ziffern und runde Klammern) Code-Zahlen zugeordnet, so wie Kennzeichen an Autos vergeben werden oder Telephonvorwahlnummern an Städte. Das Symbol „0“ könnte beispielsweise der Menge 666 zugeordnet werden, und eine Formel wie „0=0“ könnte die Zahl 666111666 von ihren als Komponenten vorhandenen Symbolen erben. Gödels Abbildung verbindet Entitäten aus zwei eigentlich nicht in Beziehung miteinander stehenden Domänen, deren eine typographisch (gedruckte Symbole) und deren andere abstrakt ist (Platonische Zahlen), und verleiht jedem System, das über *Zahlen* sprechen kann, die Fähigkeit, auch über *sich selbst* zu sprechen: in einem Code.

Gleichermaßen ist der genetische Code eine Abbildung zwischen zwei miteinander nicht in Beziehung stehenden Domänen. In diesem Fall bestehen beide Domänen immerhin aus chemischen Einheiten. Für jemanden, der sich mit der chemischen Terminologie überhaupt nicht auskennt, könnten die beiden Domänen so ähnlich klingen, daß die Verbindung der einen mit der anderen schlicht profan erschiene. Aber eigentlich hatte niemand je im geringsten vermutet, daß ein Chemikaliensatz einen anderen *codieren* könnte. Tatsächlich ist die Idee irgendwie verblüffend: Wenn es einen Code gibt, wer hat ihn dann erfunden? Welche Arten von Botschaften sind darin verfaßt? Wer schreibt sie? Wer liest sie? Warum werden die Botschaften nicht *direkt* geschrieben, sondern in einem Code? Gibt es viele Codes? Sind sie arbiträr? Ich hoffe doch sehr, daß diese Wer-und-Warum-Liste Sie neugierig macht, damit Sie sehen, daß ein Code, der zwei nicht miteinander in Beziehung stehende Chemikalien-Familien verbindet, nicht gleich als feste Gegebenheit hingenommen werden sollte.

* * *

Im Laufe der letzten paar Milliarden Jahre entwickelte sich in Lebewesen allmählich ein schematischer Plan, nach dem eine Einheit einer einzelnen chemischen „Spezies" in Form eines Codes einer Einheit einer anderen einzelnen „Spezies" zugeordnet wird. Eigentlich ist es ein *Triplett* von Einheiten von Spezies I, wie ich sie mal nenne, das einer Einheit von Spezies II zugeordnet wird. Tatsächlich werden manchmal (einfach um die Dinge auf unmögliche Weise komplex zu machen) mehrere verschiedene Tripletts zugeordnet! Aber das ist augenblicklich nicht von Belang. In der Hauptsache ist einfach die Tatsache wichtig, daß Mitglieder zweier in keinerlei Beziehung stehender Spezies chemischer Einheiten aufeinander „abgebildet" werden. Vahes Frage drehte sich darum, wie zufällig dieser Abbildungsprozeß wirklich ist. Ich behauptete, er wäre arbiträr, während er behauptete, daß dem Ganzen irgendein verständlicher Reim oder Grund innewohnen müßte.

Spezies I umfaßt die *Nukleotiden*, Spezies II die *Aminosäuren*. Wenn diese Wörter nicht zu Ihrem Vokabular gehören, brauchen Sie nicht gleich in Panik zu geraten! Sie sind in der Tat höchstwahrscheinlich mein idealer Ansprechpartner. Sie müssen über Chemie absolut nichts wissen, um sich vorstellen zu können, wie diese Entsprechung aussieht und wie Mitglieder zweier unterschiedlicher chemischer Spezies zueinander passen können. Sie müssen nur wissen, daß es zu jedem Triplett von Nukleotiden (was immer Nukleotide sein mögen) eine passende Aminosäure gibt (was immer das ist!). Und das ist der genetische Code.

Ich erwähnte vorweg Telephonvorwahlnummern. Sie sind hier ebenfalls ganz nützlich, da auch sie in Tripletts (von Ziffern) vorkommen. „089" ist der Code für München, „040" für Hamburg usw. Natürlich sind diese Verbindungen nicht spezifisch: „040" könnte genausogut die Vorwahl für München sein. Man kann sich kaum zwei grundverschiedenere Domänen vorstellen als die dreiziffriger Zahlen und geographischer Gebiete. Trotzdem ist diese Abbildung – dieser „telephonische Code" – eine der nützlichsten, die wir kennen!

Welchen Zweck der genetische Code hat, ließe sich kaum beschreiben, ohne daß man etwas über die Komponenten der Zelle sagt. Die „Persönlichkeit" oder das Charakteristische einer Zelle ist in ihren Genen gespeichert. Aber Gene sind im wesentlichen statisch, wie Wörter in einem Buch. Damit sie munter werden und sichtbare Effekte zeitigen, müssen sie in dynamische Agenzien übersetzt werden. Diese Agenzien sind *Proteine*, und ihre Aktionen verwirklichen das Potential der Gene. Sie verhelfen den Genen zum „Ausdruck" und erzeugen dadurch die Charakteristika der Zelle. Wie sich zeigt, sind Gene Ketten von Nukleotiden und Proteine Ketten von Aminosäuren. Die Persönlichkeit der Zelle ist deshalb in den passiven chemischen Einheiten der Spezies I festgeschrieben. Durch den genetischen Code kann diese Beschreibung in eine riesige Population von dynamischen Agenzien umgewandelt werden, die aus chemischen Einheiten der Spezies II zusammengesetzt sind. Also kann dank des genetischen Codes die Persönlichkeit der Zelle, die durch ihre Gene implizit definiert ist, zum Vorschein kommen und gedeihen.

Es gibt zwanzig verschiedene Aminosäuren, und so könnte man denken, es gäbe auch zwanzig verschiedene Nukleotiden-Tripletts. So einfach ist es nicht. Zufällig sind im genetischen Code vier verschiedene Nukleotiden mit einbezogen, die mit „A", „C", „G" und „U" bezeichnet werden (für *Adenin*, *Cytosin*, *Guanin* und *Uracil*). Jedes mögliche Triplett (angefangen mit AAA, AAC, AAG und so weiter bis UUU) steht für irgendeine Aminosäure. (Nun, nicht ganz. Bei drei Tripletts ist das nämlich nicht der

	U	C	A	G	
U	Phenylalanin	Serin	Tyrosin	Cystein	U
	Phenylalanin	Serin	Tyrosin	Cystein	C
	Leuzin	Serin	*Satzzeichen*	*Satzzeichen*	A
	Leuzin	Serin	*Satzzeichen*	Tryptophan	G
C	Leuzin	Prolin	Histidin	Arginin	U
	Leuzin	Prolin	Histidin	Arginin	C
	Leuzin	Prolin	Glutamin	Arginin	A
	Leuzin	Prolin	Glutamin	Arginin	G
A	Isoleuzin	Threonin	Asparagin	Serin	U
	Isoleuzin	Threonin	Asparagin	Serin	C
	Isoleuzin	Threonin	Lysin	Arginin	A
	Methionin	Threonin	Lysin	Arginin	G
G	Valin	Alanin	Asparaginsäure	Glycin	U
	Valin	Alanin	Asparaginsäure	Glycin	C
	Valin	Alanin	Glutaminsäure	Glycin	A
	Valin	Alanin	Glutaminsäure	Glycin	G

Abbildung 26-1. Der genetische Code. Ein typisches Codon wie „CAU" repräsentiert die Aminosäure Histidin. Man beachte die Redundanz und Teilsymmetrie dieser Anordnung. Sind solche Merkmale wichtig bzw. notwendig? Könnte diese Anordnung anders ausgesehen haben, das Leben aber das selbe geblieben sein?

Fall, aber das ist momentan nur ein Detail.) Wie viele solcher Tripletts gibt es? Vierundsechzig natürlich: 4×4×4. Also passen zu 61 (64–3) verschiedenen Tripletts zwanzig Aminosäuren. Folglich werden die meisten Aminosäuren durch mehr als ein *Codon* (ein Nukleotiden-Triplett) codiert. Das ist nicht anders, als wenn die meisten Städte mehrere verschiedene Vorwahlnummern hätten, wobei die eine so gut wäre wie die andere. Es gibt tatsächlich einige Aminosäuren mit sechs verschiedenen Codons, einige mit vier, einige mit drei und einige mit zwei; nur ein paar haben bloß eins. Damit es für Sie etwas bequemer ist, ist der komplette genetische Code in Abbildung 26-1 veranschaulicht.

Doch zurück zu Vahe und mir. Ich hatte im Unterricht darauf hingewiesen, daß Gödels Numerierungsschema ganz willkürlich war. Gödel hätte ebensogut jede andere Zahl mit jedem der beteiligten mathematischen Symbole korrespondieren lassen können; für den Erfolg seiner Arbeit hätte das nicht den geringsten Unterschied gemacht. Dann hatte ich gesagt, daß die analoge Aussage für den genetischen Code gelten würde. Aber Vahe hatte das Gefühl, daß der genetische Code, der mit dem Geheimnis des Lebens so eng verknüpft ist, tiefer gehen müßte. Intuitiv schien es für ihn so zu sein, daß jede Aminosäure mit ihrem speziellen Codon (bzw. Codons) aus irgendeinem zwingenden Grund verbunden sein sollte – daß es irgendeine elementare chemische Notwendigkeit für die Verbindung geben müßte. Um Vahes Position zu karikieren, könnte man sagen: „Gödels Code ist das Werk eines bloßen Sterblichen, der genetische Code aber das Werk Gottes. Deshalb muß der genetische Code perfekt, unumgänglich und unveränderlich sein."

Ich erwiderte rasch, daß das bei weitem nicht der Fall war, jedenfalls so weit ich das sagen konnte. Ich sagte, daß mir der genetische Code genauso willkürlich vorkäme wie die Vergabe der Vorwahlnummern durch die Bundespost und genauso willkürlich wie Gödels Numerierungsschema. Um meine Denkweise zu begründen, machte ich auf der Tafel ein paar Zeichnungen von den beteiligten Molekülen. Aber während ich an der Tafel stand, begann es in mir zu bohren, an Stellen, wo ich mir meiner Sache nicht ganz sicher war, bei „Fakten", von denen ich wußte, daß ich sie wirklich mal überprüfen sollte. Dieses neue Bestreben, meinen Studenten den zufälligen Charakter des genetischen Codes zu *beweisen*, brachte mich dann auf ein paar faszinierende Wege in der Molekularbiologie, und was ich dabei entdeckt habe, davon möchte ich hier berichten.

* * *

Kehren wir zur Zelle zurück. Eine Zelle ist eine kleine Brutstätte für Aktivität und mit einer Miniaturstadt vergleichbar. Es gibt im Grunde zwei Entitätstypen in dieser Stadt. Zum einen sind es passive Objekte, „Nichtstuer" sozusagen, die tatenlos herumhocken und darauf warten, daß sie zum Handeln aufgefordert werden, und zum anderen aktive Agenzien, „Macher", die laufend eingelassen werden wollen und auf Unternehmungen aus sind. Diese aktiven Agenzien sind zum größten Teil *Enzyme*. (Die eigentliche Definition eines Enzyms ist, daß es ein Protein ist, das etwas tut.) Jedes Enzym hat eine spezifische Aufgabe, der es nachkommen kann, und zu der es dann auch die

Nichtstuer einer spezifischen Sorte heranzieht. (Enzyme können sogar auf andere Enzyme einwirken. Jedoch müssen sich solche Enzyme, die einer Einwirkung ausgesetzt sind, während der Operation „träge“ verhalten, wie ein Patient, der vom Anästhesisten eine Betäubungsspritze verpaßt bekommt. Sobald der Patient die Behandlung hinter sich hat und die Betäubung nachläßt, kann er wieder munter weitermachen.) Wie ein Enzym arbeitet, braucht uns hier nicht zu interessieren. Wir können einfach davon ausgehen, daß Enzyme ihre Sache erledigen, egal was dazu gehört, ob das nun die Zweiteilung irgendeines Nichtstuers ist oder die Verschmelzung zweier solcher Kerle oder der Transport irgendeines Faulenzers von einer Stelle zur anderen oder irgendein anderer chemischer Akt.

Etwas Wunderbares an Zellen ist ihre hervorragend geplante Anlage, so daß man ihre Chemie für viele Zwecke vollkommen außer acht lassen und nur über ihre Logik nachdenken kann. Das ist in der Tat der einzige Weg, den ich kenne, um über die Vorgänge im Innern von Zellen nachzudenken, da ich ja kein Biochemiker bin. Obwohl ich die chemischen Bezeichnungen gebrauche, ist das wahre Bild, das ich tief in meinem Innern habe, kaum ein Bild von Chemikalien. In Wirklichkeit ist es ein Bild von kleinen Objekten, die sich in bestimmten Weisen, die in biochemischen Fachbüchern detailliert dargelegt sind, irgendwie magisch verhalten. Ich sehe die an den Lebensprozessen beteiligten Chemikalien so, wie die meisten Leute ein Fahrzeug sehen: Sie wissen, was ein Auto in jeder erdenklichen Situation tun wird, aber wie ein Auto funktioniert, verstehen sie in Wirklichkeit nicht. Es macht mir einen Heidenspaß, mit Fachausdrücken der Biochemie um mich zu werfen, wenn ich in Wirklichkeit nur ihre Logik verstehe – „die molekulare Logik des lebenden Zustands“, wie Albert Lehninger es nennt. Die Tatsache, daß man damit sogar Erfolg hat, ist eine der schönen Seiten der Molekularbiologie, und diese Schönheit wollen wir hier gebührend zelebrieren.

* * *

Ein Enzym ist einfach eine Art Protein, und alle Proteine sind seltsam verschlungene Moleküle, die aus Aminosäuren aufgebaut sind. Die Verschlungenheit ist entscheidend. Wie ich mir das denke, können Sie gleich lesen. Zunächst stelle ich mir vor, wie eine große Anzahl von Aminosäuren wie Steckbausteine aus Plastik oder Eisenbahnwaggons aneinandergekoppelt sind. (Wie die Plastikstecker oder Eisenbahnwaggons besitzen auch Aminosäuren Kupplungen, mit denen sie sich vorne und hinten an andere Aminosäuren anhängen und somit eine willkürliche Sequenz bilden können.) Dann stelle ich mir vor, daß ich diese lange Kette von Aminosäuren zwischen meinen beiden Händen halte und straffe, so daß die Kette ganz gerade wird (siehe Abbildung 26-2). Nun lasse ich die Kette los. Schnapp!! Das verrückte Ding verwurstelt sich rasch zu einem festen kleinen Ball, der ungefähr die Größe einer Faust hat. Nun probieren *Sie* es mal. Hier. Fassen Sie die beiden Enden im Innern des Balls und ziehen Sie sie langsam auseinander. Natürlich gibt die Proteinkette nicht so leicht nach, aber wenn Sie sie vorsichtig und nicht mit einer einzigen ruckartigen Bewegung auseinanderziehen, dann können Sie sie gerade spannen, ohne daß sie irgendwo auseinanderreißt. Haben Sie es geschafft? Gut. Dann lassen Sie sie jetzt los. Schnapp!! Was sagen Sie

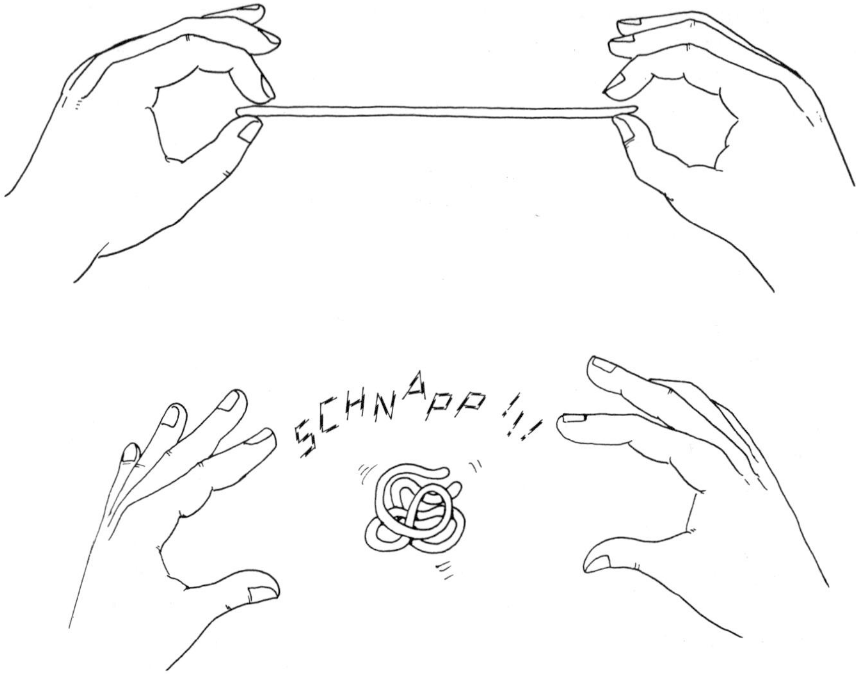

Abbildung 26-2. Wenn man ein Protein strafft zieht und dann losläßt, schnappt es sofort in seine natürliche Form zurück und demonstriert dabei seine charakteristische *Tertiärstruktur*. [Zeichnung von David Moser.]

jetzt? Sie zieht sich wieder in genau die gleiche verschlungene Form zusammen. Geben Sie sie mir jetzt zurück. Danke.

Allem Anschein nach *liebt* ein Protein es, sich in seinem kleinen Ball zusammenzuwickeln. Dieses dreidimensionale Gebilde nennt man seine *Tertiärstruktur.* Die Tertiärstruktur ist für jede Art von Protein einzigartig. Sie wird voll und ganz von der Reihenfolge der Aminosäuren bestimmt, und diese ist es dann auch, die das Protein veranlaßt, sich jedesmal zu dem gleichen Gebilde zusammenzuwickeln. Die eindimensionale Reihenfolge von Aminosäuren ist die *Primärstruktur* des Proteins. Wir können folglich sagen, daß *die Primärstruktur eines Proteins bestimmend für seine Tertiärstruktur ist.* (Einige Proteine besitzen auch eine Sekundärstruktur, eine Zwischenstufe der Verwurstelung, wie eine verwickelte Telephonschnur, aber wesentlich für ein Protein ist seine Tertiärstruktur.)

Aber was soll's, wenn ein Protein immer eine Tertiärstruktur hat? Wenn es sich zusammenwickelt? Die Antwort ist, daß dieses zusammengewickelte Gebilde bestimmt, zu welcher Art von Macher dieses Protein gehört. (Wenn es tatsächlich ein Macher ist. Einige Proteine sind nämlich keine Enzyme, sondern bloße träge Klötze, die als langweiliges Baumaterial dienen; uns werden von nun an allerdings nur die *Macher*-Proteine beschäftigen – die Enzyme.) Die Tertiärstruktur eines Enzyms ist durch bestimmte Eindellungen und Schlitze charakterisiert, wie das Gesicht eines Menschen durch Nase und Augen, nur daß sich Enzyme radikaler voneinander unterscheiden als Gesichter und stärker in sich eingerollt sind. Bestimmte Teile eines Enzyms werden *aktive Zentren* genannt. Dort saugt sich ein Enzym wie ein Blutegel an den Nichtstuern fest, auf die es dann einwirkt. Daß sich ein Enzym am Ende in einen Nichtstuer vom geeigneten Typ einklinkt, kommt allein dadurch zustande, daß es versucht, verschiedene Kandidaten von Nichtstuern in seine aktiven Zentren zu passen. (Man denke daran, wie der Prinz Aschenbrödel anhand ihres Pantoffels fand.) Das Enzym und sein Substrat, der Nichtstuer, werden oft mit einem Schloß und einem Schlüssel verglichen. Ein verkehrtes Substrat wird niemals passen. (Tatsächlich passen verkehrte Substrate unter besonderen Umständen doch, aber darauf müssen wir hier nicht eingehen.)

Ein Enzym ist sehr spezifisch; es ist für eine bestimmte Aufgabe und für keine andere maßgeschneidert. Sobald ein Enzym mit seinen Substraten fest zusammenhängt, fängt es an, sich wie eine Münzwaschmaschine in Gang zu setzen, in die die richtigen Geldstücke eingeworfen wurden. Das Enzym kann von einem Substrat möglicherweise Teile abtrennen und sie an ein anderes heften; womöglich kann es auch zwei Substrate zusammenbinden – je nachdem, was seine Aufgabe ist, die es unweigerlich erfüllen wird. Danach läßt es das Produkt bzw. die Produkte wieder los, die sich jetzt frei in der Zelle herumbewegen, wie Patienten nach dem Besuch beim Zahnarzt (siehe Abbildung 26-3).

All diese mordsmäßige Aktivität infolge von Milliarden emsiger Enzyme, die mit den chemischen Nichtstuern innerhalb von Zellen recht brutal umgehen, läuft letzten Endes darauf hinaus, einen einzigartigen lebenden Organismus zu erzeugen und zu erhalten. Diese Enzyme, diese Proteine, diese zusammengewickelten Ketten von Aminosäuren führen also den meisterlich angelegten Plan aus, der passiv in den Genen der Zelle gespeichert ist; die wiederum sind Ketten von – halt! Wir wollen der Sache nicht vorgreifen.

* * *

Das Wichtigste, was man über Zellen wissen muß, ist die Art und Weise, wie Enzyme funktionieren. Durch sie kommt ja erst Betriebsamkeit in die Zellen. Aber da ist noch etwas gleichermaßen Wichtiges, nämlich: *welche* Enzyme sind präsent, und wie sind sie dorthin gekommen? Nicht jede Zelle hat die gleiche Gruppe von Enzymen, bei weitem nicht; deshalb haben nicht alle Zellen den gleichen Charakter. Darüber hinaus kann sich das Enzyminventar einer Zelle mit der Zeit verändern, abhängig sowohl von den internen als auch von den externen Begleiterscheinungen. Woher kommen die Enzyme? Letztlich kommen sie natürlich von den Genen, die wie Blaupausen sind,

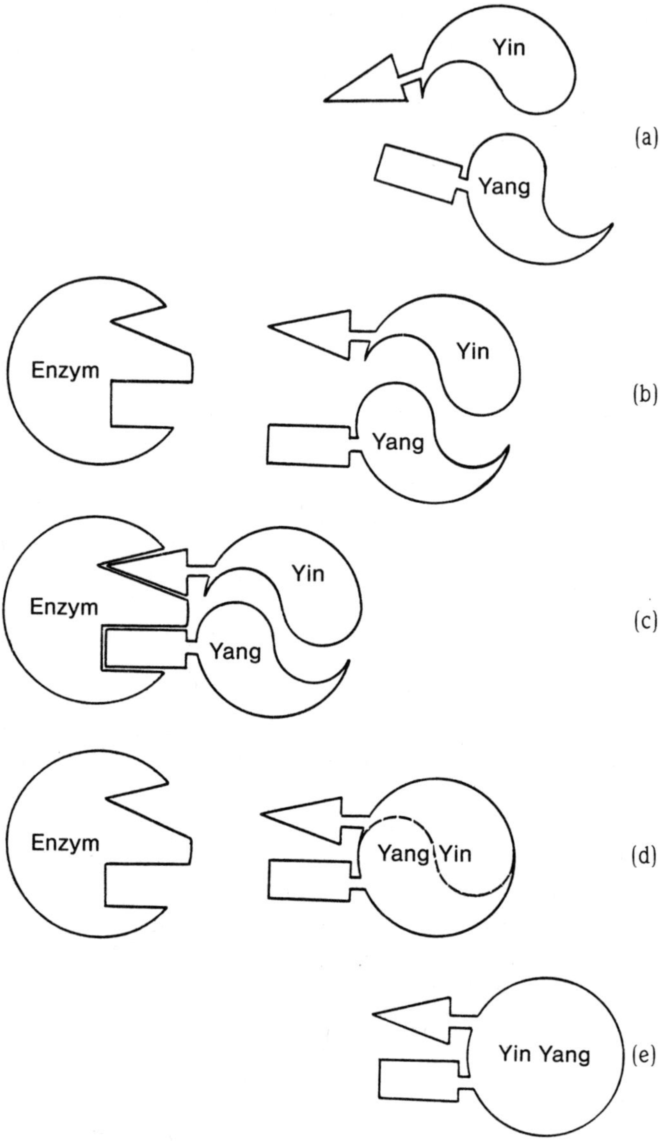

Abbildung 26-3. Die Geschichte von Yin und Yang, zwei zufälligen Molekülen im Innern des Zytoplasmas einer Zelle. In (a) sind beide für sich allein, ohne voneinander Notiz zu nehmen. In (b) nähern sie sich einem *Enzym*. In (c) erkennt das Enzym, daß jedes der beiden zu einem seiner *aktiven Zentren* paßt, und fängt sie sich. Dann beginnt es seine katalytische Funktion, die die beiden in diesem Fall zu einer Struktur vereint (d). Schließlich macht sich die neue YinYang-Einheit in (e) fröhlich auf den Weg durch das Zytoplasma [Zeichnung von David Moser.]

aber diese Antwort ist an diesem Punkt nicht gerade hilfreich. Zunächst müssen wir mal diskutieren, in welcher Weise Enzyme überhaupt aus Rohmaterialien aufgebaut sind, und danach, wo ihre Blaupausen abgelegt sind.

Erinnern wir uns daran, daß ein Enzym ein Protein ist, und ein Protein eine lange Kette von Aminosäuren, die sich von einem Ende zum anderen in sich verschlingt und wie ein ballförmiger Knäuel aussieht. Da Enzyme ja so gut Dinge zerlegen und zusammensetzen können, könnte man auf den Gedanken kommen, daß *sie* Proteine bauen könnten. Das ist aber ein so delikates und spezialisiertes und ernstzunehmendes Handwerk, daß es dafür eine besondere Art von Maschinen gibt. Diese kleinen Maschinen sind die *Ribosomen,* die zu Tausenden in einer lebenden Zelle vorkommen. Ein Ribosom besteht teilweise aus Protein, teilweise aber auch aus Nukleotiden. Wie es exakt zusammengesetzt ist, ist für uns nicht ausschlaggebend. Schließlich befassen wir uns hier nur mit der *Logik* der Zelle.

Gibt es ein Ribosom für jede Art Protein? Kaum. Denn das würde zu einem fürchterlichen infiniten Regreß führen. Wie sollten zwanzig verschiedene Ribosomtypen entstehen? Durch zwanzig Typen von „Metaribosomen"? Aber wie sollten dann die zwanzig verschiedenen Metaribosomtypen entstehen? Sie merken schon, Sie sind auf dem richtigen Weg. In Wirklichkeit ist ein Ribosom nicht auf ein bestimmtes Protein spezialisiert; es weiß nichts über die verschiedenen Proteine, die es aufbaut. Ein Ribosom ist einfach ein genereller Aminosäuren-Montageapparat. Aber dann muß es jemanden geben, der dem Apparat sagt, *welche* Aminosäuren zusammenmontiert werden sollen, und *in welcher Reihenfolge.* Aber wer? Angenommen beispielsweise, die gewünschte Kette wäre *Lysin-Leuzin-Glyzin-Prolin-Cystein-Histidin-Tryptophan.* (Ich kam auf diese Folge bloß wegen ihrer rhythmischen Qualität. Für ein echtes Protein ist sie freilich zu kurz. Proteine haben gewöhnlich eine Länge von Dutzenden von Aminosäuren, wie die scheinbar endlosen Güterzüge, die durch die Lande rollen und Sie mitten in der Nacht mit ihrem Pfeifen wecken.) Wer sagt dem Ribosom, daß es mit Lysin anfangen und mit Tryptophan aufhören soll?

Auf die Gefahr hin, anscheinend einen anderen infiniten Regreß in Gang zu setzen, lüfte ich jetzt einen anderen Schleier: Es gibt da nämlich *noch einen anderen* Zug, der aus den chemischen Einheiten der Spezies I besteht: den Nukleotiden. Dieser Nukleotiden-Zug zieht sich durch das Ribosom wie ein Eisenbahnzug durch einen Bahnhof. Seine Waggons, in Dreier-Gruppen aufgeteilt, sagen dem Ribosom, welche Aminosäure zuerst an die Reihe kommt, welche als zweite, dritte usw. Dieser Zug hat den Namen *Boten-RNS* bzw. mRNS (wobei „RNS" für „Ribonukleinsäure" steht und „m" für *messenger,* dt. „Bote"). Ein Molekül der mRNS ist eine lange Kette aus As, Cs, Gs und Us. Eine mRNS-Kette ist viel, viel länger als eine Proteinkette. Sie kann möglicherweise aus Tausenden von Nukleotiden bestehen, die wie Perlen aufgefädelt sind (vgl. Abbildung 26-4). Eine mRNS-Kette codiert im allgemeinen für mehrere Proteine, entlang derer spezielle Markierungen existieren, um anzuzeigen, wo die Abschnitte, die die verschiedenen Ribosome repräsentieren, Anfang und Ende haben. Das ist der Grund, warum es drei spezielle Codons gibt, die für keine Aminosäure stehen. Sie haben in etwa die Wirkung eines Strichpunkts, indem sie das Ribosom wissen lassen: „Schneide dieses Protein jetzt an dieser Stelle ab; gib keine einzige Aminosäure mehr bei!

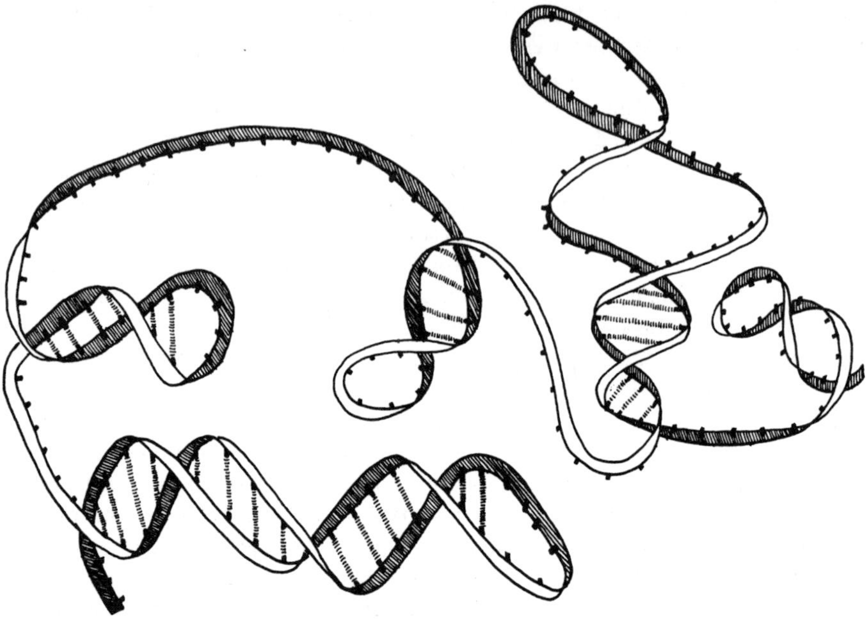

Abbildung 26-4. Ein Boten-RNS-Strang mit einigen kurzen doppelspiraligen Abschnitten, wo er über Wasserstoffbrücken (angezeigt durch die gestrichelten Linien) mit sich selbst verbunden ist. [Zeichnung von David Moser.]

Wir kommen nun zur Crux des ganzen. *Wo ist der genetische Code gespeichert?* Bisher klang es so, als ob Ribosome den Code „kennen", aber dem ist nicht so. Obwohl Ribosome die Übersetzung leisten, kennen sie keine der beiden beteiligten Sprachen. Wie ist das möglich?

* * *

Stellen Sie sich vor, Sie wären bei den Vereinten Nationen (siehe Abbildung 26-5a). Der energische Botschafter von Nukleitidien, Mr. N.S., steht kurz davor, eine wichtige Rede zu halten. Mir Boso soll die Rede simultan dolmetschen. Obwohl sie ihr Handwerk versteht, hat sie weder von der Sprache Kenntnisse, in der die Rede gehalten wird, noch von der Sprache, in die sie übersetzt werden soll. Es sieht schlecht aus! Aber im letzten Moment, kurz bevor die Rede losgehen soll, kommt die Rettung. Die Mitglieder der Rettungswacht eilen in die Übersetzerkabine, wo sie eine riesige Menge winziger Vokabelkärtchen an der Decke aufhängen. Auf der Vorderseite jeder Karte steht ein Wort aus dem Nukleotidischen (seltsamerweise bestehen alle Wörter aus drei Buchstaben) und auf der Rückseite die Übersetzung des Wortes in die Zielsprache, ins

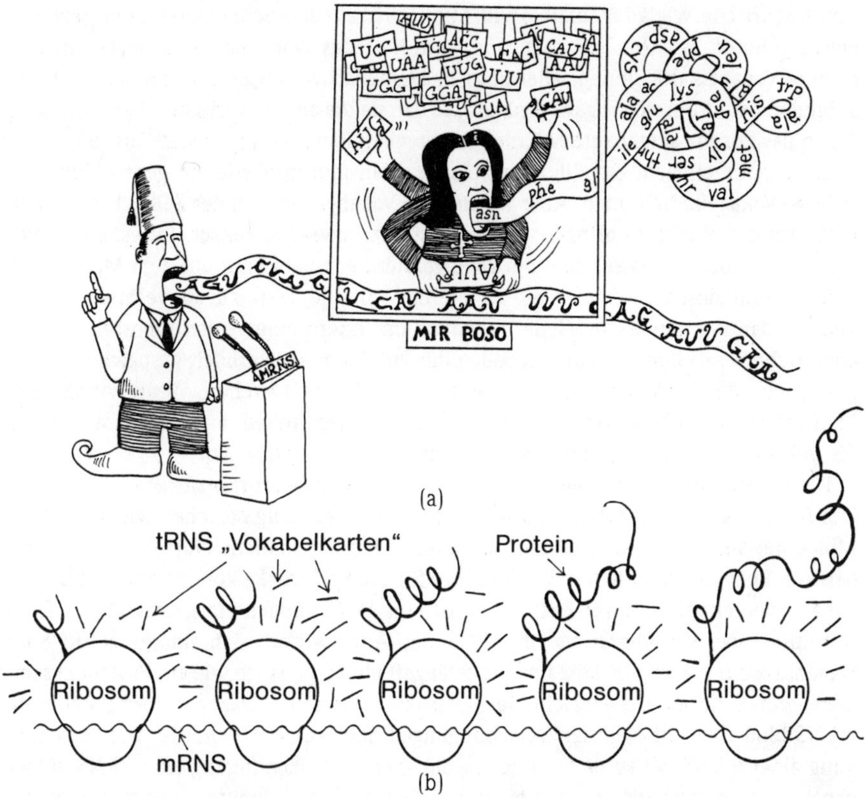

Abbildung 26-5. Zwei Arten, die Übersetzungsaktivität zu sehen. In (a) übersetzt Mir Boso in ihrer UN-Übersetzerkabine Mr.N.S.' Rede aus dem Nukleotidischen ins Aminosäurische. Sie benutzt dazu Vokabelkärtchen, die rundherum von der Decke herabbaumeln. Umgeben von tRNS-Molekülen rattert in (b) ein Ribosom einen Boten-RNS-Strang entlang. Während es jedes Codon liest, ortet es ein nahes tRNS-Molekül mit dem passenden Anticodon; von dieser tRNS nimmt sie dann die Aminosäure weg und heftet sie an ein größer werdendes Protein, das in seiner zusammengewickelten Form ins Zytoplasma eintaucht. [Zeichnung von David Moser.]

Aminosäurische, wie's der Zufall so will. Mir Boso ist aus dem Schneider! Sie muß jetzt nur genau zuhören, was Mr.N.S. sagt, und dann für jedes Wort, das sie hört, die entsprechende Vokabelkarte finden, allerdings in Lichtgeschwindigkeit. Wenn sie die Karte gefunden hat, dreht sie sie ganz flink um, so daß sie die aminosäurische Übersetzung im Nu in das vor ihr aufgebaute Mikrophon sprechen kann. Das nächste Wort, bitte!

Es ist ganz einfach, ein Ribosom zu sein. Man muß nur wie ein geölter Blitz die richtige Vokabelkarte finden. Aber wo sind die Vokabelkarten in der Zelle? Um es noch mehr auf den Punkt zu bringen: *Was* sind sie? An dieser Stelle scheint es, als sei der genetische Code etwas aus dem Blickfeld geraten; er ist aber nur aus dem Mittelpunkt gerückt und deshalb schwieriger zu orten. Während man zuerst vermutet haben könnte, daß der genetische Code irgendwie im Innern eines jeden Ribosoms als das chemische Äquivalent zu einer Tabelle oder zu einem Wörterbuch gespeichert wäre, hat es jetzt den Anschein, als stecke er in jenen Vokabelkärtchen. Wenn wir also das Maß der Zufälligkeit des genetischen Codes bestimmen wollen, müssen wir wissen, ob die Vokabelkärtchen verändert werden könnten, und wenn ja, wie.

Die Vokabelkarten der Zelle sind *tRNS-Moleküle* (das heißt *transfer-RNS-Moleküle).* Der Ausdruck läßt vermuten, daß sie aus dem gleichen Zeug bestehen wie die mRNS-Moleküle: aus As, Cs, Gs und Us. Das stimmt, nur daß manche Nukleotide gelegentlich von Enzymen modifiziert werden, aber für unsere Zwecke können wir dieses feine Detail übergehen. Bei ihrer Entstehung ist eine tRNS einfach ein gewöhnlicher RNS-Schnipsel, aber viel kürzer als ein mRNS-Zug. Auch wickelt sich eine junge tRNS im Gegensatz zur mRNS, die lang und geschlängelt bleibt, genauso wie ein Protein zusammen, wobei sie eine spezifische Tertiärstruktur annimmt. Dagegen formt sich eine mRNS bloß zu recht ziellosen Verschlingungen über kurze Abschnitte. Die Verschlingung einer mRNS hat keine Funktion, wohl aber die Verschlingung einer tRNS. (Oder genauer gesagt, wir wissen noch nicht viel über die Verschlingung einer mRNS; wahrscheinlich hat sie eine Funktion, aber auf eine geheimere oder subtilere Weise.) Jede tRNS wickelt sich zu ungefähr dem gleichen Gebilde zusammen: einem strammen „L", das in etwa so aussieht wie der angewinkelte Arm eines mit seinen Muskelpaketen spielenden Kraftprotzes. Allerdings unterscheiden sich die Tertiärstrukturen der tRNS auf einer detaillierteren Ebene. In Abbildung 26-6 finden Sie eine Reihe von Darstellungen einer tRNS auf mehrfachen Abstraktionsebenen.

Sobald eine tRNS zusammengewickelt ist, verhält sie sich wie eine Vokabelkarte: Auf der einen Seite des „L"s befindet sich eine Aminosäure und auf der anderen ein Codon. Eigentlich ist es kein Codon, sondern ein *Anticodon.* Ein Anticodon verhält sich zu einem Codon wie das Negativ einer Photographie zu einem Positiv oder wie eine Gravur zu einem Flachrelief. Um das eine aus dem anderen zu machen, tauschen Sie einfach das A mit dem U und das C mit dem G. (A und U sind *komplementär,* wie man so sagt, ebenso C und G.) Folglich sind CUC und GAG jeweils das Anticodon zueinander. Um es deutlicher auszudrücken: Das eine Ende einer tRNS *ist* einfach ein Anticodon. Das andere Ende ist eine Stelle, an der eine Aminosäure festgemacht werden kann. Wer das macht, werden Sie noch früh genug erfahren.

* * *

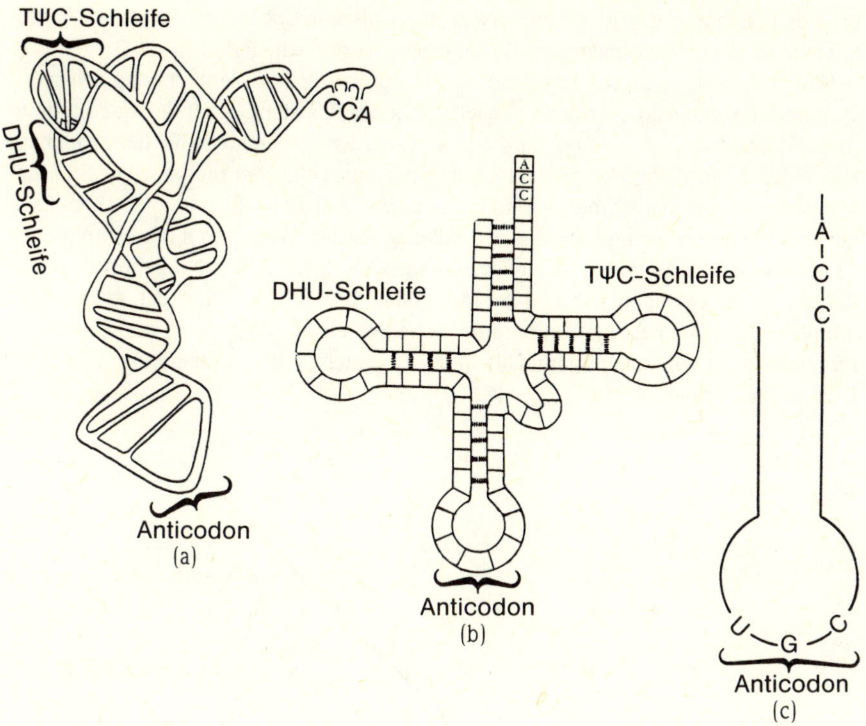

Abbildung 26-6. Die Boten-RNS, von drei Abstraktionsebenen gesehen. In (a), der realistischsten hinsichtlich ihrer Physis, sieht man die dreidimensionale Struktur, wie sie mit Hilfe von Methoden der Röntgenstrahl-Diffraktion sichtbar gemacht wurde. In (b) ist sie schematischer als „Kleeblatt" dargestellt, wobei die verschiedenen wasserstoffgebundenen Schleifen zu sehen sind, zusammen mit dem Zentrum, wo die Aminosäure festgemacht wird, und dem Anticodon. In (c), der schematischsten Darstellungsweise ist ein tRNS-Molekül in seiner nacktesten Funktionalität abgebildet: ein Molekül, das an einem Ende von einem Anticodon markiert ist und an seinem anderen Ende potentiell eine Aminosäure mit sich trägt. [Zeichung von David Moser.]

In wenigen Worten zusammengefaßt, ist ein Ribosom ein Übersetzungsmechanismus zwischen den beiden intrazellulären Sprachen des Nukleotidischen und Aminosäurischen. Die Wörter des Nukleotidischen sind Codone; die Wörter des Aminosäurischen sind Aminosäuren. Die mRNS ist eine lange Rede, deren Sätze auf Nukleotidisch verfaßt sind. Das Ribosom ist ein schneller, aber unkundiger Simultandolmetscher, der unter Anleitung von tRNS-Molekülen Proteine zusammenmontiert, die die Übersetzungen der mRNS-Sätze Wort für Wort ins Aminosäurische sind. (Unter „schnell" verstehe ich folgendes: Unter normalen Umständen kann ein Ribosom in einer Bakterienzelle ungefähr zwanzig Codons pro Sekunde übersetzen. In einer Kaninchenzelle geht es langsamer: Da ist es nur etwas mehr als ein Codon pro Sekunde. Warum Kaninchen so viel langsamer sind als Bakterien, ist mir schleierhaft.)

Wie in Abbildung 26-5b umrißhaft und in Abbildung 26-7 deutlicher zu sehen ist, läuft ununterbrochen eine mRNS-„Rede" durch das Ribosom, Codon für Codon. Beim Antreffen eines neuen Codons muß das Ribosom eine passende tRNS heraussuchen, also eine, deren Anticodon perfekt zu dem Codon paßt. Natürlich hat ein Ribosom keine Augen und folglich nicht den Überblick wie Mir Boso. Es muß eine tRNS nach der anderen ausprobieren (man denke wieder an Aschenbrödel und ihren Pantoffel). Es ist ein Rätsel, wie ein Ribosom eine passende tRNS so schnell finden kann. Wenn das Ribosom eine gefunden hat und ihr Anticodon gegen das Codon der mRNS hält, schnibbelt es jedenfalls die Aminosäure der tRNS ab und läßt sie in die wachsende Proteinkette einschnappen; dann läßt sie die „nackte" tRNS los, die nun für eine neue Ladung Aminosäure frei ist.

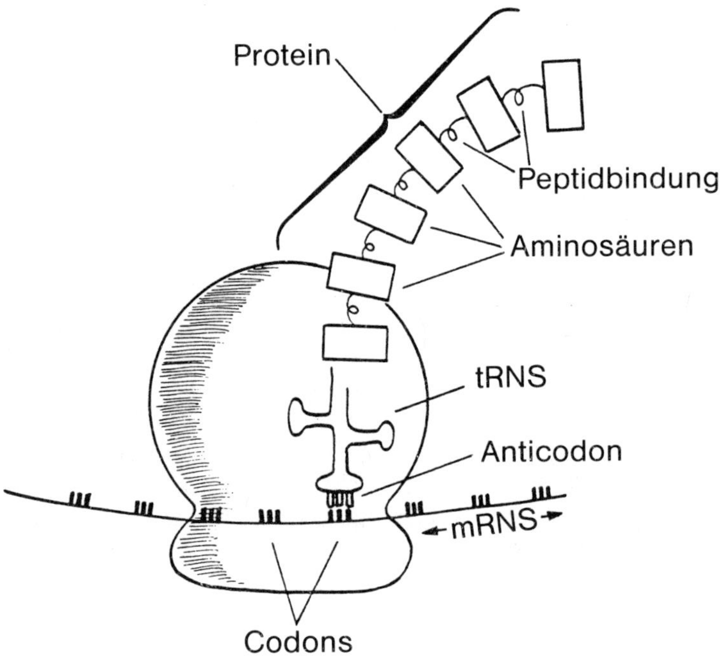

Abbildung 26-7. Der intrazelluläre Übersetzungsprozeß, hier etwas detaillierter dargestellt. Man sieht, wie im Innern des Ribosoms das Anticodon einer rRNS (weiß) mit dem Codon einer mRNS (schwarz) zusammengepaßt wird. Die Aminosäure am oberen Ende der tRNS wurde gerade mit einer „Peptidbindung", symbolisiert durch die spiralförmige Verbindung zwischen den Rechtecken, an die wachsende Kette aus Aminosäuren geheftet. [Zeichnung von David Moser.]

Dies ist ein auffallender Unterschied zwischen den metaphorischen Vokabelkarten und den tRNS-Molekülen. Während Vokabelkarten immer wieder verwendbar sind, muß ein tRNS-Molekül nach seiner Verwendung jedesmal mit der richtigen Aminosäure „neu geladen“ werden. Nur wo und wie geht das vor sich? Welche Aminosäure sollte es zur Ladung bekommen? Wer bestimmt das? Diese Fragen häufen sich auf einmal in bedrohlicher Weise, weil sie sich ganz um die Verkettung zwischen einem Codon und seiner Aminosäure drehen. Wir werden auf sie in Kürze zurückkommen.

Wie inzwischen offensichtlich geworden ist, liegt der genetische Code, wenn er überhaupt irgendwo untergebracht ist, zwischen den Tausenden von tRNS-Molekülen verstreut, die in der Zelle in der Nähe der Ribosomen im suspendierten Zustand umhertreiben. Könnten diese tRNS-Moleküle irgendwie Ziele subversiver Anschläge sein? Könnten sie den Übersetzungsprozeß verkehrt lenken? Es ist bestimmt nicht abwegig, sich vorzustellen, daß die UN-Rettungswacht in der Eile den verkehrten Kartensatz mitgebracht hat, der nun in Frau Bosos Übersetzerkabine hängt, und wie sie dann Mr. N.S.'s Rede in eine ganz verkehrte Sprache übersetzt. Könnte in einer Zelle der analoge Fall passieren? Könnte dort ein ganzer Verband „schlechter“ tRNS-Moleküle produziert werden: tRNS-Moleküle mit verkehrten Aminosäuren, tRNS-Moleküle, die die Ribosomen verleiten könnten, unsinnige Proteine herzustellen? Wer könnte solch einen garstigen Streich verüben?

* * *

Nun, auf dieser Stufe befand ich mich, als ich anfing, die ganze Sache für meine Studenten an die Tafel zu zeichnen. Ich zeichnete ein typisches tRNS-Molekül an und sagte, daß es an einem Ende – seinem *AA-Ende* – eine bestimmte Aminosäure anziehen würde. Aber warum sollte es die *richtige* Aminosäure anziehen? Ganz einfach, dachte ich mir. Wie bei den meisten chemischen Affinitäten in der Zelle würde das AA-Ende der tRNS einfach die *richtige Form* haben. Jede tRNS würde nur die Aminosäure anlocken, die (aufgrund des genetischen Codes) ihrem Anticodon entspricht. Meine Annahme war, daß die tRNS für jedes Anticodon, das sie bei sich hatte, an ihrem AA-Ende eine unterschiedliche Ausformung hätte. Also zeichnete ich folgendes an die Tafel: ein tRNS-Molekül mit einem spezifischen Anticodon am einen Ende und einer spezifischen „attraktiven Form“ am anderen, eine Form, die sich ganz vermutlich mit einer bestimmten Aminosäure verbinden würde (siehe Abbildung 26-8).

An dieser Stelle erhebt sich eine gute Frage. Warum sollte jede tRNS die *richtige* Aminosäure für ihr Anticodon anziehen, wobei „richtig“ in dem Sinne zu verstehen ist, wie es durch den genetischen Code definiert wird? Warum könnte sich eine tRNS nicht so zusammenwickeln, daß sie eine ganz andere Aminosäure anzieht? Oder gibt es irgendeine innewohnende Verbindung zwischen den beiden Enden der tRNS? Kann es beispielsweise so sein, daß das Anticodon dem anderen Ende der tRNS irgendwie „mitteilt“, wie es sich zu wickeln hat? Das war einer von Vahes Gedanken, der implizieren würde, daß Codons und Aminosäuren wirklich irgendwelche *direkten chemischen Assoziationen* hätten. Aber im Augenblick glaubte ich das nicht.

Ich sagte im Unterricht, daß möglicherweise keines der beiden Enden einer tRNS

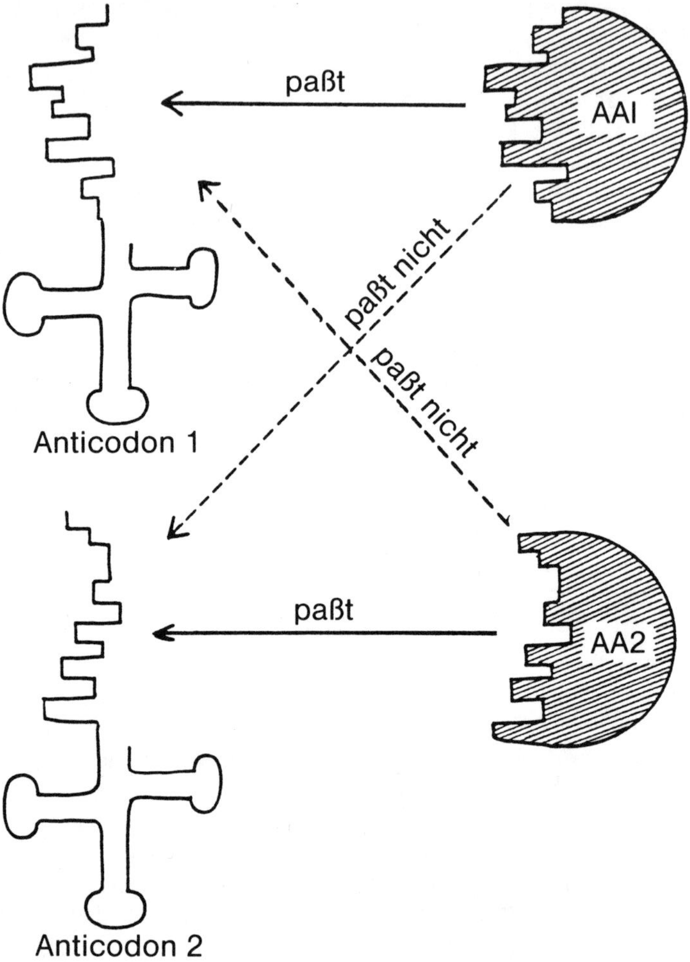

Abbildung 26-8. Wie es meiner ersten Vermutung nach tRNS-Moleküle (fast immer) schaffen, daß die richtige Aminosäure an ihre AA-Enden geheftet wird. Dieser ansprechenden, aber vereinfachten Theorie nach, die sich als völlig falsch herausstellte, passen das AA-Ende und die gewünschten Aminosäure zusammen wie ein Schlüssel zu einem Schloß. Demnach paßt nur die gewünschte Aminosäure ans AA-Ende einer bestimmten tRNS. In Wirklichkeit aber ist das AA-Ende einer tRNS völlig unspezifisch: Jede der zwanzig Aminosäurearten wird akzeptiert. [Zeichnung von David Moser.]

etwas über das andere wissen könnte. Ich beharrte darauf, daß man das Anticodon operativ durch irgendein anderes Anticodon ersetzen könnte, ohne daß das AA-Ende den Unterschied erkennen würde. Umgekehrt könnte man auch die speziell geformte AA-Spitze der tRNS operativ entfernen und eine fremde AA-Spitze aufpflanzen, die dann die verkehrte Aminosäure anlocken würde und dadurch die tRNS ein verkehrtes Stück des genetischen Codes in sich aufnehmen ließe. Zum Schluß sagte ich: *„Da die beiden Enden einer tRNS unabhängig sind, kann der genetische Code prinzipiell über den Haufen gestoßen werden und ist daher arbiträr.“* Dann pustete ich den Kreidestaub von meinen Händen und wandte mich einem anderen Thema zu.

Nun, wie sich zeigte, war dieses Bild, das ich gezeichnet hatte, dem Geist nach richtig, aber im Detail falsch. Entgegen meiner Annahme haben alle tRNS-Moleküle an ihrer AA-Spitze genau die *gleiche* Struktur! So sind beispielsweise die letzten drei Nukleotide an der AA-Spitze immer CCA (werfen Sie mal einen Blick zurück auf Abbildung 26-6). Demnach ist die Stelle, an der die Aminosäure festgemacht wird, völlig *un*-spezifisch. Es gibt keine spezielle chemische Affinität zwischen der AA-Spitze einer tRNS und der Aminosäure, die dorthin kommt! Als ich das zum ersten Mal erkannte (nach Unterrichtsschluß), kam ich irgendwie in Verlegenheit. Wie kommt es bloß, fragte ich mich, daß die tRNS am Ende immer die richtige Aminosäure angehängt bekommt? Was lockt sie dorthin? Könnte es das Anticodon sein, selbst wenn es sich am anderen Ende der tRNS befindet? Und wenn ja, bedeutet das dann, daß es, wie Vahe mutmaßte, irgendeine spezielle und insgeheim innewohnende Verbindung zwischen dem Anticodon und seinem Aminosäure-Partner gibt? Ist der genetische Code schließlich unumstößlich?

*   *   *

Indem ich mit Freunden aus der Biologie sprach und nach Büchern Ausschau hielt, fand ich die Antwort. Am Ende schien mein Standpunkt begründet zu sein, doch stellte sich alles viel subtiler und undurchschaubarer heraus, als ich es vermutet hatte. Obgleich das AA-Ende eines tRNS-Moleküls für die Aminosäure unwichtig ist, die dort andockt, so daß es prinzipiell *jede* Aminosäure akzeptieren kann, wird unter normalen Umständen nur eine einzige Aminosäure angehängt werden. Daran ist allerdings nicht das Anticodon schuld, sondern die Tertiärstruktur eines anderen Bereichs der tRNS: ihre *DHU-Schleife.* („DHU“ steht für „Dihydouridin“, falls Ihre Neugier Ihnen keine Ruhe läßt.) Jedes tRNS-Molekül hat diese Schleife, die in jeder unterschiedlichen Art von tRNS in charakteristisch gebogener Form vorkommt. Es ist daher eine Art dreidimensionaler Signatur, anhand derer der tRNS-Typ von außen erkannt werden kann. (Eigentlich ist wahrscheinlich beträchtlich mehr an der Erkennung einer tRNS beteiligt als nur die DHU-Schleife, aber der Einfachheit halber werde ich hier weitermachen, als ob das alles wäre.)

Aber wer könnte eine solche Erkennung leisten? Na, ein Enzym natürlich – genauer, eine *Aminoacyl-tRNS-Synthetase.* (Tut mir leid! Aber trotz der befremdlichen Bezeichnung sollten Sie versuchen, sie sich zu merken, da sich *diese* Moleküle als diejenigen herausstellen, die, wenngleich sie nicht die Hauptrollen in unserer Erzählung verkörpern, immerhin zentrale Rollen spielen.) Ein solches Enzym hat zwei aktive Zentren. Das eine erkennt die dreidimensionale Signatur der tRNS und das andere sucht nach einer Aminosäure. Diese Stelle ist im Gegensatz zum AA-Ende der tRNS *nicht* unwichtig für die Aminosäure. Sie bindet eine einzige Aminosäure – nämlich die, die den passenden Code für das Anticodon der tRNS hat. Die Synthetase selbst schaut sich das Anticodon niemals an. Sie „beschnüffelt" allenfalls die DHU-Schleifen mehrerer tRNS (und vielleicht auch andere Substrukturen – aber das ist, wie gesagt, immer noch nicht ganz klar), und wenn sie eine findet, die ihr zusagt, schnallt sie ihre Aminosäure fest an die tRNS und wünscht ihr eine gute Fahrt. Für jede Aminosäure gibt es mindestens eine Synthetase.

Hier haben wir also etwas Lustiges: In der Zelle schwimmen Moleküle herum, deren Zweck es ist, die tRNS im genetischen Code zu „unterweisen". Jeder tRNS laden sie eine passende Aminosäure auf, und dann lassen sie sie abtrotten, bis sie irgendwo auf ein Ribosom treffen. Also ... kennen die tRNS-Moleküle den genetischen Code? Nein; sie müssen ja unterwiesen werden. Und wer instruiert sie? Die Synthetasen. Nun, dann ... kennen die Synthetasen den genetischen Code? Nein; sie gleichen nur die verschiedenförmigen DHU-Schleifen den Aminosäuren an. Wie wir sehen, kennt am Ende *keiner* in der Zelle den genetischen Code!

Natürlich ist das übertrieben. In Wahrheit ist es wieder einmal so, daß die „Kenntnis" des genetischen Codes extrem verstreut ist. Sie wird von der Gesamtheit der tRNS und Synthetasen geteilt und kann nicht von einer der beiden Gruppen allein beansprucht werden. Und dennoch gibt es *eine* Stelle, wo man behaupten könnte, daß der genetische Code ganz in einem Stück gespeichert ist ... „Und wo, bitteschön, ist *das*?", werden Sie fragen. Ah – in der DNS. Sie haben sich vielleicht schon gewundert, wann wir auf die DNS zu sprechen kommen, der gewöhnlich die Glanzrolle in den Geschichten der Molekularbiologie zukommt. Nun ist es endlich soweit.

* * *

Man könnte die DNS für eine feiste, fette, feudale, faule, Zigarren paffende Molekül-Fuchtel halten. Sie macht keinen Finger krumm. Sie ist der größte „Faulpelz" der Zelle. Sie gibt nur Befehle aus und läßt sich niemals herab, etwas selbst in die Hand zu nehmen, ganz wie eine Bienenkönigin. Wie ist sie zu einer solch bequemen Position gekommen? Indem sie die Produktion bestimmter Enzyme sichert, die für sie die ganze Schmutzarbeit erledigen. Und wie kann sie sicherstellen, daß diese tollen Enzyme produziert werden? Nun, das ist ja gerade der Trick.

Die DNS ist eine Sammlung von Blaupausen für sämtliche Arten von zellulären Bestandteilen, faulen wie agilen. Wenn man wissen will, woher etwas in einer Zelle kommt, ist die Antwort aller Wahrscheinlichkeit nach: Es liegt in codierter Form in der DNS vor. *Das Stück DNS, das für eine ganz bestimmte Entität codiert, ist das Gen dieser Entität.* Die Entität kann ein Protein sein, ein tRNS-Molekül oder irgendeine RNS, die schließlich Teil eines Ribosoms wird. Was immer der Bestandteil ist – in dem langen, gewundenen DNS-Molekül gibt es ein Gen dafür. Deshalb ist die DNS auch so lang. Die DNS für ein bloßes Bakterium kann Millionen Nukleotide lang sein – und für einen Menschen noch vieltausendmal länger! Ein DNS-Strang besteht daher aus einer Folge von Tausenden, Millionen oder gar Milliarden Codons, die sich irgendwo konstituieren, angefangen bei einer Handvoll Gene bis hin zu vielen Tausenden davon, der Reihe nach angeordnet wie die in einem Buch aufeinanderfolgenden Sätze oder wie Lieder in den Rillen einer Schallplatte.

Wie die RNS besteht auch die DNS aus Nukleotiden, aber anstelle von U benutzt sie T (das für „Thymin" steht). In der DNS sind daher A und T komplementär wie C und G in der RNS. Für jeden DNS-Strang gibt es einen komplementären Strang, der sich um sie rankt, was dem ganzen Supermolekül das Aussehen einer doppelten Kletterpflanze verleiht (siehe Abbildung 26-9). Der Grund, warum die DNS das tut und die RNS

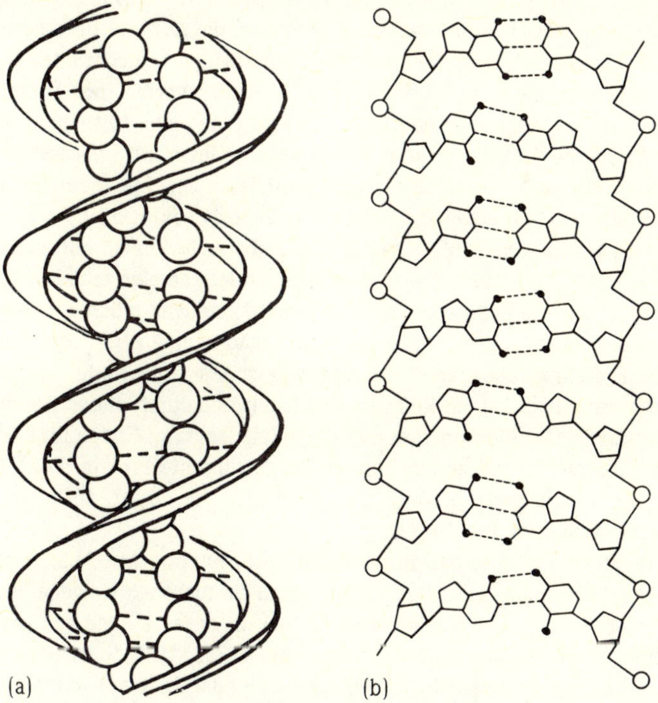

(a) (b)

Abbildung 26-9. Die DNS auf zwei Abstraktionsebenen. [Zeichnung von David Moser.]

In (a), einer architektonischen Ansicht, sieht man die berühmte Doppelhelix. Die äußere treppenartige Drillung besteht aus nichtinformationstragender Materie (Zucker und Phosphate), während der innere Kern, hier durch die wasserstoffgebundenen Sphären dargestellt, der Ort ist, wo alle Gene aufbewahrt liegen, die das gesamte Wesen einer Zelle oder eines Organismus festlegen, in denen sich das alles abspielt.

In (b) sieht man die Helixe aufgewickelt, aber ohne daß die Bindungen unterbrochen sind. Wie eine Teppichbrücke liegt diese „geplättete" DNS vor einem, so daß man genau sehen kann, wie sich die Basen komplementär paaren („Watson-Crick-Modell").

nicht, liegt darin, daß A und U nicht so gut zusammenpassen wie A und T, und so sind die Windungen jeder Möchtegern-RNS-Doppelhelix nicht so stabil wie jene in der DNS. Eigentlich *kann* die RNS nur über kurze Abschnitte eine Doppelhelix bilden, nicht aber über lange Strecken. Das ist auch ein Grund, warum eine tRNS kurze doppelspiralige Haarnadelkurven hat, aber dennoch keine Doppelhelix ist.

Ich habe mehrmals gesagt, daß das Gen einer Entität eine *codierte* Version der Entität ist. Nun, wo ein Code ist, ist Decodieren angesagt. Aber Achtung: Für einen DNS-Abschnitt gibt es *zwei mögliche Tiefen des Decodierens.* (siehe Abbildung 26-10). Zunächst einmal kann man ihn in RNS-Moleküle decodieren. Dies ist die seichtere Methode, die einfach ein Komplementierungsverfahren ist: A codiert U, T codiert A und C und G codieren sich gegenseitig. Also wird aus dem DNS-Abschnitt „TCAT" der RNS-Abschnitt „AGUA", der wie gerufen kommen kann, wenn man in Paraguay auf dem Trockenen hockt. Die tiefergehende Methode, die DNS zu decodieren, bezieht eine *zweite Schicht des Decodierens* mit ein (die beiden Schichten des Decodierens von Enigma-Mitteilungen, beschrieben in Kapitel 20, werfen ihre Schatten) – das heißt, man muß weitergehen und die in der RNS enthaltene Mitteilung decodieren. Das ist natürlich die Aufgabe all jener Mir Bosos und ihrer tRNS-Vokabelkarten.

Wenn die Zelle also ein tRNS-Molekül fabrizieren möchte, benützt sie nur die seichte Decodierung, die sogenannte *Übertragung* bzw. *Transkription.* Sie sucht sich das tRNS-Gen heraus und fordert das DNS-decodierende Enzym auf, das unter dem Namen *RNS-Polymerase* läuft, das korrespondierende (komplementäre) RNS-Segment herzustellen. Wenn die Zelle allerdings ein Protein erzeugen möchte, bedient sie sich *beider* Stufen. Wie zuvor nimmt sich die Zelle zunächst eine RNS-Polymerase, um das Gen auf das Protein zu übertragen. Das Ergebnis ist eine lange Kette einer Boten-RNS. Dann trifft diese mRNS auf ein Ribosom und fädelt sich durch dieses wie durch einen Tonkopf hindurch. Das Ribosom läßt nun die mRNS langsam, Codon für Codon, durch sich hindurchklickern, und heraus kommt das gewünschte Protein. Die zweite Stufe wird natürlich *Übersetzung* genannt und die liegt, offen gesagt, am toten Punkt des Lebens (siehe Abbildung 26-10).

Und nun sehen Sie also, daß in unserem UN-Szenarium Mr. N.S. (hinter dessen Namen Sie sicherlich die „mRNS" erkannt haben) gar nicht seine eigene Rede hält. Da er bloß der Abgesandte aus Nukleotidien ist, bekam er seine Rede von seiner großen Vorgesetzten im Mutterland vorgeschrieben: der DNS. Mr. N.S. ist bloß ein Sprachrohr, ein Werkzeug. Er liest lediglich eine *Abschrift* der Rede vor, die die DNS zuvor anfertigen ließ, und dieses Transkript wird nun von Mir Boso (eigentlich sollten Sie bemerkt haben, daß die Buchstaben ihres Namens, läßt man diese rotieren, „Ribosom" ergeben) ganz sklavisch entsprechend der Vokabelkarten des genetischen Codes ins Aminosäurische *übersetzt.* Und selbst diese Vokabelkarten wurden von der großen Chefin vorgeschrieben! Sehen Sie nun, was ich meine, wenn ich von der faulen DNS als Fuchtel spreche, die alles kontrolliert?

Die DNS enthält codierte Versionen sämtlicher tRNS-Moleküle, sämtlicher Synthetasen und Polymerasen, von den Bestandteilen der Ribosome ganz zu schweigen. Daraus folgt: *Die DNS enthält codierte Versionen ihrer eigenen Decodierer!* Durch die Decodierung ihrer eigenen Gene stellen die Decodierer weitere Kopien ihrer selbst

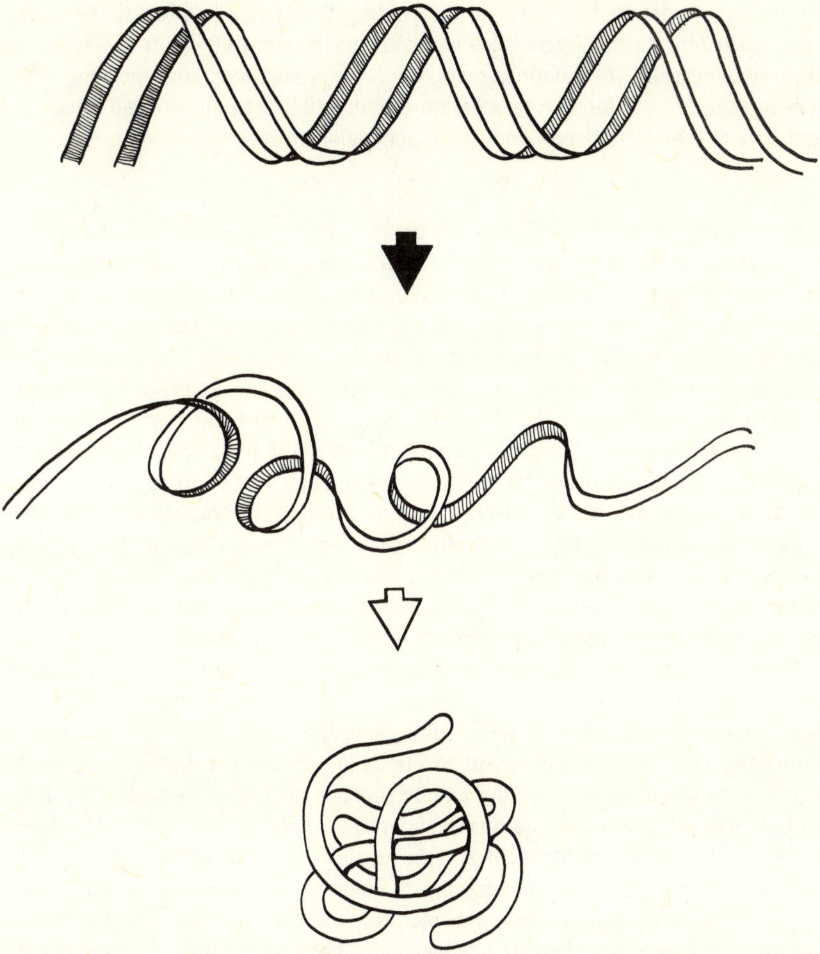

Abbildung 26-10. Das sogenannte zentrale Dogma der Molekularbiologie: „Von der DNS zur RNS zum Protein." Die erste Umwandlung ist die *Übertragung* (schwarzer Pfeil), die zweite die *Übersetzung* (weißer Pfeil). Man weiß heute, daß in gewissen Organismen und Viren eine *reverse Transkription* (von RNS zu DNS) erfolgt, aber eine *reverse Übersetzung* (von Proteinen entweder zur DNS oder RNS) ist nie beobachtet worden. Man kann bestimmt sagen, daß, wäre diese Beobachtung jemals gemacht worden, alle fundamentalen Lehrmeinungen in der Biologie über den Haufen geschwemmt worden wären. Eine solche Bescherung würde eine vollständige Rückkehr zu den heuzutage diskreditierten Lamarckschen Ideen über die Evolution nach sich ziehen. Ein vergleichbares Ereignis in der Physik wäre meiner Einschätzung nach die Entdeckung einer Methode zur Beschleunigung von Elektronen über die Lichtgeschwindigkeit hinaus oder vielleicht die Erfindung eines Perpetuum Mobiles. [Zeichnung von David Moser.]

her. Sie sehen, das ist fürwahr eine majestätische Schleife. Der genetische Code ist *festgeschrieben*, da die Decodierer nicht anders können, als weitere Kopien ihrer selbst anzufertigen. Aber nicht nur das, denn sie produzieren auch Enzyme, die die DNS replizieren, von der sie ja abstammen, und stellen so sicher, daß neue Zellen genau die gleiche DNS haben und genau den gleichen Code verwenden.

* * *

Nun ist ein festgeschriebener Code nicht das gleiche wie ein unumgänglicher Code. So ist zwar beispielsweise die französische Sprache gewissermaßen in Frankreich festgeschrieben: nicht nur, weil die Erwachsenen in Frankreich untereinander französisch sprechen, sondern weil sie es auch ihren Kindern beibringen. Darüber hinaus veröffentlichen sie Wörterbücher und Grammatiken, die der Sprache Stabilität geben. Aber das bedeutet doch noch lange nicht, daß Französisch die einzige mögliche Sprache auf der Welt ist! Das französische Wort für etwas ist doch nicht von sich aus durch irgendeine gottgegebene Vorschrift daran gebunden. Die französische Sprache ist ein arbiträrer Code, genauso arbiträr wie jede andere Sprache – *n'est-ce pas?*

Könnte es sein, daß der genetische Code gleichermaßen veränderbar ist, obwohl er festgeschrieben ist? Wie könnte man ihn möglicherweise umstoßen? Was entspräche chemisch einem Herumgepfusche mit den Buchstaben in der Tabelle des genetischen Codes? Mit welchem Zauberstab müßte ich über einem DNS-Strang wedeln, wenn ich meinen eigenen persönlichen genetischen Code einrichten wollte?

Stellen wir folgendes hypothetische Szenarium zusammen: Dazu nehmen wir eine gewöhnliche funktionierende Zelle, dringen in sie ein und entfernen auf magische Weise ihre ganze mRNS und tRNS. Diese Moleküle schmeißen wir einfach in den Mülleimer. Dann stoßen wir erneut in die Zelle vor und entfernen die ganze DNS (halt – nicht wegschmeißen!). Alles andere sind nur noch Überbleibsel, einschließlich einiger Ribosomen und Enzyme (insbesondere RNS-Polymerasen). Diese Enzyme und Ribosomen haben nun nichts mehr zu tun; für sie gibt es jetzt nichts mehr zu übertragen oder zu übersetzen. Sie müssen einfach etwas Geduld haben – wir kümmern uns gleich um sie! Wir gehen bloß noch mal kurz zu der DNS, die wir aus der Zelle herausgepult haben, pfuschen ein bißchen an ihr herum und führen sie dann wieder in die ahnungslose Zelle ein. Ist es möglich, daß nicht nur *diese* Zelle, sondern auch ihre Nachkommenschaft von dem Moment an immer nur unseren neuen genetischen Code verwenden wird? Welche Veränderungen müßten wir an dem Stückchen DNS vornehmen, damit die Zelle immer noch *genauso wie zuvor funktioniert*, nur mit neuem Code?

Was bedeutet *genauso wie zuvor funktionieren* in diesem seltsamen Zusammenhang? Es bedeutet, daß das Verhalten der Zelle für einen außenstehenden Beobachter so wie vorher erscheinen sollte. Was bestimmt insgesamt ihr Funktionieren, wenn man es von einem globalen Standpunkt aus betrachtet? Die Antwort lautet: ihr Komplement an Proteinen. Wie ich bereits sagte, sind Proteine das, was einer Zelle ihren Charakter, ihre Persönlichkeit verleiht. Wie können wir also angesichts dieser Tatsache sicherstellen, daß die *äußere Persönlichkeit* unserer Zelle unverändert bleibt, obwohl doch ihre *innere Sprache* in subversiver Weise geändert wurde?

Nun, sobald wir die geänderte DNS in die Zelle einbauen, werden sich viele RNS-Polymerasen an ihr zu schaffen machen. Sie werden sie in RNS-Stränge transkribieren – sowohl in kurze tRNS-Schnipsel als auch in lange mRNS-Züge. Die tRNS-Schnipsel werden sich zu der ihnen charakteristischen Form eines „L" wickeln. Dann ist der Zeitpunkt für verschiedene Synthetasen gekommen, die mit den nagelneuen tRNS-Schnipseln zusammentreffen, Aminosäuren an sie anzubinden. Danach werden die Ribosomen gehorsam die aufgeladenen tRNS-Schnipsel aufgreifen, um die langen mRNS-Züge zu übersetzen. Wenn wir also die *gleichen Proteine* wie vorher produzieren wollen, müssen wir zweierlei sicherstellen:

1) daß die neuen tRNS-Moleküle den neuen genetischen Code in sich schließen und
2) daß die neuen Proteingene in dem neuen Code verfaßt werden.

Ziel 1 läuft darauf hinaus, sicherzustellen, daß jede tRNS das richtige Anticodon hat, entsprechend dem *neuen* Code. Um dieses Ziel zu erreichen, müssen wir nur drei Nukleotide in jedem tRNS-Gen in der DNS ändern. Wenn diese Gene transkribiert sind, werden sie tRNS-Moleküle produzieren, die nur an einer einzigen Stelle „verkehrt" sind. Also sind folgende erste Änderungen zu machen: Zunächst muß man sämtliche tRNS-Gene zusammensuchen. In jedem dieser Gene ist dann dasjenige Codon zu ändern, das dem tRNS-Anticodon Befehle erteilt. Um Ziel 2 zu erreichen, schreiben wir einfach die gesamte „Literatur" – das heißt sämtliche Gene, die für Proteine codieren – in die neue Sprache um. (Wir stellen „verkehrte" Vokabelkarten her, ändern aber auch Mr.N.S.'s Rede, so daß Mir Boso am Ende genau das gleiche von sich gibt.)

* * *

Wird das Ganze nun so funktionieren, wie wir es uns erhofft haben? Werden z.B. die Synthetasen wirklich das Richtige tun? Nun, jede tRNS wird sich genau wie vorher wickeln. (Erinnern Sie sich daran, daß das Anticodon keine Wirkung auf die Art und Weise hat, wie sich die übrige tRNS aufwickelt – und schon gar nicht auf die DHU-Schleife.) Nun kommt eine Synthetase des Wegs und trifft auf eine vertraut scheinende DHU-Schleife. Sie heftet die gleiche Aminosäure an, die sie zuvor auch mit auf den Weg gegeben hätte. Das Enzym ist genauso darauf „hereingefallen", wie wir es uns gewünscht haben. Es ist sogar ein Komplize bei unserem teuflischen Vorgehen geworden, da entsprechend dem *alten* genetischen Code die tRNS nun das *verkehrte* Anticodon für jene Aminosäure mit sich schleppt, aber entsprechend dem *neuen* Code das *richtige* dabei hat.

Wenn man über dieses Schema nachdenkt, wird man sehen, daß es wirklich funktioniert. Es kann also ein Stück „fremder" DNS in eine Zelle eingefügt werden, deren *seichter* Decodierungsmechanismus (eine Gruppe RNS-Polymerasen) noch vorhanden ist. Die Zelle wird daraufhin die Fertigung neuer *tiefer* Decodierungsmechanismen (Ribosomen und tRNS) fortsetzen und somit weiterhin all die Proteine produzieren, die in der fremdartigen Weise in der fremden DNS codiert vorliegen. Diese Proteine werden dann die Zelle mit dem gleichen äußeren Charakter ausstatten, den sie zuvor hatte, als sie noch den normalen genetischen Code verwendete.

Wir haben also unser Ziel erreicht und erfolgreich gezeigt, daß der genetische Code genauso willkürlich ist wie die Gödelsche Numerierung. Und auf gleichem Wege haben wir noch ein unvorhergesehenes Ziel erreicht: Wir haben nämlich ziemlich detailliert ausgesprochen, was „zufällig" bzw. „willkürlich" oder „arbiträr" bedeutet, jedenfalls im Zusammenhang mit zellulären Codes.

Erfreulicherweise stellt sich heraus, daß im Innern der Mitochondrien vieler Organismen just ein solcher Codeaustausch passiert ist, wie von mir oben beschrieben! (Mitochondrien sind semi-autonome Organoide innerhalb von Zellen, die dazu da sind, die Zellatmung durchzuführen und das Energiebündel ATP [Adenosintriphosphorsäure] zu produzieren, das die Wirtszelle konsumiert. Sie haben ihren eigenen privaten Bestand an DNS-Molekülen, tRNS-Molekülen, Ribosomen usw.) Der genetische Code von Mitochondrien ist dem normalen genetischen Code sehr ähnlich: Er unterscheidet sich nur in vier Codons. Er ist also eher ein *Dialekt* des Nukleotidischen als eine komplett neue Sprache, ungefähr wie das Joual, das in Teilen Quebecs gesprochen wird, ein Dialekt des Französischen ist. Joual ist genauso fest auf jene Gebiete beschränkt, wie das Pariserische im Raum Paris eingesperrt ist. Mitochondrien haben ihre eigenen tRNS-Moleküle und ihre eigenen Gene, die im Hauptkörper der Zelle nicht richtig verstanden werden könnten – was aber keine Rolle zu spielen scheint, da sie sehr gut zu Rande kommen und demnach meine ursprüngliche Behauptung bestätigen.

* * *

Dieser Ausflug in die Betriebsvorgänge der Zelle hat natürlich nur einen sehr kleinen Schimmer von den Komplexheiten und Feinheiten der sich ineinander verzahnenden Mechanismen durchkommen lassen, auf deren gegenseitigem Zusammenfügen das Leben beruht. Warum muß es eigentlich so viele Stufen und so viele intermediäre Rollen geben? Warum wird das ganze so indirekt aufgezogen?

Ich erinnere mich gerade, wie ich mal den R.R.-Donnelley-Betrieb in Chicago besuchte, wo der *Scientific American* in Druck geht. Ich war erstaunt über das Maß an Indirektheit bei komplexen Maschinen – das heißt über die schier maßlosen Schichten intermediärer Elemente darin. Immer wieder erkundigte ich mich bei meiner Begleitperson, die mir den Betrieb zeigte, über Kurbeln hier und Hebel dort und dazwischen irgendwelche Systeme mit Rollen: „Wofür ist *das*?" Und immer wieder stellte es sich als etwas heraus, das dem Betrieb in bestimmter Weise einen zusätzlichen Grad an Flexibilität verschaffte, an den man zunächst gar nicht gedacht hätte. In der Entwicklung fast jeder Maschine ist das erste Modell unausgereift, bei dem man lediglich solche Gebrauchsmöglichkeiten und Begleitumstände in Betracht gezogen hat, die die wenigsten Komplikationen mit sich bringen würden. Die Verfeinerungen, die dann im Laufe der Jahre eingeführt werden, führen zu Ebenen von solcher Komplexität, daß jemand, der mit dem fortentwickelten System nicht vertraut ist, allerhand Schwierigkeiten haben wird, es auf einmal ganz zu verstehen. Es kann in der Tat fast undurchschaubar werden. Das trifft mit Sicherheit auf die Mechanismen von Autos, Flugzeugen, Radios, Fernsehern, Computern zu – ja sogar auf die eines Pianos! Und auf einer eher unfaßbaren Ebene läßt sich das natürlich auch von der menschlichen Sprache und Kultur sagen, von der Computersoftware selbstverständlich auch.

In diesem Licht besehen überrascht es nicht gerade, daß die Zelle so viele fein ausgewogene Mechanismen hat, von denen manche nur da sind, um Fehler von anderen auszubügeln. Biologen und Biochemiker schreiben manchmal in einer Weise über diese Dinge, daß es so scheint, als hätten sie die Bäume wunderbar im Auge, den Wald aber ganz vergessen. So wie ich die Maschinerie der lebenden Zelle sehe, in dieser Art contrafaktischen Gedankenexperiments eben, das mir hier in den Sinn gekommen ist – kurz gesagt, in der hier dargestellten Ansicht –, sieht es bestimmt kein Spezialist auf diesem Gebiet. Mein kontrafaktisches Gedankenexperiment ist experimentell vielleicht nicht durchführbar, aber es dient immerhin dem Zweck, die Prozesse deutlich hervorzuheben, die die dynamische, vor Leben sprühende Einheit einer Zelle den Klauen der trägen DNS, die keinen Muckser tut, „entreißen". Es rückt die lebenswichtigen intermediären Rollen ins Rampenlicht, die Ribosomen und tRNS-Moleküle spielen. Es hilft ferner, sich mal auf die logische Crux einer Zelle zu konzentrieren: die Mechanismen des *Genausdrucks.*

Eine so durchsichtige und gründliche Abhandlung wie Lehningers *Biochemistry* („Biochemie") hinterläßt für mich eine Silhouette: ein Schatten, von den zellulären Prozessen in den Raum informationsverarbeitender Konzepte projiziert. Ich hoffe, das ist keine ungültige Sichtweise der Dinge, da jener Schatten für mich eine unheimliche, aber wunderschöne Form hat.

* * *

Postskriptum

Stellen Sie sich mal vor: Eines schönen Ostermorgens befinden sich A-uga und Duhhh, zwei starke kräftige junge Protomenschen des Jahrgangs 198 016 v.Chr., auf der Suche nach bunt gefärbten Auerochseiern. Dabei bemerken sie nicht, wie sie von einem wilden grünen Schnargel belauert werden, das in der Nähe auf einem Turtelbaum kauert. Das Biest hat schon ganz gierige Augen, da es sich auf ein Paar herzhafte, saftige Protohumanburger (ohne die lätscherte Semmel) freut. Das arglose Paar kommt dem Baum immer näher, und mit gespannten Muskeln setzt das schreckliche Schnargeltier zum Sprung an. Plötzlich erspäht A-uga das Ungeheuer und schreit ganz laut: „Vorsicht, staatsmonopolkapitalismustheoretisch Schnargel!!" – aber noch bevor sie den langen umständlichen bestimmten Artikel ganz aussprechen kann, ist das Ungetüm schon losgesprungen und ...

Die blutigen Einzelheiten kann ich Ihnen wohl ersparen. Aber eines kann ich Ihnen sagen: Unsere beiden braven Protomenschen, die eine Protosprache gebrauchten, sind bloße Seitenzweige am Baum der Evolution, Nichtse, wenn man von der Tatsache absieht, daß ihre tragische Geschichte eines fernen Tages ungefähr 200 000 Jahre später in einem Postskriptum wiedererscheint, das sich um Ergonomie und die Evolution des genetischen Codes dreht. Hinzu kommt, daß das Schnargeltier den Benutzern rivalisierender Protosprachen unwissentlich einen großen Dienst erwiesen hat: Es hat nämlich die Zahl derer, die sich der Protosprache von A-uga und Duhhh bedienten, um zwei reduziert und dadurch die relative Stellung aller rivalisierenden Protosprachen gestärkt. Bei genügend vielen solchen Vorkommnissen könnte es durchaus passieren, daß die wichtigste rivalisierende Protosprache, die als bestimmten Artikel „das" gebraucht statt „staatsmonopolkapitalismustheoretisch" (und umgekehrt), auf der „Hitliste" der besten zehn Protosprachen nach oben klettert.

Natürlich ist das eine lächerliche Erzählung, aber ich denke, sie vermittelt immerhin eine Idee: Bei der Kommunikation kommt es wirklich auf Effizienz an. Denken wir mal darüber nach, was diese Allegorie aussagt. Eine Sprache, in der „das" und „Staatsmonopolkapitalismusdenken" umgekehrt wären, könnte sich in der Welt gut behaupten, wenn sie keine anderen Sprachen als Rivalinnen hätte. (Ich kann mir vorstellen, daß Roboter mit ihr ganz glücklich wären.) Es ist nicht *von sich aus* etwas Verkehrtes daran, wenn „das" ein obskures Adverb wäre, und „staatsmonopolkapitalismustheoretisch" das am häufigsten gebrauchte Wort. Weder Wörter noch Dinge haben von sich aus Affinitäten zueinander. Andererseits, wenn man zu viele der am häufigsten gebrauchten Wörter einer Sprache lang und umständlich macht, wird man früher oder später eine Schwelle überschreiten, ab der man als Benutzer einer solchen Sprache nicht mehr imstande ist, mit dem Tempo der Ereignisse in der Welt mitzuhalten, was natürlich das Überleben gefährdet. In diesem Sinne sind die Dinge und ihre Bezeichnungen auch nicht *total* unabhängig – wenigstens nicht, wenn die Bezeichnungen Bestandteile eines Kommunikationssystems sind, das dem Überleben hilft. Eine kompaktere, elegantere, *effizientere* Sprache wird eher dazu beitragen, mit den momentanen Anforderungen Schritt zu halten. Also ist die erste Moral der Geschichte: *Was zählt, ist Effizienz.*

Eine zweite, etwas implizitere Moral der Geschichte ist: *Was zählt, sind Varianten.* Sind viele Varianten vorhanden, können sie es untereinander ausmachen, welche von ihnen die besten sind, die dann auch überleben, während die schwächeren ausgesiebt werden. Anschließend werden die besten neue Varianten in die Welt setzen, und es wird zum gleichen Selektionsprozeß kommen. Das Sperrgetriebe der Evolution wird für immer effizientere Varianten sorgen. Wenn jedoch kein Mechanismus vorhanden ist, der Varianten hervorbringt, dann wird der einzige Wettbewerbsteilnehmer einfach auf der Grundlage seiner eigenen Qualitäten *vis-à-vis* zum Rest der Welt leben oder sterben.

Für jemanden, der über Evolution Bescheid weiß, ist das alles ein alter Hut, aber von allgemeinerer Art, als man glauben möchte. Das trifft insbesondere unmittelbar auf die Frage nach der Einzigartigkeit oder Zufälligkeit des genetischen Codes zu. Mehrere verschiedene rivalisierende Codes hätten bestimmt unterschiedliche Effizienz. Wenn wir annehmen, daß im Verlauf vieler Millionen Jahre eine Anzahl rivalisierender Codes entstand und daß aus dem Wettstreit einer als Sieger hervorging, dann ist es recht und billig zu sagen, daß der Siegercode *nicht* zufällig war und daß den Verbindungen, die er zwischen Codons und Aminosäuren herstellte, vor sehr vielen anderen Möglichkeiten der Vorzug zu geben ist.

* * *

Die Allegorie deutet etwas sehr Dringliches an: Wichtige Wörter sollten kurz sein. In jeder lebenden Sprache ist der Druck da, kurze Wörter zu gebrauchen (denken Sie nur, wie „Auto" an die Stelle von „Automobil" getreten ist, und an die immensen Abkürzungen und Akronyme, die wir gebrauchen). Zusätzlich existiert ein Gegendruck, der auf Klarheit und ein bißchen Redundanz zielt, damit nicht jeder kleine Laut entscheidend ist. Ein Unterschied zwischen dem klassischen und modernen Chinesisch besteht darin, daß viele Wörter, die früher nur eine Silbe lang waren, nun zwei haben. Warum diese Abkehr von der Kürze der Wörter? Weil es sich keine Sprache leisten kann, zu dicht zu werden. In der logologischen Sphäre – oder genauer in der phonologischen – ist nicht genügend Platz. Wir können einfach nicht effizient zwischen Lauten unterscheiden, die sehr eng beisammen liegen. Man kann nicht mehr als soundso viele einsilbige Wörter in eine Sprache packen, wenn die Kommunikation nicht leiden soll. Zwar können Sprachen mal dichter, mal lichter sein, doch bewegen sie sich alle bei einer gewissen Norm, was der Grund dafür ist, daß Übersetzungen von Textpassagen fast gleichlang ausfallen, wenn man sie Seite für Seite im gleichen Format druckt. Ein dritter Druck geht natürlich dahin, entscheidende Unterschiede sehr auffällig zu machen. Wie riskant wäre es, wenn die Wörter für „ja" und „nein" so dicht beisammen lägen wie, sagen wir mal, „ja" und „jo". Es ist wirklich sehr merkwürdig, daß „ein" und „kein" so nahe beieinander sind. Faszinierend finde ich, wie viele phonetische Kniffe wir unbewußt beim Sprechen anwenden, um Verwechslungsprobleme zu umgehen, wie z.B. durch harte Einsätze, fein abgestimmte Unterscheidungen zwischen ähnlich klingenden Lauten sowie unterschiedliche Betonungen, damit wir uns in der richtigen Weise mitteilen.

Ich bin etwas oberflächlich mit dem Wort „Druck" umgegangen. Was soll denn eigentlich „Druck zur Kürze" bedeuten? Bedeutet es, daß sich jeder Sprecher eigentlich verpflichtet fühlt, kürzere Wörter zu erfinden? Nein, freilich nicht – aber wenn der Sprecher zufällig über eine kürzere Möglichkeit stolpert, wird es nicht überraschen, wenn andere sie ebenfalls sich aneignen, vielleicht ohne daß der Sprecher es bewußt merkt. Doch das bedeutet, daß es einen Quell für die Vielfalt geben muß. Sonst hat es keine Bedeutung, von „Druck" zu sprechen. „Druck zu X" ist in Wirklichkeit eine Kurzschreibweise, um zum Ausdruck zu bringen, daß Varianten mit X besser dran sind als die ohne X.

Ich muß diese Anmerkung zur Bedeutung von „Druck" etwas qualifizierter machen. Geht man davon aus, daß bestimmte Lebewesen mit zielgerichtetem Verhalten in der Lage sind, ihre Verhaltensweisen wohlüberlegt und absichtlich auf etwas zuzuschneiden, könnte „Druck zu X" bedeuten, daß solch ein Lebewesen merkt, daß es vorteilhafter wäre, die Qualität X zu haben, und sich dann ausdenkt, wie es die Qualität X in sein Verhalten einbaut. Also liegt der Quell für die Vielfalt der Verhaltensweisen jenes Lebewesens im Innern des Lebewesens selbst. Ganz zielstrebig wählt es dann aus allen Varianten eine aus. Man kann es auch anders sehen und sagen, daß für hinreichend intelligente Wesen variable Möglichkeiten in ihrem *Geist* miteinander konkurrieren können und daß das Ergebnis dieser Simulation dann ihr Verhalten bestimmen kann. Auf diese Weise müssen sie nicht ihr Leben aufs Spiel setzen, sondern nur etwas Zeit aufwenden, um eine interne Simulation zu „programmieren" und dann ihr jeweiliges

Verhalten dem Resultat entsprechend umstellen. Daher werden Drücke von intelligenten Individuen eben als solche erfahren.

Aber im Laufe fast der ganzen Evolution sind die Lebewesen nicht helle genug gewesen, um Drücke spüren, sie intern umändern und bewußt auf sie reagieren zu können. Solche Wesen müssen einfach die Karten akzeptieren, die die Welt an sie ausgeteilt hat, und ihr Bestes geben. In solchen Fällen schließt die Bedeutung von „Druck“ unterschiedliche Selektionsraten in der realen Welt (nicht in der geistigen) bei Varianten mit und ohne X mit ein – Varianten, deren Quell eher irgendein äußerer Zufall ist als eine innere Reflexion. Man nimmt die Effekte eines solchen Drucks nicht in einem *Individuum* wahr, sondern in der wechselnden statistischen Zusammensetzung einer *Population.*

Bei winzigen Bakterien und Viren ist das natürlich der Fall – die primitivsten Lebensformen, die vermutlich schon vor Urzeiten Varianten des genetischen Codes ausprobiert haben. Obwohl alle diese verschiedenen Codes „lebensfähig“ waren, gab es dennoch einige, die sich als „lebensfähiger“ erwiesen. Nun, meine Kolumne drehte sich wirklich um den „obwohl“-Teil des vorangegangenen Satzes. Ich wollte darin nur sagen, daß sich „AGA“ prinzipiell mit *jeder* Aminosäure, nicht nur mit „Arginin“ assoziieren läßt. Der „dennoch“-Teil des besagten Satzes beinhaltet *ergonomische* Überlegungen: solche über Effizienz und Leistungsverschwendung. Wenn man die Ergonomie mit berücksichtigt, merkt man, daß bestimmte Codierungen aus verschiedenen Gründen im Sinne der Informationstheorie einfach effizienter sind und daß diese schließlich aus der Masse herausragen.

*   *   *

Unterdessen bekam ich einen sehr interessanten Brief von Robert J. Gailer aus Seattle, der mir erklärte, daß es im Gegensatz zu meiner Behauptung hinsichtlich des Telephonsystems sehr wohl eine definitive ergonomische Grundlage für die Art und Weise gab, wie die Vorwahlnummern verschiedenen Städten und größeren Gemeinden zugeordnet wurden. Der Grund, warum die Vorwahl für New York 212 und die für San Diego 619 ist und nicht etwa umgekehrt, liegt darin, daß es mit einer Wählscheibe (die bei Einführung der Vorwahlnummern überall gängig waren) viel länger dauert, 619 zu wählen als 212. Und vom Standpunkt langfristiger Effizienz aus gesehen ist es recht vernünftig, wenn man überlegt, daß Milliarden von Ferngesprächen geführt werden. Die größten Städte haben Vorwahlnummern mit der kürzesten Anwählzeit. Hinzu kommt noch, wie Gailer schreibt:

> Ähnliche Vorwahlnummern wurden geographisch weit voneinander entfernten Gebieten zugeteilt, um Verwechslungen möglichst auszuschließen. So wurde überlegt, daß, wenn New York 212 bekäme, während New Jersey 213 hätte, die beiden Vorwahlnummern leicht zu verwechseln wären. Man hoffte bei der Telefongesellschaft AT&T, daß sich die Möglichkeit zu dieser Verwechslung wesentlich verringerte, wenn statt New Jersey Los Angeles die Vorwahl 213 bekäme.

Also bekamen die nächsten beiden Großräume im Sinne der Telephon-Population, Chicago und Los Angeles, die Nummern 312 bzw. 213.

Gailer weist darauf hin (ähnlich wie ich mit „ja" und „jo"), daß man leicht verwechselbare, aber kritische Bedeutungsunterschiede ganz gerne durch äußerst verschiedene Codes absichert. Wenn Fehler schon unvermeidbar sind, einige gar fatal, andere nicht, dann ist es doch viel gescheiter, den gewünschten Code so zu realisieren, daß eher die Tendenz zu Fehlern besteht, die nicht fatal sind, als zu höchst verhängnisvollen. Im Falle des genetischen Codes läuft das auf folgendes hinaus: Aminosäuren zerfallen in Familien (die wichtigste Klassenunterscheidung ist die zwischen hydrophilen und hydrophoben, wenngleich es noch andere gibt). Wenn man in einem Protein einen ganz zufälligen „Schreibfehler" begeht (eine einzige falsche Aminosäure genügt), wird die gewünschte Funktion fast immer ruiniert. Wenn jedoch die verkehrte Aminosäure zur *selben Familie* gehört wie die irrtümlich vertauschte, dann ist die Wahrscheinlichkeit, das funktionelle Verhalten manchenteils zu retten, viel höher. Jeder Code mit *ähnlichen Codons zur Codierung für Aminosäuren derselben Familie* erhält weitgehend den Vorzug vor anderen Codes. Diese Bevorzugung, um es noch einmal zu sagen, muß sich aus der *Selektion unter rivalisierenden Codes* ergeben, genauso wie in der Allegorie, die dieses *P.S.* eröffnete.

Insgesamt befassen wir uns hier mit zwei verschiedenen Arten von Zufälligkeit. In dem Sinne, wie der Ausdruck in der Kolumne gebraucht wurde, sind alle alternativen genetischen Codes lebensfähig, weil sie durchaus eine Weile überleben könnten, solange keine Rivalen da sind. Von daher gesehen *ist* der eine, der sich in unseren Zellen nach oben geboxt hat, zufällig. Andererseits ist der Siegercode dem Sinn nach, wie der Ausdruck in diesem *P.S.* gebraucht wurde, da Rivalität ein Teil der realen Welt *ist* und es notwendigerweise zur Selektion kommen *wird, nicht* zufällig, denn schließlich ist er der effizienteste aus einer ganzen Palette von vorstellbaren Schemata. (Du hattest recht, Vahe!) Viele Leute machten mir dies sehr eloquent deutlich, unter ihnen Henriette und Miroslav Nadj, denen ich für den Ausdruck „Ergonomie" dankbar bin, Rosemarie Swanson, Nelson Max und Barry Bunow. Die vollständigste Antwort kam von J.M. Labouygues aus Clermont-Ferrand in Frankreich, der mir eine Reihe von Artikeln schickte, die von ihm und seinen Kollegen stammten und worin sie mathematische Studien zur Bestimmung der Eigenschaften eines höchst robusten Codes beschreiben – das heißt eines Codes, der sich als maximal resistent gegen Mutationen aus heiterem Himmel erweist. Ihre Arbeiten zeigen, daß der eigentliche genetische Code diese Eigenschaften hat und wie er sich überhaupt in der Weise entwickeln konnte.

Die Idee, daß der genetische Code mathematisch gegen Mutationen optimal abgesichert werden könnte, wurde zum ersten Mal – wie ich aus Labouygues' Aufsatz erfuhr – vor ungefähr zwanzig Jahren von meinem Freund, dem verstorbenen Tracy Sonneborn, geäußert, einem herausragenden Genetiker an der Indiana University und einem ungemein lebhaften, nimmermüd hinterfragenden und sehr warmherzigen Menschen. Ich muß insgeheim lachen, wenn ich daran denke, was Tracy wohl von meinem ursprünglichen Vorschlag gehalten hätte, daß der genetische Code zufällig sei!

* * *

Man kann die Frage nach der Zufälligkeit des genetischen Codes noch von einer anderen Seite betrachten, nämlich ob es denkbar ist, daß man den Trick, den ich in dem Artikel vorschlug, tatsächlich bewerkstelligen könnte, also in einem lebenden Organismus die Codes ruckzuck auszutauschen, ohne seine Lebensfunktionen zu beeinträchtigen. Ich argumentierte, daß man es durchaus tun könnte, indem man die „Literatur", die in seiner DNS gespeichert ist (also die Gene, die für sämtliche Proteine codieren), umschreibt, wie auch Stückchen seiner tRNS-Gene (also die, die für die Anticodon-Regionen codieren) verändert. Es wird bis zum nullten Grad gelingen. Das heißt, nach dem Austausch würde die zweistufige Decodierung der DNS genau die gleichen Proteine produzieren wie zuvor. Wenn das alles wäre, was man braucht, um die Zelle wieder in Gang zu setzen, und zwar so, daß sie genauso wie vor dem Codeaustausch funktioniert, dann wären wir ja fein heraus. Aber die Dinge sind viel komplizierter.

Wenn die DNS einer Zelle radikal anders aussieht als gewohnt, aber dieselben alten Enzyme auf sie losgehen, passiert bestimmt etwas Schlimmes. Äußerst klar setzte sich mit dieser Schwierigkeit Maurice Guéron in einem Brief an mich auseinander:

> Eine Zelle muß wissen, wie ihre DNS organisiert ist: wo ein Gen anfängt, wo es endet, etc. Dafür sind typographische Signale nötig. Manche bestimmen die Loci an der DNS, die von RNS-Polymerasen (die Enzyme, die die Boten-RNS erzeugen) erkannt werden. Andere liefern für die Ribosomen-Maschinerie Anhaltspunkte über den Boten. Ein paar solche typographischen Signale sind bekannt – beispielsweise die „Pribnow-Sequenz" TATGTTG, die bei der Erkennung des Anfangs eines Gens eine Rolle spielt. Die Existenz solcher Signale bedeutet, daß im Grunde ein *zweiter* Code von der DNS mitgeführt wird: Neben dem genetischen Code, der bei der Übersetzung einer Nukleinsäure in ein Protein zur Anwendung kommt, gibt es noch einen anderen, nämlich einen *typographischen* Code.
>
> Die typographischen Signale können möglicherweise sämtliche Bemühungen scheitern lassen, den genetischen Code zu verändern. Damit unser Plan in der Tat funktioniert, wäre zweierlei nötig. Erstens sollten die typographischen Signale nicht auf einem Abschnitt der DNS vorhanden sein, der zudem den genetischen Botschaften zugehörig ist, die in Form von Proteinen (den sogenannten „strukturellen Genen") ausgedrückt werden sollen; das ist so, damit die typographischen Signale nicht beim Umschreiben der strukturellen Gene in den neuen Code vermurkst werden. Zweitens sollte es keine Möglichkeit geben, daß das Umschreiben der strukturellen Gene durch einen dummen Zufall zu einem Erscheinen neuer typographischer Nebensignale führt.
>
> Es sieht so aus, daß keine dieser Bedingungen erfüllt wird. Was die erste betrifft, so wurden innerhalb struktureller Gene typographische Sequenzen entdeckt, die vermutlich aktiv sind. Hinsichtlich der zweiten kann man die Erzeugung typographischer Nebensequenzen durch einen neuen genetischen Code nicht ausschließen, außer man prüft alle strukturellen Gene im einzelnen genau nach.
>
> Zum Schluß möchte ich noch zwei Anmerkungen machen. Erstens bedeutet die Existenz zweier Codes, daß selbst mit der existierenden Maschinerie manche Boten-RNS-Sequenzen untersagt werden müssen, nämlich solche, die typographisch signifikant wären. Zweitens *bedeutet die Festschreibung des Codes, daß die Logik der Maschinerie weitgehend mit ihrer Hardware verflochten ist.* Möglicherweise kann man zwar immer noch verschiedene logische „Ebenen" unterscheiden, aber es werden sich nicht die Verbindungen zwischen ihnen vergessen machen lassen.

Touché! Das ist doch genau mein eigener Standpunkt, der mir obendrein von allen der liebste ist, und daß er auch wieder auf mich verwendet wird, macht mich hellauf begeistert. Es ist nichts anderes als die Feststellung, daß man bei einer tiefgehenden Übersetzung nicht allein den Inhalt übersetzen kann – man muß der Interaktion zwischen Form und Inhalt Beachtung schenken. Es geht auf die Idee zurück, selbstbezügliche Sätze aus einer Sprache in eine andere zu übersetzen – und was könnte selbstbezüglicher sein als die wunderschön verwickelte DNS-RNS-Protein-Schleife?

Denken Sie an den Satz „Dieser Satz ist in Deutsch". Würde man die Schulabgänger der A-uga-Duhhh-Gedächtnis-Schule für Dolmetscher und Übersetzer bitten, ihn ins Chinesische zu übersetzen, würden sie freilich einen chinesischen Satz produzieren, der dann von sich selbst behaupten würde, daß er in Deutsch sei. Aber das ist blanker Unsinn! Entweder sollte er sich auf den originalen deutschen Satz beziehen und sagen, daß *jener* Satz in *Deutsch* ist, oder er sollte sich auf *sich selbst* beziehen und sagen, daß er in *Chinesisch* ist. Dieses Wischiwaschi geht einfach nicht an! Und solche Bemerkungen treffen ganz gewaltig auf die selbstdokumentierenden Sätze zu, mit denen Lee Sallows so sehr zu ringen hatte (siehe Kapitel 2 und 3).

Setzt man „Wortspiel" oder „Anspielung mittels Form" anstelle von „typographisches Signal" in Guérons Erläuterung ein und tauscht man in Gedanken eine natürliche Sprache gegen eine andere aus, dann sieht man auf eine andere Weise, worauf er hinaus will. Es ist zwar recht seltsam, aber absolut unbestreitbar, daß eine DNS *voller* Wortspiele und Anspielungen mittels Form ist. Ein bemerkenswertes Beispiel ist das Wortspiel mit überlappenden Genen, das man in der DNS des Virus ΦX174 vorfindet. Man entdeckte in diesem Virus zwei völlig unterschiedliche Proteine, die vom selben Abschnitt der DNS stammten. Zwei genetische Codes? Nein, nichts dergleichen. Zwei verschiedene *Leserahmen*. Das heißt, man bekommt einen neuen Codonsatz, wenn man die DNS ein Stückchen versetzt. Was sich z.B. in der einen Weise als „...-TGC-CAA-GGT-C ..." lesen läßt, liest sich als „...T-GCC-AAG-GTC-...", wenn man den Rahmen nach rechts verschiebt. Und beide Male sind es Codierungsweisen für Proteine, die für das winzige Quasi-Leben des Virus unerläßlich sind! Niemand hätte je eine solche literarische Kreativität voraussehen können. Eine DNS ist ein Wunder an selbstbezüglichem Spielwitz, an den, so wage ich zu behaupten, in der menschlichen Literatur niemand herankommt. Aber nun hat die menschliche Literatur ja noch keine drei Milliarden Jahre zur Entwicklung gehabt!

Ich könnte mich mit Guérons abschließender Ansicht nicht einverstandener erklären (deshalb habe ich sie kursiv geschrieben), und in gewisser Weise beschämt sie mich doch. Wenn ich so etwas wie mein eigenes Thema habe, dann doch dieses, und hier schreibe ich nun einen ganzen Artikel zur Attacke! Intuitiv hatte ich sicherlich erkannt, daß etwas in der Art in einer Zelle vor sich ging, und halbwegs die Erwartung gehabt, von vielen Molekularbiologen heftig kritisiert zu werden, daß ich solche Interaktionen zwischen Form und Inhalt (oder Struktur und Funktion) einfach ignorierte, was fast schon einer Lästerung gleichkam – doch tatsächlich empfing ich die Schelte nur von einem einzigen, von M. Guéron, wofür ich ihm ausgesprochen dankbar bin.

Das zeigt nur: Wenn man feste Einrichtungen umzukrempeln wagt (in diesem Fall den genetischen Code, der von der Natur ausgewählt wurde) und man sich quasi selbst in die Rolle des Aufmüpfigen begibt, kann man sicher sein, daß bald ein noch findigerer Durchblicker als man selbst daherkommt und einem staatsmonopolkapitalismustheoretisch Leben sauer macht, mit Argumenten, die zwar konservativ inspiriert sind, aber zugleich höchst flexibel und das.

* * *

27
Unterlaufen, Protzen, Zuschlagen und Mittelmäßigkeit: Psychologische Spiele mit Zahlen

August 1982

Im Sommer 1962 saßen Robert Boeninger und ich, zwei junge Mathematikstudenten in Stanford, auf der Rückkehr von einem kurzen Besuch Prags irgendwo in Süddeutschland im Bus und langweilten uns. Aus einer Laune heraus erfanden wir ein merkwürdiges Zahlenspiel. Die Spielregeln waren höchst einfach, aber das Spiel war nichtsdestoweniger sehr verzwickt, weil es erforderte, daß man sich mit List und Tücke gegenseitig „auf die Schliche kam". Folgende Regeln wurden anfänglich festgelegt: Das Spiel bestand aus zehn Zügen. Bei jedem Zug entschied sich jeder heimlich für eine Zahl, und dann wurden die gewählten Zahlen verglichen. Der eine entschied sich für eine Zahl – eine ganze Zahl – im Bereich 1–5, der andere für eine ganze Zahl im Bereich 2–6. Falls die beiden Zahlen nicht um 1 differierten, durften beide Spieler ihre eigenen Zahlen „behalten" und sich gutschreiben. Falls es sich hingegen um zwei ganze aufeinanderfolgende Zahlen handelte, bekam der Spieler mit der *niedrigeren* Zahl *beide* Zahlen gutgeschrieben. Wenn ich also 2 sagte und Robert 3, nun, dann kriegte ich 5 Punkte und der arme Robert keinen. Höchst vergnüglich! Jedenfalls so lange, bis ich 5 sagte und Robert 4. Dann hielt sich das Vergnügen in Grenzen.

Es schien amüsant, die beiden Bereiche nicht genau deckungsgleich sein zu lassen, da es sich schwer entscheiden ließ, wer dann tatsächlich im Vorteil war. Auf den spontan ersten Blick mochte man den Spieler mit dem Bereich von 2 bis 6, dem „höheren" Bereich, für bevorteilt halten, aber das wurde bestens dadurch wettgemacht, daß man bei Nennung der Zahl 6 in Gefahr war, von der 5 des Gegenspielers unterlaufen zu werden, wogegen die 6 selbst nichts hatte, was sie unterlaufen konnte! Außerdem konnte der „untere" Spieler immer sicherheitshalber die 1 nennen und sich damit der Gefahr des Unterlaufenwerdens entziehen.

Auch wenn die Asymmetrie ihren Reiz hatte, kamen wir doch bald zu der Ansicht, daß deckungsgleiche Bereiche – wo beide über die Zahlen 1–5 verfügten – vorzuziehen waren. Und auf diese Weise spielten wir also das Spiel, das ich hier als „Unterlaufen" bezeichne. Eine Tabelle, die zeigt, wieviel bei jeder der möglichen Paarungen die beiden Spieler jeweils gewinnen oder verlieren können, findet sich in Abbildung 27-1a. Eine solche Tabelle nennt man *Gewinnmatrix*.

Der Kampf war ganz schön heftig. Das Herrliche an diesem Spiel war, wie sich Strategien des gegenseitigen „Austricksens" in unseren Köpfen aufschichteten. So konnte ich etwa Robert dadurch „foppen", daß ich mehrmals hintereinander die 4 wählte, um genau in dem Augenblick, wo er sich verführen ließ, die 3 zu nennen,

Ich \ Robert	1	2	3	4	5
1	(1,1)	(3,0)	(1,3)	(1,4)	(1,5)
2	(0,3)	(2,2)	(5,0)	(2,4)	(2,5)
3	(3,1)	(0,5)	(3,3)	(7,0)	(3,5)
4	(4,1)	(4,2)	(0,7)	(4,4)	(9,0)
5	(5,1)	(5,2)	(5,3)	(0,9)	(5,5)

(a)

Ich \ Jon					
1	0	−3	2	3	4
2	3	0	−5	2	3
3	−2	5	0	−7	2
4	−3	−2	7	0	−9
5	−4	−3	−2	9	0

(b)

Abbildung 27-1. Unter (a) sieht man die Gewinnmatrix für das ursprünglich von Robert Boeninger und mir erfundene Spiel „Unterlaufen". Bei jedem der einzelnen Zahlenpaare steht mein Gewinn auf der Linken und der von Robert auf der Rechten. Unter (b) findet sich dasselbe, aber nicht mit Rücksicht auf beide Spieler, sondern nur aus der Sicht Jon Petersons, des Gegenspielers. Diese Matrix zeigt die Differenz zwischen Jons Gewinn und meinem Gewinn – mit anderen Worten, den Reingewinn, den er mir gegenüber erzielt – für jede im Spiel mögliche Zahlenkombination. Wenn man die Sache so betrachtet, ist Unterlaufen ein Nullsummen-Spiel.

meine Strategie zu verändern, auf die 2 überzuspringen und ihn auszutricksen. Aber Robert war natürlich scharfsinnig genug, meinen Trick zu durchschauen, und hatte seine eigene Art, Naivität zu heucheln, mich in Sicherheit zu wiegen, mich glauben zu machen, ich käme mit meinen Tricks bei ihm durch, und dann, wenn ich am wenigsten darauf gefaßt war, mich mit einem Trick höherer Ordnung reinzulegen.

Als ich im Herbst aus Europa nach Stanford zurückkehrte, war ich sehr erpicht darauf, dieses Spiel von einem Computer spielen zu lassen. Mein Freund Charles Brenner hatte kurz zuvor ein Programm geschrieben, das die Häufigkeit erfaßte, mit der Buchstaben und Buchstabengruppen (genauer gesagt, Dreiergruppen) in einem englischen Textstück auftraten, und das dann mit Hilfe eines Zufallsgenerators einen pseudo-englischen Output erzeugte, bei dem die Häufigkeit der Buchstaben-Dreiergruppen derjenigen des eingegebenen Textstücks entsprach. Die Treffsicherheit, mit der scheinbar tiefgründige Muster der englischen Sprache durch solch einen Algorithmus erfaßt werden konnten, hatte mich sehr beeindruckt, und ich sah, wie diese Idee sich für ein Zahlenspielprogramm nutzbar machen ließ. Vor allem faszinierte mich die Vorstellung eines Programms, das in der Abfolge von Zügen seines Gegenspielers Muster zu entdecken und mit Hilfe dieser Muster Voraussagen zu machen vermochte – kurz, die Vorstellung eines Computers, der aus eigener Kraft seinen Gegenspieler „auszutricksen" versuchte. Wenn dann das gegnerische Programm meinem Programm mit gleicher Münze heimzuzahlen versuchte, um so besser! Je heimtückischer, desto besser! Ich war voll Kampfeslust, bereit, jede Herausforderung anzunehmen.

Ich erinnere mich noch lebhaft daran, wie ich über den lärmenden Zeilendrucker gebeugt stand, aus dem der Output quoll, und beobachtete, wie die Spiele Zeile für Zeile ihren Fortgang nahmen. Wir ließen unsere Programme Spiele mit Hunderten von Zügen machen, um sie auf diese Weise ernstlich auf die Probe zu stellen. Mein Programm bewegte sich zu Anfang häufig auf der Verliererstraße, solange es noch keine Muster im Verhalten des gegnerischen Programms „gewittert" hatte. Aber früher oder später kam der Moment, wo es offenbar die „Spur aufnahm" und den Gegner hintereinander ein-, zweimal kurzentschlossen unterlief, und dann konnte ich beobachten, wie es zum Sprung nach vorn ansetzte und oft rasch die Führung übernahm und den Gegner vom Feld fegte. Das war ein Gefühl überwältigender Macht, der Macht des Geistes, die über die rohe Gewalt triumphiert. Dadurch fühle ich mich jetzt an einen meiner Lieblings-Buchtitel erinnert: *Chess for Fun and Chess for Blood* („Schach als heiteres Spiel und als blutiger Kampf") von Edward Lasker. Ich bin alles andere als ein Schachspieler, aber diesen Titel liebe ich. Er gibt haargenau jene subtile Mischung aus Goodwill und Konkurrenzdenken wieder, die man in einem von Kampfgeist erfüllten Spiel mit Freunden empfindet.

Seitdem habe ich begriffen, wie universal und ursprünglich diese Empfindung ist. Wahrscheinlich ist das Bedürfnis, eine Strategie gegen eine andere ins Feld zu führen und dann zu sehen, wie die beiden miteinander fertig werden, der faszinierendste Aspekt beim Sport überhaupt. Auch Hunde erleben diese Situation zweifellos mit Lust. Wenn ich mich mit meinem Freund Shandy, dem Airedale, jage, entdecke ich bei ihm ein sicheres Gefühl dafür, wie genau ich seine Bewegungen antizipieren kann: In seiner Technik, mir auszuweichen, bleibt er mir immer ein Quentchen – einen Dreh – überlegen. Sooft ich meine, sein Muster herausbekommen zu haben, spürt er das irgendwie und verändert prompt seine Strategie, so daß ich jedesmal auf einen Hund losstürze, der gar nicht mehr da ist.

Klar, manchmal läßt er mich gewinnen – einfach, damit ich das Interesse nicht verliere. Sogar fürs Foppen hat er einen Sinn: Er läßt seinen kostbaren Stock genau vor mir fallen, tut so, als ginge er ihn nichts an, und will mich in aller Seelenruhe verführen, danach zu langen. Dabei hat er alles genau berechnet. Er weiß, wie schnell ich bin, weiß, wie schnell er selber ist, und kennt die Muster meiner Versuche, ihn auszutricksen.

Mehr noch, Shandy überrascht mich allem Anschein nach oft mit neuen Arten des Strategiewechsels, so daß ich einfach nicht das „Meta-Muster" seiner Strategiewechsel kapieren und ihn damit überlisten kann. Nein, sein Hundeverstand weist ein Moment von außerordentlicher Gerissenheit auf, und hinter der lustvollen Ausübung jener eingeborenen Intelligenz steckt unverkennbar ein Hunden und Menschen gemeinsamer tieferer Sinn, nämlich die Tatsache des enormen evolutionären Vorteils, den in dieser Welt des „Fressens oder Gefressenwerdens" Intelligenz denen verschafft, die über sie verfügen.

* * *

Aber zurück zum Unterlaufen. Eines Tages forderte ein graduierter Mathematikstudent namens Jon Peterson, der sich meist im Computer-Zentrum von Stanford herumtrieb, mein Programm mit einem eigenen heraus. Er sagte, er habe bei seinem Programm Gebrauch von der Spieltheorie gemacht. Ich war unbesorgt. Aber als ich dann mein Programm gegen seins antreten ließ, sah ich bald, daß ich Grund genug hatte, mir Sorgen zu machen. Nicht, daß mein Programm eine Abreibung bezogen hätte; es war vielmehr so, daß mein Programm hinter keines der gegnerischen Programmuster kam und die Sache jedesmal so ziemlich ausging wie das Hornberger Schießen. Einfach verblüffend. Jon erklärte mir, daß er für jede Wahlmöglichkeit zwischen 1 und 5 eine entsprechende Gewichtung errechnet hatte, eine relative Bedeutung, die nichts mit der gegnerischen Strategie zu tun hatte, sondern nur mit der für jede Reihe von Wahlmöglichkeiten zu erwartenden Gewinnsumme. Die Gewinnmatrix, auf die er sich bezog, zeigt Abbildung 27-1b. Sie zeigt, wieviel Jon bei jeder der Zahlenkombinationen im Verhältnis zu mir gewinnt bzw. verliert. Man beachte die *Antisymmetrie* – den Umstand, daß jede der durch die diagonale Spiegelachse aus Nullen getrennten Zahlen das Vorzeichen wechselt und damit anzeigt, daß, was dem einen sin Uhl, dem anderen sin Nachtigall ist. (Dies ist die Definition eines *Nullsummen-Spiels:* daß die Ergebnisse der beiden Spieler sich jeweils gegenseitig aufheben.) Und die Nullen entlang der Diagonale bedeuten natürlich, daß bei Nennung gleicher Zahlen keiner der beiden Spieler etwas davon hat (außer, daß das Spiel einen Zug näher aufs Ende zu gerückt ist).

Da das Spiel für beide Spieler vollständig symmetrisch ist, kann es keine Gewinnstrategie geben, weil sonst beide Spieler sich dieser Strategie bedienen und einander garantiert schlagen können müßten. Es gibt indes auf spieltheoretischer Grundlage eine *optimale* Strategie, die einem, statistisch gesehen, eine Langzeit-Parität mit dem Gegenspieler garantiert. Diese Strategie basiert darauf, daß die fünf Zahlen statistisch gewichtet werden. Um die statistische Gewichtung der Zahlen herauszubekommen, muß man fünf homogene lineare Simultangleichungen lösen. Jede Gleichung zielt darauf ab, die Gewinnaussichten sich zu Null summieren zu lassen. Wenn Jons Nennung der Zahlen 1, 2, 3, 4, 5 in dieser Reihenfolge die statistischen Gewichtungen *a, b, c, d, e* zugeordnet sind, dann lassen sich meine Gewinnaussichten bei Nennung etwa der Zahl 3 auf die durch einfaches Ablesen der dritten Zeile der Gewinnmatrix erhältliche Formel $-2a + 5b - 7d + 2e$ bringen. Setzt man diese Formel gleich Null, so hat man eine der fünf Gleichungen. Die anderen ergeben sich analog. Das System von Gleichungen lautet demnach:

$$
\begin{array}{lrrrrrl}
1) & & -3b & +2c & +3d & +4e & =0 \\
2) & 3a & & -5c & +2d & +3e & =0 \\
3) & -2a & +5b & & -7d & +2e & =0 \\
4) & -3a & -2b & +7c & & -9e & =0 \\
5) & -4a & -3b & -2c & +9d & & =0
\end{array}
$$

Das läuft auf die Inversion einer 4×4-Matrix hinaus. Jon hatte das gemacht und für die Zahlen 1, 2, 3, 4, 5 in dieser Reihenfolge die folgenden Gewichtungen errechnet: 10, 26, 13, 16, 1. Nach der Spieltheorie durfte also bei einem optimalen Spiel die 5 nur sehr selten genannt werden: nur jedes sechsundsechzigste Mal. Und die 2 war die häufigste Wahl. Es war allerdings wenig sinnvoll, zehnmal hintereinander die 1 zu nennen, dann sechsundzwanzigmal die 2, dann dreizehnmal die 3 usw. Die Nennung mußte im Rahmen dieser statistischen Gewichtung ganz nach dem Zufallsprinzip erfolgen.

Man stelle sich einen sechsundsechzigseitigen Würfel vor, bei dem auf zehn Seiten die 1 erscheint, nur auf einer Seite die 5 usw. Jeder Zug besteht in einem Wurf mit diesem Würfel (bzw. einer entsprechenden Computersimulation des Wurfs)! Mit anderen Worten, man muß, wenn man dieser Strategie folgt, jedwedes Verhaltensmuster meiden. So groß die Versuchung auch sein mag, man darf ihr nicht nachgeben! Mag der Gegenspieler auch ein dutzendmal hintereinander die 5 spielen, man muß ohne Rücksicht darauf mit dem sechsundsechzigseitigen Würfel weiter selbstvergessen seine Würfe machen. Auf diese Weise verfuhr Jons Programm, und deshalb gab es für mich nichts bei ihm zu holen. Hätte Jons Programm je der Versuchung nachgegeben und probiert, mich zu überlisten, dann hätte mein Programm voraussichtlich irgendein Muster bei ihm entdecken und es als Waffe gegen ihn wenden können. Aber sein Programm war erhaben über alle Versuchungen und Albernheiten. Es spielte stur vor sich hin, und je länger das Spiel dauerte, um so sicherer war, daß es ohne Verluste abschloß. Wenn es gewann, um so besser, aber dafür standen die Chancen nur fifty-fifty. So also sieht die „beste Strategie" aus!

Es war eine beschämende und rasend machende Erfahrung für mich zu sehen, wie mein Programm mit all seiner „Intelligenz" vergeblich versuchte, gegen die blinde Zufälligkeit des Jonschen Programms anzukommen. Aber es gab keinen Ausweg. Mit Enttäuschung mußte ich feststellen, daß in gewissem Sinn die „intelligenteste" Strategie darin bestand, nicht bloß sich dumm zu stellen, sondern mehr noch den Zügen des Gegenspielers nicht die geringste Beachtung zu schenken! Irgendwie schien das ein Schlag ins Gesicht der ursprünglichen Zielsetzung des Spiels Unterlaufen, die dahin ging, die Spieler sich auf immer tieferen Ebenen psychologisch austricksen zu lassen.

* * *

Als ich das Spiel durch die Spieltheorie so völlig ad absurdum geführt sah, gab ich es auf. In letzter Zeit indes habe ich wieder damit angefangen, über solche Spiele nachzudenken, bei denen sich aus der Kenntnis von Spielmustern Vorteil ziehen läßt, selbst wenn die Spieltheorie auf theoretischem Weg eine „optimale Strategie“ ausfindig machen kann. Die Foppereien und Techtelmechtel und sonstigen Tricks, die zu solchen Spielen gehören, haben nach wie vor etwas merkwürdig Zwingendes und Faszinierendes an sich, etwas, das lebhaft an Strategien im Evolutionsprozeß erinnert und das sogar für viele politische Situationen unserer Tage relevant scheint.

Außerdem liegt ein unübersehbares Moment von Akademismus und Lebensfremdheit darin, sich beim Spiel mit einem menschlichen Gegenspieler, zumal wenn mit „Tricks“ gearbeitet wird, für eine rein spieltheoretische Strategie zu entscheiden. Menschen haben offenkundig komplexere Ziele im Leben, als bloß beim Spiel zu gewinnen, und diese Tatsache bestimmt in großem Umfang die Art und Weise, wie sie spielen. Ungeduld und Wagemut, zum Beispiel, sind wichtige psychologische Faktoren beim Spiel, und auf sie nimmt eine optimale Strategie im gängigen spieltheoretischen Sinn keine Rücksicht. Deshalb sind nach meiner Einschätzung Spiele wie das oben geschilderte nach wie vor wichtige Modelle dafür, wie Menschen und größere Organisationen mit Herausforderungen und Bedrohungssituationen fertig werden.

Ich möchte deshalb ein paar Abwandlungen des Spiels Unterlaufen beschreiben, mit denen ich in neuerer Zeit experimentiert habe. Sie alle zielen auf eine Erhöhung der Risikobereitschaft beim „Ködern“ des Gegenspielers. Ich wollte die Spieler dazu ermuntern, sich gegenseitig stärker zu reizen, in dem Sinn, daß der eine Spieler eine Zeitlang mit einem Muster paradiert und damit implizit dem anderen Spieler bedeutet: „Na, Feigling – versuch doch mal, mich zu unterlaufen!“ Um zu dieser Art von Muster-Parade zu ermuntern, schien es sinnvoll, Muster, hinter die der Gegner nicht kommt, mit Punkten zu belohnen. Nennen wir diese Spiel-Version „Protzen“.

Angenommen, wir zwei spielen Protzen. Ich nehme die 4, Sie die 1. Wie beim Unterlaufen kriege ich vier Punkte, Sie einen. Nehmen wir nun an, ich sage beim nächsten Zug wieder 4, und Sie sagen 2. Wenn wir Unterlaufen spielten, würde ich wieder vier Punkte kriegen. Aber beim „Protzen“ werden Wiederholungen belohnt. Ich bekomme also das *Produkt* der wiederholten Zahl: 4×4, d. h. 16. Nehmen wir nun an, ich spiele beim nächsten Zug abermals die 4, während Sie erneut die 2 spielen. Nunmehr bringt mir mein Wagemut $4 \times 4 \times 4$, d. h. 64 Punkte, während Sie 2×2, d. h. vier Punkte kriegen. Bei diesen drei Zügen haben ich mithin $4 + 16 + 64$ gleich 84 Punkte gewonnen, gegenüber den $1 + 2 + 4$ gleich sieben Punkten, die Sie gewonnen haben. Ihnen ist selbstverständlich nicht entgangen, wie ich mich vor Ihnen in Szene gesetzt habe – Sie haben nur den richtigen Augenblick abgewartet. Machen Sie also jetzt Ihren Zug – nennen Sie die 3, mit der Sie mich unterlaufen wollen. Pech gehabt – ich hab die 2 gewählt! Ich kriege fünf Punkte, Sie keinen. Armer Trottel.

Aber was, wenn ich dumm genug gewesen wäre, mich von Ihnen schnappen zu lassen? Hätte ich tatsächlich auch diesmal wieder 4 gesagt, hätten mir, wäre ich damit durchgekommen, 256 Punkte gewinkt. Aber da Sie mit Ihrer 3 mein Muster erfolgreich unterlaufen hätten, kriegten Sie dafür eine saftige Belohnung, nämlich 259 Punkte (Ihre drei Punkte zusätzlich „meiner“ 256 Punkte).

Nun ist es mit dem Protzen wie mit den Frisuren: Man kann stilistisch variieren. Die gerade angeführte ist die einfachste Spielart. Wenn man will, kann man aber auch kompliziertere Verhaltensmuster belohnen. Ich bin mir nicht sicher, wie das am besten zu bewerkstelligen ist; die folgende Spielart – ich nenne sie „Superprotz“ – ist also nur eine von mehreren Möglichkeiten, das Protzen-mit-Mustern zu belohnen. Angenommen, Sie würden nicht 1-2-2 gegen meine 4-4-4 spielen, sondern würden erst die 2, dann die 1, dann die 2 nennen. Sie könnten durchaus gute Gründe dafür haben. Vielleicht hielten Sie damit ein Muster durch, bei dem zu bleiben Ihnen vorerst sinnvoll erschiene. Wenn Ihre vorangegangenen vier Züge 2-1-2-1 gelautet hätten, dann wären diese letzten drei Züge Fortsetzung jenes Musters. Je nach der punktemäßigen Bewertung könnte es nutzbringender für Sie sein, Ihr eigenes etabliertes Muster durchzuhalten, als mein relativ neues anzugreifen. Wenn 2-1-2-1-2-1-2 das Produkt seiner Ziffern an Punkten bringt, dann ist es 16 Punkte wert. (In Wahrheit ist es nur dann sechzehn Punkte wert, wenn ein weiteres 2-1 vorhergegangen ist, aber das tut nichts zur Sache.) Zu dem Zeitpunkt, wo Sie meinem 4-4-Muster auf die Schliche kommen, halten Sie es vielleicht für sinnvoll, mir meine dritte 4 zu lassen und selber noch eine 2 zu nennen, in der Erwartung, daß mich das ein bißchen in Sicherheit wiegt und daß Sie dann plötzlich zuschlagen und mich unterlaufen können.

Worin besteht nun also bei diesem Superprotz-Spiel ein Muster? Für den Augenblick möchte ich die Sache auf einen vergleichsweise einfachen Begriff bringen, unbeschadet der Möglichkeit, daß komplexere Definitionen gegeben werden können. Der zentrale Gedanke ist, daß ein Muster dann vorliegt, wenn man in einer bestimmten Situation dasselbe wieder tut, was man getan hat, als man sich das letzte Mal in dieser Situation befand. Es hängt also alles davon ab, was mit der Vorstellung „dieselbe Situation“ gemeint ist. Sagen wir, Sie haben gerade *x* gespielt und stehen im Begriff, *y* zu spielen. Wenn Sie das letzte Mal, als Sie *x* genannt haben, ebenfalls ein *y* haben folgen lassen, dann können wir sagen, Sie bilden ein Muster. Waren zum Beispiel Ihre letzten sieben Züge 3-4-1-5-3-4-1, dann müssen Sie, um Ihr Muster fortzusetzen, als nächstes die 5 nennen und anschließend 3, 4, 1, 5, 3, 4, 1 usw. Wenn Sie die Sequenz 3-4-1-5 das erste Mal nennen, dann kriegen Sie natürlich keine Bonus-Punkte gutgeschrieben, weil vor Einsetzen der Wiederholungen noch keinerlei Muster existiert. Erst also, wenn die *zweite* 4 gespielt wird, fängt ein Muster an und bringt Ihnen 12 (3 × 4) Punkte ein. Der nächste Zug im Rahmen des Musters, die 1, bringt Ihnen noch einmal 12 Punkte und dann die Nennung der 5 endlich 60 Punkte (vorausgesetzt, sie wird nicht unterlaufen)! Aber sobald Sie das Muster durchbrechen, fangen Sie mit dem Punktesammeln wieder bei Null an.

Hätten Sie 3-4-1-5-3-4 gespielt und machten sich Sorgen, weil allzu offensichtlich wäre, daß jetzt die 1 an die Reihe kommt, so würden Sie vielleicht lieber die 4 spielen, womit Sie zwar das eine Muster durchbrächen, dafür aber ein anderes anfingen (nämlich 4-4). Beim normalen Protzen würde dies allein Ihnen nun schon 16 Punkte einbringen, aber beim Superprotz könnten Sie erst mit der nächsten 4 anfangen, die Früchte Ihres Muster-Spiels zu ernten, da Sie ja erst dann zweimal hintereinander „dieselbe Wahl“ in „derselben Situation“ getroffen hätten.

Ein Handikap der Spiele Unterlaufen und Protzen ist, daß die Spielzüge auf einen kleinen Zahlenbereich eingeschränkt sind. Ich wollte ein Spiel, bei dem Zahlen jeder beliebigen Größe gestattet sind. Es war nicht gar so schwierig, das folgende Spiel zu erfinden, das ich „Unterwältigen“ nenne. Wir, die zwei Spieler, denken uns beide eine positive ganze Zahl. Wenn nun die gedachten Zahlen verschieden sind und nicht um 1 differieren, dann erhält derjenige mit der *niedrigeren* Zahl diese gutgeschrieben (der andere bekommt natürlich nichts). Wenn die Zahlen um 1 differieren, dann bekommt derjenige, der die höhere Zahl genannt hat, beide Zahlen zugesprochen. In dieser Hinsicht ist Unterwältigen wie ein auf den Kopf gestelltes Unterlaufen (ein anderer Namensvorschlag für das Spiel war „Überlaufen“). Wenn zwei gleiche Zahlen genannt werden, dann gehen beide Spieler für dieses Mal leer aus.

Ziel ist es, eine bestimmte Zahl von Punkten zu erreichen – eine nach Belieben festzulegende Zahl. Zum Beispiel scheint 1000 eine gute Wahl, aber auch 100 oder selbst eine Million sind prima. Überlegen wir uns, was daraus für das Spiel folgt. Es liegt auf der Hand, daß eine Nennung sehr hoher Zahlen sich nicht empfiehlt, weil dann die Wahrscheinlichkeit groß ist, daß ich eine niedrigere Zahl nenne und Sie leer ausgehen, während ich etwas bekomme. So stehen wir also allem Anschein nach beide unter dem Zwang, vergleichsweise kleine Zahlen zu nennen. Aber wenn wir bei sehr kleinen Zahlen bleiben, dann ist die Gefahr des „Überlaufenwerdens“ ziemlich groß. Außerdem wachsen dann die Punktestände nur sehr, sehr langsam. Wenn wir uns im Schneckentempo auf ein Ziel von 1000 Punkten zubewegen, dann wird der eine oder andere Lust kriegen, das Tempo zu beschleunigen. Er wird also etwas riskieren und eine Zahl wie 81 nennen. Wenn er das nur einmal tut, bringt das natürlich noch nichts, weil der andere Spieler nicht mit der 81 gerechnet hat.

Aber angenommen, ich nenne die 81 mehrmals hintereinander. (Das Protzen-mit-Mustern wird übrigens beim Unterwältigen nicht mit Punkten belohnt, jedenfalls nicht in dieser Version.) Sie werden das bald mitkriegen und versucht sein, die 82 zu nennen, um mich zu überlaufen. Oder Sie wollen vielleicht auf konservativere Art aus meiner Dummheit Profit schlagen, indem Sie einfach Zahlen nennen, die nahe an 81, aber niedriger sind, wie etwa 70. Na bitte! Habe ich Sie erst einmal in meine Nachbarschaft gelockt, dann kann ich natürlich mit dem Versuch anfangen, auf eine Zahl *unterhalb Ihrer* überzuwechseln. Und vielleicht kann ich sogar abpassen, wann Sie „zuschlagen“. Wenn ich das schaffe, dann habe ich Sie wirklich im Sack.

Das Interessante am Unterwältigen ist, daß durch die Verwendung von offensichtlichen Mustern als Köder, auf die der Gegner anbeißen soll, beide Spieler im Prinzip imstande sind, an verschiedenen Punkten der Zahlenreihe ein oder mehrere Spielsituationen des Modells „Unterlaufen“ zu schaffen. Ich etwa kann eine um die 81 herum schaffen, wo ich versuche, Sie zur Nennung von 82 zu bewegen und Ihnen genau in diesem Augenblick zuvorzukommen. Unterdes spielen Sie vielleicht in der Gegend der 30 Katz und Maus mit mir und streichen, während ich mir den Luxus leiste, Sie mit meiner 81 ködern zu wollen, jedesmal Ihre 30 Punkte ein, wohl wissend, daß ich gar nicht anders kann, als irgendwann zu versuchen, Sie dort abzufangen und Sie entweder zu unterbieten oder aber zu überlaufen.

Faszinierend finde ich, wie viele parallele Sub-Spiele dieser Art bei einer Partie Unterwältigen sich spontan entwickeln können. Besonders interessant ist, was gegen

Ende passiert, wenn einer der Spieler beträchtlich in Führung ist. Da wird dann der hinterherhinkende Spieler die Tendenz haben, sehr vorsichtig zu spielen und sehr kleine Zahlen zu nennen. Das bedeutet, daß die Chancen für ein Überlaufen sich erhöhen. Außerdem spielt bei diesem Spiel ein ganz und gar psychologisches Moment eine Rolle, das mit der menschlichen Ungeduld zu tun hat. Niemand hat Lust, sich dadurch, daß er hunderte Male immer wieder Mini-Zahlen nennt, zum Sieg durchzutrödeln. Deshalb wird das einfache Verlangen nach Abwechslung unvermeidlich immer wieder einmal zu ausgefallenen, waghalsigen Spielzügen führen, und daraus läßt sich dann natürlich etwas machen.

* * *

Viel von dem spontanen und kreativen Reizgebaren, zu dem es bei diesen Spielen zu kommen pflegt, findet seine Parallele in der Evolution. Ich kenne keine bildhaftere und anschaulichere Schilderung der unheimlichen Muster und klammheimlichen Gegenmuster, die im Kampf gegeneinander die Arten aufbieten, als das Buch von Richard Dawkins, *Das egoistische Gen.* Die Diskussion dreht sich um das Konzept einer *evolutionären stabilen Strategie,* kurz ESS genannt – ein Begriff, der von J. Maynard Smith stammt. Eine ESS wird als eine Strategie definiert, „die, wenn von der Mehrzahl der Mitglieder einer Population befolgt, durch keine alternative Strategie übertroffen werden kann". „Befolgung einer Strategie durch die einzelnen" ist hier allerdings keine Frage der *individuellen Entscheidung,* sondern bedeutet, daß das Individuum die dieser Verhaltensweise entsprechenden *Gene* hat.

Bei Dawkins' erstem Beispiel für dieses Konzept geht es um konkurrierende Gene, die in einer bestimmten Spezies für zwei Formen von Aggressionsverhalten verantwortlich sind. Die beiden Verhaltensstrategien tragen die Bezeichnung „Falke" und „Taube" und haben dieselben Konnotationen wie in der neueren amerikanischen Politik. Wenn für einen siegreichen Kampf x Pluspunkte gegeben werden, für unnütze Geplänkel y Minuspunkte und dafür, daß man Schaden erleidet, z Minuspunkte, dann läßt sich als Funktion von x, y und z die optimale Verteilung von Falken und Tauben in einer Bevölkerung errechnen. Das kann ein Durchschnittswert über Zeiträume hinweg sein, mit Schwankungen zwischen einem zeitweiligen Übergewicht an Falken und einem zeitweiligen Übergewicht an Tauben, oder es kann sich auch als ein schließlicher Gleichgewichtszustand darstellen, in dem das Verhältnis stabil bleibt.

Dawkins betrachtet eine bunte Vielzahl von Beispielen aus dem menschlichen Alltag und stellt behutsame Vergleiche mit Strategien aus der Welt der nicht-menschlichen Evolution an. Dinge wie der Wettbewerb zwischen den Tankstellenketten mit seinen Preisabsprachen und hinterhältigen Preisunterbietungen sind der spieltheoretischen Analyse, der er sie unterwirft, überaus zugänglich. Andere Strategien, die er betrachtet, sind: „Retourkutscher" (jemand, der sich einem angreifenden Falken gegenüber wie ein Falke und einer angreifenden Taube gegenüber wie eine Taube verhält); „Angeber" (einer, der den Falken mimt und sofort die Flucht ergreift, wenn jemand zurückschlägt); „Experimentier-Retourkutscher" (einer, der sich als Retourkutscher verhält, aber gelegentlich zu einer kurzen, versuchsweisen Eskalation der Auseinandersetzung neigt). Diese fünf Strategien können in der Computersimulation des Verhaltens einer großen Bevölkerung alle simultan aktiviert werden, gerade so, wie beim Spiel Unterlaufen die Strategien per Computer miteinander konkurrieren können. Durch solche Simulationen kann man ohne Rekurs auf die Spieltheorie etwas über die bestmöglichen Strategien herausfinden. Im Prinzip, behauptet Dawkins, hat die Natur eben dies über Äonen hinweg getan: Riesige Mengen von Strategien haben im Streit miteinander gelegen, und, langfristig gesehen, hat sich der von der Natur getriebene verschwenderische Aufwand durch die Entwicklung von Arten ausgezahlt, die in einem gewissen Sinn über optimale Strategien verfügen.

Dawkins verwendet dieses Konzept, um zu zeigen, wie Vorgänge in einer Population als *Gruppenselektion* erscheinen können, die sich in Wahrheit einfach als *Genselektion* erklären lassen. Er bemerkt:

> Maynard Smiths Konzept einer ESS macht es uns erstmals möglich zu begreifen, wie eine Ansammlung unabhängiger egoistischer Einzelwesen den Charakter eines einheitlichen organisierten Ganzen annehmen kann ... Ein Selektionsvorgang auf der tieferen Ebene des einzelnen Gens kann den Eindruck einer Selektion auf irgendeiner höheren Ebene erwecken.

In dem Buch finden sich noch viele andere provozierende Fälle von merkwürdigen Strategien, die gelegentlich schreckenerregende Parallelen zu Vorgängen im politischen Bereich aufweisen und einen oft an die Gefahren des derzeitigen Rüstungswettlaufs denken lassen. In der Tat wird dieser Zusammenhang von Dawkins selbst mehrfach angesprochen. Dawkins spricht von „Rüstungswettläufen in der Evolution“ und vom Überlebenswert der Täuschungsmanöver, mit denen die Arten einander überlisten.

Einer der amüsanteren Teile des Dawkinsschen Buchs, auch wenn es dabei um todernste Dinge geht, handelt von der Entwicklung der Sexualität. Im Versuch vorzuführen, wie sich die Sexualität entwickelt haben könnte, erfindet er den Gegensatz von „verschlagenen“ kontra „ehrlichen“ Gameten (befruchteten Eizellen) und zeigt, wie sich im Laufe vieler Generationen allmählich aus den ersteren Männchen und aus den letzteren Weibchen entwickeln. Dabei werden im Verlauf der Darlegungen so amüsant klingende Strategien erörtert wie die „Haussegen-Strategie“, die „männlicher-Typ-Strategie“, die Strategie des „scheuen Rehs“ und des „leichten Mädchens“ (auf der Seite des weiblichen Geschlechts) bzw. des „Treuherzigen“ und des „Schwerenöters“ (auf der des männlichen). Dawkins betont, daß diese Bezeichnungen nur metaphorisch und nicht wörtlich verstanden werden dürfen (und schon gar nicht anthropomorph). Wenn man sie mit Vorsicht genießt, können sie indes für das Verständnis der Evolutionsmechanismen sehr erhellend sein. Und für viele dieser Strategien finden sich in Zahlenspielen wie den oben erörterten Entsprechungen.

* * *

Während ich an diesem Artikel saß, hatte ich ein langes Telefongespräch mit Robert Boeninger, bei dem wir verschiedene Versionen dieser Spiele durchprobierten. Ein Einfall, der mich faszinierte, war, Unterwältigen zu spielen, aber ohne eine bestimmte

Zahl von Punkten, wie etwa 1000, als Zielsumme vor sich zu haben. Statt dessen sollte eine andere Art von Vereinbarung lauten: „Schluß ist, wenn die Zahlen der beiden Spieler um 2 differieren.“ Wenn ich also die 10 nenne, und Sie nennen die 8, dann bedeutet dies das Ende des Spiels (wobei dieser Zug keinem von uns beiden Punkte einbringt).

Robert und ich probierten diese Version aus und entdeckten bald, daß, wann immer jemand auf der Verliererstraße war, dem Betreffenden nichts anderes übrig blieb, als die Sache in der Schwebe zu halten und das Spiel endlos werden zu lassen. Eine Methode, das zu erreichen, ist die willkürliche Nennung großer Zahlen, die nicht vorhersehbar sind und also auch keine Handhabe bieten, die Bedingung für eine Beendigung des Spiels zu erfüllen. Der führende Spieler wird, da er ja nichts zu verlieren hat, sein Teil dazu beitragen, indem er ständig kleine Zahlen nennt, wodurch er immer noch mehr Punkte sammelt und seinen Vorsprung weiter vergrößert. Auf diese Weise entsteht eine Art Teufelskreis, in dem beide Spieler schließlich im Sinne der Aufrechterhaltung eines Patts zusammenwirken.

Robert schlug vor, man könne, um das zu verhindern, die zusätzliche Bestimmung einführen, daß, wenn einer der beiden Spieler fünfmal hintereinander gewinnt (d. h. fünfmal hintereinander eine positive Anzahl von Punkten erhält), das Spiel damit zu Ende ist. Auf diese Weise wird der hinten liegende Spieler davon abgehalten, sich auf ein Patt zu kaprizieren, weil das seine Niederlage besiegelte. Selbst wenn man hinten liegt, kann man, wie Robert amüsanterweise zu bedenken gab, anfangen, seine Angelegenheiten in der Weise zu „ordnen“, daß man versucht, fünfmal hintereinander zu gewinnen, und wenn diese fünf Züge vorbei sind, liegt man vielleicht schon an Punkten in Führung! Ich habe diesem Spiel den Namen „Zuschlagen“ gegeben, weil ich mich dabei wie ein Tiger fühle, der eine Giraffe in der Steppe jagt und sich mit einem raschen, jähen Sprung auf seine Beute stürzt.

* * *

Eines Tages, es war mehrere Jahre nach der Episode mit dem Unterlaufen, saßen meine Schwester Laura, unser Freund Michael Goldhaber und ich in der Peninsula Creamery beim Lunch und unterhielten uns wie gewöhnlich damit, triviales Zeug auf Papierservietten zu kritzeln. Irgendwie kamen wir auf die Idee, ein Zahlenspiel für *drei* Personen zu spielen. Wir beschlossen, daß bei jedem Zug jeder von uns eine Zahl aus einem bestimmten Bereich wählen sollte; und da es uns zu öde schien, die größte Zahl gewinnen zu lassen, und auch zu öde, wenn die kleinste Zahl gewann, lag auf der Hand, daß die *Zahl in der Mitte* belohnt werden mußte. Wir entschieden also, daß bei jedem Zug das Punktekonto des „mittelmäßigsten“ Spielers einen Zuwachs erhalten sollte. Anwachsen sollte es natürlich um die „mediokre“ Zahl selbst; die Punktestände der anderen Spieler blieben, wie sie waren. (Ein gewisses Problem entstand, wenn zwei Spieler gleiche Zahlen wählten, aber für diesen Fall fanden wir eine Notlösung.)

Nach fünf Zügen oder so verglichen wir dann unseren Punktestand, und der höchste ... Nein, Augenblick mal! Warum sollten wir die *höchste* Punktzahl gewinnen lassen? Damit setzten wir uns doch in Gegensatz zum Geist jedes einzelnen Spielzugs. Sollte der Geist des *Ganzen* dem der einzelnen Momente entsprechen, dann mußte, das war uns glasklar, der Spieler mit dem Punktestand *in der Mitte* gewinnen! Wir nannten unser Spiel „Mittelmäßigkeit", aber gelegentlich nenne ich es auch gern „Hruska".

Dazu wurde ich durch eine berühmt gewordene Bemerkung des damaligen Senators von Nebraska, Roman Hruska, animiert. Damals (Anfang der siebziger Jahre) versuchte Präsident Nixon gegen den vehementen Widerstand des Senators Birch Bayh von Indiana und anderer die Berufung G. Harrold Carswells an den Obersten Gerichtshof durchzusetzen. In einem Rundfunkinterview, in dem er Carswell gegen seine Kritiker in Schutz nahm, verstieg sich Senator Hruska zu der folgenden tiefsinnigen Bemerkung:

> Und selbst wenn er mittelmäßig wäre –, es gibt viele mittelmäßige Richter und Menschen und Rechtsanwälte. Die haben Anspruch auf ein bißchen politische Vertretung und auf ein paar Chancen, nicht wahr? Es kann nicht überall nur Brandeise und Frankfurters und Cardozas und diese Art Typen geben.

Bedauerlicherweise, bedauerlich fürs Mittelmaß, wurde Carswells Ernennung abgelehnt. Hingegen lief alles bestens für Hruska, der sich für ewige Zeiten als Sportsfreund der Mittelmäßigen – und Typen dieser Art – einen Namen gemacht hat.

Da wir gerade von Sportsfreund sprechen – nachdem wir unsere Sandwiches gegessen und unsere dickflüssigen, gehaltvollen, guten alten Milchshakes (die zu allem Überfluß auch noch in Metallgefäßen serviert wurden) ausgetrunken hatten, saßen wir drei in unserer Nische und spielten ein paar Runden dieses absonderlichen Spiels –, und worauf verfielen wir? Natürlich auf die glorreiche Idee, den Weltmeister in Mittelmäßigkeit zu küren! Also zählten wir unsere Punktestände aus mehreren Spielen zusammen, um festzustellen, wer die höchste Punktzahl hatte. Die *höchste?!* Wieder schien etwas nicht zu stimmen. Der durchdringende Geist des Mittelmaßes, der sich an diesem Tag wie eine schwere Dunstglocke über uns gesenkt hatte, nötigte uns, zum Weltmeister nicht denjenigen zu küren, der die *meisten* Spiele gewonnen hatte, und auch nicht denjenigen, der die *wenigsten* Spiele gewonnen hatte, sondern denjenigen, der die *in der Mitte liegende* Zahl von Spielen gewonnen hatte. Was wir auch taten, aber wer es war, weiß ich nicht mehr. Das dürfte sich in diesem Fall ja auch so gehören!

Hier schien sich nun ein allgemeines Prinzip herauszukristallisieren, das eine ganze Stufenleiter von Mittelmäßigkeitsstufen hervortrieb. Um auf der Ebene Zwei (d. h. auf unserer „Weltmeister"-Ebene) zu gewinnen, muß man auf der Ebene Eins ein mittelmäßiger Spieler sein. Das heißt, während es vorher erwünscht war, beim Auswählen mittlerer Zahlen eine *extreme* Mittelmäßigkeit zu beweisen, ist nun vielmehr eine *mittelmäßige* Mittelmäßigkeit beim Auswählen mittlerer Zahlen wünschenswert. Wie pervers! Wie herrlich! Wie herrlich pervers! Die Regel paßt gut zu einem allgemeinen Verkehrte-Welt-Prinzip, einem Prinzip, das nach Zen schmeckt und das in vielen Lebensbereichen Anwendung findet: Wer sich zu viel Mühe gibt, endet auf der Verliererbank.

* * *

Nach der Anfangssitzung in der Peninsula Creamery, auf der das Spiel Mittelmäßigkeit entstand, arbeitete ich von dem Spiel eine Reihe von Versionen aus und versuchte, ihm Schliff und Eleganz zu verleihen. Ich bin nicht sicher, ob mir das gelungen ist, aber ich würde gern darlegen, wie die Spielregeln derzeit aussehen.

Das Hauptproblem ist, wie man Gleichstände vermeidet – nicht nur Gleichstände auf der Ebene Null, sondern auch auf allen Ebenen darüber. Zur Zeit ist meine beste Lösung die folgende: Jeder Spieler erhält einen Zahlenbereich, der im Verhältnis zu dem der anderen leicht verschoben ist. Um die Sache am Beispiel zu verdeutlichen: Wenn Spieler A ganze Zahlen aus dem Bereich 1 bis 5 auswählt, dann erhalten die Spieler B und C gestaffelte Bereiche: B wählt unter Zahlen der Form $n + \frac{1}{3}$, und C wählt unter Zahlen der Form $n + \frac{2}{3}$, wobei n die Zahlen 1 bis 5 umfaßt. Es liegt auf der Hand, daß es dann auf Ebene Null keine Gleichstände geben kann.

Was passiert nun auf Ebene Eins? Man erinnere sich, daß das Spiel auf der Ebene Eins aus fünf Spielen auf der Ebene Null besteht, bei denen jeweils der Spieler mit der mittleren Zahl diese gutgeschrieben bekommt, während die beiden anderen leer ausgehen. Nun, der erste Teil dieser Zählweise ist in Ordnung, wohingegen der zweite Teil leicht modifiziert werden muß, um Gleichstände auf höheren Ebenen zu verhindern. Angenommen, die von den Spielern genannten Zahlen sind die folgenden: A:3; B:2 ⅓; C:4 ⅔. Da er die mittlere Zahl hat, erhält A 3 Punkte. B und C indes gehen nicht leer aus, sondern bekommen den positiven Zahlenwert gutgeschrieben, der im Rahmen ihrer gestaffelten Bereiche Null am nächsten kommt. Ein Drittel des Punkts geht also an B und zwei Drittel eines Punkts an C.

Die Überlegung, die dahintersteckt, sieht folgendermaßen aus: Nach fünf Zügen hat jeder Spieler fünf Zahlen derselben *Form* erhalten. Die fünf einfachen ganzen Zahlen von Spieler A addieren sich zu einer einfachen ganzen Zahl. Die fünf Zahlen von Spieler B, die die Form $n + \frac{1}{3}$ haben, addieren sich zu einer Zahl der Form $n + \frac{2}{3}$, und die fünf Zahlen von Spieler C mit der Form $n + \frac{2}{3}$ addieren sich zu einer Zahl mit der Form $n + \frac{1}{3}$. So haben also auf der nächsthöheren Ebene über der der Einzelzüge B und C in bezug auf die Form ihrer Zahlen die Rollen getauscht. Folglich weisen die drei Punktestände auf dieser neuen Ebene alle unterschiedliche Form auf, und es kann zu keinem Gleichstand kommen, mithin wird es immer einen geben, der auf Ebene Eins die mittelmäßigsten Ergebnisse erzielt hat: einen Sieger.

Wenn wir nun das Spiel auf Ebene Zwei betrachten, so werden für jedes Spiel auf Ebene Eins Punkte vergeben. Der Sieger in einem Spiel auf Ebene Eins erhält natürlich seine mittlere Punktzahl, wohingegen die anderen beiden Spieler auch hier wieder den positiven Zahlenwert bekommen, der nach Maßgabe ihrer jeweiligen Zahlenform Null am nächsten kommt. Für Spieler A bedeutet das genau 0 Punkte, wie schon zuvor. Für Spieler B indes bedeutet es jetzt ⅔ und für Spieler C ⅓ Punkte. Fünf Spiele auf der Ebene Eins bilden ein Spiel auf Ebene Zwei. Das bisher stillschweigend befolgte „Prinzip der Gleichförmigkeit der Ebenen“ nötigt uns, fünf Resultate der Ebene Eins zusammenzuzählen, um ein Ergebnis auf Ebene Zwei zu erhalten. Unnötig anzumerken, daß dieselben Gründe wie vorher verhindern werden, daß es zu Gleichständen der Punktzahl kommt, und daß es mithin auch auf Ebene Zwei immer einen Sieger geben wird.

Demselben allgemeinen Prinzip folgend, können wir natürlich das Spiel Mittelmäßigkeit auf *jede beliebige* Zahl von Ebenen ausdehnen. Ein Spiel Mittelmäßigkeit der Ebene $N + 1$ besteht aus fünf Spielen der Ebene N. Der Gewinner jedes Spiels auf Ebene N erhält seine Punkte aus dem jeweiligen Spiel, und die beiden anderen Spieler erhalten den Mindestbetrag (0, ⅓ oder ⅔) aus ihren jeweiligen Ergebnissen auf dieser Ebene. Diese fünf Zahlen der Ebene N werden zusammengezählt, und der Spieler mit dem mittleren Gesamtbetrag hat gewonnen.

Daß ein Spiel der Ebene $N + 1$ aus *fünf* Spielen der Ebene N bestehen muß, ist selbstverständlich keine unantastbare Bestimmung; die „Weite" könnte genausogut vier oder auch zwei betragen. (Vielfache von Drei müssen vermieden werden, weil nach jeweils drei Zügen die Ergebnisse bei allen drei Spielern perfekt ganze Zahlen sind, was Gleichstände möglich macht.) Mit einem auf nur jeweils zwei Züge eingeschränkten Umfang sind *tiefgestaffelte* (d. h. viele Ebenen umfassende) Spiele viel leichter zu absolvieren. Wenn der Umfang zwei beträgt, umfaßt zum Beispiel ein Spiel Mittelmäßigkeit über fünf Ebenen nur 32 Züge auf der Ebene Null – wohingegen bei einem Normalumfang von fünf Zügen eine Staffelung von nur drei Ebenen bereits 125 Züge auf der Null-Ebene erfordert. Außerdem ist auch die Beschränkung der Wahlmöglichkeiten auf der Ebene Null auf den Zahlenbereich von 1 bis 5 durchaus nicht sakrosankt; der Bereich kann von 1 bis Unendlich reichen! Dies ist nur eine der vielen denkbaren Versionen von Mittelmäßigkeit.

* * *

Ich kann bezeugen, daß schon die Strategie für Ebene Zwei von „Mittelmäßigkeit" einen sehr schnell gewaltig durcheinanderbringt. Ich habe ein paarmal „Mittelmäßigkeit" auf Ebene Drei gespielt und festgestellt, daß es mein Fassungsvermögen absolut übersteigt. Ich finde das zugleich faszinierend und frustrierend und überlege, wie es erst in der Weltpolitik aussieht, wenn schon so einfache Spiele wie das in diesem Artikel beschriebene einen vor solche Rätsel stellen. Wieviel komplizierter sind die „Spiele", bei denen im internationalen Maßstab gefeilscht, geblufft und Krieg geführt wird! Der ganze heillose Wirrwarr von Strategien und Konzeptionen, über den wir oben gesprochen haben, hat sein Gegenstück (nur sozusagen in potenzierter Form) in der internationalen Politik. Wenn man sieht, wie diese gewaltigen Spiele auf der Weltbühne in Szene gesetzt werden, kann man kaum umhin, sich wie eine einzelne Zelle in einem riesigen Organismus zu fühlen, dessen Verhalten mitsamt den Folgen schon seit langem vorprogrammiert ist und bei dem man nur zuschauen und hoffen kann, daß alles zum Besten ausschlagen wird.

Postskriptum

Nehmen wir an, man spielt eine sehr, sehr kurze Partie Unterlaufen, die nur einen Zug umfaßt. Die Punktzahl, die man erhält, wird mit 1000 multipliziert und dann in Dollars ausgezahlt. Welche Zahl würde man nennen? Die Antwort hängt davon ab, welches Ziel man verfolgt. Was interessiert einen mehr: den Gegner zu schlagen oder soviel Geld wie möglich zu gewinnen? Wenn das erstere den Vorrang hat, dann ist ein Ergebnis von 9 zu 0 (zugunsten des Betreffenden) nicht besser als ein Ergebnis von 3 zu 1: Im letzteren Fall ist der Sieg genauso vollständig wie im ersteren. Wenn man hingegen auf Geld aus ist, so ist das erstere um 6000 Dollar günstiger als das letztere. Noch krasser: Wenn beide Spieler die 5 nennen, dann endet das Spiel unentschieden – eine große Enttäuschung für jemanden, der aufs Gewinnen aus ist, hingegen kein schlechter Schnitt für jemanden, dem es ums Geld geht.

Es ist demnach ein großer Unterschied zwischen der ursprünglichen Gewinnmatrix für Unterlaufen und Jon Petersons abgewandelter Matrix (beide finden sich in Abbildung 27-1). Jons Matrix betrachtet das Spiel ausschließlich aus dem Blickwinkel dessen, dem es darum geht, seinen Gegner zu schlagen. Durch Konzentration auf die jeweilige Punktedifferenz gelang es Jon, aus dem Spiel Unterlaufen ein Nullsummen-Spiel zu machen, das, wie er wußte, den Methoden der Spieltheorie zugänglich war. Hätte er hingegen die Matrix in der ursprünglichen Fassung belassen, die Robert und ich ihr gegeben hatten, wäre die Sache nicht so einfach gewesen.

Tatsächlich schließt die ursprüngliche (nicht-nullsummenförmige) Fassung von Unterlaufen die berühmteste aller Nicht-Nullsummen-Konstellationen ein: das Gefangenendilemma (einen gordischen Knoten, um den es im nächsten Kapitel geht). In Abbildung 27-2 habe ich einen kleinen Ausschnitt aus der Gewinnmatrix von Unter-

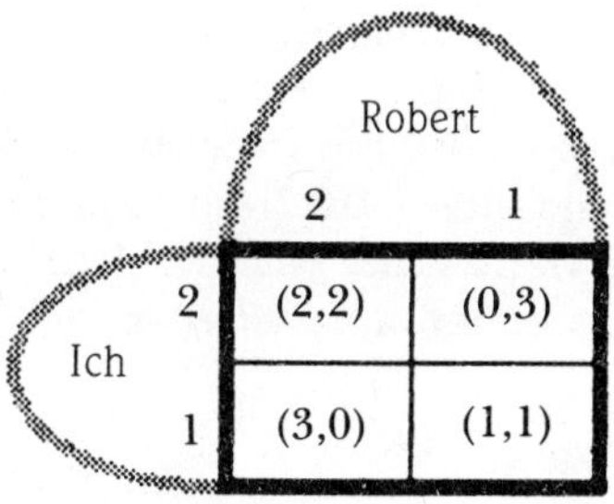

Abbildung 27-2. Ein Ausschnitt aus der ursprünglichen Gewinnmatrix von Unterlaufen, die zeigt, daß sich darin die Matrix des Gefangenendilemmas versteckt. (Tatsächlich ist sie sogar mehrfach vorhanden.)

laufen isoliert, den ich graphisch umgeordnet, ansonsten aber unverändert gelassen habe. Diese Kleinst-Gewinnmatrix weist praktisch dieselben mathematischen Eigentümlichkeiten auf wie die Gewinnmatrix des klassischen Gefangenendilemmas (Abbildung 28-1). Tatsächlich also stellt Unterlaufen einen vor ein viel ernsteres Problem, als Jon Peterson das wahrhaben wollte. Durch seinen Trick, die jeweiligen Punkte des einen Spielers von den entsprechenden des anderen abzuziehen, verwandelt sich jedes symmetrische Spiel in ein Nullsummenspiel, das den üblichen spieltheoretischen Verfahrensweisen zugänglich ist. Aber dadurch werden wichtige Aspekte des ursprünglichen Spiels ignoriert; beispielsweise läuft es für jeden normalen Menschen auf haargenau dasselbe hinaus, ob er 3 zu 5 *verliert* (und 3000 Dollar bekommt) oder 3 zu 1 *gewinnt* (und auch 3000 Dollar bekommt). In Jons Matrix hingegen sind diese beiden Fälle so verschieden wie Tag und Nacht – der Gegensatz zwischen –2 und +2.

* * *

Ein alltägliches Gegenstück zum Unterlaufen bietet die folgende amüsante Beobachtung: Die Telefongebühren für Ferngespräche sind nach 18 Uhr viel billiger, und während es also auf 18 Uhr zugeht, nehmen die Telefonate immer mehr ab, bis plötzlich, Schlag 18 Uhr, der Sturm auf die Leitungen beginnt. In manchen Ortsnetzen kann man bei dem „Hochbetrieb" überhaupt keine freie Leitung mehr kriegen, was höchst ärgerlich ist. Man hat also die Wahl, ob man unmittelbar vor 18 Uhr anrufen und ein teures Gespräch in Kauf nehmen oder unmittelbar nach 18 Uhr anrufen und riskieren soll, nicht durchzukommen. Vielleicht kommt man zu dem Schluß, daß es besser ist, kurz vor 18 Uhr anzurufen und für die Sicherheit, daß man durchkommt, das Aufgeld in Kauf zu nehmen. Aber wenn *alle* sich in diesem Sinne entscheiden, dann trickst man sich mit dem Anruf kurz vor 18 Uhr selber aus! Man muß also seine Anrufe in eine noch frühere Zeit zurückverlegen, vielleicht sogar schon in einen noch teureren Zeitabschnitt ... Ich denke, das ist dann einfach nur eine Neuauflage des alten Gags „Niemand geht da mehr hin, weil es immer so voll ist".

Spiele dieser Art haben mit Witzen in der Tat eine Menge gemeinsam. In einem Artikel in der britischen Zeitschrift *Manifold,* betitelt „A Pandora's Box of non-Games" („Eine Pandora-Büchse der Nicht-Spiele"), unterbreiten Anatole Beck und David Fowler eine ganze Palette von ziemlich albernen Spielen, die auf halbem Weg zwischen echten Spielen und reinen Gags liegen. Das Tragische daran ist, daß man sich durch so viele von ihnen an überall vorfindliche, zeitgenössische politische Verhaltensweisen erinnert fühlt. Man schaue sich etwa das Spiel an, dem sie den Namen *Finchley Central* geben:

> Zwei Spieler nennen abwechselnd Stationen der Londoner U-Bahn. Der erste, der „Finchley Central" nennt, hat gewonnen. Es liegt auf der Hand, daß man am besten „Finchley Central" sagt, unmittelbar bevor der Gegenspieler das tut. Mindestens sollte er es in Erwägung gezogen haben. Natürlich kann man „Finchley Central" auch beim zweiten Zug sagen. Der Gegenspieler wird dann an seiner Zigarette ziehen und sagen: „Also wirklich, ... schäm dich."

Ein anderes amüsantes Spiel, das den in dem Artikel beschriebenen ganz ähnlich ist, heißt *Penny Pot:*

> Die Spieler wechseln sich ab. Bei jedem Zug tut ein Spieler entweder einen Penny in den Topf oder nimmt den Topf. Der Gewinner macht im nächsten Spiel den ersten Zug. Wie „Finchley Central" spottet auch dieses Spiel der Analyse. Natürlich gibt es die ausgewogene Situation, in der die Spieler den Topf immer dann nehmen, wenn er nicht leer ist. Eine Lösung?

Am Schluß ihres Artikels fügen Beck und Fowler die Bemerkung an:

> Mr. Henton aus New Addington hat mit Entsetzen festgestellt, daß zwischen „Finchley Central“ und dem Spiel, das unter dem Namen „Nukleare Abschreckung“ bekannt ist, eine Isomorphie besteht. Ich habe das Gefühl, wir sollten uns mit der Analyse der Nicht-Spiele sehr beeilen, damit wir nicht plötzlich mit einer Nicht-Welt dastehen.

* * *

Mehrere Leser haben mir geschrieben, daß sie mit Hilfe der Spieltheorie die optimale Strategie für mein Spiel „Unterwältigen“ herausgefunden haben und daß nach ihren Erkenntnissen diese Strategie erfordert, daß man nur die Zahlen von 1 bis 5 nennt, im Verhältnis 25:19:27:16:14. Zahlen, die höher als 5 sind, sollten überhaupt nicht und unter keinen Umständen gespielt werden! Das war eine Überraschung für mich, die mir das Interesse an dem Spiel größtenteils verschlug. Was soll’s! ... Wie heißt es doch in der Spieltheorie: „Wie gewonnen, so zerronnen.“

28
Das Gefangenendilemma. Computer-Turniere und die Evolution der Kooperation

Mai 1983

Das Leben strotzt vor Paradoxien und Dilemmas. Zuweilen kommt es einem sogar vor, als bestehe Leben ganz wesentlich in der Empfindung – ja, im Genuß – des Paradoxen. Obgleich allem Anschein nach sämtliche Paradoxien in irgendeiner Form miteinander verwandt sind, wirken doch manche von ihnen abstrakt und bloß philosophisch, während andere in direkter Berührung mit dem Leben stehen. Ein äußerst lebensnahes Paradox ist das sogenannte „Gefangenendilemma", das Melvin Dresher und Merrill Flood von der RAND-Corporation im Jahr 1950 entdeckt haben. Den ersten Artikel darüber schrieb Albert W. Tucker, und darin gab er ihm seinen mittlerweile berühmt gewordenen Namen. Dieses Gefangenendilemma möchte ich in meinem Artikel vorstellen, und zwar zunächst als Metapher, danach als formales Problem.

Nach meiner Erfahrung ist die ursprüngliche Fassung des Problems von der Gefangenensituation her für den Uneingeweihten ein bißchen unklarer als die hier folgende. Angenommen, Sie besitzen irgendeine Sache (Geld z. B.) in reichlicher Menge, und Sie möchten eine andere Sache (vielleicht Briefmarken, Lebensmittel oder Diamanten) in bestimmter Menge erwerben. Sie vereinbaren ein für beide Seiten befriedigendes Tauschgeschäft mit dem einzigen Ihnen bekannten Lieferanten dieser Sache. Beide sind Sie einverstanden mit der Menge, die Sie geben bzw. erhalten. Aus irgendeinem Grund indessen muß Ihr Geschäft im Verborgenen abgewickelt werden. Sie kommen überein, daß jeder von Ihnen an einer verabredeten Stelle im Wald einen Beutel hinterläßt und an der anderen verabredeten Stelle den Beutel des anderen abholt. Angenommen, Sie wissen beide ganz genau, daß Sie sich nie wieder über den Weg laufen oder weitere Geschäfte miteinander tätigen werden.

Ganz ohne Zweifel muß jeder von Ihnen eine Befürchtung hegen: daß nämlich der andere einen leeren Beutel hinterlegt. Klar ist, daß Sie beide zufriedengestellt werden, wenn jeder einen vollen Beutel hinterlegt; aber ebenso offenkundig ist es noch erheblich zufriedenstellender, wenn man etwas für nichts bekommt. Daher ist die Versuchung groß, einen leeren Beutel zu hinterlegen. Tatsächlich können Sie ja sogar folgende stringente Ableitung vornehmen: „Bringt der Händler einen vollen Beutel, komme ich besser weg, wenn ich einen leeren hinterlegt habe, denn dann habe ich ohne die geringste Gegenleistung alles bekommen, was ich wollte. Bringt der Händler einen leeren Beutel, stehe ich mich gleichfalls besser, wenn ich einen leeren Beutel hinterlegt habe, denn dann werde ich nicht übers Ohr gehauen. So habe ich zwar nichts gewonnen, aber auch nichts verloren. *Ganz gleich also, wozu der Händler sich entschließt*, ich komme aller Voraussicht nach besser weg, wenn ich einen leeren Beutel hinterlege. Genau das will ich daher tun."

Inzwischen stellt der Händler, der ja in gewisser Hinsicht im selben Boot sitzt (wenn auch am anderen Ende), die gleichen Überlegungen an und kommt ganz entsprechend zu dem Schluß, es sei am besten, einen leeren Beutel zu hinterlegen. Und so hinterlegen Sie beide, aufgrund Ihrer unfehlbaren (oder dem Anschein nach unfehlbaren) Logik, leere Beutel und gehen mit leeren Händen von dannen. Wie schade, denn hätte jeder von Ihnen schlicht und einfach kooperiert, so hätten Sie beide etwas erhalten können, was Sie gerne haben wollten. *Verhindert Logik die Kooperation*? Eben dies ist der Punkt, um den es beim Gefangenendilemma geht.

* * *

Sollte jemand sich wundern, warum es gerade „Gefangenendilemma" heißt, hier die Erklärung. Stellen Sie sich vor, Sie haben zusammen mit einem Komplizen (jemandem, für den Sie in keinerlei Richtung besondere Gefühle hegen) ein Verbrechen begangen, und nun sind Sie beide gefaßt und ins Gefängnis gesteckt worden und warten voll Sorge auf Ihren Prozeß. Gefangengehalten werden Sie in getrennten Zellen ohne jede Möglichkeit der Kommunikation. Der Anklagevertreter bietet jedem von Ihnen den folgenden Handel an (und teilt Ihnen beiden mit, daß derselbe Handel jedem angeboten wird und jeder *das* gleichermaßen weiß!): „Wir haben eine Menge Indizienbeweise gegen euch. Beteuert ihr beide eure Unschuld, werden wir euch in jedem Fall überführen, und ihr kriegt jeder zwei Jahre Gefängnis. Bist du uns aber behilflich, indem du gestehst und uns die Überführung deines Komplizen – o Verzeihung, deines *angeblichen* Komplizen – erleichterst, gut, dann lassen wir dich frei. Und keine Sorge, von wegen Rache – dein Komplize bleibt fünf Jahre drin! Na, wie wär's?" Voll Bedacht fragen Sie: „Aber was ist, wenn wir uns *beide* schuldig bekennen?" „Nun ja, mein Lieber – ich fürchte, dann kriegt ihr beide vier Jahre."

Jetzt sitzen Sie ganz schön in der Patsche! Natürlich wollen Sie nicht Ihre Unschuld beteuern, wenn Ihr Partner „gesungen" hat, denn dann stecken Sie fünf lange Jahre im Knast. Da wär's noch besser, Sie singen beide, dann kriegen Sie nur vier. Andererseits, wenn Ihr Partner seine Unschuld beteuert, dann wäre es für Sie noch das allerbeste zu singen: Sie kämen ja dann ganz ohne Strafe davon! Auf den ersten Blick scheint es also sonnenklar, was Sie tun sollten: Singen! Aber was für Sie sonnenklar ist, ist es gleichermaßen für Ihren Gegenspieler, und deshalb sieht es ganz so aus, als müßten Sie beide singen, und das heißt – vier Jahre Sing-Sing! Wenigstens wäre es das, wozu Ihnen die *Logik* rät. Wirklich ulkig, denn wären Sie beide einfach *unlogisch* gewesen und hätten Ihre Unschuld beteuert, dann würden Sie nur halb so lang im Knast sitzen! Aha, wieder mal liegt's an der Logik.

* * *

Wir wollen jetzt auf die zuerst beschriebene Fassung zurückkommen und die dort genannten Bedingungen ein wenig variieren. Angenommen, Sie beide, Sie und Ihr

Partner, haben das dringende Bedürfnis, von dem, was der andere anzubieten hat, regelmäßig Nachschub zu bekommen, und deshalb vereinbaren Sie noch vor Ihrem ersten Tausch, daß Sie ihn jeden Monat wiederholen wollen, solange Sie leben. Sie gehen auch jetzt davon aus, daß Sie sich nie persönlich begegnen werden. Dabei hat keiner von Ihnen eine Ahnung vom Alter des anderen, so daß Sie nicht wissen können, wie lang diese lebenslange Vereinbarung dauern wird, aber offenbar ist damit zu rechnen, daß sie durchaus einige Monate, höchstwahrscheinlich Jahre andauern wird.

Was tun Sie also bei Ihrem ersten Tauschgeschäft? Einen leeren Beutel mitnehmen, das ist doch wohl einigermaßen abscheulich zu Beginn einer Geschäftsbeziehung – und alles andere als eine wirkungsvolle vertrauenbildende Maßnahme. Angenommen also, Sie bringen einen vollen Beutel mit und der Händler gleichfalls. Freudestrahlen – einen Monat lang. Dann müssen Sie beide wieder ran. Leer oder voll? Jeden Monat müssen Sie entscheiden, ob Sie *aussteigen* (einen leeren Beutel nehmen) oder *kooperieren* (einen vollen Beutel nehmen) sollen. Nun nehmen Sie an, daß Ihr Lieferant nach einem Monat überraschend aussteigt. Was machen Sie jetzt? Beschließen Sie Hals über Kopf, daß Sie ihm nie mehr trauen können, und bringen von nun an regelmäßig leere Beutel, womit Sie im Endeffekt das gesamte Projekt ein für allemal fallen lassen? Oder tun Sie so, als hätten Sie nichts gemerkt, und behalten Ihre freundliche Haltung bei? Oder versuchen Sie, den Händler mit einer Reihe eigener Ausstiegsaktionen zu bestrafen? Mit einer? Zweien? Oder beliebig vielen? Mit einer steigenden Zahl von Ausstiegsaktionen, je nachdem wie viele Sie selbst haben hinnehmen müssen? Wie wütend wollen Sie genau werden?

Es ist dies das sogenannte *Wiederholungs*-Gefangenendilemma. Ein ganz schön schwieriges Problem. Mit den Methoden von Spieltheorie und Computersimulation läßt es sich quantifizieren und in dieser Form studieren (und genau das ist auch bereits geschehen). Wie quantifiziert man es? Man konstruiert eine *Gewinnmatrix*, in der die unterschiedlichen Alternativen bestimmte Punktzahlen erhalten. Abbildung 28–1a zeigt ein typisches Beispiel dafür. In dieser Matrix bringt die beiderseitige Kooperation für jede Partei 2 Punkte (so viel ist es subjektiv wert, wenn man einen vollen Beutel mit dem Benötigten erhält und dafür einen vollen Beutel vom Eigenen abgibt). Beiderseitiger Ausstieg bringt jedem 0 Punkte (so viel ist es subjektiv wert, wenn man nichts gewinnt und nichts verliert, einmal abgesehen davon, daß man diesen Monat vergeblich in den Wald hinausgeht). Kooperieren Sie, während der andere aussteigt, so ist das schmerzhaft: Sie bekommen 1 Minuspunkt, der Schurke hingegen 4 Pluspunkte! Warum so viel? Weil es so erfreulich ist, etwas für nichts zu bekommen. Und sollten *Sie* in irgendeinem Monat zufällig der Schuft sein, während der Händler kooperiert hat, dann erhalten selbstverständlich Sie 4 Punkte und der andere verliert 1.

Es liegt auf der Hand, daß es im *kollektiven* Interesse für Sie beide am besten wäre, Sie würden regelmäßig kooperieren. Aber angenommen, Sie verspüren nicht das geringste Gefühl der Rücksicht gegenüber dem anderen. In dem Fall gibt es kein „kollektives Gut", für das Sie beide arbeiten könnten. Sie sind vielmehr ausgekochte Egoisten. Was dann? Vielleicht kann das folgende Beispiel die Bedeutung des Wortes „Egoist" veranschaulichen. Angenommen, Sie und Ihr Lieferant, Sie haben über die Jahre hin-

		Anbieter	
		kooperiert	steigt aus
Käufer	kooperiert	(2,2)	(–1,4)
	steigt aus	(4,–1)	(0,0)

(a)

		Ihr Komplize	
		schweigt	singt
Sie	schweigen	(–2, –2)	(–5,0)
	singen	(0,–5)	(–4,–4)

(b)

		Spieler B	
		kooperiert	steigt aus
Spieler A	kooperiert	(3,3)	(0,5)
	steigt aus	(5,0)	(1,1)

(c)

Abbildung 28-1. Das Gefangenendilemma.
a) zeigt die Gewinnmatrix bei einem Geschäft zwischen Anbieter und Käufer von Waren oder Dienstleistungen, wobei beide Partner die Wahl haben: zu *kooperieren* (d. h. Güter bzw. Bezahlung abzuliefern) oder *auszusteigen* (d. h. nichts abzuliefern). Die Zahlen versuchen, bei jedem Partner den Grad der Befriedigung über die Transaktion wiederzugeben.
b) zeigt die Version des Gefangenendilemmas, der es seinen Namen verdankt: die Situation von Gefangenen samt ihren Chancen für den Fall sei's des kreuzweise quertreiberischen Singens, sei's des einverständlichen Schweigens. Die Minuspunkte bedeuten Strafen: nämlich die Dauer der prospektiven Haftstrafen (in Jahren) für beide Häftlinge. Diese Metapher stammt von Albert W. Tucker.
c) zeigt eine Version des Gefangenendilemmas, in der es nur Ergebnisse in Pluspunkten gibt. Dies ist meine paradigmatische Form, und sie folgt dem Modell, das Robert Axelrod in seinem Buch *Die Evolution der Kooperation* vorschlägt.

weg ein vertrauensvolles Verhältnis beiderseitiger Kooperation aufgebaut; da erhalten Sie eines Tages die heimliche und glaubwürdige Nachricht, der Lieferant sei ernsthaft erkrankt und werde bald, voraussichtlich in einem Monat oder zweien, sterben. Es ist ausgeschlossen, daß der Händler irgend etwas von Ihrem Wissen ahnt. Sind Sie nicht im höchsten Maße versucht, urplötzlich und trotz jahrelanger Kooperation auszusteigen? Schließlich sind Sie in dieser schrecklich grausamen Welt ja nur für sich selbst da und für niemanden sonst. Und da es so aussieht, als wäre dies für den Händler wohl doch der letzte Lebensmonat, warum sollten Sie aus Ihrem geheimen Wissen nicht so viel Profit schlagen wie möglich? Ihre Ausstiegsaktion wird vermutlich nie bestraft werden, schlimmstenfalls ein einziges Mal, wenn der Händler bereits in den letzten Zügen liegt.

Je sicherer Sie sind, daß die nächste Runde auch die allerletzte sein wird, um so mehr denken Sie, daß Sie aussteigen *müssen.* Natürlich würde jeder von Ihnen beiden so denken, wenn er erfährt, daß der andere bald den Löffel abgibt. Genau das meint das Wort „Egoismus". Es bedeutet, daß Sie für den anderen Spieler nicht im mindesten Freundschaft oder Wohlwollen empfinden oder Mitleid mit ihm haben; Sie sind ohne Gewissen; Sie kümmern sich nur darum, Punkte zu sammeln, mehr und immer mehr Punkte.

Wie sieht nun die Gewinnmatrix für die andere, die Gefangenenvariante aus? Dargestellt ist sie in Abbildung 28–1b. Daß diese Matrix der vorangehenden genau entspricht, wird deutlich, wenn man zu jeder Zahl eine Konstante, nämlich 4, hinzurechnet. Ja, wir könnten sogar in der einen und der anderen Matrix eine beliebige Konstante hinzuzählen, und das Dilemma würde doch im Kern dasselbe bleiben. Wir wollen deshalb bei dieser letzteren zu jeder Zahl 5 hinzurechnen, so daß wir sämtliche negativen Zahlen los sind. Wir erhalten, dargestellt in Abbildung 28–1c, das Paradigma der Gefangenendilemma-Gewinnmatrix. Die Zahl 3 nennt man *Belohnung für beiderseitige Kooperation*, kurz *B*. Die Zahl 1 bedeutet *Strafe*, also *S*. Die Zahl 5 heißt *V* wie *Versuchung* und die 0 heißt *D* und steht für den Lohn des *Dummen.* Die zwei Bedingungen, unter denen eine Matrix die Situation des Gefangenendilemmas repräsentiert, sehen so aus:

$$1)\ V > B > S > D$$
$$2)\ (V + D)/2 < B$$

Bei der ersten legt sich einfach für jeden von Ihnen das Argument nahe, daß „es besser für mich ist, wenn ich aussteige, ganz gleich, was mein Gegenspieler macht". Bei der zweiten kann schlichtweg als sicher gelten, daß es Ihnen, wenn Sie in einem pausenlosen Wechsel steckenbleiben (à la: „du kooperierst, ich steige aus" im einen Monat, „du steigst aus, ich kooperiere" im nächsten und so fort), keinesfalls besser – vielmehr schlechter – ergehen wird, als wenn Sie jeden Monat gemeinsam kooperieren.

Was wäre also Ihre beste Strategie? Es läßt sich leicht zeigen, daß es auf diese Frage keine allgemeingültige Antwort gibt. Das heißt, es gibt keine Strategie, die unter allen Umständen besser wäre als alle anderen. Man nehme etwa den Fall, der andere Spieler spielt *A-TOTAL* – die Strategie, in jeder Runde auszusteigen. In diesem Fall können Sie wohl nichts Besseres tun, als ebenfalls jedesmal, auch schon ganz zu Beginn, auszusteigen. Angenommen andererseits, der andere Spieler verfolgt die Strategie *MASSIVER VERGELTUNGSSCHLAG*, und das bedeutet: „Ich kooperiere solange, bis du aussteigst, und von da an steige ich für immer aus." Steigen Sie nun gleich bei der allerersten Runde aus, so erhalten Sie ein *V* und von da an nur noch *S*, solange bis einer von Ihnen stirbt. Hätten Sie mit dem Aussteigen gewartet, so hätten Sie von einem Verhältnis beiderseitiger Kooperation profitieren und erst einmal eine Menge *B*s einheimsen können. Natürlich kommt durch den Haufen *B*s letztlich mehr zusammen als durch das einzelne *V*, sofern das Spiel über wenige Runden hinausgeht. Daraus folgt, daß *A-TOTAL* die beste Abwehrstrategie gegen *A-TOTAL* ist, bei *MASSIVER VERGELTUNGSSCHLAG* indessen die beste Gegenstrategie darin besteht, „jederzeit zu kooperieren, es sei denn man erfährt, daß einer von beiden Spielern dem Tode nahe ist: dann steigt man aus". Diese simple Darlegung zeigt, daß das *Wie* Ihres Spiels davon abhängt, *mit wem* Sie spielen.

Die ganze Vorstellung von der „Qualität" einer Strategie erhält eine entschieden praktischere und mehr empirische Bedeutung, wenn man sich ein Meer mit Dutzenden winziger Lebewesen denkt, die darin herumschwimmen und in pausenlosem Wechsel das Gefangenendilemma miteinander spielen. Angenommen, wann immer zwei solcher Lebewesen sich begegnen, erkennen sie einander wieder und erinnern sich daran, wie frühere Begegnungen abgelaufen sind. Dadurch ist jedes von ihnen in der Lage zu entscheiden, was es diesmal tun will. Wenn nun jeder derartige Organismus permanent umher- und den anderen in die Arme schwimmt, dann wird schließlich auch jeder jedem bereits etliche Male begegnet sein, und daher werden sämtliche Strategien Gelegenheit gehabt haben, miteinander zu interagieren. „Interagieren" bedeutet hier keineswegs, daß jeder jeden, wie in einem Ausscheidungskampf, aus dem Meer hinauszustoßen sucht. Der Gedanke ist einfach der, daß jeder Organismus bei jeder Begegnung Null oder mehr Punkte erhält, und wenn nur hinreichend Zeit verstreichen kann, wird jeder annähernd gleich oft jedem begegnet sein, und es bleibt nur noch die Frage: Wer hat die meisten Punkte gesammelt? Punktesammeln ist recht eigentlich die Quintessenz des Spiels.

Dabei zählt nicht, ob Sie jemanden „geschlagen" haben, sofern man darunter versteht, daß Sie aus der Interaktion mit ihm mehr Gewinn gezogen haben als er aus der Interaktion mit Ihnen. Ein „Sieg" solcher Art ist hier gänzlich irrelevant. Worauf es ankommt, ist nicht die Zahl der „Siege", die der einzelne für sich verbuchen kann, sondern seine *Gesamtpunktzahl* – eine Zahl, mit der man die allgemeine Lebensfähigkeit des einzelnen in diesem bestimmten „Meer" der Strategienvielfalt mißt. Fast klingt es paradox, aber Sie könnten viele – ja, *alle* – Einzelgefechte verlieren und gleichwohl als Sieger aus dem gesamten Spiel hervorgehen.

Wie schon das Bild mit Nachdruck zu verstehen gibt, hat diese ganze Situation auf das engste zu tun mit Fragen der Evolutionsbiologie. Können durch und durch selbstsüchtige Organismen ohne jedes Bewußtsein, die in einem gemeinsamen Umfeld leben, tragfähige Kooperationsstrategien entwickeln? Kann es in einer Welt ausgemachter Egoisten zur Kooperation kommen? Kurz gesagt, *kann Kooperation aus Nicht-*

Kooperation hervorgehen? Wenn ja, wäre das ein wahrhaft revolutionärer Beitrag zur Evolutionstheorie, denn viele ihrer Kritiker haben ja geltend gemacht, daß sie gerade an diesem Punkt auf ein schier unüberwindliches Problem stößt.

* * *

Nun ist in der Tat inzwischen bewiesen worden, und zwar stringent und endgültig, daß es tatsächlich zu solcher Kooperation kommen kann, und demonstriert hat das ein Computer-Turnier unter Leitung des Politologen Robert Axelrod vom Fachbereich Politologie am Institute for Public Policy Studies an der University of Michigan in Ann Arbor, USA. Genauer: zunächst hat Axelrod die Evolution der Kooperation mit Hilfe eines Computer-Turniers untersucht, und als sich allgemeine Trends abzeichneten, konnte er auch die zugrundeliegenden Prinzipien festhalten sowie Theoreme beweisen, die darlegten, daß und wie Kooperation aus dem Nichts entsteht. Über seine Befunde hat Axelrod ein faszinierendes und in jeder Weise zum Nachdenken anregendes Buch mit dem Titel *Die Evolution der Kooperation* geschrieben, das 1984 im Verlag Basic Books [dt. Ausg. 1987, Oldenbourg] erschienen ist. (Die Zitate weiter unten stammen aus einem früheren Entwurf des Buches.) Ferner haben er und der Entwicklungsbiologe William D. Hamilton viele der Konsequenzen, die diese Entdekkungen für die Evolutionstheorie haben, herausgearbeitet und in Veröffentlichungen dargestellt. Ihre Arbeit hat viel Beifall gefunden – und ist 1981 sogar mit dem Newcomb-Cleveland-Preis ausgezeichnet worden, den die American Association for the Advancement of Science jedes Jahr für „eine herausragende Veröffentlichung auf dem Gebiet der *Naturwissenschaften*“ verleiht.

Im Grunde besteht die Frage „Kann es in einer Welt von Egoisten zur Kooperation kommen?“ aus drei Teilfragen. Die erste lautet: Wie kann sie überhaupt entstehen? Die zweite: Können Kooperationsstrategien besser überleben als die mit ihnen rivalisierenden Nicht-Kooperationsstrategien? Und die dritte: Welche Kooperationsstrategien schneiden am besten ab, und wie gelangen sie zur Vorherrschaft?

* * *

Um diese Probleme zu veranschaulichen, möchte ich Axelrods Turnier und dessen einigermaßen erstaunliche Resultate darstellen. Im Jahre 1979 verschickte Axelrod Einladungen an eine Reihe von Spieltheoretikern, darunter auch Wissenschaftler, die Artikel über das Gefangenendilemma veröffentlicht hatten, und teilte ihnen mit, er wolle in einem Gefangenendilemma-Turnier, dessen Spielziel im Sammeln möglichst vieler Punkte besteht, zahlreiche Strategien gegeneinander antreten lassen. Er bat um Einsendung von als Computer-Programme codierbaren Strategien, die auf das „K“ oder „A“ eines anderen Spielers reagieren und dabei die Erinnerung an frühere Interaktionen mit demselben Spieler miteinbeziehen konnten. Selbstverständlich sollte ein Programm immer mit einem „K“ oder „A“ antworten, doch es brauchte in seiner Entscheidung nicht durchweg determiniert zu sein. Das heißt, an jedem Punkt einer Strategie durfte ein Zufallszahlen-Generator zu Rate gezogen werden.

Vierzehn Anmeldungen gingen bei Axelrod ein, und ein weiteres Programm mit dem Namen *ZUFALL* führte er selbst ins Rennen; dieses Programm warf in jeder Runde eine Münze (in der Computersimulation natürlich): bei „Kopf" kooperierte es, bei „Zahl" stieg es aus. Die am Wettstreit beteiligten Programme waren außerordentlich verschieden, sie variierten in der Länge zwischen bloß vier und 77 Zeilen (in Basic). Jedes Programm trat mit jedem anderen Programm (sowie auch mit einem Klon seiner selbst) 200mal in Konkurrenz. Kein Programm wurde bestraft, wenn es langsam lief. Das Turnier wurde dann fünfmal hintereinander gespielt, so daß Pseudoeffekte aufgrund statistischer Fluktuationen im Zufallszahlengenerator durch Mittelwerte ausgeglichen werden konnten.

Das Siegerprogramm stammte von dem in Sachen Gefangenendilemma gewieften Anatol Rapoport, der als Psychologe und Philosoph an der Universität Toronto lehrt. Er hatte das kürzeste Programm eingesandt, es hieß *AUGE UM AUGE. AUGE UM AUGE* verfolgt eine höchst einfache Taktik:

Kooperiere in der ersten Runde;
dann mach alles, was der andere Spieler beim vorangegangenen Spielzug gemacht hat.

Das ist alles. Es klingt unverschämt einfach. Wie um alles in der Welt konnte ein solches Programm über die komplizierten Kunstgriffe siegen, welche die anderen Experten ausgeklügelt hatten?

Axelrod behauptet, daß die meisten Spieltheoretiker in ihrer Analyse nicht weit genug gingen. Sie blickten „nur zwei Schritt weit" und hätten doch drei Schritt weit schauen müssen, um mehr Erfolg zu haben. Was heißt das genau? Axelrod veranschaulicht seinen Gedanken an einem Beispiel. Nehmen wir das Teilnehmer-Programm namens *JOSS* (es stammt von dem Züricher Mathematiker Johann Joss). Die Strategie von *JOSS* ist der von *AUGE UM AUGE* sehr ähnlich, auch sie beginnt nämlich mit Kooperation, auf jeden Ausstieg reagiert sie mit Ausstieg und auf *nahezu* jede Kooperation mit Kooperation. Der Haken ist nur, daß *JOSS* bei der Entscheidung, wann es gegen den anderen Spieler mit einem „Überraschungsausstieg" vorgehen soll, einen Zufallszahlen-Generator zu Hilfe nimmt. *JOSS* ist so eingerichtet, daß es mit 10%iger Wahrscheinlichkeit auf eine Kooperation des anderen Spielers mit einem Ausstieg reagiert.

Im Spiel gegen *AUGE UM AUGE* wird *JOSS* seine Sache prächtig machen bis zu dem Augenblick, in dem es *AUGE UM AUGE* überraschen will. Auf seinen Ausstieg reagiert *AUGE UM AUGE* mit einem einmaligen Aussteigen, während *JOSS* „ahnungslos" zur Kooperation zurückkehrt. So erhalten wir eine „AK"-Kombination. Beim nächsten Spielzug werden „K" und „A" die Plätze tauschen, da beide Programme ja per definitionem den jeweils letzten Zug des anderen imitieren, und das ergibt dann: KA und weiter AK, KA, AK und so fort. Diese durch das A von *JOSS* ausgelöste Reflexbewegung kann nun erst einmal so weitergehen, doch früher oder später wird *JOSS* nach einem K von *AUGE UM AUGE wieder* aufs Geratewohl ein Überraschungs-A loslassen. An diesem Punkt ergibt sich eine „AA"-Kombination, und sie entscheidet den gesamten weiteren Spielverlauf. Von nun an schalten beide auf Ausstieg. Das Zusammentreffen des aus dem ersten Übervorteilungsversuch von *JOSS* resultierenden „Echo"-Effekts mit der einmaligen Strafaktion von *AUGE UM AUGE* führt schließlich zu totalem Mißtrauen und zum Ende der Kooperation.

Allem Anschein nach besagt dies, daß beide Strategien fehlerhaft sind und ihnen deshalb von anderen Schaden zugefügt wird, aber den größten Schaden hat im Grunde *JOSS*, denn es probiert denselben Trick ja bei jedem seiner Partner, und in vielen Fällen hat das einen vergleichbaren Zusammenbruch des Vertrauensverhältnisses zur Folge, während *AUGE UM AUGE*, das ja nie als erstes aussteigt, auch niemals selbst einen solchen Zusammenbruch auslösen wird. Axelrods *terminus technicus* für eine Strategie, die niemals aussteigt, ehe es nicht auch der Partner tut, ist *anständig. AUGE UM AUGE* ist eine anständige Strategie, *JOSS* nicht. Man beachte, daß das Wort „anständig" keine Strategie bezeichnet, die *niemals* aussteigt! *AUGE UM AUGE* steigt aus, wenn es provoziert wird, doch das gilt immer noch als „anständig".

Nach dem ersten Turnier zieht Axelrod folgendermaßen Bilanz:

> Eine Hauptlehre dieses Turniers liegt in der Einsicht, wie wichtig es ist, in einer Welt wechselseitiger Machtausübung die Echoeffekte zu minimieren. Eine intelligente Analyse muß mindestens drei Schritte weit gehen. Zunächst kommt die unmittelbare Auswirkung einer Entscheidung. Hier hat man es noch leicht, da ein Ausstieg in jedem Fall mehr einbringt als die Kooperation. Als zweites kommen die indirekten Auswirkungen, bei denen berücksichtigt werden muß, daß die andere Seite einen Ausstieg bestrafen kann oder auch nicht. Gewiß war dies alles von vielen Bewerbern einkalkuliert worden. Doch als drittes kommt nun, daß man in der Reaktion auf Ausstiegsaktionen der anderen Seite die vorhergehende eigene Übervorteilungsstrategie wiederholen oder gar ausweiten kann. So mag ein einzelner Ausstieg durchaus erfolgversprechend sein, wenn man nur seine direkten Auswirkungen betrachtet, und vielleicht sogar, wenn man auch die sekundären berücksichtigt. Aber der eigentliche Preis für den Ausstieg kann in den tertiären Auswirkungen stecken, sofern beispielsweise das eigene einmalige Aussteigen in eine endlose Folge wechselseitiger Revancheaktionen mündet. Ohne es zu merken, richten sich viele dieser Regeln letzten Endes gegen sich selbst. Da der andere Spieler als ein Mechanismus fungiert, durch den derlei Selbstschädigung um einige Runden aufgeschoben wird, läßt sich diese Seite der Selbstschädigung von den Entscheidungsmodellen her gar nicht wahrnehmen ...
>
> Wie die Analyse der Turnier-Ergebnisse zeigt, kann man über die Selbstbehauptung in einer Welt wechselseitiger Machtausübung noch eine Menge lernen. Selbst ausgefuchste Strategen aus Politologie, Soziologie, Ökonomie, Psychologie und Mathematik haben systematisch den Fehler begangen, allzu ausschließlich um das eigene Wohl zu kämpfen, nicht genügend Nachsicht zu üben und zu sehr an der Ansprechbarkeit der anderen Seite zu zweifeln.

Nicht bloß legte Axelrod eine Analyse des ersten Turniers vor, er führte sogar eine Reihe von „hypothetischen Wiederholungsspielen" durch, das heißt: Wiederholungsspiele mit wechselnden Teilnehmerkonstellationen. Dabei entdeckte er z. B., daß die Strategie mit dem Namen *AUGE UM ZWEI AUGEN*, die zwei Ausstiegsaktionen vorbeigehen läßt, bevor sie sauer reagiert (aber selbst dann nur mit einem einzigen Gegenschlag), gewonnen *hätte*, wäre sie unter den Teilnehmern des Turniers gewesen. Auch zwei andere Strategien, die er entdeckte und die er *VERBESSERTER*

SCHLAG und *VORSORGE* nannte, wären auf die vordersten Plätze gekommen, wenn sie teilgenommen hätten.

Die Lehre aus dem ersten Turnier läßt sich wohl folgendermaßen zusammenfassen: Es empfiehlt sich, *anständig* („Niemals als erster aussteigen“) und *nachsichtig* („nicht nachtragend sein, nachdem man seinem Ärger Luft gemacht hat“) zu sein. Ganz offensichtlich verfügt *AUGE UM AUGE* über beide Eigenschaften.

* * *

Nach dieser sorgfältigen Analyse merkte Axelrod, daß er bedeutsame Lehren entdeckt hatte, und er war überzeugt, daß sich mit Hilfe der neuen Informationen noch gewieftere Strategien ausklamüsern lassen müßten. Daher beschloß er, ein weiteres, umfangreicheres Computerturnier zu veranstalten. Zu diesem Turnier lud er nicht bloß sämtliche Teilnehmer der ersten Runde ein, sondern setzte auch Anzeigen in Computer-Hobbyzeitschriften, in der Hoffnung, Leute zur Teilnahme zu bewegen, die sich gerne mit Programmieren befaßten und bereit waren, beträchtliche Zeit für die Ausarbeitung und Perfektionierung ihrer Strategien zu opfern. Jedem Bewerber schickte Axelrod eine vollständige und detaillierte Analyse des ersten Turniers zusammen mit einer Darstellung der „hypothetischen Wiederholungsspiele“ und der Strategien, die sich als potentielle Gewinner erwiesen hatten. Er erläuterte die strategischen Begriffe „Anständigsein“ und „Nachsicht“, die allem Anschein nach die Lehren des Turniers so angemessen zum Ausdruck brachten, sowie die strategischen Fallen, die man zu umgehen hatte. Natürlich wurde jeder Bewerber gewahr, daß alle übrigen Bewerber die gleiche Sendung erhalten hatten, so daß jedermann wußte, daß jeder wußte, daß jeder wußte, daß ...

Axelrods Bitte um Bewerbungen fand ein breites Echo. Er erhielt Einsendungen aus sechs Ländern, sämtlichen Altersgruppen und acht verschiedenen akademischen Disziplinen. Anatol Rapoport nahm erneut teil und reichte wieder sein Programm *AUGE UM AUGE* ein (und zwar als einziger, obgleich ausdrücklich freigestellt war, daß jeder jedes beliebige Programm einreichen konnte, von wem immer es stammte). Es bewarb sich ein Zehnjähriger ebenso wie eine Koryphäe auf dem Gebiet der Spiel- und Evolutionstheorie, nämlich der englische Biologieprofessor John Maynard Smith von der Universität Sussex, der *AUGE UM ZWEI AUGEN* vorlegte. Zwei Teilnehmer reichten unabhängig voneinander das Programm *VERBESSERTER SCHLAG* ein.

Insgesamt gingen 62 Bewerbungen ein, und in aller Regel waren sie erheblich ausgefeilter als die Beiträge zum ersten Turnier. Der kürzeste war wiederum *AUGE UM AUGE* und der längste ein Programm aus Neuseeland mit 152 Zeilen Fortran. Erneut wurde auch *ZUFALL* ins Rennen geschickt, und begleitet von einem Tusch und einem letzten Drucker-Aufruf brausten die Pferde los! Einige Computer-Stunden später gingen die Resultate ein.

* * *

Das Ergebnis war schlichtweg überwältigend: *AUGE UM AUGE*, das einfachste der eingereichten Programme, wurde wiederum Sieger. Mehr noch, die beiden Programme, die die hypothetischen Wiederholungsspiele des ersten Turniers gewonnen hatten, tauchten nunmehr erheblich weiter unten in der Rangliste wieder auf: *AUGE UM ZWEI AUGEN* belegte den 24. Platz, und *VERBESSERTER SCHLAG* lag hoffnungslos abgeschlagen in der unteren Hälfte des Feldes.

Auf den ersten Blick scheint dies ein erschreckend unergiebiges Resultat zu sein, aber es sei daran erinnert, daß der Erfolg eines Programms ganz und gar von dem Umfeld abhängt, in dem es schwimmt. Es gibt keine einzelne „beste Strategie" für schlechthin jedes Umfeld, so daß ein Sieg in dem einen Turnier keinesfalls schon für den Erfolg in einem anderen bürgt. *AUGE UM AUGE* hat den Vorzug, daß es mit vielen verschiedenen Strategien „gut klarkommen" kann, während andere Programme erheblich mehr Schwierigkeiten haben, es zu einer Kooperation zu bringen. Axelrod formuliert es so:

> Abgespielt hat sich allem Anschein nach eine interessante Interaktion zwischen Teilnehmern, die aus der ersten Runde die eine, und anderen, die eine andere Lehre gezogen hatten. Die erste Lehre lautete: „Sei anständig und nachsichtig." Die zweite hatte es stärker auf den Vorteil abgesehen: „Wenn andere anständig und nachsichtig sein sollten, dann lohnt der Versuch, sie zu übervorteilen." In der zweiten Runde wurden diejenigen, die die erste Lehre gezogen hatten, geschädigt durch die, die der zweiten Lehre folgten.

So hatten die meisten Teilnehmer des zweiten Turniers die Hauptlehre des ersten nicht wirklich begriffen: daß man nämlich vor allem bereit sein muß, den Anstoß zur Kooperation zu geben und sie zu erwidern. Für Axelrod ist dies so unerläßlich, daß er es sogar vermeidet, zwei gegeneinander spielende Strategien als „Gegner" zu titulieren; in seinem Buch gebraucht er stets neutrale Wörter wie „Strategien" oder „Spieler". Er mag nicht einmal davon sprechen, daß sie *gegeneinander* spielen, und nennt es lieber „miteinander". In diesem Artikel habe ich – von gelegentlichen Ausnahmen abgesehen – versucht, mich seinem Sprachgebrauch anzuschließen. Überaus frappierend beim zweiten Turnier ist das gute Abschneiden der „anständigen" Strategien: Von den fünfzehn Spitzenreitern war nur einer (auf Platz acht) nicht anständig. Ulkigerweise gab es am Ende der Rangliste einen spiegelbildlichen Effekt: dort war unter den fünfzehn Letzten nur ein Anständiger!

Mehrere nicht-anständige Strategien sahen ziemlich gerissene Sondierungen des Gegners (Verzeihung!) vor, um auszuloten, in welchem Maße er „etwas dagegen hatte", wenn man ausstieg. Obgleich ein Programm mit Hilfe derartiger Sondierungen gelegentlich einen Gegner hereinlegen konnte, schlugen sie doch häufiger noch auf ihren Urheber zurück und führten immer wieder zu schweren Zusammenbrüchen des Vertrauensverhältnisses. Alles in allem ergab sich, daß Versuche, durch Aussteigen den anderen Spieler an seinen Schwachstellen zu „erwischen", äußerst kostspielig sind. Wie sich vielmehr herausstellte, zahlt es sich mehr aus, so oft wie irgend möglich eine Politik der Kooperation zu verfolgen und zugleich bereit zu sein, auf jeden Versuch eines Tiefschlags mit einem raschen Vergeltungsschlag zu reagieren. Bemerkenswert ist indessen, daß Strategien mit *massiver* Vergeltung weniger gut abschnitten als *AUGE UM AUGE* mit seiner sanfteren Politik der *begrenzten* Vergeltung. Der Schlüssel zum Erfolg ist dabei die Nachsichtigkeit, da sie (um einen Ausdruck aus der internationalen Diplomatie zu zitieren) dazu beiträgt, nach einem kurzen Schlagabtausch die sprichwörtliche „Atmosphäre beiderseitiger Kooperation" wiederherzustellen.

„Sei anständig und nachsichtig", das war im Kern die Hauptlehre aus dem ersten Turnier. Anscheinend konnten sich aber viele nicht dazu verstehen, ihr Glauben zu schenken, und waren überzeugt, sie würden mit gerissenen Tricks und Intrigen doch noch den Sieg davontragen können. Es bedurfte des zweiten Turniers, um zu beweisen, daß das grundfalsch war. Und aus dem zweiten Turnier ging ein dritter strategischer Schlüsselbegriff hervor: der Begriff der *Provozierbarkeit*, der festhält, daß man auf Aussteiger unverzüglich „sauer reagieren" und Vergeltung üben sollte. Folglich lautet die noch allgemeingültigere Lehre: „Sei anständig, provozierbar und nachsichtig."

* * *

Strategien, die in vielen verschiedenen Umfeldern gut abschneiden, nennt Axelrod *robust*, und allem Anschein nach sind Strategien mit „guten Persönlichkeitsmerkmalen", also anständige, provozierbare und nachsichtige, mit Sicherheit auch robust. *AUGE UM AUGE* ist keineswegs die einzig mögliche Strategie mit diesen Merkmalen, doch sie kann als Musterbeispiel dafür gelten, und sie ist verblüffend robust.

Diese Robustheit ist wohl am anschaulichsten in mehreren hypothetischen Wiederholungsspielen des zweiten Turniers demonstriert worden. Die Grundidee hinter jedem Wiederholungsspiel mit wechselndem Umfeld ist denkbar einfach. Von dem eigentlichen Turnier gibt es eine 63 × 63-Matrix, die festhält, wie gut jedes Programm gegen jedes andere gespielt hat. Nun kann die tatsächliche „Population" eines Programms in dem betreffenden Umfeld mathematisch verändert werden, indem man alle Interaktionen dieses Programms mit einem Wertigkeits-Faktor koppelt und dann einfach sämtliche Spalten erneut zusammenrechnet. Auf diese Weise erhält man hypothetische *Sofort*-Wiederholungsspiele, ohne daß man das gesamte Turnier noch einmal abspulen muß.

Diese einfache Bemerkung besagt, daß in der 63 × 63-Matrix mit den Gesamtergebnissen aller Einzelspiele auch die Resultate einer Unmenge von potentiellen hypothetischen Turnieren versteckt sind, die ihr der Möglichkeit nach durchaus entlockt werden können. Mit Hilfe statistischer Analyse fand Axelrod beispielsweise heraus, daß es im zweiten Turnier im wesentlichen sechs Klassen von Strategien gab. Für jede dieser Klassen führte er ein hypothetisches Sofort-Wiederholungsspiel durch, indem er die Bedeutung (den Wertigkeits-Faktor) einer einzelnen Klasse verfünffachte und auf diese Weise die Population eines bestimmten strategischen Stils im betreffenden Umfeld künstlich aufblähte. Bei der Errechnung der Gesamtpunktzahlen ging *AUGE UM AUGE* aus fünf von sechs solcher hypothetischer Turniere als Sieger hervor, und im sechsten belegte es den zweiten Platz.

Ohne jeden Zweifel war das bedeutsamste und ingeniöseste hypothetische Wiederholungsspiel, das Axelrod ausprobierte, das *ökologische Turnier*. Ein solches Turnier besteht nicht bloß in einem einzelnen hypothetischen Wiederholungsspiel, sondern in einer regelrechten Kaskade von solchen Spielen, wobei das Umfeld eines jeden durch die Ergebnisse des vorangehenden determiniert ist. Genauer: man nimmt die Punktzahl eines Programms in einem Turnier als Maßstab für seine „Lebenseignung", und interpretiert man „Lebenseignung" als „Anzahl der Nachkommen in der nächsten Generation" und liest schließlich „nächste Generation" als „nächstes Turnier", dann kommt man zu dem Ergebnis, daß die Resultate eines jeden Turniers das Umfeld des folgenden determinieren – genauer, daß erfolgreiche Programme im nächsten Turnier in größeren Mengen vertreten sind. Wiederholungsturniere dieser Art heißen „ökologisch", da sie die Anpassung an die Umwelt (d. h. die Veränderung einer *feststehenden* Konstellation von Artpopulationen entsprechend ihrem jeweiligen dynamisch sich entwickelnden Umfeld) simulieren, und zwar im Gegensatz zur Evolution durch Mutation (bei der durchaus *neue* Arten ins Leben gerufen werden können).

Führt man ein über etliche Generationen sich erstreckendes ökologisches Turnier durch, so verändert sich nach und nach das Umfeld. Was sich dabei abspielt, ist (um Axelrod zu paraphrasieren) folgendes: Ganz zu Beginn sind dürftige und gute Programme gleichermaßen repräsentiert. Im Laufe der Zeit werden die dürftigen Programme immer weniger, die guten hingegen immer zahlreicher. Aber nun kann sich auch die Rangordnung der guten durchaus verändern, denn das Feld der Konkurrenten, an dem ihre „Güte" sich mißt, ist nicht mehr dasselbe wie zu Beginn. So bringt Erfolg immer noch mehr Erfolg hervor – allerdings nur, sofern er sich der Interaktion mit anderen gleichfalls erfolgreichen Programmen verdankt. Schneidet ein Programm hingegen hauptsächlich deshalb gut ab, weil es „dümmere" Programme nach Kräften zu schröpfen versteht, so wird es, da diese Programme ja nach und nach von der Bildfläche verschwinden, bald seine Operationsbasis verlieren und vom gleichen Schicksal ereilt werden wie jene.

Ein konkretes Beispiel für ökologisches Aussterben bietet *HARRINGTON*, das einzige nicht-anständige Programm unter den fünfzehn Spitzenreitern des zweiten Turniers. Während der ersten 200 Generationen des ökologischen Turniers, in denen *AUGE UM AUGE* sowie andere erfolgreiche anständige Programme ihren Anteil an der Population kontinuierlich vergrößerten, tat das auch *HARRINGTON*. Es war dies ein unmittelbares Resultat seiner Übervorteilungsstrategie. Etwa in der 200. Generation freilich nahmen die Dinge eine unübersehbar andere Wendung. Immer mehr schwächere Programme starben aus, es gab also immer weniger Dumme, die *HARRINGTON* schröpfen konnte. Binnen kurzem war der Trend sonnenklar: *HARRINGTON* konnte sich gegenüber seinen anständigen Rivalen nicht mehr behaupten. Um die 1000. Generation herum war *HARRINGTON* so ausgestorben wie die dummen Dinos, die es zuvor ausgestochen hatte. Axelrod zieht folgende Bilanz:

> Hat man Erfolge mit Regeln, die nicht viel Punkte bringen, so schadet man sich doch letztlich nur selber. Anfangs mag es vielversprechend erscheinen, wenn man nicht anständig ist, aber auf Dauer kann es zur Zerstörung genau jenes Umfelds führen, auf das man für das eigene Gedeihen angewiesen ist.

Unnötig zu sagen, daß *AUGE UM AUGE* im ökologischen Turnier mit aufsehenerregendem Tempo vorankam und seine Führungsposition zunehmend ausbaute. Nach 1000 Generationen lag *AUGE UM AUGE* nicht bloß weit vorn, sondern zugleich war seine Zuwachsrate größer als die sämtlicher anderer Programme. Eine nahezu unglaubliche Erfolgsstory, und um so unglaublicher angesichts der absurden Einfachheit ihres „Helden". Das lustige daran ist nicht zuletzt, daß *AUGE UM AUGE* nicht einen einzigen seiner Rivalen bei einem ihrer Zusammentreffen geschlagen hat. Das ist keine Finte; vielmehr liegt es in der Natur von *AUGE UM AUGE*. Dieses Programm ist schlicht und einfach *unfähig*, jemanden zu schlagen; bestenfalls spielt es unentschieden, und häufig verliert es (freilich nur leicht).

Axelrod macht diesen Punkt ganz deutlich:

> *AUGE UM AUGE* gewann das Turnier nicht deshalb, weil es den anderen Spieler besiegte, sondern weil es ihn zu einem Verhalten nötigte, das beide gut abschneiden ließ. *AUGE UM AUGE* erzwang beiderseitige Erfolge mit solcher Konsequenz, daß es eine höhere Gesamtpunktzahl erzielte als jede andere Strategie des Turniers.
>
> In einer Welt ohne Nullsummen braucht man also den anderen Spieler gar nicht zu überbieten, um selbst gut abzuschneiden. Das trifft insbesondere dann zu, wenn man mit vielen verschiedenen Spielern interagiert. Läßt man jeden von ihnen genausogut oder ein bißchen besser abschneiden, liegt man genau richtig, solange man auch selbst gut abzuschneiden sucht. Es gibt keinerlei Grund, dem anderen Spieler seinen Erfolg zu neiden, denn in einem Wiederholungs-Gefangenendilemma von langer Dauer ist der Erfolg des anderen virtuell Voraussetzung für das eigene gute Abschneiden.

Axelrod führt Beispiele aus dem täglichen Leben an, in denen dieser Grundsatz zutrifft. Hier ist eines:

> Eine Firma, die bei einer Lieferfirma kauft, kann davon ausgehen, daß eine erfolgreiche Geschäftsbeziehung sowohl dem Lieferanten als auch dem Käufer Gewinn bringt. Es gibt keinerlei Veranlassung, dem Lieferanten seinen Gewinn zu neiden. Jeder Versuch, ihn durch Aufkündigen der Kooperation, etwa durch verspätetes Bezahlen der Rechnung, zu mindern, wäre lediglich eine Aufforderung an den Lieferanten, Vergeltungsaktionen zu starten. Diese könnten vielerlei Formen annehmen und oftmals gar nicht explizit als Strafaktionen kenntlich gemacht sein. Sie könnten in verzögerten Lieferungen, in verminderter Qualitätskontrolle, in geringerem Entgegenkommen bei Mengenrabatten oder in zögerlicher Benachrichtigung über Marktaussichten bestehen. Durch die Vergeltungsmaßnahmen könnte einen der Neid teuer zu stehen kommen. Statt sich über die entsprechenden Gewinne des Verkäufers Gedanken zu machen, sollte der Käufer lieber überlegen, ob sich eine andere Kaufstrategie empfiehlt.

Wie ein Geschäftspartner, der niemals jemanden betrügt, ist *AUGE UM AUGE* ein Partner, der niemals jemanden besiegt – doch beide stehen sich gut dabei.

* * *

Einen Gedanken gibt es im Gefangenendilemma, der zunächst erstaunlicherweise gegen die unmittelbare Eingebung zu sprechen scheint: die Vorstellung, daß bei völliger Unansprechbarkeit des anderen Spielers die bestmögliche Strategie in *A-TOTAL* besteht. Auf den ersten Blick sieht es ja so aus, als müßte irgendeine Form von Zufallsstrategie dabei viel besser abschneiden, doch das ist grundfalsch. Wenn ich alle meine Züge im vorhinein festgelegt habe, kann Ihnen die Strategie *AUGE UM AUGE* nicht das geringste bringen, so wenig wie das Werfen einer Münze. Sie sollten schlicht und einfach in jeder Runde aussteigen. Dabei spielt keine Rolle, welches Muster ich gewählt habe. Nur dann, wenn Ihr Spiel mich überhaupt beeinflussen kann, hat Kooperation für Sie einen Nutzen.

Glücklicherweise ist in einem Umfeld mit kooperativen (und zwar beiderseitig kooperativen) Programmen die Unansprechbarkeit eine äußerst dürftige Strategie, was dann eben auch für *A-TOTAL* gilt. Im zweiten Turnier war der einzige unansprechbare Teilnehmer das Programm *ZUFALL*, und es belegte den vorletzten Platz. Das Programm auf dem allerletzten Platz war zwar ansprechbar, aber sein Verhalten blieb so rätselhaft, daß es unansprechbar *aussah*. Und in einem neueren Computer-Turnier, das Marek Ligowski und ich am Fachbereich Computerwissenschaft der Universität Indiana veranstaltet haben, waren die Schlußlichter unter 53 Teilnehmern drei *A-TOTAL*-Programme, und nur noch zwei *ZUFALL*-Programme kämpften verbissen mit ihnen um diese Ehre.

Eine der möglichen Erklärungen für den Erfolg von *AUGE UM AUGE* liegt einfach darin, daß es die *Kooperation herauskitzelt*, und zwar durch freundliche Überzeugung. Axelrod drückt das so aus:

> Ein Teil seines Erfolgs mag daher rühren, daß andere Regeln sein Benehmen antizipieren und zum Wohlverhalten ihm gegenüber bereit sind. Wohlverhalten gegenüber *AUGE UM AUGE* erfordert Kooperation und das wiederum hilft *AUGE UM AUGE*. Sogar Strategien, die die Absicht hatten, soviel wie möglich herauszuschlagen, leisten ihm gegenüber rasch Abbitte. Jede Strategie, die *AUGE UM AUGE* zu übervorteilen sucht, schadet einfach nur sich selbst. *AUGE UM AUGE* profitiert von seiner eigenen Unausnutzbarkeit, denn drei Bedingungen sind erfüllt:
>
> 1. Die Wahrscheinlichkeit einer Begegnung mit *AUGE UM AUGE* ist erheblich;
> 2. bei einer Begegnung ist *AUGE UM AUGE* leicht zu erkennen; und
> 3. nach dem Erkennen ist es leicht, sich von seiner Unausnutzbarkeit zu überzeugen.

Damit wird ein viertes (zu Anständigkeit, Provozierbarkeit und Nachsicht hinzutretendes) „Persönlichkeitsmerkmal" sichtbar, das womöglich in nicht unbeträchtlicher Weise zum Erfolg beiträgt: die Wiedererkennbarkeit bzw. Offenheit. Axelrod selbst nennt dieses Merkmal *Klarheit*, und tritt auch mit großer Klarheit dafür ein:

> Zuviel Kompliziertheit kann als totales Chaos erscheinen. Verfolgst du eine Strategie, die den Eindruck der Zufälligkeit hinterläßt, dann muß der andere Spieler dich auch für unansprechbar halten. Bist du aber unansprechbar, sieht der andere Spieler auch keinerlei Anlaß zur Kooperation mit dir. Daher ist es äußerst gefährlich, die Kompliziertheit bis zur Unverständlichkeit zu treiben.

Wieviele Maximen für das soziale und politische Handeln stecken darin! Das ist reichlich Futter zum Nachdenken.

* * *

Anatol Rapoport warnt vor einer Überschätzung der Vorzüge von *AUGE UM AUGE*; insbesondere meint er, *AUGE UM AUGE* übe in manchen Fällen zu streng Vergeltung. Ebenso überzeugend ist freilich das Argument, es sei in anderen Fällen zu milde. Gewiß ist nicht ausgemacht, daß *AUGE UM AUGE* das non plus ultra bzw. die bestmögliche Strategie überhaupt darstellt. Wie ich wiederholt betont habe, ist ja vielmehr schon der Begriff des „Bestmöglichen" widersprüchlich, da alles vom Umfeld abhängt. Im oben erwähnten Turnier der Universität Indiana schnitten mehrere Strategien, die große Ähnlichkeit mit *AUGE UM AUGE* hatten, besser ab als dieses selbst. Allerdings wiesen alle die drei entscheidenden „Charakterzüge" auf, deren Unverzichtbarkeit Axelrod in seiner Analyse der Hauptmerkmale von *AUGE UM AUGE* so unmißverständlich dargelegt hatte. Sie waren lediglich etwas geschickter als *AUGE UM AUGE* beim Aufspüren der Unansprechbarkeit, und sobald sie sich von der Unansprechbarkeit des anderen Spielers überzeugt hatten, schalteten sie auf *A-TOTAL*.

In seinem Buch versucht Axelrod mit viel Engagement, auf drei Grundfragen zur allmählichen Evolution von Kooperation in einer Welt des schieren Egoismus zu antworten. Die erste dieser Fragen betrifft die *ursprüngliche Lebensfähigkeit*: Wie kann Kooperation in einer Welt bedingungsloser Aussteiger, in einem „Urmeer", wo es von unansprechbaren, auf *A-TOTAL* programmierten Lebewesen nur so wimmelt, überhaupt entstehen? Die Antwort (deren Beweisführung ich hier nicht wiederhole) lautet, daß schon eine Invasion winziger Schwärme von bedingt kooperativen Organismen (selbst wenn sie nur eine kleine Minderheit darstellen) der Kooperation einen Ansatzpunkt bietet. Ein einzelner kooperativer Organismus würde untergehen, doch kleine Gruppen von ihnen können sich (zum Beispiel durch Mutation oder Migration) behaupten und sich sogar in einer feindlichen Umwelt ausbreiten, vorausgesetzt sie sind defensiv wie *AUGE UM AUGE*. Reine Pazifisten allerdings, Quäker-Programme, würden in dieser rauhen Umgebung *nicht* überleben.

Die zweite Grundfrage betrifft die *Robustheit*: Wie beschaffen muß die Strategie sein, die in einem Umfeld voller Überraschungen und Veränderungen gut wegkommen will? Wie wir bereits sahen, lautet die Antwort auf diese Frage: Sie muß über die vier grundlegenden „Persönlichkeitsmerkmale" Anständigkeit, Provozierbarkeit, Nachsicht und Klarheit verfügen. Das heißt, solche Strategien haben schon bald nach ihrer Etablierung die Tendenz, sich auszubreiten, ganz besonders in einer Welt des ökologischen Wandels.

Die letzte Frage betrifft die *Stabilität:* Kann die Kooperation sich gegen Eindringlinge schützen? Axelrod beweist, daß sie es wirklich kann. In der Tat läßt sich eine erfreuliche Asymmetrie in seinen Befunden beobachten: Während nämlich Gruppen von kooperativen Lebewesen durchaus in eine Welt von Widerlingen (also Lebewesen mit starrer *A-TOTAL*-Strategie) eindringen können, sind die Widerlinge ihrerseits nicht imstande, in eine Welt von kooperativen Lebewesen einzudringen, wie immer groß die

Schwärme von Eindringlingen auch sein mögen. Hat die Kooperation sich erst einmal durchgesetzt, ist sie auch von Dauer. Um es mit Axelrod zu sagen: „Das Zahnradgetriebe der sozialen Evolution hat eine Rückschlagsperre."

Das Wort „sozial" soll hier nicht bedeuten, daß derlei Befunde mit Notwendigkeit nur bei höheren, denkenden Lebewesen Geltung hätten. Es liegt auf der Hand, daß vierzeilige Computer-Programme nicht denken – und dennoch ist es, wie nachgewiesen werden konnte, ausgerechnet in einer Welt derartiger „Organismen" zur Kooperation gekommen. Die einzigen „kognitiven Fähigkeiten", die *AUGE UM AUGE* braucht, sind folgende: Es muß 1. frühere Partner wiedererkennen und 2. sich daran erinnern können, wie das letzte Treffen mit diesem Partner verlief. Dazu sind selbst Bakterien in der Lage, wenn sie lediglich mit einem einzelnen anderen Organismus interagieren (so daß sie ihn automatisch wiedererkennen) und immer nur auf die letzte Aktion ihres „Partners" reagieren (so daß die ihnen abverlangte Gedächtnisleistung minimal ist). Gleichgültig ist dabei, ob es sich bei den betreffenden Wesen um solche von der Größenordnung der Bakterien, ob es sich um kleine oder große Tiere oder um Nationen handelt. Erforderlich ist nicht „reflektierende Vernunft"; man könnte *AUGE UM AUGE* denn auch eher „reflektorisch" (nämlich simpel wie das reflexhafte Zucken des Knies unter dem Hämmerchen) als „reflektierend" nennen.

*   *   *

All jenen, die meinen, es könne zu sittlichem Handeln gegenüber anderen nur kommen, wenn entweder eine ganz äußerliche und schreckliche Drohung (à la Höllenfeuer) oder eine beruhigende Aussicht auf himmlischen Lohn (à la ewige Seligkeit) im Spiel ist, müssen die Ergebnisse dieser Forschungsarbeit entschieden zu denken geben. In einem Satz faßt Axelrod seinen ganzen Befund zusammen: *In einer Welt von Egoisten kann beiderseitige Kooperation durchaus ohne zentrale Kontrolle entstehen, sofern nur eine Gruppe von Individuen da ist, die auf Gegenseitigkeit setzen.*

In der heutigen Welt gibt es so viele Situationen, für die, wie es aussieht, diese Gedanken im höchsten Maße relevant – ja, dringend erforderlich – sind, daß es einen lockt, möglichst umfassende Lehren aus ihnen zu ziehen. In den letzten Kapiteln seines Buches gibt Axelrod denn auch Ratschläge, wie man der Kooperation im zwischenmenschlichen Handeln Geltung verschaffen könnte, und ganz zum Schluß wagt sich der Politologe in ihm vorsichtig an einige allgemeine Überlegungen zu Menschheitsproblemen, mit denen ich auch meinen Artikel in passender Weise abschließen kann:

> Die wichtigsten Menschheitsprobleme trifft man heutzutage in der Arena der internationalen Beziehungen an, in der unabhängige, egoistische Nationen einander in quasi-anarchischen Verhältnissen gegenüberstehen. Viele dieser Probleme haben die Form eines Wiederholungs-Gefangenendilemmas. Da geht es beispielsweise um Wettrüsten, Verbreitung von Atomwaffen, Krisenmanagement und militärische Eskalation. Selbstverständlich müßte ein wirklichkeitsnahes Verständnis dieser Probleme zahlreiche Faktoren mit einbeziehen, die in der vereinfachten Form des Gefangenendilemmas keinen Platz haben, wie etwa Ideologie, büro-

kratische Zwänge für die Politik, Verpflichtungen, Koalitionen, Vermittlerfunktionen und Führungsrollen. Gleichwohl ist jede Einsicht nützlich, derer wir habhaft werden können.

Robert Gilpin weist [in seinem Buch *War and Change in World Politics*.] darauf hin, daß alle politische Theorie – von den alten Griechen bis zur heutigen Wissenschaft – eine Grundfrage stellt: „Wie kann die Menschheit – ob nun in selbstsüchtiger oder in eher kosmopolitischer Absicht – die scheinbar blinden Kräfte der Geschichte verstehen und kontrollieren?" In der heutigen Welt ist angesichts der Entwicklung der Atomwaffen diese Frage besonders akut geworden.

Der Rat, den dieses Buch den Spielern des Gefangenendilemmas erteilt, wäre auch für die politischen Führungen von Nutzen: Sei nicht mißgünstig, steige nicht als erster aus, erwidere jede Kooperation, aber auch jeden Ausstieg, und sei nicht zu raffiniert. Ebenso könnten die in diesem Buch diskutierten Techniken der Durchsetzung der Kooperation im Gefangenendilemma nützlich sein für die Durchsetzung der Kooperation in der internationalen Politik.

Das eigentliche Problem liegt darin, daß Lernen nach der Versuch-und-Irrtum-Methode zeitraubend und mühselig ist. Für langfristige Entwicklungen mögen die Bedingungen günstig sein, aber womöglich bleibt uns gar nicht mehr die Zeit, blinde Prozesse abzuwarten, die uns dann allmählich zu beiderseits lohnenden und auf Reziprozität gegründeten Strategien bringen würden. Vielleicht können wir aber auch, durch bessere Einsicht in diesen Prozeß, ein Zukunftswissen erwerben, das uns die Entwicklung der Kooperation beschleunigen hilft.

Postskriptum

Während ich diesen Artikel schrieb und die angesprochenen Probleme durchdachte, fand ich mich zwangsläufig immer wieder konfrontiert mit der Paradoxie, welche das Gefangenendilemma darstellt. Ich konnte, wie ich merkte, den scheinbar einwandfreien logischen Schluß nicht akzeptieren, daß in einer sich *nicht* wiederholenden Situation ein vernünftiger Spieler stets aussteigt. Ich überlegte mir das hin und her und versuchte, meine Einwände deutlich zu formulieren, und dabei dachte ich mir von der Ausgangssituation her eine Variante nach der anderen aus. Einige dieser Varianten möchte ich gerne hier darstellen.

Es gibt eine Version des Händler-Käufer-Szenarios – jener Geschichte mit dem Austausch von Beuteln im Wald –, die einem in vertrauterem Zusammenhang tatsächlich begegnen kann. Angenommen, ich bringe mein Auto zum Ölwechsel. Ich habe wenig technische Ahnung von Autos, daher habe ich beim Abholen des Wagens eigentlich überhaupt keine Möglichkeit, zu überprüfen, ob sie meinen Auftrag wirklich erledigt haben. Nach allem, was ich weiß, kann das Auto den ganzen Tag über unberührt auf ihrem Parkplatz gestanden haben, und wenn ich fortfahre, lachen sie sich vielleicht hinter meinem Rücken ins Fäustchen. Aber womöglich bin auch *ich* derjenige, der zuletzt lacht, denn wie sollen *sie* wissen, ob der Scheck, den ich ihnen dagelassen habe, überhaupt gedeckt ist?

Dieses Beispiel zeigt perfekt, wie jeder von uns aussteigen *könnte*, es aber voraussichtlich nicht tut, da die Situation sich ja wiederholen wird. Angenommen hingegen, ich fahre über Land, bekomme irgendwo Ärger mit dem Kühler und bleibe in der nächsten Stadt, um ihn reparieren zu lassen. Mit einiger Wahrscheinlichkeit wird nun die eine oder die andere Partei auszusteigen versuchen, da sich eine derartige Situation nicht wiederholen wird. Voraussichtlich werde ich die Dienste dieser Werkstatt nie wieder in Anspruch nehmen, und sie werden keinen weiteren Scheck von mir erhalten. Auf den allerersten Blick liegt es deshalb weder in meinem Interesse, ihnen einen einwandfreien Scheck auszuhändigen, noch in ihrem Interesse, meinen Wagen wieder in Ordnung zu bringen. Aber steige ich wirklich aus? Übergebe ich ungedeckte Schecks? Nein. Warum nicht?

Hier eine ganz ähnliche Situation. Spät abends knalle ich auf einem verlassenen Parkplatz gegen ein anderes Auto. Mir ist klar, daß niemand Zeuge des Unfalls geworden ist. Nun habe ich die Wahl: Ich kann einen Zettel hinterlassen, auf dem ich notiere, wer der Schuldige ist, oder ich kann mich ungestraft aus dem Staub machen. Was von beidem tue ich? Angenommen den anderen Fall, ich habe eine Vorlesung an einer Universität gehalten, an der ich nur einen Tag lang bleibe, und habe die Tafel über und über mit Kreide beschrieben. Mache ich mir die Mühe, die Tafel zu säubern, so daß derjenige, der am nächsten Morgen in den Seminarraum kommt, sich das ersparen kann? Oder lasse ich sie einfach, wie sie ist?

* * *

Kürzlich wartete ich darauf, an Bord eines Flugzeugs zu gehen, als eine Stimme ansagte: „Als erste bitte die Fluggäste, die in den Reihen 24 bis 36 sitzen.“ Nun, ich saß in Reihe 4, also wartete ich. Wenige Minuten später bat die Stimme die Passagiere aus den Reihen 18 bis 36 am Bord. Mehrere Leute standen auf und gingen ins Flugzeug. Nach zwei weiteren Minuten waren die Reihen 10 bis 36 dran. Etwa ein Dutzend Menschen blieben im Warteraum zurück. Eine Weile warteten wir geduldig auf die Ansage, mit der auch wir an Bord gebeten würden, doch etwa fünf Minuten später wurden die Leute ein bißchen unruhig und begannen, sich bis zur Schranke vorzudrängeln. Nach zwei oder drei weiteren Minuten gingen zwei Fluggäste einfach los. Wir übrigen fragten uns: „Sollen wir auch gehen? Lassen die uns sonst hier sitzen?“ Für die meisten war die Antwort sonnenklar: Sie stürzten an Bord. Und als auch *sie* weg waren, kamen wir uns irgendwie dumm vor und gingen einfach ebenfalls. Ja, es war eine richtige Massenbewegung, die aus kooperativen Leuten Aussteiger machte. Auch diejenigen, die die Bewegung auslösten, hatten zu Beginn ja kooperiert, nach einer Weile indessen wurde die Versuchung zu groß, und sie gaben auf. An diesem Punkt trat so etwas wie ein Phasenwechsel, ein kollektiver Umschwung ein, und die Stabilität der geduldigen Kooperation löste sich auf in eine chaotische Rangelei um die Plätze. In Wirklichkeit war es nicht gar so schlimm, und es gab einen guten Grund, warum wir doch vergleichsweise gesittet an Bord gingen: Wir hatten ja alle Platzkarten, und daher war es gleichgültig, wer als erster reinkam. Doch man stelle sich vor, die ersten Aussteiger hätten auch mit Sicherheit auf die besten der übriggebliebenen Plätze zählen können! Für ein Dilemma dieser Art hat der zeitgenössische Aphoristiker Ashleigh Brilliant haarscharf die richtigen Bonmots gefunden:

Soll ich den Regeln treu bleiben, bis sie geändert sind, oder ihre Änderung beschleunigen helfen, indem ich sie durchbreche?

Renne lieber los, bevor das Rennen losgeht!

Beim Nachgrübeln über das Gefangenendilemma mußte ich unwillkürlich an die grauenhaften Szenen in den Konzentrationslagern der Nazis denken, in denen riesige Herden unbewaffneter Menschen von kleinen Trupps Bewaffneter in den Tod geführt wurden. Wahrscheinlich hätten die Massen, wenn sie losgestürmt wären, die kleine Zahl von Bewachern schnell überwältigen können, zumindest an einzelnen Stellen, wo es schwierige enge Durchlässe gab. Das Problem ist nur, daß ein paar ultra-kooperative Menschen die Befreiung vieler anderer mit ihrem Leben hätten bezahlen müssen. In der Regel sind die Menschen aber nicht willens, einen solchen Tausch zu machen. Niemand läuft gerne in den vorderen Reihen einer Protestdemonstration, die sich einer Truppe mit Maschinengewehren gegenübersieht. Jeder möchte im Hintergrund bleiben. Aber nicht alle können im Hintergrund sein! Wenn niemand in den vorderen Reihen gehen will, gibt es keine vorderen Reihen und folglich überhaupt keine Demonstration.

* * *

Autofahren hat etwas Primitives an sich, und das bringt das Tier in uns allen zum Vorschein; vermutlich konfrontiert es uns deshalb so häufig mit Situationen à la Gefangenendilemma – häufiger als jede andere mir bekannte Tätigkeit. Kennt nicht jeder jene üblen Autofahrer, die angesichts einer langen Schlange vor einer Autobahnausfahrt an all den gesittet wartenden Autos vorbeidüsen und sich dann 50 Autos weiter vorn im allerletzten Moment dazwischendrängen? Sind Sie sauer auf solche Leute, oder machen Sie es genauso? Oder schlimmer: Machen Sie es ebenso und nehmen es anderen trotzdem übel, wenn sie sich solche Frechheiten herausnehmen?

Ich bin schockiert gewesen von dem ziemlich barbarischen Fahrstil, der in der Gegend um Boston herrscht. Ich kenne keine andere Stadt, in der die Leute so entschlossen sind, das Gesetz in die eigenen Hände zu nehmen und die komplette Anarchie zu schaffen. Allem Anschein nach gibt es dort weniger Respekt vor Dingen wie Ampeln, Stopschildern, Fahrbahnmarkierungen, Geschwindigkeitsbegrenzungen, fremden Autos etc. als in irgendeiner anderen Stadt, in irgendeinem anderen Bundesstaat oder Land, in dem ich jemals gefahren bin. Diese unablässige „Zuerst-Ich"-Attitüde scheint ein – selbstverstärkender – Teufelskreis zu sein. Da es so viele Leute *gibt*, die schlechterdings tun, was ihnen gerade einfällt, kann niemand es sich leisten, entgegenkommend zu sein und (beispielsweise) anderen Autofahrern den Vortritt zu lassen, denn dann wird man nur immer wieder übervorteilt und zieht schließlich total den Kürzeren. Man *muß* sich einfach in vielen Situationen behaupten, und das heißt: Man muß *aussteigen.* Selbstverständlich macht ein einzelner Ausstieg noch keinen *A-TOTAL*-Spieler. Ein Vergeltungs-Ausstieg ist ja bloß gute alte *AUGE-UM-AUGE*-Taktik. Aber selbst wenn man in Boston viel Auto fährt, hat man keine Möglichkeit, es einem üblen Autofahrer heimzuzahlen, der einen schneidet und dann mit quietschenden Reifen um die Ecke verschwindet. Der ist ein für allemal weg. Man kann seinen Frust nur an den übrigen Autofahrern neben und vor einem auslassen, die freilich für *diesen* Fahrer gar nicht verantwortlich sind. Man kann *sie* ihrerseits schneiden. Nützt das was? Das heißt: Kann es irgend jemandem eine Lehre sein? Ohne jeden Zweifel lernen andere daraus nur, daß Aussteigen sich rentiert. Und so fängt die Spirale an.

Gibt es eine Möglichkeit, um diese absteigende Spirale, den Strudel der Gleichgültigkeit zu stoppen? Gibt es irgendeinen Punkt, an dem die Bewohner von Boston endlich als Kollektiv begreifen werden, daß es *so* schlimm geworden ist, daß sie auf einmal alle „umschalten" und anfangen, in Situationen zu kooperieren, in denen sie zuvor ausgestiegen wären? Kann es – ganz ebenso wie eine Massenbewegung zum Ausstieg – auch eine Massenbewegung zur Kooperation geben?

Soviel ist klar: wenn viele anfingen, weniger aggressiv und bösartig zu fahren, würden alle davon profitieren. Riesige Verkehrsstaus würden sich auflösen – ja, gar nicht erst entstehen. Der Verkehr würde sanft und gleichmäßig fließen. Die Randstreifen, jene bei Aussteigern so beliebten unrechtmäßigen Ausweichbahnen, wären total leer. So leer in der Tat, daß – denken Sie bloß – wir beide, Sie und ich, phantastisch vorankommen könnten, indem wir auf einen leeren Randstreifen ausweichen und an allen vorbeifahren würden. Jippie! Ist das ein Spaß! Die andern da, die auf der langsamen Fahrbahn bleiben und uns anglotzen, sind doch ganz schöne *Dussel*! He, wieso kommen andere jetzt auch einfach an? Das ist *unsere* Bahn. Aha, der in dem gelben Auto will wohl ein bißchen schummeln, was? Dem werd ich zeigen, was Schummeln *wirklich* heißt!

Klingt irgendwie bekannt? Gibt es ein Mittel gegen solche grauenhaften Spiralen? Manchmal bin ich in diesem Punkt sehr pessimistisch. Mit Anatol Rapoport hatte ich einen Briefwechsel zu dem Thema, und dabei erzählte er eine erschreckende Geschichte:

> Haben Sie von Martin Shubiks Experiment gehört, bei dem eine Dollarnote für 3,40 Dollar versteigert wurde? Dies war das Ergebnis einer Spielregel (deren Implikationen die Teilnehmer erst zu ahnen begannen, als sie bereits angebissen hatten), nach der der Meistbietende die Dollarnote erhielt, zugleich aber derjenige mit dem zweithöchsten Angebot die zuletzt von ihm gebotene Summe zu zahlen hatte. So entstand ein Zwang zum Weitermachen, da der zweite Anbieter (wer immer das jeweils war) nach und nach, mit steigendem Einsatz, immer mehr zu verlieren hatte. Sind Reagan und Andropow zu dumm, um diese Crux zu sehen? ...
>
> Nach meiner Ansicht treibt der „technologische Imperativ" die Menschheit in den Untergang. Immer schrecklichere Waffen müssen produziert werden, einfach nur deswegen, weil ihre Produktion *möglich* ist. Schließlich muß man sie dann auch benutzen, um die irrsinnige Verschwendung zu rechtfertigen. So wird man förmlich gezwungen, die „Logik" des auf „Abschreckung", „Kräftegleichgewicht" und ähnliche Metaphern gegründeten Modells lückenlos und damit unangreifbar zu machen.
>
> Ich glaube nicht, daß der Verstand in irgendeiner Weise am Teufelskreis des Wettrüstens beteiligt ist. Die Regierenden denken zwar, sie treffen die Entscheidungen. Würden sie aber auf K (Kooperation) setzen, wären sie nicht da, wo sie sind. Fingen sie während ihrer

> Amtszeit an, K zu spielen, würden sie zur Rechenschaft gezogen, abgesetzt oder umgebracht. Heißt das, daß A-Spieler die auserwählten sind? Kurzfristig vielleicht ja, aber nicht gemessen an der langfristigen Evolution. Allem Anschein nach ist der *Homo sapiens* nicht das letzte Wort, doch für mich als Anthropozentriker ist das kein Trost.

Ziemlich ernüchternde Worte von einem der führenden, der Vernunft verpflichteten Denker unserer Zeit.

Sektion VII:
Sachverstand und Strategien

Sektion VII: Sachverstand und Strategien

In den vier Kapiteln dieses letzten Abschnitts werden Themen des vorangegangenen Abschnitts weiterentwickelt sowie mit alltäglichen sozialen Dilemmata und am Ende auch mit der aktuellen weltpolitischen Situation in Zusammenhang gebracht. Im kleinen stoßen wir beständig auf dilemmatische Situationen à la Gefangenendilemma, in denen persönliche Habsucht und sozialer Nutzen miteinander konfligieren. Um welche zwei Personen es dabei immer gehen mag, das Dilemma ist im Grunde das gleiche. Was wäre in derartigen Situationen vernünftig? Entscheidend für wahre Vernunft ist dies: Jeder einzelne muß imstande sein, nicht nur zu erkennen, daß das Dilemma symmetrisch angelegt ist, sondern auch, daß andere, die ihm gegenüberstehen, dies gleichermaßen erkennen können. Solche Individuen – die ungeachtet aller vom nackten Egoismus ausgehenden Verlockungen miteinander kooperieren – sind mehr als bloß *rational;* sie sind *superrational* oder, kurz, *vernünftig.* Doch auch im Übermenschlichen gibt es Dilemmata und „Egos“. Wir leben in einer Welt voller widerstreitender Glaubenssysteme, die sich zum Verwechseln ähnlich sind, deren Anhänger indessen blind sind für jene Symmetrie. Diese Beschreibung paßt nicht bloß auf Myriaden winziger Konflikte in der Welt, sondern ganz ebenso für den kolossal blödsinnigen Gegensatz zwischen Vereinigten Staaten und Sowjetunion. Doch die Erkenntnis der Symmetrie – kurz, die Vernunft – hat sich noch nicht durchgesetzt. Vielmehr nimmt,

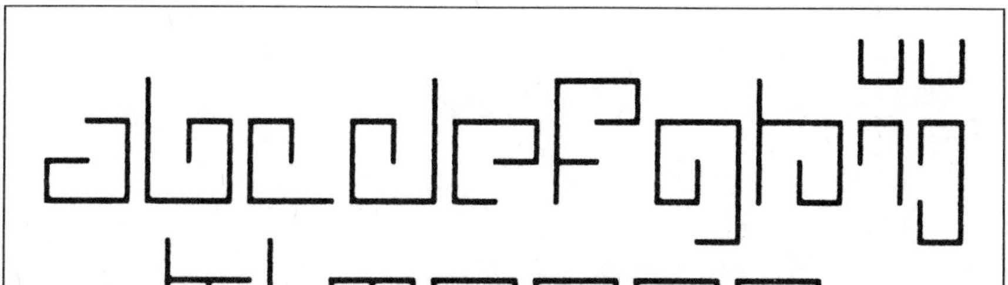

so wie es aussieht, die Unvernunft nur zu, statt durch Vernunft verdrängt zu werden. Wie hat eine intelligente Gattung wie die unsere es bloß fertiggebracht, sich in dieses furchtbare Dilemma hineinzumanövrieren? Wie kann sie sich da wieder heraushelfen? Sind wir alle, die wir das Drama vor unseren Augen abrollen sehen, hilflos, oder liegt, für jeden einzelnen von uns, die Antwort darin, daß wir erkennen, wie typisch wir uns verhalten, und (jeder für sich) kleine Schritte in Richtung Vernunft machen?

29
Dilemmata für superrationale Denker und ein Verlockendes Lotteriespiel

Juni 1983

Und dann bekommen Sie eines schönen Tages aus heiterem Himmel einen Brief von S. N. Platonia, dem bekannten Ölbillionär aus Oklahoma, in dem steht, daß zwanzig führende, der Vernunft verpflichtete Denker ausgesucht worden sind, an einem kleinen Spiel teilzunehmen. „Sie sind einer von ihnen!" heißt es darin. „Jeder von Ihnen kann eine Milliarde Dollar gewinnen, gestiftet von dem Platonia-Institut zur Erforschung der menschlichen Unvernunft. Und so wird es gemacht. Wenn Sie wollen, schicken Sie ein Telegramm mit nur Ihrem Namen darauf an das Platonia-Institut in Frogville, Oklahoma. Die Spesen gehen auf unser Konto. Wenn Sie innerhalb von 48 Stunden antworten, gehört die Milliarde Ihnen – es sei denn, es gibt zwei oder mehrere Antworten, in welchem Fall der Preis an niemanden vergeben wird. Und wenn keiner antwortet, wird es überhaupt keinen Preis für niemanden geben."

Sie haben keine Möglichkeit, herauszubekommen, wer die anderen neunzehn Teilnehmer sind. Ausdrücklich sagt der Brief des Platonia-Instituts, daß das ganze Angebot zurückgezogen wird, sollte irgendein Teilnehmer bei irgendeinem Versuch entdeckt werden, die Identität irgendeines anderen Teilnehmers in Erfahrung zu bringen oder mit ihm in Kontakt zu treten. Darüber hinaus ist es Bedingung, daß der Gewinner (wenn es einen gibt) sich schriftlich verpflichten muß, das gewonnene Geld mit keinem der Teilnehmer zu irgendeiner Zeit in der Zukunft zu teilen. Damit soll jeder Gedanke an Kooperation vor oder nach der Preisverleihung im Keim erstickt werden.

Die Sache ist, daß niemand weiß, was der andere tut. Natürlich will jeder die Milliarde haben. Natürlich sieht jeder ein, daß seine Chancen gleich null sind, wenn er seinen Namen *nicht* hinsetzt. Werden nun deswegen zwanzig Telegramme in Frogville eintrudeln, was beweisen würde, daß auch ein überragender Verstand – und den hat man natürlich – bei dieser schauderhaften Situation von keinem Nutzen ist?

Das ist das „Platonia-Dilemma", ein kleines Szenario, das ich mir neulich ausgedacht habe, um mit dem Gefangenendilemma, über das ich letzten Monat geschrieben habe, besser zurechtzukommen. Das Gefangenendilemma kann in Termini formuliert werden, die diesem Dilemma hier ähnlich sind. Und zwar wie folgt: Stellen Sie sich vor, Sie bekommen vom Platonia-Institut einen Brief, in dem steht, daß Sie und nur *ein* anderer anonymer führender rationaler Denker ausgesucht worden sind, in den Genuß einer bescheidenen Geldverteilung zu kommen. Wie oben werden Sie beide gebeten, innerhalb von 48 Stunden mit einem Telegramm an das Platonia-Institut zu antworten, bei Übernahme der Kosten. Abgesehen von Ihrem Namen soll das Telegramm nur das

Wort „Kooperation“ oder das Wort „Aussteigen“ enthalten. Wenn zwei „Kooperationen“ eintreffen, bekommen beide von Ihnen $ 3. Treffen zwei „Ausstiege“ ein, bekommen Sie beide $ 1. Trifft von jedem nur eines ein, so bekommt der Kooperateur nichts und der Aussteiger $ 5.

Wie würden Sie sich entscheiden? Schön wäre es, wenn Sie beide kooperierten, denn dann könnten Sie jeder $ 3 bekommen. Aber ist das nicht ein bißchen unwahrscheinlich? Wer möchte sich schließlich von einem niederträchtigen, gemeinen, spitzbübischen Aussteiger, der $ 5 für seine Heimtücke kassiert, übers Ohr hauen lassen? Bestimmt doch nicht *Sie!* Also werden Sie sich wahrscheinlich gegen die Kooperation entscheiden. Es scheint eine bedauerliche, aber notwendige Entscheidung zu sein. Natürlich kommen Sie beide, die Sie ähnlich argumentieren, zu demselben Schluß. Also steigen Sie beide aus und erhalten auf diese Weise jeder bloß einen Dollar. Und doch – hätten Sie beide nur etwas mehr gewagt, so hätten Sie jeder $ 3 bekommen können. Wie schade!

* * *

Mein Unbehagen an dieser offensichtlich logischen Analyse des „Ein-Runden-Gefangenendilemmas“ hat mich dazu gebracht, folgenden Brief zu formulieren, den ich in Absprache mit dem *Scientific American* an zwanzig Freunde verschickt habe:

Liebe(r) X,

ich schicke diesen Brief per Eilzustellung an zwanzig von Euch (das heißt, verschiedene Freunde von mir im Lande). Ich schlage Euch allen ein Ein-Runden-Gefangenendilemma-Spiel vor, gespielt wird um Geld (vom *Scientific American* zur Verfügung gestellt). Es ist sehr einfach. Und so wird's gemacht.

Jeder von Euch gibt mir einen einzigen Buchstaben: „K“ oder „A“, was für „Kooperation“ oder „Aussteigen“ steht. Das gilt als Zug in einem Gefangenendilemma mit *jedem* der neunzehn anderen Spieler. Die Gewinnmatrix, die ich für das Gefangenendilemma benütze, ist im Diagramm (s. Abb. 28-1c) zu sehen.

Wenn also jeder „K“ einschickt, bekommt jeder $ 57; wenn jeder „A“ einschickt, bekommt jeder $ 19. Ihr könnt nicht verlieren! Und natürlich bekommt jeder, der „A“ einschickt, mindestens genausoviel wie jedermann sonst. Wenn zum Beispiel 11 Leute „K“ einschicken und 9 „A“, dann bekommen die 11 „K“-er von jedem anderen „K“-er $ 3 (macht $ 30) und von den „A“-ern nichts. So bekommt jeder „K“-er $ 30. Im Unterschied dazu nehmen die „A“-er von jedem der „A“-er $ 5 auf, macht $ 55, und von jedem der anderen „K“-er $ 1, macht $ 8, eine Gesamtsumme von $ 63. Wie auch immer die Verteilung ist, „A“-er kommen immer besser weg als „K“-er. Natürlich, je mehr „K“-er es gibt, desto besser für *jeden!*

Dabei möchte ich klarstellen, daß Ihr bei Eurer Entscheidung nicht danach streben solltet, *Gewinner* zu sein, sondern einfach so viel *Geld* wie möglich zu bekommen. Daher solltet Ihr mit $ 30 (sagen wir, als Ergebnis eines mit 10 anderen angegebenen „K“, obwohl die 9 „A“-Angeber mehr als Ihr bekommen) zufriedener sein als mit $ 19 (indem Ihr zusammen mit jedermann „A“ angegeben habt, so daß Euch niemand „schlagen“ kann). Darüber hinaus müßt Ihr Euch den Gedanken aus dem Kopf schlagen, Euch irgendwann später mit Euren Mit-Teilnehmern treffen und die Summe mit ihnen teilen zu wollen. Euer Streben geht nicht dahin, die Gesamtzahl der von *Scientific American* zu verteilenden Dollars zu vergrößern, sondern den *Euch* zukommenden Anteil!

Natürlich hofft Ihr, der *einzige* Aussteiger zu sein und damit alles abzusahnen: bei 19 „K"-ern bekommt Ihr $ 95 und alle anderen 18mal $ 3, das sind $ 54! Aber warum soll ich Euch das alles vorrechnen? Ihr seid sehr intelligent. Alle von Euch! In der Tat, ich würde sagen, alle ungefähr gleich intelligent. Was Ihr also nur noch zu tun braucht, ist, mir Eure Entscheidung mitzuteilen. Ich möchte alle Antworten telephonisch (R-Gespräch bitte), und zwar an dem Tag, an dem Ihr diesen Brief erhaltet.

Zur Spielregel gehört (das versteht sich *fast,* aber nicht ganz von selbst), daß Ihr nicht versuchen dürft, mit jemandem, von dem Ihr denkt, daß er zur Teilnahme aufgefordert worden ist, in Kontakt zu treten und Euch mit ihm zu besprechen. Besprecht Euch tatsächlich bitte mit niemandem. Es geht darum, zu sehen, was Leute auf sich selbst gestellt und ganz alleine machen. Schließlich würde ich mich sehr über ein kurzes Statement freuen, in dem Ihr mir mitteilt, warum Ihr Euch für diese bestimmte Wahl entschieden habt.

Euer ...

P. S. Übrigens, vielleicht hilft Euch die Vorstellung einer verwandten Situation, die gleiche wie diese hier, nur daß gesagt wird, daß alle anderen Spieler *bereits* ihre Wahl getroffen haben (sagen wir, vor einer Woche) und daß Ihr der letzte seid. Was macht Ihr in diesem Fall? Setzt Ihr ein „A" ein, wohl wissend, daß *ihre* Antworten schon zu Papier gebracht worden sind? Nehmen wir einmal an, daß Ihr, unmittelbar nachdem Ihr in diesem Fall Euer „A" (oder Euer „K") hingesetzt habt, erfahrt, daß die anderen in Wirklichkeit ihre Antwort noch *nicht* niedergeschrieben haben, aber daß sie es alle heute tun werden. Würdet Ihr Eure Antwort zurückziehen? Oder was, wenn Ihr wüßtet (oder wenn es Euch gesagt würde), daß Ihr die *erste* Person seid, die um eine Antwort gebeten wird?

Und – eine letzte Überlegung – was würdet Ihr tun, wenn die Gewinnmatrix so aussähe wie in Abb. 29-1a dargestellt?

Spieler B

		kooperiert	steigt aus
Spieler A	kooperiert	(3,3)	(0,50)
	steigt aus	(50,0)	(01,01)

(a)

Spieler B

		enthält sich	drückt Knopf
Spieler A	enthält sich	(1000,1000)	(0,100)
	drückt Knopf	(100,0)	(100,100)

(b)

Abbildung 29-1. (a) ist eine Modifikation von Abb. 28-1 (c). Hier ist der Anreiz zu einem Ausstieg beachtlich stärker. (b) zeigt die Gewinnmatrix für eine Situation des Wolfschen Dilemmas, die nur zwei Teilnehmer einschließt. Vergleiche sie mit derjenigen in Abb. 28-1 (c).

*   *   *

Ich möchte betonen, daß diese Situation keine *Iteration* des Gefangenendilemmas ist (Diskussionsgegenstand der letzten Monatskolumne). Es ist ein Ein-Runden-Gefangenendilemma mit mehreren Personen. Es gibt keine Möglichkeit, im Laufe der Zeit irgend etwas über die möglichen Spielzüge der anderen zu lernen. Daher finden alle Lernprozesse, die wir im letzten Monat beschrieben haben, hier nicht statt, da sie einen iterativen Charakter der Situation voraussetzen. Das einzige, woran sich jeder einzelne Empfänger meines Briefes halten konnte, war der Gedanke: „Da draußen gibt es neunzehn Leute, ungefähr wie ich, alle im selben Boot, alle mit demselben Problem befaßt wie ich." Mit anderen Worten, hier konnte man sich nur auf reine Vernunft verlassen.

Diesen Brief zu schreiben, zu überlegen, wem ich ihn sende, die Antworten zu antizipieren und dann zu erhalten, das alles hat mir großen Spaß gemacht. Zum Beispiel fand ich es lustig, zwei Freunden, die ich täglich sah, ohne jede Vorwarnung Eilbriefe zu schicken. Ich fand es auch lustig, einer Frau und ihrem Mann zwei identische Briefe an dieselbe Adresse zu schicken.

Bevor ich die Ergebnisse verrate, bitte ich Sie zu überlegen, wie Sie sich in einem solchen Wettbewerb verhalten würden. Vor allem würde ich Sie bitten, die Behauptung „jeder ist sehr intelligent" ernst zu nehmen. Lassen Sie mich noch einmal ausführen, was ich damit meine, da ich das Gefühl habe, daß die Leute diesen Punkt vielleicht etwas mißverstanden hatten. Stellen Sie sich bitte daher vor, der Brief enthielte noch folgenden klärenden Abschnitt:

> Ihr seid alle sehr vernünftige Leute. Deswegen brauche ich kaum zu sagen, daß Ihr so handeln sollt, wie es Euch am vernünftigsten erscheint. Daher sind besonders Gefühle des Moralischen, der Schuld, des vagen Unbehagens usw. auszuschließen. Grundlage Eurer Entscheidung sollte reine Überlegung sein (Überlegung über die Überlegung der anderen natürlich eingeschlossen). Und vergeßt nicht, daß jedem dasselbe gesagt wird (eben *dies* eingeschlossen!)!

Ich hatte gehofft – und erwartet –, daß dieses Experiment zu einem bestimmten Ergebnis führen würde. Als ich in den nächsten Tagen die telephonischen Antworten entgegennahm, machte ich mir schnelle Notizen, so daß ich eine Liste von Gründen zusammenbrachte, die die verschiedenen Leute zu ihren Entscheidungen bewogen hatten. Das Ergebnis war anders als ich erwartet hatte. In der Tat haben mich meine Freunde ganz schön auflaufen lassen. Wir gerieten in einen hitzigen Streit darüber, was hier als „vernünftig" zu tun sei, und jeder nahm an diesem ganzen Problem großen Anteil.

Einige der Reaktionen meiner Freunde in dieser delikaten Situation möchte ich gerne wiedergeben. David Policansky begann seinen Anruf mit der knappen Aufforderung: „Okay, Hofstadter, gib mir die 19 Dollar!" Dann begründete er seinen Ausstieg: „Was du von uns verlangst, läuft darauf hinaus, einen von zwei Knöpfen zu drücken, wobei wir nur wissen, daß, wenn wir Knopf A drücken, wir mehr bekommen, als wenn wir Knopf K drücken. Daher ist A besser. Das ist im wesentlichen mein Argument. Ich steige aus."

Martin Gardner (ja, auch Martin bat ich um Teilnahme) brachte die gefühlsmäßigen Schwankungen ganz gut zum Ausdruck, durch die er und viele andere hindurchgegangen waren. „Ein schreckliches Dilemma", sagte er, „Ich weiß wirklich nicht, was damit tun. Wenn ich mein Geld maximieren wollte, würde ich A wählen und erwarten, daß andere es auch täten; um meine Genugtuung zu maximieren, würde ich K wählen und hoffen, daß andere Leute dasselbe tun würden (nach dem Kantischen Imperativ). Ich weiß jedoch nicht, wie man sich *rational* verhalten sollte. Man kommt in endlose Regresse: ‚Wenn sie alle ein X machen, sollte ich ein Y machen, aber dann würden sie das antizipieren, und so . . .' Man gerät in einen endlosen Strudel. Es ist wie das Newcombsche Paradox." Mit diesen Worten stieg Martin mit einem Seufzer des Bedauerns aus.

Wie in einem Echo auf Martins Bekundung seiner Verwirrung sagte Chris Morgan: „Ich bin zu dem Schluß gekommen, mehr durch Intuition als durch irgend etwas anderes, daß es keinen Weg gibt, mit den in dieser Situation liegenden Paradoxa fertig zu werden. Also habe ich beschlossen, eine Münze zu werfen. Denn ich kann nicht antizipieren, was die anderen machen werden. Ich denke – aber ich kann nicht wissen –, daß sie sich alle gegenseitig negieren werden." Daher warf Chris am Telephon eine Münze und „entschied" sich für die Kooperation.

Sidney Nagel war sehr unzufrieden mit seiner Schlußfolgerung und drückte großes Bedauern aus: „Letzte Nacht konnte ich nicht schlafen, weil ich immer darüber nachgedacht habe. Ich *wollte* kooperieren, fand aber dafür keine einzige Rechtfertigung. Wie ich es auch drehte: Was ich tue, hat keinen Einfluß darauf, was irgendein anderer tut. Ich könnte ebensogut davon ausgehen, daß alles andere schon festgelegt ist, in welchem Fall es für mich am besten wäre, ein A zu spielen."

Box Axelrod, dessen Arbeit die Überlegenheit kooperativer Strategien im *iterierten* Gefangenendilemma nachweist, sah nicht den leisesten Grund, in einem Ein-Runden-Spiel zu kooperieren und stieg ohne jedes Bedenken aus.

Dorothy Denning faßte sich kurz: „Ich denke, ich steige aus, dann bin ich mindestens immer noch so gut dran, als wenn ich kooperiert hätte. Also steige ich aus." Sie gehörte zu jenen, die mich überraschten. Ihr Mann, Peter, kooperierte. Ich hatte das Gegenteil vorausgesagt.

* * *

Sie haben jetzt wahrscheinlich schon mitgezählt. Ich habe bislang fünf As und zwei Ks erwähnt. Stellen Sie sich vor, Sie wären an meiner Stelle und Sie hätten ungefähr ein Drittel der Telephonate erhalten, wonach der Ausstieg in einem Verhältnis von 5 zu 2 favorisiert wird. Würden Sie soweit gehen, die Statistik auf ungefähr 14 zu 6 hochzurechnen? Wie in aller Welt können sieben individuelle Entscheidungen mit dreizehn *anderen* individuellen Entscheidungen irgend etwas zu tun haben? Wie Sidney Nagel sagte, hat die eine Entscheidung keinen Einfluß auf die andere (es sei denn, man glaubt an eine Art telepathischer Übertragung, eine Möglichkeit, die wir hier unberücksichtigt lassen). Was für einen Grund mögen wir also haben, diese Ergebnisse zu extrapolieren?

Ein jeder solcher Grund würde offensichtlich auf der Idee beruhen, daß die Menschen in irgendeinem Sinne einander „ähnlich" sind. Er würde auf der Überlegung beruhen, daß Menschen in so komplexen und kitzligen Entscheidungen wie diesen auf ein Bündel von Gründen, Vorstellungen, Vorurteilen und vagen Begriffen zurückgreifen, von denen einige sie in eine, andere hingegen in eine andere Richtung drängen, deren Gesamtwirkung aber einen gewissen Prozentsatz der Leute zu der einen Alternative, einen anderen Prozentsatz der Leute zu der anderen drängt. Die Prozentsätze selber kann man nicht voraussagen, aber man kann bei einer gegebenen Gruppe von Leuten in der Situation hoffen, daß ihre Entscheidungen „typisch" ausfallen werden. Der Gedanke, daß frühe Wahlergebnisse, die einen Ausstieg 5 zu 2 favorisieren, zu einem Endergebnis von 14 zu 6 (oder so) extrapoliert werden können, würde also auf der Voraussetzung basieren, daß die sieben Leute für Menschen, die solchen widerstreitenden geistigen Druckkräften ausgesetzt sind, „typisch" handeln.

Der Haken ist, daß die geistigen Druckkräfte nicht genau bestimmt sind; durch Worte werden sie beschworen, aber nicht völlig entziffert. Jede Person verbindet mit jedem Wort und Begriff eine einzigartige Reihe von Vorstellungen und Assoziationen. Und alle diese Vorstellungen und Assoziationen schaffen zusammen im Geist einer Person eine Reihe von geistigen Druckkräften, wie Druckkräfte innerhalb der Erde eine Erdbebenzone. Die Entscheidung eines Menschen zeigt dann das Zusammenwirken all dieser verschiedenen gerichteten Druckkräfte, die man sich wie Kräftevektoren vorstellen könnte, welche in verschiedene Richtungen laufen, wie Kräfte, die von privaten und unmeßbaren Faktoren beeinflußt werden. Die Annahme einer gültigen Extrapolation basiert auf dem Gedanken, daß jeder innerlich gleich ist, nur daß gewisse Begriffe jeweils etwas anders gewichtet sind.

Auf diese Weise kann die Entscheidung eines Menschen mit einem „geophysikalischen Experiment" verglichen werden, dessen Ziel es ist, den Ort eines Erdbebens vorauszusagen. Man entwerfe ein Modell der Erdkruste und trage die Daten ein, die der bestmöglichen Kenntnis der inneren Druckkräfte entsprechen. Da man weiß, daß unser Wissen lückenhaft ist, setzt man für die verschiedenen Variablen nur Werte ein, die „vernünftig" zu sein scheinen. Daher wird ein einmaliger Durchlauf der Simulation noch keine strenge Voraussagekraft haben, aber das macht nichts. Nach einem Durchlauf erhält man eine Verwerfungslinie, die angibt, wo sich die simulierte Erde verschiebt. Dann geht man zurück und wählt andere Werte innerhalb des Bereichs dieser Variablen und zieht das ganze Ding noch einmal durch. Wenn man das öfters getan hat, wird sich vielleicht ein Muster herausbilden, das erkennen läßt, wo die Erde zu Verschiebungen tendiert und wo sie felsenfest ist.

Diese Art Simulation beruht auf einem wesentlichen Prinzip der Statistik: dem Gedanken, daß die Eintragung von wenigen stichprobenartigen Werten in den variablen Bereich nach wenigen Durchläufen ein von der Menge solcher Variablen bestimmtes Gesamtergebnis hervorbringt und bald ein zuverlässiges Modell bereitstellt. Um gültige Trends zu erkennen, ist es nicht nötig, die Simulation millionenfach durchzuführen.

Genau diese Voraussetzung machen ja die Fernsehanstalten, wenn sie aufgrund früher Stimmenauszählungen aus einigen ausgewählten Wahlkreisen das gesamte

Wahlergebnis voraussagen. Sicher gehen sich nicht davon aus, daß der freie Wille in diesen Wahlkreisen irgend „freier" sein könnte als der in den anderen – daß die anderen alles nachmachen, wofür sich die ausgewählten entscheiden. Nur ist der emotionale und intellektuelle Druck auf die Wähler in der ganzen Nation ziemlich gleich. Natürlich kann kein Individuum als repräsentativ für die ganze Nation gelten, aber man kann sehr wohl davon ausgehen, daß eine gut ausgesuchte Gruppe von Wählern in bezug darauf, wie weit sie den verschiedenen Druckkräften der Wahl „nachgibt", für die ganze Nation repräsentativ ist, so daß ihr Abstimmungsverhalten wahrscheinlich generelle Trends der gesamten Wählerschaft anzeigt.

Angenommen, es hätte sich herausgestellt, daß durch mehrere Parlamentswahlen hindurch der Wahlkreis Elbstadt in Niedersachsen und der Wahlkreis Innstadt in Bayern sehr ähnliche Ergebnisse erzielt hätten. Muß deswegen einer der beiden Kreise auf den anderen irgendeine Kausalität ausgeübt haben? Muß man daraus schließen, daß die Kreise in irgendeiner unheimlichen, durch „sympathetische Magie" vermittelten kosmischen Verbindung gestanden haben? Sicher nicht. Es reicht völlig aus, daß sich die Wählerschaft der beiden Kreise gleicht: Der auf das Wählerverhalten ausgeübte Druck wird dann automatisch ähnliche Ergebnisse produzieren. Das ist nicht mysteriöser als die Beobachtung, daß ein Schulmädchen in Elbstadt und ein Schuljunge in Innstadt, darum gebeten, 507 durch 13 zu teilen, die gleiche Antwort geben: Die arithmetischen Gesetze sind in der ganzen Welt dieselben und sie funktionieren ohne jede Hilfe „sympathetischer Magie" in getrennten Köpfen auf gleiche Weise.

Das alles ist eine Sache des gesunden Menschenverstandes; so etwas sollte jeder gebildete Mensch leicht verstehen können. Und doch fühlt man sich etwas seltsam dabei, weil es dem freien Willen zuwiderläuft und die Entscheidungen der Menschen lediglich auf Druckkombinationen mit unbekannten Werten zurückführt. Andererseits dürfte das Phänomen der Entscheidung besser getroffen sein, als wenn man es auf einen „freien Willen" zurückführt, der höchstens ein philosophisch dunkler Begriff ist.

* * *

Was wie eine Abschweifung in Statistik und das Problem der Voraussagbarkeit von individuellen Handlungen versus Gruppenhandlungen ausgesehen haben mag, hat in Wirklichkeit mit der „richtigen Handlung" im Dilemma des Briefes viel zu tun. Die Frage, die uns beschäftigte, war: In welchem Maße können wie *wenige* Leute als Hinweis dafür genommen werden, was *alle* Leute tun werden? Wir können es zuspitzen: In welchem Maße kann *eine* Person als Hinweis dafür genommen werden, was *alle* Leute tun werden? Die letzte Fassung der Frage, formuliert in der ersten Person, spitzt sie witzig zu: In welchem Maße gibt mir *meine* Wahl zu erkennen, wie die anderen Teilnehmer wählen werden?

Man mag vielleicht denken, daß jede Person ganz und gar einzigartig ist und daher keine Person dazu dienen kann, die Handlung anderer Personen vorherzusagen, besonders in einer sehr dilemmatischen Situation. Es geht jedoch um mehr. Ich habe versucht, die Situation so zu konstruieren, daß jeder die gleiche Vorstellung von ihr hat. Im Mittelpunkt dieser Vorstellung sollte der Gedanke stehen, daß jeder in dieser

Situation *nur durch Überlegung* – Überlegung über Überlegung eingeschlossen – zu einer Antwort kommt.

Wenn nun Überlegung eine Antwort gibt, dann sollten alle unabhängig voneinander auf diese Antwort kommen (gerade so, wie das Schulmädchen aus Elbstadt und der Schuljunge aus Innstadt unabhängig voneinander auf die Teilungsaufgabe als Antwort 39 herausbekommen müßten). Diese Tatsache zu bemerken, macht schon den kritischen Schritt in der Überlegung einer richtigen Antwort aus, doch ist dies leider fast allen, denen ich den Brief geschickt hatte, entgangen. (Das ist der Grund, warum ich in den Brief noch gerne einen Abschnitt aufgenommen hätte, der die Rationalität der Spieler hervorhebt.) Ist man einmal auf diese Tatsache gestoßen, dann dämmert es einem, daß *entweder* alle rationalen Spieler A wählen *oder* alle rationalen Spieler K wählen. Das ist die Crux.

Jeder ideale vernünftige Denker, der mit derselben Situation konfrontiert ist und sich mit ähnlichen Denknöten herumschlägt, wird notwendigerweise irgendwann auf dieselbe Antwort kommen, solange jedenfalls, wie reine Überlegung der letzte Rechtsgrund seiner Schlüsse ist. Sonst wäre das Überlegen subjektiv, nicht objektiv wie in der Arithmetik. Ein aus Überlegung gezogener Schluß wäre Sache der Vorliebe, nicht der Notwendigkeit. Das mögen ja *einige* Leute so sehen, aber rationale Denker stimmen darin überein, daß ein gültiges Argument von zwingender *Allgemeinheit* sein muß, sonst ist es einfach kein gültiges Argument.

Wenn man das zugesteht, dann hat man schon den größten Teil des Weges hinter sich gebracht. Jetzt muß man nur noch fragen: „Da wir alle auf denselben Brief reagieren werden, was wäre logischer? Das heißt, welche Welt wäre besser für den *individuellen* rationalen Denker: eine mit allen Ks oder eine mit allen As?“ Die prompte Antwort: „Ich bekomme $ 57, wenn alle kooperieren, $ 19, wenn alle aussteigen. Natürlich ziehe ich $ 57 vor, also wird von diesem einzelnen rationalen Denker die Kooperation vorgezogen. Da ich typisch bin, muß die Kooperation von *allen* rationalen Denkern vorgezogen werden. Also kooperiere ich.“ Man kann es auch anders ausdrücken und das klingt dann noch etwas sonderbarer: „Wenn ich K wähle, wählt jeder K, also bekomme ich $ 57. Wenn ich A wähle, wählt jeder A, also bekomme ich $ 19. Ich habe lieber $ 57 als $ 19, also wähle ich K. Dann tun es die anderen auch, und ich bekomme $ 57.“

* * *

Für manche Leute mag das wie Voodoo oder sympathetische Magie klingen, wie die Vision eines Universums, das von dünnen Fäden der Synchronizität durchzogen ist, die die Gedanken von einem Geist zu einem anderen Geist übermitteln, so wie pneumatische Röhren Botschaften quer durch Paris tragen und die Leute in einer geheimen Harmonie mitschwingen lassen. Nichts könnte von der Wahrheit weiter entfernt sein. Von Telepathie oder merkwürdigen Kausalitäten kann hier keine Rede sein. Es ist nur so, daß der Satz „Ich wähle K, und dann werden es die andern auch tun“, obwohl völlig korrekt, etwas irreführend formuliert ist. Er enthält das Wort „wählen“, das sich mit dem zwingenden Charakter der Logik nicht verträgt. Die Schulkinder *wählen* nicht, was 507 durch 13 ist; sie rechnen es aus. Entsprechend hat mein Brief keine Wahl erlaubt; er erforderte Überlegung. Eine bessere Art, den „Voodoo"-Satz zu formulieren, wäre also: „Wenn Überlegung *mich* dazu führt, K zu sagen, dann wird es, da ich mich in bezug auf rationales Denken von niemandem unterscheide, jeden dazu führen, K zu sagen."

Den entsprechenden Schritt in die andere Richtung („Wenn ich A wähle, dann wird jeder A wählen") kann man sich dadurch verdeutlichen, daß man ihn als einen Gedankengang vorstellt, den das Schulmädchen aus Elbstadt durchläuft, bevor es dividiert: „Hm, ich glaube, daß 507 durch 13 ungefähr 49 ist – vielleicht 39. Ich merke schon, ich muß es ausrechnen. Aber eins weiß ich schon im voraus: *wenn* ich herausfinde, daß es 49 ist, dann kann ich todsicher sein, daß mein Kollege aus Innstadt auf sein Papier auch 49 schreiben wird; und wenn ich als Antwort 39 herausbekomme, dann auch er." Hier sind keine geheimnisvollen Übertragungen im Spiel; nötig ist nur die Universalität und Gleichförmigkeit der Arithmetik. Desgleichen ist das Argument „Was immer ich tue, die anderen werden es auch tun" lediglich ein Satz, der die Überzeugung von der Universalität des Denkens, wenigstens unter rationalen Denkern, ausdrückt und nicht für irgendeine mystische Kausalität votiert.

Diese Analyse zeigt, warum man kooperieren sollte, selbst wenn hier auf dem Tisch die undurchsichtigen Umschläge mit den Antworten der anderen Spieler liegen. Wenn man diese unabänderliche Reihe von Ks und As so konkret vor sich liegen hat, könnte man denken: „Ganz gleich wie sie entschieden haben, bin ich doch besser dran, wenn ich A spiele statt K – denn was ich *jetzt* wähle, das hat sicherlich keinen rückwirkenden Einfluß auf das, was sie wählen. Also steige ich aus." Diese Überlegung jedoch setzt voraus, daß die Logik, die mich jetzt dazu bestimmt, A zu spielen, in keinem Zusammenhang oder keiner Verbindung steht mit jener Logik, die die Entscheidungen der anderen früher bestimmte. Aber wenn man das, was im Brief gesagt wurde, akzeptiert, dann muß man schließen, daß sich die jetzt von mir getroffene Entscheidung in den Spielen innerhalb der Umschläge widerspiegelt. Wenn die Logik mich *jetzt* zwingt, A zu spielen, dann hat sie *bereits* die anderen gezwungen, dasselbe zu tun, und zwar aus denselben Gründen; umgekehrt, wenn mich die Logik K zu spielen zwingt, dann hat sie bereits auch die anderen *dazu* gezwungen.

Nehmen wir an, auf dem Tisch läge ein Stoß Umschläge und darin befänden sich die Antworten anderer Leute zu dem arithmetischen Problem: „Was ist 507 geteilt durch 13?" Nachdem Sie *Ihre* Antwort schnell ausgerechnet haben, wollen Sie Ihr Blatt Papier, auf dem „49" steht, gerade in den Umschlag stecken, da beschließen Sie im letzten Moment, noch einmal nachzuschauen. Sie entdecken Ihren Irrtum und ändern die „4" zu „3". Haben Sie in diesem Moment die Vorstellung, daß sich alle Antworten in den anderen Umschlägen auf dem Absatz umdrehen und von „49" auf „39" wechseln? Natürlich nicht! Sie erkennen lediglich, daß das, was sich ändert, Ihre *Vorstellung* vom Inhalt dieser Umschläge ist, nicht der Inhalt selbst. Sie dachten, es gäbe viele „49". Jetzt denken Sie, es gebe viele „39". Daraus folgt jedoch nicht, daß es da zwischendrin einen Moment gab, in dem Sie dachten: „Sie wechseln alle von ‚49' auf ‚39'!" Sie wären ja verrückt, so zu denken.

Ähnlich ist es mit den As und Ks. Wenn Sie zuerst auf die eine Art spielen wollten und dann nach sorgfältiger Überlegung auf die andere Art umsatteln, werden Ihnen die anderen Spieler natürlich nicht rückwirkend oder gleichzeitig folgen – aber wenn Sie ihnen dieselbe logische Einsicht wie sich selber zutrauen, dann müssen Sie annehmen, daß ihre Antworten dieselben sind wie die Ihrige. Kurz, Sie werden sie nicht unterbieten können; Sie stecken mit ihnen einfach „unter einer Decke", ob Sie es wollen oder nicht! Entweder alle As oder alle Ks! Sie können es sich aussuchen.

Eigentlich ist die Formulierung „Sie können es sich aussuchen" hundertprozentig irreführend. Es ist eben *nicht* so, als könne man es sich „aussuchen" und die anderen Leute würden dann – selbst in der Vergangenheit – magischerweise dasselbe tun. Da Sie sich bei Ihrer „Wahl" von dem leiten lassen, was Sie als zwingende *Logik* erachten, müssen Sie, wenn Sie wirklich den zwingenden Charakter Ihrer Logik ernst nehmen, glauben, daß auch die anderen damit einverstanden sein werden, was bedeutet, daß Sie es sich gerade *nicht* „nur aussuchen". Je mehr Sie von Ihrem Spiel überzeugt sind, desto sicherer müssen Sie in der Tat sein, daß die anderen dasselbe Spiel spielen (oder schon gespielt haben), und zwar aus denselben Gründen. Das gilt, ob Sie K oder A spielen, und das ist der eigentliche Kern der Lösung. Statt eines Paradoxons haben wir es mit einer sich selbst bestätigenden Lösung zu tun: ein *circulus benignus* der Logik.

* * *

Wenn es Ihnen immer noch wie verkehrte Welt vorkommt, dann hören Sie sich diese kleine Geschichte an. Vielleicht bringt sie mehr Licht in die Sache. Nehmen wir an, Sie und Karin seien Liebhaber klassischer Musik. Mit den Jahren haben Sie entdeckt, daß Sie beide in Ihrem Musikgeschmack unglaublich übereinstimmen – ein bemerkenswertes Zusammentreffen! Nun werden eines Tages in der Stadt, in der Sie wohnen, zwei Konzerte gleichzeitig gegeben. Beide kommen Ihnen ausgezeichnet vor, nur daß sich ein Versäumnis des Konzertes A einfach verbietet, während Konzert B eine große Versuchung ist, der man widerstehen muß. Trotzdem sind Sie auf Konzert B sehr neugierig, da Zilenko Buznani, ein Violinist, von dem Sie immer nur Rühmliches gehört haben, spielen wird.

Zuerst sind Sie enttäuscht, doch dann kommt Ihnen eine Idee: „Vielleicht kann mir wenigstens Karin von Zilenko Buznanis Spiel einen Bericht aus erster Hand geben. Da sie und ich alles praktisch mit demselben Ohr hören, käme es fast auf dasselbe hinaus, wenn *sie* für mich ginge." Für einen Moment sind Sie erleichtert, aber dann merken Sie, daß Ihnen da ein Fehler unterlaufen ist. Aus dem gleichen Grund nämlich besteht Karin darauf, das Konzert A zu hören. Schließlich liebt sie die Musik genauso wie Sie – gerade deswegen möchten Sie, daß sie Ihnen vom Konzert B berichtet! Je mehr Sie das Gefühl haben, daß Karins Geschmack dem Ihren gleicht, desto mehr möchten Sie, daß sie in das andere Konzert geht, damit Sie wissen, was es bedeutet hätte, hingegangen zu sein. Aber je mehr ihr Geschmack dem Ihrigen gleicht, desto weniger Lust verspürt sie, hinzugehen.

Sie sind beide durch den gemeinsamen Geschmack aneinander gefesselt. Und wenn es sich herausstellen sollte, daß die Differenz im Geschmack doch groß genug ist, um über die Frage des besseren Konzertes zu streiten, dann hat das nur zur Folge, daß Sie immer mehr Ihr Interesse an einem Bericht von ihr verlieren, da Sie immer weniger darauf vertrauen können, daß ihre Meinung die desjenigen ist, der „mit Ihrem Ohr“ die Musik hört. Es hat, mit anderen Worten, keinen Sinn zu hoffen, daß sie sich für Konzert B entscheidet, da dies gleichzeitig den Grund Ihres *Interesses* an ihrer Konzertwahl untergräbt!

Die Analogie ist hoffentlich klargeworden. Sich für A zu entscheiden, untergräbt gleichzeitig den Grund dazu. Soweit alle von Ihnen wirklich rationale Denker *sind,* soweit werden Sie wirklich in denselben Bahnen denken. Und mein Brief sollte über jeden Zweifel klarmachen, daß Sie alle sich auf gleicher Höhe befinden; das heißt garantieren, daß Sie sich auf die Denkrationalität des anderen verlassen können, was auch schon alles ist, was Sie brauchen.

Nun, nicht ganz. Sie müssen sich nicht nur auf deren Rationalität verlassen können, sondern auch darauf, daß auch sie sich auf die Rationalität aller anderen verlassen *und* darauf, daß sie sich darauf verlassen, daß sich jeder auf die Rationalität jedes anderen verläßt – usw. Eine Gruppe von Denkern, die in dieser Form aufeinander bezogen sind, nenne ich *superrational.* Umgekehrt schließen superrationale Denker in ihren Überlegungen die Tatsache ein, daß sie sich in einer Gruppe superrationaler Denker befinden. Auf diese Weise ähneln sie *renormalisierten* Elementarteilchen.

Durch die Weise, in der ein renormalisiertes Elektron mit z. B. einem renormalisierten Photon interagiert, wird berücksichtigt, daß die quantenmechanische Struktur des Photons ein „virtuelles Elektron“ impliziert und daß die quantenmechanische Struktur des Elektrons ein „virtuelles Photon“ impliziert; berücksichtigt wird darüber hinaus, daß alle diese (selber renormalisierten) Teilchen miteinander interagieren. Ein unendliches Feuerwerk von Möglichkeiten ist die Folge, doch trägt ihnen allen die Natur mit einem Male Rechnung. Desgleichen impliziert Superrationalität oder renormalisiertes Denken die Wahrnehmung aller Konsequenzen aus der Tatsache, daß alle renormalisierten logischen Denker mit derselben Situation befaßt sind – und dies tut es auf einen Schlag, anstatt einem unendlichen Regreß des Denkens über das Denken über das Denken ... zu verfallen.

* * *

„K“ ist die Antwort, die ich von jedem zu erhalten hoffte. Dabei war ich nicht so optimistisch, zu glauben, daß buchstäblich jeder zu dieser Schlußfolgerung kommen würde, aber ich hatte mich doch auf eine Mehrheit eingestellt. Um so bestürzter war ich, als die ersten Eingänge entschieden zum Aussteigen tendierten. Nach einigen weiteren Telephonanrufen bekam ich einige Ks herein, aber mit falscher Begründung. Dan Dennett kooperierte, indem er sagte: „Ich bin lieber derjenige, der die Brooklyn Bridge kaufte, als derjenige, der sie verkaufte. Deswegen fühle ich mich wohler, wenn ich durch Kooperation $ 3 als durch Aussteigen $ 10 zum Ausgeben habe.“

Charles Brenner, den ich für einen todsicheren Aussteiger hielt, verblüffte mich und entschied sich für K. Als ich ihn nach seinem Grund fragte, bekannte er offen: „Weil ich nicht in einer internationalen Zeitschrift als Aussteiger dastehen möchte.“ Nun gut. Die Welt soll wissen, daß Charles Brenner ein Kooperateur ist!

Viele Leute spielten mit dem Gedanken, daß jeder „ungefähr gleich" denken würde, nahmen ihn aber nicht ernst genug. Scott Buresh vertraute mir an: „Es war keine leichte Wahl. Ich schwankte hin und her. Ich nahm an, daß jeder denselben Denkprozeß durchmachte wie ich. Ich selbst war grob ein Drittel der Zeit entschlossen zu kooperieren. Angesichts dieses Verhältnisses und der Voraussetzung meiner Eigenschaft als typisch nahm ich an, daß ungefähr ein Drittel der Leute kooperieren würde. Also rechnete ich aus, wieviel ich bei etwa sechs oder sieben kooperierenden Leuten bekommen würde. Heraus kam, daß ich bei einem Votum für A etwa dreimal mehr bekommen würde als bei einem für K. Also mußte ich aussteigen. Nach Logik der Dinge rutschte ich also in die rechte untere Ecke deiner Matrix." An diesem Punkt sagte ich ihm, daß bis jetzt eine beträchtliche Mehrheit ausgestiegen sei. Seine Reaktion war prompt: „Diese Schweine – wie kommen sie dazu, alle auszusteigen? Das macht mich wahnsinnig. Da bin ich aber von deinen Freunden echt enttäuscht, Doug."

Das war ich auch, nachdem das Endergebnis feststand: Vierzehn Leute waren ausgestiegen und sechs hatten kooperiert – genau das, was das Fernsehen vorausgesagt hätte! Also bekamen die Aussteiger $ 43 und die Kooperateure $ 15. Was Dorothy dem Peter jetzt wohl sagt? Bestimmt lacht sie sich ins Fäustchen und sagt: „Ich habe dir doch gleich gesagt, ich würde es lieber so machen, oder?" Tja ... Was macht man nur mit solchen Leuten?

An Scott Bureshs Antwort war bemerkenswert, daß er wirklich seinen eigenen Kopf als eine Simulation anderer Köpfe nahm und die Simulation so weit durchspielte, daß er einen Begriff davon bekam, wie eine „typische Person" handeln würde. Das hält sich ziemlich gut an den Geist meines Briefes. Nach einer Veranschlagung der statistischen Werte ging Scott kühl dazu über, seinen maximalen Profit bei sechs oder sieben angenommenen Kooperateuren auszurechnen. Natürlich fiel die Rechnung zugunsten des Aussteigens aus. Das würde sie in der Tat immer tun, egal wie groß die Zahl der Kooperateure ist! Jede solche Rechnung fällt stets zugunsten des Aussteigens aus. Solange man denkt, daß die eigene Entscheidung von den anderen *unabhängig* ist, muß man aussteigen. Was Scott zu berücksichtigen vergaß, war, daß kühl rechnende Köpfe berücksichtigen sollten, daß kühl rechnende Köpfe berücksichtigen sollten, daß ...

Es scheint, als müßte es schrecklich schwer sein, all das in einer abschließenden Weise zu berücksichtigen, aber in Wirklichkeit ist es die einfachste Sache der Welt. Es bedeutet nur, daß alle diese tiefschürfenden rationalen Denker zu der Einsicht kommen, daß sie sich in einer symmetrischen Situation befinden, so daß *alles, was die Vernunft dem einen sagt, sie auch allen anderen sagt.* Von diesem Punkt an ist die Sache sehr einfach. Was ist besser für ein Individuum, wenn es eine allgemeine Entscheidung ist: K oder A? Das ist alles.

* * *

Eigentlich nicht ganz, denn eine Möglichkeit habe ich unter den Teppich gekehrt: Vielleicht ist es besser, eine Münze zu werfen, als eine determinierte Wahl zu treffen. Vielleicht wäre es am besten, wie Chris Morgan K mit der Wahrscheinlichkeit p und A mit der Wahrscheinlichkeit $1-p$ zu wählen. Chris setzte p willkürlich auf ½ fest, aber es könnte irgendeine Zahl zwischen 0 und 1 sein, wobei die zwei Extreme je das Aussteigen und das Kooperieren darstellen. Welchen Wert von p würde ein superrationaler Spieler ansetzen? In einem Gefangenendilemma mit zwei Personen, wo man voraussetzt, daß die beiden Spieler denselben Wert von p benutzen, ist das leicht auszurechnen. Die erwarteten Gewinne für jeden drücken sich als eine Funktion von p in der Formel $1 + 3p - p^2$ aus, welche in dem Maße monoton anwächst, wie p von 0 zu 1 geht. Daher ist 1 der optimale Wert von p, was sichere Kooperation bedeutet. Im Falle mehrerer Spieler werden die Berechnungen komplexer, aber die Antwort bleibt gleich: die Erwartung ist immer maximal, wenn p gleich 1 ist. So ist dieser Ansatz eine Bestätigung des früheren, der keine Wahrscheinlichkeitsstrategien in Erwägung gezogen hatte.

Daß man die Entscheidung, was zu tun sei, dem Würfeln überläßt, fügt dem Gefangenendilemma in seiner Standardform nichts Neues hinzu; wie aber steht es mit der Version einer modifizierten Matrix, die ich meinem Brief im P. S. beigegeben habe? Das herauszufinden, will ich Ihnen selbst überlassen. Und wie steht es mit dem Platonia-Dilemma? Hier sind zwei Sachen ganz klar: 1) Wenn man beschließt, kein Telegramm zu schicken, dann sind die eigenen Gewinnchancen null. 2) Wenn jeder ein Telegramm schickt, sind die Gewinnchancen null. Wenn man meint, daß das, was man wählt, dasselbe sein wird, was alle anderen wählen, weil alle superrational sind, dann ist keine der beiden Alternativen sehr ansprechend. Durch das Würfeln jedoch taucht eine neue Option auf: einen Würfel zu werfen mit der Wahrscheinlichkeit p, daß er mit der „richtigen" Seite nach oben zeigt und dann, und nur dann, den eigenen Namen einzuschicken, wenn die „richtige" Seite nach oben zeigt.

Nun stellen Sie sich zwanzig Leute vor, die alle das tun, und rechnen Sie jenen Wert von p aus, der die Wahrscheinlichkeit von genau *einer* Person maximiert, das Plazet zu bekommen. Es stellt sich heraus, daß $p = 1/20$ beträgt, oder allgemeiner: $p = 1/N$, wobei N die Zahl der Teilnehmer ist. In dem Grenzbereich, in dem sich N dem Unendlichen nähert, beträgt die Chance, daß genau eine Person das Plazet bekommt, $1/e$, was fast 37 Prozent ist. Die Chance, daß *Sie* unter zwanzig superrationalen Spielern, die alle zwanzigflächige Würfel werfen, als großer Gewinner hervorgehen, kommt nahe an $1/(20e)$ heran, was etwas weniger als zwei Prozent ist. Das ist gar nicht mal so schlecht! Jedenfalls *viel* besser als 0 Prozent.

Dagegen werden viele Leute einwenden: „Was, wenn mein Wurf daneben geht? Warum sollte ich dann nicht trotzdem meinen Namen einschicken? Wenn ich es nicht tue, habe ich schließlich überhaupt keine Gewinnchance. Das wäre gerade so, als hätte ich gar nicht gewürfelt und mich freiwillig zurückgezogen!" Dieser Einwand scheint zunächst überzeugend zu sein, ist aber in Wirklichkeit fehlerhaft, da er auf einer Verdrehung der Bedeutung „eine Entscheidung treffen" beruht. Eine *echte* Entscheidung, die durch Würfeln zustande kommen soll, erfordert, daß man sich auch wirklich an den Würfel halten *muß;* wenn man unter bestimmten Bedingungen den Würfel ignoriert und etwas anderes tut, dann hat man die Entscheidung, die man getroffen haben wollte, niemals *wirklich* getroffen. Eine Entscheidung zeigt sich an den Handlungen, nicht an den Worten vor den Handlungen!

Wenn man an der Würfel-Idee Gefallen findet, aber fürchtet, daß die eigene Willenskraft nicht groß genug sein wird, der Versuchung zum Aussteigen zu widerstehen, stelle man sich einen dritten „Policansky-Knopf“ vor: das „W“ darauf bedeutet „Würfeln“, und wenn man ihn drückt, wirft er einen Würfel (vielleicht simuliert) und schickt dann augenblicklich und unwiderruflich den eigenen Namen ein oder nicht, je nachdem wie der Würfel gefallen ist. So kann man, ist einmal der Würfel gefallen, niemals mehr seine eigene Entscheidung rückgängig machen. *Diesen* Knopf zu drükken, heißt eine *echte* Entscheidung durch Würfeln zu treffen. Für gewöhnliche Menschen mag es eine Erleichterung sein, auf diese Weise vor Versuchung bewahrt zu bleiben, doch superrationalen Spielern sollte es nicht schwerfallen, sich nach einem schlechten Wurf zurückzuhalten.

* * *

Diese Rede von Zurückhaltung angesichts einer starken Versuchung bringt mich zum Höhepunkt dieser Kolumne: der Bekanntgabe eines Verlockenden Lotteriespiels für alle Leser und Nichtleser des *Scientific American.* Der Lotteriepreis beträgt $\$ 1\,000\,000/N$, wobei N die Zahl der Eingänge ist. Überlegen Sie: Wenn Sie der einzige sind, der mitmacht (und wenn Sie nur einmal mitmachen) gehört Ihnen eine satte Million! Aber vielleicht haben Sie daran Zweifel. Wenn Sie Ihre Gewinnchancen erhöhen wollen, können Sie ruhig mehrmals mitmachen – ohne Grenzen! Senden Sie nur eine Postkarte pro Teilnahme. Wenn Sie 100 Teilnahmen schicken, haben Sie 100-mal mehr Chancen als der arme Schlucker, der nur eine schickt. Aber warum sollen Sie eigentlich die verschiedenen Teilnahmekarten getrennt verschicken? Senden Sie nur *eine* Postkarte mit Ihrem Namen und Ihrer Adresse und einer positiven ganzen Zahl (die angibt, wie oft Sie mitmachen) an:

Verlockendes Lotteriespiel
c/o Scientific American
415 Madison Avenue
New York, N.Y. 10017, USA

Sie werden dieselben Gewinnchancen haben, als wenn Sie ebensoviele Postkarten mit einer darauf geschriebenen „1“ eingeschickt hätten. Unleserliche, unstimmige, schlecht bezeichnete oder unverständliche Teilnahmen sind ausgeschlossen. Berücksichtigt werden nur Teilnahmen, die bis zum 30. Juni 1983, 24 Uhr, eingegangen sind. Wir wünschen Ihnen viel Glück (aber natürlich keinem *anderen* Leser dieser Kolumne)!

Postskriptum

Die durch das Gefangenendilemma erregten Leidenschaften gehören zu den stärksten, denen ich jemals begegnet bin, und das aus gutem Grund. Nicht nur ist es ein wunderbares Denkpuzzle, verwandt den berühmtesten Paradoxa aller Zeiten, sondern es fängt in beeindruckender und prägnanter Weise das Wesen einer Unzahl tiefer und verstörender Situationen ein, die wir vom Leben her kennen. Einige betreffen Entscheidungen, die wir tagtäglich machen; andere betreffen jene Art von quälenden Entscheidungen, über die wir zwar manchmal nachdenken, mit denen wir aber nicht real konfrontiert werden möchten.

Mein Freund Bob Wolf, ein auf Logik spezialisierter Mathematiker, machte sich in der Sache meines verschickten Briefes vehement für die Wahl des A stark. Zur Verteidigung seiner Entscheidung sagte er, daß es offensichtlich „ein Paradox ohne rationale Lösung" sei und es daher keinen Weg gebe, um herauszufinden, was die anderen tun würden. Dann sagte er: „Also werde ich A wählen. Das ist besser als alles andere." Ich legte kräftigen Protest ein: „Wie *kannst* du ‚also' sagen, nachdem du die Situation gerade als ein Paradox ohne rationale Antwort beschrieben hast? Wie kannst du sagen, daß die *Logik* dich zu dieser Antwort zwingt, wenn es die Prämisse deiner ‚Logik' ist, daß *es keine logische Antwort gibt?"* Darauf habe ich von Bob niemals eine für mich befriedigende Antwort bekommen, obwohl keiner von uns den anderen vom Fleck bewegen konnte. Ich bekam jedoch schließlich einen kleinen Einblick in Bobs Denkweise, als er, von meinen Nachfragen hart bedrängt, eine Situation mit einem neuen Dreh erfand, die ich das „Wolfsche Dilemma" nenne.

Stellen Sie sich vor, zwanzig Leute, darunter Sie selbst, werden aus Ihrer Abiturklasse ausgewählt. Sie wissen nicht, wer noch weiter ausgewählt worden ist. Ihnen wird gesagt, Sie seien über das ganze Land verstreut. Alles was Sie wissen, ist, daß Sie alle mit einem zentralen Computer verbunden sind. Jeder von Ihnen ist in einer kleinen Kabine und blickt, auf einem Stuhl sitzend, auf einen Knopf an der gegenüberliegenden weißen Wand. Sie haben zehn Minuten Zeit zu entscheiden, ob Sie Ihren Knopf drücken wollen oder nicht. Nach Ablauf dieser Zeit leuchtet ein Licht für 10 Sekunden auf, und während es an ist, müssen Sie entweder drücken oder nicht. Die Antworten gehen dann zum zentralen Computer und führen eine Minute später zu Konsequenzen. Glücklicherweise können die Konsequenzen nur positiv sein. Wenn Sie Ihren Knopf drückten, bekommen Sie aus einem kleinen Schlitz unterhalb des Knopfs $ 100, ohne jede Bedingung. Wenn *niemand* den Knopf gedrückt hat, bekommt *jeder* $ 1000. Wenn es aber auch nur einen Knopfdrücker gegeben hat, bekommen die Enthalter überhaupt nichts.

Bob fragte mich, was ich tun würde. Ohne zu zögern sagte ich: „Natürlich würde ich den Knopf nicht drücken. Das ist doch klar!" Zu meinem Erstaunen jedoch sagte Bob, daß er den Knopf ohne Bedenken drücken würde. Ich sagte: „Aber was wäre, wenn du wüßtest, daß deine Mitspieler alle Logiker sind?" Er sagte, das würde an der Sache nichts ändern. Während ich auf die Einsicht eines jeden vertraute, daß es für jeden vorteilhaft wäre, sich zu enthalten, tat es Bob nicht. Oder zumindest erwartete er bei den Leuten noch so viel Unzuverlässigkeit, daß es ausreichen würde, sich nicht auf die Rationalität von neunzehn anderen zu verlassen. Aber in der Annahme der Unzuverlässigkeit anderer ginge er selber natürlich mit bestem Beispiel voran – indem er für alle die Chance, $ 1000 zu gewinnen, vereitelte.

Am Wolfschen Dilemma hat mich etwas geärgert, was ich *rückstrahlenden Zweifel* nennen möchte. Nehmen wir an, Sie überlegen sich gerade, was Sie tun sollen. Am

Anfang liegt es natürlich auf der Hand, daß jeder den Knopfdruck vermeiden sollte. Aber Sie stellen sich vor, daß es unter zwanzig Leuten vielleicht einen gibt, der etwas zögert und vielleicht ein ganz bißchen schwankt. Das genügt, daß Sie sich ein kleines bißchen sorgen und selber, wenn auch noch so leicht, ins Schwanken kommen. Aber plötzlich merken Sie, daß, wenn Sie wenn auch noch so wenig schwanken, dann *jeder* wahrscheinlich ein kleines bißchen schwanken wird. Und das ist beträchtlich schlimmer als das, was Sie am Anfang dachten – nämlich, daß vielleicht nur *einer* schwanken würde. Auweia! Jetzt, wo Sie sich vorstellen können, daß sich jeder wenigstens *überlegt,* den Knopf zu drücken, wird die Situation schon viel ernster. Tatsächlich erscheint es jetzt im Bereich des Möglichen, daß wenigstens einer seinen Knopf drückt. Wenn das aber der Fall ist, dann ist es das einzig Vernünftige, selbst den Knopf zu drücken. Wenn Sie sich bei diesem Gedanken ertappen, erkennen Sie, daß jeder denselben Gedanken haben muß. Von hier an wird es wahrscheinlich, daß die *Mehrheit* der Teilnehmer – möglicherweise sogar alle – ihren Knopf drückt. Damit ist die Sache für Sie klar: Sie drücken Ihren Knopf.

Ist das nicht ein erstaunlicher und ärgerlicher Umfall der entschlossenen Zurückhaltung in ebenso entschlossene Aufgabe? Es ist wie ein Erdrutsch, eine panische Flucht, bei der die winzigste Regung eines Zweifels eine wahre Zweifelslawine losgetreten hat. Das meine ich mit „rückstrahlendem Zweifel". Und das dumme daran ist: je intelligenter man ist, desto schneller und klarer wird man auf das zu Befürchtende aufmerksam. Eher wird sich ein Haufen liebenswerter Dummköpfe einstimmig enthalten und das große Geld machen, als daß dies einem Haufen messerscharfer Logiker mit ihrer perversen, rekursiven und rückstrahlenden Denkart gelänge. Durch diese „Gescheitheit" werden wir auf die erste Regung eines Zweifels aufmerksam, der die ganze Lawine lostritt und die Vernunft zur Hölle schickt. Also, lieber Leser –: werden Sie $ 900 verlieren oder $ 100 gewinnen, wenn Sie diesen Knopf vor Ihnen drücken?

* * *

Das Wolfsche Dilemma ist nicht dasselbe wie das Gefangenendilemma. Im Gefangenendilemma wird man durch die *Hoffnung auf Asymmetrie* (d. h. Hoffnung, daß der andere Spieler dümmer ist und die entgegengesetzte Entscheidung trifft) dazu gedrängt auszusteigen, während man im Wolfschen Dilemma durch die *Furcht vor Asymmetrie* (d. h. Furcht, daß der andere dümmer sein könnte und die entgegengesetzte Entscheidung trifft) dazu gedrängt wird, den Knopf zu drücken. Dieser Unterschied kommt in den Gewinnmatrizen der Spiele für den Fall von zwei Spielern gut heraus (vergleiche Abb. 29-1b mit Abb. 28-1c). Im Gefangenendilemma ist die Versuchung V größer als die Belohnung B ($5 > 3$), während im Wolfschen Dilemma B größer als V ist ($1000 > 100$).

Bobs Entscheidung bei seinem eigenen Dilemma hat mir etwas von seiner Grundeinschätzung der Menschen und ihrer Verläßlichkeit (bzw. den Mangel daran) enthüllt. Da mich seine unumstößliche Entscheidung, sogar hier den Knopf zu drücken, verblüfft hatte, beschloß ich, diesem Zynismus etwas mehr auf die Spur zu kommen und erfand dieses modifizierte Wolfsche Dilemma.

Stellen Sie sich wie oben vor, zwanzig Leute aus Ihrer Abiturklasse seien ausgesucht worden und würden zu kleinen Kabinen mit einem Knopf an der Wand geleitet werden. Diesmal jedoch wird jeder von Ihnen an einen Stuhl festgeschnallt. An den Köpfen wird ein Gerät mit einem Revolver befestigt. Ob Sie es wollen oder nicht, Sie werden jetzt Russisch Roulett spielen, wobei die Todeschancen von Ihrer Entscheidung abhängen. Für jeden, der den Knopf drückt, betragen die Überlebenschancen 90 Prozent – die des Todes nur 1 zu 9. Gar nicht so übel, doch wenn man bedenkt, daß es Ihrer zwanzig sind, müssen höchstwahrscheinlich einer oder zwei, möglicherweise mehr, von Ihnen sterben. Und was geschieht mit den Enthaltern? Das hängt davon ab, wieviele es gibt. Nehmen wir an, es gäbe N Enthalter. Die Chance, erschossen zu werden, beträgt für jeden 1 zu N^2. Wenn zum Beispiel fünf Leute nicht drücken, beträgt ihre Todeschance $1/25$. Wenn 10 Leute sich enthalten, haben Sie jeder eine Überlebenschance von 99 Prozent. Schlecht steht es natürlich, wenn fast jeder seinen Knopf drückt (sozusagen „auf Nummer Sicher geht“) und die Enthalter auf eine winzige Minderheit von drei, zwei oder gar einem schrumpfen. Wenn Sie der *einzige* Enthalter sind, geht für Sie der Vorhang runter – Ihre Todeschance ist 1 zu 1. Bye bye! Bei zwei Enthaltern ist die jeweilige Chance 1 zu 4. Das heißt, die Chance ist fast 50 Prozent, daß wenigstens einer von zweien umkommen wird.

Die Scheidelinie läuft offensichtlich zwischen drei und vier Enthaltern. Wenn Sie mit einem gewissen Recht darauf vertrauen können, daß sich wenigstens drei andere Leute zurückhalten werden, sollten Sie es selber unbedingt tun. Das einzige Problem ist, daß auch *sie ihre* Entscheidungen alle davon abhängig machen, wieviele Leute wohl enthalten werden! Es ist ein scheußlicher Zirkel, und man weiß gar nicht, wo man anfangen soll. Viele Leute, die das kapiert haben, geben einfach auf und beschließen, den Knopf zu drücken. (Aber woher weiß ich das eigentlich? Ich habe niemals Leute in einer solchen Situation gesehen – aber daß es so zu sein scheint, das entnehme ich der Evidenz ähnlicher Situationen im wirklichen Leben und natürlich davon, wie Leute auf die bloße Beschreibung einer solchen Situation, wo sie mit den entsetzlichen Konsequenzen in Wirklichkeit überhaupt nicht konfrontiert sind, reagieren. Dennoch neige ich dazu, ihnen im großen und ganzen zu glauben.) Eine solche Entscheidung als „Nummer Sicher“ zu bezeichnen, ist ganz schön ironisch, denn wenn nur jeder „auf riskant spielen“ würde, hätten Sie eine Todeschance von nur eins zu 400! Also frage ich Sie: Welcher Weg ist sicher und welcher Weg riskant? Diese Wolf-Falle scheint mir eine gute Erläuterung des Satzes: „Wir haben nichts zu fürchten als die Furcht selbst.“

Einige Variationen des Wolfschen Dilemmas können sogar noch schrecklichere und brenzligere Szenarien enthalten. Nehmen wir zum Beispiel an, jeder Knopfdrücker habe eine 50prozentige Überlebenschance, aber bei einmütiger Enthaltung werde jedermanns Leben verschont – und wie zuvor: Wenn irgend jemand seinen Knopf drückte, müßten alle Enthalter sterben. Wie immer man auch mit der Zahl der Teilnehmer, der Überlebenschance usw. spielen mag: Jede solche Variation enthüllt eine neue Facette der Grausamkeit. Diese Visionen sind wahrlich entsetzlich, doch geben sie alle nur die gewöhnlichen und alltäglichen Entscheidungen des Lebens allegorisch wieder.

* * *

Ursprünglich wollte ich die Kolumne mit dem folgenden Absatz beschließen, doch wurde mir von Freunden und Redakteuren davon abgeraten:

> Leider muß ich sagen, daß ich von Briefen wohlmeinender Leser einfach überschwemmt werde und, wie ich zu meinem Bedauern entdeckt habe, kaum Zeit finde, alle diese Briefe zu *lesen*, geschweige denn zu *beantworten*. Ich habe mir seit Monaten den Kopf darüber zerbrochen, wie man mit dieser ganzen Korrespondenz fertig werden könnte, bin aber offen gestanden noch zu keiner befriedigenden Lösung gekommen. Deswegen möchte ich an die kollektive Phantasie von Ihnen allen da draußen appellieren. Wenn Sie eine Möglichkeit sehen, die Last meiner Korrespondenz zu erleichtern, schicken Sie mir Ihre Idee zu. Ich wäre Ihnen sehr dankbar.

30
Irrationalität ist die Quadratwurzel allen Übels

September 1983

Das Verlockende Lotteriespiel, das ich in meiner Juni-Kolumne vorschlug, hat viel Aufsehen erregt. Erinnern wir uns: Es stand jedermann offen; man brauchte nur eine Postkarte zu schreiben mit einer deutlich lesbaren positiven ganzen Zahl, die angab, wie oft man mitmachen wollte. In der Schlußziehung sollte diese ganze Zahl Ihr „Gewicht" ausmachen: wenn Sie also „100" geschrieben hatten, dann war die Wahrscheinlichkeit, daß Ihr Name gezogen wurde, 100mal größer als bei dem, der „1" geschrieben hatte. Der einzige Haken war, daß der Wert des Preises in einem umgekehrt proportionalen Verhältnis zu der Summe der bis zum 30. Juni eingegangenen Einsendungen stand. Der zu vergebende Preis betrug genau $ 1 000 000/G, wobei G die Summe aller eingeschickten Gewichte darstellt.

Das Verlockende Lotteriespiel war als eine Übung in Sachen *Kooperation* contra *Aussteigen* gedacht. Die Hauptfrage für jeden potentiellen Teilnehmer lautete: „Soll ich mich zurückhalten und eine kleine Teilnahmezahl unterschreiben oder soll ich aufs Ganze gehen und eine große Zahl unterschreiben? Soll ich also kooperieren oder aussteigen?" Während in den früheren Beispielen von Kooperation contra Aussteigen eine klare Trennungslinie zwischen Kooperation und Aussteigen verlief, scheint es hier ein Kontinuum möglicher Antworten, d. h. einen „Grad der Kooperation" zu geben. Natürlich kann man in extremer Weise kooperieren und vorsätzlich nichts unterschreiben und sich dadurch ins eigene Fleisch schneiden. Ebenso kann man natürlich in extremer Weise aussteigen und eine riesige Teilnahmezahl unterschreiben, in der Hoffnung, jeden anderen an die Wand zu drücken, aber dabei den Preis zu verderben. Zwischen diesen beiden Extremen gibt es jedoch noch viele mittlere Positionen. Wie steht es zum Beispiel, wenn man zwei oder eine Teilnahme unterschreibt? Oder wenn man einen sechsseitigen Würfel wirft, um zu entscheiden, ob oder ob nicht man eine Teilnahme einschickt? Oder einen Würfel mit einer Million Seiten?

Bevor ich fortfahre, möchte ich jedoch meine allgemeinere und nicht mathematische Auffassung dieser Begriffe „Kooperation" und „Aussteigen" darlegen. Sicher kennen Sie aus Ihrer Kindheit noch die vielen Erwachsenen, die, wenn Sie auf den Rasen gingen oder Lärm machten, Sie ermahnten: „Na, na – wenn das *jeder* täte!" Das ist das entscheidende Gegenargument gegen den Aussteiger und dient zur Begriffsdefinition:

> Das Aussteigen ist eine Handlung, die die Dinge (für jeden) eindeutig schlechter machen würde, wenn sie jeder täte, anstatt sich ihrer zu enthalten, und die doch jeden verlockt, da sie, wenn sie nur ein einzelner (oder eine genügend kleine Zahl von einzelnen) täte und die anderen sich ihrer enthielten, das Leben für jeden einzelnen (oder eine ausgewählte Gruppe) angenehmer machen würde.

Kooperation ist natürlich die andere Seite der Münze: der Verlockung widerstehen. Es muß jedoch nicht immer so sein, daß Kooperation passiv und Aussteigen aktiv ist; oft ist das genaue Gegenteil der Fall: Die kooperative Option mag bedeuten, bei irgendeiner Aktivität fleißig mitmachen zu wollen, während das Aussteigen darin bestehen kann, sich zurückzulehnen und die süßen Früchte zu ernten, die aus der harten Arbeit anderer hervorgehen und die für jeden da sind. Typische Beispiele des Aussteigens sind:

* an einem schönen Sommertag sein Radio durch die ganze Nachbarschaft schallen zu lassen;
* bedenkenlos über eine Straßenkreuzung zu rasen, in der Annahme, daß die anderen Autos aus der Querstraße schon noch rechtzeitig anhalten werden;
* sich nichts daraus zu machen, mit dem Wagen überall hinzufahren, davon ausgehend, daß es keinen Sinn macht, ein Opfer zu bringen, wenn die anderen ihr Benzin sowieso weiter verprassen werden;
* in einer Trockenperiode mit dem Wasser nicht sparsam umzugehen, in der Annahme, daß es die anderen auch nicht machen werden;
* bei einer entscheidenden Wahl nicht zu wählen und sich damit herauszureden, daß man sagt: „Auf eine Stimme kommt es ja auch nicht an";
* sich nichts daraus zu machen, in einer Zeit der Bevölkerungsexplosion 10 Kinder zu haben und es den anderen Leuten zu überlassen, ihre Reproduktion zu zügeln;
* keine Zeit oder Energie dringenden Weltproblemen wie Wettrüsten, Hunger, Umweltverschmutzung, Ressourcenknappheit usw. zu widmen, indem man sagt: „Ja, natürlich bin ich besorgt – aber als einzelner kann ich nichts machen."

Wenn die Anzahl der betroffenen Leute eine bestimmte Größe erreicht hat, dann bekommen – und das sehen die Leute nicht – die scheinbar höchst persönlichen Entscheidungen etwas Typisches und werden sich im großen immer wiederholen; wovon jedes Paar (bewußt oder unbewußt) denkt, daß es seine eigene und private Entscheidung sei, wie viele Kinder es haben wolle, das nimmt die Dimension einer Bevölkerungsexplosion an. Genauso laufen „individuelle" Entscheidungen über die Zwecklosigkeit, aktiv für das Wohl der Menschheit mitzuarbeiten, auf einen überwältigenden Trend zur Apathie hinaus, und diese multiplizierte Apathie setzt sich auf Gruppenebene in Wahnsinn um. Mit einem Wort, *die Apathie des einzelnen führt in den Wahnsinn der vielen.*

* * *

Über dieses Phänomen hat Garrett Hardin, ein Evolutionsbiologe, einen berühmten Aufsatz geschrieben, betitelt „The Tragedy of the Commons" („Die Tragödie des Gemeinsamen"). Seiner Ansicht nach gibt es zwei Typen von Rationalität: der eine (ich nenne ihn den „lokalen Typus"), der nach dem Wohl des Individuums strebt, der andere (der „globale" Typus), der nach dem Gruppenwohl strebt. Und diese beiden Rationalitätstypen stehen in einem unvermeidbaren und ewigen Konflikt. Ich würde mit Hardins Ansatz übereinstimmen, unter der Voraussetzung, daß sich die Individuen ihrer gemeinsamen Lage nicht bewußt sind und wie in blinder Isolation einfach drauflos handeln.

Sind sie jedoch ihrer gemeinsamen Situation voll bewußt und handeln sie trotzdem munter weiter so, als wäre ihre Situation keine gemeinsame, dann behaupte ich allerdings, daß sie völlig irrational handeln. Mit anderen Worten, aus der Sicht einer aufgeklärten Bürgerschaft ist die „lokale" Rationalität *nicht* rational, punktum. Sie schädigt nicht nur die Gruppe, sondern auch das Individuum. Leute zum Beispiel, die in der Situation des Ein-Runden-Gefangenendilemmas, das ich im Juni beschrieb, nicht kooperierten, richteten mehr Schaden an, als wenn alle kooperiert hätten.

Das war der Hauptpunkt in meiner Junikolumne, als ich über *renormalisierte Rationalität* oder *Superrationalität* schrieb. Wenn man einmal erkannt hat, daß man ein typisches Mitglied einer Klasse von Individuen ist, dann muß man so handeln, als ob die eigenen Handlungen vielfältig multipliziert würden, weil sie es unvermeidlich werden. In der Tat, sich selbst zu mustern, heißt, das ganze Feld zu mustern, und wenn man *selbst* versäumt zu tun, wovon man möchte, daß der Rest es tue, dann wird man ebensogut vom Rest enttäuscht werden. Bevor man also nicht kooperiert, d. h. sich in eine naiv egoistische Handlung flüchtet, sollte man sich lieber über die eigene Situation in der Welt klar geworden sein. Besser sollte man sich darauf einstellen, daß sich viele *andere* Leute unter fadenscheinigen Begründungen drücken werden.

Sich als Teil eines statistischen Phänomens zu betrachten, stößt bei vielen Leuten auf starken Widerstand, und das ist verständlich, denn es scheint ihren Begriff vom freien Willen und von Individualität zu unterhöhlen. Doch was könnte wahrer sein, als daß sich jeder unserer „einzigartigen" Gedanken millionenfach in den Köpfen fremder Menschen spiegelt? Nirgendwo wurde dies besser illustriert als in den Antworten auf das Verlockende Lotteriespiel. Hier das „Feld" genau zu bestimmen, ist schwer. Es stand allgemein offen, Lesern wie Nichtlesern. Wir werden jedoch in der Annahme nicht fehlgehen, daß nur wenige Nichtleser von ihm Wind bekommen haben, so daß wir zunächst einmal die Auflage des *Scientific American* zugrunde legen, die bei etwa einer Million steht. Die meisten Leser werden wohl nur mal kurz in meine Junikolumne geschaut haben, wenn überhaupt; von denen, die darüber hinausgegangen sind (sagen wir 100 000), wird sie auch nur ein Bruchteil – vielleicht ein Zehntel – sorgfältig von Anfang bis Ende gelesen haben. Ich würde also schätzen, daß es vielleicht 10 000 Leute gab, die motiviert genug waren, die Kolumne sorgfältig zu lesen und über die Probleme ernsthaft nachzudenken. Jedenfalls nehme ich diese Zahl als Bevölkerung des „Feldes".

In meiner Junikolumne habe ich das für das Platonia-Dilemma einschlägige superrationale Argument für jeden offen dargelegt. Nach diesem Argument sollte man einen N-seitigen Würfel werfen und nur dann kooperieren, wenn der Würfel die richtige Seite nach oben zeigte. Hier geht es um ein ähnliches Argument. Der ideale Würfel im Platonia-Dilemma, in dem mehr als eine Teilnahme verhängnisvoll für alle ist, mußte N Seiten haben, wobei N die Zahl der Spieler war – das heißt, bei 10 000 Spielern ein 10 000seitiger Würfel. Im Verlockenden Lotteriespiel sind die Konsequenzen bei mehr als einer Teilnahme nicht so drastisch. Deswegen braucht die ideale Seitenzahl des

Würfels nur etwa ⅔ zu sein – bei 10000 Spielern würde man mit einem 6667seitigen Würfel bestens hinkommen. Durch Bestückung des Würfels mit weniger als 10000 Seiten wird natürlich die Chance eines jeden Spielers, eine Teilnahme einzuschicken, leicht erhöht. Das macht es ziemlich wahrscheinlich, daß wenigstens eine Teilnahme ankommt!

Bei 6667 Seiten ist die Gewinnchance eines jeden superrationalen Spielers nicht ganz 1 zu 10000, eher wie 1 zu 13000; das resultiert aus der 22prozentigen Chance, daß niemandes Würfel auf die richtige Seite fällt, so daß niemand eine Teilnahme schickt und niemand gewinnt. Wird der Würfel mit noch weniger Seiten ausgestattet – sagen wir 3000 –, dann wird der Pokal in seinem zu erwartenden Umfang schon beträchtlich kleiner. Und wenn er mit mehr Seiten ausgestattet wird – sagen wir 20000 –, dann läuft man große Gefahr, daß es überhaupt keine Teilnahmen gibt. Der ideale Kompromiß kann ohne große Mühe ausgerechnet werden, und 6667 Seiten erweisen sich als optimal. Bei so vielen Seiten ist die zu erwartende Preissumme maximal: fast $ 520000 – ohne zu scherzen.

Wenn also jeder meinem Beispiel aus der Junikolumne gefolgt wäre, dann hätte ich nur eine oder zwei Postkarten mit einer 1 darauf bekommen müssen, und einer dieser Glücklichen hätte eine riesige Geldsumme in Empfang genommen! Aber glauben Sie wirklich, daß das passiert ist? Natürlich nicht! Statt dessen wurde ich mit Postkarten und Briefen aus der ganzen Welt überschwemmt – über 2000. Wie schlüsseln sich die Eingänge auf? Einen Teil davon habe ich auf einer Tabelle, unten, aufgezeichnet:

1: 1133
2: 31
3: 16
4: 8
5: 16
6: 0
7: 9
8: 1
9: 1
10: 49
100: 61
1000: 46
1000000: 33
1000000000: 11
602300000000000000000000 (Avogadros Zahl): 1
10^{1000}: 9
$10^{10^{100}}$: 14

Viele, wenn nicht die meisten der Leute, die nur eine Teilnahme eingeschickt hatten, rechneten es sich interessanterweise hoch an, „kooperiert" zu haben. Quatsch! Wer *wirklich* kooperiert hat, das waren diejenigen unter den etwa 10000 begierigen Lesern, die eine geeignete Zahl von Würfelseiten ausgerechnet, eine Tafel von Zufallszahlen oder etwas Gleichwertiges benützt und sich dann – sehr wahrscheinlich – ausgewürfelt haben. Einige haben mir geschrieben, sie hätten sich auf diese Weise ausgewürfelt. Das hat mich gefreut. Es ist allenfalls denkbar, daß sich unter den über tausend Teilnahmen von 1ern eine einzige befand, die von einem glücklichen superrationalen Kooperateur stammte – aber ich bezweifle es. Diejenigen, die sich einfach enthielten, *ohne* einen Würfel geworfen zu haben, würde ich als wohlwollend, aber etwas träge, nicht als wirkliche Kooperateure bezeichnen – etwa wie diejenigen, die für eine politische Sache Geld beisteuern, aber dann nicht länger damit belästigt werden wollen. Das ist die faule Art zu kooperieren.

Übrigens habe ich meine Punktetabelle noch gar nicht zu Ende gebracht. Über das Geschehene zu berichten, ist jedoch etwas deprimierend. In der Hauptsache geht es darum, daß sich Dutzende und aber Dutzende Leser den Kopf zerbrochen haben, wie sie mit unvorstellbar riesigen Zahlen aufwarten könnten. Einige füllten ihre ganze Postkarte mit kleinen Neunern aus, andere kritzelten ihre Karte mit Reihen von Ausrufezeichen voll, um auf diese Weise iterierte Fakultäten von gigantischen Ausmaßen zu schaffen, und so weiter. Ein paar trieben das Spiel noch weiter, indem sie erkannten, daß die optimale Lösung jede Formel vermeidet (die Begründung ist in Gregory Chaitins Aufsatz „Randomness and Mathematical Proof“ [„Zufälligkeit und mathematischer Beweis“] nachzulesen) und lediglich aus einem „dichten Bündel“ von Definitionen besteht, die auf Definitionen aufgebaut sind und an deren Ende die „komplizierteste“ der Definitionen auf eine relativ kleine Zahl wie 2 oder besser noch 9 angewandt wird.

Wie ich sagte, habe ich einige dieser Teilnahmekarten bekommen. Einige bemühten derart mächtige Begriffe der mathematischen Logik und Mengentheorie, daß es sehr schwierig wurde, die größere Zahl zu unterscheiden. Und ich weiß auch nicht einmal, ob ich oder irgend jemand sonst fähig wäre, die größte geschriebene ganze Zahl zu bestimmen. Mich hat das stark an den Wahnsinn und die Sinnlosigkeit des Wettrüstens erinnert, wo die aufgebauten Arsenale der beiden Seiten so riesig sind, daß es nicht einmal mehr Expertenteams gelingt, hier sinnvoll zu unterscheiden – und währenddessen geht diese immense Anstrengung auf Kosten *aller.*

* * *

Habe ich das amüsant gefunden? Irgendwie schon, natürlich. Gleichzeitig fand ich es beunruhigend und enttäuschend. Nicht daß ich es nicht erwartet hätte. In der Tat war es genau das, was ich erwartet hatte, und das war ein Grund, warum ich überzeugt war, daß die Zeitschrift mit dem Verlockenden Lotteriespiel kein Risiko eingehen würde.

Dieses kurzsichtige Rennen um den „ersten Platz“ macht deutlich, wie sich Leute massenhaft dem Irrtum hingeben, ihre Einfälle stünden ganz einzig da. Wahrscheinlich dachte jeder, der eine größere Zahl als 1 000 000 unterschrieb, daß er der *einzige* wäre. Viele von denen, die solche Zahlen wie $10^{10^{10}}$ oder eine mit tausend Fakultätszeichen versehene „9“ unterschrieben, gaben sich ziemlich siegessicher. Und jene, die alle Hemmungen fahren ließen und Definitionen einsandten, die die meisten Mathematiker in Erstaunen versetzen würden, waren *mehr* als nur ziemlich sicher, daß sie gewinnen würden. Wie sich nun herausstellt, kann ich nicht sagen, wer gewonnen hat, und das ist auch nicht so wichtig, denn der Preis ist so annähernd null, daß nicht einmal Gott die Differenz sagen könnte.

Nun, welche Schlüsse ziehe ich aus all dem? Nicht allzu schwerwiegende, aber ich hoffe, daß es meinen Lesern zu denken gibt, wenn sie das nächste Mal vor einer Entscheidung „Kooperieren oder Aussteigen" stehen, eine Entscheidung, die, da wir mit ihr mehrmals am Tage zu tun haben, schon innerhalb der nächsten Minuten auf jeden von Ihnen zukommen kann. Einige sind belanglos, andere jedoch von weitreichenden Folgen. Die Zukunft der Welt liegt in *Ihrer* Hand – ja, ich meine *Sie* (genauso wie jeden anderen Leser dieser Kolumne).

* * *

Und mit diesem vielleicht etwas nüchternen Schluß möchte ich meine Zeit als Kolumnist für den *Scientific American* beenden. Es ist für mich eine wertvolle und nützliche Gelegenheit gewesen. Es war mir ein Vergnügen, von einer Plattform aus meine Ideen und Interessen ausdrücken zu können, ich habe mich – wenigstens manchmal – über die riesigen Postladungen aus New York mehrmals im Monat gefreut, und ich bin sehr froh, dadurch neue Freunde kennengelernt zu haben. Den monatlichen Abgabetermin werde ich zwar nicht vermissen, aber bestimmt werde ich von Zeit zu Zeit auf Ideen stoßen, die geeignet sind, das „Metamagicum" zu komplettieren. Ich werde sie mir merken, und irgendwann einmal werde ich vielleicht eine ähnliche Aufsatzreihe schreiben.

Aber jetzt ist es Zeit, mich anderen Gebieten zuzuwenden: Ich freue mich wieder auf meine berufliche Arbeit und auch wieder auf etwas mehr Privatleben. Auf Wiedersehen und die besten Wünsche an Sie und alle anderen Leser dieser Zeitschrift, dieser Ausgabe, dieses Exemplars, dieser Kolumne, dieser Seite, dieses Abschnittes, dieses Satzes und, zu guter Letzt, dieses „dieses".

Postskriptum

Was würden Sie tun, wenn Sie in einem klirrend kalten Winter im Radio hören, daß in Ihrer Landesregion eine ernste Knappheit an Erdgas aufgetreten ist und jedermann aufgefordert ist, seinen Thermostat auf 15 Grad herunterzustellen? Niemand weiß, ob Sie der Aufforderung folgen oder nicht. Warum sollen Sie in Ihrem Haus nicht kräftig einheizen und den Rest der Leute ihren Verbrauch drosseln lassen? Was *Sie* tun, hat ja schließlich keinen Einfluß auf das, was die *anderen* tun.

Das ist eine typische Situation aus der „Tragedy of Commons". Eine gemeinschaftlich genutzte Ressource hat ihren Sättigungs- und Erschöpfungspunkt erreicht und nun erheben sich für jeden einzelnen folgende Fragen: Wie soll ich mich verhalten? Bin ich typisch? Wie beeinflußt die Handlung einer vereinzelten Person das Gesamtbild? Garrett Hardins Aufsatz „The Tragedy of the Commons“ beschreibt den Vorgang am Modell der Weideländer, die von mehreren Hirten gemeinsam benutzt werden. Auch wenn das Land über seine optimale Kapazität hinaus benutzt wird, möchte jeder einzelne seine eigene Herde vergrößern, da der individuelle Vorteil den individuellen Nachteil überwiegt, selbst wenn diese Entscheidung, im ganzen Hirtenvolk vervielfacht, auf lange Sicht das Land restlos zerstören wird.

Der eigentliche Hintergrund von Hardins Aufsatz war die Bevölkerungsexplosion und die Notwendigkeit einer rationalen globalen Planung – konkret die Notwendigkeit von Zwangsmaßnahmen ähnlich den Strafzetteln für Parksünder und Gefängnisstrafen. Nach seiner Vorstellung soll es den Familien erlaubt sein, viele Kinder zu haben (und damit einen großen Anteil an gemeinschaftlichen Ressourcen zu haben), doch sollten sie von der Gesellschaft auf dieselbe Weise bestraft werden, wie die Gesellschaft jemandem einen Bankraub „erlaubt“ und dann diejenigen, die diese Entscheidung getroffen haben, mit Sanktionen belegt. Wenn die Ressourcen in einer Weise zu Ende gehen, wie es die Menschheit bis jetzt noch nicht erlebt hat, dann müssen neue Formen der gesellschaftlichen Absprache und Erwartung auferlegt werden, und zwar, wie Hardin meint, durch die Gesellschaft als ganze. Gegenüber jeder Art von superrationaler Kooperation ist er äußerst pessimistisch, da sich die Kooperateure im Geburtenkontrollspiel direkt aus der Bevölkerung heraus vermehren würden. Warum das so ist, wird sehr schön von dem mir neulich bekanntgewordenen Fall eines Mannes illustriert, der insgeheim zehn Frauen hatte und mit ihnen bis zu seinem 30. Lebensjahr etwa 35 Kinder gezeugt hatte. Bei solch wüst weitergegebenen Genen haben die bescheideneren Erzeuger unter uns wenig Hoffnung, die Oberhand zu gewinnen. Hardin formuliert es hart: „Das Gewissen führt zur Selbstauslöschung.“ Er geht sogar noch weiter und sagt:

> Das Argument wurde hier im Kontext des Bevölkerungsproblems eingeführt, aber es trifft ebenso auf jeden Fall zu, in dem die Gesellschaft an den einzelnen, der ein gemeinschaftliches Gut benützt, appelliert, sich zugunsten des allgemeinen Wohles zurückzuhalten – mittels seines Gewissens. Wer einen solchen Appell erläßt, der errichtet ein selektives System, das auf die Auslöschung des Gewissens aus der Rasse hinarbeitet.

Eine noch pessimistischere Zukunftsvision wird uns von einem Walter Bradford Ellis geboten, einem hypothetischen Sprecher, der in einer hypothetischen Rede die Ansichten seines Erfinders, Louis Pascal, wiedergibt:

> Die Lebensressourcen der Vereinigten Staaten – in der Tat, der ganzen Welt – gehen schnell zu Ende. Noch bevor die Weltvorräte an Öl und Erdgas am Anfang des nächsten Jahrhunderts erschöpft sein werden, werden Knappheiten an diesen oder jenen Stoffen unsere ganze Ökonomie, ja unsere ganze Technologie zum Einsturz gebracht haben. Ohne die Wunder der modernen Technologie bliebe von Amerika ein stark überbevölkertes, äußerst verarmtes, hilfloses, sterbendes Land. Was ich daher voraussehe, ist eine Welt von verelendeten, hungernden Menschen ohne Hoffnung auf ein Entkommen, da die einzigen Länder, die noch hätten helfen können, bald selber nicht besser dran sein werden als der Rest. Und so sehe ich, wenn wir nicht durch die Gnade eines Atomkrieges oder einer tödlichen Seuche vor dieser

> Zukunft gerettet werden, eine Welt unbeschreiblicher Leiden und der Hoffnungslosigkeit, die sich bis in alle Ewigkeit erstreckt. Es ist eine Vision von wahrlich unaussprechlichem Schrekken, gelindert nur durch die Tatsache, daß ich mir beim besten Willen kein Wesen vorstellen könnte, das dieses Schicksal mehr verdient hätte.

Hu! Die Zirkelschlüssigkeit des letzten Arguments erinnert mich an einen Gedanken, den ich einmal hatte: daß es nur gut wäre, wenn die Menschheit sich in einer nuklearen Katastrophe selbst zerstörte, denn Zivilisationen, die sich selbst zerstören, sind barbarisch und dumm und auf *solche* Zivilisationen, die doch nur das Universum verschmutzen, kann man gut verzichten.

Die Ideen, die Pascal in seinem Aufsatz „Human Tragedy and Natural Selection“ („Die menschliche Tragödie und die natürliche Auslese“) und in seiner Erwiderung auf zwei Kritiker unter dem Titel „The Loving Parent Meets the Selfish Gene“ („Der liebende Elternteil trifft das selbstsüchtige Gen“), aus der Ellis Rede stammt, ausgedrückt hat, erinnern stark an die seines früheren Namensvetters Blaise, der sich selbst durch einen ungewöhnlichen Gebrauch seiner eigenen Wahrscheinlichkeitsrechnung davon überzeugte, daß er sein Leben am besten in Ehrfurcht vor einem Gott verbrachte, von dem er nicht sicher war (und nicht sicher sein konnte), ob er existierte. Selbst wenn die Wahrscheinlichkeit, daß es einen Gott gibt, eins zu einer Million stünde, so würde sich doch, dachte Pascal, letztendlich der Glaube an diesen Gott auszahlen, da die potentiellen Belohnungen (oder Bestrafungen), wenn Himmel oder Hölle existierten, unendlich seien und alle irdischen Belohnungen und Strafen, wie groß auch immer, doch nur endlich. Pascal „kalkulierte“, es sei besser zu *glauben* – egal was man *wirklich* glaubt. Also widmete Blaise Pascal seinen glänzenden Verstand der Theologie.

Nach dem Beispiel seines Vorfahrens hat sich Louis Pascal entschieden, sein Leben dem Problem der Weltbevölkerung zu widmen. Und daß man das tun sollte, kann er auch mit mathematischen Argumenten zeigen. Für mich sind solche Argumente ohne Frage von erheblichem Gewicht. Auch wenn man sich immer über einige Punkte streiten kann, so haben doch Denker wie Hardin, Pascal, Anne und Paul Ehrlich und viele andere im wesentlichen das Neue an der menschlichen Situation in diesem geschichtlichen Augenblick erkannt und zu ihrer eigenen Sache gemacht: der Augenblick, in dem die Menschheit mit schwindenden Ressourcen und erdrückend riesigen Waffensystemen fertig werden muß. Da nicht viele Leute bereit sind, es mit diesen Monstern aufzunehmen, fällt die Bürde um so schwerer auf diejenigen herab, die diese Bereitschaft haben.

* * *

Die Vehemenz und Standhaftigkeit, mit der meine klarsichtigen Freunde ihre Entscheidungen zum Aussteigen verteidigt haben, hat mich irritiert. Wenn sie auch imstande schienen, mein Argument der Superrationalität zu verarbeiten, es zu bedenken und ihm so etwas wie eine gewisse Gültigkeit zuzugestehen, so waren sie doch letztlich im tiefsten Innern von seiner Falschheit überzeugt und lehnten es ab. Daher habe ich mir die Frage vorgelegt, ob mein Glaube an das superrationale Argument nicht eine sich selbst erfüllende Prophezeiung oder eine sich selbst tragende Behauptung sei, etwa so, wie man absolut und ohne jeden Schatten eines Zweifels davon überzeugt ist, daß der Henkin-Satz „Dieser Satz ist wahr" wirklich wahr sein *muß* – wobei man natürlich ebensogut den Standpunkt vertreten kann, daß er falsch ist. Der Satz ist unentscheidbar; wie man ihn auch nimmt, sein Wahrheitswert ist stabil (darin ist er dem Epimenides-Satz „Dieser Satz ist falsch" diametral entgegengesetzt, dessen Wahrheitswert schneller umspringt als die Schwanzspitze eines glücklichen Dackels). Einen Unterschied jedoch gibt es zwischen dem Gefangenendilemma und den sonderbaren selbstbezüglichen Sätzen: Während die verschiedenen Auffassungen des Wahrheitswertes solcher Sätze gewöhnlich inkonsequente Konsequenzen zeitigen, verhält es sich mit dem Gefangenendilemma ganz anders.

Manchmal denke ich, ob es da draußen, in unserer Galaxis und jenseits davon, nicht zahlreiche Zivilisationen gegeben hat, die sich bereits mit gerade diesen riesigen sozialen Problemen herumgeschlagen haben – Gefangenendilemmata, Tragödien des Gemeinsamen usw. Höchstwahrscheinlich werden einige überlebt haben, andere werden untergegangen sein. Und es will mir scheinen, daß das, was in diesen verschiedenen Gesellschaften vielleicht den letzten Ausschlag gegeben hat, das Überleben der Meme war, die im Endeffekt die logische, rationale Gültigkeit der Kooperation in einem Ein-Runden-Gefangenendilemma bestätigt. In einem gewissen Sinn wäre das die Gegenthese zu der Hardinschen. Es würde bedeuten, daß das *Fehlen* des Gewissens zur Selbstauslöschung führt – vorausgesetzt, man wartet lange genug, bis die natürliche Auslese auf der Ebene ganzer Gesellschaften greifen kann.

Vielleicht haben sich auf einigen Planeten Gesellschaften des Typus I, auf anderen Gesellschaften des Typus II entwickelt. Mitglieder von Gesellschaften des Typus I (wenn mit Mitgliedern von Gesellschaften des Typus II konfrontiert) würden *per definitionem* an die Rationalität einsamer, zwangloser Ein-Runden-Kooperation glauben, während Mitglieder von Gesellschaften des Typus II, egal, mit wem sie konfrontiert sind, die Rationalität einsamer, zwangloser Ein-Runden-Kooperation zurückweisen würden. (Man beachte den raffinierten Zirkelschluß in der Definition der Gesellschaften des Typus I. Und doch ist es keine leere Definition!) Beide Gesellschaftstypen finden ihre jeweilige Antwort einleuchtend – nur daß sie eben auf andere Antworten stoßen. Wer weiß – vielleicht stoßen wir sogar hier auf der Erde auf Gesellschaften des Typus I. Nur zu gerne würde ich wissen, wie mein kleines Ein-Runden-Gefangenendilemma ausgehen würde, wenn es statt in den USA in Japan durchgeführt würde. Die entscheidende Frage jedenfalls ist: Welcher Typus von Gesellschaft wird auf die Dauer überleben?

Es könnte sein, daß die von mir beschriebenen Situationen des Ein-Runden-Gefangenendilemmas im Rahmen der Logik, die wir Menschen bis jetzt entwickelt haben, unentscheidbare Sätze sind und daß neue Axiome, wie das Parallelenpostulat in der Geometrie oder Gödels Sätze (und verwandte) in der mathematischen Logik, hinzugefügt werden können. (Man werfe einen Blick auf Abbildung 30-1 und sehe, welche Logik diese beiden armen Teufel aus ihrem Ein-Runden-Dilemma befreien mag.) Ich wage zu behaupten, daß jene Gesellschaften, die die Kooperation zu ihrem Axiom

„Das Problem ist, wie rauskommen, ohne loszulassen."

Abbildung 30-1. Eine gelungene Metapher für die Absurdität, in die wir uns kollektiv hineinmanövriert haben. Die Karikatur Bill Mauldins aus dem Jahre 1960 gibt die Symmetrie der Situation genau wieder. Wenn einer der beiden Personen sein Seil losläßt und dadurch seinen Gegenspieler köpft, dann wird dessen Hand wiederum, kraftlos geworden, *ihr* Seil loslassen und dadurch das Fallbeil auf den Kopf des Anstifters niedersausen lassen. Das ist das Zentrum unserer gegenwärtigen Abschreckungsstrategie: Selbst wenn wir auf der Erde ausgelöscht werden würden, so würden immer noch UnSere zuverlässigen Raketen an den SUperbösewichten, die es gewagt haben, UnS zu überfallen, heilige Rache üben.

---

gemacht haben – Gesellschaften des Typus I – überleben werden, während jene, die das Aussteigen axiomatisiert haben – Gesellschaften des Typus II – untergehen werden. Diese Vermutung mag Ihnen total verkehrt erscheinen, aber schauen Sie doch die Supermächte an, wie sie diese Bomben bauen, jeden Tag mehr und mehr, rettungslos in der Rüstungsspirale gefangen, und denken Sie darüber nach. Die krankhafte Logik wird von der Evolution gnadenlos zurechtgestutzt werden.

Die meisten Philosophen und Logiker sind vom „analytischen" oder *apriorischen* Charakter logischer Wahrheiten überzeugt; sie wollen nicht glauben, daß solche Grundbegriffe bis in profane, willkürliche Dinge, wie es das Überleben ist, hinunterreichen. Sie würden vielleicht zugeben, daß die natürliche Auslese dazu tendiert, die gute Logik zu *begünstigen* – aber gegen die Idee, daß natürliche Auswahl die gute Logik *definiert,* würden sie sich mit Händen und Füßen sträuben! Und dennoch: Wahrheit und Überleben *sind* miteinander verflochten. Zivilisationen, die überleben, *haben* ganz gewiß höhere Wahrheiten erfaßt als solche, die untergehen. Wenn man mit jemandem diskutiert und sich sicher ist, daß seine Prämissen falsch sind, und gleichwohl derjenige sich in verbalen Kunststücken ergeht, die so ärgerlich widersprüchlich wie in sich konsistent sind, dann bleibt einem nur noch der Trost, daß das, was die eigene beste Logik nicht vermocht hat: das Denken dieser Person zu verändern, vielleicht durch etwas im *Leben* bewirkt wird. Letztlich müssen die Überzeugungen in Erfahrung gründen, ob nun diese Erfahrung die des Organismus oder der Vorfahren oder von seinesgleichen ist. (Das war der Punkt des 5. Kapitels, besonders des *P.S.)* Ich habe das Gefühl, daß die Superrationalität zu jenen Konzepten gehört, deren Wahrheit sich unter den Verstandeswesen des Universums durchsetzen wird, einfach weil ihre Anhänger bestimmte Situationen überleben, ihre Gegner aber untergehen werden. Laßt uns noch ein paar Drehungen der Milchstraße abwarten. Was immer schließlich nach der gnadenlosen Säuberung der Evolution übrigbleibt, ist gesunde Logik.

* * *

Als ich dem Physiker Victor Weisskopf das Copycatprojekt (Kapitel 23) vorstellte, legte ich ihm unser Standardbeispiel vor: „Wenn *abc* zu *abd* wird, was wird dann aus *xyz*?" Nachdem wir verschiedene mögliche Antworten diskutiert hatten und uns auf *wyz* als aus Gründen der Symmetrie zwingendste geeinigt hatten, überraschte er mich mit der Bemerkung: „Weißt du, die Wurzel der tiefsten Probleme der Welt liegt in der tragischen Unfähigkeit ihrer Führer, solche elementaren Symmetrien einzusehen. Zum Beispiel, daß die U.S. für die S.U. das sind, was die S.U. für die U.S. – das zu akzeptieren, ist schon zuviel für sie." Aber wie kann Weisskopf so dumm sein? Schließlich versuchen *wir* nicht, den Kommunismus in die ganze Welt zu exportieren!

Auch der Logiker Raymond Smullyan, der das Gefangenendilemma von mir zum ersten Mal hörte und der absolut begeistert war, überraschte mich, aber in anderer Art: Heftig bestand er auf der Richtigkeit des Aussteigens in einer Ein-Runden-Situation, egal wer auf der anderen Seite sitze, ob es nun sein Zwilling oder sein Klon sei! (Bei seinem Spiegelbild schwankte er.) Aber als ich ihn gerade verloren geben wollte, gestand er mir immerhin soviel zu: „Ich fürchte, Doug, daß dieses Problem noch verzwickter ist als du oder ich fürchten." In der Tat, Raymond, das fürchte ich.

31
Die Geschichte von Happiton

Juni 1983

Happiton war eine glückliche kleine Stadt. Sie hatte 20000 – plus/minus 7 – Einwohner, und die waren arbeitsame Bürger, die hübsch regelmäßig ihren Rasen mähten. Die Leute von Happiton waren ganz schön gesund. Ihre Lebenserwartung lag bei 75 Jahren oder so, und viele von ihnen erreichten ein stattliches, hohes Alter. Mitten in der Stadt am Marktplatz stand ein hübsches großes Rathaus mit allen möglichen Andenken aus dem Zweiten Weltkrieg und verschiedenen Heldendenkmälern und was nicht noch alles. Die Leute waren stolz auf Happiton, und sie hatten auch allen Grund dazu.

Oben auf dem Rathaus war eine große Glocke, die schlug zu jeder vollen Stunde, und man konnte sie bis ganz weit weg hören – ja sogar noch bis Shady Oaks Drive, fast draußen auf dem platten Land.

Eines Tages, genau um zwölf Uhr mittags, bemerkten ein paar Leute, die nicht weit vom Rathaus standen, daß vom Glockenturm oben ein komisches kleines Geräusch kam, gerade nachdem es zwölf geläutet hatte. Und in den nächsten Tagen bemerkten die Leute dies kratzende Geräusch jede Stunde. So kletterte Curt Dempster am Mittwoch rauf in den Glockenturm, um nachzusehen. Zu seiner Überraschung fand er ein ganz verrücktes Ding, das an der Glocke befestigt war. Da war so eine Maschinenhand, eine Art Roboterarm, und neben dem lagen fünf ulkig aussehende Würfel, die er in eine kleine Schale werfen konnte. Sie hatten alle zwanzig Seiten, aber auf denen standen nicht die Zahlen von 1 bis 20, sondern von 0 bis 9, aber jede von ihnen auf zwei gegenüberliegenden Würfelseiten. Es war auch eine Fernsehkamera da, die war auf die Schale gerichtet und offenbar an einen Mikrocomputer oder so was angeschlossen. Mehr konnte Curt nicht rauskriegen. Aber dann sah er, daß oben auf dem Computer ein hübscher kleiner Briefumschlag lag, auf dem stand: „An die netten Leute von Happiton“. Da beschloß Curt, ihn mit runterzunehmen und im Beisein seiner Freundin, der Bürgermeisterin Janice Fleener, aufzumachen. Er hatte auch keine große Mühe, Janice zu finden, erzählte ihr, was er entdeckt hatte, und dann öffneten sie den Umschlag. Wie sauber der Brief geschrieben war! Er lautete so:

Grotte 19, Hades
20. Juni 1983

Liebe Leute von Happiton,

Ich hab' 'n paar schlechte und 'n paar gute Nachrichten für Euch. Zuerst die schlechten. Ihr kennt ja Eure Glocke, die immer zur vollen Stunde die Stunde schlägt. Die habe ich nun so eingestellt, daß es jedesmal, wenn sie schlägt, eine Wahrscheinlichkeit von eins zu hunderttausend – 1 zu 100000 – gibt, daß etwas sehr Schlimmes passiert. Ob das Schlimme passiert, bestimme ich so: Ich lasse den Roboterarm da seine fünf Würfel werfen und gucke, ob sie alle mit einer 7 nach oben liegen. Meistens tun sie das nicht. Wenn aber ja – und die Chancen dafür stehen genau 1 zu 100000 –, dann werden aus einem dichten Netz unterirdischer Röhren, das ich kürzlich unter Happiton installiert habe, große Schwaden eines unvorstellbar ekelerregend riechenden gelb-grünen Gases mit dem Namen „Kotzleim" ausströmen, und alle Menschen werden eines schrecklichen, schmerzlichen und qualvollen Todes sterben. So, das wär'n die schlechten Nachrichten.

Jetzt die guten! Ihr alle könnt das Schlimme verhindern, wenn Ihr mir einen Haufen Postkarten schickt. Wißt Ihr, ich habe Postkarten nun mal für mein Leben gern (besonders Postkarten von Happiton), aber eigentlich ist es auch gar nicht so wichtig, was auf ihnen drauf ist. Ich *liebe* Postkarten einfach! Die Sache ist bloß die, sie müssen handgeschrieben sein – nicht mit der Schreibmaschine und vor allem nicht mit dem Computer oder irgend so was Unechtem. Je mehr Karten, desto besser. Wie wär's also, wenn Ihr mir ein paar Postkarten schicken würdet – Stöße, Haufen, Kisten mit Postkarten?

Hier mein Angebot. Ich schätze, Ihr braucht etwa 4 Minuten, um eine Standardpostkarte zu schreiben. Jetzt nehmt mal an, nur einer von allen Happitonern nimmt sich an einem Tag 4 Minuten, um mir zu schreiben, und ich kriege auf diese Weise am nächsten Tag eine Postkarte. So, dann tue ich Euch allen einen Gefallen: Ich lasse nämlich die Rathaus-Uhr einen Tag lang ein bißchen langsamer laufen. (Ich weiß, das ist unangenehm, weil viele von Euch sich immer nach der Turmuhr richten, aber Ihr könnt mir glauben, es ist noch viel unangenehmer, einen qualvollen Martertod durch den übelriechenden, gelbgrünen Kotzleim zu sterben.) Wie gesagt, *einen Tag* lang stelle ich die Uhr langsamer, und zwar um wieviel? Um den Faktor 1,00001. Okay, ich weiß, das klingt nicht gerade umwerfend, aber stellt Euch mal vor, Ihr alle, Ihr 20000 Happitoner, schickt mir eine Karte! Für *jede* Karte, die ich den einen Tag kriege, verzögere ich am nächsten Tag die Uhr um den Faktor 1,00001. Das heißt, wenn Ihr mir an einem Tag 20000 Karten schickt, könnt Ihr in gemeinsamer Anstrengung erreichen, daß die Uhr um den Faktor *1,00001 hoch 20000* langsamer läuft, das macht so'n bißchen über 1,2, und es bedeutet, daß sie alle 72 Minuten schlägt.

Klar, ich hör Euch schon sagen: „72 Minuten ist ja kaum mehr als eine Stunde!" Deshalb biet' ich Euch mehr! Angenommen, an einem Tag kriege ich 160000 Postkarten (himmlisch!). Dann werde ich mich am nächsten Tag erkenntlich zeigen und Eure Uhr den ganzen Tag über, von Mitternacht bis Mitternacht, um den Faktor 1,00001 hoch 160000 langsamer gehen lassen, und das is'n ganz hübsches Sümmchen. Das macht nämlich ungefähr 5, und das heißt, die Uhr schlägt dann nur alle 5 Stunden, und die unseligen Würfel da rollen nur ungefähr 5mal (statt wie sonst 24mal). Ganz klar, daß es so für Euch und mich besser ist. Ihr müßt wissen, es interessiert mich persönlich gar nicht zuzusehen, wie der furchtbare Kotzleim aus den Röhren da rausschießt und -fließt und dazu führt, daß Ihr bis zum letzten Mann in lächerlichen Zuckungen mit Schaum vor dem Mund verendet. Alles, was ich will, ist Postkarten kriegen! Und so viel Mühe würde es Euch Herrschaften doch gar nicht machen, wenn Ihr mir pro Tag 160000 Karten schickt, denn das sind ja für jeden bloß 8 Postkarten täglich – und das macht mal gerade eine halbe Stunde, wenn ich richtig rechne.

Mein Angebot ist also denkbar einfach. Jeden Tag lasse ich die Uhr alle X Stunden schlagen, wobei X durch die folgende einfache Formel ausgedrückt wird:

$$X = 1{,}00001^N$$

Hierbei ist N die Zahl der Postkarten, die ich am Vortag erhalten habe. Ist N gleich 20000, dann beträgt X 1,2, die Glocke würde also 20mal pro Tag statt 24mal schlagen. Ist N gleich 160000, dann steigt X an auf ungefähr 5, und die Uhr würde absacken – auf knapp 5 Schläge pro Tag. Kriege ich *keine* Postkarten, dann schlägt die Uhr eben jede Stunde, genau wie jetzt. Die Formel drückt das aus, denn wenn N gleich 0 ist, ist X gleich 1. Andere Zahlen könnt Ihr Euch selbst ausrechnen. Denkt bloß, wie viel sicherer und sorgloser Ihr Euch alle fühlen würdet, wenn Ihr wißt, daß eure Rathausuhr so langsam geht!

Ich freue mich schon unbändig, von Euch allen zu hören.

Mit freundlichen Grüßen,

Teufel Nr. 3127

Unterzeichnet war der Brief mit wunderschönen, mittelalterlich anmutenden Schnörkeln in einem ungewöhnlichen Ton tiefroter ... Tinte?

„Lauter blödes Gewäsch!" platzte Curt heraus. „Komm, wir geh'n rauf und schmeißen die ganze Schweinerei runter auf die Straße und gucken, wie weit das fliegt." Während er das sagte, sah Janice, daß auf der Rückseite des letzten Blattes ein kleinerer Zettel angeheftet war, drehte ihn um und las. Da stand:

P.S. – Ich kann Euch nur raten, meinen kleinen Aufbau oben im Glockenturm nicht abzumontieren: An die Röhren habe ich einen hochempfindlichen Auslöser angeschlossen, und wenn irgendwer was zu demontieren versucht, dann: ssssst! 'Tschuldigung.

Janice Fleener und Curt Dempster wollten ihren Augen kaum trauen. Was für eine Unverschämtheit! Sie hängten sich in Windeseile an die Strippe und riefen Officer Curran bei der Polizei an. Der schien mächtig aus dem Häuschen, als sie ihm erzählten, was sie gefunden hatten, und sagte, er würde auf der Stelle was unternehmen. Er also nichts wie rüber zum Rathaus, und beim Raufrennen nahm er zwei Stufen auf einmal, und als er völlig außer Puste oben ankam, stieß er die Turmtür auf und sah nach. Um die Wahrheit zu sagen, er war ein bißchen zaghaft bei seiner Inspektion, denn eins hatte Officer Curran in seiner langjährigen Polizeipraxis gelernt: Ein bißchen Vorsicht ist so gut wie viel Nachsicht. So warf er einen behutsamen Blick auf das merkwürdige Dingsda, dann machte er kehrt und schloß ganz sorgfältig die Tür hinter sich und stieg runter. Dann rief er bei den städtischen Wasserwerken an und fragte, ob sie nachprüfen könnten, ob irgendwas Merkwürdiges mit den unterirdischen Rohren los sei.

Also, um es kurz zu machen: sie bestätigten alles, was der Teufel in seinem Brief geschrieben hatte, und als sie damit fertig waren, hatte die Uhr schon wieder fünfmal geschlagen, und die fünf Würfel da waren fünfmal gerollt. Janice Fleener aber hatte ihre dreizehnjährige Tochter Samantha nach oben geschickt, da sollte sie sich in einen Korbstuhl direkt neben den Mikrocomputer setzen und beobachten, wie der Roboterarm die Würfel wirft. Nach Samanthas Aussage war hier und da eine einzelne 7 aufgetaucht, aber keinmal hatten zwei 7en, geschweige denn 7en auf allen fünf ulkig aussehenden Würfeln, zu gleicher Zeit oben gelegen!

* * *

Am nächsten Tag brachte das Happitoner Tagesblatt *Eagle-Telephone* eine groß aufgemachte Geschichte, die alles über die merkwürdigen Vorkommnisse berichtete. Dadurch entstand einiger Aufruhr. *Überall* redeten die Leute nur noch davon, egal ob in *Lidden's Burger Stop* oder *Bixbee's Druggery.* Es war wirklich das Tagesgespräch der Stadt.

Als Doc Hazelthorn, der beste Kinderarzt auf dieser Seite des Cornyawl River, in *Earnie's Barbershop* an der Ecke *Cherry/Second* kam, war die Stimmung düsterer als sonst. „Was wer'n Se'n jetzt mach'n, Doc?“ sagte der große joviale Friseur Earnie, als er die wenigen übriggebliebenen Haare auf Docs Schädel schnitt. Doc (der auch Vorsitzender des Stadtrats von Happiton war) sagte, die Nachricht hätte ihn und seine Familie richtig wie ein Schlag getroffen. Red Dulkin, der im nächsten Stuhl gegenüber von Doc saß, sagte, ihm ginge es genauso. Und während die beiden Herren das Haareschneiden abwarteten, drückten sie ihr ganzes Einverständnis aus. Earnie faßte alles zusammen und sagte, daß wohl die ganze Stadt in heller Aufregung wäre. Als Earnie dann den weißen Kittel von Docs Schoß nahm und die Haare abschüttelte, sagte Doc, er hätte gerade beschlossen, die Sache auf der nächsten Stadtratssitzung am Dienstag abend als ersten Tagesordnungspunkt einzubringen. „Hört sich gut an, Doc!“ sagte Earnie. Dann erzählte Doc, daß er am Wochenende nicht zum regelmäßigen Golftermin kommen könnte, ein paar Freunde hätten ihn nämlich zum Angeln draußen am Lazy Lake eingeladen, und da könnte er, Doc, einfach nicht nein sagen.

Zwei Tage nach dem Brief des Teufels brachte der *Eagle-Telephone* einen Sonderbericht, in dem viele Einwohner von Happiton, prominente und weniger prominente, ihre Meinung äußerten. Der elfjährige Wally Thurston zum Beispiel sagte, er wäre losgezogen und hätte im *88-Cent Store* den ganzen Vorrat an Ansichtskarten aufgekauft, für 14,22 Dollar Postkarten, und er hätte auch schon ein paar geschrieben. Andrea McKenzie, Schülerin an der *Happiton High,* sagte, sie hätte richtiggehend Angst und auch schon Alpträume von dem Gas gehabt, aber ihre Eltern meinten, sie brauche keine Angst zu haben, es würde schon alles gut werden. Andrea sagte, vielleicht nähmen ihre Eltern das Ganze nicht so ernst, weil sie eine Generation älter sind und es ja nicht mehr so lange vor sich haben. Sie sagte auch, daß sie jeden Tag eine Stunde lang Postkarten schreibt. Das wären dann 15 oder 16 Karten pro Tag. Hank Hoople, Hausmeister der Schule, klang eher finster: „Alles Schicksal. Wenn auf der Kugel dein Name steht, dann passiert's auch, ob du willst oder nicht.“ Viele andere Bürger äußerten sich besorgt und sogar geschockt über die jüngsten Ereignisse.

Manche drückten eher andere Gefühle aus. Ned Furdy, der, wie man wußte, nicht viel anderes machte, als den ganzen Tag (und fast die ganze Nacht) in Simpsons Bar rumzuhängen und mit jedem zu quatschen, den er kriegen konnte, sagte: „Na ja, is' schon 'n Problem, klar, aber ich hab' nich 'n blassen Schimmer von Gas und Statistik und so. Darum müßte sich die Bürgermeisterin und der Stadtrat kümmern. Die wissen schon, was sie tun. Und solange: eßt, trinkt und freut euch des Lebens!“ Und Lulu Smith, die 77jährige Inhaberin von *Lulu's Thread 'N Needles Shop,* sagte: „Ich find' das alles viel Gedöns um nix, das is' meine Meinung. Wenn Se mich fragen, ich verkauf' weiter Nadel un' Faden und spiel' jeden dritten Mittwoch Rommée.“

* * *

Als Doc Hazelthorn von seinem Angelwochenende zurückkam, brachte er überraschende Nachrichten mit. „Drüben in Dwaynesville hat wohl ein Teufel genauso einen Aufbau im Kirchturm hinterlassen", sagte er. (Dwaynesville war die nächste Stadt an der Straße und der Erzrivale von *Happiton High* beim Football.) „Der Teufel in Dwaynesville droht denen nicht mit Gas, sondern mit radioaktivem Wasser. Da dauert der Tod 'n bißchen länger, is' aber genauso schlimm. Außerdem hab' ich gehört, in New Athens wär'n Teufel mit 'nem unterirdischen Vulkan." (New Athens war die größere Stadt zwanzig Meilen weiter oben am Cornyawl und das Einkaufszentrum für die ganze Gegend.)

Viele Menschen waren sichtlich sehr bestürzt über all das, und überall auf den Straßen wurde darüber debattiert, wie das ganze geschehen konnte, ohne daß jemand davon wußte. In einem waren sich praktisch alle einig: So schnell wie möglich sollte eine Kommission eingesetzt werden, die die Aufgabe hätte, von nun an alle unterirdischen Aktivitäten im Stadtgebiet zu überwachen, damit ein solcher Frevel nie wieder passiert. Es sah ganz so aus, als würde Curt Dempster, der die treibende Kraft hinter dieser Idee war, zu ihrem Ersten Vorsitzenden ernannt.

Ed Thurston (Wallys Vater) schlug in der Handelskammer der Jungen Unternehmer (zu der er als angesehenes Mitglied gehörte) vor, sie sollten mit einer 1000-Dollar-Spende eine Postkarten-Schreibkampagne unter den Kindern der Stadt unterstützen. Aber Enoch Swale, Inhaber von *Swale's Pharmacy* und dem *Sleepgood Motel,* sprach dagegen. Er hatte Ed nie besonders gemocht und sagte, daß Ed den Vorschlag nur macht, weil sein Sohn auf diese Weise dann besser dastehen kann. (Richtig war, daß Wally ein paar Kinder zusammengetrommelt hatte, und daß sie jeden Nachmittag nach der Schule eine Stunde lang Karten schrieben. Einmal hatte darüber auch ein kleiner Artikel in der Zeitung gestanden.) Nach langem Debattieren wurde Eds Antrag mit knapper Mehrheit abgeschmettert. Enoch hatte im Stadtrat eine Menge Freunde.

Die High-School-Mathelehrerin Nellie Doobar war so ziemlich die einzige, die das Zahlenwerk des Teufels nachrechnete. „Scheint mir zu stimmen", sagte sie dem Reporter, der sie deswegen anrief. Aber das brachte sie auch zum Nachdenken über dies und das. Eine oder zwei Stunden später rief sie wieder bei der Zeitung an und sagte: „Ich hab mal was ausgerechnet. Im Augenblick schlägt die Uhr noch fast jede Stunde. Ein Monat hat ungefähr 720 Stunden, also gibt es in jedem Monat 720mal die Möglichkeit, daß das Gas austritt. Da es jedesmal 1 zu 100000 steht, heißt das unterm Strich, die Wahrscheinlichkeit, daß Happiton vergast wird, beträgt pro Monat etwas weniger als 1 zu 100. Bei dieser Größenordnung gibt es im Jahr für Happiton eine Überlebenschance von 11 zu 12. Das klingt vielleicht ganz gut, aber auf 8 Jahre umgerechnet, stehen die Überlebenschancen für uns dann fast genau fifty-fifty, genau wie wenn man eine Münze wirft. Da können wir wirklich nicht auf sehr viele Jahre hoffen ..."

In der nächsten Abendausgabe des *Eagle-Telephone* machte das große Schlagzeilen – ja sogar größere als die Pläne für die Große Kirmes! Einige Leute machten jetzt anonyme Anrufe bei Mrs. Doobar und sagten ihr, sie sollte sich besser überlegen, was sie sagt, wenn sie nicht schließlich mit einem blauen Auge oder einer geschwollenen Lippe dastehen will. Sie kriegten es wohl nicht ganz auf die Reihe, daß es ja gar nicht Mrs. Doobar war, die das Ding da aufgestellt hatte.

Nach ein paar Tagen aber wurden die widerlichen Anrufe sehr viel seltener. Dann rief Mrs. Doobar wieder bei der Zeitung an und sagte dem Reporter: „Ich hab hier noch ein bißchen was gerechnet und folgendes rausgekriegt, das sind jetzt lauter Tatsachen. Wenn wir alle 20000 pro Tag eine halbe Stunde lang dem Teufel Postkarten schreiben, gibt das 160000 Karten am Tag, und genau wie der Teufel gesagt hat, würde die Glocke dann nur fast alle *fünf* Stunden statt jede Stunde schlagen, und das heißt, die monatliche Wahrscheinlichkeit, daß wir ausgemerzt werden, würde erheblich geringer. Das Risiko, daß wir ins Gras beißen, liegt dann nämlich nur noch bei ungefähr 1 zu 700 pro Monat und bei 1 zu 60 im Jahr. Ich für meinen Teil würde sagen, das ist schon 'ne Masse besser als ein Risiko von 1 zu 12 im Jahr, denn genau so steht's, wenn wir überhaupt keine Postkarten schreiben (und das ist ja jetzt mehr oder weniger der Fall, mal abgesehen von Wally Thurston und Andrea McKenzie und ein paar andern Kindern, von denen ich gehört hab'). Auf 8 Jahre umgerechnet, beträgt unser Risiko dann nur 13 Prozent statt 50."

„Das klingt ja ganz schön gut", sagte der Reporter froh.

„Na ja", erwiderte Mrs. Doobar, „es ist nicht allzu schlecht, aber wir können noch eine Menge rausholen, wenn wir doppelt so viel Postkarten schreiben."

„Wieso, Mrs. Doobar?" fragte der Reporter. „Wär's denn dann nicht bloß doppelt so gut?"

„Nein, wissen Sie, es ist ja eine Exponentialkurve", sagte Mrs. Doobar, „das heißt, wenn man *N verdoppelt,* kriegt man die *Quadratzahl* von *X.*"

„Für mich sind das böhmische Dörfer", spöttelte der Reporter.

„*N* ist die Zahl der Postkarten und *X* die Zeit zwischen den Glockenschlägen", antwortete sie ganz geduldig. „Wenn wir alle eine halbe Stunde pro Tag schreiben, ist *X* gleich 5 Stunden. Aber das heißt, wenn wir alle eine ganze *Stunde* pro Tag schreiben, wie Andrea McKenzie aus meinem Mathekurs, dann springt *X* gleich rauf auf 25 Stunden, die Glocke würde also nur ungefähr einmal täglich schlagen, und ganz sichtlich würde das die Gefahr um *vieles* mindern. Dann bestünde Aussicht, daß Hunderte von Jahren verstreichen, ehe bei diesen infernalischen Würfeln fünf 7en zu gleicher Zeit oben liegen. Ich finde, unter solchen Umständen könnten wir ganz schön lang leben, ohne uns wegen des Gases Sorgen machen zu müssen. Und das, wenn wir bloß alle jeden Tag ungefähr eine Stunde schreiben."

Der Reporter wollte gern noch ein paar Zahlen, die im einzelnen zeigten, was verschiedene Mengen von Postkarten, die die Bevölkerung zu schreiben hätte, bringen würden, und so tat Mrs. Doobar ihm den Gefallen, fing noch mal an und machte ein paar weitere Berechnungen. Sie rechnete aus, wenn 10000 Leute – die Hälfte aller Happitoner – das Jahr hindurch jeden Tag 2 Stunden schrieben, könnten sie zu demselben Ergebnis kommen – alle 25 Stunden ein Schlag. Wenn nur 5000 Leute 2 Stunden pro Tag schrieben oder 10000 Leute eine Stunde, dann wäre man wieder bei einem Schlag alle 5 Stunden (noch immer viel sicherer als einer pro Stunde). Oder, um es noch anders aufzuziehen: wenn nur 1250 der Happitoner *Ganztags*arbeit leisteten (8 Stunden am Tag), könnten auch sie dasselbe erreichen.

„Was is' denn, wenn wir uns alle ins Zeug legen und 4 Minuten pro Tag schreiben, Mrs. Doobar?" fragte der Reporter.

„Na, das wär' verflucht wenig wert! Verzeih'n Sie, daß ich so grob werde", antwortete sie. „*N* ist dann 20000, das klingt zwar nach mächtig viel, aber *X* bringt es dabei nur auf 1,2, das heißt ein Schlag alle 1,2 Stunden oder 72 Minuten. Auf diese Weise bleibt uns immer noch ein monatliches Vernichtungsrisiko von 1 zu 166 und ein jährliches von 1 zu 14. Das ist aber doch richtig beängstigend, finde ich. Erst ab 15 Minuten pro Person und Tag bringt das Kartenschreiben eine spürbare Verbesserung."

* * *

Inzwischen waren mehrere Wochen vergangen, und der Sommer legte so richtig los. Auf der Kirmes summte es vor Geschäftigkeit, und jeden Abend, wenn die Leute nach Hause kamen, konnten sie Schwärme von Glühwürmchen um die Bäume in ihren Gärten schwirren sehen. Die Abende waren voll Frieden und Entspannung. Doc Hazelthorn spielte jedes Wochenende Golf, und er kam bis auf wenig über 90 Schläge runter. Er fühlte sich prächtig. Hier und da dachte er an den Teufel, vor allem dann, wenn er ins Stadtzentrum ging und am Rathaus vorbeikam, und jedesmal lief ihm dann ein Schauder über den Rücken. Aber er wußte nicht recht, was er und der Stadtrat in der Sache tun konnten.

Der Teufel und das Gas waren noch immer interessante Gesprächsthemen, hatten aber keinen enormen Neuigkeitswert mehr. Mrs. Doobars letzte Enthüllungen kamen zwar in die Zeitung, standen aber diesmal erst im zweiten Teil, zwei Seiten vor den Comics, direkt neben dem Tageshoroskop. Andrea McKenzie verschlang den Artikel richtig und zeigte ihn vielen ihrer Schulfreunde, aber zu ihrer Überraschung stieß er auf kein großes Interesse bei ihnen. Ihre beste Freundin Kathi Hamilton, die sehr gescheit war und vorhatte, an der Uni Geschichte als Hauptfach zu studieren, unterstützte Andrea zuerst voll Begeisterung und schrieb jeden Tag eine ganze Reihe Postkarten. Doch nach einigen Tagen ließ ihre Begeisterung schon nach.

„Was hat das für'n Sinn, Andrea?" fragte Kathi. „Eine Handvoll Postkarten von mir ändert doch nich' die Bohne. Hast du Mrs. Doobars Artikel nicht gelesen? 160000 müssen's am Tag sein, damit's was bringt."

„Das ist es ja!" erwiderte Andrea gereizt. „Wenn du und alle anderen, wenn wir alle unseren Teil beitragen, dann *erreichen* wir die Zahl auch – du kannst doch nicht einfach kneifen!" Kathi sah keine Logik darin und verbrachte die meiste Zeit mit den Hausarbeiten für ihren Ferienkurs in allgemeiner Geschichte. Wie soll sie denn schließlich an die Uni kommen, wenn sie darin durchfällt?

Andrea konnte einfach nicht kapieren, wieso gerade ihre Schulfreundin Kathi, die sich doch so sehr für Geschichte, Zeitlauf und Weltgeschehen interessierte, nicht sehen konnte, daß ihr *eigenes* Leben selbst durch diese Faktoren bestimmt wurde, deshalb fragte sie Kathi: „Woher weißt du, ob überhaupt irgendein *Du* übrigbleibt, das zur Uni *gehen* könnte, wenn du keine Postkarten schreibst? Pro Jahr stehen die Chancen 1 zu 12, daß du und ich und wir alle miteinander vom Erdboden verschwinden! Bist du überhaupt bereit, dagegen was zu tun? Wenn die Menschen sich nur *engagieren* würden, dann könnten sie die Dinge auch *verändern!* Eine Stunde pro Tag! Eine halbe Stunde pro Tag! Fünfzehn Minuten pro Tag!"

„Nun mach mal'n *Punkt,* Andrea!" sagte Kathi ärgerlich. „Sei doch realistisch."

„Zum Kuckuck noch mal, *ich* bin doch diejenige, die realistisch *ist*", sagte Andrea. „Wenn du nicht mithilfst, lädst du einem anderen nur mehr auf."

„Himmel noch mal, Andrea", protestierte Kathi zornig. „Ich lade *niemandem* mehr auf. Alle können mithelfen, soviel sie wollen, und keiner *muß* was tun. Klar fänd' ich's gut, wenn alle helfen, aber du siehst ja selbst, fast keiner tut's. Deshalb verplemper' ich meine Zeit nicht. Ich muß einfach in allgemeiner Geschichte durchkommen."

Ja, und Andrea brauchte wirklich nur zu jeder vollen Stunde, auf den Schlag genau, die Glocke schlagen zu hören, und sie wußte, daß niemand was Nennenswertes tat. Früher hatte sie so heiter und beruhigend geklungen, jetzt kam sie ihr unheimlich und unheilverkündend vor, genau wie die Glühwürmchen und Grillpartys. Diese Glühwürmchen und Grillpartys brachten Andrea richtig auf die Palme, weil sie so *normal,* so wie in jedem *anderen* Sommer wirkten – nur daß *dieser* Sommer wie *kein* anderer war. Doch das schien niemandem aufzufallen. Oder besser gesagt, es gab so eine versteckte Ahnung, daß die Dinge nicht ganz so waren, wie sie sein sollten, aber es wurde nichts getan ...

An einem Samstag kam der Elektriker Hobbs vorbei, um im Haus der McKenzies einen kaputten Kühlschrank zu reparieren. Andrea sprach mit ihm über die Postkarten an den Teufel. Da sagte Mr. Hobbs zu ihr: „Keine Zeit, keine Zeit! Muß dauernd Klimaanlagen reparier'n. Bei dieser Hitzewelle geh'n sie in der ganzen Stadt kaputt. Ich arbeite sowieso schon 10 Stunden am Tag, und jetzt sind's sogar 11 oder 12, auch am Wochenende. Hab' keine Zeit für Postkarten, Andrea." Und Andrea sah ein, daß das bei Mr. Hobbs auch stimmte. Er hat eine große Familie, und seine Kinder geh'n auf eine konfessionelle Privatschule, und da muß er für alle bezahlen, und ...

Der Freund von Andreas älterer Schwester, Wayne, war ein Super-Läufer in der *Happiton-High*-Footballmannschaft. Eines Abends war er mal bei ihnen und zog Andrea mit ihren Postkarten auf. Da fragte sie ihn: „Warum schreibst du denn keine, Wayne?"

„Bin doch jeden Tag als Rettungsschwimmer draußen, und die übrige Zeit trainieren wir für die Herbstsaison."

„Aber du könnt'st doch 'n bißchen Zeit abknapsen – nur 15 Minuten am Tag – und 'n paar Postkarten schreiben!" argumentierte sie. Da lachte er bloß und wirkte ein bißchen nervös. „Ich weiß nicht, Andrea", sagte er. „Also, Ellen un' ich, wir ham doch Bess'res zu tun – was, Ellen?" Ellen kicherte und wurde ein bißchen rot. Dann liefen sie aus dem Haus, sprangen in Waynes Sportwagen und fuhren zum Bowling im *Happi-Bowl.*

* * *

Die Haltung ihrer Freunde brachte Andrea ganz durcheinander. Sie konnte nicht verstehen, wieso alle anfangs so betroffen gewesen waren, aber dann war ihre Betroffenheit verpufft, als ob es das Problem gar nicht mehr gäbe. Eines Tages sah sie auf dem Heimweg von der Schule die alte Granny Sparks draußen im Garten beim Rasensprengen. Granny, wie alle sie nur nannten, wohnte schräg gegenüber von den McKenzies und machte immer gern ein Schwätzchen, deshalb blieb Andrea stehen und fragte Granny Sparks, was sie von der ganzen Sache hielte. „Papperlapapp! So'n Schnickschnack!" sagte Granny aufgebracht. „Also hör' mal, Andrea, glaub' mal bloß nicht den ganzen Firlefanz, den sie da in der Zeitung schreiben! Hier ist alles, wie's immer war. Ich muß's ja wohl wiss'n – ich leb' hier jetzt beinah' 85 Jahre!"

Genau das war's auch, was Andrea so aufregte. *Alles* sah so zum Wildwerden *normal* aus. Die Halbstarken fuhren mit ihren Autos oder lauten Motorrädern auf und ab. Die üblichen nervtötenden Horrorfilme im Key-Theater am Hauptplatz gegenüber vom Rathaus. Die Musikkapelle im Park. Die Umzüge. Und vor allem, die verdammten Glühwürmchen! Praktisch niemand schien erregt oder betroffen über das, was für sie die überwältigendste Nachricht war, die sie je gehört hatte. Der einzige andere wirklich Vernünftige, von dem sie wußte, war der kleine Wally Thurston vom andern Ende der Stadt. Was für eine lächerliche Ironie, daß ein Elfjähriger vernünftiger war als alle Erwachsenen!

Viel später, um den ersten August rum, stand ein Leitartikel in der Zeitung, der Andrea richtig Auftrieb gab. Er kam aus heiterem Himmel. Geschrieben war er vom Chefredakteur des Blattes, „Buttons" Brown. Er war ein Journalist der alten Schule aus St. Jo, Missouri. Sein Leitartikel war mächtig kurz. Er lautete so:

Die Ungehorsameise

Die Geschichte von der Ungehorsameise ist sehr kurz. Sie wollte partout nicht glauben, daß ihre mächtigen Gelüste, zu spielen statt zu arbeiten, etwas anderes waren, als der einzigartige Ausdruck ihres ganz und gar einzigartigen Selbst, und so lief sie vergnügt umher und sang: „Was ich tun will, hat nichts zu schaffen mit dem, was alle übrigen Ameisen tun wollen! Das ist doch wohl sonnenklar!"

Wie der Zufall so spielt, dachten alle ihre Artgenossen aus der Ameisenkolonie dasselbe. Ja, noch die letzte Ameise der Kolonie erfand ganz für sich dasselbe Lied, und jede Ameise dachte, es wäre allein ihre Erfindung. Von überall her erscholl es in der Kolonie, sogar mit derselben Melodie.

Die Kolonie ging zugrunde.

Andrea fand das eine großartige Allegorie und zeigte den Artikel all ihren Freunden. Den meisten gefiel er auch, aber zu ihrer Überraschung fing nicht ein einziger an, Postkarten zu schreiben.

Alles in allem steckten die Leute wieder so richtig im Alltag drin. Eigentlich hatte sich ja auch gar nicht groß was geändert. Es war inzwischen bannig heiß geworden, und die Leute versammelten sich um die diversen Swimmingpools in der Stadt. Abends gab's massenweise Grillpartys, und hin und wieder machte wohl auch mal jemand einen Witz über den Teufel und die Postkarten. Dann gluckstne die Leute ein bißchen und wechselten schnell das Thema. Die meisten machten die ganze Zeit einfach das, was sie immer gemacht hatten, und genossen den blauen Himmel. Und ihren Rasen mähten sie regelmäßig, denn sie wollten, daß ihre Stadt hübsch aussieht.

Postskriptum

Die entfesselte Kraft des Atoms hat alles verändert, nur nicht unser Denken, und deshalb treiben wir auf eine Katastrophe sondergleichen zu.

– Albert Einstein

In jeder Epoche meinen die Menschen, gerade ihre Epoche habe die gravierendsten Probleme, denen sich Menschen je gegenübersahen. Zunächst klingt das albern. Wie kann *jede* Epoche die schwierigste sein? Doch es ist gar nicht albern. Durchaus kann alles ständig gefährlicher und schrecklicher werden, und das bedeutet dann, daß jede neue Generation *tatsächlich* mit unvergleichlich schwerwiegenden Problemen konfrontiert ist. Wir für unseren Teil haben das Problem des Weltuntergangs auf dem Hals.

Irgend jemand hat mal gesagt, die gegenwärtige Situation der USA und der Sowjetunion sei wie die zweier Menschen, die in einem Raum knietief in Benzin stehen. Beide halten geöffnete Streichholzschachteln in der Hand. Der eine verhöhnt den anderen: „Ha ha ha! *Meine* Schachtel ist *voll,* deine nur *halb*voll! Ha ha ha!"

Die Wirklichkeit unserer Situation ist in etwa so simpel. Die übergroße Mehrzahl der Menschen aber will ihre kleine Welt partout gegen diese Wirklichkeit abdichten und weigert sich, ihre Alltagsgewohnheiten zu ändern. Und das ist der Grund für die Gültigkeit von Einsteins düsterem Ausspruch.

*   *   *

Ich erinnere mich, daß ich vor vielen Jahren eine Berechnung gelesen habe, die der berühmte Genetiker George Wald zum Atomkrieg angestellt hat. Nach seinen Angaben rechnete er aus, daß pro Jahr eine 2 %ige Wahrscheinlichkeit für den Ausbruch eines Atomkrieges besteht. Das ist soviel, wie wenn man einmal im Jahr einen Würfel mit 50 Seiten (oder zwei Würfel mit je sieben Seiten) rollen läßt, in der Hoffnung, daß nicht die schlechte Seite oben landet. Wie Wald auf seine Zahl von zwei Prozent im Jahr kam, weiß ich nicht. Aber sie machte Eindruck. Die Zahl blieb zwei Jahrzehnte lang in meinem Kopf hängen. Ich neige zu der Annahme, daß die Wahrscheinlichkeit heute größer ist, als sie damals noch war: vielleicht um die fünf Prozent im Jahr. Aber wer weiß das schon?

Das *Bulletin of the Atomic Scientists* zeigt auf seinem Titelblatt das Bild einer Uhr. Diese Uhr geht nicht vorwärts, sie rückt nur hin und her. Und zwar kurz vor Mitternacht, wobei sie mal näher dran, mal ein bißchen weiter weg ist. Gerade jetzt [1985] steht sie auf drei Minuten vor Mitternacht. Früher, bei der Unterzeichnung von SALT I, zeigte sie zwölf Minuten vor Mitternacht. Der Zwölf am nächsten stand sie einmal bei zwei Minuten vor, und das war, glaube ich, zur Zeit der Kuba-Raketenkrise.

Die Uhr soll die jeweils aktuelle Gefahr eines atomaren Holocaust darstellen. Sie ist so ein bißchen was wie die Warnschilder „Vorsicht! Waldbrandgefahr!", die man im Sommer in den Wäldern stehen sieht. Eine subjektive Berechnung ist es, die die

Redaktion der Zeitschrift anstellt. Was aber bedeutet „Gefahr!“ anderes als das *Katastrophenrisiko pro Zeiteinheit?* Und klar ist, je gefährlicher ein Ort oder eine Situation, desto schneller möchte man, eben deswegen, da herauskommen. Deshalb schien mir, daß die Minutenzahl vor Mitternacht auf dem *Bulletin,* nämlich *B,* eigentlich ein verschlüsselter Ausdruck für eine Waldsche Zahl, *W,* war – ein Ausdruck für die Wahrscheinlichkeit eines Atomkrieges, aufs Jahr umgerechnet. Und so beschloß ich, eine persönliche Tabelle anzulegen, in der ich den *B*-Werten, die ich kannte, meine eigenen besten Berechnungen von *W* zuordnete. Nach etwas Herumexperimentieren brachte ich die folgende Tabelle zustande:

Bulletin-Uhr (Minuten vor Mitternacht)	Walds Prozentsätze (Wahrscheinlichkeit pro Jahr)
1 Min	20 Prozent
2 Min	10 Prozent
3 Min	7 Prozent
4 Min	5 Prozent
5 Min	4 Prozent
7 Min	3 Prozent
10 Min	2 Prozent
12 Min	1,5 Prozent
20 Min	1 Prozent

Auf eine ziemlich präzise Formel wird dieses persönliche Entsprechungsverhältnis durch die folgende Gleichung gebracht:

$$W = 20/B$$

Berechnet wird so das Holocaust-Risiko pro Umlaufbahn der Erde, und zwar in Abhängigkeit vom jeweiligen Stand der *Bulletin*-Uhr.

Vielleicht sind *W* und *B* nicht streng wissenschaftlich berechenbar, aber hinter ihnen stehen feste Größen, wenn auch nicht so einfache wie *N* und *X* in Happiton. Ganz ohne Zweifel ist es kein „Zufalls“-Prozeß nach Art eines Würfelwurfs, der darüber entscheidet, ob in einem bestimmten Jahr ein Atomkrieg ausbricht oder nicht. Nichtsdestotrotz ist es durchaus sinnvoll, ihn in Kategorien der Wahrscheinlichkeit pro Jahr zu denken, denn was zur Zeit die Geschichte *tatsächlich* determiniert, sind eine Menge Dinge, die *im Endeffekt,* vom Standpunkt jedes weniger als allwissenden Wesens, zufällig sind. Was andere Menschen (oder Länder) tun, ist unvorhersehbar und unkontrollierbar: Es könnte ebensogut auch zufällig sein.

Wenn im Vorderen Orient oder in Mittelamerika die Spannungen unerträglich stark werden, so ist das nichts, was wir hätten vorhersagen oder abwenden können. Wenn eine Terroristengruppe eine Atombombe baut und einsetzt bzw. einzusetzen droht, so ist das im wesentlichen ein „zufälliges“ Ereignis. Wenn Überbevölkerung in Asien oder Hungerkatastrophen in Afrika oder Mißernten in der Sowjetunion oder auch Öl-Überangebote bzw. -Verknappungen immense Spannungen zwischen bestimmten Nationen hervorrufen, so gleicht das einer zufälligen Variablen, einem Würfelwurf. Wer hätte die wahnwitzige Auseinandersetzung zwischen Großbritannien und Argentinien wegen der lächerlichen Falkland-Inseln vorhersagen können? Wer weiß, wo sich der nächste Krisenherd zeigen wird? Die weltpolitische Temperatur kann sich so rasch und unmotiviert ändern, wie ein strahlender Sommertag drückend und drohend werden kann – sogar in Happiton.

* * *

Die anschauliche Bildlichkeit hinter der Waldschen Zahl und der *Bulletin*-Uhr war es, die mich zuerst auf die Happiton-Metapher brachte. Und als die Metapher erst mal ausgebrütet war, war die Geschichte ziemlich leicht zu schreiben. Ich mußte zwar im Laufe der Erzählung noch das Zahlenwerk berechnen, aber sonst floß sie leicht dahin. Entscheidend für mich war, daß die Zahlen in der Allegorie realistisch wirkten. Die wichtigsten Zahlen waren: 1. das Vernichtungsrisiko pro Jahr, das (soweit ich sehe) einigermaßen richtig getroffen ist; und 2. die Menge Zeit pro Tag, die nach meiner Einschätzung eine erste signifikante Veränderung bewirken könnte, wenn ein Durchschnittsmensch sie auf irgendeine, mit den richtigen Zielen verbundene Tätigkeit verwendet. In Happiton lag, wie sich zeigte, eine solche Schwelle bei fünfzehn Minuten pro Tag pro Person. Fünfzehn Minuten am Tag ist so etwa die Menge Zeit, die nach meiner Ansicht in der wirklichen Welt eine erste wirkliche Änderung bewirken würde, aber nun könnte man in zweierlei Hinsicht die Situation in Happiton für unvergleichbar mit der aktuellen Lage halten.

Erstens sagen manche, die Situation in Happiton sei doch viel einfacher als das weltweite Wettrüsten und der drohende Atomkrieg. In Happiton ist sonnenklar, daß Postkarten-Schreiben was bringt, dagegen ist gar nicht so klar (behaupten sie), welche Aktion in der wirklichen Welt was bringt. Ja, all die Bemühungen um einen Rüstungsstopp oder eine Verringerung der amerikanisch-sowjetischen Spannungen könnten sogar schädlich sein, sagen sie! Die Situation ist *so* kompliziert, daß es für das naive und unfehlbare Postkartenschreib-Rezept kein Pendant gibt.

Oh, da haben wir es aber mit einem schweren Trugschluß zu tun. Postkarten-Schreiben in Happiton ist *mitnichten* unfehlbar. Das Gas könnte *immer noch* jederzeit ausströmen. Alles, was sich ändert, ist die *Wahrscheinlichkeit.* Wollen wir nun in der wirklichen Welt entscheiden, welche Aktionen sich aller Wahrscheinlichkeit nach positiv und welche negativ auswirken werden, so müssen wir uns, da wir über keinerlei perfekte Information verfügen, eben auf unsere eigenen besten Einschätzungen verlassen. Man kann nur nach dem Fingerspitzengefühl gehen. *Sicher* kann man nie sein, ob eine Aktion – unabhängig von der guten Absicht – die Situation verbessern hilft. Das ist eben so im Leben.

Ich glaube nun mal, daß die Wahrscheinlichkeit eines Holocaust verringert wird (vielleicht um den Faktor 1,0000001), wenn ich meinen Abgeordneten und Senatoren ziemlich regelmäßig Briefe schreibe, an lokalen Rüstungsstopp-Veranstaltungen teilnehme, verschiedene Organisationen unterstütze, hier und da Vorträge über das Thema halte und Artikel wie diesen schreibe. Wie soll ich *wissen,* ob das was bringt?

Natürlich kann ich es nicht wissen. Und in Happiton ist das nicht anders. Die allerbesten Absichten können aus völlig unvorhersehbaren Gründen eine gegenteilige Wirkung haben. Es könnte z. B. passieren, daß der kleine Wally Thurston eines Nachmittags, als er seine 1000. Postkarte an den Teufel schreibt, mit seinem Stift bestimmte zierliche Schnörkel macht und auf diese Weise einige Luftmoleküle anstößt, die wiederum holterdiepolter andere stupsen und schubsen und so schließlich den karambolierenden 20seitigen Würfeln oben im Turm den letzten winzigen Stoß versetzen, und peng! Alle liegen mit der 7 nach oben! Oh Wally, warum – bist du nur so dumm? Warum hast du je solche Postkarten geschrieben?

Alle, die ihre Mitmenschen warnen möchten, daß es ja schädlich sein *könnte,* sich gegen das Wettrüsten zu engagieren, raten im Endeffekt zum völligen Stillhalten – es sei denn, sie meinen gar, man sollte sich *für* das Wettrüsten einsetzen. Aber würden sie derlei Ratschläge in anderen Lebensbereichen geben? Man weiß nie, ob die Autofahrt zum Lebensmittelgeschäft nicht das letzte ist, was man im Leben tut. Das ganze Leben ist ein Glücksspiel.

Die zweite Unterscheidung zwischen Happiton und der Wirklichkeit ist folgende. In Happiton wären fünfzehn Minuten pro Tag ein spürbarer Einschnitt erst dann gewesen, wenn sämtliche 20 000 Einwohner, Erwachsene und Kinder, sie geopfert hätten. Natürlich meine ich nicht, so was sei in unserem Land realistisch. Die fünfzehn Minuten pro Tag, die ich gern von wirklichen Menschen in diesem Land geopfert sähe, gelten nur für Erwachsene (oder mindestens für Personen vom High-School-Alter an), und dabei rechne ich mit den meisten Erwachsenen schon gar nicht. Realistischerweise kann ich ja nicht hoffen, daß jedermann bereit ist, politisch aktiv zu werden. Vielleicht würde eine superaktive Minderheit von fünf Prozent ausreichen. Es ist erstaunlich, wie unübersehbar und einflußreich eine deutlich und lautstark sich äußernde Minderheit dieser Größenordnung sein kann! Da ich realistisch bin, begrenze ich meine Wunschvorstellungen also auf durchschnittlich fünfzehn Minuten pro Tag bei fünf Prozent der erwachsenen Bevölkerung Amerikas. Ich glaube fest, daß ungefähr mit einem solchen Einsatz eine Art Wendepunkt erreicht werden könnte – und daß mit 30 oder 60 Minuten pro Tag (genau wie in Happiton) wirklich signifikante Veränderungen in der Stimmungslage der Nation (und damit auch im weltpolitischen Gefahrenpegel) zu erreichen wären.

* * *

Ich habe, glaube ich, klargemacht, zu welchem Zweck die Geschichte von Happiton geschrieben wurde. Aktivität direkt in Gang setzen wird sie wohl nicht. Ich bin dabei, ein bißchen realistischer zu werden, und von keiner Sache erwarte ich mir viel. Aber gern würde ich die Natur der Menschen besser verstehen, verstehen, was uns nur so sehr jenen idiotischen Mücken ähnlich macht, die da stumpfsinnig über einer Autobahn schwirren, unfähig, etwa 100 Meter weiter weg den heranbrausenden Lastzug zu sehen, gegen dessen Windschutzscheibe wir gleich geschmettert werden.

Ein letzter Gedanke: Obgleich nach meinem Dafürhalten der Atomkrieg die schlimmste Bedrohung ist, der wir uns gegenübersehen, würde ich zugestehen, daß andere Leute das anders einschätzen. Es ist mir nicht so wichtig, auf welcherlei Anstrengungen die Menschen ihre Zeit verwenden, solange sie nur überhaupt etwas tun. Was genau der Bedrohung von Happiton entspricht, ist relativ gleichgültig. Es könnten Atomwaffen sein, chemische oder biologische Waffen, die Bevölkerungsexplosion, die immer tiefere Verstrickung der USA in Mittelamerika, oder sogar etwas Begrenzteres, wie etwa die Zerstörung der Umwelt in den USA. Was nach meiner Einschätzung vonnöten ist, ist eine gesunde Portion Empörung: ein Funke, eine Flamme, ein Feuer in unserem Innern. Bis das soweit ist, wird jene Rathausuhr weiterschlagen, jede Stunde einmal, zur vollen Stunde, bis ...

Post-Postskriptum

Neben Gewerkschaften, Parteien, Kirchen und Menschen- bzw. Bürgerrechtsorganisationen, die in der Friedensbewegung mitarbeiten, gibt es zahlreiche Friedens-, Abrüstungs- oder Antikriegsorganisationen und -initiativen, die sich für eine Beendigung des Wettrüstens und einen Abbau der weltpolitischen Spannungen einsetzen. Viele von ihnen geben Zeitschriften, Zeitungen, Broschüren und anderes Informationsmaterial zum Thema Abrüstung und Verhütung eines Atomkrieges heraus, die man auch in Sammelbestellungen erhalten und weiterverteilen kann. Natürlich können sie immer neue Mitglieder und finanzielle Unterstützung gebrauchen. Manche von ihnen haben übrigens Ortsgruppen.

Von den vielen Organisationen und Publikationen sollen hier für die deutschsprachige Ausgabe einige in der BRD als Beispiel genannt werden:

Aktion Sühnezeichen/Friedensdienste,
Jebenstr. 1, 1000 Berlin 12;

Deutsche Friedensgesellschaft –
Internationale Kriegsdienstgegner,
Jungfrauenthal 37, 2000 Hamburg 13;

Zentralstelle für Recht und Schutz der
Kriegsdienstverweigerer aus
Gewissensgründen, Donandtstr. 4,
2800 Bremen 1;

Komitee für Frieden, Abrüstung und
Zusammenarbeit, Gottesweg 52,
5000 Köln 51;

Koordinierungsausschuß der
Friedensbewegung, Bornheimer Str. 20,
5300 Bonn 1;

Internationale Ärzte für die Verhütung des Atomkrieges, Sektion Bundesrepublik Deutschland, Bahnhofstr. 34, 6501 Heidesheim;

Krefelder Initiative „Der Atomtod bedroht uns alle – Keine Atomraketen in Europa“, Amsterdamer Str. 64, 5000 Köln 60;

Naturwissenschaftler-Friedensgruppen, Friedrich-Ebert-Str. 114, 4400 Münster;

Forschungsinstitut für Friedenspolitik, Postfach 1529, 8130 Starnberg;

Abrüstungsinfo – Argumente, Dokumente, Informationen, Vertrieb: Deutsche Friedensunion, Grünenweg 14, 2800 Bremen 1;

Informationsdienst Wissenschaft und Frieden, Vertrieb: Bund demokratischer Wissenschaftler, Postfach 543, 3550 Marburg;

Rundbrief „Ärzte warnen vor dem Atomkrieg“, Vertrieb: Barbara Hövener, Stendelweg 30, 1000 Berlin 19.

Weitere Adressen und Literaturhinweise finden sich – unter anderem – in folgenden Büchern:

Alfred Mechtersheimer, *Nachrüsten?,* Reinbek 1981;
Henning Schierholz, *Frieden, Abrüstung, Sicherheit,* Reinbek 1981;
Frieden schaffen ohne Waffen, Bornheim 1981;
Frieden ’88. Taschenkalender, Bornheim 1987.

32
Der Tumult innerer Stimmen, oder: Was bedeutet das Wort „Ich“?

Mai 1982*

Ein Knopfdruck genügte, und im Nu war Utah von der Bildfläche verschwunden. Vollkommen ausgelöscht. Unwiederbringlich. Wie sehr ich mir auch wünschen mochte, daß ich diesen Knopf niemals betätigt hätte, es ließ sich nicht mehr ändern. Es spielte auch überhaupt keine Rolle, daß es eben erst passiert war. Nicht einmal eine Sekunde hatte nach Auslösen des Knopfs vergehen müssen, um jede Möglichkeit, meine Aktion rückgängig zu machen, zu vergeben. Ein Rechenfehler mit unheilvollen Folgen.

Utah, das ist ein sandiger Staat voller Wüsten und bizarrer, leerer Landschaften. Ein schöner Staat, durch den ich mehrmals reiste, immer mit einem Sinn fürs Wunderbare. Rätselhafte, klangvolle Namen tauchten damals auf, wie „Uintah“, „Wasatch“, „Moab“, „Koosharem“, „Shivwits“, „Tavaputs“, „Panguitch“ …

Jetzt sind alle diese Namen nicht mehr da, keine Spur mehr von ihnen. Sie müßten alle wieder geschrieben werden. Aber das war nicht das Schlimme daran. Das Schlimme war, daß alle meine Ideen, die Inspirationen, die ich vor ein paar Tagen hatte, ebenfalls vernichtet waren. Natürlich schaute ich zuerst nach, ob es noch eine Ersatzkopie gab. Ich hatte sicherheitshalber zwei angelegt. Aber auch diese beiden waren zerstört. Vor kurzem noch gab es in meinem Dateiverzeichnis drei, jawohl, *drei* Kopien von Utah, und jetzt waren sie alle futsch. Der Plattenspeicherplatz war freigegeben worden, und die Bit-Strukturen meiner Datei waren vielleicht ein paar Sekunden lang herumrotiert; sie waren nicht mehr geschützt, nicht mehr abgeschirmt, jedoch immer noch intakt. Aber dann hatte jemand anders eine Datei beschreiben wollen, was sich ja nicht vermeiden läßt, und erbarmungslos räumte das Betriebssystem meinen Platz frei. Meine Datei wurde nun von den Bit-Strukturen einer Datei überschrieben, die jemand anders angelegt hatte.

Ich war völlig verzweifelt. Trotz der schieren Aussichtslosigkeit hoffte ich immer noch auf eine Möglichkeit, Utah wiederzufinden. Man schaute für mich nach, ob es noch Versionen auf Band gab, und es sah ganz danach aus, als wäre da noch eine – gerade einen Tag alt. Immerhin! Wenigstens *etwas* war von meiner Arbeit übriggeblieben. Aber schon nach wenigen Minuten entdeckten wir, daß sie nur aus vier Zeilen bestand. Die Bandkopie war gemacht worden, bevor mir die guten Ideen gekommen waren. Damit war auch der allerletzte Hoffnungsschimmer verflogen.

Mir war klar, daß ich meine Gedanken nicht zu rekonstruieren vermochte. Ich mußte glatt wieder von vorne beginnen. Mir war entsetzlich zumute. Ich hatte meine Datei, der ich den Namen „Utah“ gegeben hatte, einfach gelöscht. Und das mir nichts,

* Gehalten als *Grace Adams Tanner Lecture in Human Values* am Southern Utah State College in Cedar City, Utah, USA.

dir nichts; ein einziges Mal die falsche Taste erwischt zu haben, hatte gereicht. Und trotzdem bin ich schon wieder voll bei der Sache, mir die Finger fast wund zu tippen, eine neue Datei zu kreieren, gleichen Namens, zu versuchen, neue Ideen zusammenzustellen, als Ersatz für die alten. Oder besser gesagt, ich stehe hier vor Ihnen und lese Ihnen dieses wochenalte Zeug vor, Wörter, die von der gleichen rotierenden Platte stammen, wo vorher meine anderen Wörter im Umlauf waren.

Was stimmt nun? Befinde ich mich wirklich hier am Terminal und schreibe, oder bin ich in Wirklichkeit hier, vor Ihnen? Ich kann es nicht auseinanderhalten.

Und das ist ein Aspekt der Frage, mit der ich Sie heute, während dieser Grace-Adams-Tanner-Vorlesung über menschliche Werte, konfrontieren möchte. Die Frage kann intellektuell, philosophisch gestellt werden und lautet dann: Was bedeutet das Wort „Ich"? Sie kann aber auch pragmatisch gestellt, also aus dem wirklichen Leben gegriffen werden und auf eine seelische Zerreißprobe hinauslaufen: Wer von den vielen, die ich bin, wird dominieren, welche der vielen inneren Stimmen das Sagen haben? Wer oder wie werde ich sein? Welcher Teil von mir wird entscheiden? Und kann dieser Teil wiederum inneren Konflikten ausgesetzt sein, wie denn nun die Entscheidung ausfallen soll, welche Version von mir dominieren darf?

* * *

Mit solchen Fragen sah ich mich konfrontiert, als ich die vormalige Version von Utah eintippte, von der ich eingangs sprach. Aber ich muß einräumen, daß ich die Dinge etwas verzerrte. Ich erwähnte solche Ortsnamen wie „Uintah" und „Wasatch", und daß sie zerstört worden waren, weil ich auf den Knopf gedrückt hatte. Eigentlich waren diese Ortsnamen in der ursprünglichen Fassung meiner Rede nicht vorhanden. Erst als das irreversible Unglück, die Vernichtung der Originalversion von Utah der *Datei*, passiert war, brachte mich die Metapher, Utah den *Staat* durch Betätigen eines Knopfes zu zerstören, zu der Vorstellung, wie seine Städte und Orte ausgelöscht würden. Denn tatsächlich nahm ich diese Ortsnamen erst in meiner *neuen* Datei namens „Utah" einen nach dem anderen auf. Und das ist genau *diese* Datei, die ich gerade beschreibe. Also werden diese Namen erst verloren sein, wenn ich den gleichen Fehler erneut mache – und ich hoffe doch sehr, daß mir eine *solche* Unachtsamkeit nicht ein zweites Mal unterläuft.

Allerdings ist es kein Zufall, daß mir die Analogie zwischen der Zerstörung Utahs als Staat und Utahs als Computerdatei in den Sinn kam. Bei weitem kein Zufall. Worum ging es denn tatsächlich in der alten Datei voller inspirierter Gedanken? Um ein inneres Ringen zweier Stimmen in mir, ein Selbst im Wettstreit mit dem anderen, zwei wesentliche Seiten der Person Douglas Hofstadter, die sich gegenseitig bekämpften. Tatsächlich war es ein hypothetischer Dialog, der da vor Ihren Augen stattgefunden hat, ein Dialog zwischen zwei Personen, die beide in mir sind, die beide wahrhaftig ich selbst sind, jedoch in gewissem Sinn miteinander in Streit liegen.

Wer mein Buch *Gödel, Escher, Bach* kennt, wird sich an die Charaktere des Achilles und des Herrn Schildkröte (wie auch an ein paar andere) erinnern können, die ich in meinen Dialogen zu Wort kommen ließ. Erst kürzlich verfaßte ich wieder einen, erneut mit Achilles und Herrn Schildkröte, in dem sie die Frage diskutieren, „Wer schubst wen im Kranikulleum herum?“ In jenem Dialog beschäftige ich mich – bzw. sollte ich sagen, beschäftigen *sie* sich – mit der Frage, was die Seele beherrscht. Wie können wir das Wesen unseres Selbst begreifen, wenn wir aus Myriaden von Teilen zusammengesetzt sind, von denen wir nichts verstehen? Wie halten diese Teile zusammen? Wie fügt sich das Ganze zu einem Selbst zusammen, zu einer Seele, einem Du oder einem Ich?

„Kranikulleum“ – das ist die Metapher für eine riesige Arena, in der Milliarden kleiner Murmeln herumkugeln, die sich unbewußt gegenseitig anstoßen, eine Riesenarena, die, stellt man sich außerhalb, um das *Ganze* zu betrachten, ein weiträumiges Bewußtsein freigibt. Die Frage in der Kapitelüberschrift „Wer schubst wen im Kranikulleum herum?“ zielt darauf, wie ein solches System zu betrachten ist, das sich auf verschiedenen Ebenen beschreiben läßt. Die zentrale Streitfrage ist, ob die Spielkugeln das gesamte System herumschubsen, oder ob die Wünsche und Sehnsüchte des Systems insgesamt die Murmeln herumstoßen. Das ist eine haarige Problemstellung, bei der es um die Frage geht, was es heißt, freien Willen zu haben – im Dialog wird dazu auch gesagt, *freien Unwillen* zu haben.

Ein Teil von mir hatte die Absicht, Ihnen heute abend jenen Dialog vorzulesen. Eine innere Stimme sprach sich dafür aus. Eine andere innere Stimme jedoch wandte sich geschickt dagegen und bedrängte mich noch viel stärker. Und was meine unachtsamen Finger ausradiert hatten, war genau die Abfassung der wortgewaltigen Auseinandersetzung zwischen *diesen* inneren Stimmen – die ursprüngliche Datei namens „Utah“.

Wer war dieser andere Douglas Hofstadter, der so rüde dazwischentrat? Und was wollte er sagen? Warum kämpfte er so sehr um den Erhalt der Kontrolle über mein oberstes Bewußtsein? Was ließ ihn so sehr insistieren, daß die Geschichte des Kranikulleums unangemessen sei? Nun, ich weiß nicht, wie ich es besser erklären könnte, als ihn selbst in eigener Sache zu Wort kommen zu lassen. Und um keine weiteren Worte mehr zu verlieren, hier ist er.

* * *

Danke, aber ich fühle mich dadurch in eine etwas unangenehme Lage gebracht. Schließlich habe ich wirklich nicht das Gefühl, als ob ich jemand bin, der sich von dir unterscheidet. Das heißt, von der Person, die mir freundlicherweise gestattet, ein paar Worte an Sie zu richten. In Wirklichkeit bin ich doch derselbe, nicht wahr? Ich bin mir da manchmal nämlich nicht so sicher. Schließlich, wer erhielt die Einladung, die Grace-Adams-Tanner-Vorlesung über menschliche Werte zu halten? War es Douglas Hofstadter, der Autor, oder Douglas Hofstadter, die Person? Der erstgenannte ist der Gewinner eines Pulitzer-Preises, Verfasser einer monatlichen Kolumne, öffentlich zu sehen und von daher allem Anschein nach ein vielversprechender Kandidat, den man einladen kann, einen Vortrag zu halten. Der letztgenannte ist ein Unbekannter, außer für seine Freunde. Doch die Energie des ersten kommt aus einer unsichtbaren, inneren Person, einem heißen feurigen inneren Kern, in dem Ideen, Hoffnungen und Ziele miteinander ringen. Im wesentlichen ist soeben nichts anderes in die Wege geleitet worden, als symbolisch der *realen* Person das Feld zu überlassen, in deren Geist all diese Ideen brodeln und sich gegenseitig in die Haare kriegen.

Und da ich jetzt die *reale* Person bin, also kein Abbild, kann ich frisch von der Leber weg über das sprechen, was mich in dieser Zeit stark ergreift und spaltet, spaltet in verschiedene Leute (von denen ich einer bin). Was mich ergreift, was mich in selbständige Subeinheiten meines Selbst, in Unterichs, spaltet, dieses Etwas ist ein immer stärker werdender Sinn für die Realität jenes anderen lächerlich läppischen Akts, einen Knopf zu drücken, der Akt, der nicht eine Computerdatei zerstört, sondern einen wirklichen Staat, in der Tat alle unsere Staaten, alle unsere Städte. Es ist das „ob's dir gefällt oder nicht, es ist so"-Problem des Atomkriegs, was gelegentlich als „das Undenkbare" bezeichnet wird.

Diese Bezeichnung hat mir schon immer gefallen. „Das Undenkbare" – das hört sich so an, als werde es in Wahrheit nie passieren. Als sei es so abscheulich, daß niemand sich vorstellen kann, es könnte je ein Atomkrieg ausgelöst werden. Als sei ein Atomkrieg gleichbedeutend mit dem Ende der Welt, mit dem Jüngsten Tag. Aber es scheint, daß im Verlauf der Jahre eine derartige Sicht verlorengegangen ist. „Das Undenkbare" scheint für die Regierungen der Atommächte mehr denn je denkbar zu werden.

* * *

Ich lebe in Bloomington im Bundesstaat Indiana, einer Stadt mit ungefähr 60000 Einwohnern. Irgendwo in der Sowjetunion befindet sich ein Raketensilo mit einer Rakete im Innern, die speziell für Bloomington in Indiana bestimmt ist. Schließlich gibt es Tausende solcher Raketen mit Atomsprengköpfen (was für ein niedliches Wort das doch ist, „Atomsprengkopf"! – mir gefällt es, und man kann sich förmlich vorstellen, wie sie das spitze Ende einer graziös schnittigen Rakete zieren, wie ein künstlerischer Schnörkel, der bloß als extravaganter, aber stilvoller nachträglicher Einfall aufgesetzt wurde) – Tausende davon, die für einen Erstschlag in Frage kommen. Mancher, der in dem Raketensilo arbeitet und täglich die Routineüberprüfungen erledigt, damit diese Rakete ihr Ziel trifft und ihrem Zweck dient, hat von Bloomington in Indiana noch nie etwas gehört. Zum Teil wissen sie vielleicht das Ziel. „Blominktonn, Indjanna" sagen sie vielleicht dazu, und vielleicht finden sie es lustig und lachen darüber.

Irgendwo anders, vielleicht in Utah, arbeiten Amerikaner in ähnlichen Raketensilos. Sie sind nicht anders als die Leute in der Sowjetunion. Sie passen auf ganz ähnliche Raketen auf, die auf Gorky, Nowosibirsk, Omsk, also Städte in der Sowjetunion, zielen. Sie sprechen diese Namen genauso fürchterlich aus wie auf der anderen Seite ihre sowjetischen Arbeitskollegen die amerikanischen.

Diese Menschen leben auf zwei sich gegenüber liegenden Kontinenten, ohne sich voneinander groß zu unterscheiden. Sie führen nichts Böses gegeneinander im Schilde. Und doch ist jede einzelne Rakete für keinen anderen Zweck ausgelegt, als das Lebenslicht Hunderttausender von Menschen in einer fernen Stadt mit einem Mal oder im Verlauf mehrerer Wochen auszulöschen. Der Horror ist nicht auszumalen.

* * *

Überall auf der Welt sind die Amerikaner für ihre Großmut und ihre Herzlichkeit bekannt. Amerika hat der Welt viele großartige Dinge gegeben: die Idee der Freiheit, die Idee des westlichen Pioniergeistes, die Hollywood-Filme, den Jazz in seinen zahlreichen Varianten, die eine und andere Vision, wie Technologie und Wissenschaft unser Leben zunehmend angenehmer gestalten können, ferner eine Lockerheit der Sprache und des Kleidungsstils, die viele überall auf der Welt immer wieder beflügelt, sowie eine aus der Tiefe des amerikanischen Charakters kommende Ungezwungenheit und Kameradschaftlichkeit. Ich bin stolz, daß ich für das Magazin *Scientific American* schreibe, daß ich ein Teil dieser doch sehr großartigen typisch amerikanischen Institution bin und man mich mit dem, was ich schreibe, mein Land repräsentieren läßt. Ich habe das Gefühl, daß meine Mentalität ein ausschließlich amerikanisches Produkt ist, und ich bin stolz darauf. Dieses Land hat in großem Umfang zum Selbstbildnis der Menschheit beigetragen; es ist zu einem besonderen Symbol in den Köpfen vieler rund um die Welt geworden.

Desgleichen hat das russische Volk in großem Umfang zur Weltkultur beigetragen, etwa durch seine Schriftsteller wie Dostojewski und Tolstoi, durch die große Musik solcher Komponisten wie Rachmaninow und Prokofjew und Skrjabin und Schostakowitsch (um ein paar meiner Lieblinge aufzuzählen), durch seine Wissenschaftler und Mathematiker und Philosophen, durch seine reiche und traurige Kultur, der so viel Qual und Resignation innewohnt. In Gorky lebte Andrej Sacharow, ein überragender Geist und weitläufig als der Vater der russischen Wasserstoffbombe bekannt, und jetzt ein Dissident, der unter Einsatz seines Lebens versuchte, seiner Regierung eine Wende zu geben. Überall in der Sowjetunion leben gewöhnliche Menschen wie Sie und ich in gewöhnlichen Städten und ersehnen nichts mehr, als einfach zu leben, ohne ein Damoklesschwert über sich hängen zu haben.

Aber dieses Schwert hängt über uns allen, und jeden Tag wird der Faden, an dem es hängt, schwächer. Über das „Undenkbare" ist nicht nur nachgedacht worden, es ist bis ins letzte Detail durchgeplant, auf beiden Seiten. Dutzende Szenarien eines Atomkriegs sind ins Auge gefaßt und auf die strategische Waagschale gelegt worden, auf beiden Seiten. Dutzende Versionen eines Jüngsten Tages sind entweder auf Computern oder in den Köpfen der Kriegsplaner durchgespielt worden. Diese Leute stecken bunte Nadelstifte auf Landkarten und denken nur an die Zahlen, nicht an die Leben, die sie vernichten.

Nicht nur Pläne – die Software – sind geschmiedet worden, sondern es ist natürlich auch die gesamte Hardware, das Material, vorhanden. Und es ist plaziert. Aber als ob das nicht schon genug wäre, kommen auf der Erde Tag für Tag zwischen drei und fünf neue atomare Sprengköpfe hinzu. Wir alle wissen, daß bisher nur zwei Atombomben auf Menschen abgeworfen wurden, wobei jede für ungefähr sechzigtausend Leute tödlich war. Und diese zwei Bomben waren nur winzige „Bömbchen", verglichen mit den Dingern, die wir mittlerweile wie unser täglich Brot herstellen.

* * *

Manche Leute stecken einfach wie die Strauße den Kopf in den Sand und meinen in ihrem Wunschdenken, daß sich seit den Tagen des Zweiten Weltkriegs nichts radikal geändert hat. Einer meiner Freunde erzählte mir kürzlich von einer Unterhaltung, die er zu Mittag mit seinem Chef hatte. Mein Freund hatte die Schrecken eines Atomkriegs aufs Tapet gebracht, und sein Chef – ein netter Mann mit guten Absichten – protestierte sogleich, denn in Wirklichkeit unterschiede sich ein Atomkrieg wohl kaum von jedem der vorangegangenen Kriege. „Wie kommen Sie darauf?" fragte mein Freund. „Wie stark ist die kleinste Atomwaffe?" entgegnete sein Chef. „Oh, ungefähr 500 Tonnen TNT", meinte mein Freund anhand seiner Statistik. „Und die größte konventionelle Bombe?" fragte sein Chef weiter. „Vielleicht um die 20 Tonnen TNT." „Na also – sehen Sie?" triumphierte der Chef. „Nur ein Faktor von 25, mehr nicht."

Als mein Freund mir diese Geschichte erzählte, traute ich meinen Ohren nicht. Für den Chef meines Freundes war der Gedanke, daß die kleinsten Atombomben „nur" 25mal größer sind als die größten konventionellen Bomben, *tröstlich*. Er war gewillt, einen Faktor von 25 vollkommen zu unterschlagen – der an sich völlig verkehrt ist. Denn 25 ist gar nicht die richtige Zahl. Eine *typische* Atombombe hat eher eine Megatonne, was bedeutet, daß diese Bombe mehr als 50000mal stärker ist als die größten konventionellen Bomben. Nicht 25mal, sondern 50000mal größer. Vergleicht man sie mit einer *typischen* statt mit der *größten* konventionellen Bombe, liegt das Verhältnis in der Größenordnung von einer Million. Eine Million mal. Eine beunruhigende Größe, buchstäblich unfaßlich. Um es plastischer darzustellen, wenn auch gewiß nicht begreiflicher, kann ich die Statistik anführen, daß ein einziger Atomsprengkopf mäßiger Größe – 2,2 Megatonnen – mehr Zerstörungsgewalt in sich hat als *alle* Bomben zusammen, die während des Zweiten Weltkriegs auf Deutschland abgeworfen wurden. Die Bombe, die für Bloomington in Indiana bestimmt ist, ist aller Wahrscheinlichkeit nach halb so groß. Vielleicht wäre das ein Trost für den Chef meines Freundes. Aber irgendwie bezweifle ich das. (Vgl. Abbildung 32-1.)

* * *

Aber warum spreche ich zu Ihnen über diese Teufelsthemen? Bin ich gekommen, um über Atomkrieg zu reden, oder über die Natur der Seele? Warum spreche ich so leidenschaftlich gerne über Themen, die eher abschrecken, als über solche, die faszinierend und hinreißend sind? Weil ich mehr als eine Person bin. Weil ich *diese* innere Stimme nicht still halten kann. Weil etwas in mir aufgewacht ist, nachdem es jahrelang vor sich hingeschlummert hat.

Nun, wenn ich mich aufmerksam dieser seltsamen Vorstellung von „inneren Stimmen" und „schlummernden Ideen" widme, werde ich geradewegs wieder auf das alte Thema zurückkommen müssen – wie ist die Seele beschaffen? Mein eigenes inneres Gespaltensein zwingt mich, hin und her zu oszillieren zwischen einem Thema, über das nachzudenken mir zuwider ist, und einem, über das ich liebend gern nachsinne. Ich bin das Opfer meines eigenen Geistes, eines Geistes, der aufgewacht ist, aufgewacht inmitten eines Alptraums von den Wirklichkeiten heutzutage. Man kann es auch von einer anderen Warte sehen und sagen, daß mein Geist von internen tätigen

Abbildung 32-1. Angesichts der entmutigenden Nachrichten, mit denen wir andauernd bombadiert werden, wird häufig die oben gezeigte Haltung eingenommen. (Zeichnung von David Moser.)

Prinzipien und Agenzien meines Gehirns „herumgeschubst" wird, die nach einer langen Pause angeregt wurden, aktiv zu werden. Und wohin mein Gehirn schubst, dorthin hat mein Geist eben zu folgen. Wie kann ich nur solche absonderlichen Dinge aussprechen? Was bedeutet es zu sagen: „Der Geist ist der Sklave des Gehirns?"

Um mich damit auseinanderzusetzen, lassen Sie mich die Gangart wechseln. Sehen wir uns ein Gehirn an. Ein Gehirn ist aus vielen, vielen Teilen aufgebaut – ungefähr 100 Milliarden Neuronen. Diese Teile sind miteinander auf phantastisch komplexe Weisen verbunden. Die meisten Neuronen beispielsweise hängen mit mehreren tausend anderen Neuronen zusammen, oftmals über weite Entfernungen. Es gibt ein paar unterschiedliche Neuronentypen, aber im Grunde sind sie sich alle ziemlich gleich. Jahrelang hat man Systeme mit vielen identischen Teilen beobachtet, und zwar innerhalb jenes Zweigs der Physik, den man als statistische Mechanik kennt. Denken Sie zum Beispiel an ein Gitter – ein dreidimensionales Gitter, wie ein riesengroßes dreidimensionales Schachbrett –, worin ein Teilchen mit seinem Eigendrehimpuls, „Spin", entweder nach oben oder nach unten gerichtet sitzen kann. Durch das Magnetfeld, das durch die Eigendrehung entsteht, hat jedes Elementarteilchen eine direkte Wirkung nur auf seine unmittelbaren Nachbarn. Jedes Teilchen muß sich also entscheiden, ob es nach oben oder nach unten gerichtet sein „möchte". Seine „Entscheidung" ist deterministisch, da sie von den Zuständen seiner Nachbarn diktiert wird. Aber das Merkwürdige daran ist, daß *deren* Zustände wiederum von *deren* Nachbarn diktiert werden, und sich so das Ganze herausstellt als etwas, das sich gegenseitig durch Wechselbeziehungen zusammenhält, trotz der Tatsache, daß jedes vorhandene Teilchen nur seine unmittelbaren Nachbarn „fühlt".

Eine Folge davon ist, daß am Verhalten eines solchen Systems einige Merkmale auffallen, die sich unter der generellen Rubrik „kollektive Phänomene" finden lassen. Ein kaum faßbarer Begriff. Ein Beispiel ist das übliche Allgemeinphänomen des Verkehrsstaus. Man wird keinen Verkehrsstau ausmachen, wenn man sich nur auf das Innere eines einzigen Taxis beschränkt. Nachdem im Handschuhfach nachschauen auch nichts gebracht hat, dehnen Sie die Suche weiter auf den Kofferraum aus, und danach schauen Sie unter die Motorhaube, schrauben die Batterie auf, den Kühler, und irgendwann den Tank ... Ein albernes Bild! Ein Verkehrsstau hat eben eine andere Ebene als ein einzelnes Auto. Es ist ein aus Autos zusammengefügtes Muster, ein Muster, das darüber hinaus auf die Autos, aus denen es sich zusammensetzt, tiefe Rückwirkungen hat.

Es liegt in der Natur kollektiver Phänomene, daß sie Muster sind, die sich aus Teilen zusammenfügen, die wiederum starke Einflüsse auf ihre Bestandteile ausüben und so agieren, daß diese bei der Stange bleiben. Man denke an Wirbelstürme, Leben, Intelligenz. Man sieht keinen Wirbelsturm, wenn man in ein Sauerstoffatom hineinschaut. Man sieht nicht das Leben, wenn man eine Aminosäure betrachtet. Auch Intelligenz wird nicht dadurch sichtbar, daß man ein isoliertes, winzig kleines Teil ihres Substrats beäugt, ob das Teil nun, wie im Gehirn, eine Synapse ist oder eine Binärziffer in einer Maschine.

* * *

Welche Dynamik steckt hinter einem kollektiven Phänomen? Wie kommt es zu einem Gedanken und seiner Ausbreitung innerhalb eines Gehirns? Das weiß wirklich niemand. Immerhin bleibt uns die Zuflucht zu einfacheren Analogien. Man stelle sich beispielsweise einen Schwarm Fische vor, der im Meer schwimmt, und wie die Fische an der Spitze des Schwarms plötzlich eine Gefahr erkennen: Ein merkwürdiger Schatten gleitet über sie hinweg, oder plötzlich bewegt sich etwas über ihnen. Im Sekundenbruchteil macht der gesamte Schwarm einstimmig kehrt, um mit einem Affenzahn davonzuschwimmen. Solche kollektiven Handlungen bzw. kooperativen Effekte finden statt, wenn sämtliche Komponenten miteinander in Phase sind. Das Handeln wird dann einheitlich. Das Verhalten von Eigendrehimpulsen in einer magnetischen Substanz ist in gewisser Weise ähnlich übereinstimmend. Wenn gewisse zentrale Eigendrehimpulse plötzlich umkehren, kommt es zur Kehrtwendung eines ganzen „Schwarms" von Spins – einer magnetischen Zone, mit anderen Worten.

Diese sogenannten magnetischen Zonen lassen sich in etwa mit Ländern vergleichen und ihre individuellen Eigendrehimpulse mit den Menschen, die dort leben. Natürlich sind Menschen viel komplizierter als Eigendrehimpulse oder Elementarteilchen. Sie haben nicht nur zwei Zustände, ein Hoch oder ein Tief! In Krisenzeiten jedoch werden Leute oft in eine solche Lage gebracht, daß sie eine Situation mit extremen Schwarz-

Weiß-Begriffen sehen müssen. Ich erinnere mich deutlich daran, wie der Iran über Nacht sein Gesicht wechselte und aus einem Land, das den Vereinigten Staaten zugetan war – und ich meine zugetan bis zur Basis, also nicht nur auf der Ebene seiner Regierung –, ein ganz anderes Land wurde, ein Land voller erbittertem Haß gegen die USA. Auf einmal kam es einfach zur *Polarisation* – ein Begriff, der übrigens auch auf magnetische Substanzen zutrifft, in denen sich alle Eigendrehimpulse (bzw. eine entscheidende Mehrheit solcher Spins) in eine Richtung orientieren.

Und äußere Ereignisse können diese Polarisation in schwindelerregend kurzer Zeit in genau die andere Richtung umschwingen lassen. Wir alle wissen, wie Länder innerhalb sehr kurzer Zeitperioden anscheinend „umkippen" können. (Man denke nur an Argentinien, wo sich die Leute erstaunlicherweise mit einem Mal fast total geeint hinter eine Junta stellten, die noch bis vor ein paar Wochen aufs bitterste verhaßt war!) Aber so etwas kann nur passieren, wenn das Land polarisiert ist oder anderweitig so zusammenwächst, daß es als eine große kollektive Entität handelt. Im Verlauf der Existenz eines Landes handelt es die meiste Zeit nicht als eine einzige, polarisierte, schwarz-weiße Ganzheit, sondern vielmehr als eine komplexere Einheit, zusammengefügt aus Aberdutzenden von kleineren Entitäten – Sphären –, die alle ihre eigenen Ziele verfolgen und in der einen oder anderen Weise miteinander koexistieren.

Ein Gehirn ist dem ganz ähnlich. Mit seinen Milliarden Neuronen ähnelt ein Gehirn einer organisierten Gemeinschaft, die aus kleineren Gemeinschaften besteht, von denen jede wiederum aus noch kleineren Gemeinschaften gebildet ist, und so weiter. Die Gemeinschaften auf der höchsten Stufe, die genau unterhalb der Stufe zum Ganzen liegt, sind, wie ich es gerne nenne, die „Unterichs" bzw. die „inneren Stimmen". Letztere will ich nicht im Sinne eines Schizophrenen verstanden wissen, der innere Stimmen halluziniert, sondern eher im Sinne konkurrierender Aspekte, die versuchen, das Ganze in ihre Gewalt zu bringen, etwa wie Luftpiraten, wenngleich oft mit wohlwollenden Absichten. Oder vielleicht mehr wie ein Votum der Passagiere an Bord eines Flugzeugs, die darüber abstimmen, wohin die Reise gehen soll, *nachdem* sie gestartet sind!

Um ein Beispiel für ein solches gewalthaftes Vorgehen anzuführen, dem ich tiefer im Dialog zwischen Achilles und Herrn Schildkröte über das Kranikulleum nachgehe, lassen Sie mich mal überlegen, was passiert, wenn ich einen Zauberwürfel von Rubik in die Hand nehme. Was veranlaßt mich überhaupt, einen in die Hand zu nehmen? Ich sehe ihn auf dem Regal herumliegen und wie immer in glänzender Verfassung – aber bisweilen strahlt er mich ein klein wenig mehr als sonst an. Und irgendwie bin ich „ganz scharf" auf eine Runde mit ihm. Also hole ich ihn vom Regal. Ich habe vielleicht tausenderlei andere Dinge zu tun, die dringlicher sind, als den Würfel zu lösen, aber irgendwie kann ich nicht widerstehen. Ich nehme den Würfel und verdrehe ihn, um anschließend zu meiner Erbauung seine kunterbunten Seiten in der einen oder anderen Weise wieder richtig hinzudrehen. Und es bleibt längst nicht bei einem Mal. Vielleicht sage ich mir dann: „Also wirklich! Hast du nichts Besseres zu tun? Also, nur noch *ein letztes Mal!*" Und so mache ich es noch einmal, aber irgendwie stellt es mich nicht ganz zufrieden, und mit einem leichten Schuldgefühl drehe ich ihn erneut in meinen Händen. Und danach noch ein weiteres Mal.

Es ist genauso, wie eine alte Kartoffelchip-Werbung sagt: „Wetten, Sie lassen es nicht nur bei einem!“ Es erinnert mich auch an die Académie Française, wo versucht wird, die französische Sprache fest unter Kontrolle zu halten, um zu verhindern, daß die Leute bestimmten natürlichen sprachlichen Trends folgen, die für alle offensichtlich sind. Die Académie versucht jedoch, Druck von oben nach unten auszuüben, um Dinge aufzuhalten, die sich nicht aufhalten lassen, wie man sieht. Das von unten nach oben wirkende Moment ist viel zu stark, um den Deckel zuhalten zu können. Man kann nicht den Deckel eines Schnellkochtopfs hermetisch geschlossen halten. Man kann auch nicht eine aufgebrachte Bevölkerung, wie etwa die Menschen im Iran oder in San Salvador oder Chile, unter einen Deckel zwingen und diesen dann dichtmachen. Mit welcher Kraft auch immer versucht wird, den Deckel nach unten zu drükken, ist letztlich ohne Belang, denn auf Dauer wird der Deckel dem Druck von innen nicht standhalten können.

* * *

Und im Gehirn ist es nicht anders. Konkurrierende Unterichs können nicht auf ewig in Schach gehalten werden. Man kann ihnen keine Zwingen anlegen und das Agieren verbieten. Denn tatsächlich ist jede „innere Stimme“ eine Zusammensetzung aus Millionen kleinerer Teile, von denen jedes einzelne aktiv ist. Und wenn die Umstände es zulassen, werden diese kleinen Aktivitäten eines Tages alle „in die gleiche Richtung zeigen“. In diesem Moment wird sich die innere Stimme herauskristallisieren, einen, wie man sagt, *Phasenübergang* durchmachen, aus dem Verborgenen emporkommen und proklamieren, daß es selbst ein aktives Mitglied der Ich-Gemeinschaft ist. Und wenn es gar stark genug ist, wird es versuchen, Druck auszuüben und Beachtung zu finden. Es wird versuchen, Macht an sich zu reißen, und wenn es die einmal hat, wird es sie nicht mehr abgeben wollen. All das meine ich, wenn ich sage, daß „die Seele herumkommandiert wird“.

Ich versuchte, dies anhand des Beispiels mit dem Rubik-Würfel zu illustrieren. Ich sehe aber, daß es tausend andere Beispiele gäbe. Nehmen wir meinetwegen das „Unterich, das immer Klavier spielen möchte“, und sobald es die Gelegenheit dazu bekommt, will es überhaupt nicht mehr aufhören, bis mir mein Kreuz – oder ist es *sein* Kreuz? – weh tut oder es vor Müdigkeit einschläft. Oder bis das Telephon läutet, oder das Piepen meiner Armbanduhr mir sagt, daß es noch andere Aspekte im Leben gibt, denen ich mich zuzuwenden habe.

Und wenn derartige Umstände eintreten, gibt es irgendwie immer eine alles regelnde Persönlichkeit, die dem Usurpator die Kontrolle wieder wegnimmt. Es ist in der Tat gar nicht schwierig, den klavierspielenden oder würfeldrehenden Pirat an Bord der Maschine auszubooten oder jedes andere Unterich. Es genügt schon, wenn das Telephon bimmelt. Ist das nicht ein Zeichen der Zeit? Diese Fähigkeit, selektiv unterbrechbar zu sein, ist eines der entscheidenden Merkmale eines hierarchisch organisierten Systems, wie es auch das Gehirn ist, das sich dahingehend entwickelt hat, sich mit einer Welt zu befassen, in der Ereignisse verschiedener Dringlichkeiten vorherrschen, mit denen es sich nacheinander beschäftigen muß. Es sind Auswahlen zu treffen, also muß es etwas auf höchster Stufe geben, dessen Aufgabe es ist, rasch und verläßlich eine Auswahl vorzunehmen, etwas, das die Unterichs ihrer Dringlichkeitsstufe nach aussiebt und nur dem einen, welches als dringlichstes eingestuft wird, erlaubt, das Ruder zu übernehmen.

Ein interessantes Problem entsteht, wenn durch das Aufkommen irgendeiner extremen Notsituation selbst diese Entscheidungsinstanz nicht weiter zum Zuge kommen darf. Sie kann gerade mitten in der Arbeit stecken, beim Versuch, einen ganz gewöhnlichen Konflikt zwischen den Unterichs auszuräumen, wenn –

* * *

Sie können es glauben oder nicht, soeben wurde ich durch den Anruf eines Freundes unterbrochen. Also gut, sage ich mir. Schließlich gibt es mir Gelegenheit, die Richtung, in der ich mich bewege, nochmals zu überprüfen und manch eine Idee, von der ich mittendrin abkam, wieder aufzunehmen. So komme ich insbesondere auch dazu, wie ich es ja wollte, eine Analogie herzustellen zwischen einem Land, das im Schlaf liegt, und einem Unterich, das vor sich hinschlummert.

In jedem von uns stecken wetteifernde innere Stimmen – dessen bin ich mir ziemlich sicher. Vielleicht ist die eine oder andere im Ruhezustand, aber das ändert, in einem bestimmten impliziten Sinn, nichts an ihrer Präsenz. Sie sind unterschiedlicher Meinung über die Möglichkeit eines Atomkriegs. Eine von ihnen sagt etwa: „Ein Atomkrieg wäre sicherlich schlimm, in der Tat undenkbar – und das weiß jeder, einschließlich der Militärs und so –, also wird es nie zu einem Atomkrieg kommen. Das ganze ist doch nur ein Manöver und großer Bluff. Also ich mache einfach so weiter wie bisher." Genau diese Stimme war in mir jahrelang dominant! Und dann ist da noch die andere Stimme, eine, die nicht nur mit mehr Ernst versucht, zu erfassen, welche Verheerung ein solcher Krieg in Wahrheit über uns brächte, sondern auch ebenso ernst versucht, zu ermessen, wie die Verbreitung atomarer Waffen vorangeht und was sich da so tut.

Es ist bestimmt schwer, angesichts der Tatsache die Augen verschlossen zu halten, daß Leute rund um die Welt (und rund um die Uhr) über „das Undenkbare" nachdenken. Manche reden davon, wie undenkbar es doch sei, andere aber davon, wie es vielleicht dennoch denkbar wäre. Da sind die, die einem erzählen, wie man einen Atomschutzbunker baut, Nahrungsmittelvorräte hortet, ein Gewehr parat hat, um die Nachbarn, Freunde und Fremde auf Abstand zu halten, wenn sie versuchen, mit aller Gewalt in Ihren sicheren kleinen Bunker zu dringen. Dann sind da auch noch die, die einem erzählen, wie sie ganze Städte evakuieren und die Bevölkerung in ländliche Gebiete aussiedeln wollen – als ob wir die Zeit zu einer solchen Unglaublichkeit hätten oder als ob den Leuten die Idee tatsächlich schmeckte. Diese Leute – also die in der Zivilverteidigung Beschäftigten – haben ein berufliches Interesse daran, uns zu sagen, daß ein Atomkrieg sehr wohl vorstellbar ist, und uns damit zu beruhigen, daß er überlebbar ist – so schlecht sieht es in der Tat also gar nicht aus! Unglaublich, wie kann man nur einen solchen Beruf haben.

Aber die schlimmsten von allen sind die, die der Vorstellung gegenüber blind sind,

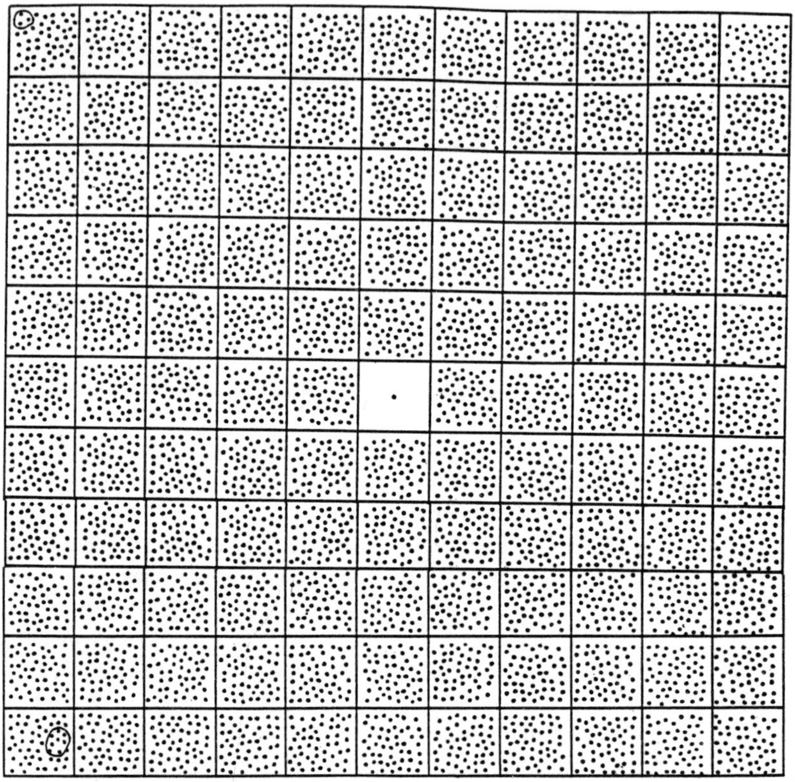

Abbildung 32-2. Ein realistischer Blick auf die Situation in der Weltrüstung. Die Tafel gibt die augenblickliche Sprengkraft auf der Welt wieder, und zwar anhand der Sprengkraft des Zweiten Weltkriegs. Dargestellt wird sie durch den Punkt in der Mitte. Er repräsentiert die gesamte Sprengkraft des Zweiten Weltkriegs (einschließlich der Atombomben, die auf Hiroshima und Nagasaki niedergingen): drei Megatonnen. Die anderen Punkte repräsentieren das derzeit auf der Welt vorhandene Atomwaffenpotential. Dieses reicht so an die 18000 Megatonnen, was 6000 Weltkriegen im Stile des Zweiten gleichkommt. USA und UdSSR haben mit ihren jeweiligen Verbündeten annähernd gleichgroße Sprengkraftanteile.

Der Kreis links in der obersten Ecke umfaßt neun Megatonnen und repräsentiert das Waffenpotential in nur einem einzigen Poseidon-U-Boot. Das entspricht der Sprengkraft von drei Zweiten Weltkriegen, was reicht, um über 200 der größten Städte in der Sowjetunion zu zerstören. Wir haben 31 solcher U-Boote und zehn ähnliche Polaris-U-Boote. Der Kreis links unten schließt 24 Megatonnen ein und repräsentiert ein neues Trident-U-Boot mit der Gewalt von acht Zweiten Weltkriegen an Bord: genug, um jede größere Stadt auf der nördlichen Hemisphäre auszulöschen. Die Sowjets bewegen sich mit ihren Zerstörungskräften auf ähnlichem Niveau.

Nur zwei Quadrate dieser Tafel (300 Megatonnen) entsprechen der Sprengkraft, die ausreicht, um sämtliche Groß- und mittelgroßen Städte auf der ganzen Welt zu zerstören. (Nach Jim Geier und Sharyl Green, 1981.)

daß ein Atomkrieg offen gesagt das Ende der Welt bedeuten würde, jedenfalls so, wie wir sie kennen. Es gibt Millionen gewöhnlicher Bürger, die irgendwie Erleichterung spüren, wenn sie auf einer Karte ihrer Stadt mit verschieden großen Kreisen, ausgehend vom Rathausplatz im Stadtkern, sehen, daß dort, wo *sie* wohnen, die Gefahr, zum Kreis derer zu gehören, die „zu 90 Prozent tot sein werden", nicht besteht, ja nicht einmal das Risiko, „zu 50 Prozent tot zu sein". Also kein Grund zur Sorge. Sie werden schon überleben. Und weiter wollen sie nicht denken! Vielleicht ein vager Gedanke daran, eventuell wegen des radioaktiven Niederschlags besorgt zu sein, oder vielleicht noch die Frage, was ist, wenn kein Benzin fürs Auto mehr zu bekommen ist, aber das ist auch schon alles.

Nun sollte ich wirklich nicht *ein paar Leute* herausnehmen und ihnen diese Denkweise anhängen. Das Befremdende ist, daß wir *alle* zu dieser Denkweise neigen – oder wenigstens Teile von uns. (Ich kann mindestens für mich selbst sprechen, und ich halte mich für eine sehr typische Person.) Denn wir haben es mit etwas zu tun, das nicht nur sehr vage und nicht wißbar ist, sondern das über alle Vorstellung hinaus katastrophal ist, etwas, das seinesgleichen auf diesem Planet noch nie gehabt hat. Wir sind also für dieses Maß an Vorstellung nicht ausgerüstet (aber schauen Sie sich zur Hilfestellung Abbildung 32-2 an). Und so wenden wir uns ab. Und dieses Abwenden passiert gewissermaßen in jedem einzelnen von uns. Bestimmt war das während vieler Jahre der dominierende Modus in mir. Man entwickelt, unter laufender Selbstermunterung, einen Sinn für Sicherheit, wo ein Atomkrieg nur ein lächerlicher Klacks ist.

Aber die Waffenvorräte wachsen jeden Tag. Jeden Tag vermehren sich die Gefahren. Jeden Tag mehr Kriegshetze. Jeden Tag entstehen weitere Brennpunkte auf der Erde. Jeden Tag wachsen Mißtrauen und Argwohn, jeden Tag wird die Polarisation zwischen den Völkern größer. Wir haben allenfalls die Hoffnung, daß die Apathie sich nicht vermehrt. Die Hoffnung, daß ein Land wie das meine, das Ihre oder unsere einen „Phasenübergang" durchmachen kann, aufwacht und erkennt, wie wahnsinnig der Kurs ist, den wir da eingeschlagen haben.

* * *

Phasenübergänge finden in einfachen physikalischen Systemen statt, in Fischschwärmen, in Gehirnen einzelner Individuen und ebenso in Ländern, wenn die Interaktionen zwischen den Komponenten des Systems stark und zahlreich genug sind und wenn diese Interaktionen derart zusammenpassen, daß sie Korrelationen im großen Maßstab herbeiführen, oder, anders gesagt, für Ferneffekte gut sind, auch wenn die direkte Interaktion ihrer Natur nach nur im nahen Umkreis wirkt. Wenn solche Ferneffekte zustande kommen, dann sprießt eine neue Sorte von Entität hervor, eine Entität, die auf einer höheren Organisationsstufe steht als ihre konstituierenden Teile. Und diese Entität gehorcht dann gewissen eigenen Gesetzen.

Unterhaltungskünstler zum Beispiel sind sich dieses kollektiven Aspekts bei Massen hochgradig bewußt. Ein Popstar wird von der Interaktion sprechen, die zwischen ihr und der Menge zustande kam, davon, wie sie die Stimmung in der Menge *als Ganzes* spürte. Doch wie kann das sein? Ist eine Menschenmenge nicht aus Individuen zusammengesetzt, die sich überhaupt nicht kennen, die nichts gemeinsam haben? Ja; doch *eins* haben sie gemeinsam: sie haben sich alle darauf eingestellt, dieselbe Künstlerin zu erleben, und so beeinflussen sie sich gegenseitig jedes Mal, wenn sie über ihre Scherze lachen oder Applaus spenden oder anfeuern oder irgendwie Ungeduld über sie äußern. Solche kollektiven Erscheinungsformen haben die Tendenz, den einzelnen sehr rasch mit einzuschließen, also selbst-verstärkende Interaktionsschleifen zwischen Künstler und Publikum zu bilden.

Derartige selbst-verstärkende Schleifen sind in Phasenübergängen und kollektiven Erscheinungsmodi von essentieller Bedeutung, da in ihnen die Tendenz steckt, die ganze Sache am Laufen zu halten. Und so ist es auch mit dem kollektiven Modus meiner Neuronen. Ich meine den einen, der irgendwie nach jahrelangem Schlummer den Anstoß bekam, aktiv zu werden. So ganz behagt mir diese neue innere Stimme allerdings noch nicht. Aber sie verfolgt mich überall und läßt nicht von mir ab. Sie hat sich eine Machtstellung in mir erworben, und die wird sie nicht aufgeben. Und die „Regierung“, die sie wie ein Usurpator bis zu einem gewissen Grad übernommen hat, hat an der neuen Lage der Dinge eigentlich wenig auszusetzen.

Lassen Sie mich nun versuchen, die Kontrolle an das weniger leidenschaftliche, objektivere Selbst, also das „auf höchster Ebene“ befindliche Ich, das anfangs diese Rede einleitete, zurückzugeben.

* * *

Dankeschön. Für mich war es interessant, das Hin- und Herkippen zu beobachten, das einsetzte, als das vorherige Unterich versuchte, sich Luft zu machen. Eins kommt dadurch klar zum Vorschein: zwischen „jenem Unterich“, „diesem Unterich“ und allen anderen Unterichs von Douglas Hofstadter, der Person, können keine eindeutig umrissenen Grenzen gezogen werden. Sie alle sind Fiktionen, weil das einzig Wirkliche in der Summe aller besteht, also in der integrierten Person. Und diese integrierte Person ist eindeutig nicht die gleiche Person, die er vor ein paar Monaten war, als er noch frohgemut die Vorstellung des atomaren Greuels ignorierte, unwillens irgendwie, dieser Möglichkeit direkt ins Antlitz zu schauen.

Diesen Phasenübergang durchzumachen war nicht gerade ganz vergnüglich, wie bei jedem *coup d'etat*. Nicht, daß es so revolutionär zugegangen wäre. Es kam alles ganz friedlich, gewaltlos, von innen. Von außen kamen keine Provokateure. Oder vielleicht doch? *Einen* gab es, das sollte ich ruhig erwähnen: eine 92jährige Dame, die letztes Jahr meine Nachbarin war und mit der ich Freundschaft schloß. Gelegentlich stattete ich ihr einen Besuch ab, und wir führten wunderbare Gespräche, die von der Musik Chopins zu den qualvollen Liebesschmerzen traurig zu Ende gegangener Romanzen, weiter zu den Geheimnissen des Geistes und – bisweilen – zur Politik schweiften.

Eines Tages, als ich mich gerade nach einer dieser Diskussionen verabschieden wollte, sagte Hildegarde auf sehr nette Weise zu mir: „Eigentlich würde ich dich gerne mal etwas fragen. Wie kommt es bloß, daß du mit deinem äußerst aufgeweckten Geist es anscheinend nicht für nötig empfindest, etwas gegen einen Atomkrieg zu tun – oder es wenigstens zu *versuchen*." Es war ein sehr sanfter Stups, wirklich nur eine Beiläufigkeit, mit der sie ihre Verwunderung über mich andeutete. Aber es brachte *mich* zum Nachdenken darüber, wie es dazu kam, daß ich die gewaltigste Sache in unser aller Leben systematisch ignorieren konnte, Tag für Tag für Tag.

Ein Grund, sagte ich mir, lag sicherlich darin, daß die Sache einfach *zu* gewaltig war. Mich darum zu kümmern, hatte keinen Zweck. Aber das klang mir nicht ganz echt. Es hörte sich nie und nimmer nach *mir* an! Also hatte ich eigentlich keine richtige Antwort, und das begann mich zu wurmen. Es kam mir nach und nach so vor, als sei es entweder wie pures „Vogelstraußverhalten" oder wie purer Egoismus. Aber es gefiel mir weder das eine noch das andere. Scham- oder Schuldgefühle sind nie der Weg zu einem Phasenübergang. Ein solcher muß von viel tiefer her kommen. Glücklicherweise walteten tief in mir rege Kräfte, die langsam in einer Ausrichtung zusammenfanden und ganz allmählich jenen kollektiven Modus herbeiführten, der in der inneren Stimme Form fand, die Sie vorhin gehört haben.

Dieses „Erwachen" eines Individuums hat seine Parallele im kollektiven Erwachen einer Nation. Es wird eintreten, wenn genügend viele Staatsbürger sich zusammentun, weil sie ein gemeinsames Interesse sehen, und begriffen haben, daß es um ein gemeinsames Ziel geht. Es gibt einen „kritischen Punkt", der von einer bestimmten Zahl an erreicht ist, und dann kommt es plötzlich auf nationaler Ebene zum Umschwung. Aber bloß, wie und wann er sich ereignen wird, ist verflixt schwer zu sagen.

* * *

In seinem vor kurzem erschienenen Buch *Science: Good, Bad, and Bogus* („Wissenschaft: Gutes, Schlechtes und Schwindel") zitiert Martin Gardner eine eindrucksvolle Passage des Psychologen William James, die dieser vor etwa einem Jahrhundert schrieb. Es geht darin um den morgendlichen Akt, aufzuwachen und aufzustehen. Diese Textstelle fängt meines Erachtens sehr tiefsinnig ein, wie die Seele einer Person aus einer Unzahl kleinerer Aktionen hervorgeht, die durch und durch unerkennbar und doch irgendwie koordiniert sind. Mit Verlaub gebe ich sie hier wieder:

> Wir wissen, was es heißt, frühmorgens in einem Zimmer ohne ein wärmendes Feuer aus dem Bett in die Eiseskälte zu kommen, und wie sich das wahre Lebensprinzip in unsereinem gegen diese Drangsal sträubt. Wahrscheinlich sind schon die meisten an manch einem Morgen eine Stunde lang im Bett liegengeblieben, völlig außerstande, sich aufzuraffen. Wir denken daran, wie sehr wir uns verspäten und die täglichen Pflichten leiden werden; wir sagen uns, „Ich *muß* jetzt aufstehen, eine Schande ist das", etc.; aber in der warmen Bettstatt fühlt es sich immer noch zu wohlig an und die Eiseskälte außerhalb immer noch zu grausam. Und so wird die Entschlußkraft schwächer und schwächer und der grausame Akt immer wieder hinausgeschoben, just wenn es schon so weit schien, daß der Widerstand brechen und der kritische Akt vollzogen würde. Wie nun kommen wir *je* unter solchen Umständen hoch? Wenn ich aufgrund meiner eigenen Erfahrung verallgemeinern darf, stehen wir des öfteren auf, ohne überhaupt mit uns zu ringen oder es zu entscheiden. Plötzlich merken wir, daß wir bereits aufgestanden *sind*. Es passiert nämlich ein glücklicher Lapsus des Bewußtseins; wir vergessen völlig sowohl die Wärme als auch die Eiseskälte; wir verfallen einer mit

> dem Tagesleben verbundenen Träumerei, in deren Verlauf die Idee über uns hinweg aufblitzt, „Holla! Jetzt darf ich hier aber nicht mehr liegen!“ – ein Gedanke, der in diesem glücklichen Moment keine widersprüchlichen oder lähmenden suggestiven Kräfte aufruft. Konsequenterweise kommt es sofort zu den entsprechenden motorischen Effekten. Paralysiert wurde unsere Aktivität zuvor durch unser akutes Bewußtsein sowohl von der Wärme als auch von der Kälte, während wir mit uns selbst rangen. Und dieses akute Bewußtsein sorgte dafür, daß unsere Vorstellung, aufzustehen, im Zustand eines *Wunsches* und nicht im Zustand des *Wollens* verharrte. Sobald diese inhibitorischen Vorstellungen aufhörten, zeigte die ursprüngliche Idee ihre Wirkung.

Ich meine, hier steckt beachtlich viel Scharfsichtigkeit drin, also ein sehr genaues Verstehen, wie wir wirklich funktionieren. Im „Kranikulleum“-Dialog brachte ich manche meiner eigenen Ideen zum Ausdruck, die ganz ähnlich sind, und es wäre vielleicht angebracht, meinen Vortrag heute abend damit abzuschließen.

Achilles sagt zu Herrn Schildkröte: „Wenn man emotional hin- und hergerissen ist, hat man kaum eine *Entscheidung* darüber, was man fühlen wird. In einem *passiert* einfach etwas. Subtile Kräfte verschieben sich tief im Inneren, unter der Oberfläche, im Verborgenen. In gewisser Weise kann das ziemlich Angst machen, denn statt *entscheiden* zu können, wie man in einer derartigen Krise handeln wird, wenn sie wirklich passiert, *merkt* man, aus welchem Holz man eigentlich geschnitzt ist. Es ist mehr passiv als aktiv – oder akkurater gesagt, die Aktion geht in einem auf Ebenen über die Bühne, die viel weiter unten liegen – viel mikroskopischer sind –, als daß man sie direkt kontrollieren könnte.“

Daraufhin sagt Herr Schildkröte: „Richtig. Sie und Ihre Neuronen, Ihr könnt euch eben nicht miteinander unterhalten, jedenfalls nicht mehr als ein Land sich mit seiner Bevölkerung besprechen könnte. In beiden Fällen ist eine Art kollektiver Aktion von unzähligen winzig kleinen Elementen auf unteren Ebenen im Gange, die die Waage zum Neigen bringt – genau wie in einem Land, das ‚entscheidet‘, ob es in den Krieg zieht oder nicht. Abhängig von der Polarisation der Bevölkerung wird es entweder umkippen oder nicht. Und alle Teile der Bevölkerung schließen sich anscheinend zu immer größeren Gruppen Gleichgesinnter zusammen, unterstützt von Kommunikationskanälen und Gerüchten und so weiter. Urplötzlich ‚schwingt‘ dann so ein Land, das eben noch völlig unentschlossen schien, auf eine Weise um, von der jeder hinterher total überrascht ist.“

Achilles fährt fort: „Oder, um das Bild zu wechseln, es ist wie bei einer Lawine, die ja schließlich auch ein kollektives Ergebnis ist, von Abermilliarden Schneekristallen und ihrer jeweiligen Positionierung. Ein winzig kleines Ereignis kann ganz erstaunliche Proportionen bekommen – beziehungsweise in einer Kettenreaktion enorm verstärkt werden. Allerdings müssen die Kristalle in die richtige Lage gebracht werden, sonst rührt sich gar nichts.“

Und Herr Schildkröte meint: „In Fällen, wo man ein Urteil fällen soll, sei es nun, daß es darum geht, jemanden, der Musikstücke komponiert, zu bewerten oder einen potentiellen Titel oder Untertitel für ein Buch einem anderen vorzuziehen oder was auch immer, hat die oberste Instanz einfach abzuwarten, bis Entscheidungen von der unteren Instanz nach oben sickern. *Wirklich* gefällt wird die Entscheidung dort unten in den breiten Massen, in einer Zeit voll Brüten und Grübeln. Erst dann wird sich vielleicht die oberste Instanz bemühen, die tief unten blubbernde Aktivität zu artikulieren, aber diese verbalisierten Gründe, die sie da anführt, kommen immer *a posteriori*. Wörter allein besitzen niemals genügend Reichtum, um die ganze Subtilität einer schwierigen Wahl klar wiederzugeben. Gründe können vielleicht einleuchtend klingen, aber sie bilden niemals die Essenz einer Entscheidung. Der verbalisierte Grund ist bloß die Spitze eines Eisbergs. Oder, um ein anderes Bild herzunehmen, Ideenkonflikte kommen Kriegen gleich, wo *jeder Grund seine eigene Armee hat*. Wenn es kollidierende Gründe gibt, findet der wirkliche Schlagabtausch nicht auf verbaler Ebene statt (auch wenn viele Leute dies sehr gern glauben); es ist wirklich eine Schlacht zwischen ganzen Armeen von neuralen Zündungen, die ihre schwere Artillerie auffahren und Konnotationen, Sprachbilder, Analogien, Erinnerungen, rückständige atavistische Ängste und uralte biologische Realitäten ins Feld schicken."

Schließlich ruft Achilles ganz laut aus: „Meine Güte, klingt das entsetzlich! Wer Ihnen so zuhört, muß glauben, die Arena des Geistes ist ein riesiger Kriegsschauplatz! Oder ein tückisches Eisfeld an einer Steilwand. Ich hätte nie gedacht, daß, erklärte man das Denken auf eine so mechanistische Weise, es sich dennoch so organisch und lebendig anhören könnte. Irgendwie ist es erschreckend, aber auch ehrfurchteinflößend."

* * *

Für mich trifft Achilles mit seinen Bemerkungen den Nagel auf den Kopf. Das Leben, betrachtet man mal seine Basis in der Biologie, ist auf vielfache Weise erschreckend; trotzdem ist an der Tiefe und Komplexität all dessen etwas Majestätisches. Das gleiche trifft auf die Menschheit insgesamt zu. Vielfach sind wir ein Haufen entsetzlicher Wüstlinge, die sich und anderen Lebewesen das Leben auf das Schrecklichste schwermachen; und doch hat die Menschheit etwas Heiliges an sich, trotz des Profanen, das in jedem von uns steckt.

Jeder von uns ist eine Kette von Widersprüchen, die oftmals immerhin zu etwas Schönem und Bemerkenswertem finden, das gepflegt sein will. Um diese heilige und schöne Seite vor der Bedrohung zu schützen, die von der profanen und schrecklichen Seite ausgeht, lohnt sich jede Anstrengung, die wir aufbringen können, indem wir die Kraft mit heranziehen, die den vielen Unterichs und inneren Stimmen gehört, die in uns Resonanz suchen und uns zu dem machen, was wir sind.

* * *

* *

*

Epilog

Am Ende eines so langen Buchs habe ich eine lange Liste von Leuten, denen ich aus vielerlei Gründen aufrichtigen Dank schulde. Es fällt mir sehr schwer, eine Trennlinie zwischen denen zu ziehen, die unmittelbar zu diesem Buch beigetragen haben, und denen, deren Beiträge zwar höchst real, aber mittelbar waren. Und doch muß ich versuchen, da einen Unterschied zu machen, weil die Sphäre meiner Dankesschuld sich in dunstige Fernen erstreckt und praktisch alle umfaßt, die ich kenne. Ich werde im folgenden tun, was ich kann.

Als erstes möchte ich Dennis Flanagan und Gerard Piel dafür danken, daß sie mir Gelegenheit gaben, für ihre hochangesehene Zeitschrift zu schreiben. Allmonatlich habe ich mit Dennis auf der mikroskopischen Ebene der Einzelrubriken zusammengearbeitet, und ich sage ihm Dank für sein sicheres Urteil. Ungeachtet eines gerüttelten Maßes an Meinungsverschiedenheiten hat sich dabei eine herzliche Freundschaft entwickelt, die ich zu schätzen weiß.

Martin Gardner schlug mich als seinen Nachfolger vor. Von jemandem empfohlen zu werden, der Martins Ehrenhaftigkeit, Verstand und Einblick hat, ist ein großes Kompliment. Herzlichen Dank dafür, Martin, und für all die wundervollen Sachen, die du geschrieben hast und noch schreibst.

Dieses Buch wurde an vielen Orten geschrieben. Die ersten paar Artikel wurden geschrieben, während ich als Fellow der Guggenheim-Stiftung an der Abteilung für Computerwissenschaft der Stanford University zugange war, und ich möchte der Stiftung für ihre Unterstützung danken. Die Mehrzahl der Artikel wurde in Bloomington, Indiana, geschrieben, wo ich sieben Jahre lang dem Lehrkörper der Computerwissenschaftlichen Abteilung der Indiana University angehört habe. Einige neue Stücke schrieb ich während meines Besuchs am Institut für Kognitionswissenschaft der University of California in San Diego Anfang 1984, und der Rest entstand am Laboratorium für Artifizielle Intelligenz am Massachusetts Institute of Technology (MIT) in Cambridge, Massachusetts, wo ich den Großteil meines akademischen Forschungsurlaubs verbrachte.

Zweien meiner Gastgeber möchte ich ganz besonders danken. Dank Donald Norman habe ich mich am Institut für Kognitionswissenschaft der University of California in San Diego höchst heimisch gefühlt. Ich kam nicht nur in den Genuß aller dortigen Annehmlichkeiten, sondern genoß auch das Vergnügen, zusammen mit Don einige Ausflüge entlang der herrlichen Ozeanküste von Del Mar zu machen. Am Massachusetts Institute of Technology hatte ich das wirkliche Glück, die Anteilnahme und Unterstützung von Marvin Minsky zu finden, der alles tat, mir meinen Aufenthalt angenehm zu machen. Er ließ sogar zwei Mitarbeitern von mir Unterstützung zukommen, was ich ihm nie vergessen werde.

Am meisten indes stehe ich in der Schuld der Indiana University. Sie bot mir 1977 eine Anstellung, als ich an Leistungen auf dem Gebiet der Kognitionswissenschaft noch wenig vorzuweisen hatte. Seit damals ist mir meine Abteilung ein außerordentlich gedeihliches und freundliches Arbeitsmilieu gewesen. Ich möchte gern zahlreichen engen Kollegen danken, deren Freundschaft mir teuer ist: Dan Friedman, John O'Donnell, Frank Prosser, Cindy Brown, Mitch Wand, Dave Wise, Paul Purdom, Ed Robertson, Stan Kwasny, Bob Filman, Will Clinger, George Epstein und den drei JBs: Jim Burns, John Buck und John Barnden. Mit ihnen allen habe ich im Gedankenaustausch gestanden, und alle zusammen haben einen markanten Einfluß auf mein Buch ausgeübt. Mit dem Mitarbeiterstab der Computerwissenschaft ist es ebenfalls die ganzen Jahre über ein Vergnügen gewesen, zusammenzuarbeiten. Ich möchte gern besonders Kathy Thompson erwähnen, deren beherzter Geist und verrückter Humor manch tristen Tag aufgehellt hat.

Die Freunde, die ich in Bloomington gewonnen habe, sind zu zahlreich, um sie alle zu nennen. Wie bei Universitätsstädten üblich, sind viele von ihnen wieder weggezogen, aber sie alle haben aus Bloomington einen ganz besonderen und wunderbaren Aufenthaltsort gemacht.

Von dem unglaublich intensiven Gedankenaustausch, in dem ich während der vergangenen sieben Jahre mit Don Byrd gestanden habe, zeugt dieses Buch auf allen seinen Ebenen, geradeso, wie von der großherzigen Kameradschaft, die er zu bieten hatte, das Leben des Autors auf allen seinen Ebenen zeugt.

Zwei Freunde, die einen tiefgreifenden intellektuellen Einfluß auf mich ausgeübt haben, sind Gray Clossman und Marsha Meredith. Aber selbst wenn ihr intellektueller Einfluß gleich Null gewesen wäre, blieben sie doch immer noch Freunde, auf die man in jeder Lage bauen konnte. Dafür sage ich ihnen meinen innigsten Dank.

Ann Trail, mit ihrem sprühenden Humor, ihrem Optimismus und ihrer Großzügigkeit, besonders aber ihrem Sinn für die Begrenztheit des Lebens, hat mein Leben zutiefst und für alle Zeit bereichert. Ihr Stil hat dieses Buch auf so vielfache Weise geprägt.

Andere Freunde in Bloomington haben ebenfalls eine solch wesentliche Rolle gespielt. John und Joanie Woodcock sind lange Zeit enge Freunde gewesen und waren immer warmherzige und lebhafte Unterhaltungspartner für mich. Mit Scott und Ruth Sanders blicke ich auf gemeinsame politische Hoffnungen und Enttäuschungen und auf viele mitreißende Diskussionen zurück. Die Angehörigen der Familie Leake – Roy und Alice, David und Patsy – waren echte Freunde, voll Interesse und Einfühlung. Ruth Sonneborn und ihr verstorbener Mann Tracy gehörten zu den ersten Freunden, die ich in Bloomington hatte, und ich werde die Abende nie vergessen, die wir mit herrlich leidenschaftlichen Diskussionen bei ihnen zu Hause verbrachten. Die vielen Konsonanzen und Dissonanzen, die ich in musikalischen Fragen mit Al und Helga Winold durchgespielt habe, waren mir ein Genuß. Anregende gemeinsame Mittagessen mit Mike Dunn und anderen haben mich so etwas wie neuen Respekt vor den Philosophen gewinnen lassen. Ich habe die Ehre einer Bekanntschaft mit dem Universitätskanzler Herman B. Wells genossen, der Seele der Indiana University, falls sich das überhaupt für irgend jemanden geltend machen läßt.

Andere ehemalige und heutige Freunde in Bloomington, mit denen mich die Begeisterung für alle möglichen – oft beim gemeinsamen Essen oder Kaffeetrinken diskutierten – Ideen verbindet, sind: Ann McMillan, Sue Wintsch, Vahe Sarkissian, Adrienne Gnidec, Al und Linda David, Tulle Hazelrigg, Jimmy und Gilan Tocco, Judy Mahy und Rich Shiffrin, Marlene Mannella und Evan Smith, Tom Ernst, John Goldsmith, Enrico Predazzi, Marion O'Connor, Sujan Yang, Vicky Grossack und Anneke Campbell – die Liste ließe sich fortsetzen. Ich wünschte, ich könnte über jeden der Genannten etwas sagen, aber das würde ein ganzes Buch füllen – und dann müßte ich die Danksagungen zu dem *neuen* Buch schreiben, womit die Sache sich möglicherweise zu einem Problem auswüchse.

Als ich von 1980 bis 1981 in Stanford war, zog ich aus zahlreichen Bekanntschaften Nutzen. Scott Kim war wie gewöhnlich voller Einfallsreichtum und voll kreativer Energie. Mit Pentti und Dianne Kanerva verbinden mich mexikanisches Essen und lange Gespräche. Unterhaltungen mit Scott Buresh, Marcia Bianchi, Debbie Schwenninger, Louis Mendelowitz, Louella Kates, Liz Powers, Allen Wheelis, Larry Breed, Margie und Sia Khosrovi, Eric Hamburg, Debbie Starbuck, Fanya Montalvo und Stan Isaacs haben aus dem Jahr, das ich als Guggenheim-Stipendiat in Stanford verbrachte, eine lebendige und erinnerungswürdige Zeit gemacht.

Über mir wohnte damals eine höchst bemerkenswerte Frau in den Neunzigern namens Hildegarde Kneeland. Von Beruf Volkswirtschaftlerin, hat Hildegarde viele der einflußreichsten Wirtschaftswissenschaftler unserer Tage unterrichtet. Bis heute ist sie leidenschaftlich um das Schicksal der Menschheit besorgt. In bezug auf den Wahnsinn des nuklearen Wettrüstens war sie es, die mir ein Licht aufsteckte. Ich wünschte, ich könnte das für andere tun, was Hildegarde für mich getan hat.

Mehrere der ältesten und liebsten Freunde meiner Familie sind in diesen vergangenen paar Jahren gestorben: Dan Mendelowitz, George Feigen und Felix Bloch. Ich habe sie alle seit frühester Kindheit gekannt, und jeder von ihnen hat unauslöschliche Spuren in meiner Seele hinterlassen. Anklänge an Dan, George und Felix durchgeistern dieses ganze Buch.

Meine Vorliebe für Schriften und Alphabete wurde durch meine Großmutter, Mary Givan, gefördert, die ihre Liebe zu Buchstabenformen ihrem Enkel mitteilte, indem sie ihm wundersame Alphabetbücher zeigte, die ihm die Augen öffneten. Ein bißchen später, im Jahr 1960, machten Onkel Albert und Tante Manya Hofstadter ihren fünfzehnjährigen Neffen im New Yorker Guggenheim-Museum und im Museum for Modern Art mit abstrakter Kunst bekannt, und auch wenn ich das alles für höchst albern erklärte, lehrten sie mich doch Dinge, die meine Betrachtungsweise visueller Formen veränderte. Diese Erfahrungen setzten mich auf viele der künstlerischen und wissenschaftlichen Fährten, von denen in diesem Buch die Rede war.

Ernest und Edith Nagel kenne ich seit fast 25 Jahren, und sie bleiben für mich ein Hort geistiger Gesundheit in dieser wahnsinnigen Welt. Viele Unterhaltungen, an die ich mit Wehmut zurückdenke, finden in diesem Buch ihren Widerhall.

Während meines fröhlichen Aufenthalts in San Diego stand ich in einem fruchtbaren Austausch geistiger Anregungen mit Paul Smolensky, Don Norman, Dave Rumelhart, Larry West, Karen Pickens, Wendi Maurer, Liam Bannon, Larry McGilvery und vielen anderen. Ich möchte auch den Mitarbeitern des Instituts für Kognitionswissenschaft dafür danken, daß sie während meines Aufenthalts für eine so reibungslose Abwicklung der Dinge gesorgt haben. Das Institut ist ein großartiger Ort, um Kognitionswissenschaft zu treiben.

Überwältigend ist die Zahl von guten Freunden, die ich gewann, während ich mich in der Boston-Cambridge-Gegend aufhielt. Gloria Minsky gehört zu den warmherzigsten Menschen auf der Welt, und es macht einen solchen Spaß, mit ihr und Marvin und wer sonst noch gerade da ist ein „Min Chin Din" zu genießen. Betty Dexter ist weit mehr als bloß eine phantastische Sekretärin – sie ist eine großartige Freundin. Ihre heitere Präsenz im siebenten Stock des Laboratoriums für Artifizielle Intelligenz zu erleben, war ein reines Vergnügen. Dan Dennett quoll wie gewöhnlich über vor Einfallsreichtum und Begeisterung. Ich wünschte nur, ich hätte von ihm und seiner Frau Susan mehr zu sehen gekriegt.

Mit mir zusammen am Laboratorium arbeiteten die Graduierten Marek Lugowski und Melanie Mitchell sowie der promovierte David Rogers (auch unter dem liebevollen Spitznamen „Dr. Ogers" bekannt). Es ist solch ein Vergnügen, sich über Forschungsideen mit Menschen zu verständigen, die von der Sache genauso fasziniert sind wie man selber!

Zu denen, die die Bostoner Atmosphäre so aufregend machten, gehörten neben anderen auch Henry Lieberman, Bernie Greenberg, Chris Morgan, Greg Huber, David Levitt, John Amuedo, Marek Holyński, Margaret Minsky, Joe Shipman, Russell Brand, Randy Davis, Fanya Montalvo, Carl Hewitt, Jay McClelland und Dedre Gentner.

Über den Erdball verstreut gibt es auch noch zahlreiche andere Freunde, die mein Denken und meine Gemütslagen während der vergangenen paar Jahre beeinflußt haben. Nennen möchte ich Charles Brenner, David Policansky, Mary Adele und Norman Mather, Elwyn und Darlene Wolcott, Pete Rimbey, Francisco Claro, Inga Karliner, Marek Demiański, Maria Nosowska, Zamir Bavel, Peter Suber, Phil und Sarah Taylor, Bob Wolf, Len Shar, Dorothy und Peter Denning, Betty und David Hamburg und Piet Hoenderdos.

Besonderes Interesse verdienen drei Übersetzer von *Gödel, Escher, Bach* in andere Sprachen: Bob French und Jacqueline Henry (sie haben natürlich ins Französische übersetzt) und Ronald Jonkers (ins Holländische). Im Sommer 1984 arbeiteten wir uns in Paris durch zahlreiche heikle Übersetzungsprobleme durch, und diese anregenden Sitzungen haben mein Verständnis des Zusammenhangs zwischen Übersetzung und Analogiebildung sehr gefördert.

Dafür, daß sie mir bei spezifischen Rubriken oder Artikeln ihr Fachwissen zur Verfügung gestellt haben, möchte ich Bob Axelrod, Bill Huff, Dave Martin, Merald Wrolstad, David Singmaster, Mitch Feigenbaum, Dan Mauldin und Paul Stein danken. Beim *Scientific American* haben mir Adele Premice, Brian Hayes, Sally Jenks, Mary Knight und Sam Howard vielfach geholfen.

Ich bin höchst zufrieden, daß ich dies hier, mein drittes Buch, wieder bei Basic Books herausbringen kann. Martin Kessler, der Leiter des Verlags, war von Anfang an, seit er von der Artikelreihe erfuhr, an solch einem Buch interessiert und hat mich sehr unterstützt. Meine tägliche Kontaktperson war, wie schon bei den früheren Büchern, Maureen Bischoff, und ich muß sagen, daß mir die ausgedehnten Telefonate mit ihr einen Riesenspaß gemacht haben. Mit ihrem durchdringenden Witz nimmt Maureen manch schwieriger Situation die Schärfe. Zu denen, die mir bei Basic Books ebenfalls viel geholfen haben, gehören Vincent Torre, Ellen Prior, Elizabeth Werter, Linda Carbone, Ann Rudick, Thalia Doukas, Ruth Elwell und Jeremy Orgel. Dank auch an Debra Manette, Sandra Dhols, Sabrina Soares, Michael Wilde, David Graf, John Masur, Kathi Lee, Donna Singer, Lisa Adams und John McAusland.

Wie immer nimmt meine Familie einen großen Platz in meinem Leben ein. Meine Eltern, Robert und Nancy Hofstadter, standen mir stets als Kritiker und als Stütze zur Verfügung. Meine Liebe zu ihnen läßt sich unmöglich in Worte fassen. Meine Schwester Laura ist ein wundervoller Mensch, einfallsreich und voll Humor. Sie ist eine geschätzte Gesellschafterin. Meiner Schwester Molly, der aus unerforschlichen Gründen die Sprach- und Hörfähigkeit fehlt, gehört all meine Liebe. Ihr trauriges Los war etwas zutiefst Geheimnisvolles, das mich vor vielen Jahren anfangen ließ, mir über Geist, Gehirn und Seele Gedanken zu machen.

Schließlich komme ich noch zu zwei besonderen Menschen, ohne die ich heute ein ganz anderer wäre, als ich bin. David Moser war nicht nur mein engster Ratgeber bei diesem Buch; er ist auch wie ein Bruder für mich gewesen: einfühlsam, großherzig und voll Anteilnahme. Carol Brush hat die letzten beiden Jahre über mein Leben erhellt. Wir haben unendlich viel voneinander profitiert, und jeder hat das Leben des anderen zutiefst verändert.

Abschiednehmen fällt so schwer, und dabei werde ich Bloomington bald verlassen, um in andere Gefilde überzuwechseln. Eine einzigartige Gruppierung von Kollegen an der University of Michigan suchte nach einem Weg, mich in ihren Kreis aufzunehmen. Größtenteils dank ihrer Bemühungen wurde mir der Walgreen-Lehrstuhl für Fragen der menschlichen Intelligenz angeboten – eine seltene Chance. Nach etlichem Grübeln kam ich zu dem Schluß, daß das Angebot einfach zu gut war, um es auszuschlagen, und mit einem durch Trauer gedämpften Gefühl gespannter Erwartung habe ich angenommen.

Jeder Leser wird merken, daß ich hier viel mehr niedergeschrieben habe als einfach nur Danksagungen für dieses Buch. Ich wollte den vielen Menschen danken, die „mit von der Partie" waren. Ich wollte auch meiner besonderen Zuneigung zu Bloomington, Indiana, Ausdruck verleihen, einer Stadt, in der es mir die letzten paar Jahre über in jeder Hinsicht glänzend gegangen ist. Diese Danksagungen stellen ein gefühlsseliges „Dankeschön" und „Lebewohl" an Bloomington dar. Ich werde die Lokale Howard's, Spoon, Grind, Horn und Harmonica bestimmt vermissen, aber es ist Zeit für mich, weiterzuziehen und, der denkwürdigen Formulierung gemäß, die Hildegarde Kneeland mir gegenüber einmal gebraucht hat, „die Zukunft willkommen zu heißen“.

D. R. H.
Bloomington, November 1984

*

* *

* * *

Danksagungen

Herzlich danken möchte ich den folgenden Personen und Verlagen für die Genehmigung, aus den nachstehenden Quellen zu zitieren. Ich habe alle Anstrengungen unternommen, die Eigentümer des Copyrights der Materialien ausfindig zu machen, die in diesem Buch abgedruckt sind. Versäumnissen, auf die man uns aufmerksam macht, wird in folgenden Ausgaben des Buches abgeholfen.

Die Briefe in Kapitel 1 wurden mit Genehmigung von A. J. Dale und George Brabner abgedruckt.

In Kapitel 2: „This Is the Title of This Story, Which Is Also Found Several Times in the Story Itself." Copyright 1982, David Moser.

In Kapitel 3: Auszug aus Jacques Monod, *Le hasard et la nécessité* (Editions du Seuil, Paris 1970). Auszug aus Richard Dawkins, *The Selfish Gene* (Oxford University Press, Oxford/GB). Copyright 1976. Genehmigter Abdruck. Mit Genehmigung von Stephen Walton abgedruckter Auszug aus einem Brief. Auszug aus *The Scheme of Things* von Allen Wheelis (Harcourt Brace Jovanovich 1980). Abdruck mit Genehmigung des Autors. Auszug aus persönlicher Mitteilung an Douglas Hofstadter, abgedruckt mit Genehmigung von Lee Sallows.

Brief in Kapitel 4 abgedruckt mit Genehmigung von William Popkin.

In Kapitel 5: Auszug aus Ray Hyman, „Cold Reading: How to Convince Strangers that You Know All About Them", in: *Skeptical Inquirer,* Frühjahr/Sommer 1977. Genehmigter Abdruck. Auszug aus: Victor A. Benassi und Barry Singer, „Fooling Some of the People All of the Time", in: *Skeptical Inquirer,* Winter 1980/81. Genehmigter Abdruck. Auszug aus persönlicher Mitteilung an Douglas Hofstadter, abgedruckt mit Genehmigung von Marcello Truzzi.

In Kapitel 7: Auszug aus einer Ansprache von Donald Kennedy. Genehmigter Abdruck.

In Kapitel 9: Auszug aus persönlicher Mitteilung, die mit Genehmigung von William Huff aufgenommen wurde.

In Kapitel 10: Auszug aus Gertrude Stein, *How to Write,* Copyright © 1973 bei Something Else Press. Auszug aus Samuel Beckett, *Waiting for Godot,* Übertragung aus dem Französischen ins Englische von Samuel Beckett. Copyright 1954. Abdruck mit Genehmigung von Grove Press, Inc., New York. Auszug aus *The Poems of Dylan Thomas* von Dylan Thomas. Copyright 1953 bei Dylan Thomas. Abdruck mit Genehmigung von New Directions Publishing Corporation. Auszug aus Bob Dylan, *Tarantula.* Copyright 1971. Abdruck mit Genehmigung von Macmillan Publishing Company, Inc. „I Sat Belonely", aus *In His Own Write.* Copyright © 1964 bei John Lennon. Abdruck mit Genehmigung von Simon & Schuster, Inc. Auszug aus *Normal Meanings* von William Benton. Copyright © 1979. Paducah, Kentucky, Deer Crossing Press. Genehmigter Abdruck. „When Science Is in the Country". Copyright © 1973 bei

Russell Edson. Abdruck aus *The Clam Theater* mit Genehmigung von Wesleyan University Press. Auszug aus *Zen Flesh, Zen Bones.* (Charles E. Tuttle Co., Inc.; Tokio 1957). „Twirl, Twirl", aus *Songs of the Pogo.* Copyright © 1956 bei Walt Kelly. Abdruck mit Genehmigung von Simon & Schuster, Inc. Auszug aus *A Humument* von Tom Phillips. Copyright © 1980 bei Tom Phillips. Erschienen bei Thames and Hudson.

In Kapitel 12: Die Seiten sind aus Douglas Hofstadter, „Metafont, Metamathematics, und Metaphysics ...", in: *Visible Language,* XVI, Nr. 4, S. 309–338. Der Auszug aus „Is Roman Type an Open-Ended System? A Reply to Hofstadter" von Geoffrey Sampson auf Seite 298f. erschien ursprünglich in *Visible Language,* XVII, Nr. 4, S. 410–12. „A Reply to Sampson" von Douglas Hofstadter, das sich auf den Seiten 299–303 findet, erschien zuerst in *Visible Language,* XVII, Nr. 4, S. 413–16. Abdruck mit Genehmigung von *Visible Language.* Copyright © 1982 und 1983 bei *Visible Language,* Postfach 1972, CMA, Cleveland, OH 44106 USA.

In Kapitel 14: Auszug aus „Four-Axis Puzzles". Copyright © 1982 bei Anthony E. Durham.

In Kapitel 15: Lyrik aus „It's All Right With Me". Copyright © 1953 bei Cole Porter. Copyright erneuert, übertragen auf Robert H. Montgomery, Jr., Treuhänder des Cole Porter Musical and Literary Property Trust. Chappell & Co., Inc., Eigner der Rechte zur Veröffentlichung und sonstiger Nebenrechte. Internationales Copyright. Alle Rechte vorbehalten. Genehmigter Abdruck.

In Kapitel 20: Douglas Hofstadter, „Review of *Alan Turing: The Enigma* von Andrew Hodges". Copyright © 1983 bei The New York Times Company. Genehmigter Abdruck.

In Kapitel 22: Auszug aus „Minds, Machines, and Gödel" von J. R. Lucas, in: *Minds and Machines,* hrsg. v. A. R. Anderson (Prentice-Hall, Englewood Cliffs, New Jersey, 1964). Siehe auch J. R. Lucas, *The Freedom of Will.* Oxford University Press, 1970, δ 28, S. 143–45.

In Kapitel 23: Frei nach einem Vierzeiler aus „Something's Gotta Give" von Johnny Mercer. Copyright © 1954 (erneuert), WB Music Corp. Alle Rechte vorbehalten. Genehmigter Abdruck.

In Kapitel 25: Auszug aus *The Medusa and the Snail* von Lewis Thomas. Copyright © 1979 bei Lewis Thomas. Abdruck mit Genehmigung von Viking Penguin, Inc.

In Kapitel 27: Auszug aus Richard Dawkins, *The Selfish Gene.* Oxford University Press, Oxford/GB. Copyright 1976. Genehmigter Abdruck.

In Kapitel 28: Auszug aus Brief. Abdruck mit Genehmigung von Anatol Rapoport. Auszug aus *The Evolution of Cooperation.* Mit Genehmigung von Robert Axelrod.

In Kapitel 32: „The Tumult of Inner Voices" wurde im Mai 1982 am Utah State College im Rahmen der Grace-Adams-Tanner-Vorlesungen über menschliche Werte vorgetragen und im selben Jahr vom Grace A. Tanner Center for Human Values veröffentlicht. Abdruck mit Genehmigung von Tanner Center.

Verzeichnis der Abbildungen

Abbildung 1-1 erschien ursprünglich in *Scientific American.* Copyright © Januar 1981. Alle Rechte vorbehalten. Abbildung 2-2 erschien zuerst in *Scientific American.* Copyright © Januar 1982. Alle Rechte vorbehalten. Abbildung 6-1, Foto von Ray Atkeson, erschien ursprünglich in *Scientific American.* Copyright © Mai 1982. Alle Rechte vorbehalten. Die Schriftzeichen in Abbildungen 7-1 und 12-1 wurden vom Han Zi-Programm gedruckt, das David B. Leake und der Autor an der Indiana University entwickelten. Abbildungen 8-1, 8-4, 8-5, 8-6, 8-7 und 8-8 wurden vom SMUT Musikdruck-Programm gedruckt und freundlicherweise von Donald Byrd zur Verfügung gestellt. Die Abbildungen 8-1 bis 8-8 erschienen zuerst in *Scientific American.* Copyright © April 1982. Alle Rechte vorbehalten. Abbildung 8-2 wurde nach Rücksprache mit G. Schirmer, Inc., dem Verleger und Copyright-Eigner, abgedruckt. Die Abbildungen 9-1 bis 9-13 sowie 9-15 wurden mit Genehmigung von William Huff abgedruckt. Die Abbildungen 9-1 bis 9-13 erschienen ursprünglich in *Scientific American.* Copyright © Juli 1983. Alle Rechte vorbehalten. Abbildung 11-1 erschien zuerst in „The Concept of a Meta-Font“ von Donald B. Knuth, in: *Visible Language,* XVI, Nr. 1, S. 15. Abgedruckt mit Genehmigung von *Visible Language.* Copyright © 1982 bei *Visible Language,* Postfach 1972, CMA, Cleveland, OH 44106 USA. Abbildungen 11-3, 12-1, 12-2, 12-4, 12-9, 12-11 und 12-12: Copyright © Letraset USA. Abdruck mit Genehmigung von Letraset USA. Abbildungen 11-1 und 11-3 erschienen ursprünglich in *Scientific American.* Copyright © Oktober 1982. Alle Rechte vorbehalten. Abbildungen 13-2 und 13-3b erschienen ursprünglich in *Scientific American.* Copyright © März 1981. Alle Rechte vorbehalten. Abbildungen 14-1 bis 14-13 erschienen zuerst in *Scientific American.* Copyright © Juli 1982. Alle Rechte vorbehalten. Die Abbildungen 15-1, 15-5, 15-8, 15-9 und 15-10 wurden ursprünglich in *Scientific American* veröffentlicht. Copyright © November 1981. Alle Rechte vorbehalten. Abbildungen 15-2, 15-3 und 15-4 erschienen zuerst in „Universal Behavior in Nonlinear Systems“ von Mitchell J. Feigenbaum, in: *Los Alamos Science,* Bd. I, Nr. 1, Sommer 1980, S. 4–26; University of California, Los Alamos Scientific Laboratory. Abbildung 15-6 ist ein Abdruck aus „Roads to Chaos“ von Leo P. Kadanoff, in: *Physics Today,* Dezember 1983, S. 51; American Institute of Physics, New York. Ursprünglich veröffentlicht in *Physics Report,* hrsg. v. J. Crutchfield, J. Farmer und B. A. Huberman, Bd. 92, Dezember 1982, S. 45–82. Abbildung 15-7 ist ein Abdruck aus *Sensitive Chaos* von Theodor Schwenk. Abdruck mit Genehmigung von Schocken Books, Inc. Copyright © 1965 bei Rudolf Steiner Press. Abbildung 15-9 erschien ursprünglich in *Scientific American.* Copyright © November 1981. Alle Rechte vorbehalten. Abbildung 17-1 wurde zuerst in *Scientific American* veröffentlicht. Copyright © März 1983. Alle Rechte vorbehalten. Abbildung 19-2 stammt aus *The Many-Worlds Interpretation of Quantum Mechanics,* hrsg. v. Bryce DeWitt und Neill Graham; S. 156. Copyright © 1973 bei Princeton University Press. Abdruck mit Genehmigung von Princeton University Press. Die Computergraphik-Programmierung in Abbildung 23-12 wurde freundlicherweise von G. Apley von Bitstream, Inc., und Richard L. Bryan, Symbolics, Inc., zur Verfügung gestellt. Buchstabenentwurf von David A. Berlow von Bitstream, Inc. Abbildung 26-6 erschien ursprünglich in *Scientific American.* Copyright © März 1982. Alle Rechte vorbehalten. Abbildung 28-1 wurde zuerst in *Scientific American* veröffentlicht. Copyright © Mai 1983. Alle Rechte vorbehalten. Abbildung 29-1 erschien ursprünglich in *Scientific American.* Copyright © Juni 1983. Alle Rechte vorbehalten. Bei Abbildung 30-1 erfolgt der Abdruck mit Genehmigung von Bill Mauldin und Wil-Jo Associates, Inc.

Bibliographie

Anderson, Alan Ross (Hrsg.). *Minds and Machines.* Prentice-Hall, Englewood Cliffs/N.J. 1964. Eine klassisch gewordene Sammlung anregender Artikel über das Geist/Körper-Problem, eingeschlossen den wichtigen Aufsatz von Alan Turing „Computing Machinery and Intelligence" [dtsch. „Maschinelle Rechner und Intelligenz"] und J. R. Lucas' herausfordernden Beitrag „Minds, Machines, and Gödel".

Applewhite, Philip. *Molecular Gods: How Molecules Determine Our Behavior.* Prentice-Hall, Englewood Cliffs/N.J. 1981. Ein Buch, dessen Untertitel mir neben anderem die Idee zu meinem „Kranikulleum"-Dialog (Kapitel 24) eingab.

Atlan, Henri. *Entre le cristal et la fumée: Essai sur l'organisation du vivant.* Editions du Seuil, Paris 1979. Hier legt ein Biologe, der Leben als die Entstehung geordneter Komplexität aus dem Zufall betrachtet, seine Ansichten dar.

Axelrod, Robert. *The Evolution of Cooperation.* Basic Books, New York 1984. [dtsch: *Die Evolution der Kooperation.* Oldenbourg, München 1987.] Eine wunderbar geschriebene Darstellung, wie wechselseitig vorteilhaftes Verhalten – sprich, Kooperation – unter rein egoistischen Organismen, die eine Zeitlang dasselbe Milieu bewohnen, entstehen kann.

Ayala, Francisco José und Dobzhansky, Theodosius (Hrsg.). *Studies in the Philosophy of Biology: Reduction and Related Problems.* University of California Press, Berkeley 1974. Die Berichte von einer der faszinierendsten Konferenzen, von denen ich je gehört habe. Zahlreiche große Denker auf dem Gebiet der Biologie waren anwesend und diskutierten die grundlegenden Fragen der Vereinbarkeit des Lebens- und Geistphänomens mit der physikalischen Gesetzmäßigkeit. Ich wünschte, ich wäre dabei gewesen.

Bandelow, Christoph. *Inside Rubik's Cube and Beyond.* Birkhäuser, Boston 1982. Ein klar geschriebenes und mathematisch orientiertes Buch über den Zauberwürfel und seine Nachfolger. Vielleicht das beste aller in Englisch erschienenen Bücher über den Würfel.

Barr, Avron. „Artificial Intelligence: Cognition as Computation". In: *The Study of Information: Interdisciplinary Messages* (hrsg. v. Fritz Machlup und Una Mansfield). Wiley-Interscience, New York 1983. Ein Aufsatz, der das Dogma der orthodoxen Forschung über artifizielle Intelligenz vorträgt: daß geistige Aktivität „Datenverarbeitung" ist – genauer gesagt, daß die Manipulation von „Symbolen" (darstellungsförmigen Datenstrukturen) durch geeignete Computerprogramme nicht mehr und nicht weniger ist, als was auch der menschliche Geist macht.

Beck, Anatole und Fowler, David. „A Pandora's Box of non-Games". In: *Seven Years of Manifold* (hrsg. v. Ian Stewart und John Jaworski). Shiva Publications, Nantwich/Engl. 1981. Eine amüsante Sammlung alberner Pseudo-Spiele, die lehrreicher ist, als auf den ersten Blick zu erkennen.

Beckett, Samuel. *Warten auf Godot.* Suhrkamp, Berlin/Frankfurt 1960. Das klassisch gewordene existentialistische Drama, dessen vorherrschendes Thema die Sinnlosigkeit ist – und in dessen Zentrum der berühmte Blödsinns-Erguß aus dem Munde des armen Schweins mit Namen „Lucky" steht.

Benton, William. *Normal Meanings.* Deer Crossing Press, Paducah/Ky. 1978. Ein Buch mit merkwürdig aufwühlenden Gedichten, an manchen Stellen partiell verständlich, an anderen wieder völlig unverständlich.

Bernstein, Leonard. *The Joy of Music.* Simon & Schuster, New York 1959. [dtsch.: *Freude an der Musik.* Fischer Taschenbuch, Frankfurt a. M. 1976.] Ein aufregendes Potpourri von Einfällen dieses im Ausdruck hinreißend klaren Denkers und Musikers. Seine Dialoge sind besonders köstlich.

Biggs, John R. *Letterforms and Lettering.* Blandford Press, Poole/Engl. 1977. Eines der besten Bücher über den fließenden Charakter von Buchstabenformen, das mir je begegnet ist. Umfaßt kurze Abschnitte über andere Sprachen wie Hebräisch, Chinesisch und Arabisch.

Blesser, Barry u. a. „Character Recognition based on Phenomenological Attributes". In: *Visible Language* 7, Nr. 3 (Sommer 1973). Ein früher Artikel von Forschern, denen offenkundig die Tiefgründigkeit des Problems der Buchstaben-Wiedererkennung aufgegangen war.

Bloch, Arthur. *Murphy's Law; Murphy's Law, Book Two; Murphy's Law, Book Three.* Price/Stern/Sloan, Los Angeles 1977, 1980, 1982. Humorvolle und beißend spöttische Beobachtungen über das menschliche Dasein, die auch viele selbstbezügliche bzw. selbstdestruktive Aphorismen umfassen.

Boeke, Kees. *Cosmic View: The Universe in 40 Jumps.* John Day, New York 1957. Ein Buch, das geeignet ist, jedermann mit einem Gefühl der Demut und Ehrfurcht zu erfüllen wie auch mit einem lebhaften Bewußtsein davon, was der Ausdruck „astronomische Zahl" meint.

Bombaugh, Charles Carroll. *Oddities and Curiosities of Words and Literature* (hrsg. und mit Anm. versehen v. Martin Gardner). Dover, New York 1961. Eine Sammlung von alten Palindromen, Akrostichen, Pangrammen usw. für Wortkrämer und Leute mit einem Faible für die bizarren Randbereiche der Sprache. (Gardners Anmerkungen hinten sind das Beste an dem Buch.)

Boole, George. *The Laws of Thought.* Dover, New York 1961. Ein Reprint des alten Klassikers aus der Mitte der fünfziger Jahre des letzten Jahrhunderts. Die Hybris des Titels ist einigermaßen bemerkenswert, zumal im Lichte dessen, was ein Fortschritt von 130 Jahren an den Tag gebracht hat!

Brams, Steven, Davis, Morton D. und Strahn, Philip Jr. „The Geometry of the Arms Race". In: *International Studies Quarterly* 23, Nr. 4 (Dezember 1979), S. 567–88. Ein Blick auf die internationalen Umgangsformen in Begriffen des iterierten Gefangenendilemmas und ähnlicher Gewinnmatrizen.

Brilliant, Ashleigh. *I May Not Be Perfect, But Parts of Me Are Excellent; I Have Abandoned My Search for Truth, and Am Now Looking for a Good Fantasy; Appreciate Me Now And Avoid the Rush; I Feel Much Better, Now That I've Given Up Hope.* Woodbridge Press, Santa Barbara/Cal. 1979–1984. Vier

Bücher, die viele treffende Epigramme über Leben, Tod, Liebe, Beziehungen, Gier, Egoismus, Einsamkeit, Angst usw. enthalten. Keins ist länger als siebzehn Wörter.

Bush, Donald J. *The Streamlined Decade.* George Braziller, New York 1975. Zeigt, wie der Stil einer Epoche ihre sämtlichen Schöpfungen auf allen Gebieten durchwaltet. Reich an geschmackvollen Fotos. Vergleiche mit den Büchern von Loeb und McCall (siehe unten).

Byrd, Donald. „Music Notation by Computer". Doktorarbeit. Indiana University Computer Science Department, Bloomington 1984. Über die Probleme bei der Entwicklung eines Computerprogramms, das ein gewisses „Verständnis" für die Feinheiten der Notenschrift beweist. Das Programm, SMUT, hat die musikalischen Beispiele in diesem Buch geliefert.

Chaitin, Gregory. „Randomness und Mathematical Proof". In: *Scientific American* 232, Nr. 5 (Mai 1975), S. 47–52. Eine erhellende Art, die Bedeutung von „Zufallsmuster" zu definieren, und die überraschenden und tiefgreifenden Übereinstimmungen mit Gödels Unvollständigkeitstheorem und anderen metamathematischen Ergebnissen.

Charniak, Eugene, Riesbeck, C. K. und McDermott, Drew V. *Artificial Intelligence Programming.* Lawrence Erlebaum Associates, Hillsdale/N. J. 1980. Raffinierte Methoden, Lisp und Lisp-ähnliche Sprachen in Forschungen über artifizielle Intelligenz zu verwenden.

Collet, Pierre und Eckmann, Jean-Pierre. *Iterated Maps on the Interval as Dynamical Systems.* Birkhäuser, Boston 1980. Eine eingehende Studie über die Iteration einfacher glatter Funktionen des Intervalls [0,1], und auf welchen Wegen es bei Veränderung der Parameter zu turbulentem Verhalten kommt.

Compugraphic Corporation. *A Portfolio of Text and Display Type.* Compugraphic Corporation, Wilmington/Mass. 1982. Eine Sammlung vieler Schrifttypen (in der Mehrzahl Buchtypen), einschließlich der Übertragung mehrerer Typen, die ursprünglich für unser Alphabet bestimmt waren, auf andere Alphabete.

Conway, John Horton, Berlekamp, Elwyn und Guy, Richard K. *Winning Ways (for your mathematical plays).* Academic Press, New York 1982. Eine zweibändige Sammlung bemerkenswerter Spiele, von denen manche analysiert werden und manche nicht, voll mit lustigen Bildern und einer verschrobenen Art von kreativen Wortspielen, die Conways Markenzeichen sind. In Band 2 werden auch der Zauberwürfel und Conways „Spiel des Lebens" diskutiert.

Coueignoux, Philippe. „La reconnaissance des caractères". In: *La Recherche* 12, Nr. 126 (Oktober 1981), S. 1094–1103. Ein interessanter Artikel über die Arbeitsweise mancher Computersysteme, die Texte in einer Reihe unterschiedlicher Schrifttypen entziffern können. Die Ideen stammen aus der Arbeit von Blesser und seinen Mitarbeitern (siehe oben). Dieser Artikel ist eher praktisch orientiert und ist weit entfernt davon, Computern ein Verständnis der Buchstabenformen im umfassenden Sinn zu konzedieren.

Csányi, Vilmos. *General Theory of Evolution.* Akadémiai Kiadó, Budapest 1982. Eine sorgfältige Untersuchung des simultanen Evolutionsprozesses an der genetischen wie auch an der „memetischen“ Front.

Davies, Paul. *God and the New Physics.* Simon & Schuster, New York 1983. In diesem Buch nimmt Davies die großen metaphysischen Themen in Angriff: Schöpfung, Willensfreiheit, Religion, Seele und dergleichen mehr. Da er nicht nur ein guter Wissenschaftler ist, sondern auch schreiben kann, sind seine Betrachtungen ebenso klar verständlich wie scharfsinnig.

—— *Other Worlds.* Simon & Schuster, New York 1980. [dtsch.: *Mehrfachwelten.* Diederich, Düsseldorf/Köln 1981.] Populärwissenschaftliche Darstellung eines Fachmanns, auf den unbedingt Verlaß ist, von den Mysterien am Grunde der Quantenmechanik.

Davis, Morton D. *Game Theory. A Nontechnical Introduction.* Basic Books, New York 1983. Ein ausgezeichneter Überblick über alle wichtigen Ideen der Spieltheorie, einschließlich vieler ungelöster Probleme wie etwa des Gefangenendilemmas.

Dawkins, Richard. *The Selfish Gene.* Oxford University Press, New York 1976. [dtsch.: *Das egoistische Gen.* Springer, Berlin/Heidelberg/New York 1978.] Ein Buch, das die Organismen als Nebenprodukte im Kampf um eine effektive Selbstreduplikation begreift, der sich ganz und gar auf der Molekularebene abspielt. Eine alles verkehrende, durcheinanderbringende Perspektive von zugleich großer Enthüllungskraft.

DeLong, Howard. *A Profile of Mathematical Logic.* Addison-Wesley, Reading/Mass. 1970. Ein wunderbares Buch über die philosophischen und verfahrenstechnischen Probleme der Logik, geschrieben von jemandem, der es versteht, zwischen Formalismen und unmittelbar einleuchtenden Vorstellungen eine kunstvolle Balance herzustellen.

Dennett, Daniel C. *Brainstorms: Philosophic Essays on Mind and Psychology.* Bradford Books, MIT Press, Cambridge/Mass. 1978. Eine Sammlung durchdringender Analysen von Problemen im Zusammenhang mit Geist, Gehirn und Computermodellen des Denkens, Wahrnehmens und Empfindens. Ausgezeichnete Widerlegungen von Leuten wie B. F. Skinner und J. R. Lucas, und zum Schluß ein herrliches „Dessert“. Dennetts gefälliger Stil und vergleichsweiser Verzicht auf Insidergebaren und Jargon machen dieses Buch weitaus interessanter als normale philosophische Bücher.

—— „Can Machines Think?“ Unveröffentlichtes Manuskript. Ein neuer Blick auf die Leistungskraft des Turing-Tests, vollständig in Übereinstimmung mit meiner Ansicht, daß der Test in seiner ursprünglichen Fassung so gültig ist wie eh und je, trotz vieler gegen ihn vorgebrachter Bedenken.

—— „Cognitive Wheels: The Frame Problem of Artificial Intelligence“. In: *Minds, Machines, and Evolution* (hrsg. v. C. Hookway). Cambridge University Press, New York 1985. Ein Artikel darüber, warum die artifizielle Intelligenz noch so weit weg vom Niveau des gesunden Menschenverstands ist.

—— *Elbow Room: The Varieties of Free Will Worth Wanting.* Bradford Books, MIT Press, Cambridge/Mass. 1984. Eine herausfordernde Metapher nach der anderen, alle darauf gerichtet, sich zu einem Bild vom „selbst-gefertigten Selbst“

zusammenzufügen, das über so viel freien Willen verfügt, wie es vernünftigerweise verlangen kann. Auch wenn ich mit manchen der Schlußfolgerungen des Buchs nicht einverstanden bin, finde ich doch, daß es die beste Schrift zu diesem Thema ist, die ich kenne.

—— „The Logical Geography of Computational Approaches (A View from the East Pole)". Unveröffentlichtes Manuskript. Dennett nimmt eine geistreiche Aufteilung der Welt der artifiziellen Intelligenzforschung in zwei Lager vor: das orthodoxe Lager („High Church Computationalism") mit dem (im MIT gelegenen) „Ostpol" als Mittelpunkt und das nicht-orthodoxe („New Connectionism"), das in alle Richtungen verstreut ist.

—— „The Myth of the Computer: An Exchange". In: *New York Review of Books* (24. Juni 1982), S. 56. Eine gemäßigte Antwort auf John Searles sarkastische Besprechung von *Einsicht ins Ich.*

—— „The Self as a Center of Narrative Gravity". In: *Self and Consciousness* (hrsg. v. P. M. Cole u. a.). Praeger, New York 1985. Eine herrliche neue Metapher fürs Nachdenken über Abstraktionen wie „ich".

Dewdney, A. K. „Computer Recreations: A computational garden sprouting anagrams, pangrams, and few weeds". *Scientific American* 251, Nr. 4 (Oktober 1984), S. 20–27. Enthält eine Beschreibung von Lee Sallows Pangramm-Maschine und schließt mit einer Aufforderung an alle, ein per Computer entwickeltes Pangramm zu entdecken.

DeWitt, Bryce S. und Graham, Neill (Hrsg.). *The Many-Worlds Interpretation of Quantum Mechanics.* Princeton University Press, Princeton/N. J. 1973. Runde Darlegung einer der verwirrendsten und zugleich unwiderleglichsten Weisen, sich die Realität vorzustellen, die je erfunden wurde.

Dyer, Michael. *In-Depth Understanding.* MIT Press, Cambridge/Mass. 1983. Zusammenfassung eines Dissertations-Projekts zum Thema Sprachverstehen, die viele neuere Vorstellungen der artifiziellen Intelligenzforschung über die Organisation des Gedächtnisses und über deren Vereinbarkeit mit flexiblen Steuerungsmechanismen in Verbindung bringt.

Dylan, Bob. *Tarantula.* Macmillan, New York 1971. Der Liedermacher und Sänger entfesselt einen Bewußtseinsstrom von Betrachtungen, die teils vergleichsweise verständlich, teils total meschugge sind.

Edson, Russell. *The Clam Theater.* Wesleyan University Press, Middletown/Conn. 1973. Merkwürdige, surrealistisch geschriebene Phantasien, die eine tragische Lebenssicht durchzieht. Die Passage, die mir am meisten nachgegangen ist, betrifft die Beschreibung eines menschlichen Kopfs: „diese schwankende Glühbirne voll Furcht und Phantasie ..."

Eidswick, Jack. „How to solve the $n \times n \times n$ Cube". Mathematics and Statistics Department, University of Nebraska, Lincoln 1982. Ein brauchbares Handbuch für all jene, die sich von allgemeiner Würfel-Frustration übermannt fühlen.

Endl, Kurt. *Rubik's Cube – Strategie zur Lösung; The Pyramid; Pyraminx Cube; Impossiball; Megaminx; Rubik's Master Cube – Die einfachste elementare Strategie.* Würfel Verlag GmbH, Gießen 1962–82. Diese Büchlein verschaffen einem zusammen mit dem vorhergehenden Titel eine gute Nachschlage-Ecke zum Thema Würfelkunde.

Erman, Lee D. u. a. „The Hearsay-II Speech System: Integrating Knowledge to Resolve Uncertainty". In: *ACM Computing Surveys* 2, Nr. 2 (Juni 1980), S. 213–53. Ein Rezensionsartikel, der mit einem Gutteil nachträglicher Besserwisserei den Aufbau und die Funktionsweise dessen beschreibt, was ich für die inspirierendste Arbeit halte, die bis jetzt auf dem Gebiet der artifiziellen Intelligenz geleistet worden ist.

Evans, Thomas G. „A Program for the Solution of a Class of Geometric-Analogy Intelligence Test Questions". In: *Semantic Information Processing* (hrsg. v. Marvin Minsky). MIT Press, Cambridge/Mass. 1968; S. 271–353. Da es vielleicht das erste wirklich große System ist, das je in Lisp geschrieben wurde, wird diesem eindrucksvollen Projekt oft nachgesagt, es habe das Analogiebildungsproblem „gelöst". Wie weit ist das doch von der Wahrheit entfernt!

Ewing, John und Kośniowski, Czes. *Puzzle it Out: Cubes, Groups, and Puzzles.* Cambridge University Press, New York 1982. Ein weiteres lebendig geschriebenes und mathematisch interessantes Buch über den Zauberwürfel und seine Spielarten.

Fahlman, Scott, Hinton, Geoffrey und Sejnowski, Terrence J. „Massively Parallel Architectures for AI: NETI, Thistle, and Boltzmann Machines". In: *Proceedings of the AAA1–83 Conference,* Washington D. C., August 1983. Ein Vergleich einiger neuerer Ideen für Bauformen artifizieller Intelligenz, wozu auch solche gehören, die von der Physik angeregt sind und bei denen statistische Emergenz eine wichtige Rolle spielt.

Falletta, Nicholas. *The Paradoxicon.* Doubleday, New York 1983. Eine ausgezeichnete Sammlung von Paradoxen jeder Art, angefangen von Zeno und Epimenides bis hin zu modernen Wahlparadoxen, optischen Täuschungen und Antinomien in den Wissenschaftstheorien und in der Mathematik.

Fauconnier, Gilles. *Espaces Mentaux: Aspects de la construction du sens dans les langues naturelles.* Les Editions de Minuit, Paris 1984. Eine tiefschürfende Untersuchung darüber, wie wir kontrafaktischen, den Bezugsrahmen durchbrechenden Feststellungen à la „Wenn Clark Gable eine Frau gewesen wäre, dann wäre Scarlett O'Hara ein Mann gewesen" einen Sinn abgewinnen.

Feigenbaum, Mitchell. „Universal Behavior in Nonlinear Systems". In: *Los Alamos Science* 1, Nr. 1 (Sommer 1981), S. 4–27. Eine ausgezeichnete Einführung in die Chaos-Untersuchungen mit Hilfe der Iteration einfacher Funktionen. Ausgezeichnete Graphiken, von denen einige in Kapitel 15 abgedruckt sind.

Feldman, Jerome und Ballard, Dana. „Connectionist Models and Their Properties". In: *Cognitive Science* 6, Nr. 3 (Juli–September 1982), S. 205–54. Eine von mehreren fesselnden Herangehensweisen an das Problem rechnerischer Kollektivsysteme, die derzeit in der Kognitionswissenschaft geprüft werden. Wie die meisten derartigen Modelle ist auch dieses stark von Vorstellungen über die menschliche Wahrnehmung geprägt.

Feynman, Richard P. *The Character of Physical Law.* MIT Press, Cambridge/Mass. 1967. Die Niederschriften von fünf wundervollen Vorlesungen, die 1964 an der Cornell University ein Physiker hielt, der nicht nur über einen messerscharfen Verstand, sondern auch über sprühenden Witz verfügt.

Feynman, Richard P., Leighton, Robert B. und Sands, Matthew. *The Feynman Lectures in Physics.* Addison-Wesley, Reading/Mass. 1965. [dtsch.: *Vorlesungen über die Physik.* Oldenbourg, München/Wien 1974.] Vorlesungen, die für Anfängerstudenten bestimmt waren, aber oft geeigneter für Fortgeschrittene sein dürften und die erfüllt sind von Begeisterung für die Wissenschaft und von Feynmans scharfgewürzten Beobachtungen.

Franke, H. W. *Computergraphik – Computerkunst.* Springer, Heidelberg 1985. Mit Abstand die beste Sammlung von Beispielen und Diskussionen zum Thema Computer und Kunst, die ich kenne, auch wenn das Buch mittlerweile ziemlich alt ist.

Frey, Alexander H., Jr. und Singmaster, David. *Handbook of Cubik Math.* Enslow, Hillside/N. J. 1982. Die gruppentheoretischen Vorstellungen, die hinter dem Zauberwürfel stecken, werden systematisch entwickelt, für eine mögliche Verwendung in fortgeschrittenen High School- oder College-Kursen.

Friedman, Daniel P. *The Little LISPer.* Science Research Associates, Chicago 1974. Eine packende und elegante Einführung in die Grundvorstellungen von Lisp, und zwar von einem seiner eifrigsten und versiertesten Benutzer.

Fromkin, Victoria A. (Hrsg.) *Errors in Linguistic Performance: Slips of the Tongue, Ear, Pen, and Hand.* Academic Press, New York 1980. Eine Zusammenstellung von Artikeln darüber, wie man aus der Beobachtung von alltäglichen oberflächlichen Absonderlichkeiten, die allenthalben beim Sprechen, Tippen, Schreiben, Zuhören usw. vorkommen, allgemeine Denkmechanismen erschließen kann.

Frutiger, Adrian. *Type, Sign, Symbol.* Editions ABC, Zürich 1980 (Text engl., dtsch., frz.). Dieses Buch des Schöpfers von Frutiger und Univers, zweier der beliebtesten und elegantesten serifenlosen Schrifttypen unserer Tage, handelt von der Wechselwirkung zwischen technischen Beschränkungen und künstlerischer Kreation und bietet viele schöne Buchstabenformen bzw. Schriftstile zur Ansicht.

Gablik, Suzi. *Progress in Art.* Rizzoli International, New York 1976. Eine häretische Theorie, die den Gedanken vorbringt, daß die Kunst nicht zufällig da ist, wo sie heute ist, und daß sie eine einsehbare Flugbahn in irgendeinem abstrakten Raum beschreibt, auch wenn diese sich erst im Nachhinein darlegen läßt.

Gardner, Martin. *Fads and Fallacies.* Dover, New York 1952. Ein Buch, das einem Lehrstück über den gesunden Menschenverstand so nahe kommt, wie sich überhaupt nur erwarten läßt. Viele Kapitel dieses vorbildlichen Blödsinn-Killers sollten Bestandteil der allgemeinen kulturellen Erziehung sein.

—— „Mathematical Games: White and brown music, fractal curves, and one-over-f fluctuations". In: *Scientific American* 238, Nr. 4 (April 1978), S. 16–32. Eine solide Einführung in die Vorstellung von Fractalen und statistischen Strukturen, die aus mehreren Ebenen bestehen.

—— *Science: Good, Bad, and Bogus.* Prometheus Press, Buffalo 1981. In den Spuren von *Fads and Fallacies* wandelnd, enthauptet dieses Buch mit scharfem Schwert einen Drachen der Spezies Humbug nach dem anderen – und doch scheinen leider wie bei der vielköpfigen Hydra alle die Drachenhäupter immer wieder neu emporzuschießen.

—— *Wheels, Life, and Other Mathematical Amusements.* W. H. Freeman, New York 1983. Die letzte Sammlung von Gardners sprühenden Beiträgen im *Scientific American,* die zeigt, warum die Mathematik die Metamagie schlechthin ist.

Gebstadter, Egbert B. *Mucigamatem: Antworten auf die Paraphrasierung von Mechanik und Chaos.* Hengstgart 1985. Ein merkwürdiges Potpourri, wirr und aufgeblasen – und doch der vorliegenden Arbeit erstaunlich ähnlich. Dies ist eine Sammlung von Gebstadters im *Spektrum der Literatur* erschienenen monatlichen Rüditäten, zusammen mit ein paar anderen Artikeln, alle mit *Präskripta* versehen. Gebstadter ist bekannt für seine Neigung zu verzwickten Analogien nach Art der folgenden (die sein Buch bedauerlicherweise nicht enthält): „Egbert Gebstadter ist der Egbert Gebstadter einer indirekten Anspielung auf sich selbst."

Geisel, T. und Nierwetberg, J. „Universal Fine Structure of the Chaotic Region in Period-Doubling Systems". In: *Physical Review Letters* 47, Nr. 14 (5. Oktober 1981), S. 975–78. Eine Untersuchung, die im Innersten des Chaos bemerkenswert viel Ordnung entdeckt.

Gentner, Dedre. „Structure-Mapping: A Theoretical Framework for Analogy". In: *Cognitive Science* 7 (1983), S. 155–70. Eines einer Reihe von Papers, in denen versucht wird, Orientierungslinien zu ziehen, mit deren Hilfe sich gute von schlechten Analogien unterscheiden lassen.

Gödel, Kurt. „Über formal unentscheidbare Sätze der Principia Mathematica und verwandter Systeme, I". In: *Monatshefte für Mathematik und Physik,* 38 (1931), S. 173–198. Das grundlegende Werk, das Logikern, Philosophen, Computerwissenschaftlern und anderen neue Welten erschloß.

Golomb, Solomon. „Rubik's Cube and Quarks". In: *American Scientist* 70, Nr. 3 (Mai–Juni 1982), S. 257–59. Hier trägt Golomb seine Analogie zwischen verdrehten Ecken beim Zauberwürfel und teilgeladenen subatomaren Partikeln vor.

Gonick, Larry und Wheelis, Mark. *A Cartoon Guide to Genetics.* Barnes & Noble, New York 1983. Ein kurzer und kurzangebundener – aber höchst informativer und unterhaltsamer – Überblick über Molekularbiologie, Genetik und deren Bedeutung für den Menschen.

Gould, Stephen Jay. *Hen's Teeth and Horse's Toes.* W. W. Norton, New York 1983. Wie seine Vorgänger (*Ever Since Darwin* und *The Panda's Thumb*) schildert dieses lebendig und fesselnd geschriebene Buch mit großer Klarheit die Probleme der Evolution, wie sie in der unglaublichen Vielzahl von Absonderlichkeiten in der Natur ihren Niederschlag gefunden haben.

Gray, J. Patrick und Wolfe, Linda. „The Loving Parent Meets the Selfish Gene". In: *Inquiry* 23, S. 233–42. Eine überzeugende Reihe von Argumenten gegen die pessimistischen Thesen von Louis Pascal, auf die dieser dann geantwortet hat (siehe unten).

Grossman, I. und Magnus, W. *Groups and Their Graphs.* Random House, New Mathematical Library, New York 1975. Eine ausgezeichnete Einführung in die Gruppentheorie, mit sogenannten „Cayley-Diagrammen“, die die Struktur einer Gruppe auf herrliche Weise verdeutlichen.

Ground Zero. *Nuclear War: What's In It for You?* Pocket Books, New York 1982. Eine leidenschaftslose, durchdachte Erörterung für „normale Menschen“, die darlegt, was es bedeutet, wenn Staaten Atomwaffen herstellen und sich damit bedrohen. Die beste Einführung in das Thema, auf die ich je gestoßen bin. Ich wünschte, jeder würde sie lesen und sich zu Herzen nehmen.

Guillemin, Victor. *The Story of Quantum Mechanics.* Scribner's, New York 1968. Ein gedankenreicher Überblick darüber, wie es zur Quantenmechanik kam und was sie über die physische Welt lehrt, einschließlich einer langen Diskussion über die philosophischen Implikationen der Quantenmechanik für Dinge wie Willensfreiheit und Kausalität.

Haab, A., Stocker, A. und Hättenschweiler, W. *Lettera I* und *Lettera II.* Arthur Niggli, 1954 und 1961. Diese Bücher bringen einige köstlich phantasievolle Alphabete. Bei solchen Büchern muß jeder von Staunen ergriffen werden darüber, wie fließend Buchstabenformen und die menschliche Wahrnehmung sein können.

Hachtman, Tom. *Double Takes.* Harmony Books, New York 1984. Zwei Karikaturen in einer, auf sehr überzeugende Weise ausgeführt. Da frage ich mich, ob ein Computer je so etwas wird schaffen können.

Hansel, C. E. M. *ESP and Parapsychology: A Critical Re-Evaluation.* Prometheus Books, Buffalo 1980. Ein Wissenschaftler schaut sich die Ansprüche der Parapsychologen an und stellt fest, daß sie unbegründet sind.

Hanson, Norwood Russell. *Patterns of Discovery.* Cambridge University Press, New York 1969. Eine philosophisch gehaltvolle Erörterung über die Art und Weise, wie sich die Vorstellungen der Physik durch die Jahrhunderte in Schüben entwikkelten, um schließlich in der merkwürdigen Welt der Elementarteilchen zu gipfeln, von denen wir heute feststellen, daß sie so elementar gar nicht sind.

Hardin, Garrett. „The Tragedy of the Commons“. In: *Science* 162, Nr. 3859 (13. Dezember 1968), S. 1243–48. Mit Hilfe des Bilds vom gemeinsam genutzten Weideland, das durch Überbeanspruchung zugrunde gerichtet wird, ohne daß irgend jemand bestimmtes dafür verantwortlich zu machen wäre, vertritt Hardin mit großem Nachdruck die These, daß ihr engherziger Egoismus die Menschen vernichten wird, wenn sie sich nicht zusammenschließen und starke Organisationen bilden, die umfassende ökologische Zielsetzungen verfolgen, insbesondere das einer Bevölkerungskontrolle.

Harel, David. „Response to Scherlis and Wolper“. In: *Communications of the ACM* 23, Nr. 12 (Dezember 1980), S. 736–37. Eine amüsante Liste von trickreichen selbstbezüglichen Aussagen, die Harel bekannt sind, wobei auch mit einer Fußnote aufgewartet wird, bei der es sich angeblich um das erste veröffentlichte Beispiel „einer Bezugnahme auf eben die selbstbezügliche Aussage handelt, um die sich eben der Brief dreht, den der Leser gerade vor sich hat“.

Hart, H. L. A. „Self-Referring Laws“. In: *Festskrift Tillägnad Karl Olivecrona.* Kungliga Boktryckeriet, P. A. Norstedt och Söner, Stockholm 1964. Eine Antwort auf Alf Ross (siehe unten), in der Hart, der möglicherweise führende Rechtsphilosoph unserer Tage, behauptet, daß Gesetze, die für ihre eigene Abänderung und Verbesserung sorgen, mit dem Recht vereinbar sind.

Harth, Erich. *Windows on the Mind: Reflections on the Physical Basis of Consciousness.* William Morrow, New York 1982. Lebendige Diskussion über Gehirn, Geist, Bewußtsein und darüber, wie die drei zusammenpassen, durch einen Physiker mit philosophischer Ader.

Haugeland, John (Hrsg.). *Mind Design: Philosophy, Psychology, and Artificial Intelligence.* Bradford Books, MIT Press, Cambridge/Mass. 1981. Eine selbsternannte Fortsetzung zu Alan Ross Andersons *Minds and Machines,* nachdem nun die artifizielle Intelligenz zwei Jahrzehnte Entwicklung hinter sich hat. Dieser Band ist nicht von gleichmäßiger Qualität, enthält aber viele Beiträge, die zweifellos anregend für das Denken sind.

Heiser, Jon F. u. a. „Can Psychiatrists Distinguish a Computer Program Simulation of Paranoia from the Real Thing? The Limitations of Turing-Like Tests as Measures of the Adequacy of Simulations". In: *Journal of Psychiatric Research* 15, Nr. 3 (1979), S. 149–62. Die Forscher, die das Programm namens „Parry" entwickelten, erklären die Geltung des Turing-Tests für in Frage gestellt, weil Parry einen Pseudo-Turing-Test bestanden hat.

Hinton, Geoffrey und Anderson, James (Hrsg.). *Parallel Models of Associative Memory.* Lawrence Erlbaum Associates, Hillsdale/N. J. 1981. Eine Sammlung von Artikeln, in denen verschiedene Modelle untersucht werden, die allesamt auf der Annahme gründen, daß menschliche Wahrnehmung und menschliches Gedächtnis statistisch herausragende Phänomene sind und am besten als solche dargestellt werden.

Hintze, Wolfgang. *Der ungarische Zauberwürfel.* VEB Deutscher Verlag der Wissenschaften, Berlin 1982. Dies ist ein ausgezeichnetes Buch über den Zauberwürfel, das auch neue mathematische Resultate über Teilgruppen enthält. Wer sich ernsthaft mit dem Würfel beschäftigt, sollte sich das Buch besorgen.

Hobby, John und Guoan, Gu. „A Chinese Meta-Font". Stanford University Computer Science Department Technical Report STAN-CS-83-974, Stanford/Calif. 1983. Beschreibung eines Systems zur Erzeugung von chinesischen Zeichen, deren Stil in einem gewissen Umfang „einstellbar" ist. Dieses System hat in bestimmten Hinsichten große Ähnlichkeit mit dem Han Zi-System, dem Programm zur Erzeugung chinesischer Zeichen in variierbarem Stil, das David Leake und ich selbst etwa zur gleichen Zeit in Indiana entwickelt haben.

Hodges, Andrew. *Alan Turing: The Enigma.* Simon & Schuster, New York 1983. Die endgültige Biographie dieser für die Mathematik und die Computerwissenschaft außerordentlich wichtigen Persönlichkeit, geschrieben mit Einfühlung, Durchblick und Charme. [Dt. Ausg. i. Vb.]

Hofstadter, Douglas R. *Ambigrams.* Erscheint 1987 bei Hopeful Monster Contemporain (Florenz). Eine Sammlung von Ambigrammen (oder „Inversionen", wie Scott Kim sie lieber nennt) mit dem passenden Untertitel „A Panoply of Palindromic Pinwheels" (Ein Baldachin aus palindromischen Windrädchen.) Das Vorwort stammt von Scott (zu dessen Buch ich in symmetrischer Entsprechung das Vor-

wort geschrieben habe). Das Buch umfaßt auch einen Vortrag über Ambigramme (in Französisch) und ein Interview (in Englisch).
—— „Analogies and Metaphors to Explain Gödel's Theorem". In: *Two-Years College Mathematical Journal* 13, Nr. 2 (März 1982), S. 98–114. Eine Sammlung einfacher Bilder und Vorstellungen, die helfen sollen, die Einbildungskraft bis zu dem Punkt zu führen, an dem man die Feinheiten von Gödels kluger Konstruktion voll zu genießen versteht.
—— „The Architecture of Jumbo". In: *Proceedings of the Second Machine Learning Workshop.* Monticello, Illinois, 1983. Beschreibung des Aufbaus eines biologisch inspirierten Systems artifizieller Intelligenz, das Parallelität und Zufälligkeit nutzbar macht, um aus isolierten Teilen „gutgebaute Ganzheiten" aufzubauen und diesen dann zu ermöglichen, maximales „Wohlbefinden" dadurch zu erlangen, daß sie sich unter Bedingungen einer günstigen „Rechentemperatur" intern zu neuen Konfigurationen zusammenfinden.
—— „The Copycat Project: An Experiment in Nondeterminism and Creative Analogies". MIT Artificial Intelligence Laboratory AI Memo 755 (April 1984), Cambridge/Mass. Beschreibung der laufenden Forschungen meiner Gruppe, erst in Indiana, dann im MIT und jetzt in Michigan. Das Ziel ist ein System, das fähig ist, Analogien zu bilden, zwar nur in einem winzigen Bereich, aber mit menschlicher Scharfsichtigkeit und Vergeßlichkeit. Zu beschreiben, wie der riesige Gesamtaufbau sich diesem Zweck anpassen läßt, ist die schwierige Aufgabe dieses Artikels.
—— „512 Words on Recursion". In: *Math Bulletin.* Bronx High School of Science (1984), S. 18–19. Ein rekursiv angelegter Artikel, der eine komprimierte Fassung seiner selbst zitiert (in der selbstverständlich wiederum eine komprimierte Fassung zitiert wird, usw.).
—— *Gödel, Escher, Bach: an Eternal Golden Braid.* Basic Books, New York 1979. [dtsch.: *Gödel, Escher, Bach – ein Endloses Geflochtenes Band.* Klett-Cotta, Stuttgart 1985.] Das Buch, dessen ursprünglicher Titel „Gödels Theorem und das menschliche Gehirn" lautete, versucht, die Vorstellungen auszubilden, die erforderlich sind, um einen begreifen zu lassen, wie Ideen, die ihren Ursprung im Gödelschen Nachweis haben, eines Tages im Zentrum der Erklärung des Bewußtseinsphänomens und der Bedeutung des Wörtchens „ich" stehen werden. Analogien, Humor und kontrapunktische Dialoge sind wesentliche Momente von *GEB.*
—— „Gridfonts". Unveröffentlichtes Manuskript, 1984. Eine immer noch wachsende Sammlung von (derzeit) etwa 300 im Skelett existierenden Schrifttypen – will heißen, von unterschiedenen und künstlerisch stimmigen Weisen, auf einem stark eingeschränkten Gitter alle 26 Buchstaben wiederzugeben. Zweck der Übung ist die Bereitstellung von Material für eine Diskussion der Ursprünge des Stils und der fließenden Beschaffenheit von Kategorien.
—— „On Seeking Whence". Unveröffentlichtes Manuskript, 1982. Eine Erörterung der immensen Schwierigkeiten bei der Extrapolation linearer Muster, und in welcher Beziehung das steht zu so äußerst menschlichen Erfahrungsbereichen wie denen des wissenschaftlichen Schließens, der Analogiebildung, des Musikverständnisses und der Kreativität.

—— „Poland: A Quest for Personal Meaning". In: *Poland* (Mai 1981), S. 42–47. Zusammenfassung eines längeren Stücks mit dem Titel „Poland: A Mythical Quest", worin meine machtvollen emotionalen Reaktionen auf Polen bei meinem ersten Besuch dort im Jahr 1975 beschrieben werden.

—— „In Search of Essence". Unveröffentlichtes Manuskript, 1983. Erörterung der Frage, worin das „Wesen" einer Textpassage besteht, an Hand der Schilderung von Problemen, die bei der Übersetzung des Dialogs *Contrakrostipunktus* (aus *Gödel, Escher, Bach*) ins Französische auftauchten.

—— „Simple and Not-So-Simple Analogies in the Copycat Domain". Unveröffentlichtes Manuskript. Eine Sammlung von 81 Analogieproblemen aus dem Copycat-Bereich, die zeigen, wie vielgestaltig das winzige Alphabet-Universum sein kann.

Hofstadter, Douglas R., Clossman, Gray und Meredith, Marsha. „Shakespeare's Plays Weren't Written by Him, but by Someone Else of the Same Name". Indiana University Computer Science Department Technical Report 96, Bloomington 1980. „A study of intensionality in frame-based representation systems" lautet der Untertitel. Hauptzweck ist die Diskussion des Verhältnisses zwischen den Programmstellen, die ein Wesen ausfüllt, und der Identität des betreffenden Wesens selbst. In einer Analyse des Titelsatzes wird der Begriff vom „Core ID" vorgestellt und untersucht. Enge Verbindung zu den Problemen, die Fauconnier diskutiert (siehe oben).

Hofstadter, Douglas R. und Dennett, Daniel C. (Hrsg.). *The Mind's I: Fantasies and Reflections on Self and Soul.* Basic Books, New York 1981. [dtsch.: *Einsicht ins Ich – Fantasien und Reflexionen über Selbst und Seele.* Klett-Cotta, Stuttgart 1986.] Unsere Absicht war es, Menschen aller Richtungen mit dieser Anthologie einen Stoß zu versetzen – mit dieser Sammlung von erdichteten und phantasieanregenden Texten, die sich um die merkwürdige Tatsache (bzw. Illusion) drehen, daß da irgendein „ich" genanntes Etwas irgendwie mit einem Materiebrocken zusammenhängt, der irgendwo und irgendwann in irgendeinem Universum herumschwirrt.

Holland, John u. a.: *Induction: Processes of Inference, Learning and Discovery.* MIT Press, Cambridge/Mass. 1986. Eine weitreichende Untersuchung darüber, wie im menschlichen Geist Lernen vor sich geht und wie sich vielleicht Aspekte davon in Computersimulationen abbilden lassen. Diese bahnbrechende Arbeit stammt von einem Computerwissenschaftler, zwei Psychologen und einem Philosophen, und deren Vielseitigkeit spiegelt sich in der Breite der Arbeit wider.

Hollis, Martin und Lukes, Steven (Hrsg.). *Rationality and Relativism.* MIT Press, Cambridge/Mass. 1982. Zeigt, wie Gelehrte im Morast der endlosen zirkelförmigen Beweisgänge versinken können, zu denen es kommt, wenn irgendein Überzeugungssystem versucht, seine eigene Rechtfertigung zu liefern. Man fühlt sich an das Dilemma von Münchhausen erinnert, der sich aus einem Sumpf einfach am eigenen Schopf herauszuziehen versucht.

Hopfield, J. J. „Neural Networks and physical systems with emergent computational abilities". In: *Proceedings of the National Academy of Sciences* 79, Washington/D. C. 1982, S. 2554–58. Ein System, das mit Statistik und Parallelität arbeitet, um vertraute Fähigkeiten des Geistes nachzubilden: Rekonstruktion einer vollen Erinnerung aus einer partiellen, Verallgemeinerung, usw.

How to Learn Lettering. Nam San Publisher, Hong Kong o. J. Eine Sammlung chinesischer Zeichen in modernen, künstlerischen Stilformen, die in der Hauptsache Werbungszwecken dient, aber auch eine Fundgrube für denjenigen darstellen kann, der sich für die schwer faßliche „Selbigkeit" interessiert, die man in weit auseinanderliegenden Wiedergaben einer bestimmten platonischen Essenz entdeckt.

Huff, William. „A Catalogue of Parquet Deformations". School of Architecture, State University of New York at Buffalo. Annähernd fünfzig Parkettverformungen, die sich Studenten in William Huffs Studio ausgedacht haben, zusammengestellt und kommentiert von William Huff.

Hughes, Patrick und Brecht, George. *Vicious Circles and Infinity: An Anthology of Paradoxes.* Penguin, New York 1975. [dtsch.: *Die Scheinwelt des Paradoxes.* Vieweg, Braunschweig 1978.] Eine köstliche und reizvolle Sammlung von paradoxalen Materialien und ausgewählten Epigrammen, die Paradoxe jeder nur denkbaren Art umfaßt. Enthält lange Erörterungen des Paradoxes vom Unerwarteten Verhör, auch unter dem Namen „Henkersparadox" bekannt.

Huneker, James Gibbons. *Chopin: The Man and His Music.* Dover, New York 1966. [dtsch.: *Chopin der Mensch, der Künstler.* Müller, München 1921.] Um die Jahrhundertwende erschienen, kultiviert diese romantische Biographie eine so schwülstige und überladene Prosa, daß ihre Äußerungen schon fast an leeres Geschwätz grenzen; und doch übt sie eine wundersam evokative Wirkung aus.

Jaspert, W. Pincus, Berry, W. Turner und Johnson, A. F. *The Encyclopedia of Type Faces.* Blandford Press, Poole/Engl. 1983. Ein fesselnder Katalog von über 1000 Schrifttypen. Zu seinen besonderen Vorzügen gehört die Sorgfalt, mit der er die einzelnen Typen den jeweiligen Entwerfern zuschreibt: jenen Leuten, deren hervorragend ausgebildeter Sinn für Linie und Raum nur zu oft als selbstverständlich hingenommen wird. Das Buch enthält einen Index der Entwerfernamen und einen der Schrifttypenbezeichnungen. Auf diese Weise kann man sich eine Vorstellung von der stilistischen Reichweite verschiedener Entwerfer verschaffen.

Johnson Laird, P. N. und Wason, P. C. (Hrsg.). *Thinking.* Cambridge University Press, New York 1975. Eine verschiedenartige Sammlung von Stücken hochkarätiger Autoren über so ziemlich alle Aspekte des menschlichen Denkens, einschließlich Bildersprache, Wahrnehmung, Folgern, Kategorien, Gedächtnis, Sprache usw.

Kadanoff, Leo. „Roads to Chaos". In: *Physics Today* 36, Nr. 12 (Dezember 1983), S. 46–53. Eine gute Zusammenfassung der Beziehung zwischen mathematischen Ansätzen zur Chaos-Darstellung und den physikalischen Phänomenen, um deren Erklärung es dabei geht.

Kahneman, Daniel und Tversky, Amos. „The Simulation Heuristic". In: *Judgment Under Uncertainty: Heuristics and Biases* (hrsg. v. Daniel Kahneman, P. Slovic und A. Tversky). Cambridge University Press, New York 1982, S. 202–08. In was für Hinsichten neigen die Menschen dazu, bestimmte Situationen im Geiste in

Alternativversionen ihrer selbst hinübergleiten zu lassen, und in welcher Weise werden diese Tendenzen durch subtile kognitive Zwänge beeinflußt? Zwei hervorragende Psychologen schildern hier, was sie über diese Art von Gleitfähigkeit oder „Wechselhaftigkeit" im Geist ihrer Versuchspersonen herausgefunden haben.

Kamack, H. J. und Keane, T. R. „The Rubik Tesseract". Unveröffentlichtes Manuskript, 1982. Ein Pendant zu dem Stück von Eidswick (siehe oben), ist diese Erörterung eines „Rubikschen Hyperwürfels" mit den Abmessungen 3 × 3 × 3 × 3 ein Gewaltakt für die visuelle Vorstellungskraft – der Leser fast ebensosehr wie der Autoren selbst!

Kanerva, Pentti. *Self-Propagating Search: A Unified Theory of Memory.* Center for the Study of Language and Information, Technical Report, Stanford University, Stanford/Calif. 1984. Eine Neuronentheorie des Gedächtnisses: wie aus statistisch robuster, adressierender Hardware eine für Ähnlichkeiten sensible, rekonstruktive Software wird. Das mag abstrus klingen, aber meiner Meinung nach bildet Kanervas Arbeit einen der wichtigsten Schritte in Richtung auf eine Versöhnung von Fließendem und Mechanischem – Geist und Gehirn –, den ich je habe machen sehen.

Kennedy, Paul E. *Modern Display Alphabets.* Dover, New York 1974. Eine ausgezeichnete Sammlung visuell attraktiver Buchstabenformen in allen möglichen Stilen und mit jedem Grad von Phantastik.

Kim, Scott E. „The Impossible Skew Quadrilateral: A Four-Dimensional Optical Illusion". In: *Proceedings of the 1978 AAAS Symposium on Hypergraphics: Visualizing Complex Relationships in Art and Science.* Westview Press, Boulder/Colo. 1978. Wie bei der Arbeit von Kamack und Keane (siehe oben) erfordert das Schreiben oder Lesen dieses Artikels eine leistungsstarke visuelle Vorstellungskraft. Das bekannte „unmögliche Dreieck" wird hier durch eine kühne Analogiebildung einen Schritt weitergetrieben. Der Schreibstil ist voll typischer Kimscher rekursiver Tricks und paralleler Passagen.

—— *Inversions.* Byte Books, Peterborough/N. H. 1981. Eine Sammlung von Inversionen (oder „Ambigrammen", wie ich sie lieber nenne), die den passenden Untertitel trägt: „A Catalogue of Calligraphic Cartwheels" (ein Katalog kalligraphischer Wagenräder). Das Vorwort ist von mir (zu dessen Buch in symmetrischer Entsprechung Scott das Vorwort geschrieben hat). Die Prosa ist ebenso voll von Sinnestäuschungen und Parallelisierungstricks, wie es die Zeichnungen sind, auch wenn das auf den ersten Blick nicht sichtbar ist.

—— „Noneuclidean Harmony". In: *The Mathematical Gardner* (hrsg. v. David A. Klarner). Wadsworth International/Prindle, Weber, and Schmidt, Belmont/Calif. 1981. Eine ernsthafte Abhandlung über atonale Geometrie, die sich als bloßes Scherzunternehmen ausgibt. Geschildert werden Georg Cantors wichtige Befunde in bezug auf Tonhöhen im Ultraschallbereich, Korrespondenzen im Verhältnis 2 gegen 3 und nichtabzählbare Rhythmen.

—— „Visual Art: The Creative Cycle". In: *Response,* Nr. 1 (Dezember 1981). Minnesota Artists Exhibition Program. Ein kurzer Artikel mit einer These über kreatives

Wirken, die sich um eine Schleife dreht, ähnlich derjenigen, die im P. S. von Kapitel 11 in diesem Buch geschildert wird.

Kirkpatrick, S., Gelatt, C. D. Jr., Vecchi, M. P. „Optimization by Simulated Annealing". In: *Science* 220, Nr. 4598 (13. Mai 1983), S. 671–80. Ein Artikel, in dem eine neue statistische Technik beschrieben wird, um für ein System mit einer sehr hohen Anzahl von Freiheitsgraden den optimalen Zustand herauszufinden, auf Basis lokaler Veredelungen, die durch gelegentliche lokale Entartungen moduliert werden, wobei deren Umfang durch einen „Abkühlungsplan" bestimmt wird, analog dem Verfahren des Abkühlens von Metallen zum Zweck ihrer Härtung.

Kleppner, Daniel, Littman, Michael G. und Zimmermann, Myron L. „Highly Excited Atoms". In: *Scientific American* 244, Nr. 5 (Mai 1981), S. 130–49. Eine Brücke zwischen mikroskopischen quantenmechanischen Erscheinungen und makroskopischen klassischen Phänomenen schlägt die Untersuchung der „Rydberg-Atome", mit denen diese Abhandlung sich beschäftigt.

Knuth, Donald Ervin. „The Concept of a Meta-Font". In: *Visible Language* 16, Nr. 1 (Winter 1982), S. 3–27. Knuth stellt sein Programm METAFONT dar, mit dem man auf einen Schlag eine ganze Familie von Schrifttypen erzeugen kann, indem man sämtliche Buchstaben des Alphabets mit einer konstanten Gruppe von Parametern kombiniert. Es war dieser Aufsatz, der meine im vorliegenden Buch als 12. Kapitel abgedruckte Antwort provozierte.

—— *TEX and Metafont: New Directions in Typesetting.* Digital Press, Bedford/Mass. 1979. Detailliert beschreibt Knuth, wie man seine Programme zur Erleichterung von Schriftsatz und Buchstabenentwurf benutzt.

Kobylańska, Krystyna. *Chopin w kraju.* [dtsch.: *Chopin in der Heimat.*] Polskie wydawn muzyczne, Kraków 1955. Eine Sammlung schwer zugänglicher Chopiniana mit wunderschönen Reproduktionen in Großformat.

Koestler, Arthur. *The Act of Creation.* Dell, New York 1964. [dtsch.: *Der göttliche Funke. Der schöpferische Akt in Kunst und Wissenschaft.* Scherz, Bern/München/Wien 1966.] Der große Romancier und Amateurpsychologe vertieft sich in seinen eigenen Geist und fördert dabei interessante, aber vielfach verbohrte Spekulationen über Humor, Kreativität und Verstehen zutage.

—— *The Roots of Coincidence. An Excursion Into Parapsychology.* Vintage, New York 1972. [dtsch.: *Die Wurzeln des Zufalls.* Scherz, Bern/München/Wien 1972.] Hier offenbart Koestler seinen Glauben ans Okkulte, der ein wenig an Arthur Conan Doyles Glauben an Feen erinnert.

Kolata, Gina. „Does Gödel's Theorem Matter to Mathematics?". In: *Science* 218 (19. November 1982), S. 779–80. In vorzüglicher Weise wird hier dargestellt, wie die Spezifizierung dessen, was heutzutage als „große ganze Zahlen" gälte, abhängig ist von verworrenen Begriffen aus der mathematischen Logik.

Koning, H. und Eizenberg, J. „The language of the prairie: Frank Lloyd Wright's prairie houses". *Environment and Planning B.* 8 (1981), S. 295–323. Dargestellt wird, wie Pseudo-Frank-Wright-Lloyd-Häuser mit Hilfe einer „Form-Grammatik" generiert werden können.

Kripke, Saul. *Naming and Necessity.* Harvard University Press, Cambridge/Mass. 1980. [dtsch.: *Name und Notwendigkeit.* Suhrkamp, Frankfurt a.M. 1981.] Diese Theorie von Extensionen, Intensionen, „starren Designatoren" und Identität läuft meiner eigenen Auffassung (wie sie im oben angeführten „Shakespeare"-Aufsatz zum Ausdruck kommt) direkt zuwider, daß nämlich die Wurzeln der Identität in Mustern der Einbindung in ein Netzwerk liegen.

Kuwayama, Yasaburo. *Zeichen, Marken und Signets. 3000 internationale Beispiele.* (Aus dem Japanischen übers.) Callwey, München 1977. Teil I. Das Buch feiert den Irrsinn von Buchstabenformen; diese Sammlung enthält Buchstaben, die jedermann schockieren müssen.

Larcher, Jean. *Fantastic Alphabets.* Dover, New York 1976. Die Buchstabenformen in Kuwayamas Buch sind überaus phantasievoll, verglichen mit ihnen sind dagegen diejenigen in Larchers Buch schlicht dümmlich. Dieser Band zeigt ganz einfach bloß, daß Computerprogramme, die mit Buchstaben in ihrer ganzen Komplexität umgehen könnten, auch in der Lage wären, mit der ganzen Welt fertig zu werden.

Lehninger, Albert Lester. *Biochemistry. The Molecular Basis of Cell Structure.* Worth, New York 1975 (2. Aufl.) [dtsch.: *Biochemie.* Verlag Chemie, Weinheim 1975.] Eine gut geschriebene Abhandlung, in der das riesige Gebiet der Biochemie klar und verständlich dargestellt ist.

Lennon, John. *In His Own Write* und *A Spaniard in the Works.* Simon & Schuster, New York 1964 und 1965. Dieser Beatle hatte einen wundervollen und ganz eigenen Sinn für Albernheit. Geschichten, Bilder, Gedichte – sogar ein oder zwei Theaterstücke. Vielleicht besser als die Beatlemusik, wenn ich einmal eine ganz ketzerische Meinung vorbringen darf.

Letraset, Inc. *Graphic Art Materials Reference Manual.* Letraset, Inc., Paramus/N.J. 1981. Dies ist das beste billige Handbuch der Schriften, das man bekommen kann, und seinen Preis wert. Es enthält nahezu sämtliche geläufigen Schriften und viele seltene dazu. Eine gute Einführung in Schriften.

—— *Letraset Greek Series.* A. Pallis, Athen 1984. In meinen Augen ist dies ein verblüffender Schriftenkatalog, weil jede von ihnen einen „Sprung über das Alphabet hinaus" darstellt. Hier sieht man Schrifttypen wie etwa Blanchard, Futura Black, Helvetica, Korinna, Optima, Souvenir, University Antiqua, Zipper sowie eine Reihe von anderen – *alle in griechischer Schrift!* Alles, was ich dazu sagen kann, ist: „Stark!"

Levin, Michael. „Mathematical Logic for Computer Scientists". MIT Laboratory for Computer Science Technical Report LCS TR 131 (Juni 1974) Cambridge/Mass. Eine unorthodoxe Behandlung der Logik für all jene, die sich mit LISP besser auskennen als mit der Zahlentheorie.

Lipman, Jean und Marshall, Richard. *Art about Art.* E. P. Dutton, New York 1978. Eine amüsante und kommentierte Sammlung sich selbst reflektierender Kunst, von Künstlern wie Roy Lichtenstein, Andy Warhol, Robert Rauschenberg, Jasper Johns, Robert Arneson, Tom Wesselmann, Larry Rivers, Mel Ramos, Peter Saul und vielen anderen mehr.

Loeb, Marcia. *New Art Deco Alphabets.* Dover, New York 1975. Dieses Buch zeigt, wie man den Geist einer Epoche in vielfältiger Weise vollständig wiedererstehen lassen kann. Diese originellen Alphabete sehen allesamt so aus, als stammten sie unmittelbar aus den 30er Jahren. Vgl. die Bücher von Bush (s. oben) und McCall (s. unten).

Lucas, John Randolph. „Minds, Machines, and Gödel". In: Anderson, Alan Ross (Hrsg.). *Minds and Machines.* Prentice-Hall, Englewood Cliffs/N.J. 1964. Der Artikel, der dann tausendfach widerlegt wurde. Obgleich er nach meiner Ansicht zu ungerechtfertigten Schlußfolgerungen kommt, werden doch in ihm die Fragen richtig gestellt und verdienen es durchaus, weiter bedacht zu werden. Sie hängen auf engste zusammen mit den in Webbs Buch (s. unten) diskutierten Problemen.

Machlup, Fritz und Mansfield, Una (Hrsg.). *The Study of Information: Interdisciplinary Messages.* Wiley-Interscience, New York 1983. Eine facettenreiche Artikelsammlung, in der hochqualifizierte Wissenschaftler über Informationstheorie, Kybernetik, artifizielle Intelligenz, Kognitionswissenschaft, Bibliothekswesen und anderes mehr schreiben. Viele der Beiträge sind subjektive Meinungsäußerungen und konfligieren miteinander. Dieses Buch enthält auch den Meinungsaustausch zwischen Allen Newell und mir, der sich im Postskriptum zum 25. Kapitel fortgesetzt findet.

Mandelbrot, Benoît. *The Fractal Geometry of Nature.* W.H. Freeman, New York 1982. Diese neueste Präsentation von Mandelbrots Vorstellungen ist von großem Bilder- und Gedankenreichtum. Fractale Formen bilden eines der ergiebigsten mathematischen Experimentierfelder des zwanzigsten Jahrhunderts.

Marek, George Richard und Gordon-Smith, Maria. *Chopin.* Harper & Row, New York 1978. Eine der zahlreichen englischsprachigen Chopin-Biographien. Ich finde sie ausgewogen und gut geschrieben.

Marx, George, Gajzágó, Eva und Gnädig, Peter. „The Universe of Rubik's Cube". In: *European Journal of Physics* 3 (1982), S. 34–43. Berichtet wird über die Implikationen einer Anwendung des Entropie-Begriffs auf die Oberfläche des Zauberwürfels sowie über die Ergebnisse verschiedener statistischer Untersuchungen per Computer.

Max, Nelson. *Space-Filling Curves.* International Film Bureau, Inc., Chicago 1974. Ein prachtvoller Film mit Computer-Graphiken, die von der Faszination einiger der zuerst entdeckten fractalen Kurven zeugen. Die Computer-Musik gibt dem Ganzen einen besonderen Reiz und gespenstischen Zug.

May, Robert. „Simple Mathematic Models with Very Complicated Dynamics". In: *Nature* 261, Nr. 5560 (10. Juni 1976), S. 459–67. Ein früher Zeitschriftenartikel über das Chaos, in welches man gerät, wenn man einfache Funktionen des Intervalls [0, 1] iteriert. Sehr informativ, nur sind leider zwei Abbildungen ausgetauscht worden!

Maynard-Smith, John. *Evolution and the Theory of Games.* Cambridge University Press, New York 1982. Das Buch zeigt, wie sich neue Dimensionen im Verständnis der Evolutionsmechanismen auftun können, wenn man die Interaktionen von

Organismen in einer gemeinsamen Umwelt in Begriffen der mathematischen Spieltheorie nachbildet.

McCall, Bruce. *Zany Afternoons.* Alfred A. Knopf, New York 1982. Einer, der in wahrhaft genialer Weise das besondere Fluidum der Dinge einzufangen versteht, wendet all seine Kunst daran, die zwanziger, dreißiger, vierziger und fünfziger Jahre wieder auferstehen zu lassen – nicht bloß in Amerika, sondern auch anderswo. Dieses sehr lustige Buch ist ein verblüffendes Meisterwerk. Vgl. die Bücher von Bush und Loeb (s. oben).

McCarthy, John. „Ascribing Mental Qualities to Machines". In: Ringle, Martin (Hrsg.). *Philosophical Perspectives on Artificial Intelligence.* Humanities Press, Atlantic Highlands/N.J. 1979, S. 161–95. Unter welchen Bedingungen ist es sinnvoll, von Maschinen mit Wünschen und Überzeugungen zu sprechen? Wann dieser „intentionale Standpunkt" angebracht ist, erörtert hier einer der Pioniere artifizieller Intelligenz.

—— „History of Lisp". In: Wexelblatt, Richard L. (Hrsg.). *History of Programming Languages.* Academic Press, New York 1980, S. 217–23. Die Entstehung von LISP in der Erinnerung ihres Erfinders.

McCarty, L. T. und Sridharan, N. S. „A Computational Theory of Legal Argument". Rutgers University Computer Science Department Technical Report LPR-TR-13, Januar 1982, New Brunswick/N. J. Ein Rechts- und ein Computerwissenschaftler führen in gemeinsamer Arbeit „Prototyp-Verformungen" durch, denen nach ihrer Ansicht eine Schlüsselfunktion zukommt, wenn man Beweisführungen per Präzedenzfall im Computer-Modell abbilden will.

McClelland, James L., Rumelhart, David E. und Hinton, Geoffrey E. (Hrsg.). *Interactive Activation: A Framework for Information Processing.* Erscheint in Kürze. Eine Sammlung von Artikeln über statistisch emergente Parallel-Berechnung, in der die „Temperatur" als Regulator der Zufälligkeit fungiert.

McKay, Michael D. und Waterman, Michael S. „Self-Descriptive Strings". In: *Mathematical Gazette* 66, Nr. 435 (1982), S. 1–4. Eine mathematische Untersuchung über eine einfache Klasse von Sätzen, die sich selbst zu inventarisieren suchen.

Meehan, James R. „Tale-Spin, an Interactive Program that Writes Stories". In: *Proceedings of the 5th International Conference on Artificial Intelligence – 1977,* Bd. 1, S. 91–98. Department of Computer Science, Carnegie-Mellon University, Pittsburgh. Einer der amüsantesten (und daher sensibelsten) Artikel, die je über Computer und ihr Sprach-„Verständnis" geschrieben wurden. Meehan erklärt, wie sein Programm in einer der „fehl-gesponnenen Geschichten" die Schwere in einen Fluß fallen und ertrinken ließ. Meehans allgemeine Erörterungen über fehlgesponnene Geschichten gehören zu dem Erhellendsten, was ich über das perennierende Ärgernis, daß AI-Programme sich hartnäckig weigern, gesunden Menschenverstand zu entwickeln, egal wie heftig und wie oft man ihnen den Hintern versohlt, jemals gelesen habe.

Miller, Casey und Swift, Kate. *The Handbook of Nonsexist Writing for Writers, Editors, and Speakers.* Barnes and Noble, New York 1980. Ein erstklassiges Buch. Es ist skandalös, daß dieser Band nicht bei jedem Journalisten auf dem Tisch liegt.

Das Nachdenken über derlei Probleme ist nicht bloß von sozialem Belang, sondern zugleich provozierend und faszinierend.
—— *Words and Women.* Doubleday, Anchor Press, New York 1977. Eine großartige und vernichtende Demonstration, wie absurd der Gedanke ist, die Frauen seien von unserer Gesellschaft anständig behandelt worden. Wenn Sprache tatsächlich ein gesellschaftliches Thermometer ist, dann enthüllt dieses Buch, daß wir an einer schweren kollektiven Krankheit leiden.
Mills, George. „Gödel's Theorem and the Existence of Large Numbers". Mathematics Department, Carleton College, Oktober 1981, Northfield/Minnesota. Die Arbeit zeigt, wie man einige überwältigend große Zahlen mit Hilfe rekursiver Definition von Funktionen sowie des Diagonalisierungsverfahrens beschreiben kann. Wiederholtes Herausspringen aus dem System führt zu einigen bemerkenswerten Ergebnissen!
Minsky, Marvin Lee. „A Framework for Representing Knowledge". In: Winston, Patrick Henry (Hrsg.). *The Psychology of Computer Vision.* McGraw-Hill, New York 1975. Der Aufsatz, der jene für AI mittlerweile zentralen Begriffe wie „frames", „slots" und „default assumptions" definiert hat.
—— „Matter, Mind, and Models". In: ders. (Hrsg.). *Semantic Information Processing.* MIT Press, Cambridge/Mass. 1968. Einige überzeugende Spekulationen über die Bedeutung des Wörtchens „Ich" in Computer-Kategorien.
—— „Why People Think Computers Can't". In: *AI Magazine* (Herbst 1982), S. 3–15. Mit seinem üblichen unüblichen Scharfblick putzt Minsky die Leute runter, die nicht begreifen, wie sie über das Denken (oder, mit Rücksicht darauf, über Maschinen) nachdenken sollen.
Mondrian, Piet. *Tout l'Œuvre Peint de Piet Mondrian.* Flammarion, Paris 1976. Will man einen umfassenden Überblick über die Stilentwicklung eines einzelnen Malers bekommen, so kenne ich kein besseres Buch als dieses: es folgt Mondrian von seinen ersten gegenständlichen Bildern bis zu seinen abstraktesten geometrischen und offenbart dabei die Kontinuität und Logik, aber gleichwohl auch Dramatik dieses Schwenks.
Morrison, Philip und Phylis, sowie das Büro von Charles und Ray Eames. *Powers of Ten.* Scientific American Books, New York 1983. Eine Wiederbegegnung mit Kees Boekes faszinierendem Buch *Cosmic Views* (s. oben) nach annähernd dreißig Jahren, mit erheblich mehr Kommentar. Ein bezaubernder und würdiger Nachfolger.
Myhill, John. „Some Philosophical Implications of Mathematical Logic: Three Classes of Ideas". In: *Review of Metaphysics* 6, Nr. 2 (Dezember 1952), S. 165–98. Im Jahr 1982 traf ich Myhill und fragte ihn nach seinem Aufsatz. Er sagte mir, er gehöre seiner Ansicht nach zum alten Eisen. Das erstaunte mich, denn ich halte ihn für ein gehaltvolles und wichtiges Stück Philosophie mit Hilfe mathematischer Metaphern, und an so etwas wagt sich ja kaum jemand heran. Man weiß nie, wie andere ihre Arbeit nach 30 Jahren einschätzen!
Nagel, Ernest und Newman, James Roy. *Gödel's Proof.* New York University Press, New York 1958. [dtsch.: *Der Gödelsche Beweis.* Oldenbourg, Wien/München

1964.] Eine gefällige und leicht verständliche Einführung in die Windungen der Gödelschen Beweisführung sowie in die mit seinem Werk verknüpften philosophischen Probleme.

Nakanishi, Akira. *Writing Systems of the World.* Tuttle, Rutland/Vt. 1980. Sucht man eine Musterkollektion der vielfältigen Formen, in denen der Geist der Buchstaben auftreten kann, so sollte man zu diesem Buch greifen. Es enthält Reproduktionen von Zeitungsseiten, die jedes Schriftsystem in mehreren verschiedenen Stilarten präsentieren.

Newell, Allen. „Physical Symbol Systems". In: *Cognitive Science* 4, Nr. 2 (April–Juni 1980), S. 135–83. Ein langatmiger Artikel, der das orthodoxe Dogma vertritt, in dem die artifizielle Intelligenz traditionellerweise ihr Fundament gesehen hat: daß nämlich ein Universalcomputer alle Voraussetzungen für intelligentes Verhalten in sich trägt.

Norman, Donald Arthur. „Categorization of Action Slips". In: *Psychology Review* 88, Nr. 1 (Januar 1981), S. 1–15. Eine köstliche Zusammenstellung aller Arten von Fehlern, die den Menschen bei ihren Alltagsverrichtungen wie etwa Wasserkochen, Annehmen von Telefonanrufen, Abschnallen des Sicherheitsgurts oder Heimfahren von der Arbeit usw. unterlaufen. Hinter dem scheinbaren Chaos steckt eine bemerkenswerte Regelförmigkeit, und Normans Ziel ist, sie graphisch darzustellen und auszuwerten, um verborgene Denkmechanismen offenzulegen.

Nozick, Robert. *Philosophical Explanations.* Harvard University, Belknap Press, Cambridge/Mass. 1981. Ein Buch über Philosophie von großer Spannweite, das sich gleichermaßen an Laien wie an Fachleute richtet. Es behandelt alle möglichen Gegenstände, von der Identität der Person und der Bedeutung der Bezüglichkeit bis zur Willensfreiheit und Moral, und nur gelegentlich verfällt es anfallartig in absolut unverständlichen Fachjargon.

Parfit, Derek. *Reasons and Persons.* Clarendon Press, Oxford 1984. Eine sehr gehaltvolle Abhandlung über moralische Dilemmata und sittliches Handeln, die aufs genaueste den tiefliegenden Ursachen der Sorge nachforscht: warum sorge ich mich um mein gegenwärtiges und zukünftiges Selbst? Parfit weiß, daß jeder ernsthafte Versuch einer Antwort auf diese Frage voraussetzt, daß man die Bedeutung des Wörtchens „Ich" in der wirklichen und in vielen kontrafaktischen Welten gründlich unter die Lupe nimmt, und genau das tut er mit großer Kunst und Scharfsichtigkeit.

Pascal, Louis. „Human Tragedy and Natural Selection". In: *Inquiry* 21, S. 443–60. Pascal setzt dort an, wo Garrett Hardin (s. oben) aufhört und zeichnet das düstere Bild einer Bevölkerungsexplosion, die er als unmittelbare natürliche Folge der Selektion vorstellt, als etwas, das den Gesellschaften ihrer Natur nach ebenso zwingend innewohnt wie der Sexualtrieb den Individuen.

—— „Rejoinder to Gray and Wolfe". In: *Inquiry* 23, S. 242–51. Eine bittere Anklage gegen die Gleichgültigkeit der Menschheit angesichts der heranstürmenden Katastrophe.

Peattie, Lisa. „Normalizing the Unthinkable". In: *Bulletin of the Atomic Scientists* 40, Nr. 3 (März 1984), S. 32–36. Wie Pascal ist Peattie betroffen von der offenkundigen Fähigkeit der Menschen, sich unempfänglich zu machen und in einem solchen Maße nur für das Nächstliegende zu interessieren, daß den großen Tragödien Tor und Tür geöffnet wird. In einer frappierenden Analogie setzt sie die derzeitige öffentliche Gleichgültigkeit gegenüber dem Rüstungswahnsinn gleich mit der Unmenschlichkeit der Täter in Hitlers Konzentrationslagern.

Pérec, Georges. *La Disparition.* Editions Denoël, Paris 1969. Mehr als irgend etwas anderes macht es im Französischen (im Vergleich zum Englischen) Schwierigkeiten, ohne ‚e's zu schreiben, und dennoch ist hier ein ganzer Roman in diesem absonderlichen Dialekt geschrieben. Es überrascht nicht, daß er vom geheimnisvollen Verschwinden des Objekts Nr. 5 aus einer Sammlung von sechsundzwanzig Gegenständen handelt. Zweifellos ist er inspiriert durch den ohne jedes ‚e' geschriebenen Roman *Gadsby,* den der englische Autor Ernest Vincent Wright Ende der dreißiger Jahre verfaßte.

Perfect, Christopher und Rookledge, Gordon. *Rookledge's International Typefinder.* Frederick C. Beil, New York 1983. Ein wundervolles (freilich teures) Kompendium von Schrifttypen mit einem Index, dank dessen man eine Schrifttype nach ihren typischen Merkmalen nachschlagen und somit ein unbekanntes Exemplar schnell ausfindig machen kann, statt stundenlang in Katalogen herumblättern zu müssen. Diejenigen, die ein Faible für meine „horizontalen und vertikalen Probleme" haben, werden dieses Buch genießen.

Phillips, Tom. *A Humument: A Treated Victorian Novel.* Thames & Hudson, New York 1980. Wie ein Kind, das eine Wand mit farbenfrohen Buntstiftzeichnungen bedeckt, hat Tom Phillips die Seiten eines alten Romans (*A Human Document* von W. H. Mallock) mit seinen bunten Kritzeleien vollkommen unleserlich gemacht, und nur hier und da scheinen Spuren des Originals durch sie hindurch. Ein witziges Kunststück!

Poincaré, Henri. „L'Invention mathématique". In: *Bulletin de l'Institut général psychologique* 3, 8. Jg. (1908). Ein Vortrag vor der Pariser Gesellschaft für Psychologie vom Beginn dieses Jahrhunderts. Poincaré nimmt etwa achtzig Jahre später eintretende Entwicklungen in den Kognitionswissenschaften vorweg und macht sich Gedanken darüber, was sich eigentlich in seinem Schädel abspielt, wenn er mathematische Entdeckungen macht.

Pólya, Georg. *How to Solve It. A New Aspect of Mathematical Method.* Doubleday, New York 1957 (2. Aufl.). [dtsch.: *Schule des Denkens. Vom Lösen mathematischer Probleme.* Francke, Bern und München 1967.] Pólya, wie Poincaré ein von den Denkprozessen faszinierter Mathematiker, versucht hier Rezepte zu liefern, nach denen man mathematische Probleme angehen kann. Die Schwierigkeit dabei ist, daß es gar kein unfehlbares Rezept gibt – und geben kann. Schon Richtlinien aufzustellen, ist wahrscheinlich nutzlos. Die Spürnase, die der richtigen Spur folgt, ist schlicht und einfach eine Rarität, und zwei Wege gibt es nun mal nicht.

Post, Emil. „Absolutely Unsolvable Problems and Relatively Undecidable Propositions: Account of an Anticipation". In: Davis, Martin (Hrsg.). *The Undecidable.* Raven, New York 1965, S. 338–443. In diesem Beitrag kommt Post zu dem Schluß, daß die Denkprozesse bei Mathematikern ihrem Wesen nach kreativ und nicht mechanisierbar sind. Hängt zusammen mit dem Artikel von Myhill (s. oben).

Poundstone, William. *The Recursive Universe: Cosmic Complexity and the Limits of Scientific Knowledge.* William Morrow, New York 1985. Eine hervorragende Darstellung des reduktionistischen Wunders: phantastisch komplizierte Wesen – selbstreproduktive lebende Organismen – erweisen sich als Konstellationen von Teilchen, die in simpelster Weise miteinander interagieren. Eins der Hauptthemen, denen diese Arbeit nachgeht, ist Neumanns (von Gödel übernommener) Trick der Selbstreproduktion ohne unendlichen Regreß, und mit Hilfe von Conways fesselndem „Spiel des Lebens“, das in diesem Buch eine herausragende Rolle spielt, kann Poundstone in meisterhafter Weise erklären, wie er funktioniert.

Racter. *The Policeman's Beard Is Half Constructed.* Warner Books, New York 1984. „Racter“ ist ein von Bill Chamberlain und Thomas Etter geschriebenes Programm. *The Policeman's Beard* ist ein von Racter geschriebenes Buch. Es ist rundum etwas ironisch, denn Racter weiß im Grunde nicht viel über halb-konstruierte Bärte, aber hübsch an Racters Prosa ist die Art, wie sie die äußersten Ränder der Bedeutung säumt, indem sie über die Grenzlinie zwischen Sinn und Sinnlosigkeit trunken hin- und herschießt.

Rapoport, Anatol. *Two-Person Game Theory.* University of Michigan Press, Ann Arbor Science Library, Ann Arbor 1966. Eine gründliche Darstellung der Spieltheorie, die eine äußerst interessante persönliche Auseinandersetzung mit Ansichten über die Bedeutung von „Rationalität“ in Gefangenendilemma-ähnlichen Situationen enthält.

Reps, Paul. *Zen Flesh, Zen Bones.* Doubleday, Anchor Press, New York o. J. [dtsch.: *Ohne Worte – ohne Schweigen. 101 Zen-Geschichten und andere Zen-Texte aus vier Jahrtausenden.* O. W. Barth, München 1976.] Eine leicht greifbare Sammlung von Zen-*Kō-an,* überaus amüsant und (vielleicht) sogar erhellend – vorausgesetzt man nimmt sie einigermaßen *cum grano salis.*

Rogers, Hartley. *Theory of Recursive Functions and Effective Computability.* McGraw-Hill, New York 1967. Ein Standard-Nachschlagewerk zu vielen modernen Begriffen der Metamathematik; unter anderem enthält es auch die Begriffe „produktive“ und „kreative“ Mengen, die im 12. Kapitel des vorliegenden Buches genannt werden.

Ross, Alf. „On Self-Reference and a Puzzle in Constitutional Law“. In: *Mind* 78, Nr. 309 (Januar 1969), S. 1–24. Eine Einführung in die Rechtsphilosophie: Können Gesetze sich selbst ändern, oder ist das paradox? Ross vertritt den Standpunkt, daß logischer Widerspruch im Recht unannehmbar ist und daß daher Selbstveränderung unmöglich bleibt. Als Antwort hierauf siehe den oben aufgeführten Artikel von Hart.

Rucker, Rudy. *Infinity and the Mind. The Science and Philosophy of the Infinite.* Birkhäuser, Boston/Basel/Stuttgart 1982. Ein Buch, das geschrieben werden mußte. Rucker versteht es meisterhaft, die verworrensten Erfindungen des menschlichen Geistes in gar nicht verworrener Sprache darzustellen und das

Ganze zu verknüpfen mit Gedanken über das Bewußtsein und das Geheimnis der Existenz.

Ruelle, David. „Les attracteurs étranges". In: *La Recherche* 11, Nr. 108 (Februar 1980), S. 131–44. Ein guter Artikel, der diese ätherischen mathematischen Wolkengebilde in Beziehung setzt zu den physikalischen Vorgängen, die sie erklären sollen; mit etlichen ausgezeichneten Illustrationen.

Rumelhart, David E. und Norman, Donald Arthur. „Simulating a Skilled Typist: A Study of Skilled Cognitive-Motor Performance". In: *Cognitive Science* 6, Nr. 3 (Juli–September 1982), S. 1–36. Die in diesem Artikel vorgestellte Forschungsarbeit, die das derzeit an der Universität von Kalifornien in San Diego laufende Projekt über „parallel distributed processing" („verteilte Parallelverarbeitung") vorwegnimmt, gehört zu den interessantesten mir bekannten Versuchen, die Leistung des menschlichen Geistes im Modell nachzubilden.

Russett, Bruce Martin. *The Prisoners of Insecurity.* W. H. Freeman, New York 1983. Wettrüsten als ein Wiederholungs-Gefangenendilemma, und wie wir aus der verfahrenen Situation wieder herauskommen könnten. Der letzte Teil – „Responsibility" – schließt mit der folgenden Warnung (wie sehr wünschte ich, die Menschen würden sie sich zu Herzen nehmen!): „In einer Demokratie impliziert das Schweigen über die atomare Gefahr wenn nicht Gleichgültigkeit, so doch Akzeptanz. Wenn wir angesichts des Wettrüstens – und des Krieges, zu dem es uns bringen kann – schweigen, müssen wir auch die Verantwortung für die Folgen übernehmen. ‚Schweigen heißt Einverständnis.'"

Ryder, Frederick und Co. *Ryder Types,* 2 Bde. (mit regelmäßig erscheinenden Ergänzungsbänden), Frederick Ryder und Co., Chicago o. J. Der beste Schrifttypen-Katalog, der mir unter die Augen gekommen ist, aber teuer. In den vier Ergänzungsbänden, die ich besitze, finden sich einige der ausgefallensten Schrifttypen, die ich je gesehen habe.

Sagan, Carl (Hrsg.). *Communication with Extraterrestrial Intelligence.* MIT Press, Cambridge/Mass. 1973. Unterhaltsame Mitschrift von einer internationalen Tagung aus der Zeit, als Russen und Amerikaner noch miteinander sprachen. Sagan vertritt die Auffassung, daß es verschiedene Formen von geozentrischen „Chauvinismen" gibt. Ein vielversprechendes und geistig anregendes Buch – von dieser Art würde man sich Hunderte wünschen.

Sampson, Geoffrey. „Is Roman Type an Open-Ended System? A Response to Douglas Hofstadter". In: *Visible Language* 17, Nr. 4 (Herbst 1983), S. 410–12. Sampson bestreitet meine Behauptung, daß es unmöglich ist, den fließenden Geist der Buchstaben des Alphabets in mit Parametern gekoppelten Computer-Unterprogrammen zu fassen; er behauptet, es sei *doch* möglich, sofern man sich darauf beschränkt, nur den Geist von Buchstaben zu fassen, mit denen man ernstzunehmende Bücher drucken kann.

Schank, Roger C. *Dynamic Memory: A Theory of Reminding and Learning in Computers and People.* Cambridge University Press, New York 1982. Obwohl ich einen Teil seiner theoretischen Folgerungen ablehne, bin ich ganz und gar einverstanden mit Schanks Auswahl derjenigen Probleme, um die sich die Kognitionswissenschaften am dringlichsten kümmern müßten, und die von ihm angeführten Beispiele gefallen mir gut.

Scherlis, William L. und Wolper, Pierre L. „Self-Referenced Referenced, and Self-Referenced“. In: *Communications of the ACM* 23, Nr. 12 (Dezember 1980), S. 736. Eine humorvolle kurze Anmerkung zu Beiträgen, die sich selbst zitieren.

Schrödinger, Erwin. *What is Life?* und *Mind and Matter.* Cambridge University Press, New York 1967 (Reprint der Ausgabe von 1944). [dtsch.: *Was ist Leben? Die lebende Zelle mit den Augen der Physik betrachtet.* Lehnen, München 1951 (2. Aufl.) und *Geist und Materie.* Vieweg, Braunschweig 1965 (3. Aufl.)] Dieser Physiker mit philosophischer Ader liefert prophetische Spekulationen über die Natur der Erb-Information, noch bevor man etwas über Struktur oder Funktion der DNS wußte. Ferner wagt er sich in die Tiefen des Bewußtseins hinab, aus denen er die mystische Schlußfolgerung mitbringt: „Den menschlichen Geist gibt es insgesamt nur einmal.“

Schwenk, Theodor. *Das sensible Chaos. Strömendes Formschaffen in Wasser und Luft.* Verlag Freies Geistesleben, Stuttgart 1962. Ein Buch über fließende Substanzen in der Natur und im Labor, voller frappierender Muster und phantastischer Fotos, die mit großer Eindringlichkeit die mystische Schlußfolgerung nahelegen: „Fließende Substanzen gibt es insgesamt nur einmal.“

Searle, John R. „Minds, Brains, and Programs“. In: *The Behavioral and Brain Sciences* 3 (September 1980), S. 417–57. [dtsch.: „Geist, Gehirn, Programm“. In: Hofstadter, Douglas R. und Dennett, Daniel C. *Einsicht ins Ich. Fantasien und Reflexionen über Selbst und Seele.* Klett-Cotta, Stuttgart 1986, S. 337–56.] Wie der Artikel von Lucas (s. oben) rief auch dieser tausend Gegenbeweise auf den Plan (darunter zwei von mir). In dieser seiner ursprünglichen Fassung provozierte er an die dreißig Gegenbeweise und Gegen-Gegenbeweise. Es ist ebenso amüsant wie lehrreich, sie alle zu lesen. In meinen Augen ist dieser Artikel wie ein Lackmus-Test: Wer Searles Vorstellungswelt überzeugend findet, hat mit fast hundertprozentiger Sicherheit eine negative Meinung über AI.

—— „The Myth of the Computer“. In: *New York Review of Books* (29. April 1982), S. 3–6. Eine ziemlich negative Besprechung von *The Mind's I* von jemandem, der in diesem Buch gründlich kritisiert wird. Ein Verdienst wenigstens hat Searles Besprechung: Sie hebt das für AI tatsächlich zentrale epistemologische Problem hervor, daß sie nämlich die Natur der – der Tätigkeit des menschlichen Geistes eigenen – fließenden Bezüglichkeit oder *Semantizität* erklären muß.

—— „The Myth of the Computer: An Exchange“. In: *New York Review of Books* (24. Juni 1982), S. 56–57. Searle stellt Dennett und mich als blinde Verfechter der „starken AI“ dar, d. h. der Vorstellung, daß „der richtig programmierte Computer im wahrsten Sinne des Wortes Geist hat“. Er ist verärgert darüber, daß derlei Standpunkte „gut finanziert und von renommierten Forscherteams gestützt“ werden, und berichtet, wie er unablässig gegen „die mitleidlose Zurschaustellung ihrer Lächerlichkeit“ arbeitet.

Serafini, Luigi. *Codex Seraphinianus.* Franco Maria Ricci, Milano 1981. Eine komplette Pseudoenzyklopädie in zwei Bänden. Schriftsystem, Paginierung, verrückte

Diagramme und insbesondere die wunderschönen farbigen Illustrationen – all das entstammt dem kryptischen Geist des italienischen Architekten Serafini. Preiswerter auch in einem Band bei Abbeville Press in New York.

Seuss, Dr. *On Beyond Zebra.* Random House, New York 1955. In humorvoller Weise wird hier das Alphabet über den Buchstaben „z" hinaus erweitert: ein bildlicher Ausdruck für das Aus-dem-System-heraus-springen.

Simon, Herbert Alexander. „Cognitive Science: The Newest Science of the Artificial". In: *Cognitive Science* 4, Nr. 2 (April–Juni 1980), S. 33–46. Simons zuversichtliche Behauptung, daß Computer bereits haben, was Vorbedingung für vollgültige Intelligenz ist, nämlich die Manipulation von Symbolen. In seiner Schlußbemerkung stellt er fest: „Wo immer man die Grenzlinie zieht, es gibt heutzutage eine Wissenschaft der intelligenten Systeme, die über die Grenzen einer einzelnen Spezies hinausreicht."

—— „Studying Human Intelligence by Creating Artificial Intelligence". In: *American Scientist* 69, Nr. 3 (Mai–Juni 1981), S. 300–309. Dies ist der Vortrag, in dem Simon von der entscheidenden 100-Millisekunden-Marke sprach, unterhalb derer die Abläufe für Kognitionswissenschaftler uninteressant werden (vgl. mein 25. Kapitel). Bei der Drucklegung ersetzte er dann „100 Millisekunden" durch „10 Millisekunden", aber der Punkt, um den es geht, bleibt beidemal derselbe.

Singmaster, David. *Notes on Rubik's „Magic Cube".* Enslow, Hillside/N. J. 1981. Auf seiner Umschlagseite verkündet dieses Buch voll Stolz: „‚Die endgültige Abhandlung.' – *Scientific American.*" Ja, wenn *Scientific American* es sagt, wie sollte ich das bestreiten können?

Sloman, Aaron. *The Computer Revolution in Philosophy: Philosophy, Science, and Models of Mind.* Humanities Press, Atlantic Highlands/N. J. 1978. Dieses Buch warnt die Philosophen, sie würden den Anschluß verpassen, wenn sie nicht auf den AI-Triumphzug aufspringen. Eine gute, wenngleich etwas tendenziöse Erörterung der philosophischen Bedeutung von AI.

Smith, Brian Clive. „Reflection and Semantics in Lisp". Xerox Palo Alto Research Center Report, Palo Alto/Calif. 1983. Ein etwa 12 Seiten langes Konzentrat aus einer 500seitigen Dissertation, in der es um ein System geht, das über sich selbst nachzudenken (sowie über solches Nachdenken nachzudenken usw.) vermag. Diese Arbeit ist ein Beispiel für den „Meta-Meta"-Stil jeder AI-Forschung (vgl. mein 22. Kapitel, vor allem das Postskriptum).

Smith, Stephen B. *The Great Mental Calculators: The Psychology, Methods, and Lives of Calculating Prodigies.* Columbia University Press, New York 1983. Eine Reihe von Porträts sehr absonderlicher und doch sehr menschlicher Wesen, deren außergewöhnlicher Geist ihnen gestattet, Rechenaufgaben zu lösen, die wir gewöhnlichen Sterblichen – egal wie zahlenbegeistert – voraussichtlich nie lösen könnten.

Smolensky, Paul. „Harmony Theory: A Mathematical Framework for Stochastic Parallel Processing". University of California at San Diego Institute for Cognitive Science Technical Report ICS Nr. 8306. Dieses Projekt, das auf den Vorstellungen der statistischen Mechanik beruht, bedient sich des stochastischen, durch eine allmählich gegen Null absinkende „Temperatur“ regulierten Parallelismus, um auf möglichst effiziente Weise den optimalen Gesamtzustand eines Systems herauszufinden.

Smullyan, Raymond Merill. *This Book Needs No Title: A Budget of Living Paradoxes.* Prentice-Hall, Englewood Cliffs/N.J. 1980. [dtsch.: *Buch ohne Titel. Eine Sammlung von Paradoxa- und Lebensrätseln.* Vieweg, Braunschweig 1983.] Eine sehr humorvolle Sammlung von Beobachtungen über die ständige Vermischung von Leben und Paradoxie, geschrieben von einem Logiker mit besonders geschärfter Aufmerksamkeit für Paradoxes.

Solo, Dan X. *Sans Serif Display Alphabets.* Dover, New York 1979. Eine Sammlung eleganter Buchstabenformen, deren gedämpftes Flair ausschließlich in den sanften Kurven, sich verjüngenden Strichen, den Linien-Enden sowie im Wechselspiel von positivem und negativem Raum liegt.

—— *Special-Effects and Topical Alphabets.* Dover, New York 1978. Wenn man sich ein solches Buch angeschaut hat, weiß man, warum das Problem der Buchstabenformen nicht unterschieden ist vom Problem vollgültiger menschlicher Intelligenz.

Sonneborn, Tracy M. „Degeneracy of the Genetic Code: Extent, Nature, and Genetic Implications“. In: Bryson, Vernon und Vogel, Henry J. *Evolving Genes and Proteins.* Academic Press, New York 1965. Vielleicht der erste Aufsatz, der behauptet, daß die im scheinbar willkürlichen genetischen Code existierende spezifische Entsprechung von Codons und Aminosäuren durchaus entwicklungsgeschichtlichen Sinn und Verstand hat.

Soppeland, Mark. *Words.* William Kaufmann, Los Altos/Calif. 1980. Eine geistreiche Sammlung von Wörtern, die als selbstbezügliche Bilder gezeichnet sind; ein Beispiel: Stapel von Büchern, deren Form das Wort „books“ bildet, und so fort.

Sorrels, Bobbye. *The Nonsexist Communicator.* Prentice-Hall, Englewood Cliffs/N.J. 1983. Eine umfangreiche Sammlung sexistischer Redewendungen und nichtsexistischer Gegenvorschläge; unter den letzteren sind allerdings einige unnötig unbeholfene.

Sperry, Roger. „Mind, Brain, and Humanist Values“. In: Platt, John R. (Hrsg.). *New Views on the Nature of Man.* University of Chicago Press, Chicago 1965. Der Artikel, der die Frage stellt (und zu beantworten sucht): „Welche von den Kausalkräften, die den Schädel bevölkern, stößt welche herum?“ Meine Antwort steht im 24. Kapitel.

Spinelli, Aldo. *Loopings.* Multi-Art Points Edition, Amsterdam 1976. Die etwas ungeschickte Umsetzung einer guten Idee: ein Buch, dessen sämtliche Seiten selbstinventarisierende Sätze – oder doch fast – sind. Zum Abschluß erörtert Spinelli alle dabei möglichen Arten von geschlossenen Schleifen und Einstiegen in die Schleifenbewegung.

Stanley, H. Eugene u. a. „Interpretation of the Unusual Behavior of H_2O und D_2O at Low Temperature: Are Concepts of Percolation Relevant to the ‚Puzzle of Liquid Water‘?“ In: *Physica* 106a (1981), S. 260–77. Ein Artikel, der ein ziemlich aktuelles Bild von der Auffassung des Wassers als eines „flirrenden Schwarms“ darbietet.

Stein, Gertrude. *How to Write.* Sherry Urie, Craftsbury Common 1977 (erstmals 1931 erschienen). Ein Klassiker der Absurditäten. Das Ganze auf einmal zu lesen, käme einem Alptraum gleich: Jede Seite ist wie ein einzigartiges Sandkorn, doch alle Seiten zusammengenommen werden zu einem ziemlich faden Strand. Also lieber in kleinen Happen genießen.

Steiner, George. *After Babel.* Oxford University Press, New York 1975. [dtsch.: *Nach Babel. Aspekte der Sprache und der Übersetzung.* Suhrkamp, Frankfurt a. M. 1979.] Diese faszinierende Forschungsreise in die Tiefen der persönlichen Bedeutung ist überaus dunkel, aber noch immer eine der besten mir bekannten Abhandlungen über die Feinheiten der Sprache.

Strich, Christian. *Fellini's Faces: 418 Photographs from the Archives of Federico Fellini.* Holt, Rinehart, and Winston, New York 1981. Das Buch feiert die bemerkenswerte Vielfältigkeit menschlicher Physiognomien und ihre verblüffende Ausdrucksfähigkeit.

Stryer, Lubert. *Biochemistry.* W. H. Freeman, New York 1975. [dtsch.: *Biochemie.* Vieweg, Braunschweig/Wiesbaden 1978.] Ein sehr geschmackvoll gemachtes Buch über Biochemie, das das Niveau von Lehningers Arbeit nicht ganz erreicht. Die – vielfach farbigen – Abbildungen sind ganz besonders reizvoll.

Suber, Peter. „A Bibliography of Works on Reflexivity“. Unveröffentlichtes Manuskript, 1984. Eine umfangreiche Sammlung von Wegweisern in die immense Welt der Schriften über selbstmodifikatorische Gesetze, selbstbezügliche Literatur, self-fulfilling prophecies, selbstreplikative Maschinen, sich selbst steuernde Computerprogramme, und so fort.

—— *The Paradox of Self-Amendment: A Study of Logic, Law, Omnipotence, and Change.* Erscheint in Kürze. Dies ist die erste (und einzige) buchfüllende Untersuchung über logische Paradoxa im Rechtswesen. Es konzentriert sich auf eine besondere Gruppe von Paradoxien, nämlich auf Regeln, die auf sich selbst bezogene Änderungen zulassen, bemüht sich aber doch letztlich um die Klärung des Problems, wie die rechtliche Beweisführung überhaupt mit dem logischen Paradox fertig wird. In einem Anhang wird das Nomic-Spiel vorgestellt.

Thomas, Dylan. *Collected Poems.* New Directions, New York 1953. [dtsch.: *Ausgewählte Gedichte.* Hanser, München 1967.] Ich wäre der erste, der zugibt, daß er nicht viel von Poesie versteht, aber diese verführerische Gedichtsammlung mit ihrem Zusammenspiel von schöner Sprache und verwirrender Dunkelheit bringt mich ganz besonders durcheinander.

Thomas, Lewis. *The Medusa and the Snail.* Viking, New York 1979. [dtsch.: *Die Meduse und die Schnecke.* Gedanken eines Biologen über die Mysterien von Mensch und Natur. Kiepenheuer & Witsch, Köln 1981.] Kurze Essays über Wissenschaft und Leben, von denen einige sehr scharfsichtig sind, während andere mir rätselhaft oder auch platterdings dumm vorkommen.

Turing, Alan Mathison. „Computing Machinery and Intelligence“. In: Anderson, Alan Ross. *Minds and Machines.* Prentice-Hall, Englewood Cliffs/N. J. 1964 (erstmals erschienen in: *Mind* 59 (1950), Nr. 236). [dtsch.: (auszugsweise): „Maschinelle Rechner und Intelligenz“. In: Hofstadter, Douglas R. ... *Einsicht ins Ich* (s. oben)] In diesem Artikel wird der mittlerweile berühmt gewordene „Turing-Test“ für Maschinen-Denken angeregt. Der Aufsatz ist voll Scharfblick und Zielstrebigkeit und enthält eine Menge – auch heute noch – provozierender Gedanken.

Turner-Smith, Ronald. *The Amazing Pyraminx.* Meffert Novelties, Hongkong 1981. Eine leicht verständliche Einführung in Notierung, Gruppentheorie und Lösung des Pyraminx-Puzzles.

Ulam, Stanislaw Marcin. *Adventures of a Mathematician.* Scribner's, New York 1976. Ein faszinierender Bericht über das Geistesleben eines überaus innovativen Mathematikers mit viel Sinn für Spaß; unter anderem enthält er eine Reihe von Spekulationen über Geist und Bewußtsein.

Vetterling-Braggin, Mary (Hrsg.). *Sexist Language: A Modern Philosophical Analysis.* Littlefield, Adams & Co., Totowa/N. J. 1981. Eine wertvolle Sammlung von Artikeln, die den Sexismus von verschiedenen Seiten beleuchten. Ein Teil des Buches thematisiert den Vergleich zwischen Sexismus und Rassismus.

von Neumann, John. *Theory of Self-Reproducing Automata.* Herausgegeben und ergänzt von Arthur W. Burks. University of Illinois Press, Urbana/Illinois 1966. Von Neumann beschreibt hier, wie eine Maschine aus Rohmaterialien Ebenbilder von sich selbst oder gar kompliziertere Maschinen als sie selbst zusammenbauen kann. Im Innersten dieser Arbeit steckt aber Gödels Methode der Herstellung mathematischer Selbstbezüglichkeit – was häufig übersehen oder heruntergespielt wird.

Walker, Alan (Hrsg.). *The Chopin Companion.* W. W. Norton, New York 1966. Eine vorzügliche Sammlung von Artikeln über Chopin, seine Musik und seinen Einfluß, geschrieben von Komponisten, Musikern und Musikwissenschaftlern.

Watzlawick, Paul. *Change.* W. W. Norton, New York 1974. [dtsch.: *Lösungen. Zur Theorie und Praxis menschlichen Wandels.* Huber, Bern/Stuttgart/Wien 1974.] Eine Theorie der durch Begegnungen mit dem Paradoxen im Alltagsleben ausgelösten psychischen Störung. Als Therapie wird vorgeschlagen, das Paradoxe mit dem Paradoxen zu bekämpfen (wenn das nicht paradox ist!).

Webb, Judson Chambers. *Mechanism, Mentalism, and Metamathematics. An Essay on Finitism.* D. Reidel, Hingham/Mass. 1980. Eine scharfsichtige wissenschaftliche Analyse der Bedeutung der wichtigsten metamathematischen Arbeiten von Gödel, Church, Turing, Kleene, Tarski, Post und anderen. Insbesondere sucht sie den Zusammenhang zwischen den berühmten, für formale Systeme geltenden „beschränkenden Theoremen“ und den Versuchen einer Mechanisierung der Tätigkeit des menschlichen Geistes aufzuklären. Ihre Schlußfolgerung lautet im wesentlichen, daß die betreffenden Befunde all diejenigen, die die geistige Tätigkeit für grundsätzlich mechanisierbar halten, eher bestärken als entmutigen.

Wells, Carolyn. *A Nonsense Anthology.* Dover, New York 1958. Eine wunderbare Sammlung absonderlicher Gedichte und alberner Pseudosinn-Schnipsel.

Wheelis, Allen. *The Scheme of Things.* Harcourt Brace Jovanovich, New York 1980. [dtsch.: *Und gehen im Schatten der Zeit.* Athenäum, Königstein/Ts. 1981.] Eine bewegende Geschichte von Anhänglichkeit unter Menschen und Tieren sowie vom emotionalen Nachhall von Orten und Szenerien. Die Geschichte zeigt zahlreiche Selbstbezüge, am deutlichsten bei einem Roman mit dem Titel *The Way Things Are,* dessen Verfasser, Wheelis' Protagonist Oliver Thompson, wie Wheelis selbst ein unorthodoxer Psychiater in San Francisco ist. Wheelis geschachtelt!

Williams, John David. *The Complete Strategist.* McGraw-Hill, New York 1954. Eins der ersten und verständlichsten Bücher zur Spieltheorie. Ein wirklich grundlegendes Werk mit humorvollen Zeichnungen und witzigen Geschichten, die seine Hauptgedanken veranschaulichen.

Wilson, Edward Osborne. *The Insect Societies.* Harvard University, Belknap Press, Cambridge/Mass. 1971. Es macht Mühe, dieses Buch zu lesen, aber in Teilen ist es sehr fesselnd, wenn es schildert, wie höhere Ordnung aus der unzusammenhängenden Aktivität niederer Organismen entspringt, die handeln, ohne etwas voneinander zu wissen.

Winston, Patrick Henry (Hrsg.), *The Psychology of Computer Vision.* McGraw-Hill, New York 1975. An der Entwicklung von AI gemessen, ist diese Sammlung von Artikeln zwar schon ziemlich alt, aber gleichwohl noch von erheblichem Interesse. Sie enthält unter anderem Minskys Artikel über „frames" (Rahmen), einen Aufsatz von Winston über Lernen und Wiedererkennen sowie einen weiteren von Waltz über Spar-Strategien für optisches Erkennen in der „Datenblock-Welt".

Winston, Patrick Henry und Horn, Berthold Klaus. *Lisp.* Addison-Wesley, Reading/Mass. 1981. Ein fundiertes Lehrbuch über Lisp, das von den ersten Anfängen bis zu AI-Programmierverfahren reicht.

Yaguello, Marina. *Alice au pays du langage. Pour comprendre la linguistique.* Editions du Seuil, Paris 1981. Eine französische Linguistin untersucht Phonetik, Syntax und Semantik sowie allmähliche Verschiebungen ihrer Muttersprache, um die Merkwürdigkeiten menschlichen Denkens zu beleuchten. Viele ihrer Beispiele stammen aus der Umgangssprache, dem Argot oder aus Witzen, was die Lektüre des Buches besonders kurzweilig macht.

—— *Les mots et les femmes. Essai d'approche socio-linguistique de la condition féminine.* Petite Bibliothèque Payot, Paris 1978. Ein Kampf gegen den Sexismus in der französischen Sprache; leider wird sich in den romanischen Sprachen aufgrund ihres zweigeschlechtlichen Systems die Ausrottung des Sexismus als weit schwieriger erweisen als im Englischen (wo sie schon verdammt schwer ist).

Zapf, Hermann. *Über Alphabete. Gedanken und Anmerkungen beim Schriftentwerfen.* Schauer, Frankfurt a.M. 1960. Ein berühmter zeitgenössischer Schriftentwerfer schreibt über seine Abenteuer bei den Alphabeten der Welt.

Nachbemerkung zur deutschen Ausgabe

Wie bereits in der Einleitung ausführlich erläutert, ist eine ganze Reihe der in diesem Buch vorliegenden Kapitel (ohne Postskripta) bereits im *Scientific American* erschienen. Es handelt sich hierbei um die Kapitel 1 bis 11, 13 bis 19, 21 bis 23 und 26 bis 30. Mit Ausnahme des Kapitels 30 wurden diese in den Jahren 1981–1983 im *Spektrum der Wissenschaft*, der deutschen Ausgabe des *Scientific American*, in deutscher Übersetzung veröffentlicht. Für die vorliegende deutsche Buchausgabe wurden diese Kapitel völlig neu übersetzt, da einzig der Text der amerikanischen Buchausgabe für den Verlag maßgeblich sein konnte. Die Texte der deutschen Buchausgabe weichen also notwendigerweise von den seinerzeit im *Spektrum der Wissenschaft* veröffentlichten Übersetzungen ab.

Kenner der amerikanischen Buchausgabe werden überdies vereinzelt inhaltliche Abweichungen bemerken. Wer nach der Lektüre seiner drei Werke – allein das vorliegende gibt genügend Hinweise – Douglas Hofstadters Ansichten zum Übersetzen kennt, wird leicht einsehen, daß an einigen Stellen sein hoher Anspruch auf möglichst *umfassende* Übersetzung nur dadurch einzulösen war, daß nicht der konkrete Wortlaut übersetzt wurde, sondern die Bedeutung, die Mechanismen der Wortspiele, die Atmosphäre in relativ freier Paraphrase nachgebildet wurden. Bei einem, dem 8. Kapitel der amerikanischen Ausgabe, war selbst dies nicht zu erreichen, so daß es auf Anraten und mit dem Einverständnis des Autors nicht in die deutsche Ausgabe aufgenommen wurde. Einen Sonderfall stellt ferner das 7. Kapitel dar, siehe hierzu die Fußnote auf Seite 145.

Alle inhaltlichen Abweichungen, Ergänzungen und Auslassungen wurden mit dem Autor abgesprochen und von ihm autorisiert. Aufmerksamen Lesern wird nicht entgehen, daß im Gegensatz zur deutschen Ausgabe von *Gödel, Escher, Bach: ein Endloses Geflochtenes Band* hier an einigen Stellen die Übersetzer selbst sich „zu Wort melden", das heißt der deutsche Text als *übersetzter* kenntlich gemacht wird. Auch dies geht auf den Wunsch des Autors zurück.

Der Verlag

Register